U0158393

国家社会科学基金重大招标项目结项成果

首席专家　卜宪群

中国历史研究院学术出版资助项目

地 图 学 史

（第三卷第一分册·下）

欧洲文艺复兴时期的地图学史

［美］戴维·伍德沃德　主编

成一农　译　　卜宪群　审译

中国社会科学出版社

目 录

（下）

地图及其在文艺复兴时期政府管理中的用途

文艺复兴时期地图绘制的国家背景

意大利诸国

葡萄牙

西班牙

地图及其在文艺复兴时期
政府管理中的用途

第二十六章　地图与现代早期的国家：官方地图学*

理查德·L. 卡甘（Richard L. Kagan）
和本杰明·施密特（Benjamin Schmidt）

导言：国王与地图学家

1539 年，皇帝查理五世，深受痛风的折磨，被迫在卡斯蒂尔核心地区的托莱多城度过了 冬天的大部分时间。为了打发时间，这位欧洲最有权力的君主要求皇家宇宙志学者以及 16 世纪西班牙最为顶尖的地图绘制者阿隆索·德圣克鲁斯，去传授他一些手艺，以及一些用于支持后者工作的那些物品相关的东西。多年后，圣克鲁斯回忆到，皇帝"花费了如此多的时间与我皇家宇宙志学者阿隆索·德圣克鲁斯一起，学习关于占星术、地球的事情以及行星理论，还有航海图和宇宙志的球仪，所有这些都给他带来了极大的快乐和乐趣"[①]。

事后想想，皇帝对于地图的兴趣似乎仅仅是出于本能：用哪种更好的方式来维持他庞大的和日益扩展的帝国，而不仅仅是从像圣克鲁斯那样的人那里寻求某种地图学的描绘？然而，从一个更为广阔的视角，其说明了在地图史中以及在国家历史中发生的一种深刻的转变。至于所谓的欧洲的地图学革命恰恰就是大约在这一时期进行的，即当查尔斯（1516—1556 年在位）——与那时其他强有力的、中央集权的和有扩张思想的统治者一起——正在绘制他领土的形状的时候。现代早期的统治和现代早期地图学中的两种运动愉快的汇合，这意味着皇帝和地图制作者分享着相互的兴趣，以及他们的共生关系——以及地图制作的繁荣和国家形成的平行存在，这些都贯穿于 16 世纪和 17 世纪——导致了两者历史中的重要变化。

查理五世与圣克鲁斯的相遇在很多方面都具有说服力。首先，其展示了皇帝的一种引人注目的绘制地图的意识：一种地图和地理知识的意识，以及一种推测的文艺复兴时期独裁君主统治中对地图用途的进一步关注（因为查尔斯确实如此）。其次，其说明，地图学和现代早期国家建设工程的联合。地图作为一种记录和强化政治权威的方法为国王（或女王）服务，并且其很快在后来的通信中变得明显，即查尔斯希望从他的首席宇宙志学者那里不只是

---

* 本章使用的缩略语包括：*Monarchs, Ministers, and Maps* 代表 David Buisseret, ed. , *Monarchs, Ministers, and Maps*: *The Emergence of Cartography as a Tool of Government in Early Modern Europe*（Chicago：University of Chicago Press, 1992）。

① Alonso de Santa Cruz, *Crónica del emperador Carlos V*, 5 vols. , ed. F. de Laiglesia（Madrid, 1920 – 25）, 4：24；也可以参见 3：465，在其中圣克鲁斯回忆了之前对皇帝进行的与天文学、天球、哲学和宇宙志相关的教学，"这些是国王陛下非常喜欢的"。

获得简单的知识，还获得了对他的统治有用的以地图学产品的形式呈现的"力量"。在1551
年，圣克鲁斯高兴地向国王报告，其完成了一幅西班牙的新地图，"其大约有一面巨大的旗
帜（repostero）那么大，并且标注了其所拥有的所有城市、城镇和村庄、山脉和河流，还有
［各个西班牙］王国的边界以及其他细节"——这是为如查理五世这样一位有野心的统治者
所绘制的②。最后，皇帝的地图学教导指向了地图在现代早期欧洲宫廷中另外的且同样至关
重要的用途，即它们向它们的皇室赞助者提供"愉悦和快乐"的能力。就像在后来的岁月
中大量其他统治者那样，查尔斯不仅从地图上学习，而且从中获得愉悦，同时他最终以一种
意味着这些珍贵的高贵工艺品具有审美价值的方式对它们进行搜集。

简言之，皇帝对地图学给予了相当大的关注。但这也不是独一无二的。大约在圣克鲁斯获
得查理五世接见的同时，托马斯·埃利奥特爵士正在向英格兰的亨利八世（尽管通过印刷文
本）鼓吹相似的在政府管理中使用地图的观点，其恰恰强调的就是，对于国家的行政管理和扩
展而言，地图学的用途，以及地图为有教养的统治者提供了"令人难以置信的快乐"③。亨利
对地图的热情可能无法与查尔斯媲美——领土范围也是如此——尽管其确实表明，所谓的
"官方地图学"可能正在整个欧洲扩散。从法国的弗朗索瓦一世至佛罗伦萨的科西莫一世·德
美第奇，从丹麦的克里斯蒂安二世（Christian Ⅱ）到葡萄牙的曼努埃尔一世，为了更好地统治
他们的领土，现代早期的统治者转向了地图学工具。地图在标定领土边界、管理土地用途、财
政工具的合理化以及在准备军事行动中发挥了作用。现代早期管理中地图的核心地位，由数目
众多的君主设立的负责地图制作的专门机构所证明——并且这些机构由一位特权阶层的皇室或
帝国地图学家所领导。除了搜集基本的地理信息之外，宫廷地图学家还有宣传方面的责任，并
且在这方面，他们的工作与宫廷画家、建筑师和编年史学家的工作所补充和交叠，后者的任务
就是去为他们王公的形象和名誉增光添彩。然而，皇家地图作者确实不只是简单地勾勒现存的
领土。他们进一步努力绘制用于未来扩张的国家设计，以及以地图学的形式，去清晰地表达国
家建设的充满希望的计划。地图制作者因而在现代早期国家的表达中起到了至关重要的作
用——这通常是在传统的"现代"民族主义的历史中未被注意到的一个事实④。

本章探索了16世纪和17世纪欧洲官方地图学的产生，尤其关注于国家资助的地图绘制
以及地图在国家产生中的作用。其还注意地理学在现代早期政权增殖中的地位，无论是通过
官方宫廷地理学家的方式——尤其常见于法兰西、西班牙和德意志以及意大利诸国——还是

　②　Alonso de Santa Cruz to Charles V, Seville, 10 November 1551, in *Corpus documental de Carlos V*, 5 vols. , ed. Manuel Fernández Alvarez（Salamanca：Universidad de Salamanca, 1973 - 81）, 3：374。在同一封信件中，圣克鲁斯告诉皇帝，他还刚完成了一幅法兰西地图，"更为精确……比由奥龙斯「菲内]制作的"，还有其他的英格兰和苏格兰、德意志、弗兰德斯、匈牙利、希腊和意大利的地图，以及他依然正在进行的将欧洲作为整体绘制的地图。
　③　在 Peter Barber, "England I：Pageantry, Defense, and Government：Maps at Court to 1550," in *Monarchs, Ministers, and Maps*, 26 - 56 中对埃利奥利进行了讨论，引文在31。
　④　评论的缺乏通常是双向的：早期的现代主义者没有充分提出，在本卷涵盖的时期中，发生了民族主义和地图学的国家构建，同时，现代主义者低估了在18世纪中期之前发生绘制国家地图的可能性。关于对可以被称为国家的地图学发明的解释，参见 Benedict R. O'G. Anderson, *Imagined Communities：Reflections on the Origin and Spread of Nationalism*, rev. ed. （London：Verso, 1991）, esp. 163 - 85；也可以参见 Thongchai Winichakul, *Siam Mapped：A History of the Geo Body of a Nation*（Honolulu：University of Hawaii Press, 1994）, 以及 Matthew H. Edney, *Mapping an Empire：The Geographical Construction of British India, 1765 - 1843*（Chicago：University of Chicago Press, 1997）可作为范本的案例研究。

通过商业地图制作者的方式，后者在低地国家和不列颠的地图学商业活动中有更为突出的地位。我们通往这一主题的方法是比较性的。其还必然是选择性的，并且遵照哈利的工作，研究路径关注于地图仪式性的、观念性的和政治学的用途，而本卷的其他各章则更多地关注于它们行政管理方面和战略方面的用途⑤。

国家和空间

国家地图绘制的产生与国家管理的转变结合起来，尤其是新的正在发展的领土和统治空间的观念。新产生的官方地图学的核心是领土主权的概念：国家成为一个精确定义的和有限的地理单元的概念。国家的这一概念的某些方面可以发现于古典世界，尤其是罗马的奥古斯都（Augustus）时期。然而，到中世纪，领土主权被完全遗忘，因为主权成为一种法律架构，相当于帝国（imperium）或王权（majestas），这些术语与领土的关系要少于与制定和执行法律的权力之间的关系。中世纪欧洲的主权是位于人民而不是位于地点之上的权力，并且只是逐渐开始包含了领土的思想。例如，在法兰西，象征性的转折发生在1254年，之前将君主称为 rex francorum，或者法兰克人的（Franks）国王，现在正式采用了 rex franciae（法兰西国王）的头衔。这样的语言纯粹是仪式性的，然而确实，其说明了君主政体的一种更为领土化的概念的产生，并且通过扩展，产生了一种去统治其自身的更为地图学的方法。早在1259年，法兰西君主路易九世，在与邻近的香槟区（Champagne）的一场争议的过程中，试图了解"这一王国和香槟国的土地开始和结束之处"；换言之，他试图去绘制他领土的地图⑥。然而，总体上，这一朝向主权的更为领土化的图像的转移，其发生只是逐步的。中世纪晚期的法学家继续将主权的本质认为是一种人的，而不是一种领土的构建；甚至在17世纪，托马斯·霍布斯（Thomas Hobbes）可以在不提及边界和边境的情况下撰写联邦的情况。如同萨林斯（Sahlins）已经指出的，在《比利牛斯条约》（Treaty of the Pyrenees，1659）中，法国国王与他的西班牙对手在努力确定他们各自领土范围之间的一条线性边界的谈判中，领土主权的思想只是一种次要的考虑因素。更为看重传统的管辖权的因素，而不是纯粹的地理因素，同时，最终起草的条约将法国获得的区域简单地定义为"郊野、城镇、城堡、自治市镇、村庄和地点"，这些构成了鲁西永（Roussillon）和孔夫朗（Conflent）⑦。结果就是一个依然是怪异的边界。

663

⑤　参见，最为根本的，J. B. Harley, *The New Nature of Maps：Essays in the History of Cartography*, ed. Paul Laxton（Baltimore：Johns Hopkins University Press, 2001）。

⑥　被引用在 David Buisseret, "The Cartographic Definition of France's Eastern Boundary in the Early Seventeenth Century," *Imago Mundi* 36（1984）：72 - 80, esp. 72。

⑦　Peter Sahlins, *Boundaries：The Making of France and Spain in the Pyrenees*（Berkeley：University of California Press, 1989）, 299。关于领土边界和国家主权之间关系的不断增长的参考书目中还包括 John Breuilly, "Sovereignty and Boundaries：Modern State Formation and National Identity in Germany," in *National Histories and European History*, ed. Mary Fulbrook（Boulder：Westview, 1993）, 94 - 140；Lucien Febvre, "Frontière：The Word and the Concept," in *A New Kind of History：From the Writings of Febvre*, ed. Peter Burke, trans. K. Folca（New York：Harper and Row, 1973）, 208 - 18；Michel Foucher, *L'invention des frontières*（Paris：Fondation pour les Études de Défense Nationale, 1986）；Daniel Nordman, "Des limites d'état aux frontières nationales," in *Les lieux de mémoire*, 3 vols., under the direction of Pierre Nora（Paris：Gallimard, 1984 - 97）, 2：35 - 61；idem, *Frontières de France：De l'espace au territoire, XVIe - XIXe siècle*（Paris：Gallimard, 1998）；以及 Rita Costa Gomes, "A construção das fronteiras," in *A memória da Nação*, ed. Francisco Bethencourt and Diogo Ramada Curto（Lisbon：Livraria Sá da Costa Editora, 1991）, 357 - 382。

尽管这个条约尤其未能更直接地处理领土主权问题，但到 15 世纪末，欧洲的统治者确实显示出存在领土意识的迹象——以及理解地图的能力——以一种他们中世纪的前辈并不存在的方式。这一意识的资料众多。作为开始，将托勒密的《地理学指南》从希腊语翻译为拉丁语（约 1406—1410 年）对被称为空间的"几何化"，即土地可以被准确测量和用数学术语描述的观点做出了贡献⑧。就像很多其他的人文主义者"发现"的例子，并不是所有人都立刻受到了这一发展的影响，并且在多个世纪中，大部分地图和图景都不是诉诸随着托勒密的或者"科学的"地图学而兴起的三角测量、平板仪、经纬仪和其他测量仪器而制作的。然而，到了 15 世纪末，托勒密和他的众多追随者的思想，至少与两种之前的地图绘制的概念竞争并最终提出了挑战：亚里士多德的主要根据人类的效用来描述土地的观念，以及描绘空间的精神边界的基督教的方法，就像典型的受到《圣经》启发的世界地图（*mappaemundi*）所做的那样。这些策略确实都持续存在，但它们日益让位于托勒密的绘图方法。例如，关于空间的新思想逐渐进入管辖权的纠纷中，而这很快引发了"司法地图学"的发展，这是关于意图辅助法官解决纠纷的丹维尔的地图学术语⑨。这些管辖权的冲突和它们的解决进一步贡献于这样的思想，即主权，传统上是根据领主和附庸之间的契约关系构想的，但还可以代表在特定空间上的权力，这些空间的边界需要被测量和被绘制地图。早在 15 世纪 20 年代，佛罗伦萨和米兰试图通过使用一幅地图来解决一场边界纠纷，而到了 15 世纪 50 年代，一系列与教会当局有关的管辖权纠纷导致勃艮第公爵们去委托绘制描绘了它们领土边界的新地图⑩。稍有不同的领土意识促使帕尔马的雇佣兵——王公皮埃尔·马里亚·罗西（Pier Maria Rossi），用壁画装饰他在托尔基亚拉（Torchiara）的城堡，记录他在艾米利亚的成就，而这些壁画显示了他最近征服的堡垒和乡村（这大约在 1460 年)⑪。领土意识最为显著的迹象之一出现在 1494 年的《托尔德西拉斯条约》，在其中，教皇亚历山大六世（Pope Alexander Ⅵ）通过绘制一条南北向的被称为"分界线"的线条（Line of Demarcation）——将非基督教世界在西班牙人和葡萄牙人之间进行了划分，这条线位于佛得角群岛以西 370 里格。按照条约的条款，这条线以东的所有土地都属于葡萄牙人，而那些位于线段以西的则属于卡斯蒂尔。费迪南德·麦哲伦对菲律宾（Philippines）和其他太平洋岛屿的发现，引发了近一个世纪的伊比利亚强权之间对太平洋西部控制权的争论。然而，"分界线"提供了证据，即到这一时间，甚至教皇都开始用领土而不是严格的管辖权（或者，

---

⑧   Samuel Y. Edgerton, *The Renaissance Rediscovery of Linear Perspective* (New York: Basic Books, 1975), 114–15.

⑨   参见 François de Dainville, "Cartes et contestations au XVe siècle," *Imago Mundi* 24 (1970): 99–121。

⑩   关于佛罗伦萨—米兰的纠纷，参见 Edgerton, *Linear Perspective*, 114–15, 而关于勃艮第的纠纷，参见 Dainville, "Cartes et contestations", 可以很容易引用进一步的例子。西班牙司法地图学的一个早期例子——幅 1503 年 Aranda de Duero 的城镇平面图——被复制于 Richard L. Kagan, "Urbs and Civitas in Sixteenth- and Seventeenth-Century Spain, in *Envisioning the City: Six Studies in Urban Cartography*, ed. David Buisseret (Chicago: University of Chicago Press, 1998), 75–108, esp. 78, 以及一个涉及荷兰诸国和 Jonker Wessel Ⅵ van Boetzlaer 的荷兰的案件，在一幅由 Jaspar Adriaensz 绘制的地图的帮助下在 Mechelen 宣判，由 Carry van Lakerveld, ed., *Opkomst en bloei van het Noordnederlandse stadsgezicht in de 17de eeuw/The Dutch Cityscape in the 17th Century and Its Sources* (Amsterdam: Amsterdams Historisch Museum, 1977), 102–3 进行了讨论。

⑪   Joanna Woods Marsden, "Pictorial Legitimation of Territorial Gains in Emilia: The Iconography of the Camera Peregrina Aurea in the Castle of Torchiara," in *Renaissance Studies in Honor of Craig Hugh Smyth*, 2 vols., ed. Andrew Morrogh et al. (Florence: GiuntiBarbèra, 1985), 2: 553–68.

甚至宗教的）方式来看待世界[12]。

领土意识——一个逐渐增长的空间意识——与对领土的需求同步。同时，如果那些需求在整个欧洲都存在差异的话，那么越来越多的情况就是，对它们的满足导致了类似的结果：地图。考虑文艺复兴传统来源地的两个截然不同的例子，意大利北部和低地国家。在后者中，存在抵御洪水和抵御其他对于低地而言的威胁的需求，由此导致了形成了 heemraadschappen（治水委员会），其掌管着测量和记录关于当地水域的信息。这些搜集数据的委员会——其委托绘制了基本的地图——导致了进一步的和更广泛的机构组织，hoogheemraadschappen（大型治水委员会）的形成，因而在荷兰的例子中，展示了绘制地图如何是在政府组织的形成之前，以及可能甚至据说促成了后者的形成[13]。

相反，在冲突不断的 14 世纪和 15 世纪，为了防御有野心的军阀，意大利城邦绘制了他们领土的地图。或者，按照布克哈特（Burckhardtian）的认识，就像意大利的雇佣兵引领了战争艺术，从而通过设计了复杂的围城、建造了专业的堡垒、墙体等其他防御设施，意大利工程师在地图绘制艺术中居于领导地位那样，在那一时期从未停止的战争期间，地图绘制艺术很好地服务于它们的王公[14]。战争，最初是在意大利，后来在欧洲其他地方，显然对领土意识的产生做出了贡献。其还产生了一类人，很快他们被称为调查员和工程师，他们发展了数学和绘图技巧，而这些是以平面图或地图的形式布置一座城市防御的必要措施所必需的。此后，一些欧洲最早的平面图——领土意识的一种确切的迹象——来自意大利北部。一个早期的例子就是米兰的地区图，是为斯福尔扎在约 1430 年绘制的；另外一幅就是波河河谷城镇伊莫拉的平面图，被认为是列奥纳多·达芬奇绘制的，并且作为城镇防御策略的一部分完成于大约 1484 年[15]。类似于同时代的尼德兰的堤坝和开拓地的平面图，这些文本是工作文档，为了实际目的而执行。然而，它们对领土概念做出了同样的贡献，就像这一概念在后来的岁月中被理解的那样，领土是：对空间而不是对人的官方控制。

到 16 世纪，领土主权的思想，尤其当其应用于边界的时候，也开始侵入欧洲的政治辞典中。统治者被建议基于领土进行思考，也就是：去了解他们的领土，以更好地保护它们，就像尼科洛·马基亚韦利著名的建议那样，甚至扩张它们的范围。1494—1495 年间法国查尔斯八世（Charles VIII）的入侵造成的可怕破坏之后，《君主论》（1532）的作者对这些进行了清晰的表达。"缺乏地形方面专业知识的王公"，马基亚韦利坚决建议，"缺乏一名将军所需要的最主要的素质，因为［地形］教授了如何利用优势找到敌人、选择营地、领导军队、

⑫　伊比利亚对于西太平洋的纠纷，地图学的和其他的，在 Jerry Brotton, *Trading Territories: Mapping the Early Modern World*（Ithaca: Cornell University Press, 1998）中进行了讨论。

⑬　荷兰的例子在本卷的第四十三章中被更为详细地讨论。

⑭　Jacob Burckhardt, *The Civilization of the Renaissance in Italy*, 2 vols., trans. S. G. C. Middlemore（New York: Harper, 1958）.

⑮　关于城市图景，参见 Lucia Nuti, *Ritratti di città: Visione e memoria tra Medioevo e Settecento*（Venice: Marsilio, 1996）; David Buisseret, ed., *Envisioning the City: Six Studies in Urban Cartography*（Chicago: University of Chicago Press, 1998）; Richard L. Kagan, *Urban Images of the Hispanic World, 1493–1793*（New Haven: Yale University Press, 2000）; 以及参见本卷的图 36.16。

规划战争，以及围攻城镇"[16]。巴尔达萨雷·卡斯蒂廖内得出了很多相同的认识，只是更为精致；他的背景就是谦恭，同时他的听众包括所有等级的朝臣[17]。并且，在文艺复兴时期国家管理的另外一位顶尖理论家的著作中也发现了这一点，他就是弗朗切斯科·圭恰迪尼（Francesco Guicciardini），其认为意大利城邦未能了解和防御它们自己的领土[18]。法国法学家克劳德·德塞塞勒（Claude de Seyssel），在他 1515 年奉献给弗朗索瓦一世的专著中，强调了"边境上"堡垒的重要性，对新出现的领土主权概念表示赞同，并向国王建议"访问他的土地"，尤其是那些毗邻存在敌意的邻居的土地[19]。

当主要的统治者开始将地理学的常规指导结合进他们的教育以及他们继承者的教育中的时候，逐渐留意到了理论家的集体劝告。在西班牙，与他的勃艮地的遗产一起，查理五世流传下来了他的地图学的学识，为他的儿子菲利普二世安排了宇宙志和地理学方面的正确指导。为了做到这一点，他确立一个哈布斯堡传统，且这一传统延续至 1700 年王朝的末日。佛罗伦萨的科西莫一世为他的孩子，弗朗切斯科和费尔南多·德美第奇（Fernando de' Medici）做了同样的事情。同时在法兰西，开始于 16 世纪中期，国王的地理学家（*géographe du roi*），除了其他责任之外，还负责教授皇家子女关于地图和相关材料的知识。对皇室进行地理学方面的指导，这一习惯在英格兰可能不那么明确——尽管有托马斯·埃利奥特爵士的良好建议，他在 1531 年鼓励统治者去制作它们地形的"肖像画或者绘画"[20]。然而亨利八世确实以一种至关重要的方式使用了地图，同时他的地图学的本能在都铎和斯图尔特（Stuarts）王朝中延续。到 17 世纪之初，英国地图制作者约翰·诺登在他给詹姆斯一世的建议中对尼科洛·马基亚韦利进行了如下回应，即"一位王子对于他自己的领土有真正的了解是非常有益的"。诺登还建议国王，去确定，他的继承者亨利王子，有"对英格兰和威尔士地形和历史最为必要的理解"[21]。

对地形有相当的了解，就像统治者被苦苦建议的那样，与控制自己的领土并不是一回事；了解了地理学的原则与管理土地也不是一回事。然而，大致在这一时期，两种潮流趋向于结合在一起，并且在 16 世纪前半叶，更多的是基于地理学的方法而不是基于政治学的方法，出现了大量的和不同的控制土地（或海洋）的尝试。再有，某些意大利的先驱是突出的。威尼斯，随着其在 15 世纪早期向大陆或"陆地"（terra firma）的殖民扩张，以及意识

---

[16] Niccolò Machiavelli, *Chief Works and Others*, 3 vols., trans. Allan Gilbert（Durham：Duke University Press, 1965）, 1：55 –57, esp. 56.

[17] Baldassare Castiglione, *Il libro del cortegiano*（Venice, 1528）.

[18] Francesco Guicciardini, *The History of Florence*, trans. Mario Domandi（New York：Harper and Row, 1970）, 88, 其中，作者描述了居于领导地位的意大利城邦必须关注的地理景观和敌人运动的方式——这在 15 世纪晚期半岛内部的对抗中达到了顶峰。

[19] Claude de Seyssel, *The Monarchy of France*［1515］, trans. J. H. Hexter, ed. Donald R. Kelley（New Haven：Yale University Press, 1981）, 108 –9。查尔斯九世在 1564—1566 年开始了这样一次皇家旅行，其中包括对王国边境的象征性视察；参见 Jean Boutier, Alain Dewerpe, and Daniel Nordman, *Un tour de France royal：Le voyage de Charles IX（1564 – 1566）*（Paris：Aubier, 1984）。

[20] Thomas Elyot, *The Book Named the Governor*, ed. S. E. Lehmberg（London：Dent, 1962）, 23 – 24；cited in Barber, "England I," 31.

[21] 在 Victor Morgan, "The Cartographic Image of 'The Country' in Early Modern England," *Transactions of the Royal Historical Society*, 5th ser., 29（1979）：129 – 54, esp. 141 中对诺登进行了讨论。

到了 1494 年查尔斯八世入侵半岛后随之而来的不断增长的来自法国的威胁，从而形成了一种进行调查和委托绘制区域地图的政策，由此可以使其能有效地管理正在增长的资源。一幅"威尼斯国家"（state of the Serenissima）的杰出地图（现在已佚），装饰了总督宫㉒。威尼斯的工程提供了国家资助的地图学的较早证据。很可能就是意大利的这种影响，促使都铎英格兰的中央集权采取了一种相似的地图绘制政策。然而，被巴伯称作"亨利的地图学革命"（"大量的平面图……由军事工程师绘制的"），可能逐渐形成于 16 世纪 30 年代更为特定的环境，到此时，教皇已经将亨利八世驱逐出教会，并且一次来自法兰西的弗朗索瓦一世（在查理五世协助下）的进攻看起来似乎确实是一个问题㉓。无论刺激是什么，英国君主抓住地图作为"管理和统治运作中的工具"，这说明，托马斯·克伦威尔（Thomas Cromwell）很好地理解了地图学和国家治理之间的关系㉔。瑞典和丹麦之间来来往往的冲突，很可能促使各自的斯堪的纳维亚皇室去赞助绘制他们领土的地图学项目；甚至还涉及在哥本哈根（Copenhagen）的地图学的"国王学派"（Konglischen Schule）㉕。神圣罗马帝国，宗教改革的危机可能相似地强化了地图学的工作，包括，例如蒂勒曼·斯特拉的伟大的调查项目——其，即使从未完全实现，但确实在 1560 年制作了一幅德意志的重要地图㉖。

多种多样的冲突，军事威胁以及军事进攻都使得文艺复兴时期的政权更为敏锐地感觉到了对地图的需求。某些类型的田野地图当然存在于中世纪，但法兰西的查尔斯八世（1483—1498 年在位）是现有记录中为了战略规划而委托绘制地图最早的欧洲君主。作为他入侵意大利的准备的一部分，查尔斯委托雅克·西尼奥（Jacques Signot）勘查并且绘制他的军队可以通过的阿尔卑斯山关口的地图，一项导致了"西尼奥规则"（Code Signot，1495）的任务，在 1515 年作为《意大利地图》（*La carte Ditalie*）而印刷㉗。地图的绘制相当自然而然地与扩张携手并进，就像克里斯托弗·马洛（Christopher Marlowe）笔下的帝王的帖木儿（Tamburlaine）大胆地宣称："给我一幅地图。然后让我看看留下让我征服的世界还有多少。"㉘皇帝查理五世并没有留下如此坦率的记录，然而我们知道他使用地图去规划整个战役。为了做到这一点，哈布斯堡君主面前有居鲁士大帝（Cyrus the Great）、尤利乌斯·凯

㉒　参见 Rodolfo Gallo，"Le mappe geografiche del palazzo ducale di Venezia，" *Archivio Veneto*，5th ser.，31（1943）：47 - 113。

㉓　Barber，"England I，" 34. 也可以参见 P. D. A. Harvey，*Maps in Tudor England*（Chicago：University of Chicago Press，1993），44，关于"经常使用地图……在规划单独的防御设施和其他皇家工程中"。

㉔　Barber，"England I，" 32 - 33。

㉕　参见在 Ulla Ehrensvärd，"Cartographical Representation of the Scandinavian Arctic Regions，" in *Unveiling the Arctic*，ed. Louis Rey（Fairbanks：University of Alaska Press for the Arctic Institute of North America，1984），552 - 561 中的讨论，以及 Christian Degn 为 Caspar Danckwerth，*Die Landkarten von Johannes Mejer*，*Husum*，*aus der neuen Landesbeschreibung der zwei Herzogtümer Schleswig und Holstein*，ed. K. Domeier and M. Haack（Hamburg-Bergerdorf：Otto Heinevetter，1963）所作的导言。

㉖　关于斯特拉的项目，参见本卷原文第 1213—1214 页。

㉗　参见本卷的图 48.14。西尼奥的项目在 David Buisseret，"Monarchs，Ministers，and Maps in France before the Accession of Louis XIV，" in *Monarchs，Ministers，and Maps*，99 - 123，esp. 101 中进行了讨论；也可以参见 Monique Pelletier，"Des cartes pour communiquer：De la localisation des etapes，a la figuration du parcours 17e - 18e siècles，" in *La cartografía francesa*（Barcelona：Institut Cartogràfic de Catalunya，1996），33 - 45。

㉘　Christopher Marlowe，*Tamburlaine the Great*，Parts 1 and 2，ed. John D. Jump（Lincoln：University of Nebraska Press，1967），2.5.3，ll. 123 - 24。

撒，以及其他据说求助于地图来规划他们战役的古代领导者的先例。他还拥有马基亚韦利的智慧，其建议王公去进行一种总体性的思考，并且要对地形有充分的了解，他还有韦格蒂乌斯（Vegetius）的指挥，这位 14 世纪的军事作家，其同样向统治者提醒了地图的重要性㉙。

666　亨利八世和弗朗索瓦一世，相似地，已知基于军事目的而使用了地图，在两个例子中，将地图学工具转化为国家工程㉚。

　　海外扩张——和随之而来的商业活动——同样诱发了官方的地图学产品。开始于 15 世纪，伊比利亚君主使用航海图、海图志和其他地理学设备去帮助规划他们帝国的冒险活动。为了这一目的，创造了专门的地图学储藏机构——里斯本的仓库和塞维利亚的贸易署——以及对这些地图材料的准备和保存负责的专业官员：里斯本的首席宇宙志学者（cosmografo-mor）、塞维利亚的资深宇宙志学者（cosmógrafo mayor）。到 17 世纪，荷兰接管了葡萄牙帝国在东方的大部分地区，并且在西方对西班牙和葡萄牙进行了挑战。他们还制作地图去支持他们的海外冒险，尽管本质上这是为了荷兰的准国营（quasi-state-run）的东、西印度公司（分别成立于 1602 年和 1621 年）所作的，而不是为了荷兰议会（States General）。在一些例子中，这些地图被基于其他可以接触到的伊利比亚的文献，例如那些构成了扬·许根·范林斯霍滕（Jan Huygen van Linschoten）的《旅行指南》（Itinerario，1596）的基础的。确实，很多 17 世纪的伟大的阿姆斯特丹地图学家服务于海外公司的需要。科尔内利·克拉斯在世纪之初作为"荷兰仓库（Dutch Almazém）的保管者"而工作，并且阿姆斯特丹的荷兰东印度公司（VOC）的机构，在某种意义上，类似于荷兰的贸易署。到 1617 年，赫塞尔斯·格雷茨（Hessel Gerritsz.）作为 VOC 的地图学家（在这一时间是一位官员和支付薪水的职位），而这一职位当他于 1632 年去世的时候由伟大的威廉·扬茨·布劳接替㉛。

　　地图学家的机构，无论是为了国家还是为了一家海外公司的，表明最迟到 16 世纪后半叶，地图学正在变得制度化。这反映，最为基本的，国家对地图产生了兴趣；然而，它也表明，国家越来越需要减少对不太可靠的地图知识来源的依赖。统治者认为有必要成为地图的制作者和消费者，并且为了这一目的，他们创造了专业化的地图学机构去掌管制作它们所需要的材料的生产。帝国的扩张使得西班牙和葡萄牙在这一领域居于领导地位，当他们创建他们各自的"宇宙志"的职位的时候。然而，其他国家在认识到这些管理工具的用途方面并没有落后太多。到 16 世纪中期，威尼斯已经建立了专业化的机构——监督者（magistraturi）——负责国家管理林地、水资源和其他自然资源所需的地图和调查。而且，1548 年，威尼斯元老院设立了共和国的宇宙志学者（cosmografo della Repubblica）这一职位，

㉙　在他的被广泛阅读的 Art of War 中，马基亚韦利强调"应当做的最为重要的事情［总体上］就是拥有对他行军经过的国家的所有描述和地图，而这些描绘和地图以一种可以让他知道地点、人口、距离、道路、山脉、河流、沼泽和所有它们特征的方法制作"；in Machiavelli, Chief Works, 2：674。关于 Flavius Vegetius Renatus，参见 Vegetius：Epitome of Military Science, trans. N. P. Milner（Liverpool：Liverpool University Press, 1993），71。查理五世基于军事目的对地图的使用，in James D. Tracy, Emperor Charles V, Impresario of War：Campaign Strategy, International Finance, and Domestic Politics（Cambridge：Cambridge University Press, 2002），213 中进行了讨论。

㉚　参见 Barber, "England Ⅰ," 以及 Buisseret, "Monarchs, Ministers, and Maps"。

㉛　参见 K. Zandvliet, Mapping for Money：Maps, Plans and Topographic Paintings and Their Role in Dutch Overseas Expansion during the 16th and 17th Centuries（Amsterdam：Batavian Lion International, 1998），引文在 42，以及本卷的第四十六章。格雷茨取代了 Augustijn Robaert，其填补了一个相似的职位，但显然没有领取薪水。

授予这一官员全权负责威尼斯国家的地图绘制。这一职位的第一位任职者就是皮埃蒙特地图学家贾科莫·加斯塔尔迪，其职责包括向元老院的各个成员提供宇宙志和地图学的课程。此外，元老院委托加斯塔尔迪制作一系列墙壁地图，其中包括一幅所有非洲和亚洲其他部分以及"由西班牙人在 50 年前发现的世界"的地图，也就是意味着美洲[32]。

　　相似的机构很快出现在其他地方，它们的无处不在展示了官方地图学已经分布得如此广泛。在低地国家，有造诣的雅各布·范代芬特尔首先作为查理五世的"帝国地理学家"提供服务，然后作为菲利普二世（1556—1598 年在位）的"皇家地理学家"服务。为查理五世印制了五个省份的地图（一些涵盖了多个省份），并且为菲利普二世制作了大约 260 幅城镇平面图（最终意图服务于军事用途）[33]。随着针对西班牙的叛乱，官方地图学确实在低地国家延续，尽管在北方其处于国务委员会（Raad van State，States Council）的权威之下。南方各省，或者西班牙，依然在菲利普的控制之下，而且由此，也就是在哈布斯堡皇家地图学家的职权范围之下。在法兰西，亨利二世（1547—1559 年在位），一位对地图有着特殊兴趣的君主，建立了地理学的职位——后来提升为国王的宇宙志学者（cosmographe—du roi）。第一位任职者就是杰出的宇宙志学者安德烈·泰韦[34]。职位然后交由一位军事工程师管理尼古拉斯·德尼古拉（Nicolas de Nicolay），他被命令，作为他职责的一部分，开始"对王国进行视察以及完成关于法兰西的普通的和特别（详细）的描述"的工作[35]。这是由一位法国统治者委托的这类调查中最早的，尽管与宗教战争有关的原因，其从未完成。后来的法国君主，同样拥有他们的官方地图学家，并且到亨利四世在位期间（1589—1610 年），国王的地理学家由一队负责绘制各省地图和其他调查的国王的工程师（ingénieurs du roi）协助[36]。在德意志，事情由于自由邦和帝国邦以及公国等的多重分裂而典型的复杂化；同样，有时，哈布斯堡的国王陛下的地理学家（geographus regiae maiestatis）可以在神圣罗马帝国工作，就

667

---

　　[32]　参见 Gallo，"Le mappe geografiche，" 59 and 61. 关于威尼斯共和国地图绘制方面的其他成就，参见 Ennio Concina，"Conoscenza e intervento nel territorio：Il progetto di un corpo di ingegneri pubblici della Repubblica di Venezia，1728 – 1770，" in *Cartografia e istituzioni in età moderna*：*Atti del Convegno*，*Genova*，*Imperia*，*Albenga*，*Savona*，*La Spezia*，2 vols. （Genoa：Società Ligure di Storia Patria，1987），1：147 – 66；Emanuela Casti，"Cartografia e politica territoriale nella Repubblica di Venezia（secoli XIV – XVIII），" in *La cartografiai taliana*（Barcelona：Institut Cartogràfic de Catalunya，1993），79 – 101；以及本卷的第三十五章。

　　[33]　关于范代芬特尔的任务，参见 Geoffrey Parker，"Philip II，Maps and Power，" in *Success Is Never Final*：*Empire*，*War*，*and Faith in Early Modern Europe*（New York：Basic Books，2002），96 – 121，esp. 101 – 2。范代芬特尔的尼德兰北部最初的城镇平面图，有影印件可以使用：C. Koeman and J. C. Visser，*De stadsplattegronden van Jacob van Deventer*（Landsmeer：Robas，1992 – ）。那些尼德兰南部的已经出版在 Jacob van Deventer，*Atlas des villes de la Belgique au XVIᵉ siècle*：*Cent plans du géographe Jacques de Deventer*，24 pts. in 4 vols.，ed. C. Ruelens，É. Ouverleaux，and Joseph van den Gheyn（Brussels，1884 – 1924）。

　　[34]　Frank Lestringant，*André Thevet*：*Cosmographe des derniers Valois*（Geneva：Droz，1991），259 – 74.

　　[35]　Roger Hervé，"L'oeuvre cartographique de Nicolas de Nicolay et d'Antoine de Laval（1544 – 1619），" *Bulletin de la Section de Géographie* 68（1955）：223 – 63，esp. 224 n. 1

　　[36]　David Buisseret 有多篇致力于 16 世纪和 17 世纪法兰西君主的地图学工程的论文。除了本卷的第四十九章之外，"Monarchs，Ministers，and Maps，" and "Cartographic Definition，" 参见 "The Use of Maps and Plans by the Government of Richelieu，" *Proceedings of the Annual Meeting of the Western Society for French History* 14（1987）：40 – 46。关于路易十四和地图，参见 Monique Pelletier，"Cartography and Power in France during the Seventeenth and Eighteenth Centuries，" *Cartographica* 35，nos. 3 – 4（1998）：41 – 53。

像克里斯蒂安·斯根顿从1557年之后为菲利普服务那样。还有大量在德意志的宫廷地图学家进行的较小规模工作的记录：巴伐利亚的阿尔布雷克特五世公爵（1550—1579年在位）雇用了受尊敬的菲利普·阿皮亚；从早至1528年之后，在黑森（Hesse）的兰德格拉弗（Landgraves）的宫廷，为了调查他们土地的目的而使用了不同的地图学家和学者；萨克森选侯，从自己有调查经验的王公，奥古斯特一世（1553—1586年在位）开始，启动了一项持续至17世纪的地形调查项目⑰。相似的模式存在于意大利的诸国中：例如，科西莫一世，任命伊尼亚齐奥·丹蒂为佛罗伦萨公国的陛下的宇宙志学者（*cosmografo de Sua Alteza Serenisimo*）（这是在1562年，在威尼斯的"监督者"建立之后没有多久），并且热那亚建立了一个共和国的工程师和绘图者（*delineatore e ingegnare de la Repubblica*）的职位⑱。还存在东欧的证据——例如，在波兰，斯特凡·巴托里国王（King Stefan Batori，1575—1586年在位），作为他对抗土耳其人的军事战役的一部分，任命马蒂亚斯·斯特鲁比茨（Matthias Strubicz）为皇家地图学家⑲。

到了17世纪，这一过程在瑞典王国军事野心中愈演愈烈，可能没有其他地方会比这里更甚了。古斯塔武斯·阿道富斯二世（Gustavus Ⅱ Adolphus，1611—1632年在位），为了行政管理、防御以及间接进攻的目的，雇用了一些官方地图学家。在1628年，乔治·冯申文根（Georg von Schwengeln），一位波兰地图学家，其已经为阿道富斯制作了多种爱沙尼亚（Estonia）和立窝尼亚（Livonia）的地形图表（*tabulas geochorographicas*），骄傲地使用了国王的"任命的地理学家"（confirmed *geographicus*）的头衔⑳。同一年，阿道富斯任命了另外一名地图学家安德烈亚斯·布鲁斯（Andreas Bureus），并且命令他调查整个王国，以调查经济发展的可能性。布鲁斯，遵从一种家族传统而进入自然科学领域，是瑞典 Lantmäterikontoret 或土地调查局（Land Survey Office）背后的工程师，而这一机构到世纪中期将发展成"欧洲最重要的地图学机构之一"㉑。与此同时，他的1626年的王国地图向君主警示了对于规划目的而言地图的重要性。作为新的调查机构的首脑，精力充沛的布鲁斯指导了六名工作人员（这一数字将增加到26名），帮助他制作了详细的地籍册。除了关于边界、资源，甚至土壤类型的信息之外，这些文献还推荐了改良的可能性。全部地形材料最终装订为专业书籍，称为"较为古老的几何地籍册"（*geometriska jordeböckerna*），仔细地储存在皇家档案馆中。此外，瑞典国王，创建了军事工程师处（Militaringenjörshar），一家军事地图机构，其成员由军事工程师构成。到17世纪中期，君主们与地图的全方位的关系，展示了由国家委托的地

---

⑰ 德意志的背景，包括神圣罗马帝国的背景，在本卷第四十二章中进行了评论。

⑱ 关于托斯卡纳和热那亚，尓刈参见 Leonardo Rombai，ed.，*Imago et descriptio Tusciae：La Toscana nella geocartografia dal XV al XIX secolo*（Venice：Marsilio，1993），58，以及 Gianni De Moro，"Alla ricera di un confine：Modifiche territoriali e primi sviluppi di cartografie 'di stato' nel ponente ligure cinquecentesco," in *Carte e cartografi in Liguria*，ed. Massimo Quaini，展览目录（Genoa：Sagep，1986），68–77，esp. 70. 也可以参见本卷的第三十六和三十四章。

⑲ Karol Buczek，*The History of Polish Cartography from the 15th to the 18th Century*，trans. Andrzej Potocki（1966；2d ed.，reprinted with new intro.，notes，and bibliography Amsterdam：Meridian，1982），49–51；也可以参见 Michael J. Mikos，"Monarchs and Magnates：Maps of Poland in the Sixteenth and Eighteenth Centuries," in *Monarchs，Ministers，and Maps*，168–81，esp. 169–74.

⑳ Harald Köhlin，"Georg von Schwengeln and His Work，1620–1645," *Imago Mundi* 6（1949）：67–72，esp. 68.

㉑ 参见本卷的原文第1805页。

图学所造成的深层次的渗透㊷。

现代早期欧洲一些最为重要的地图制作发生在低地国家，尤其是在阿姆斯特丹；值得注意的是，荷兰的例子（以及，更少程度上，英国）是如何在许多方面，使得与官方地图有关的论点复杂化的。最为明显的是，低地国家，与到此为止我们已经讨论的国家相比，有一种远为混乱的"官方地图学"的版本。作为从 1648 年（实际上是从 1609 年）之后的一个独立共和国，尼德兰七省联合共和国（United Provinces of the Netherlands）由低地国家的七个北方省构成，这些省是在 16 世纪最后数十年从哈布斯堡西班牙分裂出来的。到 17 世纪，这些省份通过一个精致平衡的荷兰议会与有时强有力的荷兰省督（*stadhouder*，state-holder 或 lieutenant）配合而进行统治，后者通常由奥兰治王子（prince of Orange）具体代表。在很多现代早期欧洲顶尖的文化赞助者中，奥兰治王室的成员在荷兰地图学中发挥了较小的作用。与此同时，由来自省议会的不同代表组成的荷兰议会，同样缺乏地图学的中央机构，尤其是当与他们毗邻的（和中央集权的）君主政权比较的时候。因而，制作地理物品的工作全部落到商业地图制作者手中，后者在安普卫特（直至 1576 年），后来在阿姆斯特丹的繁荣是其他任何地方都无法媲美的。"官方的"地图学，其存在严重依赖于商业资源；那些可以被认为是为"国家"机构工作的荷兰地图制作者，制作他们的产品主要是为了公开市场（非常相似的自由市场制度也使得荷兰绘画的赞助模式与众不同；宫廷绘画很快与为市场而制作的产品共存）。这一点可能在殖民地地图学的领域中进行了最好的展示。为私人贸易，以及为荷兰议会服务的地图制作者——得到了来源于被错误地定义为"私人部门"的海外公司的支持，并且同样也继续为这些"私人部门"进行制作。布劳公司为 VOC 的主管们制作地图，他们还为他们公开销售的产品使用 VOC 产生的数据。更为常见的是，由于没有单一的王公的或政府的力量来执行对地图学的控制，因而地图制作的繁荣几乎毫无例外的是作为一种商业行为。荷兰的地图制作者制作的产品有相当的质量和数量，对荷兰各省的描绘不少于对欧洲各王国的描绘——让整个欧洲统治者羡慕的地图学产品，这些统治者有些时候不得不依赖于在尼德兰的制作者来描绘他们自己的领土㊸。

在现代早期英格兰的情况中，官方地图学确实存在，甚至有时在繁荣的同时，不得不与其他地图学实体竞争，以一种与欧洲大陆部分相比，说明了国土与地图制作之间更为模糊的关系的方式。的确，国家资助的地图学在英格兰开始的比在意大利或伊比利亚更晚——就像其他文艺复兴时期的潮流那样——并且在 16 世纪中有一些断断续续的历史。亨利八世是已知第一位为了防御目的而使用地图的英国君主（这是在 16 世纪 30 年代之前），并且，开始

<hr>

㊷　参见本卷的第六十章。关于同时期在西班牙的发展，参见 Felipe Pereda and Fernando Marías, eds., *El Atlas del rey planeta:La "Descripción de España y de las costas y puertos de sus reinos" de Pedro Texeira（1634）*（Madrid:Nerea Editorial, 2002），以及 Rocío Sánchez Rubio, *Isabel Testón Núñez, and Carlos M. Sánchez Rubio, Imágenes de un imperio perdido:El Atlas del Marqués de Heliche*［（Mérida）:Presidencia de la Junta de Extremadura,（2004）］.

㊸　荷兰的地图学由 C. Koeman 在 *Geschiedenis van de kartografie van Nederland:Zes eeuwen land- en zeekaarten en stadsplattegronden*（Alphen aan den Rijn:Canaletto, 1983），以及 K. Zandvliet, *De groote waereld in 't kleen geschildert:Nederlandse kartografie tussen de middeleeuwen en de industriële revolutie*（Alphen aan den Rijn:Canaletto, 1985）中进行了调查。参见本卷中的第四十三至四十六章，所有都使用了最新的资料。

于 16 世纪 50 年代，英国政府着眼于殖民化，在绘制爱尔兰地图中发挥了领导作用⑭。然后，对任何数量的地图事业的皇室支持往往是间接的。只是在伊丽莎白一世（1558—1603 年在位）统治期间，主要归因于伯利男爵、国务秘书和财政大臣威廉·塞西尔的影响，地图被结合到日常的国家事务中。塞西尔需要并且获得了更为准确的地图，且将它们应用于各种防御和行政管理目的：评估税收、确定边界以及规划路线。在 16 世纪 60 年代，塞西尔还试图让王室参与英格兰和威尔士详细的地理调查，这一项目，委托给了约翰·拉德（John Rudd），但从未完成。1573 年，克里斯托弗·萨克斯顿被任命去调查英格兰和威尔士，"通过来自女王陛下的特别指令和命令"⑮。在下一个十年中，萨克斯顿制作了一系列郡图，并且，在 1583 年，制作了王国的一幅大型墙壁地图。然而，王室实际上很少参与这一项目，主要局限于授予萨克斯顿官方通行证，土地和办公室，以及各种补贴。确实，对萨克斯顿地图的细致研究说明了，官方赞助地图绘制的复杂层级——皇室、贵族、商业——以及强烈的地图学的争斗，而这种争斗可能发生，毫不夸张的，在地图上。总而言之，都铎王朝的君主，按照巴伯解释的，更多的是消费者，而不是地图的生产者，而在斯图尔特王朝统治下，事情并没有太大的改变⑯。只是在 1671 年，查尔斯二世确实试图建立皇家地理学家的职位，而他将这一职位授予了约翰·奥格尔比，一位转变为诗人的前舞蹈大师。奥格尔比从荷兰的原本剽窃并制作了亚洲和美洲地图集，且对英国和威尔士道路进行了地图学调查，意在构成尽管是野心勃勃规划的，但从未完成的，英国地图集的一部分（前半部分于 1675 年在总标题《不列颠》下出版）。

绘制国家地图

在萨克斯顿对郡地图进行大规模搜集（1579）与奥格尔比的道路地图集《不列颠》（1675）之间的大约一个世纪中，英格兰自身从一个岛屿的和相对边缘的君主制国家转型为在欧洲舞台上居于领导地位的国家之一。地图对此起到了什么作用？在大陆上，与其他新的国家治理工具一起，地图学于 15 世纪晚期开始成为统治的一种主要工具。其在行政管理、税收、管辖权管理和现代国家的防御中发挥了作用。地图学的专门知识进入文艺复兴时期宫廷的政治工具箱中，同时，一种新的"绘制地图的意识"以清晰可辨的方式渗透到政府政策（和政治词汇表）中。英格兰确实跟随着这些趋势——即使它们抵达阿尔比恩（Albion）要比在意大利和西班牙更晚一些，并且即使伦敦的地图绘制从未可以与安特卫普或阿姆斯特丹的媲美。有充分的证据表明，在英国政府的实践中使用了地理学的和地点的地图——尤其是在 1530 年之后

　　⑭　关于绘制爱尔兰地图，参见 J. H. Andrews, "Geography and Government in Elizabethan Ireland," in *Irish Geographical Studies in Honour of E. Estyn Evans*, ed. Nicholas Stephens and Robin E. Glasscock（Belfast: Queen's University of Belfast, 1970），178 – 91。

　　⑮　被引用在 R. A. Skelton, *Saxton's Survey of England and Wales: With a Facsimile of Saxton's Wall-Map of 1583*（Amsterdam: Nico Israel, 1974），8。也可以参见 Ifor M. Evans and Heather Lawrence, *Christopher Saxton, Elizabethan Map-Maker*（Wakefield: Wakefield Historical Publications and Holland Press, 1979）。

　　⑯　这些地图的政治背景，在 Peter Barber, "England II: Monarchs, Ministers, and Maps, 1550 – 1625," in *Monarchs, Ministers, and Maps*, 57 – 98, esp. 73 – 77 and 84 中进行了研究；也可以参见开创性的论文 Richard Helgerson, "The Land Speaks: Cartography, Chorography, and Subversion in Renaissance England," *representations* 16（1986）: 50 – 85。

亨利八世的宫廷，以及在伊丽莎白一世的皇家仆人伯利男爵的圈子中。然而，很难将地图学作为一种原因；地图反映了宫廷的习惯和管理者的议程，而不是它们对他们的实际塑造。那就是说，地图在英国宫廷中被用作一种塑造认同和阐明国家野心的有力手段。在阐述英格兰的空间，以及其中王室的相对位置的各种努力中，采取了不同的且往往是相互竞争的地图学的形式，并且从萨克斯顿到奥格尔比的地图制作者参与了这一绘制出英国风格的地图的过程。

　　如同在现代早期欧洲的大部分其他地点，官方地图学，在英格兰在国家治理的执行中发挥了坚实的作用，同时在国家的扩展中则起到了一种更为不确定的角色。克里斯托弗·萨克斯顿的英格兰和威尔士的郡图，如同赫尔格森（Helgerson）庄重展示的，以它们的形式承担了国家的符号象征[47]。在它们的各种状态中，以及通过它们与各种工具——皇冠、赞助者的盾徽、雕刻者的头衔，装饰性的旋涡形装饰——的结合，萨克斯顿地图显示了调查员和他的赞助者如何全部参与了意识形态的生产，或者"时尚的"，英格兰的认同中（图26.1）。数十年后，随着一场猛烈的内战以及前所未有的杀戮和空白期，奥格尔比的地理学事业，即使低于对萨克斯顿的评价，但再次承担了传播英国风格的任务，再次是以地图学的形式。使用地理学的形式去代表民族主义或者原始形态的民族主义，证据并非不常见。这是一种被使用的策略，而且，是由皇室，或者那些为其服务的人，以及由那些对国家形成挑战的人。其还是一种战略，很可能来自宫廷以及来自地图学家。在1580年，英国的占星家和数学家，约翰·迪伊，与伊丽莎白一世会面，试图向他的君主证明，"大西洋海岸的大部分（还被称为美洲）……以及所有的岛屿都是相似的……并且格林兰和神秘的弗里斯兰岛屿，都应当服从于最为慷慨的陛下的统治和管理"[48]。迪伊意图向女王出售他的一个海洋帝国的宏大计划，并且解说了一系列可以追溯至亚瑟王（King Arthur）时代的历史主张来达到这一点。他通过呈现给伊丽莎白显示了那些他希望以女王的名义去探索的美洲和亚洲部分的地图，来为一个不列颠的帝国地图学奠定基础。迪伊的首要想法就是撰写一部四卷本的关于不列颠君主政体的著作，一种附带有历史的地图集，将他为想象的"不列颠帝国的四至"（*Brytanici Imperii Limites*）所制定的计划通过地图绘制出来。尽管她对迪伊喜怒无常，但伊丽莎白当然无法对这一帝国地图学免疫[49]。居高临下的《迪奇利肖像》（*Ditchley Portrait*，约1592年），被认为是马库斯·海拉特绘制的，显示了站在一幅英格兰地图上的女王，她高耸的身影直言不讳地掌控着威尔士并且遮蔽着苏格兰（图版18）。通过这种方式，伊丽莎白的身影对她王国的一种地图学形象表示了支持，且将她的皇家权威与土地牢固地联系起来。

　　有着大量进一步的例子可以引用，它们可以被称为"建设性的地图学"：通过使用地图和其他地理学的形式，建立民族愿望、帝国扩张、宗教正统或政治反对的努力。这些构建的范围，就它们的尺度、目的和成果而言，是宽泛的；它们包括了装饰宫殿和增强了皇家野心的地图，在宗教冲突的热浪中宣传了教会倾向的地图，挑战了与之竞争的强权的殖民地范围

　　[47]　Helgerson，"Land Speaks"；也可以参见 Richard Helgerson，*Forms of Nationhood：The Elizabethan Writing of England*（Chicago：University of Chicago Press，1992），用其他学科的证据扩展了地图学的主题。

　　[48]　William H. Sherman，"Putting the British Seas on the Map：John Dee's Imperial Cartography," *Cartographica* 35，nos. 3 - 4（1998）：1 - 10，esp. 3 - 4.

　　[49]　关于迪伊的地图学成就，参见 Sherman，"Dee's Imperial Cartograph"。

图 26.1　克里斯托弗·萨克斯顿，萨默塞特地图，1579 年。这幅地图展示了一个相互竞争的赞助者和制作者的"菜单"。皇室的盾徽获得了突出的位置，展示于左上角沉重的树冠之下，同时托马斯·塞克斯福德（Thomas Seckford）的盾徽位于右下角，不那么显眼。萨克斯顿将自己的名字谨慎地放置在罗盘之后飘扬的旗帜上

原图尺寸：约 39.7×52.1 厘米。BL（Maps C. 7. c. 1）提供照片。

的地图。共同的，它们展示了可以使用无数种地图学的工具支持国家项目的方法。或者帝国
670　的，因为这类地图绘制中一些最为令人瞩目的样本，来源于查理五世的哈布斯堡宫廷，为他
（或者至少环绕他的人）执行了一些极具野心的地图学项目。一幅特诺奇蒂特兰
［Tenochtitlán，墨西哥城（Mexico City）］早期地图的政治象征主义——通常，但是错误的，
被认为是埃尔南·科尔特斯（Hernán Cortés）绘制的，这幅地图最早印刷在来自墨西哥的他
的信件中（Nuremberg，1524）——是惊人的、直率的[50]。地图本身是地图学七零八碎的混合
物，至少从三个不同来源汇集。首先，城市的图像与一幅墨西哥湾（Gulf of Mexico）海岸地
图分享了空间，后者标明了特诺奇蒂特兰所在的地区。第二，图幅中包括，特斯科科湖
（Lake Texcoco）的一幅地图，如同这一时期大部分地图那样，强调了湖泊的岸线和沿着其
边缘延伸的城镇。叠压在这一地图之上的是第三幅图像，阿兹台克（Aztec）首都的一幅透
视图，有其中的住宅、堤道和水利工程。在中间，通过完全超出比例尺而展现了其重要性的

50　Barbara E. Mundy, "Mapping the Aztec Capital: The 1524 Nuremberg Map of Tenochtitlan, Its Sources and Meanings,"
Imago Mundi 50 (1998): 11–33.

是一幅呈现了古老神庙的境域的平面图。地图这一中心部分的元素，其指向了阿兹台克宗教习惯的各个方面——著名的双台基的、金字塔形状的神庙，其上有太阳的图像和头骨架——被认为出自一位土著人之手。然而，它们与其他元素同时并存——一架位于神庙顶部的十字架以及一个被斩首的偶像——说明，至少象征性的，土著的宗教仪式在最近是如何被征服的。无论这一微妙的宗教信息是否被传递，但政治信息在左上部的漩涡形装饰中被直白地颂扬，漩涡形装饰中包含了皇帝的盾徽和一段拉丁文的铭文，大致翻译为"一个曾经强有力的联邦和一个有着极大荣耀的王国……他［查理五世］是真正杰出的。旧世界和新世界［现在］都属于他，同时另外一个则向他的统治敞开"[51]。修辞是帝国主义的。同样，这幅地图也是如此，其将特诺奇蒂特兰——另外一个新世界——呈现为查尔斯皇冠上最新添加的珠宝。

特诺奇蒂特兰地图以印刷文本的形式向海外帝国传播了哈布斯堡的情况，向新世界文献的所有欧洲读者传达了一种自信的帝国的信息。在其他例子中，皇帝向更接近于家乡的受众——宫廷——展示了其他各种体裁，这些体裁用绘画、编制或者甚至地砖的形式，展现了一幅表达了哈布斯堡力量的地图。这一地图学修辞的特别令人惊讶的一个形式出现在一系列庆贺查理五世 1535 年征服突尼斯的挂毯中，这是他最为著名的军事胜利，而且是他亲自指挥的。尽管挂毯是在 1546 年由查尔斯的姑母匈牙利的玛丽（Mary of Hungary）委托制作的，但当邀请一些历史学家和一位艺术家扬·科内利斯·韦尔梅耶去陪伴他前往北非的时候，皇帝已经意识到他事业的宣传价值。装饰性的挂毯最终由韦尔梅耶设计，1549—1554 年间在威廉·德帕纳玛科的布鲁塞尔的作坊中纺织。随后，在国家的重要场合进行展示——皇家宴会、婚礼、葬礼——挂毯是将近 150 年中哈布斯堡帝国修辞学的中心。在十二幅相关的镶嵌画中，它们用皇帝取得的胜利的视觉史的形式提供了一种叙述。同时，地图扮演了一个醒目的部分。非常类似于尤利乌斯·凯撒用对土地的一段描述作为他高卢战争的开场白那样，挂毯的第一块镶嵌画为戏剧设定了地理舞台，这里使用的是一幅地中海盆地西部的地图，显然是韦尔梅耶本人的作品。北非位于上部，欧洲位于底部，这一"开场白"同样包括了巴塞罗那、热那亚和那不勒斯的图景，所有这些城市都出现在远征中[52]。其他镶嵌板提供了巴塞罗那和马耳他岛上瓦莱塔的全景画，这些是在哈布斯堡的胜利中有着中心地位的城市。当然，地理学的描述，并不是这些挂毯的首要目的。它们试图赞美查尔斯的王权，这是被纺织到每幅挂毯边缘的主题，其展示了统治者著名的图案，赫拉克勒斯之柱和他的座右铭"超越极致"（Plus ultra）。地图宣传了皇帝统治的范围，其现在不仅包括了地中海（更不用说美洲和亚洲了），还有非洲[53]。

其他的欧洲统治者用相似方式构建了地图学，即使是在较小的尺度上。确实，地图的野心通常反映了统治者的野心，而不是他们领土的范围。尽管严格地讲，通常并不被认为是"帝国的"君主，但美第奇托斯卡纳大公，开始于科西莫一世，并且延续至 17 世纪，将地

㊿　被引用在 Kagan, *Urban Images*, 67。我们还从 Catharine Wilkinson-Zerner 对这幅地图的深入研究中获益。

52　地中海盆地是在本卷的图版 22。

53　挂毯在 Hendrik J. Horn, *Jan Cornelisz. Vermeyen：Painter of Charles V and His Conquest of Tunis*, 2 vols.（Doornspijk：Davaco, 1989）中进行了讨论和展示。

图的任务设定为巩固其政权。大公对地图的了解是与众不同的；他们非常热切地转向地图学，并且通常努力支撑在前共和国中他们作为公爵的有些不稳固的地位，并且去宣传他们扩展领土的希望。［并且公爵将地图作为图像更广泛的攻击性的一种策略，就像比亚焦利（Biagioli）提到的科学的象征符号所展示的那样］[54]。科西莫一世开始了这一过程，使用乔治·瓦萨里为旧宫的一些房间绘制的佛罗伦萨的景观（*vedute*）和其他托斯卡纳城市的景观，以及美第奇繁华的符号，旧宫是科西莫一世转化为一座宫殿的堡垒（图 26.2）。为此，他让伊尼亚齐奥·丹蒂，威尼斯大公的宇宙志学者（*cosmografo del Serenissimo granduca*），将宫殿的衣帽间（Sala de Guardaroba）转变为一间地图室，其最终储藏有 57 幅描绘了佛罗伦萨、意大利和世界各大陆的地图。这一项目的构想有一些科学目的，鉴于对丹蒂的指示，即去装饰房间，用油画的地图，"每幅精确的测量，并且用新的作者和准确的航海地图作为

图 26.2　伊尼亚齐奥·丹蒂，意大利地图，旧宫的地理地图间，约 1563 年至 1567 年。这幅地图属于科西莫·德美第奇一世结合到旧宫的"宇宙志"的 57 幅不同的地图学图像。作为大公官方地图学家的作品，结合到这一房间中的地图是基于教学的和庆典的目的而绘制的

Fototecadei Musei Comunali di Firenze 许可使用。

54　Mario Biagioli, "Galileo the Emblem Maker," *Isis* 81 (1990)：230–58，并且，更为一般的，idem, *Galileo*, *Courtier*：*The Practice of Science in the Culture of Absolutism* (Chicago：University of Chicago Press, 1994)。

补充"⑤。后来被称为地理地图间（Sala delleTavole Geografiche）的房间同样有一个政治目的，因为其向所有访问者展现了赞助者的全球性的渴望。科西莫一世的儿子和继承者，弗朗切斯科和费迪南德一世，按照这一模式，突出地将帝国的修辞纳入其众多地图学任务中。弗朗切斯科让一系列艺术家和宇宙志学者忙于制作佛罗伦萨的图景、美第奇乡村别墅的景观以及各种地图。在费迪南德一世统治下，朱塞佩·罗塞西奥的卡瓦洛地图（Carta di Cavallo，1609）使这些地图学任务达到了顶点，这是一幅区域的新地图，其投射出了大公爵渴望更大的托斯卡纳的信息。这一信息广泛流传：所有美第奇的地图和图景或者被出版，或者突出地公开展示，以努力提升美第奇统治的威严。

绘制"庄严"地图的概念被这一时期的统治者和政权广泛接受。地图学家通过在绘制地图时使用颂扬君主或者共和国的方式来遵从这一点，且通过他们对国家的呈现试图彼此超越——并且使潜在的观看者敬畏。在波兰，斯特凡·巴托里国王将他的宣传目的表达得非常明显，在他于1586年去世之前不久，在皇家地图学家马蒂亚斯·斯特鲁比茨的协助下，他计划出版一幅"颂扬这一王国和他胜利的记忆"的波兰地图⑤。蒂勒曼·斯特拉，其从16世纪中期之后，为梅克伦堡—什未林（Mecklenburg-Schwerin）的约翰·阿尔布雷克特一世（Johann Albrecht Ⅰ）公爵服务，还工作于一项大型的神圣罗马帝国的调查工作（从未出版），为此在1560年被授予了帝国特权。他的目的，就像在一份写给费迪南德一世的请愿书中描述的，就是明确地"颂扬"作为基督教世界的领袖的德意志——并且，自然而然地，颂扬上帝和皇帝。在其中，斯特拉，应当回应了其他同时代的甚至相互竞争的地图——例如克里斯蒂安·斯根顿的去赞扬作为一个帝国的日耳曼尼亚的墙壁地图（约1566年），这是为卡斯提君主菲利普二世制作的，而这一帝国是国王的父亲查理五世授予他叔叔的（参见图42.31）。菲利普敏锐地意识到地图可以如何帮助巩固他在西班牙的统治：地图可能会令一位君主的形象闪闪发光，并且打动他所针对的对象。撰写于大约1560年，国王的顾问菲利佩·德格瓦拉（Felipe de Guevara），催促菲利普在他宫殿的墙壁上展示一幅大型的"西班牙的描绘"。格瓦拉关于这个项目的理由如下：

> 尽管，确定的是，存在很多国王陛下可以感到骄傲的事情，并且这些将会使您的名字和名声不朽，这些人类成就中没有一个能够与［在这幅地图中］可以看到的辉煌和精确度相比……其他王公可能需要避免展示一幅他们管辖的国家的详细地图，由此避免揭示他们领土的弱点、人口的缺乏以及减少他们被入侵的可能；但对于西班牙而言，这些恰恰是相反的，因为一幅［地图］将恐吓［pone horror］［正在观看这幅地图的观看者］，这样一个大的国家，除了以比利牛斯山为标志的［边界］的一小部分之外，完全由海洋所环绕。⑤

672

673

---

⑤　Jodoco Del Badia, "Egnazio Danti: Cosmografo, astronomo e matmatico, e le sue opere in Firenze," *La Rassegna Nazionale* 6 (1881): 621–31, and 7 (1881): 334–74.

⑤　被引用在 Buczek, *History of Polish Cartography*, 52. 所讨论的地图很可能是1582年由斯特鲁比茨完成的那幅。

⑤　Felipe de Guevara, *Comentarios de la Pintura*, in *Fuentes literarias para la historia del arte español*, 5 vols. , ed. F. J. Sánchez Cantón (Madrid, 1923–41), 1: 147–179, esp. 174.

最终，菲利普倾向于格瓦拉的建议，尽管在展示他王国的范围的努力中，他确实试图展示描绘他所统治地域上的主要城市的全景的大型绘画[58]。

如同格瓦拉指出的，其他王公比西班牙君主更为害怕，同时，其他王国的地图制作者相应调整了他们的视角。16 世纪晚期的法兰西，那里宗教分裂盛行，当将他的"法兰西的舞台"（Le theatre francoys，1594）呈现给亨利四世（1589—1610 年在位）的时候，莫里斯·布格罗有着一个稍微有些不同的议程。地图集包括了最初由私人主动绘制的地图，但是当布格罗和他的合作者，雕版匠加布里埃尔·塔韦尼耶一世，作为一套完整的地图集搜集和出版图幅的时候，政治和宗教因素发挥了作用。构思于法国宗教战争（French Wars of Religion）期间，并且在当一个由西班牙的菲利普二世资助的天主教联盟（Catholic League）威胁巴黎的时候，布格罗和塔韦尼耶（一位被驱除出弗兰德斯的新教徒）都期待亨利四世能恢复和平，并在这一过程中，恢复法兰西领土和宗教的统一。确实，国家统一的方案成为"法兰西的舞台"的中心思想，就像在给君主的献词中表现的那样："让上帝送给我们在［亨利四世的］统治下的和平，因为所有人都只有一个上帝、一个国王、一种信仰以及一种法律。"在这一方面，"法兰西的舞台"，尽管是私人印刷的，但符合官方地图学的原则。它也期待建立一个尚不存在的统一的法国[59]。

相反，在瑞典，当时的宗教改革——与他国王古斯塔武斯一世（Gustavus Ⅰ）一起，国家在 1527 年转向了路德教派（Lutheranism）——在奥劳斯·马格努斯的 1539 年在威尼斯出版的《航海图》中具有不同的含义。马格努斯，其依然还信仰天主教，并且在 1544年之后作为乌普萨拉（Uppsala）名义上（被驱除）的主教，1555 年在罗马也出版了一部他编纂的相应的文本，《斯堪的纳维亚国家的历史》（Historia de gentibvs septentrionalibvs）。两份文献是相互补充的，同时也是相互竞争的议题：虽然它们共同致力于"北方"人民和地方，但它们同时展现了瑞典王国的荣耀和收获（在与丹麦的战争中，就像多年中的那样），以及最近罗马天主教教会在斯堪的纳维亚遭受的损失，原因就是在那里新教力量的上升[60]。如同在布格罗地图集的例子中那样，马格努斯地图并不能严格地被称为"官方地图学"。然而，与"法兰西的舞台"在很多方式上是形似的，《航海图》参与了关于文艺复兴时期国家形态及其宗教一致性的重要辩论。

新的国家——或者未来的国家——也参与到了这些争论中。尽管菲利普二世吸收荷兰和佛兰芒专家参加到他众多的地图学工作中，但荷兰，在他们针对西班牙哈布斯堡王朝的反叛

---

[58]　关于这一任务，参见 Richard L. Kagan, ed. , *Spanish Cities of the Golden Age: The Views of Anton van den Wyngaerde* (Berkeley: University of California Press, 1989)。

[59]　关于这套重要的地图集，参见 François de Dainville, "Le premier atlas de France: Le Theatre françoys de M. Bourguereau—1594," in *Actes du 85e Congrès National des Sociétés Savantes, Chambéry-Annecy 1960*, Section de Géographie (Paris: Imprimerie Nationale, 1961), 3 – 50, 以及 Mireille Pastoureau, *Les atlas français, XVIe - XVIIe siècles: Répertoire bibliographique et étude* (Paris: Bibliothèque Nationale, Département des Cartes et Plans, 1984), 81。

[60]　关于马格努斯和他宏大的地理学著作，参见（有一篇涉及广泛的导言和传记细节）: Olaus Magnus, *Description of the Northern Peoples, Rome 1555*, 3 vols. , ed. Peter Godfrey Foote, trans. Peter Fisher and Humphrey Higgens, 有来源于 John Granlund 评述的注释（London: Hakluyt Society, 1996 – 98）。关于《航海图》，参见 Elfriede Regina Knauer, *Die Carta marina des Olaus Magnus von 1539: Ein kartographisches Meisterwerk und seine Wirkung* (Göttingen: Gratia, 1981)。也可以参见本卷的第六十章。

中（1566—1648 年），也采用地图来强化他们的独立地位。这发生在多种不同方式中。在那 674
些从西班牙分离的省份中，区域地图学正是在他们政治分裂时期脱颖而出的——16 世纪最
后数十年至 17 世纪中期。绘制的地图中的一些是为"敌人"而做的：约斯特·扬茨·比勒
姆（Joost Jansz. Bilhamer）的北荷兰（North Holland）的地图（1575 年），因为军事目的而
由西班牙军队的领导者阿尔巴公爵（duke of Alba）委托制作。然而，很多其他的样本，用
地图学的方式展示了政治上的和地方层面的一种地方自豪感和本土的表达。更为坦率的，著
名的狮子·比利时（Leo Belgicus）地图的多个版本，以在新独立的北方七省的轮廓上叠压
一头纹章狮子的形式，宣称了政治上荷兰共和国的来临。再有，一种限定语：还存在众多同
样覆盖了最初哈布斯堡统治的全部 17 省的狮子的版本（那些省份中的政治信息是另外一回
事），并且甚至存在一幅由克拉斯·扬茨·菲斯海尔（Claes Jansz. Visscher）绘制的狮
子·荷兰（Leo Hollandicus），其被制作用于纪念在反抗西班牙的斗争中居于领导地位的省
份所发挥的作用［约 1610 年，并且，在后来的形态，1633 年和 1648 年，后者标志着《明
斯特条约》（Treaty of Münster）］⑥。然而，地图学的摘要，无论哪一方认为的，都保持不变。
地图符号表达了国家结构——在这种情况下，即使是相互竞争的，但荷兰冲突的双方都诉诸地
图学符号来为自己的观点争辩（图版 19）。［17 世纪地方地图的变体出现——主要在一种怀旧
的脉络中，这是值得怀疑的——在扬·弗美尔的《绘画的艺术》（The Art of Painting）中］。

　　在地图学丰富的尼德兰，地图支持和挑战了权力，因此，对于那些将地图学完全与霸权
相结合的人来说，这是一个有用的修正。实际上，地图提供了用相对容易的陈述支持国家或
反对国家的理由的方式。由荷兰爱国者提出的狮子·比利时地图的有趣的反面例子，就是众
多的占据了荷兰绘画背景的墙壁地图，其中不少显示了哈布斯堡所辖尼德兰的完整的 17 个
省份。这些中最为著名的可能就是克拉斯·扬茨·菲斯海尔的《新十七省》（Nova XVII
Provincia），其美化了（且主导了）弗美尔对艺术和历史生动的冥想，即《绘画的艺术》
（图 26.3）⑫。在弗美尔的镶嵌画的背景中——一位优雅的盛装的画家，正在工作，前景中有
一位模特，摆出克利俄（Clio，缪斯的历史女神）的姿势，大型的墙壁壁画填充着背景——
地图可以用两种方式解读。一方面，其说明了一种对革命之前的尼德兰怀旧的图景，在曾经
真正联合在一起的低地国家各省的帷幕降下之前对过去的深情一望。另一方面，天主教徒弗
美尔（他作为一名成年人而皈依）可能有一个更为颠覆性的低地国家划分为两个新国家的
图景，一个在北方由新教徒占据主导，另外一个在南方，天主教有压倒性的优势，而现在处
于西班牙的统治之下。尽管，在任何一个的解读中，地图发挥了一个至关重要的作用，但也
说明了，地图学文本可以提出关于现状的关键性问题的方式。而且，这些被绘制的地图的多
种解读表明了地图学工具多元化的品质。

---

　　⑥　狮子·比利时地图可以通过 R. V. Tooley, "Leo Belgicus: An Illustrated List," *Map Collector's Circle* 7 (1963): 4 – 16,
以及 H. A. M. van der Heijden, *Leo Belgicus: An Illustrated and Annotated Carto-Bibliography* (Alphen aan den Rijn: Canaletto,
1990) 获得；也可以参见 Catherine Levesque, "Landscape, Politics, and the Prosperous Peace," *Nederlands Kunsthistorisch
Jaarboek* 48 (1997): 223 – 57, esp. 227 – 47.

　　⑫　关于弗美尔和地图绘制，参见 James A. Welu, "The Map in Vermeer's Art of Painting," *Imago Mundi* 30 (1978):
9 – 30。

675

图 26.3 扬·弗美尔,《绘画的艺术》,约 1662—1665 年。惊人地贴近其比例,弗美尔的杰作展示了一个国家尺度的室内场景,一幅恢宏的 17 省的墙壁地图,几乎覆盖了可爱的克利俄(历史)的形象。以令人惊讶的方式绘制的地图,其与艺术家和他的缪斯形象的竞争,是为了吸引观看者的注意力,这幅地图是由克拉斯·扬茨·菲斯海尔在 17 世纪最初数十年创造的

原图尺寸:120×100 厘米。Kunsthistorisches Museum, Vienna(GG inv. No. 9128)提供照片。

　　地图,也就是说,可以像支持统治政权一样容易地挑战当权者。可以被称为"地图学的反对"(contra cartographies)北欧的例子——地图被构建去反对一种官方的视角——盛行于现代早期,就像繁荣于阿尔卑斯山北部的商业的、非国家控制的地图绘制那样。彼得·范德尔贝克印刷于 1538 年的弗兰德斯地图仅仅出现于根特城反抗其哈布斯堡的总督匈牙利的玛丽之前一年,并且其内容反映了这种政治的对抗(图 26.4)。通过战略地纳入佛兰芒伯爵的纹章盾徽、一个长长的领导家族的世系表格,以及代表了本地贵族的具有象征性的熊,地

图制作者传达了弗兰德斯对正在产生的独立精神的公开炫耀。地图的生产和得到赞助,可能被视为本地自豪感的宣言,即使不是非常独立的[63]。一幅由赫拉尔杜斯·墨卡托印刷的地图,仅仅两年后(1540 年;参见图 43.11)——一年后发生了起义——相反,是敬献给查理五世的,并且努力且仔细地删除了所有刺激性的元素——基本是成功的,有理由怀疑——去抚平哈布斯堡统治者。在一个完全不同的国家背景中,我们可以注意到克里斯托弗·萨克斯顿、约翰·诺登、威廉·卡姆登和约翰·斯皮德在 16 世纪最后数十年和 17 世纪最初二十年中制作的英格兰和威尔士各郡地图上王朝徽章的减少。在这些年中,皇家声望逐渐在不列颠衰落,并且各种制作的地图展现了,在对不列颠权力进行呈现时,发生在地图学中的斗争。自然而然地,不是所有的"反对性的"(contra)地图绘制是成功的。一个 16 世纪晚期去调查土地的苏格兰项目,由蒂莫西·庞特执行和支持,最为可能的,是由新改革的和权力日益增加的苏格兰教会支持的,可能代表了一个现代早期国家最为综合性的地图学的努力。[676] 然而,庞特的地图绘制作为一个有着重要意义的意识形态的文本没有发挥任何作用,他的绘

图 26.4 彼得·范德尔贝克,弗兰德斯地图,1538 年。四图幅刻,印在牛皮纸上。已知有一个副本。这幅地图是在动荡不安的情况下完成的,描绘了富裕的佛兰德斯省,该省此时正处于强大的查理五世的控制之下。这幅制图学图像上的装饰性元素,特别是熊的纹章,强调了当地弗拉芒贵族的渴望,他们最近处于哈布斯堡总督匈牙利的玛丽的统治之下

原图尺寸:73×97 厘米, Germanisches Nationalmuseum, Nuremberg (La 181 – 84, Kapsel 1056 d) 提供照片

---

[63] 参见在 J. B. Harley and K. Zandvliet, "Art, Science, and Power in Sixteenth-Century Dutch Cartography," *Cartographica* 29, No. 2 (1992): 10 – 19 中的讨论。

本稿件在半个多世纪中未曾出版，仅仅出现在约安·布劳的《新地图集》(Atlas novus)（1654）中，且被大量修订。它们是否"促进了民族认同感的创造"似乎是一个值得质疑的问题，因为它们从未广泛流传，或者以任何官方形式出现。⑭

成功，或者没有，类似于庞特的地图确实作为国家的、教会的（在这一例子中），以及可能的"民族的"庆典而出现。它们提供了土地的图像呈现，通常夸张地陈述了权力的符号，并且倾向于诉诸地方自豪感。相当多的现代早期的官方地图学只是庆典性质的，并且无论其意识形态的痕迹是否可以被侦查到，这些材料可以在设计用于相似目的的其他文艺复兴时期的文化形式的背景下被观察到。展示在国家的大厅或者强权的走廊中，地图被设计以给予印象；类似于盛会或者皇家的宴会，地图标志着国家的盛典，并且成为国家及其力量自身的符号。悬挂在白厅（Whitehall）私人画廊（Privy Gallery）中的和汉普顿宫（Hampton Court）中的地图的登记清单，在后一个情况下包括著名的都铎胜利的场景，例如《对布洛涅的围攻和胜利的描述》(the discription of the siege and wynnynge of Bolloigne)——亨利八世帝国扩张的版本⑮。法国国王在枫丹白露（Fontainebleau）展示了地图，并且全部西班牙城堡中的绘本地图记录了伟大的哈布斯堡帝国的胜利。一幅宏大的日耳曼尼亚（Germania）墙壁地图，出版在1547年，并且可能由神圣罗马帝国顶尖的天主教贵族所拥有，颂扬了在领导天主教军队去获得施马尔卡尔登战争（Schmalkaldic War）的胜利中，皇帝所发挥的作用。同时，装饰了阿姆斯特丹的中央大厅（Burgerzaal）市政厅的更为野心勃勃的世界的马赛克，充满信心地表达了这座城市帝国的范围⑯。地图宣称并纪念了国家伟大的壮举，并为了达到这一目的，它们进一步巩固了统治者或国家领导者所获得的成果。

"欢乐与快乐"

地图实际用途的本质无论是行政管理的、军事的，还是宣教性的，但基于其他更为个人的，有时纯粹是美术原因的地图也吸引了现代早期的统治者。一些国家领导者表达出的热情，与16世纪早期的弗里斯兰（Frisian）收藏家维利乌斯·范艾塔（Viglius van Aytta）一样炫目，其曾经向一位朋友许诺过一个美味的威斯特伐利亚火腿，如果他可以"看到地理地图，从中，就像你所知道的，以我的方式，获得了极大的快乐的话"⑰。依然，存在丰富的证据说明，至少始于查理五世，整个欧洲的统治者开始将地图和其他的地图学产品，与图像一起放在相同的条目中：珍贵的物品，对其的拥有是一种快乐的来源，也是高贵的消遣——这就是阿隆索·德

---

⑭ 参见 pp. 1686 – 92，引文在 pp. 1686；Ian Campbell Cunningham, ed., *The Nation Survey'd: Essays on Late Sixteenth-Century Scotland as Depicted by Timothy Pont* (East Linton: Tuckwell, 2001)；以及 Jeffrey C. Stone, *The Pont Manuscript Maps of Scotland: Sixteenth Century Origins of a Blaeu Atlas* (Tring, Eng.: Map Collector Publications, 1989)。

⑮ 被引用在 Barber, "England Ⅰ," 43。

⑯ 日耳曼尼亚地图，印刷在12分幅上，并且尺寸大约为120×130厘米，在 Peter H. Meurer, *Corpus der älteren Germania-Karten: Ein annotierter Katalog der gedruckten Gesamtkarten des deutschen Raumes von den Anfängen bis um 1650* (Alphen aan den Rijn: Canaletto, 2001), text vol., 279 – 82 and pls. 4.1.1 – 4.1.6 中进行了分析。关于中央大厅的马赛克世界地图，参见 Katharine Fremantle, *The Baroque Town Hall of Amsterdam* (Utrecht: Haentjens Dekker, & Gumbert, 1959)。

⑰ 被引用在 E. H. Waterbolk, "Viglius of Aytta, Sixteenth Century Map Collector," *Imago Mundi* 29 (1977): 45 – 48, esp. 45。

圣克鲁斯精明地对"快乐和欢乐"的认同。对于本章中所考察的许多君主来说,这是肯定的,他们竭尽全力地丰富他们的地图学收藏。在马德里和维也纳、伦敦和巴黎的收藏在这一时期的膨胀,反映了文艺复兴时期和巴洛克统治者的热情。在更有成就的地图收藏者中,托斯卡纳大公科西莫·德美第奇三世,在17世纪70年代亲自前往阿姆斯特丹旅行,以便从布劳家族那里购买(在其他事物中)地图学藏品,由此增加美第奇的地图收藏,而不如此他是难以获得这些地图的。可以引用进一步的例子提出了最为基本的观点,即现代欧洲早期宫廷对地图的垂涎是其他地方无法比拟的,在那里,因为给王室所有者带来的喜悦,所以它们备受青睐。

地图的"快乐"——与它们的"实用"一起,由现代早期伟大的国王的顾问托马斯·埃利奥特爵士非常谨慎地加以确定——在官方地图学史上扮演了微妙但非常重要的角色[68]。地图由文艺复兴时期的统治者所简单地享受,后者搜集、展示,并且有时甚至用地图学材料环绕他们。大多数现代早期的王公非常乐于简要地将他们地图藏品中的一部分进行公开展示。这一特定习惯的源头,至少部分来源于,关于罗马人用各种类型的"描述"装饰他们宫殿和别墅的知识。普林斯的《自然史》尤其注意到,在奥古斯都时代,画家卢底乌斯(Ludius)是如何引入了用"呈现了别墅、港口、[和]地理景观花园"装饰墙壁这种"令人愉悦的风格"的[69]。普林斯没有解释为什么这一特别的艺术形式注定是"令人愉悦的",但是,因为他是文艺复兴时期被最为广泛阅读的和有影响力的古典作者之一,因此他的观察有助于普及这样一种观念,即有眼光的顾客应该用地形呈现来装饰他们的住所——绘制的地图和城市图景、景观(vedute)、地理景观、球仪等。发展为地图学装饰品的真正热潮,在15世纪晚期出现于意大利,然后到16世纪晚期,向北移动,引诱了全欧洲的顾客用不同的地图和图景装饰他们的入口大厅和宫殿走廊。某些人通过在专业的地图走廊和"城市房间"中展示图像来强化这一设计策略——如同教皇因诺森八世在威尼斯的观景楼所做的那样。在其他例子中,特定的地板本身可以作为地图,就像阿姆斯特丹市政厅。到17世纪,地图也开始出现在中产阶级中,并且偶尔,出现在手工艺者的家庭中,不仅在意大利和尼德兰,那里地图丰富且不昂贵,而且甚至在西班牙,那里它们稀缺和昂贵[70]。约翰·迪伊,其在伊丽莎白时代的英格兰涵盖了令人羡慕的社交范围,在16世纪70年代已经注意到,"一些人,[如何]去美化他们的大厅、谈话室、房间、画廊、研究室或图书馆……喜欢、愉悦、喜悦和使用地图、航海图和地球仪"[71]。

678

迪伊的评论展示了从收藏家"喜欢"和"喜爱"美丽文物从而对地图的享有,到作为为了多种目的可以"获得和使用"的地图学对象的更实用功能的一个相当典型的滑落。实际上,纯粹的娱乐和实际目的之间,这样明确的差异在世界现代早期的国家管理中通常是难以精确估量的。在迪伊访问的在其中进行学习的最好的"研究机构,或图书馆"中,学术处于什么样

---

　　[68]　Elyot, *Book Named the Governor*, 23 – 24;被引用在 Barber, "England I," 32。

　　[69]　Pliny the Elder, *Natural History*, 10 vols., trans. H. Rackham et al.(Cambridge: Harvard University Press, 1938 – 63),9: 347(bk. 35, 115 – 17)。有影响力的罗马建筑师维特鲁威在他的《建筑十书》的第二书中也做出了相似的观察;参见 Vitruvius Pollio, *Ten Books on Architecture*, trans. Ingrid D. Rowland, commentary and illustrations by Thomas Noble Howe(Cambridge: Cambridge University Press, 1999)。

　　[70]　David Woodward, *Maps as Prints in the Italian Renaissance*: *Makers*, *Distributors & Consumers*(London: British Library, 1996).

　　[71]　约翰·迪伊为欧几里得《几何原本》所做的前言;被引用在 Morgan, "Cartographic Image," 148。

的地位？"研究机构，或图书馆"是为了有学术乐趣以及有良好训练的文艺复兴时期的王公可以在其中进行策略规划的场所。学术，在任何情况下，代表了与地图存在联系的统治者的另一种"喜爱"。这在查理五世与阿隆索·德圣克鲁斯所享受的，在17世纪早期由荷兰数学家西蒙·斯泰芬为毛里茨王子（Prince Maurits）进行的课程中表现得非常明显。在宫廷中，统治者同样可以让专家参与地图学，后者可能将他们的时间在制作地图以及通过迷人的和令人难以置信的地图学的难题指导他们的雇主之间进行划分。在这一数学视角的早期阶段，地图——再次，用类似于那些绘画的方式——由于它们将三维空间描绘在二维边界上的带有魔性的方法而令人珍视。地图提供了学识的转移；它们有容量，就像罗伯特·伯顿（Robert Burton）在他的《忧郁的解剖》（Anatomy of Melancholy，1621）中注意到的，去施展魔法："一幅地理地图……不知不觉地用其所提供的慷慨和令人愉悦的对象让心灵陶醉，并且引诱进一步的学习。"[72] 因此，学习和快乐可能会导致人类沉思的更高层次：好奇心和惊奇。

将这些精神满足添加到这些条目中。来源于地图的满足，其中一部分是从它们嵌入的宗教信息散发出的。在16世纪——不只是在中世纪繁荣的神圣地图的绘制——对世界的地图学描绘，独立于它们所服务的任何功利性的目的，可以充当精神思考的对象。如同吉布森（Gibson）认为的，神圣的概念被深深地注入16世纪 Weltlandschaften（世界地理景观）的呈现中，随之而来天与地之间关系的思想、上帝的存在，以及人类在宇宙中的位置也是如此。吉布森的观察同样可以很好地应用于地图，尤其是王公们垂涎的世界地图（mappaemundi），其被类比为虔诚的图像。世界地理景观和世界地图被设计来引起他们所有者的精神关注，并且鼓励他们去关注并进一步思考神创的秘密[73]。由此可见，16世纪早期的人文主义者通过"世界的一幅画（pinax）或各部分的描述"——换言之，即地图学图像——获得的"喜悦"是一种感官现象，其精神层面与世俗层面是不分上下的[74]。

地图引发的惊奇和喜悦可能会触发多重反应。转而，这些展示了现代早期国家背景中的地图学材料多元的品质。在扫视的时候，能捕捉到一个王国的领土扩张，一座城市的布局，特定地块或者边界线的轮廓：所有都可以愉悦现代早期的统治者——尽管基于各种原因，以及按照变化的环境。在看到由乔治·瓦萨里在旧宫于1560年前后绘制的佛罗伦萨的全景透视图时，科西莫一世表达的惊讶，是一种惊讶的变体，是图像让人感到惊异的力量的情感记录："告诉我，乔治，你是如何做到这一点的。"[75] 托马斯·埃利奥特爵士向那些因地图和地理而获益的统治者所保证的满足，有不太令人兴奋的质量，其转而指向宁静，如果实现的话，那么就是对博学的满足：

---

[72] 被引用于 David H. Fletcher, *The Emergence of Estate Maps：Christ Church，Oxford，1600 to 1840*（Oxford：Clarendon，1995），3。

[73] Walter S. Gibson, "*Mirror of the Earth*"：*The World Landscape in Sixteenth-Century Flemish Painting*（Princeton：Princeton University Press，1989）.

[74] 引文来自 Paolo Cortesi, *De Cardinalatu*（Castro Cortesio，1510），一篇针对罗马高级教士的论文。参见 Kathleen Weil-Garris and John F. D'Amico, "The Renaissance Cardinal's Ideal Palace：A Chapter from Cortesi's *De Cardinalatu*，" in *Studies in Italian Art and Architecture，15th through 18th Centuries*，ed. Henry A. Millon（Cambridge：MIT Press，1980），45–123，esp. 95。

[75] 参见 Giorgio Vasari, "Ragionamento quarto，" in *Le opere di Giorgio Vasari*，9 vols.，ed. Gaetano Milanesi（Florence：Sansoni，1878–85），8：174。

为了那些快乐……去掌握这些领土、城市、海洋、河流和山脉，这些甚至在一位老年人的生命中也是不能去旅行和追求的；有什么难以令人置信的快乐可以来自掌握人类、野兽、家禽、鱼类、树木、果实和草药的多样性；去知道各种各样的礼仪和各民族的状况，以及他们天性的多样性，并且在温暖的研究室或客厅里，没有海洋的危险或漫长而痛苦的旅程的危险：我无法告知，对于一位高贵的智者而言，最为快乐就是，在他自己的房间中拥有了世界上所有的东西⑦。

埃利奥特的指示，虽然其保证可以在智力上会令人满意，但它却如此巧妙地向国家治理的功能领域倾斜：最为了解他的国土的王公将能最好地对它们进行掌控。快乐，再次，接近实际目的——国家利益。在统治者的重要性通过他所拥有的领土的数量和范围来衡量的时代，"去掌握那些领土"，绝不是无谓的消遣。作为埃利奥特"快乐"的载体，地图同时发挥着地位和权力符号的功能。如同弗朗西斯·培根在 17 世纪初观察到的，"航海图和地图"，是作为使得王国的伟大可用被观察到的主要措施之一⑦。在埃尔埃斯科里亚尔（El Escorial）的菲利普二世的王座室中装饰的那些经过选择的令人印象深刻的地图，大部分都来源于 1570 年版的奥特柳斯的《寰宇概观》，象征性地表达了这位君主的地理扩张和政治权力。相似的，在 16 世纪 70 年代，枢机主教亚历山德罗·法尔内塞将帕尔马和皮亚琴察的景观（与一幅世界地图）整合到位于卡普拉罗拉的法尔内塞宫，意在作为纪念他家族的事迹和广泛重要性的大型装饰项目的一部分⑧。从这一视角，看起来好像现代的早期统治者从地图中获得了很多乐趣，尤其是从那些描绘了他们自己的王国的地图，他们似乎徘徊在自恋的边缘：查阅地图学图像，他们实际上主要是在审视他们自己。

最终，当然，个人的反应是存在变化的，并且去理解单一统治者感受他们地图的方式，在大多数情况下是困难的，即使有可能的话。然而，总体而言，王公对待地图、球仪、图景和其他地图学工具的态度，似乎在文章所研究的两个世纪左右的时间中经历了深刻的变化，这是一个在地图的制作、传播和使用方面发生了同样深刻变化的时期。在 15 世纪晚期，地图仍然主要是少数熟练从业人员的手艺。它们是昂贵和珍稀的，并且结果它们因为与宗教相联系而得到了尊重。两个世纪后，地图的制作，一直在增加，已经大部分由专业化的政府官员承担，或者，至少，由其利益通常与国家利益是一致的个人或者代理机构所承担。技术进步还意味着，地图被广泛传播，可以被接触到，并且容易转化为日常物品。在这——可以被称为地图学的商品化的——过程中，地图相对的被去掉了神秘的外衣，失去了它们之前拥有的一些精神特质。它们从国王的艺术馆转移到了行政管理人员的橱柜中，因为它们成为政府行为中不可或缺的组成部分。确实，拥有地图和使用地图成为运营一个国家必不可少的过程的一部分。到这一时期末，旧有的魔法——查理五世的"欢乐与快乐"——已经消失，只是被新的魔法所取代，即，正如本章所试图描述的，其与国家权力的新兴学说和民族国家的地图学发明密切相关。

---

⑦　Elyot, *Book Named the Governor*, 35；被引用于 Barber, "England Ⅰ," 31。

⑦　Francis Bacon, "Of the True Greatness of Kingdoms and Estates" (1612), in *The Essays*, ed. John Pitcher (Harmondsworth, Eng.：Penguin, 1985), 147 – 55, esp. 148. 也可以参见 Morgan, "Cartographic Image"。

⑧　参见 Mario Praz, *ll Palazzo Farnese di Caprarola* (Torino：SEAT, 1981), 以及 Loren W. Partridge, "Divinity and Dynasty at Caprarola：Perfect History in the Room of Farnese Deeds," *Art Bulletin* 60 (1978)：494 – 530。

第二十七章　现代早期欧洲的城市描绘：测量、呈现和规划*

希拉里·巴伦（Hilary Ballon）和
戴维·弗里德曼（David Friedman）

文艺复兴时期发生了城市图像制作的爆发。有人曾经估计在 1490 年之前制作的有地理上可识别的主题性的城市景观只有大约 30 种①。一个世纪之后，这一类目变得如此庞大，以至于没有人可以对这一时期绘制的图像进行准确的统计。在 6 卷本的乔治·布劳恩和弗兰斯·霍根伯格在 1572—1617 年间制作的《寰宇城市》（*Civitates orbis terrarum*）中，就包括了 546 幅用于出版的图像。

这些图像与众不同的特点就是它们的特异性。中世纪对于城市的呈现是理想的和传统的，而文艺复兴时期的那些，则对地形信息的新需求做出了回应。在 15 世纪和 16 世纪，城市图像的制作者发展出了记录和呈现不同地点的特殊空间和物质条件的技术，同时第一次，这类细节对于一幅图像的权威性而言是最为基本的。自然和建筑一起——城市以及环绕在周围的乡村——是这些图像的对象，是托勒密式地方地图最早的流行形式。

新类型城市景观的形式与它们的受众一样是多种多样的。最为广泛流传的就是由布劳恩和霍根伯格的城市地图集所代表的②。读者——无论是商人还是学者——使用书籍来扩展他们关于世界的知识，而不需要，如同布劳恩提醒他们的，忍受实际旅行的艰苦。景观是信息的磁铁，而布劳恩为印刷纸张背面撰写的文本是对图像可以传递的信息的补充。《寰宇城市》依赖于由其读者贡献的图像。商人约里斯·赫夫纳格尔（Joris Hoefnagel）向出版者送来了 91 幅他曾经看到过的地点的景观。在他的图像中，遵照一种可以追溯到最早的地形景

---

* 本章使用的缩写包括：BAV 代表 Bibliotheca Apostolica Vaticana, Vatican City，以及 *Città d'Europa* 代表 Cesare de Seta, ed. , *Città d'Europa*：*Iconografia e vedutismo dal XV al XVIII secolo*（Naples：Electa Napoli, 1996）。

① Wolfgang Behringer, "La storia dei grandi Libri delle Città all'inizio dell'Europa moderna," in *Città d'Europa*, 148 – 57, esp. 155.

② 城市地图集的历史是在 15 世纪以世界史编年中的插图为开端的。在布劳恩和霍根伯格的前辈的著作中，Johannes Stumpf 的 *Gemeiner loblicher Eydgnoschafft Stetten*, *Landen vnd Völckeren Chronick* 被认为是瑞士的编年史（Zurich, 1548），而 Lodovico Guicciardini 的 *Descrittione di tutti i Paesi Bassi*（Antwerp：Gugliemus Silvius, 1567）由于其中的图像而鹤立鸡群。Sebastian Münster 的 *Cosmographia*（Basel：Henrich Pettri, 1544），尤其是 1500 年之后的修订版，在这一领域中也是极为优秀的。参见 Behringer, "La storia dei grandi," 148 –57。

观的传统，前景中的一位旅行者代表着他自己出现在这一地点中③。

城市成为地理兴趣的焦点，因为它们成为欧洲政治、文化和经济生活的中心以及军事防御体系中重要的堡垒。作为领土国家的首都，城市同样也是他们最为强有力的符号。城市景观的汇编装饰了公共场所并且承载了联盟和领土所有的信息。美第奇国家的城市呈现，以及1564 年，为领主宫（Palazzo della Signoria）制作的奥地利的景观，是为了欢迎弗朗切斯科一世大公（Duke Francesco Ⅰ）和他的新娘奥地利的乔安娜（Joanna）的到来而制作的，其承载了上述两种功能。城市的符号价值，同样可以整理作为宏大历史叙述的一部分。例如，在1580—1581 年，在梵蒂冈的地理地图室（Sala delle Carte Geografiche），城市地图和城市景观是宣称意大利半岛是虔诚行为和天主教家园的教会史的表达的一部分。④

城市单独的图像，通常通过木版或者雕版大量制作并且大量流传，而木版或者雕版则启发了最为复杂的表现策略。无论它们是针对一个更为普遍的大众的商业投机或者是政府资助的宣传工具，绘制一座城市的挑战包括需要赋予其特色。城市的人文主义理论通过同等对待物质的城市及其居住者而支持了这一努力。莱昂纳多·布鲁尼，从 1427 年直至 1444 年其去世，一直担任佛罗伦萨共和国（Florentine Republic）的首相，写到"佛罗伦萨人与这一伟大和杰出的城市处于一种如此和谐的状态，由此似乎他们不能在其他任何地方生活。通过如此技巧而创造的城市，也不可能拥有其他类型的居住者"。这种平衡也适用于单一建筑。市政厅"其外观明确表达了建造它的目的"⑤。当然，这是在布鲁尼的 1403—1404 年的"对佛罗伦萨的赞美"（Laudatio Florentinae urbis）中提出的一种古典思想，这一思想来自比斯比·阿里斯蒂德斯（Aelius Aristides）、昆体良（Quintilian）以及拜占庭学者曼努埃尔·索洛拉斯⑥。修辞学的传统与新的对于地形的兴趣产生了冲突，当后者将几何形象运用到构造城市中的时候。布鲁尼模仿了柏拉图，当他给了佛罗伦萨一个圆盾的形状并将市政厅放在其中心的时候。在追求几何层级的过程中，人文主义者的城市图景与中世纪的符号化呈现是非常相似的。文艺复兴艺术家发明的策略并不通过诉诸对现实的相似的扭曲来赋予城市图像以意义，而这种扭曲在早期城市地图学中制造了很多紧张。

在时间和地点上与布鲁尼的"对佛罗伦萨的赞美"最为接近的就是由弗朗切斯科·罗塞利制作的佛罗伦萨的图像（约 1485 年），其通过一个 16 世纪的副本被称为"有着一条链条的图景"。这一图景将佛罗伦萨放置在阿尔诺河谷的地形中，呈现了城市的大部分以及原有的地理位置和比例。图像的含义类似于布鲁尼的，尽管是通过物理上的变形而被传达的。城市被呈现为一种新耶路撒冷的外观，这是自中世纪晚期以来一直被人们所想象的，几何中心位于大教堂圆顶膨胀的形态上，佛罗伦萨人将这一形态理解为反映了所罗门（Solomon）

681

③ Lucia Nuti, "The Mapped Views by Georg Hoefnagel: The Merchant's Eye, the Humanist's Eye," *Word and Image* 4 (1988): 545–70.

④ Juergen Schulz, "Maps as Metaphors: Mural Map Cycles of the Italian Renaissance," in *Art and Cartography: Six Historical Essays*, ed. David Woodward (Chicago: University of Chicago Press, 1987), 97–122.

⑤ Leonardo Bruni, *Panegyric to the City of Florence*, in *The Earthly Republic: Italian Humanists on Government and Society*, ed. and trans. Benjamin G. Kohl and Ronald G. Witt (Philadelphia: University of Pennsylvania Press, 1978), 135–78, esp. 136 and 141.

⑥ Christine Smith, *Architecture in the Culture of Early Humanism: Ethics, Aesthetics, and Eloquence, 1400–1470* (New York: Oxford University Press, 1992), 174–80.

神庙的设计。

当他将这种图像命名为"菲奥伦扎"（Fiorenza）的时候，罗塞利在城市意象的图解中开创了一种现代的传统。在那么做的过程中，他使用保留在诗文习惯中的描述了城市和平与繁荣时代的地名来命名城市。此外，在图像中，他使用了自然现象——生长着树叶的树木以及来自极北方的光源——来将季节确定为夏季，以及将日期定为夏至日和城市守护者施洗约翰（John the Baptist）的节日所在的日期。所有这些工具传达了相同的乐观和庆祝的气氛，但没有破坏对地形的模拟[⑦]。

雅各布·德巴尔巴里的华丽的描述性的 1500 年威尼斯的鸟瞰景观同样使用其标题来向观看者传达这样的信息。"威尼斯"（Venetie）是这样一个场所，即在顶部和底部的图像空间中，巨大尺寸的墨丘利（"与其他商业城市相比，我墨丘利更偏爱这里"）和波塞冬［"我尼普顿（Neptune）居住在这里，让这座港口的水面平息"］赞美这座成为商业首都的城市[⑧]。在文艺复兴时期，城市形象的代表性元素移动到了作品的周边。贝内迪特·德瓦萨列·迪特尼古拉（Benedit de Vassallieu dit Nicolay）1609 年的巴黎的远景平面图，是一个欧洲北部的例子，使用纹章和寓意工具来强调城市作为法国首都的角色。把城市的盾徽贬低到图像底部，其将那些皇室的盾徽和给国王的献词突出放在了左上角。一个图形元素，而不是平面图，使得图像的解释性主题变得清晰。亨利四世，在马背上，全幅武装并且戴着标志着他皇室等级的月桂王冠，冲向他的敌人并且保卫法兰西和城市。在国王的形象之下，是一段对奥古斯都的《行述》（Res gestae）的意译的四行诗。信息是，在亨利的统治之下，"巴黎就像奥古斯都统治下的罗马，是世界的奇迹"[⑨]。

测量城市：意大利和测量文化

在文艺复兴之前，地形并没有使得城市的视觉呈现变得复杂，因为对城市进行测量的技术是原始的，并且不存在以图形方式对其进行呈现的能力。尽管城市少量的示意图已知来源于中世纪，但我们拥有记录的详细调查是用文本形式撰写的。保存了 1286 年和 1294 年对博洛尼亚市政厅和市场区域的调查的档案，记录了一系列界石之间的距离，这些界石捍卫了属于公社的开放空间[⑩]。这些"界标"之间的线只不过是一种尺度。广场和街道系统的物理形状只有通过前往现场才能得知。

对被测量空间进行视觉记录只有在文艺复兴时期才成为可能。最早及其形成，发生在意大利的艺术和建筑领域，自新技术开始被用来理解城市之后。菲利波·布鲁内莱斯基在佛罗

⑦ David Friedman，"'Fiorenza'：Geography and Representation in a Fifteenth Century City View," *Zeitschrift für Kunstgeschichte* 64（2001）：56 – 77.

⑧ Juergen Schulz, "Jacopo de' Barbari's View of Venice：Map Making, City Views, and Moralized Geography before the Year 1500," *Art Bulletin* 60（1978）：425 – 74，esp. 468 and 473，转写了所有图像的图文，包括 "Mercvrivs Pre Ceteris Hvic Favste Emporiis Illvstro" 和 "Aeqvora Tvens Portv Resideo Hic Neptvnvs"。

⑨ Hilary Ballon, *The Paris of Henri IV：Architecture and Urbanism*（New York：Architectural History Foundation, 1991），220 – 33，esp. 231.

⑩ Paola Foschi, "Il liber terminorum：Piazza Maggiore e piazza di Porta Ravegnana," in *Bologna e isuoi portici：Storia dell'origine e dello sviluppo*, ed. Francesca Bocchi（Bologna：Grafis Edizioni, 1995），205 – 24.

伦萨城市市政厅和浸礼堂广场的图景中展示了他对线性透视的发现（约 1420 年）；莱昂·　682
巴蒂斯塔·阿尔贝蒂在世纪中叶撰写的两部文本中呈现了最早的几何土地调查系统，而他试
验的地点就是罗马城。他的《数学的游戏》（"Ludi rerum matematicarum"）描述了一种原始
的经纬仪，并且确定了三角测量的原则，由此允许地图制作者确定纪念建筑的位置，而不需
要直接测量。《罗马城的描述》通过基于圆周上的刻度，即他的水平仪（horizonte）以及基
于他称作一架 radius 的照准仪，用坐标系统对平面图进行转换，对调查所产生的地图进行了
描述。文本用一张列表记录了测量数据，这一列表给出了方向的数值以及距离，而两者结合
起来可以确定每一被观测的纪念性建筑的位置。所有的《罗马城的描述》的稿本都没有包
括一幅图像，但文本的这种结构，使得任何遵照阿尔贝蒂构建水平仪和照准仪的指南的人，
都可以准确地复制平面图[11]。

　　三角测量技术在下一个世纪的理论文献中广泛流传，开始于 1553 年赫马·弗里修斯撰
写的出版物。科西莫·巴尔托利（Cosimo Bartoli）1564 年的《测量距离的方法》（Del modo
di misvrare le distantie...），通过重建佛罗伦萨及其周边地区的调查，对方法进行了展示。间
接的测量，在文献中称为测量"con la vista"，通过使观察更容易以及将调查数据更加直接
地转换为图形图像的工具而得以促进[12]。新技术允许地图制作者基于相当的准确性确定地标
的位置，但这只是部分地解决了绘制城市地图的问题。三角测量可以建立一幅平面图的空间
矩阵，但其在确定城市街道轮廓的更为无限复杂的工作中并没有太大的价值。

　　在 1513—1520 年拉斐尔（Raphael）写给利奥十世的一封描述了对古代罗马进行图像重
建的一个方案的信件中表达了这一问题。拉斐尔同样使用了经纬仪——现在通过增加一个允
许使得方向保持不变的罗盘加以改进——在设备允许的情况下，他尽可能地将其放置的接近
于被测量的墙体或者街道[13]。他使用环绕碟片中心旋转的照准仪确定墙体的方向，并且测量
其长度。在墙体改变方向的每一个地点进行新的照准和测量。

　　来自拉斐尔的圆形的图纸展示了该技术在单一建筑尺度上的应用。确定了位于罗马的班基
大街（Via dei Banchi）上的朱利奥·阿尔贝里尼（Giulio Alberini）地产范围的图纸（约 1519

---

⑪　Anthony Grafton, *Leon Battista Alberti*: *Master Builder of the Italian Renaissance*（New York: Hill and Wang, 2000），
241 – 48; Luigi Vagnetti, "La 'Descriptio urbis Romae': Uno scritto poco noto di Leon Battista Alberti（contributo alla storia del
rilevamento architettonico e topografico），" *Quaderno*（Università a degli studi di Genova, Facoltà di architettura, Istituto di elementi
di architettura e rilievo dei monumenti）1（1968）: 25 – 79; idem, "Lo studio di Roma negli scritti Albertiani," including "Testo
latino della *Descriptio urbis Romae*," trans. G. Orlandi, in *Convegno internazionale indetto nel Vcentenario di Leon Battista Alberti*
（Rome: Accademia Nazionale dei Lincei, 1974），73 – 140; 以及 Mario Carpo, "*Descriptio urbis Romæ: Ekfrasis geografica e
cultura visual all'alba dell arivoluzione tipografica*," *Albertiana* 1（1998）: 121 – 42。

⑫　Daniela Stroffolino, "Tecniche e strumenti per 'misurare con la vista,'" in "*A volo d'uccello*": *Jacopo de' Barbari e le
rappresentazioni di città nell'Europa del Rinascimento*, ed. Giandomenico Romanelli, Susanna Biadene, and Camillo Tonini, 展览目录
（Venice: Arsenale Editrice, 1999），39 – 51，以及 idem, *La città misurata*: *Tecniche e strumenti di rilevamento nei trattati a stampa
del Cinquecento*（Rome: Salerno Editrice, 1999）。对小安东尼奥·达圣加洛在 1546 年绘制的一幅佛罗伦萨平面图的罗盘测
量的图形注解保存在佛罗伦萨的乌菲齐的绘画柜中，且出版在了 Christoph Luitpold Frommel and Nicholas Adams, eds., *The
Architectural Drawings of Antonio da Sangallo the Younger and His Circle*, vol. 1, *Fortifications, Machines, and Festival Architecture*
（New York: The Architectural History Foundation, 1994），128 – 30. 四图幅保存了下来：U 771A, U 772A, U 773A 以及 U
774A。

⑬　Arnaldo Bruschi et al., eds., *Scritti Rinascimentali di architettura*（Milan: Il Polifilo, 1978），459 – 84, esp. 478.

年），记录了在建造中的宫殿每道围墙的长度和方向⑭。印在纸张上的一条线，并不是用墨水
绘制的，在其末端用 S（代表 Settentrione，北）和 M（代表 Mezzodi，南）标识，进一步展示
了在这一虽然依然有限但属于真正的几何测量中罗盘和经纬仪的使用。一幅来自小安东尼奥·
达圣加洛（Antonio da Sangallo the Younger）作坊的粗略的平面图，时间为 1524—1525 年，描
绘的是位于罗马的圣安杰洛桥（Ponte Sant' Angelo）附近的街道，其上题写了尺寸和朝向，显
示了将拉斐尔的技术应用于一个较大的城市复杂区域的最初阶段⑮。

　　调查需要数量巨大的观察，因而一座前现代城市中无以数计的不规则的平面布局似乎已
经挫败了任何制作一幅完整地图的真正尝试。列奥纳多·达·芬奇著名的伊莫拉平面图
（1502 年）是这方面的一个例子（图 27.1）。由于城市被描绘在一个封闭的圈子中，其边界
被分为罗盘上的 64 个单位，并且在文字中给出了通往相邻城镇的照准线，因此，平面图通
常被与阿尔贝蒂的单点测量的绘图方法联系起来。尽管城墙可能被按照类似于拉斐尔描述的
方法，以及在列奥纳多关于切塞纳（Cesena）和乌尔比诺的防御工事的笔记中记录的方法进
行了调查，但伊莫拉的街道平面图最初的草图没有展示出存在一种几何学基础的证据⑯。列
683　奥纳多仅仅记录了尺寸：街区的长度，从交叉街道的中心开始测量。出自他独一无二的造诣
之手的，之前罗马殖民地的平面图的草图是相当准确的，但它们并不包括测量了街道朝向的
罗盘方位。大量的差异区分了最终完成的图像和草图。它们中的很多，尤其是刻画了主街道
走向的，似乎是通过想象确定的，同时它们显而易见的目的是赋予平面图一个巨大的有机整
体的效果。

　　伊莫拉平面图与众不同的高质量，可能可以通过与 1471—1495 年间绘制的一幅比萨
（Pias）平面图进行比较而进行最好的判断，并且这幅平面图可能保存在有时被认为是朱利
亚诺·达圣加洛（Giuliano da Sangallo）（图 27.2）绘制的一个副本中⑰。这一呈现的准确性
存在极大的不均匀性。一些细节，尤其是重新占领的城市大教堂，对于担任佛罗伦萨军队
的军事工程师的朱利亚诺而言是最为感兴趣的，因此被很好地记录，且作为街道系统的中心

---

⑭　Florence，Uffizi 2137A. 出版在 Christoph Luitpold Frommel，Stefano Ray，and Manfredo Tafuri，eds.，*Raffaello Architetto*
（Milan：Electa Editrice，1984），181（fig. 2.7.6）.

⑮　Florence，Uffizi UA 1013. 出版于 Hubertus Günther，"Das Trivium vor Ponte S. Angelo：Ein Beitrag zur Urbanistik der
Renaissance in Rom，" *Römisches Jahrbuch für Kunstgeschichte* 21（1984）：165 – 251，esp. 234 – 39。

⑯　列奥纳多作为切萨雷·博尔贾的军事建筑师执行了调查。他的笔记记录了城墙各个部分的长度以及朝向，两者
都有列表和草图，由此构成了城墙各个部分的局部图。没有对整座城镇进行控制观察，同时在乌尔比诺的第一次调查中，
朝向的错误使得封闭多边形的周线成为不可能的事情。参见 Nando De Toni，"I rilievi cartografici per Cesena ed Urbino nel
Manoscritto 'L' dell'Istituto di Francia（15 Aprile 1965），" in *Leonardo da Vinci：Letture Vinciane I – XII*（1960 – 1972）
（Florence：Giunti-Barbera，1974）131 – 48 以及 Fausto Mancini，*Urbanistica rinascimentale a Imola da Girolamo Riario a
Leonardo da Vinci（1474 – 1502）*，2 vols.（Imola：GraficheGaleati，1979）。Mancini 假设，列奥纳多的平面图基于之前在
1472 年由军事建筑师 Danesio Maineri 为米兰公爵加莱亚佐·马里亚·斯福尔扎进行的一次调查。文献中的在与防御决定
相关的文本中提到了各种"设计图"（disegni），但没有理由相信，他们在城墙以内进行过任何调查。参见 Fausto
Mancini，"Danesio Maineri，ingegnere ducale，e la sua opera alla rocca e alle mura di Imola sul finire della signoria manfrediani
（1472 – 1473），" *Studi Romagnoli* 26（1975）：163 – 210. Mario Docci，"I rilievi di Leonardo da Vinci per la redazione della pianta
di Imola，" in *Saggi in onore di Guglielmo De Angelis d'Ossat*，ed. Sandro Benedetti and Gaetano Miarelli Mariani（Rome：Multigrafica
Editrice，1987），181 – 86 将伊莫拉平面图作为地图学史上的作品进行了最好的研究。

⑰　Florence，Uffizi 7950A. 出版在 Emilio Tolaini，*Forma Pisarum：Problemi e ricerche per una storia urbanistica della città di
Pisa*（Pisa：Nistri-Lischi Editori，1967），72 – 95.

图 27.1　伊莫拉，列奥纳多·达·芬奇，1502 年。一项被叠加在 16 世纪平面图之上的现代的调查。比较显示，列奥纳多并没有经常捕捉到平面布局的形状，同时，通常当调查不同于地表的平面布局的时候，显然有改进地表平面布局的正式构成的意图。列奥纳多与一名来自切萨雷·博尔贾（Cesare Borgia）的检查教皇的罗马涅城堡的代表一起从事绘制工作。他将城市绘制在周长被分为八个风向的一个圆周内部，而八个风向又进一步划分为八个。圆形平面的左侧和右侧的图文（准确地）给出了与邻近城镇的距离和方向。参见图 36.16

作为底图的照片由 Royal Collection ⓒ 2006，Her Majesty Queen Elizabeth Ⅱ. Royal Library，Windsor（Cod. Atlantico 12284）提供。Tim Morshead 绘制了叠加在其上的线图。

元素。与此同时，全部街区的平面是来自想象的发明，同时一些主要街道的朝向错得离谱。显然，这些区域并没有进行过调查。比萨中世纪街道系统的尺寸和复杂性，使得精细绘制城市的工作，比列奥纳多在伊莫拉的任务要更为复杂。地图制作者的折中方案就是将他的注意力集中在数量有限的中心和具有战略意义的地点。整座城市，中世纪街区的纹理被大刀阔斧地简化，同时，街道的宽度被夸张以清晰的表达平面布局以及强调穿过城市的运输路线。

16 世纪中期以印刷的形式向公众呈现的最早的平面图，是基于非常有限的调查的。莱昂纳多·布法利尼 1551 年的罗马地图，展现了丰富的信息（图 27.3）。其用秀丽的木刻的字母标注了教堂、宫殿、街道和街区的名称。其还提供了大型纪念建筑物的具体的平面图，以及为其他建筑，可能是为不太容易抵达的大型建筑提供了一个便利的空间网格。平面图最为与众不同的方面就是将古代的和现代的建筑拼合成一个永恒的古典的景观。例如，因而，

684

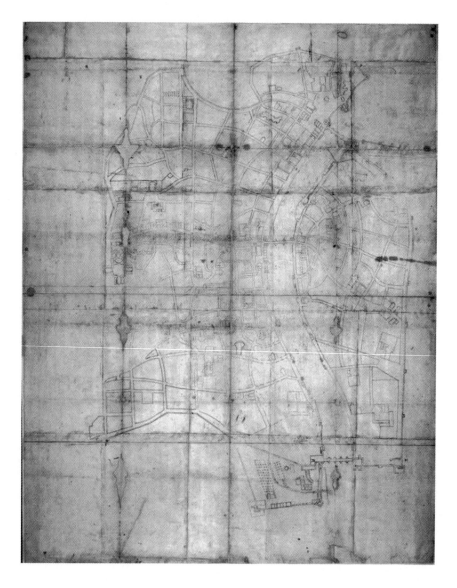

图 27.2 比萨，被认为是朱利亚诺·达圣加洛的作品。这一平面图的原件属于 15 世纪，同时这一副本似乎时间为 16 世纪最初 10 年。对于原件的修改通过移印技术的痕迹可以识别出来。朱利亚诺于 1509 年佛罗伦萨人征服之后在修建的城堡中进行工作，但是平面图给出了城市中整个防御工事不完整的图景。全面的街道平面图——然而，在某些地方是想象的——在一幅军事地图中是不同寻常的，城市纪念性建筑的平面图也是如此

Galleria degli Uffizi, Florence（7950A）提供照片。

"Platea Capitolina" 的东部，不仅仅有通过一个完整的平面呈现的中世纪圣玛丽·德阿拉科利（San Maria d'Aracoeli）"神庙"，而且还有亚努斯（Janus）和朱庇特神庙的名称，而这些神庙没有任何实际遗迹被记录下来。类似于此的细节揭示了布法利尼求助了如巴尔托洛梅奥·马利亚尼（Bartolomeo Marliani）等古物收藏者，后者 1544 年的《罗马城的地形》（*Urbis Romae topographia*）首次发表了城市垂直视角的图像。

685

平面图中最为一丝不苟的经过调查的元素就是城墙。每一个方向上的变化都被描绘下来，同时每一部分的尺寸也得以被记录。对城市身份的传统标志，即城市周长的准确描述，是平

图 27.3　罗马，莱昂纳多·布法利尼，1551 年。细部 [卡皮托林（Capitoline）山及其之下的街道]。罗马最早的垂直视角的平面图。其用木版复制，分为 12 块图版。图像整合了古代和现代城市的元素。其保存在由安东尼奥·特雷维西（Antonio Trevisi）出版的 1560 年版的三个副本中，特雷维西是从布法利尼的遗孀那里购买的图版，并且使用他的版本来宣告他自己的拉直台伯河（Tiber）河床的工作。平面图是通过至少两次单独的并且未经协调的调查活动而构造的。一架罗盘仪导线用于测量城墙不同部分的长度和朝向。城市内部纪念性建筑的位置似乎是通过三角测量来确定的

細部的尺寸：约 36.5×35 厘米。照片版权属于 BAV（St. Geogr. I. 620 Riserva）。

面图最为有影响力的成就之一。布法利尼对城墙的兴趣必然来源于这样的事实，即他，类似于列奥纳多，是军事工程师，是参与了保罗三世（Paul Ⅲ）1534 年考虑重建罗马防御工事的会议的顾问之一。正是这样的背景，使得他为这一项目所需的 7—20 年的工作做好了准备[18]。但是尽管做出了如此之大的奉献，但城市街道复杂的平面图证明了这是一个无法战胜的挑战。每条小径所需要付出的努力，与大小相似的城墙是相同的。毫不令人惊讶的就是，布法利尼走了捷径。当他的地图为罗马通常的形象提供了新的地形准确性水平的同时，街道的准确结构依然是近似的。呈波浪起伏的街墙赋予平面图一种流动性，而这一点在后来更为

⑱　Leonardo Bufalini, *Roma al tempo di Giulio Ⅲ : La pianta di Roma*, intro. Franz Ehrle（Rome：Danesi, 1911）.

详细的调查中作为传统的呈现方式而显示。

16 世纪调查的工作方法在理论文献中只是进行了部分解释。阿尔贝蒂和巴尔托利描述了允许调查者去确定少量突出点的位置的制度。奥古斯丁·希尔施沃格记录了作为他维也纳平面图的基础的从 6 个不同的基点对 13 个建筑物进行的观察。每个方向的测量（他显而易见的方法）或者三角测量应当使得他掌握了它们的相对位置⑲。然而，希尔施沃格和其他人都没有谈到用来描绘城市街道走向的方法。我们无法假设，其是系统性地完成的。地图制作者可能已经完全信任他们自己的估算技术或者使用最为粗糙的调查方式，非常类似于克里斯托福罗·索尔特在田野草图上记录的，这些草图是他在 1569 年为布雷西亚和贝尔加莫之上的意大利阿尔卑斯山区域的一幅地图而准备的⑳。当一座城市的图像被作为商业活动的一部分而制作时候，那么不太可能对街道的准确走向有太多的关心。斯托弗利诺（Stroffolino）对安东尼奥·拉弗雷伊的墨西拿（1567）、米兰（1573）和热那亚（1573）的透视平面图的计算机分析，揭示了解决问题的方法（图 27.4）㉑。当计算机对比拉弗雷伊的图像和斯托弗利诺用于她分析的一项 18 世纪调查的缩略版的时候，重要地点的位置（例如沿着城墙的塔楼）是一致的。当她要求计算机也对街道进行对比的时候，差异是非常显著的。证据说明，由纪念性建筑构成的固定点，它们之间的街道是被插入的。

686　　绘制街道的困难必然造成了 16 世纪正交平面图的缺乏㉒。结果的不准确当然应当局限

⑲　Albert Camesina, *Plan der Stadt Wien vom Jahre 1547, vermessen und erläutert durch Augustin Hirschvogel von Nürnberg* (Vienna：K. K. Hof- und Staatsdruckerei, 1863)。

⑳　穿过领土的道路被分为不同的部分，同时每一片段的朝向用一架罗盘进行了测量，并测量其地表上的长度。环绕曲线移动，对于街道的下一个部分重复这一过程。参见 Juergen Schulz, "New Maps and Landscape Drawings by Cristoforo Sorte," *Mitteilungen des Kunsthistorischen Institutes in Florenz* 20 (1976)：107 – 26。这里的片段是相对较大的；某些城市街道每隔几码就会改变方向。当然，索尔特并不关心街道的周界或者城市街道的建筑前立面。

㉑　Daniela Stroffolino, "L'immagine urbana nel XVI secolo：Gli Atlanti di Antoine Lafréry," in *Città d'Europa*, 183 – 202，以及 Stroffolino, *La città misurata*, 185 – 205。

㉒　尽管并不完备，但一份时间为 1600 年之前的垂直城市平面图的列表——除了伊莫拉（图 27.1 and 36.16）、比萨（图 27.2）和罗马（图 27.3）的平面图之外——包括下列的。关于 1547/52 的维也纳，参见 Siegmund Wellisch, "Die Wiener Stadtplänezur Zeit der ersten Türkenbelagerung," *Zeitschrift des Österreichischen Ingenieurund Architekten-Vereines* 50 (1898)：537 – 65，和 John A. Pinto, "Origins and Development of the Ichnographic City Plan," *Journal of the Society of Architectural Historians* 35 (1976)：35 – 50。关于 Domenico Gianti 绘制的 1553 年的 Guastalla (Parma, Archivio di Stato, Raccolta mappe e disegni, vol. 70, n. 76)，参见 Nicola Soldini, "La costruzione di Guastalla," *Annali di Architettura* 4 – 5 (1992 – 93)：57 – 87。关于 1556 前后的布雷西亚，参见 Franco Robecchi, "Il più antico ritratto di Brescia：Dettagliato come in fotografia riaffiora la città del Cinquecento," *AB* (*Atlante Bresciano*) 6 (1986)：76 – 81。关于 1561 年之前的皮亚琴察（Piacenza），参见 Parma, Archivio de Stato, Piante e disegni, fol. 21, n. 2。关于 1577—1579 年的米兰，参见 G. Martelli, *La prima pianta geometrica di Milano* (Milan：Fininvest Communicazioni, 1994)。关于安东尼奥·坎皮绘制的 1583 年的克雷莫纳，参见 Giacinta Jean, "Antonio Campi：Piante di palazzi cremonesi alla fine del Cinquecento," *Il Disegno di Architettura*17 (1998)：21 – 26。关于雅科莫·丰塔纳绘制的 1583 年的安科纳，参见 Nicholas Adams, "The *Curriculum Vitae* of Jacomo Fontana, Architect and Chief Gunner," in *Architectural Studies in Memory of Richard Krautheimer*, ed. Cecil L. Striker (Mainz：Philipp von Zabern, 1996)：7 – 11，和 Gianluigi Lerza, "Una proposta per il porto di Ancona：Il memoriale di Giacomo Fontana (1589)," *Storia Architettura* 5 (1982)：25 – 38。关于 1589 年的帕尔马，参见 *Io Smeraldo Smeraldi ingegnero e perito della congregazione dei cavamenti. . .* (Parma：Comune di Parma, 1980)，和 Franco Miani Uluhogian, *Le immagini di una città：Parma, secoli XV - XIX：Dalla figurazione simbolica alla rappresentazione topografico* (Parma：La Nazionale, 1983)。关于保罗·普菲津绘制的 1594 年的 Nürnberg，参见 Ernst Gagel, *Pfinzing：Der Kartograph der Reischsstadt Nurnberg (1554 – 1599)* (Hersbruck：Im Selbstverlag der Altnürnberger Landschaft, 1957)，No. 24。关于包蒂斯塔·安东内利绘制的 1595 年的印度群岛的卡塔赫纳，参见本卷的图 41.19 以及 Richard L. Kagen, *Urban Images of the Hispanic World, 1493 –1793* (New Haven：Yale University Press, 2000)，77。如果将时间框架扩展几年的话，那么将会增加更多的城市。关于弗朗切斯科·里基尼绘制的 1603 年的米兰，参见 Ettore Verga, *Catalogo ragionato della Raccolta cartografica e Saggio storico sulla cartografia milanese* (Milan：Archivio storico, 1911)，41。关于焦万·巴蒂斯塔·阿莱奥蒂（Giovan Battista Aleotti）绘制的 1605 年的费拉拉，参见 Franco Farinelli, "Dallo spazio bianco allo spazio astratto：La logica cartografica," in *Paesaggio, imagine e realtà* (Milan：Electa, 1981)，199 – 207。

了它们的实际用途。最为普通的平面图的类目是那种几乎完全可以忽略街道测量问题的。它们是为了军事目的而绘制的平面图，完全聚焦于防御周界上。锡耶纳领土的防御设施的图像是由作为共和国建筑师的巴尔达萨雷·佩鲁齐（Baldassare Peruzzi）制作的，属于保存下来的最早例证[23]。图像显示了旧有的防御设施以及佩鲁齐对它们的现代化提出的建议。例如，丘西（Chiusi）防御设施的平面图（1528—1529年），没有显示街道平面，但给出了城市中一些教堂的位置。这些大型建筑被包括在城墙内其他未清晰表达的空间内，由此说明了它们的重要性更多的在于为调查者和攻击军队的炮手提供方向，而不是作为纪念性建筑的价值。

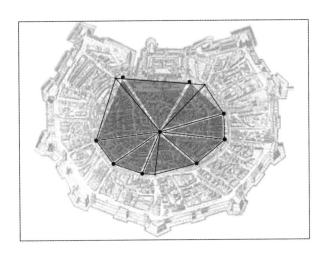

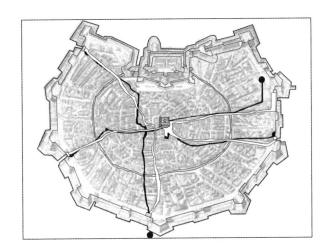

图 27.4　安东尼奥·拉弗雷伊的米兰平面图的分析图，1573 年。这些分析比较了拉弗雷伊的透视平面图和一幅 18 世纪的垂直平面图，这幅地图已经由斯托弗利诺模拟拉弗雷伊采用的观察点按透视法进行了处理。上侧的图像追踪了城墙上城门的位置。这些都一一对应的，除了艺术家希望夸大的堡垒的大小，以及在城市中心构建框架以强调最重要的构图要求。下侧的图像展示了未能按照相同的准确性描绘的街道走向的透视平面图

　　基于 Daniela Stroffolino, "L'immagine urbana nel XVI secolo: Gli Atlanti di Antoine Lafréry," in *Città d'Europa*, 195。

---

[23]　Simon Pepper and Nicholas Adams, *Firearms & Fortifications: Military Architecture and Siege Warfare in Sixteenth-Century Siena* (Chicago: University of Chicago Press, 1986), 179 (fig. 80).

这只是从与国家防御有关的委员会档案中保存这类草图，向受到委托绘制城市防御工事图集迈出的一小步。在 1546—1551 年间，军事工程师乔瓦尼·巴蒂斯塔·贝卢齐（Giovanni Battista Belluzzi）为美第奇公爵科西莫一世进行了托斯卡纳城镇以及周围地区的 85 次调查，在这一世纪中，这份汇编，通过距离更为遥远地点的平面图的副本而被扩展[24]。在弗朗切斯科·帕乔托（Francesco Paciotto）绘制的草图之后，是一部 90 座尼德兰和意大利的设防城市和城镇的世纪中期的地图集，可能是萨伏依统治者对于军事问题的全心全意兴趣的产品。汇编非常重要，以至于在 1567 年，菲利普二世派出了由一名工程师、一名画家和一名调查者构成的团队去研究和复制草图。[25]

当然，军事地图，被视为需要密切监督的信息，并且只能被少数人看到。实际上，任何种类的垂直平面图大部分没有对公众公开。城市作为一种呈现主题的普遍流行，几乎完全由将它们的材料呈现为一种视觉图片的图像来满足。在他为《寰宇城市》所作的导言中，乔治·布劳恩引用了亚里士多德来证明视觉在各种感官中的首要地位，同时 Civitates（城市）图景清晰地向它们观看者的眼睛提供了对象[26]。博洛尼亚艺术家弗洛里亚诺·达尔·博诺（Floriano Dal Buono）用这段文字来为他的城市图像景观（1636 年）进行辩护："将（这一图像）制作为一幅平面图，应当是徒劳的，并且只是满足了想象力而不是眼睛。除了那些希望用炸药攻击这座城市或建造另外一座与其相似的城市的人之外，捕捉到城市精髓的图像并不是平面图，而是从某一特定角度眼睛所看到的样子的城市的图像。"[27]

描绘城市

作为一个实际问题，不可能用眼睛看到文艺复兴时期的一座完整的城市。无论从城市边

---

[24] Daniela Lamberini, "Funzione di disegni e rilievi delle fortificazioni nel Cinquecento," in *L'architettura militare veneta del Cinquecento*, ed. Sergio Polano (Milan: Electa, 1988), 48 – 61.

[25] Turin, Biblioteca Nazionale, MS. q. II. 57 (old signature, Serie Atlas C N 5 [Bc. Atl. Sala XV]), 被引用于 Charles van den Heuvel, '*Papiere Bolwercken*': *De introductie van de Italiaanse stede- en vestingbouw in de Nederlanden* (*1540 – 1609*) *en het gebruik van tekeningen* (Alphen aan den Rijn: Canaletto, 1991), 53 – 61. 低地国家城市和城镇的 260 幅绘本平面图的与众不同的汇编，其是在 1560 年前后由雅各布·范代芬特尔为菲利普二世制作的，用城市街道系统的测量记录以及建筑的传统符号，与对城墙的调查一起，对这些地图集中的信息进行了扩展；参见 Boudewijn Bakker, "Amsterdam nell'immagine degli artisti e dei cartografi, 1550 – 1700," in *Città d'Europa*, 86 – 100. 在世纪末，一支由苏利公爵委任的皇家工程兵部队执行了一次法兰西王国的调查，其中包括设防地点的平面图，以及某些时候对城墙内部主要街道的测量。参见 David Buisseret, "Les ingénieurs du roi au temps de Henri IV," *Bulletin de la Section de Géographie* 77 (1964): 13 – 84.

[26] Lucia Nuti, *Ritratti di città: Visione e memoria tra Medioevo e Settecento* (Venice: Marsilio, 1996), 38 n. 51 and 137 n. 15; Georg Braun and Frans Hogenberg, *Theatre des cites dv monde* (Brussels, 1574 – 1618), preface, unpaginated (vol. 1, fol. 4r): "有限的资源和潜在的危险，尤其是在这些时候，阻止大多数人旅行前往世界所有部分并且访问众多的城市。使用这本书，我们希望将历史爱好者从旅行的危险、不便和花费不菲中解放出来。通过依赖微妙的视觉感觉，且按照亚里士多德的观点，视觉超越于其他感觉之上的，我们向读者提供了从生活中勤勉获得的以及在插图中巧妙呈现的城市平面图和景观，与词汇或者模糊的资料相比，读者能获得更为清晰的思想"；idem, *Beschreibung und Contrafactur der vornembster Stät der Welt*, Cologne, 1572, 6 vols. (1572; reprinted Stuttgart: Müller und Schindler, 1965), vol. 1, fol. 3r: "我们提供了城市和城镇形态的重现，由此读者可以看到它们小巷的内部，并且观看它们的建筑和广场。"

[27] Giovanni Ricci, "Città murata e illusione olografica: Bologna e altri luoghi (secoli XVI – XVIII)," in *La Città e le mura*, ed. Cesare De Seta and Jacques Le Goff (Rome: Editori Laterza, 1989), 265 – 90, quotation on 284.

缘的钟楼还是山顶，都可以看到广阔的景色，这些优势位置并不足够高由此可以包含整个城市并且揭示其整体形状。甚至即使特定的建筑、街道和街区是熟悉的，进行了密切观察的景观，那么城市的整体依然是一个不可见的和抽象的实体。然而，城市的全局形态，一个不可能被看到的对象，正是城市地图学家试图去呈现的对象。为了克服感性经验的局限，他们将城市作为整体进行描绘，因为他们想象上帝可能从上面看到它。

作为一种绘画流派的鸟瞰图的诞生是文艺复兴时期视觉艺术的一大成就。其首次出现被确定为是在 1500 年，当时雅各布·德巴尔巴里出版了他木版的威尼斯地图，尽管他伟大的鸟瞰图只不过是 15 世纪常见的高视角的产物，但也是鸟瞰图的一个新开端[28]。在巴尔巴里之前，高视角，例如佛罗伦萨的"有着一条链条的图景"（约 1485 年），通常假定一个较低的有利位置，并且被筹划就像从一座山顶看过去。它们默认地将观察者放置在地上，或者位于地面以上不远的地方，而巴尔巴里的观察者飞行进而从空中很高的地方俯瞰威尼斯。较低的位置，使得图景赋予位于前景中的建筑以"特权"，并且隐藏了空间关系，但是这种扭曲在高空，即在几乎位于头顶的鸟瞰图中基本得到了纠正，鸟瞰图使城市就好像位于一个拼盘上。巴尔巴里的图景向观看者提供了一个威尼斯景象，其中包括了整体形状、它的街道和运河的线路、它的地标建筑的位置。不同于将城市作为一个单元进行了符号化描绘的中世纪的理想化景观，鸟瞰图展示了一个填充了建筑、纪念性建筑、广场、道路、墙体和各种景观特征的复杂的城市系统。而且，它赋予以前一直无法识别和形状不明的事物一个独特的和难忘的视觉识别。鸟瞰图如此引人注目，由此成为后来两个世纪中的地图学的标准，尽管术语直至 18 世纪早期才被采用，但到这一时间，这一流派不再是城市呈现中的主导模式。

在一个空中旅行的时代，鸟瞰图很容易被认为是理所当然的，但是对于作为局限于陆地的文艺复兴时期而言，其是一个想象力的巨大飞跃。鸟瞰图创造了一种新的图像主题：城市作为一个完整的、自我包含的以及内部组织的实体。这一概念的和图像的成就，反过来，鼓励了思考城市的新方式。鸟瞰图使得将城市构思为一个不同于环绕在周围乡村的，以及通过一个相互连接的街道网络内部组织的统一地域成为了可能。文艺复兴和现代的评注者都因其栩栩如生而对文艺复兴时期的城市图景给予了赞扬，但是这一术语是误导性的，因为"栩栩如生"这样的宣称使地图制作者的核心成就自然化，而这种成就制造了一种似乎可信的但却不可能的视角，并且将充满谎言的和艺术发明的图像转化为一种受到尊重的知识形式。对于栩栩如生的宣称，假想将观看者放置在天空中的想象力方面激进的飞跃是需要目击者确认的，但这几乎是不可能的。诚然，关于个别古迹的可识别的过多的细节可以由个人的经验进行验证，但是城镇整体的形状和结构是感觉不到的，而对其进行了揭示则是鸟瞰图与众不同的特征。在这一意义上，鸟瞰图，城市的整体外观，是经由基本的抽象而被了解的。相关的拉丁术语，*ad vivos*，即表示"来源于生活"，又表示"栩栩如生"，弥合了被认知和被抽象之间的一个概念上的重要鸿沟，但是这种含义上的歧义在英文翻译中被损失了。[29]

㉘　Giandomenico Romanelli, Susanna Biadene, and Camillo Tonini, eds. , "*A volo d'uccello*"：*Jacopo de' Barbari e le rappresentazioni di città nell'Europa del Rinascimento*, exhibition catalog (Venice：Arsenale Editrice, 1999) .

㉙　Lucia Nuti, "The Perspective Plan in the Sixteenth Century：The Invention of a Representational Language," *Art Bulletin* 76 (1994)：105 – 28, esp. 108, 以及 idem, *Ritratti di città*, 133 – 43。

　　为了绘制城市的整体图景，需要提出一种描绘空间的方法，由此可以在容纳城市丰富内容的同时，对其进行视觉组织。所需要的是一种全面的和有弹性的图景，一种呈现空间的方法，由此可以观看建筑物的周边，在多个方向上进行移动，并且看到建筑物的立面以及街道的轮廓。为了评价作为空间呈现的一种形式的鸟瞰图的成就和吸引力，考虑文艺复兴时期可以使用的呈现的其他替代形式是有帮助的。[30]

　　首先就是线性透视的系统，其是文艺复兴视觉艺术的标志之一。线性透视将空间呈现为在位于给定地点的观看者面前所应出现的样子。在构造一个透视空间的时候，观察者的有利位置通过没影点（vanishing point）在图像空间中被映射出来，没影点是光线汇聚的点。视觉角锥和光线汇聚的有组织的矩阵将特定的呈现法则强加给了透视空间中的对象：三维的形式被按照透视法缩短，前景的对象隐蔽了其他位于稍后位置的对象，同时，任何实质物品只能被看到一个侧面，因为图像的元素都是从一个固定位置所看到的，也就是，有利位置。当线性透视神奇的创造了一个受限空间，如一个广场的幻影的同时，其限制条件——其呈现法则——使其在制作城市图景时用处不大。线性透视对于揭示一座城市的物理范围是不充分的，对于传达大量单体建筑之间空间关系来说也是不充分的，同时对于允许数量无限的焦点而言也是不充分的。从图景的单一点观看城市，必然使前景中的建筑具有主导权，并且由此遮挡了后面的建筑；其可以捕捉一条街道的一部分，但是无法获得其体量和轨迹。从观察点无法看到的东西依然是不可见的。多点透视，如同其在16世纪由维阿托尔（Viator）和让·库赞提出的，创造了更为广阔的视觉角度，但它仍然取决于具有固定有利位置的视觉金字塔。为了绘制一座城市的丰富内容，意味着放弃了透视的前提：一个固定的有利位置，一位不动的观察者，以及一个没影点。

　　一个透视呈现的替代品就是轮廓图，16世纪的北方艺术家喜好这种方式。通过安东·范登·韦恩加德（Antoon van den Wijngaerde）的草图优美地进行了展示，轮廓图读起来就像一个卷轴，在过程中视点沿着水平轴线移动。为什么轮廓图被与航海和航海文化联系起来是非常清楚的；图像捕捉到了从一艘移动船只上看到的一条海岸线的全景。[31] 但是轮廓图，由于其展示的是从正面所能看到的东西，因此有局限，无法处理远处的建筑或者清晰地表达纵深中的空间关系——简单地说，就是无法处理城市的范围。当从与移动视角存在联系的被强化的图像力量获益的同时，轮廓图被局限于单一的空间平面中。其无法满足文艺复兴时期对整体视觉的追求。

　　一种对于水平形式有趣的变异用法是由埃哈德·雷维奇（Erhard Reuwich）的耶路撒冷和黎凡特的木版地图展示的，其出版在贝尔纳德·冯不来梅巴赫的《圣地之旅》（1486）中。不同于轮廓图，雷维奇的纵长的（120厘米）折叠插页的地图并不局限于单一的空间平面，实际上，其通过忽略了比例尺和空间的一致性来描绘一种象征性的世界图景，在其中，689　耶路撒冷被呈现在一个广阔的地理背景中，其中岩顶圆顶寺（Dome of the Rock）在这一作

　　[30]　Svetlana Alpers, 在 *The Art of Describing：Dutch Art in the Seventeenth Century*（Chicago：University of Chicago Press, 1983），119–68 中，提供了一个对可选择的呈现模式以及不同的图像投影的概念的有趣讨论。

　　[31]　关于轮廓图，参见 Nuti, *Ritratti di città*, 69–99；idem, "Perspective Plan," 109–10；Richard L. Kagan, ed., *Spanish Cities of the Golden Age：The Views of Anton van den Wyngaerde*（Berkeley：University of California Press, 1989）；以及 *Opkomst en bloei van het Noordnederlandse stadsgezicht in de 17de eeuw / The Dutch Cityscape in the 17th Century and Its Sources*, ed. Carry van Lakerveld（Amsterdam：Amsterdams Historisch Museum, 1977）。

品中心被不成比例地扩大。雷维奇对于细长形式的使用，产生了一种全景的效果，但是其对地理的象征性的扭曲难以符合文艺复兴时期逼真的价值取向。

文艺复兴时期发现了一种脱离透视约束的方法；垂直平面图，或者真正的水平截面，理论上提供了完美的解决方法。在巴尔巴里的威尼斯地图引入了鸟瞰图的同时，列奥纳多·达芬奇制作了文艺复兴时期第一幅城市平面图，即时间为 1502 年的伊莫拉的草图（之前进行了讨论并在图 27.1 中展示的）。伊莫拉平面图显示了平面的形式所能做到的：其描绘了城市的全局，街道的走向，纪念性建筑的位置和地理朝向以及其中的建筑，还有位置之间的距离。在一种不同于透视和轮廓图的方式中，地面的平面图并不意味着一位观察者的存在，无论是固定的还是移动的。平面图采用了无限数量的假定的观察点，每一个都垂直于地表。类似于一幅建筑平面图，一座城市的平面图将城市作为一个平面图像进行展现。确实，一幅平面图可以通过阴影和其他图像工具来表达纵深；布法利尼在他的罗马平面图中引入了断面线（cross-hatching）来说明地形的起伏。但是一幅平面图从根本上对三维空间是不关心的，并且不能模拟光学感觉。平面图拒绝有利位置以及相关的一个固定观察者的概念，由此将图像从透视的局限中解放出来。但是，平面图同样需要文艺复兴时期的制图学家去远离图像有说服力的幻象，这是一种无法忍受的牺牲，因为其没有推进他们描绘城市三维形式的具象的目的。

在平面图和透视图之间，鸟瞰图创造了一种权宜的中间地带，其非常好地满足了城市呈现的需要。鸟瞰图避免了透视的空间局限，但是保留了与透视系统存在联系的特定的带有错觉的特点。其在高低起伏中对城市进行了呈现并且强调了三维空间。图像暗示了一个观察点的存在，尽管观察者在空间中没有确定的位置。然而，一幅平面图否定了观察者的"观看的幻觉"，但如同洛茨（Lotz）提出的，鸟瞰图包含有阿尔贝蒂对于图像的自负，即作为一扇窗户和作为透明表面的图像，通过其，我们可以对对象加以掌握[22]。鸟瞰图保留了透视图像的某些空想，但是违背了其呈现的法则以描绘城市的一种多焦点的图像。当透视图意在一个焦点的时候，鸟瞰图则没有焦点，包括全部，并且不受局限，在透视将观察点固定于一个地点的时候，鸟瞰图则意味着一只移动的眼睛以及多个观察点。通过提出另外一种看到空间内部的方式，鸟瞰图给出了透视空间系统的一个替代物，尽管这两种呈现模式在外观和视觉空间中有着一种基本的兴趣。

文艺复兴时期对城市图景的兴趣完全曲解了克劳迪乌斯·托勒密。在他的《地理学指南》中，托勒密轻视地方志，或者对于地点的呈现，他对其只是顺带提及，因为其是图像制作的一种形式，与地理学的绘制世界相反，后者建基于可靠的数学基础之上。

如同贝里格伦（Berggren）和琼斯（Jones）写到的：

区域地图学（地方志）最为重要的是处理其所规定的事物的性质而不是数量；其在任何地方处理的是相似性，并且不太在意按照比例放置。世界地图学（地理学），则与此相反，处理数量而不是质量，因为其需要考虑所有事物之间距离的比例，而相似仅

㉒ Wolfgang Lotz, "The Rendering of the Interior in Architectural Drawings of the Renaissance," in *Studies in Italian Renaissance Architecture* (Cambridge: MIT Press, 1981), 1–65, esp. 30.

仅只是粗略的轮廓的相似……（地方志）不需要数学方法……但是……（在地理学中）这一要素位于绝对的优先地位㉝。

然而，托勒密所贬低的，恰恰是文艺复兴时期的地图学家所拥护的。布劳恩和霍根伯格推崇在《寰宇城市》中出版的城市图景的栩栩如生，并且赞扬地志学者，他们"单独描述了世界的每个部分，及其城市、村庄、岛屿、河流、湖泊、山脉、泉水等，并且讲述了其历史，将每件事物阐述得如此清晰，由此读者似乎看到实际的城镇或地点正位于他的眼前"㉞。在满足 ad vivum 或栩栩如生地进行表达的图形标准时，鸟瞰图的成功是无可争论的，但是什么因素导致鸟瞰图如此具有说服力，尚未得到令人满意的解释。

鸟瞰图的说服力和它们地形上的明确性通常被与"科学的"进步联系起来，也就是，之前讨论的调查技术的进步和更为可靠的地形数据的搜集。这一解释是与占据主流的地图学史的叙述是一致的，这种叙述强调准确性和客观性的逐渐提高，并且这种解释是非常强有力的，因为这些成就确实是在文艺复兴时期取得的。然而，鸟瞰图的说服力并不完全来源于它们的数学的、准确的测量要素。

690

首先，没有证据说明，鸟瞰图实际上是基于调查的平面图，并且如同我们所看到的，16 世纪的调查技术只具有非常近似的呈现城市街道系统的能力。事实是，鸟瞰图中充满了不准确，但这并没有降低图像的说服力。其次，文艺复兴时期的观察者和地图收藏者并不能评估鸟瞰图的真实性；没有客观的标准或参考点。在数学的准确性和视觉的说明力之间没有表现出相关性。这里得出的结论就是，图像的说服力和权威性主要是图像技术的功能和视觉习惯的力量。

尽管评价鸟瞰图的准确性是有价值的，但这种质询无法解释，尽管在它们空间结构中有着无法忍受的破裂和不一致，但这些图像试图建立一种知识的氛围和权威性。考虑一下市政府在 1538 年为呈献给皇帝查理五世而委托绘制的阿姆斯特丹的景观，其是艺术家科尔内利·安东尼斯在一个 1544 年的木版版本中绘制的㉟。这一图像保留了一种显而易见的说服力，尽管其存在很多省略和不一致性。视角在整个图像中移动，从侧立面和前景中船只的斜视角，到其他部分的几乎位于头顶的视角。地平面向上倾斜似乎由此暴露建成的城市，然后向后折叠并且在田野中变得平坦。纪念物比填充的建筑以更大的比例呈现，由此它们显得更为突出。而且，图像结构被穿过装饰性框架（左侧）的街道以及被位于云堤中的尼普顿的巨大形象所打断，云堤与图像重叠并且与城市空间相分离。个体元素的相对朝向是不一致的，它们与图面的朝向也是如此。简言之，空间的波动起伏，好像是从不同的有利位置进行的观察，而这些有利位置不可察觉的滑动和变化。可能会认为，这些内在的不一致和破裂应当伤害了图像的可信度，但是，通过霍夫曼（Hoffman）所称为的"视觉轻快的放松"的特点，我们将元素融入一幅成为一体的图像中㊱。这些不一致性是作为权宜之计的妥协的结果，其继承自对透视系统的修订，由此

㉝　J. L. Berggren and Alexander Jones, *Ptolemy's Geography: An Annotated Translation of the Theoretical Chapters* (Princeton: Princeton University Press, 2000), 58.

㉞　被引用于 Alpers, *Art of Describing*, 156–57。

㉟　Antoine Everard d'Ailly, *Catalogus van Amsterdamsche plattegronden* (Amsterdam: Maart, 1934), 以及 Bakker, "Amsterdam nell'immagine," 86–100。

㊱　Donald D. Hoffman, *Visual Intelligence: How We Create What We See* (New York: W. W. Norton, 1998), xi.

可以适应多重的有利位置并且创造出城市的成为整体的一种图像。

为了理解鸟瞰图的成功，那么需要返回到托勒密对地方志的定义，并且认识到地区一览图的图像本质，但不带有托勒密的蔑视，而是欣赏图像的修辞和城市图景获得权威光环的复杂过程。本章因而转向技术和绘图元素，而通过这些，鸟瞰图达到了被高度赞赏的"栩栩如生"的质量，然后我们询问这些图像是如何建立起它们的权威的[37]。基于城市图景的准确性对于观看者而言是不能验证的，并且基于相似性并不是一个相关的标准，因为没有人知道城市的整体看起来像什么样子，那么地图制作者需要设定大量自我赋予权威的空想来建立图像的权威性，并且创造一种未被看到的对象的真实感觉。

最为常见的策略就是根据经验对绘制地图的基础进行褒扬：亲自进行的观察、测量和记录。有时，信息通过描述一位艺术家的绘制行为来进行传达，就像在佛罗伦萨的"有着一条链条的图景"中的那样，或者通过在前景中放置一名突出的观察者，如同在来自《寰宇城市》的约里斯·赫夫纳格尔的卡贝萨斯（Cabecas）图景（1565 年）那样。这些作为一幅绘画中的歌舞团式的人物形象，阿尔贝蒂为它们赋予了引导观看者的反应的功能；它们确定了地图是在原处绘制的，并且基于地图制作者的直接观察。实际上，这些图像是在画室中，对从名义观察点上可以看到的内容，进行相当程度的人为处理来构建的[38]。简言之，对于一幅图像栩栩如生的宣称，是授予图像权威性的一种修辞策略。

《寰宇城市》中的很多地图包括了穿着当地服饰的人物形象，以作为地图制作者对于地点的熟悉的证据[39]。就构成方面而言，人物形象割裂了图像的空间一致性。占据了脱离城市的一个空间并且与城市并不存在联系，它们并不是被从一个空中的透视角度观看到的，而是来自一个完全不同的视点以及有着一个不同的比例尺。割裂可以是相当震撼的，同时最为具有说服力的带有幻觉的图像，找到了在观察、测量和经验中证明它们认识论基础的其他方法。这些方法包括囊括用来表述地图制作者的依据和调查方法的文本，在一个装饰图案中包括一个绘制者的侧面肖像，增加测量仪器的图示以及提供一个比例尺。

实际上，地图的制作是一个团队的努力。合作涉及一名或者更多的调查者，通常不知道姓名，他们在田野中搜集数据。测量数据和搜集其他形式的信息，包括单一纪念性建筑的图景以及其他地图，被制图者整合在一幅单一图像中。他的草图再转交给印刷匠，后者雕刻木版或者雕刻铜版，然后进行印刷，由出版商出售。每一步骤都为错误或者扭曲——疏忽、测量中的错误，或者不正确的转换，创造了机会。将地图的责任归属于地图制作者一个人身上，因而掩盖了这一多步骤的过程中的误差界限，并且将地图的可信性与一位技术高超的人联系了起来。

一种非常不同的赋予权威性的策略体现在了版权记录中。由政府授予，版权被整合进入印刷图像中，公式般的法律语言用铅字拼写出来，通常太小从而无法阅读。版权在阻止剽窃时效果有限；效力是受到限制的，同时，印刷图版的所有权是一个更为实际的保护。但是"特权"在将国家的名望和权威附加给图像以及证实其价值中扮演了一个有价值的角色。统治

691

[37] Adrian Johns，在 *The Nature of the Book：Print and Knowledge in the Making*（Chicago：University of Chicago Press，1998）中展示，曾经是脆弱的和有争议的印刷书籍和知识之间的联系，被锻造和固化。我们相信也需要对地图和城市景象提出相似的一系列问题，来理解这些图像如何获得了它们最终被赋予的权威性以及知识。

[38] Friedman，"'Fiorenza'：Geography and Representation，"67.

[39] Nuti，"Mapped Views."

者的权威通过肖像和国王的或者一个自治统治实体的盾徽得以更为清晰地援引，而这些通常装饰了较大的图景。简言之，大型的和昂贵的墙壁地图的修辞学，超越了地图制作者的经验和知识，利用国家的权力，建立了图像认识论上的权威。

代表权威的所有各种符号在雅克·卡洛（Jacques Callot）的围攻拉罗谢尔（La Rochelle）（1628—1630 年）的铜版画中展露了出来，这是当时最为优秀的挂在墙上的地图（图 27.5）。一个比例尺（在右下角）宣称，地图是基于测量的，并且是按照比例尺绘制的，但这并不是真实的。并不存在一致的比例尺，不存在单一视点，在对空间的表达中没有一致性。委托绘制这幅地图的路易十三（Louis XIII）的画像以及他的兄弟加斯顿·德奥尔良（Gaston d'Orléans）的画像，以及皇家盾徽，将皇室的权威赋予了这一图像。地图庞大的尺寸，是其重要性的另外一个符号，同时提醒观看者，皇家赞助者对于这一印刷品花费不菲。超过一百个位置的索引，使用拉丁语赋予了地图一种基于文本的权威性，以及对图像的一种纪实性的解读。国王的存在，图像庞大的尺寸，带有文本信息的框架，重要景观的扩大，描述性细节的充分——所有这些工具建立了卡洛图像的权威性。虽然有着目击证据的令人瞩目的效果，但很有可能卡洛是在没有对地点进行直接观察的情况下制作的地图。没有证据说明，他在围攻期间以及在城墙被攻占、军队解散以及封锁海港的堤坝被拆除后立刻前往了拉罗谢尔。卡洛可能是将他的地图基于一个艺术美化的过程以及对书面记载的和出版的围攻图像的改良。[40]

缺乏一个拟真的客观标准或者任何验证的可能性，一幅地图的权威性最终基于其对呈现一座城市的方法的图像传统的忠诚度，而不是其记录城市实体物理事实的准确性。例如，威尼斯地图，达到了一定程度的可信度，因为它们类似于巴尔巴里 1500 年的原型。印刷技术强化了一种传统的标准，因而其延缓了新信息的整合，并且对于地图学的图像有一种保守的影响，地图学的图像保持着令人惊讶的稳定[41]。准备铜版的成本并不是无关紧要。雕版是一位出版者的资本设备，并且与其他形式的有价财产一样被出售、遗赠以及守护。一位印刷者可以在一张铜版上进行小的改动，但是无法修订城市的形状，无法修订尺寸以整合进新的调查结果，或者用建筑的变化进行持续的更新。因而，一幅地图一旦被制作，其通常有着漫长的来世。印刷地图缓慢地表达新的地图学的知识。用莱斯特兰冈的词语，"任何给定地图从未建立在完全崭新的基础之上，但通常不容忽视地继承了之前的地图——甚至是一种压倒性的优势——分享了其信息"[42]。作为结果，一幅地图权威性的光环，其"真实效果"的营造与准确性或真实性无关。

在 17 世纪，鸟瞰图的显赫地位逐渐被削弱。地图制作者似乎丧失了对其全知全觉的信心，丧失了鸟瞰图控制其所包含的大量信息或应对现代早期城市发展密度的能力的信心。问题可以在佩德罗·特谢拉·阿尔贝纳斯（Pedro Teixeira Albernaz）的马德里（Madrid）鸟瞰

⑩   卡洛在绘制 *Siege de Breda* 的地图过程中对这一方法的使用，这是一幅其工作方法被记录下来的例子（参见本卷的图 29.6）。参见 Simone Zurawski, "New Sources for Jacques Callot's *Map of the Siege of Breda*," *Art Bulletin* 70 (1988): 621 – 39.

⑪   这一主题在 David Woodward, *Maps as Prints in the Italian Renaissance: Makers, Distributors & Consumers* (London: British Library, 1996) 中进行了讨论。

⑫   Frank Lestringant, *Mapping the Renaissance World: The Geographical Imagination in the Age of Discovery*, trans David Fausett (Berkeley: University of California Press, 1994), 112; 最初作为 *L'atelier du cosmographe, ou l'image du monde a la Renaissance* (Paris: Albin Michel, 1991) 发表。

图（图27.6）中看到。其是一幅典型的鸟瞰图，清晰地呈现了城市和乡村之间的边界，因为封闭和遏制的感觉是城市地位的核心。与地图上的清晰划分相比，城市边界很少在地面上进行清晰的划分。实际上，通常在城市和乡村之间有一个过渡地带，同时建筑在城门外集聚，并且位于主要道路两侧。这种难以处理的事实在鸟瞰图中被改变，同时偏远的土地以缩略的形式加以描述，由此，城市肌理中细节的密度与城外相对空旷的情况形成了尖锐的对比。这一边界线，有助于建立城市的视觉一致性，是图像修辞学的本质。由于图像组织的失败，特谢拉的马德里没有特定的形状或者清晰的轮廓。城市边缘的地形和公园对构图的影响，与传统上在城市形象中占据这一位置的城墙相比，是截然不同的。尽管主广场（Plaza Mayor）位于图景中心的视觉中枢，同时街道系统从其放射而出，但图像依然徘徊在无形的边缘。现代早期城市的迅速发展，建筑物的扩散，以及边界的侵蚀，威胁到了鸟瞰图图像的统一性。

692

图27.5　围攻拉罗谢尔（1628—1630），雅克·卡洛。卡洛壮观的全景画是路易十四委托绘制的，以纪念皇室击败反叛的胡格诺派教徒（Huguenots），后者控制了拉罗谢尔的港口城市。详细记录了具体的军事冲突和领导者，而军事冲突和领导者是构成了图像框架的大量说明文字的关键。然而图像缺乏对被描绘的事件的叙述性的说明文字。图像的视觉冲击来源于一个巨大的地理景观、一个环绕的海、一座港口、平原，以及位于中心的，有城墙城市的综合但特定的图像。雕版画的巨大尺寸是其皇家赞助者的众多标志之一

原图尺寸：113 × 132.5 厘米（图像）；148 × 168 厘米（带有边框）。照片版权属于 Board of Trustees, National Gallery of Art, Washington, D. C.（inv. nr. A 127988 – 127993, 59119 – 59124；12 sheets total）。

693

图27.6　马德里，佩德罗·特谢拉·阿尔贝纳斯，1656年。在首都城市的众多地图的绘制方法中，这一幅通过文字、皇家的符号、结构和比例尺，将马德里呈现为皇室所在地。图像的中心位于主广场，皇家广场，从这座广场三条被显示为厚重白色条纹的街道通往了丽池公园（BuenRetiro），这是在右侧不成比例放大的皇宫和花园。但是城市缺乏一个连贯的形状。这一构图上的缺点强化了鸟瞰图的一个传统特点，鸟瞰图的目的在于将对一座城市的想象创造为一种一致的和有边界的形态

原图尺寸：178×286厘米。BNF（Ge A 584）提供照片。

　　地图绘制者采取了两种补救措施来加强鸟瞰图，并且帮助其满足17世纪令人惊讶的城
694 市化的速度。其中之一就是在图像中补充其他呈现模式作为一种显示城市额外信息的方法。
约翰尼斯·德拉姆（Johannes de Ram）和科因若特·德克尔（Coenraert Decker）的代尔夫
特地图（1675—1678年），整合了鸟瞰、轮廓图、平面图以及一些建筑物的图像来提供这一
相对密实的城市的多重视角（图版20）[43]。同样常见的就是用单一纪念建筑的各种图景来环
绕中央图像，包括位于城市之外的纪念性建筑。雅克·贡布斯特在他的巴黎地图（1652）
周围展示了围绕这一区域的皇家城堡的小插图（图27.7）。构图强调了皇权的重要性以及承
认巴黎与一个更大的地理系统之间的联系。作为一种自我包含的实体的城市的理念不再有
效，但这一理念支撑了鸟瞰图的图像一致性。

[43]　Walter A. Liedtke, *Vermeer and the Delft School*，展览目录（New York：Metropolitan Museum of Art, 2001），507。

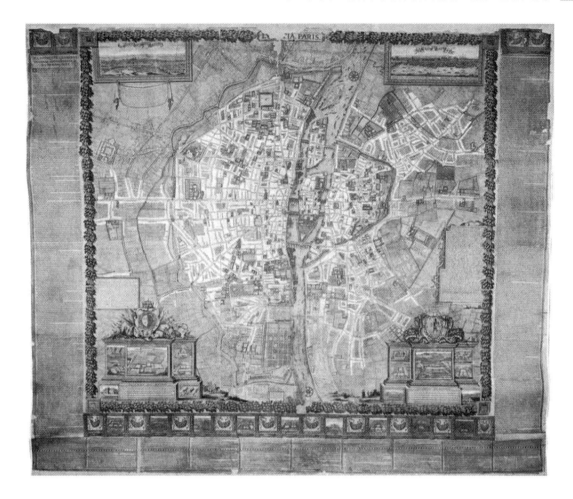

图 27.7　巴黎，雅克·贡布斯特（JACQUES GOMBOUST），1652 年。巴黎被呈现为一件皇家权力的人工制品，并且是城市之中的和周围的皇室建筑网络的中心。卢浮宫（Louvre）和杜伊勒里花园（Tuileries）出现在地图底部的中心，在两个有着皇室盾徽的基座的中心，并且其上是皇家城堡的景观图。地图采用了各种不同的呈现和图像技巧来建立一种清晰的视觉层次：通过透视图强调了山脉、花园和桥梁；同时街道、广场和庭院的白色的开放空间，与表示填充肌理的阴影区域形成了鲜明的对比；同时偏远田野的线性模式有一种装饰效果

原图尺寸：145×151 厘米。BNF（Ge AA 573）提供照片。

　　在 17 世纪发生的另外一个重要的变化中，鸟瞰图建立了与垂直平面图之间的友好关系。为了安排大量的细节以及将眼睛聚焦于经过选择的纪念性建筑上，贡布斯特在他的巴黎地图中抑制了填充建筑。大部分城市区块显示在平面图中，作为平坦的、点画的，由白色街道勾勒的形状。文策斯劳斯·霍拉在 1666 年大火（Great Fire）之后绘制伦敦地图的时候采纳了这一技术（图 27.8）。被大火摧毁的街区被显示在平面图上，其中没有结构，而城市幸存的建成部分以鸟 695 瞰图的形式表示。霍拉利用平面图的优点来描绘伦敦被蹂躏的部分。鸟瞰图和平面图的融合同样在丹尼尔·斯塔尔帕特（Daniel Stalpaert）的阿姆斯特丹地图（约 1670）中被巧妙地处理。这一地图整合了位于图像底部的轮廓图和城市中心的一幅高视角图，在城市中心，从上部可以观看船只，然后画面空间在城市边缘变得平坦，以在平面图中描绘未开发的区块和防御设施。

图 27.8　伦敦，文策斯劳斯·霍拉，1666 年。将一件历史事件翻译为一幅城市图像，霍拉的地图展示了 1666 年大火对伦敦的灾难性影响，其被呈现为一片白色的荒漠。下部左侧插入的地图将城市定位在了大都市区域中，同时，在空白区域中的特写强调了被摧毁的教堂和纪念性建筑。描绘了幸存建筑的鸟瞰图与勾勒了空荡街道的平面图的整合，一目了然地传达了火灾的范围。图像强烈的视觉逻辑使平面图容易得到解读，并且有助于使这种以往深奥的地图学呈现形式变得易读

原图尺寸：27×34.5 厘米。Huntington Library, San Marino（RB 183917）提供照片。

　　在强调平面图的抽象性质的时候，历史学家低估了其作为一种修辞表达形式的可能性。不能否认鸟瞰图有着更为强大的绘画的感染力及其对可视化的诱惑，而这些是平面图无法提供的。然而，平面图同样也是视觉作品。制图者必须做出各种不同的决定，例如，如何使用阴影和线条的粗细；如何在页面上布局图像、朝向和框架；哪些要素应该被放置在中心；同时，如果有的话，应当勾勒哪些建筑。这些选择强调了一座城市的特定方面，同时使其他方面位于从属地位。通过操纵构图，地图制作者可以赋予平面图以相当的视觉效果，并且表达其修辞学内容。这一潜力已经被历史学家一贯低估，这些历史学家将平面图认为是一种纯粹抽象的形式，而绕过了视觉呈现的过程。除了重申对测量和图像的已经过时的对立之外，将 696 垂直平面图与抽象思维画上等号，实际上假设，一幅图像可以摆脱图像表达、图像呈现和富有想象力的解释的过程，但这些恰恰是绘制一幅平面图所必需的。

　　平面图自己否定了这一可能性。当然，装饰性的和图解的特征在鸟瞰图中如此普通，但它们也可以被整合进平面图中，例如，奥古斯丁·希尔施沃格的维也纳地图（图

27.9）。但是将那些工具放在一边，平面图本身也可以进行视觉交流。希尔施沃格去除了所有建筑，除了教堂之外，后者几乎位于图像的中心，还有封闭的城墙，其被用透视的方法展示，由此表达了它们在维也纳的重要性。对乡村进行了松散的图像处理，在那里只绘制了河流以及地形，则是另外一种不确定性，由此强化了城市平面图和道路系统的特异性。平面图被包含在一个圆形框架中，其在视觉上压倒了城墙不规则的形状，使人想起了中世纪城市的符号化的图像㊹。问题不在于这些特定的 16 世纪平面图有限的视觉吸引力，而在于不可避免的垂直平面图屈服于呈现的过程，以及因而其所固有的对形式和修辞操纵的敏感性。没有认识到垂直平面图的修辞学上的潜力，那么，就难以理解开始于 16 世纪的其在这一方向上的发展，并且在 17 世纪更为大胆和有创造力的延续，由此到 17 世纪中期，一种融合了平面图和鸟瞰图的混合图像占据了主导。

如果垂直平面图在 16 世纪基本难以辨认，只是被工程师和建筑师的职业阶层所接受的话，那么，我们如何说明在一个世纪后其作为一种呈现的公共语言而出现？历史学家强调新的测量形式以及由地图学家所使用的描述方式，也就是说，地图制作的方面，但是他们大多数忽略了地图学认知能力的问题，即，阅读者如何获得阅读新的呈现方式的视觉技巧㊺。视觉认知能力的新技巧，被 17 世纪的地图消费者所获得，以为了解码平面测量的图像，而这些图像在较早的时代被认为是无法辨识的。看起来，阅读平面图的能力在 17 世纪得以进步，主要归功于类似于贡布斯特、霍拉和斯塔尔帕特绘制的那些地图，这些地图中的部分是平面图，虽然是不熟悉的或简朴的图像语言，然而清楚地传达了它们的含义。新的视觉技巧可能最初由 16 世纪的鸟瞰图所培育；这些鸟瞰图以其近乎位于头顶的高度，展示了几乎如同平面图所描述的那种街道布局。如同古德曼（Goodman）所提出的，观看并没有与解释相脱离，同时，在这些例子中，在鸟瞰图的背景下观看平面图，清晰阐释了一种新的呈现模式的意义㊻。这些鸟瞰式的地图尝试了平面图图像的，和表达的潜力，并且开始了其曾经深奥的语言的通俗化过程。地图学的评论将 18 世纪平面图的胜利理解为测量压倒了图像㊼。但可能应更好地描述为这样的一个时刻，即这是平面图被同化到视觉以及呈现的修辞学中的时刻。

平面图作为一种呈现模式已经有相当的影响力，因为其与工程师和建筑师的专门技术存在联系，并且与文艺复兴时期的古物研究者的博学存在联系。用知识对平面图进行识别，同样可能对于其在 17 世纪吸引力的增长做出了贡献，当感知经验的有效性受到质疑的时候。显微镜和望远镜，17 世纪科学革命的两个典型发明，改变了可视边界。它们将不可见的结构带入了观察领域，并且使得遥远的对象似乎近在手边。不经意地改变了比例和距离，这些

㊹ 关于希尔施沃格的平面图，参见 David Landau and Peter W. Parshall, *The Renaissance Print*, *1470 – 1550*（New Haven：Yale University Press, 1994），239。

㊺ 对于这一概念的有趣讨论，参见 David Matless, "The Uses of Cartographic Literacy：Mapping, Survey and Citizenship in Twentieth-Century Britain," in *Mappings*, ed. Denis Cosgrove（London：Reaktion Books, 1999），193 – 212。

㊻ Nelson Goodman, *Languages of Art*：*An Approach to a Theory of Symbols*, 2d ed.（Indianapolis：Hackett, 1976），14.

㊼ 参见，例如 Nuti 提出的 "18 世纪的理性主义文化最终成功地消除了托勒密的差异，并且仅仅使用一种地图学，仅仅一种语言。呈现系统发生了变化。在表达真实中，精确战胜了栩栩如生，并且存在一种朝向将图像语言从地图中驱逐出去的普遍运动"（Nuti, "Perspective Plan," 120）。

仪器隐晦地质疑了人类视觉的可靠性。在这些不稳定的条件下，随着视野的扩大以及人眼权威性的颠覆，抽象的地表平面图为呈现提供了令人放心的和可靠的基础。由于平面图并不与视觉体验相符合，因此，其可能展现了更多的可靠性，并且被更好地装备以传达关于城市的信息。为了寻求稳定性，以及寻找比不断变换的视觉基础更为稳定的认识论的基础，地图制作者从鸟瞰图转向了平面图以理解城市。

绘制城市的平面图：意大利的证据

文艺复兴时期，测量技术的发展和城市景观流行程度的爆发，与城市建设中伟大活动的
697　时刻并不一致。然而，文艺复兴是关于它们形式的一种综合性理论首次提出的时期，同时，意大利再次居于领导地位。由于这一理论来源于人文主义者的传统，因此，其将城市规划法

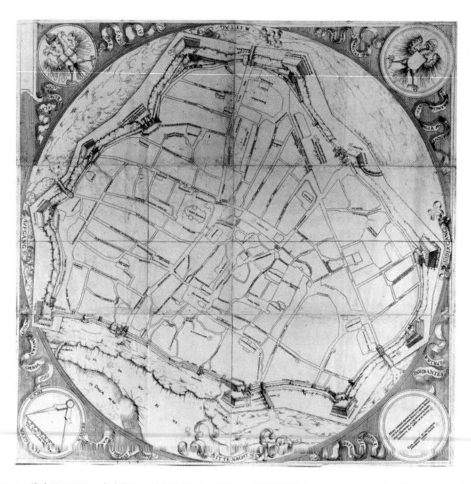

图 27.9　维也纳平面图，奥古斯丁·希尔施沃格，1552 年。印刷城市平面图的一个早期重要例证，这一铜版画通过在一个近似方形的区域中雕刻了一个圆形图像以及通过对比城市街区空白的线性模式和框架较暗的底色创造了一种令人惊讶的视觉效果。这一作品绘制了框架之间的一个类比，框架包围着地图，同时用透视图显示的堡垒环绕着城市。圆形的形式以及位于角上的圆形饰物将维也纳的平面图与宗教的象征主义联系起来，这一图案与将教堂放置在作品中心的方式相呼应

原图尺寸：约 84×85 厘米。Albertina, Vienna（Schwarz S. 143 [p. 185f]）提供照片。

则与社会和政治模型结合在一起。阿尔贝蒂的《建筑论》（*De re aedificatoria*）是这些思想的伟大构想。阿尔贝蒂对于建筑和城市的处理是综合性的，但并不是具体的。他没有提出一种城市设计的系统描述，也没有进行展示。然而，此后对建筑和军事理论文献做出贡献的人，很快就纠正了这一疏忽，并且在这一背景下，出现了最早按照一致比例尺绘制的城市平面图。从菲拉雷特对斯福津达（Sforzinda）的虚构城市的图解描述开始（1460—1462 年），经由弗朗切斯科·迪乔治在 1478—1481 年撰写的，1487—1489 年修订的建筑和工程的文献，直到 16 世纪的关于军事建筑的众多文献，从 1527 年的阿尔布雷克特·丢勒的《关于定位城市、城堡和村镇的课程》（*Etliche Underricht zu Befestigung der Stett, Schloss, und Flecken*），到撰写于世纪中期、出版于 1599 年弗朗切斯科·德马尔基（Francesco de Marchi）的《军事建筑学》（*Della architettura militare*），这些文中的所有图像——大部分为平面图，偶尔也有绘画图像——所通常拥有的特点就是它们的抽象。出版的设计方案中没有一个关注于某个地点的那些特殊性，而这些应当只有通过测量才能被揭示。这些是没有特点的设计——理想城市——不受到地形的影响，除了拓扑问题的因素（例如，一座城市被一条河流所分割）。平面图被按照传统方式布局，街道等宽，同时广场为矩形的几何形态。它们对于那些将平面图与现实世界联系起来的标志物没有需求，无论是风玫瑰还是尺度的比例尺。 698

　　在 16 世纪末之前，文艺复兴时期的城市设计，大部分并不关注城市的扩张或城镇的建立，而是关注作为社区生活中心的纪念空间的形式以及大型建筑的背景。这些著名的项目，从皮乌斯二世对作为教皇教廷避暑圣地的皮恩扎（Pienza）广场的重建（1459—1564），到米凯兰杰洛为保罗三世开始于 1537 年的在罗马的坎皮多利奥（Campidoglio）的设计，但确实没有对城市位置的初步调查或者城市布局的设计图纸保存下来。对城市状况的详细呈现确实存在，但它们说明经过测量的平面图并不是设计的基础。

　　佛罗伦萨城墙以内大型的美第奇别墅（Medici villa）的图像来自大约 1515 年，是由朱利亚诺·达圣加洛和他的兄弟老安东尼奥绘制的，是这一时期最为先进的实践结果。两人都很好地了解了新的测量技术，并且朱利亚诺被认为是之前讨论的比萨平面图的作者。别墅的草图由别墅本身的设计以及对作为周边背景的城市街道、城镇城墙和一个邻近的女修道院的呈现构成[48]。但其并不是一幅经过测量的显示了新建筑与现存城市肌理之间关系的平面图。一种更为准确的描述应当将其定义为一种有意扩展到城市背景中的建筑草图，在城市背景中，按照正式设计的原则，其重新塑造了城市。东西向的街道，住宅区的街道，属于 1490 年的发展项目，被准确地呈现，因为它们类似于别墅平面图上的元素，是垂直的。较老的和更为重要的南北向街道，在草图中，由上部延伸至下部的与城墙交叉的三条街道，被呈现为一个棋盘格网络中的垂直元素。实际上，它们彼此之间既不平行，也不完全笔直，它们也并不等宽。它们在草图中的规整是基于传统。城墙进一步证明了测量的缺乏，尽管绘制者反复尝试，但城墙并没有被准确定位。

　　测量在军事建筑师的城市设计过程中成为一种惯例。作为火炮防御工事基础的交叉防御

㊽　Linda Pellecchia, "Designing the Via Laura Palace: Giuliano da Sangallo, the Medici, and Time," in *Lorenzo the Magnificent: Culture and Politics*, ed. Michael Mallett and Nicholas Mann（London: Warburg Institute, University of London, 1996）, 37–63.

的概念——在某一位置上的一门火炮防御毗邻的城墙，并且依赖于另外的枪支来覆盖它们紧邻的区域——意味着，对于整个防御设施方案进行空间准确的呈现是规划的本质。火炮使城墙的设计成为一个几何学问题。当军事建筑师穿透城墙，为防御设施设置一个街道系统的时候，毫不惊讶的就是，他的方案与设有棱堡的防御周界一样是规整的和有效的。作为 1539 年普拉蒂卡（Pratica）城镇现代化项目的平面图，提供了防御和城市设计之间关系的一个早熟的例子（图 27.10），普拉蒂卡是一个邻近罗马的封建庄园，是由马西米（Massimi）家族拥有的。设计师是小安东尼奥·达圣加洛，朱利亚诺和老安东尼奥的侄子。安东尼奥是 16 世纪

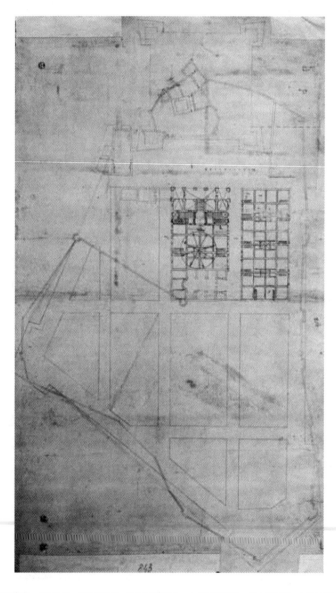

图 27.10　普拉蒂卡，博尔戈（BORGO）的扩展规划，小安东尼奥·达圣加洛，1539 年。博尔戈在 1549 年通过与他父亲进行地产的划分，拥有了卢卡·马西米（Luca Massimi）。圣加洛的项目对聚落进行了扩展并且使其防御设施现代化。草图记录了旧有城墙、教堂、一座塔楼以及一些位于广场上的体量不大的住宅建筑的位置。圣加洛的合理化方案，包括记录了住宅建筑底层的平面图以及新教堂，反映在了现代博尔戈的布局中
Galleria degli Uffizi, Florence（843A）提供照片。

上半叶最有成就的防御设施的设计师，同时也是这一时期最为顶尖的建筑师之一，在他的工程中包括了罗马的圣彼得大教堂（Saint Peter's Basilica），在那里，他从 1520 年直至他于 1546 年去世都是首要的建筑师。来源于他的工作坊的草图记录了一种习惯，即基于现场调查，通过初步设计，到正式规划的步骤。它们显示用于准备防御设施方案的时间要超过投入城市规划的时间。现存的墙体和城堡被仔细地测量，使用的是一种非常类似于列奥纳多曾经用于记录乌尔比诺和切塞纳防御设施的方法，但是没有旧城镇的记录。项目展示了原因。一个正交的网格覆盖了一切，让位置合理化。在测量出现之前，数千年中，是用网格对土地进行划分。它们是以图形形式记录的最早的平面图，因为它们的传统关系（笔直的街道布局，无论是平行的，还是彼此垂直的）很容易被复制，并不需要在位置上进行几何学测量[49]。在 699 圣加洛的草图中，只有朝向和少量的基本维度是普拉蒂卡所特有的[50]。

　　来自热那亚的证据展示了在防御设施方面的实践，可能对与城市规划项目有关的图形档案产生影响的程度。新道路是环绕一条宽阔、笔直的街道上的一小部分组织的居住发展项目，第一次在一座拥挤的山边城市，用新的古典风格创造了能够容纳宫殿的一种有比例的和规整的份地[51]。最初的项目是由城市的房屋建筑师（*architetto di camera*）贝尔纳迪诺·坎托内（Bernardino Cantone）准备的。贝尔纳迪诺是公共项目的有能力的管理者，并且是一位评估地产价值的测量员，此外，还布局了新的街道和广场。新道路项目的模型，在 1551 年 3 月之前的档案中被提到，是垂直规划方案的一个简单线图（图 27.11）。其有着一个大约 1∶600，但有着变化的比例尺，不过没有包括风玫瑰或者尺度标尺。份地的测量和街道的宽度通过文字来记录。缺少记录邻近的中世纪城市的不规则肌理的认真尝试。在方格网的尽头，点状线表明了街道的延续。尽管为了布局新的发展而记录了地产的"测量数值"，但是这一草图并不拥有一幅经过测量的平面图的特殊性和一致性。

　　1587—1595 年之前，为新道路的扩展提出的一系列的提议被提交给了热那亚议会，提供了与 1551 年模型之间的一个令人惊讶的对比。作为重建用于保护城市这一部分的 14 世纪城墙的局部的交换条件，投资者要求获得开发新道路之上的斜坡的权利。提交给元老院（Padri del Comune）的三个项目的草图呈现了现代的设有棱堡的防御设施以及垂直发展的规划。其中最为精致的是 1595 年由贵族彼得罗·巴蒂斯塔·卡塔内奥提供的提议（图 27.12）。一朵风玫瑰和尺度标尺表示其进行了系统的测量。旧的和新的城墙，现存的肌理和提议建造的肌理、棱堡，以及甚至邻近的教堂的平面图，都进行了测量和记录。无论是谁设计的防御设施，都使用了测量技术，而这些技术为呈现他的城市规划提供了专业知识。

---

[49]　少数用合理的忠实度复制的一座城镇平面的中世纪图像都是垂直的平面图。它们并不基于几何学测量，而是简单地复制了城镇平面元素之间的传统关系。已知的平面图是 1306 年锡耶纳的塔拉莫内新城镇的公证人的图像［参见 Francesca Ugolini, "La pianta del 1306 e l'impianto urbanistico di Talamone," *Storia della Città* 52（1990）：77–82］以及 14 世纪的达尔马提亚的 Ston 和 Mali Ston 城镇的草图（参见 Nicola Aricò, "Urbanizzare la frontiera：L'espansione dalmata di Ragusa e le fondazioni trecentesche di Ston e Mali Ston," *Storia della Citta* 52［1990］：27–36）。

[50]　Frommel and Adams, *Architectural Drawings*, 111–12, 151, and 173（U 725A, U 838A, U 843A, and U 944A），以及 Paola Dell'Acqua and Marina Gentilucci, "Il progetto di Antonio da Sangallo il Giovane per il borgo di Pratica," in *Antonio da Sangallo il Giovane：La vita e l'opera*, ed. Gianfranco Spagnesi（Rome：Centro di Studi per la Storia dell'Architettura, 1986），309–21。

[51]　Ennio Poleggi, *Strada Nuova：Una lottizzazione del Cinquecento a Genova*（Genoa：Sagep, 1972），45–79.

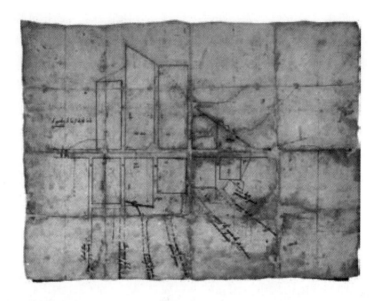

图 27.11 热那亚，新道路的发展（STRADA NUOVA DEVELOPMENT）的模型，1551 年。新道路项目将热那亚贵族一个分支的领袖带出了在那里他们生活在近亲之中，设防的毗邻的飞地，并且居住到了一个从属于基于阶层而不是血缘的居住区。其通过新的文艺复兴风格的宏大宫殿而发展。位置位于城市的边缘，但是建筑群，按照热那亚的标准，是宏大和规整的。模型被基于传统的正交关系。这是一种中世纪意义上的测量，而不是现代意义上的

原图尺寸：43.3×69 厘米。Archivio Storico del Comune, Genoa（Filza n. 287, doc. 156）提供照片。

 700

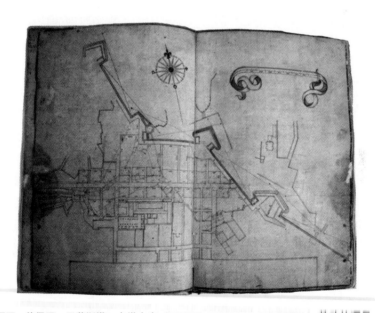

图 27.12 热那亚，彼得罗·巴蒂斯塔·卡塔内奥（PIETRO BATTISTA CATTANEO）赞助的项目，旨在扩大道路的新发展，1595 年。发展项目与位于城市中困难的山坡地形的防御设施的现代化之间的联系，为城市规划过程带来了一种新的职业。正是受到的军事建筑方面的训练教会了他测量的技巧，这一点在这一草图的罗盘玫瑰和尺度标尺上体现得非常明确。街区和地块的形态依然是正交的，如同在——除了主要用于城市化防御设施而使用的专门的放射状规划之外——所有 16 世纪由军事工程师提出的城市项目中的那样。然而，之前存在的城市形态通过测量来确定，并且它们的不规则被虑实地记录在草图中

Pietro Battista Cattaneo, "Alcuni avertimenti et calcoli fatti intorno alla strada et nova habitatione nel luogo del Castelletto." Biblioteca Civica Berio, Genoa（Sezione di Conservazione, m. r. VIII. 2. 20）提供照片。

以完整城市平面图的形式展现城市转型项目，军事生涯同样为负责其中第一个幸存的代表提供了训练[52]。雅科莫·丰塔纳（Jacomo Fontana）是一位炮兵专家，其被教皇雇用在圣天使堡（Castel Sant' Angelo）和安科纳城作为首席炮长。他为"重建亚得里亚海的安科纳卡 701 波迪马尔卡港"（Restauratione del Porto de Ancona Capo di Marca nel Mare Adriatico）"提出的提议，是在教皇西克斯图斯五世（Sixtus V，1585—1590 年）在位期间制定的，被呈现在三幅垂直平面图中。第一幅平面图呈现了对城市现状的测量结果（图 27.13）；另外两幅提供了丰塔纳的设计。设计中最具有野心的就是提议用一道新海堤来封闭港口，以及建造一道朝向亚得里亚海的设有棱堡的墙体（图 27.14）。关于在海堤内部填充的土地，丰塔纳构想了被分为两个部分的城市的正交发展。最北的部分是环绕可以从海洋抵达的一个方形盆地进行发展的一系列地块。第二个部分更紧密地与城市现存的肌理结合在一起。贯穿的元素是一条新的街道，其从位于内陆城墙上的一道城门笔直地延伸到一个码头和散步场所，后者应当使封闭的海滨变得开放，由此可以观看大海。不同于其他任何设计元素，街道从丰塔纳绘制地图的技巧中受益。作为基础的平面图，允许他计算穿过旧城的街道的走向，以及允许他展示其对现存城市肌理的影响。平面图显示了他所提议的对街区加以截断的位置，以及为了从将

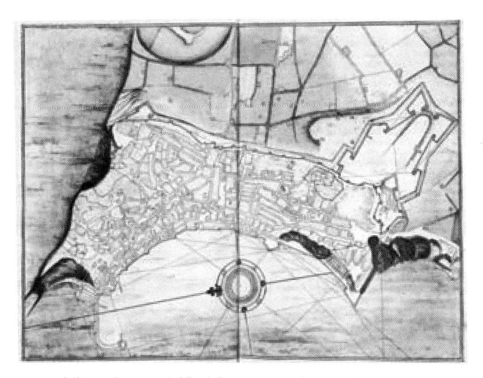

图 27.13　安科纳，调查平面图，雅科莫·丰塔纳，1585—1590 年。16 世纪真正实现的数量非常有限的垂直平面图之一，以及作为两个项目展示草图的基础。当他作为炮手为教皇的军队服务的时候，丰塔纳在 16 世纪 60 年代制作了城市的一个模型，模型所依据的测量是这幅草图和一幅透视平面图的基础，后者他发表于 1569 年

原图尺寸：36.5×49.7 厘米。照片版权属于 BAV（Vat. Lat. 13325, fol. 11v – 12r）。

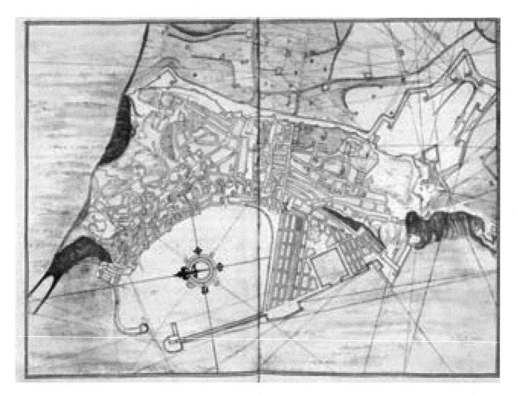

图 27.14 安科纳，城市扩展的建议，雅科莫·丰塔纳，1585—1590 年。方案将丰塔纳可能在军事建筑文献，如彼得罗·卡塔内奥（Pietro Cattaneo）的《关于建筑的前四书》（*I quattro primi libri di architettura*，1554）中看到的城市场景，与直接影响了中世纪安科纳布局的具体状态的元素集合在了一起。丰塔纳首要关注的似乎是提供在港口和内陆城门之间缺乏的连接

原图尺寸：36.2×49.7 厘米。照片版权属于 BAV（Vat. Lat. 13325，fol. 17v – 18r）。

成为穿过城市的主要路线的道路中获益，他需要填充的未开发地区的位置。[53]

　　这一时期，也就是 16 世纪晚期，在一些最早经过测量的城市图像的献词中，正式承认了为城市设计实践而进行的经过测量的平面图的价值。最为清晰地表达被附加在 1589—1592 年由斯梅拉尔多·斯梅拉尔迪（Smeraldo Smeraldi）绘制的帕尔马的垂直平面图上，斯梅拉尔迪是掌管了道路和运河的城市官方的工程师和测量人员。平面图可能起源于为了满足帕尔马公爵亚历山德罗·法尔内塞记录他希望建造的一座城堡的位置的渴望，但是到 1601 年，当其上出现了对拉努乔一世大公（Duke Ranuccio Ⅰ）的致辞的时候，文本谈到的不是军事问题，而是与城市有关的问题。由于放弃了透视呈现，斯梅拉尔迪声称，平面图可以给出真实的测量数据。在其中，公爵"可以看到街道之间的比例和相互关系，以及任何街道与作为整体的城市之间的关系"，当他补充"如果你希望带给城市完全的尊严的话，那么你

<hr>

[53] 在 17 世纪，荷兰城市的扩展和防御设施的兴建鼓励了大量城市设计草图的制作。阿姆斯特丹的扩展，在 1611 年得到了市议会的赞同，被展示在一幅约 1620 年的保存在阿姆斯特丹的 Gemeentearchief 中的平面图中。其展示了新的防御系统（项目修建的第一部分），位于城市东侧的街区和运河，在那里开始了发展。Jan Pietersz. Dou 为莱顿制定了扩展和修建防御设施的规划，同样来自 1611 年，在执行中被更为严格地遵照。这幅以及 17 世纪为荷兰其他城市扩展而绘制的草图是 Ed Taverne, *In't land van belofte*；*In de Nieues tadt. Ideaal en werkelijkheid van de stadsuitleg in de Republieck*，*1580 – 1680*（Maarssen：Gary Schwartz，1978）的主题。

将会清楚地看到需要被改良的地点"的时候，斯梅拉尔迪定义了平面图的特定价值[54]。

16 世纪下半叶发生了将图像作为城市肌理的合法记录的首次系统化使用。开始于 16 世 702 纪 60 年代，在一个愈演愈烈的地产市场、房地产记录的压力下，尤其是那些在意大利城市中拥有大量地产的宗教机构，用被称为《房产之书》（*libri di case*）的详细目录取代了中世纪的文本记录，《房产之书》不仅描述了地产并且将它们在毗邻的地产中进行了定位，而且绘制了它们的图形[55]。负责维护城市物理结构的公共机构使用同样的图形工具来记录城市较大尺度上的变化。罗马，这座 16 世纪后期和 17 世纪处于大规模转型的意大利城市，道路委员会（Presidenza delle Strade）的记录，以及在 17 世纪，由教皇直接参与的城市转型所产生的正式签署的文献，记录了对于测量的熟练度不断增加的应用。来自教皇西克斯图斯五世的一幅草图描述了为扩建忧苦之慰圣母堂（Santa Maria della Consolazione）之前的广场而提出的拆除计划，这座教堂位于坎皮多利奥之后。图像如同早期的教会地产的图形文件那样有着同样的混合形式。广场大部分的边界被仅仅通过地产界线加以定义，同时，其上的结构通过名称确定。例外地，提议拆除的建筑以图形的方式呈现[56]。类似于这一时期大部分的测量，包括了非常有野心地描述了一个用于扩大位于奎里纳尔的教皇宫殿以及用以规范周围公共空间的测量，但对于地形不规则的关注只是有限的[57]。大致近似的现有条件，以及提议改良的长长的直线，赋予平面图一种抽象的意味。

70 年后，由街道委员会的调查员准备的一份教皇签署的正式文件代表了一种更进一步的精确性，以及一个相似项目的有序的图像。对象是位于城市古老中心的耶稣会罗马学院（Jesuit Collegio Romano）之前的广场的平面图，是在 1659 年由教皇亚历山大七世提议的（图 27.15）。一个维度标尺和对位置不规则情况的详细记录，证明了草图经过测量的特点。作业线——包括似乎记录了在之前存在的广场的开放空间中进行的控制测量数据的弧线——用石墨进行了描绘；完成的图像被用水彩进行了强化。平面图记录了萨尔维亚蒂广场（Palazzo Salviati）的建筑方式，教皇强迫耶稣会士对其进行购买和拆除；其描述了被建议的

---

[54] *Io Smeraldo Smeraldi*, 95.

[55] Deborah Nelson Wilde, "Housing and Urban Development in Sixteenth Century Rome: The Properties of the Arciconfraterinta della Ss. ma Annunziata" (Ph. D. diss., New York University, 1989); Angela Marino, "I 'Libri delle case' di Roma: La città disegnata," in *Il disegno di architettura*, ed. Paolo Carpeggiani and Luciano Patetta (Milan: Guerini, 1989), 149 – 53; 以及 Roberto Fregna and Salvatore Polito, "Fonti di archivio per una storia edilizia di Roma: I libri delle case dal '500 al '700, forma e esperienza della città," *Controspazio* 3, No. 9 (1971): 2 – 20. 也可以参见 Paolo Portoghesi, *Roma del Rinascimento*, 2 vols. (Milan: Electa, 1971), 2: 535 – 66 and 569 – 90. Giovanni Pinamoti, "aritmetico e geometra", 1585 年使用另外一套图像符号为在佛罗伦萨的 San Pancrazio 的教堂制作了一个尤其详细的《房产之书》（*libro delle case*）。建筑三维的图像，或者一组建筑，被叠加在通过用文字描述尺寸而加以界定的地产轮廓之上。在 Giovanni Fanelli, *Firenze, architettura e città* (Florence: Vallecchi, 1973), atlas volume, figs. 570 – 79 中复制。

[56] Rome, Archivio di Stato, Disegni e piante, Coll. I, cart 80, n. 254, 复制在 Daniela Sinisi, "Lavori pubblici di acque e strade e congregazioni cardinalizie in epoca sistina e presistina," in *Il Campidoglio e Sisto V*, ed. Luigi Spezzaferro and Maria Elisa Tittoni (Rome: Edizioni Carte Segrete, 1991), 50 – 53, esp. 53 (fig. 27).

[57] Accademia di San Luca, Collezione Mascerino, No. 2466, 注明的时间为 1584—1585 年。参见 Paolo Marconi, Angela Cipriani, and Enrico Valeriani, *I disegni di architettura dell'Archivio storico dell'Accademia di San Luca*, 2 vols. (Rome: Luca, 1974)。

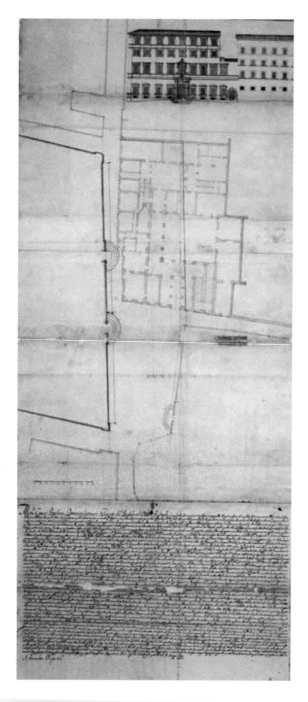

图 27.15　罗马，罗马学院广场（PIAZZA COLLEGIO ROMANO），1659 年。来自一份教皇亚历山大七世正式签署的文件中的草图。附带的文本——有对仅在草图中包含的信息的充分引用——描述了包括拆除一栋现存建筑的（用平面图和立面图显示）项目的条件，以及对位于罗马学院之前被扩大的公共空间的定义。类似于此的草图体现了城市工程的权威性。这一工程的相关工作被拖延了，因为街道委员会，掌管城市公共空间的代理人，未能提交设计的最终版本的官方草图

Archivio de Stato, Rome（Notai di Acque e Strade, vol. 86［96］, 1659, c. 738）提供照片。

"有着良好比例的"空间的轮廓，其应当承担了学院建筑"必要的景观"；同时，在平面图的边上，在与其相关的建筑部分的记录中，甚至包括了一个被拆除的建筑结构的正面的立面图⊛。这一平面图的复杂性反映了到这一时期为止图形文档使用的频繁程度。在亚历山大正式签署的文件中，教皇的命令被用一种位于测量图底部的扩展标题的形式呈现，并且显然依赖对项目进行了展示的图像〔"如上面所绘平面图展示的（as shown in the plan drawn above）"〕。

到 17 世纪中叶，经过测量的项目草图描述了非常复杂的情况。一份 1656 年将位于奎里纳尔的教皇宫殿与位于波波洛广场（Piazza del Popolo）的城市北侧通道连接起来的方案应当将巴比诺大街（Via del Babuino）/阿塞利大街（Via Due Macelli）轴线扩展穿过了城市的一个完全建成的区域。项目被终止了，但相关记录显示的调查不仅给出了新街道必须穿过的街区系统的结构，而且还有项目所需要的所有住宅的平面图⊛。经过调查的草图允许教皇亚历山大七世和他的建筑师吉安洛伦佐·贝尔尼尼（Gianlorenzo Bernini），来确定奎里纳尔扩展所需要的地产。它们甚至帮助了街道中新的部分的定向。而且没有它们，工作是无法完成的。通往提议中的城门位置的视线，可以从位于阿塞利大街末端的一座屋顶建立，并且确定地面上要拆除的住宅。一些类似于此的过程对中世纪末期的大城市的清理项目做出了贡献，例如为博洛尼亚的马焦雷广场（Piazza Maggiore）或佛罗伦萨的贵族广场（Piazza della Signoria）进行的项目。奎里纳尔项目经过测量的草图，便利了设计的过程，并使成本估算 703 合理化，但没有创造新的形式。

然而，在同一年，其他测量草图甚至也承担了这一功能。与亚历山大七世和他的建筑师彼得罗·达科尔托纳（Pietro da Cortona）开始于 1656 年冬季的工程存在联系的草图，是为 15 世纪的罗马和平圣玛利亚（Santa Maria della Pace）教堂之前的广场准备的，其非常类似于今天为一个城市规划项目准备的草图⊛。这一设计最初的动力，与马车前往教堂的问题有关。一幅来自 1656 年初夏的草图，包括了教堂周围的街道以及项目管理者提议拆除的一座毗邻地产的平面图，对这一地产的拆除主要用以建造一个停车区和一条新的通往邻近地区的通道（图 27.16）。草图绘制了广场的形状，以及应当被拆除的建筑的特征，但是其对项目的概念而言似乎并不是必要的。解决方法是一个实际问题，完全由需要牺牲掉的住宅的位置和形状来决定。但是这幅草图很快就在解决设计问题中发挥了更为瞩目的作用。一份附加在报告上的注释记录了科尔托纳的陈述，即教皇已经同意打开教堂前面交叉路口的右侧，就像左侧那样，"以在街道一侧为新的门廊留出一些空间"。这一决定意味着某些我们只能从草图中获得的信息。可能是在科尔托纳和教皇讨论时画下的一条轻轻的线条，其展示了这样的思想：一个不规则的四边形模糊地反映了从路口右侧最早拆毁的建筑中获得的地块的形状。

⊛　Rome, Archivio di Stato, Notai di Acque e Strade, vol. 86（96），1659, c. 738. 复制在 Richard Krautheimer, *The Rome of Alexander Ⅶ, 1655 – 1667*（Princeton：Princeton University Press, 1985），85（fig. 64）。

⊛　Vatican City, Biblioteca Apostolica Vaticana, Chig., P. Ⅶ 10, ff. 32v – 33r. 复制在 Krautheimer, *Rome of Alexander*, 94（fig. 75）。

⊛　Hans Ost, "Studien zu Pietro da Cortonas Umbau von S. Maria della Pace," *Römisches Jahrbuch für Kunstgeschichte* 13（1971）：231 – 85.

　　这一最初的思想在一幅稍晚和更为详细的平面图中得以更为明确的确定（图 27.17）。这里，广场不规则的多边形被以有些类似于其最终形态的方式给出，同时测量解释了原因。现在广场右侧的建筑被看到确定了形状。尽管建筑将不得不被拆毁，但它们内部的结构决定了公共空间的范围。邻近的圣玛利亚灵魂之母堂（Santa Maria del Anima）的后殿决定了广场的北侧边界；将会被部分拆毁的一座住宅的承重墙确定了其南部边界。广场的左侧，那里规划者有更大的灵活性，因为和平圣玛利亚教堂拥有土地，由此可以遵照由右侧的条件所决定的形式。如果没有草图和其所依赖的测量的话，广场的设计几乎是难以想象的。测量标明了构成限制的建筑的位置，并使设计者将这些条件转化为一种一致的形态。

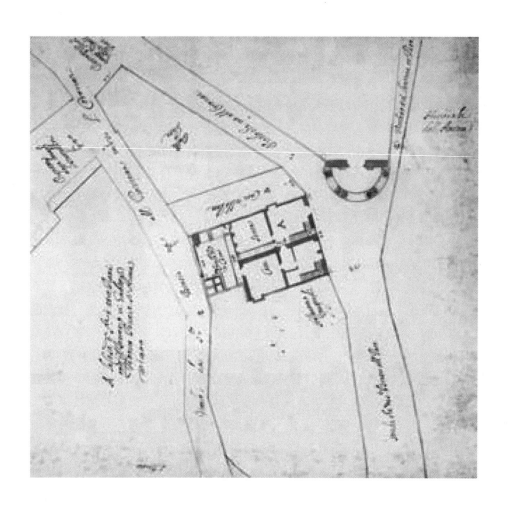

　　图 27.16　罗马，和平圣玛利亚教堂周围的邻近区域，1656 年。来自项目建筑师彼得罗·达科尔托纳的工作坊的草图。最早的平面图是制作用来研究为 15 世纪教堂的门道而设计的门廊与现存公共空间之间关系的。由于马车进入这一位置的问题变得非常明显，因此提出了更为影响深远的解决方法。随后的测量向外扩展到了邻近地区。这一草图记录了应当受到这一解决方法影响的建筑的形状和结构，这一解决方法要求在它们的位置上建造一个停车区。草图还被建筑师和教皇用来草绘了备选方案。教堂右侧入口区块之中的铅笔线条给出了思想的要点，而这一思想最终得以实施（参见图 27.17）

　　原图尺寸：41.8×45.6 厘米。照片版权属于 BAV（Chig., P. Ⅶ 9, fol. 71）。

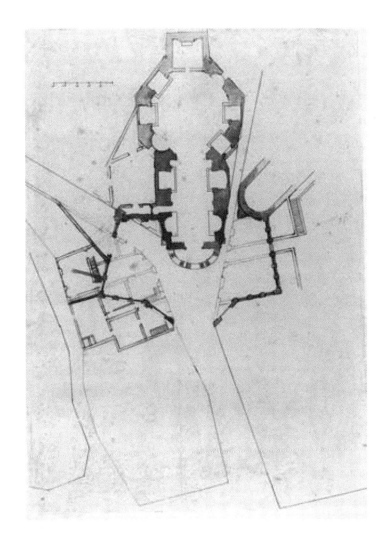

图 27.17 罗马，和平圣玛利亚教堂的广场的规划，彼得罗·达科尔托纳，1656 年。如同左侧那样，将广场向教堂右侧扩展的思想，最初实验性的在图 27.16 中提出，而在本图中以更为成熟的形式表现出来。不太可能的是，这一优美的草图是绘制出广场形状的实际档案。这一图幅的作用很可能就是展示教皇和他的顾问的正式决定背后的实践逻辑。构成广场右侧边界的建筑从并没有直接参与这一工程的所有者那里获得。草图显示，这一建筑的结构——并且推测希望对其造成的伤害加以限制——说明了公共空间非常不同寻常的形状

原图尺寸：54.6×41.8 厘米。照片版权属于 BAV（Chig.，P. Ⅶ 9, fol. 74）。

这一草图描绘了这样一个关键地点，在那里进行的测量改变了城市设计。在图形符号时代之前，垂直平面图，为城市工程提供了形态的精神图像，且继续主宰了最早对城市进行测量以准备对其进行干预的军事设计师的项目，不过，其已经让位于新的东西。17 世纪中期，城市设计者并不是最早将地形特性转化为艺术优势的人，但他们是最早有能力在绘图桌上看到它们的人。彼得罗·达科尔托纳发明的方案，在其复杂性中，反映了设计工作坊的文化。其没有受到容易在头脑中掌握的以及容易站在某一位置上就可以想象的传统模式的局限。现存建筑物的经过测量的平面图，使设计者可以了解那些无法被看到的局限，同时，正是由此，他才产生了他的设计。

第二十八章　现代欧洲早期的地图和乡村土地的管理[*]

罗杰·J. P. 凯恩（Roger J. P. Kain）

705 在他的教科书《绘制土地地图的准备工作》（*A Preparative to Platting of Landes*，1596）中，英国测量员拉尔夫·阿加丝（Ralph Agas）提出了通过平面图而不是仅仅通过文本描述来进行调查的三个主要优点：去准确地确定土地的位置，提供土地管理的工具，以及作为永久性的记录[①]。大致 20 年之前，瓦伦丁纳·利（Valentine Leigh）在《土地测量和最有利可图的科学》（*The Moste Profitable and Commendable Science, of Surueying of Landes*，1577）中，已经特别提到从经过准确测量的地产上获得"利益"[②]。本章探索和解释这样的概念，即可以通过对进行了正确调查、测量和绘制了地图的土地加以管理而获得利益。来自调查和测量的通常手绘的大比例尺的地图在英格兰被称为地产地图（estate maps）；在法兰西被称为 *plans terriers*、*plans parcellaires* 或 *plans de bornage*；在德语世界被称为 *Flurpläne*；在欧洲新建立的殖民地则被称为土地地段图（land plats）。本章没有将这些地图作为人工制品，也不是从它们调查和构造的视角，也不是作为地方地形的记录加以分析，而是作为一种制定决策的辅助工具，作为乡村变革的中介，以及作为乡村改良的范本加以考虑[③]。

考虑将地图作为乡村管理的工具，由此所产生的问题之一，就是必须要处理，通过城镇地图可能已经达成的方式提供的同时代管理理念的模型，单一地产的地图对远远超过其所描绘的

---

　*　感谢：凯瑟琳·德拉诺－史密斯阅读了本文的一个早期草稿，同时我感谢她的评价。Sarah A. H. Wilmot——早在 1983 年——为了本章的初稿，与我一起工作，对 Peter Eden 的 *Dictionary of Land Surveyors and Local Cartographers of Great Britain and Ireland*，1550－1850 进行了分析，并且帮助编纂了图 28.5 的数据。

　本章使用的缩略语包括：*Rural Images* 代表 David Buisseret, ed., *Rural Images*: *Estate Maps in the Old and New Worlds*（Chicago：University of Chicago Press, 1996）。

　①　Ralph Agas, *A Preparative to Platting of Landes and Tenements for Surueigh*（London：Thomas Scarlet, 1596），14－15。也可以参见 Andrew McRae, *God Speed the Plough*: *The Representation of Agrarian England*, *1500－1660*（Cambridge：Cambridge University Press, 1996），169－97。

　②　Valentine Leigh, *The Moste Profitable and Commendable Science*, *of Surueying of Landes*, *Tenementes*, *and Hereditamentes*（London：For Andrew Maunsell, 1577），preface。

　③　有影响力的期刊 *Annales d'Histoire Économique et Sociale*（1929）第一卷中的很多内容致力于作为历史资料的地产地图：Marc Léopold Benjamin Bloch, "Le plan parcellaire document historique," 60－70; idem, "Les plans parcellaires français: Le cas de la Savoie et du comté de Nice," 390－98; Svend Aakjær, "Villages, cadastres et plans parcellaires au Danemark," 562－75; 以及 Walther Vogel, "Les plans parcellaires: Allemagne," 225－29。

几公顷的区域可能施加的影响的程度④。如同约翰·迪伊在他为亨利·比林斯利（Henry Billingsley）的欧几里得《几何原本》译本撰写的前言中指出的，从一幅"城市、城镇、城堡或宫殿的地段图中……建筑师可以选择并存储他喜欢的模型"。存在相当数量的残存的街道平面图和建筑物的证据来支持迪伊在一座城市背景下"将地图作为模型"的观点⑤。

这一思想是否可以被应用于乡村世界和地产管理，这是不太容易被记录下来的，必然需要大量的推测。为什么一些现代早期的地产所有者委托绘制地图来对描述了他们地产的文本调查进行补充，即使没有将文本排挤掉，一位地产所有者出于什么目的花费不少的金钱来制作地图？一幅地产地图如何有助于一座地产的日常运营，或者有助于对如排水和围栏等进行改进？对于这些问题的回答是实验性的和局部的。支持性的证据主要是偶然的，与具体情况有关。而且，其主要来源于英格兰，在那里绘制土地的地图很早就有了⑥。其包括了同时代的说教性文献、地图本身以及在其中发现了地图的档案。最后尤为重要的是：只有通过整合地图和同时代的文本文献，才能正确评价地图在政策决定中的作用。否则，通常只能从单幅地图的表面内容推导出地图少量的使用目的。例如，其可以记录耕地的状况，但并不意味着其被用于土地管理。

地图和地产纠纷

现存前现代地图中的一个相对较小的部分来自中世纪，但是它们的兴趣在于强调地产纠纷中地图的用途⑦。一个早期的例子就是一幅复制到《英国柯克斯特德诗篇》（*English Kirkstead Psalter*，1224—1249）中的地图，描绘了博林布罗克（Bolingbroke）、霍恩卡斯尔（Horncastle）和斯克里维尔斯比（Scrivelsby）之间关于林肯郡（Lincolnshire）威尔德莫沼泽的9瓦卡里亚（*vaccaria*，奶牛牧场）的司法权纠纷⑧。阿尔比（Albi）主教和皮伊古宗（Puygouzon）领主在法兰西塔恩（Tarn）领地之间纠纷的要点在于两个社区之间的边界，而这被描绘在一幅约1314年的地产透视图中（图28.1）⑨。1358年，制作了一幅奥斯特堡（Oostburg）和艾曾代克（Ijzendijke）附近土地的地图，因为在库特赖（Courtrai）主教和根

④　参见 Cressey Dymock 写给 Samuel Hartlib 的信件，收录于 Cressey Dymock, *A Discoverie for Division or Setting Out of Land*, *as to the Best Form* (London: Printed for Richard Wodenothe in Leadenhallstreet, 1653), 1 – 11。

⑤　John Dee, "Mathematicall Praeface," in *The Elements of Geometrie of the Most Auncient Philosopher Evclide of Megara*, by Euclid, trans. Henry Billingsley (London: Printed by Iohn Daye, 1570), a. iiij recto.

⑥　Catherine Delano-Smith and R. J. P. Kain, *English Maps: A History* (London: British Library, 1999), 112 – 24.

⑦　P. D. A. Harvey, "Medieval Maps: An Introduction" and "Local and Regional Cartography in Medieval Europe," in *HC* 1: 283 – 85 and 464 – 501; idem, *The History of Topographical Maps: Symbols, Pictures and Surveys* (London: Thames and Hudson, 1980), 84 – 103; idem, *Medieval Maps* (London: British Library, 1991); idem, *Maps in Tudor England* (Chicago: University of Chicago Press, 1993), esp. 79 – 81; Numa Broc, *La géographie de la Renaissance (1420 – 1620)* (Paris: Bibliothèque Nationale, 1980), 12; 以及 R. A. Skelton and P. D. A. Harvey, eds., *Local Maps and Plans from Medieval England* (Oxford: Clarendon, 1986).

⑧　H. E. Hallam, "Wildmore Fen, Lincolnshire, 1224 × 1249," in *Local Maps and Plans from Medieval England*, ed. R. A. Skelton and P. D. A. Harvey (Oxford: Clarendon, 1986), 71 – 81; Derek J. de Solla Price, "Medieval Land Surveying and Topographical Maps," *Geographical Journal* 121 (1955): 1 – 10; R. A. Skelton and P. D. A. Harvey, "Local Maps and Plans before 1500," *Journal of the Society of Archivists* 3 (1969): 496 – 97; 以及 Harvey, *History of Topographical Maps*, 89 – 90.

⑨　Maurice Greslé-Bouignol, *Les plans de villes et de villages notables du Département du Tarn*, *conservés dans divers dépôts* (Albi: Archives Départementales, 1973), 8; 地图, "La carta pentha et vehuta de la sonhoria dalby depart dessa lo pont et fazen division am Puyggozo et autras parta", 还被复制在了 Roger Allaire, *Albi à travers les siècles* (Albi, [1933]; reprinted Paris: Office d'Édition du Livre d'Histoire, 1997), 9。

特的圣彼得修道院院长之间对其什一税存在纠纷[10]。

大约在16世纪中期，使用地图作为涉及所有权或者特定土地片段的权利纠纷的法律证据，这种情况增加了，并且从那之后，其在整个现代早期都具有持续的重要性[11]。在他有影响力的教科书《法律制度四书以及司法实践》（*Les quatre livres des institutions forenses, ou autreme[n]t, Practique judiciaire*，1550年和1641年版）中，律师让·英伯特（Jean Imbert）建议法官要求一位画家提供服务以绘制一幅图像。然后，法官"应当要求双方，如果有制作良好的图像的话，并且，如果其得到双方认可的话，法官应当质询双方从而对存在纠纷的土地和各自的边界要求做出裁决"[12]。在17世纪，英伯特的建议似乎依然正在被遵从，当时让·霍斯特（Jean L'Hoste）注意到，法官通常会要求一幅存在争议土地的地图来协助他们做出一个公正的决定[13]。

一些现代早期地产地图的起源与纠纷存在联系，这点有时可以从存在关联的文本文献中推导出来。一幅法兰西的卡马格（Camargue）斯卡芒德尔湖（Étang de Scamandre）的图像，是圣吉尔（Saint-Gilles）修道院院长准备的一份文献中的一部分，当他宣称他对湖泊的权利时候[14]。其他的从文本档案中分离出来的地图，也可以与地图上所阐述的地产要求联系起来。一幅佚名的"邓克顿公用地地块图"（Plott of Duncton Common）（1629），在其上撰写有"租户和被告带走林木的地方"（The place from whence the Tenants & Defendants carried awaie the Woods）和"被告带走石楠的地方"（The place from whence the defendants caryed away the heath）[15]。相似的，在一幅诺森伯兰的法洛菲尔德（Fallowfield）地图（约1583年）上对"矿产"的突出表现，说明其可能是一件关于边界和矿产权纠纷的产物[16]。其他的可以在这一方式中被与地产纠纷联系起来的地图，包括一些17世纪早期由德意志画家—地图学家约翰·安德烈亚斯·劳赫（Johann Andreas Rauch）制作的里肯巴赫（Rickenbach）地图和一幅法兰西的约讷（Yonne）领地中的洛奈（Launay）和弗莱瑞尼（Fleurigny）的地产平面图。后者是在1530年由"画家弗朗索瓦·杜波依斯"（François Dubois, peintre）绘制的，当时洛奈的长官与桑斯的长官（capitaine of Sens）弗朗索瓦·勒克莱尔（François Leclerc）之间产生了一场纠纷[17]。1564—1586年间，在沃顿·安德伍德（Wotton Underwood）和拉德格舍尔（Ludgershall）的白金汉郡

---

⑩ M. K. Elisabeth Gottschalk, "De oudste kartografische weergave van een deel van Zeeuwsch-Vlaanderen," *Archief*: *Vroegere en Latere Mededelingen Voornamelijk in Betrekking tot Zeeland Uitgegeven door het Zeeuwsch Genootschap der Wetenschappen*（1948）: 30 – 39, 以及 Johannes Keuning, "XVIth Century Cartography in the Netherlands（Mainly in the Northern Provinces）," *Imago Mundi* 9（1952）: 35 – 63。

⑪ Marie-Antoinette Vannereau, *Places et provinces disputées*: *Exposition de cartes et plans du XV e au XIX e siècle*, 展览目录 [（Paris: Bibliothèque Nationale）, 1976]。

⑫ François de Dainville, "Cartes et contestations au XV e siècle," *Imago Mundi* 24（1970）: 99 – 121, esp. 117.

⑬ Jean L'Hoste [Lhoste], *Sommaire de la sphere artificielle, et de l'vsage d'icelle*（Nancy: By the author, 1629）, 129.

⑭ Dainville, "Cartes et contestations," 112.

⑮ G. M. A. Beck, "A 1629 Map of Duncton Common," *Sussex Notes and Queries* 15（1959）: 83 – 85.

⑯ M. W. Beresford, "Fallowfield, Northumberland: An Early Cartographic Representation of a Deserted Village," *Medieval Archaeology* 10（1966）: 164 – 67. 英格兰的法院可以要求制作地图以帮助解决地产纠纷；参见 A. Sarah Bendall, "Interpreting Maps of the Rural Landscape: An Example from Late Sixteenth-Century Buckinghamshire," *Rural History* 4（1993）: 107 – 21。

⑰ Ruthardt Oehme, "Johann Andreas Rauch and His Plan of Rickenbach," *Imago Mundi* 9（1952）: 105 – 7, 以及 Archives Nationales, *Catalogue général des cartes, plans et dessins d'architecture*, vol. 3, *Départements Oise à Réunion*, by Michel Le Moël and Claude-France Rochat-Hollard（Paris: S. E. V. P. E. N., 1972）, 453.

（Buckinghamshire）庄园的领主之间就什一税和关于"沃顿牧场"（Wotton Lawnd）公有地以及其他两座村庄之间的地块，发生了一系列的纠纷。一幅佚名的、未注明时间的地图描绘了这一区域的村庄、田地、林地和牧场，并标有在相关文本证词中提到的所有地点的名称，只有一个例外（图版21）。基于这样的证据，似乎有理由猜测，地图是在这些争议过程中的某一时间制作的，并且其目的是用来澄清当地相关的地理情况[18]。

707

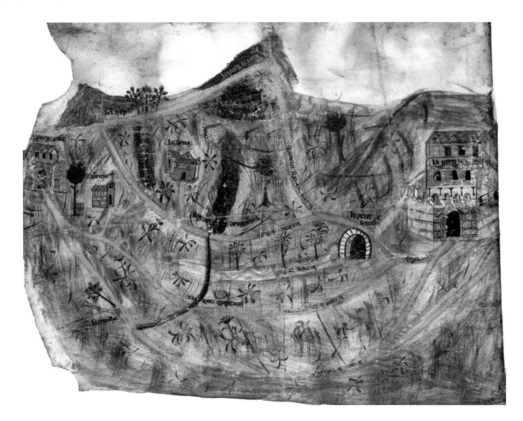

图28.1　阿尔比，塔恩领地，法兰西，约 1314 年。阿尔比周围地区的一幅透视图，从位于右侧的凡尔登斯（Verdusse）城门和到位于左侧的塞尤（Séoux）桥圣热涅斯（Saint-Geniès）教堂和普伊古松城堡（Château de Puygouzon）Archives Départementales du Tarn, Albi（4 Edt 115）提供照片。

在关于各种各样的保护或者争取权利的纠纷中，地图被要求作为证据。科伊宁已经注意到显示了从鲁佩尔蒙德（Rupelmonde）至北海的斯凯尔特河（Scheldt River）下游河道的地图[19]。按照要求，其制作于 1468 年与河税搜集纠纷有关的听证期间。到 16 世纪，水在一些地方经济中作为驱动磨坊的动力资源是重要的。为了使这些磨坊有效运作，河岸和堤堰不得不持续维修，并且在那些土地所有者之间，关于谁应当支付这些费用以及河流应当如何调节的争议导致

　　[18]　George Lipscomb, *The History and Antiquities of the County of Buckingham*, 4 vols. （London：J. and W. Robins, 1847），1：61，305－32，586－616；Herbert Clarence Schulz, "An Elizabethan Map of Wotton Underwood, Buckinghamshire," *Huntington Library Quarterly* 3 （1939）：43－46；idem, "A Shakespeare Haunt in Bucks?" *Shakespeare Quarterly* 5 （1954）：177－78；以及 Elizabeth M. Elvey, *A Hand-List of Buckinghamshire Estate Maps* （Buckingham：Buckinghamshire Record Society, 1963），56。

　　[19]　Keuning, "Cartography in the Netherlands," 41.

了大量诉讼，有些时候这些诉讼中呈送了地图[20]。例如，克里斯托弗·萨克斯顿被委托在 1599 年和 1601 年绘制了约克郡（Yorkshire）的科尔德河（Calder River）部分河段的地图，还在 1605 年绘制了约克郡哈特希尔（Harthill）的磨坊和河道的地图[21]。他的地图被分别用于满足磨坊需要的水坝的选址和谷物磨坊用水权利的长期纠纷。然而，在英格兰，以及类似的在欧洲其他国家，大部分纠纷是关于维护和争取之前被认为是公用地或者荒地的土地放牧权的，而这两者的边界通常缺乏明确的界定。

可以预期的是，随着地图需求的增长，通过纠纷也产生了大量的地图。同时代的教科书作者意识到了诉讼和要求提供地图之间的关系。英国作家从两个视角考虑问题。首先，如同调查员爱德华·沃索普（Edward Worsop）声称的，由一位"在几何学和数学方面没有受到很好的指导、研究和操作"的调查员绘制的糟糕的地图，其本身就成为导致更多诉讼的一个原因[22]。其次，准确测量的地产地图可以防止在未来某个时日自称拥有权利的企图。到 16 世纪末，存在一些证据，至少在英格兰，细致的管理需要编绘地产地图。如同埃登（Eden）提出的，"基于审慎的要求，提前全面地对地产进行评估，而不要等到紧急情况出现后才被迫进行仓促的行动"[23]。可能值得注意的是，在这样一个背景下，克里斯托弗·萨克斯顿花费了数年的时间去测量圣托马斯医院（Saint Thomas's Hospital）在肯特（Kent）和埃塞克斯的地产；1588 年，要求，"萨克斯顿调查员应当前往肯特进行测量或者绘图，当他有闲的时候"[24]。埃登提出，在与出租有关的问题出现之后，牛津的万灵学院（All Souls College）可能开始从事相关的调查程序，而这是这一财产在其出租时没有进行相应测量的后果[25]。

地产地图和殖民聚落

说教性的专著出版于欧洲，后来是在殖民地，采用了旧世界的技术来满足殖民地的需要，尤其倡导用于测绘新土地的罗盘测量导线（compass traverse）的方法[26]。1610 年，英国

---

[20] Sarah Tyacke and John Huddy, *Christopher Saxton and Tudor Map-Making* (London: British Library Reference Division, 1980), 50.

[21] Ifor M. Evans and Heather Lawrence, *Christopher Saxton*, *Elizabethan Map-Maker* (Wakefield, Eng.: Wakefield Historical Publication and Holland Press, 1979), 106 – 8; Heather Lawrence, "New Saxton Discoveries," *Map Collector* 17 (1981): 30 – 31; 以及 Heather Lawrence and Richard Hoyle, "New Maps and Surveys by Christopher Saxton," *Yorkshire Archaeological Journal* 53 (1981): 51 – 56.

[22] Edward Worsop, *A Discoverie of Sundrie Errours and Faults Daily Committed by Landemeaters*, *Ignorant of Arithmeticke and Geometrie* (London: Gregorie Seton, 1582).

[23] Peter Eden, "Three Elizabethan Estate Surveyors: Peter Kempe, Thomas Clerke, and Thomas Langdon," in *English Map-Making*, *1500 – 1650*: *Historical Essays*, ed. Sarah Tyacke (London: British Library, 1983), 68 – 84, esp. 77.

[24] Evans and Lawrence, *Christopher Saxton*, 82.

[25] Eden, "Three Elizabethan Estate Surveyors," 77. 对比，Christ Church, Oxford, "might be seen as a laggard adopter of estate maps"; 参见 David H. Fletcher, *The Emergence of Estate Maps*: *Christ Church*, *Oxford*, *1600 to 1840* (Oxford: Clarendon, 1995), 11。

[26] 例如，Richard Norwood, *The Sea-Mans Practice*, *Contayning a Fvndamentall Probleme in Navigation*, *Experimentally Verified*: *Namely*, *Touching the Compasse of the Earth and Sea*, *and the Quantity of a Degree In Our English Measures* (London: Printed for George Hurlock, 1637); 也可以参见 John Barry Love, "The Colonial Surveyor in Pennsylvania" (Ph. D. diss., University of Pennsylvania, 1970), 15 – 19。

测量员威廉·福金厄姆将他的《测量方法的概要或者缩略》献给"所有在爱尔兰或弗吉尼亚大农场上负责测量的人员"[27]。约翰·洛韦（John Love）撰写他的《大地测量学》（1688）的一个原因就是他之前已经看到了"在美洲，当被给予的一定数量英亩的土地，而其宽度是长度的五六倍的时候，年轻人经常会困惑于如何规划土地，因为他们的书籍无法帮助他们，尤其是在卡罗来纳（Carolina）"[28]。他的或者福金厄姆的教科书是否被实际阅读是另外一个问题。如果它们被阅读的话，它们关于设备和技术的建议必然被忽略，因为在 17 世纪早期，殖民地的调查员通常通过眼睛估算角度，通过步伐或者使用一艘缓慢移动的船只来估测距离[29]。而且，这一时期中，实际的地图绘制成就和本章中的评论，只不过是 18 世纪和 19 世纪南北美洲、南非、澳大利亚和新西兰地图绘制的一小部分。在初创时期的殖民地世界，测量和地图的经验性使用，在本节中通过参考在伊丽莎白时代的爱尔兰对没收土地进行的英国殖民地的调查，以及通过德意志的内部殖民地和北美洲的弗吉尼亚州的殖民地中对测量的使用而加以简要评述。

安德鲁斯注意到，甚至在 17 世纪末，"制作的大比例尺的地产地图都没能被描绘为爱尔兰土地所有权的常规的附属物"[30]。17 世纪爱尔兰纷乱的政治和社会历史，切断了其与英格兰正在发展的绘制地产地图的主流之间的关系。但是在 16 世纪末，一些最早的将地图用作乡村聚落空间组织模型的实验与曼斯特（Munster）大农场联系起来[31]。每一座曼斯特的府邸（大型地产）最初意图包含 1.2 万英亩，同时绘制了一幅平面图展现大量大小不同的份地，而这些份地是为一个平衡的农村社会而划分的（图 28.2）。1585 年，派出了一小组调查员去进行测量，以将没收的土地分配给英国定居者。地形是糟糕的，乡村杂草丛生，当地人通常充满敌意，调查员遇到的所有情形，实际上，后来穿越大西洋的殖民地调查者也遇到了。但是在爱尔兰，如同在北美洲，地图的优点，按照阿瑟·罗宾斯（Arthur Robins）的说法，一位测量员，就是去显示土地可以如何"被最为恰当地列入庄园中"，其有助于阻止地产变得过于交错[32]。在对这一理想的执行中，存在调查员采取捷径的诱惑，用估计代替测量，而殖民者移居者认为他们被骗走了他们所认为的珍贵的土地。实际上，在那时的爱尔兰不存在土地的短缺。在伊丽莎白时代的曼斯特，达成的成就很少，但是，当 1641 年的叛乱被平定几乎半个国家被没收的时候，再次使用了将一次测量的结果绘制在地图上的方法。这导致了基于教区的乡村调查（Down Survey）（1655—1657 年），

709

㉗　W. Folkingham, *Fevdigraphia: The Synopsis or Epitome of Svrveying Methodized* (London: Printed for Richard Moore, 1610)，题名页。

㉘　John Love, *Geodæsia; or, The Art of Surveying and Measuring of Land, Made Easie* (London: Printed for John Taylor, 1688)，preface.

㉙　Carville Earle, *The Evolution of a Tidewater Settlement System: All Hallow's Parish, Maryland, 1650–1783* (Chicago: University of Chicago, Department of Geography, 1975)，182–202.

㉚　J. H. Andrews, "Henry Pratt, Surveyor of Kerry Estates," *Journal of the Kerry Archaeological and Historical Society* 13 (1980): 5–38, esp. 5; 也可以参见 idem, *Plantation Acres: An Historical Study of the Irish Land Surveyor and His Maps* (Belfast: Ulster Historical Foundation, 1985)，28–51。

㉛　J. H. Andrews, "Geography and Government in Elizabethan Ireland," in *Irish Geographical Studies in Honour of E. Estyn Evans*, ed. Nicholas Stephens and Robin E. Glasscock (Belfast: Queen's University of Belfast, 1970)，178–91。

㉜　被引用于 Andrews, "Geography and Government," 189。

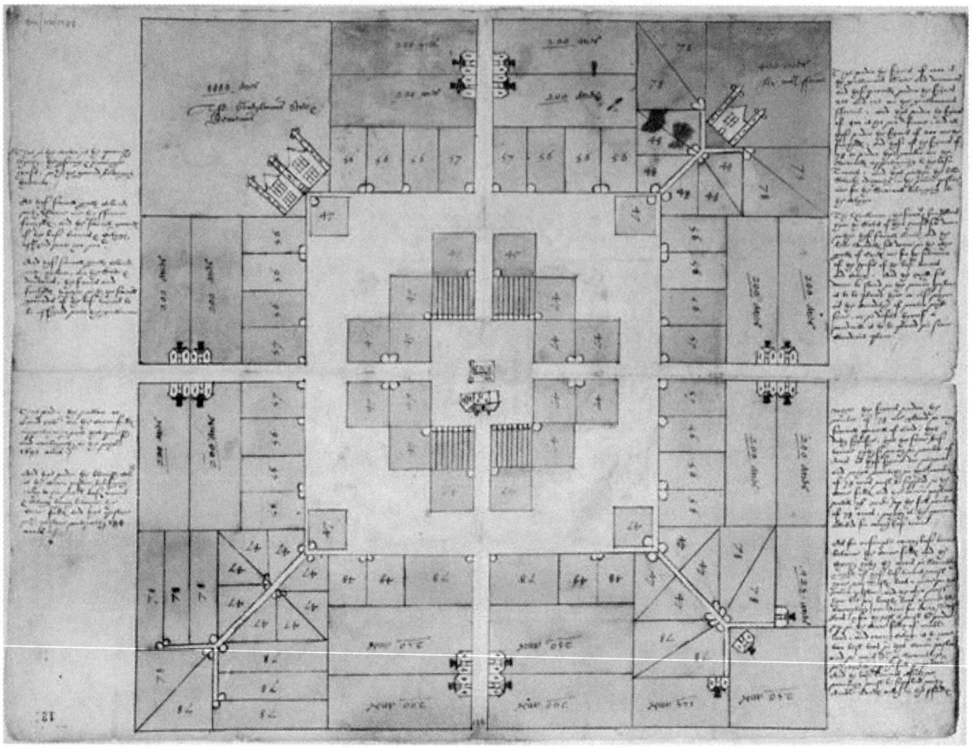

图 28.2   曼斯特种植园领地的图示，1585—1586 年。地图作为乡村聚落空间组织的一个模型。地图上的数字标明了英亩的数量

原图尺寸：约 42.9×57.9 厘米。The National Archives of the UK（TNA），Kew（MPF 305）提供照片。

710   这是由威廉·佩蒂爵士（Sir William Petty）指导的[33]。乡村调查的大比例尺地图记录了设防的城镇土地的边界，并且包含了分类为可耕地、池塘、山地或林地的土地清单。

地产地图还与欧洲内部殖民的早期项目存在联系。在德意志，宗教改革导致了地产所有权方面的变化，流离失所的难民群体，并且这些变化鼓励了殖民方案。例如，黑森－卡塞尔（Hesse-Kassel）的领主威廉四世（Wilhelm Ⅳ），获得了 1527 年被解散的一座西多会修道院的土地。1580 年，他委托绘制了一幅土地地图，将其用于组织威廉豪森（Wilhelmshausen）新村庄的基础设施和聚落[34]。

在北美洲的弗吉尼亚殖民地，1642 年有一项法律要求，即所有调查员"提供被调查和测量的每块飞地的准确地图"[35]。这一法规与一个边界纠纷的时期相一致；从 17 世纪 40

---

[33]   Séan Ó Domhnaill, "The Maps of the Down Survey," *Irish Historical Studies* 3（1943）：381－92；J. H. Andrews, *Ireland in Maps*（Dublin：Dolmen Press, 1961），9－11；idem，"'Ireland in Maps'：A Bibliographical Postscript," *Irish Geography* 4（1962）：234－43，esp. 237－38；Alan R. H. Baker and Robin A. Butlin，"Introduction：Materials and Methods," in *Studies of Field Systems in the British Isles*，ed. Alan R. H. Baker and Robin A. Butlin（Cambridge：Cambridge University Press, 1973），1－40，esp. 12；以及 Andrews, *Plantation Acres*, 63－73。

[34]   R. J. P. Kain and Elizabeth Baigent, *The Cadastral Map in the Service of the State：A History of Property Mapping*（Chicago：University of Chicago Press, 1992），132－35。

[35]   被引用在 Sarah S. Hughes, *Surveyors and Statesmen：Land Measuring in Colonial Virginia*（Richmond：Virginia Surveyors Foundation, Virginia Association of Surveyors, 1979），48。

年代之后，设计了一系列政策来将测量和土地所有权的手续绑定在一起。一旦土地被清理，并且定居，且被认为是真正意义上的资源，那么就无法再接受粗疏的测量。当土地被认为是无限的时候，那么几乎不会刺激产生准确的测量。在 17 世纪，社会和经济的变化强化了测量的价值，并且确立了地产地图在土地定居过程中至关重要的作用。到 17 世纪中期，一些弗吉尼亚土地地块图，有着装饰、颜色编码，并且使用了传统符号，如同这一时期的英国地产地图那样，似乎获得了相同的象征性含义。

税收改革中的地籍地图和国家土地资源评估

17 世纪期间，大量欧洲政府采用地图作为一种评估和记录土地税收能力的方法。通过这些地籍地图可以将某个行政单元，如一个教区、州和省的所有所有权囊括在内，而不仅仅是单一庄园或者地产土地的所有权，由此使得它们与地产地图区分开来。一些最早由国家资助的，绘制了地图的地籍册来自尼德兰，在那里，地图在 16 世纪的使用与开拓地的建造存在联系。它们所展现的被提议的地籍模式，被用于说服潜在的分享者去投资项目并且被用于分配新形成的土地份地，然后它们为那些投资于新土地的人提供了视觉展示[36]。

已知的艾诺（Hainaut）的早期税收地籍早至 1604 年。在 1633 年，调查员安格·斯托代特（Ange Stoedt）和雅克·米希尔斯（Jacques Michiels）被委托去修订佛兰德勋爵（Seignurie de Flandre）的地籍册[37]。从 17 世纪 30 年代之后，开始制作瑞典中部和南部，国家和农民所拥有上地的大比例尺地图（图 28.3）[38]。1639—1641 年间，在现在的丹麦，为了石勒苏益格（Schleswig）和荷尔斯泰因（Holstein）大公，约翰尼斯·迈耶（Johannes Mejer）绘制了奥本罗（Åbenrå）省的 63 座城镇的地图[39]。这样的早期行动可以作为 17 世纪欧洲地籍册"起始"的史前部分，而这将在《地图学史》的第四卷进行讨论。它们可以与这样的事实建立关系，即到 17 世纪，某些省份的税收正在被更为密切的用产生财富的土地来确定，而不是用那些耕种土地的人或者居住在其上的社区来确定。例如，一份 1585 年的在布鲁日法兰克（Franc de Bruges）的政令，不再继续对个人财富和工作征税，而是用一种土地税来取代这些，结果就是 *arpent*（等于 1.5 法定英亩）成为税收的基本单

㊱　Kain and Baigent, *Cadastral Map*, 11 – 23.

㊲　Georges Bigwood, "Matricules & cadastres: Aperçu sur l'organisation du cadastre en Flandre, Brabant, Limbourg et Luxembourg avant la domination française," *Annales de la Société d'Archéologie de Bruxelles* 12（1898）: 388 – 411，以及 L. Marstboom, R. Bourlon, and E. Jacobs, *Le cadastre et l'impôte foncier*（Brussels: Lielens, 1956）。

㊳　Karl Erik Bergsten, "Sweden," in *A Geography of Norden*: *Denmark*, *Finland*, *Iceland*, *Norway*, *Sweden*, rev. ed., ed. Axel Christian Zetlitz Sømme（Oslo: J. W. Cappelens, 1961）, 293 – 349, esp. 299 – 300; Ulla Göranson, "Land Use and Settlement Patterns in the Mälar Area of Sweden before the Foundation of Villages," in *Period and Place*: *Research Methods in Historical Geography*, ed. Alan R. H. Baker and Mark Billinge（Cambridge: Cambridge University Press, 1982）, 155 – 163; 以及 Elizabeth Baigent, "Swedish Cadastral Mapping, 1628 –1700: A Neglected Legacy," *Geographical Journal* 156（1990）: 62 – 69.

㊴　Aakjær, "Villages, cadastres et plans parcellaires au Danemark," 以及 Johannes Mejer, *Johannes Mejers kort over det Danske rige*, 3 vols., ed. Niels Erik Nørlund（Copenhagen: Ejnar Munksgaard, 1942）, vol. 3.

位④。地籍地图提供了既可以公正评估，又可以永久记录特定土地的税务责任的一种简洁而准确的手段。

　　到 17 世纪，在欧洲西部和南部，由耕作和对燃料、建筑和建筑木材的需要所推动的森林砍伐，是一个政府关注度不断增加的问题。甚至在瑞典，其有着似乎无限多的软木林，但烧炭者已经造成了相当的伤害④。在英格兰，约翰·埃韦林（John Evelyn）在皇家学会（Royal Society）的演讲，是关于他称之为"我们木材的这种不正当的减少"（this im politick diminution of our Timber）的④。政府委托了对他们减少的森林资源的调查，并且其中一些使用地图学作为基础。在俄罗斯，围绕博尔霍夫（Bolkhov）的森林在 1647 年进行了测量并绘制了

711

图 28.3　瑞典，东约特兰（ÖSTERGÖTLAND），位于百湖（DALS HUNDRED）的瓦维榭达（VÄVERSUNDA），几何地图（GEOMETRISKA JORDEBOK），由约翰·拉松·格罗特（JOHAN LARSSON GROT）绘制，1633—1634年。古斯塔夫·阿道富斯二世（Gustav Ⅱ Adolphus）的瑞典地籍图的绘制开始于 1628 年，并且承担了记录国家土地资源的任务

原图尺寸：约 45×60 厘米。Landmäteriverket, Gävle（LMV D6, fols. 35 – 36）提供照片。

---

④　Roger Schonaerts and Jean Mosselmans, eds., *Les géomètresarpenteurs du XVIe au XVIIIe siècle dans nos provinces*，展览目录（Brussels: Bibliothèque Royale Albert Ier, 1976），xxxvi。

④　Norman John Greville Pounds, *An Historical Geography of Europe*, *1500 – 1840*（Cambridge: Cambridge University Press, 1979），202, 以及 W. R. Mead, *An Historical Geography of Scandinavia*（London: Academic Press, 1981），77 – 81。

④　John Evelyn, *Sylva; or, A Discourse of Forest-Trees, and the Propagation of Timber in His Majesties Dominions*（London: Printed by Jo. Martyn, and Ja. Allestry, printers to the Royal Society, 1664），1。

地图，并且到 17 世纪 70 年代，计划被延伸至俄罗斯的其他区域[43]。在法兰西，16 世纪后半叶，已经绘制了大量皇家森林的地图；一幅尚蒂伊森林（forêt of Chantilly）地图标明的时间是 15 世纪末，是制作时间最早的地图之一[44]。这些森林地图中的很多区分了木材和灌木，区分了古老的树木和年轻的植物，通过颜色或符号提供了森林资源的清单[45]。17 世纪期间，法国的林地储备进一步减少，并且它们的精确范围由于火灾、军事破坏和非法砍伐而变得不确定。在让-巴蒂斯特·科尔伯特被路易十四授权掌管皇家森林之后，他在 1662—1663 年进行了一项广泛的森林改革计划。这一计划中的一个元素就是编绘一部完整的皇家森林的地图学清单。作为结果的地图，据说是 "森林完整范围的一个准确描绘，用 *arpents* 标明了它们的面积，详细标绘了它们分区的界线、每一种被种植的树木的性质——是木材还是灌木——并且注明了它们的年龄，以及强壮还是衰弱、生长是否迟缓"[46]。地图被用于调节木材的砍伐和销售；它们持续使用到了 18 世纪，这一点由数以百计的描摹、剪裁、复制和再复制而得以证实[47]。

712

以地图为基础的税收地籍册和这些法国森林储备地图的实验表明，在 17 世纪，欧洲政府和各省的管理者不仅正在采用地图来规划国家战略以及组织防御设施和战争，而且正在使用大比例尺地图作为土地的详细清单。但是一种地图学方法尚未成为政府资助的农村土地调查的必然的工具。在存在地图意识的 17 世纪的英格兰，议会对扣押地产的调查仅仅由文本描述和估价的方法来进行[48]。

地产地图和农业的改良

塞缪尔·哈特利布（Samuel Hartlib）撰写了伊丽莎白时代英格兰的 "精巧设计的，新奇的和良好的畜牧业，开始产生，然后开始从海洋中将盐沼围出来"（*Ingenuities*, *Curiosities*, and *Good Husbandry*, began to take place, *and then Salt-Marshes* began to be fenced from the Seas）[49]。欧洲大陆上，德国的北海海岸，在 16 世纪和 17 世纪早期，大约 4 万公顷的土地被复垦[50]。1545 年，威尼斯政府成立了未开垦资源管理局（Officio dei Beni Inculti）

　　[43]　Leo Bagrow, *A History of Russian Cartography up to 1800*, ed. Henry W. Castner（Wolfe Island, Ont.：Walker Press, 1975），2.

　　[44]　François de Dainville, *Le langage des géographes：Termes, signes, couleurs des cartes anciennes, 1500–1800*（Paris：A. et J. Picard, 1964），50.

　　[45]　Broc, *La géographie de la Renaissance*, 135.

　　[46]　Louis de Froidour, *Instruction pour les ventes des bois du roy*, 2d ed.（Paris：Chez Brunet, 1759）.

　　[47]　Roger Hervé, "Les plans de forêts de la grande réformation Colbertienne, 1661–1690," *Bulletin de la Section de Géographie* 73（1960）：143–71；Henri de Coincy, "Les archives toulousaines de la réformation générale des eaux et forêts," *Le Bibliographe Moderne* 21（1922–23）：161–82；François de Dainville, *Cartes anciennes du Languedoc, XVIe–XVIIIe s.*（Montpellier：Société Languedocienne de Géographie, 1961），66–72；以及 *De l'île-de-France rurale à la grande ville*, 展览目录（Paris：Bibliothèque Nationale, 1975）。

　　[48]　Sidney Joseph Madge, *The Domesday of Crown Lands：A Study of the Legislation, Surveys, and Sales of Royal Estates under the Commonwealth*（London：George Routledge and Sons, 1938），133–40.

　　[49]　Samuel Hartlib, *Samuel Hartlib, His Legacy of Husbandry*, 3d ed.（London：Printed by J. M. for Richard Wodnothe, 1655），41, 被引用在 H. C. Darby, *The Draining of the Fens*, 2d ed.（Cambridge：Cambridge University Press, 1956），28。

　　[50]　Wilhelm Abel, *Agricultural Fluctuations in Europe from the Thirteenth to the Twentieth Centuries*, trans. Olive Ordish（London：Methuen, 1980），104.

管理威尼托河谷的复垦和排水工作。地图在方案的规划和执行中是重要的辅助工具。例如，在 1570 年，地图学家潘菲洛·皮亚佐拉（Panfilo Piazzola）被委托编绘一幅梅纳戈河（Menago River）低地的地图。他的地图，用 1∶15000 的比例尺绘制，区分了易受洪水影响的土地和现存的耕地，并且记录了土地所有的模式（图 28.4）[51]。在英格兰，行政管理者同样意识到了地图在土地排水方案中的价值。斯凯尔顿引用了大量 16 世纪文献中提到的"一片郊野的地块图"（a platt of the country）或"排水工程"地块图的档案材料[52]。

在 17 世纪，用非常相似的方式，地图证明了其对于规划新的排水运河和相关工程的有效性，尽管在更为有限的背景下，它们被用于规划灌溉工程。管理草甸以促进早熟草的生长以作为过冬的储备，是由沃尔特·比里斯（Walter Blith）在他的《英国的改革者》（English Improver，1649）中讨论的六个"改良措施"中的一个。比里斯劝告未来的改良者"用这样的模式或者方式绘制你的土地，因为你可以由此确定这次改良中你对所有土地的意图，可能不会在其中弄错"并且"对你的水资源进行一次最精确的调查，而不是仅仅通过眼睛"[53]。

如果在整个欧洲，在水资源管理项目中使用地图是一个普遍现象的话，那么到 16 世纪和 17 世纪，之前开放的耕地和草地的圈地者对于地图的运用基本只是局限于英格兰和威尔士。可能似乎明显的是，地图应当被用于协助重新组织和重新分配数以千计的地块，然后记录圈地的地籍。然而，实际上，只是通过使用一个文本的地籍册，大部分土地被令人满意地圈占，在这些地籍册中特定的条带在其弗隆（furlong）和田地的背景中进行了放置。16 世纪和 17 世纪早期受到圈地影响的英国土地范围，以及因而绘制地图的机遇的程度，应当同样没有被高估；圈地可能仅仅影响了 3% 的耕地[54]。然而，16 世纪和 17 世纪在英国的关于调查的教科书中散布的信息是清楚的：圈地是一种与众不同的农业改良，如果使用准确的测量和地图，那么可以被做得更好。在达比（Darby）的词语中，土地调查就是"圈地运动的伟大的致颂词者"[55]。

调查员对现代早期农业改良做出的最大的贡献之一，并没有太多的源自他们制作的地图，更多的应当来自他们在不同农村经济实践经验中汲取的智慧的传播。从这一意义上来说，调查员更多的是一位机械测量员和地产的地图绘制者[56]。调查和农业改良之间的关系，与此有关的实际情况的证据呈现在图 28.5 中，其记录了 1470—1640 年间在英国各郡密集的

713

---

[51] Silvino Salgaro, "Il governo delle acque nella pianura Veronese da una carta del XVI secolo," *Bollettino della Società Geografica Italiana* 117 (1980): 327–50.

[52] R. A. Skelton and John Newenham Summerson, *A Description of Maps and Architectural Drawings in the Collection Made by William Cecil, First Baron Burghley, Now at Hatfield House* (Oxford: Roxburghe Club, 1971), 53.

[53] Walter Blith, *The English Improver; or, A New Survey of Husbandry* (London: Printed for J. Wright, 1649), 24, 以及 idem, *The English Improver Improved; or, The Svrvey of Hvsbandry Svrveyed* (London: Printed for John Wright, 1652).

[54] R. J. P. Kain, John Chapman, and Richard R. Oliver, *The Enclosure Maps of England and Wales, 1595–1918: A Cartographic Analysis and Electronic Catalogue* (Cambridge: Cambridge University Press, 2004).

[55] H. C. Darby, "The Agrarian Contribution to Surveying in England," *Geographical Journal* 82 (1933): 529–35, esp. 530. 也可以参见 McRae, *God Speed the Plough*, 135–68.

[56] P. D. A. Harvey, "English Estate Maps: Their Early History and Their Use as Historical Evidence," in *Rural Images*, 27–61, 以及 Delano-Smith and Kain, *English Maps*, 117–18.

图28.4　意大利威尼托（VENETO）的梅纳戈河低地的地图，潘菲洛·皮亚佐拉绘制，约1570年。在这里显示了这幅长卷地图的两个部分，区分了易受洪水影响的土地、现存的耕地和土地所有权

原图尺寸：约66.5×303.8厘米。Archivio di Stato, Venice（Provveditori sopra Beni Inculti, disegni Verona, 126/107/7）提供照片。

调查活动[57]。英格兰西部和西北部草地的增长，与国家南部和东部混合农业的对比，在调查　714活动的这一地图中被反映了出来[58]。可以被认为的是，这是市场机遇，鼓励了农业改良，并且农业改良转而产生了绘制地产地图的任务。正是因为这样的原因，亚当斯解释了这一时期苏格兰地产调查的缺乏："只是存在极少的需要平面图的农业改良，［因为］直至18世纪，传统的内场—外场的制度依然完全没有改变。"[59]尽管存在大地产，但比塞雷（Buisseret）说到"在18世纪之前，似乎确实在西班牙没有绘制过地产地图"[60]。给出的解释就是，直至

[57]　地图被包括在 Elizabeth Baigent and R. J. P. Kain, "Cadastral Maps in the Service of the State," 提交给 14th International Conference on the History of Cartography, Uppsala and Stockholm, 14 – 19 June 1991 的论文中。

[58]　Delano-Smith and Kain, *English Maps*, 118 – 19.

[59]　Ian H. Adams, "Large-Scale Manuscript Plans in Scotland," *Journal of the Society of Archivists* 3 (1967): 286 – 90, esp. 286. 也可以参见 Ian H. Adams, "Economic Progress and the Scottish Land Surveyor," *Imago Mundi* 27 (1975): 13 – 18, 以及 idem, "The Agents of Agricultural Change," in *The Making of the Scottish Countryside*, ed. M. L. Parry and T. R. Slater (London: Croom Helm, 1980), 155 – 75.

[60]　David Buisseret, "The Estate Map in the Old World," in *Rural Images*, 5 – 26, esp. 6.

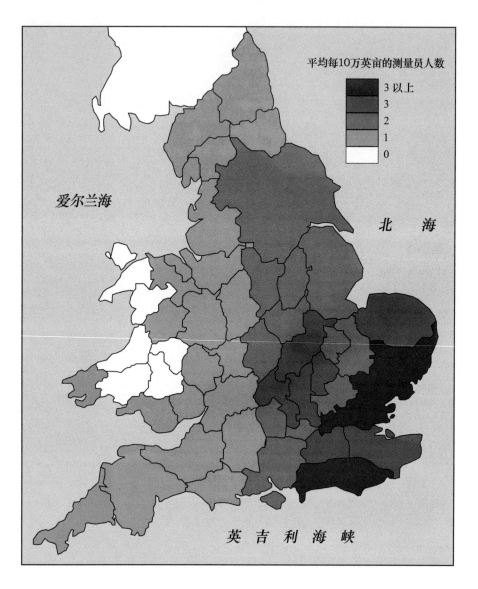

图 28.5 在英格兰和威尔士的调查活动，1470—1640 年。在 Rodney Fry and Sarah A. H. Wilmot, University of Exeter 协助下编绘，来自 Peter Eden, ed., *Dictionary of Land Surveyors and Local Cartographers of Great Britain and Ireland*, 1550 - 1850, 4 vols. (Folkestone, Eng.: Dawson, 1975 - 79) 中的条目

这么晚的时期，依然缺乏资本主义生产的意识。

尽管关于调查的英文作者讨论了农业改良，但是三个重要的 17 世纪的英国农业教科书没有在它们关于农业改良的事项中包括地图绘制。取而代之，它们的焦点在于，如新的休耕作物的种植、土壤和肥料，以及可转换的农业以及畜牧业[61]。明确包括了调查指南的唯一的农业教

---

[61]　Gervase Markham, *The English Hvsbandman: The First Part, Contayning the Knowledge of Euery Soyle within this Kingdom... Together with the Art of Planting, Grafting, and Gardening after Our Latest and Rarest Fashion* (London: Printed by T. S. for John Browne, 1613); Blith, *English Improver and English Improver Improved*; 以及 Hartlib, *Legacy of Husbandry*. 也可以参见 George Edwin Fussell, *The Old English Farming Books from Fitzherbert to Tull, 1523 to 1730* (London: Crosby Lockwood, 1947), 和 Erik Kerridge, *The Agricultural Revolution* (London: George Allen and Unwin, 1967)。

科书就是理查德·苏雷特（Richard Surflet）翻译的（1600）查尔斯·艾蒂安（Charles Estienne）和让·利埃博（Jean Liébault）的《农场和养殖场》（*L'agricvltvre et maison rvstique*）[62]。作者接受了这样的说法，即土地调查确实属于"几何学家"而不是一位农夫的工作，但是由此"这一我们国家农业的［主管者］不应当忽略有可能会增加家庭财富的任何事"，它们提供了"特定的测量原则，［其］在法兰西是非常常见的，并且那里的农夫，如果需要，以及为了他的商品，可能会自己去进行"。描述了用链条或者"Squire"进行测量的方法，指南带有图示，并且一位调查员和他的助手被显示正在田野中工作。如果需要那些简单方法无法提供的更高精确度的工作的话，作者说到，农夫"必须求助于专业的测量技术"[63]。

　　基于被谈及的内容，可以认为可能指明了测量和地图绘制与农业改良之间的一种因果关系。然而，更为困难的是，记录地图实际被用于农业地产的日常运用的例子。一些地图被频繁用于地产机构中，这点可以通过它们的磨损程度来证实。哈维推测，一幅伊丽莎白时期北多塞特郡府邸的地图可能是为了舍伯恩城堡（Sherborne Castle）居住者的使用而绘制的，"因为地图被磨损了，好像经常被使用的样子"[64]。1593 年，威廉·塞西尔（伯利男爵）在一幅北安普敦郡的海崖公园（Cliffe Park）的地产地图上增加了关于土地使用和占有的注释[65]。克里斯托弗·萨克斯顿的埃塞克斯的埃弗利（Aveley）的圣托马斯医院庄园的地图，　⁷¹⁵　"可能遭受了在田野中使用的影响，就像其严重的折叠所表明的那样"[66]。1782 年需要一幅萨克斯顿地图的新的复制品，这一事实表明，在大约两个世纪后原图依然被使用。相似地，托马斯·兰登（Thomas Langdon）的贝德福德郡（Bedfordshire）的萨尔福德（Salford）地图（1596 年），1769 年依然在万灵学院的地产办公室中使用[67]。有些时候，古老的地图为规划后来的变化提供了基础。当白金汉郡的沃顿·安德伍德的庄园在 1649 年将要进行改造的时候，在一幅地图上对公园和通往新住宅的林荫大道进行了设计，且叠压在很快就要被改变的地理景观之上[68]。17 世纪早期，为了管理而使用地图最为清晰的例子可能来自诺森伯兰伯爵的地产。克里斯托弗·萨克斯顿在约克郡的斯波福斯（Spofforth）地产地图，通过名称或者通过首字母编码的方法，记录了承租人的名字，并且记录了大部分田地的使用情况。萨克斯顿还在地图上使用了符号，可能用以标明每块田地相对的土壤质量（图28.6）[69]。这些地图，　⁷¹⁶　与公爵其他地产的地图一起，由他地产的调查员罗伯特·诺顿（Robert Norton）在 17 世纪

---

[62]　Charles Estienne and Jean Liébault, *Maison rustique*; *or*, *The Countrie Farme*, trans. Richard Surflet（London, 1600）；参见 Bibliothèque Nationale, *Les travaux et les jours dans l'ancienne France*, 展览目录［Paris：（J. Dumoulin），1939］，63 – 73。

[63]　Estienne and Liébault, *Countrie Farme*，引文在 651 和 663。

[64]　P. D. A. Harvey, "An Elizabethan Map of Manors in North Dorset," *British Museum Quarterly* 29（1965）：82 – 84, esp. 83.

[65]　Eden, "Three Elizabethan Estate Surveyors," 70.

[66]　Tyacke and Huddy, *Christopher Saxton*, 48.

[67]　M. W. Beresford, *History on the Ground: Six Studies in Maps and Landscapes*, rev. ed.（London: Methuen, 1971）, 90.

[68]　Elvey, *Buckinghamshire Estate Maps*, 56.

[69]　G. R. Batho, "Two Newly Discovered Manuscript Maps by Christopher Saxton," *Geographical Journal* 125（1959）：70 – 74, 以及 R. A. Butlin, "Northumberland Field Systems," *Agricultural History Review* 12（1964）：99 – 120.

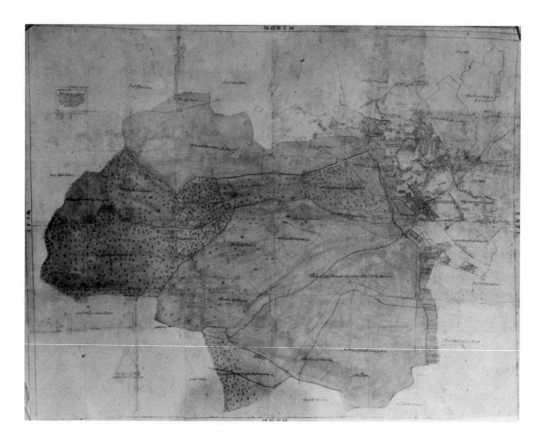

图 28.6　英格兰，约克郡，斯波福斯，由克里斯托弗·萨克斯顿绘制，1608 年。"斯波福斯庄园的一幅地块图，其中所有的农地和林地都用绿色标识，而圈地和公共土地都用红色标识，共用地用黄色，世袭地用白色。是由克里斯托弗·萨克斯顿绘制的，A. nnoDni：1608."A、M 和 P 被用来标明可耕地、草地和牧场，同时在一些田地中发现的符号，可能标明了土地的质量

Collection of the Duke of Northumberland, Alnwick Castle（MSS. X. II. 6. 34, No. 3）提供照片。

早期制作，是地产管理项目的一个内在部分，并且在年度财产支出方面并不是微不足道的[70]。1609 年，第九任诺森伯兰伯爵亨利·珀西（Henry Percy），给他的儿子撰写了地产管理的建议，确定作为第一条原则的就是必须"比你的任何官员都要能更好地全盘理解你的地产……我已经通过调查之书、庄园的地块图和记录来进行解释和工作，由此如果你不能在一个非常短的时间内中比任何你的仆人更好地理解它们的话，那么错误将会是你自己的"[71]。

地产地图：对土地财政和土地的象征性价值增长的回应

在本章中确定了大量使用大比例尺地产地图的例子，尽管来自一种可能不具有代表性的

[70]　G. R. Batho, "The Finances of an Elizabethan Nobleman: Henry Percy, Ninth Earl of Northumberland（1564 - 1632）," *Economic History Review*, 2d ser., 9（1957）：433 - 50.

[71]　被引用于 Batho, "Manuscript Maps," 72。

国家。然而，在任何情况下，地图的使用都不是绝对必要的。土地所有权可以在没有一幅地图的情况下被授予，同时在北美洲就是这样。在没有一幅地籍地图作为依据的情况下，也可以征集地产税，并且在欧洲几个世纪都是这样；在一些国家，它们持续被如此征收直至进入现代。土地的购买和销售；其排水和为了耕种或放牧的改良；以及其被圈占、评估和日常管理已经并且持续成功地执行，中世纪的地产管理者在没有地图的情况下完成了这些事情，并且他们的很多后继者在整个现代早期在没有地图的情况下也如此工作。如同已经展现的，地图可能成为决策制定的辅助工具，可能被用于作为记录，但是为什么它们的用途变得如此广泛并且普遍，由此尽管它们的脆弱和重度使用，但在很多区域，它们大量保存下来，这依然是一个不得不被回答的问题。

对于制作乡村地产地图的解释，部分确实在于 16 世纪和 17 世纪正在出现的土地的货币和象征性价值。随着封建主义让位给资本主义，以及相关的土地的商品化，对于作为一种生产要素以及作为象征性空间的土地的需求，可能已经是非常好的动力，驱动了现代早期欧洲地产地图绘制的革命。其涉及大量的生产要素。在整个西欧，16 世纪的特征就是农业的扩张。在大部分地方，这在大约 17 世纪中叶停止，从这一时间点之后，一些部门经历了危机、衰退和实际性的收缩[72]。现代早期还是一个价格通胀的时期，这是由货币供应量的增长与人口增长的相互影响，以及对更多粮食和货物的需求引起的。土地是有利可图的投资，并且租金趋向于比产量或价格增加得更快。投资土地同样是一种社会进步的方式，一种由此城市商人或者制造者可以达到，即使可能没有获得，他所渴望的贵族地位的方式。在英格兰的都铎和斯图尔特年代的府邸建筑中，土地的拥有是社会地位的一个主要标志，因为拥有土地的非金钱方面变得更受重视[73]。欧洲有很多土地可供有抱负的社会地位的攀登者购买，至少从贵族手中，同时法国皇家宫廷的奢侈品与他们不动产收入相比太过昂贵了[74]。在萨克森，"矿产主、商人、纺织品生产者，甚至大学教授和上层的公务员都正在购买农场或者有时是骑士的地产"[75]。

租金的增加使得必须更清楚和更准确地划定财产边界。包含了被测量的每份田地的英亩数，可能还有土地用途的一个标识，以及每一承租人的名字，这些或者绘制在地图上，或者撰写在一份用于解释的表格中，地产地图可能不够精确，无法在制定与规划作物轮作相关的详细的耕种决策，甚至决定哪些土地用于耕地或牧场的情况下发挥太大作用，但它们可用于评估和确定某一地块上的每英亩土地的租金[76]。一幅地图可能还解释了租佃者隐瞒和侵权的情况，在过去，这样的事情可能被忽视，但是随着土地价格的增长，这些不再可以被忍受。土地价值不断增加，对调查和地图准确性的要求是一种刺激，其改进了设备以及执行调查的

---

[72]　B. H. Slicher van Bath, *The Agrarian History of Western Europe*, A. D. 500 – 1850, trans. Olive Ordish（London：Edward Arnold, 1963）, 206 – 20.

[73]　Peter J. Bowden, "Agricultural Prices, Farm Profits and Rents," in *The Agrarian History of England and Wales*, ed. H. P. R. Finberg（Cambridge：Cambridge University Press, 1967 – ）, 4：593 – 695, esp. 674.

[74]　Gaston Roupnel, *La ville et la campagne au XVIIe siècle；Étude sur les populations du pays dijonnais*（Paris：Armand Colin, 1955）.

[75]　Abel, *Agricultural Fluctuations*, 132.

[76]　Delano-Smith and Kain, *English Maps*, 121 – 24.

技术。在那些土地资源丰富并且其货币价格不重要的地方，就像在殖民地弗吉尼亚，起初没有诱导因素迅速提高准确性，或停止使用按照欧洲标准来看过时的方法和过时的设备。但是在英格兰，如同汤普森（Thompson）所说的，"掌握一个真实的记录，可以用来阻止任何偷窃成性的承租人拒绝承担他们的义务，而这成为16世纪的地主所亟待解决的问题，因为他们希望确保他们的金钱收入，以跟上暴涨的生活标准，而这种暴涨是给那些渴望高贵身份的人施加的生活压力"[77]。用于计算和记录这样的租金增加的工具，包括调查员和他们制作的地产地图。如果两者中的一者或者全部都是昂贵的，那么预计成本可以通过土地所有者完全了解其财产所带来的更高的租金快速摊销掉。可能的是，制作于1650—1651年的威廉·福勒（William Fowler）的什罗普郡（Shropshire）的布里奇沃特（Bridgwater）地产地图，被用于这一用途，即作为从地产中获得资金以偿还债务的共同努力的一部分[78]。萨默塞特的基尔顿公园（Kilton Park）的勒特雷尔（Luttrell）地产的"真正的地块图"，由来自英格兰西部的调查员乔治·淮斯伊尔（George Withiell）绘制，由此恢复了超过70标准英亩的土地，价值98英镑，而这些可能是由古老的"用黑线绘制的错误的地块图"隐藏的（图28.7）[79]。

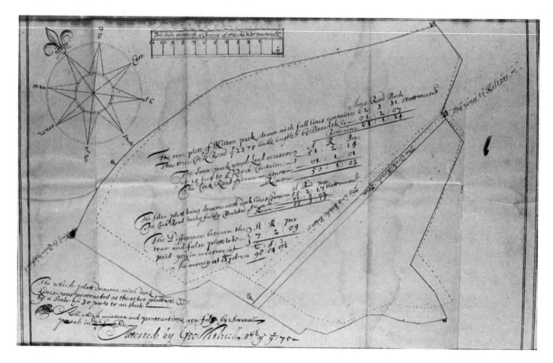

图28.7 英格兰，萨默塞特，基尔顿公园，由乔治·淮斯伊尔绘制，17世纪晚期。这幅地图被用于清楚地说明英亩数量和边界，以最大化地产的租金收入

原图尺寸：26.4×41厘米。Somerset Archive and Record Service, Taunton, from the Luttrell Family Manuscripts（DD＼L＼2/6/33）提供照片。

[77] F. M. L. Thompson, *Chartered Surveyors：The Growth of a Profession*（London：Routledge and Kegan Paul, 1968）, 16.

[78] A. D. M. Phillips, "The Seventeenth-Century Maps and Surveys of William Fowler," *Cartographic Journal* 17（1980）：100–110.

[79] J. B. Harley and E. A. Stuart, "George Withiell：A West Country Surveyor of the Late-Seventeenth Century," *Devon and Cornwall Notes & Queries* 35（1982）：45–58, esp. 49.

在最后的分析中，使用瓦伦丁纳·利的短语，为了它们可能带来的"利益"，地产地图被构思。毫无疑问，利润的一个因素是用金钱来评估的，但是一幅地产地图，用地产本身的方式，也呈现了象征性价值。一处地产，附带有其田野、林地、庄园、农场和农舍，是地产社会的入场券。一幅地产地图是随着拥有土地而来的权利和特权的试金石。如同哈利说的，其可以被认为是"一种封建领主的象征，确认了在农村社会中庄园领主的合法权力。对他而言，地图是他地方权威的一个标志"⑧。

在进一步抽象的层次上，这些地图中的一些被认为是小型的艺术作品。地图在装饰方面 ⁷¹⁸ 发挥了作用，尽管不仅仅是为这一目的制作的，或者只是被用于这一目的。"你的地块地图"，威廉·利伯恩（William Leybourn）写到，"将是庄园领主纯粹的装饰，悬挂在他的研究室中，或者私人场所中，由此当看到面前的土地时，他会感到愉悦"⑧。理解现代早期地产地图绘制革命的关键，就是词语"土地"（land）。如果土地在文艺复兴时期仍然与中世纪有着相同含义的话，那么所有地图都不是必需的。因为在新的资本主义经济中，土地被视为具有货币价值的特定面积的地块，而不是作为封建社会的权利或生产资料，由此就容易理解，为什么地主开始渴望一幅他们地产的地图，以及，随着社会变得更为商业化和金钱主义、对于社会地位更具有野心和好诉讼，调查员如何改良他们的技术和技巧来满足对地图的新需要，无论底层的动机是什么（财政的或者象征性的）。在15世纪的最后数十年以及16世纪之初，这样的地图，尽管并不是一无所知，但也是一种稀缺物，并且测量是一种自觉的和新生的职业。然而，到1678年，英国调查员约翰·豪尔厄尔（John Holwell）对自己职业的地位充满信心，由此他可以在他的《对实地调查者的明确指导》（*Sure Guide to the Practical Surveyor*）的开始部分宣称"我不会让我自己烦扰撰写关于推荐这一技艺的任何东西，因为其用途正在被充分地了解。"⑧

⑧ J. B. Harley, "Meaning and Ambiguity in Tudor Cartography," in *English Map-Making*, *1500 – 1650*: Historical Essays, ed. Sarah Tyacke（London: British Library, 1983）, 22 – 45, esp. 37。也可以参见 A. Sarah Bendall, *Maps*, *Land and Society*: *A History*, *with a Carto-Bibliography of Cambridgeshire Estate Maps*, *c. 1600 – 1836*（Cambridge: Cambridge University Press, 1992）, 177 – 84, 以及 idem, *Dictionary of Land Surveyors and Local Map-Makers of Great Britain and Ireland*, *1530 – 1850*, 2d ed., 2 vols.（originally comp. Francis W. Steer and ed. Peter Eden）（London: British Library, 1997）, 1: 31 – 32, 其中 Bendall 讨论了这样一位将自己带入地主阶层的人, Sir William Courten, 以及他精美的高度装饰性的 Laxton, Nottinghamshire 地产地图——"一个他的社会地位的声明"——由 Mark Pierse 在 1635 年制作; 参见图版 69。

⑧ 这段话最早出现在 William Leybourn [pseud. for Oliver Wallinby], *Planometria*; *or*, *The Whole Art of Surveying of Land*（London: Printed for Nathanael Brooks, 1650）, 173 中。其还被发现于由威廉·利伯恩的增补的著作, *The Compleat Surveyor*: *Containing the Whole Art of Surveying of Land*（London: Printed by R. and W. Leybourn for E. Brewster and G. Sawbridge, 1653）中, 并且被引用在 David Buisseret, "Introduction: Defining the Estate Map," in *Rural Images*, 1 – 4, esp. 3. 也可以参见 Victor Morgan, "The Cartographic Image of 'The Country' in Early Modern England," *Transactions of the Royal Historical Society*, 5th ser., 29（1979）: 129 – 54, 他在 p. 148 引用了约翰·迪伊展示的地图。

⑧ 参见 John Holwell, *A Sure Guide to the Practical Surveyor*, *in Two Parts*（London: Printed by W. Godbid, for Christopher Hussey, 1678）, A3 verso 中的前言。

第二十九章　战争和地图学，约 1450—约 1640 年[*]

约翰·黑尔（John Hale）

　　文艺复兴时期地图学的变化与这样一个时期相一致，即在这一时期中的几乎每一年，在欧洲的某个地方，都有男人们在为夺取别人的领土，或保卫或重新获得自己的领土而战斗。1482 年，这一年中不仅出现了第一个包含了新地图的托勒密《地理学指南》的印刷版，还爆发了法兰西的路易十一（Louis XI）针对布列塔尼的战争，同时持续十年的格拉纳达战争（War of Granada）也开始了，而在这一年之后，测量、投影、使用一致的比例尺以及制作和出版方法上的地图学的每次进步都是在战争背景下发生的。

　　不仅存在一个"长期战争"的时期——三十六年的意大利战争（Wars of Italy，1494—1530 年）、法国宗教战争（1562—1598 年）、波罗的海七年战争（Baltic Seven Years War）（1563—1570 年）以及在尼德兰的西班牙战争（1567—1609 年），而且还有在欧洲和地中海东南部长期存在的来自土耳其人的挑战；英格兰对法兰西的入侵，其对尼德兰的干涉，以及在爱尔兰的"长期战争"；皇帝查理五世与施马尔卡尔登（Schmalkalden）的路德联盟（Lutheran League）之间的战争；1611—1613 年，在丹麦和瑞典之间再次爆发的争斗；以及1613—1618 年的蒙费拉托战争（War of Monferrat），其正是 1618—1648 年三十年战争（Thirty Years War）所有最为破坏性的冲突的序幕。

　　从苏格兰到塞浦路斯，以及从葡萄牙到立陶宛，没有国家不受到战争的影响，即使不是作为主角，那么也是作为同盟者或者受害者。正在通过准确性和实用性日益增加的方式绘制地图的国家和区域，这其上，必须找到他们道路的军队正在作战，并且它们受到需要重新评估他们防御系统的政府的行政管理。1512 年前往巴斯—比利牛斯（Basses-Pyrénées）的英国探险队带有一幅加斯科尼（Gascony）和吉耶纳（Guienne）的地图及其作者塞巴斯蒂亚诺·卡伯特^①。阿尔巴公爵费尔南多·阿尔瓦雷斯·德托莱多（Fernando Alvarez de Toledo），带着一名地图学家安托万·奥利弗（Antoine Oliver）和他一起前往尼德兰——在那里，他在逃

---

* 本章使用的缩略语包括：*Monarchs，Ministers，and Maps* 代表 *Monarchs，Ministers，and Maps：The Emergence of Cartography as a Tool of Government in Early Modern Europe*，ed. David Buisseret（Chicago，University of Chicago Press，1992）。

　　① R. A. Skelton，"The Military Surveyor's Contribution to British Cartography in the 16th Century," *Imago Mundi* 24（1970）：77 - 83，esp. 80 - 81.

往另外一方之后，在一场冲突中被杀死②。地图和征服似乎是携手并进的。查理五世，在他1536 年入侵法兰西南部之前，研究了"阿尔卑斯以及普罗旺斯低地地区的地图"，如此贪婪，以至于按照他的一位高级行政长官的说法，"他相信自己已经拥有土地，就像他拥有地图一样"③。就是一种这样的精神，即在最受地理学浸润的伊丽莎白女王的戏剧中，马洛使得垂死的帖木儿呼唤：

给我一幅地图。然后让我看看留下来让我征服的世界还有多大。④

其他印象强化了这样一种诱惑，即从积极联系的角度来看待地图和战争之间的关系：对艺术家—信使马泰奥·德帕斯蒂（Matteo de'Pasti）的起诉，他在克里特海岸外被威尼斯人在 1461 年捕获，因为他，代表里米尼（Rimini）的西吉斯蒙多·潘多尔福·马拉泰斯特（Sigismondo Pandolfo Malateste），携带了一幅意大利和亚得里亚海的地图前往苏丹穆罕默德二世（Sultan Mehmed Ⅱ），人们普遍认为马拉泰斯特正在寻找土耳其人的干涉来支持他在意大利的领土野心⑤；教皇因诺森八世在 1484—1487 年委托平图里基奥［Pinturicchio，贝尔纳迪诺·贝蒂（Bernardino Betti）］描绘意大利的首位城市——米兰、热那亚、威尼斯、佛罗伦萨、罗马和那不勒斯——带着让梵蒂冈陷入如此困境的他的外交和军事姿态⑥；由安东尼奥·莱奥纳尔迪绘制的大型的意大利的墙壁地图，在其上，1509 年在阿尼亚德洛惨败之后，威尼斯元老院的成员可以追寻他们军队的撤退路线⑦；以及亨利八世的"大型木框架中的羊皮上的多佛（Dover）和卡利切（Calice）地图"⑧。同时在相同的时间跨度中，出现了马基亚韦利的坚持，即对于一名穿过外国领土的军事领导来说，"他必须去做的首要事情就是去描述和绘制整个领土的图像，由此他知道地点、［它们］的数量、［它们之间］的距离，道路、山脉、河流和沼泽，以及它们的性质"⑨，以及出现了卡斯蒂廖内的论断，即朝臣—武士必须知道如何绘制，"并且至少是为了军事目的：因而艺术方面的知识使得我们可以去

720

---

②　William S. Maltby, *Alba*：*A Biography of Fernando Alvarez de Toledo*, *Third Duke of Alba*, *1507 – 1582*（Berkeley：University of California Press, 1983）, 227, 253 – 54.

③　Martin Du Bellay, *Mémoires de messire Martin Du Bellay*, in *Choix de chroniques et mémoires sur l'histoire de France*, vol. 11, ed. J. A. C. Buchon（Paris：A. Desrez, 1836）, 303 – 801, esp. 582.

④　Christopher Marlowe, *Tamburlaine the Great*, *Parts 1 and 2*, ed. John D. Jump（Lincoln：University of Nebraska Press, 1967）, 2. 5. 3, ll. 123 – 24.

⑤　Franz Babinger, *Mehmed the Conqueror and His Time*, trans. Ralph Manheim, ed. William C. Hickman（Princeton：Princeton University Press, 1978）, 201. 我感谢 Alison Brown 提供了这条资料。在军事背景下看待这幅（佚失的）地图，这由西吉斯蒙多呈献给苏丹的其他地图所进一步证明：一幅 Roberto Valturio 的 *De re militare* 的绘本。

⑥　Juergen Schulz, "Jacopo de' Barbari's View of Venice：Map Making, City Views, and Moralized Geography before the Year 1500," *Art Bulletin* 60（1978）：425 – 74, esp. 465 and n. 139.

⑦　Eugenia Bevilacqua, "Geografi e cosmografi," in *Storia della cultura veneta*, 5 vols.（Vicenza：NeriPozza, 1976 – 86）, vol. 3（*Dal primo quattrocento al Concilio di Trento*）, pt. 2, 355 – 74, esp. 367 – 68, 以及 Marino Sanuto, *I diarii di Marino Sanuto*, 58 vols.（Venice：F. Visentini, 1879 – 1903）, vol. 8, col. 247。

⑧　Kew, The National Archives of the UK（E 315/160, fol. 59v）, 被用于 Howard Montagu Colvin, "The King's Works in France," in *The History of the King's Works*, by Howard Montagu Colvin et al. , 6 vols.（London：Her Majesty's Stationery Office, 1963 – 82）, 3：335 – 93, esp. 374 n. 1。

⑨　Niccolò Machiavelli, *Arte della guerra e scritti politici minori*［1521］, ed. Sergio Bertelli（Milan：Feltrinelli, 1961）, 457.

便利地描绘城镇、河流、桥梁、城堡、堡垒以及类似的事物，而除此之外无法向其他人展示这些内容"⑩，且这一时期对于区域地图学的发展而言是如此的至关重要。马基亚韦利的观点被一再使用，如莱昂纳德·迪格斯："将军非常优秀，尤其擅长于平面图、地图和模型，以了解国家的状态、性质和特性，以及由此他可以对敌人加以欺骗。"⑪ 并且卡斯蒂廖内的论断，导致弗朗西斯科·德奥兰达在他1571年的专著中投入了整整一章关于绘画的篇幅去论述"对于绘画和图像的理解，可以在战争期间有着多大的用途"⑫。1597—1598年，莎士比亚让他浮躁的反面英雄"霍茨波"（counterhero Hotspur）坐在一张桌子旁，在那里，他和他的同伴阴谋者策划着他们针对亨利四世的叛乱，并且惊叹"真是糟糕，我忘记地图了"（A plague upon it，I have forgot the map!）。显然，地图学与征服之间在文化上的联系被建立了起来⑬。

在转向更为专门的文艺复兴时期军事地图学的证据之前，可以建立一种进一步的假设性的联系。除了那些委托和购买地图的私人收藏家，如16世纪晚期的威尼斯贵族雅各布·孔塔里尼（Jacopo Contarini），以及负责外交和军事政策的政治家之外，无论是君主（菲利普二世、亨利四世和鲁道夫二世），还是大臣（伯利男爵和苏利公爵），都正在投入大量的努力去积累印刷的和绘制的地图和草图，以及出版的有着潜在战略重要性的城市图景。比塞雷，作为战争部长苏利的一名顶尖研究者（苏利最初受到亨利四世的关注，是在作为炮兵服务的时候），将他称为"痴迷于地图"⑭；他还是伯利的顶尖研究者，后者主要负责指挥伊丽莎白的战役，据说"他显然用地图学术语思考，并且阅读或撰写他的论文，犹如他在他的桌子上或者他的头脑中有一幅地图"⑮。这样的想法，本身就是地图学革命的产品，莎士比亚的战士"同时代的"武士"霍茨波"（Hotspur），在曾经制作的阴谋家的地图上采用视觉符号的字面意义，对这样的想法进行了显而易见的解释：

> 我想你们分给我的勃敦以北的一份土地，讲起大小来比不上你们那两份；瞧这条河水打这儿弯了起来，硬生生从我最好的土地上割去了半月形的一大块……

⑩ Baldassarre Castiglione, *The Book of the Courtier* [1528], trans. George Anthony Bull (Baltimore：Penguin Books, 1967)，97。他曾在马克西米利安一世皇帝的自传性的 *Weisskunig* 中受到期待："年轻的英雄学习了绘画，因为他听到一位睿智的老人说道，每位好的将军都应当知道这门艺术。"参见 Glenn Elwood Waas, *The Legendary Character of Kaiser Maximilian* (New York：Columbia University Press, 1941)，110。

⑪ Leonard Digges, *An Arithmeticall Militare Treatise*, *Named Stratioticos. . .* finished by Thomas Digges (London, 1579)，142 [143r]．

⑫ Francisco de Hollanda, "De quanto serve a sciencia do desenho e entendimento da arte da pintura na republica Cristã assim na paz como na guerra," chap. 5 (fols. 42r – 45v)；绘本以影印的形式复制在了 Jorge Segurado, *Francisco d'Ollanda：Da sua vida e obras. . .* (Lisbon：Edições Excelsior, 1970)，esp. 149 – 56。

⑬ William Shakespeare, *King Henry Ⅳ*, 1. 3. 1, l. 5, in *The Norton Shakespeare*, ed. Stephen Greenblatt et al. (New York：W. W. Norton, 1997)，1157 – 1224（"The History of Henry the Fourth"）and 1304 – 77（"The Second Part of Henry the Fourth"），esp. 1189. 然而，应当注意，地图的主要目的是显示他们将如何对英格兰进行划分。

⑭ David Buisseret, "Les ingénieurs du roi au temps de Henri Ⅳ," *Bulletin de la Section de Géographie* 77 (1964)；13 – 84，esp. 80。

⑮ Skelton, "Military Surveyor's Contribution," 78。

他建议改变其河道，由此

　　　　我可不能容许它弯进那么深，使我失去这么一块大好的膏腴之地。

对此格伦道尔（Glendower）直言不讳地回复：

　　　不让它弯进去！这可不能由你做主。⑯

　　在军事和政治军事背景下提到了如此多的地图——并且有一些负面证据，例如 1591 年英国远征鲁昂的混乱状况，因为伯利并不拥有正确的、军队能由此遵照移动的地图⑰——自然而然的，地图学家应当将军事地图看成与行政、财产、水文、主教管区以及其他专门目的的地图一起发展的种类⑱。然而，由于缺乏一种总体性的考虑，因此，军事地图学被赋予了 [721] 关于其起源的一些欠考虑的论断。在伊斯坦布尔（Istanbul）的托普卡匹皇宫博物馆图书馆（Topkapi Sarayi Muzesi Kütüphanesi）的 15 世纪威尼斯陆地（terra firma）的图像地图并不是按照已经被声称的那样，"显然设计用于纯粹的军事目的"，由此"被与 15 世纪后半叶的土耳其人的劫掠联系起来"⑲，而是共和国在大陆上广泛存在的城市和城镇的一种装饰性纪念品。大师"P. W."事后通过雕版对与 1499 年斯瓦比亚战争（Swabian War）有关地点的呈现，其上有拥挤在一起的绘画版的城镇以及丰富的军事和非军事类型的细节，而这些是艺术家的主要兴趣之所在的，但被误导性地描述为"最早的印刷军事地图"⑳。从本章所考虑的时期末之后，约翰·海因里希·舍恩菲尔德（Johann Heinrich Schönfeld）在列支敦士登收藏（Liechtenstein Collection）中的 1653 年的绘画依然被描述为《研究地图的炮兵》（Artilleryman Studying a Map），然而，正在被进行研究的并不是地形图（复数），而是被用来确定正确的设立用于围攻的枪炮位置的大比例尺平面图㉑。同时在关于军事地图的确立方面存在不同观点。16 世纪 60 年代，罗伯特·莱思（Robert Lythe）在爱尔兰的军事战役期间制作的地图是否符合要求？那么 16 世纪 70 年代及其之后荷兰的"战争地图学"如何？或者由亨利四世和苏利自 16 世纪 90 年代末开始组织的边境和区域调查如何？或者是否我们必须等待之后半个世纪，与塞瓦斯蒂安·勒普雷斯·德沃邦的防御作品和路易十四的战役存在

---

⑯　William Shakespeare, *King Henry IV*, 1. 3. 1, ll. 93–96 and 101–3, in *Norton Shakespeare*, 1191.

⑰　Howell A. Lloyd, *The Rouen Campaign, 1590–1592*: Politics, Warfare and the Early-Modern State (*Oxford*: *Clarendon*, 1973), 27 *nn.* 50 *and* 65.

⑱　古代、中世纪和非西方的战争地图、战役平面图和防御设施平面图的例子，参见《地图学史》之前各卷的索引。

⑲　Rodolfo Gallo, "A Fifteenth Century Military Map of the Venetian Territory of Terraferma," *Imago Mundi* 12 (1955): 55–57.

⑳　Leo Bagrow, *History of Cartography*, rev. and enl. R. A. Skelton, trans. D. L. Paisey, 2d ed. (Chicago: Precedent, 1985), 93.

㉑　例如，参见，Herbert Pée, *Johann Heinrich Schönfeld*: *Die Gemälde* (Berlin: Deutscher Verlag für Kunstwissenschaft, 1971), 131 and pl. 65.

联系的地图学活动的爆发？[22] 或者依然要等待更长的时间？已经有人提出，"'现代'的地形地图"，"在 18 世纪被首先识别出来——一个在欧洲大陆的陆地尺度上几乎存在持续不断的战争的世纪，以及一个在此期间，军事指挥官需要详细的地图来指挥他们军队的移动和驻扎的世纪。现代地形图的设计是对军事需要的反映，并且主要是军事工程师和测量员的工作"[23]。

　　首要的，关于军事地图最早制作的时间，对于这一问题观点上的差异来源于对这类地图的定义。今天，它们是大比例尺的地形图，覆盖了来自间谍、电子航行辅助设备和航空摄影或卫星影像的有军事价值的信息，或者为了防御的目的，从本土的资料获得的信息。这一定义无法追溯到 16 世纪和 17 世纪早期。然而，如同我们已经看到的，战争和地图之间的一种联系然后被建立，并且被持续建立。在检查这些假设时，我们必须记住，战争已经持续了多个世纪，通常涉及相当复杂的大范围的战略规划，用以将同盟联系起来或者发挥最初广泛分散的力量的牵制效应，但没有从任何"有用的"地图中获益，并且我们要记住，对地图的尊重成为文艺复兴时期的一种狂热的崇拜，对需要渊博知识的战斗也是如此，由此两者之间的联系被不加鉴别地建立起来。同时，我们必须有一个符合地图和平面图的制作及其用途的军事地图学的定义。

　　这里，应当确定攻击和防御地图学的主要差异。两者都利用印刷地图、城镇图景和平面图以及围攻和战场的纪念性印刷品，从 16 世纪之后，所有这些都是可用的，且数量日益增加。这些中没有任何材料是在 1640 年之前被作为军事规划的辅助材料而被制作的，尽管其由大臣们累积作为可以被用于战争准备的信息整体的一部分。对于可以更严格地定义为军事地图的材料而言，出现了攻击和防御之间的区别。前者导致了侦查和进度报告草图的制作[24]。后者利用更为丰富的涉及和平时期的与防御方案有关的保存下来的地图和平面图，并且可以利用为了行政和司法目的而制作的区域地图，这些地图比任何可用的印刷材料包含了更多关于交通和地形的信息。其中一些，至少，被看作有一种潜在的军事相关性，即使军队的运动或防御力量的分配并不是导致它们被委托绘制的原因。如同苏黎世地志编纂者康拉德·图斯特（Conrad Türst）在他 15 世纪 90 年代早期的"对同盟状况的描述"（De situ confoederatorum descriptio）中指出的，"我被要求去描述我们的同盟区域及其周边状况，由此你可以认识到……对于那些带领他们的军队前往战场的王公而言，这样的一种描述

722

---

　　[22]　J. H. Andrews, "The Irish Surveys of Robert Lythe," *Imago Mundi* 19 (1965): 22 – 31; Johannes Keuning, "XVIth Century Cartography in the Netherlands (Mainly in the Northern Provinces)," *Imago Mundi* 9 (1952): 35 – 63, esp. 54; David Buisseret, *Sully and the Growth of Centralized Government in France, 1598 – 1610* (London: Eyre and Spottiswoode, 1968), 120 – 39; idem, "Les ingénieurs du roi"; Franz Grenacher, "Die Anfänge der Militärkartographie am Oberrhein," *Basler Zeitschrift für Geschichte und Altertumskunde* 56 (1957): 67 – 118, esp. 69; 以及 Henri Marie Auguste Berthaut, *Les ingénieurs géographes militaires, 1624 – 1831*, 2 vols. (Paris: Imprimerie du Service Géographique de l'Armée, 1902), 1: 3 ff.。

　　[23]　Eila M. J. Campbell, "The Patterns of Landscape," review of The History of Topographical Maps, by P. D. A. Harvey, in *Times Literary Supplement*, 7 November 1980, 1269.

　　[24]　例如，艺术史学家 Naomi Miller 认为，在一部托勒密《地理学指南》抄本中的沃尔泰拉城市地图来源于 Duke Federico da Montefeltro of Urbino 用作他军队在 1472 年进攻城市的战略地图。参见 Naomi Miller, "Mapping the City: Ptolemy's Geography in the Renaissance," in *Envisioning the City: Six Studies in Urban Cartography*, ed. David Buisseret (Chicago: University of Chicago Press, 1998), 34 – 74, esp. 64 – 65。

是多么有用"[25]。值得注意的是，他文本附带的图像地图不允许被印刷。防御性的军事计划可以利用大量受限制的稿本材料，而这些材料可能不被攻击部队所需要。

一支中世纪的入侵军队，以商人车队或者朝圣者的团队的形式——或者，对于那一问题，任何成队的旅行者——通过问路的方式抵达其目的地[26]。目的地通过口耳相传（来自亲属、牧师、律师、海员和贸易商）以及来自旅行者、编年史学家、婚姻和政治条约的书写的记录而被知道。存在一种口头的和文学的传闻，其反映了通过商业、传教和外交接触达成的高度的成熟性，其在一个与地图的字面意义尚未存在关联的时代，产生了对空间的感官认知，而这是图形的不太糟糕的替代品。来自在欧洲广泛分布的基地的分遣队将大致同时抵达圣地，对此没有编年史学家表示惊讶。并且到 15 世纪后期，寻找目的地的直觉和询问道路的习惯，不仅已经被大致的和准备好的《新地图》所补充，而且被积累的著名的文本游记所补充，那些用祖先命名的踏脚石，回归到古代的"以图像展示"（*itineraria picta*）的画卷[27]，并且它们依然可以使得一名旅行者在一个外国的地铁系统中前行，或者让一位不会看地图的 10 多岁的青年人抵达加德满都（Katmandu）。

到大约 1500 年，即使我们假设曾经存在更多的尼古劳斯·库萨、埃哈德·埃兹洛布或科布伦茨碎片类型的地图，其数量要超过保存下来的，但只是使用这样的地图和旅行指南，虽然完整和详细，但一名领导人不可能引导一支 8000—20 万人的军队，以及可能还有同样数量的随军流动人员的行进。军队可能遇到被水冲坏的道路和桥梁，出乎意料的陡坡，一块无法提供后勤的土地，或是敌对势力的出现，由此指挥官选择转向离开；他们需要地形方面的细节，而这不是这一时期的普通地图可以提供的，而且地形方面的信息只是由区域地图不规律地涵盖，而这些区域地图中的大部分，在任何情况下，由行政当局所保护，并且被认为是国家的机密。

由于与那些古典的地图相比，文艺复兴时期的地图对于军队而言并没有更为有用，所以马基亚韦利和迪格斯只能采用公元 4 世纪最后二十五年中由韦格蒂乌斯在他的《兵法简述》（*Epitoma rei militaris*）中提出的建议：

> 一位将军……应当有对战争发生地的准确描述，在其中，地点之间的距离被用英里表示，道路的性质、最短的路径，小路、山脉和河流，应当被准确地插入。我们被告知，最伟大的将军已经有预防措施，由此，不满意对他们所涉及的区域的简单描述，他们要求当场制作平面图，由此他们可以用更安全的眼光调整他们的行军。一位将军还应当掌握所有这些详细信息，通过在了解这一国家方面享有声誉和有判断力的人……如果

㉕　Gerald Strauss, *Sixteenth-Century Germany：Its Topography and Topographers*（Madison：University of Wisconsin Press，1959），88. 关于一个拉丁语和德语版，参见 Conradi Türst，"Conradi Türst De situ confoederatorum descriptio,"*Quellen zur Schweizer Geschichte* 6（1884）：1 – 72. 也可以参见第四十二章，尤其是图 42.15。

㉖　关于 1517 年一位欧洲人的旅行规划，参见 Antonio de Beatis, *The Travel Journal of Antonio de Beatis：Germany，Switzerland，the Low Countries，France and Italy，1517 – 1518*, ed. J. R. Hale, trans. J. R. Hale and J. M. A. Lindon（London：The Hakluyt Society，1979），14ff。

㉗　Luciano Bosio 在他的 *La Tabula Peutingeriana：Una descrizione pittorica del mondo antico*（Rimini：Maggioli，1983），20 中提到了斯特拉博对于地理学的军事用途的观点。

在选择道路时发生了困难的话，那么他应当获得正确的和技艺娴熟的向导的帮助[28]。

书写于 1498 年，克莱沃（Cleve）公爵菲利普·埃伯哈德（Philipp Eberhard），将这一责任转交给了军士（*maréchal des logis*），其负责引导军队以及为军队提供住宿地："提到的官员应当很好地了解军队所将要面对的所有桥梁、关口和道路……他应当雇用大量的向导和侦查员。"引人注目的是，当他的稿本在 1558 年出版的时候，没有增加关于地图的任何东西[29]。

由阿尔布雷克特·梅耶尔（Albrecht Meier）的菲利普·琼斯（Philip Jones）翻译的《说明国家、城市和塔的方法》（*Methodus describendi regiones*, *urbes*, *et arces...*）（Helmstedt, 1587）中包含了对在勘查中应当寻找的信息的充分说明（尽管没有提到它们被以图像的形式记录下来）。在弗朗西斯·德雷克爵士（Sir Francis Drake）出发进行精心准备的——带着超过 2.3 万人的军队和海员——但是失败的 1589 年的里斯本探险之前，琼斯将他进行扩充的译本（其，按照标题，针对的是"绅士、商人、学生、士兵、水手的……"）奉献给德雷克，谈及"至于那些在这一刻受雇在你指挥和管理下的服务人员，哪些训诫是更为有效的呢?"[30]

"士兵"不是在标题中提到的唯一受众，而且在骑士旅行团（Kavalierstour）和使用外国军队的私人服务的时代中，术语"绅士"包括曾经在国外战斗，或者从旅游中返回且将防御工事、军械库和交通方面的消息传递给他们政府的男人。书籍的第四部分，在标题"地方地理学"（Chorographie）之下，作者陈述了这样的期望，即旅行者，除了注意距离、道路、河流和其他自然特征之外，还应记录"发生战争的城镇、边界、位于边界上的城堡和防御设施以及它们的供应"以及"接近、进入和前往那里是否宁静、安全、困难或危险"[31]。第五部分，"地形学"（Topographie），关注于设防地点抵御受到围攻的能力：

> 是否城市、城镇、村庄或者其他地点修建在山顶或者山的一侧，或者位于低地。
> 是否位于潮湿或者沼泽地……
> 无论是否位于墙体之内，那里是否有山丘或者小山，或者其他较高的地点，以及比其他地点要低……
> 是否有壕沟将其围绕起来，以及它们有多深。
> 城堡、战壕、土垒、矮墙、壁垒、堡垒、拖车、碉堡和要塞等。
> 入口和城门，多大、多长、多宽、多高，它们的名称、数量和位置，以及它们之间

---

[28] Flavius Vegetius Renatus, "The Military Institutions of the Romans," trans. John Clarke, in *Roots of Strategy*: *A Collection of Military Classics*, ed. Thomas R. Phillips（Harrisburg: Military Service Publishing Company, 1940）, 65 – 175, esp. 132 – 33.

[29] Philipp Eberhard, Duke of Cleve, *Instruction de toutes manieres de guerroyer*, *tant par terre que par mer...*（Paris, 1558）, 18.

[30] Albrecht Meier, *Certaine Briefe*, *and Speciall Instructions for Gentlemen*, *Merchants*, *Students*, *Souldiers*, *Marriners*, & etc. *Employed In Seruices Abroade...*, trans. Philip Jones（London, 1589）, dedication, p. 4.

[31] Meier, *Speciall Instructions*, 6。在提到"发生战争的城镇"时，空白处的一条注释为"就像在我们边境上的 Barwike"。

的距离。

城墙，以及建筑材料，石头或者木材，其朝向、高度或者厚度，状态和维修状况，坚固且平整，或者损毁。

城墙是否有火炮、条例和守卫，是或者否。㉜

这是正确、实用的东西。并且这些冗长引文的要点就是强调缺乏一种充分的"攻击"地图学的问题。尽管在16世纪中，印刷地图变得更为准确和富含信息，并且从世纪中期之后，更习惯性地拥有距离比例尺，但它们的惯常用法并不足以显示一位指挥官所需要的内容，因为当考虑进行围攻，或者在行军的时候，他所关心的是墙体和地上的东西，带有等高线、道路、河流渡口和山口的可用性——所有这些对于计算重要的战略要素，时间，是至关重要的——以及地形的特性，无论其是空旷的或者是被林地覆盖，还是（考虑辎重和炮车）被沼泽占据。从最早期开始的文艺复兴时期的地图是慷慨的，通常对河流进行了夸张显示。这是有用的，因为只要有可能，枪支都是经由水运的；即使如此，关于河堰、急流和水流量的当地知识都是必要的。但是这些地图在对道路的描述时依然是顽固地保持沉默。埃兹洛布木版的欧洲中部地图，最早在1500年出版，显示了它们——其似乎应当是为了朝圣者——但是通常道路都留在旅行指南的评论和对当地条件的询问中㉝。塞巴斯蒂安·明斯特的巴塞尔周边区域的地图没有显示道路，但在细节上非常丰富：河谷、河流、森林以及地点和行政区的名称㉞。亚伯拉罕·奥特柳斯的1590年和1592年的弗兰德斯地图显示了河流但是没有道路㉟。最早的详细绘制显示了道路的托斯卡纳地图是1596年的莱奥尼达·平代蒙泰（Leonida Pindemonte）的"托斯卡纳地理学"（Geografia della Toscana）㊱。为什么出版的地图在比例尺和惯例方面对地形的兴趣有如此之少的回应，而对地形的兴趣在旅游日记和地区一览图中有丰富显现，这些并不是这里要追溯的问题。但是我们应该强调为指挥官准备的地图"库存"的不足，他们无法接触到我们将要转向的行政地图，甚至无法接触到地图学家接收的能够在大型地图上表示的信息。卢西恩·加卢瓦（Lucien Gallois）确实是正确的，当约翰·弗雷德里克选侯（Elector John Frederick），因为保密的原因，拒绝允许彼得·阿皮亚绘制一幅新的萨克森地图的时候，他评价："这并不是一个孤立的例子。"㊲ 乔治·瓦萨里将科西莫·德美第奇一世人公描绘为在他平静的学习中策划了锡耶纳战争（War of Siena，1552—1555年），工作于一幅平面图（图29.1）㊳。但是他的指挥官，马里尼亚诺侯爵〔marquis of Marignano，詹贾科

㉜ Meier, *Speciall Instructions*, 6 – 7.

㉝ 参见图版44以及James Vann, "Mapping under the Austrian Habsburgs," in *Monarchs*, *Ministers*, *and Maps*, 153 – 67, esp. 158。

㉞ Universitätsbibliothek Basel, *Oberrheinische Buchillustration 2*: Basler Buchillustration *1500 – 1545*（Basel, 1984）, 699（folding plate）.

㉟ Jozef Bossu, *Vlaanderen in oude kaarten*: *Driee euwen cartografie*（Tielt: Lannoo, 1983）, 18, 57 – 58.

㊱ Maria Paola Rossignoli, "La Via Cassia: La più importante arteria commerciale dello Stato Senese e gli interventi medicei," in *I Medici e lo stato senese*, *1555 – 1609*: *Storia e territorio*, ed. Leonardo Rombai（Rome: De Luca, 1980）, 283 – 91, 讨论了用于显示道路的标记法上的困难，并且展示了平代蒙泰地图的一部分（284 – 85）。

㊲ Lucien Gallois, *Les géographes allemands de la Renaissance*（Paris: Leroux, 1890）, 211.

㊳ T. S. R. Boase, *Giorgio Vasari*: *The Man and the Book*（Princeton: Princeton University Press, 1979）, 304（fig. 199）.

莫·德美第奇（Giangiacomo de' Medici）］，当美第奇大公告诉他这些的时候，他代表每位参加战斗的士兵讲话，"这些是绘图室中的平面图，并不能发挥实际作用"，并且"只有你能看到实际情况，我知道这样才能更好地对其进行理解"[39]。

724

图29.1 科西莫·德美第奇攻击锡耶纳的规划，乔治·瓦萨里（细部）绘制。这是乔治·瓦萨里在钦凯岑托厅（Sala dei Cinquecento）中绘制的壁画之一，后者是，美第奇家族生活的旧宫中的一间大厅。装饰了宫殿墙壁和天花板的壁画解释了美第奇家族的历史。这幅绘画显示了科西莫公爵在研究对锡耶纳进行攻击的规划。在完整的壁画中，他由寓意性的人物耐心（Patience）、警戒（Vigilance）、不屈（Fortitude）、审慎（Prudence）和沉默（Silence）所环绕
Fototecadei Musei Comunali di Firenze 许可使用。

在军队领导——指挥官和陪同他们的文职人员——与他们政府的通信中极少提到地图（尽管从15世纪中期之后，指挥官偶尔会收到绘制地图以使他们的处置方式被更为清晰地视觉化的请求）——确实很少，事实上，尤其在与雇用当地向导相比较的话（甚至，带有启发性的，当在他们自己国家中行动的时候）[40]，以及与提前发送的来自间谍的报告和每日发出的来自侦查员的报告进行比较的话；一位在马背上的侦查员可以胜过行进中的军队的平均速度，后者每天的行军是8—10英里，因此有充分的余地，能够在夜幕降临时报告在未来

　　[39]　被引用在 Simon Pepper and Nicholas Adams, *Firearms & Fortifications: Military Architecture and Siege Warfare in Sixteenth-Century Siena* (Chicago: University of Chicago Press, 1986), 126。

　　[40]　向一支军事特遣队展示了路线的指示，其中的图示，参见来自 Diebold Schilling 的1483年的"Berner Chronik"中的图示，这一图示被复制在 Daniel Reichel, "L'art de la guerre à la fin du XVᵉ siècle: Analyse de quelques procédés de combat utilisés par les suisses," in *Milano nell'età di Ludovico il Moro, Atti del Convegno Internazionale, 28 febbraio – 4 marzo 1983*, 2 vols. (Milan: Comune di Milano, Archivio Storico Civico e Biblioteca Trivulziana, 1983), 1: 187 – 94, esp. 191 (summary in Italian on 185 – 86) 中。

20 英里内探查到的信息。地图可以提供一支探险队所关注的的战略因素。由意大利流亡者和不满者带来的"地图和绘制的平面图"，显然让查尔斯八世和他的顾问确信，使用一支在舰队掩护下在 1494 年穿越半岛的军队，他入侵那不勒斯的可行性[41]。同时，他可能随身带着地图。至少在他第二年返回时损失了他的辎重之后，查尔斯尽力去重新获得波特兰航海图和"特定城市和城堡的"图像，由"我的画师之一"绘制的，以及——最为诱人的——"还有其他最近的东西"[42]。并且，有来自冲突的另一方意大利的证据，即在同一场战役晚期阶段使用地图的证据。亚历山德罗·贝内代蒂（Alessandro Benedetti），一名计划在 1495 年 8 月对法国控制的诺瓦拉（Novara）城进行攻击的军队的随队医生，描述了联合指挥官们讨论在哪里设置他们的基地："在桌子上绘制了所有城市、道路、沼泽、森林、河流、沟渠、城镇。"[43] 查尔斯八世的绘画可能包括了用于战略或者后勤的工作草图，就像，在 1566—1567 年派出阿尔巴公爵的探险队通过塞尼山（Mont Cenis）的道路前往尼德兰之前，"一名与先遣队在一起的画师，由皇家命令，去绘制郊野，由此政府可以进行更为有效的规划"[44]。然而，非常可能的是，国王是有着预期的查理五世，其带着画师扬·科内利斯·韦尔梅耶，由此可以在他 1535 年突尼斯的探险中绘制那些后来为挂毯而准备的全尺寸的彩色图像（图版 22）[45]。

尽管向查尔斯八世进行展示的地图（其已经消失）可能有助于构造他前往征服那不勒斯的整体战略——从国家管理和国际关系的视角来看的，文艺复兴时期最为重要的军事事件——但口头的和语言的地图学，就像它们在整个时期中的那样，在详细的规划中有着更为重要的影响。这是来自米兰和那不勒斯以及教皇国的查尔斯的追随者的，以及来自在法兰西的意大利商人社区和他在半岛的外交官的口头和书面的地形描绘，而时间尺度、驻扎地点和预先的住宿安排都依赖于此。关于采用的穿越阿尔卑斯山的路线，他显然遵从了他在费拉拉的官员雅克·西尼奥的建议，并且我们可以从西尼奥后来出版的描述了从西北部进入意大利的可选择的关口的著作中获得这一建议的印象[46]。这本著作附带有一幅地图，在其针对的对象上具有开创性，但是，由于缺乏比例尺、对城镇不明确的定位以及道路和河流之间的混淆，因此，其只不过是文本的印象派的附属品。在西尼奥所处理的四个关口中，他指明蒙热内夫尔山口（Montgenèvre）对于炮兵的运输而言是最为容易的关口。从格雷诺布尔（Grenoble）开始，他描述了三条可能

725

[41]　Yvonne Labande-Mailfert, *Charles VIII et son milieu, 1470 – 1498*: La jeunesse au pouvoir (*Paris*: *C. Klincksieck*, 1975), 191 – 92.

[42]　被引用在 Elizabeth Mongan, "The Battle of Fornovo," in *Prints*: *Thirteen Illustrated Essays on the Art of the Print*, ed. Carl Zigrosser (New York: Holt, Reinhart and Winston, 1962), 253 – 268, 引文在 268。法文的可以发现在 Paul Pélicier, ed., *Lettres de Charles VIII*, *roi de France*, 5 vols. (Paris: Renouard, 1898 –1905), 4: 321。

[43]　Alessandro Bennedetti, *Diaria de bello Carolino* (*Diary of the Caroline War*), ed. and trans. Dorothy M. Schullian (New York: F. Ungar, 1967), 147.

[44]　Geoffrey Parker, *The Army of Flanders and the Spanish Road*, *1567 – 1659*: *The Logistics of Spanish Victory and Defeat in the Low Countries' Wars* (Cambridge: Cambridge University Press, 1972), 81.

[45]　Hendrik J. Horn, *Jan Cornelisz. Vermeyen*: *Painter of Charles V and His Conquest of Tunis*, 2 vols. (Doornspijk: Davaco, 1989), esp. vol. 2, pls. XIX – XXXII.

[46]　Jacques Signot, *La totale et vraie descriptiõ de tous les passaiges*, *lieux et destroictz par lesquelz on peut passer et entrer des Gaules es Ytalies* [Paris, 1515 (the date of the privilege)]. 参见 David Buisseret, "Monarchs, Ministers, and Maps in France before the Accession of Louis XIV," in *Monarchs*, *Ministers*, *and Maps*, 99 –123, esp. 101, 以及本卷的图 48.14。

的路线，它们的优点和从它们的分支，以及一些地名，并且基于这些地名可以询问到当地的距离和方向。在关口的另一侧，他指明了两条南侧的分支，一条通往锡斯特龙（Sisteron），另外一条（也即是查尔斯采用的）通往苏萨（Susa）。整个描述仅仅占据了 60 行，但是其给予了军队他们所需要的：一个由侦查员制作的脚本—旅行指南——以及如果需要通过翻译者[47]——和每一部分的指南。查尔斯八世的军士（*maréchal des logis*）是一位有着相当多关于意大利的个人知识的人，他就是路易斯·德瓦雷托（Louis de Valetault）[48]。

来自文本记录和口头报告的地形知识的汇集，依然是对不充分的地图的主要补充，这点由政府对战略信息的持续需要所展示。例如，马可·福斯卡里（Marco Foscari），1527 年在他于佛罗伦萨的居所向威尼斯提交的报告中，提供了大量梅耶尔要求的信息。他描述了从罗盘的各个方位点到佛罗伦萨的路线，且注意到对于军人和火炮而言，在不同季节，这些路线的可行性；评论了周围郊野中的设防城镇，而农村居民可以撤退到那里，抢劫即将到来的军队所需要的军需物资；以及城市本身防御设施的详细特征，注意到了它们的维修状况[49]。令人感兴趣的是，他没有提到在 15 世纪 80 年代和 90 年代由弗朗切斯科·罗塞利出版的大型佛罗伦萨景观图，尽管这些图景通过逐栋房屋以及水井和墙体显示了城市的实际情况，以及非常详细的，从艺术家选择的视角可见的周围的乡村[50]。我没有发现提到任何那些后来的城市图景的军事用途，而这些城市景观是 16 世纪意大利、德意志和尼德兰的印刷工匠技术的如此杰出的贡献。这些城镇图景透露了关于城墙、城门和道路的信息——描述揭示了市民的骄傲战胜了政治的考虑，但当然，在一个不断更新防御工事的世纪中，这些需要通过书面描述加以注释。

使用一座城镇平面图的例子非常突出，是因为其完全例外的特性。1529 年，教皇克莱门特七世决定惩罚他反叛的家乡，佛罗伦萨，在皇帝查理五世的支持下，通过他在那里的第五纵队，秘密委托著名的钟表和仪器制造匠本韦努托·德拉沃尔帕亚（Benvenuto della Volpaia），其同样是一位天才的测量员，制作一个模型，由此可以使他追踪派去围攻城市的军队的进展：其炮兵的部署，其攻击，以及需要应对的反击。本韦努托·德拉沃尔帕亚转而招募了多才多艺的雕塑家尼科洛·特里博洛（Niccolò Tribolo）来帮助。这花费了他们数月的时间，在夜间秘密地工作，测量城市街道和广场、墙体和它们的附属防御设施，将这些线性测量与罗盘方位线的辅助结合起来。此外，他们计算了塔楼和钟楼的高度，并且使用教堂的圆顶作为中央参考点，用英里标记了环绕城市的乡村。将他们的平面和立面混合起来，特里博洛用软木制作了一个立体模型，然后将其切割开来，并且装箱，然后通过隐藏在羊毛捆

㊼ 例如，兰斯克劳德（译者注：某类雇佣兵）的随从中据说包括 "一名在外国土地上的翻译者"。参见 Leonhardt Fronsperger, *Von kayserlichem Kriegssrechten*（Frankfurt, 1566；reprinted Graz：Akademische Druck- u. Verlagsanstalt, 1970），fol. LIIv。

㊽ Henri François Delaborde, *L'expédition de Charles Ⅷ en Italie：Histoire diplomatique et militaire*（Paris：Firmin-Didot, 1888），390.

㊾ Eugenio Albèri, ed., *Relazioni degli ambasciatori veneti al Senato*, 15 vols.（Florence：Società Editrice Fiorentina, 1839–63），vol. 2（2d ser., vol. 1），12–23.

㊿ 例如，参见 Arthur Mayger Hind, *Early Italian Engraving：A Critical Catalogue with Complete Reproduction of All the Prints Described*, 7 vols.（London：For M. Knoedler；New York：Bernard Quaritch, 1938–48），vol. 3, pl. 215。

中走私到罗马(51)。一个罕见的例子，其中被绘制的城镇平面图因其潜在的军事用途而被特别委托，这就是敌方荷兰城镇的平面图，是由国王菲利普二世从雅各布·范代芬特尔那里定购的，时间是在1558年或者之前不久(52)。

726

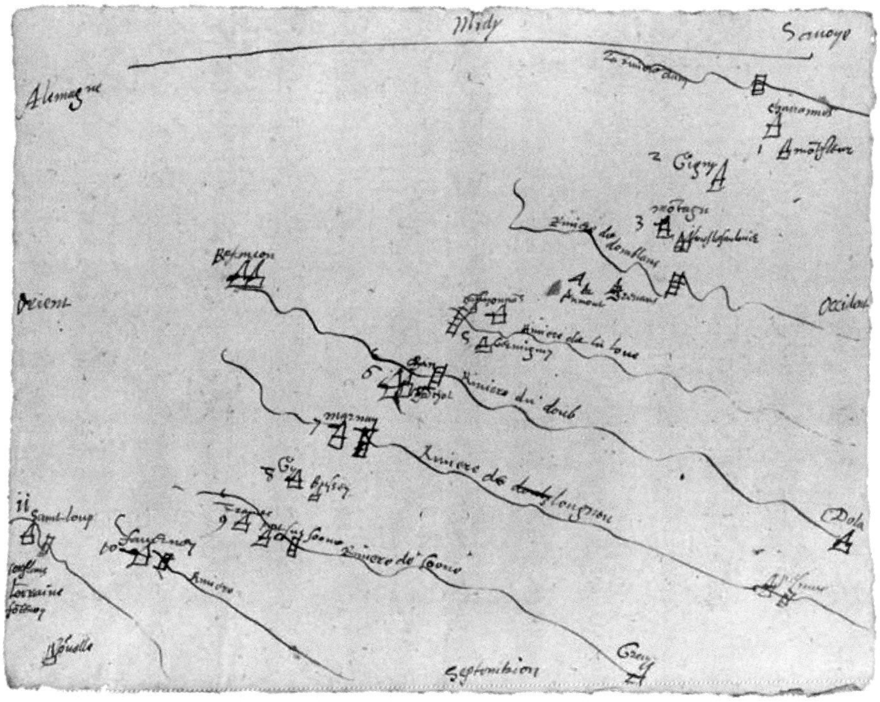

图29.2　穿过弗朗什—孔特（FRANCHE-COMTÉ）的唐洛佩·德阿库纳（DON LOPE DE ACUÑA）的路线，1573年。南部位于地图的上端，其描绘了从艾因（Ain）至圣卢（St. Loup）的区域。除显示了将被跨越的主要河流之外，地图还标明了11个住宿地（*étapes*）的位置；这些是军队搜集食物、住宿以及向他们提供必需品的中心或者村庄

原图尺寸：约26.1×34.2厘米。Archives Dép. Du Doubs（C 264）. 由G. Antoni提供照片。

然而，通常而言，基于小型地图标记的限制，以及在本章讨论时期中偏好文字超过符号，我们不应当期待能找到一个与侵略战争有关的得到发展的军事地图学。至于与此有关的侦查，存在类似于那些在1508年马克西米利安一世（Maximilian Ⅰ）入侵威尼托之前准备的边界区域地图的草图(53)，以及那些由威尼斯测量员或者间谍在1604—1605(54)年危机期间，

(51) Giorgio Vasari, *Le opere di Giorgio Vasari*, 9 vols., ed. Gaetano Milanesi (Florence: Sansoni, 1878-85), 6: 61-63, 以及Leonardo Rombai, "Siena nelle sue rappresentazioni cartografiche fra la metà del '500 e l'inizio del '600," in *I Medici e lo stato senese, 1555-1609: Storia e territorio*, ed. Leonardo Rombai (Rome: De Luca, 1980), 91-109, esp. 102。

(52) Jacob van Deventer, *Nederlandsche steden in de 16e eeuw: Plattegronden van Jacob van Deventer*, ed. Robert Fruin (The Hague: M. Nijhoff, 1916-23). 也可以参见本卷原文第1272—1275页的讨论。

(53) Franz Unterkircher, ed., *Maximilian I, 1459-1519*, 展览目录, Biblos-Schriften, vol. 23 (Vienna: Österreichische Nationalbibliothek, 1959), 39 (cat. No. 115) and fig. 26.

(54) 一幅显示了如何切断从特伦蒂诺到维琴察道路的地图（Venice, Archivio di Stato, MSS. Capi di Guerra, busta 4, folder 'G. del Monte,' last item），以及一幅显示了西班牙在伦巴第的军事驻防的地图（Venice, Archivio di Stato, Senato, Dispacci di Provveditori Generali in Terraferma, busta 46, sub. 25 June 1607）。

或者在格拉迪斯卡（Gradisca）的威尼斯—奥地利战争（1615—1617 年）期间制作的地图[55]。并且它们必然代表了由于使用、错误归档或者从缺乏组织的档案中偷窃因而佚失的地图中的一小部分。还存在类似于那些弗朗什－孔特为 1573 年西班牙军队向北行军而制作的路线草图（图 29.2）。"不见经传的地图学家"，杰弗里·帕克（Geoffrey Parker）写到其中一位，"将他们自己集中于一支行军中的军队所需要知道的事情上：在哪里将会遇到河流和森林，并且在哪里可以发现桥梁和大型社区"[56]。同时可能更多这样的草图被战役历史学家所看到，但是没有被认为值得记录下来。

727

除了这些勘测草图和由政府搜集储存的非军事性质的材料之外，在进攻地图学中还存在第三个元素：报告的草图。1474 年 8 月 2 日，奇科·西莫内塔（Cicco Simonetta），米兰统治者加莱亚佐·马里亚·斯福尔扎（Galeazzo Maria Sforza）公爵法庭的首脑，收到了一份描述了围攻阿雷佐以东的卡斯泰洛城（Città di Castello）的军事力量布置情况的急件。其附带有一幅粗陋绘制的草图，标明了城镇与邻近的山丘和河流的关系，并且显示了围攻者的位置以及他们——明显是单独的——火炮的炮位[57]。这是满足了一种一再发生的需要某样事物的早期例证：为解释现场正在发生的事情的文本增加了一种视觉效果，以便在远方考虑那些后续发生的事件。

随着防御设施的现代化以及对野战态度的更加谨慎，战役变得放缓，报告地图的数量不断增加。在尼德兰战争结束和开始的时候，当城镇被占领以及在长达不止是几个月而是长达数年的围攻后再次占领的时候，政府对于信息的需要和将领对于修订战略政策的需要随之增长，并且僵局赋予了创造一种视觉记录的时间。除了围攻和小规模战斗的草图由瓦尔特·摩根（Walter Morgan）1572—1574 年送回伯利之外[58]，进展报告草图获得了一种新的被实践的对计数的漠不关心。一幅针对格罗宁根（Groningen）的围攻战的粗略草图在 1594 年送往了伯利（图 29.3），显示了城镇以及防守者已经对其城墙进行的改建（"在这一堡垒之下敌人修建了一个半月堡"）、火炮的位置（和"有用于加热子弹的炉子"）、前进的道路（有着少有的被充分标记的"一条河流"和"一座桥梁"），以及在毛里茨·范纳绍率领下的英国、苏格兰和荷兰军队挖掘的有壕沟的基地，由"一座自围攻以来我们的人修建的堡垒"保护。尽管额外的标记，例如"沼泽"（Marishes）和"花园"（Gardens）帮助展示了在传递现场地形现实情况方面的进展，但自草图送往西莫内塔之后，格罗宁根"地图"，类似于其他保存下来的送回伯利的报告（例如，那些记录了英国在 1592 年围攻鲁昂期间的进展），尚未展现复杂的地图学技术[59]。在他 1594 年针对布雷斯特（Brest）的进军的过程中，当约翰·诺里斯（Sir John Norris）送往家乡一幅布列塔尼部分地区的地图的时候，他委托了——或

---

[55] 通往格拉迪斯卡的围攻战壕的图像，1616 年，以及格拉迪斯卡—戈里齐亚（Gorizia）的草图，1617 年（Venice, Biblioteca Correr, MS. P. D. c. 838/11 and 19）。

[56] Parker, *Army of Flanders*，引文在 105，在 102－4 有两幅地图的复制件。

[57] Cicco Simonetta, *I diari di Cicco Simonetta*, ed. Alfio Rosario Natale（Milan：A. Giuffrè, 1962），133 and fig. facing 132. 对于这条参考资料，我应当感谢 Evelyn Welch。

[58] Duncan Caldecott-Baird, *The Expedition in Holland, 1572－1574: The Revolt of the Netherlands, the Early Struggle for Independence from the Manuscript by Walter Morgan*（London：Seeley Service, 1976），reproduced passim。

[59] Peter Barber 将我的注意力集中于此（BL, Cotton MS. Augustus I. ii. 93），并且我还感谢在帮助我对本章进行整体修订时，他和 J. B. 哈利至关重要的关心。

728

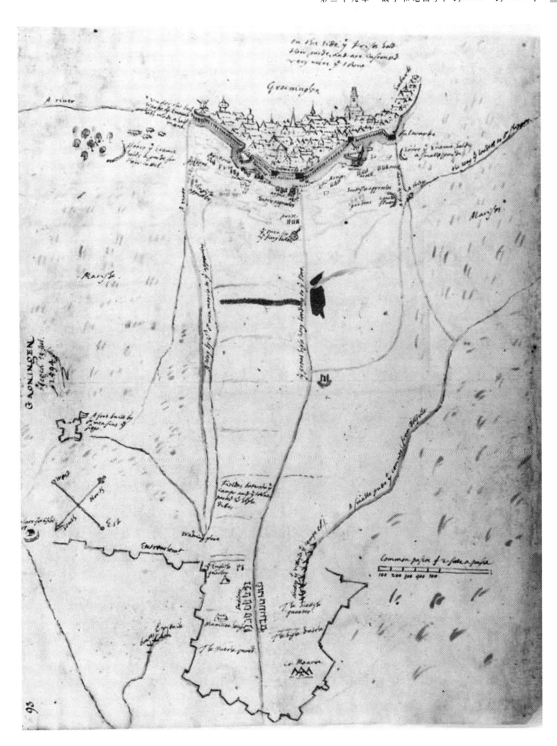

图 29.3　围攻格罗宁根的平面图，1594 年。这幅围攻的平面图，是由在毛里茨·范纳绍王子领导下的英国和苏格兰的附属部队绘制的，显示了 1594 年 7 月 13 日英国、苏格兰和荷兰进行进攻的多种途径

　　原图尺寸：约 38.1×29.9 厘米。BL（Cotton MS. Augustus I. ii, fol. 93）提供照片。

者至少获得自———一位法国地图学家，但他没有被要求将道路和桥梁增加到其所使用的标准惯例中[60]。然而，现状报告可以反映军事工程师将地图学技术添加到他们测量的核心能力中的程度，而这点被展现在莱茵贝格（Rheinberg）及其周边乡村的精美的军事平面图中，该图是在 1601 年 8 月 1 日西班牙驻军投降后绘制的，位于塞西尔的收藏中[61]，或者，依然更好的，反映在一幅荷兰部分的意大利地图中，该图是为唐·乔瓦尼·德美第奇（Don Giovanni de' Medici）绘制的，当后者在那里服务的时候[62]。使用来自间谍和巡逻者的报告，其显示了水道和道路，支撑点被掌握在谁的手中，以及地形的特征。去掉了它们报告的文字（在这一例子中，"据说在那里敌人有九门火炮"和"延伸方向无法被观察到的保护墙和沟渠"），当这样的地图落入出版者手中的时候，成为新闻的或者纪念性"历史"地图的基础，我们将就此得出结论。

直到 1648 年，一幅保存下来的地图，即由纪尧姆·勒瓦瑟尔·德博普朗（Guillaume le Vasseur de Beauplan）绘制的《乌克兰及其相邻省份的总体描绘》（*Delineatio generalis camporum desertorum vulgo Ukraina cum adiacentibus provinciis*），被准备（和出版），其与向脑海中的有争议的和敌人的领土的军事进军有关。这幅地图是为波兰国王拉迪斯劳斯五世（King Ladislaus Ⅳ）一劳永逸地将土耳其人和克里米亚鞑靼人（Crimean Tartars）从他们袭击乌克兰（Ukraine）的基地驱逐出去的计划而准备的。其被基于 17 世纪 30 年代进行的测量，当时博普朗由大酋长（grand hetman）斯坦尼斯拉夫·康尼茨波尔斯基（Stanisiaw Koniecpolski）雇用作为军事工程师，在军事远征中陪同着他，然后在最为可能受到劫掠的区域规划了设防聚落。反映了酋长的希望，即在与其他波兰军事贵族的对抗中，他正在营造帝国的个人领土的地图学记录，地图没有被纯粹地接受为一种军事地图，但却是这一时期所能提供的最好的例子。并且博普朗对他如何着手创造它的描述，确实在很大程度上揭示了为军事入侵而准备的地图的稀缺，强调地图学家对于时间和保护的需求。对于在 8—10 里格半径的每一个定居点群，博普朗在正午使用他的星盘进行确定纬度。随后他测量了聚落之间的距离，使用一个里程表分阶段用他的马进行步量，手中拿着罗盘记录弯曲。然后他测量了河流的河道，被山脉覆盖的区域，以及森林和平原的尺度，最终将这些材料在他的地图上用坐标定位[63]。

然而，当我们从进攻转向防御的时候，后者类似于一种军事地图学的持续发展，是可以被看到的。防御策略被集中于设防城镇和沿海或者边境的堡垒，并且在 15 世纪晚期引入了一种新的棱堡风格的防御设施，由此创造了一种兴趣，其导致在政府与军事建筑师以及当地的军事和民事监督人员之间图纸流动性的不断增加[64]。在设计中的这一交流——并且在三维

[60] BL, Cotton MS. Augustus I. ii. 58.

[61] R. A. Skelton and John Newenham Summerson, *A Description of Maps and Architectural Drawings in the Collection made by William Cecil, First Baron Burghley, Now at Hatfield House* (Oxford: Roxburghe Club, 1971), 67 (cat. No. 113).

[62] Renzo Manetti, *Gli affreschi di villa Arrivabene: Città ed eserciti nell'Europa del Cinquecento* (Florence: Salani, 1981), 23 – 24.

[63] Czesiaw Chowaniec, "Une carte militaire polonaise au XVIIᵉ siècle (Les origines de la carte de l'Ukraine dressée par Guillaume le Vasseur de Beauplan)," *Revue Internationale d'Histoire Militaire* 12 (1952): 546 – 62.

[64] 例如，参见，Giacomo Lanteri 的两部专著，讨论了堡垒的设计和建造。Pamela O. Long, *Openness, Secrecy, Authorship: Technical Arts and the Culture of Knowledge from Antiquity to the Renaissance* (Baltimore: Johns Hopkins University Press, 2001), esp. 202 – 8。

模型中——不仅从地图制作者那里诱惑产生了一种精致和明确的交流方式（例如，到 16 世纪中期之前，常见的是，使用带有铰链的活边，来表示一幅平面图中可以进行替代处理的部分），而且刺激了在直接的地形和交通背景中首次对防御中心进行呈现，然后包含了相互支持的防御设施地带的平面图，以及最后的，可能需要向防御设施提供人员和供给品加以支持的整个区域的地图，或者攻击可能必须在那里被击退或减缓的区域的地图。同时作为繁荣于国家自己边界内的活动，在那里，测量员可以使用未出版的、使用受到限制的测量，并且可以公开地站在他们的测量器之上，步量它们的距离，以及——后来——推动测量轮或带着他们齿轮结构的记录仪器，乘坐 16 世纪末称为 *Wegmessern* 的货车⑥。

在记录切萨雷·博尔贾征服意大利罗马涅时的防御潜力的过程中，作为他的建筑师和总工程师（*architetto e ingegnero generale*），列奥纳多·达芬奇，在他令人惊讶的早熟的伊莫拉的平面图中，不仅显示了城市网格中的住宅和街道以及环形城墙，而且增加了与邻近城镇的方向和距离⑥⑥。在相同的心理下，他勾画了切萨雷临时占领的皮翁比诺的向北和向南的沿岸地区⑥⑦。到 16 世纪 40 年代，与它们的腹地支撑点和海上的后勤路线有关的地图，以及受到威胁的战略区域内部的单独的防御设施的地图，已经成为反击进攻或者占有的地图学的必要元素，如同由为英国政府准备的军事区域地图所展示的那样，其涵盖了海峡沿岸的区域，加来海峡（Pas-de-Calais）、布洛奈和苏格兰低地⑥⑧。这些地图代表了一种趋势，这种趋势由下述情况所滋养，即附属堡垒的设置不断增加，涵盖了敌人的进军路线，并且扰乱了那些敌人可能被预期设立他们围攻火炮的地点⑥⑨。然而，在整个时期中，不愿将适用于军事地点或地带的惯例扩大为覆盖较大地区的惯例。因而，晚至约 1632 年，在一份由军事工程师弗朗切斯科·腾西尼（Francesco Tensini）撰写的关于整个威尼斯大陆领土的防御设施的报告中，尽管绘制了每一位置——涵盖了一个相当大的区域，因为偏好外围工事，而不是强化现存的墙体和堡垒（图 29.4）——并且尽管有着讨论了广泛散布的堡垒和设防城镇的支援作用的文本，但腾西尼没有包含区域地图，假设设防地点之间的关系应当能从非军事的地图上被充分地"看到"⑦⓪。

---

⑥ Grenacher, "Die Anfänge der Militärkartographie," 69.

⑥⑥ Martin Kemp, *Leonardo da Vinci: The Marvellous Works of Nature and Man* (Cambridge: Harvard University Press, 1981), 228 – 30. 列奥纳多的地图学作品在本卷的多章中被提到；伊莫拉被展示在图 27.1 和图 36.16 中。

⑥⑦ BNF, MS.1, fol. 80v – 81r. 参见 Ludwig H. Heydenreich, "The Military Architect," in *The Unknown Leonardo*, ed. Ladislao Reti, designed by Emil M. Bührer (London: Hutchinson, 1974), 136 – 65, esp. 142 and 304 nn. 3 and 4.

⑥⑧ 关于英吉利海峡的地图，参见 J. R. Hale, "The Defence of the Realm, 1485 – 1558," in *The History of the King's Works* by Howard Montagu Colvin et al., 6 vols. (London: Her Majesty's Stationery Office, 1963 – 82), 4: 365 – 401, esp. 374, 以及 BL, Cotton MS. Augustus I. i. 35 – 39. 关于 Calais 和 Boulognois，参见 Colvin, "King's Works in France," 337ff; Lonnie Royce Shelby, *John Rogers: Tudor Military Engineer* (Oxford: Clarendon, 1967), 1 – 4, 51 – 85, and 145 – 57; 以及 Skelton and Summerson, *Description of Maps*, cat. No. 92. 关于低地，参见 Marcus Merriman, "Italian Military Engineers in Britain in the 1540s," in *English Map-Making, 1500 – 1650: Historical Essays*, ed. Sarah Tyacke (London: British Library, 1983), 57 – 67, esp. 59 – 60 and figs. 19 – 20.

⑥⑨ James R. Akerman and David Buisseret, *Monarchs, Ministers, & Maps: A Cartographic Exhibit at the Newberry Library*, 展览目录 (Chicago: Newberry Library, 1985), 6 (cat. No. 7).

⑦⓪ J. R. Hale, "Post-Renaissance Fortification: Two Reports by Francesco Tensini on the Defense of the Terraferma (1618 – 1632)," in *L'architettura militare veneta del Cinquecento* (Milan: Electa, 1988), 11 – 21.

无论如何，由于局部和区域调查被吸收到区域地图学中的太多阶段的证据佚失了，以至于无法以任何精度描绘出传输过程。存在将地带的细节在较小比例尺的地图上进行归纳的问题。因而，无论是在列奥纳多于 1502 年为切萨雷·博尔贾准备的基亚纳谷地（Valle di Chiana）的鸟瞰图中的，还是在他的 1503 年佛罗伦萨反抗比萨的战争所涵盖的地带的地图中的细节，都没有影响托斯卡纳地图学，尽管两幅地图都是为政府机构而制作的，就像他对正读的使用——而不是他通常的反写——所显示的[71]。并且，在防御地带地图中提供的信息，与那些由日益集权化的政府所需要的信息一起竞争空间。托马斯·佩蒂（Thomas Petyt）1547 年的英国占领下的邓弗里斯郡（Dumfriesshire）的地图，尽管是由一名军事测量员准备的，但其作为一幅军事地图的同时，也是一幅秩序和法律的地图[72]。同时，尽管 16 世纪 60 年代晚期和 70 年代爱尔兰区域地图的推动力最初是军事的，其"为英国的地图学家提供了训练场地"[73]，但它们主要的用途可能在于政治（确定郡的边界）、行政管理和殖民的背景。为苏利制作的地方防御地图也是这样的。它们未曾预期的准确性和详细的细节，在满足了军事需要的同时，也提供了至少对于政府的市政需要而言有用的信息（关于边界、交通和人口密度的信息）。

从 15 世纪中期到 16 世纪晚期，与那些被称为军事地图的地图相比，很多"行政"地图包含了对于一位领导者而言更多的有用信息。一旦其领土通过在 1454 年签订的意大利和平条约而得到了保障，那么通过制作地图，威尼斯可以规划其大陆上的金融、法律和警察的管理，地图显示了城市的街道平面布局、墙体和郊区、水道和连接的道路（有时在其上标有距离），以及山丘和山脉的等高线，其中山丘和山脉用一种来自伦巴第水文测量员—工程师的技术描绘。相似的地图在大约 1453—1459 年为维罗纳而绘制[74]，以及在 1471—1472 年为布雷西亚[75]及其领土而绘制；这两幅地图，对共和国充满敌意的北方邻居而言，有巨大的潜在军事利益，因而它们的使用被仔细地加以限制。作为对比，随着城市在 1503—1504 年的战役中的胜利而带来的纽伦堡领土的扩展，绘制了尽管内容不太丰富，但绘画般的地图[76]。在意大利，欧福西诺·德拉沃尔帕亚［Euphrosinus Vulpius（幼发拉罗西诺·武尔皮乌斯）］在 1547 年制作了一幅罗马农村的地图，其显示了道路和河流以及所有防御性的城堡和塔楼，但只是为了管辖权，

[71] Heydenreich, "Military Architect," 149 (fig. 149/2) and 150–51 (fig. 150/2), 以及本卷的图 36.5。

[72] P. D. A. Harvey, "The Portsmouth Map of 1545 and the Introduction of Scale Maps into England," in *Hampshire Studies*, ed. John Webb, Nigel Yates, and Sarah E. Peacock (Portsmouth: Portsmouth City Records Office, 1981), 33–49, esp. 35. 参见 Peter Barber, "England I: Pageantry, Defense, and Government: Maps at Court to 1550," in *Monarchs, Ministers, and Maps*, 26–56, esp. 41.

[73] E. G. R. Taylor, *The Mathematical Practitioners of Tudor & Stuart England* (Cambridge: Cambridge University Press, 1954), 31, 以及本卷第五十五章。

[74] P. D. A. Harvey, "Local and Regional Cartography in Medieval Europe," in *HC* 1: 464–501, esp. 478, fig. 20.13, and pl. 34, 以及 Schulz, "Jacopo de' Barbari's View of Venice," 443–44 (fig. 11)。

[75] Roberto Almagià, *Monumenta Italiae cartographica* (Florence: Istituto Geografico Militare, 1929), pl. Ⅶ. 也可以参见 P. D. A. Harvey, *The History of Topographical Maps: Symbols, Pictures and Surveys* (London: Thames and Hudson, 1980), 59–60。

[76] Fritz Schnelbögl, "Life and Work of the Nuremberg Cartographer Erhard Etzlaub (†1532)," *Imago Mundi* 20 (1966): 11–26, esp. 20–21 and figs. 5a and 5b.

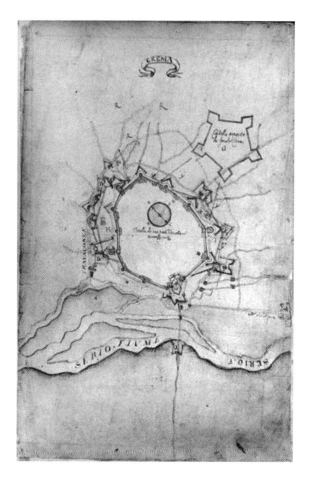

图 29.4　克雷马（CREMA）的防御设施，约 1632 年。这是由弗朗切斯科·腾西尼撰写的未标明日期的报告中的多幅防御设施平面图中的一幅，"轮廓图……在大陆上拥有威尼斯共和国的城市和堡垒"（Trattato... sopra delle città e fortezze che possede la Serenissima Signoria di Venetia in Terra Ferma）。"轮廓图"详细叙述了 17 世纪 30 年代早期威尼斯设防地点的状态，并且提供了关于实现防御设施现代化的建议，基于政府实践其理想的解决办法的有限权力以及大陆（terra firma）上防御性设施的资金限制

原图尺寸：42.5×27.5 厘米。Biblioteca Comunale, Crema（MSS. 9, fol. 3v）提供照片。

而不是军事目的[77]。对管辖权的保护，同样诱发保罗·普菲津（Paul Pfinzing）和其他人在 731 德意志于 15 世纪 90 年代绘制了高度可视化的地形区域地图，但对于一支进攻军队而言是天赐之物的地图使它们未被出版并且受到限制[78]。相似地，包含有对于军队来说大部分有价值的信息的荷兰区域地图——关于道路、堤坝、堤道、运河和开拓地的信息——被制作来协助解

⑦　Eufrosino della Volpaia, *La campagna romana al tempo di Paolo III*：*Mappa della campagna romano del 1547*, intro. Thomas Ashby（Rome：Danesi, 1914）。也可以参见 Luciana Cassanelli, Gabriella Delfini, and Daniela Fonti, *Le mura di Roma*：*L'architettura militare nella storia urbana*（Rome：Bulzoni, 1974），fig. 67. 关于其他的意大利行政制图的例子，参见 John Marino, "Administrative Mapping in the Italian States," in *Monarchs, Ministers, and Maps*, 5 - 25.

⑧　参见 Ernst Gagel, *Pfinzing*：*Der Kartograph der Reichsstadt Nürnberg（1554 - 1599）*（Hersbruck：Im Selbstverlag der Altnürnberger Landschaft, 1957），esp. 9 - 11, 以及 Ruthardt Oehme, *Die Geschichte der Kartographie des deutschen Südwestens*（Constance：Thorbecke, 1961），color pls. V and VI.

决定居的法律问题，而不是武装冲突[79]。通过视角的转换，作为一幅军事地图最为生动的例子，似乎来自威尼斯元老院的决定，即在他们会议室的墙上没有放置他们在 1578 年委托克里斯托福罗·索尔特制作的巨幅大陆（terra firma）地图（13.5×35 英尺），这幅地图原本打算放在会议室的墙上以给访问者留下威尼斯帝国土地广大的印象，转而为了参考的目的，将其一个版本分段储存起来，并且为他们的半公开的墙壁委托绘制了一幅较小的和透露内容更少的地图[80]。

最后，那些对于战略家可能有用的印刷的纪念性地图和平面图的情况如何？带有地形的军事地图取材于两种交叉的类型：城镇景观和地理景观的全景画。随后，在 16 世纪晚期，在普通地图上出现了军事性质的注释，是将对军队部署进行地图学描绘标准化的开端。艺术在前两者中居于首位，地图学则在第三个类型中占据首位。所有都有助于创造一种将军事事件放在"地图上"的习惯。

倾斜透视成为呈现城市的一种惯例，允许画匠描绘城市肌理和城市的立面和平面，导致对在画匠想象的视角范围内的周围乡村的描绘。在如下列作品中开创了高标准的准确性，雅各布·德巴尔巴里 1500 年木版的威尼斯图景（有阿尔卑斯山的地平线）这样安宁的作品[81]；阿尔布雷克特·丢勒以令人惊讶的方式实现了山口的鸟瞰图，这些山口汇聚在季罗尔（Tyrol）南侧的丘萨［Chiusa，克劳森（Klausen）］城镇，他将这幅鸟瞰图作为他 1501—1502 年的内梅西（Nemesis）的雕版画的底部[82]；或者汉斯·韦迪兹（Hans Weiditz）的 1521 年奥格斯堡木版景观[83]；泽巴尔德·贝哈姆（Sebald Beham）描绘了 1529 年围攻维也纳的大型木版画（6 图版）于 1530 年出版，其充满热情地在一个城镇景观—地理景观的全景画中对战争进行了描绘（图 29.5）[84]。从位于圣斯特凡（Saint Stephan）教堂中心的尖顶开始绘制，圆形的设计纳入了城市及其周边乡村广泛的宽度，描绘得非常详细，直至地平线，有一个 360° 的全集视角。在后来的一幅 16 图版的木版画（1549 年）中，汉斯·米利希（Hans Mielich）描绘了查理五世在因戈尔施塔特的营地[85]。米利希计划从一个高视角，即从弗劳恩基希（Frauenkirche）塔楼的胸墙（那里，艺术家描绘了自己的工作状态）去描绘因戈尔施塔特，就像贝哈姆对维也纳的描绘那样，但是事实上，如同贝哈姆那样，当开始进行

　　[79]　C. Koeman, *Geschiedenis van de kartografie van Nederland: Zes eeuwen land- en zeekaarten en stadsplattegronden* (Alphen aan den Rijn: Canaletto, 1983), e. g., 137 (fig. 9.2).

　　[80]　Roberto Almagià, "Cristoforo Sorte, il primo grande cartografo e topografo della Repubblica di Venezia," in *Kartographische Studien: Haack-Festschrift*, ed. Hermann Lautensach and Hans-Richard Fischer (Gotha: Haack, 1957), 7 – 12, esp. 8, 重印在 *Almagià's Scritti geografici (1905 – 1957)* (Rome: Edizioni Cremonese, 1961), 613 – 18, esp. 613ff., 以及 Giuliana Mazzi, "La repubblica e uno strumento per il dominio," *Architettura e Utopia nella Venezia del Cinquecento*, 展览目录, ed. Lionello Puppi (Milan: Electa, 1980), 59 – 62. 有军制往。关于英国地图学中防御和行政管理的线索，参见 Victor Morgan, "The Cartographic Image of 'The Country' in Early Modern England," *Transactions of the Royal Historical Society*, 5th ser., 29 (1979): 129 – 54, esp. 136 – 37, 关于亨利八世和伊丽莎白的"需要地图协助他们维持军备，以利推进军事行动，并监督爱尔兰的殖民活动"（p. 137）。

　　[81]　Schulz, "Jacopo de' Barbari's View of Venice."

　　[82]　Erwin Panofsky, *The Life and Art of Albrecht Dürer*, 4th ed. (Princeton: Princeton University Press, 1955), 81 – 82 and fig. 115.

　　[83]　Max Geisberg, *The German Single-Leaf Woodcut: 1500 – 1550*, 4 vols., rev. and ed. Walter L. Strauss (New York: Hacker Art Books, 1974), 4: 1493 – 97.

　　[84]　Geisberg, *Single-Leaf Woodcut*, 1: 261 – 67.

　　[85]　Geisberg, *Single-Leaf Woodcut*, 3: 892 – 909.

732

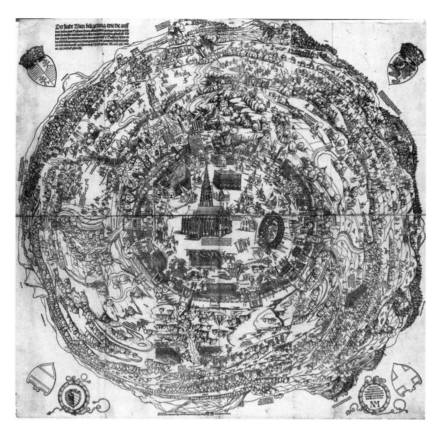

图 29.5　汉斯·泽巴尔德·贝哈姆（HANS SEBALD BEHAM）的围攻维也纳，1529 年。1530 年由尼克拉斯·梅尔德曼（Niclas Meldemann）出版，这一 360 度的草图被绘制在 6 块木版上，中心位于圣斯特凡教堂，并且从其开始绘制。城墙被平坦地展开，由此它们的内侧面是可见的，并且显示了炮兵的位置和巡逻者的巡回区域。在城市内部显示了教堂、驻军（有他们将领的名字），以及成圈的士兵；显示了直至山地地平线的郊野

　　原图尺寸：81.2×85.6 厘米。Albertina, Vienna（inv. 23134）提供照片。

绘制的时候，他采用了一个远远更高的想象的视角。由此，我们不仅有对城墙和军队营地、哨兵线和他们之外的巡游部队的描绘，而且还有对延伸至地平线的道路、河流、森林和聚落的描绘。

　　类似于这样的作品，开拓了在 15 世纪发展的地图学技巧，促成了为军事事件提供一种全景的背景。这一动力起源于这样一个习惯，即勃艮地编年史的装饰者的鸟瞰图式围攻场景前景中的营地和枪炮位置的细节与在作品顶部的非特定分布的地理景观之间的平衡。其被反映在了意大利的缩微画像中，如雇佣兵统治者费代里科·达蒙泰费尔特罗（Federico da Montefeltro）在他 1472 年《圣经》中的胜利者形象背后显示的一场围攻的全景图[86]，还出现在较大型的作品中，如为但泽的阿图斯霍夫（Artushof of Danzig, Gdańsk）在大约 1487 年绘制的 1460 年围攻马林堡（Marienburg）的壁画[87]。同时准确的城市平面图与受到地图学影响

732

[86]　Vatican City, Biblioteca Apostolica Vaticana, MS. Urb. Lat. 491, fol. 11v. 参见 Annarosa Garzelli, *La Bibbia di Federico da Montefeltro: Un'officina libraria fiorentina, 1476 – 1478*（Rome：Multigrafica, 1977），30（fig. 8）。

[87]　Alfred Stange, *Deutsche Malerei der Gotik*, 11 vols.（Munich：Deutscher Kunstverlag, 1934 – 61），11：114 and fig. 259.

的地理景观的全景画之间的这种交互作用，被持续增加到对围攻加以描述的类似于地图的图
像的用途中，如瓦萨里仔细测量的 1529 年的围攻佛罗伦萨图像⑧，或者 1578 年佚名绘制的
围攻代芬特尔（Deventer）的图像⑨，而且还包括流传的卡洛的《围攻布雷达》（*Siège de
Breda*）（1628）（图 29.6）⑩，而这成为政府保存的有潜在军事应用价值的材料中的有价值
的部分。

733

图 29.6　雅克·卡洛的围攻布雷达，1628 年。布雷达是梅尔克河（Merk）和阿河（Aa）交汇处的一座设防城镇。西班
牙军队在 1624 年展开围攻，而荷兰军队抵抗了 11 个月。城镇在 1625 年 6 月 5 日投降，并且卡洛被委托去记录围攻的情况，
他在 1627 年 7 月前往尼德兰。这一精美的 6 图版的雕版画在 1628 年于安特卫普出版。在左下角，可以看到作者正在工作；在
右下角，伊莎贝拉女王（Queen Isabella）的随从正在向设防城市移动

原图尺寸：约 123 × 140.5 厘米。照片版权属于 Board of Trustees, National Gallery of Art, Washington, D. C.（Rosenwald
Collection, B – 20303 – B – 20308）。

---

⑧　参见 Vasari, *Opere*, 8: 173 - 78, 关于他测量的方法。他的壁画在旧宫的 Salone del Cinquecento。

⑨　Koeman, *Kartografie van Nederland*, 75（fig. 6.8）.

⑩　参见 Georges Sadoul, *Jacques Callot: Miroir de son temps*（Paris: Gallimard, 1969）, 213 - 3, 关于这 6 图幅的雕版画
的一些细节。在附带的解释性小册子中，卡洛谈到，他关注于"描绘所有城镇和对城镇的围攻，以及地点之间的距离"
（p. 214）。

这些也可以适用于对战场的描绘，其构成了一种平行的类型。对此，在绘画和印刷品中，个人抗衡的戏剧性以及一座城镇缺乏稳定的特征导致全景式背景依然是一种普遍化的背景，而其大部分或者全部为想象的，即使包括了一个已知会影响冲突性质的假想的山丘或河流的时候（图29.7）[91]。

734

图29.7　小约尔格·布罗伊（JÖRG BREU THE YOUNGER），围攻阿尔吉耶斯，1541年

这一木版画，构成了由保罗·福拉尼在1565年制作的记录了查理五世在1541年10月20日对阿尔吉耶斯进行围攻的意大利雕版版本的模本，其由入侵城市的倾斜视图和一幅显示了其总体位置的西地中海的地图结合而成

原图尺寸：38.5×51.8厘米。Bildarchiv Preussischer Kulturbesitz / Kupferstichkabinett, Staatliche Museen zu Berlin / Joerg P. Anders（Hollstein 33，inv. 809–10）提供照片。

确实，当考虑到战争的视觉文献记录中的历史（或者纪念性的、宣教的，或者司法管辖的）元素的时候，我们被提醒，在进行战役时，这一时期最为有用的地形图中，通常有两种传统，那些土地测量员或调查员和艺术家的，而且两者是交叠的——如同我们在列奥纳多和丢勒的例子中看到的。后来所有事物的视觉记录者的斗篷滑落下来，落在不太出色的肩膀上，但是在德意志，约尔格·科尔德（Jörg Kölderer），马克西米利安一世的宫廷画家，在

　　[91]　Edmond Pognon，"Les plus anciens plans de villes gravés et les événements militaires," *Imago Mundi* 22（1968）：13–19。可以在复制品的这种谱系中追溯这一主题，例如Geisberg，*Single-Leaf Woodcut*；Walter L. Strauss，*The German Single-Leaf Woodcut，1550–1600：A Pictorial Catalogue*，3 vols.（New York：Abaris Books，1975）；以及F. W. H. Hollstein，*Dutch and Flemish Etchings，Engravings and Woodcuts，ca. 1450–1700*（Amsterdam：Menno Hertzberger，1949–）。

15 世纪 90 年代后期，被雇用去绘制蒂罗尔部分地区的地图㉒；还有汉斯·巴尔东（Hans Baldung），其宗教绘画揭示了在北方文艺复兴艺术中最具特色的空想的性质，1522 年，他接受了一项委托描绘罗得岛的圣约翰骑士团（Order of Saint John）的防御设施的工作㉓。更为典型的艺术家对于制图术的馈赠与更为容易学习的调查员的技巧之间的结合，就是因斯布鲁克（Innsbruck）的保罗·达克斯（Paul Dax）的职业生涯。作为一名画家受到的训练，但在导致了 1527 年罗马被劫掠的战役中，达克斯作为一名兰斯克劳德（Landsknecht，雇佣兵）进行战斗，并且他是 1529 年维也纳的防御者之一。到 16 世纪中叶，他被任命为马克西米利安的继承者费迪南德一世的宫廷画师。在 1544 年，他绘制了被称为"最早的和最古老的大比例尺的阿赫森（Achensee）地区和巴伐利亚—提洛尔（Tirolean）边界政区的地图"，对山区森林、河流、乡镇和村庄，在全景图上进行了整体上准确的呈现，与此同时又栩栩如生，这是让人印象深刻的㉔。在费迪南德的要求下，达克斯在 1555 年绘制了蒂罗尔县各个部分的地图。地图被很好地接受，同时他被要求对其扩展，涵盖范围直至包括蒂罗尔中的整个哈布斯堡的产业。在他活着的时候，这一作品没有完成，部分因为糟糕的健康，但还因为他要求从蒂罗尔政府获得的资金资助在 1559 年被否决㉕。与此同时，其他画家，例如意大利人皮罗·利戈里奥（Pirro Ligorio），到此时专门从事于装饰设计而不是从事祭坛画、神话场面或肖像，被送往执行调查任务㉖。他们的象征是贵族的英国艺术家纳撒尼尔·培根（Nathaniel Bacon）的自画像，自画像显示他手中拿着绘画优雅地休息，在面前的桌子上有一套打开的地图集（图版 23）。尽管没有地图可以被明确地与培根联系起来，但通过并排悬挂在墙上架子上的调色板和剑，以及通过邻近的带有头盔的女神米内尔娃（Minerva）的图像，他被牢牢地置于调查的范围内㉗。卡斯蒂廖内对于绅士士兵使用艺术服务于战争的能力的倡导被极为清晰地表达了出来。

地图学中的陆地测量，在其自身发展的惯例中，同样对战争进行了反映。例如，1522—1555 年佛罗伦萨和锡耶纳之间的冲突所产生的兴趣，对于绘制托斯卡纳地图学而言是至关重要的，同时从 1576 年之后，在尼德兰发生的持续了 40 年的战争产生了一个地图学家的学派，用当时使用的一个短语就是，战争学派。两者都促成了用军事事件注释地图的品味的产生（图 29.8）。

这一品味现存最早的证据就是 1580—1583 年在梵蒂冈的伊尼亚齐奥·丹蒂监督下绘制的一系列意大利的区域地图，不同的是战斗或军事场景的缩微呈现叠加在了客观调查之上，这些场景主要是古代的 [例如凯撒穿越鲁比肯河（Rubicon）和坎尼（Cannae）]，但是包括

㉒ Arnold Feuerstein, "Die Entwicklung des Kartenbildes von Tirol bis um die Mitte des 16. Jahrhunderts," *Mitteilungen der K. K. Geographischen Gesellschaft in Wien* 55 (1912): 328–85, esp. 356–57.

㉓ Hans Baldung, *Skizzenbuch des Hans Baldung Grien*: "*Karlsruher Skizzenbuch*," 2 vols., ed. Kurt Martin (Basel: Holbein, 1950), 1: 53–57, 2: 22v–25v.

㉔ Feuerstein, "Die Entwicklung des Kartenbildes," 365–68 并且引文在358。

㉕ Feuerstein, "Die Entwicklung des Kartenbildes," 363–65.

㉖ 利戈里奥为他的赞助者设计了一幅古典罗马的地图；参见 Christian Hülsen, *Saggio di bibliografia ragionata delle piante iconografiche e prospettiche di Roma dal 1551 al 1748* (1915; reprinted Rome: Bardi, 1969), 17–18, 41–44, and 52–53。

㉗ Gervase Jackson-Stops, ed., *The Treasure Houses of Britain*: *Five Hundred Years of Private Patronage and Art Collecting*, 展览目录 (Washington, D. C.: National Gallery of Art; New Haven: Yale University Press, 1985), 140 (cat. No. 65)。

了一些最近发生的事件的［福尔诺沃（Fornovo），战斗于1495年，以及1572年一支来自马尔谢（Marche）的教皇军队朝向罗马行军］[98]。更为“现代的”——因为在它们的标注中更为概要，或者因为它们宣称它们正在迎合希望在地图上追寻同时代军事事件的受众——是一些在尼德兰制作的非地形地图：例如，弗洛里斯·巴尔萨萨斯的纪念毛里茨·范纳绍于1600年在尼乌波特（Nieuwpoort）附近沙地上发生的战斗，或者彼得·范登基尔1605年的奥斯坦德（Ostend，Oostende）郊区的地图，其被设计，如同其漩涡形装饰所宣称的，使得其所有者去追寻发生在斯勒伊斯（Sluis）的和针对城镇的军事事件[99]。被设计用来帮助在家中去追寻三十年战争（Thirty Years War）中的事件的这些地图，以及模仿它们的地图，虽然不是为战争制造者制作的，但毫无疑问是这些人储存的参考材料的受欢迎的补充。

然后，战争与地图绘制之间的直接关系是什么？安德鲁斯给出了一种“进攻”地图学的平衡的图景，并且提到，16世纪后期：“在一场伊丽莎白时代的战役进行到白热化的时候，地图的重要性可能有限。并不知道爱尔兰人是否使用了它们……同时战场中的英国军队可以被认为他们大部分的地形学知识依赖于向导。”[100] 同时我们已经看到，当没有涉及对设防地带匆忙地重新规划的时候（就像在16世纪40年代亨利八世的法国飞地的例子中），“防御”地图学，被纳入政府对他们管理的领土进行视觉描述这一日益增长的欲望中，尽管其持续作为这类描述的一种推动力。尽管军事工程师在这一时期作为防御规划和战役执行的关键人物出现，因而掌握地图绘制技巧的军事专业人士数量持续增加；并且尽管从16世纪晚期开始，一些这样的人物，虽然是军事领域的多面手，但在和平时期的技术军事机构中，被看作构成了地图学的骨干（呈现了防御设施、运输和火炮）——在法兰西尤其明显的一个关注点——但基于多种目的的对地形信息的需求，阻止了主要针对战争需要的地图学的发展。

例如，1607年，让·德拜因斯制作了五幅美丽的水墨的和水彩的上罗讷河（upper Rhône）以及其流向里昂南部时所经过的国土的地形地图（图29.9）。他作为一名测量员和 736
防御工事专家，在1589—1594年为亨利四世在他的战役中服务，同时，当他作为国王的地理学家和工程师（*géographe et ingénieur du roi*）的官方角色的时候，他在多菲内实施了制图学工作[101]。在一个大约1∶70000的比例尺上，地图在细节上是丰富的：支流和岛屿；森林和散布的树木；城镇、村庄和小村子；甚至私人的田地。仔细绘制的阴影标明了山丘和山脉的相对高度。然而，尽管它们是在支持下被制作的，但没有资料表明它们被定义为军事地图。当显示了主要的近河道路的同时，次级道路或者被忽略或者在整个系列中没有被系统性地处理。地形符号具有创造性，但没有被用来指示水流或河流上可用的停泊处或渡口[102]。它们在

[98] Francesca Fiorani, “Post-Tridentine ‘Geographia Sacra’: The Galleria della Carte Geografiche in the Vatican Palace,” *Imago Mundi* 48 (1996): 124 – 48, 以及 Roberto Almagià, *Monumenta cartographica Vaticana*, 4 vols. (Vatican City: Biblioteca Apostolica Vaticana, 1944 – 55), vol. 3, pls. Ⅸ, Ⅻ, XIV, XVI, and XXVII. 也可以参见本卷的第三十二章。

[99] Bossu, *Vlaanderen in oude kaarten*, 31 and 74 – 75.

[100] J. H. Andrews, “Geography and Government in Elizabethan Ireland,” in *Irish Geographical Studies in Honour of E. Estyn Evans*, ed. Nicholas Stephens and Robin E. Glasscock (Belfast: Queen’s University of Belfast, 1970), 178 – 91, esp. 185.

[101] Buisseret, *Sully*, 129.

[102] BL, Add. MS. 21, 117, fols. 36 – 38.

图 29.8　克拉斯·扬茨·菲斯海尔的围攻布雷达，1624 年，雕版。这一印刷品记录了 1624 年围攻军队的布置方式，并且清晰记录了防御线和涉及的令人感兴趣的地点

照片版权属于 Rijksmuseum Amsterdam（FM 1511）。

由让·马特利（Jean Martellier）1602 年绘制的蓬蒂厄（Ponthieu）和布洛奈地图上构成了一种进步[103]，马特利是法国军事机关中的另外一名雇员，但地图没有显示比例尺，也根本没有显示道路，不过它们提醒我们，从这一时期开始，我们没有必要期望由军方雇用的地图学家制作的军事地图。因此，战争压榨着地图学的本能，而这种本能是这一时期想象力和智力生活中非常值得注意的方面。在某种程度上，地图学的本能塑造了它的目的；它在其中建立了一些特殊的小环境，但并没有将军事地图学创造为一种独特的、被持续追求的流派。

737

---

[103]　BL, Add. MS. 21, 117, fols. 6v and 7v. 关于国王的工程师（*ingénieurs du roi*）更多的信息，包括 Beins 和 Martellier，参见本卷第四十九章。

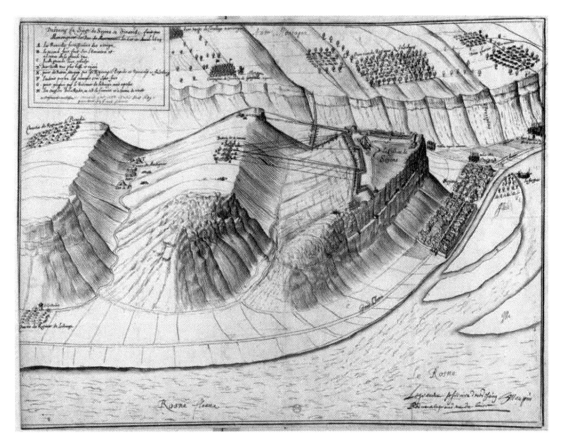

图 29.9 让·德拜因斯，围攻苏瓦永（SOYONS）的地图，1629 年。这幅地图由皇家军事工程师让·德拜因斯绘制和署名，当他在蒙莫朗西（Montmorency）服务的时候。地图精美地显示了城市周围的地形、炮兵部队的位置以及军队的营地。城市防御工事后来被皇家军队摧毁

BNF（Estampes，Va 7，tome 2）提供照片。

第三十章　16 世纪和 17 世纪早期的
地图和探险*

菲利佩·费尔南德斯—阿梅斯托
（Felipe Fernández-Armesto）

738　　　　一项用具：仪器、计算、地图、猜测和谎言以及可信度的差异，旅行故事，也许一半是梦想、一半是成就①。

导　言

　　场景是容易的——过于容易——想象的。探险家在他们前辈制作的地图上规划他们预想的任务。当穿过大洋的时候，他们在航海图上标出他们的进展。当看到陆地的时候，他们草绘其轮廓并且将它们转绘到地图上。当登陆的时候，他们在状况许可的情况下进行尽可能多地调查，并且对他们渗透到的内陆进行至少一次粗糙的地图学记录。当抵达家乡的时候，他们以地图的形式传递他们新获得的知识，且成为他们同时代人和后继者的指导。类似于这样的事件，被现代的书籍插图者、影片制作者和浪漫的历史"绘画家"进行了丰富的描绘，但它们是极少发生的。现代早期的地图绘制与探险之间的联系并不像基于最近的习惯所预期的那样接近或者直接。本章的目的就是考察 16 世纪和 17 世纪早期这种联系的性质，提供其如何变化的轮廓，并且提出一些建议来解释其局限性。以往被忽视的事实带来的挑战，将对这一主题直观的或传统的理解产生最令人惊讶的影响：直到这一时期末，探险家才使用少量的地图，并且制作的地图更少。

　　一些初步的定义和条件是必须的。针对本章的目的，探险被定义为寻找路线。一次远征被算成一次探险，如果其目的包括发现或者直接检查一条未被使用的路线或者完善一条最近发现的路线的话。路线发现者意识中的科学任务、资源探查、向潜在皈依者传教的任务、商业旅程、军事考察、边境调查的旅行、殖民地法庭的法律纠纷、官僚调查：所有这些，在所讨论的时期，按照严格的定义，比探险产生了远远更为丰富并且更为实用的地图，通常确实如此，而且很多探险的传统编年史涵盖了上述一些类目中的至少一些例子。类目，并不是在

---

　　* 本章所使用的缩略语包括：*American Beginnings* 代表 Emerson W. Baker et al., eds., *American Beginnings· Exploration, Culture, and Cartography in the Land of Norumbega* (Lincoln：University of Nebraska Press, 1994)。

　　① F. C. Terborgh, "Cristobal Colon," *Helikon* 4 (1934)：159.

任何情况下都是相互严格隔离的；路线发现者通常在头脑中有科学的、考察的、传福音的、军事的、考察的、法律的或政治的动机，或者在沿途执行的某类任务。然而，为在可控情况下保证现在的工作——并且相信，如果尽可能保持差异的话，那么差异可以澄清任何质疑——似乎最好对探险进行严格的定义，并且将调查限制在地图绘制与寻找路线之间的联系上。通过相关性加以判断，这并不意味着一种狭隘的处理方式：路线是世界历史的主要脉络，这一时期，沿着路线发生了长期且彻底改变了世界的文化传播。新的路线如何被寻找以及如何被探索，它们中新的如何被记录、传播和结合到世界地图的绘制中，这些问题是地图学史的中心对象。由于是这一时期以及之后世界史的最为显眼的主题，因此其影响是无以伦比的。

　　地图学史上没有一个时期和局部比现代早期激发了更多的对过去的兴趣或者点燃了更多的激情。在较好的影印本中可用的相关地图的比例要高于《地图学史》较早各卷涵盖的任何主题的地图。印刷的原始资料的数量是可怕的，现存的研究的数量也是如此。然而，现存的关于相关材料的作品，绝大多数涉及的是与主要历史问题无关或者有些许关系的对象。其大部分在特征上是对古物的研究，或者直接朝向搜集、分类和展示现代早期地图的问题。一些研究已经被探险家称为科学开拓的火焰之物的英雄观念所污染，然而，如同我希望我们将要看到的，探险家通常有其他当务之急，并且他们所获得的知识，由于很多原因，非常难以 739 被结合到普通知识的宝库中。此外，如同这一丛书的第一卷所证实的，大量的传统文献存在积极的误导性，因为其被基于地图学家需要探险家这一冒险性的假设上。关于探险历史的著作倾向于假设一种探险与地图绘制之间的密切关系，但没有试图去验证它[②]。尽管在这一时期中这种联系变得越来越密切，但其总是被"难以沟通"这一裂隙所撕裂，并被传统的障碍所打断。直到进入17世纪很久，地图上所展现的内容，依然很少能与探险家所发现的相

---

②　使用地图去重建探险史，最早由亚历山大·冯洪堡（Alexander von Humboldt）制造了令人印象深刻的效果，参见 Alexander von Humboldt: *Examen critique de l'histoire de la géographie du nouveau continent et des progrès de l'astronomie nautique aux quinzième et seizième siècles*, 5 vols. （Paris: Gide, 1836–39），尽管他从未出版第三和第四部分，这两部分特别旨在涵盖地图学和航海天文学。Manuel Francisco de Barros e Sousa, viscount of Santarém，遵循一种相似的方法，尤其是在 *Essai sur l'histoire de la cosmographie et de la cartographie pendant le moyen-âge et sur les progrès de la géographie après les grandes découvertes du XVᵉ siècle*, 3 vols. （Paris: Impr. Maulde et Renou, 1849–52）中，部分目的在于寻求建立葡萄牙对存在纠纷的领土的优先发现权。伟大的著作 Henry Harrisse, *The Discovery of North America: A Critical, Documentary, and Historic Investigation, with an Essay on the Early Cartography of the New World, Including Descriptions of Two Hundred and Fifty Maps or Globes Existing or Lost, Constructed before the Year 1536* （London: Henry Stevens and Son, 1892），其依然主要是关于新世界早期历史的参考书目，例证了相同的误导性的传统，其中地图被作为探险家活动的证据来对待，似乎地图学是"发现"的一扇未扭曲的镜子。哈里斯的结论（pp. 244–51）严重依赖于作为"进度成就"的证据的地图（p. 269）。据说哈里斯"随着他学识的增加，他的判断也变得糟糕"；参见 James Alexander Williamson, *The Voyages of John and Sebastian Cabot* （London: G. Bell and Sons, 1937），7. 杰出的著作 Justin Winsor, *Geographical Discovery in the Interior of North America in Its Historical Relations, 1534–1700* （London: Sampson Low, Marston, 1894），通过说明几乎每一次航行和旅程，都能从地图学记录中可以看出相应的细节来强化了相同的倾向。这些著作的成功，结合起来传播了由 Stevenson 所表达的轻率印象，地图"通常手到擒来地表明了探险或发现的故事，而对于这些，文本文献是沉默的"（Edward Luther Stevenson, "Early Spanish Cartography of the New World, with Special Reference to the Wolfenbüttel-Spanish Map and the Work of Diego Ribero," *Proceedings of the American Antiquarian Society* 19 ［1908–9］: 369–419, esp. 369），然而，真实的是，由于地图屈从于与其他文献相比更为复杂的内插、修改、投机性的装饰以及时间上的不确定性，所以接受它们提供的没有支撑的证据是非常不谨慎的。R. A. Skelton, *Explorers' Maps: Chapters in the Cartographic Record of Geographical Discovery* （London: Routledge and Kegan Paul, 1958），以及 Peter Whitfield, *New Found Lands: Maps in the History of Exploration* （New York: Routledge, 1998）中对这一传统进行了呈现。

匹配。

该主题可以在两个标题下进行。第一个标题是，其可能有助于考察，这是在指引他们搜寻特定的目标时，或者沿着之前被探索过的路线的某一局部寻找道路时，探险者赋予地图的用途。两个进一步的划分值得考虑：地图学对于探险猜测的影响，以及在陌生的地方，欧洲探险家对本土地图的使用。我然后将要转向我们第二个主要的标题——探险家的回馈：他们作为地图制作者的活动以及探险对地图学的影响。这将需要涉及探险家的发现被记录、传输以及被整合到地图学传统中的方式；之前未绘制过地图的土地和水域的新形象，其成为受过教育者的精神财富的一部分；以及在整个过程中对整个行星的形象的修订。与此同时，探险对于地图学的影响不得不在变化的背景下加以定位，而变化是欧洲的地图概念史和地图执行的功能的历史的特征。关于所有这些主题，材料有令人沮丧的缺点。探险家和地图学家之间的联系几乎完全没有记载；考虑到可能的原因就是，在这一时期的绝大部分时间中，大部分探险家很少在意地图，也即他们很少提到地图，尽管可以提出相反的论证：地图被非常广泛地使用以至于不需要评论。

整个调查的依据就是在现存文献中未解决的和可能无法解决的各种问题，而它们需要被提出并且需要被调查。某人可能期待，一方面是科学地图学的对象，另一方面是探险的目标，它们是一致的或者至少是相容的。然而，在关键的方面，并不是如此——或者只是在被研究的时期中才产生，即随着地图绘制技术的改良，地图制作者和探险家找到了服务于彼此需要的方式。地图绘制和探险是相互滋养的，但这点是被缓慢认识到的：在这一时期的开始，探险家在他们的发现中没有显示出对地图绘制有太多的兴趣；而到了这一时期的末期，制图专业人士陪同考察是常见的事情。在这些发展所包含的时期内，要牢记的首要的根本性问题是，第一，探险家对欧洲人正在变化的世界形象造成影响的程度；第二，探险对于地图学技术发展的影响——对比其他影响的来源，例如政治的迫切性、军事需要、商业压力和科学的好奇；第三，地图学资料作为探险史的证据的可信性；第四，在现代早期，欧洲人所受到的其他民族的科学的恩惠；第五，可能最为重要的，地图学对探索者发现的反应缓慢且有选择的原因。

740

探险家对地图的使用

推测地图学

即使最为大胆的探险家可能也会考虑地图的一些用途，因为他们的路线，无论多么未经探查，一定会与前人的道路重叠，至少在旅行的早期阶段，并且探险家的目的地的地图——或者邻近区域的，如果可用的话——可能被期待派上用场。在大致现代欧洲早期的世界，那些未探查部分的范围在持续被消除，地图还可以帮助将未来的探险家引导到有机会的区域。然而，下列想法似乎是不合理的，即探险者通过未知路线寻找不常见的目的地，而他们期待经由一幅地图而被引导到那里。要不然，这个想法属于某类虚构的故事，其中长期佚失的地图——往往从一个半路上的死亡的或者正在死亡的前辈那里拿到——解锁了前往一个被埋藏的宝藏、一座佚失的城市或者世界上的某一奇迹的道路。然而，推测的地图实际上可以并且确实对易受影响的想象力产生了极大的刺激。

在这一方面，就像在探险的现代史中频繁出现的那样，克里斯托弗·哥伦布的经历是一个不可抵抗的出发点。在自夸的时刻，当他希望强调他的事业受到上帝直接启发的时候，哥伦布可能坚持"去执行印度群岛的事业，我没有使用理性、数学或世界地图（*mappaemundi*）"[③]，但是他多次提到了地图的影响力，由此清晰地表明，这一论断应当被谨慎对待。他为他穿越大西洋的航行而对地球仪进行的研究，同样很好地被证明不仅仅是一个传说[④]，并且与纽伦堡的马丁·贝海姆联系起来的著名的球仪，可能是服务于探险家的目的的这类人工制品的一个例子。哥伦布因而可以被认为合理地使用了推测的地图：展示一种推测。约翰·卡伯特也是如此。因此，据说，费迪南德·麦哲伦也确实如此[⑤]。在一次真实的旅行中，去遵循作为一种指南的推测的地图，似乎是错误的。然而，那就是哥伦布所做的。在 1492 年 9 月 25 日和 10 月 6 日，他和马丁·阿隆索·平松（Martín Alonso Pinzón）一起对他在圣玛丽亚（Santa María）号上携带的地图进行了至少两次检查。哥伦布毫不怀疑，他的事业被引导到"就目前已知的情况而言，从来没有航行过的海洋"[⑥]。然而，他充分信任他携带的针对这一目的的航海图，以至于基于航海图的力量，改变他的航线[⑦]。当他穿过一个地图诱导他预言存在丰富岛屿的大西洋的一个区域的时候，他并未将他未能证实的那些预言归因于地图上的缺陷，而是归因于糟糕的运气和无法及远的观察。这些事实引发了人们对哥伦布地图应该描绘的内容的大量好奇心[⑧]；它们甚至支持了这样一种猜测，即他只是重新执行了一位未知前任的航行。哥伦布的描述文本仅仅支持了一种最为中立的结论；这是一幅推测性的地图，类似于这一时期很多推测性的大西洋的航海图那样，其显示了大量传说中的岛屿，并且包括提到了西班古（Cipangu），或者至少给予哥伦布和平松一些理由去相信，在他们越洋航行的晚期，他们已经驶过了传说中的土地[⑨]。

哥伦布的经历是典型的。地图学的传统充满了海妖的歌声，误导性的猜测，其诱使探险者朝向不存在的或在地图上基于想象定位的推定的目的地。中世纪晚期的地图上散布着或多或少诱人的目标：巴西、西班古和安迪利亚岛；赫斯珀里得斯和对跖地；一个可航行的狭窄的大西洋；以及在亚洲和非洲缺乏报道的部分有着夸张财富的王国的景象。现代早期的地图学，类似于第一任伯肯黑德（Birkenhead）伯爵迟钝的判断，是"不明智的……但有非常丰

---

③　Christopher Columbus, *Textos y documentos completos*：*Relaciones de viajes，cartas y memoriales*，2d ed.，ed. Consuelo Varela（Madrid：Alianza，1984），280.

④　Columbus, *Textos*，44，以及 Bartolomé de Las Casas, *Historia de las Indias*，3 vols.，ed. Agustín Millares Carló（Mexico City：Fondo de Cultura Económica，1951），1：62 – 66（bk. 1，chap. 12）。

⑤　可能过于相同，以至于不太可信：使用球仪和地图去戏剧化探险家对他项目的介绍，可能正在成为一种文学中的传统主题。Las Casas, *Historia de las Indias*，3：173 – 76（bk. 3，chap. 101）。

⑥　Columbus, *Textos*，16.

⑦　Felipe Fernández-Armesto, *Columbus*（London：Duckworth，1996），76.

⑧　拉斯卡萨斯，其对哥伦布文本的精简、摘录和意译，是关于这一事件唯一保存下来的资料，他确信，所讨论的地图是由佛罗伦萨学者保罗·达尔波佐·托斯卡内利绘制的，哥伦布了解托斯卡内利的可穿越的大西洋的观点；参见 Las Casas, *Historia de las Indias*，1：191（bk. 1，chap. 38）。但是他的观点似乎基于一种无理由的推断。参见 Antonio Rumeu de Armas, *Hernando Colón，historiador del descubrimiento de América*（Madrid：Instituto de Cultura Hispánica，1973），267 – 70。

⑨　Francesca Lardicci, ed.，*A Synoptic Edition of the Log of Columbus's First Voyage*（Turnhout：Brepols，1999），314，317，483，and 486 – 87。

富的信息"⑩，同样令人兴奋，甚至更具有刺激性。来自欧洲的探险家被一条通向北极的开放水域的通道的神话吸引到北方；他们被鄂毕河的黄金老妇人（Golden Old Woman of the Ob）引诱到东北方⑪，同样将他们诱惑到东北方向的还有对通往东亚的一条无冰路线的期待；引诱他们到最南方的，是未知的南方大陆（Terra Australis Incognita）的诱人位置；黄金国（El Dorado）和其他传说中的财富之地在美洲内部激增；以及一条被假定环绕在它们周围的西北通道以及在它们之外的狭窄的太平洋。

几乎没有一个伟大的具有迷惑性的神话可能起源于地图，但是地图鼓励了对它们的信仰。有时，启发了推测地图学的原因，由古典权威或者传奇般的功绩所促进或补充，但是其大部分是与一厢情愿结合起来的理论或政治议程的结果。哥伦布为一个可以抵达的亚洲辩护，因为大西洋必然是小的，由此符合亚里士多德假定的观点，还有因为马可·波罗或提尔的马里纳斯的观点或证据，以及因为一个巨大的海洋世界应当在理性的造物主头脑中是令人厌恶的。对于其他理论家而言，北极显然是在水中，因为"那里没有……不可航行的海洋"⑫。一个西北通道是必然的，因为世界的海洋必然是未受阻碍的、环流的，并且一个狭窄的太平洋必然的，由此将世界限制在一个可信的尺度中，也由此维持了与大西洋的平衡，并且由此守护了西班牙王国对摩鹿加群岛的拥有。南方大陆的存在可以从已知事实推断，这些事实与土和水在行星表面的分布方式有关。

而且，在地理的猜测方面，越有越想有（*l'appétit vient en mangeant*），并且发现的步伐对创造性思维有一种过度刺激的影响——就像今天信息技术的能力通常由学者的预测而被预期或夸大。新岛屿被如此频繁地发现——在 14 世纪和 15 世纪的大西洋以及在 16 世纪和 17 世纪的印度洋、太平洋和北冰洋——以至于期望这种加速会结束，似乎与经验不一致。黄金国的神话，部分的，基于埃尔南·科尔特斯和弗朗西斯科·皮萨罗（Francisco Pizarro）的实际经历的推断。通过与哥伦布事业进行类比的具有误导性的方法，佩德罗·费尔南德斯·德基罗斯（Pedro Fernández de Quirós）似乎强化了他自己发现未知的南方大陆的希望，因为哥伦布一个狭窄的太平洋梦想成真。日本的实际发现确证了西班古的传说，尽管发现其与中国的距离比马可·波罗所说的更近。各种相遇似乎实现了对祭祀王约翰王国甚至亚马孙（Amazons）的期望。在众多令人惊讶的被揭示的事实中，很少有猜测看起来过于奇怪。

在这些环境下，科学滋润了推测。科学的兴起通常被誉为欧洲早期现代知识史的重要特征之一。然而，科学的认识论是错误的，并且观察和经历的可靠性依赖于在实践中无法保证的条件。不存在的岛屿可以被"观察"，或者可以通过从云堤的存在或鸟的飞行或海面的外观或漂浮的物体错误地推断出来。特别是在一厢情愿的刺激下更是如此。利卡·

---

⑩ Frederick Winston Furneaux Smith, Earl of Birkenhead, *Life of F. E. Smith, First Earl of Birkenhead* (London: Eyre and Spottiswoode, 1960), 99.

⑪ Sigmund von Herberstein, *Notes upon Russia: Being a Translation of the Earliest Account of That Country, Entitled Rerum Moscoviticarum Commentarii*, 2 vols., trans. and ed. Richard Henry Major (London: Hakluyt Society, 1851–52), 2: 41–42.

⑫ Robert Thorne, "Robert Thorne's Book," in *The Principal Navigations, Voyages, Traffiques & Discoveries of the English Nation*, by Richard Hakluyt, 12 vols. (Glasgow: James MacLehose and Sons, 1903–5), 2: 164–81, esp. 178. 也可以参见 David B. Quinn, ed., *New American World: A Documentary History of North America to 1612*, 5 vols. (New York: Arno Press, 1979), 1: 180, 以及 John Kirtland Wright, *Human Nature in Geography: Fourteen Papers, 1925–1965* (Cambridge: Harvard University Press, 1966), 90–92.

德奥多（Rica de Oro）和利卡·德普拉塔（Rica de Plata）岛，其经常存在于这一时期的地图上，应当对西班牙是有用的——或者对意图劫掠西班牙大帆船的海盗是有用的——因为它们通常被放置在日本以东，距离从马尼拉（Manila）前往阿卡普尔科（Acapulco）的船只所通常遵从的路线不远[13]。它们确实不存在，但是它们被经常报告并且成为地图学传统的一部分。加利福尼亚的岛屿性质被"建立"，是塞巴斯蒂安·比斯凯诺（Sebastián Vizcaíno）1602年从阿卡普尔科向北探险过程中糟糕观察的一个结果[14]。不存在的岛屿充斥于地图，基于地图学史中被很好验证的规则：在航海图上有过多的岛屿，比有过少的地图更为安全，并且由于举出反证是困难的，因此与删除错误相比，引入推测是更为容易的。因而，随着知识的积累，岛屿的数量倍增：错误放置的岛屿被从之前地图上错误的位置复制；并且作为新的信息的结果，在地图上将它们复制于它们真实的或被验证的位置上时，通常有新的名称。

　　地图学趋向于复制岛屿，但是缩减海洋。太平洋绝对的巨大似乎超出了那些试图对其进行测量的探险家和那些试图绘制它的地图学家的掌握[15]。他们最好的努力就是持续错误——通常有50%的幅度。结果包括一系列的灾难性或者令人苦恼的穿越航行的尝试。麦哲伦是最早的：他对他的通过大南海（Great South Sea）航行至摩鹿加群岛的可行性的信仰，是受到一幅地图的启发或者支持——按照至少两个了解他的消息来源的人所说的——这是一幅被认为是由"波希米亚的马丁"（Martin of Bohemia）绘制的描绘了一条通往一个狭窄大洋的海峡的地图[16]。随后寻找所罗门群岛（Solomon Islands）的考察准备不足，这座发现于1565年的岛屿，在浩瀚的大洋中确实丢失了。一个更为著名的例子就是，推测的地图学对寻找西北通道的影响。汉弗莱·吉尔伯特爵士和约翰·迪伊制作了显示了环绕北美洲的广阔开放的海路的地图，试图鼓励探险家和吸引投机者（图30.1）[17]。迈克尔·洛克（Michael Lok），西北通道思想最为勤勉的提倡者之一，非常重视一幅被认为是乔瓦尼·达韦拉扎诺绘制的地图所提供的证据的重要性[18]。

742

⑬　O. H. K. Spate, *The Pacific since Magellan*, vol. 1, *The Spanish Lake*（Minneapolis：University of Minnesota Press，1979），106－9. 参见 Edmond Chassigneux, "Rica de Oro et Rica de Plata," *T'oung Pao* 30（1933）：37－84。

⑭　John Leighly, *California as an Island：An Illustrated Essay*（San Francisco：Book Club of California，1972），30－39，以及 O. H. K. Spate, *The Pacific since Magellan*, vol. 2, *Monopolists and Freebooters*（London：Croom Helm，1983），120－22。也可以参见 R. V. Tooley, *California as an Island：A Geographical Misconception，Illustrated by 100 Examples from 1625 to 1770*（London：Map Collectors' Circle，1964）。

⑮　Spate, *Spanish Lake*, 100.

⑯　Samuel Eliot Morison, *The European Discovery of America*, vol. 2, *The Southern Voyages, A. D. 1492－1616*（New York：Oxford University Press，1974），381－82 and 398. 关于这一作品的作者的问题，由 Justin Winsor, ed., *Narrative and Critical History of America*, 8 vols.（London：Sampson Low, Marston, Searle and Rivington，1886－89），2：35n，112－36，and 8：374－82 所讨论，依然是重要的。不太可能的是，这里确定的是一幅由马丁·贝海姆绘制的地图，并且当然也不是他的球仪，因为后者没有显示美洲大陆。更为可能的是，提到的是一幅由约翰尼斯·朔纳绘制的地图。关于这一解释，也可以参见 Laurence Bergreen, *Over the Edge of the World：Magellan's Terrifying Circumnavigation of the Globe*（New York：Morrow，2003），176。

⑰　David B. Quinn, ed., *The Voyages and Colonising Enterprises of Sir Humphrey Gilbert*, 2 vols.（London：Hakluyt Society，1940），1：129－65，以及 Skelton, *Explorers' Maps*, figs. 62 and 74。

⑱　Skelton, *Explorers' Maps*, 119.

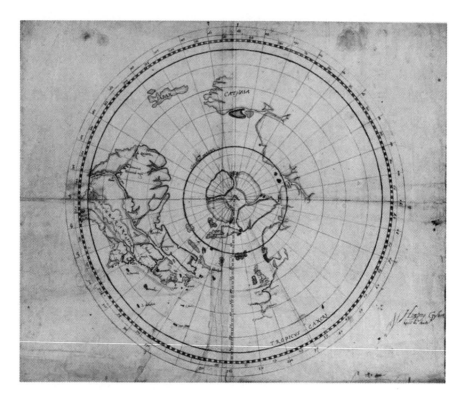

图30.1 汉弗莱·吉尔伯特爵士的地图，可能是由约翰·迪伊绘制的，约1582年。基于墨卡托地图（图30.2）

原图尺寸：50×62 厘米。Rare Book Department（Elkins Americana），Free Library of Philadelphia 提供照片。

墨卡托复制了神话[19]。可以航行的北极是另外一个在迪伊的地图学成就中被强调的特征。墨卡托同样将其制作成北极的一个特征，致力于将其插入他的 1569 年的世界地图中（图 30.2）。除了理论推测之外，这方面最好的权威就是现在已经佚失的 15 世纪的亚瑟王的冒险故事，其描述了亚瑟王对于北极的征服［沿着格陵兰、拉普兰（Lapland）和俄罗斯］，以及"发现幸运岛"（Inventio Fortunatae）———一部 14 世纪的北海的旅行著作，现在同样佚失但被推测实际是一则冒险故事[20]。

在寻找意外之财回报的令人眼花缭乱的早期成功之中，例如，发现新的通向印度和摩鹿加群岛的海路，或者横穿墨西哥和秘鲁的陆路，产生了不切实际的预期，而如果没有欺骗或自我妄想的话，这些预期是无法被维持或满足的。最为壮观的例子与寻找黄金国有关。探险在北美洲进行到如此之远，以至于在 16 世纪中期之前，锡沃拉（Cíbola）和基维拉（Quivirá）的传说变得理性得不可思议。然而贾科莫·加斯塔尔迪在他有影响力的 1548 年

⑲ 达成这一效果的墨卡托的信件被哈克卢特引用和摘录。参见 Richard Hakluyt, *The Principall Navigations, Voiages and Discoveries of the English Nation* (London: George Bishop and Ralph Newberie, 1589), 483 – 85, 以及 idem, *A Particuler Discourse Concerninge the Greate Necessitie and Manifolde Commodyties That Are Like to Growe to This Realme of Englande by the Westerne Discoueries Lately Attempted... Known as Discourse of Western Planting* [1584], ed. David B. Quinn and Alison M. Quinn (London: Hakluyt Society, 1993), 84 – 87。

⑳ 在 16 世纪被广泛错误地解释为真实存在的旅行的见闻录的 14 世纪的冒险故事，关于这方面的一则清晰的例证，参见 Felipe Fernández-Armesto, "Machim [Robert Machin] (*supp. fl.* 14th cent.)," in *Oxford Dictionary of National Biography*, 60 vols. (Oxford: Oxford University Press, 2004), 35: 463 – 64。

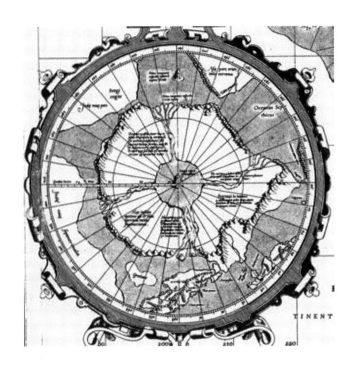

图 30.2 来自赫拉尔杜斯·墨卡托的 1569 年世界地图的北极区域的细部

完整的地图作为本卷的图 10.12 进行了展示。这一细部的尺寸：23.6 × 23.4 厘米。Öffentliche Bibliothek der Universität，Basel（Kartensammlung AA 3 – 5）提供照片。

在威尼斯出版的新世界的地图中描绘了锡沃拉（称作 Civola），锡沃拉和基维拉都出现在保罗·福拉尼的 1565 年的地图上[21]，并且这些王国宏大的图像为约安·马丁内斯的 1578 年地图提供了最为壮观的装饰（图版 24）。由安东尼奥·德埃斯佩霍（Antonio de Espejo）在 1580 年报告的黄金湖（Golden Lake），出现在理查德·哈克卢特 1587 年的新世界地图上，并且在科尔内利·范怀夫列特（Cornelis van Wytfliet）10 年后对新格拉纳达（New Granada）和加利福尼亚的描述中由锡沃拉的七城（Seven Cities of Cíbola）所环绕。阿尼安海峡（Strait of Anian）、西北通道以及基维拉和"塞博拉"（Cebola）的土地，在科尔内利·德约德（Cornelis de Jode）1593 年的致力于北美洲的印刷地图上都是突出的。当前往儿内亚的时候，推测性地图的绘制，决定性地影响了沃尔特·雷利爵士（Sir Walter Ralegh）头脑中的黄金国的图像：雷利，确实，是一名对幻想充满热情的客户，一位约翰·曼德维尔爵士（Sir John Mandeville）的拥护者，以及是关于新世界的权威的普林尼的辩护者。这一时期，地图上最为巨大的推测性的插入就是南方大陆。在亚伯拉罕·奥特柳斯的世界地图上，其似乎环绕了世界。在墨卡托的地图上，它类似于一些大型寄生虫的下巴，准备吞噬其他土地；在约道库斯·洪迪厄斯的地图上，一只手伸出去抓取其他大陆。在一幅最为令人印象深刻和貌似真实的地图上，这幅地图是基罗斯在没能找到大陆后制作的，他将新几内亚（New Guinea）的部分海岸与他所探查到的岛屿的海岸相连，创造了一块被推定的大陆的部分轮廓。

[21] Philip D. Burden, *The Mapping of North America：A List of Printed Maps, 1511 – 1670*（Rickmansworth, Eng.：Raleigh, 1996），22 and 40 – 41.

探险家的报告对幻想产生了回馈，并且导致了充斥着"奇迹"的地图。探险和冒险之间的界限，或者探险家的报告与旅行者的故事之间的界限，从未被准确地确定。在现代早期——其，按照后来的和当时欧洲人的观点，是前科学的或者原始科学的——界限被三种影响因素所模糊：首先，中世纪旅行文献的持续性的影响，其特征是令人生畏的道德准则，并且关注于描绘一个神奇的世界，而不是将其简化到易分类的事实；其次，公众对"奇怪之物"的渴望，其是由探险家所发现的一个明显更为多样化的世界所启迪的；以及最后，探险的经济。其是一个资本密集型的商业活动，偶尔返回少量的利润。为了再次获得支持，探险家倾向于进行夸大的报告，特别是在有潜在利用价值的发现方面。虚构的旅行成为地图学家的资料来源，就像在15世纪，骑士海上的冒险故事被误解为真实旅行的证据那样[22]。

744
本土的地图

探险家可以逃离推测地图的缺陷，当被他们发现的文化有着可靠的本土地图的时候。存在可以显示出对欧洲传统产生了最具根本性转变作用的两个本土地图的例子，它们不能被认为是探险家的作品，而分别是国家和教会执行的信息搜集的结果：16世纪晚期的新西班牙的《地理录》[23]，以及17世纪耶稣会士绘制的中国地图[24]。然而，随着研究的进行，欧洲探险家的知识来源于本土地图绘制的情况越来越多。一个巨大的进步随着《地图学史》第二册和第三册的出版而被记录，两卷中包含了涵盖了本章所研究时期的当地居民对最早的欧洲地图绘制产生影响的例子，从圭亚那（Guiana）到加罗林岛（Caroline Islands），以及从秘鲁到哈得孙湾（Hudson Bay）。这一主题的可能性似乎还没有被穷尽。

正如德沃尔西（De Vorsey）所撰写的，"大陆上每一区域的美洲印第安人（Amerindian）地图学家和向导都对勾勒和填充北美洲地图作出了重要贡献"[25]。哈利谈到在欧洲早期的美洲地图绘制中"一个被隐藏的印第安地理知识的集合"[26]。科尔特斯使用了当地的地图以及指南，去获得一个中美洲（Mesoamerican）世界的图像，并且引导他的大部分纳瓦（Nahua）军队前往洪都拉斯（Honduras）和危地马拉（Guatemala）[27]。瓦斯科·努涅斯·德巴尔沃亚（Vasco Núñez de Balboa）据说得益于一位当地酋长的"陆地地图"（de Tierra...vna figura）[28]。按照我

㉒ Pedro de Novo y Colson, *Sobre los viajes apócrifos de Juan de Fuca y de Lorenzo Ferrer Maldonado* (Madrid: Imprenta de Fortanet, 1881)，和 Henry Raup Wagner, "Apocryphal Voyages to the Northwest Coast of America," *Proceedings of the American Antiquarian Society*, n. s. 41 (1931): 179–234。

㉓ Barbara E. Mundy, *The Mapping of New Spain: Indigenous Cartography and the Maps of the Relaciones Geográficas* (Chicago: University of Chicago Press, 1996).

㉔ Helen Wallis, "The Influence of Father Ricci on Far Eastern Cartography," *Imago Mundi* 19 (1965): 38–45，以及 Theodore N. Foss, "A Western Interpretation of China: Jesuit Cartography," in *East Meets West: The Jesuits in China, 1582–1773*, ed. Charles E. Ronan and Bonnie B. C. Oh (Chicago: Loyola University Press, 1988), 209–51。

㉕ Louis De Vorsey, "Amerindian Contributions to the Mapping of North America: A Preliminary View," *Imago Mundi* 30 (1978): 71–78, esp. 71.

㉖ J. B. Harley, "New England Cartography and the Native Americans," in *American Beginnings*, 287–313, esp. 290.

㉗ Barbara E. Mundy, "Mesoamerican Cartography," in *HC* 2.3: 183–256, esp. 187.

㉘ Antonio de Herrera y Tordesillas, *Historia general de los hechos de los castellanos, en las islas, y tierra-firme de el mar occeano*, 10 vols., ed. J. Natalicio González (Asunción: Guaranía, [1944–47]), 2: 241，以及一个较早的版本，*Historia general de los hechos de los castellanos en las islas y tierrafirme del mar océano*, 17 vols. (Madrid: [Tipografía de Archivos], 1934–57), 3: 376，被引用在 Harrisse, *Discovery of North America*, 477。

所知道的，尽管没有提到当地地图被与其他的寻找路线或者在区域中侵略路线的确立联系起来，但值得提出这样的假设，即它们提供了帮助。在科尔特斯的信件中揭示的中美洲的地理学知识，以及监护征赋制的收入远远超出了他从经验中所知道的，虽然这在理论上可以通过各种方式来解释，但具有说服力的解释都不应当忽略这样的事实，即他被地图使用者以及地图制作文化所环绕㉙。1579 年的塔瓦斯科（Tabasco）地图被认为是梅尔基奥尔·阿尔瓦罗·德圣克鲁斯（Melchior Álvaro de Santa Cruz）所绘，这是当地地图学的一个显然少有的例子。

　　树皮和皮毛的地图，保存下来的例子或者当时提到存在的例子，可以证明在北美洲的很多部分指引了探险家㉚。详细的地形地图以及宏大的宇宙图示被绘制在大地上，或者由卵石或棍棒和玉米组成，被风吹散㉛。阿隆索·德圣克鲁斯或者一名助手在由埃尔南多·德索托（Hernando De Soto）1539—1543 年探险队成员提供的信息的基础上绘制的地图更为详细，且有一定的准确性，而对此，除了这是当地居民测绘的结果之外，没有合理的解释㉜。在 1540 年的探险过程中，一位年纪较大的当地的报告人为埃尔南多·德阿拉尔孔（Hernando de Alarcón）描绘了科罗拉多河（Colorado River）的河道；与此同时，同一次探险的朝向内陆的分支队伍搜集了一幅绘制在皮子上的邻近哈维库（Hawikuh）的一组居民点的祖尼（Zuni），然后将其送回西班牙㉝。在罗阿诺克事件（Roanoke episode）中，报告人为拉尔夫·拉内爵士（Sir Ralph Lane）"写下"了一份切萨皮克（Chesapeake）"所有国家的报告"㉞。一位名为尼瓜拉（Nigual）的印第安人，在 1620 年为弗朗西斯科·巴尔韦德·德梅尔卡多（Francisco Valverde de Mercado）制作了一幅保存下来的新墨西哥（New Mexico）的草图㉟。易洛魁人（Iroquois）使用棍子向雅克·卡蒂尔（Jacques Cartier）提供了急流之间的圣劳伦斯（St. Lawrence）河的一个图像㊱。约翰·史密斯绘制弗吉尼亚地图的能力扩展超出了他自己的范围，以及他的同伴通过"野蛮人的信息"探索的范围㊲。波瓦坦（Powhatan）自己"在地面上（绘制）地图"，为史密斯展示了远至西部的国家的特征㊳。印第安人为巴塞洛缪·戈斯诺尔德（Bartholomew Gosnold）在 1602 年绘制了部分海岸线，为塞缪尔·德尚普兰（Samuel de Champlain）在 1605

745

㉙　Mundy, "Mesoamerican Cartography," 194 – 95.

㉚　例如，参见 Harald E. L. Prins, "Children of Gluskap: Wabanaki Indians on the Eve of the European Invasion," in *American Beginnings*, 95 – 117, esp. 112 – 13。

㉛　G. Malcolm Lewis, "Maps, Mapmaking, and Map Use by Native North Americans," in *HC* 2. 3: 51 – 182, esp. 61 – 71, 以及 Gregory A. Waselkov, "Indian Maps of the Colonial Southeast," in *Powhatan's Mantle: Indians in the Colonial Southeast*, ed. Peter H. Wood, Gregory A. Waselkov, and M. Thomas Hatley (Lincoln: University of Nebraska Press, 1989), 292 – 343。

㉜　Lewis, "Maps, Mapmaking, and Map Use," 95, 以及 William Patterson Cumming, R. A. Skelton, and David B. Quinn, *The Discovery of North America* (New York: American Heritage Press, 1972), 121。

㉝　Lewis, "Maps, Mapmaking, and Map Use," 108.

㉞　Quinn, *New American World*, 3: 299.

㉟　Rainer Vollmar, *Indianische Karten Nordamerikas: Beiträge zur historischen Kartographie vom 16. bis zum 19. Jahrhundert* (Berlin: Dietrich Reimer, 1981), 29 – 30.

㊱　Lewis, "Maps, Mapmaking, and Map Use," 67 – 68.

㊲　John Smith, *The Complete Works of Captain John Smith (1580 – 1631)*, 3 vols., ed. Philip L. Barbour (Chapel Hill: By the University of North Carolina Press for the Institute of Early American History and Culture, 1986), 1: 140 – 42 and 151; 引用在 Harley, "Cartography and the Native Americans," 290.

㊳　Lewis, "Maps, Mapmaking, and Map Use," 69.

年绘制了部分海岸线[39]。罗伯特·卡弗利耶·德拉萨莱（Robert Cavelier de La Salle）依赖一幅在得克萨斯（Texas）东部绘制在树皮上的塞尼（Cenis）地图来告诉他自己，他所在的位置与西班牙边界的关系[40]。尽管不是在探险的背景下，但存在大量进一步的当地居民对早期殖民地地图绘制的贡献的例子——来自美国的几乎每一区域和加拿大的很多区域，使用白垩或木炭绘制在当地的鹿皮上，或者绘制在欧洲人借给的树皮或木材或其他表面材料上，通过标记地面，或通过组合棒、玉米粒、鹅卵石和其他这样的材料——毫无疑问，北美地区的本土地图绘制的潜力为陌生环境中的新移民提供了指导[41]。

　　欧洲探险家有时候发现自己位于其本地地图学传统的无法被他们识别或者为我们记录的区域中。然而，甚至在那种区域中，他们依赖当地的知识找到周围的道路。归因于亚当·萨斯迪·纳吉（Adam Szaszdi Nagy）的精密著作，我们可以重建哥伦布之前加勒比地区的贸易和旅行路线，这也是哥伦布的当地向导向新来者展示的[42]。哥伦布对阿拉瓦克人（Arawak）关于海洋知识的赞誉，没有包括任何可以被识别为一幅地图的内容，但是他确实承认他们的知识让他受益颇多："他们在海洋中到处航行，如此美好的就是他们对于任何事物所给出的如此良好的描述。"他抓捕当地俘虏的动机就是"获得他们，并且获得关于在这些地方可以期待的东西的信息"[43]。按照一则巴托洛梅·德拉斯卡萨斯讲述的故事，印第安俘虏中的两位，他们陪伴哥伦布返回了欧洲，可以通过在一个平坦的盘子上排列豌豆来展示哥伦布所报告的岛屿之间的关系[44]。按照传统的理解，由此并不能讲述任何关于当地地图绘制的东西，或者阿拉瓦克导航员的用以替代地图呈现的其他形式，但其有助于展示，土著人的信息是可以被如何传递的。

　　相关的信息是如何在与此类似的文化中编码的，而这些文化没有地图保存下来，这超出了我们的知识。可能性包括，地标或者天上的标志，歌颂和经文，仪式和手势[45]。在陆地的环境中，例如那些由印加（Inca）控制的地区，其可能有助于将土地本身看作一幅比例尺为1：1的地图，其上刻画和分散着助记工具和标志线。不同于美洲的很多其他本土民族，印加没有任何我们通常可以识别为地图的东西，但是对于找路，他们似乎依赖于由明显的圣坛形成的图案，被称为瓦卡斯（huacas），还有沿着山脊布置的线条，而这些山脊是军队和朝圣者通过的；这些可能被记录在羊毛编织物中[46]。在北美洲东北部，贝壳串可以成功地被用于描绘路线——包括，按照耶稣会士弗朗索瓦·勒梅西耶（Jesuit François Le Mercier）1652—1653年的叙述，湖泊、河流、山脉、港口和瀑布，由此"没有人会迷路"[47]。这点提

[39] Harley, "Cartography and the Native Americans," 291 – 93, 以及 Samuel de Champlain, *The Works of Samuel de Champlain*, 6 vols. , ed. Henry P. Biggar (Toronto: Champlain Society, 1922 – 36), 1: 335 – 36。

[40] Lewis, "Maps, Mapmaking, and Map Use," 95

[41] Mark Warhus, *Another America: Native American Maps and the History of Our Land* (New York: St. Martin's, 1997); Lewis, "Maps, Mapmaking, and Map Use"; 以及 Vollmar, *Indianische Karten Nordamerikas*.

[42] Adam Szaszdi Nagy, *Un mundo que descubrió Colón: Las rutas del comercio prehispánico de los metales* (Valladolid: Casa-Museo de Colón, Seminario Americanista de la Universidad de Valladolid, 1984), esp. 26 – 51.

[43] Adam Szaszdi Nagy, *Los guías de Guanahaní y la llegada de Pinzón a Puerto Rico* (Valladolid: Casa-Museo de Colón, Seminario Americanista de la Universidad de Valladolid, 1995), 7 and 14.

[44] Las Casas, *Historia de las Indias*, 1: 324 – 25 (bk. 1, chap. 74) .

[45] 例如，参见 Lewis, "Maps, Mapmaking, and Map Use," 52 – 53。

[46] William Gustav Gartner, "Mapmaking in the Central Andes," in *HC* 2.3: 257 – 300, esp. 265 – 68.

[47] Lewis, "Maps, Mapmaking, and Map Use," 89.

出了这样的假设，即奇普（*quípu*，*khipu*）也可能为了类似目的而被利用⑱。殖民时期，印加帝国（Tahuantinsuyu）的人可以通过用"黏土、鹅卵石和木棍"制作的模型，回应西班牙人对于地图的要求。如果早期殖民地的传统可以被信任的话，那么这一短命的地图绘制方法有着征服前的仪式方面的先例⑲。

可能由此产生了一个相似的问题——尽管不是在知识的现存状况下，被回答——关于输入欧洲探险家的作品中的亚洲地图学。按照一种公认的晚期传统，瓦斯科·达伽马的穆斯林导航员绘制了"一幅印度洋的航海图，按照摩尔人（Moors）的方式"，其中有"子午线和平行纬线"，另外一幅本土地图是从卡利卡特的沙莫林（Samorin of Calicut）那里获得⑳。在欧洲地图中的模糊和推测的日本的轮廓在 1580 年转型，当耶稣会士使用当地模本的时候。甚至在那些本土的地图学传统由于没有保存下来地图因而无法被展现的地方，欧洲探险家自己描述中的提及展现了他们的依赖性。在那些我们认为类似于中世纪晚期的东西中，爪哇人（Javanese）的地图显然有很大的实际用途。弗朗西斯科·罗德里格斯（Francisco Rodrigues）正是基于此绘制了有非凡真实性的孟加拉湾（Bay of Bengal）和班达海（Banda Sea）之间海岸的地图，由于他对于这里只是略微熟悉，因此除非参考了本土地图，否则那将是令人费解的，并且葡萄牙东方海域的早期地图可以被确定地认为纳入有它们的信息。1512 年，一幅爪哇人的地图，据说包括了来自中国地图的信息或航行指南，由阿丰索·德阿尔布开克（Afonso de Albuquerque）发送到葡萄牙宫廷，他将其称作"我曾经看到过的最好的事物"。其在 1513 年的一次沉船事故中佚失。在他前往中国的路途中，托梅·皮雷斯（Tomé Pires）"很多次"看到了当地的前往摩鹿加群岛的航线的航海图㉑。由此引诱试图推测性地重建爪哇人地图制作者的世界图像；任何这样的工作应当充斥着推测的风险，但是至少值得考虑一种到目前为止被忽略的可能性：早期的"伟大的爪哇"（Java la Grande）的地图学——因为它复制了澳大利亚北部海岸的令人信服的形象——反映了爪哇人的传统，而不是欧洲人的经验或者推测㉒。

746

---

⑱ Compare Gartner, "Mapmaking in the Central Andes," 289 – 94.

⑲ Gartner, "Mapmaking in the Central Andes," 285.

⑳ João de Barros, *Ásia, de João de Barros: Dos feitos que os portugueses fizeram no descobrimento e conquista dos mares e terras do Oriente*, 6th ed., 4 vols., ed. Hernâni Cidade (Lisbon: Divisão de Publicações e Biblioteca, Agência Geral das Colónias, 1945 – 46), 1: 151 – 52; Jerry Brotton, *Trading Territories: Mapping the Early Modern World* (London: Reaktion Books, 1997), 81; 以及 Francis Romeril Maddison, "A Consequence of Discovery: Astronomical Navigation in Fifteenth-Century Portugal," in *Studies in the Portuguese Discoveries*, I: *Proceedings of the First Colloquium of the Centre for the Study of the Portuguese Discoveries*, ed. T. F. Earle and Stephen Parkinson (Warminster, Eng.: Aris and Phillips with the Comissão Nacional para as Comemorações dos Descobrimentos Portugueses, 1992), 71 – 110, esp. 71 – 72。

㉑ Armando Cortesão, ed. and trans., *The Suma Oriental of Tomé Pires. . . and The Book of Francisco Rodrigues. . .*, 2 vols. (London: Hakluyt Society, 1944; reprinted Nendeln, Liecht.: Kraus, 1967), 1: lxxviii and 211; Heinrich Winter, "Francisco Rodrigues' Atlas of ca. 1513," *Imago Mundi* 6 (1949): 20 – 26; 以及 Brotton, *Trading Territories*, 81 – 82. 对爪哇地图学的较早提及，参见 Joseph E. Schwartzberg, "Introduction to Southeast Asian Cartography," and "Southeast Asian Geographical Maps," in *HC* 2.2: 689 – 700, esp. 690 and 697, and 741 – 827, esp. 766 – 76。

㉒ 关于"伟大的爪哇"，参见 Helen Wallis, "Java la Grande: The Enigma of the Dieppe Maps," in *Terra Australis to Australia*, ed. Glyndwr Williams and Alan Frost (Melbourne: Oxford University Press, 1988), 38 – 81; W. A. R. Richardson, *The Portuguese Discovery of Australia: Fact or Fiction?* (Canberra: National Library of Australia, 1989); 以及 Glyndwr Williams, " 'Java la Grande': Still More Questions than Answers" （论文提交在 symposium Cartography in the European Renaissance, Madison, Wisconsin, 7 – 8 April 2000）。

作为地图制作者的探险家

技术问题

将探险者的报告翻译为地图制作者的代码，其困难不仅是概念上的；也是实践方面的。曾经说到哥伦布"当他驶离的时候，他不知道那正在前往哪里，当他抵达的时候，他不知道他在哪里，以及当他返回的时候，他不知道他曾经在哪里"的目击者，带着可原谅的夸张，可能正在谈及的正是大多数现代最早的探险家。为了知道你在世界上的哪个地方，意味着，在实践中有能力找到你返回那里的道路；你必须确定你的位置，使用一些可靠的途径，与至少一个其他已知地点的关系。为此，你需要一个参考网格并在其上确定你的位置的方法，或者需要可靠的确定方向和记录距离的设备。在这一时期之初，这些必要条件中没有一个是欧洲人可以使用的，并且它们在这一时期中只是缓慢并且不充分地发展。

可能有用的就是去对顽固的正统观点进行一些修订，在正统观点中，探险和科学的产生是欧洲现代早期密切关联的现象。这一时期历史中的这两个主题的某些交叠是无可否认的。探险是一种在其中实证观察非常重要的活动；它致力于一个明确的科学认识论；其结果包括文本权威的修订；其发现回馈到一种不断增长的真实、准确中，因此，在某种意义上，是科学世界的图像[53]。然而，大部分探险家，对于科学兴趣不大，或者只有很少的科学知识——甚至缺乏天文、航海和测量科学以及相关的技术，而这些似乎与他们的活动是最为相关的；那些擅长这些知识或有兴趣的人通常被视为——对我们而言，如同当代的评论家——无知、虚假或者自负[54]。哥伦布通过影响一位专家甚至一位占星学家来恐吓他的船员，但是没有证据说明，除了进行展示之外，他使用了一架他携带的简单的四分仪。他通过几乎最为粗糙的方式来估计纬度：他通过使用环绕北极星的导航星的运动来用小时测量夜间持续的时间，然后从 24 小时中减掉这一数字，从而计算白昼的小时数。然后他将结果与一张印刷表格进行比较[55]。阿美利哥·韦思普奇对南方天空的观察是令人感兴趣的，但他作为一名科学航海家的地位，与他所声称的对任何其他成就的权利相比并不更可靠[56]。在传统的葡萄牙的历史编纂学中对于科学航海的产生的强调，可能因为国家荣誉感而被有些夸大[57]：我们

---

[53] Onésimo Teotónio Almeida, "Portugal and the Dawn of Modern Science," in *Portugal, the Pathfinder: Journeys from the Medieval toward the Modern World, 1300 – ca. 1600*, ed. George D. Winius (Madison: Hispanic Seminary of Medieval Studies, 1995), 341 – 61.

[54] E. G. R. Taylor, *The Haven-Finding Art: A History of Navigation from Odysseus to Captain Cook* (London: Hollis and Carter, 1956), 181 and 199.

[55] Rolando A. Laguarda Trías, *El enigma de las latitudes de Colón* (Valladolid: Casa-Museo de Colón, Seminario de Historia de América de la Universidad de Valladolid, 1974), 5.

[56] Morison, *Southern Voyages*, 294 – 97.

[57] 关于这一问题的葡萄牙传统可以在如下著作中追溯：A. Fontoura da Costa, *A marinharia dos descobrimentos*, 3d ed. (Lisbon: Agência Geral do Ultramar, 1960); Almeida, "Dawn of Modern Science"; Luís de Albuquerque, *Introdução à história dos descobrimentos* (Coimbra: Atlântida, 1962); idem, "Astronomical Navigation," in *History of Portuguese Cartography*, by Armando Cortesão, 2 vols. (Coimbra: Junta de Investigações do Ultramar-Lisboa, 1969 – 71), 2: 221 – 442; idem, *Curso de história da náutica* (Coimbra: Livraria Almedina, 1972); 以及本卷的第三十八章。关于在这一背景下术语"科学"的有效使用的普遍问题，参见 Derek J. de Solla Price, "Philosophical Mechanism and Mechanical Philosophy: Some Notes towards a Philosophy of Scientific Instruments," *Annali dell'Istituto e Museo di Storia della Scienza di Firenze* 5 (1980): 75 – 85, 以及 Deborah Jean Warner, "What Is a Scientific Instrument, When Did It Become One, and Why?", *British Journal for the History of Science* 23 (1990): 83 – 93。

知道在16世纪用纬度测量仪器在海上甚至无法获得即使不那么精确的读数，如同我们将要看到的，那些少量对于制作地图感兴趣的最为著名的探险家的例子——甚至草图，更不用说用高标准来评价测量文献，并通过当时可用的测量技术进行检查。与这些事实相对应，关于葡萄牙航海家早在航海者亨利的时代就使用了科学设备的那些宣称，显得不太可信[58]。在晚期的文献中，瓦斯科·达伽马被认为携带了一架四分仪或者一架水手的星盘，但据称的仅有观察是由他在陆地上进行的[59]。

16世纪的技术在这方面的贫乏不能被过分强调。按照哥伦布的说法，航海者的艺术类似于先见之明[60]。对于威廉·伯恩而言，其并不比猜测好多少[61]。在很大程度上，使准确地按照比例进行地图和航海图的绘制成为可能的测量技术，是在17世纪发展的，并且最为重要的设备对于这一时期大部分时段的探险家都是不可用的。望远镜，用望远镜强化的四分仪、动丝测微仪，以及用作线性测量的铅锤——所有这些都是17世纪的发明。在三角测量被应用之前——一种探险家没有实践的技术，如同我们所知道的，直至到17世纪——距离仅仅可以被估计，甚至是在陆地上。在海上，这种估计依赖于非常概略的技术：使用测速绳和沙漏。尽管经验丰富的航海者有我们现在已经佚失的技术，并且可以通过裸眼观察太阳或北极星来做出令人印象深刻的对相对纬度的判断[62]，用于估算纬度的唯一可用的技术就是水手星盘或者其简化版，例如四分仪或者反向高度仪。在17世纪20年代之前做出的改良，仅仅只是略微增加了结果的精确度和可靠性而已[63]。尽管水手星盘和替代设备的数量在16世纪增长，并且做出了改进，这显然反映了水手的需要，但它们从未丧失稀少神秘的含义[64]。

几乎没有必要添加的就是，经度的计算超出了当时科学的范畴，即使由最优秀的专家在特别设定的条件下于岸上进行测量时也是如此[65]。经度的问题类似于当时其他的浮士德（Faustian）的渴望，例如寻找哲人石、不老泉以及炼金术传统的秘方。除了对航行距离进行估计之外——一种容易发生错误累积的方法——16世纪在船只上最为通常使用的方法，在阿隆索·德圣克鲁斯的《经度之书》（*Libro de las longitudes*）中进行了鸿篇累牍的推荐，但

---

[58]　P. E. Russell, *Prince Henry "The Navigator": A Life* (New Haven: Yale University Press, 2000), 236-38。

[59]　Barros, *Ásia*, 1: 135, 以及 Francis Romeril Maddison, "On the Origin of the Mariner's Astrolabe," *Sphaera Occasional Papers*, No. 2 (1997), esp. 5。

[60]　Columbus, *Textos*, 325.

[61]　William Bourne, *A Regiment for the Sea and Other Writings on Navigation*, ed. E. G. R. Taylor (Cambridge: Cambridge University Press, 1963), 294.

[62]　Paul Adam, "Navigation primitive et navigation astronomique," in *Les Aspects internationaux de la découverte océanique aux XVe et XVIe siècles: Actes du cinquième colloque international d'histoire maritime* (Paris: S. E. V. P. E. N., 1966), 91-111. 佩德罗·德梅迪纳1538年的 *Libro de cosmographía* 描述了如何仅仅依靠太阳进行航行，"如果一位在海上的导航员遗失了他的航海图和罗盘的话"；参见 Pedro de Medina, *A Navigator's Universe: The Libro de Cosmographía of 1538*, trans. and intro. Ursula Lamb (Chicago: Published for the Newberry Library by the University of Chicago Press, 1972), 131-34 and 200-201。

[63]　Costa, *A marinharia dos descobrimentos*, 18-35 and 263-371.

[64]　Alan Stimson, *The Mariner's Astrolabe: A Survey of Known, Surviving Sea Astrolabes* (Utrecht: HES, 1988), 以及 *The Planispheric Astrolabe* (Greenwich: National Maritime Museum, 1979), 42。

[65]　David C. Goodman, *Power and Penury: Government, Technology and Science in Philip II's Spain* (Cambridge: Cambridge University Press, 1988), 53-72.

基于错误的假设，即经度与磁偏角有关[66]；结果就是增加了误差。1615 年，威廉·巴芬（William Baffin）使用月星距的方法，在海上获得了准确的度数，因其早熟而突出。即使归因于望远镜的发明，在 17 世纪开始了对可能性范围的改善，但这在船上实际上是无法实现的。

　　在外海追溯一条路线的最好方式就是沿着熟悉的风向摸索前进——去航海，如同安德烈·泰韦所说的，"在风的引导之下"[67]。海洋由风的走廊构成，大部分现代早期的航程被由此界定：大西洋的"三角"贸易（更好地理解为一种卵形）；印度洋的季风航线；环绕它们的海路，沿着咆哮的西风带，西澳大利亚洋流以及东南贸易；以及受到严格限制的跨太平洋的路线——一旦通过缓慢和煞费苦心的，1520 年和 1565 年之间的一系列西班牙的航行，风系的性质被确定——很少有探险家在此之外进行冒险。在外海，航海家的精神地图是概略的和图表的：地点之间的真实关系与航海问题基本没有关系。这种概念化海员任务的方法，具体表现在波特兰航海图的传统之中。在处理海洋空间方面，波特兰航海图对相对距离的呈现似乎是扭曲的，因为其反映了航海者对被肖尼（Chaunu）称为"时间—距离"（tempsdistance）可量化因素的优先考虑——从一个港口到另一个港口需要多长的时间；这里，同样，风玫瑰的交叉图案似乎排挤掉了任何一个网格的概念，但仅仅是因为确定方向的技术要比任何可用的用于确定经度，甚至纬度的方法要可靠。在概念上，波特兰航海图要比一幅有比例的图像更为接近伦敦地铁（London Underground）地图；尽管有用显著准确的方式描绘海岸线的能力，但其没有表达跨越外海的距离的真实印象，而这些外海是在地中海和其他相似的被封闭或者几乎被封闭的海洋之外[68]。类似的扭曲影响了根据海员报告编制的地图。

　　部分结果就是，甚至那些使用地图作为指南的探险家也很少考虑自己制作地图去引导后来的追随者。给予传统认识以很大的信心可能是莽撞的，而这种传统认识就是：就职业而言，哥伦布是一位航海图制作者，或者他曾经，与他的一位兄弟联合，进行地图贸易的商业活动[69]。然而，因为他使用——至少——地图是很好被证实的，那么与此一致的就是他应当制作了一些他自己的地图。而且，他明确地由西班牙君主，他的赞助者委托去将他的发现绘制为地图[70]；然而，没有证据说明，他曾经确实那么做了，尽管他重复了

748

---

⑥　Costa, *A marinharia dos descobrimentos*, 147 – 57.

⑥⑦　André Thevet, *La cosmographie vniverselle*, 2 vols.（Paris：Chez Guillaume Chandiere, 1575），2：907.

⑥⑧　关于确定准确性的问题，参见 Jonathan T. Lanman, *On the Origin of Portolan Charts*（Chicago：Newberry Library, 1987），11 – 51。

⑥⑨　关于这些问题最早的资料——Las Casas 的 *Historia de las Indias*［1：161 – 64（bk. 1, chap. 30）］，以及 *Le historie della vita e dei fatti di Cristoforo Colombo*，被认为是费尔南多·科隆（Fernando Colón）的作品（参见 the edition in 2 vols., ed. Rinaldo Caddeo［Milan：Edizioni "Alpes," 1930］，1：96）——显然是在推论，而不是陈述事实；关于详细的讨论，参见 Juan Manzano Manzano, *Cristóbal Colón：Siete añosd ecisivos de su vida*, *1485 – 1492*（Madrid：Ediciones Cultura Hispánica, 1964），133 – 142。

⑦⓪　Martín Fernández de Navarrete, *Colección de los viages y descubrimientos que hicieron por mar los españoles desde fines del siglo XV*, 5 vols.（Buenos Aires：Editorial Guaranía, 1945 – 46），1：353, 357, and 363 – 364。

他的允诺⑦。唯一一幅认为是哥伦布绘制的展示了他发现的所有部分的地图，现在被认为肯定是伪造的⑫。尽管他的下级军官，阿隆索·德霍杰达（Alonso de Hojeda），和其他大量的目击者报告了一幅显示了 1498 年哥伦布前往帕里亚的航行发现的地图，但地图似乎并不是哥伦布自己绘制的⑬。被认为是他的兄弟绘制的地图，从未赢得太多的学术信任。来自他的一名同船船员的被普遍接受的，似乎反映了他航行的真实体验的地图，就是通常被认为是胡安·德拉科萨的作品的世界地图，"总航海图"（maestro de haser cartas），其乘船经历了哥伦布第二次穿越大西洋的航行⑭（地图是附录 30.1 中的图 30.9，附录列出并展示了 1530 年之前新世界和旧世界的绘本地图，图 30.9 – 30.31）。甚至关于这一作品的权威性也产生了问题。其被文献记录的历史不能追溯到查尔斯 – 阿塔纳斯·沃尔肯纳男爵（Baron Charles-Athanase Walckenaer）据说在 1832 年之前购买了其巴黎的书店之前，当时在男爵的图书馆中，亚历山大·冯洪堡验证了它——确实，按照洪堡的说法，第一次正确对其进行了认定⑮。它表现出了从未被充分解释的令人费解的不一致之处：将古巴描绘为一座岛屿、北美洲大陆连续的特性、其海岸线从西南向东北的实际走向、单一子午线的不稳定的位置、在对两半球进行描绘时风格和比例尺的不一致以及描绘它们之间关系的方式、沿着南美洲海岸的被记录的探索的范围、关于在中美洲可能存在的一条海峡的模棱两可，以及包含看起来似乎来自卡伯特 1497 年航行的数据，但在任何地方都没有文献记录。并且被声称的作者的身份是有问题的。这些本身不是足够的理由，难以

749

---

⑦　有三四条相反的证据，尽管它们只有不太大的说服力。首先，据称是由哥伦布做出的一个宣称，即他制作了这样一幅地图，是在 Antonio Rumeu de Armas, ed., *Libro copiador de Cristóbal Colón*, 2 vols. （Madrid：Testimonio Compañía Editorial, 1989），2：451 – 52 提出的，但是这一文献被认为是一份之前未出版的哥伦布作品的 18 世纪的副本，其显然，没有公开的出处和历史，只是在一位书商的手中，在百年庆典的兴奋中要了高价。尽管其受到了学者的广泛欢迎，但其与其他的更有权威性的材料的不一致，使其非常值得怀疑。其次，拉斯卡萨斯在 *Historia de las Indias*，1：353（bk. 1, chap. 84）中描述了哥伦布在他穿越大西洋的航行中寻找海地岛的努力，谈到向里科港上的居民提出询问："通过符号的方法，他们还被询问了关于海地岛的情况，其在该岛屿以及邻近岛屿的语言中被称为 Haytí，最后一个音节是重音；他们指着其所在的方向；并且尽管海军上将，按照他的与第一次发现有关的 *carta* 理解，并且可以直接前往那里，但他并不满足于从他们那里听到海地岛与他所在的地点相对的位置"。上下文可以说明，这里的 carta 指的是"地图"，但并不清楚，这是怎么样的一幅地图，如果其存在，那么应当帮助了哥伦布，后者现在处于一个他之前从未前往过的区域，除了确定他推断海地岛大致在西北方之外。下述事实，即哥伦布，在他出发进行他的第二次航行的时候，并没有制作一幅关于他的发现的地图，而这点通过君主不断要求他去绘制地图的请求而得以确认。这些要求一直持续到哥伦布即将出发的几天，并且在此后依然如此。拉斯卡萨斯可能被哥伦布一再提及的他的意图所误导，其意图就是——未执行的，按照我们所知道的——去制作这样一幅地图。哥伦布第二次航行的同船水手，Michele Cuneo，报告看到很多岛屿，"所有这些岛屿，海军上将让他明确标定在一幅航海图上"。然后，如果确实如此的话，那么地图然后应当被呈现给君主以满足他们的要求。最后，皮里·雷斯据说接触了一幅由哥伦布制作的地图（后文讨论）。

⑫　Christopher Columbus, *The Log of Christopher Columbus*, trans. Robert Henderson Fuson (Camden, Maine：International Marine, 1987), 9.

⑬　Harrisse, *Discovery of North America*, 408 – 10.

⑭　Juan Gil and Consuelo Varela, eds., *Cartas de particulares a Colón y relaciones coetáneas* (Madrid：Alianza Editorial, 1984), 219. 关于胡安·德拉科萨，参见 Antonio Ballesteros Beretta, *La marina cántabra y Juan de la Cosa* (Santander：Diputación Provincial, 1954), 129 – 402。

⑮　Alexander von Humboldt, "Ueber die ältesten Karten des Neuen Continents und den Namen Amerika," in *Geschichte des Seefahrers Ritter Martin Behaim*, ed. Friedrich Wilhelm Ghillany (Nuremberg：Bauer und Raspe, Julius Merz, 1853), 1 – 12, esp. 1. Alexander von Humboldt, in *Examen critique* (1：xxiii)，这部作品显然部分地构想是作为对最近发现的胡安·德拉科萨地图的一种展示，谈到，他与沃尔肯纳一起判断绘制它的原因。

将地图重新认定为是不真实的，但它们展示了这一领域中难以捉摸的确定性[76]。

在17世纪之前，航迹图似乎才超越航海图成为海员喜欢从中获得航海信息的一种形式；在很多被记录的例子中，其也是探险家喜欢从中搜集信息的形式。中世纪的波特兰航海图，保存下来的数量是近乎非常丰富的，可能不再被航海者大量使用，航海者传统的偏好，是在波特兰航海图可以使用之前就建立的，即文本的航行指南。航海图的发展历史如此模糊，以至于我们甚至无法确定，这一文献类型是不是为了水手的目的而发展的；其可能是一种用于展示的视觉辅助工具——为了旅客、岸上旅客的教化，还有为了如商人等有兴趣的群体——导航员偏好在他们头脑中或者在航迹图中携带数据[77]。喜好航迹图的偏见是顽固的。正是使用这一形式，1508年，帕切科·佩雷拉对葡萄牙非洲西部海岸的测绘进行了整理，若昂·德利斯博阿（João de Lisboa）在1519年之前对那些巴西的测量进行了整理，然后再次在16世纪30年代早期由佩罗·洛佩斯·德苏萨（Pero Lopes de Sousa）进行了整理[78]。同类的一种文献，由葡萄牙最新发行的，并且显示了巴西和南美洲圆锥形的海岸，似乎被携带到鹈鹕号（*Pelican*）的船上，当弗朗西斯·德雷克爵士在他1578年出发进行他环球航行的任务的时候，尽管他有至少一幅真实的地图（一幅在里斯本购买的世界地图）[79]。新世界的葡萄牙导航员也被分发了类似的文献，但他们可能偏好沿岸的航海图[80]。韦拉扎诺和埃斯特旺·戈梅斯（Estevão Gomes）在1524—1525年对北美洲东部沿海大部分地带进行了海岸测量，结果被记录在航迹图而不是在地图上，

[76]　对于证据和学者观点的归纳，而学者的观点一般是基于地图是真实的这一假设来提出的，参见 George E. Nunn, *The Mappemonde of Juan de la Cosa: A Critical Investigation of Its Date* (Jenkintown, Pa.: George H. Beans Library, 1934); Ballesteros Beretta, *Marina cántabra*, 233 – 46; Arthur Davies, "The Date of Juan de la Cosa's World Map and Its Implications for American Discovery," *Geographical Journal* 142 (1976): 111 – 16; 以及最为质疑性的质讯，Bernard G. Hoffman, *Cabot to Cartier: Sources for a Historical Ethnography of Northeastern North America*, *1497 – 1550* (Toronto: University of Toronto Press, 1961), 87 – 97. Hugo O'Donnell, in "El mapamundi denominado 'carta de Juan de la Cosa' y su verdadera naturaleza," *Revista General de Marina*, número especial, 3 (1991): 161 – 81, 提出了多位作者。Ricardo Cerezo Martínez, in "La carta de Juan de la Cosa (y III)," *Revista de Historia Naval* 12, No. 44 (1994): 21 – 37, 以及 idem, *La cartografía náutica españolaen los siglos XIV, XV y XVI* (Madrid: C. S. I. C., 1994), 回答了一些，但不是全部，关于地图一致性的争论。他还揭示（"La carta," 32, 和 *La cartografía*, 116), 在红外光和紫外线下对地图的检查已经在 Museo del Prado 进行，揭示——在唯一一一段作者从1987年12月6日的报告中引用的段落——"极大的一致性"（gran homogeneidad), 整幅地图的风格方面和颜料的类型方面, "并且没有什么是不寻常的"（ninguna cosa extraña). 我已经获得这一报告文本的一个副本，感谢 María Luisa Martín Merás of the Museo Naval 的慷慨；其揭示与16世纪早期的技术之间没有什么不一致的地方，并且在地图不同部分使用的颜料上有一致性。Angel Paladini Cuadrado, "Contribución al estudio de la carta de Juan de la Cosa," *Revista de Historia Naval* 12, No. 47 (1994): 45 – 54 作出了进一步的贡献，认为整幅地图中比例尺的一致性是参考性的但不是决定性的。

[77]　Felipe Fernández-Armesto, "Introduction," in *Questa e una opera necessaria a tutti li naviga[n]ti* (1490), by Alvise Cà da Mosto (Delmar, N. Y.: For the John Carter Brown Library by Scholars' Facsimiles and Reprints, 1992), 7 – 19, esp. 8 – 9. 对比 Tony Campbell, "Portolan Charts from the Late Thirteenth Century to 1500," in *HC* 1: 371 – 463, esp. 440。也可以参见本卷的第七和第二十章。

[78]　C. R. Boxer, "Portuguese Roteiros, 1500 – 1700," *Mariner's Mirror* 20 (1934): 171 – 86.

[79]　E. G. R. Taylor, "The Dawn of Modern Navigation," *Journal of the Institute of Navigation* 1 (1948): 283 – 89, 以及 Richard Boulind, "Drake's Navigational Skills," *Mariner's Mirror* 54 (1968): 349 – 71。

[80]　Alonso de Chaves, *Quatri partitu en cosmografía práctica*, *y por otro nombre*, *Espejo de navegantes*, ed. Paulino Castañeda Delgado, Mariano Cuesta Domingo, and Pilar Hernández Aparicio (Madrid: Instituto de Historia y Cultura Naval, 1983).

尽管它们不久之后由地图学家转化为视觉辅助工具[81]。1538—1541 年，若昂·德卡斯特罗（João de Castro），他是可以制作港口和沿海经过准确估测的特征的图像的最高等级的工匠，在使用星盘方面也有高超的技术，在为前往印度的海路上的航海者记录他的总结性材料时，使用的是航迹图的形式。甚至卢卡斯·扬茨·瓦格纳的 1584 年的《航海之镜》——这部作品，在为推荐适合用于从泽兰到安达卢西亚（Andalusia）的欧洲海岸的海图方面做了很多工作——依然包含了传统形式的航行指南，并且瓦格纳航海图的特征被它们最勤勉的学生称为"仅仅是草图"[82]。泰韦的"伟大岛屿和导航"（Le grand insulaire et pilotage），是他在同时期编绘的，是一部将航海图和航迹图结合在一起的著作[83]。　　750

　　不偏好航迹图是不合理的；它们可以提供现存的这一时期的航海图极少或者从未表现的关键信息，例如，关于洋流、风向、隐藏的危险、地标、深度、锚地、港口设施和海床的特性。水文学依然处于起步阶段，并且因为沿海的航海图可能会产生带来危险的误导。在一部 1545 年完成的作品中，马丁·科尔特斯感叹不可能创造可靠的航海图，尽管他显然看到了它们的潜力[84]。1580 年，伯恩间接提到，大师们持有的对"航海图和地图的（藐视）……谈到，他们并不在意它们的羊皮"[85]。威廉·伯勒认为国外的航海图也是如此[86]。到 1594 年，约翰·戴维斯认为一幅航海图，与一架直角照准仪和罗盘一起，是一名航海者不可缺少的设备，但是他承认，除了短距离的航行不受地图学未解决问题的影响之外，"一幅航海图并没有表达出前提条件的确定性，因而确定性只是假装给予的"[87]。除了以非常近似的方式之外，在长距离的航行中，航海图难以帮助水手确定他们的航线，原因在于磁偏角；或者难以在一个网格上确定他们的位置，因为确定和呈现纬线和经线的困难。呈现磁偏角的努力使地图不可用；16 世纪 40 年代，迭戈·古铁雷斯（Diego Gutiérrez）为大西洋制作了保存下来的航海图，其上有纬度刻度，包括了赤道和回归线，由此招致了其他地图制作者异口同声的愤怒。他的作品似乎有一个相当普通的技术[88]。当然，航海图可以展示和补充航迹图，但是在它们可以成为航迹图的一个替代物之前，还有很长一段时间。

　　水深，是导航员最希望在一个不熟悉的海岸知道的信息，只是在 1570 年前后才开始出现于航海图上；在 16 世纪 80 年代和 90 年代，记录深度的习惯非常缓慢地普遍化，从英吉利海峡传播到北海、波罗的海和欧洲的大西洋海岸，但是并没有出现在探险区域的沿海航海图上，直至荷兰的科尔内利·德豪特曼在 1595—1597 年前往东方航行的基础上编绘的航海

[81]　David B. Quinn, "The Early Cartography of Maine in th Setting of Early European Exploration of New England and the Maritimes," in *American Beginnings*, 37–59, esp. 40–45.

[82]　C. Koeman, *Miscellanea Cartographica: Contributions to the History of Cartography*, ed. Günter Schilder and Peter van der Krogt (Utrecht: HES, 1988), 59.

[83]　Frank Lestringant, *Mapping the Renaissance World: The Geographical Imagination in the Age of Discovery*, trans. David Fausett (Cambridge: Polity Press, 1994), 106.

[84]　Martín Cortés, *Breue compendio de la sphera y de la arte de nauegar con nuevos instrumentos y reglas...* (Seville: Anton Aluarez, 1551; English ed., 1561), pt. 3, chaps. 2, 6, and 13.

[85]　Bourne, *Regiment for the Sea*, 294, 给读者的第二个致辞。

[86]　参见本卷的 p. 1735。

[87]　John Davis, *The Seamans Secrets* (1633) (Delmar, N.Y.: For the John Carter Brown Library by Scholars' Facsimiles and Reprints, 1992), pt. 1, G2.

[88]　Ursula Lamb, "Science by Litigation: A Cosmographic Feud," *Terrae Incognitae* 1 (1969): 40–57.

图中引入了这一习惯（图 30.3）。其逐渐在 17 世纪成为普遍的习惯——例如，在 1610 年葡萄牙的巴西航海图上，在 1616 年的坎贝湾（Gulf of Cambay）的航海图上——此后迅速发展[89]。海岸立面的引入遵循一个类似的过程[90]。

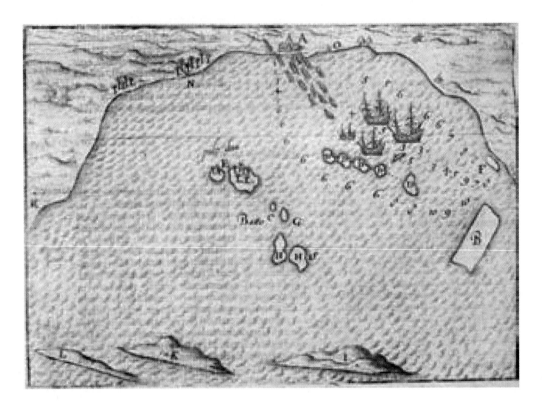

图 30.3　包含有关于水深信息的早期例证。科尔内利·德豪特曼（Cornelis de Houtman）第一次航行的完整日志由科尔内利·克拉斯在 1598 年出版。其包含了一些记录了水深的地图，其中包括一幅显示了舰队抵达班塔姆（Bantam）的地图

原图尺寸：24 × 34 厘米。Willem Lodewijcksz., *Prima pars descriptionis iteneris navalis in Indian Orientalem...* (Amsterdam, 1598), 20a. Special Collections and Rare Books, Wilson Library, University of Minnesota, Minneapolis 提供照片。

由于所有这些原因，从航海者的视角，更为重要的是，从所有海上探险家的视角，在这一时期之初航海图并不是一种特别用户友好的记录信息的方式。随着准确性的增加，它们只是逐渐变得如此，并且时间也是相对较晚。直到 1600 年之后，当时爱德华·赖特基于墨卡托构建的基础进行工作，且将其结果大众化，由此提供了一个一致的投影，其是合适水手需要的——尽管不一定符合他们的渴望[91]。

17 世纪早期是一个转型时期，当时航海图开始取代航迹图的角色，并且成为一种不可

[89]　Marcel Destombes, "Les plus anciens sondages portés sur les cartes nautiques aux XVIe et XVIIe siècles: Contribution à l'histoire de l'océanographie," *Bulletin de l'Institut Océanographique*, Monaco, special No. 2 (1968): 199 – 222.

[90]　Koeman, *Miscellanea Cartographica*, 33.

[91]　Lloyd Arnold Brown, *The Story of Maps* (Boston: Little, Brown, 1949), 136 – 37, 以及 John Parr Snyder, *Flattening the Earth: Two Thousand Years of Map Projections* (Chicago: University of Chicago Press, 1993), 43 – 49.

或缺的航海者的辅助工具。晚至 1622 年——到这一时间，指定航海图制作者陪同进行探索 751
任务是常见的——葡萄牙航海者使用航迹图的形式去保存他们关于在长崎（Nagasaki）到中
国以及东南亚的各个港口之间的寻找航线的指南⑨。然而，到那一时间，不仅葡萄正在制作
用于日本附近海域的有用的航海图，而且荷兰航海者在穿越群岛时也正在尝试进行地图的绘
制⑨，并将其作为绘制所有他们经常航行的水域的系统运动的一部分⑨。这一现象，其可能
被称为"航海图的兴起"，影响了海上探险，不过，反过来也受到了海上探险的影响；作为
一种航海的辅助设备，航海图最终成为记录新信息的标准形式。

实际成就的记录

　　甚至那些在地图学领域真正取得了成就的探险家，例如塞巴斯蒂亚诺·卡伯特、阿隆索·
德圣克鲁斯、安德烈斯·德乌达内塔（Andrés de Urdaneta）、约翰·戴维斯和纪尧姆·勒泰斯
蒂，我们都不知道他们在航海期间制作了地图。被认为是塞巴斯蒂亚诺·卡伯特绘制的作品，
尽管总体上不太优秀，但有非常丰富的信息，而这些是从其他地图复制的，或者来源于文本叙
述的信息，然而，显然缺乏关于地图制作者探险航行的知识⑨。圣克鲁斯将他在卡伯特公司获
得的信息传递给阿隆索·德查韦斯，是"通过口头话语"⑨。作为一名地图制作者，勒泰斯蒂
屈从于传统，并且试图包括每件从报告中听到的事情，或者由权威证实的事情。在某种程度
上，在航行期间制作的保存下来的航海图的缺乏，可能是一个证据陷阱。那些保存下来的地
图，大部分，属于两个类目：那些在家中制作和修饰的，有装饰性的内容，是为了赠送或者出
售给富有赞助者的；以及那些为了广泛流通而印刷的。证据的缺乏并不是没有证据，并且下述
说法并非没有道理，即如此功利性的或者重度使用的地图可能存在较低的保存率。诉讼中的证
人——从历史学家的视角来看，不太可能是最为可靠的证据的来源——声称，大量 16 世纪早
期的西班牙探险家服从了去绘制他们的发现的地图的指示。这样的地图据说曾经在比森特·亚
涅斯·平松（Vicente Yáñez Pinzón）、迭戈·德莱佩（Diego de Lepe）、阿隆索·维莱斯·德迪
门多斯（Alonso Vélez de Mendoza）、罗德里戈·德巴斯蒂达（Rodrigo de Bastidas）和其他人的
航行中被绘制⑨，它们真正存在的可能性不应该被低估。然而，那些在缺乏证据的情况下，坚
持应当发生了什么或者必然发生了什么的历史学家，存在用顽固代替想象的危险。学术不得不
在怀疑主义的希拉和轻信的卡里布迪斯之间前行。

　　可能的是，为那些有明确证据说明探险家确实绘制了地图的探险活动起草一张临时性的

⑨　C. R. Boxer, "Some Aspects of Portuguese Influence in Japan, 1542 – 1640," *Transactions and Proceedings of the Japan Society of London* 33（1936）：13 – 64, esp. 25 – 26.

⑨　参见 Spate, *Monopolists and Freebooters*, 40 中的概述。

⑨　F. C. Wieder, ed., *Monumenta Cartographica：Reproductions of Unique and Rare Maps, Plans and Views in the Actual Size of the Originals*, 5 vols.（The Hague：Martinus Nijhoff, 1925 – 33）, vol. 1.

⑨　Henry Harrisse, *Sébastien Cabot, pilote-major d'Espagne：Considéré comme cartographe*（Paris：Institut Géographique de Paris, Ch. Delagrave, 1897）.

⑨　Gonzalo Fernández de Oviedo, *Historia general y natural de las Indias*, 5 vols., ed. Juan Pérez de Tudela Bueso（Madrid：Ediciones Atlas, 1959）, 2：307. Oviedo 还有来自圣克鲁斯的信息，以他称为一种 *relación* 的形式，从他对它的处理来看，其似乎包括一幅航迹图。

⑨　Harrisse, *Discovery of North America*, 416 – 19.

列表，因为地图本身或者它们的草图，保存了下来；由于它们的存在是被可信任地进行了报告的；或者因为其原本被对它们进行了复制的地图学家所信任。这样一个列表可以用推定曾制作了地图，但这样的推定存在的风险为其他探险所补充。完成的目录并不大，但是其显示了活动的逐渐增加，以及准确性的逐渐增加，直至地图绘制和航海图的制作成为 17 世纪探险冒险中明确的例行公事。

除了有那些当地的原始类型可以使用的地方之外，探险者在测绘方面最早的努力似乎是微不足道的和业余的。一旦去除存在疑问的和非权威的材料，没有地图或者其他任何可以被称为一幅地图的事物从探险投机中保存下来，这种情况持续至 17 世纪 20 年代后期。加勒比的草图（约 1520 年）——已知，按照探险的赞助者命名为皮内达（Pineda）地图——显然意图并不是对在墨西哥湾航行的航海家有任何实际帮助，而仅仅是为了表达一个总体性的印象，即一个广泛的、大致圆形的海湾，而尤卡坦半岛从一边插入，并且有一个缺乏活力的形状，意图呈现来自另一侧的古巴（参见图 41.6）。确实，这幅地图的一个版本以一种外行的心态被复制在科尔特斯报告的一个早期版本中。尽管这样的事实，即科尔特斯曾经接触了阿兹台克地图，包括他报告为"一件在其上绘制有所有海岸的衣服"[98]，但他的草图简单地复制了加拉伊（Garay）的地图，只有一处令人不满意的修改：尤卡坦（Yucatán）被显示为一
752 座岛屿[99]。科尔特斯的特诺奇蒂特兰平面图（尽管推测是在当地地图学的帮助下制作的）[100]，在其保存下来的形式中，装饰有古典的典故。另外一幅地图，记录了 1523—1524 年在尼加拉瓜（Nicaragua）区域的探险，这次探险使吉尔·冈萨雷斯·达维拉（Gil González Dávila）与在洪都拉斯的科尔特斯进行了接触，这幅地图在一封 1524 年 5 月的信件中被令人信服地提到，但是没保存下来[101]。

大约在皮内达探险的时候，麦哲伦出发进行该时期所有探险活动中准备最精心的一次。他的船上有戈梅斯，其经验可以让他有能力制作地图；麦哲伦船上的技术和科学专家的总数可能至少与那一时代其他探险队中的相差无几。然而，无法谈到的就是，在航行期间，他或者任何一名他的同船同伴确实使用他们的技术制作了地图。安东尼奥·皮加费塔确实制作了一幅相当粗糙的麦哲伦海峡的草图，当他回家的时候（图 30.4）[102]。然而，似乎没有原因——除了多愁善感和一厢情愿的想法之外——去支持，附带有他的一个对法国进行了呈现的著名副本的那些地图，来自他亲自绘制的其他草图。值得注意的是，皮加费塔对路线的描述，与其他保存下来的由"热那亚导航员"（Genoese pilot）进行的另外一个目击报告之间存在如此多的不一致，由此皮加费塔具有制作地图的任何相关技能的可能性必然是令人怀疑的。

[98] Hernán Cortés, *Letters from Mexico*, ed. and trans. Anthony Pagden (New York: Grossman, 1971), 94.

[99] Vollmar, *Indianische Karten Nordamerikas*, 26; Cumming, Skelton, and Quinn, *Discovery of North America*, 68; Michel Antochiw, *Historia cartográfica de la península de Yucatán* ([Mexico City]: Centro de Investigación y de Estudios Avanzados del I. P. N., 1994), 93–95.

[100] Barbara E. Mundy, "Mapping the Aztec Capital: The 1524 Nuremberg Map of Tenochtitlan, Its Sources and Meanings," *Imago Mundi* 50 (1998): 11–33.

[101] Harrisse, *Discovery of North America*, 537.

[102] Mateo Martinic Beros, *Cartografía magallánica, 1523–1945* (Punta Arenas: Ediciones de la Universidad de Magallanes, 1999), 16.

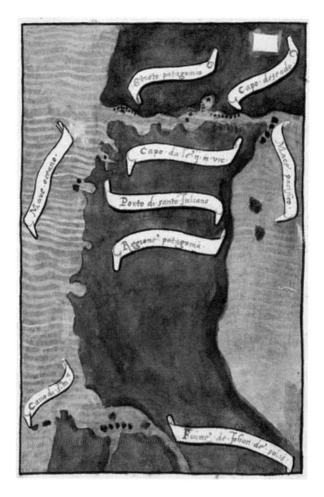

图 30.4　安东尼奥·皮加费塔（ANTONIO PIGAFETTA）的麦哲伦海峡（STRAIT OF MAGELLAN）草图。来自皮加费塔的日记的稿本

原图尺寸：23×15 厘米。Biblioteca Ambrosiana, Milan（L103 sup, fol. 14v）提供照片。

　　另外，阿拉尔孔，他领导了 1540 年沿着加利福尼亚海岸向上航行补给弗朗西斯科·巴斯克斯·德科罗纳多（Francisco Vázquez de Coronado）的陆路探险的舰队，他是一位有能力的地图学家，当他沿岸航行并且由一名导航员多明戈·德尔卡斯蒂略（Domingo del Castillo）陪同的时候，制作了航海图和沿海图景，德尔卡斯蒂略也被认为绘制了一幅加利福尼亚地图[103]。1562 年，尼古拉斯·巴雷，航行至佛罗里达的让·里博探险队的船只上的导航员，制作了一幅从圣阿古斯丁（San Agustín, Saint Augustine）到后来成为南卡罗来纳（South Carolina）的皇家港口（Port Royal）的海岸轮廓的草图；这幅草图在西班牙人的一幅描摹中保存下来（图 30. 5）[104]。埃尔南多·加莱戈（Hernando Gallego）在 1568 年无法通过与世界其他部分的关系来 753 定位所罗门群岛，但他可以制作其中六座岛屿的有用的和范围广大的沿岸航海图（图 30.6）。

---

[103]　Morison, *Southern Voyages*, 618.

[104]　William Patterson Cumming, "The Parreus Map（1562）of French Florida," *Imago Mundi* 17（1963）：27 – 40。描摹本现在收藏于 Museo Naval, Madrid。

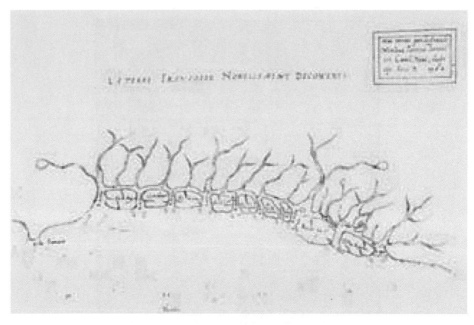

图 30.5　大致与尼古拉斯·巴雷（NICOLAS BARRÉ）的佛罗里达和南卡罗来纳海岸的草图同时代的副本。原本现在已经佚失，被推测绘制在 1562 年的让·里博（Jean Ribaut）的探险过程中；副本是由一位西班牙人制作的

Museo Naval, Madrid（Col. Navarrete, vol. 14, fol. 459）提供照片。

图 30.6　埃尔南多·加莱戈的所罗门群岛的沿岸航海图，1568 年

Biblioteca Nacional, Madrid（MSS. 2957, fol. 150r）提供照片。

　　在马丁·弗罗比舍的 1576 年探险之前，迪伊进行了一次关于地图学的讲座，并且探险队装备有一组令人印象深刻的黄铜设备、地图和制作地图的空白图纸；所有这些的准备工作似乎都是徒劳⑩⑤。附带有 1578 年乔治·贝斯特（George Best）对弗罗比舍寻找西北通道的描述的草图，不能以任何确定性的判断为来自船只之上，但是它们确实可以代表探险家带回家中的地图的质量，或者为家乡受众而进行的带有后见之明的绘制。在弗朗西斯·德雷克的环球探险中，据西班牙俘虏说，德雷克花费了他在船长室中所有的时间绘制海岸线并且记录动植物群落⑩⑥，但是探险可能仅仅贡献了"野蛮人的地图学"，而在其中能识别出的东西极少⑩⑦。

　　航海图绘制是佩德罗·萨尔米恩托·德甘博亚（Pedro Sarmiento de Gamboa）在 1579—1580 年穿越麦哲伦海峡的任务的主要目的之一。尽管主要目的是战略性的——找到一种阻塞海峡以对抗海盗的方法——这是一次真正的探险之旅，因为其针对的是海峡中错误绘制了航海图或者未绘制航海图的隐蔽处，以及智利南侧海岸之外复杂的群岛。西芒·费尔南德斯（Simão Fernandes），吉尔伯特雇员中的一位葡萄牙导航员，确定在 1580 年制作了一幅他勘查的北美海岸的航海图。这幅航海图因迪伊制作的副本的优点而闻名，并且时间是那一年的 11 月 20 日。然而，不确定的是，其是基于费尔南德斯自己的观察而制作的，还是从一幅西班牙航海图复制的。1582 年，休·史密斯（Hugh Smyth）"亲自处理了一幅［喀拉海（Kara Sea）］的草图"，他是跟随莫斯科公司 1580 年寻找西北通道的探险队而进入那一海域的⑩⑧。1583 年，吉尔伯特带上了一名职业测量员，托马斯·贝文，前往圣约翰，但是"有港口、海湾和海角的正确度数的，正在绘制的图版和航海图，与我们的海军上将一起消失了"⑩⑨。16 世纪 90 年代，威廉·巴伦支的航行制作了他的航线的航海图，包括了新地岛（Novaya Zemlya）的部分海岸线。斯蒂芬和威廉·伯勒制作了一幅白海（White）和喀拉海部分海岸的令人印象深刻的航海图，但这幅航海图反映的是较早的经验⑩⑩。

　　甚至在 1585 年的罗阿诺克航行中，绘图人托马斯·哈里奥特和约翰·怀特（John White）参与了这次航行，为探险的第一次报告而制作了草图，并且展示其锚地是非常随意的。怀特制作了一幅综合现有的来自西班牙和法国地图的关于弗吉尼亚地区知识的地图，但是继续编绘了在他自己和哈里奥特监督下进行的调查所获得的发现。他和雅克·勒莫因·德莫尔格（Jacques Le Moyne de Morgues）都考虑与一名雕版匠合作⑪。戈斯诺尔德和马丁·普林（Martin Pring）从他们 1602—1603 年以及 1606 年的北美洲部分海岸的勘查返回，据目前所知，带着新草绘的航海图，它们没有保存下来，但在其他文献中有所提及⑫。

---

⑩⑤　Taylor, *Haven-Finding Art*, 207 – 8.

⑩⑥　Harry Kelsey, *Sir Francis Drake*: *The Queen's Pirate* (New Haven: Yale University Press, 1998), 179.

⑩⑦　Spate, *Spanish Lake*, 249.

⑩⑧　Skelton, *Explorers' Maps*, 108.

⑩⑨　Taylor, *Haven-Finding Art*, 208.

⑩⑩　Skelton, *Explorers' Maps*, 104.

⑪　P. H. Hulton, "Images of the New World: Jacques Le Moyne de Morgues and John White," in *The Westward Enterprise*: *English Activities in Ireland, the Atlantic, and America, 1480 – 1650*, ed. Kenneth R. Andrews, Nicholas P. Canny, and P. E. H. Hair (Liverpool: Liverpool University Press, 1978), 195 – 214, esp. 212 – 13.

⑫　David B. Quinn and Alison M. Quinn, eds. , *The English New England Voyages, 1602 – 1608* (London: Hakluyt Society, 1983) .

　　同样，在其他海域，航海图绘制的步伐在新世纪中加快。基罗斯和路易斯·瓦埃兹·德托雷斯（Luis Váez de Torres），分别在 1605 年和 1607 年勘查了圣灵的澳大利亚（La Austrialia del Espíritu Santo）和托雷斯海峡（Torres Strait），他们都是有成就的航海图制作
754 者。詹姆斯·霍尔（James Hall），是为了丹麦的克里斯蒂安四世（Christian Ⅳ）前往格林兰的探险队中的导航员，在 1605 年被派去寻找在那一岛屿上旧诺斯（Old Norse）殖民地存在的证据，其不仅制作了海岸的一系列立面图，而且还在沿海勘查向北直至北纬 68 又 1/2 度的详细航海图上标明了深度。它们只是在赠送给国王自己阅读而进行了装饰的副本中保存了下来（图 30.7）[113]。弗吉尼亚长期持续存在的最初几年，在由英国定居者制作的那些地图中，有罗伯特·廷德尔（Robert Tindall）的按照比例尺绘制的船长克里斯托弗·纽波特（Captain Christopher Newport）1607—1608 年在詹姆斯河（James）和约克河（York Rivers）航行的航海图[114]。在他 1612—1615 年作为一名导航员或指挥官进行的航行中，巴芬作为一名航海图制作者的可靠性，由后来的作品所证明。他使用了一个网格。尚普兰是一位杰出的地图学家[115]。佩德罗·派斯（Pedro Páez）在 1618 年寻找蓝尼罗河（Blue Nile）源头的时候仅仅制作了粗糙的草图，但是它们成为包括在马诺埃尔·德阿尔梅达（Manoel de Almeida）作品中的详细绘制的地图中的一部分[116]。

图 30.7　格林兰西海岸的海岸立面图，由詹姆斯·霍尔绘制，约 1605 年

原图尺寸：约 14×16 厘米。BL（Royal MS. 17. A. XLVIII, fol. 10v）提供照片。

[113]　Cumming, Skelton, and Quinn, *Discovery of North America*, 208 and 210 – 11.

[114]　Cumming, Skelton, and Quinn, *Discovery of North America*, 236 – 37.

[115]　参见本卷的第五十一章，以及 Conrad E. Heidenreich, *Explorations and Mapping of Samuel de Champlain, 1603 – 1632* (Toronto: B. V. Gutsell, 1976)。

[116]　参见 Skelton, *Explorers' Maps*, 275 – 78。

　　到这一时间，探险家绘制他们发现的责任似乎被广泛地假定。17 世纪早期，在西伯利亚（Siberia）北部以及巴伦支海和喀拉海地图绘制方面的断裂，标志着一个新时期的开始；这里，荷兰和俄罗斯的探险似乎由地图学方面的专业人士陪同。17 世纪早期，荷兰船只在印度洋东部和太平洋西部进行航行的每条路线的范围，都被记录在各船的航海图上[⑰]。托马斯·布伦德维尔的《练习》（*Exercises*）推荐，一名海上导航员在一幅航海图上绘制他的航线，"由此你可以更为容易地引导你的船只抵达你希望前往的任何地方"[⑱]。在 1631—1632 年探索哈得孙湾的过程中，托马斯·詹姆斯（Thomas James）和卢克·福克斯最终接受详细绘制航海图作为工作的一部分。

探险者信息的整理

　　与技术缺陷和传统习惯一起的还有，缺乏信息转写和校对的可操作的常规步骤，由此延缓了探险和地图制作作为相互关联的活动的结合，并且妨碍了将探险者的发现呈现在地图上。在理论上，西班牙和葡萄牙王室维持着，为了在不熟悉的海洋上进行考察，而提供的地图学服务。从 1508 年之后，导航员由在塞维利亚的贸易署授予执照，他们应当会定期返回以对发行的标准航海图进行校正；理论上，然后这些被在一幅标准图上进行核对，这幅地图被称为国王标准图，而只有总导航员（piloto mayor）有权去制作和复制[⑲]。这一制度，在理论上是正确的，但在实践上则是混乱的。尽管地图学史学者不愿意承认这一点，但事实是，没有保存下来的根据国王标准图的方案制作的标准版的航海图，由此可能意味着它们从未存在过；这一时期其他的西班牙档案并没有消失。"原本"，保存在一个盒子中，并且因法律诉讼而被打开，并不是一份实用档案——在不断出现的法律诉讼中作为证人的领航员指出，他们从未在法庭之外看到过它，更不用说对它进行补充了——而似乎更是一种总导航员去保护他的垄断的方法。那些难以接触到总导航员的材料的地图绘制者似乎，通过法律诉讼，通常只能对其进行选择性的使用[⑳]。导航员，按照查韦斯的说法，"并不知道如何搜集"国王标准图所需的数据[㉑]。按照贡萨洛·费尔南德斯·德奥维多（Gonzalo Fernández de Oviedo）的观点，领航员"仅仅意在找到路线，而不是进行准确的观察，他们中的大部分甚至不知道如何去做……他们不知道如何将那些观察告知在塞维利亚的……制作地图的那些人"[㉒]。

755

---

　　⑰　Skelton, *Explorers' Maps*, 207 – 27, 以及 Patrick van Mil and Mieke Scharloo, eds., *De VOC in de kaart gekeken：Cartografie en navigatie van de Verenigde Oostindische Compagnie, 1602 – 1799* (The Hague：SDU, 1988).

　　⑱　Thomas Blundeville, "A New and Necessarie Treatise of Navigation, Containing All the Chiefest Principles of That Arte," in *M. Blvndeville His Exercises, Containing Eight Treatises*, 4th ed. (London：William Stansby, 1613), 645 – 745, esp. 649；idem, *A Briefe Description of Vniversal Mappes and Cardes, and of Their Vse：And also the Vse of Ptholemey His Tables* (London：Roger Ward, for Thomas Cadman, 1589)；以及 Brown, *Story of Maps*, 113.

　　⑲　Harrisse, *Discovery of North America*, 259 – 68；José Pulido Rubio, *El piloto mayor de la Casa de la Contratación de Sevilla：Pilotos mayores del siglo XVI（datos biográficos）* (Seville：Tip. Zarzuela, 1923)；以及 Edward Luther Stevenson, "The Geographical Activities of the Casa de la Contratación," *Annals of the Association of American Geographers* 17 (1927)：39 – 59.

　　⑳　航海图制作者为这一目的"借用"一幅所谓的国王标准图的最为清楚的例子似乎在这里进行了展示；参见本卷的原文第 1130—1131 页。

　　㉑　Lamb, "Science by Litigation," 51.

　　㉒　Oviedo, *Historia general*, 4：346.

　　传统上所说的国王标准图或者从国王标准图直接复制的所有地图，可能完全有一些其他的来源。提供用于出售的地图——如同被看到的，例如，按照贸易署的首席导航员在1513年抱怨的——是独立地图制作者的作品，并不符合任何标准[123]。1515年，西班牙宇宙志学者试图依赖由安德烈斯·德莫拉莱斯（Andrés de Morales）独立制作的一幅地图来确定托尔德西拉斯线[124]。迪奥戈·里贝罗（Diego Ribero）1529年的世界地图明确地提到按照最新信息进行了校正，但是其来源于一幅国王标准图的原本，不过这仅仅是一种假设。再次——例如，在1514年、1526年，以及在16世纪30年代——西班牙王室启动了一项从未完成的项目去组织积累的相互矛盾的信息。在1526年下达的制作一幅更新的国王标准图的皇家命令在1535年依然没有被执行，尽管第二年，查韦斯，作为受到委托去校正"导航图的模板"（los padrones y cartas de navegar）的专家之一，确实制作了一幅奥维多称为"现代航海图"（"carta moderna"或"cartas modernas"）的地图，但是奥维多明确地将这幅地图区别于"新完成的模型［国王标准图］，由所有陛下的宇宙志学者在塞维利亚在1536年检查的；但是我不太认为他们中有两三个人看到过它并且带着它进行过航行"。他保证在未来他自己的作品中使用这一国王标准图，这可能表明，他没有看到过这幅地图——不同于查韦斯和里贝罗的地图，他曾经多次提到这些地图——或者有一幅它的副本[125]。这样的事实，即国王标准图被忽略且是无用的，经常被惋惜，但是从未被弥补[126]。当再次努力实施这一方案之后，其到16世纪70年代中期被完全放弃[127]。取而代之，到16世纪末，特定区域的标准航海图似乎被加以使用。由桑德曼搜集的证据强烈说明，由总导航员保存的地图从未达到它们意图作为标准模板的角色，并且它们从未在预期的尺度上与导航员的反馈结合起来，并且那些导航员实际使用的地图大部分是独立的产品[128]。然而，坚持国王标准图的神话，这方面的坚韧是显而易见的[129]。实际上，如同我们已经看到的，与此同时，在西班牙和葡萄牙官方远海航行的辅助工具中，航迹图依然有压倒性的优势。

　　文献的制作，无论是地图还是航迹图，都意图针对选定的专门的受益人；然而，实际上，它们的内容作为间谍和盗版行为的结果在地图学传统中传播。在可以大致被称为间谍活动的过程中，信息以地图的形式整理：由竞争对手，或因为有着潜在商业利益而作为情报收集。地图学家被怂恿离开一位主人并为另外一位主人服务；因而，曾经秘密地属于一位君主的信息在其他人中流传[130]。

---

[123]　Lamb, "Science by Litigation," 44.

[124]　Herrera y Tordesillas, *Historia general* (1944 – 47 ed.), 1：283 – 85. 将其称为"最早的国王标准图"［就像 Ursula Lamb 在 "The Spanish Cosmographic Juntas of the Sixteenth Century," *Terrae Incognitae* 6 (1974)：51 – 64, esp. 54 中所作的那样］，没有证据支撑。

[125]　Oviedo, *Historia general*, 2：339, 3：8, 3：300 – 301, and 4：346 – 47. Oviedo 通常使用术语 padrones 或 patrones 以及 cartas de navegar 作为同义词。

[126]　Lamb, "Science by Litigation," 42 and 51.

[127]　Lamb, "Spanish Cosmographic Juntas," 59, 以及 Goodman, *Power and Penury*, 77.

[128]　但是也可以参见本卷的第四十章。

[129]　例如，参见，David Turnbull, "Cartography and Science in Early Modern Europe：Mapping the Construction of Knowledge Spaces," *Imago Mundi* 48 (1996)：5 – 24, esp. 7 – 14.

[130]　保密是抑制的一个来源。当1606—1607年路易斯·瓦埃兹·德托雷斯在以他名字命名的海峡中航行的时候，西班牙政府试图压制关于这一方面的新闻。但是事实被泄露，一起的还有托雷斯自己的航海图的副本，并且尽管直至1770年之前没有航海者重复托雷斯的壮举，但在这一时期中，新几内亚岛屿的性质被描绘在不同的地图上。1770年，库克在这一通道航行。参见 Spate, *Spanish Lake*, 140, 以及 Colin Jack-Hinton, *The Search for the Islands of Solomon, 1567 – 1838* (Oxford：Clarendon, 1969), 175 – 183.

坎蒂诺地图不仅是信息的容器，而且是具有很高地位的一种奢华的呈现对象，但是通过外交代表阿尔贝托·坎蒂诺，这幅地图于1502年在里斯本为费拉拉公爵阿方索·德斯特（Alfonso d'Este）获得。由于这一地图的日期是可靠的，因而信息的时事的性质是无可挑剔的[131]。保存至今最早的加斯帕尔和米格尔·科尔特-雷亚尔兄弟1501—1503年北太平洋探险的地图学的记录，出现在一幅显然是为美第奇的一位代理者制作的地图上[132]。1501年，一位在西班牙的威尼斯外交官向家乡的通信者宣称，他意图从哥伦布在帕洛斯（Palos）的同伴那里订购一幅"所有已经被发现的国家"的地图[133]。1513年的皮里·雷斯地图包括了对新世界的描绘，据说基于，至少部分基于，在一次地中海西部的海军行动中被捕获的来自哥伦布的信息，这次军事行动可能是被记录为1499年、1500年、1504年、1506年和1511年的某次战役[134]。在16世纪中期繁荣于迪耶普（Dieppe）的地图学"学派"有获得法国探险的新闻的特权，这些探险，实际上，都很好地呈现在他们的作品上，但是它们还擅长从西班牙、葡萄牙和英格兰那里获得信息，但其中一些信息没有泄露在这些相关国家制作的地图上[135]。

最为成功地将探险家的发现转写为地图的形式，可能依赖于，如同在15世纪那样，私人接触、海滨相遇以及地图制作者对航迹图、航海日志和船上日记的阅读。其动机通常是商业性的。16世纪早期，为富人的图书馆制作豪华地图的制作者，为印刷作坊制作世界地图的雕版匠，以及托勒密《地理学指南》的更新版本的编辑者，都渴望包括最新的发现。对南美洲的描绘被修订，基于在坎蒂诺地图的绘制与来源于它的后继者之间最近进行的航行，这些坎蒂诺的后继者是在数年后由尼科洛·德卡塞里奥制作的。更新过的地图的印刷者们繁荣的事业，由弗朗切斯科·罗塞利（Francesco Rosselli）、约翰尼斯·勒伊斯、马丁·瓦尔德泽米勒和乔瓦尼·马泰奥·孔塔里尼的产品所证实。1511年版本的彼得·马特的历史著作（图30.8）中呈现了在新世界发现的西班牙地图，体现了一种保密的失效或者蓄意的泄露行为——泄密——在间谍行动中；其重要性在于，其证明了，尽管国王标准图制度不再有效，但西班牙的各种发现性在于以地图的形式被记录下来。其包括了对百慕大（Bermuda）的最早呈现，其在1505年被发现。确实，其是我们关于1508—1509年平松探险的完整范围的主

756

---

[131] J. B. Harley, *Maps and the Columbian Encounter: An Interpretive Guide to the Travelling Exhibition* (Milwaukee: Golda Meir Library, University of Wisconsin, 1990), 63. 坎蒂诺地图在附录30.1（图30.10）中进行了展示。

[132] 附录30.1, 图30.13; 也可以参见 Samuel Eliot Morison, *The European Discovery of America*, vol. 1, *The Northern Voyages, A. D. 500 – 1600* (New York: Oxford University Press, 1971), 213 – 17 and 244 – 47. 地图, 被称为孔斯特曼一世, 现在位于慕尼黑; 参见 Ivan Kupčík, *Münchner Portolankarten: "Kunstmann I – XIII" und zehn weitere Portolankarten / Munich Portolan Charts: "Kunstmann I – XII" and Ten Further Portolan Charts* (Munich: Deutscher Kunstverlag, 2000), 21 – 27。

[133] Harrisse, *Discovery of North America*, 257.

[134] 关于1513年地图，参见附录30、图30.19。皮里·雷斯将他自己拥有的一幅地图认为是出自哥伦布之手，并且宣称他已经接触到了来自由 Kemāl Re'īs 抓获的哥伦比亚的一名同船船员的信息。参见 Svat Soucek, "Islamic Charting in the Mediterranean," in *HC* 2.1: 263 – 92, esp. 270. 在他的地图的第五条评注中，皮里·雷斯写道："这幅地图上的海岸和岛屿都来自哥伦布的地图"; 参见 A. Afetinan, *Life and Works of Piri Reis: The Oldest Map of America*, trans. Leman Yolaç and Engin Uzmen (Ankara: Turkish Historical Association, 1975), 28 and 31. 关于 Kemāl 战役的时间, 参见 Mine Esiner Özen, *Pîrî Reis and His Charts* (Istanbul: N. Refioğlu, 1998), 4 – 7。

[135] 关于迪耶普的地图学, 参见 Jean Rotz, *The Maps and Text of the Boke of Idrography Presented by Jean Rotz to Henry VIII*, ed. Helen Wallis (Oxford: Oxford University Press for the Roxburghe Club, 1981)。

要资料。与此同时，马达加斯加在 1506—1507 年被环航，在地图学艺术的鸿篇巨著之一——1519 年的《米勒地图集》（*Miller Atlas*）中被可以识别地勾勒出来[136]。

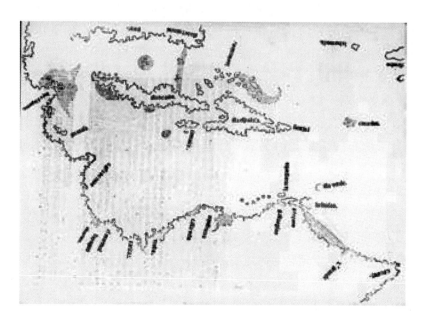

图 30.8　西班牙在新世界的发现的地图，插图，约 1511 年。这幅地图出现在一部由彼得・马特（Peter Martyr）撰写的时间为 1511 年的作品中

原图尺寸：20×28 厘米。Newberry Library, Chicago（Ayer ＊f111 A5 1511）提供照片。

地图学家之间日益激烈的竞争，可能在 16 世纪 20 年代刺激了他们对更新的探险家的信息的研究，这反映在由乔瓦尼・韦思普奇在一幅 1526 年的地图中对来自卢卡斯・巴斯克斯・德艾利翁（Lucas Vázquez de Ayllón）的报告的材料的整合[137]。北美洲海岸，随后由韦拉扎诺和戈梅斯在 1524 年和 1525 年航行，被反映在了 1527 年和 1529 年的航海图上[138]。卡斯蒂廖内世界地图显示了由戈梅斯探索过的海岸，其使用的墨水不同于剩余部分所使用的，并且有一段提到了"这一年 1525 年"的评述；很难抵制这样的结论，即在制作这幅地图时，用戈梅斯的航行对信息进行了更新[139]。里贝罗 1529 年的世界地图，通过用负责发现和报告了它们的探险者的名称命名这一方式，确定了绝大部分北美洲海岸的地点。

迭戈・德奥尔达斯（Diego de Ordás）、赫罗尼莫・多托尔（Jerónimo Dortal）和阿隆索・德埃雷拉（Alonso de Herrera）在 16 世纪 30 年代努力开拓一条沿着奥里诺科（Orinoco）的航线，启发了奥维多出版了一幅河流航线的地图，实际上，是对他们经历的叙述的图像描

⑬⑥　Michel Mollat du Jourdin and Monique de La Roncière, *Sea Charts of the Early Explorers: 13th to 17th Century*, trans. L. le R. Dethan（New York: Thames and Hudson, 1984）, 220.

⑬⑦　图录 30.1，图 30.27，以及 Stevenson, "Geographical Activities," 48 – 49。

⑬⑧　参见附录 30.1，图 30.28 – 30.31，以及 Kirsten A. Seaver, "Norumbega and *Harmonia Mundi* in Sixteenth-Century Cartography," *Imago Mundi* 50（1998）: 34 – 58, esp. 38。

⑬⑨　附录 30.1，图 30.25，Cumming, Skelton, and Quinn, *Discovery of North America*, 74；以及 Carl Ortwin Sauer, *Sixteenth Century North America: The Land and the People as Seen by the Europeans*（Berkeley: University of California Press, 1971）, 62 – 69。

绘。奥维多是探险家信息的重要整理者[140]，并且还以地图的性质复制了关于巴拿马湾（Gulf 757
of Panama）的由导航员弗朗西斯科·德埃斯特拉达（Francisco de Estrada）和埃尔南多·佩
尼亚特（Hernando Peñate）在 1526 年泄露的信息。马蒂姆·阿丰索·德索萨（Martim
Afonso de Sousa）的 1531—1532 年前往巴西和普拉特河（River Plate）的任务，似乎成为
1534 年维埃加斯大西洋（Viegas Atlantic）航海图的信息来源[141]。由弗朗西斯科·德乌略亚
（Francisco de Ulloa）在 1539—1540 年从阿卡普尔科沿着加利福尼亚大部分海岸航行所搜集
的新信息，在 1541 年出现在地图上，还出现在一幅 1542 年由巴蒂斯塔·阿涅塞在威尼斯绘
制的地图上[142]。尽管塞巴斯蒂亚诺·卡伯特在基于自己作为一名探险家的经历而制作的地图
上几乎没有什么增补，但其难以置信的 1544 年的世界地图（参见图 40.20）包括了两年前
弗朗西斯科·德奥雷利亚纳（Francisco de Orellana）沿着亚马孙河向下游航行所发现的内
容。河流的完整长度第一次以概要的形式被呈现在世界地图上，点缀有一些奥雷利亚纳
报告的特征：巨大的岛屿、河流旁的城市以及亚马孙战士。这一信息必然是通过私人问
询搜集的，因为，尽管探险的编年史由奥维多在他关于新世界的信息概览的下一个版本
中出版，但作者加斯帕尔·德卡瓦哈尔（Gaspar de Carvajal）已经在 1543 年送给红衣主
教彼得罗·本博（Cardinal Pietro Bembo）一个节略[143]。尽管从 1534 年至 1542 年的卡蒂尔
探险的细节非常缓慢地出现在大多数地图制作者的作品中，但在 1544 年和下个十年末之
间，它们开始被记录在迪耶普的地图上[144]。

一些探险活动获得了特殊地位：它们的航迹被显示在地图上。对麦哲伦环绕世界的探险
航行的最早记录开启了某种时尚——或者，更为可能的是，一种偶尔发生的传统——包括这
类探险的行程，或者被认为的行程被列入地图。然而，假设被呈现的信息通常，或者曾经是
第一手的，或者通过可靠的方式获得，这可能是冒险。由麦哲伦航行产生的文本材料，在
关于他穿越大西洋的航线方面彼此矛盾。地图学传统包含了一个版本，其已经在重要的时刻
被印刷了。由此，可能我们所拥有的是一种对文学作品的地图学呈现。

下一个环球航行的就是德雷克。最早对其进行显示的地图被制作用来公开宣传，并不能被
假设准确地反映了航行的真实经历。这次冒险，主要被局限在著名的路线上，仅仅包括两个可
能确实可以被定义为探险的插曲。第一个发生在霍恩角（Cape Horn）附近，当时宣称，逆风
改变了航线，由此导致航海家得出在火地岛（Tierra del Fuego）存在开放海域的结论[145]。与其
说是一次发现，不如说海角南侧清水的存在可能是基于来自西班牙资料中信息的推断：如同德
雷克有叛意的船员理查德·马多克斯（Richard Madox）宣称的，德雷克厚颜无耻地去呈现
"未知的事物……在探索中"[146]。第二个插曲发生在圣弗朗西斯科湾（San Francisco Bay）或其

[140] 参见 Oviedo, *Historia general*, 3：288 中他对自己性格的描述。
[141] Mollat and La Roncière, *Sea Charts*, 224 – 26.
[142] Morison, *Southern Voyages*, 626 – 27, 以及 Henry Raup Wagner, "The Manuscript Atlases of Battista Agnese," *Papers of the Bibliographical Society of America* 25 (1931)：1 – 110, esp. 1 and 8 – 9.
[143] Gaspar de Carvajal, P. de Almesto, and Alonso de Rojas, *La aventura del Amazonas*, ed. Rafael Díaz Maderuelo (Madrid：Historia 16, 1986), 16 and 66 – 87.
[144] Skelton, *Explorers' Maps*, 93, 以及 Winsor, *Narrative and Critical History*, 4：74 – 78 and 4：83 – 90。
[145] Spate, *Spanish Lake*, 247 – 50.
[146] Kelsey, *Sir Francis Drake*, 126 – 35.

附近，在那里，德雷克对发现的优先权的宣称自此产生了没有结果的争议[147]。

洪迪厄斯在新返回的金雌鹿号（*Golden Hind*）上访问了德雷克，并用航行中一些英雄般的故事装饰了他的一些地图，这些故事中就包括这些插曲。对于在霍恩角以南存在清水的相信，进入了英国的地图学传统中，以及随后直至 16 世纪末，由哈克卢特、赖特和洪迪厄斯自己出版的地图上都显示了这一特征，而没有被其他国家的大部分地图学家所承认，直至得到威廉·科尔内利·斯豪滕（Willem Cornelis Schouten）和雅各布·勒梅尔（Jacob Le Maire）证实之后，他们在 1616 年环绕了霍恩角，当时他们在前往香料群岛（Spice Islands）的路途中迷失了麦哲伦海峡的入口。与此同时，戴维斯在他寻找西北通道的航行中的发现被结合到由埃默里·莫利纽克斯在约 1592 年制作的英格兰最早的球仪中，作为由戴维斯或其他一些船员参与的合作的结果[148]。

探险和世界图像

考虑到以地图形式收集、传播和整理探险者信息的所有障碍，我们不应当埋怨结果的缺乏。相反，值得注意的是，探险应当对现代早期欧洲世界图像的转型做出了巨大贡献。当然，在某些方面，探险家增进了知识，并且在整个时期中，确实值得注意的是，世界各地的轮廓，以及各个部分的相对位置和尺寸在制图者的作品中如何接近了随后由测量和卫星摄影确认的形象。然而，这可能是一种误导性的结论，因为当它们是错误的时候，地图最能刺激探险。当世界地图是令人迷惑的或者带有欺骗性的时候，探险家对世界地图的样貌做出了彻底改变。

在拉斐尔·迪斯特（Rafael Dieste）简短的故事之一《埃尔洛罗鹦鹉》（"*El loro disecado*"）中，年轻的英雄书写了世界的渺小。与他就这一问题进行了讨论的店主被这一假设激怒。年轻人后来撰写了一则名为"世界并不像他们所说的那么小"的文章[149]。这个故事是 16—17 世纪欧洲地图学中正在展开的世界形象的一个非常接近的比喻。为了将大西洋缩小到可以航行的那么小的比例，哥伦布估计的球体的周长大约比其真实尺寸小了 25%[150]。尽管一些学院地理学家对哥伦布的宣称持怀疑，但对一个相对较小的地球的信仰依然流行。对于托尔德西拉斯线的谈判及其在东半球的延伸展示了这一点。绘制地图的行为使得世界似乎是小的。1566 年，卡洛斯·德博尔哈·y. 阿拉贡（Carlos de Borja y Aragón）感谢他的父亲送给他的一架准确的球仪，直至

[147]　参见 Kelsey, *Sir Francis Drake*, 180–92, 一个强有力的证据说明，德雷克可能没有航行到比下加利福尼亚更北的地方；对争议的一个总结，参见 Warren Leonard Hanna, *Lost Harbor: The Controversy over Drake's California Anchorage* (Berkeley: University of California Press, 1979), 以及，更为最近的，R. Samuel Bawlf, *Sir Francis Drake's Secret Voyage to the Northwest Coast of America, AD 1579* (Salt Spring Island, B. C.: Sir Francis Drake Publications, 2001), 以及 idem, *The Secret Voyage of Sir Francis Drake, 1577–1580* (New York: Walker, 2003), 265–326。

[148]　Helen Wallis, "The First English Globe: A Recent Discovery," *Geographical Journal* 117 (1951): 275–90, esp. 279.

[149]　Rafael Dieste, *Historias e invenciones de Félix Muriel*, ed. Estelle Irizarry (Madrid: Cátedra, 1985), 116.

[150]　Columbus, *Textos*, 217, 以及 George E. Nunn, *The Geographical Conceptions of Columbus* (New York: American Geographical Society, 1924), 1–30。

他看到世界在他手中，他才意识到世界是如此之小㉛。虽然这可能只不过是一个年轻人不得不撰写的一封实用信件所表达的纸面上的孝心，但它在心理上是令人信服的，并且与世界实际被呈现的方式相一致。地球仪可以被印压在文艺复兴时期受到喜爱的时尚配饰上：一枚奖章㉜。

球体被假设的尺寸在古代逐渐减小，从由柏拉图模糊想象的庞大，到亚里士多德估计的40万斯塔德，到由埃拉托色尼（Eratosthenes）和帕奥西多尼乌斯（Posidonius）提出的一个较小的数字——分别是25.2万和24万斯塔德，以及由斯特拉博计算的18万斯塔德，直至在不太有影响力的文本中提出的甚至更小的数字㉝。这一趋势在文艺复兴时期持续。保罗·达尔波佐·托斯卡内利和贝海姆都偏好于：如果我的理解正确的话，一个要小于13%的估计㉞。

探险应当是一种纠正行为；但取而代之的是，其鼓励"缩小尺寸的"。麦哲伦的航行通常被认为展示了太平洋的广大，并且确实其应当那么做了——由特立尼达（Trinidad）的导航员弗朗西斯科·阿尔博（Francisco Albo）在船只上进行的对航行距离的计算，显然是准确的——但最为广泛流传的数字是那些在皮加费塔的日记中出版的㉟，一个被严重低估的数字㊱。这是有创造力的错误。一个正在缩小的世界图像，而在其中对于探险家的野心而言，没有什么是不可能被接触到的，这是一种受到鼓励的精神环境。其是一种正在增长的地图学和探险的相互依赖的典型，在其中地图学家的猜测和探险家的幻想相互滋养。至少直至17世纪发展出足够的技术来绘制探险家的发现的地图之前，故事并不是一个科学的而是一种人文的：并不是一个完美的结合，而是一种混乱的关系；不是精确的，而是错误的；不是知识方面的进步——至少不是平滑或者持续的进步——而是创造性欺骗的产物。

㉛　François de Dainville, *La géographie des humanistes* (Paris: Beauchesne et Ses Fils, 1940), 92 n. 3, 以及 John Huxtable Elliott, *Illusion and Disillusionment*: *Spain and the Indies* (London: University of London, 1992), 7。

㉜　Peter Barber, "Beyond Geography: Globes on Medals, 1440 – 1998," *Der Globusfreund* 47 – 48 (1999): 53 – 80.

㉝　Germaine Aujac and the editors, "The Foundations of Theoretical Cartography in Archaic and Classical Greece"; idem, "The Growth of an Empirical Cartography in Hellenistic Greece"; 以及 idem, "Greek Cartography in the Early Roman World," all in *HC* 1, respectively on 130 – 47, esp. 137; 148 – 60, esp. 148 and 155; and 161 – 76, esp. 169 – 74. 也可以参见 Brown, *Story of Maps*, 28 – 32。

㉞　Paolo Emilio Taviani, *Christopher Columbus*: *The Grand Design* (London: Orbis, 1985), 413 – 27. 也可以参见 Michael Herkenhoff, "Vom langsamen Wandel des Weltbildes: Die Entwicklung von Kartographie und Geographie im 15. Jahrhundert"; Ulrich Knefelkamp, "Der Behaim-Globus und die Kartographie seiner Zeit"; 以及 Reinhold Jandesek, "Reiseberichte nach China als Quellen für Martin Behaim," all in *Focus Behaim Globus*, 2 vols. (Nuremberg: Germanisches Nationalmuseum, 1992), 1: 143 – 65, 1: 217 – 22, and 1: 239 – 72。

㉟　皮加费塔使用4000"里格"作为跨越太平洋的舰队的航程，但是沿着他们的航线将 Ladrones Islands 定位在赤道以北仅 260 或 270 里格。他将舰队与赤道的交叉点放在"分界线"以西 122°，将菲律宾放置在"分界线"以西 161°。参见 Antonio Pigafetta, *Magellan's Voyage*: *A Narrative Account of the First Circumnavigation*, 2 vols., trans. and ed. R. A. Skelton (New Haven: Yale University Press, 1969), 1: 57 – 60, 以及 idem, *Magellan's Voyage around the World*, 3 vols., ed. and trans. James Alexander Robertson (Cleveland: A. H. Clark, 1906), 1: 84 – 91 and 104 – 5. Maximilianus Transylvanus, 在他广泛流传的对航程的总结中，将 Ladrones 放置在加的斯以西 158°（格林尼治以西 164°16′）；参见他的 *First Voyage around the World by Antonio Pigafetta and De Moluccis Insulis by Maximilianus Transylvanus*, intro. Carlos Quirino (Manila: The Filipiniana Book Guild, 1969)。在 16 世纪后期这些最著名作品的不同版本中给出了相同的数值；参见 Giovanni Battista Ramusio, *Navigationi et viaggi*: *Venice 1563 – 1606*, 3 vols., ed. R. A. Skelton and George Bruner Parkes (Amsterdam: Theatrum Orbis Terrarum, 1967 – 70), vol. 1, fols. 349v and 355 – 56r。

㊱　Rolando A. Laguarda Trías, "Las longitudes geográficas de la membranza de Magallanes y del primer viaje de circunnavegación," in *A viagem de Fernão de Magalhães e a questão das Molucas*: *Actas do II Colóquio Luso-Espanhol de História Ultramarina*, ed. A. Teixeira da Mota (Lisbon: Junta de Investigações Científicas do Ultramar, 1975), 137 – 78, esp. 151 – 73.

附录 30.1 显示了旧世界和新世界之间关系的 1530 年之前的绘本地图

地图已知的名称/作者	时间	收藏地
Juan de la Cosa (fig. 30.9)	1500	Museo Naval, Madrid (inv. 257)
Cantino (fig. 30.10)	1502	Biblioteca Estense e Universitaria, Modena (C.G.A.2)
King Hamy (fig. 30.11)	1502?	Huntington Library, San Marino (HM 45)
Vesconte Maggiolo (fig. 30.12)	1504	Biblioteca Comunale Federiciana, Fano
Pedro Reinel (Kunstmann I) (fig. 30.13)	Ca. 1504	Bayerische Staatsbibliothek, Munich (Cod. Icon 132)
Nicolò de Caverio (fig. 30.14)	1505	BNF (Cartes et Plans, S.H. Archives no. 1)
Pesaro (fig. 30.15)	Ca. 1505–1508	Biblioteca e Musei Oliveriani, Pesaro
Kunstmann II (fig. 30.16)	1506	Bayerische Staatsbibliothek, Munich (Cod. Icon 133)
Kunstmann III (fig. 30.17)	Ca. 1506	Lost; survives in a redrawing from ca. 1843, BNF (Rés. Ge B 1120)
Vesconte Maggiolo (fig. 30.18)	1511	John Carter Brown Library at Brown University, Providence
Pīrī Re'īs world map (fig. 30.19)	Ca. 1513	Topkapi Sarayi Müzesi Kütüphanesi, Istanbul (R. 1633 mük)
Vesconte Maggiolo (fig. 30.20)	1516	Huntington Library, San Marino (HM 427)
World map in the Miller Atlas, attributed to Lopo Homem, Pedro Reinel, Jorge Reinel (fig. 30.21)	Ca. 1519	BNF (Rés. Ge AA 640)
Jorge Reinel (Kunstmann IV) (fig. 30.22)	Ca. 1519	Lost; survives in a redrawing from ca. 1843, BNF (Rés. Ge AA 564)
Vesconte Maggiolo (Kunstmann V) (fig. 30.23)	Ca. 1519	Bayerische Staatsbibliothek, Munich (Cod. Icon 135, fols. 1v–2r)
Turin (fig. 30.24)	Ca. 1523	Biblioteca Reale, Turin (Coll. O.XVI.1)
Castiglione, attributed to Diogo Ribeiro (fig. 30.25)	1525	Biblioteca Estense e Universitaria, Modena (C.G.A.12)
Salviati (fig. 30.26)	Ca. 1525	Biblioteca Medicea Laurenziana, Florence (Med. Palat. 249)
Giovanni Vespucci (fig. 30.27)	1526	Hispanic Society of America, New York (MS. K. 42)
Diogo Ribeiro (fig. 30.28)	1527	Herzogin Anna Amalia Bibliothek, Weimar (Kt 020-57S)
Diogo Ribeiro (fig. 30.29)	1529	Biblioteca Apostolica Vaticana, Vatican City (Borgiano III)
Diogo Ribeiro (fig. 30.30)	1529	Herzogin Anna Amalia Bibliothek, Weimar (Kt 020-58S)
Giovanni da Verrazzano (fig. 30.31)	1529	Vatican Museums, Vatican City (Borgiano I)

注：读者应该查阅文献，以获取所有这些绘本地图的详细、高质量以及经常是彩色的复制品。

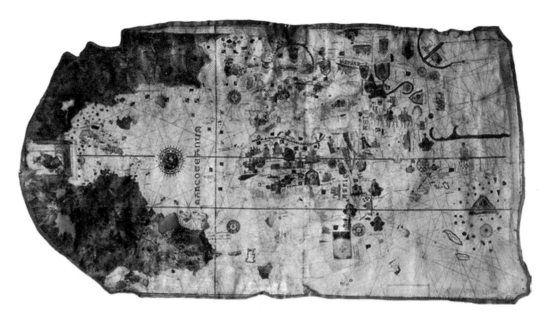

图 30.9 胡安·德拉科萨绘制的世界地图，1500 年

原图尺寸：95.5×177 厘米。Museo Naval, Madrid（inv. 257）提供照片。

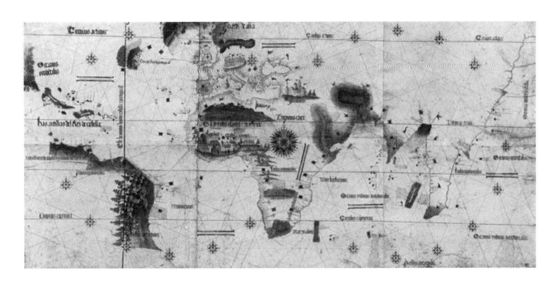

图 30.10 坎蒂诺地图，1502 年。在三张厚皮纸上

原图尺寸：22×105 厘米。Biblioteca Estense e Universitaria, Modena（C. G. A. 2）提供照片。

761

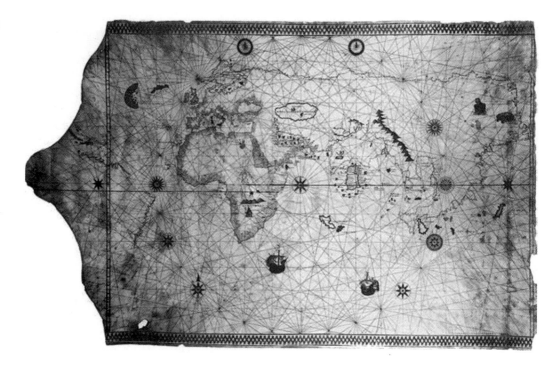

图 30.11　阿米国王（KING HAMY）地图，1502 年？

原图尺寸：58.5×94.2 厘米。Huntington Library, San Marino（HM 45）提供照片。

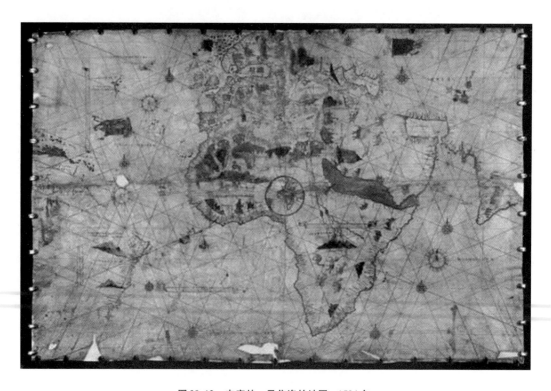

图 30.12　韦康特·马焦洛的地图，1504 年

原图尺寸：92.5×139 厘米。Biblioteca Comunale Federiciana, Fano 提供照片。

图 30.13　佩德罗·赖内尔（PEDRO REINEL）的地图，约 1504 年［被称为孔斯特曼一世（KUNSTMANN Ⅰ）］
原图尺寸：60×89 厘米。Bayerische Staatsbibliothek，Munich（Cod. Icon 132）提供照片。

图 30.14　尼科洛·德卡塞里奥的地图，1505 年
原图尺寸：115×225 厘米。BNF（Cartes et Plans，S. H. Archives No. 1）提供照片。

763

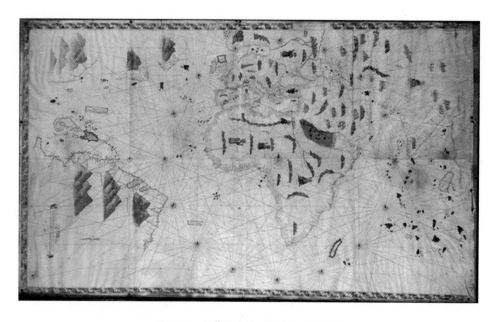

图 30.15 佩萨罗地图，约 1505—1508 年

原图尺寸：122×206 厘米。Biblioteca e Musei Oliveriani, Pesaro 提供照片。

图 30.16 被称为孔斯特曼二世的地图，1506 年

原图尺寸：99×110.5 厘米。Bayerische Staatsbibliothek, Munich (Cod. Icon 133) 提供照片。

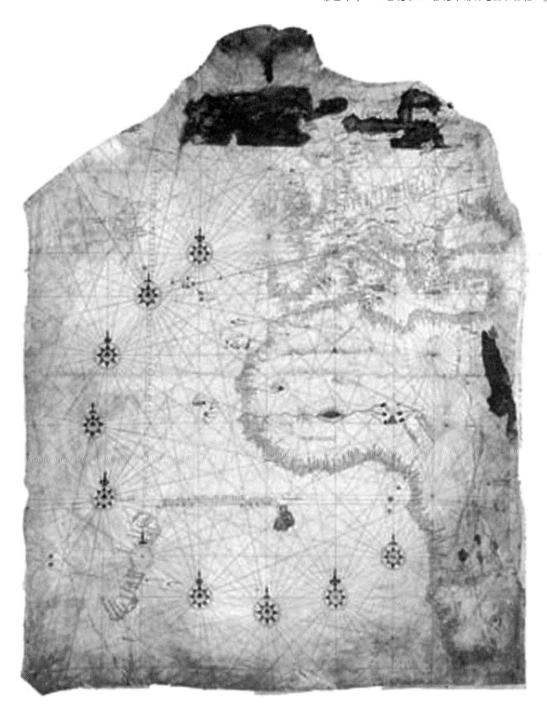

图30.17　1843 被称为孔斯特曼三世的地图的重绘，约1506年

原图尺寸：117×87厘米。NF（Rés. Ge B 1120）提供照片。

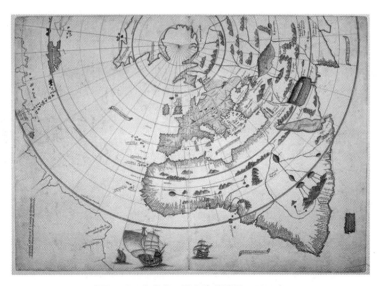

图 30.18 韦康特·马焦洛的地图，1511 年

原图尺寸：39×56 厘米。John Carter Brown Library at Brown University, Providence 提供照片。

765

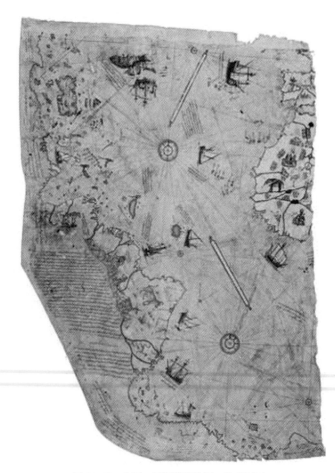

图 30.19 皮里·雷斯世界地图，约 1513 年

原图尺寸：90×63 厘米。Topkapı Sarayı Müzesi Kütüphanesi, Istanbul（R 1633 miik）提供照片。

图 30.20　韦康特·马焦洛的地图，1516 年

原图尺寸：约 102×155 厘米。Huntington Library, San Marino (HM 427) 提供照片。

766

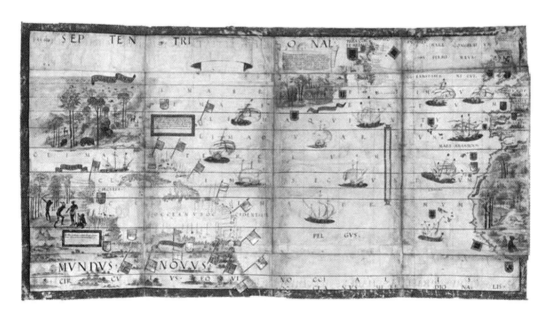

图 30.21　《米勒地图集》中的世界地图，约 1519 年。作者被认为是洛波·奥梅姆、佩德罗·赖内尔和豪尔赫·赖内尔

原图尺寸：61×118 厘米。BNF (Rés. Ge AA 640) 提供照片。

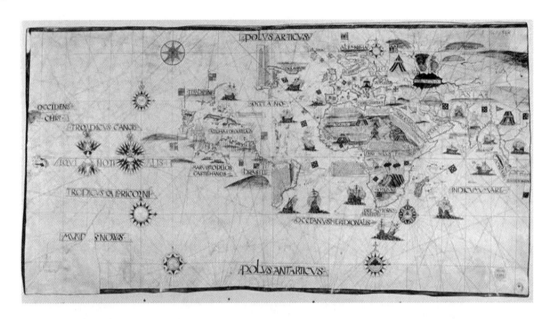

图 30.22 约 1519 年的豪尔赫·赖内尔地图的 1843 年的重绘本（被称为孔斯特曼四世）

原图尺寸：约 65×124 厘米。BNF（Rés. Ge AA 564）提供照片。

767

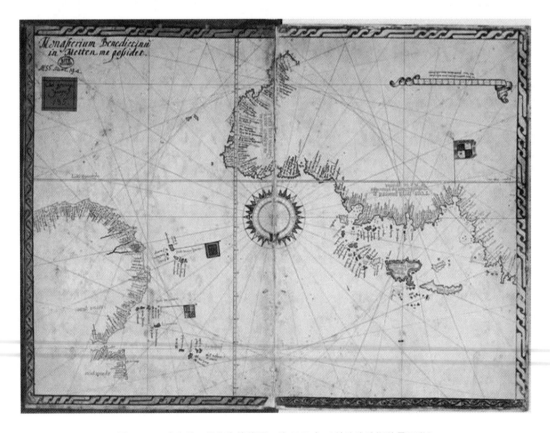

图 30.23 韦康特·马焦洛的地图，约 1519 年（被称为孔斯特曼五世）

原图尺寸：约 38×50 厘米。Bayerische Staatsbibliothek，Munich（Cod. Icon 135，fols. 1v–2r）提供照片。

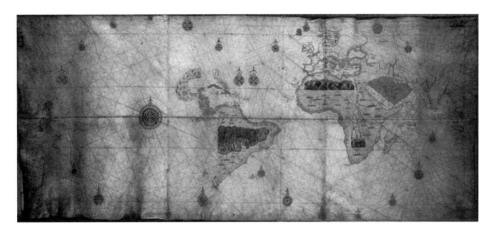

图 30.24 都灵地图，约 1523 年

原图尺寸：112×262 厘米。Biblioteca Reale, Turin（Coll. O. XVI. 1）. Ministero per i Beni e le Attività Culturali 特许使用。

768

图 30.25 1525 年的被认为是迪奥戈·里贝罗绘制的地图（被称为卡斯蒂廖内地图）

原图尺寸：82×208 厘米。Biblioteca Estense e Universitaria, Modena（C. G. A. 12）提供照片。

图 30.26 萨尔维亚蒂地图，约 1525 年。作者被认为是努诺·加西亚·托雷诺（Nuño García Toreno）

原图尺寸：93×204.5 厘米。Biblioteca Medicea Laurenziana, Florence（Med. Palat. 249）. Ministero per i Beni e le Attività Culturali 特许使用。

图 30.27 乔瓦尼·韦思普奇的地图，1526 年

原图尺寸：85×262 厘米。Hispanic Society of America, New York（MS. K. 42）提供照片。

769

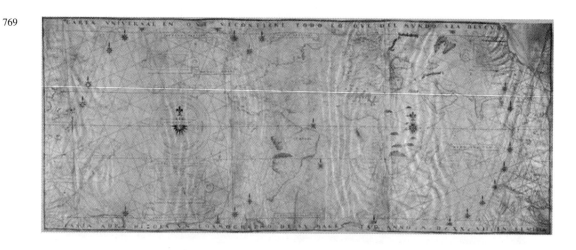

图 30.28 迪奥戈·里贝罗的地图，1527 年

原图尺寸：85×213 厘米。Klassik Stiftung Weimar / Herzogin Anna Amalia Bibliothek（Kt 020 –57S）提供照片。

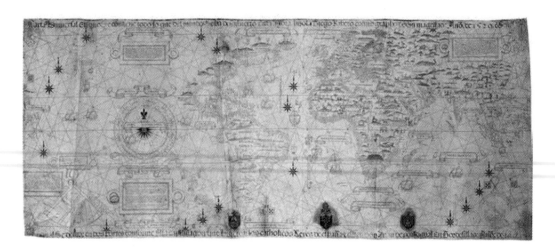

图 30.29 迪奥戈·里贝罗的地图，1529 年（在罗马）

原图尺寸：85×204.5 厘米。照片版权属于 Biblioteca Apostolica Vaticana, Vatican City（Borgiano Ⅲ）。

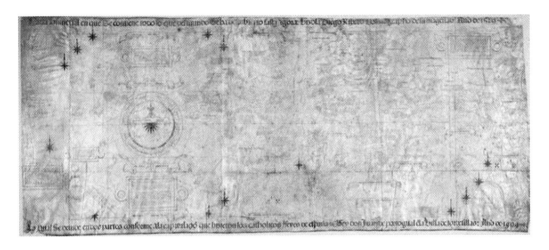

图 30.30　迪奥戈·里贝罗的地图，1529 年（在魏玛）

原图尺寸：87×210 厘米。Klassik Stiftung Weimar / Herzogin Anna Amalia Bibliothek（Kt 020 - 58S）提供照片。

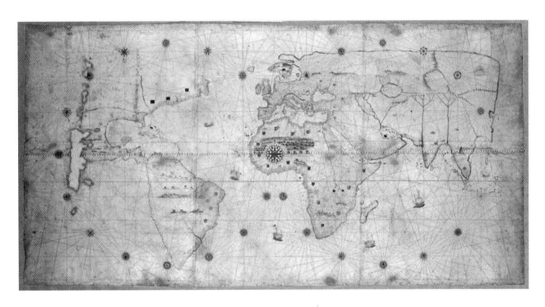

图 30.31　乔瓦尼·达韦拉扎诺的地图，1529 年

原图尺寸：127.5×255 厘米。Vatican Museums, Vatican City（Borgiano I）提供照片。

文艺复兴时期地图绘制的国家背景

意大利诸国

第三十一章　意大利的地图贸易，
1480—1650 年[*]

戴维·伍德沃德（David Woodward）

（北京大学历史系张雄审校）

意大利地图贸易反映了 16 世纪欧洲经济史的整体趋势，这些趋势的一个主要的推动力就773是从地中海经济向大西洋经济的转移。在本章所涵盖时期的前半部分，即从 1480—1570 年，佛罗伦萨、罗马和威尼斯的地图雕版师、印刷匠以及出版者主导了印刷地图的贸易。那一时期，在意大利印刷的地图的数量要比在欧洲任何其他国家印刷的都要多[①]。1570 年之后，出现了一个停滞时期，威尼斯和罗马的销售者不再能与安特卫普和阿姆斯特丹（Amsterdam）的贸易相竞争。第二个时期的特征就是在 16 世纪引入的铜版的再次使用。我们所研究时期的终结是在 17 世纪的中期，包括在佛罗伦萨出版的《大海的秘密》（*Arcano del mare*），但是不包括与温琴佐·科罗内利（Vincenzo Coronelli）有关的原创制图学活动的复苏，温琴佐·科罗内利的作品将在《地图学史》第四卷中进行描述。附录 31.1 提供了本章所涵盖的形成期的历史学和参考书目的指南，附录 31.2 提供了一份罗马和威尼斯人编纂的综合地图集的列表。

佛罗伦萨

意大利诸国地图贸易的根源可以追溯到佛罗伦萨，这里的活动集中在画家和袖珍画家弗朗切斯科·罗塞利（Francesco Rosselli）周围，他极可能是成功地仅依靠印刷和地图贸易就可以独立谋生的第一位企业家。作为一位画家、一位书籍彩饰师以及一位雕版师，罗塞利是泥瓦匠洛伦佐的儿子，画家科西莫（Cosimo）的弟弟。弗朗切斯科的主要职业是书籍彩饰师和雕版师［他很可能与山德罗·博蒂切利（Sandro Botticelli）有过合作］，其中包括 1476—1480 年的一个时期，这期间他在匈牙利（Hungary）马蒂亚斯·科菲努斯（Matthias Corvinus）的宫廷中工作，同时由科西莫照顾其生意。我们从一份由他的兄长准备的税收文档中得知，1480 年弗朗切斯科在匈牙利；1482 年，他在佛罗伦萨近郊的里波

---

[*] 本章使用的缩略语包括：Newberry 代表 Newberry Library, Chicago。

① 一幅对比了 1472—1600 年与 1600—1700 年欧洲制作印刷世界地图的中心的有用地图，显示了意大利诸国早期的主导地位，具体参见 J. B. Harley, *review of The Mapping of the World*：*Early Printed World Maps 1472 – 1700*, by Rodney Shirley, *Imago Mundi* 39（1987）：105 – 10, 108 的图示。地图制作中心的分布在本卷的第二十三章中进行了更为细致的推敲。

利（Ripoli）购买了一座农场及其建筑物②。他大致从 1470 年开始从事绘画活动。我们不了解他是如何对地图雕版感兴趣的，但是 1508 年，当他在威尼斯旁听一场讲座的时候，他在听众名录中被称为"佛罗伦萨的宇宙志学者弗朗西斯·罗塞努斯"（Franciscus Rosellus florentinus Cosmographus）。马里诺·萨努托（Marino Sanuto）也在他《日记》（Diaries）的一篇讽刺短诗中将他褒奖为一位宇宙志学者。一些重要的地图被认为出自他之手，时间是在至少自 15 世纪 90 年代之后③。但是最近的一项研究可能将他的制图学活动追溯到 10 年之前：博尔施（Boorsch）以风格为由推测，罗塞利可能为弗朗切斯科·贝林吉耶里出版于 1482 年的托勒密《地理学指南》雕版了地图④。这一风格上的证据令人瞩目，可能暗示罗塞利在 1482 年之前就从匈牙利返回了佛罗伦萨，除非他在 1476 年，也即在他动身前往科菲努斯宫廷之前就完成了任务。

在一个关于地图和印刷贸易的档案证据是令人失望的缺乏的时代，一份保存下来的罗塞利商店的商品清单确实令人激动不已。弗朗切斯科的儿子亚历山德罗继承了商店，并且在 1527 年亚历山德罗去世的时候，店铺里的东西被登记造册，作为亚历山德罗支付给儿子的抚养费的遗产的一部分，后者成为宫廷中的一位侍卫。在受到委托处理这些事务的未成年人监护法官（Magistrato dei pupilli）的档案中保存了相关文件⑤。清单被分成三个部分：存货中的印刷品有地图的印刷成品［包括匈牙利、法兰西（France）、克里特（Crete）、意大利

② Cesare de Seta, "The Urban Structure of Naples: Utopia and Reality," in *The Renaissance from Brunelleschi to Michelangelo: The Representation of Architecture*, ed. Henry A. Millon and Vittorio Magnago Lampugnani (Milan: Bompiani, 1994), 349 – 71, esp. 365 – 66.

③ 罗塞利雕版作品的标准著作，包括一份有用的传记性导言，就是 Mark J. Zucker, *Early Italian Masters*, The Illustrated Bartsch 24, Commentary, 4 pts. (New York: Abaris Books, 1993 – 2000), pt. 2, 1 – 109. 不幸的是，尽管他赞扬罗塞利的制图学作品，但 Zucker 说明他观点时，除了幸存下来的铜版上的佛罗伦萨图景，没有使用出自罗塞利之手的地图。论述作为地图学家的罗塞利的论文见 Roberto Almagià, "On the Cartographic Work of Francesco Rosselli," *Imago Mundi* 8 (1951): 27 – 34, 其参考书目和年表细节现在已经显得过时。最近对罗塞利制图学作品的概述，并附有完整书目的是 Tony Campbell, *The Earliest Printed Maps, 1472 – 1500* (London: British Library, 1987), 70 – 78; David Landau and Peter W. Parshall, *The Renaissance Print, 1470 – 1550* (New Haven: Yale University Press, 1994), 12 – 13; Lilian Armstrong, "Benedetto Bordon, Miniator, and Cartography in Early Sixteenth-Century Venice," *Imago Mundi* 48 (1996): 65 – 92; Suzanne Boorsch, "Francesco Rosselli," in *Cosimo Rosselli: Painter of the Sistine Chapel*, ed. Arthur R. Blumenthal (Winter Park, Fla.: Cornell Fine Arts Museum, Rollins College, 2001), 208 – 11; David Woodward, *Maps as Prints in the Italian Renaissance: Makers, Distributors & Consumers* (London: British Library, 1996), in Italian, *Cartografia a stampa nell'Italia del rinascimento: Produttori, distributori e destinatari* (Milan: Sylvestre Bonnard, 2002)。也可以参见 David Woodward, "Starting with the Map: The Rosselli Map of the World, ca. 1508," in *Plantejaments i objectius d'una història universal de la cartografia = Approaches and Challenges in a Worldwide History of Cartography*, by David Woodward, Catherine Delano-Smith, and Cordell D. K. Lee (Barcelona: Institut Cartogràfic de Catalunya, 2001), 71 – 90。

④ Suzanne Boorsch, "The Case for Francesco Rosselli as the Engraver of Berlinghieri's Geographia," *Imago Mundi* 56 (2004): 152 – 69.

⑤ 罗塞利的清单最初由 Jodoco Del Badia 发表在 "La bottega di Alessandro di Francesco Rosselli merciaio e stampatore, (1525)," *Miscellanea fiorentina di erudizione e di storia* 2 (1894): 24 – 30. 也可以参见 Christian Hülsen, "Die alte Ansicht von Florenz im Kgl. Kupferstichkabinett und ihr Vorbild," *Jahrbuch der Königlich Preuszischen Kunstsammlungen* 35 (1914): 90 – 102, 和 Arthur Mayger Hind, *Early Italian Engraving: A Critical Catalogue with Complete Reproduction of All the Prints Described*, 7 vols. (London: For M. Knoedler, 1938 – 48), 1: 304 – 9. 最近这一清单的一个较早的版本公之于世：Florence, Archivio di Stato, Magistrato dei Pupilli (avanti il Principato 189), fols. 733r-43v. 参见 Sebastiano Gentile, ed., *Firenze e la scoperta dell'America: Umanesimo e geografia nel '400 Fiorentino* (Florence: Olschki, 1992), 247 – 50。与其他版本之间没有本质的不同，尽管尚未发表一份全面的校勘本。

和印度（India）；伦巴第（Lombardy）的地图；以及比萨（Pisa）、君士坦丁堡（Constantinople）、罗马和佛罗伦萨的城市图景］；印刷匠的设备和书籍；木版和金属版（铜、黄铜和白镴）。印刷成品的价格折合为里拉（lire）和文（soldi）给出。尺寸较大的平均大约每幅 3 里拉，中等的大约 1 里拉，而小型的大约 3—7 文。最昂贵的物品就是着色的航海图（7 里拉）。球仪及其附属器件非常显眼［通常被描述为"appamondo in palla"（球上的世界地图）］，其中一架是印刷匠的装备之一，显然是教学用具。

图版的总重量高达 475 磅，这一数字大抵提供了它们残存部分的价值，这是 1613 年的数字，总数本来应当为 600 里拉⑥。图版包括那样一些东西，一幅多半是阿尔马贾在 1934 年提到的 6 分幅的意大利地图⑦，以及一幅"斗篷式世界地图"（appamondo a mantellino），大概是两分幅的由乔瓦尼·马泰奥·孔塔里尼（Giovanni Matteo Contarini）用一种圆锥投影（形状类似于一件小斗篷）绘制的世界地图，上有罗塞利的签名。有一个条目提到"一种普通纸张的小型世界地图"（1° appamondo picholo d'un foglio chomune）。普通纸张（Foglio comune）指的是最小尺寸的纸张（大约 23 厘米 × 38 厘米），清单标明售价在 3—7 文之间。列入清单的图版也许是罗塞利的小型卵形世界地图，是在 1508 年前后绘制的，并且如果这样的话，那么图版至少一直库存了 20 年。更让人好奇得无以复加的是那些显然没有印刷成品却保存下来的大型地图的图版：一幅 8 分幅的大型航海图，一幅 12 分幅的大型世界地图，以及另外一幅 16 分幅的世界地图。12 分幅的地图疑似是由马丁·瓦尔德泽米勒（Martin Waldseemüller）制作的两幅木版世界地图（1507 年和 1516 年）之一，但是其被列在清单中的"图版"部分。至于 16 分幅的世界地图，我们只能进行推测。

罗塞利主要使用金属雕版并不奇怪。其起源通常与佛罗伦萨有关，那里金匠的工艺在 15 世纪高度发展⑧。对于罗塞利的贸易更为重要的是，在自保罗·达尔波佐·托斯卡内利（Paolo dal Pozzo Toscanelli）之后成为意大利半岛地理信息中心的城市中，他的顾客对于地理的兴趣。关于地理和旅行的书籍是最为流行的产品⑨。可能重要的一点在于，只有在佛罗伦萨出版的托勒密《地理学指南》的版本在人文主义传统中持续被作为一种文学作品而不是科学作品——它是一种由教士弗朗切斯科·贝林吉耶里翻译的《三韵体诗》（terza rima，一种三行诗节隔行押韵的诗，第一、三两行与前一首诗中间行押韵）译本，附有地图，这些地图可能单独印刷，而且时间在文本之前（它们被印刷在不同的纸张上）⑩。

保存在塞维利亚（Seville）哥伦布图书馆（Biblioteca Colombina）的费迪南德·哥伦布（Ferdinand Columbus）藏品的稿本清单，提供了令人着迷的一扇窗户，可以对 15 世纪末 16 世

⑥ Landau and Parshall, *Renaissance Print*, 24。1613 年列入清单的残存黄铜铜版的价值每磅 22 巴约基［baiocchi, 22 斯库多（scudi）］。参见 Francesca Consagra, "The De Rossi Family Print Publishing Shop: A Study in the History of the Print Industry in Seventeenth-Century Rome"（Ph. D. diss. , Johns Hopkins University, 1992）。

⑦ Roberto Almagià, "Una grande carta d'Italia del secolo XVI finora sconosciuta," *Bibliofilia* 36（1934）: 125 – 36.

⑧ John Goldsmith Phillips, *Early Florentine Designers and Engravers: A Comparative Analysis of Early Florentine Nielli, Intarsias, Drawings and Copperplate Engravings*（Cambridge: Harvard University Press, 1955）.

⑨ Roberto Almagià, "Il primato di Firenze negli studi geografici durante i secoli XV e XVI," *Atti della Società Italiana per il Progresso delle Scienze* 18（1929）: 60 – 80; Gentile, *Firenze*; 以及 Leonardas Vytautas Gerulaitis, *Printing and Publishing in Fifteenth-Century Venice*（Chicago: American Library Association, 1976）.

⑩ Paolo Veneziani, "Vicende tipografiche della *Geografia* di Francesco Berlinghieri," *Bibliofilia* 84（1982）: 195 – 208.

纪初印刷品收藏者的全部藏品一览无余。作为一份 1539 年之前印刷品的清单，其中包括了很多地图，同时随之而来的研究很大程度上说明了印刷业早期地图的传播模式和消耗率⑪。

775　　　尽管佛罗伦萨有这样一个前途无量的开端，但地图雕版贸易很快最先被罗马，然后被威尼斯的印刷品、地图和书籍贸易超越，最终在 16 世纪最后 25 年中也被低地国家（Low Countries）的地图集制作人取代。

罗　马

罗马在 15 世纪出现了托勒密《地理学指南》的一个版本及其重印本（1478 年和 1490 年）；城中与书籍贸易无关的版画复制业最早的繁盛时期出现在 1508—1527 年间，当时马尔坎托尼奥·拉伊蒙迪（Marcantonio Raimondi）和一群雕版匠和版画制作者通过面向大众市场复制拉斐尔（Raphael）的绘画谋生⑫。在 1527 年和 1528 年罗马之劫时，城市的人口从 5.4 万下降到了 3.2 万⑬。几乎没有商业幸存下来。马尔科·登特（Marco Dente），拉伊蒙迪的学生，死于灾祸，而拉伊蒙迪逃回了博洛尼亚。

安东尼奥·萨拉曼卡（Antonio Salamanca），罗马书籍和印刷品贸易的中流砥柱之一，早在 1505 年就在城市中定居下来⑭。他可能是一位来自西班牙的犹太教改信者（Jewish converso），但这一假说依然存在疑问，因为他的正式名字是马丁尼（Martini）。我们所确实知道的情况是，截至 1527 年，他开了一家商店，雇用了 8 个人⑮。特拉梅齐诺（Tramezzino）的兄弟，米凯莱（Michele）和弗朗切斯科，则没有那么幸运；他们逃往威尼斯，但是弗朗切斯科在 1528 年返回罗马开了商店。

安东尼奥·拉弗雷伊及其地图集

在劫掠之后，外国移民的迁入激活了印刷品贸易，有关古代主题和考古发现结果的印刷

---

⑪　Mark P. McDonald, "The Print Collection of Ferdinand Columbus," *Print Quarterly* 17 (2000)：43 – 46，以及 idem, *The Print Collection of Ferdinand Columbus (1488 – 1539)：A Renaissance Collector in Seville*, 2 vols. (London：British Museum, 2004)，尤其是 Peter Barber 撰写的一章，"The Maps, Town-Views and Historical Prints in the Columbus Inventory," 1：246 – 62。也可以参见 Christopher Baker, Caroline Elam, and Genevieve Warwick, eds., *Collecting Prints and Drawings in Europe*, c. 1500 – 1750 (Aldershot：Ashgate, 2003)。

⑫　与罗马地图贸易有关的档案材料的主要来源是 Franz (Francesco) Ehrle, *Roma prima di Sisto V：La pianta di Roma Du Pérac-Lafréry del 1577 riprodotta dall'esemplare esistente nel Museo Britannico. Contributo alla storia del commercio delle stampe a Roma nel secolo 16 e 17* (Rome：Danesi, 1908)。至于最新的通论性著作，参见 Paolo Bellini, "Stampatori e mercanti di stampe in Italia nei secoli XVI e XVII," *I Quaderni del Conoscitore di Stampe* 26 (1975)：19 – 66, esp. 19 – 25；Maria Antonietta Bonaventura, "L'industria e il commercio delle incisioni nella Roma del' 500," *Studi Romani：Rivista Bimestrale dell'Istituto di Studi Romani* 8 (1960)：430 – 36；Maria Raffaella Caroselli, "Commercio librario a Roma nel secolo XV," *Economia e Storia* 25 (1978)：221 – 37；以及 Jacques Kuhnmünch, "Le commerce de la gravure à Paris et à Rome au XVIIᵉ siècle," *Nouvelles de l'Estampe* 55 (1981)：6 – 17。

⑬　Judith Hook, *The Sack of Rome, 1527* (London：Macmillan, 1972), 34 and 177。

⑭　在萨拉曼卡的文件中，他于 1560 年提出成为罗马市民的申请，他陈述的原因是他已经在城市中间居住了 55 年。参见 Valeria Pagani, "Documents on Antonio Salamanca," *Print Quarterly* 17 (2000)：148 – 55。

⑮　Maria Cristina Misiti, "Antonio Salamanca：Qualche chiarimento biografico alla luce di un'indagine sulla presenza spagnola a Roma nel' 500," in *La stampa in Italia nel Cinquecento*, 2 vols., ed. Marco Santoro (Rome：Bulzoni Editore, 1992), 1：545 – 63，以及 Landau and Parschall, *Renaissance Print*, 302。

品市场迅速扩张。对于古代和现代罗马的地图、建筑图景和雕塑、纪念性建筑和遗迹的印刷品，有大量需求。

这些移民雕版匠和出版商中最有影响力的就是安东尼奥·拉弗雷伊［安托万·拉弗雷伊（Antoine Lafréry）］，他于 1544 年从弗朗什 - 孔图瓦（Franche-Comtois）来到这里，并与萨拉曼卡建立了一种合作关系，这种关系自 1553 年之后持续不断（当时萨拉曼卡 75 岁），直至萨拉曼卡在 1562 年去世[16]。拉弗雷伊 - 萨拉曼卡的合作关系极为成功，以至于由于图版是世代相传的，因此，他们在罗马开创了一个地图和印刷品出版者的王朝（图 31.1）。这

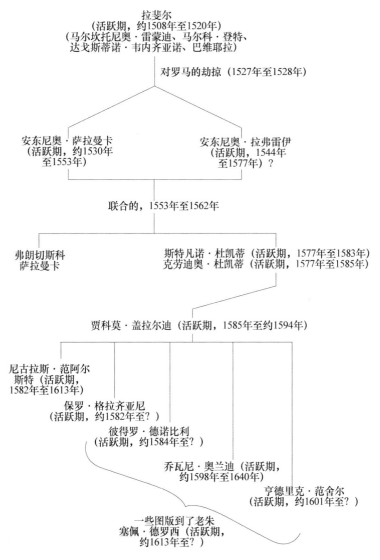

图 31.1　拉弗雷伊 - 萨拉曼卡合作关系的图表（在括号中给出了活跃期）

　⑯　Ehrle, *Roma prima di Sisto V*, 11 – 15；Antonino Bertolotti, *Artisti subalpini in Roma nei secoli XV，XVI e XVII：Ricerche e studi negli archivi romani*（Mantua：Mondovì, 1884）；idem, *Artisti francesi in Roma nei secoli XV，XVI e XVII：Ricerche e studi negli archivi romani*（Mantua：G. Mondovi, 1886）；以及 F. Roland, "Un Franc-Comtois éditeur et marchand d'estampes à Rome au XVIe siècle：Antoine Lafréry（1512 – 1577），" *Mémoires de la Société d'Émulation du Doubs* 5（1910）：320 – 78。

是一种残酷无情的生意，并且当拉弗雷伊在 1577 年没有留下遗嘱就去世的时候，他的财产在雕版匠克劳迪奥·杜凯蒂（Claudio Duchetti，拉弗雷伊的侄子）和斯特凡诺·杜凯蒂（Stefano Duchetti，杜凯蒂的侄子）［克劳德（Claude）和艾蒂安·迪谢（Étienne Duchet）］之间分割，这一决定受到了作为竞争对手的店主洛伦佐·德拉瓦凯里耶（Lorenzo de la Vaccherie）的高度质疑。我们对这些雕版匠的了解实际上大多来源于法律纠纷和刑事诉讼[17]。财产的 1/3 主要由图版构成，最初遭到扣押，在结案以后才归还。当克劳迪奥·杜凯蒂在 1585 年去世的时候，贾科莫·盖拉尔迪（Giacomo Gherardi）在帕里奥内大街（Via di Parione）经营商店，他店里的存货清单中显示了超过 100 块铜版，但他是在那个地点保持印刷拉弗雷伊图版传统中的最后一位。库存图版的一部分肯定到了乔瓦尼·奥兰迪（Giovanni Orlandi）手中，他在帕斯奎诺（Pasquino）开有一家印刷商店，并且通常加印"Ioannes Orlandi formis romae 1602"（1602 年罗马乔瓦尼·奥兰迪店制图）的标记。这一标记也被发现印在了来自温琴佐·卢基尼（Vincenzo Luchini）、亨德里克·范舍尔（Hendrik van Schoel）等罗马其他出版商的图版上。拉弗雷伊－杜凯蒂的另外一部分图版到了彼得罗·德诺比利［Pietro de' Nobili，（即拉丁文姓名）彼得吕斯·德诺比利巴斯（Petrus de Nobilibus）］手中，其中包括带有拉弗雷伊书名页的第二种珍本，其上印有他的标记[18]。印刷销售者对于他们图版所有权的守护，在德诺比利和彼得吕斯·斯普兰格尔斯（Petrus Spranghers）之间于 1584 年 11 月 6 日签订的共同拥有他们库存物品短暂的（1 个月）协定中得到说明。写入存货清单记录中有这样一条约定，即双方都不得夜宿店中。虽然 12 月 17 日合作关系就解除了，但最终的存货清单提供了交给德诺比利的地图名称的丰富资料[19]。

印刷商主要集中在帕里奥内区［rione of Parione，达马索（Damaso）的圣洛伦佐（San Lorenzo）教区］，尤其是佩莱格里诺大街（Via del Pellegrino）和鲜花广场（Campo de' Fiori）（图 31.2）。这一邻近纳沃纳广场（Piazza Navona）的区域是由银行家、金匠、印刷品销售者和宗教物品经销者提供服务的富有客户的聚集区。按照一位 16 世纪 50 年代早期的目击者的说法，特拉梅齐诺和萨拉曼卡在罗马的商店是对古代罗马感兴趣的考古学家和古物搜集者喜欢光顾的地方，同时拉弗雷伊在帕里奥内大街的商店是一个会见以及讨论最新思想并且增加某人收藏品的场所[20]。马克－安托万·米雷（Marc-Antoine Muret），在罗马授课 20 年，并且是一位著名的古物搜集者，他在 1572 年写道："我在过去这些日子中与拉弗雷伊交谈。今天他赠予我他

---

[17] Gian Ludovico Masetti Zannini, "Rivalità e lavoro di incisori nelle botteghe Lafréry-Duchet e de la Vacherie," in *Les fondations nationales dans la Rome pontificale* (Rome: École Française de Rome, 1981), 547–66.

[18] George H. Beans, "Some Notes from the Tall Tree Library," *Imago Mundi* 7 (1950): 89–92, esp. 92.

[19] Evelyn Lincoln, *The Invention of the Italian Renaissance Printmaker* (New Haven: Yale University Press, 2000)。协议在 pp. 185–88 被完整地抄录。

[20] Consagra, "De Rossi Family," 以及 idem, "De Rossi and Falda: A Successful Collaboration in the Print Industry of Seventeenth-Century Rome," in *The Craft of Art: Originality and Industry in the Italian Renaissance and Baroque Workshop*, ed. Andrew Ladis and Carolyn Wood (Athens: University of Georgia Press, 1995), 187–203. Consagra 关于德罗西家谱的档案学研究，在很大程度上代替了 Ehrle 的研究成果，参见 *Roma prima di Sisto V*; Leandro Ozzola, "Gli editori di stampe a Roma nei sec. XVIe – XVII," *Repertorium für Kunstwissenschaft* 33 (1910): 400–411; Thomas Ashby, "Antiquae Statuae Urbis Romae," *Papers of the British School at Rome* 9 (1920): 107–38; 以及作者在 *Dizionario biografico degli Italiani* (Rome: Istituto della Enciclopedia Italiana, 1960–) 中的相关词条。也可以参见 Roberto Almagià, "Nota su alcuni incisori e stampatori veneti e romani di carte geografiche," in *Monumenta cartographica Vaticana*, 4 vols. (Rome: Biblioteca Apostolica Vaticana, 1944–55), 2: 115–20.

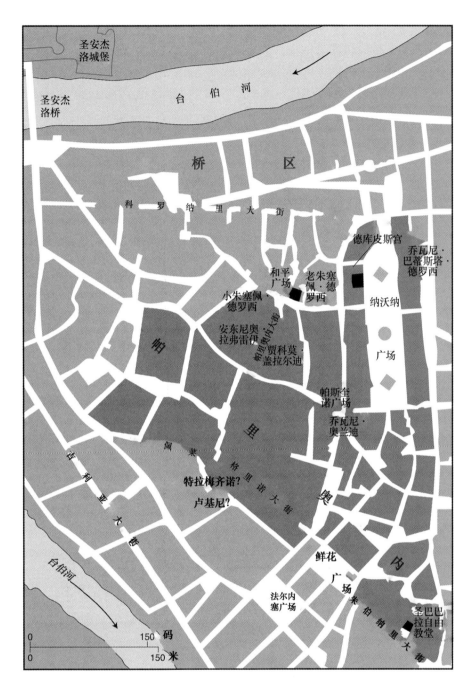

图 31.2　16 世纪罗马城中的印刷业区域

在一年半时间中制作的每件东西。"[21] 这一区域依然是一个古物印刷品和书籍贸易的中心。

　　拉弗雷伊将他的印刷品汇集装订成三本针对收藏者的选集：一卷是收录肖像的书籍，名为《肖像集》（*Illustrium virorum*）；一卷是建筑平面图以及古代和现代罗马图景的专辑，名

[21]　Fabia Borroni Salvadori, *Carte, piante e stampe storiche delle raccolte lafreriane della Biblioteca Nationale di Firenze*（Rome：Istituto Poligrafico e Zecca dello Stato, 1980），xxxvii.

为《罗马辉煌鉴》（*Speculum Romanae magnificentiae*）；一卷《地理学》（*Geografia*），包含了地图和地形图景。一个经过改动的更为完整熟悉的标题是《地理学：按照托勒密的顺序组织和搜集的不同作者制作的世界大部分地区的现代地图，附载有来自不同区域的众多城市和要塞的图景。在罗马用铜版细致和精心制作》（"Geography：Modern maps of most of the world by various authors collected and put in Ptolemy's order with views of many cities and forts from various regions. Published from copperplates with care and diligence in Rome"）。"托勒密的顺序"指的是近似于托勒密《地理学指南》中地图的顺序（依次是世界地图，各大陆地图，欧洲、亚洲和非洲地图），但是除了这一点，地图的立意无疑是"现代的"[22]。

拉弗雷伊发行了一部目录，并于 1573 年出版，其中列出了几乎 500 件出版物，这使得我们可以了解他的清单。尽管地图和图景只占总数的 1/5 多一点，但它们按托勒密《地理学指南》中的顺序被列在目录的前面。当然，没有被托勒密包括进来的新世界，构成了一个单独类目，但只是通过三幅地图加以呈现——古巴（Cuba）和海地（小西班牙，Hispaniola），"秘鲁"（Peru）（也就是南美洲）和"新法兰西"（Nova Franza）（也即北美洲）的地图——所有地图此前都由保罗·福拉尼（Paolo Forlani）在威尼斯出售过，并且它们的图版很可能由克劳迪奥·杜凯蒂在 1570 年离开威尼斯的时候带到了罗马[23]。

德罗西家族及其继承者

17 世纪，罗马地图和印刷品的出版由德罗西（De Rubeis）家族所控制。德罗西家族各个成员之间的复杂联系已经由孔萨格拉（Consagra）使用档案证据整理清晰，并且本章的这一节极大地依赖于她的作品（图 31.3）[24]。在纳沃纳广场或其周边的四家与众不同的商店中，在这一世纪中至少有五位活跃的演员，他们都与家族的族长老朱塞佩·德罗西（图 31.2）有明确的血缘关系。从 1617 年至 1628 年，他雇用了两个侄子小朱塞佩和乔瓦尼·巴蒂斯塔作为他在练兵场区（rione of Campo Marzio）的商店的学徒。在 1628 年的复活节（Easter Sunday），老朱塞佩解除了与他们的学徒契约关系，允许他们自己在和平广场（Piazza della Pace）南侧开设一家商店。1630 年，老朱塞佩从练兵场区搬迁到了和平广场东侧的一所由灵魂圣母（Santa Maria dell'Anima）教堂拥有的住宅中。17 世纪 30 年代，广场上有两家都叫朱塞佩·德罗西名字的商店在营业。老朱塞佩的存货中包括了来自安东尼奥·拉弗雷伊的合作者阿达莫·斯库尔托里（Adamo Scultori）的图版，他通过与阿达莫的儿子切萨雷（Cesare）、安东尼奥·滕佩斯塔（Antonio Tempesta）和菲利佩·托马森（Philippe Thomassin）的联系进货。他在三块由拉弗雷伊发行的图版上署名"G. RO. FO"，意思即"朱塞佩·德罗西制图"（Giuseppe de Rossi Formis）。但是老朱塞佩不到 2% 的库存涉及罗马之外其他地点的地形图景和地图，这对一家位于如此重要的贸

㉒ 与《罗马辉煌鉴》有关的参考文献，参见 Woodward, *Maps as Prints*, 112–13 n. 8。

㉓ Antonio Lafreri, *Indice delle tavole moderne di geografia della maggior parte del mondo di diversi auttor*（Rome：Antoine Lafréry, ca. 1573）；独一无二的副本藏于 Florence, Biblioteca Marucelliana（佛罗伦萨马鲁切利图书馆）。也可以参见 Borroni Salvadori，他在 *Carte, piante e stampe*, xxxix 中正确地指出，小册子不可能像通常估计的那样在 1572 年出版，因为其包含了一幅 1573 年出版的地图。

㉔ Consagra, "De Rossi Family."

易和朝圣中心的商店来说的确是令人惊讶的事情。然而，在朱塞佩拥有的一些其他城市、省份和岛屿的图景中，包括一套由亨里克斯·洪迪厄斯（Henricus Hondius）制作的天球仪和地球仪的图版、16 件与围攻马耳他（Malta）有关的物品，以及托马森 1569 年根据迪奥戈·奥梅姆（Diogo Homem）的作品印刷的地中海航海图的重刻版[25]。

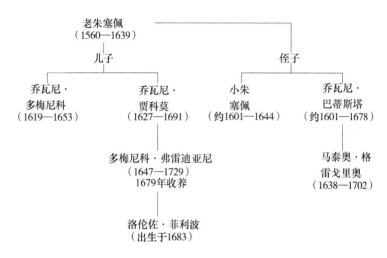

图 31.3　德罗西家族的家谱。括号中乃出生日期

老朱塞佩的侄子小朱塞佩是一位不太富有的印刷商。在去世的时候，他仅仅留下了 663 块铜版以及少量奢侈的家庭用品。但是他拥有如乔治·吉西（Giorgio Ghisi）、安东尼奥·滕佩斯塔和凯鲁比诺·阿尔贝蒂（Cherubino Alberti）等著名雕版匠制作的图版，由此吸引了诸如卡西亚诺·达尔波佐（Cassiano dal Pozzo）等印刷品收藏者。然而，他的库存没有跟得上 16 世纪中期印刷品主旋律口味的变化。他的库存严重偏向于宗教物品（几乎占 3/4），而且，与他叔叔老朱塞佩的库存相似，较少倾向于地形的印刷品和地图，而这些正是让拉弗雷伊在 16 世纪中大获成功的货物。

1635 年，乔瓦尼·巴蒂斯塔离开了他的兄弟小朱塞佩的商店开设了自己的商店，地点是在纳沃纳广场西北侧的德库皮斯宫（Palazzo De Cupis），因而在数百码的范围内开设了三家有着德罗西名字的商店。德库皮斯宫对于很多书籍销售者和印刷品销售者而言是他们的家园。当面对来自老朱塞佩两个从事印刷品销售的儿子的竞争的时候，乔瓦尼·巴蒂斯塔的重要性很快消退。

按照老朱塞佩遗嘱中的条款，当最年长的三个儿子成年的时候，他的财产将于 1648 年均分给他四个儿子［乔瓦尼·多梅尼科、吉罗拉莫（Girolamo）、乔瓦尼·贾科莫和菲利波］。按照 1648 年 8 月 22 日的店铺清单，库存货物由大约 3000 块铜版以及 2 万件印刷品构成[26]。兄弟

　　[25]　David Woodward, *The Maps and Prints of Paolo Forlani*：*A Descriptive Bibliography*（Chicago：Newberry Library，1990），46 – 47（map 81. 01）。关于托马森印刷品的一份目录，参见 Edmond Bruwaert, *La vie et les oeuvres de Philippe Thomassin graveur troyen*, *1562 – 1622*（Troyes：P. Nouel and J. -L. Paton, 1914）。Bruwaert 并没有提到地中海地图，但描述了一幅时间为 1615 年的斯波莱托（Spoleto）的平面图（p. 89, item 302）。

　　[26]　Consagra, "De Rossi Family," 482 – 532.

们之间可以相互买进库存的图版，其中乔瓦尼·多梅尼科和乔瓦尼·贾科莫确实那么做了。

从 1648 年至 1649 年，乔瓦尼·多梅尼科和乔瓦尼·贾科莫共同拥有一间位于和平大街和帕里奥内大街街角上的印刷品商店。他们使用不同的标记区别他们的生意。乔瓦尼·多梅尼科使用"统统巴黎牌子"（all insignia di Parigi）表明他购买的大量货物来自巴黎的印刷品商店。在 1649 年，乔瓦尼·多梅尼科将自己的商店搬迁到了乔瓦尼·巴蒂斯塔在 1635 年迁入的建筑德库皮斯大楼中。乔瓦尼·多梅尼科一直在此经营，直至 1653 年 8 月，他和他的妻子在六小时内双双死于一种"疾病"，没有子嗣也未留遗嘱。他死后不久起草的存货清单（在 1673 年 9 月 4 日）揭示，他将他库存的地理和地形方面的图版扩充了至少 6 倍，其中包括 40 块托勒密《地理学指南》某一版本的图版，这反映了对于这方面主题的新需求。他增加了他搜集的古代和现代罗马的图版，在 5 年中图版从 12 块增加到 125 块。在同一时期，他印刷的图幅增加了 11 倍（几达 5.6 万幅），所有都储存在用杨树和栗树制作的大橱柜和书柜中。它们包括从巴黎、弗兰德斯（Flanders）、威尼斯、米兰、博洛尼亚和那不勒斯进口的数千种印刷品。他的书籍、成套的印刷品以及系列出版物增加了 14 倍（几达 3000 种）。在一个书柜的上方是"一幅用挂绳固定在帆布上的大型宇宙志地图"[27]。

在 17 世纪的罗马，乔瓦尼·贾科莫·德罗西作为占据主导的印刷品销售商而出现。1648 年，他 21 岁，通过发行一幅由安东尼奥·滕佩斯塔制作的 12 分幅的罗马地图，以及一些针对受过教育的旅行者和收藏家的印刷品，开始了他的职业生涯。次年，他出版了由安东尼奥·弗朗切斯科·卢奇尼（Antonio Francesco Lucini）制作的《比萨桥梁图景》（*View of the Bridge in Pisa*），以及雕版匠罗伯特·达德利（Robert Dudley）的《大海的秘密》。在 1653 年乔瓦尼·多梅尼科去世的时候，乔瓦尼·贾科莫用不到 700 斯库多（cscudi）获得了他库存的图版，因而巩固了他的长兄和父亲的库存，并且将自己确定为德罗西家族铜版的唯一合法拥有者。在乔瓦尼·贾科莫的制图学对象中，有 12 块由艾蒂安·杜佩拉奇制作的古代罗马的图版（图 31.4）以及 12 块乔治·威德曼（Giorgio Widman）重新雕版的威廉·扬茨·布劳（Willem Jansz. Blaeu）的四大陆的图版，其中包括乔瓦尼·多梅尼科在世期间丢失的 2 块图版。当从教皇亚历山大七世（Pope Alexander Ⅶ）那里获得两项特权的时候，他的成功获得了保证，其中一项与一系列豪华的红衣主教的画像有关，而另一项则与由乔瓦尼·巴蒂斯塔·法尔达（Giovanni Battista Falda）制作的一部名为《现代罗马工场和大楼新地点透视图集》（*Il nuovo teatro delle fabriche et edificii in prospettiva di Roma moderna*）的罗马图景的书籍有关（1665 年）。乔瓦尼·贾科莫参与这一计划并不只是作为一名发行者；他在贝尔尼尼（Bernini）的作坊中发现了 14 岁的法尔达，并且在蚀刻和透视图方面的导师的帮助下，认真地将他训练为经理（impresario）。结果如此成功，以至于教皇授予乔瓦尼·贾科莫一项包括从 1664 年至 1674 年他所有出版物的特权，他实际是罗马印刷行业的垄断者。1680 年，他出版了《意大利常用图版》（*Tavola generale dell'Italia*），最初是由尼古拉斯·桑松（Nicholas Sanson）编纂的，并且由米凯莱·安东尼奥·博德朗（Michele Antonio Baudrand）校订和编辑。从 1693 年之后，他的养子多梅尼科·弗雷迪亚尼·德罗西和多梅尼科的儿子洛伦佐·菲利波接替了他的工作。1738 年，德罗西出版公司拥有的图版由教皇

779

㉗　Consagra, "De Rossi Family," 362–63.

克莱门特十二世（Pope Clement XII）4 万斯库多价格获得，并且流传至今天罗马的国家铜版印刷艺术馆（Calcografia Nazionale），它们中的大部分仍然保存下来[28]。

德罗西的印刷品商店位于和平广场和纳沃纳广场这个位置，从与圣比亚焦·德拉福萨（San Biagiodella Fossa）和和平圣母（Santa Maria della Pace）教堂以及灵魂圣母教会招待所的往来中获益甚多。这一区域被认为是罗马的一个贸易中心，并且是罗马铸币厂（Roman Mint）的所在地，它雇用了制造金属品的工人，他们的技艺与印刷品行业所需要的雕版匠所拥有的那些技艺相似。这家店还毗邻科罗纳里大街（Via dei Coronari），这是一条主要的朝圣路线，其名称来源于卖念珠者（coronai），即迎合朝圣者的念珠串销售者（rosarysellers）。印刷品销售者，通常被称为 santari［"圣塔里"（小圣像）］，向朝圣者提供了宗教图像和地图，还有罗马及其教堂的图景。市场是巨大的。在 1650 年的禧年（Holy Year）期间，70 万朝圣者访问了罗马，其中 7 万人是在圣周（Holy Week）期间。

图 31.4　艾蒂安·杜佩拉奇所作的关于古代罗马的 12 幅图版中的一幅

Istituto Nazionale per la Grafica，Rome（neg. No. 1857），Ministero per i Beni e le Attività Culturali 授权使用。

---

[28]　关于这些图版的一个完整的讨论，参见 Anna Grelle Iusco, ed., *Indice delle stampe intagliate in rame a bulino, e in acqua forte esistenti nella stamparia［sic］di Lorenzo Filippo de' Rossi appresso Santa Maria della Pace in Roma, MDCCXXXV: Contributo alla storia di una stamperia romana*（Rome：Artemide, 1996）。

　　与之前一个世纪拉弗雷伊经营的贸易相比，17 世纪的罗马地图和印刷品贸易非常不同。在 1616—1648 年期间，老朱塞佩和他最初的继承者对曾经构成拉弗雷伊库存物品的那类地图和图景远不是那么感兴趣。可能是维持它们流通的高昂成本阻碍了印刷品制作者，尽管这似乎没有阻止其他国家的地图销售者。在 1648 年之后发生了一项重要变化。到 1653 年为止，乔瓦尼·多梅尼科商店的存货清单中，地理题材的图版的百分比（地图和地形方面的印刷品）从 2% 增加到了 9%。这些图版传给了乔瓦尼·贾科莫，他进一步利用已经增加的地图收藏的品味，并将他地理方面的图版库存数量增加了 600%。对城市图景的兴趣以及一种用地形方面的印刷品和地图来装饰住宅的趋势显然创造了需求，就像教皇亚历山大七世有莫大的兴趣支持乔瓦尼·贾科莫，即用特权的形式对其加以空前的保护所显示的那样。

　　另一个不同在于，与外国出版者之间的印刷品贸易增加了，同时，在清单货物中所占比例越来越多。16 世纪中期，来自小型 *botteghe*（作坊）的印刷需求似乎占统治地位。到 17 世纪中叶，印刷品出版者在他们的库存货物中逐渐包括外国的印刷品，尤其是来自法兰西和弗兰德斯的物品，并且乔瓦尼·多梅尼科特意向外国印刷品销售者提供了作为回报的大量货物。这样的贸易获得了大量的利益，因为外国印刷品的稀缺性（并且因而价格）随着与市场之间距离的增加而增加，并且印刷品销售者可以索要一个高得多的价格来抵消风险和运费㉙。对外联系的网络进一步提高了当地印刷品销售者的地位，并且进一步证明了其货物售价较高的合理性。

威尼斯

　　威尼斯的地图出版似乎开始于 16 世纪早期人文主义者与书籍出版商的合作。一位职业微图画家贝内代托·博尔多内［Benedetto Bordone，博尔东（Bordon）］在那里工作㉚。弗朗切斯科·罗塞利从 1504 年至 1508 年在那里，并且他可能参与制作了一个后来被放弃的托勒密《地理学指南》的版本，对此，保罗·达卡纳尔（Paolo da Canal）在 1506 年向威尼斯元老院（Venetian senate）提出了一项出版方面的特权申请㉛。罗塞利的一对小型世界地图可能是为《地理学指南》的口袋本计划的，但是这一计划因 1508 年保罗的去世而中断，并且还有来自 1511 年在威尼斯由贝尔纳多·西尔瓦诺（Bernardo Silvano）编辑、雅各布斯·彭蒂努斯·德洛伊希奥（Jacobus Pentius de Leucho）印刷的《地理学指南》宏大木刻版的竞争。或者它们可能是用作一部规划中的《岛屿书》开始部分的地图，这是一种当时在意大利流行的类型。博尔多内是这样一部 1528 年出版于威尼斯《岛屿书》的作者，并且支持这一联系的证据被发现于与罗塞利的卵形世界地图相近的一幅木刻版中，其出现在同样是在威尼斯出版的 1532 年版巴尔托洛梅奥·达利索内蒂（Bartolommeo dalli Sonetti）的《岛屿书》中。

　　反对罗塞利的小型世界地图可能被包括在一部《岛屿书》中的论据是，它们是雕刻在铜

㉙　Consagra, "De Rossi Family," 375–76.

㉚　Armstrong, "Benedetto Bordon."

㉛　Armstrong, "Benedetto Bordon," 87 n. 51，提供了向 Paolo da Canal 提出特权申请的文本和译文。

版上的，而考虑到当时威尼斯对于印刷品的口味，这是不同寻常的。16 世纪早期木刻版在威 780
尼斯的突出地位确实很明显。雅各布·德巴尔巴里（Jacopo de'Barbari）巨大的六分幅的威尼
斯图景（1500 年）是显而易见的例子[32]。原因可能不仅在于威尼斯与阿尔卑斯（Alps）以北城
市文化上的密切关系，而且在于普遍用木版来制作大师绘画的大众版。在罗马，拉伊蒙迪已经
在铜版上描绘了拉斐尔［Raphael，即拉法埃洛·圣齐奥（Raffaello Sanzio）］的艺术作品；而
在威尼斯，制作诸如提香（Titian）等大师作品的印刷版则偏好使用木版。

乔瓦尼·安德烈亚·瓦尔瓦索雷和马泰奥·帕加诺

16 世纪 30 年代，威尼斯早期地图雕版大师是乔瓦尼·安德烈亚·瓦尔瓦索雷和马泰奥·
帕加诺（Matteo Pagano），他们不仅与书籍贸易存在密切联系；他们还制作木刻画。瓦尔瓦索
雷（或 Vavassore），被称作赚钱高手（Guadagnino），出生在泰尔加泰［Telgate，在贝尔加莫
（Bergamo）和布雷西亚（Brescia）之间］，并且可能早在 1510 年就以一位艺术家和雕版匠的
身份执业。在 1523 年的一份遗嘱中，他将他自己形容为一位"肖像雕刻师"（incisor
figurarum）[33]。从 1530 年之后，瓦尔瓦索雷被吸收为一个准许艺术家和工匠加入的画家行会的
成员。1530 年，他被注册为一名书籍印刷匠，并且到 1537 年，他的商标包括了他的兄弟。从
1544 年直至 1572 年，标记上则只有乔瓦尼·安德烈亚的名字[34]。难以确定瓦尔瓦索雷开始从
事地理科目的时间，因为他地图中大约一半——19 幅中的 9 幅——没有注明时间。但是大约
1515 年，他发行了一幅马里尼亚诺（Marignano）战役的着色的木版画（图版 25），而这距离
他的标明时间的下一幅地图超过 15 年，后者是一幅关于西班牙的地图。瓦尔瓦索雷的地图可
谓价值连城：存世印本不超过四种。

瓦尔瓦索雷制作木刻版意大利和世界地图时废弃的印刷纸张，被马泰奥·帕加诺用来作
为制作两幅八分幅的威尼斯总督游行仪式图［*Procession of the Doge of Venice*，Venice：
M. Pagano，（ca. 1561）］的纸张[35]。这说明在瓦尔瓦索雷和帕加诺的作坊之间可能有某种联
系，并且显示了纸张的昂贵，而且可能说明了，与其他印刷品相比，地图被认为是易耗的。

作为一名木版雕版师和出版人，帕加诺在 1538—1562 年间活跃于弗雷扎里亚
（Frezzaria），这是两条平行街道中的一条［另一条是梅尔扎里亚（Merzaria）］，而这两条街

㉜ Juergen Schulz, "Jacopo de' Barbari's View of Venice：Map Making, City Views, and Moralized Geography before the Year
1500," *Art Bulletin* 60（1978）：425 – 74.

㉝ 我遵照瓦尔瓦索雷（Valvassore）的形式，因为在由 Anne Markham Schulz 描述的四份家族遗嘱中，这一拼写是主
要形式，参见 "Giovanni Andrea Valvassore and His Family in Four Unpublished Testaments," in *Artes Atque Humaniora：Studia
Stanislao Mossakowski Sexagenerio dicata*（Warsaw：Instytut Sztuki Polskiej Akademii Nauk, 1998）, 117 – 25, esp. 118. Schulz 将
瓦尔瓦索雷去世的时间确定在 1572 年 5 月 31 日之前，当时他的遗嘱被公开。

㉞ Charles Ephroussi, "Zoan Andrea et ses homonymes," *Gazette des Beaux-Arts*, 3d ser., 5（1890）：401 – 15, and 6
（1891）：225 – 44。瓦尔瓦索雷地图的一个列表，需要更新，是在 Leo Bagrow 专著中，见所著 *Giovanni Andreas di Vavassore：
A Venetian Cartographer of the 16th Century. A Descriptive List of His Maps*（Jenkintown, Pa. : George H. Beans Library, 1939）。也
可以参见 George H. Beans, "Some Notes from the Tall Tree Library：Vavassore and Pagano," *Imago Mundi* 5（1948）：73，以及
idem, "A Note from the Tall Tree Library," *Imago Mundi* 10（1953）：14. 对瓦尔瓦索雷作品的增补可以在 Rodney W. Shirley,
"Something Old, Something New from Paris and Nancy：Yet More Early and Rare Italiana, including 14 Maps by Pagano or
Vavassore," *IMCoS Journal* 67（1996）：32 – 36 中找到。

㉟ British Museum, Prints and Drawings, Italian Woodcuts, Portfolio 3, Case 57.

道成为圣马可广场（Piazza San Marco）和里亚尔托（Rialto）之间的制版业者聚居区域（图31.5）。这些街道成为书籍销售者及顾客文化方面的聚会地点㊱。

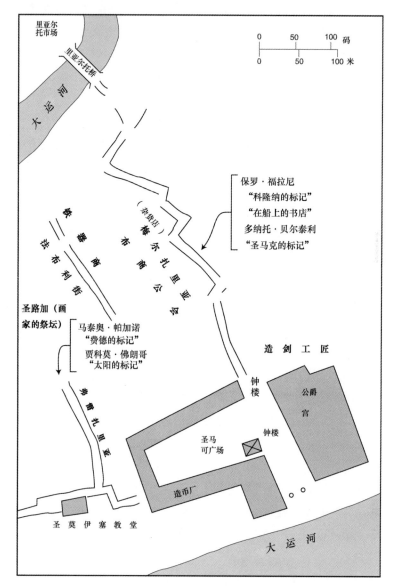

图 31.5 16 世纪威尼斯印刷品制作活动所在的区域

如同瓦尔瓦索雷的地图，帕加诺的地图现在是稀世珍品；保存下来的不超过三个印本。尽管两位雕版匠的地图在风格和内容上存在相似性，但与瓦尔瓦索雷相比，帕加诺只是一位模仿者。他与 16 世纪意大利主要的宇宙志学者贾科莫·加斯塔尔迪之间的联系也

781

㊱ Leo Bagrow, *Matheo Pagano: A Venetian Cartographer of the 16th Century. A Descriptive List of His Maps* (Jenkintown, Pa.: George H. Beans Library, 1940); Beans, "Vavassore and Pagano," 73; 以及 Marcel Destombes, "La grande carte d'Europe de Zuan Domenico Zorzi (1545) et l'activité cartographique de Matteo Pagano à Venise de 1538 à 1565," in *Studia z dziejów geografii i kartografii / Études d'histoire de la géographie et de la cartographie*, ed. Józef Babicz (Warsaw: Polska Akademia Nauk, 1973), 115 – 29.

密切得多；他雕版了加斯塔尔迪的皮埃蒙特地图（1555 年），其目前只有一份印本存世（图 31.6）。帕加诺还雕版了小型的木版地图（很可能是由加斯塔尔迪编纂的），作为乔瓦尼·巴蒂斯塔·拉穆西奥（Giovanni Battista Ramusio）的《航海和旅行文集》（*Navigazioni et viaggi*）配图，而且他还出版了加斯塔尔迪简略的小册子，其中配有加斯塔尔迪 1561 年的世界地图[37]。这一小册子的 1565 年版是由弗朗切斯科·德托马索·迪萨洛（Francesco de Tomaso di Salò）出版的，其在帕加诺去世后接管了他的商店，并且接管了帕加诺制作的德巴尔巴里《威尼斯景观》精致的缩减版的出版工作。

图 31.6　贾科莫·加斯塔尔迪的皮埃蒙特地图

1555 年，由马泰奥·帕加诺雕版 Universiteitsbibliotheek Leiden（002 – 02 –009）提供照片。

---

[37]　Giacomo Gastaldi, *La universale descrittione del mondo, descritta da Giacomo de' Castaldi piamontese*（Venice：Matteo Pagano, 1561）, fols. A3 and A4。这一版本的一个照相复制件可以在 Massimo Minella, *Il mondo ritrovato：Le tavole sudamericane di Giacomo Gastaldi*（Genoa：Compagnia dei Librai, 1993）, 95 – 105 中找到。

贾科莫·加斯塔尔迪

作为一位在编纂技巧上与墨卡托和奥特柳斯齐名的制图学家，我们对贾科莫·加斯塔尔迪［卡斯塔尔多（Gastaldo）］神秘的生平细节所知甚少[38]。他来自皮埃蒙特（Piemonte）的两座名为维拉弗兰卡（Villafranca）的城镇中的一座，可能是邻近萨卢佐（Saluzzo）的较大的那座，但是没有与他的出生日期和早期生活有关的文献被披露出来。他自1539—1566年10月去世为止都在威尼斯生活和工作，在1539年他向威尼斯元老院申请了一项出版万年历的特权。他在那里获得了很高的名望，成为声誉卓著的威尼斯学院（Accademia Veneziana）的会员之一，其同道学者有亚历山德罗·佐尔齐（Alessandro Zorzi）、利维奥·萨努托（Livio Sanuto）、吉罗拉莫·鲁谢利（Girolamo Ruscelli，托勒密《地理学指南》1561年版的出版者），以及保罗·拉穆西奥（Paolo Ramusio，乔瓦尼·巴蒂斯塔·拉穆西奥的兄弟）和弗朗切斯科·圣索维诺（Francesco Sansovino）等[39]。

从1551年直至他去世，加斯塔尔迪多次受潟湖贤人委员会（Savi sopra la Laguna）的委托绘制与威尼斯潟湖的淡水和盐水管理有关的问题的地图，有时作为克里斯托福罗·萨巴迪诺（Cristoforo Sabbadino）的助手，后者是水务司司长（Magistratura alle Acque）。在萨巴迪诺去世时，加斯塔尔迪被提议作为其继任者，但没有获得足够的票数，很可能因为他不是一位本土的威尼斯人[40]。

元老院授予加斯塔尔迪威尼斯共和国宇宙志学者的头衔，以赞誉他对地理学影响深远的贡献。他署名的第一幅地图是非常成熟的《西班牙》（La Spaña，1544）（图31.7），但他显然已经在地理学问题上不断进行艰苦的工作，因为他在1545年制作了一幅大型的西西里地图；他的世界地图的影响力仅仅在两年后就在一幅使用卵形投影绘制《世界地图》（Universale）上表现出来；并且托勒密《地理学指南》的第一个缩印版也在两年后出现，但是他对此进行的工作至少始于1542年（德意志地图上的日期）。1546年《世界地图》中的地理信息的来源多种多样。南亚和非洲部分，与塞巴斯蒂亚诺·卡伯特（Sebastian Cabot）1544年的卵形世界地图的相似处非常显著。北美洲部分，我们可以发现与巴蒂斯塔·阿涅塞地图集中的绘本世界地图的相似性，尤其是大陆的整体形状和美洲西北海岸的形状；它们

782

---

[38] 关于加斯塔尔迪的早年著作包括 Antonio Manno and Vincenzo Promis, "Notizie di Jacopo Gastaldi: Cartografo piemontese del secolo XVI," *Atti della Reale Accademia delle Scienze* 16 (1881): 5–30; Stefano Grande, *Notizie sulla vita e sulle opere di Giacomo Gastaldi cosmografo piemontese del secolo XVI* (Turin: Carlo Clausen, 1902); idem, *Le carte d'America di Giacomo Gastaldi: Contributo alla storia della cartografia del secolo XVI* (Turin: Carlo Clausen, 1905); Mario Baratta, "Ricerche intorno a Giacomo Gastaldi," *Rivista Geografica Italiana* 21 (1914): 117–36 and 373–79; 以及 Giuseppe Caraci, "Note critiche sui mappamondigastaldini," *Rivista Geografica Italiana* 43 (1936): 120–37 and 202–23. 最新的通论性论著包括未出版的会议论文 Romain Rainero, "Observations sur L'activité cartographique de Giacomo Gastaldi (Venise XVIe siècle)" (论文提交在学术会议 Ninth International Conference on the History of Cartography, Pisa/Florence/Rome, Italy, June 1981); Robert W. Karrow, *Mapmakers of the Sixteenth Century and Their Maps: Bio-Bibliographies of the Cartographers of Abraham Ortelius, 1570* (Chicago: Speculum Orbis Press for the Newberry Library, 1993), 216–49; 以及 Douglas Sims 正在进行的工作 (New York)。

[39] Stefano Grande, "Le relazioni geografiche fra P. Bembo, G. Fracastoro, G. B. Ramusio e G. Gastaldi," *Memorie della Società Geografica Italiana* 12 (1905): 93–197, 以及 Denis E. Cosgrove, "Mapping New Worlds: Culture and Cartography in Sixteenth-Century Venice," *Imago Mundi* 44 (1992): 65–89。

[40] 要深入了解萨巴迪诺的情况，参见本卷第三十五章。

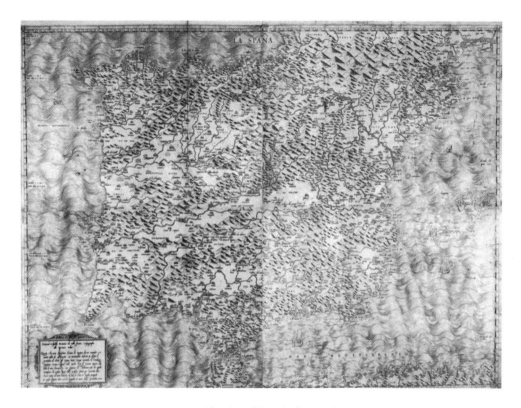

图 31.7　贾科莫·加斯塔尔迪的《西班牙》，1544 年

原图尺寸：67×92 厘米。Newberry（Novacco 6F 24）提供照片。

相似的投影和中央子午线证实了这一观点。加斯塔尔迪基于《世界地图》至少创造了三幅相似的地图：构成 1548 年版托勒密《地理学指南》一部分的《新世界》（*Universale Novo*）；《世界万象》（*Dell'universale*），约 1550 年，由马泰奥·帕加诺出版的两分幅的木版画，以及约 1561 年的多分幅的《世界的宇宙志》（*Cosmographia universalis*），对此我们稍后提及[41]。

　　1548 年版托勒密《地理学指南》，是最早出现的俗语即意大利文版，但其显然是受到塞巴斯蒂亚诺·明斯特（Sebastian Münster）1540 年和 1545 年拉丁语版的启发，因为在正文之前有一篇"塞巴斯蒂亚诺·明斯特的补记"（Aggiunta di Sebastiano Mu[n]stero），是巴塞尔的《地理学》中的"地理学附录"（Appendix geographica）前面三节内容。加斯塔尔迪在整个工作中所起的作用并不清楚，出版人乔瓦尼·巴蒂斯塔·佩代尔扎诺［Giovanni Battista Pederzano（Pedrezano）］，以及将拉丁文翻译为意大利文的译者锡耶纳的彼得罗·安德烈亚·马蒂奥利（Pietro Andrea Mattioli），理应获得部分功劳[42]。这一版本的思想可能来自佩代尔扎诺，尽管没有一份他与加斯塔尔迪之间关于绘制 60 幅地图（26 幅托勒密的、34 幅现代的）的合同的证据保存下来，不过加斯塔尔迪肯定是这些地图的负责人。铜版印刷的方法是才华横溢的：把 4 块铜版锁定在一个框架中并且同时印刷。

　　16 世纪 50 年代，除了大量小型区域地图，加斯塔尔迪为三卷本的乔瓦尼·巴蒂斯塔·

783

⑪　关于加斯塔尔迪印刷地图的一个列表，参见 Karrow, *Mapmakers of the Sixteenth Century*, 216 – 49。

⑫　Conor Fahy, "The Venetian Ptolemy of 1548," in *The Italian Book*, *1465 – 1800*: *Studies Presented to Dennis E. Rhodes on His 70th Birthday*, ed. Denis V. Reidy（London: British Library, 1993），89 – 115.

拉穆西奥的《航海和旅游文集》制作了地图。拉穆西奥是探险家提供的信息与意大利学术出版领域之间的主要联系环节。作为一位为威尼斯服务的外交官，他还是威尼斯共和国的统治机构十人委员会（Council of Ten）的秘书。他编辑的航海和旅行的文集（1550 年、1554 年和 1556 年）——第四卷文本毁于大火——成为后来理查德·哈克卢特（Richard Hakluyt）作品的范本。他看到了搜集和出版最近几个世纪的游记的需要，他将这些称为自己时代最伟大的成就[43]。

在 16 世纪 50 年代末 60 年代初，加斯塔尔迪编绘了几部有影响力的地图。意大利地图已经在 1559 年 7 月 29 日完成，当时加斯塔尔迪从威尼斯元老院获得了一项关于它的特权，同时完成的还有他绘制的其他地图，其中包括亚洲的三个部分以及希腊和伦巴第的地图。我们不知道为什么加斯塔尔迪在获得特权之后，等待了两年才印刷地图，特别是因为在他的欧洲地图上（1560 年）对意大利的呈现实质上是相同的[44]。他的《意大利》（1561 年）是来源于波特兰航海图的信息与区域地图明智融合的一个杰出例证，并且在波河流域（Po Valley）比在中部或者南部诸国取得了更大的成功（图 31.8）[45]。

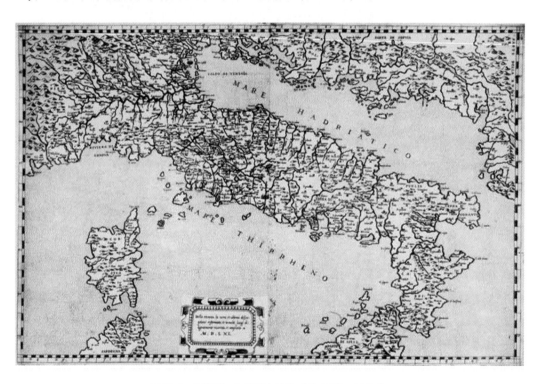

图 31.8　贾科莫·加斯塔尔迪的《意大利》，1561 年

原图尺寸：41×63 厘米。Newberry（Novacco 4F 201）提供照片。

---

[43] Marica Milanesi, "Nuovo mondo e terra incognita in margine alla mostra 'The Italians and the Creation of America,'" *Rivista Geografica Italiana* 90 (1983): 81 – 92, 以及她的拉穆西奥的游记版本, Giovanni Battista Ramusio, *Navigazioni e viaggi*, 4 vols., ed. Marica Milanesi (Turin: G. Einaudi, 1978 – 83)。

[44] Roberto Almagià, *Monumenta Italiae cartographica* (Florence: Istituto Geografico Militare, 1929), 26.

[45] Renato Biasutti, "Il 'Disegno della Geografia moderna' dell'Italia di Giacomo Gastaldi (1561)," *Memorie Geografiche* 2, No. 4 (1908): 5 – 66, 以及 Almagià, *Monumenta Italiae*, 26 – 27 and pl. XXVIII。

从资料的原创性的视角来看，加斯塔尔迪最为成功的区域印刷地图是其大型的伦巴第地图，他在 1559 年获得了这方面的一项特权。"伦巴第"可能是一种错误的拼写，因为地图 784 包括了整个意大利北部，从日内瓦湖（Lake Geneva）到威尼斯，从博尔扎诺（Bolzano）到佛罗伦萨（图 31.9）。加斯塔尔迪的原图没有保存下来；其可能是一幅较大的木刻版，更容易受到损害并且更不太可能被包括在装订的地图集中[46]。

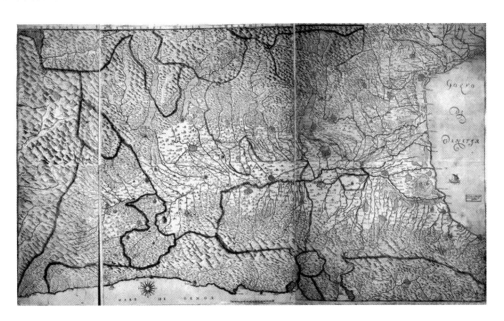

图 31.9 贾科莫·加斯塔尔迪的伦巴第地图。这是一幅 1559 年原图的 17 世纪早期的版本
Newberry（4F304）提供照片。

同样在 1559 年的特权中提到的三部分的亚洲地图（1561 年），被用来作为至少三幅其他地图的基础：亚伯拉罕·奥特柳斯 1567 年的亚洲地图，1578 年的赫拉德·德约德（Gerard de Jode）的亚洲地图，以及可能由萨努托兄弟朱利奥和利维奥大约在 1570 年制作的地球仪条带[47]。类似的，1564 年的加斯塔尔迪的 8 分幅的非洲地图是萨努托地球仪条带的原型，也是被设计作为一套四大陆地图组成部分的大陆地图的原型[48]。例如，包括在所谓的卡莫恰地图集（Camocio Atlas）中的 12 分幅的非洲墙壁地图就是一幅直接的复制品[49]。

---

[46] Almagià, *Monumenta Italiae*, 28 – 29 and pl. XXXI.

[47] R. V. Tooley, "Maps in Italian Atlases of the Sixteenth Century, Being a Comparative List of the Italian Maps Issued by Lafreri, Forlani, Duchetti, Bertelli and Others, Found in Atlases," *Imago Mundi* 3 (1939): 12 – 47（maps 48, 54, and 61）。关于地球仪条带，参见 Rodney W. Shirley, *The Mapping of the World: Early Printed World Maps 1472 – 1700*, 4th ed.（Riverside, Conn.: Early World, 2001）, 151 – 55（No. 129），以及 David Woodward, *The Holzheimer Venetian Globe Gores of the Sixteenth Century*（Madison, Wisc.: Juniper, 1987）。

[48] Tooley, "Maps in Italian Atlases," 20, 以及 Renato Biasutti, "La carta dell'Africa di G. Gastaldi（1545 – 1564）e lo sviluppo della cartografia africana nei sec. XVIᵉ – XVII," *Bollettino della Reale Società Geografica Italiana* 9（1920）: 327 – 46 and 387 – 436.

[49] Minneapolis, James Ford Bell Library, Comocio Atlas, B1560 fCa. 参见 David Woodward, "*The Description of the Four Parts of the World*": *Giovanni Francesco Comocio's Wall Maps*, James Ford Bell Lectures, No. 34（Minneapolis: Associates of the James Ford Bell Library, 1997），完整的文本在 < http: //www. bell. lib. umn. edu /wood. html >。

785

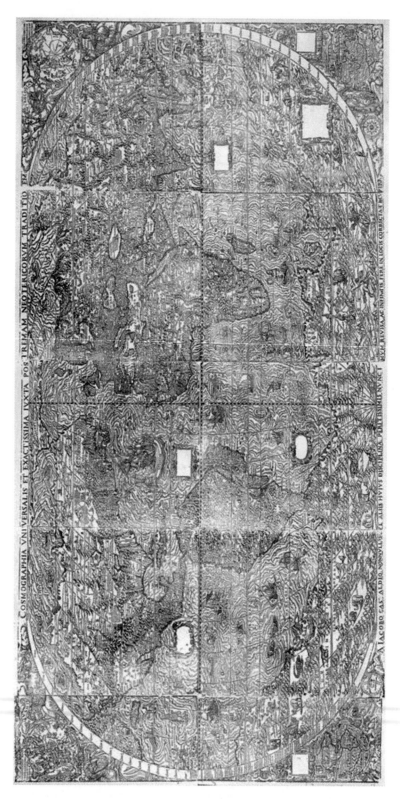

图 31.10 贾科莫·加斯塔尔迪的《通用宇宙志》（地图，10 分幅）

原图尺寸：约 91 × 181 厘米。BL（Maps R. 17, a. 9）提供照片。

未注明时间的 10 分幅的木版世界地图，标题为《通用宇宙志》（图 31.10），其上加斯塔尔迪的署名有与众不同的形式，即"Jacopo a Castaldio"。这幅迷一般的地图的出处根本不清楚。皮勒（Pullé）在 1932 年制作了一幅复制品，表明地图收藏在佛罗伦萨的潘恰蒂奇侯爵（marchesi Panciatichi）图书馆，但没有对地图进行评价[50]。这幅地图还由亨利·比尼奥德（Henri Vignaud）在同一收藏中看到，并且被很短暂地再次看到——但是这个时间不足以作出一番描述——到 1939 年可能由阿尔马贾收藏，地点在的里雅斯特（Trieste）[51]。此后消失，直到 20 世纪 70 年代才再次出现，当时它被提供给几个机构以出售；最终在 1978 年由 BL 购得[52]。

难以理解的事情出现了，因为地图在某种程度上并不完整，与加斯塔尔迪在《小册子》 786
（libretto）中为这样一幅大型世界地图撰写的文字描述不相匹配[53]。1561 年 7 月 31 日，十人委员会批准在威尼斯出版加斯塔尔迪的《小册子》，"与加斯塔尔迪的雅科·皮拉蒙泰的世界地图（mapamondo of Jacᵒ piamontese di Gastaldi）配套出版"。需要注意到，批准只是针对的《小册子》，尽管经鉴别，地图的作者是加斯塔尔迪。大约两周后（1561 年 8 月 18 日），马泰奥·帕加诺专就地图申请一项特权，宣称，他已经付出了很大的努力、时间和成本绘制并雕版了一幅 12 分幅的"世界地图"（mapamondo），并且要求元老院授予一项 15 年的特权，来阻止对其用木版和铜版进行的复制[54]。

阿尔马贾首先指出了帕加诺地图的几个特点，这表明它并不是《小册子》中提及的地图，而是一个近似的副本[55]。帕加诺借以申请特权的是一幅 12 分幅的地图，而 BL 地图有 10 分幅（实际上是 9 分幅，但其中一分幅显然打算被一分为二）。帕加诺的印刷标记（紧扣着的手）并没有出现在地图上，出现在图版上的是对他而言并不寻常的签名。加斯塔尔迪通常并不与其他制图学家合作，然而标题清晰地表明了这是一件合作的产品。他署名的形式（Jacopo a Castaldio）是罕见的。在明显为文本留出的空白处没有发现文本之类的东西，这说明或者其是文字未上版之前印出的一份校样，或者其是一份在字模遗失后很晚才用图版印刷出来的样张。后一种解释受到赞同，因为在纸张上没有出现 16 世纪 60 年代在威尼斯通常使用的水印。小册子谈到大陆之间的边界轮廓清楚，但是它们并没有出现在地图上。小册子提到了 24 条子午线和 24 条平行纬线（12 条位于北半球，12 条位于南半球），但是地图上只有 12 条平行纬线。这

　　[50] Francesco L. Pullé, "La cartografia antica dell'India: Parte Ⅲ, Il secolo delle scoperte," *Studi Italiani di Filologia Indo-Iranica* 10 (1932): 1 – 182, esp. pl. 8.

　　[51] Roberto Almagià, "Intorno ad un grande mappamondo perduto di Giacomo Gastaldi (1561)," *Bibliofilia* 41 (1939): 259 – 66, 以及 Henri Vignaud, "Une ancienne carte inconnue de l'Amérique, la première où figure le futur Detroit de Behring," *Journal des Américanistes de Paris* 1 (1921): 1 – 9。

　　[52] Nico Israel and Meijer Elte, *Catalogue 20: Important Old Books on Various Subjects* (Amsterdam: Nico Israel, 1978).

　　[53] Gastaldi, *La universale descrittione del mondo*.《环球游记》五个已知的版本是：1561 年，意大利文（Venice, Biblioteca Nazionale Marciana, D006D003）；1562 年，意大利文（Venice, Biblioteca Nazionale Marciana, Miscell. 2280.006; Providence, R. I. , John Carter Brown Library; 以及其他地方）；1562 年，拉丁文（BNF, G. 10623）；1565 年，意大利文（BL, Maps 197. a. 10）；1568 年，拉丁文［由 Christian Sandler 在"Die Anian-Strasse und Marco Polo," *Zeitschrift der Gesellschaft für Erdkunde zu Berlin* 29 (1894): 401 – 8, esp. 404 n. 3 中引用，现在的收藏地未知；我感谢 Douglas W. Sims 为我提供了这一信息］。

　　[54] Almagià, "Grande mappamondo perduto."

　　[55] Almagià, "Grande mappamondo perduto," 262 – 65.

些特点增加了这种可能性，即存在一幅非常相似的（但是更早）的 12 分幅的地图，这幅地图制作于 1561 年，其上署有加斯塔尔迪自己的名字，值得对此做一番研究。

尽管这些参考书目纠缠不清，但帕加诺地图的内容仍然为 16 世纪 60 年代和 70 年代在威尼斯制作的几幅其他地图提供了一种正在消失的联系。南美洲部分的轮廓和名称与更为常见的由保罗·福拉尼雕版的铜版《对秘鲁的全面描述》（*Descrittione di tutto il Perù*）极为相似[56]。在福拉尼罕见的南北美洲地图上（1574 年），其轮廓和名称显然复制了加斯塔尔迪的世界地图，尽管对新几内亚（New Guinea）的呈现来源于其他资料[57]。福拉尼的可信度受到质疑，因为他煞费苦心解释了美洲地图，说有一位"品行高尚"（nobilissime qualità）名叫唐·迭戈·埃尔马诺·德托莱多（Don Diego Hermano de Toledo）的绅士，给了他一幅新世界的图像。即使"唐·迭戈"随身携带了在威尼斯有 10 年之久的加斯塔尔迪世界地图的一部分的摹绘本，但这似乎是荒谬的，因为鉴于福拉尼与加斯塔尔迪非常熟悉，因此居然福拉尼没有意识到这幅地图来源于何处，这是非常不可能的[58]。

还在所谓的萨努托球仪上发现了直接复制的证据。1561 年地图显然被用于绘制亚洲的北部海岸以及亚洲内陆的大部分地区，即由北部海岸向下直至由加斯塔尔迪单幅南亚地图所涵盖的范围。北冰洋中的"Mar di Tartaria"（鞑靼海）和"Mar Cataimo"（契丹海）在地球仪条带上的命名相同，并且地图注记"这里发现了 lapis lazuli（天青石）"也是复制而来的。北美洲的北冰洋海岸以及北太平洋上的岛屿，也是部分采用自 1561 年的世界地图。同样的还有北美洲的地名、海岸线和内陆的细节，包括由萨努托地球仪条带编绘者进行的盲目复制，他把"新法兰西"（Nova Franza）中缺少最后两个字母（za）的不全单词"Nova Fran"复制到了完全相同的位置上[59]。

加斯塔尔迪的世界地图所附带的小册子同样令人感兴趣，因为它说明，他正在绘制一套四大陆——欧洲、亚洲、非洲和新世界——的地图，他把这幅地图叫作"各大陆"（parti）地图。"我将用各个大陆的方式来描绘它们（各地不同特征的名称），我将发掘最新资料，尤其是世界地图（*Mapamondo*）上没有的那些资料，世界地图上倒是饱含了某些一般性的东西，结果比例尺不大。但是在将要面世的大陆地图上，应当有一切细节。"[60] 在 1565 年版的《小册子》中，地图依然就是 *alla giornata*（最新版）的。已经佚失的 1568 年的《小册子》的拉丁语版是令人感兴趣的，因为既然它标明的时间是在加斯塔尔迪去世后两年，那么它很可能说明了地图是否真的已经出版[61]。

尽管没有发现一套与加斯塔尔迪提及的地图相符合的地图，但有证据暗示它们是存在的。《卡莫恰地图集》是将四大陆地图装订在一本地图集中的一个例子：其同时代的绘本名称为"世界四大洲"（Quatro parte del mondo）。地图都是用最初在威尼斯雕版的铜版印刷

[56] Woodward, *Maps and Prints of Paolo Forlani*, 9.

[57] Woodward, *Maps and Prints of Paolo Forlani*, 48 – 49.

[58] David Woodward, "Paolo Forlani: Compiler, Engraver, Printer, or Publisher?" *Imago Mundi* 44 (1992), 45 – 64, esp. 57.

[59] Woodward, *Holzhelmer Venetian Globe Gores*.

[60] Gastaldi, *Universale descrittione*.

[61] 我因这一建议而感谢 Douglas W. Sims。

的，时间很可能是在 16 世纪 70 年代，尽管地图集很可能直至大约 1590 年才在罗马被装订在一起。墙壁地图全都设计成 9 个大的分幅，以及附在右侧的 3 个半分幅（总计 12 幅）。非 ⁷⁸⁷ 洲地图直接基于加斯塔尔迪 1564 年的 8 分幅的地图，并且其上的南北美洲与 BL 世界地图上对它们的呈现高度相似。这不无理由地暗示，卡莫恰的四大陆的墙壁地图来源于一套加斯塔尔迪在 16 世纪 60 年代制作的地图[62]。

到 16 世纪的第三个二十五年，以及在整个 17 世纪，成套的四大陆地图在私人住宅中正在变得如同墙壁地图那样流行，以至于它们不断重复出现在家庭的货物清单中。至于威尼斯，安布罗西尼（Ambrosini）为这些地图提供了最充分的文献证据[63]。提到这些"世界四大洲地图"的频率可能说明，它们是一种象征性的附属装饰品，旨在突出拥有者对地理学的兴趣，反映其社会地位和学术地位。而且，尽管大型绘画通常是富裕人家的特权，但工人阶级偶尔也能够买得起对他们来说不太昂贵的同类物品：印刷品和地图。安德烈亚·巴雷达（Andrea Bareta）不过是 1587 年去世的一位羊毛工，他收藏了少量的图像，其中包括四大陆——"亚洲、非洲、欧洲、秘鲁"的图像——其属于更能预期到的神圣主题一类的收藏品[64]。

清单中的地理学方面的印刷品大部分出现在绅士家庭中，不仅在威尼斯的城镇家庭中，而且在大陆（terra firma）的乡村住宅中。洛伦佐·塔拉博托（Lorenzo Tarabotto）保存有一套黑色边框的四大陆地图。塔斯卡（Tasca）家族在其加尔迪贾诺（Gardigiano）的乡村别墅中显示了一种对地图的特殊爱好，因为在整个住宅中至少挂有三套地图[65]。

甚至在 16 世纪的最后 10 年中，加斯塔尔迪的名字依然与消费领域中的这一新近的流行趋势相联系，这距离他去世已经 25 年。如果不曾制作某种最初的成套地图样本，那么他是不太可能获得这种名望的。在普朗廷（Plantijn）档案的一个条目中列出了 10 套加斯塔尔迪的"四大洲地图"（Partes quatuor），价格为每套 6 弗洛林（florins）[66]。

在有时与保罗·焦维奥（Paolo Giovio）的《历史》（Istoria，1572）和卡洛·帕西（Carlo Passi）的《历史杂集》（La selva di varia Istoria，1565）装订在一起的一本小册子中，有一条间接记载提示加斯塔尔迪正在与某人就一部"普通地理学"（Geografia universal）展开合作。小册子的名称为《为地理和历史爱好者着想的各行省、城市一卷本地图集：……收录各地古今名称》（Tavola delle provincie, citta... con i lor nomi moderni et antichi raccolto in uno a beneficio di chi si diletta della Geografia et della Istoria，Venice：Francesco Rocca，1565 年）。佚名作者在书中向读者首先做了一个说明，他说他不仅从焦维奥处，而且从其他人那里获取资料，还补充说他打算创作一部"普通地理学"，并就此与"在这一方面无人比肩的

㊍　Woodward，"Description of the Four Parts of the World."

㊌　Federica Ambrosini，"'Descrittioni del mondo' nelle case venete dei secoli XVIe XVII，"*Archivio Veneto*，5th ser.，No. 117 (1981)：67 – 79，esp. 70.

㊐　Ambrosini，"Descrittioni，" 69 – 70.

㊑　Ambrosini，"Descrittioni，" 75.

㊒　Jean Denucé，*Oud-Nederlandsche kaartmakers in betrekking met Plantijn*，2 vols.（Antwerp：De Nederlandsche Boekhandel，1912 – 13；reprinted Amsterdam：Meridian，1964），2：275.

贾科莫·卡斯塔尔多先生（Mr. Giacomo Castaldo）"进行商讨⑰。小册子还被单独印刷，标题为《……收录各行省、城市古今名称的地图集》（*Tavola nella quale si contengono i nomi antichi et moderni delle provincie, citta...*, Venice：Salicato, 1572）。

威尼斯地图贸易的特征

加斯塔尔迪在 1566 年 10 月去世，去世之前他为 16 世纪 50 年代末和 60 年代在梅尔扎里亚或其邻近街道上开店的绝大多数雕版师和印刷匠提供了地理方面丰富的原始材料⑱。这些获益者中首先包括法比奥·利奇尼奥（Fabio Licinio），其次包括乔瓦尼·弗朗切斯科·卡莫恰（Giovanni Francesco Camocio）、保罗·福拉尼、尼科洛·内利（Niccolò Nelli）、多梅尼科·泽诺伊（Domenico Zenoi）、米凯莱·特拉梅齐诺（Michele Tramezzino）、费迪南多〔Ferdinando，或费兰多（Ferando）〕·贝尔泰利（Bertelli）和博洛尼诺·扎尔蒂耶里（Bolognino Zaltieri）。到 16 世纪 60 年代，地图雕版和印刷在威尼斯比在罗马更兴旺。在威尼斯正在使用的地图印刷铜版很可能有 500—600 块，而在罗马可能只有其半数。雕版工瓦尔瓦索雷和帕加诺已经活跃了数十年，但只是在 16 世纪 50 年代，铜版雕刻贸易才大幅度提高。印刷品和地图贸易的特征就是与书商之间的一种密切联系。范·德尔斯曼（Van der Sman）强调，在两者之间确实有一种共生的关系，并且将两者截然分开是不明智的。他的大意好像是说，印刷品的边际效益要低于书籍，从而把两种活动结合起来是有道理的。他还主张，因为更为专业化的版画制作者较低的社会地位，因此他们很少出现在税收记录中，相反，较为富有的商人，如米凯莱·特拉梅齐诺，其收入可以与国家的职业工作人员匹敌⑲。

威尼斯地图出版业的顶峰出现在 1566 年前后，并且单单那一年出版的地图的各种主题就表明了其需求所在。在那年发行的 36 份标明了时间的图版中，有 8 幅的主题与土耳其战争有关，19 幅是国家和区域地图，2 幅是大陆地图，1 幅是世界地图⑳。

788　　从 1565 年起，威尼斯地图雕版匠的商品集中在定制的收藏品方面，这样客户必定能够满足自己的口味（可供选择的通常是柔软的皮纸或者全皮革）。这样的综合性地图集出现于拉弗雷伊在罗马的汇编之前，所以用无所不包的术语"拉弗雷伊地图集"去论述威尼斯的产品是具有误导性的㉑。虽然这些综合地图集并没有标题页、版权页、作者的标记或者其他出版者的附属物，但是书商们（书籍销售人和印刷品销售人）在大多数情况下，都基于地图将它们与

⑰　Emmanuele Antonio Cicogna, *Delle inscrizioni veneziane raccolte ed illustrate da Emmanuele Antonio Cigogna cittadino veneto*, 6 vols. （Venice：Giuseppe Orlandelli, 1824 – 53）, 3：326b.

⑱　Venice, Archivio di Stato, Testamenti. Notaio Giovanni Figolini, Busta 440, numero 403, dated 2 October 1555，附有一份标明其去世日期为 1566 年 10 月 19 日的遗嘱附录。

⑲　Gert Jan van der Sman, "Print Publishing in Venice in the Second Half of the Sixteenth Century," *Print Quarterly* 17 （2000）：235 – 47, esp. 242 – 44。这篇论文是关于该时期书籍销售者和版画制作者的一篇很好的导论，但是在与主题相关的制图学文献方面稍弱。

⑳　这些数字来自对 Tooley "Maps in Italian Atlases" 一文中目录的统计，并且很可能是被严重低估了。

㉑　George H. Beans 提出，术语 "IATO atlas" 的意思是 Italian Assembled to Order〔按照订单由意大利组合〕，但这只是对地图集生产方法的一种假设。一些地图集也可能是按照订单印刷的。关于对该术语较早的使用，参见 George H. Beans, *Some Sixteenth Century Watermarks Found in Maps Prevalent in the "IATO" Atlases* （Jenkintown, Pa.：George H. Beans Library, 1938）。

费迪南多·贝尔泰利、乔瓦尼·弗朗切斯科·卡莫恰、保罗·福拉尼、博洛尼诺·扎尔蒂耶里和多梅尼科·泽诺伊等人联系起来；贝尔泰利的姓氏最为经常地以出版家的名字出现。图版可能被借用、出租、作为抵押品保存，或者出售；印刷品可以从一个销售者那里批发给另外一个销售者，图版被迅速（有时是临时）雕版，其上有发行者的姓名。例如，发行商卡莫恰和贝尔泰利也作为出版者，将姓名印在作为出版者的福拉尼的超过一半的地图上[72]。

最早的地图集可能保存于威尼斯的圣马可国家图书馆（Biblioteca Nazionale Marciana），地图集中没有一幅地图的时间晚于 1565 年。特意用"保存于"（preserved）一词是考虑到，8 幅地图在 1954—1995 年间被从馆中偷走[73]。在佛罗伦萨的马鲁切利图书馆（Biblioteca Marucelliana），罗马的卡萨纳泰图书馆（Biblioteca Casanatense），以及在芝加哥的纽伯利图书馆（Newberry Library）的地图集，没有时间在 1567 年之后的地图，而在《多里亚地图集》（Doria Atlas）中，没有时间在 1570 年之后的地图。确定这些地图集时间的辅助手段还有，对贴在地图边缘以便按标准尺寸将其装订成册的狭长布条边缘上的水印进行识别[74]。

从作坊（bottega）库存的铜版中，客户选择出一些精品进行组合。由于采取用每张图版制作多幅印刷成品的方式获得的效益不佳，因此，经常采用的习惯做法是为客户定制一件定制品；这一点可以通过从几部综合地图集上发现的水印进行重建。通常发现的水印只局限于有限范围；但在纽伯利图书馆的一套地图集中，几乎所有的地图都被印刷在了带有相同成对水印的纸张上。除了这种时尚的印刷地图订购方式，在商人的库存中无疑保存着其他地图，大抵是从威尼斯或罗马的其他出版商那里买来的。在这一情况下，水印的特点再次提供了证据[75]。

地理主题的选择是广泛的。世界地图、四个大陆、次大陆大型区域（含国家）、亚国家小区域、城镇景观、新的海战和陆战的地图，以及多种多样的印刷品都是可供选择的主题。地图集通常只包括一幅世界地图（有时两幅）、欧洲、亚洲、非洲，以及有时南北美洲的总图。

两种类型的专业地图集，印刷本城镇指南和《岛屿书》同样发源于威尼斯的地图贸易。小型的印刷的城镇和堡垒图景的汇编，对于一般的收藏者而言，相当于较大型的综合地图集的等价物。在意大利诸国中最早出现的是保罗·福拉尼的《世界城市和要塞最佳指南》（*Il*

---

[72]　Woodward, "Forlani: Compiler, Engraver, Printer, or Publisher?" 58.

[73]　地图集最早由 Rodolfo Gallo 在 *Carte geografiche cinquecentesche a stampa della Biblioteca Marciana e della Biblioteca del Museo Correr di Venezia*（Venice: Presso la Sede dell'Istituto Veneto, 1954）中进行了描述。到 1978 年，4 幅地图已经被移走，到 1995 年，另外 4 幅地图也消失了：福拉尼 - 贝尔泰利、奇梅利诺（Cimerlino）和弗洛里亚诺（Floriano）的世界地图以及福拉尼的北美洲地图。毁于第二次世界大战的地图集包括在佛罗伦萨巴尔迪图书馆（Biblioteca Bardi）的地图，该馆现在并入佛罗伦萨的大学（Università degli Studi）图书馆。由吉尔霍费尔（Gilhofer）和兰斯堡（Ransburg）、奥托·朗格（Otto Lange），以及劳埃德·的里雅斯特（Lloyd Triestino）拥有的地图集都被拆散了。

[74]　《夸里奇地图集》（Quaritch Atlas）在 Bernard Quaritch, *The "Speculum Romanae Magnificentiae" of Antonio Lafreri: A Monument of the Renaissance Together with a Description of a Bertelli Collection of Maps*（London: Strangeway and Sons, [1925?]）中进行了描述。在威尼斯圣马可国家图书馆（Biblioteca Nazionale Marciana）和佛罗伦萨马鲁切利图书馆中的地图集还没有进行全面的分析，尤其是《马鲁切利地图集》（Marucelliana Atlas），甚至还没有发表一个地图列表。关于《卡萨纳泰地图集》（Casanatense Atlas）的一项详细研究，参见 Albert Ganado, "Description of an Early Venetian Sixteenth Century Collection of Maps at the Casanatense Library in Rome," *Imago Mundi* 34（1982）: 26 – 47。关于《多里亚地图集》（*Doria Atlas*），参见 David Woodward, "Italian Composite Atlases," *Mapline* 18（June 1980）: 1 – 2。

[75]　David Woodward, "Italian Composite Atlases of the Sixteenth Century," in *Images of the World: The Atlas through History*, ed. John Amadeus Wolter and Ronald E. Grim, 51 – 70（New York: McGraw-Hill, 1997）。参见附录 31.2。

primo libro delle citta，*et fortezze principali del mondo*，Venice，1567）。朱利奥·巴利诺（Giulio Ballino）在他的《世界部分最著名城镇和要塞图像》（*De'disegni delle piu illustri città*，& *fortezze del mondo*）（Venice：B. Zalterij，1568 年；1569 年重印）中采纳了一些福拉尼的图版。巴利诺的城镇之书中收录了 50 幅城镇或战役的图景以及一幅带有军队位置的特兰西瓦尼亚（Transylvania）的区域地图。20 幅图景表现的是意大利诸国的地点（图 31.11）。较晚的版本由贝尔泰利家族——最初是由费迪南多，然后由多纳托（Donato），最后由彼得罗和弗朗切斯科——以一部意大利城市指南的形式发行⑦。

789　　这一系列城镇指南的灵感来自纪尧姆·盖鲁尔（Guillaume Guéroult）的《欧洲最卓越和最著名城市画像和图像最佳指南》（*Premier livre des figures et pourtraitz des villes plus illustres et renommées d'Europe*，Lyons：Balthazar Arnoullet，1551），1550 年 12 月 5 日为此书授予了一项王家特权。盖鲁尔是文本的作者，而阿尔努莱（Arnoullet）提供了图示。1551 年的版本是否有存不得而知，但是一部 1552 年版的副本保存下来，保存下来的还有 1553 年版的副本，

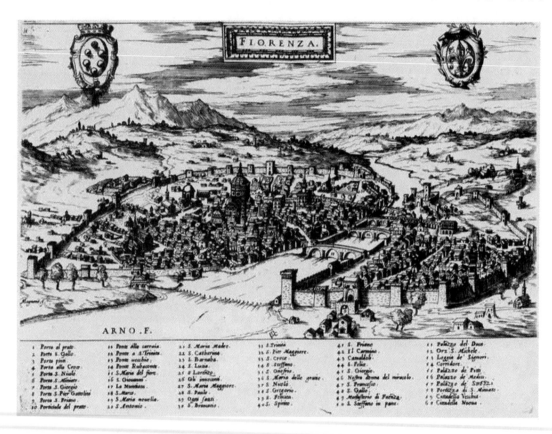

图 31.11　佛罗伦萨城市图景，出自朱利奥·巴利诺的《世界部分最著名城市和要塞图像》，1569 年

原图尺寸：28×42 厘米。Newberry（Case fG 117.06）提供照片。

---

⑦　Juergen Schulz，"The Printed Plans and Panoramic Views of Venice（1486－1797），" *Saggi e Memorie di Storia dell'Arte* 7（1970）：9－182；Ferdinando Bertelli，*Civitatum aliquot insigniorum et locor*[um] *magis munitor*[um] *exacta delineato*（Venice：Ferrando Bertelli，1568），BL，Maps C. 7. c. 9；Donato Bertelli，*Le vere imagini et descritioni delle piu nobilli città del mondo*（Venice：Bertelli，1572），奉献给 Ioann Iacobo Fuggero，in Wolfenbüttel，Herzog August Bibliothek，T 28 2° Helmst；以及 Pietro Bertelli，*Theatro delle città d'Italia...*，ed. Francesco Bertelli（Padua：F. Bertelli，1629）。

以及注明时间为 1564 年的安托万·杜皮内特（Antoine Du Pinet）制作的一个版本⑰。

城镇指南包含了从传统视角审视下的城镇标准图景的缩微版本，例如罗塞利的佛罗伦萨图景，是一幅从西南侧看向城市的景观；巴尔巴里的威尼斯图景，是从南侧看向城市的景观，或者热那亚（Genoa）的图景，是从海面看上去的景观。著名的要塞及其攻坚战也包括在内，它们不是与意大利诸国之间的战争有关，就是与东南欧或地中海地区［西盖特（Szighet）、布达（Buda）、马耳他和勒班陀（Lepanto）］与土耳其的战役有关。

岛屿地图被包括在后来的贝尔泰利的城镇指南的版本中（"增补了一些主要岛屿"），但是《岛屿书》的类型在威尼斯有单独的印刷传统，时间是自贝内代托·博尔多内的《世界所有岛屿之书》（*Libro... de tutte l'isole del mondo*，1528）以及巴尔托洛梅奥·达利索内蒂的《岛屿书》的第二个印刷版（Venice，1532 年）⑱ 开始。在 16 世纪后期，最有名的印刷的岛屿指南就是《著名岛屿、港口、要塞和滨海地区》（*Isole famose*，*porti*，*fortezze*，*e terre maritimi*）（据称作者是卡莫恰）以及托马索·波尔卡基（Tommaso Porcacchi）的《世界著名岛屿》（*L'isole piv famose del mondo*，Venice，1572 年）。与此有关的雕版匠是多梅尼科·泽诺伊和纳塔莱·博尼法乔（Natale Bonifacio）⑲。这些作品是安德烈·泰韦的"伟大岛屿"（Grand insulaire）的灵感来源，而此书保存下来的只有两卷稿本，在相应的标题处插入铜版地图，总计 84 幅⑳。

790

现在不再依赖贵族客户的地图贸易，回应了市场的力量。读者需要新的地图，并且他很可能是根据很多地图标题的措辞［"丰富的"（copious）、"准确的"（exact）、"最新的"（latest）、"现代的"（modern）、"新的"（new）、"最近的"（recent）和"真实的"（true）］㉑ 就认为自己选对了地图。读者同样希望理解地图上的说明性注释，并且通常使用意大利方言来满足这一需要（当然也限制了地图在其他国家的效用）。拉丁语依然是在学术阶层中使用最广泛的欧洲的书面语言，并且当意大利语的使用在综合地图集中的地图上占据统治地位时，世界地图和岛屿地图通常为了利用一个更为广大的市场而使用拉丁语。

由于地图雕版匠通常从各个层次的印刷品雕版匠中招收，因此，地图贸易的审美受到密切的关注，它大致迎合了当时消费者的口味。地图需要精细、清晰的线条以反映一种经过测量的精准的图像，而这是铜版雕刻技术可以切实做到的。亚伯拉罕·博塞（Abraham Bosse）将在铜版印刷的最早印刷成品中受到尊重的审美特性之一描述为：鲜明的黑色线条与白璧无瑕的纸张形成鲜明对比；不着颜色方是大美，这就是大部分意大利印刷地图极少着色的缘故㉒。

蚀刻版是一种较为粗糙的方法，在 16 世纪意大利的地图雕版中并不常见。但其风格上

㉗　Mireille Pastoureau, *Les atlas français XVIe – XVIIe siècles*：*Répertoire bibliographique et étude*（Paris：Bibliothèque Nationale, Département des Cartes et Plans, 1984）, 225 – 27.

㉘　参见本卷第八章。

㉙　Roberto Almagià, "Intorno all'opera cartografica di Natale Bonifacio," *Archivio Storico per la Dalmazia* 14（1933）：480 – 93。他提到的小地图（*atlantino*）（p. 483）不再保存在威尼斯的圣卡泰里娜中学图书馆（Biblioteca del Liceo di Santa Caterina，现在的 Marco Foscarini）。

㉚　Frank Lestringant, *Mapping the Renaissance World*：*The Geographical Imagination in the Age of Discovery*, trans. David Fausett（Berkeley：University of California Press, 1994）, esp. 104 – 25 and 181.

㉛　各词原文是：*copiosa*, *exacta*, *exactissima*, *moderna*, *novo*, *novissima*, *recens*, *ultima*, *universalis*, *vera*, 和 *verissima*。

㉜　Abraham Bosse, *Traicté des manieres de graver en taille dovce svr l'airin*：*Par le moyen des eaux fortes*, *& des vernix durs & mols*（1645；reprinted Paris：Imprimerie Union, 1979）.

的多样性可以迎合对更大范围的色调效果和艺术表达的一种日益增长的需求。因而，蚀刻被用于很多地图的细节装饰，而金属雕刻刀则限于用来添加更为准确的制图学的细节。福拉尼显然在他职业生涯的早期使用蚀刻（在 16 世纪 60 年代早期）——他早期地图中的三幅带有等宽、完美的线条，似乎至少部分是蚀刻的——但他很快就将其放弃了[83]。

　　地图也照例需要名称、标签、图题和文本。书法技艺和地图雕刻技艺之间联系紧密，且在梵蒂冈教廷秘书处（Vatican Chancery）所采用的紧凑、高效、清晰、半正式的书法成为许多地图上雕刻字体的基础[84]。它构成了最早的斜体字的基础，在 1500 年为阿尔杜斯·马努蒂乌斯（Aldus Manutius），并且为洛多维科·德利阿里吉（Lodovico degli Arrighi，约 1522 年）和乔瓦尼·安东尼奥·塔利恩特（Giovanni Antonio Tagliente，1524 年）印刷的习字簿雕刻过这种字体。这种字体成为 16 世纪全欧洲的流行字体。另外一位书法大师，焦万巴蒂斯塔·帕拉蒂诺（Giovambattista Palatino），成为文艺复兴时期最为流行和最有成就的抄写员以及一部在 1540 年出版的有影响的书法手册的作者［他也署名在巴尔托洛梅奥·马利亚尼（Bartolomeo Marliani）的《罗马地形》（Romae topographia）1544 年版中的两幅地图上］。接近世纪末，地图雕版匠和书法大师贾科莫·佛朗哥（Giacomo Franco）在一些铜版地图上署名，这些地图通常被包括在意大利文的综合地图集中。1595 年，他出版了一部关于秘书体（chancery hand）书法的手册，随后在 1596 年和 1600 年出版了至少另外两个版本[85]。

　　1576 年 8 月，威尼斯突然暴发瘟疫。超过 4.6 万人死亡，占到了人口的 1/3。许多拼版综合地图集的威尼斯的铜版很可能被运往罗马，尤其是那里的克劳迪奥·杜凯蒂店铺。杜凯蒂是拉弗雷伊最为直系的亲属，因而在 1577 年拉弗雷伊去世时，通过法院命令继承了图版。为了扩大他的生意，杜凯蒂已经购买了其他威尼斯人的图版，并且他认为在威尼斯瘟疫后获利更多应当是没有问题的。图版保留在杜凯蒂家族直至 1593 年，并且持续由克劳迪奥的后继者印刷[86]。然而，早在这个时间以前，奥特柳斯、德约德和墨卡托的地图集已经在印刷地图和地图集贸易中建立起了一种垄断地位。

　　虽然对在罗马和在威尼斯之间的活动分别进行讨论，但我并不是说，在这些城市的地图出版者之间没有发生往来。虽然文献证据是稀缺的，但是铜版的生命周期以及用于印刷它们的连续批次的纸张的标识显示，中心之间的图版和地图存在大量流动。1568—1570 年间在威尼斯的杜凯蒂的例子，已经在其他背景中提及。另外的例子是由特拉梅齐诺出版公司提供的[87]。或许我们还记得，米凯莱，逃离罗马的劫掠去了威尼斯，而他的兄弟弗朗切斯科却返回了罗马。在 1552—1563 年间，米凯莱同时在他位于佩莱格里诺大街的商店和在威尼斯拥有的商店中提供销售用地图，上面有茜比尔（Sibyl）的署名。特拉梅齐诺是最早引入科尔

㉝　Woodward, "Forlani: Compiler, Engraver, Printer, or Publisher?" 48.

㉞　David Woodward, "The Manuscript, Engraved, and Typographic Traditions of Map Lettering," in *Art and Cartography: Six Historical Essays*, ed. David Woodward (Chicago: University of Chicago Press, 1987), 174 – 212.

㉟　Carlo Pasero, "Giacomo Franco, editore, incisore e calcografo nei secoli XVI e XVII," *Bibliofilia* 37 (1935): 332 – 56.

㊱　Masetti Zannini, "Rivalità e lavoro," 547 – 66.

㊲　Antonino Bertolotti, *Artisti veneti in Roma nei secoli XV, XVI e XVII: Studî e ricerche negli archivi romani* (Bologna: Arnaldo Forni, 1884); P. S. Leicht, "L'Editore veneziano Michele Tramezino ed i suoi privilegi," in *Miscellanea di scritti di bibliografia ed erudizione in memoria di Luigi Ferrari* (Florence: Leo S. Olschki, 1952), 357 – 67; Alberto Tinto, *Annali tipografici dei Tramezzino* (1966; reprinted Florence: Leo S. Olschki, 1968).

内利·安东尼斯（Cornelis Anthonisz.）和雅各布·范代芬特尔（Jacob van Deventer）的大型地图的人，与那些在低地国家出版的原版相比，他用更方便使用的的尺寸出版它们[88]。

1576 年后意大利北部的地图贸易

在 16 世纪末，威尼斯和罗马的印刷品贸易不景气，这就导致了雕版匠的严重短缺。这从下一代原创地理作品的编绘者所遇到的困难中得到充分的说明，乔瓦尼·安东尼奥·马吉尼在为他的代表作《意大利》（*Italia*）寻找雕版匠的时候遇到了这样的困难，该书是 1620 年出版的一套汇集了 61 幅意大利诸国区域地图的地图集[89]。

1555 年，马吉尼生于帕多瓦（Padua），后来从 1588 年至 1617 年他去世，作为一位天文学家和数学家，担任帕多瓦大学的天文学讲座教授，度过了卓越的一生。他用 6 年之功编辑了托勒密《地理学指南》的一个拉丁语版本，在 1596 年出版，他凭此获得了地理学方面的声誉[90]。这一版本的创造性并不突出；《现代地图》（*tabulae modernae*）严重依赖墨卡托、奥特柳斯和加斯塔尔迪，而文本则以莱安德罗·阿尔贝蒂（Leandro Alberti）的《意大利全国地理志》（*Descrittione di tutta Italia*）为基础，他只是对水道和边界做了一些增补。27 幅托勒密的图版和 37 幅《现代地图》由吉罗拉莫·波罗（Girolamo Porro）雕版，这是一位一丝不苟的威尼斯雕版匠，我们知道他雕版了一幅"由文字构成，精致得只能用一面放大镜才能阅读"的基督像[91]。波罗雕版了很多其他地图，包括托马索·波尔卡基的《岛屿书》中的那些地图。

1595 年，在一幅关于博洛尼亚领土的地图上，马吉尼在题写给枢机主教斯福尔扎·帕拉维奇诺（Cardinal Sforza Pallavicino）的一篇献词中宣称他正在规划一套"地理志全集"（compita descrittione），这是一套意大利地图集（图 31.12）[92]。在这幅罕的国家地图上印制了弗朗切斯科·瓦莱吉奥（Francesco Valegio）的标记，他是一位威尼斯的雕版匠和出版商，在 1579 年发行了一部城镇指南，并且在后来通常收录在综合地图集中的诸多制作于威尼斯的地

⑧　参见 F. C. Wieder，*Nederlandsche historisch-geographische documenten in Spanje*（Leiden：E. J. Brill，1915），esp. 111 – 58；Roberto Almagià，"La diffusion des produits cartographiques flamands en Italie au XVIe siècle," *Archives Internationales d'Histoire des Sciences* 7（1954）：46 – 48；以及 Günter Schilder，"The Cartographical Relationships between Italy and the Low Countries in the Sixteenth Century," in *Imago et Mensura Mundi*：*Atti del IX Congresso Internazionale di Storia della Cartografia*，3 vols.，ed. Carla Clivio Marzoli（Rome：Istituto della Enciclopedia Italiana，1985），1：265 – 77。也可以参见 Schilder 正在出版的 *Monumenta cartographica Neerlandica*（Alphen aan den Rijn：Canaletto，1986 – ），其中提到了荷兰对意大利地图的影响以及相反的情况。

⑧　关于马吉尼的标准资料是 Roberto Almagià，*L' "Italia" di Giovanni Antonio Magini e la cartografia dell'Italia nei secoli XVI e XVII*（Naples：F. Perrella，1922）。可以在罗伯托·阿尔马贾为《意大利》撰写的导言中找到一个概要：*Bologna 1620*，by Giovanni Antonio Magini，ed. Fiorenza Maranelli（Amsterdam：Theatrum Orbis Terrarum：1974），V – XXI。

⑨　《世界地理》（*Geographiae universae*）（托勒密《地理学指南》的拉丁语版）（Venice：Heirs of Simon Galignani，1596；reprinted 1616）。一个未被授权的副本由科隆（Cologne）的彼得罗·凯谢特（Pietro Keschedt）雕版，并于 1597 年在阿纳姆（Arnhem）出版，1617 年重印。莱昂纳多·切尔诺蒂（Leonardo Cernoti）的一个意大利语译本在 1598 年出版，1621 年重印。

⑨　George Cumberland，*An Essay on the Utility of Collecting the Best Works of the Ancient Engravers of the Italian School*：*Accompanied by a Critical Catalogue*（London：Payne and Foss，1827），408.

⑨　Almagià，*L' "Italia*," 14.

图中的城邦分图上也发现了他的标记㉝。1595—1600 年间，马吉尼好不容易完成了大量意大利北部的地图，并由技艺娴熟的佛兰芒（Flemish）雕版匠阿诺尔多·迪阿诺尔迪［Arnoldo di Arnoldi，即阿诺尔德·舍尔彭西尔（Arnold Scherpensiel）］以及他的兄弟雅各布雕版。

1600 年，马吉尼与雕版匠的关系开始发生问题，马吉尼在《最早的活动地图》（Tabulae primi mobilis）（Venice，1604）的"前言"中，详细解释了他的地图集延迟的过程㉞。那年，马泰奥·弗洛里米（Matteo Florimi）花费了较高的薪水引诱阿诺尔迪离开博洛尼亚到锡耶纳来，雕版一幅多分幅的世界地图《世界陆地地理志》（Descrittione universal della terra）。献词描述了它是如何在博洛尼亚开始并且在锡耶纳完成的。在阿诺尔迪去世的时候，雅各布和他弟弟返回了博洛尼亚，但是雅各布生病了，并且在 1603 年决定返回弗兰德斯。然后，在那年的夏季，马吉尼同意将帕多瓦的一名德国雕版师带到博洛尼亚以作为接替者，但这位雕版匠第二天喝醉后淹死了。

马吉尼的麻烦不断。一位声誉卓著的威尼斯雕版匠［"威尼斯人"（Venetus）；其身份尚未确定］在收到马吉尼委托的第一幅地图之后，患了精神疾病。然后在 1603 年 11 月补充了一位来自阿姆斯特丹的"阿马德乌斯·若阿尼斯"（Amadeus Joannis），但是在完成了由阿诺尔迪开始的南部公国（Principato Citra，那不勒斯王国南部地区）图版后于次年去世了。

马吉尼从 1604 年至 1606 年的三年间一直没有雕版师。1607 年，本杰明·赖特（Benjamin Wright），一位地图经验很丰富的伦敦雕版师［制作了约翰·布莱格拉夫（John Blagrave）的世界地图，卢卡斯·扬斯宗·瓦格纳（Lucas Jansz. Waghenaer）的《航海宝典》（Thresoor der zeevaert）和《航海之镜》（Spieghel der zeevaerdt）］抵达了博洛尼亚，并且雕版了马吉尼的 6 分幅的意大利墙壁地图（1608 年），其上有着赖特的签名。马吉尼后勤方面的困难尚未结束。尽管他委托赖特雕版或者修正《意大利》剩下的图版（总共 14 块），但与他的一些前辈一样，赖特的品性是值得质疑的。他是一名酒鬼和赌徒，并且抵押了一些他已经完成的图版。直至 1613 年，随着署名"本杰明·赖特，伦敦，英格兰"（Benjaminus Wright Londinensis Anglus）的皮埃蒙特和蒙费拉托（Monferrato）图版的完成，地图集的雕版才完成㉟。印刷最终开始于 1616 年，但是由于马吉尼在第二年二月去世而被延迟。他年幼的儿子才 18 岁，就安排地图集在 1620 年出版。他将整部著作献给了曼图亚（Mantua）和蒙费拉托公爵费兰特·贡萨加（Ferrante Gonzaga），后者是支持他父亲并且提供了众多手绘地图由此保证了地图集原创性的家族成员之一。不超过 20% 的地图基于印刷地图㊱。

《意大利》雕版及印刷的故事，表明了 17 世纪初意大利地图和印刷品出版商对外国雕

㉝　Thomas Ashby, "The Story of the Map of Italy," *Geographical Journal* 62 (1923): 212 n. *（review of Roberto Almagià's *L' "Italia" di Giovanni Antonio Magini e la cartografia dell'Italia nei secoli XVI e XVII*）。瓦莱吉奥发行的 *Raccolta di li* ［*sic*］ *più illustri et famose città di tutto il mondo*（Venice，1579），在索思比（Sotheby）1975 年 12 月 15 日的拍卖目录中有描述，并且附带提及了雕版匠斯特凡诺·斯科拉里（Stefano Scolari）。

㉞　Almagià, L' "Italia," 162.

㉟　Almagià, L' "Italia," 11 and 19–21。也可以参见 Sidney Colvin, *Early Engraving & Engravers in England (1545–1695): A Critical and Historical Essay* (London: British Museum, 1905), 31–33。

㊱　《意大利》有三个版本存世——Bologna: Sebastiano Bonomi, 1620; Bologna: Clemente Ferroni, 1630–32; Bologna: Niccolò Tebaldini, 1642。最后一个版本包括 24 页的关于意大利的文本描述以及 61 幅铜版地图。第一个版本是珍本，以印刷轮廓清晰而著称。参见 Almagià, L' "Italia," 6–7。

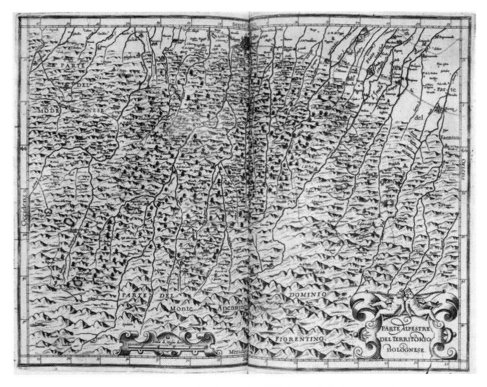

图 31.12　乔瓦尼·安东尼奥·马吉尼的博洛尼亚领土地图，1595 年

原图尺寸：约 34.8×45.8 厘米。BL（181. i. 9）提供照片。

版匠的过度依赖，以及物色和留住他们的难处。对阿诺尔多·阿诺尔迪的争夺是这方面的一个例子，并且他在锡耶纳的活动借助了马泰奥·弗罗里米，将我们引导到了最著名的地图出版中心，这个中心仅次于罗马。

弗洛里米，从姓氏看他并不是一名锡耶纳人，但出生地不明，他在 1602 年出版的一部著作的前言中告诉我们，他之前已在锡耶纳生活了多年，并且经营他的贸易，不久前还"将各种类型的宇宙志的和各种人物画像的印刷品携带到那里"[97]。他作为一名书籍印刷者的活动可以追溯到 1589 年的一部印刷成品。作为一名印刷品出版者，他以出版了一系列民族寓言（法兰西、意大利、德意志和西班牙）以及他的地图而著名，其中很多成为剽窃指控的对象，尤其是佛罗伦萨占领地区（Dominio Fiorentino）和圣地的地图［整个应许之地（Totius Terrae promissionis）］，以及意大利和外国城市众多版本的地图。但是由阿诺尔迪在 1600—1602 年间雕版的多分幅的世界地图和四大陆的地图，值得进行更多的研究[98]。

将弗兰德斯、尼德兰（Netherlands）和法兰西作为常备的图版和地图雕刻师的来源地，对

793

---

[97]　关于弗洛里米最为可靠的传记信息材料，就是 Aldo Lusini, "Matteo Florimi stampatore-calcografo del sec. XVI", *La Diana: Rassegna d'Arte e Vita Senese* 6（1931）：75 – 89, esp. 75。

[98]　弗洛里米地图的一个简明参考目录，参见 H. A. M. van der Heijden, "Matteo Florimi（1613）—Landkarten- und Stadtplanverleger in Siena," in *Florilegium Cartographicum: Beiträge zur Kartographie geschichte und Vedutenkunde des 16. bis 18. Jahrhunderts*, ed. Peter H. Köhl and Peter H. Meurer（Leipzig: Dietrich Pfachler, 1993）, 117 – 30。也可以参见 L. Volpe, "Florimi, Matteo," in *Dizionario biografico degli Italiani*（Rome: Istituto della Enciclopedia Italiana, 1960 – ）, 48: 348 – 49, 以及 Narcisa Fargnoli, "Un editore senese: Matteo Florimi," in *L'arte a Siena sotto i Medici, 1555 – 1609*（Rome: De Luca, 1980）, 251 – 54。

此的依赖持续了整个世纪，只有少数几个意义重大的例外。一个就是《大海的秘密》的雕版，这是航海科学和印刷航海图的一部鸿篇巨著，1646—1647 年在佛罗伦萨出版，1661 年在那里重印（图 31.13）。作者是罗伯特·达德利爵士，即莱斯特伯爵（earl of Leicester）罗伯特·达德利之子。在英格兰对他的贵族血统产生争论之后，他在 1606 年开始为托斯卡纳大公美第奇家族的费迪南德一世效力，并且一直留在大公的宫廷中向他提供关于海军工程学的知识，直至他自己生命的最后一刻。他的这些知识是由托马斯·查洛纳（Thomas Chaloner）在牛津（Oxford）基督堂学院（Christ Church College）反复灌输的，并且在由达德利资助并由导航员亚伯拉罕·肯德尔（Abraham Kendal）指挥的前往奥里诺科（Orinoco）和特立尼达（Trinidad）的航行中（1594 年至 1595 年）中得到实际说明。达德利在排干比萨和里窝那（Livorno）之间的沼泽、重建里窝那港的要塞，以及鼓励英国商人定居在这个新自由港方面发挥了作用[99]。

图 31.13　火地岛（TERRA DEL FUEGO）地图，来自罗伯特·达德利爵士的《大海的秘密》。1614—1647 年在佛罗伦萨出版（对比图 31.14）

原图尺寸：27.7×24.7 厘米。Newberry（Ayer ×f 135 D8 1646, second book）提供照片。

---

[99]　关于里窝那航海活动的传统标准资料有 Giuseppe Gino Guarnieri, *L'ultima impresa coloniale di Ferdinando dei Medici*（Livorno, 1910）。英文传记就是 John Temple Leader, *Life of Sir Robert Dudley, Earl of Warwick and Duke of Northumberland*（Florence：G. Barbèra, 1895）。最新的一般性资料有 Cesare Ciano, *Roberto Dudley e la scienza del mare in Toscana*（Pisa：ETS Editrice, 1987）。

《大海的秘密》萌芽于达德利在里窝那兵工厂建立的一所航海制图学学校。在坐落于慕尼 794
黑（Munich）的巴伐利亚州立图书馆（Bayerische Staatsbibliothek）中保存了一套绘本地图集，
其中很多地图是为《大海的秘密》第三卷雕版的（图 31. 14）⑩。地图集上达德利的头衔是诺森
伯兰公爵（duke of Northumberland）和沃里克伯爵（earl of Warwick），同时，这一地图集被献
给美第奇家族的费迪南德二世（Ferdinand Ⅱ de' Medici），并且先后出了两个版本（1646—
1647 年和 1661 年）。15 幅航海图显然一开始就是以缩印版的形式发行，但并不知道它们是在
正常版作品之前还是之后发行的，并且它们现在已是绝世珍品（图 31. 15）⑩。

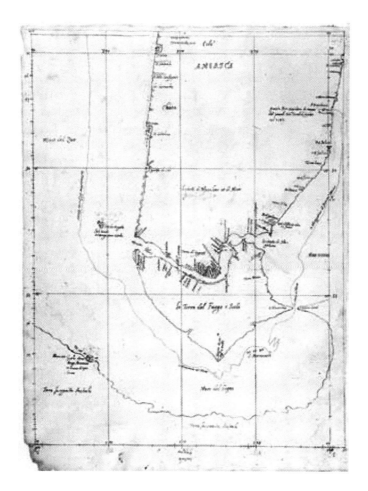

图 31. 14　火地岛的绘本地图。来自为《大海的秘密》第三卷绘制的绘本地图集（对比图 31.13）

原图尺寸：约 44. 8×34. 5 厘米。Bayerische Staatsbibliothek，Munich（MS. Icon 139，tome Ⅱ，map 68J）提供照片。

---

⑩　一部收藏在慕尼黑的手绘地图的选编由 Edward Everett Hale 在 *Early Maps of America：And a Note on Robert Dudley and the Arcano del Mare*（Worcester：American Antiquarian Society，1874）中做了摘要式描述，最新的描述是 Ciano，*Roberto Dudley*，以及在 O. A. W. Dilke and Margaret S. Dilke，"Sir Robert Dudley's Contributions to Cartography，" *Map Collector* 19（1982）：10 - 14，esp. 12 - 13 等的作品中。将绘本地图的一个现代版本与《大海的秘密》中的那些地图进行对比依然是一种美好的期待。

⑩　W. Graham Arader，Ⅲ，*The Very Rare First Issues of the Sea Charts of Sir Robert Dudley*，catalog No. 50（King of Prussia，Pa. ：W. Graham Arader Ⅲ，1984）。当它们 1991 年 6 月 27 日和 28 日在索思比出售的时候，一则简短的提示出现在了 *Map Collector* 55（1991）：44 之上，提请注意在雕版者卢奇尼的名字上加上"骑士"（Il Cavaliere）头衔。

图 31.15 达德利的北美洲东海岸的印刷航海图的缩印版

原图尺寸：22.5×19.5 厘米。Osher Map Library and Smith Center for Cartographic Education at the University of Southern Maine, Portland 提供照片。

考虑到马吉尼在雇用雕版匠过程中以及他在依赖外国劳力中体验到的困难，任命一位意大利印刷雕版匠，即斯特凡诺·德拉贝拉（Stefano Della Bella）和雅克·卡洛（Jacques Callot）的学生安东尼奥·弗朗切斯科·卢奇尼承担地图的工作，是一个值得注意的例外。其用心必定良苦，因为卢奇尼是一位景观图的雕版匠（他的比萨图景已经被提到），且地图方面的经验有限[102]。达德利的赞助人投资这样一部奢华产品的动机，的确只可能是这一作品有可能会给他带来的名望。而商业市场是否可以独自支撑这样的一种投机则是值得怀疑的。

总　结

佛罗伦萨、罗马和威尼斯的地图雕版匠和出版商在 16 世纪前 2/3 的时间中在欧洲扮演了领导角色，但是在 16 世纪后 1/3 的时间以及 17 世纪中将领导地位让位给了低地国家。在

---

[102] 《大海的秘密》第二版（1661 年）第一卷的标题之后，是一段未标明日期的呈献给威尼斯共和国的献词页，并且署名为卢奇尼，偶数页是空白的。卢奇尼在此写道："我在远离世界各地的一座托斯卡纳村庄中隐居了 12 年，消耗了不少于 5000 磅（libbra）的黄铜制作雕版，对其进行展示。"引文出现在第二版的第四次和最后一次的发行中，Lord Wardington 在 "Sir Robert Dudley and the Arcano del Mare, 1646–8 and 1661", *Book Collector* 52（2003）：199–211 and 317–55, esp. 350–51 中对这一版本定年为 17 世纪 70 年代早期。村庄到底是哪一个还没有被发现，但是达德利倒是居住在菲耶索莱（Fiesole）附近的一所乡村别墅中。参见 Leader, *Life of Sir Robert Dudley*, 121–22，以及 "Lucini, Antonio Francesco," *Allgemeines Lexikon der Bildenen Künstler* 23（1964）：438。

居于主导地位的时期中，他们塑造了文艺复兴时期地图贸易的众多特征。

在 16 世纪，意大利的地图出版商将地图从一种航海家、学者或者管理者手中的神秘工具转型为一种普通的贸易物品、地理印刷品，以至成了日常生活用品。一直以来，对于官方行政、探险和战争用地图的编纂过程和使用方面投入了更多的注意力，而忽视了作为非正式消费品在大众层面上的购买和使用。因此兴趣集中在了地图的地理功能而不是经济功能上。

威尼斯和罗马的印刷品商店的货物可能并不是传播关于地理发现的新信息的先驱。罗塞利的商店不是西班牙的贸易署（Casa de la Contratación）。但这不等于说，廉价的印刷地图对地理信息的传播或世界观的形成没有产生有益的影响。由于地图成为商店（botteghe）和街头小贩（venditori ambulanti）传播的日用商品，因此它们在塑造关于陌生地方和事件的思想中起着一种微妙却重要的作用。世界地图不可思议地为世界捕捉到了一幅独特、普遍、井然有序的图像，并且吸引了商人的眼球，积极资助新的贸易计划。作为一种时事性和非正式的信息来源，攻城拔寨的战争地图向广大公众提供了有关时事信息，并且其直接、长寿和耐久的特点无与伦比。在 1565 年之后的 80 年中出现了 140 多种呈现围攻马耳他场景的地图。

地图不仅被看成地理信息的来源，而且被作为显示社会地位的象征。世界和各大陆地图的设计目的不外是两个，一是出售给一个日益扩大的市场，其中的人们热衷通过搜集和展示地图来提高他们作为见识广、爱国和信息灵通的公民的声望。二是用于唤起对辉煌历史事件的怀旧情感，并且满足对与古典罗马有关的文物的好奇心。

客户无疑对"现代"地图感兴趣，尽管一种地图与另一种地图之间的地理信息可能并不总是保持一致。托勒密和斯特拉博的古典地理学被一种编入了新发现东西的"现代"地理学取代。尽管在探求地图集应有的组织方式中还得求助于托勒密，将他作为一位权威，但诸如贾科莫·加斯塔尔迪等新的权威获得了声望，且在他们去世后依然长盛不衰。

由于库存货物种类和数量的增加，并且由于投资网络以及与其他印刷品出版商之间的合作发展起来，地图出版商在经济上对贵族顾客的依赖变得没有那么大了。16 世纪装饰艺术和实用艺术品味的准则已经牢固确立起来，将财富引导到了奢侈品的消费中，并且刺激了贸易和技术工匠的人均收入，而他们本身正在成为消费者。地图是更为大宗的印刷品贸易的一部分，因而容易像其他印刷品一样面临着相同的技术和营销限制。它们由同一批雕版匠雕版，在同一印刷品商店中制作，由相同的街头小贩出售，有时甚至被印刷在同一张纸的两个页面上。

到 16 世纪 60 年代中期，收藏印刷品的口味变得越来越正规化和民主化；1565 年出版了一部用于筹划"世界舞台"（universal theaters）或古董陈列室（Wunderkammer）的手册，其中包含了搜集地图和印刷品的专项条款。图像印刷物品的范围无所不包；工程图纸或者图案书籍，草药或解剖手册、徽章指南、要塞和水利工程图，并且所有类型的地图和平面图有意提供实用的技术信息。16 世纪，它们在数量上不像传统的宗教画那么多，但是它们在学者研究的壁垒中赋予了自然科学对各种现象进行比较和分类的能力。

开始在 16 世纪 60 年代出现的综合地图集，表明印刷地图行业已经成熟，并且受到一个对装订成套的地图和印刷品有强大需求的市场的驱动。出于收藏者保存分散地图的设计宗旨，地图集是意大利文艺复兴时期的印刷地图借以传承给我们的主要手段。有鉴于此，现代古物市场中广泛盛行的将地图拆解加以传播的习惯是令人叹息的。

附录31.1 关于史学撰述和参考书目的一项说明

有关文艺复兴时期意大利地图行业的一手信息资料出奇得少。与很多其他行业的文献相比，地图雕版者、印刷者和出版者提供的契约、清单、遗嘱、法院供词以及行会记录不足。有一个极端的例子，保存下来的16世纪威尼斯睡鼠皮革匠活动的一手记录都要比关于地图雕版匠的记录多得多①。甚至诸如贾科莫·加斯塔尔迪这样一位威尼斯知识界中佼佼者的最基本的传记资料也都不可靠。与奥特柳斯或墨卡托的记录比起来，有关意大利半岛众多地图制作者的档案记录确实很少。诸如弗朗切斯科·罗塞利商店的清单目录等少数几个亮点，只是有助于我们提高期望值：如果我们有像保罗·福拉尼的威尼斯活动巅峰时期的清单目录那样保存下来的其他雕版者和出版者的清单目录的话，那么我们就会了解到更多的东西。

档案文献幸存的主要状况与威尼斯和罗马对印刷品贸易的紧密控制有关。在威尼斯，执照由十人委员会、元老院或者其他一些专门指定的机构发放，旨在控制可能触犯宗教、道德或政治敏感问题的资料的出版②。许可的必要性反映了特伦托会议（Council of Trent）后对整个威尼斯印刷界产生的普遍疑虑，作为威尼斯当局坚持的结果，政府在1566年下令所有的印刷物品都应在一种为此设立的特殊登记簿中注册，表明未受到反亵渎官员（*esecutori contro la bestemmia*）的指控③。

与严格强制性的执照相反，特权是一种选择性权利，其本意是向出版者提供一种基本的版权形式。在威尼斯，申请书和特权授予书通常可以在国家档案馆中的元老院大陆档（Senato Terra）或帕多瓦大学的改革家档（Riformatori dello Studio di Padova）中找到。不是所有的出版者都申请一份特权，也不是所有特权都被记录在案，同时，侵权记录也未被披露出来，由此，文档上的内容并不能提供一个完整的图景。

对于确定一幅地图的绘制时期而言特权确实提供了有价值的信息，但是特权申请书的存在并不一定表明一幅地图出版了，因为作者和印刷者照例会假装有朝一日可能会出版一部作品而去申请特权。对制度的误用太过分了，以至于威尼斯元老院在1517年8月1日规定，特权应当仅仅授予新的作品，并且如果在一年内什么都没有出版，那么权利将会被剥夺④。

而在罗马，教皇内侍不仅颁发执照，而且授予一幅图版的所有者出版注册印刷品的垄断

---

① Richard MacKenney, *Tradesmen and Traders: The World of the Guilds in Venice and Europe*, c.1250 – c.1650 (London: Croom Helm, 1987), 18.

② 参见 Paul F. Grendler, *The Roman Inquisition and the Venetian Press, 1540 – 1605* (Princeton: Princeton University Press, 1977), 26, 以及 Richard J. Agee, "The Privilege and Venetian Music Printing in the Sixteenth Century" (Ph. D diss., Princeton University, 1982)。与印刷控制有关信息的其他来源，参见 Leonardas Vytautas Gerulaitis, *Printing and Publishing in Fifteenth-Century Venice* (Chicago: American Library Association, 1976); Rinaldo Fulin, "Primi privilegi di stampa in Venezia," *Archivio Veneto* 1 (1871): 160–64; Maria Grazia Blasio, "Privilegi e licenze di stampa a Roma fra Quattro e Cinquecento," *Bibliofilia* 90 (1988): 147–59; Carlo Castellani, *I privilegi di stampa e la proprietà letteraria in Venezia* (Venice: Fratelli Visentini, 1888).

③ Grendler, *Roman Inquisition*, 152.

④ David Landau and Peter W. Parshall, *The Renaissance Print, 1470 – 1550* (New Haven: Yale University Press, 1994), 301.

权，时间通常是 10 年。除了标准的特许版权，教皇个人也可以授予一种特权。

家庭财产清单是提供印刷地图市场的证据的一个有效来源。关于 15 世纪和 16 世纪的佛罗伦萨，主要的档案资料就是遗产清册（*libro d'eredità*），旨在记录死者财产的处置情况，以及未成年监护机构⑤。在威尼斯，安布罗西尼和帕伦博 – 福萨蒂（Palumbo-Fossati）研究了一批由 66 位律师记录的城市邻近地区所有社会阶层的家庭财产的清单登记册，这批文献编纂于 16 世纪后半叶⑥。

研究罗马的枢机主教、耶稣会士弗兰茨·埃尔勒［Cardinal Franz，弗朗切斯科（Francesco Ehrle）］，以及研究威尼斯的霍雷肖·布朗（Horatio Brown）等的历史学家和古文文书学家为档案资料奠定了基础，尤其是关于印刷品执照的申请书和保护出版者特权的档案的研究。1895—1914 年埃尔勒是梵蒂冈图书馆的馆长。其关于罗马的平面图和景观的系列专著，远远不只是对这些地图的分析研究，还为它们的制作者提供了丰富的档案证据资料⑦。最近，马塞蒂·赞尼尼（Masetti Zannini）涉及了一些关于罗马的重要的新档案资料⑧。布朗的《威尼斯的印刷厂》（*Venetian Printing Press*）是一部杰出的著作，尽管只用了 24 页的篇幅论述 16 世纪，但想方设法提供了许多享受特权保护的地图的档案参考资料⑨。涉及地图的其他文献学者有廷托（Tinto）、费伊（Fahy）和米西蒂（Misiti）⑩。　797

艺术史家和印刷史家同样为地图贸易的档案知识的储备做出了重要贡献。他们的兴趣来源于将地图作为地理印刷品的一种专业化形式。卡尔平斯基（Karpinski）编纂了一部有用的参考书目，其中包括了与地图雕版和印刷有关的材料⑪。19 世纪，安东尼诺·贝尔托洛蒂

---

⑤　John Kent Lydecker, "The Domestic Setting of the Arts in Renaissance Florence" (Ph. D. diss. , Johns Hopkins University, 1987).

⑥　Federica Ambrosini, " 'Descrittioni del mondo' nelle case venete dei secoli ⅩⅥ e ⅩⅦ," *Archivio Veneto*, 5th ser. , 117 (1981)：67 – 79，以及 Isabella Palumbo-Fossati, "L'interno della casa dell'artigiano e dell'artista nella Venezia del Cinquecento," *Studi Veneziani* 8 (1984)：109 – 53。

⑦　埃尔勒最早出版的作品是他的 *Roma prima di Sisto* Ⅴ：*La pianta di Roma Du Pérac-Lafréry del 1577 riprodotta dall'esemplare esistente nel Museo Britannico. Contributo alla storia del commercio delle stampe a Roma nel secolo 16 e 17* (Rome：Danesi, 1908)，这是一部为罗马地图和印刷品贸易早期史奠定基础的作品。埃尔勒在这部作品之后不久就出版了 *Roma al tempo di Giulio* Ⅲ：*La pianta di Roma di Leonardo Bufalini del 1551* (Rome：Danesi, 1911)；*La grande veduta Maggi-Mascardi (1615) del Tempio e Palazzo Vaticano* (Rome：Danesi, 1914)；以及 *Roma al tempo di Clemente* Ⅷ：*La pianta di Roma di Antonio Tempesta del 1593 riprodotta da una copia vaticana del 1606* (Vatican City, 1932)。

⑧　参见 Gian Ludovico Masetti Zannini, *Stampatori e librai a Roma nella seconda metà del Cinquecento：Documenti inediti* (Rome：Fratelli Palombi Editori, 1980)，以及 idem, "Rivalità e lavoro di incisori nelle botteghe Lafréry-Duchet e de la Vacherie," in *Les fondations nationales dans la Rome pontificale* (Rome：École Française de Rome, 1981), 547 – 66。

⑨　Horatio Brown, *The Venetian Printing Press：An Historical Study Based upon Documents for the Most Part Hitherto Unpublished* (1891; reprinted Amsterdam：Gérard Th. van Heusden, 1969)。布朗的一部稿本也是在威尼斯圣马可国家图书馆："Privilegi veneziani per la stampa (1527 – 1597)," ca. 1890。

⑩　Alberto Tinto, *Annali tipografici dei Tramezzino* (1966; reprinted Florence：Leo S. Olschki, 1968)；Conor Fahy, "The Venetian Ptolemy of 1548," in *The Italian Book, 1465 – 1800：Studies Presented to Dennis E. Rhodes on His 70th Birthday*, ed. Denis V. Reidy (London：British Library, 1993), 89 – 115；以及 Maria Cristina Misiti, "Antonio Salamanca：Qualche chiarimento biografico alla luce di un'indagine sulla presenza spagnola a Roma nel' 500," in *La stampa in Italia nel Cinquecento*, 2 vols. , ed. Marco Santoro (Rome：Bulzoni Editore, 1992), 1：545 – 63。

⑪　Caroline Karpinski, *Italian Printmaking, Fifteenth and Sixteenth Centuries：An Annotated Bibliography* (Boston：G. K. Hall, 1987).

（Antonino Bertolotti）在 1879—1889 年间编纂了一系列极为有用的书籍，其中列出了从其他地方来到罗马工作的艺术家的档案参考资料。书籍涵盖了西西里的发源地；低地国家（及其附近地区）和乌尔比诺（Urbino）；伦巴第（及其附近地区）；摩德纳（Modena）、帕尔马（Parma）和卢尼贾纳（Lunigiana）；威尼斯；南阿尔卑斯（Subalpine）；瑞士；博洛尼亚、费拉拉以及教皇国（Papal States）的其他区域；法兰西、德意志以及撒丁岛（Sardinia）、西西里、科西嘉（Corsica）和马耳他[12]。欣德（Hind）的《意大利早期雕版术》（*Early Italian Engraving*）是关于 15 世纪和 16 世纪早期的基本资料，该书是他在担任大英博物馆（British Museum）版画和素描馆（Department of Prints and Drawings）主任时编纂的[13]。为地图贸易的知识做出贡献的其他艺术史家有许尔森（Hülsen）、加洛、舒尔茨（Schulz）、博罗尼·萨尔瓦多里（Borroni Salvadori）和孔萨格拉[14]。由兰多（Landau）和帕歇尔（Parshall）以及林肯（Lincoln）撰写的几部关于意大利印刷品制作的通论性著作奠定了一个极为良好的基础[15]。

　　地理学家的兴趣一般集中于在 16 世纪制作地图的地理资料，尤其是意大利各区域的地图，而不在于重建地图贸易，但是他们的作品包含了大量与本章的主题密切相关的内容。很高产的意大利地理学家罗伯托·阿尔马贾在他诸多论文以及两部信息和影印材料摘要中在文献方面做出了贡献，即《意大利地图学志》（*Monumenta Italiae cartographica*）和《梵蒂冈地图学志》（*Monumenta cartographica Vaticana*），时值第二次世界大战，由于作者是犹太人，故在梵蒂冈保护下编撰了两书[16]。其他意大利地理学家则为意大利地图学史做出了杰出贡

---

[12]　例如，Antonino Bertolotti, *Artisti veneti in Roma nei secoli XV, XVI e XVII: Studi e ricerche negli archivi romani* (Bologna: Arnaldo Forni, 1884; reprinted 1965); idem, *Artisti subalpini in Roma nei secoli XV, XVI e XVII: Ricerche e studi negli archivi romani* (Mantua: Mondovi, 1884); idem, *Artisti francesi in Roma nei secoli XV, XVI e XVII: Ricerche e studi negli archivi romani* (Mantua: G. Mondovi, 1886)。

[13]　Arthur Mayger Hind, *Early Italian Engraving: A Critical Catalogue with Complete Reproduction of all the Prints Described*, 7 vols. (London: For M. Knoedler, 1938 – 48)。

[14]　Christian Hülsen, *Saggio di bibliografia ragionata delle piante iconografiche e prospettiche di Roma dal 1551 al 1748* (1915; reprinted Rome: Bardi, 1969); idem, "Das 'Speculum Romanae Magnificentiae' des Antonio Lafreri," in *Collectanea variae doctrinae Leoni S. Olschki: Bibliopolae florentino, sexagenario* (Munich: Rosenthal, 1921), 121 – 70; Rodolfo Gallo, *Carte geografiche cinquecentesche a stampa della Biblioteca Marciana e del Museo Correr di Venezia* (Venice: Presso la Sede dell'Istituto Veneto, 1954); Juergen Schulz, "The Printed Plans and Panoramic Views of Venice (1486 – 1797)," *Saggi e Memorie di Storia dell'Arte* 7 (1970): 9 – 182; Fabia Borroni Salvadori, *Carte, piante e stampe storiche delle raccolte lafreriane della Biblioteca Nazionale di Firenze* (Rome: Istituto Poligrafico e Zecca dello Stato, 1980); Francesca Consagra, "The De Rossi Family Print Publishing Shop: A Study in the History of the Print Industry in Seventeenth-Century Rome" (Ph. D. diss., Johns Hopkins University, 1992); 以及 idem, "De Rossi and Falda: A Successful Collaboration in the Print Industry of Seventeenth-Century Rome," in *The Craft of Art: Originality and Industry in the Italian Renaissance and Baroque Workshop*, ed. Andrew Ladis and Carolyn Wood (Athens: University of Georgia Press, 1995), 187 – 203.

[15]　Landau and Parshall, *Renaissance Print*, and Evelyn Lincoln, *The Invention of the Italian Renaissance Printmaker* (New Haven: Yale University Press, 2000).

[16]　Roberto Almagià, *Monumenta Italiae cartographica* (Florence: Istituto Geografico Militare, 1929); idem, *Monumenta cartographica Vaticana*, 4 vols. (Vatican City: Biblioteca Apostolica Vaticana, 1944 – 55); idem, *Scritti geografici (1905 – 1957)* (Rome: Edizioni Cremonese, 1961); Osvaldo Baldacci, "La storia della cartografia in Italia dopo Roberto Almagià," *Rivista Geografica Italiana* 93 (1985): 11 – 37; 以及 George Kish, "Roberto Almagià: An Appreciation," in *Imago et Mensura Mundi: Atti del IX Congresso Internazionale di Storia della Cartografia*, 3 vols., ed. Carla Clivio Marzoli (Rome: Istituto della Enciclopedia Italiana, 1985), 1: xv – xvi.

献，如巴拉塔（*Baratta*）、卡拉奇和比亚苏蒂（*Biasutti*）等[17]。

仍有必要对佛罗伦萨、罗马和威尼斯的档案进行系统的搜寻。在罗马，在梵蒂冈秘密档案馆（Brevium Secretorum，Archivio Segreto Vaticano）中记录的特权有待系统搜寻。并且虽然布朗和阿尔马贾在威尼斯有了一个良好的开端，但找到其他文献——合同、遗嘱、财产清单以及其他法律文件——的关键，还是在于首先搞清楚确实与雕版匠和出版者有联系的律师，其次就是在国家档案馆的有关文档中进行长期耐心的搜寻，最好每次持续数月。

由于缺乏档案材料，地图学史学家、学者型的地图搜集者，以及古董地图交易商及其职员编纂了地图目录，并且对个别雕版匠进行研究。16 世纪意大利印刷地图的标准目录依然是图利（Tooley）编撰的那一部[18]。荷兰出版社（Holland Press）倒是曾经承诺出版一部更新过的目录，其中包括超过 50% 的新条目，但承诺从未兑现，而且此后打字稿不知所踪或已被毁。另外一部非常有用的一般书目信息资料集是鲁格（Ruge）编纂的德国各大图书馆 798 收藏的文艺复兴时期地图学材料的综合性目录[19]。其他目录则集中于单一雕版匠或者地图集，比如巴格鲁（Bagrow）、贝恩斯（Beans）、加纳多（Ganado）和伍德沃德的著作。最后一位学者编写的保罗·福拉尼地图和印刷品目录产生一个结果，即撰写了一篇对个人作品进行分析的论文，并且这一模式可能可以推广运用到对其他雕版匠和制图学家的研究上[20]。由贝恩顿—威廉（Baynton-Williams）编纂的一份福拉尼地图目录也出现在了网络上，并且这一发表形式的灵活性受到高度推许[21]。

有用的意大利文艺复兴时期地图的影印件汇编，除了阿尔马贾的两个《地图学志》（*Monumentae*），还包括诺登舍尔德（Nordenskiöld）的《影印地图集》（*Facsimile Atlas*），卡

[17] Mario Baratta, "Ricerche intorna Giacomo Gastaldi," *Rivista Geografica Italiana* 21 (1914): 117 – 36 and 373 – 79; Giuseppe Caraci, "Avanzi di una preziosa raccolta di carte geografiche a stampa dei secoli XVI e XVII," *Bibliofilia* 29 (1927): 178 – 92; idem, "Note critiche sui mappamondi gastaldini," *Rivista Geografica Italiana* 43 (1936): 120 – 37 and 202 – 23; Renato Biasutti, "Il 'Disegno della geografia moderna' dell'Italia di Giacomo Gastaldi (1561)," *Memorie Geografiche* 2, No. 4 (1908): 5 – 66, 以及 idem, "La carta dell'Africa di G. Gastaldi (1545 –1564) e lo sviluppo della cartografia africana nei sec. XVI e XVII," *Bollettino della Reale Società Geografica Italiana* 9 (1920): 327 – 46 and 387 –436.

[18] R. V. Tooley, "Maps in Italian Atlases of the Sixteenth Century, Being a Comparative List of the Italian Maps Issued by Lafreri, Forlani, Duchetti, Bertelli and Others, Found in Atlases," *Imago Mundi* 3 (1939): 12 –47.

[19] Walther Ruge, "Aelteres kartographisches Material in deutschen Bibliotheken," *Nachrichten von der Königlichen Gesellschaft der Wissenschaftenzu Göttingen*, philologisch-historische Klasse, 1904, 1 – 69; 1906, 1 – 39; 1911, 35 – 166; 1916, Beiheft, 1 – 128; 重印在 Acta Cartographica 17 (1973): 105 – 472。

[20] Leo Bagrow, *Matheo Pagano: A Venetian Cartographer of the 16th Century, A Descriptive List of His Maps* (Jenkintown, Pa.: George H. Beans Library, 1940), 以及 idem, *Giovanni Andreas di Vavassore: A Venetian Cartographer of the 16th Century. A Descriptive List of His Maps* (Jenkintown, Pa.: George H. Beans Library, 1939)。也可以参见 George H. Beans, "Notes from the Tall Tree Library," *Imago Mundi* 杂志各期; idem, *Fragments from a Venetian Collection of Maps, 1556 – 1567* (Philadelphia: George H. Beans Library, 1931); idem, *Maps ex Duke of Gotha Collection Acquired by the George H. Beans Library* (Jenkintown, Pa.: George H. Beans Library, 1935); Albert Ganado, "Description of an Early Venetian Sixteenth Century Collection of Maps at the Casanatense Library in Rome," *Imago Mundi* 34 (1982): 26 – 47; 以及 David Woodward, *The Maps and Prints of Paolo Forlani: A Descriptive Bibliography* (Chicago: Newberry Library, 1990)。从那一书目派生出来的论文有 David Woodward, "Paolo Forlani: Compiler, Engraver, Printer, or Publisher?" *Imago Mundi* 44 (1992): 45 – 64, 以及 idem, "The Forlani Map of North America," *Imago Mundi* 46 (1994): 29 – 40。

[21] [Ashley Baynton-Williams], "Forlani's Works: Parts I – IV," Map-Forum.com, vol. 1, No. 11 [2002], < http://www.mapforum.com/11/11issue.htm >.

拉奇（Caraci）的《地图集》（*Tabulae geographicae*）、《诺瓦科藏珍本地图集》（*Cartografia Rara of the Novacco collection*）以及拉戈（Lago）的《世界和意大利地图集》（*Imago mundi et Italiae*）和《意大利地图集》（*Imago Italiae*）[22]。已经出版了很多地图和城市图景的影印版地图集[23]。

---

[22] A. E. Nordenskiöld, *Facsimile-Atlas to the Early History of Cartography with Reproductions of the Most Important Maps Printed in the XV and XVI Centuries*, trans. Johan Adolf Ekelöf and Clements R. Markham (1889; reprinted New York: Kraus, 1961); Giuseppe Caraci, *Tabulae geographica evetustiores in Italia adservatae: Reproductions of Manuscript and Rare Printed Maps, Edited and Explained, as a Contribution to the History of Geographical Knowledge in the Period of the Great Discoveries*, 3 vols. (Florence: Otto Lange, 1926 – 32); Valeria Bella and Piero Bella, eds., *Cartografia rara: Antiche carte geografiche, topografiche e storiche dalla collezione Franco Novacco* (Pero, Milan: Edizioni Cromorama, 1986); Luciano Lago, ed., *Imago mundi et Italiae: La versione del mondo e la scoperta dell'Italia nella cartografia antica* (secoli X – XVI), 2 vols. (Trieste: Edizioni La Mongolfiera, 1992 –94); 以及 idem, *Imago Italiae: La fabrica dell'Italia nella storia della cartografia tra Medioevo ed età moderna. Realtà, immagine ed immaginazione*, ed. Luciano Lago (Trieste, 2003); 与英文版同时出版，书的页码相同，书名为 *Imago Italiae: The Making of Italy in the History of Cartography from the Middle Ages to the Modern Era. Reality, Image and Imagination*, trans. Christopher Taylor and Christopher Garwood。

[23] 特别有用的藏品有 Amato Pietro Frutaz, *Le piante di Roma*, 3 vols. (Rome: Istituto di Studi Romani, 1962); Albert Ganado and Maurice Agius-Vadalà, *A Study In Depth of 143 Maps Representing the Great Siege of Malta of 1565*, 2 vols. (San Gwann, Malta: Publishers Enterprises Group, 1994 –95); Giocondo Cassini, *Piante e vedute prospettiche di Venezia* (*1479 – 1855*) (Venice: La Stamperia di Venezia Editrice, 1982); 以及 Schulz, "Views of Venice"。

附录31.2　意大利综合地图集和可能出自综合地图集的 799意大利 16 世纪印刷地图重要藏品的收藏地

下列的目录是初步作品，绝非尽善尽美。除非另有说明，引文都可视为出自装订的地图集。这里注明的信息包括关于汇编是否被拆散（即是否由散页构成）或者是否由于买卖而流失。提供的地图的总数前后数字有出入，因为一些资料可能包括了城镇平面图、景观和战役场景以及地图等印刷品。尽可能给出索书号，但最佳信息来源或许是各机构的图书馆员。目录按国家和城市的字母顺序排列。拍卖地图集目录中的描述但凡知道的尽可能纳入。私人收藏的地图集只有在获得收藏者许可时才列入。感谢下列人员的帮助：阿尔贝特·加纳多（Albert Ganado）、弗朗西斯·赫伯特（Francis Herbert）、罗伯特·W. 卡罗（Robert W. Karrow）、彼得·H. 莫伊雷尔（Peter H. Meurer）、肯尼思·内本察（Kenneth Nebenzahl）、京特·席尔德（Günter Schilder）、罗德尼·W. 雪利（Rodney W. Shirley）和道格拉斯·W. 西姆斯（Douglas W. Sims）。

奥地利

多瑙河畔克雷姆斯（Krems an der Donau）。Göttweig Monastery Library，大约100 幅地图。Franz Wawrik，"Kartensammler und-sammlungen in Österreich," in *Karten hüten und bewahren*：*Festgabe für Lothar Zögner*（Gotha：Justus Perthes, 1995），205–220, esp. 207。

萨尔茨堡（Salzburg）。Universitätsbibliothek。很多16 世纪意大利地图的卡片目录条目上有附注"Wolf Dietrich Klebeband sign. 15846–III"。一些图幅移到了 Graphische Sammlung。

维也纳。Österreichische Nationalbibliothek. Von Stosch Atlas. 133 幅地图，自 1841—1843 年起被拆开。Rodney W. Shirley，"Three Sixteenth-Century Italian Atlases from the former Austro-Hungarian Empire," *IMCoS Journal* 72（1998）：39–43，以及 idem，"Updated News about Sixteenth-Century Italian Atlases," *IMCoS Journal* 80（2000）：11–14。

比利时

圣尼克拉斯（Sint-Niklaas）。Koninklijke Oudheidkundige Kring van het Land van Waas, 92 幅地图。1994 年地图集被拆开，并且地图被单独装裱；其状态目前未知。Rodney W. Shirley，"Early Italian Atlas Maps in the Mercator Museum, Sint-Niklaas, Belgium," *IMCoS Journal* 60（1995）：15–17。

捷克共和国

Brno. Karel Kuchař，"Zalteriho kopie klaudyánovy mapy"（扎尔蒂耶里藏的 *Claudianus* 的 Bohemia 副本），*Kartografický Přehled* 11（1957）：112–20。

丹麦

哥本哈根（Copenhagen），Kongelige Bibliotek。77 幅地图。

芬兰

赫尔辛基（Helsinki），Yliopiston Kirjasto. Copy 1。79 幅地图。

赫尔辛基 Yliopiston Kirjasto. Copy 2。41 幅地图。

法兰西

格雷诺布尔（Grenoble）。Bibliothèque Municipale. 9 vols. Rodney W. Shirley，"Something Old，Something New From Grenoble：A Collection of 16th Century Italian Maps，"*IMCoS Journal* 50（1992）：37 – 38 and 40。

里昂（Lyons）。Bibliothèque Municipale. Rés. 24. 014. Rodney W. Shirley，"Something Old，Something New From Lyon：A Further Collection of 16th Century Italian Maps，"*IMCoS Journal* 55（1993）：27 – 31。

南锡（Nancy）。Bibliothèque Médiathèque，两套地图集：（1）Rés. 2，101 幅地图和 42 幅印刷品和图景；（2）Rés. 2，35 幅地图和 10 幅印刷品。Shirley，"Something Old，Something New from Paris and Nancy，"32 – 36。

巴黎（Paris）。Arcoles. Paris，12 October 1992，101 幅地图，作为单独的条目提供。Albert Ganado，"Description of a Splendid Collection of 950 Maps and Views of the Sixteenth and Seventeenth Centuries at the Malta National Library，"*Proceedings of History Week*（1992；reprinted Malta：Malta Historical Society 1994），137 – 228，esp. 148。

巴黎。Bibliothèque de l'Arsenal. Gr. Fol. 146。

巴黎。BNF. Département des cartes，很多单幅的地图极可能是一些综合地图集的一部分。例如目录列出入的 8 幅保罗·福拉尼的北美洲地图（1565 年至 1566 年）的印刷成品。参见未发表、未标注时间的论文手稿 Marcel Destombes，"Les cartes de Lafreri et assimilées（1532 – 1586）Inventaires des collections de la Bibliothèque Nationale"。

巴黎。BNF. Département des estampes. Marcel Destombes，*Les cartes de Lafreri et assimilées 1532 – 1586* du *Département des estampes de la Bibliothèque nationale*（Paris：Comité National de la Gravure Française，1970）。

巴黎。Drouet Richelieu，12 – 13 October 1992. Nos. 19 – 117。"Unusual Items That Have Come Up for Sale，"*Imago Mundi* 45（1993）：144 – 148，esp. 147。

巴黎。Étude Tajan. November 1998. 参见 Germany，Bedburg-Hau。

巴黎。私人收藏。1 套地图集（ex Harley Drayton），有一套藏品中有 86 幅地图；其他几套藏品中有另外两套地图集（分别有 70 幅和 80 幅地图），未获证实。

巴黎。Université de la Sorbonne. Rra 72，56 幅地图。Rodney W. Shirley，"Something Old，Something New from Paris and Nancy：Yet More Early and Rare Italiana，Including 14 Maps by Pagano or Vavassore，"*IMCoS Journal* 67（1996）：32 – 36. 包括由帕加诺和瓦尔瓦雷制作的多分幅和单幅地图珍本。

德意志

贝德堡豪（Bedburg-Hau）。Antiquariat Gebr. Haas OHG，191 幅地图和制图学印刷品。由 Paul Haas 和 Stephan Haas（Germany）以及 Didier Le Bail 和 Friedrich Weissert（Paris）共同购得。参见 Peter H. Meurer, *The Strabo Illustratus Atlas*：*A Unique Sixteenth Century Composite Atlas from the House of Bertelli in Venice*, ed. Paul Haas et al.（Bedburg-Hau：Haas, 2004）。

迪林根（Dillingen）。Studienbibliothek. X, 122, 106 幅地图。Walther Ruge, "Aelteres kartographisches Material in deutschen Bibliotheken," *Nachrichten von der Königlichen Gesellschaft der Wissenschaften zu Göttingen*, *philologischhistorische Klasse*, 1904, 1 – 69; 1906, 1 – 39; 1911, 35 – 166, esp. 132 – 52; 1916, Beiheft, 1 – 128; 重印在 *Acta Cartographica* 17（1973）：105 – 472, esp. 310 – 330。

迪林根。Studienbibliothek. X, 123, 131 幅地图。Ruge, "Aelteres kartographisches Material in deutschen Bibliotheken."

梅滕（Metten）。Bibliothek des Benedictinerstiftes. Geogr. Ⅵ 107。47 幅地图。

慕尼黑。Karl & Faber Antiquariat catalog, 20 September 1932, item 37。173 幅地图（1540 – 1630）。当前的位置未知。

罗斯托克（Rostock）。Universitätsbibliothek. Q. k. 3, 82 幅地图。

斯图加特（Stuttgart）。Württembergische Landesbibliothek. Karten-und Plan-Kabinet。97 幅地图。

沃尔夫埃格（Wolfegg）。Schloss Wolfegg. Kupferstichkabinet Geogr, 169. 102 幅地图。

沃尔夫埃格。（Schloss Wolfegg）。另外一组藏品，仅残余有 15 幅地图。

沃尔芬比特尔（Wolfenbüttel）。Herzog August Bibliothek. 2. 3 Geogr 20, 74 幅地图。

匈牙利

布达佩斯（Budapest）。Országos Széchényi Könyvtár（National Library）. TA 276。87 幅地图。Shirley, "Three Sixteenth Century Italian Atlases," 39 – 43。

意大利

贝尔加莫。Biblioteca Civica A. Mai, 50 幅地图。

博洛尼亚。Biblioteca Comunale, 50 幅地图。

博洛尼亚。Prof. C. Errera. Roberto Almagià 在 "Sulle più antiche raccolte di carte geografiche stampate non Tolomaiche," in *Atti del X Congresso Internazionale di Geografia*（Rome：Reale Società Geografica, 1915）, 1339 – 41 中引用了两个样本，但是现在已不知其下落。

卡利亚里（Cagliari）。Biblioteca Universitaria di Cagliari. Carte geografiche 245/1 – 65, 65 幅地图。

法诺（Fano）。Biblioteca Comunale Federiciana。

佛罗伦萨。Biblioteca Bardi，这家图书馆被 Università degli Studi di Firenze 图书馆合并，但是 1977—1978 年展开的一项调查表明，馆里没有地图集。

佛罗伦萨。Biblioteca Marucelliana. 80 幅地图加上 53 幅平面图、图景和战役场景。Rodney W. Shirley, "A Lafreri Atlas in the Biblioteca Marucelliana, Florence," *IMCoS Journal* 100 (2005): 29 – 31。

佛罗伦萨。Biblioteca Nazionale Centrale. 12. – . 44, v. 1 and 2. [Rome], 251 幅地图。

佛罗伦萨。Biblioteca Nazionale Centrale. 12. – . 44, v. 3. [Rome], 105 幅地图。

佛罗伦萨。Biblioteca Nazionale Centrale. 12. – . 44, v. 4. [Venice?], 135 幅地图。

佛罗伦萨。收藏有至少 375 幅地图。第一卷被佛罗伦萨交易商 Mascelli 拆散。剩余的大约 20 幅由 W. Ashburner 获得。参见 Giuseppe Caraci, "Avanzi di una preziosa raccolta di carte geografiche a stampa dei secoli XVI e XVII," *Bibliofilia* 29 (1927): 178 – 92。

佛罗伦萨。Olinto Marinelli 藏品, 不见踪迹。

佛罗伦萨。Otto Lange 藏品, 126 幅地图。已经被拆散。

米兰。Raccolta Bertarelli 收藏室, VOL CC 105. 118。

米兰。Raccolta Bertarelli 收藏室, VOL EE 46 1 – 240。

摩德纳。Biblioteca Estense. 38. N. 7, 65 幅地图。

帕多瓦。未发现 16 世纪的意大利综合地图集（图利已经包括）。

巴勒莫。Biblioteca Comunale, 未发现踪迹。很可能是由乔瓦尼·奥兰迪（Giovanni Orlandi）汇编的一套由 84 幅地图组成的 16 世纪晚期地图集, 一度在西西里的一家私人收藏中, 但在 20 世纪 80 年代被拆开并且被出售了。Ganado, "950 Maps and Views," 150。

罗马。Biblioteca Alessandrina. Rari 272。

罗马。Biblioteca Angelica. 仅残存 18 幅地图。

罗马。Biblioteca Casanatense. Rari 1131. 94 幅地图。

罗马。Biblioteca Corsiniana. 29. K. 1。

罗马。Biblioteca Nazionale Vittorio Emanuele II. Copy 1. 711. 6. G. 1。

罗马。Biblioteca Nazionale Vittorio Emanuele II. Copy 2. 711. 6. G. 2。

罗马。Biblioteca Nazionale Vittorio Emanuele II. Copy 3. 711. 6. G. 3。

罗马。Calcografia Nazionale。

罗马。佳士得（Christie）的拍卖品, 2004 年 6 月 17 日; 来自一部意大利综合地图集的约 60 幅地图, 在出售之前被拆散。

罗马。Gabinetto delle Stampe, Palazzo Corsini. 26 – M – 27, 30 幅各种城市图景, 乔瓦尼·奥兰迪出版, 1606 年。

罗马。Gabinetto delle Stampe, Palazzo Corsini. 44 – H – 19。

罗马。Gabinetto delle Stampe, Palazzo Corsini. 44 – H – 35。

特雷维索（Treviso）。Biblioteca Comunale, 73 幅地图。

都灵（Turin）。Archivio di Stato. J. B. I. 3, vol. 1。

威尼斯。Biblioteca Nazionale Marciana. 138. c. 4。

威尼斯。Biblioteca del Liceo di Santa Caterina（现在的 Marco Foscarini）。32 幅地图。实际上是一部卡莫恰类型的《岛屿书》。现在佚失了。

立陶宛

维尔纽斯（Vilnius）。Universiteto Biblioteka. Ex Joachim Lelewel，75 幅地图和 35 幅平面图以及其他印刷品。Rodney W. Shirley，"Old Atlases in the Library of Vilnius University—A Postscript，" *IMCoS Journal* 68（1997）：51－52。

马耳他

瓦莱塔（Valletta）。National Library of Malta，128 幅地图。一套 6 卷本的对开地图集中的第 6 卷。20 世纪 70 年代，4 幅马耳他地图被从该卷中偷走。Ganado，"950 Maps and Views，"197－209。

瓦莱塔。National Library of Malta. K. 17. 26，91 幅地图。Ganado，"950 Maps and Views，"209－17。

尼德兰

莱顿。Universiteitsbibliotheek，两套：（1）98 幅来自 Isaac Vossius Library 的地图，原是在 19 世纪最后二十五年中被拆散的地图集中的地图，并且图幅被固定在厚纸板上；（2）88 幅地图，很可能来自一批更大的收藏品或者曾是 Bodel Nijenhuis 藏品组成部分的地图集。Dirk de Vries，"Atlases and Maps from the Library of Isaac Vossius（1618－1689），" *International Yearbook of Cartography* 21（1981）：177－93，esp. 184 n. 25。在 Vossius 图书馆的一份手写目录的 Mathematici，fol. No. 9 条目卜记载，"一批种类繁多的地图的藏品，它们由来自维罗纳的保罗·福拉尼雕版，1560 年前后在威尼斯印刷"（p. 180）。 802

鹿特丹（Rotterdam）。Maritiem Museum. Engelbrecht Collection，大约有 75 幅被拆散的地图。参见 E. Bos-Rietdijk，*Italiaanse kaartenmakers：De Italiaanse kaarten uit de Collectie W. A. Engelbrecht in het Maritiem Museum "Prins Hendrik" in Rotterdam*（Alphen aan den Rijn：Canaletto，1996）。有多少地图集包含这套意大利地图目前尚不清楚。

波兰

克拉科夫（Cracow）。Czartoryski Library. Krak. -Czart. Atl. 307. V，106 幅地图。Shirley，"Three Sixteenth Century Italian Atlases，"39－43，以及 Marjan Łodyn'ski，*Centralny katalog zbiorów kartograficznych w Polsce*，5 vols.（Warsaw，1961－），2：6。

弗罗茨瓦夫（Wrociaw）。Stadtbibliothek. P b 42，27 幅地图。Stadtbibliothek Breslau 在第二次世界大战中被摧毁。

俄罗斯

圣彼得堡（St. Petersburg）。Institute of Mining，未经证实。如果这里提到的是在 *Map Collector* 53（1990）：49a，"a composite sixteenth-seventeenth century atlas in the Central Library of the Leningrad Institute of Mining" 中提到的地图集的话，它绝对不是一套意大利综合地图集。地图集中的地图都是清一色的荷兰地图，并且所有地图的时间都是从 1597 年至 1680

年。一段描述，参见 V. G. Bauman，"Sbornik kart ⅩⅥ-ⅩⅦ vekov v blarnoy Biblioteke Leningradskogo Gornogo Instituta（iz sobraniya V. N. Tatishcheva?），" *Izvestiia Vsesoiuznogo Geograficheskogo Obshchestva* 122（1990）：262–66。

西班牙
埃斯科里亚尔（Escorial）。Biblioteca。

马德里。Biblioteca Nacional，79 幅地图。

马德里。Formerly Biblioteca Particular de S. M. el Rey，160 幅地图。

瑞士（switzerland）
巴塞尔（Basel）。Öffentliche Bibliothek der Universität，122 幅地图。

联合王国
伯明翰（Birmingham）。Birmingham Public Library，98 幅地图。Ex Francis Edwards（Milton Abbey 副本）。

哈特菲尔德（Hatfield）。Hatfield House，100 幅地图。Rodney W. Shirley，"A Rare Italian Atlas at Hatfield House," *Map Collector* 60（1992）：14–21。同时代的着色。

伦敦。Bernard Quaritch. Youssouf Kamal Atlas，50 幅地图。目前收藏位置不明。

伦敦。BL. K. Top. 4，143 幅地图，在 19 世纪由拆散了的图幅汇集而成，但是只有 6 幅是意大利地图（都是世界地图）。

伦敦。BL. Maps C. 7. c. 9. Ferdinando Bertelli Atlas 题名页上有"包括若干城市……（*Civitatum aliquot insigniorum...*），落款时间为 1568 年，由 87 幅地图构成，其中 40 幅是地图，47 幅是印刷品、图景或平面图，大部分是由费迪南多·贝尔泰利、保罗·福拉尼和乔瓦尼·弗朗切斯科·卡莫恰制作的。

伦敦。BL. Maps C. 7. e. 1，157 幅地图中的 150 幅；有 7 幅地图已由 BL 移走并单独保存。

伦敦。BL. Maps C. 7. e. 2，73 幅地图。

伦敦。BL. Maps C. 7. e. 3，两卷中有 114 幅地图，但只有少数是意大利地图，大部分是荷兰地图。

伦敦。BL. Maps C. 7. e. 4，77 幅地图。包括图景、平面图和战役场景。

伦敦。佳士得拍卖行。Giannalisa Feltrinelli Library，20 May 1998。现在的所在地未知。

伦敦。National Maritime Museum. c3995，107 幅地图。1935 年 12 月 11 日购自索思比拍卖行，批号 593，原系 Philip D. Turner 的财产。

伦敦。National Maritime Museum. c5309，67 幅地图。

伦敦。Royal Geographical Society, Map Room, 264. G. 1（Wyld），88 件印刷品（大部分是地图，其余是平面图/图景、战役/围攻，并有 6 页凸版印刷的索引/地名表）。从 1535 年到至少 1570 年。

伦敦。Royal Geographical Society, Map Room, 264. G. 2（Peckover），101 件印刷品（大部

分是地图；无凸版印刷地图）。从［1542 年］或者 1545 年至 16 世纪 70 年代中期。

伦敦。Shapero Gallery. 10 October 2005，104 幅地图。　"Doria Atlas."（之前由 Lord 803 Wardington 所有；由索思比售出）。

伦敦。索思比拍卖行。1998 年 12 月 10 日。批号 145 – 218。拍卖品是 74 幅被拆散的地图，原系之前一部意大利综合地图集中的地图。

伦敦。索思比拍卖行。2000 年 12 月 14 日拍卖。拍卖品是 129 幅被拆散的地图，来自一套破损的地图集（与 1998 年 12 月 10 日拍卖的地图不同）。这些地图是一位"女士"的财产。批号是 221 – 349。

美国

奥斯汀（Austin）。University of Texas. Humanities Research Center，近 30 幅地图，外带球仪和地球仪条带，其中有些不是 16 世纪意大利的地图，1970 年从 H. P. Kraus 处获得。

奥斯汀。University of Texas. Humanities Research Center. -F-912 B461A 1553，81 幅地图。

芝加哥（Chicago）。Kenneth Nebenzahl, Inc.，72 幅地图。Provenance：Henry Stevens-George H. Beans-Kenneth Nebenzahl-Roy Boswell-Kenneth Nebenzahl, Inc。

芝加哥。Newberry. Ayer ∗f135 L2 1575 AI，41 幅地图。

芝加哥。Newberry. Franco Novacco Collection，73 图幅。最初由 Ayer Collection 中的 115 幅图幅构成，地图集在 1967—1970 年的某个时候被拆开。其余 42 幅图幅，被出售给 Kenneth Nebenzahl，但都在 Newberry 藏品中的其他部分有重复。

纽黑文（New Haven）。Yale University. Beineke Library. Rare Book Room EE23 5696（Audubon case），125 幅地图。Winfield Shiras, "The Yale 'Lafréry Atlas,'" *Yale University Library Gazette* 9 (1935)：55 – 60。

纽约（New York）。H. P. Kraus. Lloyd Triestino 的地图集最初有 137 幅地图，由 H. P. Kraus 在 20 世纪 60 年代从 ex George H. Beans 处获得；之后地图消失了，一些在 University of Texas。Kraus 在他 1969 年的收藏目录第 124 个条目中将《的里雅斯特地图集》（Triestino Atlas）作为一个整体列出。三年后，他在收藏目录第 132 个条目中提供了 133 幅拉弗雷伊风格的地图。

纽约。New York Public Library. Lenox Library ∗KB + + +1572，109 幅地图和手稿目录。Washington, D. C. Library of Congress. 102 幅地图。

梵蒂冈城

Biblioteca Apostolica Vaticana，很多单幅的地图很可能是一些综合地图集中的组成部分。Roberto Almagià, *Monumenta cartographica Vaticana*, 4 vols.（Vatican City：Biblioteca Apostolica Vaticana, 1944 – 55），2：1 – 131。

第三十二章 文艺复兴时期成套的
被绘制的地图*

弗兰切丝卡·菲奥拉尼（Francesca Fiorani）
（北京大学历史系张雄审校）

804　　在现代早期，使用地图去装饰私人和公共建筑在欧洲成为一种普遍的习惯。自 15 世纪之后，各种类型和材料的地图——绘制和印刷的；大型的和小型的；对世界、大陆、区域、城市、港口和花园予以了说明的——主要在国王和教皇的会客厅中、在政府的接见室中，以及在学者和商人的书房中展示出来。展示地图的爱好可以与对新发现的普遍兴趣、印刷地图日益增长的可获性，以及在诸如学习古典作品、商品运费的计算、阅读《圣经》以及与管理国家等各种不同活动中地图使用的增加联系起来。然而，一些经过培养而有着对地图的罕见激情的老道主顾，并不是简单地在张挂之前存在的地图，而是为了他们宫殿中特定的房间而委托绘制地图。这些绘本地图的选择通常在彼此之间，以及在与诸如寓意、宗教场景、历史事件等非制图学图像之间有高度的内在关联，由此它们被认为是一套的，即作为围绕一个中心主题被组织在一起的有内在一致性的一系列图像。对这些被绘制的地图的解释，不可避免地与制作它们的环境、它们最初的位置以及它们顾客的政治和宗教信仰有关。通过与其他符号形式，尤其是通过与环绕在它们周围的非制图学图像的交互作用，这些成套地图成为建构政治合法性、宗教至上或者普遍知识的首要工具（在附录 32.1 按照它们最初的位置对主要的成套地图进行了归纳和描述）。

　　伯克哈特（Burckhardt）发现绘画地图如此流行，以至于他将制图学图像归入意大利文艺复兴的艺术一类①。然而，传统上，成套的绘画地图被认为仅仅是制图学的异类，因为它们殊难反映一个区域最为先进的地图学知识，并且从未对新土地和贸易路线的发现做出过贡

---

　　* 本章使用的缩略语是：MCV 代表 Roberto Almagià, *Monumenta cartographica Vaticana*, 4 vols.（Vatican City: Biblioteca Apostolica Vaticana, 1944 - 55）。

　　① Jacob Burckhardt, "Orbis Terrarum," in *L'arte italiana del Rinascimento*, vol. 2 of *Pittura: I Generi*, ed. Maurizio Ghelardi（Venice: Marsilio, 1992）, 109 - 13. 关于文艺复兴时期壁画地图最为重要的研究依然是 Jüergen Schulz, "Maps as Metaphors: Mural Map Cycles of the Italian Renaissance," in *Art and Cartography: Six Historical Essays*, ed. David Woodward（Chicago: University of Chicago Press, 1987）, 97 - 122, 再版于 Jüergen Schulz, *La cartografia tra scienza e arte: Carte e cartografi nel Rinascimento italiano*（Modena: F. C. Panini, 1990）, 97 - 113. 本章部分依赖于我的著作 *The Marvel of Maps: Art, Cartography and Politics in Renaissance Italy*（New Haven: Yale University Press, 2005）中的第一章。

献。近来，长期沦为地图学史边缘的成套绘画地图，作为精致的艺术作品获得了突出地位，启迪我们来谈谈文艺复兴文化中无处不在的制图学图像。

古代的谱系

文艺复兴时期对成套绘画地图的创造，是从中世纪早期开始的一个较为长期的传统的组成部分，即喜好在修道院的图书馆、统治者的接待室或者教皇的餐厅中展示包罗万象的世界地图。然而，文艺复兴时期的赞助者和地图制作者，倾向于切断与这种中世纪传统的联系，宁愿采纳地图展示的古代的而非中世纪的模式。他们从罗马史学家李维（Livy）那里获悉，提比略皇帝（Tiberius Sempronius Graccus）通过公开展示一幅岛屿形状的地图来庆祝他对撒丁岛的征服，其上标注了罗马征服的战役。他们从兵法权威埃利亚努斯（Aelian）的作品中读懂了，苏格拉底（Socrates）使用地图传授关于世俗事务的相对性的道德训教，并且他们从令人尊崇的普林尼处知晓，地图和城市景观在古罗马时期被用于装饰私人住宅和公共场所[②]。

普林尼赞扬了奥古斯都（Augustus）时代的画家卢底乌斯（Ludius），因为他引入了"在墙壁上绘制图画"，以及"用海边城市景观画装饰一个露台的风尚，由此产生了非常宜人的效果，且花费九牛一毛"[③]。普林尼还记述了一幅现在已经散佚的由阿格里帕（Agrippa）绘制的罗马世界的地图，奥古斯都将这幅地图布置在了拉塔大道（Via Lata）的柱廊上。他还对罗马的地形进行了详细描述，文艺复兴时期的古物爱好者和地图绘制者必然使用其来解读《罗马城图志》（"Forma urbis Romae"），这是一幅在公元 203 年和 208 年之间雕刻的大理石地图，最初展示在一间附属于罗马和平神庙（Temple of Peace）的房间中[④]。《罗马城图志》的残片在文艺复兴时期的罗马被不断披露出来，表明一幅地图的巨大与其描述内容的丰富之间存在密切关系。《罗马城图志》的巨幅尺寸和规模使其得以包括非常多的细节：城市的区划；街道的走向及其名称；纪念性建筑和建筑的位置、名称、功能和高度。尽管其仅仅绘制了罗马城，但《罗马城图志》是用耐用材料制作的用于公开展示的巨幅地图的最为权威的证据。

受到这一罗马传统的激励，并且希望能超越这一传统，文艺复兴时期的赞助者将这一展示单幅地图的古代传统转化为一种地道的文艺复兴时期的时尚。为了发挥普林尼的思想，莱

---

② 引自李维的段落在 Schulz, *La cartografia tra scienza e arte*, 37 – 38 中讨论。对于埃利亚努斯的引文来自 Gabriele Paleotti, *Discorso intorno alle imagini sacre e profane*（Bologna, 1582）, republished in Paola Barocchi, *Trattati d'arte del Cinquecento*, 3 vols.（Bari：G. Laterza, 1960 – 62）, 2：117 – 509, esp. 356。

③ Pliny, *Natural History*, 10 vols., trans. H. Rackham et al.（Cambridge：Harvard University Press, 1938 – 63）, 9：346 – 49（35. 116 – 17）。关于普林尼在文艺复兴时期的重要性，参见 Paula Findlen, *Possessing Nature：Museums, Collecting, and Scientific Culture in Early Modern Italy*（Berkeley：University of California Press, 1994）。

④ 关于阿格里帕的地图，参见 Pliny, *Natural History*, 2：17（3. 17）, 以及 O. A. W. Dilke, *Greek and Roman Maps*（London：Thames and Hudson, 1985）, 41 – 54. 关于罗马的地形，参见 Pliny, *Natural History*, 2：50 – 53（3. 66 – 68）and 10：78 – 79（36. 101 – 122）。普林尼对罗马地形的描述可能是受到展示在同一位置上的《罗马城图志》的一个较早版本的启发。关于《罗马城图志》（约 1800 厘米 × 1300 厘米）, 参见 The Stanford Digital Forma Urbis Romae Project, http：// formaurbis. stanford. edu/, 有参考书目, 以及 Claude Nicolet, *L'inventaire du monde：Géographie et politique aux origines de l'Empire romain*（Paris：Fayard, 1988）, 173。

昂·巴蒂斯塔·阿尔贝蒂（Leon Battista Alberti）推荐使用地图作为壁画装饰以进行教导或者获得愉悦。保罗·科尔泰西（Paolo Cortesi）将地图壁画看成尤其适合主教居所的装饰品。16 世纪晚期，乔瓦尼·巴蒂斯塔·亚美尼尼（Giovanni Battista Armenini）和加布里埃尔·帕莱奥蒂（Gabriele Paleotti）复述了早期艺术理论家的论点，表明地图学壁画的魅力依然活跃于后特伦托会议（post-Tridentine）的欧洲⑤。约翰·迪伊（John Dee）使得使用地图装饰的时尚为英格兰所知，并且说，"某些人，为了美化他们的大厅、会客室、接待室、走廊、书房或图书馆……喜欢、爱好、获得并且使用地图、航海图以及地球仪"⑥。在现代早期的欧洲，普遍存在的对地图的公开展示，不仅表明了文艺复兴时期地图绘制的成就，而且表明了通过在现代宫殿中再现古代内景的方式来效仿卢底乌斯艺术的愿望。

墙壁地图

很多文艺复兴时期的地图是专为墙壁展示而构思的。其中一些被绘制在了装饰板或者画布上；另一些则被编织成挂毯或者结合为马赛克图案。然而，最多的却是被印刷在粘贴在一起的多分幅的纸张之上，以获得被绘制的领土的一种具有一致性的图像。这些印刷的墙壁地图是铜版雕版和木版的杰作，规模宏大，往往通过发挥印刷的最大能力对一个区域给予了最为详细的呈现。它们图像线条的精美、设计的准确性以及字符的清晰，大大便利了对被绘制于地图之上的空间的理解，同时其大比例尺便于包含大量的地理特征和注记。

截止到 16 世纪，存在将近 1500 幅墙壁地图，每幅大约 2×3 米。这些包括了如雅各布·德巴尔巴里的威尼斯景观（1500 年）、贾科莫·加斯塔尔迪的世界地图（1561 年）、赫拉尔杜斯·墨卡托的欧洲地图（1554 年和 1572 年）和世界地图（1569 年）以及亚伯拉罕·奥特柳斯的非洲地图（1564 年）和世界地图（1569）等文艺复兴时期地图绘制的标志性作品⑦。尽管这样的事实，即这一数量巨大的印刷的墙壁地图中只有少量例证保存了下来，但是同时代的回忆录、通信和财产目录提供了它们被广泛使用的间接证据。帝国宫廷的访问者报告，西班牙的查理五世在他的私人房间中悬挂有大量的地图，而他的儿子菲利普二世装饰他在埃斯科里亚尔的王宫觐见室，使用的是 70 幅 1578 年版的奥特柳斯的《寰宇概观》中的地图，同时他的餐厅则用

⑤ 最为重要的文艺复兴时期的作者对地图壁画的评价，是在 Leon Battista Alberti, *De re aedificatoria*, 2 vols., ed. Paolo Portoghesi（Milan: Il Polifilo, 1966），2: 767 – 68 中。关于保罗·科尔泰西，参见 Kathleen Weil-Garris and John F. D'Amico, "The Renaissance Cardinal's Ideal Palace: A Chapter from Cortesi's De Cardinalatu," in *Studies in Italian Art and Architecture 15th through 18th Century*, ed. Henry A. Millon（Cambridge: MIT Press, 1980），45 – 123; Giovanni Battista Armenini, *De' veri precetti della pittvra*（1587; Hildesheim: G. Olms, 1971），192 and 206; 以及 Paleotti, *Discorso*, 2: 356。

⑥ John Dee, *The Mathematicall Praeface to the Elements of Geometrie of Euclid of Megara*（1570），intro. Allen G. Debus（New York: Science History Publications, 1975），a. iiij.

⑦ 关于印刷墙壁地图，参见 C. Koeman, *The History of Abraham Ortelius and His Theatrum Orbis Terrarum*（Lausanne: Sequoia, 1964），24, 其估计了它们在 16 世纪的数量; Helen Wallis and Arthur H. Robinson, eds., *Cartographical Innovations: An International Handbook of Mapping Terms to 1900*（Tring, Eng.: Map Collector Publications in association with the International Cartographic Association, 1987），77 – 80; 以及 Günter Schilder, *Monumenta cartographica Neerlandica*（Alphen aan den Rijn: Canaletto, 1986 – ），esp. 2: 1 – 90, 关于亚伯拉罕·奥特柳斯的墙壁地图。关于地图展示的概况，参见 David Woodward, *Maps as Prints in the Italian Renaissance: Makers, Distributors & Consumers*（London: British Library, 1996），79 – 87。

动物、植物和现代花园的印刷品装饰⑧。法兰西亨利四世（Henri Ⅳ）用大型的世界地图、⁸⁰⁶海洋地图和法兰西地图装饰卢浮宫，以向他的拜访者传达法兰西在世界事务中的主导地位⑨。英国国王在白厅（Whitehall）的私人画廊（Privy Gallery）、格林尼治（Greenwich）走廊的休息室以及汉普顿宫（Hampton Court）的长廊（Long Gallery），在中世纪的世界地图旁并列悬挂现代的地图；在 18 世纪初，丹麦的乔治（George）亲王同样用地图装饰他在肯辛顿宫（Kensington Palace）的私人住所⑩。

对地图展示的偏好扩展到朝臣、学者和商人之中。威尼斯的财产目录记录了商人、贵族和古物爱好者的住宅中展示的墙壁地图⑪。在佛罗伦萨，尼科洛·尼科利（Niccolò Niccoli）是最早在家中展示现代地图的人之一，这一习惯被美第奇家族追随，在他们的市内宫殿和乡村别墅展示地图，世代相传⑫。坐落在奥地利温德哈格堡（Schloss Windhaag）的约阿希姆·恩茨弥勒·米尔纳伯爵（Graf Joachim Enzmilner）的温德哈格图书馆（Bibliotheca Windhagiana）被用地图装饰⑬。在荷兰（Holland）南部，布雷德罗德（Brederote）领主在 16 世纪 60 年代用 52 幅墙壁地图装饰他们在菲亚嫩（Vianen）的居所。西班牙在尼德兰的议事会主席佛兰芒人维利乌斯·范艾塔（Viglius van Aytta），在他自己的图书馆和书房中悬挂了大约 200 幅地图。由扬·弗美尔（Jan Vermeer）绘制的内部装饰，记录了在荷兰商人的奢侈品中墙壁地图的突出地位⑭。英国王室大臣，同样在他们的私人住所中展示地图，就像伊丽莎白女王（Queen Elizabeth）的财政大臣，伯利男爵（Lord Burghley）威廉·塞西尔（William Cecil）那样，他

---

⑧　关于查理五世和菲利普二世对地图学的赞助，参见 Richard L. Kagan, "Philip II and the Geographers," in *Spanish Cities of the Golden Age*: *The Views of Anton van den Wyngaerde*, ed. Richard L. Kagan (Berkeley: University of California Press, 1989), 40 – 53; Jerry Brotton, *Trading Territories*: *Mapping the Early Modern World* (London: Reaktion Books, 1997), 150 – 60; 以及 *Kaiser Karl V. (1500 – 1558)*: Macht und Ohnmacht Europas, 展览目录 (Milan: Skira, 2000)。

⑨　关于法国宫廷中展示的地图，参见 David Buisseret, "Monarchs, Ministers, and Maps in France before the Accession of Louis ⅩⅣ," in *Monarchs*, *Ministers*, *and Maps*: *The Emergence of Cartography as a Tool of Government in Early Modern Europe*, ed. David Buisseret (Chicago: University of Chicago Press, 1992), 99 – 123。

⑩　关于英国宫廷中展示的地图，参见 Peter Barber, "Maps and Monarchs in Europe 1550 – 1800," in *Royal and Republican Sovereignty in Early Modern Europe*: *Essays in Memory of Ragnhild Hatton*, ed. Robert Oresko, G. C. Gibbs, and H. M. Scott (New York: Cambridge University Press, 1997), 75 – 124, esp. 111 – 12。

⑪　关于威尼斯的地图展示，参见 Federica Ambrosini, "'Descrittioni del mondo' nelle case venete dei secoli ⅩⅥ e ⅩⅦ," *Archivio Veneto*, 5th ser., No. 152 (1981): 67 – 79, 以及 Woodward, *Maps as Prints*, 80 – 84。

⑫　尼科洛·尼科利，著名的佛罗伦萨学者，其大力传播托勒密的《地理学指南》并且将托勒密的地图从希腊语翻译为拉丁语，就像预期的那样，没有在他的书籍和稿本中保存他的意大利和西班牙的地图，但是地图被保存于制作用来进行收藏的其他物品中，这一事实说明了地图是被公开展示的。关于尼科利的地图，参见本卷的原文第 293 – 295 页。关于 15 世纪佛罗伦萨住宅中地图的展示，参见 Woodward, *Maps as Prints*, 79 and 119 – 20。关于美第奇家族，参见他们宫殿中的大量财产清单，尤其是时间为 1574 年的那份（Archivio di Stato, Florence, G. 87，被展示的地图记录在下列各页中：31v, 41v, 42, 42v, 58v, 66, 75v, and 76v)。

⑬　Eric Garberson, "Bibliotheca Windhagiana: A Seventeenth-Century Austrian Library and Its Decoration," *Journal of the History of Collections* 5 (1993): 109 – 28。

⑭　关于范艾塔，参见 E. H. Waterbolk, "Viglius of Aytta, Sixteenth Century Map Collector," *Imago Mundi* 29 (1977): 45 – 48, 以及 Antoine De Smet, "Viglius ab Aytta Zuichemus: Savant, bibliothécaire et collectionneur de cartes du ⅩⅥ^e siecle," in *The Map Librarian in the Modern World*: *Essays in Honour of Walter W. Ristow*, ed. Helen Wallis and Lothar Zögner (Munich: K. G. Saur, 1979), 237 – 50。关于布雷德罗德领主，参见 Koeman, *History of Abraham Ortelius*, 24。关于扬·弗美尔的内部装饰，参见 Svetlana Alpers, *The Art of Describing*: *Dutch Art in the Seventeenth Century* (Chicago: University of Chicago Press, 1983), 119 – 68。

在住宅的墙壁上覆盖了从他令人惊讶的地图学藏品中挑选出的大型藏图，还有塞缪尔·佩皮斯（Samuel Pepys），日记作者和皇家海军事务官（diarist and naval administrator），他将约翰·伯斯顿（John Burston）绘制的大量绘本航海图进行了装裱以在他办公室中进行展示[15]。

通常而言，这些印刷的墙壁地图被奉献给单独的赞助者，并且它们通常为了特定目的而制作。例如，墨卡托的欧洲地图（1554 年）被奉献给安托万·佩勒诺·德格兰维尔（Antoine Perrenot de Granvella），且特别是为了描绘天主教在宗教分裂的欧洲所控制的领土，但其还有更大的客户群：在 1558—1576 年间，超过 850 位买主在安特卫普的克里斯托弗尔·普朗廷（Christoffel Plantijn）商店中获得了它的副本[16]。确实，就像不是为特定地点制作的任何其他绘画一样，印刷的墙壁地图获得它们的意义的方式，不仅是通过与它们制作时的环境之间的关系，而且通过与那些购买了它们的各种不同的顾客之间的关系，以及通过与在其中对它们进行展示的各种背景之间的关系。

成套的被绘制的地图

15 世纪晚期，纪念性的绘画地图和城市图景开始出现在皇室、教皇和共和国的宫殿中。地图室为这些宫殿的整体装饰方案增添了多样性；致力于迎合它们的赞助者对于地理、天文和地图学的兴趣；同时与礼仪相一致，后者规定了装饰要与房间的功能相适应。尽管通常基于印刷的墙壁地图，但在根本上，绘画地图不同于它们相应的印刷物。它们被接受为在一个确定的位置中进行一种三维呈现，无论是在一个房间中，还是在一套房间中。这种三维呈现强化了单幅地图之间的关系以及地图与其他装饰要素之间的联系。这样一种呈现，将绘本地图感知为聚焦于有共同主题的具有内在一致性的一套图像。确实，成套的绘画地图的含义无法通过仅仅聚焦于地图本身而被再现，而是要通过将它们放置在与周围装饰的关系中加以考虑才能被再现。三维中的成套地图迫使观看者建立联系，创造一种结构上的交互作用，并构建类比，主要是视觉的。这些类比在房间的铭文中或者在附带的小册子中无法被清晰地表明，但通过图像不同部分的准确布局而成为可能——实际上是受到推进。

毫无疑问，成套的绘画地图与如乔治·布劳恩（Georg Braun）和弗兰斯·霍根伯格（Frans Hogenberg）的《寰宇城市》（*Civitates orbis terrarum*）或奥特柳斯的《寰宇概观》等印刷地图存在历史关系，后者提供了准备好的可以很容易被扩大和绘制在王侯宫殿墙壁上的地图的一种选择[17]。但成套的绘画地图很少，仅仅是印刷地图集的副本，这由此呈现了另

　　[15]　Barber, "Maps and Monarchs," 110 – 16.

　　[16]　关于墨卡托的欧洲地图，参见 Robert W. Karrow, *Mapmakers of the Sixteenth Century and Their Maps*: *Bio-Bibliographies of the Cartographers of Abraham Ortelius*, *1570* (Chicago: Newberry Library by Speculum Orbis Press, 1993), 386 – 87; Arthur Dürst, "The Map of Europe," in *The Mercator Atlas of Europe*: *Facsimile of the Maps by Gerardus Mercator Contained in the Atlas of Europe*, *circa 1570 – 1572*, ed. Marcel Watelet (Pleasant Hill, Ore.: Walking Tree Press, 1998), 31 – 41; Marcel Watelet, ed., *Gérard Mercator cosmographe*: *Le temps et l'espace* (Antwerp: Fonds Mercator Paribas, 1994); 以及 Brotton, *Trading Territories*, 161。

　　[17]　关于现代地图集思想的起源，参见 James R. Akerman, "From Books with Maps to Books as Maps: The Editor in the Creation of the Atlas Idea," in *Editing Early and Historical Atlases*, ed. Joan Winearls (Toronto: University of Toronto Press, 1995), 3 – 48, 以及 John Gillies, *Shakespeare and the Geography of Difference* (Cambridge: Cambridge University Press, 1994)。

外一种地图学方面的挑战。在一些情况下，绘制的成套地图在时间上是在地图书籍之前；在其他例子中，它们基于原始的调查或者依赖于口述与绘本和印刷的视觉材料的空前的结合。通常，它们绝对的尺寸和大的比例尺，要求大量额外的地理细节，而这些是较小的印刷地图所缺乏的。文艺复兴时期的赞助者当然意识到，印刷地图集与成套的绘制地图之间的关系，要比那些用于复制的资料之间的关系更为复杂的，因为他们毫不犹豫地雇用了职业的地图学家去规划他们的成套地图：威尼斯共和国要求皮埃蒙特地图制作者贾科莫·加斯塔尔迪为总督府的盾室（Sala dello Scudo）设计成套的图像；教皇庇护四世（Pope Pius Ⅳ）就梵蒂冈教皇宫中的第三层长廊（Terza Loggia）的西翼征询过法国制图学家艾蒂安·杜佩拉奇的意见；枢机主教亚历山德罗·法尔内塞（Cardinal Alessandro Farnese）为他在卡普拉罗拉（Caprarola）的宫殿中的世界地图之厅（Sala del Mappamondo）而要求数学家奥拉齐奥·特里吉尼·德马里伊（Orazio Trigino de'Marii）提供专业知识；科西莫·德美第奇一世公爵（Duke Cosimo Ⅰ de' Medici）让博学者伊尼亚齐奥·丹蒂（Egnazio Danti）规划他的新衣帽间（Guardaroba Nuova）；而教皇格列高利十三世请求丹蒂规划在梵蒂冈的地理地图画廊（Galleria delle Carte Geografiche）。这些制图学顾问的主要工作就是选择、比较、校对、统一在不同时期由不同作者制作的各式各样的印本和绘本地图。如果一幅墙壁地图可以被作为主要的制图学材料，那么他们的工作被大幅度简化，因为墙壁地图提供了在统一尺寸基础上以及在一致的坐标系内呈现大型区域的少有的便利。将印刷的墙壁地图变为绘画，这些制图学顾问为成套地图的制作做出了贡献。这些成套地图迷住了现代观赏者，就像迷住过文艺复兴时期的观赏者那样。

被用于成套地图的绘画技艺基于当地的气候而存在很大的差异。通常而言，在意大利南部的干燥气候中，地图被绘制为一幅壁画，也就是直接绘制在石膏上，这个事实有助于对地图初始观赏条件及其本意的历史重建。在威尼斯，地图通常被绘制在棉麻布（teleri）上，这是适合墙壁的有着框架的大型帆布。在棉麻布（teleri）之上的地图比那些绘制在石膏上的地图更容易抵御潮湿，但是并不能持久地与它们最初的位置结合在一起，这使我们现代的重建更是尝试性的。相似的，在欧洲北部，偏爱镶嵌板上的蛋彩画颜料或者油，所以没有使用壁画技术。然而，不依赖于绘画技术，这些绘制的地图依然由于它们庞大的规模、宏大的尺寸、繁多的颜色、丰富的制图学内容及其深刻的象征性含义，因而成为壮观的艺术品。在文献记载中，最令人印象深刻的成套的绘画地图是在意大利，那里它们似乎起源于 15 世纪后半叶。这其中一些在罗马、佛罗伦萨、帕尔马、那不勒斯和卡普拉罗拉依然保存完好。然而，大部分仅仅通过对它们进行描述的文献而为人所知。成套绘画地图之风后来扩散到欧洲其他地区，例如在马德里王宫的觐见厅和萨尔茨堡（Salzburg）大主教府的宫殿⑱。

---

⑱　法兰西的亨利四世（Henry Ⅳ）为卢浮宫（Louvre）的大画廊（Grand Galerie）规划了一套地图，该项目的灵感受到梵蒂冈教皇宫地理地图画廊的启发，但他从未将其实现；参见 Jacques Thuillier, "Peinture et politique: Une théorie de la Galerie royale sous Henri Ⅳ," in *Études d'art français offertes à Charles Sterling* (Paris: Universitaires de France, 1975), 175 – 205。1614 年，萨尔茨堡大主教受到蒂冈榜样的启发，用地图壁画装饰了他的意大利风格的宫殿（Italianate palace）；参见 Roswitha Juffinger, "Die 'Galerie der Landkarten' in der Salzburger Residenz," 以及 Heinz Leitner, "Restaurierbericht zu den Wandbildern der Landkartengalerie der Residenz," both in *Barockberichte* 5 – 6 (1992): 164 – 67 and 168 – 71。关于马德里，参见 Kagan, "Philip Ⅱ"。

808 异。每套地图的意义基于其制作的背景、观看的环境以及制图学原型的准确性，使得难以将它们认为只是一个单一的群体。然而，按照包括在成套中的地图或是城市景观，它们可以被粗略地分为两组。属于第一组的成套地图呈现了进行委托的雇主的领土。第二组包括有着与任何政治个体都不一致的地图或图景的成套地图。第二组可以被进一步从一般到特殊进行安排，从被绘制的世界地图开始，直至由大陆、世界区域、单一国家和单一城市地图组成的成套地图。

领　土

很多文艺复兴时期的地图壁画，通过地图或者城市景观，偶尔也合二为一，描绘委托者的领土。按照记载，最早描绘领土的制图学偏好，存在于威尼斯共和国和锡耶纳官方驻地中，但很快成为其他市政大楼的特征，例如维琴察（Vicenza）的众议院大楼（palace of the deputies）、佩鲁贾（Perugia）的总督府大楼以及阿姆斯特丹的市政厅。全欧洲的统治者和贵族同样显示出对他们领土进行制图学描述的偏好，通常呈现在他们府邸朝着大门的门厅中，而主教们偏好对他们的教区进行制图学呈现，以作为某种宗教控制的工具，例如，有文献为证但现在佚失的枢机主教加布里埃尔·帕莱奥蒂1572年在其博洛尼亚的主教府大楼中展示的地图[19]。这些成套地图的功能和目的，在政府和宫殿之间存在差异，偶尔会与雇主土地的新测量有关。然而，通常，它们满足了有关的双重需求：既要让赞助人的政治、行政和商业权力范围直观可见，又要服务于税收、资源分布和供水等行政目的。

威尼斯的公爵宫殿

作为地理研究、地图制作和印刷的主要中心，至少自14世纪早期起，威尼斯共和国偏好在其政府官邸中展示地图[20]。由于希望保存其宫殿的传统意象，因此，共和国在整个文艺复兴时期一直在展示地图。1459年，在对接待大厅重新进行装饰装修时，为了与威尼斯的历史景观相匹配，十人委员会委托安东尼奥·莱奥纳尔迪（Antonio Leonardi）为地图厅（Sala delle Nappe）制作两幅公共地图，其中一幅展示了威尼斯的

⑲　关于维琴察的市政大楼，参见 Schulz, *Cartografia tra scienza e arte*, 109。关于佩鲁贾的地图壁画（1577年），参见 Francesca Fiorani, "Post-Tridentine 'Geographia Sacra': The Galleria delle Carte Geografiche in the Vatican Palace," *Imago Mundi* 48 (1996): 124-48。关于博洛尼亚（Bologna）主教，枢机主教加布里埃尔·帕莱奥蒂为了他的主教府而在1572年委托的地图，参见 Giambattista Comelli, *Piante e vedute della città di Bologna* (Bologna: U. Berti, 1914)。

⑳　最古老的对在威尼斯的总督府中展示的地图的提及，出现在一份 Paolo Morosini, *Historia della città e repubblica di Venetia* (Venice: Baglioni, 1637), 243 中的无法证明的报告中，其记载总督弗朗切斯科·丹多洛（Doge Francesco Dandolo, 1329—1339年）为他的会客厅委托绘制了大型地图，这一房间后来被认为是位于总督府一楼的总督房间的侯见厅。关于总督府的历史及其在文艺复兴时期的转型，参见 Giambattista Lorenzi, *Monumenti per servire alla storia del Palazzo ducale di Venezia* (Venice, 1868), 以及 Umberto Franzoi, Terisio Pignatti, and Wolfgang Wolters, *Il Palazzo ducale di Venezia* (Treviso: Canova, 1990)。威尼斯总督府中成套地图的大致概要，参见 Rodolfo Gallo, "Le mappe geografiche del Palazzo ducale di Venezia," *Archivio Veneto*, 5th ser., No. 31 (1943): 47-113。

领地，另外一幅展示了意大利㉑。莱奥纳尔迪的地图并没有保存下来，并且现存的证据无法对它们最初的位置进行明确定位（图 32.1），所知道的就是这两幅地图都是基于特定目的制作的，即，使十人委员会将它的深思熟虑建立在掌握大陆和意大利的详细知识的基础

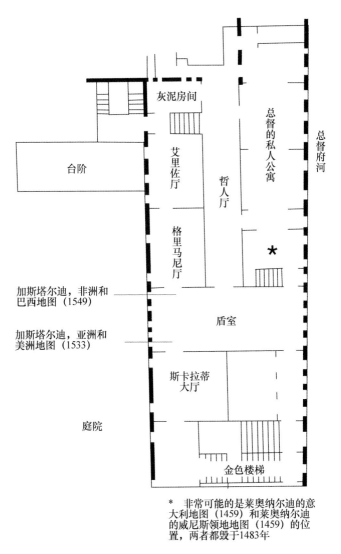

* 非常可能的是莱奥纳尔迪的意大利地图（1459）和莱奥纳尔迪的威尼斯领地地图（1459）的位置，两者都毁于1483年

图 32.1　文艺复兴时期威尼斯总督府（DUCAL PALACE）一楼侧厅平面图

按照文献记载，地图位于盾室以及毗邻的朝向总督府河（Rio di Palazzo）的房间中，即被称为接见厅的候见室或世界地图之厅

㉑ 保存下来的文献证实，莱奥纳尔迪的地图是为地图厅（Sala delle Nappe）制作的，尽管对于这一房间的确定依然存在争议。一些人认为地图厅是今天命名为盾室（Sala dello Scudo）的房间（图 32.1），但是其他人提出了更有说服力的观点，即其对应的是接见大厅（Sala dell' Udienza）的候见室。Gallo 在 "Le mappe geografiche," 49 – 54 中最早提出，莱奥纳尔迪的意大利地图最初的位置是在接见大厅的候见室，这一观点被 Wolfgang Wolters 在 "Il Palazzo ducale: Scultura" 以及 Terisio Pignatti 在 "Il Palazzo ducale: Pittura," both in *Il Palazzo ducale di Venezia* 中接受，还被 Umberto Franzoi, Terisio Pignatti 和 Wolfgang Wolters（Treviso: Canova, 1990），117 – 224, esp. 158 – 59, and 225 – 364, esp. 256 接受，在其中 Pignatti 提出，这一候见室应当被确定为后来被命名为世界地图之厅（Sala del Mappamondo）的房间。还可以参见 Lorenzi, *Monumenti*, doc. No. 193, dated 24 September 1479, 关于莱奥纳尔迪的意大利地图与他关于威尼斯领地的地图之间的关系。关于地图厅的装饰，参见 Lorenzi, *Monumenti*, 80 – 81, doc. No. 183, 以及 Umberto Franzoi, "Il Palazzo ducale: Architettura," in *Il Palazzo ducale di Venezia*, 5 – 116, esp. 53。

之上㉒。尽管没有铁证予以证实，但可能两幅地图是在一起被展示的；它们确实都毁于1483
809 年的火灾。1497年，共和国委托莱奥纳尔迪制作一幅新的意大利地图。如同我们所知道的，
新的威尼斯领地的地图只是在1578年才被委托，当时共和国的元老院请求维罗纳（Veronese）
艺术家克里斯托福罗·索尔特（Cristoforo Sorte）为其会议室即元老院大厅（Sala del Senato）
（图32.2）制作一幅地图。索尔特之前为一间大厅设计了新的花格镶板天花板，现在为元老院

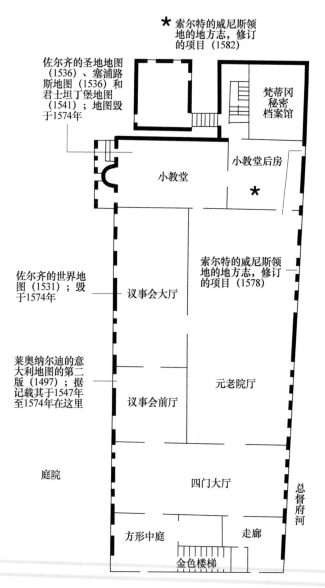

图32.2 文艺复兴时期威尼斯总督府二楼侧厅平面图。按照记载，地图在如下的房间中：议事会前厅
（Anticollegio）、议事会大厅（Collegio）、元老院厅（Sala del Senato）、"小教堂"（Chiesetta）以及"小教堂后房"

㉒ 关于莱奥纳尔迪的威尼斯领地的地图，参见 Lorenzi, Monumenti, doc. No. 184，其中地图被进行了如下描述："一
幅真正地展现了所有我们的国家、土地、城堡、省份和宫殿［形状和形象］的图像。"一份较晚的文献将其描述为"我
们领地的宇宙志"，证实其展示在了官署（Chancellery），可能就是相当于接见大厅的候见室的房间（Lorenzi, Monumenti,
doc. No. 193, dated 24 September 1479）。同一份文献提到，"它是全意大利的杰作"。1483年的火灾毁掉了总督房间的大部
分，其中包括地图厅、接见厅、世界地图之厅（很可能是接见厅的候见室）以及总督的私人小教堂。

厅和议事会大厅（Sala del Concilio）之间的长墙规划了一描绘大陆领土的大型区域地图（*Corografia di tutto lo Stato di terraferm*）。最初，索尔特的地图不得不与庆祝共和国及其元老们的美德的寓意性绘画放在一起展示。但是，尽管绘画确实在1585—1595年间被安装，但索尔特的地图在1582年被彻底修改了。出于安全考虑，十人委员会要求索尔特将原来打算用于公开展示的大型地图转型为一幅现在已经佚失的较小的地图，并被保存在"小教堂后房"（Antichiesetta）中一个上锁的柜子中，"小教堂后房"是在元老院大厅和圣尼科洛教堂（Chapel of San Nicolò）之间的一个小门厅㉓。索尔特地图实物方面的变化与地图作用的变化相适应，对威尼斯领地的颂扬变成了对其军事防御的控制。

810

锡耶纳的市政厅（palazzo pubblico）

锡耶纳共和国为了颂扬城市在世界上的中心地位，在市政厅中绘制了其领地的地图。1338年，锡耶纳人安布罗焦·洛伦泽蒂（Ambrogio Lorenzetti）绘制了《好的政府和坏的政府》（*Good Government and Bad Government*），以及三幅与好、坏政府相关的景观画，还有三幅锡耶纳及其乡村的极好的景观画。意在颂扬在装饰了壁画的九人执政官大厅（Sala dei Nove）中开会的锡耶纳行政官员的作用，并且告诫他们三思而行的后果，从地形测量学角度看，对锡耶纳及其领土的呈现兼顾了准确性和象征性。

在市政厅中展示锡耶纳领土地图的传统在随后的世纪中延续。1573年前后，一幅由奥兰多·马拉沃提（Orlando Malavolti）制作的锡耶纳领土地图被绘制在执政官大厅（Sala dei Conservatori）中。马拉沃提是一位著名的地方史学家，其为市民当局在锡耶纳进行了广泛的旅行。马拉沃提的地图壁画现在佚失，但是其通过一幅1599年的印刷版以及一幅17世纪的副本而知名，1599年的印刷版明确提到了在市政厅的较早的绘画地图，并且记录地图详细勾勒了海岸线轮廓、水道、道路、城镇和村庄㉔。为了行政目的而对马拉沃提绘画地图的使用，由其最初的位置所说明，即执政官的会议室。这一新的行政官委员会是由科西莫·德美第奇一世在1561年创立的，也就是在锡耶纳被美第奇公国吞并之后，为了管理锡耶纳的领土。为了认可强烈的地方自豪感，科西莫一世同意由执政官（conservatori）在锡耶纳的领土

㉓　弗朗切斯科·圣索维诺将索尔特的威尼斯领地的地图描述为"一幅巨画"（*un gran quardone*），他看到其被展示在了"小教堂后房"中；参见 Francesco Sansovino, *Venetia, città nobilissima et singolare*（Venice：I. Sansovino, 1581），fol. 123。也可以参见 Lorenzi, *Monumenti*, doc. No. 1012。关于索尔特地图的总体情况，参见 Schulz, *Cartografia tra scienza e arte*, 65 – 95。

㉔　奥兰多·马拉沃提印刷地图的记载如下："那是奥兰多斯·马拉沃尔塔根据公共法令测量和主持了在执政官和元老阁下的大厅中绘制的……"地图说明中提及，锡耶纳的执政官大厅被认定为市政厅［现省政府大楼（Ufficio della Provincia）］底楼的一个房间。17世纪的副本位于 Florence, Archivio di Stato（Regie Possessioni）, Scaff. C. Palch. 2, Carta No. 49）。关于奥兰多·马拉沃提的地图壁画，参见 Roberto Almagià, *Monumenta Italiae cartographica*（Florence：Istituto Geografico Militare, 1929）, pl. XLVIII, No. 3；*MCV*, 2：54 – 55；Leonardo Rombai, "Una carta geografica sconosciuta dello Stato Senese：La pittura murale dipinta nel Palazzo Pubblico di Siena nel 1573 da Orlando Malavolti, secondo una copia anonima secentesca," in *I Medici e lo Stato Senese, 1555 – 1609：Storia e territorio*, ed. Leonardo Rombai（Rome：De Luca, 1980）, 205 – 24；Gabriele Borghini, "Le decorazioni pittoriche del piano terreno," in *Palazzo Pubblico di Siena：Vicende costruttive e decorazione*, ed. Cesare Brandi（Milan：Silvana, 1983）, 147 – 214, esp. 191；以及 Leonardo Rombai, "La nascita e lo sviluppo della cartografia a Firenze e nella Toscana granducale," in *Imago et descriptio Tusciae：La Toscana nella geocartografia dal XV al XIX secolo*, ed. Leonardo Rombai（Venice：Marsilio, 1993）, 83 – 159, esp. 102 – 3。

上享有独立管辖权。美第奇公国的权力结构和锡耶纳的自豪感被一并呈现于马拉沃提地图周围的壁画中，并且这些壁画确实应该被认为是对地图的补充。美第奇的盾徽，被呈现在了房间天花板上的显著位置，代表美第奇家族对城市的统治，而作为城市保护圣人的圣母（Virgin Mary），被描绘在地图的上方，以用其斗篷环抱锡耶纳籍的圣徒凯瑟琳（Catherine）和贝尔纳迪诺（Bernardino）的方式来显示对市民的保护。在科西莫权力象征和锡耶纳的保护圣徒下方，行政官员通过官员的盾徽换喻式的表现出来。世纪后期，在房间中增加了一幅总督辖区（*podesterie*）示意图，代表每一位总督（*podestá*）对辖区的统治。在这一房间中，每一总督辖区的名称与其下辖的各地的名称相关联，因而反映了领土上的权力结构，强制规定重要城市的总督还控制较小的城镇和乡村。总督辖区的图案或许延伸到了房间的其他区域，现在已经佚失。马拉沃提的地图和总督辖区示意图，提到了行政长官管辖地的区划，可能同样被用于税收的目的。房间的所有装饰都颂扬了执政官控制锡耶纳领土的任务，这是一项他们在圣母的精神支持下、锡耶纳圣徒的恩佑下以及科西莫一世的政治控制下执行的任务[25]。

佛罗伦萨的乌菲齐宫（Uffizi Palace）

绘制领土地图是文艺复兴时期宫廷一种显著的嗜好，同时美第奇家族也是这一制图学时尚的引领者。科西莫一世收藏了数量可观的地图和球仪，在其公爵府（即现旧宫，Palazzo Vecchio）的百合花大厅［Palazzo Vecchio（Sala dei Gigli，今天的旧宫）］中展示了"一幅配有画框和公爵盾徽的彩色托斯卡纳"[26]。1589 年，其子费迪南德一世把两幅反映美迪奇家族领土的巨幅地图绘制在了乌菲齐宫露台的墙壁上，美迪奇家族搜集的一些科学仪器也藏于此宫。因其融合了从露台所见的托斯卡纳乡村的真实景色，所绘地图呈现了科西莫一世在 1561 年业已统一的各地区：旧有的埃特鲁里亚（Etruria）和新获得的锡耶纳领土（图版 26）[27]。一幅一部分位于美第奇统治之下的厄尔巴（Elba）岛地图也被包括在内。地图壁画由卢多维科·布蒂（Ludovico Buti）绘制，并且由斯特凡诺·比翁西诺（Stefano Buonsignori）设计，后者仿效自己的埃特鲁里亚的印刷地图（1584 年），并结合了增补的地理信息。在露台的天花板上是雅各布·祖基（Jacopo Zucchi）的绘画，呈现的是与黑夜有关的男女神祇及其人格化特征：戴安娜（Diana）、恩底弥翁（Endymion）、墨

811

㉕ 据记载，在锡耶纳的市政厅中至少还有另外一幅被绘制的地图。1609 年，艺术家鲁蒂略·马内蒂（Rutilio Manetti）为行政官即四执政官（Quattro Conservatori）在帆布上绘制了一幅锡耶纳城市的大型地图（223×223 厘米）。这幅地图的位置，在马拉沃提绘制地图的执政官大厅隔壁的一个房间，并且必定同样用于税收的目的。马内蒂的地图现在保存在锡耶纳国家档案馆（Siena, Archivio di Stato），也包括了四位执政官的盾徽，地图绘制时，他们正在执政，且很可能是他们下令绘制的；参见 Alessandro Bagnoli, ed., *Rutilio Manetti, 1571–1639*, 展览目录（Florence: Centro Di, 1978），76–77，以及 Borghini, "Le decorazioni pittoriche," 190。

㉖ 关于被展示在百合花大厅中的有公爵盾徽的托斯卡纳地图，参见 Florence, Archivio di Stato, G. 87, fol. 76v。关于美第奇宫廷中的领土呈现，参见 Philippe Morel, "L'état médicéen au XVI siècle: De l'allégorie à la cartographie," *Mélanges de l'École Française de Rome: Italie et Méditerranée* 105 (1993): 93–131。

㉗ 这一露台现在被建造了墙体，并且今天以地理地图室知名，尽管其原来的名称是数学露台（Terrazzo delle Matematiche）。乌菲齐宫中的地理地图室，参见 Detlef Heikamp, "L'antica sistemazione degli strumenti scientifici nelle collezioni fiorentine," *Antichità Viva* 9, No. 6 (1970): 3–25; Morel, "L'état médicéen au XVI siècle," esp. 127–28; 以及 Rombai, "La nascita e lo sviluppo della cartografia a Firenze," esp. 98–101。

丘利（Mercury）、潘（Pan）、黑夜（Night）和四种美德［忠诚、服从、警惕和沉默（Fidelity，Obedience，Vigilance，and Silence）］。尽管这些天花板上的装饰板最初是为费迪南德在罗马的住所绘制的，且后改为乌菲齐宫所用，但它们屡屡提及月亮和夜晚，必定被视为一个储存天文设备的房间而专门制作的。整体上，通过对构成托斯卡纳公国（Duchy of Tuscany）的两个区域的制图学呈现，地理地图室（Sala delle Carte Geografiche）颂扬了托斯卡纳公国。然而对美迪奇家族更普遍的颂扬则是其对天文学、应用科学、仪器制造的赞助，这些科目在未来的几个世纪中居然一直是美第奇家族赞助的核心。

梵蒂冈教皇宫中的博洛尼亚厅

　　在方法上类似于其他统治者，教皇格列高利十三世用大型地图壁画对教皇领地进行了呈现。然而，不同于其他君主，他用绘画地图表示在特伦托会议后教会灵性活动中制图学的重要性。受到枢机主教帕莱奥蒂在博洛尼亚的主教府中地图的启发，博洛尼亚人格列高利十三世在博洛尼亚大厅中绘制了他家乡城镇和周围领地的地图，此厅是为 1575 年大赦年（Jubilee Year）准备的教皇新寓所的饭厅（图 32.3）。作为制图学的一名热情的赞助者，格列高利十三世亲自参与了这些壁画的制作：他遴选制图学家和所用的制图学原型，并且强行制定了一个紧迫的时间表，以致不可能达到他所要求的制图学准确性，遑论对城市和乡村进行新的测量了[28]。然而，博洛尼亚厅囊括了当时可用的博洛尼亚及其领土的最详尽地图，至少直至格列高利十三世亲历亲为制订对教皇国进行重新测量的雄心勃勃的计划之前是如此。

　　作为文艺复兴时期地图的典型，博洛尼亚的地理及其领土因呈现本地史中的事件而增色不少，在其中塞入了以颂扬博洛尼亚籍教皇的方式来颂扬城市的内容：《格列高利九世颁布教令》（*Gregory IX Promulgating the Decretales*）描绘了中世纪的教皇，但形象是现代格列高利的，而《签发博洛尼亚大学特许状的卜尼法斯八世》（*Bonifacius VIII Confirming the Privileges to the University of Bologna*）描绘的则是颁布教令的格列高利十三世的历史先例。对博洛尼亚的颂扬蔓延到了天花板，其不仅是由两位博洛尼亚籍艺术家奥塔维亚诺·马斯凯里诺（Ottaviano Mascherino）和洛伦佐·萨巴蒂尼（Lorenzo Sabatini）绘制的，而且包括了一条用透视方式展现的令人惊讶的凉廊，此乃博洛尼亚画派的特点之一。凉廊绘画中容纳了 10 位古代天文学家，并含有一幅天文图，即一幅描绘银河系空间的一气呵成的全景图。一位来自

28　通过博洛尼亚驻罗马大使，教皇要求希皮奥内·达蒂利（Scipione Dattili）前来更新一幅当时保存在圣彼得大教堂的博洛尼亚人大厅中的有关博洛尼亚较老的城市和乡村的地图。希皮奥内·达蒂利是一位民用工程师，为博洛尼亚元老院做了大量工作。这幅旧地图现已佚失，但格列高利十三世肯定对其下落一清二楚。圣彼得大教堂的旧地图和达蒂利更新过的版本都被送往到罗马，随后送回了博洛尼亚，在那里遵从教皇的意愿以及接待室的要求予以修订。关于博洛尼亚厅，参见 Comelli, *Piante e vedute*, esp. 4 – 16；D. Redig de Campos, *I Palazzi Vaticani* (Bologna：Cappelli, 1967)，173 – 74；Carlo Pietrangeli, ed. , *Il Palazzo Apostolico Vaticano* (Florence：Nardini, 1992)，154 – 55；Manuela Ghizzoni, "L'immagine di Bologna nella veduta vaticana del 1575," in *Imago Urbis*：*L'immagine della città nella storia d'Italia*, ed. Francesca Bocchi and Rosa Smurra (Rome：Viella, 2003)，139 – 73；以及 Fiorani, *Marvel of Maps*, 138 – 50。关于格列高利十三世，参见 Ludwig Freiherr von Pastor, *The History of the Popes*, *from the Close of the Middle Ages*, 40 vols. (London：Kegan Paul, 1891 – 1953)，vols. 19 and 20。

图 32.3 博洛尼亚人的地图，1575 年，博洛尼亚厅（SALA BOLOGNA），梵蒂冈教皇宫，罗马。壁画 Scala / Art Resource，New York 提供照片。

北方城市瓦雷泽（Varese）艺术家乔瓦尼·安东尼奥·瓦诺西诺（Giovanni Antonio Vanosino）设计了这一全景画，但其没有参与绘制，他被纳入艺术团队是因为其在将地图和地球仪应用于大型墙壁方面的专长，他刚刚才为枢机主教亚历山德罗·法尔内塞在卡普拉罗拉别墅的宇宙志之大厅（Sala della Cosmografia）绘制完一幅类似的天文图㉙。实际上，博洛尼亚厅的最大意义完全在于，它是一种对法尔内塞别墅房间的讽刺性反映，而不仅仅是一个复制品。法尔内塞用世界地图装饰其别墅的宇宙志之厅的用意在于，当枢机主教法尔内塞刚于 1572 年的教皇选举中败给格列高利十三世之后，重申其精神庇护者的远大抱负。如说教皇觊觎者不得不通过对诸大陆的呈现来重申其当教皇的天命的话，那么当选教皇则可以自信地专心表现狭隘的历史和地方视野，描绘其故乡城市。弥补其狭隘权力视野的方式是，称颂其自身对文艺复兴时期地图学以及其他混合科学的兴趣。

实际上，尽管博洛尼亚厅的总主题——庆祝教皇的诞生地，他族人的事迹，以及展示他对文化的兴趣——在教皇图像中是流行的，但格列高利十三世选择作为传达这样含义的一种图像工具则是高度创新的。基于陆地地图和天图以及透视图，博洛尼亚厅是制图学、天文学

㉙ 博洛尼亚厅的天图聚焦于北天半球的中央，其从处女座（Virgo）延伸至双鱼座（Pisces）。南天半球，则被分为两个半月形的部分，并且被添加在位于中央的呈环形的北半球的两侧。除了经典的托勒密的 48 个星座，星图还展示了罗马晚期的安提诺座（constellation of Antinous），并且其原型是弗朗索瓦·德蒙热内（François Demongenet）在 1552 年之后制作的大众星图。天花板的大部分是由萨巴蒂尼绘制的，但是马斯凯里诺可能贡献了少量的人物画像，例如在天图角上的裸体小男孩（putti），以及法厄同的坠落（Fall of Phaeton），其草图现在位于波士顿（Boston），并且传统上认为是佩莱格里诺·蒂巴尔迪（Pellegrino Tibaldi）绘制的，现在则认为与博洛尼亚厅有关，并且风格上近似于马斯凯里诺的作品。关于蒂巴尔迪的草图，参见 David McTavish, "Pellegrino Tibaldi's *Fall of Phaethon* in the Palazzo Poggi, Bologna," *Burlington Magazine* 122, No. 924 (1980)：186 – 88。关于博洛尼亚厅的天图及其与在卡普拉罗拉的法尔内塞宫中的宇宙志之厅中的相似图像之间的关系，参见 Deborah Jean Warner, "The Celestial Cartography of Giovanni Antonio Vanosino da Varese," *Journal of the Warburg and Courtauld Institutes* 34 (1971)：336 – 37；Jacob Hess, "On Some Celestial Maps and Globes of the Sixteenth Century," *Journal of the Warburg and Courtauld Institutes* 30 (1967)：406 – 9；Loren W. Partridge, "The Room of Maps at Caprarola, 1573 – 75," *Art Bulletin* 77 (1995)：413 – 44；Mary Quinlan-McGrath, "Caprarola's Sala della Cosmografia," *Renaissance Quarterly* 50 (1997)：1045 –1100。

和透视图之间相互关系的一种视觉美化㉚。在 16 世纪，这些混合科学对于理解自然世界的重要性，是讨论中的一个共同的主题，但是对于在物理世界的知识与形而上学的知识之间的关系中它们所扮演的中介角色的讨论则是格列高利十三世的文化和宗教环境所特有的。数年后，伊尼亚齐奥·丹蒂，教皇格列高利十三世的宇宙志学者，清晰地写道，混合的科学"提高了智力，并且使沉思宗教事务的头脑更敏锐"，因而是神学家为达成对《圣经》的正确解释所不可缺少的，这是格列高利十三世在他的博洛尼亚厅中分享和表明的观点㉛。

那不勒斯大圣洛伦佐修道院

813

在 16 世纪的最后十年中，领土的制图学描绘同样受到那不勒斯总督恩里克·德古斯曼（Enrique de Guzmán），即第二代奥利瓦雷斯（Olivares）伯爵的喜爱。在装饰有寓意美德的奇异的人格化绘画的精美天花板之下，艺术家路易吉·罗德里格斯（Luigi Rodriguez）在那不勒斯的大圣洛伦佐（San lorenzo Maggiore）修道院的餐厅中绘制了那不勒斯王国的各省以及西班牙在托斯卡纳的领土，这一厅堂当时被用作那不勒斯议会的会议室。被绘制的地图是那不勒斯王国著名地图的略图式再现，这些地图是在 16 世纪 80 年代由尼古拉·安东尼奥·斯蒂利奥拉（Nicola Antonio Stigliola）制作的㉜。古斯曼在从他 1580—1582 年作为派往教皇宫廷的西班牙大使的时期中得知了地理地图画廊，受到梵蒂冈教皇宫的地理地图画廊的启发，大圣洛伦佐的地图墙和斯蒂利奥拉的地图意味着是对教皇地图长廊中对意大利南部描绘不足的一种弥补。

文艺复兴地图学所固有的控制和霸权的话题，在对统治当局实际领土的呈现中表达得最为清楚，这些统治当局可能是一个共和国的政府、一位公爵、一位主教或者一位教皇。即使是在这一对土地更为严格的政治呈现中，文艺复兴时期的地图学提供了表达显赫主题的空间，而这些显赫主题虽然基于地方传统，但鉴于新的发现和欧洲势力的划分，其也正在成为过时的东西。大西洋上的航线正在迅速地将威尼斯船只推向世界商业的极限，同时美第奇对锡耶纳的征服将古代共和的自主权彻底局限于行政事务上。现代民族国家的兴起逐渐降低了教皇领土控制的意义。在新的欧洲秩序之中，托斯卡纳公国可以宣称其优势不是基于领土控制，而是基于其对文化和科学的赞助精神。对于这些统治当局而言，地图学提供了一种强有力的象征性的领域，他们在其中可以在昔日的荣耀中维护他们传统的骄傲。

统治之外

由文艺复兴时期的地图学提供象征的可能性，在包含了不是在一个单一统治者管辖下领

㉚　关于将博洛尼亚厅解释为是对文艺复兴时期混合学科之间交互作用的一种表达，参见 Martin Kemp, *The Science of Art*：*Optical Themes in Western Art from Brunelleschi to Seurat*（New Haven：Yale University Press, 1990），71 - 72，以及 Fiorani, *Marvel of Maps*, 150 - 57。

㉛　Egnazio Danti 在 Giacomo Vignola, *Le due regole della prospettiva pratica*（Rome：Francesco Zannetti, 1583）中的导言（未标明页码）。博洛尼亚厅中的寓意人格化绘画之一，现在可能已经佚失，它可能代表了宗教（*Religio*），因而可能可以说明这些混合学科更为密切的应用于格列高利十三世的牧民使命中。

㉜　关于斯蒂利奥拉所画的那不勒斯王国地图，参见本卷的 pp. 962 - 70。

土的地图或景观的成套绘画地图中，甚至变得更为明显。旧世界和新世界的地图或者欧洲重要城市的图像被富有想象地组合起来，旨在表达其赞助者的渴望、梦想和理想的美好境界。这些成套绘画地图象征性地解释了诸如此类不同的统治概念，如枢机主教法尔内塞对被选举为教皇的愿望，格列高利十三世的在全球传播福音的梦想，科西莫一世对拥有宇宙知识的渴望，或者本笃会（Benedictine）僧侣对宗教知识的渴望。为了达成这些，这些富有想象力的成套地图充分利用了文艺复兴时期地图学的新方法。它们在某些情况下，开启了现代地图集想法的先河，即一种最终在印刷书籍的装订结构中发现其永久形式的思想。意大利的地图集和现代世界的地图集，最早是作为成套绘画地图来制作的。当百科全书式的世界地图依然对文艺复兴时期的统治者和教皇产生诱惑时，作为单独的地理印刷品发行的大陆地图，最早联合组成一组成套绘画地图。

世界地图

在中世纪受过教育的观看者的地理想象中占支配地位的包罗万象的世界地图，在托勒密《地理学指南》被重新发现之后享受着一种持久的魅力。文艺复兴时期的世界地图获得了托勒密的制图学网格，持续作为一种皇权的象征、一种包罗万象的视觉知识综合体，以及一种耶路撒冷位于其中心的基督教世界观的工具，在整个文艺复兴时期被到处展示[33]。在这些传统含义之上，还增加了其他内容，并且世界地图的中心移动到了其他城市（罗马、锡耶纳或威尼斯）以及其他国家（法兰西或帝国的领土）。

通过展示一幅世界地图以表达罗马教宗的宗教抱负，这种传统，据记载至少自8世纪早期起就已经存在，几乎从保罗二世（Paul II）教皇起就未曾中断，继续传承至教皇格列高利十三世在位期间，前者拥有一幅安东尼奥·莱奥纳尔迪绘制的世界地图，展示在罗马威尼斯宫（Palazzo Venezia）的接待厅中，后者在一个世纪后为在奎里纳尔（Quirinal）山上新建的教皇别墅挑选了一幅世界地图[34]。世界地图还陈列在欧洲宫廷中以展示政治权威。葡萄牙的若昂三世（João III）将地球仪编织成一席挂毯以庆祝其帝国联姻，并且宣称他对通往非洲和巴西的贸易路线拥有主权。皇帝查理五世在他个人的徽章中将王权宝球描绘为地球仪，同样也委托制作了饰有地图的宏大挂毯，以显示其统治全世界的抱负。1527年，为庆祝法国和英国之间结束敌对行动，在格林威治组织的的盛宴上，英格兰国王让宫廷艺术家汉斯·霍尔拜因（Hans

814

[33] 关于中世纪世界地图的总体情况，参见 David Woodward, "Medieval Mappaemundi," in HC 1：286–370。关于中世纪世界地图的展示，参见 Marcia A. Kupfer, "Medieval World Maps：Embedded Images, Interpretive Frames," Word & Image 10 (1994)：262–88。

[34] 关于安东尼奥·莱奥纳尔迪的世界地图，仍然陈列在威尼斯宫名为世界地图之厅的房间中，Ulisse Aldrovandi 在 1554 年还在此见过，参见 Ulisse Aldrovandi, Delle statue entiche, che per tutta Roma, in diversi luoghi, e case si veggono (1562; reprinted Hildesheim：B. Olms, 1975), 261; Giuseppe Zippel, "Cosmografi al servizio dei Papi nel Quattrocento," Bollettino della Società Geografica Italiana, ser. 4, vol. 11 (1910)：843–52; 以及 Ignazio Filippo Dengel, "Sulla 'mappa mundi' di Palazzo Venezia," in Atti del II Congresso Nazionale di Studi Romani, 3 vols. (Rome：Cremonese, 1931), 2：164–69。安东尼奥·莱奥纳尔迪还为枢机主教弗朗切斯科·托代斯基尼·皮科洛米尼（Cardinal Francesco Todeschini Piccolomini）（1465 年）以及为费拉拉公爵博尔索·德斯特（Borso d'Este）制作了这一世界地图的一些副本；参见 Schulz, Cartografia tra scienza e arte, 30–31。格列高利十三世为奎里纳莱宫（Palazzo del Quirinale）制作的世界地图现已佚失。

Holbein）绘制了两幅大型世界地图。霍尔拜因的绘画地图想必相当壮观，因为出席庆典的威尼斯大使，向威尼斯当局进行了详细描述㉟。甚至一位小贵族住所的墙体上也绘制着世界地图，最近在意大利北部贝什塔宫（Palazzo Besta）发现的绘本地图就是证明㊱。

最为重要的共和国尤其喜好中世纪的世界地图。锡耶纳共和国的市民继续使用巨大的回旋世界地图，其是安布罗焦·洛伦泽蒂绘制在他们政府会议大厅中的。将锡耶纳城绘制在已知世界的中心，并且面对着西莫内·马丁尼（Simone Martini）创作的气势恢宏的圣母壁画，这辐回旋地图体现了共和国的理想：城市在世界事务中的中心地位，及其在圣母的精神护佑下的特权地位㊲。在荷兰，一幅马赛克世界地图装饰了阿姆斯特丹市政厅的中央大厅（Burgerzaal，the Great Central Hall）的地板。威尼斯共和国的政府驻地同样装饰有一幅世界地图，其是亚历山德罗·佐尔齐在1531年为共和国行政机构"议事会大厅"（Colleggio）（图32.2）绘制的㊳。威尼斯商人在里亚尔托市场的凉廊中用一幅宏大的世界地图来展示其用处；地图在凉廊建造中被毁之后，于1459年重绘㊴。在潟湖地区有影响力的红衣主教追随着他们商人的喜好，将世界地图与他们收藏的古物一起展示，枢机主教多梅尼科·格里马尼（Cardinal Domenico Grimani）就属这种情况，他通过将乔瓦尼·贝利尼（Giovanni Bellini）的现在已经佚失的世界地图与他久负盛名的艺术藏品一起展示，以向他的拜访者传达其见多识广和人文主义的知识㊵。

㉟　关于汉斯·霍尔拜因的绘本世界地图，参见 Peter Barber，"England I：Pageantry, Defense, and Government. Maps at Court to 1550," in *Monarchs, Ministers, and Maps：The Emergence of Cartography as a Tool of Government in Early Modern Europe*, cd. David Buisseret（Chicago：University of Chicago Press, 1992），26-56，esp. 30 and n. 35。世界地图还被展示在了中世纪的英国宫廷中。亨利三世为他的起居室，即威斯敏斯特王宫中的绘厅（Painted Chamber）委托绘制了一幅世界地图，并且后来，在1236年，还为温切斯特的大厅（Great Hall）委托绘制了另外一幅世界地图；参见 Paul Binski, *The Painted Chamber at Westminster*（London：Society of Antiquaries of London, 1986），以及 Kupfer，"Medieval World Maps," 277-79。

㊱　最近，在意大利的瓦尔泰利纳（Valtellina）泰廖（Teglio）的贝什塔宫发现了一幅绘本世界地图。绘本地图是卡斯珀·沃佩尔（Caspar Vopel）的世界地图的副本（Cologne, 1545），后者是一幅墙壁地图，其只有两个较晚的副本保存了下来。

㊲　关于在锡耶纳市政厅的世界地图之厅（时为议会厅，Sala del Concilio）中的安布罗焦·洛伦泽蒂的现在已经佚失的世界地图，参见 Marcia Kupfer，"The Lost Wheel Map of Ambrogio Lorenzetti," *Art Bulletin* 78（1996）：286-310。

㊳　除了为执政团绘制的世界地图之外，佐尔齐还为圣尼科洛教堂，也被称为"小教堂"（Chiesetta），即一座毗邻执政团的小礼拜堂绘制了两幅地图；这些地图，图解了圣地和塞浦路斯（Cyprus）岛，并且时间是在1535—1536年间，必然被认为是阅读宗教读物的视觉助手。1541年，佐尔齐为"小教堂"增加了第三幅地图（或城市景观），生动展示了佐尔齐之前曾经长期生活过的君士坦丁堡（Constantinople）。关于佐尔齐为公爵府绘制的地图，参见 Lorenzi, *Monumenti*, doc. No. 415, dated 17 June 1531, about "uno mapamundo da poner ne la sala del Collegio"; doc. No. 435, dated 26 May 1535, about "uno disegno de la Terra Santa et la isola de Cypri da esser posto in la giesiola"; doc. No. 448, dated 27 April 1541, about "pictura chel fa del paese di Constantinopoli in qua posta nella Chiesiola del Palazzo"; and doc. nos. 441, 527, 531, and 21 in Lorenzi's appendix. 关于佐尔齐的地图，也可以参见 Gallo，"Le mappe geografiche," 55-58；Schulz, *Cartografia tra scienza e arte*, 107；以及 Pignatti，"Il Palazzo ducale," 261，其说到，佐尔齐的地图是一幅威尼斯大陆辖区的方志区域图。关于1574年烧毁佐尔齐地图的大火，参见 Franzoi，"Il Palazzo ducale," 99-101。

㊴　关于里亚尔托市场附近的世界地图，参见 Sansovino, *Venetia*, fol. 134r；Morosini, *Historia*, 233，据称世界地图被绘制在亚里尔托桥，大约是在1322—1324年；Lorenzi, *Monumenti*, doc. No. 183b；以及 Schulz, *Cartografia tra scienza e arte*, 29。

㊵　关于贝利尼的格里马尼宫中的世界地图，参见 Carlo Ridolfi, *Le maraviglie dell'arte*, 2 vols.（1648；Milan：Arnaldo Forni, 1999），1：72，以及 Pio Paschini，"Le collezioni archeologiche dei prelati Grimani del Cinquecento," *Rendiconti della Pontificia Accademia Romana di Archeologia* 5（1926-27）：149-90，esp. 175 and 189。

大　陆

托勒密将世界划分为若干大陆，但是只有文艺复兴时期的地图学家才将地球仪上的这些划分的主要部分呈现在单幅地图上，它们不是作为地理印刷品印制，就是作为地理书籍中的插图印制，其中就有托勒密《地理学指南》文艺复兴时期的版本。然而，重要的大陆成套地图，以地图壁画的形式出现；其中最早的一套是在威尼斯总督府的盾室中。

威尼斯的盾室

位于总督府文艺复兴时期建筑一翼的第一层，盾室的名称来源于其功能：展示在任总督的盾徽。为了进一步突出威尼斯权力中这一地点的显赫位置，十人委员会决定用大陆地图对其进行装饰。1549—1553 年之间，十人委员会命令贾科莫·加斯塔尔迪为绘制在棉麻布上的四幅大型地图提供底图[41]。作为一位曾经为共和国工作过的内行的地图学家，加斯塔尔迪不得不按照十人委员会提供的极为详尽的命令而对原始底图进行大范围的修订，这些命令中含有要求加斯塔尔迪去查阅的地图学资料和书籍。这些非同寻常的详尽命令，十有八九来自地理学家乔瓦尼·巴蒂斯塔·拉穆西奥，他时任十人委员会的成员。更有甚者，加斯塔尔迪被要求，对于做出的制图学上的任何改变，都需要获得批准。这些改变中有一项特别有趣，因为其显示了文艺复兴地图绘制中艺术和地图学之间的紧密联系。考虑到非洲地图的大小及其正确的测量数据，加斯塔尔迪建议增加巴西海岸；按照加斯塔尔迪的观点，这种增加，在通过填补地图的一大片区域，不然就留下空白的方式来改善了地图图像的整体组成的同时，还应当记录了现代的各种发现。

加斯塔尔迪的地图没有保存下来；室中现存的地图是在 18 世纪由博学者弗朗切斯科·吉塞利尼（Francesco Grisellini）绘制的。尽管吉塞利尼宣称，他已经复原了加斯塔尔迪的地图，但现存的地图与文艺复兴时期对加斯塔尔迪的作品的描述并不吻合，说明不是吉塞利尼改变了文艺复兴时期的原作，就是他所认为的由加斯塔尔迪绘制的地图，已经在早期一次未被记录的修复中被严重改变了。在门廊顶部，吉塞利尼还增加了三幅展示著名的威尼斯人的旅行的新地图，其中包括虚构的泽诺（Zeno）兄弟的北欧之旅[42]。然而，重要的是，盾室中的大陆地图的含义在加斯塔尔迪的原作和吉塞利尼的修复品之间的两个世纪中没有变化。在 18 世纪下令对原作复原时，十人委员会明确表明："从今以后，这些地图将代表这座城市与

---

[41] 圣索维诺将总督府中的加斯塔尔迪地图描述为"四幅覆盖了直至天花板的墙壁上部的大型图像，从中可以看到绘制极为精美的世界各地的图像"（Sansovino, *Venetia*, 218）。他还叙述了房间中的其他绘画：雅各布·廷托雷托（Jacopo Tintoretto）绘制的《基督的复活》，萨尔维亚蒂（Salviati）绘制的《耶稣受难图》（Crucifixion），还有由萨尔维亚蒂绘制的女巫和先知的绘画。关于在盾室中的加斯塔尔迪地图，也可以参见 Lorenzi, *Monumenti*, doc. No. 571, dated 6 May 1549，关于一幅 "tota regio Aphricae" 的地图；doc. No. 573, dated 8 January 1550，关于 "tutto il mondo ritrovato da Spagnuoli da 50 anni in qua, cioè l'isole spagnole, la Cuba, la nova Spagna, il paese del Peru et el mar del Sur" 的增补；以及 doc. No. 594, dated 6 August 1553，关于附带的地图。也可以参见 Gallo, "Le mappe geografiche," 60 – 64；Karrow, *Mapmakers of the Sixteenth Century*, 240 – 45；Pignatti, "Il Palazzo ducale," 261。

[42] 关于弗朗切斯科·吉塞利尼的复原作品，参见 Gallo, "Le mappe geografiche," 75 – 100。吉塞利尼还绘制了威尼斯旅行者的肖像图，这些依然保存在盾室中。

新发现的土地和对未知地区的著名报告有关的光荣。它们对观看者也是一种高尚的激励，以培养他们的博学，或者汲取仿效的灵感。"㊸ 在描绘世界的同时，地图通过展现威尼斯市民为发现新土地和贸易路线所作贡献的方式，对威尼斯做出了颂扬。

卡普拉罗拉的世界地图之厅

对大陆进行了展现的地图壁画还装饰了枢机主教亚历山德罗·法尔内塞在卡普拉罗拉修建的奢华宫殿，用于精美装饰的还有神话场景、法尔内塞家族的事迹等㊹。至于宇宙志之厅，他的接见室，枢机主教法尔内塞为其挑选了绘有四个大陆的地图（图版 27），并用三幅分别代表圣地、意大利和世界的地图将它们连接起来。大陆地图明确有力地表达了红衣主教对被选为教皇的渴望，一旦地图被与房间中其他部分的装饰——天图，以及天花板上绘有占星术内容的中楣——联系起来，这种意思就昭然若揭。星图是一幅与年轻法尔内塞的命运有关的地图，虽然享有长子继承权，通常要承担通过结婚以延续家族香火的责任，但他还是当选为红衣主教。支撑天图的是绘有占星术内容的中楣，它用占星术的语言表达了红衣主教对教皇职位的期待；大陆地图是他运用世俗和精神权力的舞台，而绘有圣地和意大利的地图则分别代表犹太教和天主教中心。亚历山德罗·法尔内塞的这种迫切的期望，对于他自己的圈子、教廷和欧洲列强而言并不是秘密。到目前为止，令人惊讶地低估了这样一个事实，即枢机主教法尔内塞下令绘制宇宙志之厅的图像——强调他当选红衣主教，未来要当上教皇以及享有世界范围的影响力，都是天命难违——正好发生在他 1572 年教皇选举失败之后。落败的红衣主教，一个命运之星选定的世界的精神统治者，不得不再次重申他的命运，与诡谲多变的政治形势抗争，并且他使用之前教皇在装饰物中使用的地图学语言，来要求他在教会等级结构中至高无上的地位。以庇护四世在第三层长廊中的成套地图为榜样，法尔内塞房间中的成套地图表达了有抱负的教皇的普世目标。 816

世界的区域

世界区域的印刷地图，或者作为单独的地理印刷品，或者作为在托勒密《地理学指南》文艺复兴版本中的插图地图的增补地图的形式而广泛流传。从 1570 年之后，现代世界地图同样被汇集在地图书籍中，我们今天将其称为地图集，例如亚伯拉罕·奥特柳斯的《寰宇概观》。然而，从历史的角度来看，现代的世界地图集的思想，最初得以实现的地方并不是在印刷书籍中，而是在成套的绘画地图中，第三层长廊和新衣帽间中的那些地图即其中之一。这些豪华的成套地图纳入了空前数量的现代世界的地图，被认为是托勒密《地理学指南》文艺复兴时期版本的三维版本；它们不仅遵从托勒密的地图学的惯例，而且按照他为

㊸ 被引用在 Gallo, "Le mappe geografiche," 79 – 80。

㊹ 关于卡普拉罗拉的法尔内塞宫的世界地图之厅，参见 Kristen Lippincott, "Two Astrological Ceilings Reconsidered: The Sala di Galatea in the Villa Farnesina and the Sala del Mappamondo at Caprarola," *Journal of the Warburg and Courtauld Institutes* 53 (1990): 185 – 207; Partridge, "Room of Maps," 413 – 44; Quinlan-McGrath, "Caprarola's Sala della Cosmografia," 1045 – 1100; 以及本卷的原文第 395—396 页。关于枢机主教法尔内塞对于艺术的赞助，参见 Clare Robertson, "*Il gran cardinale*": *Alessandro Farnese*, *Patron of the Arts* (New Haven: Yale University Press, 1992)。

已知世界设计的顺序进行排序。然而,这些成套的绘画地图的地图学内容,严重地背离了托勒密的地图。这些绘画地图不同于托勒密的地理学手册,而类似于同时代的宇宙志之书,另外还与被绘制成地图的各地区不同方面的形象相关联。世界区域地图与其他形象的这样一种组合,使得为同一地图赋予迥然不同的含义成为可能:一方面是后特伦托会议时代的教皇在世界范围内传播福音的愿望,另一方面是美第奇公爵象征性拥有宇宙的欲望。

梵蒂冈教皇宫中的第三层长廊

最早的现代世界地图的成套地图是 1560—1585 年间为在梵蒂冈的教皇居所绘制的。教皇庇护四世授命法兰西地图学家艾蒂安·杜佩拉奇为 13 幅欧洲现代地图准备底图,这些地图将被绘制在第三层长廊的东翼,第三层长廊是教皇住宅文艺复兴时期增建的第三层(图 32.4)[45]。杜佩拉奇按照托勒密的秩序排列地图,但是其地图学内容根据的则是赫拉尔杜斯·墨卡托的欧洲地图(1554 年),并且增补了现代地图[46]。地图上方的墙壁上是与被绘制的领土有关的地理景观画,而在长廊的穹顶上是纪念教皇事迹的献词,还有由洛伦佐·萨巴蒂尼绘制的树立善恶人生楷模的场景。第三长廊在庇护四世去世时未完成,并且他的继承者庇护五世停工未动,其在 1580 年前后被完成,当时,格列高利十三世委托多明我会(Dominican)学识渊博的学者伊尼亚齐奥·丹蒂设计了一幅分成两个半球的世界地图(图 32.5)以及非洲、亚洲和美洲的 10 幅地图,其绘制者是乔瓦尼·安东尼奥·瓦诺西诺。在地理地图画廊工程中受雇于格列高利十三世的丹蒂,其设计第三层长廊所依据的地图是与佛罗伦萨的新衣帽间的相似的已经完成的成套地图,后者是他在 16 世纪 60 年代为科西莫一世绘制的,这一事实由对比梵蒂冈地图和较早的佛罗伦萨地图而得到证实[47]。世界地图由没有保存

---

[45] 第三层长廊中成套地图的精髓保留在 MCV, vol. 4 中,其被认定为是整套地图的地图学原型;也可以参见 Florio Banfi, "The Cosmographic Loggia of the Vatican Palace," *Imago Mundi* 9 (1952): 23 – 34, 以及 Schulz, *Cartografia tra scienza e arte*, 99 – 103。关于穹顶的装饰,参见 Jacob Hess, *Kunstgeschichtliche Studien zu Renaissance und Barock*, 2 vols. (Rome: Edizioni di Storia e Litteratura, 1967), 1: 117 – 25; Redig de Campos, *I Palazzi Vaticani*, 161 – 62 and 169 – 74;以及 Pietrangeli, *Palazzo Apostolico Vaticano*。关于地图之上的地理景观,参见 Cristina Bragaglia Venuti, "Etienne Dupérac e i paesaggi della Loggia di Pio VI," *Rivista dell'Istituto Nazionale d'Archeologia e Storia dell'Arte* 57 (2002): 279 – 310. 对于理解第三层长廊与后特伦托会议时代教皇职位之间关系最重要的作品是 John M. Headley, "Geography and Empire in the Late Renaissance: Botero's Assignment, Western Universalism, and the Civilizing Process," in *Renaissance Quarterly* 53 (2000): 1119 – 55。关于整个第三层长廊的图解,参见 Fiorani, *Marvel of Maps*, 231 – 250。

[46] 在西翼之上的地图,参见 MCV, 4: 7 – 26, esp. 25,其得到公认的制图学资料有:赫拉尔杜斯·墨卡托,欧洲地图(1554 年);乔治·利利(George Lily)的不列颠群岛(British Isles)的地图(1546 年);托马斯·吉米努斯(Thomas Geminus)的西班牙地图(1555 年;其第二个版本 1559 年);让·若利韦(Jean Jolivet)的法兰西地图(1560 年);贾科莫·加斯塔尔迪的意大利地图(1561 年);加斯塔尔迪的德意志地图(1552 年)以及奥劳斯·马格努斯(Olaus Magnus)的北欧地图(1539 年)。穹顶上的宗教场景画是三位一体(Trinity);拟人画是时间(Time)、太阳(Sun)、月亮(Moon)、春季(Spring)、夏季(Summer)、秋季(Autumn)、冬季(Winter)、年(Year)、生命(Life)和世纪(Century);儿童、青年、男人和女人,年长者和老年人的善恶行为榜样。

[47] 关于第三层长廊北翼上的地图,参见 MCV, 4: 28 – 33,尽管其没有将它们与丹蒂之前在佛罗伦萨制作的地图进行对比。丹蒂将梵蒂冈的非洲地图基于加斯塔尔迪的非洲地图(1564 年),这也是他在新衣帽间使用的同一资料。并且,如同在新衣帽间一样,为了呈现马达加斯加(Madagascar),他采用了美第奇宫廷可以使用的葡萄牙绘本地图,在他从佛罗伦萨离开之后,他必然保存着这幅地图的副本。至于亚洲地图,丹蒂使用了与佛罗伦萨成套地图相同的原型,加斯塔尔迪的亚洲地图(1559—1561 年),以及安东尼·詹金森(Anthony Jenkinson)的莫斯科大公国(Muscovy)地图。相似的,他将美洲地图基于亚伯拉罕·奥特柳斯的世界地图(1564 年),他已经在新衣帽间中对这幅地图加以使用。同样,两幅半球图,没有基于印刷地图,与丹蒂在新衣帽间的作品一致,可能基于一幅丹蒂自己编绘并且在一封后来写给奥特柳斯的信件中描绘的世界地图,发表在 Abraham Ortelius, *Abrahami Ortelii (geographi antverpiensis) et virorum eruditorum ad evndem et ad Jacobvm Colivm Ortelianvm... Epistvlae...* (1524 – 1628), ed. Jan Hendrik Hessels, Ecclesiae Londino-Batavae Archivum, vol. 1 (1887; reprinted Osnabrück: Otto Zeller, 1969), letter No. 100。

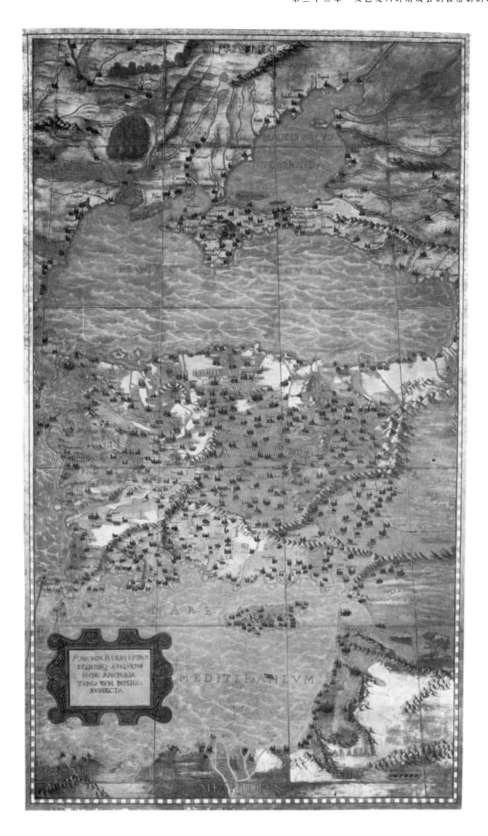

图 32.4　小亚细亚地图，1565 年，罗马，梵蒂冈教皇宫，第三层长廊。由艾蒂安·杜佩拉奇设计的壁画
Vatican Museums，Vatican City（Neg. N. II 25.9）提供照片。

818 下来的城市图景来补充㊽。丹蒂还是地图与装饰的其他部分之间联系的负责人。在地图上方的墙壁上，一条由安东尼奥·滕佩斯塔和马托伊斯·布里尔（Mattheus Bril）绘制的中楣，其展示的主题是发生在 1580 年将纳齐昂的格列高利（Gregory of Nazianzus）的身体转化为圣彼得身体的巡游，目的是颂扬格列高利十三世将信奉希腊和罗马教仪的信众重新统一起来的愿望。在天花板上，天堂的场景寓意教皇在世界范围内统一天主教礼拜仪式的强烈愿望，这是受到格列高利十三世在 16 世纪 80 年代修订过的礼仪课本祈祷书的启发。在同一天花板上，纪念格列高利十三世教宗任内重要事件的献词，再次强调了罗马在天主教精神世界中的中心地位㊾。

图 32.5 美洲所在的半球，约 1582 年，罗马，梵蒂冈教皇宫，第三层长廊。由艾蒂安·杜佩拉奇设计的壁画
Scala / Art Resource, New York 提供照片。

㊽ 城市图景在 18 世纪被严重毁坏。Agostino Maria Taja, 在 *Descrizione del Palazzo Apostolico Vaticano*（Rome：Niccolò e Marco Pagliarini, 1750), 250 and 263 中他在每幅地图下面以及在长廊的拱券之间发现了城市图景的痕迹，但能够识别的如下：塞内加（Senega）、新费萨（Fessa nova），以及旧费萨（Fessa vetus）的图景，位于《西非》（*Africa occidentalis*）地图之下；一幅 "Cassumum reginae Candacis sedes" 的图景位于《东非》（*Africa orientalis*）地图之下；还有土耳其地图之下的亚历山大（Alexandria）和大马士革（Damascus）图景。Taja 还记录了地图的原始图例以及它们的标题：*Africa occidentalis*, *Africa orientalis*, *Turcicum extra Europam Dominium*, *Persarum Regnum*, *Utrius que Indiae regiones*, *Sinese Imperium*, *Tartaria Septemtrionalis*, *America*, *Hispania nova*, 和 *Insulae iuxta primum meridianum*。第三层长廊在 1875 年被大规模修复，当教皇庇护九世（Pope Pius IX）委托一位画家亚历山德罗·曼托瓦尼（Alessandro Mantovani）进行一项大规模修复工作时，其重绘了城市景观，并且创建了地图的新的图题；参见 *MCV*, 4：2 –6。

㊾ 北翼大花板上的场景呈现了儿童的群体、结婚的夫妇、寡妇、处女、忏悔者、受难者、教会的医生、福音传道者、使徒、天使和三位一体（Hess, *Kunstgeschichtliche Studien*, 1：117 – 25）。关于有着罗马图像的中楣，参见 Carlo Pietrangeli, "Roma 1580," *Strenna dei Romanisti*, 1979, 457 – 68, 以及 Fiorani, *Marvel of Maps*, 16 and 136。

作为一个整体，第三层长廊颂扬后特伦托会议时代的教皇，通过恢复欧洲大部分地区的天主教信仰重申将那些采用希腊和罗马仪式的信徒联合起来，以及改变非洲、亚洲和美洲各民族信仰的方式，来全面扩展基督教的愿望。罗马教宗的行为，通过绘制格列高利游行场面的中楣和刻印在天花板上的记录教皇事迹的献词等转喻方式，表明发生在罗马，但是它们的效果需要扩散到绘制在墙壁下方的世界上。教皇的行动意味着在精神层面上影响世界，而不是在政治层面上，这一点由来自天堂的场景表现出来，位于其下的是教皇事迹和世界地图。遵循一种坚定的中世纪的传统，后特伦托会议时代的教皇采纳文艺复兴时期地图学的语言作为他们传播普世信息的一种工具。但是，不同于中世纪的前辈，他们对地图进行了详细的说明，以便让其渗透到不为人知的地方，从而将中世纪的梦想转化为一个传播信仰的现实计划。出于宗教目的而使用现代地图学，实际上成为教皇图像中一个如此与众不同的元素，以至于第三层长廊，甚至在其完成之前，就为之前讨论的枢机主教法尔内塞的宇宙志之厅树立了一个榜样。

佛罗伦萨旧宫中的新衣帽间

第三层长廊的成套地图，成为科西莫·德美第奇一世绘制他在佛罗伦萨的公爵府中的一个相似系列的世界地图的模板。使用其他欧洲王朝的方式，美第奇广泛搜集了地图和球仪，并且科西莫一世一直使用球仪作为他个人政治肖像的一部分。1563 年，他要求他的图像顾问去为他的新衣帽间规划一组对宇宙加以呈现的复杂装饰，新衣帽间是一间位于府邸二层的房间，他用大橱柜进行装饰，这意味着可以容纳他精挑细选的部分藏品。宫廷艺术家乔治·瓦萨里（Giorgio Vasari）规划好了的装饰细节：橱柜的门将被绘制上 57 幅世界地图；地图将与被绘制国家当地的动植物图像，以及与被绘制地图的地域存在联系的名人和统治者的画像和半胸像结合起来；托勒密的星座将被呈现在天花板上，在其掩映之下的是一架地球仪和一架天球仪，这两者可以被降至安放在地板的基座上[50]。瓦萨里的描述生动地向现代读者说明，新衣帽间被设想为一种对宇宙的探索，它被缩小到一个房间规模的大小。当进入房间，就像进入了宇宙的中央，在侧面展示的是世界各区域，而天空被绘制在了天花板上。对房间规模的宇宙的探索得到其他方式的丰富，诸如对居住在世界上的植物、动物和民族的图像进行观察和研究，抱着更大的好奇心对待保存在橱柜中的世界珍宝和奇玩的碎片等。

这套地图是美第奇朝臣们的集体成就，他们一起工作使用一种新发明来向他们的统治者献媚。学者温琴佐·博尔吉尼（Vincenzo Borghini）和米尼亚托·皮蒂（Miniato Pitti）分别

819

㊿　关于新衣帽间，参见 Giorgio Vasari, *Lives of the Painters, Sculptors and Architects*, 2 vols., trans. Gaston du C. de Vere, intro. and notes David Ekserdjian（New York：Knopf, 1996），2：891 – 93；Ettore Allegri and Alessandro Cecchi, *Palazzo Vecchio e i Medici：Guida storica*（Florence：Studio per Edizioni Scelte, 1980），287 – 316，在其中公布了与房间建造和装饰有关的档案；*MCV*, 3：13 – 16；以及 Schulz, *Cartografia tra scienza e arte*, 97 – 122。关于一套完整且精美的地图图示，参见 Gemmarosa Levi-Donati, ed., *Le tavole geografiche della Guardaroba Medicea di Palazzo Vecchio in Firenze*（Perugia：Benucci, 1995）。关于新衣帽间在欧洲珍宝陈列室背景中的地位，参见 Scott Schaefer, "The Studiolo of Francesco I de' Medici in the Palazzo Vecchio in Florence"（Ph. D. diss., Bryn Mawr College, 1976），149 – 53；Philippe Morel, "Le Studiolo de Francesco I de' Medici et l'economie symbolique du pouvoir au Palazzo Vecchio," in *Symboles de la Renaissance*, vol. 2（Paris：Presses de l'Ecole Normale Supérieure, 1982），185 – 205；以及 Wolfgang Liebenwein, *Studiolo：Storia e tipologia di uno spazio culturale*, ed. Claudia Cieri Via（Modena：Panini, 1988），118 – 30。关于其与科西莫一世政治肖像的关系，参见 Francesca Fiorani, "Maps, Politics, and the Grand Duke of Florence：The Sala della Guardaroba Nuova of Cosimo I de' Medici," in *Renaissance Representations of the Prince：Basilike Eikon*, ed. Roy Eriksen and Magne Malmanger（Rome：Kappa 2001），73 – 102。

担任艺术和地图学顾问；瓦萨里监督其执行；丹蒂制作底图并且从 1563—1575 年绘制地图（图 32.6）；斯特凡诺·比翁西诺从 1577—1586 年完成了丹蒂剩下未完成的工作。对于每一块大陆，单独的一幅墙壁地图被选择作为主要的地图学模型，并且被分割以适应于新衣帽间的镶嵌板。通常使用了额外的区域地图，包括科西莫批准使用他图书馆中未出版的地图、航

图 32.6　印度支那（INDOCHINA）和印度尼西亚（INDONESIA）地图，1573 年，佛罗伦萨旧宫的新衣帽间。镶嵌板上的油画，由伊尼亚齐奥·丹蒂设计和绘制

Fototecadei Musei Comunali di Firenze 许可使用。

海图以及旅行报告(51)。鉴于对世界各区域的地图的广泛搜集，新衣帽间是现代世界的一套原创的绘本地图集。

在收藏实践方面，新衣帽间的地图还有一个创新性的功能。在绘制于橱柜门的地图上贴有标签，使观看者容易确定收藏品在房间橱柜内和世界地理中的位置。它们起的作用是一种在房间中展示的艺术收藏品的视觉目录。与此同时，新衣帽间的整个视觉肖像是科西莫一世统治的一个巨大的三维隐喻，显然宣示着大公在实际意义上和象征意义上对世界的拥有。实际意义方面，房间为科西莫所拥有的世界实物提供了妥善保管。在象征意义上，房间通过采 820
用他的真名实姓，表明自身就是大公的人格体现。对于科西莫一世而言，宇宙的呈现作为一个不可抗拒的吸引力，它是最能综合其政治形象的众多主题的一种象征符号，如对皇帝的恭维，或者直接从老科西莫，即美第奇创始人那里派生出的他统治的合法性。在新衣帽间中，对世界的地图学描述与科西莫统治的象征合二为一，抑或是高度一致。美第奇的朝臣、著名的拜访者以及同时代的观看者，非常熟悉在公爵宫廷中应用的视觉诠释，将不会忘记把新衣帽间的宇宙志作为科西莫的一种巨大象征，且相应地认为是科西莫以他的名义象征性地拥有了宇宙。

包括世界的现代地图的成套的绘本地图，如那些第三层长廊和新衣帽间的地图，可以与同时代的地图书籍，如亚伯拉罕·奥特柳斯的《寰宇概观》进行比较。其比较分析，对那些希望理解不同的地图学作品是如何汇集成为现代地图集结构的人，以及希望抓住不同背景中同样的地图之间象征含义的明显差异的人，显现出来的意义尤其明显。例如，丹蒂和奥特柳斯在比较、对照和整合之前的地图中使用了相同的方法，通常挑选相同的地图作为他们主要的制图学模型。他们都将他们的地图汇集认为是比例上不一致，但大小是同质的：对于奥特柳斯而言是大型的对开纸的形式，对于丹蒂而言是一块木镶板（或壁画）的大小。但丹蒂和奥特柳斯的地图汇编在受众和含义方面存在深层次的不同。奥特柳斯装订成书使大量读者可以接触到的世界地图，在全欧洲作为现代地图学的成就以及欧洲优势地位的见证物而受到欣赏。丹蒂的基于相同地图的作品，则是为美第奇和教皇宫廷的特权考量而制作，成为佛罗伦萨公爵和希望在全球传教的教皇的政治想象的内容。成套的绘画地图与地图书籍之间的关系有启发性，有助于提高我们对地图集思想史的理解，但是只有当成套绘画地图的制图学内容在与地图本身被展示的整座房间的视觉肖像的联系中进行评估的时候，才能捕捉到它们完整的含义。

圣　地

圣地地图在文艺复兴时期的欧洲作为大型墙壁地图、小型的不太昂贵的地理印刷品以及《圣经》插图而广泛流传。在成套的绘画地图中，圣地地图从未被单独呈现，而是更多地与

(51) 丹蒂使用了赫拉尔杜斯·墨卡托的欧洲地图（1554 年）作为旧大陆的主要资料，贾科莫·加斯塔尔迪的亚洲地图（1559—1561 年）作为他亚洲地图的主要资料，亚伯拉罕·奥特柳斯的世界地图（1564 年）作为他新世界地图的主要资料，并用墨卡托的世界地图（1569 年）填补任何地方的空隙。在美第奇地图之中是由洛波·奥梅姆（Lopo Homem）（1554 年）和老巴托洛梅乌（Bartolomeu Velho）（1561 年）制作的葡萄牙航海图，其被丹蒂用来呈现马达加斯加和非洲海岸。比翁西诺，则使用亚伯拉罕·奥特柳斯的《寰宇概观》（Antwerp，1570）作为制图学的资料。

一幅意大利的地图成对出现。两块土地的配对自中世纪开始，是宗教作品和视觉肖像中的一种常见方案，强调了从旧宗教向新宗教、从耶路撒冷向罗马、从基督之地向其代理者所在地罗马的转移。文艺复兴时期的壁画地图，通过用现代地图代替这两地的中世纪的人格化地图的呈现，对这种传统方案注入了新的活力，例如在卡普拉罗拉的宇宙志之厅。传统的成对的地图在帕尔马的福音书作者圣约翰修道院图书馆（Library of the Monastery of San Giovanni Evangelista）中的另外一套绘本地图中被清晰地阐释，其中圣地和意大利的地图被与希腊的地图结合起来，以强调罗马和希腊礼拜仪式有共同根源。

帕尔马的福音书作者圣约翰修道院

在帕尔马，法尔内塞公国的首都，矗立着古老的福音书作者圣约翰本笃会修道院，其图书馆因其丰富的古代宗教作品的藏品而闻名于世。1574—1575 年，图书馆中带有穹顶的大型矩形房间，被用一套复杂的包括如地图、象形文字、徽章、拟人化形象、怪诞图样等图像以及用拉丁文、希腊文、古巴比伦（Chaldaic）和叙利亚（Syrian）文撰写的献词所装饰。由埃尔科莱·皮奥（Ercole Pio）和安东尼奥·帕加尼诺（Antonio Paganino）绘制，图书馆的视觉肖像由修道院博学的院长、诺瓦拉人斯特凡诺·卡塔内奥（Stefano Cattaneo da Novara）设计。斯特凡诺的大部分图像来源于贝尼托·阿里亚·蒙塔诺（Benito Arias Montano）的多语种本《圣经》，即《希伯来语、巴比伦语、希腊语和拉丁语圣经》（Bible, the Biblia Sacra Hebraice, Chaldaice, Graece, & Latine），尤其是第八书，其中包含了丰富的视觉工具，它们是由西班牙学者汇编起来的，旨在提高对《圣经》文本的宗教和历史维度的理解[52]。

图书馆的长墙上装饰有六幅描绘了亚伯拉罕（Abraham）时代的圣地，以及以色列十二部落分治的圣地，意大利、希腊、帕尔马和皮亚琴察（Piacenza）公国，以及勒班陀战役的
壁画地图（图32.7 和图32.8）。圣地的历史地图与视觉肖像的主题有密切关系：通过由不同宗教提供的知识来获得宗教真理。斯特凡诺把在蒙塔诺的《圣经》中没有发表的意大利和希腊的地图增加进来，以强化罗马和希腊宗教仪式的共同根源。但是给予颂扬法尔内塞事迹及其故乡的现代地图以突出的地位，它们在图书馆的中央彼此相对。帕尔马和皮亚琴察的地图最早将法尔内塞的领土（通常被包括在伦巴第地区的地图中）呈现为一个独立单位，并且因而给予法尔内塞的政治权力以制图学的呈现：在 1556 年收复帕尔马公国和皮亚琴察的奥塔维奥·法尔内塞（Ottavio Farnese）的盾徽，漂浮在被绘制地图的领土上方。勒班陀战役的图景基于在欧洲广泛流传的多种印刷品中的一种，颂扬了奥塔维奥的儿子亚历山德罗·法尔内塞（Alessandro Farnese），他曾经与教皇和威尼斯的舰队一起，参与了抗击土耳其人的勒班陀战役战斗。对法尔内塞权力的政治呈现与深奥的意象交织在一起。

821

㉒　关于帕尔马的福音书作者圣约翰修道院的图书馆，参见 Maria Luisa Madonna, "La biblioteca: *Theatrum mundi e theatrum sapientiae*," in *L'abbazia benedettina di San Giovanni Evangelista a Parma*, ed. Bruno Adorni（Milan: Silvana, 1979），177 – 94. 关于地图的彩色复制品以及对图题和铭文的抄录，参见 *La Biblioteca Monumentale dell'Abbazia di San Giovanni Evangelista in Parma: Un affascinante viaggio all'intero di una biblioteca rinascimentale, La storia, le iscrizioni*（Parma: Benedettina Editrice, 1999）。关于蒙塔诺的圣地地图，参见 Shalev, "Sacred Geography, Antiquarianism and Visual Erudition: Benito Arias Montano and the Maps in the Antwerp Polyglot Bible," *Imago Mundi* 55（2003）: 56 – 80。

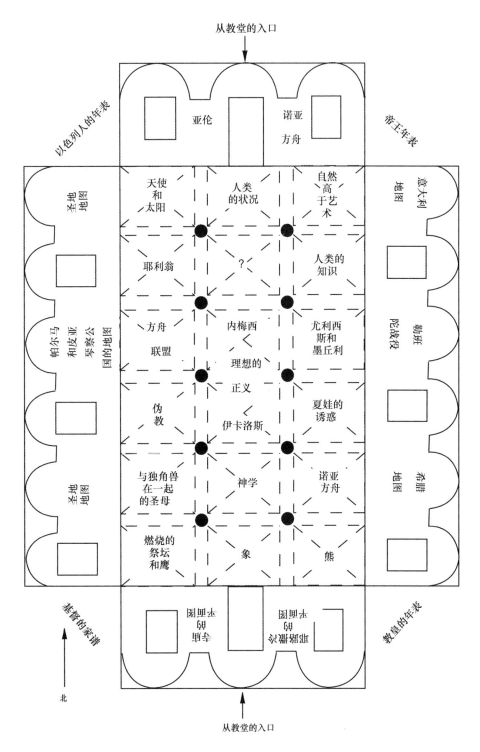

图 32.7　福音书作者圣约翰修道院图书馆的平面图，帕尔马

圣地的地图以及与犹太教相关的图像是从 Benito Arias Montano, *Biblia Sacra Hebraice*, *Chaldaice*, *Graece & Latine*（Antwerp, 1572）中复制的。在天花板上，徽章、寓意人物肖像以及不同语言的献词将图书馆呈现为宗教知识成就的特权之地。

　　确实，对这一复杂视觉肖像的解释是由图书馆短墙上的来自蒙塔诺《圣经》的图像提供的。在南墙上，基督时代的耶路撒冷的地图与耶路撒冷第二圣殿（second temple）的平面图成对出现。在北墙上，犹太长老亚伦（Aaron）的肖像被与挪亚方舟（Noah's Ark）呈现在一起，其转而，与基督的身体和帐幕相对照。分成七支的大烛台代表着犹太教的知识，与燃烧着的心脏相配，这心脏是在文艺复兴时期所了解的埃及象形文字。这些图像之上有代表圣灵（Holy Spirit）的鸽子，因而使得在视觉上清晰表达了整个视觉肖像的两个相关主题：完全实现基督教中的早期预言，以及通过不同宗教的知识获得宗教的真理。《圣经》的引文将图书馆的入口比拟为天堂之门，将图书馆本身作为由圣灵滋养灵性的地方。这一对于获得宗教知识而言具有特权的地方被定位在法尔内塞领土的核心，并且是在它们灵性的指引之下。

意大利

　　作为自古代以来的一个地理单元，意大利在文艺复兴时期没有相应的一个政治实体；教皇控制着意大利中部，西班牙主导着北部和南部，并且一些独立国家和共和国散居其他地区。然而，绘制意大利地图对于意大利的赞助者而言尤其具有诱惑力。早期的古物学家，例如尼科洛·尼科利，通过在他们房间中展示意大利地图，来将他们景仰的古代历史具体化，但是其他人，明确地通过展示整个国家地图，以表示他们权力象征性的延伸。由此，共和国的领导者们以及在他们之前的那些人，可以将沿着半岛的威尼斯的道路视觉化，从 15 世纪中叶起，威尼斯共和国在其地图厅接待厅的候客室突出展现了莱奥纳尔迪的意大利地图。确实，这幅意大利地图如此著名，以至于全意大利的统治者都向共和国请求获得一个副本；在他们眼中，拥有莱奥纳尔迪地图的一个副本是共和国给予他们恩惠的一种清楚明白的表示[53]。

　　然而，当一位罗马主教激进地与成对的意大利和圣地地图的传统断裂，并且在梵蒂冈教皇宫中只是绘制意大利区域的时候，绘制意大利的地图达成了其最为复杂的成就；不仅是一个新的圣地，意大利还是一个特殊的宗教单元，是罗马教皇更为充分地执行其权威的特殊之地。

---

[53]　安东尼奥·莱奥纳尔迪的意大利地图最初是在 1459 年进行的委托，然后在毁于 1483 年火灾之后，于 1497 年再次进行了委托。莱奥纳尔迪的第二幅意大利地图同样毁于火灾，但是在那之前，它被展示在了位于第二层的议事会大厅的接待室中。1506 年，曼图亚侯爵贡扎加家族的弗朗切斯科·贡萨加二世（Francesco Ⅱ Gonzaga），请求获得莱奥纳尔迪地图的一个副本，他将其与一幅世界地图以及开罗（Cairo）和耶路撒冷的城市图景一起展示在他位于圣塞巴斯蒂亚诺（San Sebastiano）宫殿的公寓中；转而，他自己分发副本作为有声望的外交礼物，并将其中一幅献给了枢机主教朱利亚诺·德美第奇（Cardinal Giuliano de' Medici）。参见 David Chambers and Brian Pullan, eds., *Venice: A Documentary History, 1450-1630* (Oxford: Blackwell, 1992), 405-6，以及 Molly Bourne, "Francesco Ⅱ Gonzaga and Maps as Palace Decoration in Renaissance Mantua," *Imago Mundi* 51 (1999): 51-81，包括了相关的档案资料。1547 年，枢机主教伊波利托·德斯特（Cardinal Ippolito d'Este）要求一幅莱奥纳尔迪意大利地图的副本，此后不久他在费拉拉收到了这幅地图，然后将其展示在了议事会前厅中。据 Sansovino 报告（在 Venetia, fol. 122r），地图被展示在议事会前厅直至 1574 年，在那一年地图毁于火灾。

822

图 32.8　亚伯拉罕时代的圣地地图，1575 年，帕尔马的圣福音书作者约翰修道院图书馆。壁画
Stefano Brozzi 提供照片。

梵蒂冈教皇宫中的地理地图画廊

　　1578 年，当教皇格列高利十三世为连接旧梵蒂冈教皇宫与美景山（Belvedere Hill）的长廊选择视觉肖像的时候，他再次诉诸他已经在他的博洛尼亚厅使用过的地图壁画。然而，在一个更具有野心的动议中，他委托了史无前例的成套地图，其中包括 40 幅巨大的意大利区域地图，24 幅《圣经》中献祭的场景，51 幅关于教会历史的插图以及超过 100 幅的人格化图像。地理地图画廊中的一篇献词解释了这一复杂的视觉肖像的组织原则。意大利区域被呈现为，它们出现在从北向南徒步走在亚平宁山脊上的一位想象中的旅行者眼中的样子；第勒尼安海（Tyrrhenian Sea）所在的区域被呈现在走廊的东墙上，而亚得里亚海（Adriatic Sea）的区域则出现在西墙上[54]。同一篇献词透露，天花板上的历史场景，展现了教会史中的事件，而这些事　823

---

　　[54]　北门的铭文为："意大利是整个世界中最为高贵的区域：由亚平宁山脉（Apennines）天然分成不同的区域，在这方面就像走廊被分为两部分，在这一部分，就是以阿尔卑斯山脉和北部海域（Upper Sea）为界的区域，在这一部分，则是以南部海域（LowerSea）为界的区域；从瓦尔河（Var river）至最远处的布鲁蒂人（Bruttij）和萨连蒂尼亚人（Sallentinians），王国、省份、领土和岛屿，被安置在它们自己的边界内，就像它们现在的样子，整个意大利被展现在长厅两侧的一些镶板中。穹顶显示了那些圣人圣迹及其发生的地点，两两对应。格列高利十三世教皇在 1581 年希望从他自己开始，用精巧的技艺和壮观的场面完成这些事情，与其说为了自己的利益，不如说是为了罗马教皇的利益，所以，对事情和地点的兴味和了解无可厚非，但不能不讲求功用。"文字中没有提到《圣经》中记载的献祭（稍后提及）。应当注意到，在长廊绘画中半岛的朝向并不与其实际的朝向一致，即意大利北部被呈现在走廊的南端而不是北端。然而，亲自在长廊中沿着半岛从北向南行走则会发生错觉。关于地理地图画廊，参见 MCV, vol. 3，在其中，阿尔马贾尤其关注地图，对它们的原型进行了权威的调查。参见 Schulz, *Cartografia tra scienza e arte*, 99 – 103，他将其放置在与其他地图壁画的关系中进行考虑；Iris Cheney, "The Galleria delle Carte Geografiche at the Vatican and the Roman Church's View of the History of Christianity," *Renaissance Papers*, 1989, 21 – 37，文章最早调查了天花板上的故事和《圣经》中记载的献祭的符号学意义；以及 Margret Schütte, *Die Galleria delle Carte Geografiche im Vatikan: Eine ikonologische Betrachtung des Gewölbeprogramms* (Hildesheim: G. Olms, 1993)，其中主要讨论了天花板的装饰。关于对成套地图的综合性评价，参见 Lucio Gambi and Antonio Pinelli, eds., *La Galleria delle Carte geografiche in Vaticano / The Gallery of Maps in the Vatican*, 3 vols. (Modena: Franco Cosimo Panini, 1994); Fiorani, "Post-Tridentine 'Geographia Sacra,'" 124 – 48; Walter A. Goffart, "Christian Pessimism on the Walls of the Vatican Galleria delle Carte Geografiche," *Renaissance Quarterly* 51 (1998): 788 – 827; Fiorani, *Marvel of Maps*, 169 – 230；以及本卷原文第 396—399 页。

件的发生地都在墙上绘制有地图。参与这一项目的艺术家非常著名。伊尼亚齐奥·丹蒂设计和规划了地图。画家吉罗拉莫·穆齐亚诺（Girolamo Muziano）和切萨雷·内比亚（Cesare Nebbia）分别负责天花板的分区和设计。一个可观的艺术家团队将地图底图、绘制的船只、奇异图案、历史场景、《圣经》中记载的献祭场景、图版和人格化图像转化为壁画。

地理地图画廊视觉肖像中单独的元素——地图、教会史中的事件和《圣经》记载的献祭——在梵蒂冈教皇宫的其他部分有着光荣的历史，但是将这些不同视觉肖像传统的综合体容纳于单一的、无所不包的项目中，是格列高利走廊的一个独一无二的成就。在一个激进的发明中，意大利及其区域不仅与教会史的事件和《圣经》中记载的献祭的场景联系起来，而且更为重要的是，通过现代的、准确的地图而不是通过传统的寓意人格化图像呈现。地图被按照从总体到个别的方式进行排列：两幅意大利地图［古代意大利（*Italia antiqua*）和新意大利（*Italia nova*）］作为南门成套地图的开端，随后是半岛的区域地图（图32.9）。每幅地图都提供有一个比例尺、风玫瑰、经纬度坐标，以及至少一个涡卷装饰，其中简要解释了领土及其居民的历史和特性。还有城市和其他重要地点的透视图和平面图；历史内容的小插图被描绘在地图的地形之上，并且地理景观特征位于大多数地图的下端。

通过40幅巨大的地图对意大利进行呈现，这在之前是从未被尝试过的，并且明确地显示了教皇的制作地图学新奇之物的意图。但是在梵蒂冈画廊中描绘的意大利，既与由斯特拉博和托勒密（两者都被描绘在了地理地图画廊中）描述的古代地理区域不相符，也与过去或未来的任何政治区划都不一致。相反，它呈现了在教皇的宗教权威之下的一个地点的乌托邦结构。这一想象中的意大利包括了半岛的各个区域和主要岛屿，以及用于防御半岛北方和南方异教徒的军事壁垒：通往东方的门户科孚岛（Corfu）和马耳他岛，以及在叛逆的法国的教皇驻地阿维尼翁。

这一想象的意大利地图的绘制，与教会史中的一种同样是想象的观点有概念和空间上的联系。这种想象的历史开始于君士坦丁大帝（Emperor Constantine），其生平被呈现在了与意大利全图联系在一起的五幅小插图中，由此清晰地表明，君士坦丁时代与后特伦托会议时代教会之间的延续性，这是格列高利十三世任职期间一个重要课题。确实，对于格列高利十三世而言，君士坦丁和意大利之间的联系是有强烈吸引力的东西，因为在解决了长达一个世纪的争端后，他认为是皇帝明确将意大利赐予了教皇西尔维斯特一世（Pope Sylvester I）⑤。

---

⑤ 关于"君士坦丁赠礼"和格列高利十三世，参见 von Pastor, *History of the Popes*, 20: 650–53; Rolf Quednau, *Die Sala di Costantino im Vatikanischen Palast: Zur Dekoration der beiden Medici-Päpste Leo X. und Clemens VII* (Hildesheim: Georg Olms, 1979); Guido Cornini, Anna Maria De Strobel, and Maria Serlupi Crescenzi, "La Sala di Costantino," in *Raffaello nell'appartamento di Giulio II e Leone X* (Milan: Electa, 1993), 167–201; Jack Freiberg, "In the Sign of the Cross: The Image of Constantine in the Art of Counter-Reformation Rome," in *Piero della Francesca and His Legacy*, ed. Marilyn Aronberg Lavin (Washington, D. C.: National Gallery of Art, 1995), 66–87, esp. 71–75, 其认为，君士坦丁厅（Sala di Costantino）的天花板与地理地图画廊之间存在联系；William McCuaig, *Carlo Sigonio: The Changing World of the Late Renaissance* (Princeton: Princeton University Press, 1989), 251–90。关于地理地图画廊严格的政治意义，参见 Antonio Pinelli, "Sopra la terra, il cielo: Geografia, storia e teologia. Il Programma iconografico della volta / Above the Earth, the Heavens: Geography, History, and Theology. The Iconography of the Vault," in *La Galleria delle Carte geografiche in Vaticano / The Gallery of Maps in the Vatican*, 3 vols., ed. Lucio Gambi and Antonio Pinelli (Modena: Franco Cosimo Panini, 1994), 1: 125–54; 以及 Antonio Pinelli, "Geografia della fede: L'Italia della Controriforma unificata sulla carta," in *Cartographiques: Actes du colloque de l'Académie de France à Rome, 19–20 mai 1995*, ed. Marie-Ange Brayer (Paris: Réunion des Musées Nationaux, 1996), 63–94。

通过将"君士坦丁赠礼"（Donation of Constantine）解释为一种对意大利的捐赠，并且通过将其呈现在他的长廊中，格列高利十三世无意宣称他在政治上统治了整个半岛，而是意在为意大利教会在教会中的首要地位奠定历史和宗教基础。如同文艺复兴时期和后特伦托会议时代的其他教皇那样，格列高利十三世知道，帝王的捐赠并不能适用于 16 世纪意大利的现实，再说他的角色是其不稳定的力量均势的守护者，而不是其世俗控制权的要求者们的守护人。根据后特伦托会议时代教皇的政策，地理地图画廊所大张旗鼓颂扬的，正是后特伦托会议时代教皇在意大利享受的教会的首要地位。尽管后特伦托会议时代的教宗的精神使命是广大的，但这一使命百分之百的完成，在意大利比世界其他地方更容易[56]。

图 32.9　弗拉米尼亚（FLAMINIA）地图，1578—1581 年，罗马，梵蒂冈教皇宫，地理地图画廊。由伊尼亚齐奥·丹蒂设计的壁画

Vatican Museums, Vatican City（Neg. N. XXXVII. 1. 14）提供照片。

当我们考虑描绘在穹顶上的《圣经》中记载的献祭场景的时候，将地理地图画廊解释为对教皇首要地位的颂扬，得到了充分的关注。这些场景来自《创世记》（Genesis）、《出埃及记》（Exodus）以及《利未记》（Leviticus）中记载的《圣经》中献祭的早期历史、祭坛建筑的早期

⑤　关于意大利在天主教教会中的首要地位，参见 A. D. Wright, *The Early Modern Papacy: From the Council of Trent to the French Revolution, 1564 – 1789*（London: Longman, 2000），这一研究是对 Paolo Prodi, *Il sovrano pontefice*（Bologna: Il Mulino, 1982）一种修正。

825 例子，以及献祭与什一税之间的关系，即提供产物和牲畜的 1/10 部分给那些执行献祭的人。《新约》（New Testament）中没有包括提供什一税给教会牧师的强迫措施；义务必须通过对《旧约》（Old Testament）的解释来加以证明。用于供养神职人员的教会收入，其圣仪方面的依据，在后特伦托会议时代教会中与以往一样是至关重要的，尤其考虑到它们在整个教皇收入中已经下降的重要性。教皇宣称，关于与圣仪有关的什一税是普世的，但正是在意大利，而不是在更大的天主教世界中，教皇要采取大量财政手段来保证他的使命。地理地图画廊绘制了地域的地理边界，而宗教收入正是在这些地域上被收上来。

格列高利十三世在意大利比在天主教欧洲在征敛教会收入方面取得更大成功，是他通过执行特伦托会议（Council of Trent）的教令来确保教皇权威的一致努力的内容之一。格列高利十三世的教皇权力，在很多方面是刚开过的特伦托会议之后数十年中的典型，这对于稳定推动教会制度、外交和教会方面的改革而言是至关重要的，而这些改革将使得意大利教会在天主教世界中的领袖地位成为可能。确实，地理地图画廊不仅绘制了教皇教会收入最大范围的边界，而且得意扬扬地颂扬在普世教会中意大利的首要地位，而这依然是现代早期教宗的特征之一。对于邦孔帕尼（Boncompagni）教皇而言不同寻常的是，他热衷于对他的意大利教会的监管，就像他在意大利亚平宁山脉山脊上行进那样。

地理地图画廊是罗马教会宗教领导权的具体展现，并且意大利的地方地图是接受了特伦托会议改革的西部教会（Western church）边界的小型的地图学展现。在这种以教会为单元的地图学中，对主教和大主教所在地的地图绘制，就像对地方史的呈现那样，正在被定义为一个要素，即世俗的和宗教的元素。政治上，后特伦托会议时代的教皇职位正在丧失对抗民族国家的基础，但是其精神影响力正在全球化。逐渐地，行动的迫切性被引导到阿尔卑斯山之外以及海外，如中国、日本和美洲等地。后特伦托会议的普世教会在第三层长廊的成套地图中被概括地展现，其确实应当被视为地理地图画廊成套地图的补充。与第三层长廊一起进行考虑，地理地图画廊揭示了其完整的含义：不仅传达了教皇在意大利的精神方面的首要地位，而且再次确保了教皇宫廷、红衣主教以及意大利统治者在天主教世界中的特定地位，这一地位，是格列高利十三世身体力行地将普世教会的发展方向引向了意大利之外和海外才得以重申和修改的。

城市图景

城市图景是文艺复兴时期最为流行的地图学图像之一，并且它们作为印刷品传播得如此广泛，以至于它们被在书籍中广泛汇集，如布劳恩和霍根伯格最畅销的《世界城市图》，并且经常被用于家庭内部的装饰。皇家和贵族宫殿中的资产清单经常记录城市图景，无论是作为进行永久展示的镶有画框的图像，或者更为经常的，作为储存的物品。这类图景最为通常的用途就是装饰客人的房间，以用对他们家乡城镇的展示来恭维重要的访问者。从 15 世纪末期之后，城市图景还作为成套绘画出现，确实变得如此流行，以至于从来不敢设想对它们的数量进行计算。有城市图景的成套绘画的含义和功能与成套的绘画地图之间并不存在本质的不同，尽管它们的传播鼓励将它们作为单独的一组进行考虑。

一套早期的成套的绘画城市图景出现在美景别墅，教皇因诺森八世（Pope Innocent Ⅷ）修建在梵蒂冈山以逃避旧宫殿闷热的气候，且为教皇搜集的古代塑像提供怀旧（*all'antica*）环境的夏季住宅⑤。1480 年前后，画家平图里基奥（Pinturicchio）绘制了单幅的佛罗伦萨、热那亚、米兰、罗马和威尼斯的城市图景，这些城市也是教皇军事联盟的首府。融合了古物研究、地图学和政治，这一教皇的系列城市图景受到普林尼所描述的罗马别墅的启发，并同时反映了现任教皇的政治抱负。今天几乎完全佚失了，这套地图启发了欧洲各地相似的装饰。曼图亚侯爵贡扎加家族的弗朗切斯科·贡萨加二世，在他宫殿的不同房间中有地中海重要城市的图景，似乎向他的来访者说明他自己的曼图亚城市可以与被描绘的城市相匹敌⑤。在另外一个例子中，他委托绘制了曼图亚与奥斯曼帝国（Ottoman）之间贸易路线上的停靠点的城市图景，而正是从奥托曼帝国他获得了著名的马匹。

尽管一些好战的赞助者绘制城市图景庆祝他们的军事战役，但就赞助者总体而言，他们 826 大量地呈现他们领土上的主要城市和城堡⑤。一个晚期类型的较早的例子来自 1450 年，但是按照记录，后来的例子遍布意大利的别墅和宫殿⑥。法兰西的亨利四世，是一位狂热的猎人，通过在枫丹白露（Fontainebleau）的公鹿画廊（Galérie des Cerfs）绘出他最喜爱的狩猎场所的鸟瞰图，来赞颂他最喜欢的消遣⑥。按照一位旅行者的叙述，西班牙的菲利普二世在他的皇宫大厅中悬挂有西班牙和佛兰芒的乡村景观，还在阿尔卡萨（Alcazar）中展示了木制的西班牙城市模型。菲利普二世可能甚至意图悬挂由安东·范登·韦恩加德（Antoon van den Wijngacrde）绘制的西班牙城市和城镇的著名图景的副本，这是他自己在 16 世纪 70 年代委托制作的。这样的一套绘制的城市图景依然保存在西班牙埃尔比索（El Viso），在著名的海军将领圣克鲁斯侯爵（marqués de Santa Cruz）阿尔瓦罗·德巴赞（Álvaro de Bazán）的府邸中，其有着装饰有与他自己的海上胜利存在联系的重要欧洲城市图像的走廊⑥。展示德国城市的木制模型，是 16 世纪 60 年代慕尼黑的艺术馆（*Kunstkammer*）的一个明确特征⑥。

城市图景同样是文艺复兴时期的女士们喜欢的对象。例如，阿拉贡（Aragon）的埃莉诺

⑤　关于为美景别墅绘制的城市图景，参见 Sven Sandström, "Thc Programme for the Decoration of the Belvedere of Innocent Ⅷ," *Konsthistorisk Tidskrift* 29 (1960): 35 – 75; idem, "Mantegna and the Belvedere of Innocent Ⅷ," *Konsthistorisk Tidskrift* 30 (1963): 121 – 22; Juergen Schulz, "Pinturicchio and the Revival of Antiquity," *Journal of the Warburg and Courtauld Institutes* 25 (1962): 35 – 55。

⑤　Bourne, "Francesco Ⅱ Gonzaga."

⑤　这样一位好战的赞助者就是真蒂尔·维尔吉尼奥·奥尔西尼（Gentile Virginio Orsini），他为自己在布拉恰诺（Bracciano）的住所，委托绘制了他所征服的城市的图景；参见 Marco Iuliano, "Napoli a volo d'uccello: Un affresco per lo studio della topografia aragonese," *Mélanges de l'École Française de Rome, Italie et Méditerranée* 113 (2001): 287 – 311。

⑥　关于早期的成套城市图像，参见 Joanna Woods-Marsden, "Pictorial Legitimation of Territorial Gains in Emilia: The Iconography of the Camera Peregrina Aurea in the Castle of Torchiara," in *Renaissance Studies in Honor of Craig Hugh Smyth*, 2 vols. , ed. Andrew Morrogh et al. (Florence: GiuntiBarbèra, 1985), 2: 553 – 68。

⑥　关于法国国王的地图壁画，参见 Buisseret, "Monarchs, Ministers, and Maps in France," 113, 以及 Barber, "Maps and Monarchs," 111 – 12。

⑥　Kagan, "Philip Ⅱ," 53.

⑥　关于慕尼黑的艺术馆，参见 Samuel Quiccbelberg, *Inscriptiones vel tituli theatri amplissimi, complectentis rerum universitatis singulas materias et imagines eximias...* (Munich: Adam Berg, 1565), 以及 Woodward, *Maps as Prints*, 88 – 89。

（Eleanor），为她丈夫在费拉拉的宫廷的新居委托绘制了一套城市图景，其中包括她的家乡
827　那不勒斯。相似的，她的女儿伊莎贝拉·德斯特（Isabella d'Este）在她的住所中有城市图
景，而托莱多的埃莉诺，科西莫·德美第奇的妻子，在她私人阳台上也绘制有图景。

　　美第奇，有着对视觉形象集合新奇之物的敏感，诉诸一套城市图景去庆祝一场婚礼。在
弗朗切斯科·德美第奇（Francesco de' Medici），公爵头衔的继承人，与奥地利的乔安娜
（Joanna），查理五世皇帝的女儿举行婚礼之际，科西莫一世公爵在他宫殿的庭院中绘制了
17 幅奥地利著名城市的图景，这座宫殿正是弗朗切斯科赠予他新娘的礼物（图 32.10）[64]。
由于并不存在用于绘制这一特殊的成套奥地利城市图像的印刷或者绘本的原型，因而驻维也
纳的佛罗伦萨大使被要求提供准确的所有城市的用透视法绘制的图画（*far in prospettiva*）以
及报告它们重要的建筑、历史事件、盾徽和地名的信息。城市图景被与呈现了颂扬科西莫统
治的重要事件的公爵勋章背面的圆形标志联系起来。在这一庭院中，城市图景是一种制图学
的创新，以及是科西莫的政治肖像的一个重要组成部分：它们通过她的家乡而对乔安娜表

图 32.10　格拉茨（GRAZ）城市图景，1565 年，佛罗伦萨旧宫主庭院。壁画。这幅图景是一系列 17 幅奥地利城市
图景的一部分，这一系列中包括布拉格（Prague）、帕绍（Passau）、斯坦［Stain，可能是施泰尔（Steyr）］、克洛斯特新
堡（Klosterneuburg）、格拉茨、弗赖堡（Frieburg）、林茨（Linz）、波兹南（Poznań）、维也纳、因斯布鲁克（Innsbruck）、
埃布斯多尔夫（Ebsdorf）、康斯坦茨（Constance）、诺伊施塔特（Neustadt）和施韦比舍厅（Schwäbisch-Hall）。城市图像
与赞颂科西莫一世统治的美第奇勋章的背面存在联系

Fototeca dei Musei Comunali di Firenze 许可使用。

---

　　[64]　关于这一庭院，参见 dmund Pillsbury, "An Unknown Project for the Palazzo Vecchio Courtyard," *Mitteilungen des
Kunsthistorischen Institutes in Florenz* 14（1969）: 57 – 66，以及 Allegri and Cecchi, *Palazzo Vecchio*, 277 – 82。

达敬意，颂扬美第奇和哈布斯堡家族（Habsburg）之间的政治联盟，显示美第奇的艺术品味，以及在获得原始的详细的奥地利城市图景过程中他们展示的外交技巧。

总　结

　　现代早期成套绘画地图在全欧洲的分布情况被记载了下来，尽管最为辉煌的例子来自意大利半岛的皇室和共和国，并且是这两者的一个特点。然而，就像伯克哈特提出的，成套绘画地图是否构成了文艺复兴时期的一种图像类型是值得质疑的，不仅根据对于符号形式分类学的现代怀疑主义，而且更为重要的，只是因为基于简单的考量，即它们都包含了制图学图像而将成套地图分为一组，在方法上就是值得质疑的。尽管在时间上相近，而且在地图学内容上近似，成套的地图，如那些威尼斯共和国的、教皇的第三层长廊的或者美第奇的新衣帽间的，在含义、资助以及功能上存在如此之大的差异，以至于将它们认为具有一致性是带有误导的。相反，这些成套地图夸张呈现的就是，在文艺复兴时期的欧洲，地图学图像的普遍性。这些对世界的准确呈现进行了三维的展示，整体上贡献于统治者的政治视觉肖像，贡献于市政当局的宣传信息，以及教皇和红衣主教的宗教热情。它们的隐喻含义是通过绘本地图与历史、神话、动物、植物和宗教图像的交互作用而被创造的，并且只能通过对容纳它们的房间的亲身体验而得以领会。只是从地图学的角度考虑成套的绘画地图，或者将它们简单地作为一种艺术类型，都错失了它们丰富的内涵：尽管它们的地图学内容是过时的，它们对于现代发现和航海的影响可以忽略不计，但它们高度概括了文艺复兴时期地图绘制的象征意义，以及文艺复兴时期文化中地图绘制的深刻意义。

附录 32.1　部分成套地图的列表

下列成套地图按照它们最初所在城市的位置列出。

阿姆斯特丹

市政厅（Town Hall），中央大厅，马赛克世界地图。

博洛尼亚

主教宫，1572 年，博洛尼亚人的地图以及博洛尼亚的平面图或图景。由枢机主教帕莱奥蒂委托。佚失。

卡普拉罗拉，法尔内塞宫

宇宙志之厅，1573—1575 年，世界地图、欧洲地图、非洲地图、亚洲地图、美洲地图、圣地地图和意大利地图，壁画。7 幅地图，由宇宙志学者奥拉齐奥·特里吉尼·德马里伊设计，并由乔瓦尼·安东尼奥·瓦诺西诺绘制，由世界大陆和区域的人格化的妇女形象以及著名旅行者［马可·波罗、克里斯托弗·哥伦布（Christopher Columbus）、埃尔南·科尔特斯（Hernán Cortés）、阿美利哥·韦思普奇（Amerigo Vespucci）和费迪南德·麦哲伦（Ferdinand Magellan）］的肖像所环绕，还有关于枢机主教法尔内塞的一套复杂的占星术中楣。在天花板上是一幅呈现了托勒密的 48 座星座的天图，就像它们是从南极投影到赤道上的那样；一幅由弗朗索瓦·德蒙热内特在 16 世纪 60 年代制作的天图的副本，出现了一些旨在颂扬伟大的枢机主教而进行的变化［即突出星座南船座（Argo）以及包含法厄同附近的朱庇特（Jupiter），两者都是红衣主教的象征］。乔瓦尼·德韦基（Giovanni de Vecchi）和拉法埃利诺·达雷焦（Raffaellino da Reggio）绘制了非制图学的图像。

佛罗伦萨，旧宫

主庭院，1565 年，奥地利城市图景，壁画。呈现了布拉格、帕绍、斯坦（可能是施泰尔）、克洛斯特新堡、格拉茨、弗赖堡、林茨、波兹南、维也纳、因斯布鲁克、埃布斯多尔夫、康斯坦茨、诺伊施塔特和施韦比舍厅的图像，并且它们被与颂扬科西莫一世统治的美第奇勋章的背面联系起来。

新衣帽间，1563—1586 年，伊尼亚齐奥·丹蒂和斯特凡诺·比翁西诺，世界地图，镶嵌板上的蛋彩画。最初规划了 57 幅地图，但只制作了 54 幅：丹蒂从 1563—1575 年制作了 31 幅地图，比翁西诺从 1577—1586 年制作了 23 幅地图。

佛罗伦萨，乌菲齐宫

地理地图室，1589 年，斯特凡诺·比翁西诺，托斯卡纳地图、锡耶纳领土的地图，以及厄尔巴岛地图，壁画。地图是由卢多维科·布蒂绘制的，但是比翁西诺自己修补了它们。

枫丹白露，公鹿画廊

狩猎地点的鸟瞰图。

马德里

皇宫，觐见室，16世纪后期，西班牙和佛兰芒乡村的图景，由西班牙的菲利普二世委托，他可能还在阿尔卡萨展示了西班牙城市的木制模型。

埃尔比索，圣克鲁斯侯爵阿尔瓦罗·德巴赞的宫殿，欧洲城市的图景。

曼图亚

贡萨加宫，城市之厅，15世纪90年代，君士坦丁堡、罗马、那不勒斯、佛罗伦萨、威尼斯、开罗、热那亚以及巴黎或耶路撒冷的图景。佚失。

圣塞巴斯蒂亚诺的贡萨加宫，1506—1512年间，意大利地图以及开罗和耶路撒冷的图景。佚失。

贡萨加宫，伊莎贝拉·德斯特的私人公寓，16世纪10年代，城市图景。佚失。

曼图亚附近马尔米罗洛（Marmirolo）的贡萨加别墅，1494年，世界地图和意大利地图。佚失。

曼图亚附近马尔米罗洛的贡萨加别墅，希腊室，15世纪90年代，君士坦丁堡、阿德里安堡［Adrianople，现在被称为埃迪尔内（Edirne）］，达达尼尔海峡（Dardanelles）或博斯普鲁斯海峡（Bosporus）海峡，以及发罗拉（Vlore）的阿尔巴尼亚（Albanian）城市，以及围攻罗得岛（Rhode）的图景。佚失。

那不勒斯，大圣洛伦佐教堂

829

教堂的餐厅，16世纪90年代，路易吉·罗德里格斯，那不勒斯王国的地图，壁画。地图基于那不勒斯王国各区域的地图，后者是由尼古拉·安东尼奥·斯蒂利奥拉在16世纪80年代绘制的。

帕尔马，福音书作者圣约翰修道院

修道院图书馆，1575年，亚伯拉罕时代的圣地地图，以色列十二部落分治圣地的地图、希腊地图、意大利地图、帕尔马和皮亚琴察公国地图，以及勒班陀战役的图景，壁画。在天花板上有徽章、寓意人物像，用不同语言撰写的铭文，主要来源于贝尼托·阿里亚·蒙塔诺的多语种版《圣经》。由艺术家埃尔科莱·皮奥和安东尼奥·帕加尼诺绘制，有由修道院院长诺瓦拉人斯特凡诺·卡塔内奥创作的肖像图。

佩鲁贾

总督府，1577年，环绕佩鲁贾领土的地图以及/或佩鲁贾的图景，由伊尼亚齐奥·丹蒂绘制的壁画。佚失。

罗马，威尼斯宫

世界地图之厅，15 世纪中期，安东尼奥·莱奥纳尔迪，世界地图。由教皇保罗二世为他的接见厅委托绘制。佚失。

罗马，梵蒂冈宫

美景别墅，约 1480 年，平图里基奥、佛罗伦萨、热那亚、米兰、罗马和威尼斯的城市图景，壁画。佚失。

第三层长廊，西翼，16 世纪 60 年代早期，呈现了不列颠群岛、西班牙、法兰西、意大利、希腊、小亚细亚、圣地、德意志、匈牙利［包括波兰和立陶宛（Lithuania）］、斯堪的纳维亚半岛、莫斯科大公国、鞑靼（Tartary）和格陵兰（Greenland）的 13 幅地图，壁画。由艾蒂安·杜佩拉奇设计，这些地图由亚历山德罗·曼托瓦尼在 19 世纪进行了大规模复原。在穹顶上是善恶生活榜的图景，由洛伦佐·萨巴蒂尼描绘，是对地图的补充。

博洛尼亚厅，1574 年，博洛尼领土的地图，博洛尼的平面图以及博洛尼的城市图景，壁画。对这三种地图的制图学原型以及绘制它们的艺术家一无所知（洛伦佐·萨巴蒂尼，其监督了房间的完工，但仅仅绘制了天花板）。天花板上的天图，由一个运用了错觉艺术手法的凉廊所支撑。运用透视的方式，这座凉廊中容纳着著名的天文学家，基于法尔内塞宫宇宙志之厅中的一幅相似的天图。

地理地图画廊，1578—1581 年，40 幅由伊尼亚齐奥·丹蒂设计的意大利的地图，壁画。地图呈现了意大利半岛的领土，地中海上的主要岛屿［马耳他、科孚、特雷米蒂（Tremiti）和厄尔巴］、四座重要港口［热那亚、威尼斯、安科纳（Ancona）和奇维塔韦基亚（Civitavecchia）］以及阿维尼翁。走廊的穹顶填充有多个场景：24 幅呈现了来自《旧约》的献祭的主题，51 幅呈现了教会史上的事件，而这些事件的发生地都在下方绘制了地图，此外还有超过 100 幅拟人画。

第三层长廊，北翼，16 世纪 80 年代早期，非洲、亚洲和美洲的 10 幅地图，呈现了西非、东非、土耳其、波斯、印度、中国、鞑靼（Tartaria）、美洲、新西班牙和印度洋上的岛屿，壁画。由伊尼亚齐奥·丹蒂设计，由乔瓦尼·安东尼奥·瓦诺西诺绘制，地图由亚历山德罗·曼托瓦尼在 19 世纪进行了大规模修复。天堂中的圣人的场景被描绘在穹顶上作为地图的补充。

罗马，奎里纳尔宫（quirinal palace）

世界地图，1585 年，壁画。由教皇格列高利十三世委托，并由乔瓦尼·安东尼奥·瓦诺西诺绘制。佚失。

萨尔茨堡

主教宫，1614 年，世界地图，壁画。

830　锡耶纳，市政厅

九人执政官大厅，1338—1339 年，安布罗焦·洛伦泽蒂，《好的政府和坏的政府》，壁画。

世界地图之厅，约 1340 年，安布罗焦·洛伦泽蒂，世界地图，壁画。佚失。

锡耶纳的执政官大厅［今天的省办公室（Office of the Provincia）］，1573—1599 年间，奥兰多·马拉沃提，锡耶纳领土的地图，壁画。佚失。这幅地图经由一幅 17 世纪的副本而为世人所知（Florence, Archivio di Stato, Regie Possessioni, Scaff. C. Palch. 2, Carta No. 49）。

国家档案馆，1609 年，鲁蒂略·马内蒂，锡耶纳地图。其最初位于毗邻执政官大厅的房间中。

威尼斯，里亚尔托市场
里亚尔托市场附近的凉廊，1459 年，世界地图。佚失。

威尼斯，总督府
地图厅（第一层），约 1459 年，安东尼奥·莱奥纳尔迪，威尼斯领地的地图。地图厅最为可能就是第一层的总督公寓的接待室（可能就是后来称为世界地图之厅的那个房间）。1483 年毁坏。

地图厅，约 1459 年，安东尼奥·莱奥纳尔迪，意大利地图，与莱奥纳尔迪的威尼斯领地地图一起展示（上一个条目）。毁于 1483 年。

议事会前厅，1497 年，安东尼奥·莱奥纳尔迪，意大利地图。1547 年，其被文献记载位于议事会前厅，可能是位于第二层的依然名为议事会前厅的房间。并不清楚的是，地图是专门为议事会前厅绘制的，还是后来挪过来的。1574 年毁坏。

议事会大厅（第二层），1531 年，亚历山德罗·佐尔齐，世界地图，帆布上的油画。1574 年毁坏。

圣尼科洛教堂（"小教堂"），一座毗邻议事会大厅（第二层）的小礼拜堂，1535—1536 年，亚历山德罗·佐尔齐，圣地地图，与佐尔齐的塞浦路斯和君士坦丁堡地图一起展示，帆布上的油画。毁于 1574 年。

圣尼科洛教堂（"小教堂"），1535—1536 年，亚历山德罗·佐尔齐，塞浦路斯地图，帆布上的油画。毁于 1574 年。

圣尼科洛教堂（"小教堂"），1535—1536 年，亚历山德罗·佐尔齐，君士坦丁堡的地图（或图景），1541 年，帆布上的油画。毁于 1574 年。

盾室（第一层），1549 年，贾科莫·加斯塔尔迪，非洲和南美洲地图，展示在窄侧的内墙上（朝向庭院），帆布上的油画。由微图画家维特鲁威·布里科斯里昂（Vitruvio Buonconsiglio）绘制，其在 18 世纪中期由弗朗切斯科·吉塞利尼进行了大规模修复。与加斯塔尔迪的亚洲和美洲地图一起展示。

盾室（第一层），1553 年，贾科莫·加斯塔尔迪，亚洲和美洲地图，帆布上的油画。在 18 世纪中期由弗朗切斯科·吉塞利尼进行了大规模修复。

元老院大厅（第二层），1578 年，克里斯托福罗·索尔特，威尼斯领土的地图，帆布上的油画。委托作为一幅大型地图，被展示在元老院的接待厅中，这幅地图在 1582 年被缩减了尺寸，并且展示在了"小教堂后房"中，这是元老院厅和圣尼科洛教堂（"小教堂"）之间的一个门厅。

盾室（第一层），约 1750 年，弗朗切斯科·吉塞利尼，展示了阿尔维塞·卡达莫斯托（Alvise Cà da Mosto）旅行过的地中海西部的地图，帆布上的油画。

盾室（第一层），约 1750 年，弗朗切斯科·吉塞利尼，塞巴斯蒂亚诺·卡伯特在美洲旅行的地图，帆布上的油画。

盾室（第一层），约 1750 年，弗朗切斯科·吉塞利尼，欧洲北部的地图，展示了泽诺兄弟的旅行，帆布上的油画。

维琴察（Vicenza）

总督府，1573 年，环绕维琴察领土的地图。佚失。

第三十三章　文艺复兴时期萨伏依公国的制图学*

保拉·塞雷诺（Paola Sereno）

（北京大学历史系张雄审校）

15 世纪和 16 世纪

今天，通过皮埃蒙特（Piedmont）进入意大利，并且中途停留在整个现代时期作为专制 831
国家首都的都灵的外国来访者，可能会惊奇地看到，除了仅存的大教堂相当僵硬而严肃的立
面，宫殿的建筑和布局毫无文艺复兴时期模式的痕迹，而这种模式对其他意大利城市造成了
极大的影响。他们应当开始在那个问题上疑惑，即这个城市是否通过某种方式根除了它自己
过往的全部。然而，如果这些好奇的旅行者然后迈进包含有古老的萨伏依王室（House of
Savoy）宫廷档案的宫殿的巴洛克式的大门，并且在那里研究王朝疆域的地图，那么，他们
会发现另外一件让人惊讶的事情：萨伏依的制图学透露出与都灵本身城市肌理相似的一种
"缺失"。事实上，略微有些过于简化的说法就是，文艺复兴作为一个概念，在用于解释都
灵及其曾经统治过的区域的历史中的作用极小。城市中仅有的文艺复兴时期建筑学的痕迹是
宗教建筑而不是市民建筑，其原因在于国家在 16 世纪下半叶仍然是一个脆弱的实体——但
正是在这些年中，文艺复兴正在诞生其最为丰硕的成果。同样，中央政治权力十分弱小，这
解释了 16 世纪和 17 世纪萨伏依公国制图学中的某些重要特点。

专制主义国家，通常被认为萌芽于 15 世纪中期前后，无疑在现代地图学的发展中发挥
了重要作用。在急于强调地理发现中的大航海所起到的作用时，传统的编年史同样经常忽略
了政治制度所发挥的作用。这样的航行无疑是关键因素，但在一种更为复杂和微妙的故事
中，它们应当被认为只是一个因素。只是在最近 15 年或 20 多年中——多亏不同的学者对于
意大利诸国制图学的探究——这一传统的焦点已经从作为最终产品的地图移开，并且向在创

---

* 本章使用的缩略语包括：AST 代表 Archivio di Stato, Turin；*Dizionario* 代表 *Dizionario biografico degli Italiani*（Rome：Istituto della Enciclopedia Italiana, 1960 – ）；*Rappresentare uno stato* 代表 Rinaldo Comba and Paola Sereno, eds. , *Rappresentare uno stato：Carte e cartografi degli stati sabaudi dal XVI al XVIII secolo*, 2 vols. （Turin：Allemandi, 2002）；以及 *Theatrum Sabaudiae* 代表 Luigi Firpo, ed. , *Theatrum Sabaudiae*（*Teatro degli stati del Duca di Savoia*）, 2 vols. （1984 – 85）, new ed. , ed. Rosanna Roccia（Turin：Archivio Storico della Città di Torino, 2000）。

造地图学呈现中发挥作用的制作过程转移。这样一种焦点的转移需要考虑到地图制作的文化和制度性背景，同时理解地图学和政治权力之间关系的一个重要关键就是将制图学家作为职业人士进行研究。他们是如何选择他们职业的？对于他们的职业活动施加了哪些控制？他们的作品是如何流通的？

这种从背景入手研究由萨伏依王室统治的国家的制图学史的方法，最早在大致 20 年前被采用，并且注意力集中在启蒙时代（Age of Enlightenment）。在其被采用之前，皮埃蒙特的制图学史是相当缺乏实践和非系统的；其只不过是一种对地方成就的颂扬，在最好的情况下就是冒着扭曲整幅图景的风险而关注于"大"人物。而且，仅仅对专题进行了部分的探索，同时这些主题未能被整合在一起从而构成一个具有一致性的研究对象。这些研究理所当然地认为，萨伏依处于航海所导致的地图学的边缘，以及处于其他意大利城市中的制图学家正在为世界精心描绘一幅图像这种文艺复兴方式的边缘。最终结果就是对预先限定的解释范畴的运用，而这些导致研究者对正在研究的东西视而不见。为了纠正这一误解，制图学的历史研究现在意图重建历史，不仅仅是作为一种故事汇编，而是作为一种单一且原创的整体。为了做到这一点，他们检查在制图学产品中发挥作用的过程，并且不仅仅调查单幅地图中的"沉默"，而且研究那些将皮埃蒙特制图学史与其他地方的制图学史区别开来的差距。这方面的一个自然而然的出发点就是对背景和编年史进行研究。

我们无法忽视萨伏依的阿梅代奥八世（Amedeo VIII，1397—1434 年在位）为了将意大利西北地区的各个领土统一在一个王朝之下而进行的诸多努力，为了便利起见，我们将这些地区简称为皮埃蒙特。他的难以捉摸的外交谈判和有大量文献证明的立法措施显然是由一个目的所激发的：集权以及建构一个现代的国家，使其可以同米兰公国和威尼斯共和国一起在意大利北部的地缘政治的棋盘上占据一席之地。然而，他的计划只经历了短暂的成功，因为他的成就部分被他的后继者浪费，部分由菲利波·马里亚·维斯孔蒂（Filippo Maria Visconti）所剥夺，后者决定重申米兰的主导地位。

如果阿梅代奥八世的国家成为一个巩固的政治实体，那么非常可能的是皮埃蒙特制图学史应当会是相当不同的。但是，在他去世后的一个世纪中，皮埃蒙特统治王朝的地位持续衰落并且区域自身变成由法国、西班牙军队占据的战场——"每个人都有自己的小算盘"，用吉安·加莱亚佐·维斯孔蒂（Gian Galeazzo Visconti）冷酷的话来说[1]。

对这些事件的简单勾勒有利于解释，为什么文艺复兴"略过了"都灵和皮埃蒙特——或者，换一种方式，为什么这一区域在一个世纪之后才有它的"文艺复兴"。最近的研究显示，这一由萨伏依的埃马努埃尔·菲利贝托（Emanuele Filiberto）开始的时期——在 1559年的《卡托—康布雷西和约》（Peace of Cateau-Cambrésis）之后——如何可以被作为萨伏依国家制图学史上的一个重要转折点，这是明确区分两个时期之间的一座分水岭。

对某一自身区域的各种制图学呈现被理所当然地认为是文艺复兴的成就之一，同时，它们在这里的缺乏并不令人惊奇。当时"皮埃蒙特"这个术语，并不太常用于自弗拉维奥·比翁多（Flavio Biondo）时代之后属于意大利分区中的伦巴第西部附属部分这样一个

---

① Paolo Brezzi, "Barbari, feudatari, comuni e signorie fino alla metà del secolo XVI," in *Storia del Piemonte*, 2 vols. (Turin: Casanova, 1960), 1: 73 – 182, esp. 171.

区域。因此，对我们现在所称为的皮埃蒙特的描绘，要到各种意大利总图中去寻找——最重要的是，到那些包含在托勒密《地理学指南》各种版本中的地图上去找②。皮埃蒙特区域最早的印刷地图是在马泰奥·帕加诺的作坊中于1538—1539年制作的③。这与皇帝查理五世和法国国王弗朗索瓦一世坐下来商谈他们各自在皮埃蒙特的利益范围是在同一年，但这个年份并不是一个巧合。萨伏依国家的危机已经解决了，但是这一区域成为烦扰欧洲宫廷的一个问题，并且由于其开始成为一个地缘政治实体，因此，还开始成为地图绘制的一个题材。

除了帕加诺地图，按照一个由阿尔马贾拟就的目录，还存在7幅原型地图，所有已知的对皮埃蒙特的描绘都是基于这些地图——并且几乎所有那七幅地图都是在威尼斯制图学圈子中绘制的④。因而，在区域制图学最早繁荣的时期，皮埃蒙特地方地图的绘制是在其他地方而不是在本地：所有的区域地图——它们是意大利或托勒密传统的内容——在阿尔卑斯山两边弱小的和政治不稳定的国家之外发展和制作。实际上，当地方地图的绘制在皮埃蒙特发展

---

② 关于这一主题，参见 Carlo Felice Capello, *Studi sulla cartografia piemontese*, I: *Il Piemonte nella cartografia pre moderna* (*con particolare riguardo alla carto grafia tolemaica*) (Turin: Gheroni, 1952); Marica Milanesi, "Il Piemonte sud-occidentale nelle carte del Rinascimento," *in Rappresentare uno stato*, 1: 11 – 17; Paola Sereno, "Tra Piemonte, Liguria e Lombardia: Dallerappresentazioni tolemaiche del Piemonte alle prime immagini moderne," 以及 Paola Pressenda, "Le carte del Piemonte di Giacomo Gastaldi," both in *Imago Italiae: La fabrica dell'Italia nella storia della cartografiatra Medioevo ed etàmoderna. Realtà*, *immagine ed immaginazione*, ed. Luciano Lago (Trieste, 2003), 315 – 21 and 321 – 26 (这本书与英文版同时出版，两书页码相同，英文版的书名为 *Imago Italiae: The Making of Italy in the History of Cartography from the Middle Ages to the Modern Era. Reality*, *Image and Imagination*, trans. Christopher Taylor and Christopher Garwood)。对于文艺复兴时期意大利地图的评论，可以在 Lago 主编的展览目录中找到；参见 Luciano Lago, ed., *Imago mundi et Italiae: La versione del mundo e la scoperta dell'Italia nella cartografia antica* (*secoli X– XVI*), 2 vols. (Trieste: La Mongolfiera, 1992)。那些没有包括在托勒密《地理学指南》中的意大利地图，尤其参见由彼得罗·科波 (Pietro Coppo) 绘制的；最近对于这些地图的研究是在 Luciano Lago and Claudio Rossit, *Pietro Coppo: Le "Tabvlae"* (*1524 – 1526*), 2 vols. (Trieste: LINT, 1986) 中。在彼得罗·科波的意大利地图中对于皮埃蒙特的描绘在 Luciano Lago, "Pietro Coppo e le rappresentazioni del Piemonte nelle sue carte d'Italia," in *Rappresentare uno stato*, 1: 19 – 26 中进行了讨论，相关的描述和展示，参见2: 21 – 24 (nos. 10 – 11)。从法国前往皮埃蒙特的谷地的地图，出现在雅克·西尼奥 (Jacques Signot) 的抄本中，时间可以确定为1495—1498年，参见 Carlo Felice Capello, "La 'Descrizione degli itinerari alpini' di Jacques Signot (o Sigault)," *Rivista Geografica Italiana* 57 (1950): 223 – 42, 以及 Sereno, "Tra Piemonte, Liguria e Lombardia," 318 – 21。1515年的印刷版见本卷的图48.14。

③ Roberto Almagià, "La più antica carta stampata del Piemonte," *L'Universo* 6 (1925): 985 – 89, 以及 idem, *Monumenta Italiae cartographica* (Florence: Istituto Geografico Militare, 1929; Bologna 重印: Forni, 1980), 16 and pl. XVII, No. 1.

④ Roberto Almagià, "La cartografia dell'Italia nel Cinquecento con un saggio sulla cartografia del Piemonte," *Rivista Geografica Italiana* 22 (1915): 1 – 26。7幅地图中不含帕加诺的地图 (在1915年并不为阿尔马贾所知；他在1925年发表了它)，它们分别是：在托勒密《地理学指南》(*La geografia*) (Venice, 1548) 中收录的加斯塔尔迪的皮埃蒙特地图；展现皮埃蒙特和利古里亚 (Liguria) 的一部分的地图，由耶罗尼米斯 (Hieronymus, 吉罗拉莫)·科克 (Cock) 雕版在黄铜之上，并且1552年在安特卫普印刷；一幅1553年的匿名的皮埃蒙特和利古里亚地图；加斯塔尔迪的皮埃蒙特的第二幅地图，1555年在威尼斯的马泰奥·帕加诺的作坊印刷，木版 (见本卷图31.6)；一幅雕版在黄铜上，并在威尼斯的费兰多·贝尔泰利 (Ferrando Bertelli) 的作坊于1567年印刷的皮埃蒙特地图；赫拉尔杜斯·墨卡托的皮埃蒙特和利古里亚的地图，雕版在铜版上，并且被包括在他的《意大利、斯洛文尼亚、希腊地图》(*Italiae, Sclavoniae et Graeciae tabulae geographicae*) (Duisburg, 1589) 中；一幅法布里齐奥·斯泰基 (Fabrizio Stechi) 绘制的未标明日期的皮埃蒙特地图，在威尼斯由弗朗切斯科·瓦莱吉奥雕版在黄铜上，推测时间大约在16世纪末。在那些于威尼斯人圈子中制作的地图中，我们应当提到贾科莫·加斯塔尔迪绘制的皮埃蒙特地图，其出生在皮埃蒙特，但是在威尼斯度过了他活跃的职业生涯。这些在 Milanesi, "Il Piemonte sud-occidentale"; Emanuela Mollo, "L'attività di un cartografo piemontese fuori dello stato: Giacomo Gastaldi," in *Rappresentare uno stato*, 1: 27 – 31 中进行了讨论，还有相关的描述和图示，2: 16 – 19 (nos. 6 and 7); 还可以参见 Pressenda, "Le carte del Piemonte di Giacomo Gastaldi"。

起来时，可能本质上仍然与制图学和地理学相抵触，这里的兴趣很大程度上集中于大比例地
图的制作上——这是在直至我们可以称为当代的时期前夕，这一地区的制图学中的仍然持续
833　保持的一种特征（意大利西北部的参考图，参见图33.1）。

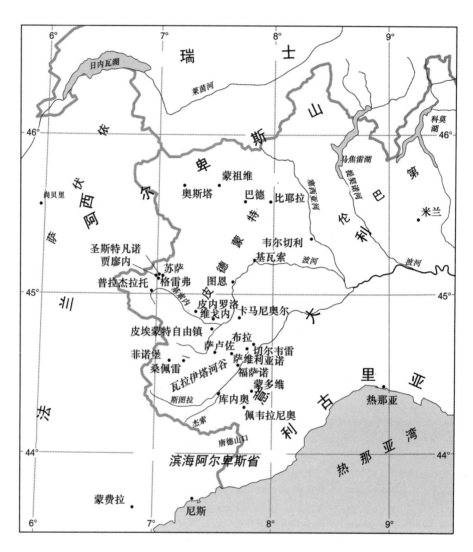

图 33.1　意大利西北部的参考图（地图显示了本章中提到的地点）

特定目的和地形图

　　这样的事实，即皮埃蒙特没有参与其自身地方地图呈现的构建，或者参与在其他地方进
行的区域制图学的构造的过程，并不意味着当地没有产生对其领土的原创性的呈现。在皮埃
蒙特，存在一种对大比例尺作品的专门关注，因此必然关注基于领土的实践知识，以及关于
特定位置的实地知识。这一起源于 15 世纪早期的传统⑤，在《卡托—康布雷西和约》之
后被巩固，在现代时期的几百年间得到延续，并且在启蒙时期展现出了不同寻常的发展。最

---

⑤　P. D. A. Harvey, "Local and Regional Cartography in Medieval Europe," in *HC* 1：464 – 501, esp. 478 – 82.

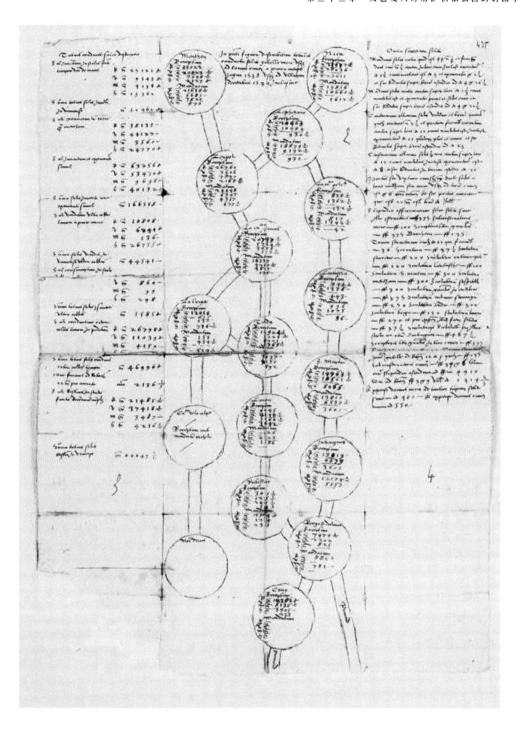

图 33. 2 尼斯省的盐税仓库网络，1548—1549 年。笔和纸画

AST（Corte，Materie Economiche，Gabella del sale di Piemonte e Nizza，mazzo. 3）提供照片。

终，这一为国家服务的地图学，在创建一种为统一后的意大利服务的官方制图学的过程中发挥了作用。

"有权在历史中占有一席之地"⑥ 不被认为是这一传统的一部分，不仅仅因为在这个问题的历史研究中存在特定的方向——在区分地理地图和其他地图时，采用了不明确的排除标准，无助于我们理解历史过程——而且因为一个更为实际的考虑：寻找分散在不同档案馆中的，通常存在于稿本中的材料的困难。地方制图学最早的例子之一就是 1548—1549 年笔、纸草图，其描绘了尼斯（Nice）省盐税仓库的网络，延伸远至库内奥（Cuneo）和蒙多维（Mondovi）（图 33.2），它使用了一张略图，即很容易被转化为按其所包含的数据绘制的一幅现代地图的那种略图⑦。盐税地图描绘了穿越滕达山口（Tenda Pass）并且将从尼斯延伸至库内奥的待完税仓库的内陆区域系统联系起来的道路网络——这是一个由帕加尼诺·德尔波佐（Paganino del Pozzo）在一个世纪之前建立的系统，波佐是一位在尼斯的盐税税收官员。它表明，在这一滨海阿尔卑斯（Maritime Alps）区域建造了道路和桥梁的人，采用了脑子中的——以及很可能是绘制出来的——略图。这些略图不仅指导了他们在领土上的工作，而且有利于将有关地点的本地知识与理解领土尺度问题的专业技术知识结合起来。

特别是在土地测量员的工作中，人们在这种本地知识中发现了制图学的术语。档案中有整个现代时期他们工作的丰富文献记录，但是此前文艺复兴时期的材料则是非常稀缺的。然而，系统的研究——特别是在历史上著名的皮埃蒙特，即今天区域的西南部，甚至按照更为严格的 15 世纪和 16 世纪的定义，通常也被认为是皮埃蒙特的领土——使得探明作品和作者以及重建地图在本地得以委托绘制的社会和文化背景成为可能。

领土纠纷似乎对于制图学描绘而言是最为经常发生的事情；这些描绘的附录是呈献给解决这类纠纷区域的政府当局的文件。诉讼通常与水权、土地所有权，以及最为有趣的，与公共（尤其是城镇）边界的变更或者重新界定有关。这些变化是专制国家形成过程中不可避免的结果之一。中世纪的地方封建领主的制度将既需要重组辖区，又需要保留长期建立起来的权利等级制的任务，遗留给了新的行政地理学⑧。在阿梅代奥八世的 1430 年的《萨伏依公爵法令》（"Decreta Sabaudiae ducalia"）之后，镇和市之间的领土纠纷最初由公爵的当地政府（resident council）决定的，然后在下个世纪中则是由都灵的最高法院（Court de Parlement）裁决，最终自 1560 年之后，由最近成立的省公署（provincial prefectures）解决，尽管最为重要的案件由元老院亲自审问⑨。

在提出和解决领土纠纷中，将地图用作法律文件，似乎在 16 世纪后半叶已经成为皮埃蒙特的既有习惯。我们已知最早的例子可以追溯到这个世纪的中期稍后，尽管它们在 1560

---

⑥ 这段话来自 Jean Poirier, "Ethnologie diachronique et histoire culturelle," in *Ethnologie générale*，在 Jean Poirier 的指导下（Paris：Gallimard, 1968），1444 – 60, esp. 1445。

⑦ 这是 Rinaldo Comba 的功劳，见所著，"Interessi e modi di conoscenza dal XV al XVII secolo," in *La scoperta delle Marittime：Momenti di storia e di alpinismo*, ed. Rinaldo Comba, Mario Cordero, and Paola Sereno（Cuneo：L'Arciere, 1984），15 – 23, esp. 18。

⑧ 关于皮埃蒙特的这些问题，参见 L. Provero, "Territorio e poteri nel Piemonte medievale：La nascita dei villaggi," Convegno su Orientamenti sulla ricerca per la storia locale（Cuneo, unpublished manuscript, n. d.）。

⑨ 参见 Rinaldo Comba, "Le carte nelle contestazioni territoriali intercomunali dei secoli XV e XVI," in *Rappresentare uno stato*, 1：117 – 23。

年之后已经比较频繁地被引用。一个早得多的例子——但这是例外的和独一无二的——可以在两幅绘本地图以及用墨水绘制的草图中发现（后者的时间是 1420—1422 年），它们是在萨卢佐侯爵卢多维科一世（Ludovico Ⅰ）与（维也纳王位王储和）法兰西的查理六世（Charles Ⅵ）的儿子的纠纷期间绘制的，他们对瓦拉伊塔河谷（Varaita Valley）的桑佩雷市（Sampeyre）和菲诺堡市（Casteldelfino）社区之间交界地区的土地存在纠纷[10]。草图是为萨卢佐侯爵绘制的，而两幅绘本地图是为皇太子绘制的，这一事实似乎说明，制图学已经在法国被用于这一用途，而此时对地图的法律诉求依然不为阿尔卑斯山另一侧的国家所知。

对于地图在皮埃蒙特法律文献中这一较晚的出现没有充分的解释。或许仅有的那种论断是一种被误解的结论，因为这种论断可能仅仅基于保存下来的地图的时间。极有可能是，它反映了档案被组织的方式以及负责处理这类案件的不同机构所采用的诉讼程序。然而，如同菲诺堡地图所说明的，答案也可能在于当时的社会看待这类领土呈现的各种方式，以及利用具有创造它们的必要技术知识的专业人员特有的可能性。不容置疑的是，在这类案件中的国家法官的作用，他们发挥的一种影响，就是使他们与纠纷各方和争议地点实行地理隔离。在这些情况下，地图成为一种有效的视觉辅助工具，可以弥补外来法官所缺乏的直接知识。这样的地图可能是由纠纷各方单独制作（以支持他们的主张），或者可能是由他们一起委托的；在两种情况中，被委托的土地测量员或者艺术家都扮演了一个官方专家的角色。然而，在地图可能被法庭接受之前，它们必须被确认是有效的，并且为此，法官可以命令对相关地区进行现场勘查，以便通过对制图学的呈现和实际地区之间的一种比较，来确认地图的真实性。

我们所知最早的这样证据之一，很好地说明了法庭案件中制作地图可能引起的争论——当时社会由此对制图学赋予的含义。所讨论的地图的时间可以追溯至 1558 年，涉及基索内（Chisone）河的一段，其长期以来就是皮内罗洛市（Pinerolo）和维戈内市（Vigone）社区纠纷的核心，涉及用于保护河堤的相关花费的分担问题（图 33.3）。由土地测量员贝尔蒂诺·里维蒂（BertinoRiveti）为皮内罗洛社区绘制，这幅地图是两幅与诉讼有关的地图中仅存的一幅；另外一幅是由土地测量员米凯莱·德拉卡恰（Michele de la Cacia）在画家亚历山德罗·塞拉（Alessandro Serra）的协助下绘制的，受到法庭的直接委托。然而，里维蒂判断卡恰的"figura seu protractus"（制图或比例尺平面图）在技术上是不能接受的，因为他说到，其绘制时没有使用基准线，因此不太可能被绘制准确从而基于此可以做出一种正确的判断。他用支持自己地图的一份详细备忘录，以及其中使用的土地测量技术来反驳维戈内社区提出的各种批评，由此增强了这一攻击[11]。

　　[10]　Archives de l'Isère（B 3710 and B 1446），最早提到地图的是 François de Dainville，"Cartes et contestations au ⅩⅤ siècle," *Imago Mundi* 24（1970）：99 – 121，esp. 99 – 102 中。也可以参见 Comba，"Le carte nelle contestazioni territoriali," 118。关于导致了绘制地图的纠纷，参见 Claudio Allais，*La Castellata*：*Storia dell'alta valle di Varaita*（Saluzzo，1891），143ff。

　　[11]　与这一纠纷有关的文献和地图一起现在藏于 Pinerolo，Archivio Antico Comune. Guido Gentile 在 *Giacomo Jaquerio e il gotico internazionale*，ed. Enrico Castelnuovo and Giovanni Romano（Turin：Stamperia Artistica Nazionale，1979），309 – 14 中对其进行了讨论。也可以参见 Comba，"Le carte nelle contestazioni territoriali," 120。

836

图 33.3 贝尔蒂诺·里维蒂，基索内河地图的细部，1558 年。纸墨地图，在修复时着色并且被固定在织物上

整幅原图尺寸：345×48.5 厘米；这一细部的尺寸：约 60.3×48.5 厘米。Biblioteca Civica Alliaudi，Archivio Storico，Pinerolo（cat. II，fasc. IV，n.9）提供照片。

由贝尔蒂诺·里维蒂提出的是一个技术方面的问题，即关于绘制了地图的那些人——一个已经被充分定义的职业群体（尽管里维蒂相当宽泛地提及"所有艺术专家"给我们留下的印象）——所需要的能力和技能。是否存在普遍认可的对能力进行界定的专业法规？似乎大可对此表示质疑。我们正在论述的地图可能有一些共同的特征，但是文献证据表明，它们总体上是由土地测量员和画家绘制的作品的同时，也有可能是建筑师、军事工程师甚至公证人的作品。明显的事实是，当需要绘制地图的时候，所有这些职业是可以转换的，这就必然最终对产品本身产生了影响，正如地图的最终形式也可能受到其意图使用的目的影响一样。

例如，让我们考虑 1556 年的地图，萨卢佐画家切萨雷·阿贝希亚（Cesare Arbasia）被委托制作将杰索（Gesso）河水引入库内奥领土的河渠地图［库内奥社区与佩韦拉尼奥（Peveragno）在水权上存在纠纷］。度量在他的"测量"中没有位置——一次实地检查是在马背上进行的——但阿贝希亚还是有能力制作一幅足以准确表明河渠是如何从河流中分流出来的地图⑫。然而，当 1566 年年初，他受到省长（provincial prefect）委托，绘制一幅位于杰索河那边的库内奥领土的地图时（此地是库内奥和佩韦拉尼奥持续 10 年的边界纠纷的对象）⑬，阿贝希亚与另外一位画家焦万·弗朗切斯科·塞尔蓬泰（Giovan Francesco Serponte）一起工作——以非常不同的方式进行，并利用了安德烈亚·波马（Andrea Poma）的贡献，后者是一位土地测量员，更为准确地说，是一位"水准测量员"（leveler）（即一位知道校平仪的技术人员）。比例平面图（Protractus）是由两位画家创造的，同样部分的基于之前由土地测量员弗朗切斯科·布索（Francesco Busso）使用一架校平仪和测量员的测角仪获得的领土测量数据。后来，在测量早在 1395 年就被树立起来的石头界标之间的距离的任务中，波马和费代里科·贝尔索雷（Federico Bersore）代替了布索⑭。最终的比例平面图（protractus）准确地反映了所有这些测量数据，即使没有给出比例尺（其可以计算为大约 1∶4600）（图 33.4）。这一几何描述的基础就是乡村景观的水彩描绘；然而，甚至这里，对地图与其附带的书面文献的比较揭示，当决定哪些内容应当被囊括在地图中的时候（此处明显是采用聚落透视图），应用了某种选择性的标准。如果我们考察合作绘制这幅地图之后的阿贝希亚和塞尔蓬泰的生涯，我们可能可以推断出关于绘画和地图学之间的关系是如何与时俱进发生变化的。阿贝希亚返回去进行绘画工作，同时塞尔蓬泰越来越致力于土地测量地图的制作，并且在 17 世纪初依然从事这一领

---

⑫ 一张装裱在帆布上的纸上水彩画，地图现藏于 Cuneo, Museo Civico, Archivio cartografico, n. 156。对地图的一个详细讨论，参见 Comba, "Le carte nelle contestazioni territoriali," 以及相关的描述和图示，2：56 – 57（No. 32），和 Rinaldo Comba, "La mappa dei canali derivati dal torrente Gesso（sec. XVI），" in *Radiografia di un territorio：Beni culturali a Cuneo e nel Cuneese*（Cuneo：L'Arciere, 1980），31 – 33。

⑬ Cuneo, Museo Civico, Archivio cartografico, n. 43。关于一项对地图以及导致其被绘制的纠纷的详细讨论，参见 Comba, "Le carte nelle contestazioni territoriali," 121 – 22 以及相关的描述，2：52 – 56（No. 31）。关于两幅 Arbasia 地图，也可以参见 Rinaldo Comba, "Schede di cartografia rinascimentale，I：Due mappe di Cesare Arbasia nel Museo Civico di Cuneo（1566），" *Bollettino della Società per gli Studi Storici, Archeologici ed Artistici nella Provincia di Cuneo* 109（1993）：39 – 55。

⑭ Cuneo, Archivio Storico Comunale, Documenti, vol. 91, fols. 286r – 89v, and vol. 92, fols. 420r – 21r.

838

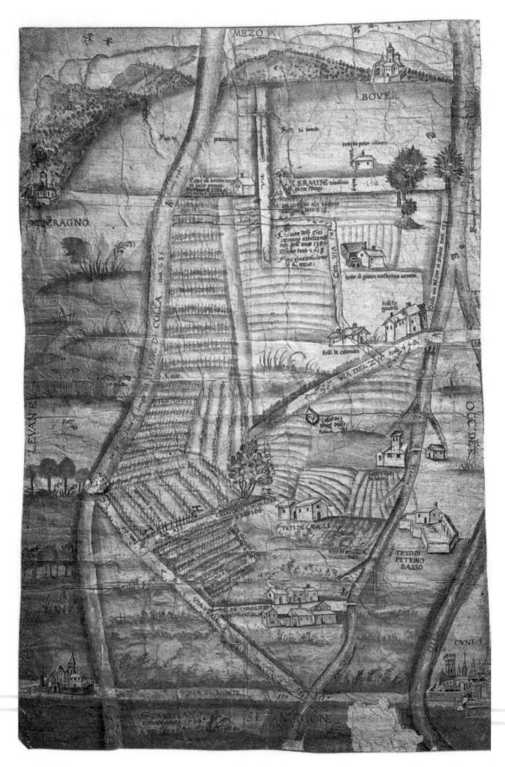

图 33.4　库内奥领土的最终调查，1566 年

Museo Civico Cuneo（Archivio Cartografico，n. 43）提供照片。

域的工作⑮；因而，我们可以推断，16世纪中期艺术技巧和技术需要可以相当愉快地并存的同时，但不断增长的对于更为准确的度量数据的需求最终导致了两者的分道扬镳。

　　另外一个画家—地图制作者的例子就是巴尔托洛梅奥·梅拉诺（Bartolomeo Mellano），他制作了两幅福萨诺（Fossano）和萨维利亚诺（Savigliano）之间以及萨维利亚诺和切尔韦雷（Cervere）之间边界的地图⑯。这两幅作品都是在1565年制作的，对区域的水渠系统进行了有根有据的描述，并且，甚至使用不同的符号来代表两种不同的葡萄园类型（那些在其中葡萄是环绕柱子生长的类型，以及那些采用了阿尔泰诺（alteno）的方法让葡萄环绕树木生长的类型）（图33.5）⑰。

　　但是如果我们回过头来看亚历山德罗和弗蒙多·雷斯塔（Vermondo Resta）的图形，我们看到制图学家具有一种非常不同的职业背景。作为米兰人，亚历山德罗长期为萨伏依公爵埃马努埃尔·菲利贝托服务，后者任命他为公爵的工程师、建筑师和"水准测量员"⑱。1575年，作为公爵的军事工程师，亚历山德罗与他的儿子弗蒙多一起绘制了一幅地图，意在解决一块滨河区域称为"加约"的土地纠纷，它坐落在卡马尼奥拉（Carmagnola）社区［那时处在萨卢佐女侯爵（Marquisate of Saluzzo）的控制下］和公爵的封臣科斯塔·迪阿里尼亚诺（Costa di Arignano）和波隆盖拉（Polonghera）伯爵地产的边界上。波隆盖拉伯爵委托雷斯塔对存在纠纷的领土进行一番调查，最终结果尤其令人感兴趣，因为它目前是来自那个时期仅存的档案汇编，其中收录了所有的原始工作和用于制作最终地图的计算。有三幅地图，一幅初步的草图，一个保存了计算和草图的笔记本，还有与诉讼有关的各种信件和档案⑲。三幅地图包括了一个定稿的水彩版、一个只是部分着色的相同的版本（图版28），以及一个完全未着色的轮廓图，全部三幅地图的比例尺大约都是1∶8200。两幅水彩地图中的第一幅毫无疑问是从另外一幅复制的，因为当将地图举起来对着光线的时候，用于复制的针

839

　　⑮　阿贝希亚的生平记录见 C. Spantigati, "Arbasia, Cesare (Saluzzo,? –1608)," in La pittura in Italia：Il Cinquecento, 2 vols., ed. Giuliano Briganti (Milan：Electa, 1988), 2：628 中的内容；也可以参见 A. Griseri, "Arbasia, Cesare," in Dizionario, 3：729–30; "Arbasia, Cesare," in Schede Vesme：L'arte in Piemonte dal XVI al XVIII secolo, 4 vols. (Turin：Società Piemontese di Archeologia e Belle Arti, 1963–82), 1：39–43; Comba, "Schede di cartografia rinascimentale," 40；以及 Rinaldo Comba, Metamorfosi di un paesaggio rurale：Uomini e luoghi del Piemonte sud-occidentale dal X al XVI secolo (Turin：CELID, 1983), 143–44。

　　⑯　Savigliano, Archivio Storico Comunale, Tipi e Disegni, nn.1 and 2, and, 关于相关文献证据，参见 Savigliano, Archivio Storico Comunale, cat. V, cl.5, art.1a, vol. IV, folder 1. 也可以参见 Comba, "Le carte nelle contestazioni territoriali," 122 中有关两幅地图的条目以及 2：58–62 (nos.33–34) 中的相关描述和图示。

　　⑰　关于阿尔泰诺（alteno）以及在皮埃蒙特地图中提及的用于表示葡萄园的符号，参见 Rinaldo Comba, "Paesaggi della coltura promiscua：Alteni, 'gricie' e terre altenate nel Piemonte rinascimentale," in Vigne e vini nel Piemonte rinascimentale, ed. Rinaldo Comba (Cuneo：L'Arciere, 1991), 17–36, 以及 Paola Sereno, "Vigne ed alteni in Piemonte nell'età moderna," in Vigne e vini nel Piemonte moderno, 2 vols., ed. Rinaldo Comba (Cuneo：L'Arciere, 1992), 1：19–46。

　　⑱　参见1562年和1566年公爵的授权书，在 AST, Camera dei Conti, Patenti Piemonte, reg.6, fol.43, and reg.10, fol.110。

　　⑲　关于对地图的一个详细分析，参见 Maria Luisa Sturani, "Strumenti e tecniche di rilevamento cartografico negli stati sabaudi tra XVI e XVIII secolo," in Rappresentare uno stato, 1：103–14 中的条目。也可以参见 A. Lange, "Le carte topografiche di Alessandro e Vermondo Resta del 1575 per la zona del Gaio fra Carmagnola e Carignano," in Carignano, appunti per una lettura della città：Territorio, città e storia attraverso la forma urbana, l'architettura e le arti figurative, 4 vols. (Carignano：Museo Rodolfo, 1980), 1：263–67。

孔依然是可见的。部分着色的地图可能是一幅最初的草图，因为我们可以从轮廓上的某些修订，以及一些占据了图幅边缘的计算看出来。这毫无疑问是第三幅地图的原型，后者不存在用于绘图的框架线，也没有给出被测量的距离，但对用透视方法呈现代表聚落的建筑物方面非常细致。三幅地图中的这一幅以及第一幅地图，极有可能是纠纷的仲裁者安东尼诺·特索罗（Antonino Thesauro）命令雷斯塔送往法庭的那两幅地图。

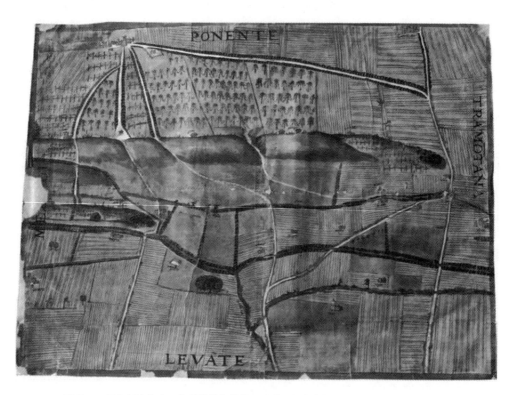

图 33.5　巴尔托洛梅奥·梅拉诺所作萨维利亚诺和切尔韦雷之间边界的地图，1565 年

原始尺寸：61×80 厘米。Archivio Storico Città di Savigliano（Tipi e disegni，disegno C2）提供照片。

附有表明绘制方法的内在证据的图稿，以及部分的草图，与实地测量有关的数据，都让我们理解了调查员所使用的技术。一个直角网格的存在——在草图上和一些预备性的草图上依然可见——表明，使用了一架测量员的直角照准仪以及对距离的直接测量，同时，用度数表示的测量数据的注文说明，在确定地图上一些主要地点的时候，使用了一些几何测量设备（如一个带刻度的圆环或者一架几何四分仪）——这是一项显著提高准确性的措施。

在皮埃蒙特历史上的这一时期，另外一个占据主导的制图学类型就是军事地形学的产品，并且用于这一领域和测量领域的技术和设备的相似性，意味着两种职业长期以来在很大程度上是可替换的。对绘制大比例地方地图的兴趣，是文艺复兴时期皮埃蒙特地图制作的特征，并延续直至此后几个世纪，尽管军事地形学家与土地测量员的角色逐渐分开。这一兴趣的一个重要例子可以在乔瓦尼·弗朗切斯科·佩韦罗内（Giovanni Francesco Peverone）的作品中找到，其生平和作品向我们提供了一个评价 16 世纪前半叶萨伏依公国地图学产品的条件的绝佳机会。

据我们所知，佩韦罗内是库内奥的一个著名家族的成员之一，生活在 1509—1559 年之间[20]，当作为一名法律老师和教授的时候，他是那不勒斯地区知识分子圈子中的一名优秀成员，并且是一位通晓天文学、星相学、音乐、绘画和建筑学的学者，他还是《算术和几何入门简论：内含工匠诸君喜爱的新颖有用之物》（*Due breui e facili trattati，il primo d'arithmetica，l'altro di geometria：Ne i quali si contengono alcune cose nuoue piaceuoli e utili，si a gentilhuomini come artegiani*）的作者。1558 年由让·德图尔内斯（Jean de Tournes）在里昂首次出版（1581 年重印）[21]的《简论》（*trattati*，treatises）是介绍性手册的典范，这种手册是文艺复兴时期欧洲一种传播相当广泛的文学类型；然而，佩韦罗内的那些作品是突出的，因为它们是在皮埃蒙特制作的，这是一个被排除在同时代意大利重要科学圈子之外的区域。《几何学》（*Geometria*）对于地图学史的重要性在于，在对该主题及其实际应用的初步讨论的范围内，它不仅涵盖了土地测量，还包括了制作和使用测量设备、计算高度的问题、地形平整的各种方法、构建一座城市或一块地产的地图的方法、如何绘制一个区域的平面图（使用或不使用设备）以及三角测量的基本原则[22]。简言之，这是一部教授绘制地方地图和地方尺度的领土呈现所涉及的步骤的手册——在其中的步骤中，仪器测量是一种可选项，但核心是直接的实地勘查。

很难说，佩韦罗内的专著在皮埃蒙特享受有哪种流通方式，因而也难以判断，它们在我们已经看到的 16 世纪中叶之后这一国家中正在发展的技能的形成中起到了什么作用。他的两部著作的第二个版本是在第一个版本大约 22 年后出版的，这一事实说明对于它们有一种持续的需求，还有一个事实也说明了这样的需求，即晚至 1740 年，第一个版本的一个副本被"炮兵理论与实践学校"（Scuola Teorica e Pratica di Artiglieria）的图书馆所获得，而这是为军事制图学家刚建立的训练学校[23]。我们可以有把握地说，在佩韦罗内的《几何学》中勾

---

[20]　佩韦罗内的生平和作品，在 Paola Sereno，"'Se volesti descrivere il Piemonte'：Giovan Francesco Peverone e la cartografia come arte liberale，"in *Rappresentare uno stato*，1：33 – 46 中进行了讨论。

[21]　关于算术的专著被献给斯皮里托·马丁尼（Spirito Martini），他是一位希腊学者、新柏拉图派哲学家（Neoplatonist）以及普罗克洛斯（Proclus）作品的翻译者，而关于几何学的专著被献给焦万·弗朗切斯科·卡舍拉诺·德奥萨斯库（Giovan Francesco Cacherano d'Osasco），其是一名著名的法学家，其应当随后很快被任命为塞尔卡姆（Cercamp）和《卡托—康布雷西和约》（Cateau-Cambrésis）谈判中萨伏依的代表。两个版本的献词中都写明了日期"Cuneo 1556"；因而，这一年是它们完成的下限。

[22]　然而，对库内奥周围平原的三角测量的描述，总体上是理论性的，因为作者自己承认，他实际上从未将其付诸实践。本质上，他提供了一种赫马·弗里修斯在他的 *Libellvs de locorum describendorum ratione*（《地方描绘法手册》）中勾勒的精致方法的简化版，该书 1533 年在安特卫普出版，作为对彼得·阿皮亚的《宇宙志》（*Cosmographia*）的评注。Stefano Grande，in "Il primate cartografico del Piemonte e Casa Savoia dai tempi di Emanuele Filiberto in poi，"*Annali dell'Istituto Superiore di Magistero del Piemonte* 2（1928）：35 – 67，esp. 48，指出，佩韦罗内描述这一调查方法的手册在如 Cosimo Bartoli 的专著 *Del modo di misvrare le distantie，le superficie，icorpi，le piante，le prouincie，le prospettiue，& tutte le altre cose terrene，che possono occorrere a gli huomini，secondo le uere regole d'Euclide，& de gli altri piu lodati scrittori*（Venice：Francesco Franceschi Sanese，1564）等同时代的作品之前，因而必然是伊尼亚齐奥·丹蒂的 *Trattato dell'vso et della fabbrica dell'astrolabio*（《论等高仪的使用和制作》）（Florence：Giunti，1569）的来源，有人辩称，他有时逐字照抄了佩韦罗内的著作。实际上，在他对三角测量的讨论中，丹蒂只是引用了赫马·弗里修斯的著作。

[23]　AST，Segreteria di Guerra，Azienda Generale Artiglieria，Inventari Artiglieria，Divisione di Torino，m. 5，"Inventaro de' libri esitenti nelle Reggie Scuole teoriche d'Artiglieria." 书籍的另外一个副本藏于安东尼奥·贝尔托拉（Antonio Bertola）的私人图书馆中，在 17 世纪末至 18 世纪初之间，他是宫廷中男侍们的算术老师，一位防御建筑的能手，萨伏依公爵的首席民事和军事工程师，伊尼亚齐奥·朱塞佩（Ignazio Giuseppe）的父亲，后者将是炮兵学校的奠基人和首位校长，这所学校培养了皮埃蒙特所有伟大的军事地形学家。参见 Carignano，Biblioteca Civica，Archivio G. Rodolfo，Aritmetici，fasc. P。

勒的制图学的实用方法，应当就是整个现代时期的"皮埃蒙特方法"，而且同时代对他专论的关注似乎在两个世纪以来一直没有减弱的原因很可能就是，它是这种哲学的一种宣言，并且其焦点在于地方的大小和地形（两者牢不可破地被联系在一起，即使可能有不同的用途）。

841   然而，佩韦罗内的生平本身同样是我们故事的一部分。他在其两部《简论》出版一年后去世，是在米兰——距离库内奥很远。我们知道，1557 年，在法国人围攻他家乡时，佩韦罗内将他的技术专长投入为城市总督服务的防御问题上；然而，与此同时，在那一年至 1559 年最初数月，出于某些不明原因，他决定搬迁到米兰。这一决定很可能是由于政治上没有前途，以及最为重要的，是由于 16 世纪上半叶皮埃蒙特的文化环境；实际上，一部同时代的资料——由佩韦罗内侄子撰写的日记手稿——清楚地提到这样的事实，即他所迁往的米兰，在那里有一些另类的"正人君子"（huomini virtuosi，这里的 virtuosi 在中世纪拉丁语意义上的用法是"有德行"或"有学问"）[24]。无论事情的真相如何，我们不知道在库内奥或米兰的时期，佩韦罗内是否实际上将他的原则应用于地图的制造。在他的遗嘱中提到的草图、图画和数学工具说明，他确实那么做了（如同我们在库内奥市立档案馆中仍然可以发现的委托书中提及的某些情况一样）；然而，无论我们是否可能受到诱惑才得出这样的结论，但我们还是缺乏有说服力的证据，将他与佚名的《库内奥攻防战实录》（Vera descrittione dell'assedio et impresa di Connio）联系起来，这是 1557 年围攻库内奥的编年史，在同一年于米兰的弗朗切斯科·莫斯凯尼（Francesco Moscheni）的作坊出版，并且附带有一幅细节突出，只能被认为是一位在城市防御组织中起到了领导作用的人士绘制的木版画。

具有讽刺意味的是，佩韦罗内去世的时间，恰好是埃马努埃尔莱·菲利贝托在卡托—康布雷西谈判桌上恢复其对皮埃蒙特的一些主权的那一年。条约标志着专制国家创造和巩固过程中的一个转折点，也是那一国家的文化和科学发展的新机遇，自然对地图制作产生了一种新的作用。在那一时刻，皮埃蒙特制图学史的另一个阶段开始了。

埃马努埃尔·菲利贝托和卡洛·埃马努埃尔一世宫廷中的制图学

《卡托—康布雷西和约》传统上被看成一种实质性变化的标志性时刻，部分归因于在圣康坦（St. Quentin）的胜利。然而，尽管 1559 年条约承认了萨伏依王朝对皮埃蒙特领地的合法性，但其同样确认，那一区域中存在大量重要的法国和西班牙的堡垒，且未能解决蒙费拉托（Montferrat）的问题，1536 年的一项帝国授权将其纳入曼图亚的贡萨加的管辖之下。在《卡托—康布雷西和约》刚刚签订后的数年间，埃马努埃尔·菲利贝托[25]朝着巩固他国家的领土而努力，在 1575 年达成了他的第一个重要结果，当他的土地由法国萨伏依和尼斯伯国（Contée de Nice），以及在阿尔卑斯山意大利一侧的皮埃蒙特公国构成的时候，后者延伸远至塞西亚（Sesia）河流域〔除了蒙费拉托、萨卢佐的女侯爵以及上

㉔ Cuneo, Biblioteca Comunale, MS. 10/1, Miscellanea Corvo, vol. 2, fol. 293ff.

㉕ 最近对埃马努埃尔·菲利贝托这位人物进行了完整研究的作品是 Pierpaolo Merlin, Emanuele Filiberto: Un principe tra il Piemonte e l'Europa (Turin: Società Editrice Internazionale, 1995)。然而，此书没有讨论赋予制图学的新的推动力。

苏萨河谷（Val di Susa）和基索内〕。当法国人从意大利城市撤出之后，在 1563 年，埃马努埃尔·菲利贝托将这一国家的首都从尚贝里（Chambéry）搬迁到了都灵。

在这一时间点上，制图学成为公爵在某种程度上感兴趣的一个问题；巩固和重新组织他的国家所涉及各种制度，同时也就刺激了不同研究领域的发展，包括地理学和制图学在内。菲利贝托公爵在一封写给他在威尼斯的大使的信件（1566 年 10 月 10 日）中，包含了如下命令，要求查明"在制作地图和描述国家方面极为优秀的那位皮埃蒙特人是否依然活着——因为我们将要使用他的服务，并且如果他去世了……他是否留下了他传授了他的职业的学生，由此我们可以使用他的技术"[26]。那位在制作地图以及描述国家方面如此优秀的皮埃蒙特人就是贾科莫·加斯塔尔迪，两部被最为广泛参考的皮埃蒙特同时代志书的作者。实际上，在此信件的一个修订版中，埃马努埃尔·菲利贝托明确要求加斯塔尔迪留下的地图，并且还要求获得可能存在的一些学生，特别谈到他的一名侄子或孙子（nipote），命令他的大使将他找出来，并且发现他是否学习了"他的职业"。另外一个富有讽刺意味的故事就是，皮埃蒙特人贾科莫·加斯塔尔迪，其作为一名制图学家的生涯完全是在威尼斯度过的，1566 年去世——正是在这一年，公爵首次表达出了对他作品的兴趣。

至于作为侄子（或孙子）兼弟子的乔瓦尼·巴蒂斯塔·加斯塔尔迪（Giovanni Battista Gastaldi），被认为是制作了一幅已经散佚的说明 1564 年尼斯地震的地图的那个人，通常被与贾科莫·加斯塔尔迪相混淆。阿尔马贾对于尼斯地图的搜索毫无结果[27]。我已经在一个稿本中发现了地震的草图——可能是一个副本，并且它绝非贾科莫·加斯塔尔迪的作品；也没 842 有关于存在这样一位弟子的任何信息[28]。

威尼斯的信件很可能是已经在 1560 年的一封公爵诏令中明确下来的埃马努埃尔·菲利贝托项目的一种表达，即征召那些正在为外国王公和势力服务的皮埃蒙特人为其国家效劳。同时，虽然他的命令对于贾科莫·加斯塔尔迪而言来得太晚了，但它毫无疑问是地图学中一种新兴趣的标志。尽管加斯塔尔迪作为皮埃蒙特人只是基于出生和家族——他的整个职业生涯，从 1539—1566 年，都是在威尼斯度过的——但是他在可能返回皮埃蒙特的时候去世，

㉖　AST, Corte, Lettere Ministri Venezia, m. 1, doc. 5。也可以参见 Mollo, "L'attività di un cartografo piemontese," 27。

㉗　Roberto Almagià, "La geografia fisica in Italia nel Cinquecento," *Bollettino della Società Geografica Italiana* 46（1909）：716 – 39, esp. 736, 收入重印于 *Scritti geografici*（1905 – 1957）, by Roberto Almagià（Rome：Edizioni Cremonese, 1961）, 179 – 95, esp. 193。存在这样一幅地图的思想，来源于在 17 世纪后半叶由彼得罗·吉欧佛瑞多（Pietro Gioffredo）编纂的 *Storia della Alpi Marittime* 一个 19 世纪的版本，吉欧佛瑞多是未来的维托里奥·阿梅代奥二世（Vittorio Amedeo Ⅱ）的太傅。关于其作者的后续的假说，参见 Renato Biasutti, "Il 'Disegno della Geografia moderna' dell'Italia di Giacomo Gastaldi（1561），" *Memorie Geografiche* 2, No. 4（1908）：5 – 66, esp. 61, 以及 Mario Baratta, "Ricerche intorno a Giacomo Gastaldi," *Rivista Geografica Italiana* 21（1914）：117 – 36 and 373 – 79, esp. 135 – 36。问题在吉欧佛瑞多的笔记中用某种方式加以澄清：AST, Corte, Biblioteca Antica, j. a. X. 13, fasc. 3, "Repertorium pro componenda Historia Alpium Maritimarum sive Nicensis Comitatus, M. DC. LX. I."。

㉘　"Historie naturali e morali della Città, e del Contado di Nizza dal principio del Mondo sino all'anno 1638" 的一个稿本，其是由同城一位老乡安东尼奥·菲吉耶拉（Antonio Fighiera）撰写的，这一作品是吉欧佛瑞多的一个资料来源。其现在收藏在 AST, Corte, Paesi in generale, Provincia di Nizza, m. 64, folder 24。

毕竟还是表明公国制图学史上错过了另一次机遇㉙。

　　虽然自佩韦罗内发现皮埃蒙特无法满足其科学志向之后不过才十年，但是现在对一个正进入其自身的文艺复兴后期的区域而言条件已经非常不同了。在 16 世纪最后 30—35 年中，都灵的宫廷经历了大量文艺复式君主兴趣蓬勃发展的过程——例如，在对防御设施的设计和地图的制作至关重要的数学中，以及在自然科学各领域中，从对实验方法的某种品味到搜集自然界的奇异之物的某种品味方面。甚至存在一个将公爵的图书馆组织为一个"记忆舞台"的项目㉚。并且，当有关文艺复兴时期科学的所有较为重要的作品正在成为那座图书馆的一部分藏品的同时，公爵自己正在征召他的宫廷数学家乔瓦尼·巴蒂斯塔·贝内代蒂（Giovanni Battista Benedetti）——以及其他各种建筑师、军事工程师、天文学家和印刷匠等——并且动用外交渠道获得书籍和科学设备，旨在展示一种将被证明是典型的皮埃蒙特特征的东西：一种对理论思考与实际应用相结合的兴趣㉛。

<hr>

　　㉙　在他绘制的一些地图中，贾科莫·加斯塔尔迪将自己说成"皮埃蒙特人"。在一幅 1544 年的地图上，实际上说他是维拉弗兰卡（Villafranca）当地人——这一说法，Stefano Grande 在 *Notizie sulla vita e sulle opere di Giacomo Gastaldi, cosmografo piemontese del secolo XVI*（Turin：Carlo Clausen，1902），4－5 中发现存在一些疑问，因为，在 1603 年之前的维拉弗兰卡文献中没有包含他家族的名称。然而，由 Mollo 发现的一份文献，并且在他的"L'attività di un cartografo piemontese fuori dello stato，"27 中进行了讨论的，证明 1522 年之前在维拉弗兰卡存在某位马泰奥·加斯塔尔迪（Matteo Gastaldi）；参见 AST，Corte，Protocolli dei notai ducali e camerali，210，fol. 3（red）。有关贾科莫·加斯塔尔迪的少许传记资料，也可以参见 Antonio Manno and Vincenzo Promis，*Notizie di Jacopo Gastaldi, cartografo piemontese del secolo XVI*（Turin：Stamperia Reale，1881）；Baratta，"Ricerche intorno a Giacomo Gastaldi，" 117－25；Roberto Almagià，"Nuove notizie intorno a Giacomo Gastaldi，" *Bollettino della Società Geografica Italiana* 84（1947）：187－89；Romain Rainero，"Attualità ed importanza dell'attività di Giacomo Gastaldi 'cosmografo piemontese，'" *Bollettino della Società per gli Studi Storici, Archeologici ed Artistici della Provincia Cuneo* 86（1982）：5－13；D. Busolini，"Gastaldi，Giacomo，" in *Dizionario*，52：529－32；以及 Robert W. Karrow，*Mapmakers of the Sixteenth Century and Their Maps：Bio-Bibliographies of the Cartographers of Abraham Ortelius*，1570（Chicago：For the Newberry Library by Speculum Orbis Press，1993），216－49。

　　㉚　在 Merlin，*Emanuele Filiberto*，142－48 and 177－90 中对埃马努埃尔·菲利贝托的文化政策进行了一个全景展示。关于科学的普遍舞台的项目，参见 Sergio Mamino，"Ludovic Demoulin De Rochefort e il 'Theatrum omnium disciplinarum' di Emanuele Filiberto di Savoia，" *Studi Piemontesi* 21（1992）：353－67。在 17 世纪中期，公爵图书馆经历了各种枯荣变迁。当他在 1658 年去世的时候，埃马努埃尔·菲利贝托搜集的一部分藏书以及来自奇珍厅（Wünderkammer）的大量藏品转入公爵图书馆员彼得罗·洛多维科·布尔西耶（Pietro Lodovico Boursier）的私人图书馆。这一材料中的一些被退还；一些保存在布尔西耶家族中——并且后来，当家族直系全部去世后，转归莫拉－拉里塞伯爵（Counts Mola-Larissé）家族收藏。一些书籍和稿本，因而成为 Biblioteca Civica di Carignano（加里尼亚诺市立图书馆藏品）的一部分，并且由 Giacomo Rodolfo 编目，见氏著 *Di manoscritti e rarità bibliografiche appartenuti alla Biblioteca dei Duchi di Savoia*（Carignano，1912）。

　　㉛　贝内代蒂（Benedetti）是尼科洛·塔尔塔利亚（Niccolò Tartaglia）的一名弟子，都灵大学的教授，1566 年作为宫廷数学家征召入宫，同时担任皮埃蒙特的年轻王子卡洛·埃马努埃尔的教师。他出生于威尼斯，从法尔内塞的宫廷前往都灵——与弗朗切斯科·帕乔托（Francesco Paciotto）的情况类似，在所有被征召入宫的军事工程师中，他是公爵最中意的人选。贝内代蒂在都灵待到 1590 年去世，并且在他那个时期中他对埃马努埃尔·菲利贝托施加了影响。作为一位反亚里士多德学派的学者（anti-Aristotelian），他是一位新柏拉图派哲学家，欣赏赫耳墨斯（Hermetic）传统，但是他还建造了各种不同的数学设备并且发明了三角形计算器（*trigonolometro*），他在一部稿本著作中对其进行了描述，该书曾经收藏于公爵图书馆，但是现在藏于加里尼亚诺市立图书馆（Biblioteca Civica di Carignano）："Giovanni Battista Benedetti，Descrittione，uso et ragioni del Trigonolometro"（1578）。未署名的稿本 "Dichiarationi delle parti et uso dell'instrumento chiamato isogono" 同样被认为是他的作品（参见 Rodolfo，*Di manoscritti e rarità bibliografiche*，43）。关于贝内代蒂，参见 Sergio Mamino，"Scienziati e architetti alla corte di Emanuele Filiberto di Savoia：Giovan Battista Benedetti e Giacomo Soldati，" *Studi Piemontesi* 19（1989）：429－49，以及 V. Cappelletti，"Benedetti，Giovanni Battista，" in *Dizionario*，8：259－65。有一张工作于萨伏依宫廷的军事工程师的名单，在 CarloPromis，*Gl'ingegneri militari che operarono o scrissero in Piemonte dall'anno MCCC all'anno MDCL*（1871；reprinted Bologna：Forni，1973）中。

收藏的品味尤其值得在这里提及，因为它导致产生了一套由埃马努埃尔·菲利贝托开创，并由他的继承者卡洛·埃马努埃尔一世完成的地图汇编。总而言之，这一汇编由 5 卷组成，对开本，其中包括了防御设施和设防城市的平面图（几乎所有的都是绘本），以及各种其他的几何图像，还有 39 幅印刷的地图，加上 2 幅手绘形式的地图[32]。

843

从 16 世纪下半叶开始出版，印刷地图收录在第一卷中，并且涵盖了世界大多数地区。它们都来自威尼斯，公爵喜欢购买制图学物品的市场——如同我们可以从上面提到的写给他的大使了解加斯塔尔迪及其地图的信件中看到的那样。考虑到那封信，让人感到好奇的是，公爵的汇编没有收录加斯塔尔迪的皮埃蒙特地图或任何意大利全图。如同我已经强调的，小比例尺的制图学作品从未成为皮埃蒙特传统的一部分，它偏好的是地形的和当地的地图，由此，第一卷中的这一小组印刷地图，仿佛是对其他地方盛行的博学趣味的一个古怪的让步。另外，汇编的主体内容似乎是将收藏的兴趣与编纂一种世界上所有主要防御工事最新记录的实用目的合二为一。这一时期唯一的例外就是一幅地方地图，即卡洛·埃马努埃尔一世委托他的宫廷数学家和图书馆员巴尔托洛梅奥·克里斯蒂尼（Bartolomeo Cristini）在 1605 年制作的地图。然而，委托的原因，是来自乔瓦尼·安东尼奥·马吉尼（Giovanni Antonio Magini）的一项特殊需要，他希望为他自己的皮埃蒙特区域地图（1609 年绘制，1613 年由本杰明·赖特雕版，并且由马吉尼的儿子法比奥在 1620 年作为《意大利》的一部分出版）获得一份官方地图的原型[33]。然而，克里斯蒂尼的地图从未被发现，有些人信誓旦旦地认为，其在 1606 年作者去世的时候还没有完成。目前，有两幅佚名的未标明日期的皮埃蒙特手绘地方地图，被作为所有皮埃蒙特地图学系统编目中的一部分进行研究，但是斗胆提出有关其作者身份的任何假设，都将是不成熟的[34]。一言以蔽之，在一个大部分地图都是大比例尺本地地形图的地方，这两幅作品是例外情况。

如同已经提到的，公爵图像藏品的大部分由军事工程师（其中一些是在 16 世纪后半叶和 17 世纪初期奉召回来为萨伏依宫廷效力的那些军事工程师）绘制的防御设施的平面图构成。他们对于军事建筑学和弹道学的研究，为也可以被应用于制图学的勘查和距离测量提供了程序。不无巧合的是"行省及地方知识指南"（"Instruttione per riconoscere le provincie et Luoghi"，时间在 17 世纪初期前后）是由一名公爵的军事工程师费兰特·维泰利（Ferrante Vitelli）制作的[35]。实际上，这一作品率先提出了用于军事侦察的地理观测方案，而军事侦

[32] 汇编的标题为《军事建筑学》（Architettura militare）：AST, Biblioteca Antica, MSS., j. b. I. 3 - 4 - 5 - 6 and j. b. III. 11。正在进行一个出版完整的汇编并且附带关于每幅图像和地图的详细档案的复制品的项目。由 Ministerodei Beni Culturali（文化遗产部）资助，这一方案正在由 AST 的主任，Isabella Massabò Ricci 进行协调，并且建立了一个由专家和学者组成的委员会。第一卷，Antonio Dentoni-Litta and Isabella Massabò Ricci, eds., *Architettura militare*；*Luoghi, città, fortezze, territori in età moderna*（Rome：Ministero per i Beni e le Attività Culturali, Direzione Generale per gli Archivi, 2003），包含了所有 16 世纪的印刷地图，并附录了由 Lucio Gambi, Marica Milanesi, Paola Pressenda, Paola Sereno 和 Maria Luisa Sturani 准备的档案。

[33] Vernazza di Ferney, *Notizie di Bartolomeo Cristini scrittore e leggitore di Emanuele Filiberto*（Nizza, 1783）；Roberto Almagià, L'"*Italia*" *di Giovanni Antonio Magini e la cartografia dell'Italia nei secoli XVI e XVII*（Naples：F. Perrella, 1922），29；以及 Grande, "Il primate cartografico," 58.

[34] 两幅地方图是在都灵 Biblioteca Reale（皇家图书馆）和佛罗伦萨 Biblioteca dell'Istituto Geografico Militare（军事地理研究所图书馆）。

[35] AST, Corte, Materie Militari, Imprese, m. 1, n. 1.

察本就是军事地形学基础的一部分，尤其是在 18 世纪。实际上，当不可能对在敌军控制下的领土进行直接测量的时候，诸如此类的侦察成为军事地图唯一的基础。

军事工程师绘制的地方地图，已经由亚历山德罗·雷斯塔（Alessandro Resta）和弗蒙多·雷斯塔绘制的加约（Gaio）区域的地图得到说明 [前者现存的作品还包括萨维利亚诺和基瓦索（Chivasso）的防御设施地图]㊱。然而，也有这类军事工程师制作纯粹民事用途的地图的各种其他例证。一个有趣的例子就是贾科莫·索尔达蒂（Giacomo Soldati）。出生于米兰，索尔达蒂从 1566 年之后为埃马努埃尔·菲利贝托和卡洛·埃马努埃尔一世效力（前者任命他为公爵的御用工程师和宇宙志学者）㊲。由于负责国家的防御，他签署了一份备忘录（有草图与之配套），内容包括都灵城堡㊳，三幅登记为是他的作品的草图，涵盖了巴德 [Bard，在奥斯塔河谷（Valle d'Aosta）入口]、圣斯特凡诺（Santo Stefano）和蒙祖维（Monjovet）城堡㊴，并且在 1591—1593 年，他基于从苏萨及其谷地的远距离有利位置进行的直接观察制作了一幅草图，涵盖了城市及其堡垒所在的区域（图 33.6）。在这一用笔绘制的水彩画中，索尔达蒂使用了两种不同的方式来表明地理景观的高低起伏；实际上，用于表明格雷弗（Gravere）和苏萨之间山地的方法并没有

844 被发现用于其他任何制图学家已知的作品中，但是在一幅表现贾廖内（Giaglione）附近的苏萨河谷的防御设施的佚名地图上对于高低起伏的描绘使用的就是这一方法㊵，因而我认为这幅地图是索尔达蒂的作品。公爵的工程师和宇宙志学者还是一名水力工程方面的专家，并且在 1580 年，他制作了一份有趣的文献（有配套的羊皮纸地图），它与一个受到洪水影响导致塞西亚河床堵塞部分的项目有关，而塞西亚是皮埃蒙特东部边界的标志㊶。由此，我们再次可以看到，在军事领域发展起来的技术和科学技能，正在被国家应用于不同的用途。此外，埃马努埃尔·菲利贝托对于水力工程的兴趣之所以众所周知，多亏了诸如布拉运河（Naviglio di Bra）以及都灵与库内奥之间的一条运输运河等的工程。这些方案产生了各种地图和草图，包括一幅墨水和水彩地图，时间可以定在 1575 年和 1589 年之间，以略图形式对凯拉斯科（Cherasco）区段布拉运河（推动公爵水车的河段）加以描绘，以及 1567 年和 1584—1589 年的两幅笔绘草图；前者显示了佩尔图萨塔（Pertusata）[运河（bealera）] 从斯图拉（Stura）河的源头至凯拉斯科区域之间的河道㊷，而后者描绘了运河以及从福萨诺至布拉运河河段上新建的磨坊（图 33.7）。

㊱ 在 1575 年由埃马努埃尔·菲利贝托的命令委托，萨维利亚诺防御设施的地图现在收藏在 AST, Camera dei Conti, art. 666, n. 19；基瓦索防御设施的地图收藏在之前提到的收藏 AST, Biblioteca Antica, Architettura militare, vol. 1, fol. 5 中。

㊲ AST, Corte, Protocolli Ducali, Prot. 228, fol. 165 (red), 1 March 1576。在都灵宫廷中，索尔达蒂还涉猎了一阵子诗歌，如同我们可以从他编纂的颂扬奥地利的卡泰丽娜（Caterina），卡洛·埃马努埃尔一世的妻子的诗行中看到的一样：AST, Corte, Storia della Real Casa, cat. 3°, "Storie particolari-Carlo Emanuele I," m. 13, n. 26。

㊳ AST, Corte, Materie Militari, Intendenza Generale Fabbriche e Fortificazioni, m. 1, n. 3, "Discorso di Giacomo Soldati intorno al fortificar la Città di Torino, colla pianta ove restano marcate le vecchie fortificazioni, e le aggiunte, che credeva necessarie."

㊴ AST, Corte, Carte Topografiche sez. Ⅲ, cart. B, n. 3.

㊵ AST, Camerale, art. 666, n. 21.

㊶ Turin, Biblioteca Reale, MSS. Sal. 768。关于索尔达蒂作为一名水力工程师在米兰地区的工作，参见 Promis, *Gl'ingegneri militari*, 194 – 197。

㊷ AST, Camera dei Conti, art. 664, nn. 12 and 12a。地图在一次地图学展览中出版，然而，在地图学文献的组织方面，它采用了非常不准确的编目标准，Nicola Vassallo, *Dal Naviglio del duca ai consorzi irrigui: Cinque secoli di canalizzazioni nella bassa pianura cuneese dalla quattrocentesca "bealera di Bra" all'amministrazione dei canali demaniali*, 展览目录（Savigliano: L'Artistica, 1989), 42 – 45。要理解公爵的水资源政策的背景，参见 Pierpaolo Merlin, "Le canalizzazioni nella politica di Emanuele Filiberto," *Bollettino della Società per gli Studi Storici, Archeologici ed Artistici della Provincia di Cuneo* 96 (1987): 27 – 35。

图 33.6　贾科莫·索尔达蒂的苏萨谷地地图，1591—1593 年。笔和水彩草图

AST（Corte，Carte Topograficheserie III，Susa 1）提供图片。

军事工程师还影响了城市被呈现的方式。在皮埃蒙特国家中，地图的功利性质和目的意味着在《萨伏依的舞台》（*Theatrum Sabaudiae*）（稍后讨论）之前——17 世纪末——只存在 845 庆典制图学的少许痕迹；对一座城市的呈现，多半是一种有意用作其防御和防御工事的平面图。这意味着，国家的主要城市通常被显示在平面图上，绘有一个防御性的城墙的轮廓，里面圈出来的通常不过是空地（充其量出现房屋、广场和城市的道路，用实心色块简单表示一下，意在呈现组成城市结构的街区）。存在大量这类城市制图学的例证，通常有不同版本，要么因为它们在每次城市防御变化时被更新，要么因为它们在最初规划阶段被绘制。这些地图［在《军事建筑学》（*Architettura militare*）中收录了一个现存的例子］总是手绘草图，因为它们的性质足以使其成为秘密文件；然而，由于地图学间谍活动的盛行，因而这类作品似乎在欧洲所有宫廷中流通。

都灵也存在这样简略的呈现形式，这是不可避免的。但是当埃马努埃尔·菲利贝托将他的首都从尚贝里搬到这里的时候，权力中心从萨伏依向皮埃蒙特的迁移，使得都灵成为公爵们和各种市政政策的对象，其用意仍然是，在其特定范围内将一座中世纪城镇转换为一座现代城市[43]。很自然，必然会存在一种对首都现代形象的官方呈现，由此，都灵是唯一一座以地图形式出现，而不只是用墙壁和城墙代表的皮埃蒙特城市。1572 年，乔瓦尼·卡拉查（Giovanni Caracha），一位受雇于公爵的佛兰芒画家，受委托绘制一幅城市在经历了十多年

---

[43]　Martha D. Pollak，*Turin*，*1564 – 1680*：*Urban Design*，*Military Culture*，*and the Creation of the Absolutist Capital*（Chicago：University of Chicago Press，1991）．

建设后的样貌的图像。赐名为奥古斯都都灵（*Avgvsta Tavrinorvm*，使用的拉丁名称正是凸显
其庆典的功能），作品是乔瓦尼·克里格盖尔（Giovanni Criegher）制作的一幅木版画的基础
846 （图 33.8）。这一城市的透视图中，虽然作为其起源的罗马城堡（*castrum*）的方形轮廓仍然
清晰可见，但还是表明了城市街道是一种规则的网格布局，虽然很难掩饰由于最近人口增长
造成的鲁莽建筑作业扩展到了中世纪强行规定的几何形状的极限的现状。整座城市被封闭在
城墙之内，其中部分是罗马时期的建筑，并且正是在这些防御建筑中，我们可以看到公爵努
力塑造其新首都的最初成果：西南角上新建了五边形堡垒，它是由弗朗切斯科·帕乔托以及
众多被招到埃马努埃尔·菲利贝托宫廷中最好的军事工程师设计的。

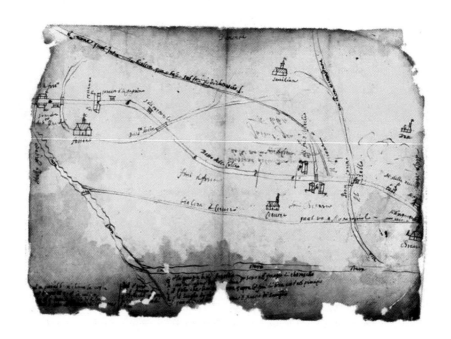

图 33.7 从福萨诺至布拉河的公爵运河及其新建磨坊，1584—1589 年。笔绘草图

AST（Camerale Piemonte，articolo 664，fascicolo 9）提供照片。

卡拉查的图景在多年中依然是都灵的官方形象，并且被多次重复使用——例如，菲利贝
托·潘贡（Filiberto Pingone）于 1577 年出版的《奥古斯都都灵编年史和古代记载》
（*Augusta Taurinorum chronica et antiquitatum inscriptiones*）［由尼科洛·贝维拉夸（Niccolò
Bevilacqua）在都灵印刷］，在梵蒂冈的地理地图画廊里的伊尼亚齐奥·丹蒂的皮埃蒙特地图
中（绘制于 1580—1582 年）[44]，以及在一幅 1583 年由吉罗拉莫·里盖蒂诺（Girolamo
Righettino）绘制在羊皮纸上的水彩画中，这幅图画配有一幅寓意画框，以及一段致卡洛·
埃马努埃尔一世的献词[45]。

---

[44] Paola Sereno, "Pedemontium et Monsterratus," in *La Galleria delle Carte Geografiche in Vaticano / The Gallery of Maps in the Vatican*, 3 vols., ed. Lucio Gambi and Antonio Pinelli（Modena: Franco Cosimo Panini, 1994）, 1: 275 – 82.

[45] 吉罗拉莫·里盖蒂诺的手绘地图现藏于 AST, Corte, Museo Storico。

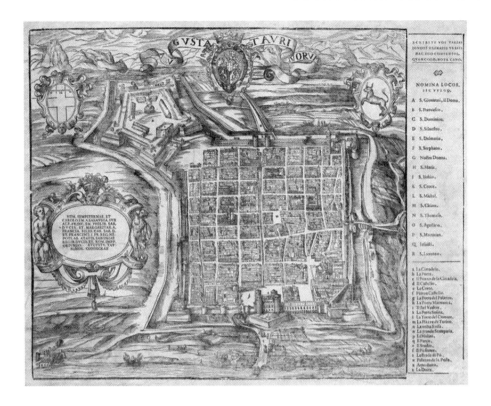

图 33.8　乔瓦尼·卡拉查绘制的都灵平面图，1572 年。奥古斯都都灵，由乔瓦尼·克里格盖尔制作的木版画，都灵，1577 年。西为上

Archivio Storico della Città di Torino（Collezione Simeom D1）提供照片

17 世纪：从《萨伏依的舞台》到博尔戈诺的《普通地图》

847

　　由于将公爵的首都作为代表国家整体的一个象征，里盖蒂诺对于卡拉查的都灵图像的使用，标志着对于制图学的庆典用途的一种明确认可。然而，这类庆典地图应当只是在之后的一个世纪才出现在都灵的宫廷中。尽管它们数量不多，但其数量足以说明存在一种名副其实的地图类型，其被创造，不仅服务于一些功能性或职业性的目的，而且被用于庆祝一些事件或者颂扬君主或者他宫廷中的某些成员。主要由军事工程师和军方官员制作，这些地图中包括的地域从都灵延伸至阿尔卑斯山，有防御设施的地图，其是由上尉达戈斯蒂诺·帕伦塔尼（Agostino Parentani）绘制，并由乔瓦尼·保罗·比安基（Giovanni Paolo Bianchi）雕版，可能是 1640 年前后的作品（图 33.9）；还有环绕都灵、萨卢佐和皮内罗洛周围领土［结合起来构成瓦尔德西（Valdesi）河谷的一部分］的绚烂的水彩和墨水画，时间为 1690 年，并且其由一位萨伏依军团的名叫孔廷（Contin）随军牧师献给了维托里奥·阿梅代奥二世[46]。这幅地图上丰富的地理信息已经被进行了充分的研究，尤其是在描绘新教地区瓦尔德西河谷时呈现的令人感兴趣的细节，同时代的地方制图学倾向于对其进行一种相当概要式的描绘。

　　上面提到的与军事建筑有关的图像汇编，体现了一种由 16 世纪大量欧洲宫廷所共有的

---

[46]　Turin, Biblioteca Reale, Dis. Ⅲ, 22.

品味，以及为其他旨在用来颂扬公爵及其王朝的作品所确立的一种模式。尽管通过更为现代形式的作品进行呈现——通常局限于防御设施的图像——这一庆典制图学将产生一种在整个18世纪（当其倾向于让位给"战争的舞台"的描绘时）都在皮埃蒙特得以持续制作的类型，并且甚至激发了卡洛·埃马努埃尔三世自己制作的产品。

这一类型的范例包括由卡洛·莫雷洛（Carlo Morello）汇总在一起的汇编，他是公爵的"首席市民和军事工程师"。1656 年，这位炮兵上尉制作了他的 "S. A. 萨伏依城堡注意事项"（Avvertimenti sopra le fortezze di S. A.)，即一套描绘了莫雷洛在为萨伏依王室效力的军事生涯期间，参与过的防守和进攻堡垒图像的绘本汇编[47]。汇编还包括两幅手绘的地方地图，一幅是奥斯塔河谷地图，另外一幅是尼斯地图，两者使用的都是传统的形式，用鼹丘表示高度以及用小型传统透视方法描绘聚落。奥斯塔河谷的地图很可能是一个副本或者是一幅地图的修订本，在介绍作品的传记随笔中，莫雷洛说，他在 1622 年接受卡洛·埃马努埃尔一世的命令绘制一幅地图。尼斯伯国的地图，包括热那亚区域的一部分，时间可能始于 1650 年，当时莫雷洛奉命前往尼斯区域去规划对维勒弗朗什（Villefranche）的圣埃尔莫（Sant'Elmo）堡垒的改进；然而，这幅地图可能始于奥斯塔河谷地图的同一时期，也即 1625 年，其时莫雷洛正作为一名从事秘密活动的地图学家在热那亚共和国为公爵工作，他在那里的使命就是对防御设施起草秘密调查报告并绘制地图。两幅地图形式上的特征是一致的，并且它们的模板显然是由皮埃蒙特边界上的朗格多克（Languedoc）和多菲内（Dauphiné）地区［包括上苏萨河谷和普拉杰拉托（Pragelato）］的防御设施地图提供的，这幅地图是法兰西的亨利四世在 17 世纪初委托让·德拜因斯（Jean de Beins）制作的[48]。法国地图学家作品的影响确实可以从汇编的组织方式中看出来，它混合了防御工事的平面图和地方地图，而且也能够——甚至尤其能够——在莫雷洛两幅地方地图的风格中看出来。意大利人可能完全了解拜因斯的作品，但不是通过他的多菲内全图的缩减印刷版，而是通过直接经历，因为两个人都在相同的防御系统中的不同场合工作。最初，他们位于对立面——在维托里奥·阿梅代奥一世去世后开始的萨伏依王室内部的王朝斗争中，莫雷洛站在皇储托马索（Crown Prince Tommaso）一方，反对摄政公爵夫人克里斯蒂娜（Regent Duchess Cristina），即亨利四世的女儿——但是后来，当莫雷洛 1640 年回头效命于公爵夫人克里斯蒂娜时，他们站在了同一阵营。

然而，萨伏依公爵庆典制图学的真正杰作是《上帝保佑萨伏依公爵治下国家舞台》［(Theatrvm statvvm regiœ celsitvdinis Sabavdiœ dvcis)，被称为《萨伏依的舞台》][49]，由卡洛·埃马努埃尔二世委托，当时他依然在他母亲法兰西的克里斯蒂娜摄政下治国。这一长期项目最终的结果就是 1682 年在维托里奥·阿梅代奥二世统治下出版的两卷本的著作，多亏《乌得勒支条约》（Treaty of Utrecht，1713），阿梅代奥二世将在 30 年后成为第一位显示出"国王"派头的萨伏依公爵。

㊼ Turin, Biblioteca Reale, Mil. 178. 作为一位依然研究不足的人物，卡洛·莫雷洛由 Promis 在 Gl'ingegneri militari, 69–71 中做了简述，他在其中使用了可以从莫雷洛自己作品中汇集的信息。

㊽ 在 BL 的多菲内地图汇编，由 François de Dainville, Le Dauphiné et ses confins vus par l'ingénieur d'Henry IV, Jean de Beins (Geneva: Librairie Droz, 1968) 以影印的形式出版。

㊾ Theatrvm statvvm regiœ celsitvdinis Sabavdiœ dvcis, 2 vols. (Amsterdam, Apud Hœredes Ioannis Blaeu, 1682). [Theatrum Sabaudiae (《萨伏依的舞台》)] 的一个影印版，由 Luigi Firpo 编辑，并且随同收入了各种推陈出新的研究成果，目前依然有用，对此在 Ferdinando Rondolino, Per la storia di un libro: Memorie e documenti (Turin, 1904) 中进行了讨论。

图 33.9 达戈斯蒂诺·帕伦塔尼绘制的从都灵到阿尔卑斯山的区域地图，约 1640 年

Biblioteca Reale，Turin（Inc. Ⅳ，12）. Ministero per i Beni e le Attività Culturali 特许使用。

　　《萨伏依的舞台》的出现在很大程度上是一种意外的结果。最初与比利时人约安·布劳（Joan Blaeu）有关，正是他向都灵宫廷提出申请，请求获得公爵城市的官方地图，它们被收录在了一套意大利城市平面图汇编中，可是这套书的模仿对象是布劳在 1649 年出版的弗兰芒城市地图集，即《比利时自由联邦新奇和伟大的城市舞台》（*Novum ac magnum theatrum urbium Belgicae liberae ac foederatae*）。奉献给意大利的作品——《意大利城市美景》（*Theatrum civitatum et admirandorum Italiae*）——在 1663 年以三卷本的形式出版，但是没有任何皮埃蒙特或萨伏依城市的平面图。萨伏依国家的项目，在 1657—1660 年间的某一时间启动。但是最早在 1661 年，公爵就似乎意图改变项目，超出了所要求的城市景观和周边地区的地理记录，而是要包括国家比原来计划更多的城市和城镇。这些市镇中的每个都被允许选择自己的制图师，只要最终的制成品报经公爵批准，而公爵对方案的管理进行严格控制。但是市（镇）也得负责支付所有产生的成本。在绘制这些将被送往荷兰的图像时，都灵自治市承担的成本，被记录在正在披露的文件中，其中在 1664 年以后谈到这一方案题目时，

849

不再说是一本意大利城市地图集，而是在说一部“皮埃蒙特城市宝典”(50)。

然而只是到了1672年由于项目扩展到包括了萨伏依的城市，才真正说得上是有了对国家领土进行全面呈现的意图。那一年的2月，在布劳的作坊的一场大火中，很多已经被送往阿姆斯特丹的图像被毁坏或者受损，尽管所有已经被雕好和印刷完的铜版被保存了下来。那些佚失的图像（以及未得到公爵批准的作品）的重新制作，加上公爵与印刷商之间经常关系闹僵，自然延缓了项目的进度，而由于两位人物的去世，这一进度被进一步延缓（布劳在卡洛·埃马努埃尔二世之前去世）。因而，只是到1682年，作品最终印刷完毕，并且在那一年末，将45份未着色的副本装船运出阿姆斯特丹。除了这些副本，随后通过陆路，发送了四份着色的图像(51)，焦万娜·巴蒂斯塔公爵夫人（Duchess Giovanna Battista，维托里奥·阿梅代奥二世公爵的摄政）将其中一份捐赠给了都灵城，其作为国家的首都，以22副雕版画揭开了《萨伏依的舞台》的序幕。

尽管参与这一精心安排的萨伏依王室领土呈现项目中的一些市，将它们的图像委托给了画家，但大部分市选择了军事工程师，如彼得罗·阿尔迪兹（Pietro Arduzzi）、焦韦纳莱·博埃托（Giovenale Boetto）、贾科莫·安东尼奥·比加（Giacomo Antonio Biga）、西蒙·福尔门托（Simone Formento）和米凯兰杰洛·莫雷洛［Michelangelo Morello，卡洛·莫雷洛的儿子，米凯兰杰洛在《萨伏依的舞台》中描绘的都灵新门（Porta Nuova）图像，是从他父亲的“萨伏依城堡注意事项（Avvertimenti sopra le fortezze）”中复制的］(52)。庆典作品中的大部分图像，都是由这些人或者由地形学家、书法家、宫廷布景画师乔瓦尼·托马索·博尔戈诺（Giovanni Tommaso Borgonio）制作的，并且后者是《萨伏依的舞台》地图学方面的实际协调人（他制作了135块图版中的83块，并且经常被公爵委托重新制作未能达到他要求的图像）。

与那些135块雕刻的图版一起，《萨伏依的舞台》中有两卷装饰有公爵家族成员的各种画像、一面精美的萨伏依的盾徽、一幅王朝家族谱系树图，以及皮埃蒙特和萨伏依的寓意画（分别作为卷1和卷2的开篇）(53)。所有这些图版都突出了作品的庆典意义，它们又为环绕在各种雕版图像周围的装饰所强调。尽管在与同时代欧洲地图学的那些作品对比时，这一装饰并不特别精美，但这些在通常稳重的皮埃蒙特地图学中则是不常见的（低调是这里的一种文化特色），并且可以认为《萨伏依的舞台》因此成为一部纹章图案工具书。

然而，这部皮埃蒙特的城市宝典，不仅仅是一部城市地形图的汇编。被选择构成国家这种象征符号的地点不仅是城市，还有乡村庄园、城堡、要塞、修道院、纪念建筑以及行宫（*delitiae*，公爵在郊区的住所），并且任何选定城市的呈现内容不仅由全景构成，还由教堂、

---

(50) Turin, Archivio Storico Comunale, Carte Sciolte, n. 1537。也可以参见 Ada Peyrot, “Le immagini e gli artisti,” in *Theatrum Sabaudiae*, 1: 31 – 65, esp. 33。

(51) Isabella Ricci and Rosanna Roccia, “La grande impresa editoriale,” in *Theatrum Sabaudiae*, 1: 15 – 30, esp. 25，文章中引用了彼得（Pieter）、威廉和约安·布劳1682年11月12日致公爵的一封信（AST, Corte, Lettere Particolari, m. B9）。

(52) 卡洛·莫雷洛似乎还被委托绘制奥斯塔的图像，是在之前被委托的画家米歇尔·若贝（Michel Jobé）未能令人满意地执行这一任务之后；然而，甚至连他的图像也必然被拒绝了，因为在《萨伏依的舞台》中最终图版的署名者为“画家 Innocente Guizzaro”。

(53) 这可能使得人们认为，将图版设计放在两卷作品中的这种分配方式，是为了表达尊重由山“这边”和山“那边”土地组成的国家的主要地理特征——皮埃蒙特和萨伏依的地图；但是第二卷包含了大量与皮埃蒙特有关的图版。寓意画、公爵的盾徽、谱系图和肖像都是在阿姆斯特丹由荷兰和佛兰芒画家和雕刻家制作的，如 Gérard de Lairesse, Robert Nanteuil, Laurent Dufour, Abraham Bloteling, Jan Luyken, Ambrosius Perlingh, Gerard Valck, Johannes de Broen 和 Coenraert Decker 等。地图在皮埃蒙特绘制，在阿姆斯特丹雕版，一些是在 Romeyn de Hooghe 的作坊中制作的，并得到了 Johannes de Ram 的协助（这仅仅是从相关文献中浮现出的两位雕刻家的姓名）。

宫殿、广场、城门和罗马拱门的特制雕版画构成。在一部图示性著作中聚集大量奇迹（*mirabilia*）的目的只有一个，就是服务于国家之内和之外：皮埃蒙特正在从维托里奥·阿梅代奥一世和卡洛·埃马努埃尔一世统治之间爆发的激烈内战中复苏，并且这一对其领土的壮丽的精美展示——一种公爵人格名副其实的隐喻——足以使萨伏依王室在欧洲其他伟大统治王朝中获得合法地位。这一目的通过一种将图像和描述的紧密结合起来的方式达到了。对每个地点进行呈现的方式还有，采用一段模仿于文艺复兴时期地方志中的描绘而撰写的描述或者报告［*relatione*，在这方面不乏本地的例证，如在弗朗切斯科·达戈斯蒂诺·德拉基耶萨（Francesco Agostino della Chiesa）的《萨伏依皇家编年史》（*Corona Reale di Savoia*）和乔瓦尼·博特罗（Giovanni Botero）的《世界史》（*Relationi universali*）中就有］。在《萨伏依的舞台》中，这一模式——建立在对历史事实的一种叙述、对地理特征的一种描述、对古物奇异之物、古典时期钱币和碑铭的一种搜集，以及为杰出的当地人物和显贵家族撰写一种理想化传记基础上——被采纳，用于传达特定的地缘政治信息。 850

在一个国家名副其实地使用拉丁语，由此可以看出一种学术氛围，因为自埃马努埃尔·菲利贝托在位期间发布的一项公爵诏令之后，拉丁语不再被用于官方文献中。这些报告（*relationi*）的编辑涉及当地的宫廷历史学家和文人，其中一些可以通过姓名认出来(54)。项目——由整体布局的组织和报告的修订构成——的总体管理交由埃马努埃尔·泰绍罗（Emanuele Tesauro）和彼得罗·吉欧佛瑞多负责。前者是宫廷历史学家、碑铭研究者以及萨伏依王室王子们的导师；后者——一位历史学者、古物学家和地理学者以及《滨海阿尔卑斯地区方志图与历史》（*Corografia e Storia della Alpi Marittime*）和《尼斯城宗教遗迹图集》（*Niceae civitatis sacris monumentis illustrate*）的作者(55)——最初被召集到宫廷去与泰绍罗一起为未来的维托里奥·阿梅代奥二世的教育而工作。尽管整部作品的图像在品味上是巴洛克的，但毫无疑问，泰绍罗和吉欧佛瑞多劳动的最终结果是堪称文艺复兴意义上的一部《舞台》（*theatrum*）。通过一种图文并茂的书籍（*libro figurato*）的方法，对独裁君主的伟大加以颂扬和展示，其中地理事实被装饰和转换成为一种奇迹（*mirabilia*）的堆砌。然而，事实从未被扭曲到这样一种程度，以至于肖像成为纯粹的想象。在有着同一座城市的平面图和景观的地方，对两者做一番对比可以显示出差异，这些常常可以通过技术因素进行解释。例如，在描绘城墙中经常存在的差异（例如在棱堡的数量上），很多只是来自一种平面图和一种不等角投影图所产生的差异(56)。地图和平面图同样可以是推测的：例如，奥古斯都

(54) 送往宫廷的报告（*relationi*）的草图——一些使用意大利语，一些使用法语（宫廷语言，依然在今天的皮埃蒙特流行），还有一些早已使用了拉丁语——现在收藏于 AST, Corte, "Storia della Real Casa," cat. 5, m. 1。它们中的一些经过了修订和注释，出自不同人的手笔，由此表明编辑工作是一种集体作业。没有署名，但是存在一些间接的线索，可以借以确定其作者。关于撰写报告的知识环境，参见 Maria Luisa Doglio, "Le relazioni come documento letterario," in *Theatrum Sabaudiae*, 1: 67 – 75。

(55) 一部在 Turin, Biblioteca dell'Accademia delle Scienze（都灵科学院图书馆）发现的稿本笔记本，其毫无疑问是由彼得罗·吉欧佛瑞多编纂的，包含了一个类似教学提纲的东西，由此表明，他的任务之一是对皮埃蒙特王子进行地理教育（对此他准备研究一下托勒密《地理学指南》）：Paola Sereno, "Per una storia della 'Corografia delle Alpi Marittime' di Pietro Gioffredo," in *La scoperta delle Marittime: Momenti di storia e di alpinismo*, ed. Rinaldo Comba, Mario Cordero, and Paola Sereno (Cuneo: L'Arciere, 1984), 37 – 55。

(56) 例如，在两幅描绘了韦尔切利（Vercelli）的图版中，平面图上显示的棱堡数量是 14 座，而在不等角投影图上，它们的数量是 16 座（同样，半月堡和壕沟外围点的数量也存在差异，分别为 9 : 10 和 20 : 23）。关于这一问题，参见 Vincenzo Borasi, "Villaggi e città in Piemonte nel Seicento," in *Theatrum Sabaudiae*, 1: 77 – 89。

都灵（Augusta Taurinorum，都灵）的平面图和景观图经常被重制，并且《萨伏依的舞台》中的版本，最早可以追溯至1674年。然而，当图像显示了城市在1620年扩展之后的样子的时候，平面图包括了两次尚未执行的城市发展方案的结果：波河区域的扩展（在大约10年后，1683年之后被补充）以及苏萨门（Porta Susina）的扩展（维托里奥·阿梅代奥二世在1702年之前一直没对此做出决定）。由此，当景象与现实只是存在轻微变化时——所有这一切都根据透视法则强制缩短了线条——平面图是对未来的一个预言、对一种渴望的呈现、对伟大的一种梦想。同时，这一梦想相当接近于被实现的实际情况，这样的事实意味着《萨伏依的舞台》可以继续被使用。重印了多次，其可以作为对国家的一种呈现，并且表明其统治王朝可以顺利地延续到下个世纪[57]。

在这一国家的舞台布景中，时间被结合到了空间中，并且现在不仅延伸到了未来，而且也起到一种展现了已经被根除的过去的作用。例如，在《萨伏依的舞台》中，雷韦洛镇被显示为由萨卢佐侯爵建造的城堡所控制（图33.10）。这一强有力的防御设施，被建造在用于控制通往法兰西的一条主要道路上，在《萨伏依的舞台》绘制的大约半个世纪之前就已
851 经被拆毁了。然而，它还是被纳入这部作品中，起着提示这块土地的神圣不可侵犯的作用，这里长期以来就是与法兰西纠纷的对象，只是最近才合并到公爵领地中。

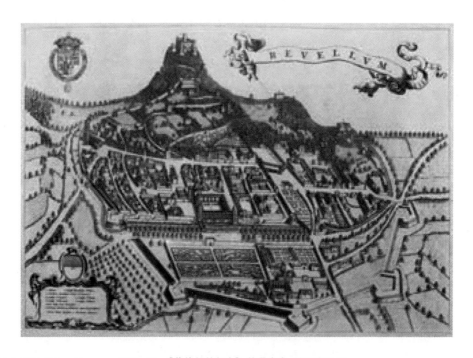

图33.10 《萨伏依的舞台》的雷韦洛（REVELLO）

原图尺寸：42×61厘米。Biblioteca Reale, Turin（vol. 1：67）. Ministero per i Beni e le Attività Culturali 特许使用。

---

[57] 在1693年，与约翰内斯·扬松纽斯·范韦舍伯根（Johannes Janssonius van Waesbergen），也就是约安·布劳的继承者合作重印，配有荷兰语的翻译。没多久，阿德里安·莫廷斯（Adriaan Moetjens），一位海牙（Hague）的印刷匠，从布劳的继承人那里获得了铜版，并且在1697年重印了荷兰语版，1700年出版了法语版。最后，晚至1725年，罗格特·克里斯托弗尔·阿尔贝茨（Rutgert Christoffel Alberts）在海牙出版了一个新版本（对描述予以除旧更新），使用的是法语和荷兰语。

一度被誉为一种"庄严的图像颂辞"[58]，这一地理地图学的庞然大物由三幅地方地图所补充——皮埃蒙特的（卷1）以及萨伏依公国和奇亚布雷斯（Chiablese）的（卷2）——每一幅都环绕有各自省份的盾徽。非常可能的是，当最初被委托的时候，作品并未意图包括这样的地图。对《萨伏依的舞台》起源的重建已经表明，当博尔戈诺受到委托绘制它的时候，没有提到皮埃蒙特地方地图，这幅地图的时间在1675年之前。增补可能是布劳坚持的结果，他感觉，如果没有一幅皮埃蒙特地图的话，那么《萨伏依的舞台》将是不完整的，与此同时，还要考虑到他用于自己的《布劳大地图集或宇宙志》（*Atlas maior sive Cosmographia Blaviana*）的地方地图是不充分的。在1675—1676年间，绘制进行得相当快，实际上，在《萨伏依的舞台》中的地图，是对布劳地图的更新，后者则基于那些由马吉尼绘制的地图。整个事情进一步肯定了皮埃蒙特的一种趋势，就是从地形方面而不是从时间方面考虑空间；因此对小比例尺的地图学报以冷淡的态度。

尽管是对布劳地图的一番修订，但在《萨伏依的舞台》中的皮埃蒙特的地方地图还是涉及大量实地调查，如同我们可以从向博尔戈诺的支付记录中看出的那样[59]。然而，这种调查不仅促成了那些地方地图，而且它们大有可能被看成为思考制作大比例尺的国家整体地图提供的一个良好的机会。这一论点似乎得到1679年向博尔戈诺支付款项的记录的证实，其中提到"用于两年前制作图版的花销，这些图版将用于雕制殿下（His Royal Highness）国家的地理地图"[60]。这些明显是用于雕版殿下国家全图（*Carta generale de stati di sva altezza reale*）的图版，它们被博尔戈诺"使用一架罗盘和一架后视仪"绘制在14张图幅上（图33.11）。这些图幅中的两幅与他的"殿下跨山国家全图"（*Descrittione de stati di sua altezza reale tanto di quà che di là da monti*）有瓜葛。地图在1679年和1680年由乔瓦尼·玛利亚·贝尔格拉诺（Giovanni Maria Belgrano）蚀刻，他是公爵的工程师和地形测量员，并且地图还被称为"公爵夫人殿下地图"（Carta di Madama Reale），因为它被奉献给了焦万娜·巴蒂斯塔公爵夫人，即卡洛·埃马努埃尔二世的寡妇，并且她是其子维托里奥·阿梅代奥二世的摄政者[61]。《全图》在《萨伏依的舞台》——一部与其存在密切联系的作品——之前两年印刷，在边缘上标记有纬度和图像的比例。由于比例尺在整部作品中

---

[58]　这一说法由 Luigi Firpo 在他给 Ada Peyrot, *Torino nei secoli*：*Vedute e piante*，*feste e cerimonie nell'incisione dal Cinquecento all'Ottocento*，2 vols.（Turin：Tipografia Torinese Editrice, 1965），1：XIII 所写的导言中使用。《萨伏依的舞台》引发了与其他"图像颂辞"的比较——被绘制在贵族宫殿墙壁上的那些图像颂辞。例如，我们可以在比耶拉（Biella）的 Sala dei Castelli in Palazzo Ferrero della Marmora 看到类似的观念—文化模式的灵感，其墙壁上绘制有家族及其同盟者的盾徽，还有构成家族领地组成部分的城镇和城堡的图景。这套地图是一部17世纪的作品，具体定年在这个世纪的第二个二十五年中，但这个定年并不确定，因而到底是比耶拉的作品复制了《萨伏依的舞台》，还是为《萨伏依的舞台》提供过部分灵感来源，并不清楚。

[59]　AST, Camera dei Conti, art. 86, par. 3, "Conto Tesoriere Generale Belli," 1676, fol. 164r., cap. 318.

[60]　AST, Camera dei Conti, art. 86, par. 3, "Conto dell'auditore, amministratore del Tesoriere Generale, Silvestro Olivero," 1679, cap. 451. 在《萨伏依的舞台》中的皮埃蒙特地方地图与博尔戈诺的《全图》之间存在的一种联系，还得到了 Guido Gentile, "Dalla 'Carta generale de' Stati di S. A. R.,' 1680, alla 'Carta corografica degli Stati di S. M. il Re di Sardegna,' 1772," in *I rami incisi dell'Archivio di Corte*：*Sovrani*，*battaglie*，*architetture*，*topografia*, exhibition catalog（Turin：Archivio di Stato di Torino, 1981），112–29，以及随后的130–67页目录条目的支持。

[61]　AST, Camera dei Conti, art. 86, par. 3, "Conto dell'auditore Olivero," 1680, chap. 527, and 1681, chap. 252.

图 33.11 乔瓦尼·托马索·博尔戈诺绘制，乔瓦尼·玛利亚·贝尔格拉诺雕版的《全图》的细部，1679 年/ 1680 年

Biblioteca Reale, Turin (n. 59, 16). Ministero per i Beni e le Attività Culturali 特许使用。

存在变化，因此其并不容易被计算（由不同学者给出的估算范围从 1∶144000 至 1∶225000)[62]。作为一项庆典制图学计划的结果，地图应当立刻启用来为宣传目的服务：在《萨伏依的舞台》出现之前，《全图》已经在欧洲宫廷中流传（巴伐利亚、法兰西和葡萄牙），一同流行的还有非常漂亮的《萨伏依王朝世系图》（Généalogie de la royale maison de Savoye，也是由博尔戈诺绘制)[63]。

如同《萨伏依的舞台》，《全图》在一段时间内持续被使用。其成功的首要标志在于这样的事实，即它是在海外印刷，尤其是在巴黎印刷的皮埃蒙特当代地图的一个样板，例如 1692 年由尼古拉斯·德费尔（Nicolas de Fer）印刷的 4 分幅的地图，即他 10 年后出版的《波河一带的意大利》（Italie aux environs du Po），以及温琴佐·科罗内利的《萨伏依和皮埃蒙特国家》（Stati di Savoia e Piemonte）等。然而，博尔戈诺地图的地位在下个世纪中依然很稳固；例如，在迪迪埃·罗伯特·德沃贡迪（Didier Robert de Vaugondy）的《通用地图集》（Atlas universel, 1757）中对意大利北部的描绘，显然来源于博尔戈诺。1765 年，安德鲁·杜里（Andrew Dury），一位伦敦的地图印刷者，已经观察到，博尔戈诺的地图是如此稀少，以至于它仅仅以专门授权并且是非常昂贵的手绘本方式流传，于是决定出版一个新版来弥补这一状况。题名为《摘选自著名博尔戈诺地图的撒丁王国领土之地方地图》（Chorographical

---

62 由 Errera 计算的平均数值 1∶168000，似乎更为可信；参见 Carlo Errera, "Sull'opera cartografica di Giov. Tomaso Borgonio," Archivio Storico Italiano, 5th ser., 34 (1904): 109 – 23, esp. 115。

63 参考文献见 Gentile, "Dalla 'Carta generale,'" 118 – 20。

Map of the King of Sardinia's Dominions Taken from the Famous Map of Borgonio），它与原图有相同的比例尺，但是包含了基于特定区域地图最新的校订内容（原作中的地理坐标——毫无疑问需要修订——被忽略）。最终，都灵宫廷本身负责出版了博尔戈诺地图的另外一个新版本。它是国王的工程师—地形测量员花了 10 年功夫修订的成果，还增补了最近处于萨伏依王室控制下的各省，这幅地图在 1772 年出版，题名为《根据博尔戈尼奥工程师 1683 年版（原文如此）地图订正并增补的 1772 年版萨丁王国国王陛下国家之地方地图》[*Carta corografica degli Stati di S. M. il Re di Sardegna data in luce dall'ingegnere Borgonio in* 1683（*sic*）*corretta ed accrescuita nell'anno* 1772]，并且在都灵由贾科莫·斯塔尼奥内（Giacomo Stagnone）雕版。

852

　　杜里在他新版的介绍中声称，博尔戈诺的地图是为了一项新的地籍登记而进行的多年土地测量的结果。然而，地图实际上并没有基于土地测量数值，并且皮埃蒙特国家小块土地最早的地籍登记直到下个世纪才出现——即使这种登记簿的起源可以追溯至 17 世纪晚期，当时维托里奥·阿梅代奥二世颁布了《全国摊税敕令》（Editto di Perequazione Generale dello Stato），开始了国家现代化的最早的财政改革，以及必然意味着一种土地地块的地籍登记的产生——应当是启蒙时期地图学的伟大成就之一。由此，尽管学者试图拒绝杜里的说法，说它没有根据，但是值得指出的是，"公爵殿下关于统一地籍登记的行政措施"（Provvedimento del Magistrato di S. A. R. sovra la riunione del registro，颁布于 1677 年 1 月 5 日）似乎确实包含了关于对土地进行几何测量的一些想法，尽管不准确。同时似乎不无巧合的是，1680 年颁布的一项公爵敕令，明确提到 1677 年的"措施"禁止那些"未获批准的"人从事土地测量员的工作——实质上，就是建立了一个职业类型且国家对其资格进行控制[64]。这一敕令很可能来自这样一种想法，即展开一项庞大的计划来完成土地登记，为此，土地调查员不得不大规模展开浩繁的工作（很可能是他们在自己的工作中提出来的建议，因为那个时期的配图地籍登记册中，包含了与贵族和教会的大地产有关的文件和地图）[65]。博尔戈诺的地图是否属于这一项目的组成部分，尚未得到证明。然而，似乎不再认为不妥的建议就是，在这样一个方案的框架中，宫廷地图学家可能被委托去绘制一幅国家领土的全图，当然不是按照地籍登记册的比例，而是按照能够比在传统区域制图学中见到的地方尺度可以容纳更多细节的一种比例。接受了这一点，我们就可以将《萨伏依的舞台》和"公爵夫人殿下地图"，看成文艺复兴和启蒙时代之间的一个链接，标志着庆典的和行政地图学的一种结合。

853

---

　　[64]　AST, Camera dei Conti, art. 693, par. 1, 1680, reg. 97, fols. 3 and 272。之前唯一一与土地测量有关的是一件 1633 年的敕令，其为建筑物的体量和土地扩展的度量建立了标准。这些标准，基于那些由公爵建筑师卡洛·迪卡斯特拉蒙特（Carlo di Castellamonte）所使用的，然后被那些在首都将专业应用于实际的人必须遵守。参见 Paola Sereno, "Paesaggio agrario, agrimensura e geometrizzazione dello spazio: La Perequazione Generale del Piemonte e la formazione del 'Catasto Antico,'" in *Fonti per lo studio del paesaggio agrario*, ed. Roberta Martinelli and Lucia Nuti（Lucca: CISCU, 1981），284 – 96，以及 Laura Palmucci, "La formazione del cartografo nello stato assoluto: I cartogafi-agrimensori," in *Rappresentare uno stato*, 1: 49 – 60。

　　[65]　参见 Paola Sereno, "Rappresentazione della proprietà fondiaria: I cabrei e la cartografia cabreistica," in *Rappresentare uno stato*, 1: 143 – 61 以及相关的描述和图示，2: 76 – 94（nos. 50 – 55），以及 Paola Sereno, "'Far riconoscer per misura giudiciale': La formazione dei cabrei e delle mappe cabreistiche," in *Il libro delle mappe dell'Arcidiacono Riperti: Un cabreo astigiano del Settecento*, ed. Paola Sereno（Torino: Stamperia Artistica Nazionale, 2002），19 – 41。

第三十四章　文艺复兴时期热那亚共和国、科西嘉和撒丁岛的制图学活动[*]

马西莫·夸伊尼 (Massimo Quaini)
(北京大学历史系张雄审校)

对热那亚共和国领土上制图学活动的一个概括性描述，将立刻面临区别讲述利古里亚和

854　　　对热那亚共和国领土上制图学活动的一个概括性描述，将立刻面临区别讲述利古里亚和
热那亚及其岛屿领土被绘制成地图（无论通过什么机构）的故事，以及解释从这些区域扩
散开来的文艺复兴制图学文化的问题（图34.1）。在诸多历史时期中，为这些区域提供一种
具有连续性的制图学史的较为传统的方法，已经在诸如罗伯托·阿尔马贾的《意大利地图
学志》(*Monumenta Italiae cartografica*，1929）或者皮洛尼（Piloni）1974年的关于撒丁岛的
代表作《杰作》(*magnum opus*) 等通论著作中得以很好的运用[①]。在展览目录中充满了通常
可以从这些区域的档案中逐渐收集到的绘本地图的详细信息和图示，因而趋向于着重运用第
二种方法，即试图重建当地的制图学文化。这些目录，被包括在我的《利古里亚的地图和
制图学》(*Carte e cartografi in Liguria*) 以及萨洛内和阿玛尔贝尔蒂（Amalberti）合著的《科
西嘉：图像和制图学》(*Corsica：Immagine e cartografia*) 这两部著作列出的重要书目文
献中[②]。

　　本章采用第二种方法阐释16世纪和17世纪热那亚及其领土上的一种独立的制图学文化
的发展程度，这是在由路易十四（Louis XIV）进行的复杂的制图学工程，即制作1679年至
1685年的"地中海地图"(Carte de Mediterranée) 之前的时期，而这一作品开辟了一个新的
时代。大部分研究过热那亚及其领土的制图学描绘史的学者已经将其描述为：揭示共和国，
与其邻国（如皮埃蒙特）或有可比性的国家诸如威尼斯以及其威尼托（Veneto）等相比，
"长期处于落后状态"。对于欧洲大部分而言，一种与中世纪形成反差的视觉制图学的逐渐
出现是现代早期的标志，在中世纪时期，对于地点的描绘和描述不太依赖于视觉，而是依赖
于有强大说服力的口语词汇。词汇的这一优势地位意味着，在一幅中世纪地图上的所有空白

---

[*] 本章中所使用的缩略语包括：ASG 代表 Archivio di Stato, Genoa, 以及 *Corsica* 代表 Anna Maria Salone and Fausto
Amalberti, *Corsica：Immagine e cartografia* (Genoa：Sagep, 1992)。

[①] Roberto Almagià, *Monumenta Italiae cartographica* (Florence：Istituto Geografico Militare, 1929), 以及 Luigi Piloni,
Carte geografiche della Sardegna, 1974年的重印本，增补了 Isabella Zedda Macciò 的 "Carte e cartografi della Sardegna"
(pp. 441–57) (Cagliari：Edizioni della Torre, 1997)。

[②] Massimo Quaini, ed., *Carte e cartografi in Liguria* (Genoa：Sagep, 1986) 和 *Corsica*.

处被填补上由一种更为百科全书式和叙述性话语构成的地图说明文字，同时与表现实际情况的绘画相比，这些文字被认为更为重要和值得信赖。因而，地图的话语主要具有修辞的和隐喻的性质；对世界的研究采用的是一种说教地理学的形式③。

对利古里亚的这种词汇超越于图像之上的现象进行解释时，一些学者提到当地对景观或城市进行视觉描绘的兴趣程度很低④。其他人则举出在一个持续致力于对其周边领土进行控制的国家中，军事和官僚机构在现代化中存在的困难。然而，无论选择什么例子，他们的讨论似乎总是具有一种传统老生常谈的色彩，这种观点是由旅行者和历史学家先后培育起来的，即将热那亚描述为一个对于促进艺术或科学纯粹没有兴趣的商业城市⑤。

尽管这一总体形象在最近几年中已经大为改观，但热那亚依然是一个其具象艺术或者一种"聚焦于国家的"政治文化无法被认为是扮演了一种主导角色的地方，尤其当其与整个意大利进行对比的时候⑥。念及此，将该城文化史和主流生活方式作为一种重点问题来研究，似乎可以作为热那亚地图学史研究者的一个明智的出发点。如果我们避免一种制度史、具象艺术或科学和技术（后者包括了制图学本身发展很不确定的年表）的简单发展年表的话，那么我们将不再只是以"落后"或落伍的观点来看待热那亚特有的文化和制度因素。与其考虑一些与技术进步的抽象模型有关的事物，我们不如看一看制图学技术是如何适应区域或城市本身的领土和地缘政治背景的，它是一个非常不同于意大利任何其他国家的背景。

波莱吉（Poleggi），这位拥有关于城市肌理的详细知识的学者已经指出，利古里亚政府对描绘其所在地所持的冷漠态度，造成当地艺术家缺乏授权以提供地理景观和城市图像⑦。这就解释了为什么——除了由热那亚官方在 1481 年委托了一件作品这一重要例外——已知最早的城市描绘都是由其他王公和统治者委托的。这些人包括教皇因诺森八世，其在 1484 年委托平图里基奥用罗马、米兰、热那亚、佛罗伦萨、威尼斯和那不勒斯的图像装饰景观楼（Palazzo del Belvedere）的一条凉廊⑧，还有弗朗切斯科·贡萨加二世（曼图亚侯爵），其在 1497 年委托乔瓦尼·贝利尼和真蒂尔·贝利尼（Gentile Bellini）为现已不存于世的马尔米罗洛宫（Palazzo di Marmirolo）中的"城市之厅"（City Chambers）绘制威尼斯、热那亚、巴黎以及开罗的图景。

③　恰当的术语是由 Juergen Schulz 在他的《科学与艺术之间的制图学：意大利文艺复兴中的地图和制图学家》［*La cartografia tra scienza e arte：Carte e cartografinel Rinascimento italiano*（Modena：Panini，1990）］中创造的。人们从其身上可以看到中世纪地理学的普通之物与文艺复兴文化培育的新观念和猜想的最重要的混合物的人物就是热那亚人克里斯托弗·哥伦布，他作为一位制图学家的技艺是众多周知的；参见 Massimo Quaini 的论文，"L'età dell'evidenza cartografica：Una nuova visione del mondo fra Cinquecento e Seicento," in *Cristoforo Colombo e l'apertura degli spazi：Mostra storico-cartografica*，2 vols.，ed. Guglielmo Cavallo（Rome：Istituto Poligrafico e Zecca dello Stato, Libreria dello Stato, 1992），2：781–812。

④　Ennio Poleggi，*Iconografia di Genova e delle riviere*（Genoa：Sagep，1977），14。

⑤　尤其参见 Salvatore Rotta 的论文，"Idee di riforma nella Genova settecentesca, e la diffusione del pensiero di Montesquieu," *Movimento Operaio e Socialista in Liguria* 7，No. 3–4（1961）：205–84。

⑥　如同我们将要看到的，大部分实质性的批评来自那些应用微观史范例的研究，尤其来自 Edoardo Grendi，Diego Moreno 和 Osvaldo Raggio 的作品，他们采用了一种地方志的方法去研究利古里亚的社会史。参见较为宽泛的评论，Edoardo Grendi，"Stato e comunità nel Seicento genovese," in *Studi in memoria di Giovanni Tarello*，2 vols.（Milan：Giuffrè，1990），1：243–82。

⑦　Poleggi，*Iconografia di Genova*，14。

⑧　城市被用"佛兰芒的方式（描绘）；这件东西，因为在之前从未被看到，所以其是高度令人愉悦的"，按照乔治·瓦萨里的评论，由此提请注意一种时尚的产生（Poleggi，*Iconografia di Genova*，13）。这一时尚及其对制图学的影响的最新研究，参见 Schulz，*La cartografia tra scienza e arte*。

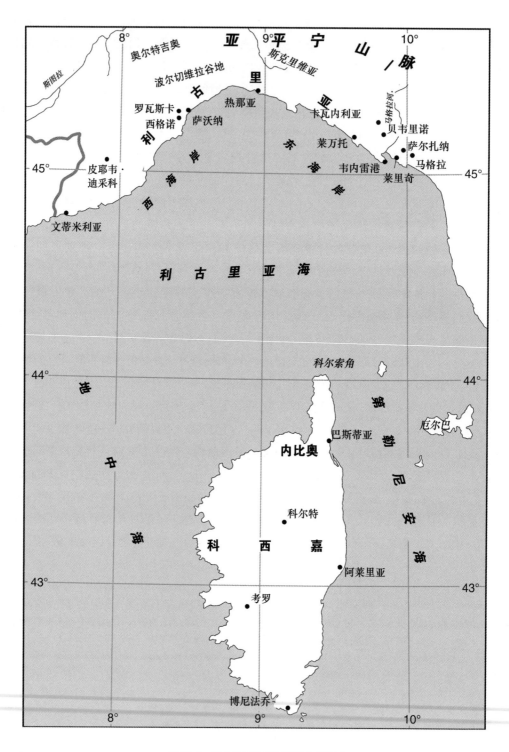

图 34.1 利古里亚和科西嘉的参考地图

这些热那亚的绘画作品，以及它们雕版的后继者，在本质上是相似的。它们在著名的"别墅景观"中呈现城市，并且城市周围环绕着一条宽阔的山丘地带（在 17 世纪初，其顶部最外侧的位置建有一圈城墙）。然而，尽管这些画像大部分是由外国人绘制的，但其原型是在热那亚当地制作的唯一"国产的"对城市的描绘。这一大型的佚名的图像现在已经佚失了，其内容是颂扬响应教皇西克斯图斯四世（Sixtus Ⅳ）关于将奥特朗托海峡从土耳其入侵（1481 年）中解救出来的号召，热那亚所派舰队离港时的情形，它由画家—制图学家克里斯托福罗·德格拉西（Cristoforo de Grassi）于 1597 年在热那亚复制（图 34.2）⑨。

图 34.2　热那亚图景，1481 年。1597 年，由克里斯托福罗·德格拉西基于一幅大型的当地制作的佚名的城市图像绘制

原图尺寸：222×400 厘米。Galata Museo del Mare, Genoa（NIMN 3486）提供照片。

这些透视景观，以及对附属于波特兰航海图的其他更为先进和详细的对城市的描绘，旨在提升从海上看去时城市及其外围领土的经典图像。一切都符合热那亚图景的当地口味，即为正好从港口外看过去的海军图像充当背景⑩。

这种图案持续存在于大量的地形学作品集中：《格拉西木刻地方地图绘制术》（*Corographia Xofori de Grassis*，1598），其聚焦于科西嘉，但也涵盖了利古里亚的东海岸（Eastern Riviera）和热那亚城（参见图 34.7），还有《热那亚市》（*Civitas Janue*，1616），

⑨　德格拉西，其还是领土的制图学呈现的创造者，稍后被讨论。关于"热那亚古城绘画"（pictvra antiqvae vrbis Genve），元老院（Padri del Comune）希望将其从完全的废墟中拯救出来，参见 Poleggi, *Iconografia di Genova*, 110－12，还有 Pierangelo Campodonico, *La marineria genovese dal medioevo all'unità d'Italia*（Milan：Fabbri, 1989），esp. 111－14 and 165－67，其认为德格拉西［（Grasso）］或格拉索绘制了在热那亚乔瓦尼·斯皮诺拉天使宫（palazzo of Angelo Giovanni Spinola）中发现的海军的和地理学的装饰。

⑩　这些 16 世纪的大量绘画和缩微画——一些源自土耳其——在 Poleggi, *Iconografia di Genova* 中被分析，其中还提到了由巴蒂斯塔·贝卡里（Battista Beccari）在 1435 年绘制的航海图（p. 40）。

两部作品的作者都被认为是杰罗拉莫·博尔多尼（Gerolamo Bordoni），即共和国的司仪
856 （*maestro del cerimoniale*），其负责编绘共和国的一幅地方地图，并且最后，还有被发现于梵
蒂冈美景画廊（Belvedere Gallery）的热那亚的图像。在最后这一作品中，透视图被一幅具
有透视特征的平面图取代，更多的注意力被倾注到了对周围地理环境的描绘上；它可能基于
画家 G. 安德烈亚·安萨尔多（G. Andrea Ansaldo）绘制的一幅图像，他奉教皇乌尔班八世
（Pope Urban VIII）之命被派往这座城市⑪。

　　热那亚政府当局对于 16 世纪在意大利其他地方流行的地图画廊的时尚没有显示出兴趣。
同样，那些将很多外来的艺术家（远至尼德兰）吸引到城市的私人赞助者通常对其他题材感
兴趣⑫。这些品味的两个例外是质量很不同的知名度稍逊的作品。首先是现在的多利亚—斯皮
诺拉宫（Palazzo Doria-Spinola）中的城市图景凉廊，是 1584 年由乔瓦尼·巴蒂斯塔·多里亚
（Giovanni Battista Doria）的委托之作⑬。第二幅作品实在难以评价，因为它在很大程度上是一
项未完成项目，原本是为一个描绘热那亚殖民地图像的公共收藏而作［收藏的仅存部分是 16
世纪中期的希俄斯（Chios）岛屿和城市的匿名绘画］⑭。

　　这两个项目的边缘性，明显暴露出没有感到对公共地图画廊有一种需求。实际上，只是
到很晚的时间这一局限才被感觉到了，且这一局限不是在艺术或者文化背景中，而是在共和
国公民的政治意识的发展中被感觉到。安德烈亚·斯皮诺拉（Andrea Spinola），作为"共和
国"统治阶层中一位思想开明的成员，批评了在总督府中缺乏对利古里亚适当的制图学呈
现，他是这样说的："在领主宫（Palazzo della Signoria）的公共凉廊中，四周墙体上应当绘
制用各种图像描绘了我们国家的壁画，并且准确清楚地呈现了国家边界。通过这种方式，当
市民在此等待执政官召见的时候，他们将能够获得关于诸如此类最为重要事务的准确知
857 识。"⑮ 然而，斯皮诺拉的提议并未受到关注，他关于建立一所教授地理学和航海制图学的
海军学校的提议也是如此⑯。

　　波莱吉提供了与这一城市特有结构联系在一起的社会行为和精神面貌的一种解读：

　　　　在城市持续增长和发展的方式中，有某种明确属于中世纪的因素。它被掩藏于这样
　　的事实背后，即热那亚人不愿意描绘自己的城市；致使其他人无法理解热那亚空间分布
　　中隐秘而革命的和谐。事实是，人们不能绘制没有大型公共广场的城市图像，而热那亚

---

⑪　同样，这一理论最初是在 Poleggi, *Iconografia di Genova*, 123 中提出的。从透视图向平面图的转移还可以在 1638
年的 Domenico Fiasella 为巴勒莫的热那亚人圣乔治礼拜堂（Oratororio di San Giorgio dei Genovesi）制作的绘画中看到
（*Iconografia di Genova*, 22）。

⑫　关于热那亚绘画和装饰的历史，参见 Ezia Gavazza, *La grande decorazione a Genova*（Genoa: Sagep, 1974）。

⑬　参见 Poleggi, *Iconografia di Genova*, 114。波莱吉批评壁画的质量不高，并且说它们的底图"与任何其他地方发现
的城市图像雷同"。

⑭　图版现藏于热那亚海事博物馆（Museo Navale）。参见 Campodonico, *La marineria genovese*, 121 中的复制品。

⑮　Andrea Spinola, "Ricordi," 在 "Confini publici"（公共边界）的章节中；Genoa, Archivio Storico Comune（BS
MS. 106 B 8）。斯皮诺拉在这一部分还敦促创作一套制图学地图集，供边境官存（Magistratura dei Confini）使用。关于斯
皮诺拉及其作品（依然是手绘形式），参见 Bitossi 为 Andrea Spinola, *Scritti scelti*, ed. Carlo Bitossi（Genoa: Sagep, 1981），
5 – 75 所作的涉及范围很广的导言。

⑯　Spinola, *Scritti scelti*, 293 – 94.

就没有大型公共广场……人们不能使用城市图像去颂扬一个绝对私人并且肯定不是为集体享乐和用途准备的空间⑰。

这一具有高度说服力的解读，可以从热那亚城市空间的组织扩展到包括了共和国全部领土的组织。到 15 世纪末，热那亚领土扩张的过程完成，然而国家本身继续拥有一个脆弱的没有明确身份认同感的政治结构。这由下述事实充分说明，即在 1485—1515 年间，一个私人法人团体圣乔治银行（Banco di San Giorgio），被委托管理热那亚领土中相当庞大和具有战略重要性的部分：科西嘉、莱里奇（Lerici）、萨尔扎纳（Sarzana）、皮耶韦·迪泰科（Pieve di Teco）、文蒂米利亚（Ventimiglia）和莱万托（Levanto）。

共和国复杂的领土组织，需要授予各种地方社区整整一大批特权和豁免。众多封建飞地的存在，通常与构成城市统治阶层的贵族家族有关。与这些家族同时存在的是热那亚贵族的派系分裂，它们甚至在城市内占据了不同的住所（alberghi），因而将城市空间明显分割为由不同宗族居住的空间上存在差异的区域。

因为缺乏一种国家领土管理方式的整体性重建，以及缺乏名副其实的武装部队、一种公认的共同利益、对某一特定王朝的忠诚，当然还缺乏一种全体一致的民族或文化凝聚力，所以法律几乎是把国家统一在一起的唯一黏合剂⑱。某种特别的领土的一致性是存在的，其他各种形式的联系可能在其下发挥作用［例如家族、教区、帮会，以及"阶层"（plebs）］；国内本地的凝聚力似乎只能由外部冲突来保证，无论是与毗邻社区的，还是与中央政府的⑲。如此造成的结果是，尽管整个共和国旧制度时期，存在由大量（但无效的）较为开明的统治阶层成员产生的对现代化的需求，但从未能够对热那亚领土的行政地图进行标准化。就如格伦迪（Grendi）所说，"国家的政治语言持续地建立在传统基础上，即承认豁免权、特权、公约和地方法规，而这些权威依赖于它们古代的风俗习惯"⑳。

在试图理解热那亚共和国制图学的发展的时候，我们应当记住这样一种复杂的背景。在欧洲的很多地区，制图学的发展与国家的现代化和力量增强之间的关系是清楚的；向一个中央集权国家的转变是其现代化的基础。然而，利古里亚城市空间的地方的和异质的社会意识意味着，对于制图学发展的一种正确分析必须仰赖于其他假设。地图所起的作用是作为地方团体的一种工具，被用于确认它们的认同感，这就与欧洲制图学的普遍模式形成鲜明的对比，地图在后者中更大程度上被看成一种分析工具，为国家中的领土结构布局提供了一幅完整和有效的图像㉑。

⑰　Poleggi, *Iconografia di Genova*, 15.

⑱　Giovanni Assereto, "Dall'amministrazione patrizia all'amministrazione moderna：Genova," in *L'amministrazione nella storia moderna*, 2 vols.（Milan：Giuffrè, 1985），1：95 – 159, esp. 99 – 100.

⑲　Edoardo Grendi, "Il sistema politico di una comunità ligure：Cervo fra Cinquecento e Seicento," *Quaderni Storici* 46（1981）：92 – 129.

⑳　Grendi, "Stato e comunità," 275 – 76.

㉑　重点参见 Edoardo Grendi, "Il disegno e la coscienza sociale dello spazio：Dalle carte archivistiche genovesi," in *Studi in memoria di Teofilo Ossian De Negri*, Ⅲ（Genoa：Stringa, 1986），14 – 33, 以及 idem, "Cartografia e disegno locale：La coscienza sociale dello spazio," in *Lettere orbe*：*Anonimato e poteri nel Seicento genovese*（Palermo：Gelka, 1989），135 – 62。

鉴于整个利古里亚在时间和空间问题上持续存在一种中世纪观点㉒，并且鉴于一种可以被定义为"前现代"的政治结构，那里的国家制图学的发展受到严重的阻碍。而且，整个区域中的状况总体上远非铁板一块，并且在被认为的中世纪已经终结的时间之后很久，"中世纪"这个术语依然可以被应用于某些地方区域。描述地理事实的文本持续占据支配地位，强化了这一前现代的特征。

例如，在 1536 年，萨沃纳城市议会着手通过以邀请达戈斯蒂诺·阿巴特（Agostino Abate）提供服务的方式来解决边界纠纷，后者在几何学和建筑学方面有扎实的基础。阿巴特知道没必要试图通过在地图上确定边界来解决各种争端。他进行了一次实地调查来恢复准确的边界（*termini*）。但是他的关键资料就是老年居民的知识和记忆，部分属于一种世代相传的口述传统。在未来，诸如此类的所有纠纷都将在城市书记员的可靠文书（*scrittura autentica*）基础上来解决，他陪同阿巴特，并且代表官方，以文本的而不是以地图和绘画的形式记录他的发现。同样，热那亚国家边界管理部门（*podestà*）的年度检查被作为一种口头描述记录下来，并没有被仔细地描绘在地图上㉓。直至 1643 年，热那亚政府才规定，"为后代子孙着想，其应当被绘制下来并且还要进行字斟句酌的准确描述"㉔。

对于那些意识到航海制图学对于中世纪热那亚和利古里亚的商船队的重要性的人而言，这种文本凌驾于图像之上的情况似乎是荒谬可笑的，因为他们认为领土制图学只是航海制图学的一个延续㉕。但是直至 16 世纪后半叶，热那亚才感觉到需要一幅自己领土的准确地图，但到那时航海制图学的重要性已经有所降低，部分原因是热那亚的利益从航海贸易转向了国际金融，而后者被定义为最初的"世界经济"㉖。城市中参与领土制图学的主要人物是画家、建筑师、军官，以及某种程度上与文学和公证有关的人员，还有在那样一种家族作坊中工作受过特殊训练的人，即在那里有一位航海图师傅（*magister chartarum a navigando*）制作航海图和航海设备㉗。

航海术语对陆地地图产生了影响，但这些术语是来源于航行指南还是地图并非都清楚。例如，16 世纪对于穿越波尔切维拉谷地（Val Polcevera）山区边界的各种不同描绘使用了来

㉒　在本章开头使用的"中世纪"一词的意义，以及通常由 Jacques Le Goff 对其所做的勾勒（其关于这一过程的作品来源于 Lucien Febvre），参见 Massimo Quaini, "Il fantastico nella cartografia fra medioevo ed età moderna," *Atti della Società Ligure di Storia Patria*, n. s. 32, No. 2 (1992)：313 – 43。

㉓　关于边界管理部门（*podestà*），参见 Massimo Quaini, ed., *La conoscenza del territorio ligure fra medio evo ed età moderna*（Genoa：Sagep, 1981），28 – 29。"边界巡查"的传统持续至下一个世纪。并且在利古里亚东部，甚至晚至 1656 年——虽然地图的使用已经普遍——但是地方当局仍然延续了对边界进行定期巡查的传统，并由当地社区的年长者和 15 岁的年轻人陪同，前者将指出边界（*termini*）的位置，后者会记住他们所说的相关内容，从而使这种形式的关于领土的知识永久延续。

㉔　ASG, MS. 712, carte 4r, and p. 862 以及本章的注释 42。

㉕　例如参见 Emilio Marengo, *Carte topografiche e corografiche manoscritte della Liguria e delle immediate adiacenze, conservate nel R. Archivio di Stato di Genova*, ed. Paolo Revelli（Genoa, 1931），3。

㉖　参见 Giovanni Arrighi, *The Long Twentieth Century：Money, Power, and the Origins of Our Times*（London：Verso, 1994），13 and 109 – 26。

㉗　Moreno 认为，图像呈现的霸权地位以及"'城市图像'的根深蒂固的存在"，是既成事实，以至于它们"延缓并且决定了现代陆地制图学的诞生"；参见 Diego Moreno, "Una carta inedita di Battisa Carrosio di Voltaggio, pittore-cartografo," in *Miscellanea di geografia storica e di storia della geografia：Nel primo centenario della nascita di Paolo Revelli*（Genoa：Bozzi, 1971），103 – 14, esp. 105。

自航海指南的术语，例如"一座被称为图伊拉诺（Tuirano）山，被这些社区吞没"或者"从海岸至斯卡利亚·迪科诺山（Mount Scaglia di Corno）有一个用测量杆测量的 3 英里的海湾"㉘。

航海图影响的痕迹可以从下列事实看出，即采用海上测量单位戈亚（*goa*）（译者注：热那亚中世纪海洋长度测量单位，每一戈亚等于公制长度单位 0.7442 米）、一个比例尺条，以及一种在为了绘制陆地地图而起草的调查报告中使用同时代航海图中对风向的描述，例如"利古里亚瓦多海湾航路位置图"（Pianta del sito delle marine di Vado，1569 年）（图 34.3）。一位来自萨沃纳的建筑师，号称制图学家的巴蒂斯塔·索尔马诺（Battista Sormano），在将他的地图建立在从海上某一点以一架罗盘进行测量的时候，与航海底图的联系甚至更为紧密㉙。

859

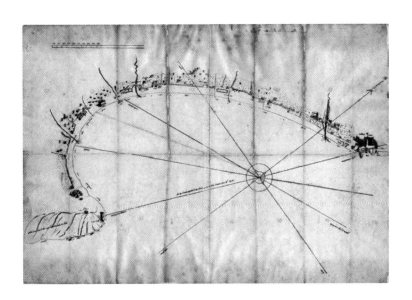

图 34.3　巴蒂斯塔·索尔马诺，《利古里亚瓦多海湾航路位置图》，1569 年
原始尺寸：60×85 厘米。ASG（Raccolta cartografica，b. 19，vado33）提供照片。

同样，我们无法排除，航海图和航海指南也是利古里亚早期区域文本描述的原始资料。贾科莫·布莱斯利（Giacomo Bracelli）的"利古里亚海岸的描述"（Descriptio orae ligusticae，1442—1448）采取沿海航行记（*periplus*）的形式，关注于从瓦罗（Varo）至马格拉（Magra）的海岸线，其受到"古人对意大利所做的描绘和图像"的影响㉚。

㉘　Quaini, *La conoscenza del territorio ligure*, 27 – 28.

㉙　关于地图及其作者，参见 Massimo Quaini, "Il golfo di Vado nella più antica rappresentazione cartografica," *Bollettino Ligustico* 23（1971）：27 – 44，以及 Magda Tassinari, "Le origini della cartografia savonese del Cinquecento：Il contributo di Domenico Revello, Battista Sormano e Paolo Gerolamo Marchiano," *Atti della Società Ligure di Storia Patria*, n. s. 29, No. 1（1989）：233 – 79。该技术在 18 世纪还在继续应用，如同我们能从 Matteo Vinzoni 的绘画中看到的那样。关于测量单位，参见 Pietro Rocca, *Pesi e misure antiche di Genova e del Genovesato*（Genoa, 1871），59。

㉚　就像我们可以从弗拉维奥·比翁多（Flavio Biondo）作品 *Roma ristaurata et Italia illustrata*, trans. Lucio Fauno, new and corrected reprinting, Venice, 1558, 69 – 74 的意大利文翻译中所见到的那样。布莱斯利的作品被修订后收入比翁多 1453 年在罗马完成的"Italia illustrata"中。

达戈斯蒂诺·朱斯蒂尼亚尼（Agostino Giustiniani）的《利古里亚的描述》（*Descrittione della Lyguria*，1537）一书，是最早对利古里亚从整体上进行完整描述的作品，其中使用地图的程度，是一个存在争议的问题。在他的作品中，朱斯蒂尼亚尼将很大的注意力集中于对利古里亚内陆的描述（包括跨越阿尔卑斯山和亚平宁山脉的区域），并且使用河道作为他描述的基本框架。这就是说，如果他确实使用了地图，那么这些地图并不是围绕政治边界安排的官方地图，而是关注于自然河道的陆地地图。然而，另外的解释可能就是，朱斯蒂尼亚尼系统地使用了直接的实地观察，从他对某些区域的描述来看，这显然是事实[31]。无论资料来源如何，朱斯蒂尼亚尼的文字描述清晰地预示了将在后来的绘本地图中发现的东西；其采用了在其中而不是在之外的一种由内向外而非由表及里的视角。它的描述并不是一个从海上看过去引人注目的海岸的视觉表象，而是区域特有的本地特征。其聚焦于分散为城市、城堡、城镇、别墅和村庄等的细微碎片，它们全都是更为广阔的社会和陆地整体的组成部分，但是每一个却保持了自身的特性。

朱斯蒂尼亚尼的描述影响了至少两个世纪的区域制图学和地方地图。一项对16世纪从贾科莫·加斯塔尔迪到乔瓦尼·安东尼奥·马吉尼的《意大利》区域印刷本地图上地名的分析表明，它们显然来源于朱斯蒂尼亚尼（即使《利古里亚的描述》上地名的丰富程度远远超过了最为详细的印刷本地图）。并且就像马吉尼的情况表明的，当这些后来的制图学家描述他们工作方法的时候，他们承认他们将自己的地图与朱斯蒂尼亚尼的描述做了核对[32]。

构建一幅热那亚国家的地图时遇到的困难

与朱斯蒂尼亚尼的《利古里亚的描述》相提并论的制图学作品一直没有被制作出来，直至乔瓦尼·托马索·博尔戈诺创作其利古里亚西部大部分区域的大型地图（1682年）以及何塞（José，约瑟夫）·查弗里翁（Chafrion）绘制其完整的热那亚共和国领土地图（1685年），我所讨论时限的结束标志也以此为准[33]。这一延迟是利古里亚文字描述占据首屈一指地位的进一步证据。然而，我们不能简单认为，从朱斯蒂尼亚尼的文本至查弗里翁地图之间150年的热那亚制图学在意大利制图学史中只是空白的一页。这一时期没有出现一种860 区域尺度的制图学产品；取而代之，地图是地方文献，因为制图学家将区域视为众多的碎片而不是一个单一的整体。

这种困难在马吉尼那里得到了说明，他在为其最早的印刷版《意大利》（1597年）编绘他的热那亚东西海岸（Riviera di Ponente and Riviera di Levante）地图时，缺乏可用的资料。至于热那亚的西海岸，他能够使用的是一幅从曼图亚公爵那里获得的优质地图，而他关

---

[31] 关于实地观察在朱斯蒂尼亚尼作品中的作用，参见本章后面对他关于科西嘉描述的讨论。最新参考书目，参见 Aurelio Cevolotto, *Agostino Giustiniani: Un umanistatra Bibbia e Cabala* (Genoa: ECIG, 1992)。关于《利古里亚的描述》的一个影印件，参见 Agostino Giustiniani, [*Castigatissimi*] *Annale con la loro copiosa tavola della eccelsa & illustrissima republi de Genoa* (Bologne: A. Forni, 1981), bk. 1。

[32] 参见 Roberto Almagià, L' "*Italia*" *di Giovanni Antonio Magini e la cartografia dell'Italia nei secoli* XVI *e* XVII (Naples: F. Perrella, 1922), 79 - 80。

[33] 在18世纪的版本中，博尔戈诺的地图将得以延伸涵盖整个利古里亚地区。

于东海岸所用的底图，则是一幅由热那亚奥拉齐奥·布莱斯利（Orazio Bracelli）绘制的图像，事实上完全不合格。因此，马吉尼求助于各种"能干而合适人"，但最终得到的结论是，"在热那亚，没有人对这一职业感兴趣"㉞。然而，到 1609 年，马吉尼与热那亚政府之间已经确立了更为有益的关系，并且 1613 年的新地图，尤其是东海岸的地图，就显然比它们之前的地图更为信息丰富㉟。

对于政府管理人员而言，小比例尺的马吉尼作品，连用来实现国家领土上的军事和行政组织方面最基本任务都嫌不够。马吉尼的地图属于这样一种类型，主要目的是用于庆典而不是为了满足行政效率。热那亚的统治阶层本身，无论是对庆典制图学计划，还是对行政制图学计划，都表现出漠不关心的态度，前者没有萨伏依公爵卡洛·埃马努埃莱二世在《萨伏依的舞台》中推动的计划，后者没有如威尼斯共和国从 15 世纪起以来一直在推动的计划㊱。

表明政府工作人员对一幅区域地图普遍缺乏兴趣的事实是，绘制一幅关于热那亚共和国全部领土地图的最早提议是由一个私人法人团体，即圣乔治银行提出来的，同时甚至那样的尝试也几乎顷刻之间化为乌有。圣乔治项目最初的提议来自一位萨尔扎纳的老乡埃尔科莱·斯皮纳（Ercole Spina），当在 1587 年被提名为他家乡城镇的镇长之前，他参与了在法国、意大利和整个地中海其他地方的各种军事行动。已知他最早与圣乔治银行接触的时间是 1579 年，当时保罗·莫内利亚（Paolo Moneglia）和乔瓦尼·巴蒂斯塔·斯皮诺拉（Giovanni Battista Spinola）委派他去"改进……的图像，实即描述整个利古里亚的图像"，这一作品随后被保存在了银行中。它必然是一幅相当古老的绘画（鉴于将其描述为"由于时间的关系而受到损伤与破坏"），上面"按照比例尺绘制了……边界和道路"㊲。然而，斯皮纳考虑到这一呈现远不够充分，因此，他将愿意"走遍这一片最为宁静的领土的所有边界，以便通过亲眼看看它们，我能够将它们描述得更为清晰，并且把它们绘制得更完善"（我们关于斯皮纳的信息大部分采自他的一本稿本著作，其中包含有地图，如图 34.4 所示）㊳。项目的主要目的必然是实现对道路以及最为重要边界的更为详细的描述，这对于贸易是重要的，因而对于银行的税收也是重要的。

这个项目由于一场瘟疫的暴发几乎夭折，但在斯皮纳建议下，1587 年由杰罗尼莫·卡内瓦罗（Geronimo Canevaro）再次启动。并不是重新绘制，斯皮纳思考的却是一种利古里亚

㉞　Almagià, L' "Italia," 155.

㉟　我们不知道马吉尼获得的新制图学资料的作者；阿尔马贾始终认为，传统上未被确认的作者是多梅尼科·切瓦神父（Father Domenico Ceva），即"卡斯泰洛的圣母修道院的一位多明我会修士，也是一位有天赋的数学家"，卒于1612年（L' "Italia," 29）。这种认定的证据来自这样的事实，即切瓦是论著"De chartis chorographicis conscribendis"的作者，其中计算了热那亚的地理坐标。

㊱　即使在 1630 年前后，共和国毫不迟疑地举行了盛大的庆典［在公布皇家头衔和领有利古里亚海（Ligurian Sea）的场合］。然而，这次依然和过去一样，庆典还是文学和文字内容居多，制图学内容较少；参见 Claudio Costantini, La Repubblica di Genova nell'età moderna（Turin: UTET, 1978）。关于《萨伏依的舞台》（Theatrum Sabaudiae），参见本卷原文第847—853 页。关于威尼斯的"模型"，参见本卷的第三十五章。

㊲　Massimo Quaini, "Dalla cartografia del potere al potere della cartografia," in Carte e cartografi in Liguria, ed. Massimo Quaini（Genoa: Sagep, 1986），7 - 60, esp. 29。据悉保罗·莫内利亚是奥特柳斯的热那亚的通信者之一；参见 Luigi Volpicella, "Genova nel secolo XV: Note d'iconografia panoramica," Atti della Società Ligure di Storia Patria 52（1924）: 249 - 88。

㊳　稿本著作有两个标题："地图和其他消遣指南"（"Libro di piante et altre delettationi"），由作者给出；另一个是"形形色色的地图"（"Diverse piante"），则由档案学家给出，并且被写在稿本的封面上（ASG, MS. 423）。

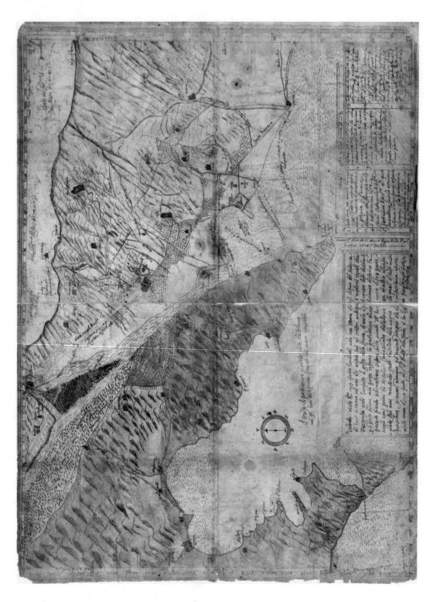

图 34.4 埃尔科莱·斯皮纳，"卢尼吉亚纳地区"（"PARTE DELLA LUNIGIANA"），1592 年。这幅地图采自斯皮纳名为"地图和其他消遣指南""Libro di piante et altre delettationi"［也被称为"形形色色的地图"（"Diverse piante"）］的稿本

ASG（MS. 423）提供照片。

地图集，其中的地图上绘制有边界的细节，并在其外空白处附上文字描述。按照作者的看法，这样的一部作品不仅对政府当局有用，而且会成为"留给子孙后代的宝物"[39]。他花了两个月时间进行实地观察，然后用六个月时间在热那亚绘制地图。在他的提议中附有一幅模型图，以显示未来的地图的大致样貌。

计划没有彻底实现，只是到 17 世纪后半叶，在安德烈亚·斯皮诺拉（Andrea Spinola）和

---

[39] Quaini，"Dalla cartografia del potere，" 29.

统治阶层中其他开明人士力主需要这样的地图之后，一个相似的方案才由边界委员会（Giunta dei Confini）予以落实。然而，将斯皮纳的模型图与后来的这幅作品进行一番比较后表明，斯皮纳的项目具有充分的"现代性"⑩。其创新性的特点在于，不仅涵盖面积广大，而且包括了之前未被绘制过地图的共和国山地区域。斯皮纳提出了一种按照经纬度划分的涵盖10平方英里的图幅的标准化尺寸，这些特征只是很晚才成为意大利和欧洲制图学家的标准。

862

将这一方法与热那亚边界委员会委托的较晚作品中的地图所使用的方法进行对比——表明它是这样一件作品，在地理景观的透视图之外，还单独给出了边境的无等高线图⑪。1643年11月27日的一项规定认识到，需要对共和国边界地图展开一番系统的绘制工作，最终制成两套地图集，一套涵盖海岸西段的祖传地区，被称为 Atlas A，另外一套覆盖了山脊外侧（Oltregiogo）的区域［斯图拉、莱梅（Lemme）和斯克里维亚（Scrivia）谷地］，被称为 Atlas B（图34.5）⑫。参与这一工程的技术人员，部分是建筑师，部分是画家；其中没有人具有埃尔科莱·斯皮纳的专业能力。然而，Atlas A（1650—1655年）比 Atlas B 更为一致和协调，因为所有的图示都是画家—制图学家皮耶尔·玛丽亚·格罗帕洛（Pier Maria Gropallo）的作品（图版29）。斯皮纳地图和格罗帕洛地图之间的差异，可以通过参考两位制图学家文化背景的方式来加以解释。斯皮纳接受的是更为科学、军事和数学的训练，吸收了尼科洛·塔尔塔利亚（Niccolò Tartaglia）、乔瓦尼·弗朗切斯科·佩韦罗内、乔瓦尼·安东尼奥·马吉尼、朱塞皮·莫莱蒂（Giuseppi Moleti）和吉罗拉莫·卡塔内奥（Girolamo Cattaneo）的论著。格罗帕洛的作品具有更多画家的传统，而受到对地形和地理景观进行几何呈现的传统的影响则较少。

尽管今天我们对格罗帕洛地图集的判断是，它表明了一种对于数学制图学方法的不充分的掌握，但作品仍然得到热那亚当局的高度评价，并在1662年依然将格罗帕洛称为"一个在地图绘制方面有巨大专长的绅士"，而且在"对存在争议的区域……所做的一种准确和谨慎的描画"方面是完全合格的⑬，这一陈述表明了他们对于格罗帕洛所掌握的定量地图测绘技术的误解。

另外，格罗帕洛作为一名画家倒是很突出，以至于他被收录于索普拉尼—拉蒂

⑩　模型图的名称叫作"Tavola del fine della Liguria e principio della Etruria che contiene di spacio X miglie per ogni verso quale serve per modelo de la intencione di E. S. ，" ASG, Raccolta cartografica, Busta D, 69, 作为插图收入 Quaini, "Dalla cartografia del potere," 29 中。

⑪　笔者对这样一种继续使用至18世纪末的牢固传统的单独讨论，参见 Matteo Vinzoni, *Pianta delle due riviere della Serenissima Repubblica di Genova divise ne' Commissariati di Sanità*, ed. Massimo Quaini (Genoa: Sagep, 1983), 36–37。关于格罗帕洛，参见路易吉·萨尔托里（Luigi Sartori）的三篇论文，Luigi Sartori, "Pier Maria Gropallo, pittorecartografo del Seicento: I, Il 'Libro dei Feudi della Riviera Occidua' palestra dell'arte cartografica del Gropallo," *Bollettino Ligustico* 23 (1971): 83–106; idem, "Nel capitaneato della Pieve: La visita generale dei confini e l'opera di Pier Maria Gropallo (1653)"; 以及 idem, "Pier Maria Gropallo nel contado d'Albenga (1650–1656)," 后两者收录在 *Carte e cartografi in Liguria*, ed. Massimo Quaini (Genoa: Sagep, 1986), 92–98 and 137–44。

⑫　ASG, Raccolta cartografica 1268–1292, Atlante A (MS. 39), 具体名称是"Feudorum orae occidentalis cum eorum finibus," 以及 Atlante B (MS. 712), 具体名称是"Visita, descrittione et delineatione de confini del Dominio della Serenissima Repubblica di Genova di là Giogo"。

⑬　引文参见 Teofilo Ossian De Negri, "Pier Maria Gropallo, pittore-cartografo del Seicento: II, Pagine sparse di Pier M. Gropallo maestro della cartografia genovese," *Bollettino Ligustico* 23 (1971): 107–19, esp. 110。

（Soprani-Ratti）的《画家列传》（*Vite de'pittori*）中，其中强调了格罗帕洛的天赋的多样性：

由于他有敏锐和强烈的天赋，他对各种美术（Fine Arts）充满的激情，以至于他不可能仅仅停留在这些艺术中的某一个门类。因而他还研究了民用建筑（Civil Architecture）……然后转向几何学的研究，从事地点的测量和对地形的描绘……以至于无论共和国执政团（Serenissimi Collegi）何时为划定国家的边界或者对某一特定区域进行严格限定而需要一些地形图版的时候，他们就要求助于他，而且，当他在制作一幅测量精度最高的作品时，还以最高的品味对其进行装饰和美化，为的是让这些作品有一种愉悦和神奇的观感④。

格罗帕洛当然是多产的作者（热那亚和都灵的档案中都包含有其他各种由其署名或者被认为是他绘制的地图）。我们还知道，他受邀绘制了一幅利古里亚东部外侧边界的准确地图，这项工作是规划了但从未落实的全国边界检查的一部分⑤。格罗帕洛的活跃期从 1650 年至 1670 年，这个时期本身同样是重要的，因为当时热那亚当局为了改善延伸到东方以及波河流域的交通状况，开展了各种雄心勃勃的道路修建项目。

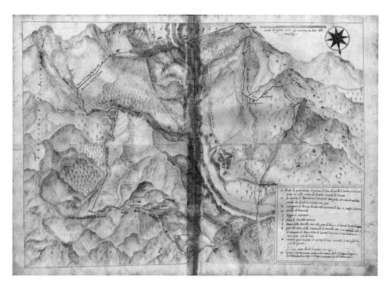

图 34.5　来自 Atlas B 的地图，1648 年

ASG（Raccolta cartografica 1268 – 1292，MS. 712）提供照片。

---

④　拉法埃莱·索普拉尼（Raffaele Soprani）原始作品的出版时间是 1674 年，并且后来由卡洛·朱塞佩·拉蒂（Carlo Giuseppe Ratti）在 1768 年做了增补。出版了一个凸版的重印本《热那亚画家、雕塑家和建筑师列传》以及一个索引（*Vite de' pittori*，*scultori*，*ed architetti genovesi*，2 vols，Genoa：Tolozzi，1965）；提及格罗帕洛的地方，参见第 1 卷，295 – 297 页，引文在 296 页。

⑤　委托人乔治·巴塔·拉焦（Gio. Batta Raggio），已经与格罗帕洛一起在利古里亚西部工作过，在 1656 年 10 月邀请他到维纳斯港（Portovenere），对利古里亚东部边界进行一次巡查。1656 年 5 月中，在由委托人卡洛·斯皮诺拉（Carlo Spinola）进行的巡查中，制图员似乎是一位名叫巴尔托洛梅奥·夸德罗师傅（Maestro Bartolomeo Quadro）的人，他对制作任何地图都一窍不通。1662 年，格罗帕洛制作了一块关于贝韦里诺（Beverino）和卡瓦内利亚（Cavanella）之间纠纷的图版；参见 De Negri，"Pier Maria Gropallo，" 109 – 13。

　　Atlas B（1648 年）则缺乏某种同质性，其包含的是由各种地图组成的混合物，其绘图建立在贾科莫·蓬塞洛（Giacomo Ponsello）和洛伦佐·格拉文纳（Lorenzo Cravenna）等建筑师 1644—1645 年对山脊外侧地区几次实地考察的基础上，其中还混有别的东西，诸如贝尔纳多·卡罗西奥（Bernardo Carrosio）等画家的作品㊻。在 Atlas B 的文本中，对工程师和艺术家之间的明确分工做的一番准确描述。建筑师被要求对保持边界轮廓规则化的罗盘方向进行测量，而画家实际上是负责绘制地理景观的属员（图 34.6）。

863

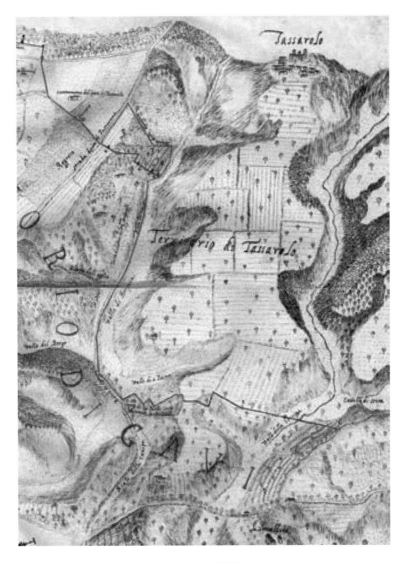

图 34.6　来自 Atlas B 的地图的细部，1648 年

ASG（Raccolta cartografica 1268 – 1292，MS. 712）提供照片。

㊻　参见 Gaetano Ferro，"I confini della Repubblica di Genova in due atlanti manoscritti del 1600，" *Annali di Ricerche e Studi di Geografia* 18（1962）：7 – 36. 关于贝尔纳多·卡罗西奥，参见 Moreno，"Una carta inedita di Battista Carrosio."除了 Ferro 之外，对于地图的一种全面描述，参见 Marengo，*Carte topografiche e corografiche*，245 – 46。在 Caterina Barlettaro and Ofelia Garbarino，*La raccolta cartografica dell'Archivio di Stato di Genova*（Genoa：Tilgher，1986），433ff. 中的描述，总体是不可靠的，充满了错误和牵强附会的解读。

　　尽管它们超出了我们所讨论的历史时期的范围，但是另外两个事件说明了热那亚当局对准确的共和国地图的态度。这些官员尽量积极阻止何塞·查弗里翁的《绘有真实边界和道路的热那亚海岸地区地图》（*Carta de la Rivera de Genova con sus verdaderos confines y caminos*，Milan，1685）的出版（图 34.7），查弗里翁是一位为米兰总督效力的加泰罗尼亚（Catalan）军事工程师，并且为了保护国家的军事和外交地位，他们考虑在地图印刷之前撤回了图版[47]。第二个事件与法国制图学家卢多维科·德拉斯皮纳（Ludovico della Spina）有关，其在 1696 年向热那亚当局呈现了一幅他们国家的地图，并且以"国王的地理学家"（Geographer to the King）的身份效力于共和国。尽管他们断定地图"费尽心血，完全符合实际……并且值得公之于世"，但热那亚政府要求作者不要将其付梓[48]。

图 34.7　何塞·查弗里翁，利古里亚地图，1685 年（《绘有真实边界和道路的热那亚海岸地区地图》）

原始尺寸：约 88.4×196.5 厘米。BL（Maps K. Top. 77. 55. 2 TAB）提供照片。

　　共和国对印刷地图的谨慎来源于对出版一种新的官方地图可能会由于重启边界争端从而引发外交冲突的恐惧，尤其是与共和国更具侵略性的邻居萨伏依公国之间的冲突。当萨伏依公国采取一种非常大胆和更具侵略性的对外政策时，共和国采纳了一种审慎中立的态度，更为依赖自己的自然和人工的防御体系，而不是武装军队。如同我们可以从博尔戈诺地图（参见图 33.10）和《萨伏依的舞台》中所能看到的，萨伏依将制图学看成一种对其自身领土进行颂扬的力量，并且甚至将其看作一种引发与热那亚共和国之间新的边界纠纷的手段。如同我们可以从查弗里翁地图的事件中所能看到的，共和国不仅表

---

　　[47]　关于对地图的描述，参见 Pietro Barozzi，"La 'Carta de la Rivera de Genova' di Joseph Chafrion (1685)，" in *La Sardegna nel mondo mediterraneo*，2 vols. （Sassari: Gallizzi，1981），1：143–65，而关于热那亚的反应的进一步细节，参见 Quaini，"Dalla cartografia del potere，" 15。

　　[48]　与地图有关的这一事件在 Nilo Calvini，"Ancora sul geografo Ludovico della Spina di Mailly，" *La Berio* 8，No. 3（1968）：31–37 中进行了讨论，它较多地吸收了 Franca Parodi Levera，"L' 'Historia geografica della Repubblica di Genova' di Ludovico della Spina da Mailly，" *La Berio* 6，No. 3（1966）：5–27 中提供的描述性研究。

示了对简单地图的关注，还表示了对显示"山口和军事地点弱点的知识"的地图[49]，以及满足了军事老兵或领土管理者需要的作品的关注。我们现在就来分析一下这一审慎造成的种种局限。

一种本地地形制图学的发展

热那亚的国家档案馆（Archivio di Stato）中的地图藏品包含了很多由国家和地方当局在执行他们的管理职责时使用的地图[50]。在诸如此类材料中只有非常少的部分来自 16 世纪。相似的，在现存的政府文件中极少提到对地图的使用。图像，如同我们已经看到的，是那些大量分散的、零碎的地方地图，其没有基于由工程师进行的数据测量，而是基于由艺术家绘制的地理景观画。

这甚至也是进入 17 世纪早期城镇平面图的实际情况。只有热那亚城的市元老委员会（Magistratura dei Padri del Comune，负责城镇规划和港口管理）被记录雇用了一位定期的驻地建筑师（architetto di camera），这是一件我们没有在任何其他关于热那亚国家的民事或者军事管理机关的记录中找到的内容。正是市元老委员会在 1656 年委托建筑师绘制了一幅城市的大型平面地图[51]。

这幅地图的制作并不是创建一套地籍登记簿的工作的一部分，因而项目没有被延伸至其他区域。实际上，直至拿破仑（Napoleonic）时期，利古里亚旧制度（ancien régime）的地籍信息依然基于起源于中世纪的描述性评估的传统制度，并不使用地图，并且尊重土地调查技术的各种地方风格。我们可以确定不同区域具有连续性的有趣案例[52]。

在 17 世纪，政府进行了专门的测量以应对大量的领土纠纷，由此展开了对地图实际用途的有趣讨论。从一种非常普通的地方政府的干预形式中可以看到一个鲜明的例子，即林地资源的调节。热那亚物理学家、伽利略的一位通信员乔瓦尼·巴蒂斯塔·巴利亚尼（Giovanni Battista Baliani），是热那亚各省勤勉的管理者以及萨沃纳的总督。1647 年，元老院命令巴利亚尼去拜访了林业部（Bosco delle Tagliate）以确定涉及两个地方社区罗维亚斯卡（Roviasca）和西尼奥（Segno）的林地所有权的纠纷。他得到的指令是明确的："亲赴现场视察有争议的林地和地形，然后审查或重做那些你认为必要的测量或图像。"[53] 目的是分配给罗维亚斯卡居民以那些西尼奥居民使用的同等份额的林地。

这个例子非常类似于萨沃纳人达戈斯蒂诺·阿巴特在一个多世纪之前涉及的纠纷。此处

---

[49]　Quaini, "Dalla cartografia del potere," 18 – 19.

[50]　Barlettaro and Garbarino, *La raccolta cartografica*.

[51]　这些建筑师是 G. B. Garrè, Stefano Scaniglia, Pietro Antonio Corradi, Gio. Battista Bianco, Antonio Torriglia, Gio. Battista Ghiso, Gio. Battista Storasio 和 Gio. Battista Torriglia；参见 Ennio Poleggi and Paolo Cevini, *Genova*（Bari：Laterza, 1981），138 – 39. Poleggi 称，此地图可以与有名得多的弗朗切斯科·里基尼（Francesco Richini）的米兰地图相媲美。

[52]　例如，与"重测地"（relevaglie）有关的例子，其在受到马尔加（Marga）河周期性洪水的影响的萨尔扎纳区域中具有典型性；参见 Massimo Quaini, "Per la storia del paesaggio agrario in Ligurio," *Atti della Società Ligure di Storia Patria*, n. s. 12, No. 2（1972）：201 – 360, esp. 230 – 32. 我们可以将埃尔科莱·斯皮纳的工作看成受相同的要求和需求支配的结果，即使那项工作在斯皮纳去世后也只由少数人继续进行。

[53]　ASG, Confinium, 56（25 October 1647）.

的地方巡视员再次被赋予了自由决定在记录新的现场测量时是否使用地图的权力。然而，现
865 存的有关这一案子的档案似乎表明了对于涉及的问题的更多的认识。实际上，巴利亚尼在其回信中，讨论了自己访问该地点或者派出合格人员制作该地区地图的正反两方面理由：

> 了解领土上一个大的区域的途径就是亲自巡查那里；也就是说如果某人希望去发现它的特性，去了解它是好地还是差地，它是否是耕地，如果是，那里又能种植什么作物。然而，如果需要将其作为可分割的区域来看待，那么我考虑最好的方式是在一张地图上来观察，只要瞄上一眼，就可以了解所有存在差异的部分；相反，如果希望前往土地所在地，那么山脉和丘陵将阻挡视线，以至于只能看到近在咫尺的区域。这里的情况也是这样——我敢断定，如果我想要了解一座城市的街道，为了更好地完成任务，我会花两个小时的时间对地图进行研究，而不是耗费两周的时间在城内逛来逛去。由于这一原因，我说服准备绘制一张地图的各方，尽量把地图绘制的准确(54)。

在一份简单的政府文件中记录下来的这些想法，揭示了在一个诸如利古里亚那样的多山地区，进行实地巡查和制作制图学呈现要遇到的困难。与此同时，巴利亚尼还坚持，一幅地图是第一手视觉勘查的必要补充。尽管地图是在设想的二维条件下提供的一个完全均质区域的一幅几何图像，如果我们希望评价领土的“特质”——异质，不连续的和三维的景观——第一手的视觉巡查仍然是必要的。

从 17 世纪中期开始，热那亚和其他地方一样，由于中央集权的增强，这正在成为政府管理中的一个特点，共和国更多地使用自己的训练有素的技术人员，将他们派去绘制特定区域的地图。这种趋势削弱了当地社区“呈现”自己的能力；将制图信息从中心向周边流动的传统扭转为从周边向中心流动的传统。然而，诸如此类的一种中央集权计划，必然需要一个更有效率的工程师和地形学家的国家队伍，而这是直到 18 世纪最初数十年才在共和国全面建立起来的机构，主要归因于军事工程师日益增强的角色(55)。

在热那亚统治下的科西嘉：一个“殖民”制图学的早期例证?

科西嘉的例子进一步展示了热那亚国家结构中的异常。热那亚从 1347—1729 年是科西嘉岛无异议的主宰者，只有法国短暂的统治时期（1553—1559 年）除外。然而，热那亚当
866 局将所有领土管辖权委托给一家私营组织，圣乔治航运公司（Maona di San Giorgio，一家贸易公司），即后来的圣乔治银行。

正在逐渐增加的争论就是，远不是一种剥削殖民地的关系，科西嘉的热那亚制图学反映

(54) Massimo Quaini, “Le forme della Terra,” *Rassegna* 32, No. 4 (1987): 62 – 73, esp. 63.

(55) 关于这一队伍的产生，参见 Massimo Quaini, “Per la storia della cartografia a Genova e in Liguria, Formazione e ruolo degli ingegneri-geografi nella vita della Repubblica (1656 – 1717),” *Atti della Società Ligure di Storia Patria*, n. s. 24, No. 1 (1984): 217 – 66。

了该岛先是私人的后是公共行政机构的政治和经济改良——后者保证了科西嘉 150 年的"社会和平和相对繁荣"[56]。确实，科西嘉的状况与大陆上的利古里亚的状况明显相似，致使不止一位学者建议，应将该岛看成第三个热那亚"海岸"[57]。

在目前讨论的时期中，如同在利古里亚，这里最终达成了更精确的制图学，以满足法国作为在地中海更广泛的地缘政治背景下的一支海上力量的要求。1679 年，装备良好的和高质量的法国技术人员开始了他们对该区域海岸和利古里亚自身海岸的测量[58]。然而，总体而言，这些测量依然保存在秘密的档案中，这就解释了，为什么直至 18 世纪，被普遍接受的常用地图还是完全过时的科西嘉的印刷地图。《科西嘉革命的历史》（*Histoire des révolutions de l'isle de Corse*，1738）的佚名作者只不过是反映了学术上的观点，当时他宣称"我们对科西嘉几乎已不再像对加利福尼亚和日本那样无知"[59]。

因而，并不令人惊讶的是，在 15 世纪和 16 世纪，占据主导的岛屿图像是那些由航海图和《岛屿书》提供的。这就是已知专门用于科西嘉的最早地图的情况，它是在克里斯托福罗·布隆戴蒙提的《群岛的岛屿之书》的稿本中[60]。地图采用了航海图中提供的岛屿轮廓，并且增加了关于内陆的信息，包括了将被称为在山脉的这一侧（"di qua do monti"）和在山脉的那一侧，或者在山脉之外（"di là da monti"）的两个区域分开的山脉。以及超过 75 条被命名的河流和聚落[61]。

所有这些导致我们推测，在达戈斯蒂诺·朱斯蒂尼亚尼创造了现在已经佚失地图之前很久，与航海图一起，存在各种手绘的岛屿的陆地地图，而对于朱斯蒂尼亚尼的地图，学者们倾向于作为已经确立的岛屿描述的原始模本[62]。朱斯蒂尼亚尼，我们已经在他的《利古里亚

---

[56] Roger Caratini, *Histoire de la Corse*（Paris：Bordas, 1981），28。在最近的研究中出现了同样的结论，从 Michel Vergé-Franceschi, *Histoire de Corse, Le pays de la grandeur*, 2 vols.（Paris：Editions du Félin, 1996），1：225 – 26（其中有一种"美丽的 17 世纪"的提法，意即与它同时代的其他地区相比较而言，"科西嘉毫无疑问更为欢乐和更为繁荣"）到 Antoine Laurent Serpentini, *La coltivatione*：*Gênes et la mise en valeur agricole de la Corse au XVIIᵉ siècle*：*La décennie du plus grand effort, 1637 – 1647*（Ajaccio：Albiana, 1999）。一个更为复杂和微妙的结论是在 Antoine-Marie Graziani, *La Corse génoise*：*Économie, société, culture, période moderne, 1453 – 1768*（Ajaccio：Editions Alain Piazzola, 1997）中得出的。

[57] Gianni De Moro, "L'isola assediata：Difendere, progettare, 'delineare' nella Corsica del Cinquecento," in *Corsica*, 21 – 26。格拉齐亚尼还注意到，热那亚总督和特使表达的对科西嘉人的观点，与热那亚人对利古里亚海岸居民尤其是亚平宁谷地居民中的观点，并没有根本的不同（*La Corse génoise*, 34）。

[58] 后文详述这一工作和它们的结果（有着杰出的艺术方面的精美的作品）。

[59] Franck Cervoni, *Image de la Corse*：*120 cartes de la Corse des origines à 1831*（Ajaccio：Fondation de Corse, La Marge Édition, 1989），11。

[60] 尤其是 Codex XXXIX, 25, in Florence, Biblioteca Medicea Laurenziana——阿尔马贾之前认为其是恩里科·马尔泰洛（Enrico Martello）的作品，时间大约为 15 世纪 70 年代，并且认为其是为马尔泰洛"岛屿的图像"（Insularium illustratum）准备的材料。其他副本被发现于 BNF 和 BL；关于后者，参见 Ersilio Michel, "I manoscritti del 'British Museum' relativi alla storia di Corsica," *Archivio Storico di Corsica* 6（1930）：371 – 88, esp. 372 – 73 中的概括性描述。最早的科西嘉的印刷地图是收录在 Benedetto Bordone, *Libro di Benedetto Bordone nel quale si ragiona di tutte l'isole del mondo* 中的地图，此书是 1528 年在威尼斯印刷的最早的《岛屿书》（参见本卷的原文第 270—271 页）。

[61] 关于后来重点关注科西嘉及其内陆的一个航海制图学的例子，参见 Giuseppe Caraci, "La Corsica in una carta di Vesconte Maggiolo（1511），" *Archivio Storico di Corsica* 11（1935）：41 – 75。

[62] 这就是卡拉奇在"科西嘉"（La Corsica）中得出的结论："这就已经表明，1511 年存在一幅相当大的陆地地图，其包含了大量与内陆有关的地名。"（p. 74）卡拉奇还认为"在他离开前往科西嘉担任主教之前，［朱斯蒂尼亚尼］自己携带了一幅诸如马焦洛绘制的那种地图，1519 年之后，马焦洛正在为共和国制作一幅热那亚地图"（p. 75）。

的描述》（1537 年）背景下对其进行了讨论，在他撰写他的《科西嘉著名对话》（*Dialogo nominato Corsica*）大致同时绘制了地图，其中他说道："我已经非常详细地描述了科西嘉岛，作为对我们国家非常有用的东西……然后由于进行了一目了然的描述，我将作品呈现给伟大的圣乔治公司。"[63]

　　作为内比奥（Nebbio）主教，朱斯蒂尼亚尼在 1522—1531 年间对岛屿进行了定期访问。尽管不是很频繁，但那些访问在为他的详细叙述和地图搜集信息方面依然提供了很大方便。他清楚地意识到，他作品的创新性不仅在于第一手观察的方法，而且在于这样的事实，即他对地点的描述服务于岛屿的行政："主教的目的不在于详述科西嘉的历史……而只是在于描述地点的实际情况，在于标明岛屿的位置和地名，以及现在的管理方式。"后面的这点内容，在《科西嘉著名对话》前面的敬呈安德烈亚·多里亚（Andrea Doria）的献词中表达得更为清晰："我已经提到了所有城市、所有城堡、所有教区教堂、所有别墅，以及居民的德性和从事的行业……因为只有对这些东西加以考虑，我们才能了解岛屿对我们国家的用处。"[64]

　　很多细节说明，朱斯蒂尼亚尼用他手边的草图撰写了这一描述性的《对话》[65]。例如，在描述博尼法乔城市的时候，他似乎受到一幅地图图像的启发，使用了一种隐喻："这一区域似乎附属于科西嘉，更多的是通过艺术，而不是通过其自身特性；其几乎是一座岛屿，并且看上去像一个滚圆的苹果，其梗部被固定在科西嘉一边。"[66] 在确定那些基于已经散佚的朱斯蒂尼亚尼原图的地图时，这一描述应当被作为一种有用的线索[67]。实际上，朱斯蒂尼亚尼自己似乎认为文本和图像是可以互换的。在他的献词中，他写到，读者"将看到被描述的岛屿的海岸线，按照实际情况逐码的绘制"[68]。

　　由于朱斯蒂尼亚尼的地图已经佚失了，因此我们关于 16 世纪期间岛屿制图学史的知识只能主要依赖于现存的印刷地图。可以确定两个模板的发展过程。一个可以追溯到航海图以及加斯塔尔迪在 1555—1560 年间雕版后的图像，其目的在于"满足由法国人 1553—1559 年在岛屿上进行的战争引起的好奇心"[69]。这一模板逐渐发展为一种矮矮的和胖乎乎的科西嘉

---

[63]　《对话》以手稿形式被广泛阅读，并且存在不同的抄本；参见 Agostino Giustiniani, *Description de la Corse*, intro. and notes Antoine-Marie Graziani（Ajaccio: A. Piazzola, 1993），引文在 4 – 5。关于朱斯蒂尼亚尼作品的文化和历史背景，参见 Cevolotto, *Agostino Giustiniani*，关于《对话》在制图学圈子中的命运，参见 Roberto Almagià, "Carte e descrizioni della Corsica nel secolo *XVI*," in *Atti XII Congresso Geografico Italiano*（Cagliari – –Sassari, 1934），289 – 303。

[64]　引文来自格拉亚尼的版本 Giustiniani, *Description de la Corse*, 20 – 21 and 6 – 7，此书最终取代了 Vincent de Caraffa, *Dialogo nominato Corsica del R^{mo} Monsignor Agostino Justiniano vescovo di Nebbio*（Bastia, 1882）不可靠的版本，旧版本被所有之前的学者使用——通常导致了误导性的结论。

[65]　我认为朱斯蒂尼亚尼对于地图绘制的评价不应当在一种严格的年代顺序意义上进行解释——就是说，除非有人认为（如同卡拉奇那样）朱斯蒂尼亚尼使用另外的地图作为他的地图和《对话》的资料来源。

[66]　Giustiniani, *Description de la Corse*, 226 – 27.

[67]　这一小小的线索再次把我们更多地引导向博尔多尼 – 马吉尼的模板，而不是阿尔马贾主张的加斯塔尔迪 – 阿尔贝蒂的模板（详后）。

[68]　Giustiniani, *Description de la Corse*, 6 – 7.

[69]　如同 Cervoni 在 *Image de la Corse*, 13 所说。如同阿尔马贾指出的，存在两种加斯塔尔迪对岛屿的描述。第一种的标题为 "L'isola di Corsica, col territori, città et castelle forti et aperti, monti, laghi, fiumi, golfi, porti et isolette, ecc. . . . Giacomo di Castaldi piamontese; fabius licinius exc." 其没有标明日期，但是显然要比 1561 年的《意大利》版的描述要早，后者在某些方面进行了简化，但同样包含了一些改进（*Monumenta Italiae cartographica*, 32）。

（部分是一种对东部尤其是西海岸大小海湾进行夸大描绘的结果）。岛屿的宽度和长度的比例尺在航海图上大约为60∶100，在加斯塔尔迪地图上大约为64∶100。印刷地图采用这一模板，范围从由法比奥·利奇尼奥1555年前后在威尼斯雕版的地图，到附属于1567年版阿尔贝蒂《意大利全国地理志》中的由威尼斯印刷商洛多维科·阿万齐（Lodovico Avanzi）印刷的地图（一幅比例尺为54∶100的地图，后来先被亚伯拉罕·奥特柳斯在1573年采纳，然后又被赫拉尔杜斯·墨卡托采纳）[70]。

另外一个模板更为纵长，带有一个很细长的科西嘉海角（Capo Corso）以及几乎笔直的东海岸。其可能可以追溯至题名为《格拉西木刻地方地图绘制术》（*Corographia Xofori de Grassis*，1598）（图34.8和图34.9）的大型透视图。由于克里斯托福罗·德格拉西只是这一绘画的修复者，其本身的作者实际上应当是杰罗拉莫·博尔多尼，热那亚的从1564年至1588年的财政部长（master chamberlain）。因为博尔多尼没有关于岛屿的直接知识[71]，切合实际地是认为他使用了朱斯蒂尼亚尼的地图，后者必然依然在圣乔治银行的档案中[72]。其勾勒了朱斯蒂尼亚尼描述中的宽度和长度的对应比例尺（43.5∶100，这一比例尺，他大概也保留在了他的地图上）。第二个模板第一次以印刷的形式出现在了马吉尼的《意大利》中，这是在1597年由奥拉齐奥·布莱斯利交给马吉尼的[73]。

因此，热那亚人对于科西嘉地图的需要是由改革决定的，这一改革由达戈斯蒂诺·朱斯蒂尼亚尼，以及更加开明的科西嘉人自己宣布，并且涉及科西嘉政府（Magistrato di Corsica），它为了发展沿海区域并且妥善利用岛屿内部，正实施一项前后连贯的"全面开垦"计划[74]。然而，正如驱动发展农业并没有导致一项地籍登记的图像，对于更好地开发领土资源以及改善用于对抗那些长期以来劫掠岛屿的海盗的防御设施的普遍愿望，也没有导致任何系统的制图学工程。

确实存在与可能被绘制的地图有关的线索。例如，在进行了一系列的实地访问之后，从1639年至1645年间的农业专员以及热那亚官员弗朗切斯科·玛丽亚·朱斯蒂尼亚尼几乎完全参与了这一项目，他写道："我竭尽所能，我将在历次访问中的这最后一轮访问中看到的教区的图像绘制到纸张上，其中包括山脉、河流和主要平原的方位，以及土地、别墅和农舍的位置，还有它们之间的对应距离，由此我可以绘制剩下的内容，因而形成一幅山南地区（*Paese di quà da monti*）的地理地图。感到羞耻的是，在亚伯拉罕·奥特柳斯的地图集中看到科西嘉

868

---

[70]　其是墨卡托的 *Italiae Slavoniae et Graeciae tabulae geographicae*（1589）的一部分。

[71]　保罗·莫内利亚在他一封写给奥特柳斯的信件谈到了他对科西嘉的访问，并没有独立证据；参见 Abraham Ortelius, *Abrahami Ortelii*（*geographi antverpiensis*）*et virorvm ervditorvm ad evndem et ad Jacobvm Colivm Ortelianvm. . . Epistvlae. . .*（*1524 – 1628*）, ed. Jan Hendrik Hessels, Ecclesiae Londino-Batavae Archivum, vol. 1（1887; reprinted Osnabrück: Otto Zeller, 1969）, 687 – 88.

[72]　这里我不同意阿尔马贾以及今天其他一些学者的观点，他们将阿万齐采用的地图看成朱斯蒂尼亚尼已经散佚的地图的唯一现存的线索。科西嘉的历史学家——从 André Berthelot and F. Ceccaldi 在 *Lescartes de la Corse de Ptolémée au XIXᵉ siècle*（Paris: E. Leroux, 1939）, 87 – 89 中，到 Cervoni 在 *Image de la Corse*, 13 中——都表明了他们的不同认识。

[73]　在同一时期，它也由保罗·莫内利亚提供给奥特柳斯使用，莫内利亚断定它比阿尔贝蒂地图"更为完整和准确"——对热那亚专员弗朗切斯科·玛丽亚·朱斯蒂尼亚尼（Francesco Maria Giustiniani）来说是耻辱——前者被选择使用；参见 Serpentini, *La coltivazione*。

[74]　关于这一主题，以及与领土问题有广泛关联的那些问题，参见 Massimo Quaini, "Ingegneri e cartografi nella Corsica genovese fra Seicento e Settecento," in *Corsica*, 27 – 41。

的地图是用如此陈旧的方法绘制的。”令人感兴趣的是，朱斯蒂尼亚尼还承认，由热那亚当局使用的地图被局限于“仅仅是主要区域，使用的是类似于非洲（地图）中他们惯常用于绘制阿比西尼王国（Kingdom of the Abicini）或者诸如此类其他类似未知国家的方法”(75)。

图 34.8 《格拉西木刻地方地图绘制术》[博尔多尼]，1598 年

原图尺寸：234×440 厘米。Museo Navale di Pegli, Genoa (NIMN 3489) 提供照片。

为了纠正这一状况，朱斯蒂尼亚尼向热那亚元老院请求一个“科西嘉的轮廓”，由此他可以填充他所搜集到的信息。他所收到的“科西嘉的画像”（Portrait of Corsica）达不到他所预期的准确度，但是他表达了他的信心，即“使用在总督府的大厅（Governor's Hall）中的地图，以及我自己做下的笔记”，应该可以“制作一幅王国山南地区（Regno di quà da monti）的地图，与其他地图相比，信息更丰富，或许更准确”(76)。这样的一幅地图可能从未被完成。

因而，对于一幅王国整体图像的需求，依然由总督讲述其对某些特定地点的视察报告所满足，而这种报告通常用博学的人文主义的华丽文体加以装饰(77)。这里的状况与大陆上的相似：制图学呈现被碎片化了，其制作与特定工程相联系，尤其是那些需要懂得如何绘制平面图的技术人员所参与的工程，在防御工事或者其他公共工程项目中的情况就属于这样。

16 世纪和 17 世纪政府文件中附带的一大堆手绘地图是许多建筑师、工程师和军员的作品，他们因为关于利古里亚大陆的作品而已经为我们所知［例如多梅尼科·雷韦洛（Domenico Revello）、皮耶尔·保罗·里齐奥（Pier Paolo Rizzio）、多梅尼科·佩洛（Domenico Pelo）、贝尔纳迪诺·腾西尼（Bernardino Tensini）和乔瓦尼·巴蒂斯塔·科斯坦佐（Giovanni Battista Costanzo）或者诸如坎托内（Cantone）、比安科（Bianco）、蓬泽洛（Ponzello）和斯

(75) Serpentini, *La coltivatione*, 204.

(76) Serpentini, *La coltivatione*, 201 and 203.

(77) 例如，参见，“Corsica: Relatione della qualità e stato delle fortezze del Regno e del fiume Tavignano in Aleria,” 作者是乔瓦尼·贝尔纳多·韦内罗索（Giovanni Bernardo Veneroso），他从 1649 年至 1651 年担任总督。关于这一报告（relatione），参见 Anna Maria Salone, “La ‘Corsica’ di Gio. Bernardo Veneroso,” in *Studi in memoria di Teofilo Ossian De Negri*, Ⅲ (Genoa: Stringa, 1986), 34 -55。

图 34.9 来自《格拉西木刻地方地图绘制术》[博尔多尼] 的科西嘉地区的细部，1598 年

细部尺寸：约 176×245 厘米。Museo Navale di Pegli, Genoa（NIMN 3489）提供照片。

坎尼利亚（Scaniglia）家族][78]。作为一个十分罕见的由本土科西嘉人绘制的图像的例子，我们可以引用 1602 年的卡多港（Porto Cardo）的平面图，它由巴斯蒂亚（Bastia）人、王国工程师（*ingegnere del regno*）马里奥·西斯科（Mario Sisco）绘制[79]。

870   因而，科西嘉的制图学呈现的发展与大陆上的利古里亚的是相似的。在较老的作品中，存在一种相当的几何风格，其稀疏线条附带有书写的内容丰富的文字说明。这种风格逐渐让位给一种更为矫饰的绘画风格，并且更为强调颜色。这部分是由于画家—制图学家的逐渐增多的作用，他们更多考虑老派军事工程师的斯巴达式几何风格；部分也是由于对一种透视的而不是城市和防御工事的平面图的描绘方法的偏好。

      为了追溯这一发展，我们可以从两幅 1484 年的阿莱里亚（Aleria）城市地图开始，其附带有一份由尼科洛·托代斯科（Nicolò Todesco）起草的详细报告（图 34.10）[80] 以及相似的小比例尺的 1613 年考罗（Cauro）、奥尔纳诺（Ornano）和特拉沃 [Telavo，塔拉沃（Taravo）] 教区地图以及由总督乔治·琴图廖内（Giorgio Centurione）送往热那亚的伊斯特里亚（Istria）城镇的地图[81]。作为重要的终结标志，我们可以采用佚名的博尼法乔海角的生动图像（1626 年），其由达戈斯蒂诺·基亚瓦里（Agostino Chiavari）专员送往热那亚，或者采用由一位名叫乔治·

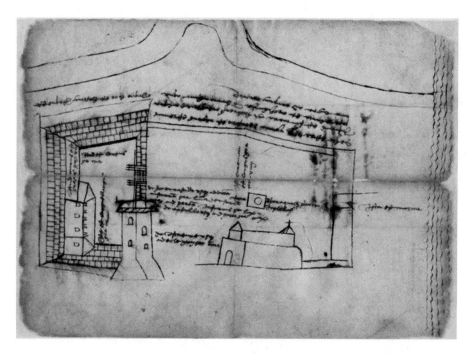

图 34.10 尼科洛·托代斯科，阿莱里亚城市地图，1484 年。棕色墨水的素描

原图尺寸：22×31.5 厘米。ASG（Fondo Cart. Misc. n. 253）提供照片。

---

    [78] 关于这些人中的某些人及其作品，参见 Jean-Marc Olivesi, "L'architettura barocca in Corsica nei documenti dell'Archivio di Stato di Genova: 1650 – 1768," in *Corsica*, 13 – 19; Quaini, "Per la storia della cartografia"; 以及 idem, "Ingegneri e cartografi nella Corsica," passim.

    [79] 参见 *Corsica*, 101（nos. 167 and 168）中的描述。

    [80] 被描述和复制在了 *Corsica*, 64 – 67（nos. 58 and 59）。

    [81] 在 *Corsica*, 164 and 166（No. 350）。

温琴佐·贾科莫尼（Gio. Vincenzo Giacomoni）绘制的帕度拉尔塔的沼泽（Paduli della Padulalta）的简化的透视地图，其由热那亚政府在 1668 年送往这一区域[82]。

至于涉及的地图的内容和类型，我们主要可以在那些处理海岸防御问题的政府文件（基于海岸的平面图和透视描绘）中看到一种对于地理比例尺的偏好。关于岛屿内陆的地图则碎片化得多并且几乎都是图像的（有一种向地形比例尺发展的普遍趋势）[83]。

一个比较的例子：撒丁岛

在最近的对撒丁岛制图学的历史调查中，由于民族主义，撒丁岛历史学家强调了一个他们科西嘉同行没有提出的问题——一个从这样的事实产生的问题，即"从岛屿的制图学呈现的最早时期开始，直至 18 世纪末，只存在两个当地'制图学家'的重要例子：西吉斯蒙多·阿克尔（Sigismondo Arquer，在 16 世纪）和朱塞佩·科苏（Giuseppe Cossu，18 世纪后半叶）"[84]。

在泽达·马乔（Zedda Macciò）的著作中采纳的严格的"自我中心"的方法，不仅产生了新的问题，而且产生了很多关于一种完整的制图学传统的有效价值的疑问：

> 存在大量涉及撒丁岛的丰富制图学作品，但这样的一些地图主要是由其他人制作的。因此，撒丁人与他们自己领土之间的关系是由外人调节的，在一种"错误的"概要性图像的最初并置中形成……它们是用一种小的（或非常小的）比例尺，是在本质上与岛屿不存在联系的地点和地区绘制的。制图学家的耳朵超越了他的眼睛；并且"道听途说的"地理学，在公共和私人图书馆中进行探索的地理学，比直接经验发挥了更为重要的作用。结果是，学识在创造岛屿的图像中占据了主导——于是有了天文测量中存在的永久性和编码性的误差、地理上的不准确，讲述一个遥远地方时常见的负面故事，以及由地理文献产生的所有其他的老生常谈[85]。

如同我们已经看到的，17 世纪的利古里亚和科西嘉是国家资助的测量对象，当地的制图学家在某种程度上参与了详细的大比例尺地图的创造。但撒丁岛的情况从来不是这样[86]。

所有这一切，使得文艺复兴时期最重要的撒丁岛制图学家的个人的历史不仅是象征性的，而且是极为感人的，为了避免参与他家乡岛屿的国家管理，西吉斯蒙多·阿克尔，一位

[82]　在 *Corsica*，124 – 25（No. 235）and 142（No. 281）。

[83]　关于一位画家—制图学家的早期例证，参见 "Modello dela casa di Polidoro"（1541）——对科尔特（Corte）定居区域的一种有效的透视呈现——由某位彼得罗·萨尔瓦戈·德拉基耶萨（Pietro Salvago Della Chiesa）制作，参见 *Corsica*，169 and 172（No. 359）。

[84]　Isabella Zedda Macciò，"La forma：L'astronomo, il geografo, l'ingegnere," in *Imago Sardiniæ：Cartografia storica di un'isola mediterranea*（Cagliari：Consiglio Regionale della Sardegna, 1999），17 – 95, esp. 24.

[85]　Zedda Macciò，"La forma," 24 – 25.

[86]　泽达·马乔承认，这一过程仅仅以在皮埃蒙特的改革为开端（"La forma," 25）；然而，西曼卡斯档案（Simancas Archives）中的制图学藏品似乎并没有得到充分考虑。我本人在此仅限于转述皮洛尼对描绘西班牙所属撒丁岛制图学作品的缺乏所表示的惊奇（*Carte geografiche della Sardegna*，XII）。

来自卡利亚里的财务律师，最终被宗教裁判判刑。1571 年 6 月 4 日，他被在托莱多城市广场的一根火刑柱上烧死，因为他与异端分子塞巴斯蒂亚诺·明斯特进行合作。1550 年，明斯特《宇宙志》拉丁语版中不仅有一个"撒丁岛历史和风景概要"（Sardinia brevis historia et description）——一部后来由洛多维科·安东尼奥·穆拉托里（Lodovico Antonio Muratori）重印的作品——而且有一幅题名为《撒丁岛》（Sardinia insvla）的地图，尽管显然从托勒密对岛屿的呈现中获得了一些启发，但其对同时代的很多地点进行了定位，并且附有它们正确的内陆的名称（图 34.11）[87]。阿克尔是两者的作者。

　　尽管其被纳入明斯特非常成功的作品中，但阿克尔的地图很快被遗忘，并且被奥特柳斯、墨卡托以及最为重要的马吉尼地图集中的岛屿呈现取代[88]。然而，作为小比例尺的和缺乏基于详细调查的资料的结果，它们很大程度上无法改进岛屿的制图学呈现，这是泽达·马乔强调的一个观点[89]。确实，即使阿克尔地图，其被正确观察为"尽管它作为由一名撒丁岛知识分子绘制的岛屿的一种可视化图像的最早的例子，因而有其重要性，但它依然还是一幅草图，对于军事和航海目的而言没有实际用途"[90]。

　　正是从军事角度考虑，为了检视撒丁岛的制图学呈现是如何得到发展以回应对准确性的需求和要求——我们才必须将其视为防御工具，或者更为普遍的，作为一种执行领土控制的手段。从 16 世纪早期开始，土耳其和北非的柏柏尔民族造成的威胁使得海岸防御占据优先地位；为了满足这一优先因素，统治者需要关于岛屿的准确的地理知识；他们再也不能仅仅依赖于西班牙官员的报告和描述，不管其中提供的信息有多详细[91]。对岛屿进行一种系统的制图学描绘的第一个项目，似乎是在菲利普二世统治时期提出的。埃尔达伯爵（Conte d'Elda）是撒丁岛的总督（1570—1575 年），他将任务交给了杰罗尼莫·费拉（Geronimo Ferra），"热那亚陡峭海岸画家"（Pintor del Cerrio Ribera de Genoa），他被委任起草一份对岛屿的描述，记录令人感兴趣的特征以及它们之间的距离。在一份写给总督的报告中发现了费拉对岛屿进行访问的文献证据，其中费拉提到了，在他本人及其助手花费大量成本和进行了872 冒险之后，他在岛屿上旅行所走过的长度和宽度，但是地图和文本描述似乎已经佚失[92]。

　　流传至今的是由军事工程师克雷莫纳人罗科·卡佩利诺（Rocco Cappellino）绘制的地图，他在 1552 年被任命去强化卡利亚里的防御。他在岛屿上待了 20 年，在修建各种防御工事项目的过程中，他并不满意现存的地图，于是决定绘制和出版一幅新的地图："因为在我

　　[87] Piloni, Carte geografiche della Sardegna, 51–52:"对内陆的一种描述首次包含了贾拉山脉（'Giarae montes'）的名称"；至于通常的地名，在一个带有朱斯蒂尼亚尼精神实质的注释中指出："所有这些名称都是新的，并且都是目前在使用的。"（同时向读者揭列了托勒密的图版以满足他对古物的品味）阿克尔还绘制了一幅卡利亚里的地形平面图，其中"富含详细的和之前未出版的关于城市结构的信息，并且将其自身确立为一个直至 18 世纪中期被公认的模板；参见Isabella Zedda Macciò, "La conoscenza della Sardegna e del suo ambiente attraverso l'evoluzione delle rappresentazioni cartografiche," Biblioteca Francescana Sarda 4 (1990): 319–74, esp. 335。

　　[88] Zedda Macciò, "La conoscenza della Sardegna," 335.

　　[89] Zedda Macciò, "Carte e cartografi della Sardegna," 450.

　　[90] Antonello Mattone, "La cartografia: Una grafica dell'arretratezza," in La Sardegna, 2 vols., ed. Manlio Brigaglia (Cagliari: Edizioni della Torre, 1982), vol. 1, pt. 1, 3–22, esp. 13.

　　[91] Mattone, "La cartografia," 16.

　　[92] 参见 Piloni, Carte geografiche della Sardegna, 56.

图 34.11　西吉斯蒙多·阿克尔制作的《撒丁岛》，1550 年。复制在塞巴斯蒂亚诺·明斯特的《宇宙志》（*Cosmographia uniuersalis lib. Ⅵ*，Basle：Apud Henrichum Petri，1550）中

原图尺寸：约 25.4×15.5 厘米。Special Collections and Rare Books，Wilson Library，University of Minnesota，Minneapolis 提供照片。

看来，提及的这座岛屿的形态从未按照它应有的样子被绘制……我不得不希望以最好的形式描绘它，以便人们能够知道，不能像有些时候那样，对这块土地评价太低和尊重不够。"[93]

卡佩利诺地图，我们已知有三个版本，是在附带有 10 幅局部绘画，一般是城市的平面图、堡垒平面图以及一些海滩草图的稿本中发现的[94]。尽管从未出版，但卡佩利诺的作品——与其固有的错误以及那些由于在原始版本缺乏明确定位而在后来的版本中产生的错误一起——最终被长期延续，不仅在意大利制作的印刷地图中（例如伊尼亚齐奥·丹蒂和乔瓦尼·安东尼奥·马吉尼的作品）延续，而且在由尼德兰和法兰西出版商出版的作品中延续。只是在被皮埃蒙特工程师的制图学调查取代的时候，他的作品才被弃用[95]。

《对撒丁岛及其王国的描述》（*Descripcion dela isla y reyno de Sardena*）已与弗朗切斯科·德维科（Francesco de Vico）的《撒丁岛及其王国的历史》（*Historia general del la isla，y reyno de Sardeña*）联系起来，1639 年在巴塞罗那（Barcelona）出版。虽然两者被联系起来，并且两者是"维科向他的君主［菲利普四世（Philip IV）］致敬的壮举"都千真万确，但是地图本身却可被追溯至撒丁人的圈子，尽管我们可以排除它是在撒丁岛印刷或者是由维科自己制作的可能性，他的角色似乎不过只是赞助者而已[96]。毫无疑问的是，佚名的制图学家至少披露了一部分撒丁岛领土的直接知识，并且他也非常在意对城市和聚落的描述，以及按照人口规模对它们进行的分类。所用的资料来源依然是一个需要讨论的问题。除与商业地图出版或军事工程师的工作有关的传统之外，地图还证实了其他各种传统的持续存在。

结 论

利古里亚和热那亚及其领土上的制图学活动提供了用图像地图补充文本地形描述中存在的一种延迟的有趣例证。这必定与在区域土地管理中中世纪方法的长期存在以及中央集权的缺乏有关。在热那亚自身的例子中，拥挤在群山和大海之间，并且几乎没有内部街景和公共广场的城镇类型和布局，可能造成了一种对城市景观呈现中几何平面图的需求的明显缺乏，以及从海上饱览城镇的图像占主导地位的原因。

对涉及地图的法律和行政问题，例如那些涉及边界划定和林地、水和农业资源的分配等本地推动的解决方式的持续存在，产生了依然保存在当地的和国家档案馆中，尤其是在热那亚国家档案馆（ASG）中数量庞大的绘本地图和草图，它们建立在第一手观察的基础上，目前提供了关于土地使用的有用的历史信息。在 17 世纪末期，地方的土地调查员、制图学家和画家负责制作这些图像，他们受雇进行系统的区域调查。皮耶尔·玛丽亚·格罗帕洛在

---

[93] Zedda Macciò, "La forma," 51。原话是在 1577 年说的。

[94] 卡佩利诺的稿本收藏在梵蒂冈城的梵蒂冈教廷图书馆（Biblioteca Apostolica Vaticana），并且在塞巴斯蒂亚诺·代莱达（Sebastiano Deledda）的文章中全部刊出，参见其撰写的文章 Sebastiano Deledda, "La carta della Sardegna di Rocco Cappellino (1577)," *Archivio Storico Sardo* 20 (1936)：84 – 121, and 21 (1939 – 40)：27 – 47。

[95] Zedda Macciò, "La forma," 57.

[96] 现存的《对撒丁岛及其王国的描述》的一个副本收藏在 BNF 的 Département des Cartes et Plans，编号 Port. 80 – 2 – 2，参见 Piloni, *Carte geografiche della Sardegna*, 87 – 93 中的地图的复制品和详细讨论，引文在 89 页，其主要基于 Osvaldo Baldacci 的研究。

1650—1655 年制作的地图集是这方面的杰出例子。不仅对于那些紧邻热那亚的地区，而且对于其科西嘉的领土而言，都的确属于这种情况。形成鲜明对比的是，直至 1708 年都处于西班牙阿拉贡王朝控制下并且专注于海岸防御的撒丁岛，只是由撒丁岛人进行了很少的本地调查，并且在这一时期没有进行系统的国家测量工作。

这些本地的地图是由诸如防御、航海、贸易和对领土资源的经济开发的具体实际需要产生的结果。这些地图提供的信息，只有很少纳入大型地图集的工程中，而这些工程包括了为商人、学者、政治家和政治家等一般商业化受众出版的小比例区域印刷地图。这就突出了这里采用的方法的重要性——关注通过直接观察方式在当地制作的手绘地图，而不关注在外地制作的商业地图集，它们通常取材于受到尊崇但过时的文献。

第三十五章　文艺复兴时期威尼托和伦巴第的国家、制图学和领土*

埃马努埃拉·卡斯蒂（Emanuela Casti）
（北京大学历史系张雄审校）

874　　如果我们要解释，在 15 世纪和 16 世纪早期的西欧，为什么文艺复兴时期的意大利制图学家是最具创新性的和成果最为丰硕的话，那么我们必须在别处寻找答案，而不是为文艺复兴时期的兴起而提出通常的总体性的文化解释。取而代之，我们不得不将地图的作用考虑为，代表了领土控制方面不断增加的复杂性。无疑非常清楚的一件事情就是：以往的地图不仅是一件艺术作品（即使它们通常有颂扬的作用），而且它们在很大程度上主要用于表达一种对于世界的知识掌握；它们是领土行为的工具，并且促成了一种与环境的新关系。

　　从这一视角考虑，明确的是，为什么在波河流域，制图学的发展如此之早。居住在这一区域的社会群体正在执行复杂的和详细的以及需要类似复杂性的智力手段的领土工程。这类手段中最为重要的是地图。米兰、威尼斯、曼图亚、帕尔马和费拉拉是强有力的城市国家，其国家机器不得不满足超出于生存的更多的社会期望，以及不得不满足一个希望国家去贯彻提高生产力的领土转型战略的社会。并不是巧合的是，威尼斯——一座在土地和海洋之间寻求不稳定平衡的城市——理应将其最为重要一些技术的专门知识用于对自然环境的掌握和管理，并且开创了地理地图的大规模生产。城市的主要目标之一就是去获得其复杂和变化的领土的广泛知识。与此同时，在其领土上的以及在其统治的海外领地的政治和军事组织，使得威尼斯能够采用有远见的长期战略。文艺复兴时期的波河流域地图绘制的作用，与国家的组织、政治结构的问题，以及与一个国家控制其履行主权的领土的能力息息相关。由于制图学所扮演的既有角色，因此值得将其视为基于制图学解释的研究而产生的新理论方法的试验场。

　　过去十年，我们已经见识过在地图的研究方面使用的许多不同的方法论和理论/批评方法，其中没有一种是地图学史可以忽略的。这已经导致了对地图的双重性质的重新发现：作为揭示某一特定社会建构其自身有关领土的专门知识领域的方式，和作为一种允许那种领土知识的流通，并且也能够在那种交流过程中为了影响解释者而发挥独立作用的交流工具。

　　如果这一理论方法成立的话，我们可以断言，通过对地图语言的分析，我们可以揭示其

---

* 本章使用的缩略语包括：ASV 代表 Archivio di Stato, Venice；SEA 代表 Savi ed Esecutori alle Acque。

在社会的中介作用，通过它，领土被得以认识和组织①。更为准确地说，我们可以坚信，地图是人们为了从一种语言学观点构建世界而对现实进行智力占有的证据②。一幅地图中使用的名称和编码——从此以后分别称为"标志符"（designators）和"名称替代符"（denominative surrogates）——用于将经验世界组织为有序的知识③。结合了标志符和替代符的符号形象就是图标，即一种被赋予了无与伦比的独立性的自成体系的单位。

875

我正在声称的是，图符的作用就是遵照最初由制图学家采用的信息行事，并且通过自指机制，将信息转化为在制图学呈现中被直接创造的某些东西。因而，地图不仅仅是一种领土的"符号中介"；有人认为它是一种"符号运算符"，它将一种世界的特定构造即地图学的特定构造，表示为现实和社会之间的交界区域。简言之，通过地图传递的信息可以代替现实，因为它使解释者设想，由此产生的认知实例是值得注意的，与此同时，通过提出这类实例是附属于领土的，因而它们提供了社会行为的信息④。

因而，我们可以理解，本章的目的就是通过理论的一致性将地理地图解构、消除、重塑为一个强有力的系统，威尼斯和伦巴第社会借此创造了一种与领土的复杂关系。这就是我不会通过对其采取分批分析的方式来提及意大利东北部所生产的地图，以及我不会考虑所有的类型和它们的历史变革的原因。我的目的就是，通过一些例证强调社会与这个产生了多样化语言的区域之间所建立的联系，一种只能通过考虑"领土化"过程与地图之间深层次关系来理解的一种联系，或者不妨说是前者的一个特定方面——命名——以及后者对其的影响⑤。

被分析的区域有意大利东北部［今天的伦巴第、威尼托、弗留利－威尼斯朱利亚（Friuli-Venezia Giulia）、特伦蒂诺－上阿迪杰（Trentino-Alto Adige）和艾米利亚－罗马涅（Emilia-Romagna）等大区］（参见图 35.1），这一带各个重要公国（米兰、曼图亚和威尼斯

① 尽管这一分析方法将有限数量的研究者聚集在一起，但其地图解释的重要性已经在某种程度上通过理论制图学委员会（Commission on Theoretical Cartography）的建立而被官方承认，理论制图学委员会是国际制图学协会（International Cartographic Association，ICA）的一个工作组。这一工作组的组长们已经撰写了一篇评述，名为 *Diskussionsbeiträge zur Kartosemiotik und zur Theorie der Kartographie*，这篇论文在德累斯顿（Dresden）出版，主编为亚历山大·沃尔茨琴科（Alexander Wolodtschenko）和汉斯格奥格·施利希特曼（Hansgeorg Schlichtmann）（分别是委员会的主席和副主席）。最为重要的是，委员会将全世界的 30 多位学者聚集在一起。参见 http://rcswww.urz.tu-dresden.de/~wolodt/tc-com/。

② 本文所基于的完整讨论是在 Emanuela Casti，*L'ordine del mondo e la sua rappresentazione：Semiosi cartografica e autoreferenza*（Milan：Unicopli，1998），英文本，*Reality as Representation：The Semiotics of Cartography and the Generation of Meaning*，trans. Jeremy Scott（Bergamo：Bergamo University Press，2000）中，由 Marta Melucci 在 *Revista Bibliográfica de Geografía y Ciencias Sociales* 185（26 November 1999），http://www.ub.es/geocrit/b3w-185.htm；由 Michele Pavolini 在 *Rivista Geografica Italiana* 108（2001）：145-46 中；以及由 Lisa Davis Allen 在 *Portolan* 53（2002）：64 中进行了评论。

③ 这些新术语被用于译释名称的最深层含义，并且去展示它们的传播方式。我使用一词"替代符"（surrogates）表示颜色、数字、轮廓，或者地图页面上的相对定位。

④ 我在这一点上用"图符化"（iconization）的术语指关于由地图达成的制作和流通方面最复杂的含义。更确切地说，图符化可以被定义为这样的交流过程，在其中推测的信息被呈现为似乎它们是真实的，因为提到了一幅地图自指的结果。关于图符化的过程，参见 Emanuela Casti，"Elementi per una teoria dell'interpretazione cartografica，" in *La cartografia europea tra primo Rinascimento e fine dell'Illuminismo*，ed. Diogo Ramada Curto，Angelo Cattaneo，and André Ferrand Almeida（Florence：Leo S. Olschki，2003），293-324，esp. 322-24，还有 idem，"Towards a Theory of Interpretation：Cartographic Semiosis，"*Cartographica* 40，No. 3（2005）：1-16。

⑤ 当我谈到"领土化"过程的时候，我指的是人类参与的有关自然空间的不同实践活动，目的在于创造他们生存和社会再生产的条件；命名确立了对领土的专门知识。关于这一理论方法和有关作为社会行为的一种领土形式的地理学，参见 Angelo Turco，*Verso una teoria geografica della complessità*（Milan：Unicopli，1988）。

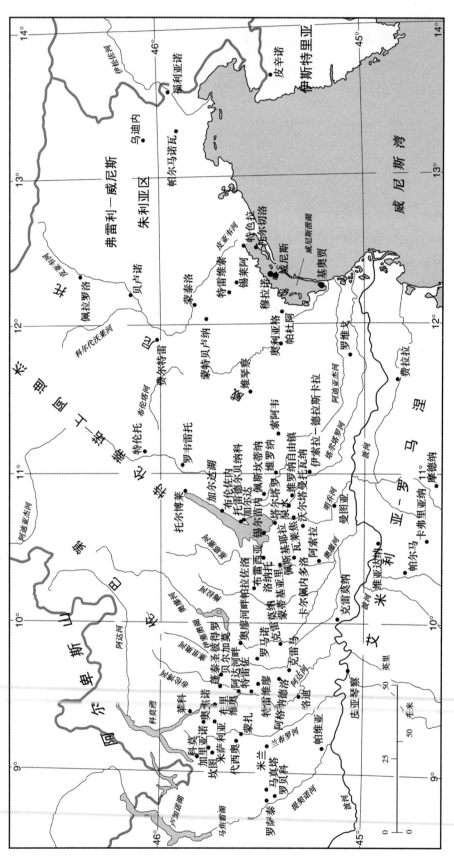

图 35.1 意大利东北部的参考图

公国共和国）的存在，意味着存在大量不同的制图学中心，但是与此同时，这趋向于鼓励了呈现的地图学语言中的不一致，而这种呈现的地图学语言所保持的特殊性与制作地图的政治环境有关。实际上，区域的地图学产品有一种分层发展，以满足不同的政治需求。这反映　876
在了本章的组织方式上：一方面，聚焦于某些公国，而不是其他的公国⑥；另一方面，仅仅分析某些地图学类别。

　　因而，我将威尼斯置于我论述的核心位置。在我们正在讨论的时期内，威尼斯对之前提到区域中的大部分行使管辖权，于是对威尼斯共和国（Serenissima）行政结构的发展以及对那一结构中地图学的成就进行一番讨论，将直接把我们带到这个大区的组织核心。而且，威尼斯是一个有趣的例子，因为该市早就设立了负责领土资源管理的各种机构——而这些机构一直使用地理地图。尤其关注于绘制水资源和森林资源的地图——部分因为城市本身的位置，部分原因是威尼斯的生存和经济活力依赖于对这两种陆地资源的管理。

　　就有关的地图类型的选择而言，其中尤其让我们感兴趣的就是与国家的政治和军事利益有关的类型。地图不仅仅被用于表明对于堡垒和防御的需要，而且被用于规划它们的建造。本章的一部分将讨论这类军事地图，我们从中可以看到地图学发挥了如下作用：作为权力的一种符号表达，以及作为军事策略的一种实用工具。

　　为了使我们关于国家地图的图景更为完整，我还将考虑"地形"地图——主要目的在于对一块领土进行总体描述的地图。这类地图试图在总体上提供对领土的一种客观重建，并且它们展示——甚至比正在讨论的其他地图更为清晰——关于领土的专门知识是行使权力的必要条件。

　　当国家是领土主要的管理者的时候，还存在其他机构——例如教会——也在某些地区发挥着对领土的管理和组织作用。例如，在伦巴第，米兰主教教区的教区长辖区（*pievi*，扩展的乡村教区）产生了一种非常特殊的地图学类型，由描绘了主教进行教牧巡视的路线的地图构成。我将要检查这些地图，并且显示它们是如何通过建立某些特定参考点，提供了一种被绘制的领土的特定图景的。

　　就被讨论的在较长时间跨度内彼此采用的地图而言，如果我们将要更为准确地追溯它们的演变，那么需要准确地确定时间。这一演变在地图绘制的总体背景下进行观察的话将比较清楚——也就是说，将其置于与各种地图学的学派和新类型的关系中，以及置于与作为之后 18 世纪地图发展的先驱的地图学类型的产生的关系中来观察。

国家与地图学

　　接近 15 世纪中期，意大利东北部分裂为威尼斯共和国、米兰公国、曼图亚公国、埃斯特公国和特伦托公国（图 35.2）。一个世纪后，这一领土进一步分裂为萨伏依公国、帕尔马公国和热那亚共和国等新的政治实体。然而，分裂为小的政治实体并没有排除各国之间在知识和技术，以及书籍、知识分子、工匠方面的交流。然而，每个国家采纳这些外

---

　　⑥　帕尔马、摩德纳、费拉拉和特伦托（Trento）公国在地区内各国的权力平衡中扮演了重要角色，但是，就相关的地图学而言，它们受到其他地方产生的知识和技术影响。

部影响以满足它自己的特定需要也是事实。从来没有产品按照它来到该地区时的样貌被接受，而是被按照个别需求加以修改——并且正因为如此，我们拥有的文献就反映了特定的地理状况。

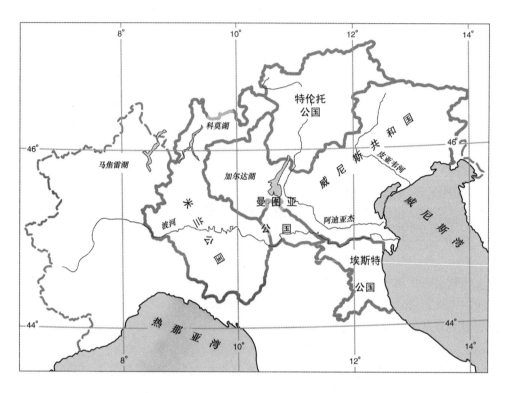

图 35.2　15 世纪意大利东北部的参考图

每个政治当局都在一种狭隘的沙文主义和更开放的思想之间摇摆。这一态度的混合在 15 世纪和 16 世纪尤其明显，当时意大利文化对欧洲其他地区具有一种如此程度的影响，以至于任何形式的狭隘的地方保护意识都将被认为是不恰当的。到 16 世纪，意大利半岛上的民族共同使用一种已经规范化的文化方言（14 世纪托斯卡纳方言），也有能力利用一种在整个欧洲使用的共同文化语言（拉丁语）。圣职人员、学生和大学教授的漫游意味着基督教世界的所有国家共同拥有一种基于相同文本、相同原则以及相同知识水准的文化。甚至当这一共同的世界由新教改革而分裂为两部分的时候，两者之间的交流持续进行，尽管困难大一些。在经济领域也毫不逊色，诸如货物、货币以及沿着将地中海海岸与欧洲其他地区联系起来的已经建立的贸易路线旅行的商人/贸易者都在继续交流。

　　这种多层次的技术和文化交流不可避免地涉及地图学——尤其是世界地图和球仪的制图学，它们提供了一种整体的世界观。对于大比例尺地方地图而言，情况稍微不同，它们是基于当地制图学家的当地测量数据和知识，并由地方管理当局委托绘制的。很难概括当地制图人员的各种技术特质，并且此举并不能在多大程度上有助于我们了解地图制作的观念形态。在考察波河流域制图学的关键阶段时，更为有用的就是检查一些之前提到的政治实体对整个地区施加的政治影响力。例如，在威尼斯的例子中——在某些方面似乎已经呈现为一种帝国强权的规模——我们不要忘记，其在 16 世纪的边界扩展到了威尼托之外，直至将伦巴第的部分〔布雷西亚、贝尔加莫、科莫（Como）和克雷莫纳周围区域〕和伊斯特里亚（经过此前一个世纪发生的一系列兼并以后）（图35.3）囊括在内。而且，作为一个海上强权，共和国使地中海的大部分地区都能感受到其影响，甚至远至黑海和亚速海（Sea of Azov）也如此。

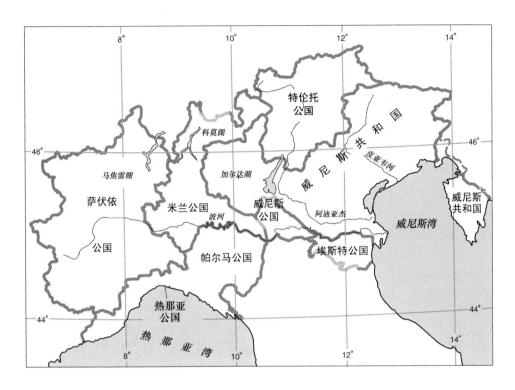

图 35.3　16 世纪意大利东北部的参考图

这一政治上的扩张主义使我们得以理解在威尼斯制图学中见到的广泛的多样性：无论是对附近领土的政治和经济管理，还是对更远土地行使商业霸权，威尼斯都需要满足有关需求的地图。这就是为什么，该城的地图学产品涵盖了范围广大的类型——航海、行政管理、政治、军事、描述性的和庆典性质的地图——在质量和数量方面都引人注目。我们不应当忘记威尼斯从世界各地吸引了新的信息和技术创新。同时，15 世纪中期，在这一文化氛围中，弗拉·毛罗（Fra Mauro）承担了为葡萄牙国王阿丰索五世（Afonso V）创造大型世界地图（mappamundi）的绘制工作（制图学家本人呈献给威尼斯共和国的副本现在依然可以在威尼斯圣马可国家图书馆中看到）[7]。

为了理解威尼斯与其他国家之间的相互依赖关系——以及为了掌握在国家领土的管理中地图所起到的重要作用——我们应当从分析威尼斯的行政管理当局开始，因为这些地图是为它们绘制的。

---

⑦　参见 David Woodward, "Medieval Mappaemundi," in *HC* 1：286 – 370, esp. 315 – 16 and pl. 18。

地图和威尼斯的各种管理机构

威尼斯制图学的与众不同之处在于，在16世纪已经在管理领土的国家官僚机构中发挥着一种公认的作用。在意大利的其他地方，地点的视觉知识以及使用地图作为行政管理辅助工具可能只是在两个世纪后才成为普遍现象，也就是在土地登记簿中的国家领土的普遍测量导致对信息的统一编制的时候。威尼斯领先一步的原因，可以在导致其建立领土管理的行政管理机构的政治氛围中找到。在16世纪中，威尼斯从一个海上强权变成一个以陆地为基础的强权，它发现自己不得不管理一个不再基于贸易，而是基于对其自身领土资源的开发的经济体⑧。因而，大陆与该城本身的关系发生了根本性的变化。威尼斯的内陆现在有种不折不扣的新角色：其将是国家确认和确保权力存在的舞台。这一政治计划导致了对大陆的分配、控制和管理方面的一个新阶段，并且导致了整个领土的一种新的组织形式⑨。这就是为什么，在国家的官僚机构中出现了一种深刻的变化，而国家现在需要有能力执行对其领土进行控制和管理的行政、技术和法律团体。

为这一目的而建立的地方行政长官，在行政领域对于地图学的使用方面是领先于时代的。早至1460年，十人委员会⑩颁布了一条法令，要求所有其拥有土地上的长官（rettori）绘制它们区域的地方地图并且将它们送往威尼斯。这些地图然后被保存在国务院（Venetian chancellery）或城市的市议会（council chamber）。它们将提供某些明确的信息——经度、纬度、边界，与相邻国家有关的信息，以及与运输有关的信息——并且将在实地调查后由专家绘制。遵循公认的地理地图的惯例，它们将"标明风向、东、西，城市、河流、平原以及

---

⑧ 关于威尼斯的历史以及该城对于大陆的根本性影响，参见下列力作：Marino Berengo, "Il problema politico-sociale di Venezia e della sua terraferma," in *La civiltà veneziana del Settecento* (Florence：Sansoni, 1960), 69 – 95; Daniele Beltrami, *Forze di lavoro e proprietà fondiaria nelle campagne venete dei secoli XVII e XVIII* (Venice：Istituto per la Collaborazione Culturale, 1961); Angelo Ventura, *Nobiltà e popolo nella società veneta del '400 e del '500* (Bari：Laterza, 1964); 以及 Gaetano Cozzi, ed., *Stato società e giustizia nella Repubblica Veneta* (sec. XV – XVIII), 2 vols. (Rome：Jouvence, 1980 – 85)。

⑨ 关于威尼斯行政机构的历史以及涉及大陆的规划和项目，参见下列同时代的资料，如 Marco Cornaro, *Scritture sulla laguna*, ed. Giuseppe Pavanello, vol. 1 of *Antichi scrittori d'idraulica veneta* (Venice：Ferrari, 1919; reprinted 1987); Cristoforo Sabbadino, *Discorsi sopra la laguna* (parte I), ed. Roberto Cessi, vol. 2 of *Antichi scrittori d'idraulica veneta* (Venice：Ferrari, 1930; reprinted 1987); 以及 Cristoforo Tentori, *Della legislazione veneziana sulla preservazione della laguna* (Venice：Presso Giuseppe Rosa, 1792)。也可以参见 Salvatore Ciriacono, "Irrigazione e produttività agraria nella terraferma veneta tra Cinque e Seicento," *Archivio Veneto*, 5th ser., 112 (1979): 73 – 135; idem, "L'idraulica veneta：Scienza, agricoltura e difesa del territorio dalla prima alla seconda rivoluzione scientifica," in *Storia della cultura veneta*, 6 vols. (Vicenza：N. Pozza, 1976 – 86), vol. 5, pt. 2, 347 – 78; 以及 Sergio Escobar, "Il controllo delle acque：Problemi tecnici e interessi economici," in *Storia d'Italia：Annali*, vol. 3, *Scienza e tecnica nella cultura e nella società dal Rinascimento a oggi*, ed. Gianni Micheli (Torino：Einaudi, 1980), 83 – 153, esp. 104 – 53。

⑩ 1310年建立时是一个特殊机构，十人委员会在1334年成为威尼斯政府的一个永久性机构，并且由17位成员组成（包括共和国总督和6个议员）。作为管理刑法事务的最高机构，其可以干涉与国家安全有关的事务、威尼斯公民的自由，以及贵族阶层和教士成员的行为。其行政、金融和政治活动都趋向于对公共领域进行控制。委员会也是公共道德的监督机构，对该市的秘密的宗教组织和工匠行会（scuole e arti）和由共和国总督统治的区域进行控制，监督国务院的工作，负责森林和矿场。

不同地点之间的距离"⑪。这些地图新的形式和比例尺使它们成为后来文艺复兴时期地图学发展仿效的重要原型；它们也是重要的，因为它们证明了这样的一种信念，即良好的领土管理需要尽可能多的搜集关于领土的信息——并且由最优秀的机构去组织进行这样的信息搜集，而最优秀的机构也就是明确确定了各自所负责区域的地方行政长官、行政当局（表35.1）。因而，在这些机构的档案中保存了丰富的威尼托历史的档案记录，这些机构在共和国创立之初就在行政组织中发挥了某种作用。实际上，这些机构不仅反映了一种行政机关组织上的严密程度，而且反映了人们日益意识到了与自然环境管理有关的问题⑫。将权力的三个层面聚合在一起——技术专长、决策权以及执行权——它们是能够把一项计划从最初酝酿到最终执行加以落实的自主机构（图35.4）⑬。

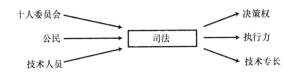

图 35.4　威尼斯地方行政机构的权力和地方行政机构信息的来源

基于 Emanuela Casti, *L'ordine del mondo e la sua rappresentazione*:

Semiosi cartografica e autoreferenza（Milan: Unicopli, 1998），84。

行政机构可以要求著名的技术人员效力；威尼斯几乎所有著名的工程师和建筑师，都至少偶尔作为一名技术负责人（*proto*）或专家（*perito*）提供过工作咨询。考虑到从事这种工作的那些人并不做出政治决定，而是试图应用当时的科学和理论知识以满足环境保护的实际需要，后面这种角色尤为重要。

879

---

⑪　对于他们所控制领土的准确信息的需求，由十人委员会在 1459 年 2 月 27 日（1460 年）颁布的一项法令所解释，其命令大陆上的长官送来在它管辖下的每一省份的详细地图。法令特别规定："在国务院或市议会处"，应当保存威尼斯统治的 "所有城市、陆地、城堡、省份和地点的真实图像"，以便于任何不得不做出关于这些地点的决定的人等可以从 "可靠并描述详尽的目击者，而不是从其他人的观点中" 获得关于它们的信息。基于这一法令，各个地区、城市和城堡的长官将 "根据领土上的居民和了解他们所生活的地点和城市的其他专家的建议，安排人绘制领土、地点和行政区的一种图像，其上标明方位基点、城堡、河流、平地，以及地点之间的距离，还有我们邻近的地点以及它们的距离，并且安排一些专家和睿智的人核查地图以了解它们是否以一种正确的方式绘制；一旦他们将其核查完毕，就把它呈送我们的长官"。参见 Archivio di Stato, Venice, Consiglio X, various, reg. XV（1454 – 59）fol. 197 r。

⑫　关于威尼斯行政机构的历史以及各种地方行政长官的建立等专门问题，参见 Maria Francesca Tiepolo 编辑的展览目录：*Laguna , lidi , fiumi : Cinque secoli di gestione delle acque*（Venice：Archivio di Stato, 1983）；*Cartografia , disegni , miniature delle magistrature veneziane*（Venice：Archivio di Stato, 1984）；*Ambiente scientifico veneziano tra Cinque e Seicento*（Venice：Archivio di Stato, 1985）；以及 *Ambiente e risorse nella politica veneziana*（Venice：Archivio di Stato, 1989）。当其他意大利国家为保护和管理环境设立官职的时候，这些官职并没有像在威尼斯那样被完整地整合为国家官僚机构的一部分。在关于这一主题的大量材料中，参见 Leonardo Rombai, "Cartografia e uso del territorio in Italia：La Toscana fiorentina e lucchese, realtà regionale rappresentativa dell'Italia centrale," in *La cartografia italiana*（Barcelona：InstitutCartogràfic de Catalunya, 1993），103 – 46 中撰写的章节。

⑬　只有涉及公共利益的某些关键事务——例如那些关于潟湖的保护的——不得不在经过充分说明和讨论之后得到威尼斯元老院的正式批准。

表 35.1   威尼斯领土管理局

名称	设立的时间	描述
林业监管局	1452 年	负责公共用途的和私人的林地，以通过维护大陆上水资源的平衡而对潟湖加以保护
卫生局	1486 年	负责公共卫生和健康，以及负责消除传染病；其权力包括进行刑事处罚
水务局	1501 年	对各种行为加以管理以保护潟湖（被看成与河流和海洋构成了一个交互作用的系统）；其权力包括进行刑事处罚
贸易咨询局	1517 年	总体上主管贸易、运输和经济活动
堡垒监管局	1542 年	负责堡垒和其他防御设施（建造、维护、军备和供应）
未耕地管理局，农业代理机构	1556 年	负责改进农业和大陆上的灌溉以及供水以增加产量；其管辖权涵盖了工业用水或用于灌溉的水资源的许可
市资产管理局	1574 年	负责进行公共土地（沼泽、林地和牧场）的土地登记，更新许可和防止非法侵权行为，以及负责解决城镇议会之间的纠纷
矿业代表	1655 年	负责对矿业进行管理和调节；之前这方面是由十人委员会直接负责的
阿迪杰河管理局	1677 年	负责对阿迪杰河及其支流的技术和财务方面的管理，以保证它们可以航行并且抵御洪水
边界办公室	17 世纪末	负责保存与国家边界有关的各种档案

因而，按照所考虑的问题，领土的行政管理涉及不同负责人之间的关系（图 35.5），同时地图起到了重要作用。涉及公共利益问题的地图，是由相关官员向技术人员委托绘制的，然后提交给十人委员会。另外，个人利益的问题，可能通过两幅地图来予以说明：第一幅由提出某一特定问题的私人一方绘制；紧随其后提交的第二幅地图，是为必须解决问题的官员绘制的。公民个人或者修道会之间的争议——关于诸如水权、土地边界和产权方面的问题——同样通过这样的双份的地图学予以说明，由争议双方向解决问题的法律机构提交他们自己的地图。显然存在两种涉及相同的纠纷区域的不同地图，使我们有机会比较必然存在相互冲突的描述，因而确定两幅地图究竟是如何"推测的"。然而，显而易见的是，这些各种

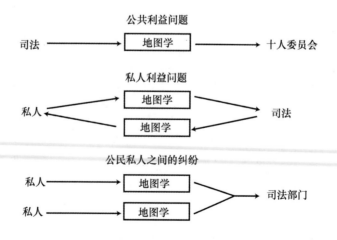

图 35.5   不同机构之间的关系以及地图学在行政实践中的角色

基于 Emanuela Casti, *L'ordine del mondo e la sua rappresentazione；Semiosi cartografica e autoreferenza* （Milan：Unicopli，1998），85。

制度方面的用途催生了地理地图的普遍使用——不仅说明了地图被大量制作的原因，而且表明了那些地图在领土管理中所扮演的不可缺少的角色。

负责领土政策的两个最为重要的机构是水务局（Magistratura delle Acque）和未耕地管理局（Magistratura sopra Beni Incult）。前者负责所有与水系和水的使用有关的问题——包括 ⁸⁸⁰ 威尼斯城市与潟湖环境之间存在问题的关系。1501 年，威尼斯元老院建立了水务咨询和管理局（Savi ed Esecutori alle Acque），一个永久性的有完全执行权的，且其权力涵盖了三个传统相关区域的机构，这三个区域为：潟湖本身、流入潟湖中的河流以及临海的海滨地区。尽管所有这些区域都是交织在一起的，但是特别关注于对城市的生存而言至关重要的潟湖。作为抵御来自大陆的攻击的一道特殊的防御屏障，潟湖不得不加以保护以避免河流沉积物造成的淤塞。然而，在它们保护了城市的同时，潟湖的水还对其造成了威胁，破坏了多年来艰苦的土地复垦工作。1556 年，建立了"未耕地管理局"以负责与土地复垦和供水有关的问题。有两位著名的地图学家在这两个机构中工作：克里斯托福罗·萨巴迪诺和克里斯托福罗·索尔特。前者是水务局的负责人和工程师，后者在数十年中是"未耕地管理局"的正式专家（perito ordinario），将他们的专长不仅应用于绘制陆地和水资源地图，而且应用于为将要实施的计划制定纲要。实际上，他们的作品说明了关于领土资源开发的理论⑭。

领土资源管理和控制中的行政地图学

地图学在国家行政的日常实践中找到了一个位置，因为中央政府需要知道其进行统治的领土的准确特征⑮。行政地图通常具有某些特点：它们与一种书面文本共同存在，它们具有中等和大的比例尺，它们采用手绘的形式，并且它们的目的是在政界流传。

地图和书面文本是一份行政文件中两个相互依赖的部分。书面文本提到了地图所展示的内容，后者反过来只有通过参考书面描述才能被真正理解。强调这一共生关系是重要的，因为其显示了两个部分是如何彼此补充的，而不是其中一个要比另外一个更为重要。这是一个要点，因为这意味着，考虑到有诸如此类的文本作为一种补充，因而地图学呈现不必非要发挥其全部常用的功能。

行政地图有中等和大的比例尺。实际上，其种类是一种异质的地图类别，其范围从单一地产地图或者一段河道地图到对一片完整区域的描述。然而，除了测量和呈现中的一些特性，这些全都是我们现在定义为地形图的地图——它们把一个区域描绘得很细致，以至可以识别其形态和人为特征。如同众所周知的，包含在一幅地图中的信息量受到比例尺尺度的限制。因而，通过对展示了被提出和/或实施的项目的大量大比例尺地图的研究，人们能够追踪"领土化"的实施过程。

另外的一个重要特点是，行政地图一直是一种手绘地图，不仅是在其使用的最初阶段， ⁸⁸¹

---

⑭　萨巴迪诺在 1542 年被任命为负责人；索尔特在 1583 年被任命为正式专家，尽管在"未耕地管理局"建立的那年（1556 年），他就已经在那里工作了。

⑮　参见 *Cartografia e istituzioni in età moderna*：*Atti del Convegno*，*Genova*，*Imperia*，*Albenga*，*Savona*，*La Spezia*，3 – 8 *novembre 1986*，2 vols.（Genoa：Società Ligure di Storia Patria，1987）中对这种文献的广泛讨论。

即印刷术刚刚开始的一段时间内，而且还是在印刷术已经被确立为文献出版和流通的主要手段之后。我强调这个特点是要突出这类地图并不是为公众绘制的，而是供少数决策制定者和规划者备用的。事实上，此类地图在散布公共信息中并没有发挥什么作用，这就对它们的内容产生了一定影响：它们并不是为了满足普遍的兴趣，而是为特定受众提供特定信息。与这一特点存在密切联系的事实就是，绘制地图是为了在政界流通。这些地图设计的使用者是公共机构。即使当它们是由个人私下委托的——例如就像晚期的土地登记地图（cabrei）的情况——它们依然继续重视最初公开委托文件背后的逻辑（鉴于它们可能被政府用于税收评估等）。尽管这些地图可能使用了异质的风格，但我们依然可以识别出它们满足一种由公共机构建立的交流标准，并且广泛地反映了领土政策背后的观念形态，无论它们是否按照明确的规则绘制（事实上，这方面只有非常少的例子）。

在这一点上，我们不得不确定那些与我称为"领土化过程"之间具有最为清晰联系的特征。与那些特征有关的，最为首要的一点涉及地图的使用和创造——地图学家和预期中作品的接受者的公共官员。这一接受人不能仅仅被视作个人，而是应当被视为在社区中具有一种特定地位的人物，一位在其公共职能中使用地图的地方管理者，而如此他能获得可以实现对社会有益的特定目标的信息[16]。然而，在这些行政地图的例子中，权威的领土管理者通常是一位身兼领土图像的建构者和项目的执行者这两种角色的人物；即地图学家也是包含在地图中的建议的执行人[17]。

要进行的第二项观察是地图和书面文本之间的共生关系。这一方面的一个结果就是，命名的过程与在其他制图学类型中的并不相同。实际上，在大多数令人惊讶的例子中，行政地图是无声的——其并没有包含任何这样的地名。这类的例子可以在各种行政机构中找到[18]。例如，这些地图可能是附属于对一些特定项目进行授权的申请中的地图，或者它们可能是附属于一些总类或者类目（例如土地登记）的地图。在这种情况中，一种交叉参考向使用者提供了在附带的文本中出现的地名，或者干脆假设，两种文献可以被一起参考，由此重复的信息是没有意义的。无论是哪种情况，命名和识别功能大部分被赋予了文本而不是地图。尽管这一事实可能并不经常显得非常重要，但当我们准确地考察在这些地图—文本的结合物中名称是如何发挥功能

---

⑯ 此人被认为是地图的第三方解释者，即以某种方式对理解和使用地图学信息感兴趣的人。解释地图的过程被与地理过程联系起来，并且制造了有不同具体功能的解释者的各种类型。领土的主事人将空间转化为一种有序的和可以传达的领土，地图学家对领土进行解释，并用一种成规范的语言提出，并且接受者从地图中获得了一些他出于自己工作的目的所需要的用法说明。实际上，使用一幅地图隐含的解释是一种领土管理行为，其构想了生产策略和土地资源将被使用的方式。由于得到了解释，地图成为一种有效的行动工具，并且被作为一种语言—符号性的实体，产生了一系列的实践关系和决定：领土的知识被扩展，组织和管理领土的方式被建议，同时在不同的社会利益之间进行某种调和。关于解释者和名称的作用，以及命名在社会秩序调解中的作用，参见 Emanuela Casti, "Rappresentazione e pratica denominativa: Esempi dalla cartografia veneta cinquecentesca," in *Rappresentazioni e pratiche dello spazio in una prospettivastorico-geografica*: Atti del Convegno, S. Faustino-Massa Martana, 27–30 settembre 1995, ed. Graziella Galliano (Genoa: Brigati, 1997), 109–38.

⑰ 例如，那些在行政部门工作的工程师—地图学家扮演一种双重角色：他们绘制地图，并且同时是被指望为领土的改进而提出和执行项目的人。关于地图学家的形象和作用，参见 Massimo Quaini, "La cartografia a grandescala: Dall'astronomo al topografo militare," in *L'Europa delle carte*: Dal XV al XIX secolo, autoritratti di un Continente, ed. Marica Milanesi (Milan: Mazzotta, 1990), 36–41。

⑱ 例如，稍后进行考察的克里斯托弗罗·索尔特绘制的特雷维索地区的地图，呈现了一个广大的、著名的被广泛定居的区域，但是绘制地图时仅仅使用了少数必要的标志符。

的时候，它依然至关紧要。地图无意建立参考点，或者起到一种找辅助工具的作用，考虑到制作地图的行政管理者事先对于当地地理知识的了解，因而这是一个不必要的功能。它们也不打算用于传达社会对涉及的领土所赋予的重要性和意义等的一些象征性目的，因为行政管理者已经对这些了如指掌。而且，它们的功能是增加行政管理者从直接观察中搜集到的特定新信息。

期待行政地图是对现实的客观和如实的反映，这是不合理的。其目的是通过表达支撑相关想法的元素来图符化地说明一个概念化的项目。实际上，在一页图幅上包含的符号是由地图学家进行的对一整套思想活动的图形翻译，目的不仅在于传达一个名称，而且在于传达与其指示对象存在联系的各个方面。作为一个特定社会和文化的成员，地图学家将通过遵从在文化上被接受的（和被决定的）选择、简化、分类、综合，以及在某些情况下，符号化的操作来实现这一形象化。实际上，应当在这里补充，即在替代符由一个被编码的实体组成，且该实体给出了实质性的"再现"信息的时候，我们可以说它是一个符号。这一地图制作的整个过程涉及技术规范的使用，这种规范趋向于赋予每个符号以准确的含义，无论其多么小或看似多么微不足道。一幅地图中符号的使用是这一"图符化"的完美例子，因为目标是一种概念的综合体，在其中，对于设计而言的标志符和替代符的功能是符号媒介的功能。实质上，这种符号的使用，从一种通过社会实践和意识形态建构而传播的差异体系中吸取其力量，同时这一差异体系也塑造了社会实践和意识形态的建构⑲。

在行政地图中，图符化强调被描述区域的特定特征，并且意在说服使用者地图旨在说明的提议的必要性。在下一节中被考察的地图提供了三个例子，以展示在威尼斯负责管理水文、农业和森林资源的机构中这一功能是如何发挥作用的。

水务局：克里斯托福罗·萨巴迪诺的"特雷维索区域地图"

我们将要考察的第一幅地图标明的时间为 1558 年，其图名为"特雷维索区域地图"（Dissegno di Trivisan）（图版 30）。实际上，其不仅显示了特雷维索区域和流经其地的河流，而且还有威尼斯潟湖的一大部分，以及远至卡奥尔莱（Caorle）潟湖的海岸线以及相应的大海⑳。这是一个被萨巴迪诺自 1540 年之后就从事的项目所覆盖的区域，他已经用大量潟湖和内陆的地图对其进行了展示㉑。其想法就是将流入潟湖东部河网系统中的所有河道改道，

⑲　图符的概念采用自 Algirdas Julien Greimas 和 Joseph Courtés 的符号学，并且被用于表明，在一个交流层面上，地图如何赋予标志符以特殊意义，由此它们不仅表示世界，而且传达了世界是如何被概念化的。（Casti, *L'ordine del mondo*, 39 – 42, 52, and 98 – 101）。关于地图的非透明性，参见 J. B. Harley, "Deconstructing the Map," *Cartographica* 26, No. 2 (1989)：1 – 20。

⑳　参见 Francesca Cavazzana Romanelli and Emanuela Casti, eds., *Laguna, lidi, fiumi*: *Esempi di cartografia storica commentata* (Venice：Archivio di Stato, 1984), 31 – 36; Emanuela Casti, "Cartografia e politica territoriale nella Repubblica di Venezia (secoli XIV – XVIII)," in *La cartografia italiana* (Barcelona：Institut Cartogràfic de Catalunya, 1993), 79 – 101; 以及 Francesca Cavazzana Romanelli, "L'immagine antica del Trevigiano, itinerari attraverso la cartografia storica," in *Il territorio nella cartografia di ieri e di oggi*, 2d ed., ed. Pier Luigi Fantelli (Venice and Padua：Signum, 1997), 146 – 83, esp. 160 – 61。

㉑　保存在 ASV 的文献有：1545 年，包括马佐尔博（Mazzorbo）、托尔切洛（Torcello）和布拉诺（Burano）岛在内的潟湖，80×130 厘米（SEA, Laguna n. 8）；1546 年，包括潟湖运河在内的威尼斯，223×150 厘米（SEA, Laguna n. 9）；1556 年，布龙多洛港（Brondolo）和大利奥运河之间的潟湖，240×145 厘米〔安杰洛·米诺雷利（Angelo Minorelli）制作的 1695 年的副本〕（SEA, Laguna n. 13）；1557 年，关于威尼斯已建城区的外围加固工程，62×83 厘米（SEA, Laguna n. 14 bis）；和 1557 年，基奥贾（Chioggia）和潟湖的一部分，150×80 厘米（SEA, Laguna n. 16）。关于地图的描述和解释，参见 Eugenia Bevilacqua, "La cartografia storica della laguna di Venezia," in *Mostra storica della laguna veneta*, 展览目录 (Venice：Archivio di Stato, 1970), 141 – 46。

并且将它们引入一条运河中，而这条运河并不流入潟湖，而是或在大利奥（Lio Maggiore）流入大海［位于海岸（Lido）的东北端，这是潟湖距离威尼斯市最远的入海口］或直接流入皮亚韦（Piave）河。工程没有被实施，但是萨巴迪诺将在他完成于 1557 年——仅仅是在制作"特雷维索区域地图"之前——的备忘录（aricordi）的最后部分中回到了这一项目。这透露了，这一原型对整个河道管理问题所提出的全新的解读——这是一种还可以在他的作品中看到的方法上的创新[22]。

萨巴迪诺是第一位将关于潮汐、河流和洋流的丰富知识结合在一起的人，而之前通过独立的研究已经揭示了关于上述这三者的知识，但是这些知识在这里被一起用于强化对一个特定问题的理解：威尼斯潟湖。结果他形成了一个动态和有机的观点，他将潟湖比作人体，通过吞吐其盐水而生活和呼吸。如同萨巴迪诺写到的，基本的思想就是，如果我们希望维持这一机体的"生命、美丽、健康和活力"的话，那么不得不将其作为一个单一整体进行对待。因而，潟湖远不只是"贵族们的潟湖"[23]——威尼斯城自身周围的区域——而是包括远至流入其中的阿迪杰河和皮亚韦河（那里潮汐流入河口产生了有益的回流，使河流沉积物远离建成区和港口）的漫长支流地区。

作为一名基奥贾的本土人士，萨巴迪诺对于潟湖周边地区的微妙平衡提供了一种准确的绘制和丰富多彩的叙述，这一区域被广泛地定居，并且结合了大量不同的环境。实际上，谨慎而持续的行动以抵消河流淤积的影响，不仅对于潟湖外围的特定居留地，而且对于威尼斯本身各岛的生存而言也是关键的（其并没有全部被包括在潟湖地区的地图上，地图上只有正在提出的建议所关注的中心区）。这是一个关注点从海洋贸易转移到地产获得与开发的时期（这是一个与威尼斯军队对大陆进行征服并行的现象，并且有时是在后者之前）。以在大陆的贵族别墅为中心的农业地产和工业活动是重要的经济实体，并且为保护潟湖而让一条河流改道或者封闭沼泽地极可能扰乱灌溉和磨坊的（依赖于河流的存在以提供磨坊、锯木厂、锻造、织布机等动力的手工业部门）供水。因而，那些可能曾作为关于潟湖水道理论问题出现过的事物，可能成为涉及一种真实经济和政治利益冲突的具体得多的问题。选择一种解决方案而不是另一种，暗示着威尼斯国家未来的一种整体愿景：威尼斯共和国是继续维持一种商业强权或者是成为一种基于土地所有权的强权？[24]

在"特雷维索区域地图"中，萨巴迪诺使用名称来表达一个论点，赞成在关于潟湖及其领土内固有的自然和社会动力知识的基础上提出一个建议。我们在这里应当想到，一个标志符在两个层面上进行沟通；两者中更为直接的就是外延表达的层面，但是还存在内涵表达的层面，在后者中，一个名称服务于传递（在社会上建立的）象征性的/科学的/述行的联系[25]。将名称放置在一幅地图上，从外延角度看其功能就是一种参照指示物，其在地图上的

---

[22] 重点是 Sabbadino, *Discorsi sopra la laguna*。

[23] Cristoforo Sabbadino, "Trattato sulla Laguna di Venezia e sul modo di conservarla"（ASV, Miscellanea Codici n. 232 and 233, SEA, n. 234）。档案出版在 Roberto Cessi, ed., *Antichi scrittori d'idraulica veneta*, vol. 2（Venice: Ferrari, 1930; reprinted 1987），引文在 138。

[24] 关于水力学方面知识的进步，参见 Salvatore Ciriacono, *Acque e agricoltura: Venezia, l'Olanda e la bonifica europea in età moderna*（Milan: Franco Angeli, 1994）。

[25] 有关领土符号学研究方面最重要的意大利参考著作是 Angelo Turco, *Terra eburnea*（Milan: Unicopli, 1999）。

位置是对其所表示的特征的现实世界的位置的模拟。内涵的表达是通过与名称本身其他不同的编码的结合而发生的，这些编码的作用是强调提到的特征的某些方面，因而揭示的是被赋予这些特征的重要的社会属性㉖。

　　萨巴迪诺通过不同方式对标志符进行使用：不代表水的那些只是作为参考指示物，用于确定位置，但没有其他相关特征。然而，不同的替代符（数字、颜色、图案）被用于代表潮汐、洋流以及河流的标志符，用于强调由威尼斯专家在田野调查中所掌握的科学知识。实质上，地图展示了潟湖中潮汐的作用：符号和颜色编码表明，虽然标记为潟湖（*laguna*）的区域不能给出准确的轮廓，但可以通过一个相当广泛和不确定的水陆两用的带状来划定界限，因为潮汐的涨落意味着必须允许水面进行日常和季节性扩展。尝试为潟湖建立固定轮廓，就像确定河岸那样，是适得其反的；反之，我们不得不认识到潟湖的不确定性，并且需要使其不被压缩。用于标明在某些时期位于水下的区域的点描，以及用于表示潟湖边界的非特定的颜色编码（用某种绿色表示水，同时用棕色表示陆地）意在表明作为整体的一个实体的动态状态。洋流被标记在一个用区分河水和海水的颜色编码标志的暗色区域中，显示了前者如何被亚得里亚海的逆时针的水流所推动。然后，是皮亚韦河，由于发源于阿尔卑斯山脉，因而其被指出的特点就是其对潟湖构成一定的威胁，鉴于其不可预测的季节性的水流和突发的洪水。这条河流的河道和泛滥区同样用颜色标明；河床被用包含了用于表示潟湖水陆边界的同样具有不确定性的绿棕色交织的线条表示。我认定这种做法是想呈现河流的动态性质。其他的水流没有这一细节，因为考虑到它们发源地单一，稳定的流量，并且由此缺乏在制图学上需要强调的相似的危险行为。

　　但是萨巴迪诺对威尼斯及其潟湖严阵以待的保护，并不仅仅让他考虑到了河流和海洋。他还确定了该区域中环境不平衡的第三个关键因素：人的因素。他著名的一首十四行诗表达了他的观点，三类人正在摧毁潟湖：贵族，工程师和私人㉗。他因而确定他自己的任务就是去绘制人和水之间的关系。从一个地图学的角度出发，人类通过他们对领土的处理而被在地图上标明：聚落、道路、河流改道，以及经济活动的设施（例如，为养鱼而封闭沼泽）。萨巴迪诺在他的地图上显示了所有这些特征，即使他并不尝试去确定它们的特点。乡村聚落被用一个名称和一座用粉红色表示的教堂的形象标识——一座乡村教区长辖区（pieve）通常的表示方法——但是没有试图使用定制的符号去标明各自的特征。而且，所有聚落的命名自然强调了该地正在增长的人口——并且地图学家对人口压力对与潟湖保护有关问题的影响洞若观火。 884

　　有着相似重要性的就是这样的事实，即萨巴迪诺标出了所有对潟湖整体的平衡产生了直接影响的水渠或者水利项目名称。旧渠道（*Fossavechia*）和新渠道（*cavanova*）表明了对河流河道的改道，并且在某种程度上将它们描绘为水道自然网络中一部分，这就令人不必怀疑，人类的工作不是暂时的现象，因此必须被包括为复杂水文系统的永久特征。河防工作也

　　㉖　关于地图的符号学以及名称，作为一部地图学作品表达的整体信息中一个关键组成部分所发挥的作用，参见 Casti，*L'ordine del mondo*。

　　㉗　Sabbadino，*Discorsi sopra la laguna*，32.

是如此，在皮亚韦河沿河两岸标明了"某某墙"；这些墙被用粉红色表示（与我们看到的用于人类聚落的是相同的颜色），并且因而立刻辨识出是人类存在的标志。潟湖中的经济活动由在沼泽（valli）中的养鱼业构成。多加德沼泽（Val Dogade）和罗扎沼泽（Val Roza）表明了潟湖中的一种重要的冲突：渔场可能有一定经济收益，但是它们还对潟湖中水流的涨落有一种非常负面的影响。威尼斯政府已经在试图解决由渔场带来的超过一个世纪的问题。实际上，曾多次下令取消渔场，并且通常是被执行的，但基于丰厚的利益，它们很快就会回来。所以潟湖中的所有经济活动都不是偶然的，萨巴迪诺选择关注这一现象的物质条件。同样不是偶然的，沼泽是渔场所在地，被用点描法描绘，并用颜色编码标明它们是潟湖季节性扩展的区域———一种被渔场阻碍的扩展（图35.6）。

大量名称的使用，以及呈现工具和代码更为迥然不同的使用，两者一起，揭示了萨巴迪诺如何意图让地图在他展示特雷维索（Trevigiano）水系动态变化的重要性中发挥了作用。简言之，地图提出：河流、海洋和人类都对潟湖产生了影响，只能通过尊重水系统的自然动态过程和试图控制人类对此的影响来对潟湖加以保护。

未耕地管理局：克里斯托福罗·索尔特的特雷维索区域灌溉平面图

另外一个值得讨论的文献就是索尔特的1556年"特雷维索区域的灌溉平面图"（Dissegno da adaquar il Trivisan），一幅涵盖了从北方阿尔卑斯山脚直至位于南侧的威尼斯潟湖的特雷维索平原的地图（图35.7）[28]。地图中涵盖的地理区域，与刚刚我们分析过的几乎同时代的由萨巴迪诺绘制的特雷维索区域地图所描绘区域中的一部分相一致，但是这里的主要关注点在于土地灌溉及其农业的使用。16世纪中期，一些构成威尼斯潟湖边界的沼泽地被复垦，并且产生了通过有效的灌溉制度来提高农业产出的新机会。1556年，为了满足这一对于农地扩展的需要（并且因而提高农业产量），威尼斯元老院建立了三个永久性的"未耕地管理员"（Provveditori sopra Beni Inculti），其负责土地复垦的管理以及将水资源转让给私人。

地图没有署名，但是我们可以通过其他文献证据来确定作者：在一封从威尼斯元老院写给乔瓦尼·多纳（Giovanni Donà，其数年后成为"未耕地管理员"之一）的任命信中，提到一位维罗纳的"克里斯托福罗师傅"（Maestro Christoforo），其陪同多纳进行巡视并且制作了所参观地点的地图和图像。这位克里斯托福罗师傅必然就是克里斯托福罗·索尔特，其现在被认为是一位16世纪的地图学大师[29]。作为一位有着各种技艺和才能的人，索尔特有一个非常与众不同的背景：他曾经在画家朱利奥·罗马诺（Giulio Romano）的画室担任学徒，曾经与乔瓦尼·安东尼奥·瓦诺西诺一起进行了土地测量工作（主要在阿尔卑斯山区），并且曾作为工程师为特伦托主教贝尔纳多·迪克莱斯（Bernardo di Cles）服务（索尔特应当在该城接触到了北欧的地理景观/地图学传统）。

㉘ 参见 Cavazzana Romanelli and Casti, Laguna, lidi, fiumi, 37–44; Casti, "Cartografia e politica territoriale"; 以及 Cavazzana Romanelli, "L'immagine antica del Trevigiano," 162–63。

㉙ 后面详及索尔特。

图 35.6　"特雷维索区域地图"的细部。这幅图示展示了图版 30 所涵盖的威尼斯潟湖的一个局部。鱼来源于开放的潟湖和沼泽，养殖鱼类的潟湖建有堤坝的区域。渔场非常有利可图，并且由私人经营；然而，它们与社区的整体利益相冲突，因为潟湖封闭的部分对于水流的潮汐交换产生了负面影响。这种利益冲突的结果就是，从 14—17 世纪，威尼斯共和国政府在各种机会中破坏沼泽的封闭。这幅地图呈现了一种有趣的尝试，即通过受到洪水影响的潟湖区域的描绘方法（浅绿色的点描），并且使用一种不同的颜色（深色）标明流入大海的河水（因而显示，逆时针的洋流驱动了那些水流，并且使它们成为沿海地区侵蚀的影响因素）来对领土进行一种地图学的描绘

细部尺寸：约 40.9×35.9 厘米。ASV（SEA, Piave, r. 104, mappa n. 5）提供照片。

886

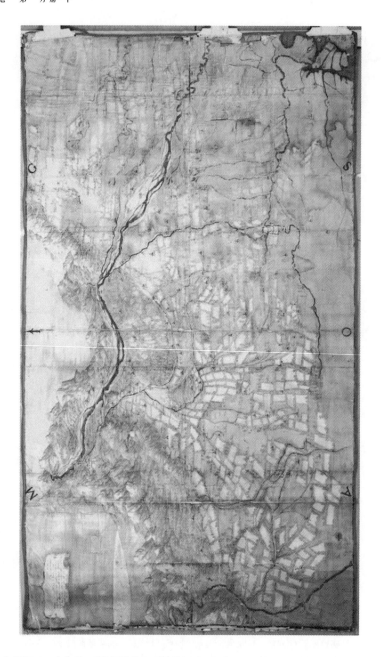

图 35.7　克里斯托福罗·索尔特，"特雷维索区域的灌溉平面图"，1556 年。绘制在纸上的水彩和铅笔画。与萨巴迪诺的特雷维索区域地图几乎同时代，并且涵盖的区域大致相同，索尔特的地图显示了从最远处的费尔特雷（Feltre）区域的阿尔卑斯山脚至环绕托尔切洛潟湖的平原。透视的使用形成了一种非常真实的、三维的对山脉和山丘的呈现，但同样给予了整个地区位于向下的斜坡上的印象，并且其上运河、泉水哺育的河流（在平原的较低部分）与不同的主河道［位于地图左侧的布伦塔（Brenta）河以及斜穿整幅地图的皮亚韦河］相交错。地图的左上部分毁坏严重，并且最初的卷轴题词中的少量词汇可以被识别出来；在这些词汇中有名字"祖纳·多纳托"（Zuan Donatto），还提到了元老院对土地开垦和灌溉项目进行现场可行性研究的委托，时间为 1552 年 11 月 25 日。其他文献中的档案记录，揭示这位"祖纳·多纳托"（我们得知他是乔瓦尼·多纳），由一位维罗纳的"克里斯托福罗师傅"陪同下，在 1556 年 8 月进行了他的实地考察，后者绘制了所访问的地点和位置的图像——其显示，索尔特自打一开始就参与了未耕地管理局的工作，并且这幅地图可以被认为是该机构意图的一种概要性的声明

原图尺寸：105.5×183.5 厘米。ASV（SEA，Diversi，mappa n. 5）提供照片。

　　这幅为特雷维索区域的灌溉而绘制的平面图显示索尔特参与了"未耕地管理员"进行的大陆资源的管理评估。其还提供了一个完美的例子，即16世纪威尼斯的地图学是如何被期待去承担不同的角色，以及如何使用不同的技能来提供不同的土地地图类型的。采用一种由列奥纳多·达芬奇提出的地理景观透视图的类型——一种满足了对于地图学呈现的某种准确性需求的技术——按照他正在描述的地形类型，索尔特在单幅地图中变化了视角的角度：例如，他呈现了一种平坦地形的平面视角，山地地形的一种倾斜的俯瞰图。与此同时，他给出了平原地形的尺度，并且还计算了山间高点与他自己确定的特定固定参考点之间的距离。[887]结果就是，当相互叠加的时候，他可以提供立面图由此给予山区一种体积图像。然而，这里被考虑的地图没有运用两种技术，而是仅仅使用了透视——尽管两种技术被呈现在索尔特的特雷维索地图中——可能因为这里多洛米蒂山（Dolomites）仅仅服务于标记让人感兴趣的实际区域的北界[30]。地图学家采用了一种提高的位于区域南部之上的观察点，其被在地图底部用"O"（Ostro，南部）标识。上部边缘的一个箭头表明图幅的上部为北，并且用相关风向的首字母标识了其他的罗盘方位点〔例如，M = Maestro（西北风）；G = Greco（东北风）；P = Ponente（西风）；A = Aquilo（北风）；S = Scirocco（南风）〕。

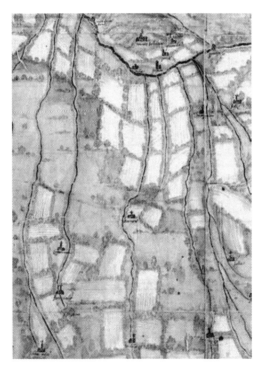

图35.8　索尔特"特雷维索区域的灌溉平面图"的细部。理论绑定的地图，其本质显然来源于大面积的、纯粹想象的田野，旨在表明由土地复垦取得的结果。这些被包括在展示了被提出的灌溉方案的有效性和必要性的地图中

　　细部尺寸：约33×24.8厘米。ASV（SEA，Diversi，mappa n. 5）提供照片。

---

　　[30]　这幅地图中对于透视的使用，显示了通过采用"图符连接"来组合而成的景观图。这一符号学的形象基于同一文献中的地理景观透视与地图学透视的结合。其所提供的问题就是图符化——如同我们已经看到的那样，通过这一过程，推测出的信息就像真实的那样被呈现出来。关于作为地图学图符的地理景观，参见 Emanuela Casti, "Il paesaggio come icona cartografica," *Rivista Geografica Italiana* 108（2001）: 543 – 82。

　　类似于萨巴迪诺，索尔特对领土的概念化描绘感兴趣。这一地图所支持的论题就是，对佩德罗巴的布伦塔河段（Brentella di Pederobba）和内尔韦萨的皮亚韦河段（Piavesella di Nervesa）现存的灌溉渠道予以适当的激励——以及在水资源的获取上给予充分的授权——将导致特雷维索高地天然的干旱地区变得肥沃。索尔特对显然来源于想象的田野的描绘涵盖了区域的大部分，两侧为暗示着土地肥沃的高大成排的树木（图35.8），显然意图说服接受者认同被提议的规划的有效性。目的不仅显示计划可以被执行，而且表明其有效性是毋庸置疑的。

　　不同于之前讨论的地图，除了特雷维索、蒙泰洛（Montello）、皮亚韦河、锡莱河（Sile River）以及沿着河流的少量其他聚落名称，这幅地图几乎没有任何可以用来标明参考点的名称。甚至这些也被显示得极小。标明这些地点的符号直接用于定位性质显然来自这样的事实，即没有描绘出城镇的具体特征。一个例外就是特雷维索，被显示了完整的城墙，而其他的都用代表了一座聚落的传统符号（一座教堂）或者代表了河流的水的传统颜色（蓝色）表示。对沿着水道的聚落的关注，强调了作为一个广泛散布的人类聚落的基础的水道的修建的重要性。此外，地图没有名称，这种欠缺使图像显得更近似于一种自然图像的描绘。

　　地图使用地形的两个特征（形态和颜色）来表达实际数据：形态，配合一个特定的棕色阴影，表明我们是在多洛米蒂山的山脚下。同样的棕色也被用于描绘在蒙特贝卢纳（Montebelluna）的冲积扇，以及皮亚韦河的辫状河道，由此指明了辫状河道是如何基于河床的改变而形成的。颜色编码的使用以及对河道的描述，给予我们一种倾斜地形的印象，并且有助于我们确定高地和较低平原的开始部分：前者的高度和干旱通过其赭石色表现出来，同时较低的平原，因缺乏足够的梯度以利于排水而存在丰富的流动的和潴留的水，被用蓝绿色显示以说明潜在的植被，或者起码是良好灌溉的土地。通过对耕地的广阔面积进行超乎寻常比例的透视描绘，且显示了与河道的关系，表明整个区域的经济主要基于农业——其尽管受到土壤可渗透性质的影响，但应当依然可以从一个完整的灌溉体系中获益。如同在之前地图中的情况，我们可以说，符号系统暗示了关于地形的第一手知识，以及（尤其是在第二幅地图中）表明正在提出的建议被基于对可用的科学数据的仔细考虑。还应当被指出的就是，这一对地形形态特征的描绘，确实不仅仅是建议，即可以对自然进行管理；其还表明，我们可以如何通过一种灌溉规划的方式来提高自然的生产力，而这通过消除了在潟湖边界附近进行复垦工程的需求从而增加了带来的好处。潟湖确实被呈现在地图上的右侧，即使是部分的和不完美的，以强调被提议干预的最终目标。

　　地图似乎证明，其是一种方法，在其中水被管理（并且不只是水的存在和土壤的性质），由此决定了一个区域是否适合人类聚落以及是否适合有利可图的人类行为的确立。由此，我们在此再次可以看到地图背后的图符性的意图：将灌溉描述为一种对潟湖整体的保存做出了一种正面贡献。

　　本节迄今为止所考虑的两幅地图，展示了通过使用标签从而在被传达的信息的密度和清晰度之间提供了一种平衡。简言之，其用这样一种方式来清晰地表达内容，由此接受者被正在提出的建议的有效性说服。在确定要传达的信息总量的时候，地图确定了详细的层级，由此将焦点固定于特定的问题。萨巴迪诺通过"扩展"标志符所传达的意义来实现这一点，而索尔特使用了其他作为"替代符"的编码，而这些"替代符"取代了图中所缺少的标志符。然而，两个例子的结果相同：传达领土所具有的社会意义。

林业管理局：贝卢诺（Belluno）区域的保利尼（Paulini）地图

对流入潟湖的河道进行控制，最大目的在于保存潟湖，因而保证威尼斯本身的生存[31]。补充性的项目，计划的或实施的，包括试图减少实际进入潟湖的淤积量——一个要通过改变河道和通过做好山区林地的保护工作来追求的目标（后者用于保持上层土壤，因而减少被河流带走的碎石的数量）[32]。因而，威尼斯共和国，聚焦于共同关心的水和林地、山和潟湖。没有进入使我们过于远离正在讨论的问题的意识形态方面的因素，但我们不能忽略一个行动规划的政治重要性。这种行动有着如此广泛的范围，其涵盖了整个林地和水道的陆地系统。实际上，这两种自然资源成了国家在其中确立其作为一种能够切实控制自然力量的权力的象征性角色的背景[33]。

当环境因素可能作为与林地有关的威尼斯共和国政策的基础的同时，城市对木材资源的兴趣更为广泛。威尼斯是一座修建在木头堆之上的城市，一座有着一支庞大舰队的海洋城市——由此木材成为其至关重要的原材料之一。因而，存在如此多表明威尼斯政府对这一特定领土资源感兴趣的文献材料的原因，再也清楚不过了[34]。

威尼斯元老院森林政策背后三种根本性的关注：环境保护（砍伐森林和土地侵蚀、土壤流失和潟湖淤积），森林的管理（水资源的管理和造林），以及林木资源的开发（进行清查并且对伐木进行规范）[35]。威尼斯共和国作为私人之间纠纷的仲裁者被卷入这些关注中，以及在试图将其管辖权凌驾于各个山区社区之上时作为诉讼当事人，但这些社区将林地作为一种按照当地需求被管理的资源，而将威尼斯制定的规则置之不顾[36]。

因而，各种不同的地方行政机构涉及这些关注中，每个都可能追求不同的目的，但他们

---

[31] 关于潟湖的参考书目，参见 Francesco Marzolo and Augusto Ghetti, "Fiumi lagune e bonifiche venete, guida bibliografica," *Atti dell'Istituto Veneto di Scienze Lettere ed Arti* 105, pt. 2 (1946–47), sect. 2, 以及更新过的, Michele Pellizzato and Margherita Scattolin, eds., *Materiali per una bibliografia sulla Laguna e sul Golfo di Venezia* (Chioggia: Consorzio per lo Sviluppo della Pesca e dell'Aquicoltura del Veneto, 1982)。与这一主题有关的立法，参见凸版重印的 Giulio Rompiasio 的 18 世纪的 *Metodo in pratica di sommario, o sia compilazione delle leggi, terminazioni & ordini appartenenti agl'illustrissimi & eccellentissimi collegio e magistrato alle acque: Opera dell'avvocato fiscale Giulio Rompiasio*, ed. Giovanni Caniato (Venice: Archivio di Stato, 1988)。

[32] 与这些领土资源有关的立法，参见 Ivone Cacciavillani, *Le leggi veneziane sul territorio, 1471–1789: Boschi, fiumi, bonifiche e irrigazioni* (Padua: Signum, 1984)。

[33] 关于这一点，参见 Emanuela Casti, "Criteri della politica idraulica veneziana nella sistemazione delle aree forestali (XVI–XVIII sec.)," in *L'uomo e il fiume: Le aste fluviali e l'uomo nei paesi del Mediterraneo e del Mar Nero*, ed. Romain Rainero, Eugenia Bevilacqua, and Sante Violante (Milan: Marzorati, 1989), 17–24。

[34] 关于木材对海洋城市的重要性，也许我们想想 Braudel 的观点就够了，他指出，它发展和衰落中的一个重要因素正是由木材稳定供应的程度来说明的；参见 Fernand Braudel, *The Mediterranean and the Mediterranean World in the Age of Philip II*, 2 vols., trans. Siân Reynolds (New York: Harper and Row, 1972–73), 1: 140–45。

[35] Lucio Susmel, "Il governo del bosco e del territorio: Un primate storico della Repubblica di Venezia," *Atti e Memorie dell'Accademia Patavina di Scienze Morali, Lettere ed Arti* 94 (1981–82), vol. 2, 75–100, 以及 Lucio Susmel and Franco Viola, *Principi di ecologia: Fattori ecologici, ecosistemica, applicazioni* (Padua: Cleup, 1988)。

[36] 关于山区社区的作用，参见 Ivone Cacciavillani, *I privilegi della reggenza dei Sette Comuni, 1339–1806* (Limena, Padua: Signum, 1984)。

都以坚实的森林政策为指导㊲。令人感兴趣的是，追溯当国家越来越意识到与林业管理有关的问题的重要性的时候，行政机关的发展方式。"林业管理局"从 15 世纪后半叶至威尼斯共和国的末期都一直存在（其职责随后在很大程度上由在 19 世纪建立的其他机构所掌管）。然而，管理森林资源中的重要问题，由诸如军火管理局（Provveditori all'Arsenal）、水资源咨询与管理局、"未耕地管理局"和"市资产管理局"等机构直接处理。同样应当指出的就是，涉及森林问题的立法不仅是元老院的职责范围，而且也是十人委员会的职责。这两个机构之间对于这些问题管辖权上不断出现的碰撞正好表明森林资源被认为对于国家安全具有莫大的重要性。

为了展示威尼斯共和国森林政策的基本特征，我选择了一幅与环境保护有关的由两位公民伊塞波（Iseppo）和托马索·保利尼（Tommaso Paulini）私人绘制的地图。17 世纪初，贝卢诺地区的两位森林所有者请求威尼斯政府解决一个环境问题。在 40 页的手稿中，有几幅水彩画和彩色雕版画，这两位个人告知了行政管理部门他们自己的保护威尼斯潟湖的计划（图 35.9）㊳。未得到官方认定的威尼斯公民向国家官僚机构提出这类建议，是司空见惯的，这些机构实际上鼓励在涉及社区整体利益的问题的讨论中的这类参与。自然而然，除了这些个人渴望在公共决策中发挥作用，他们希望看到自己的建议得到实施，由此很可能产生这样的结果，即个人自己应当或由政府支付报酬或分享方案所带来的利益。同样，保利尼们，有着他们自己的要求：如果他们的建议符合政府的口味，他们希望被任命为弗留利地区丰塔纳博纳（Fontanabuona）领地的管理者。而且，鉴于他们自己是山区林地一些土地的所有者，因而他们对于森林的相关事务的关注很难被认为是无私的。

890 根据上述，我应当指出，保利尼们的项目似乎不仅仅是私人利益的表达；在方法的尺度和分析的完整性上，其附和了在威尼斯之前数十年中提出的最为先进的领土项目。他们规划所基于的前提相当坦诚：他们争辩说，不仅河流网络确实对潟湖的环境平衡产生了一种决定性影响，而且河流和潟湖都与第三个因素——森林资源存在密切的联系。作者宣称，潟湖的逐渐淤积归因于山区林地受到的侵蚀。受到意外的或者故意的火灾的损坏——后者是为耕种而清理土地的一种方法——林地不再足以保护表层土壤不被河流冲走，碎石总量的增加造成了潟湖中问题的出现。

图画提供了一种在写本中提出的完整分析的形象综合体：制定严厉的法律以惩罚森林火灾，此外，还应当通过建造瞭望塔作为补充，而这使得火灾在失控之前就可能对其加以发

㊲ 关于与此有关的立法，参见 Adolfo di Berénger, *Saggio storico della legislazione veneta forestale dal sec. VII al XIX* (Venice, 1863)，再版于 Adolfo di Berénger, *Dell'antica storia e giurisprudenza forestale in Italia* (Treviso-Venice, 1859 – 63)，527 – 622；完整作品的凸版重印本作为 *Studii di archeologia forestale* (Florence, 1965) 出版。也可以参见 Emanuela Casti, "Il boscoonel Veneto: Un indice del rapportouomo-ambiente," in *L'ambiente e il paesaggio*, ed. Manlio Cortelazzo (Cinisello Balsamo, Milan: Silvana, 1990), 106 – 27。

㊳ 参见 Giuseppe Paulini and Girolamo Paulini, *Un codice veneziano del "1600" per le acque e le foreste* (Rome: Libreria dello Stato, 1934)；Cavazzana Romanelli and Casti, *Laguna, lidi, fiumi*, 45 – 51；Maria Francesca Tiepolo, ed., *Boschi della Serenissima, utilizzo e tutela*，展览目录 (Venice: Archivio di Stato, 1987), 36 and figs. 32a and 32b；以及 Emanuela Casti, "Cartografia e politica territoriale: I boschi della Repubblica Veneta," *Storia Urbana*, No. 69 (1994): 105 – 32, esp. 115 – 21。

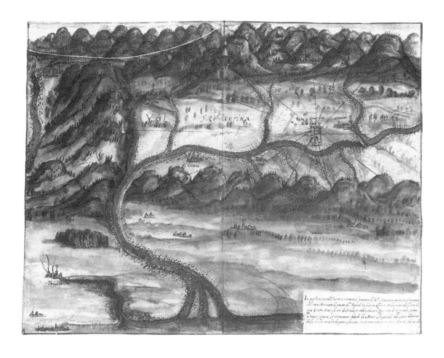

图 35.9 伊塞波·保利尼和托马索·保利尼提出的保护威尼斯潟湖方案中的地图, 1608 年。一幅从贝卢诺至入海口的皮亚韦河的河道地图; 绘制在纸上的水彩画。地图是保存在秘密档案馆 (Archivio Secreta) 中的书面形式的稿本的一部分。整部 40 张左右的文献, 几乎都用水彩绘制。其中一些是为这一场合绘制的, 而其他的则是来自其他地方的印刷品的着色版。每幅图版都有一个标题对其进行了描述, 并且之前各有各种官方法令和文献的副本, 例如该稿本作者伊塞波·保利尼和托马索·保利尼向当局提交的请愿书, 还有相关政治和技术行政机关的有关规定 (分别是元老院和水资源咨询与管理局的)。整部抄本似乎是一个官方档案的一部分 (由于厚重, 其最为可能的是一个单独的附件)。档案的目的是向威尼斯政府当局提供一项防止威尼斯潟湖淤塞的项目的纲要。两位作者将他们的论据基于这样的思想, 即山区林地和水资源的管理对于潟湖的整体环境有决定性影响: 频繁的火灾摧毁了林区, 使得水流冲走表层土壤成为可能, 而这些土壤然后通过流入潟湖的河流沉积在潟湖中。提出来的补偿措施是建造火灾瞭望塔以及通过一些针对火灾引发者的严厉法律

原图尺寸: 40.7 × 51.3 厘米。ASV (Secreta Materie miste notabili, Codice Paulini, reg. 131, cc. 14v – 15) 提供照片。

现; 其中一个被展示在地图上, 在右上角。受到损害的山脉因而将再次繁盛, 成为类似于奥地利的翠绿山脉 (被描绘在左上角, 在标明的边界之外) 或者著名的在蒙泰洛上的 "圣马克林地" (Woodland of St. Mark) (被描绘在左下角, 在特雷维索之上), 它是兵工厂原木供应来源地, 受到了特殊的管辖。

透视描绘呈现了被分成两个不同部分的领土: 平原和山脉。即使考虑到涉及使用的透视规则所造成的近似, 显而易见的是, 两个部分的大小被颠倒了: 在前景上的一个小平原很快过渡到一个宽广的山脉谷地, 其总体上不符合比例, 并且其大小似乎与平原本身不相上下。尽管绘制地形的方法没有提供关于高度的准确信息, 但它确实描绘了平原和山脉之间形态上的差异: 前者有大量集中的聚落点缀其上, 而后者中人的存在仅仅通过火灾的灾难性后果显示出来。

林地主要使用形象的呈现方式和颜色编码加以描绘。在贝卢诺地区, 棕色和短的垂直的短划线代表了树木, 描绘山坡受到的侵蚀, 以及枯死的和正在死亡的植被的存在, 同时在邻近的奥地利, 用绿色来显现林地的健康状态。尽管未命名, 但蒙泰洛林地很容易被识别出来, 部分因为它们的位置, 部分因为颜色编码以及绘制树木时用示意性方式描绘了在那一区

891

域尤其常见的树种，即橡树。

其他的领土特征，尤其是水和平原，通过蓝色和绿色的微妙色度表示。这些特征意在与用来描绘林地的颜色形成明显的反差。由科尔代沃莱河（Cordevole）和皮亚韦河从朝向潟湖的山坡携带而来的碎石，被通过夸张尺寸的鹅卵石加以呈现。林地再次成为关注的焦点：山地森林的减少对整个环境系统会产生有害影响。

一种词汇编码的使用，通过单一的区域名称蛇纹岩山谷（Val Serpentina）的存在而被加以证实，还有最为重要的城市的名称：奇维达莱（Cividal，贝卢诺）和皮亚韦［在这一背景中，我没有考虑图例和词汇"火灾瞭望塔"（fire-watch towers），它们在领土体系中没有起到一种直接的作用］。

保利尼地图被送给非常重要的接受者——威尼斯元老院，这是一个拥有决定一个项目是否被执行的权力的政治实体；因而，其信息直接面对一个清晰明确的社会机构，同时地图通过三种方式作为中介者：其提供了一种领土的知识图像（将其描绘为一个复杂的系统）；其提出了被遵从的策略（不仅对领土的动力因素提供了一种特定解释，而且标明了应当采取的措施——竖立火灾瞭望塔，以及皮亚韦河口的改道）；最后，其强调林地作为在整个山地环境中的关键要素，以及在潟湖的未来中的一个至关重要的因素㊴。用一种特殊方式对林地进行呈现——在呈现了被描绘的森林与其他领土特征之间清晰关系的图像中成为焦点——在接受者中制造了一种认识，即可能——实际上，主要的——在任何一种保护潟湖的方案中，都要考虑林地和山地这些至关重要的因素。这一声明似乎一直较为强烈，如果我们查阅保利尼提议之后时期中的行政机构所采取的态度的话。实质上，威尼斯共和国日益意识到，除了实行个别的方案，还需要一种领土管理的全面方法，其中林地资源是一个关键因素㊵。直到那时，山区被认为有着边缘的重要性，但是此后，威尼斯元老院清楚地将它们看成在维持潟湖的环境平衡中发挥了重要作用。同时似乎可以合理地认为，保利尼地图对这种观点的转变起到了重要贡献——即使不是创造性的话。

在我们正在研究的时期中，对于山区的制图学描绘呈现了特定的问题：除了来自环境本身内在的相当的自然差异，在其被解决的方式中存在的极端的不规范，以及从一个地区到另一个地区，在知识水平上存在广泛的差异。这一设计问题在所有同时代的山区地图中都是明显的，这些地图没有遵照描绘平原和山谷的地图中常见的正式的传统；相反，信息被用一种归纳的形式呈现，存在很高的不准确性，在不同地区中，应用的信息标准存在明显的转变。将所有这一切归结为在绘制山区地图中遇到的艰难险阻是相当有局限的；我们同样应当记住，在山地和平原之间存在了多个世纪的功能之间的关系，在绘制这些地区时，对于风格和表达方式的选择有实质的影响。阿尔卑斯山地区在历史中保持部分的隔绝；其所造成的负面影响，在某种程度上，在作为平原自然延续的低地山谷中能被感觉到，但是然后散布到受到不同程度影响的次级村庄中，具体程度则基于这些村庄的孤立程度。自然而言，这一状况不仅导致了完全自给自足的经济生活形态的凝固，而且导致了解决财产纠纷的司法制度的本地形式的形成。

892

㊴　地图上的一个涡卷装饰解释了其作者的目的，并且对如何理解它提供了方法说明。

㊵　Cacciavillani, *Le leggi veneziane*, 89–101.

政治—军事地图学和领土防御

这一区域中政治—军事地图学的时期与行政地图学的产生是同时的，同时在某些方面甚至是在其之前。类型可以分为显示了整个防御体系的地图——整个边界地区——和那些显示了提议的或者已经建造的堡垒的平面图。这是两个独立的类型，被送给非常不同的接受者：前者显然是交给决定军事策略的政府机关的，同时后者是为负责设计和维护防御设施的公共机构绘制的；在威尼斯，从16世纪之后，这是"堡垒管理局"（Provveditori alle Fortezze）的职责[41]。这些不同的地图学类型有着不同的编年史：领土防御系统的地图制作于15世纪，而防御设施的平面图开始出现于16世纪[42]，并且这些地图可以与城市行政的或庆典性的平面图媲美。

如同在行政地图的例子中，军事—政治地图实际上只能通过考虑它们被制作的政治和军事气氛才能被真正理解。因而，我们应当记住，在巩固了其自己的边界之后，威尼斯共和国在1458—1471年期间着手开始了一项宏大的防御设施项目。威尼斯通过曼托瓦公国（Duchy of Mantova）和特伦托公国之间一条狭窄的陆地走廊才能连接到新开发的大陆领土的西部（参见图35.2）。如果这一危险的瓶颈丢失的话，就意味着布雷西亚地区的军队被孤立，并且威尼斯无法为维罗纳地区提供军事援助。为了保护这一走廊，共和国不仅着手实施了某些中心的防御设施——例如1458年建造了阿索拉（Asola）的防御设施（在今天的曼图亚省），其保护着通往雷西亚的道路——而且开始了涉及水道改道的大量防御项目。15世纪下半叶，在布雷西亚本身进行的广泛的设防工作（1466年），进一步确认了威尼斯对在伦巴第的价值连城的领地的关心和关注。

我们不应当忘记米兰公国和曼图亚公国是对威尼斯的一种现实威胁，基于他们良好组织的军队，并且一直不断寻找削弱威尼斯共和国作为一个陆军强国地位的方法。这就是为什么只是从15世纪末开始，威尼斯才开始关注其东部边界的防御设施——并且为何在这样做的时候，它采取了一种与在西部采取的大相径庭的方针。这里的威胁并不是由组织良好的意图攻击大型城市中心的军队施加的，而是由散布在弗留利平原上的土耳其骑手组成的军队造成的。基于它们的移动是不可预测的，威尼斯不得不制定了领土范围内的防御规划，在福利亚诺（Fogliano）创建了新的防御线（1478年），并且强化了沿着伊松佐（Isonzo）河岸的防御。在1519年于阿尼亚德洛（Agnadello）被康布雷联盟（League of Cambrai）击败后——当时一支意大利诸国的联军（由教皇国领导）对威尼斯在亚得里亚海的重要性造成了第一次重击——威尼斯人改变了军事策略；确信野外作战带来的危险，他们开始建造堡垒，不仅作为军事基地，而且作为防御性消耗战争的工具。这一方法上改变的结果包括为在弗留利的新帕尔马（Palmanova）进行的设计，以及建造布雷西亚和贝尔加莫的城墙，所有这些被认为是16世纪防御工事的完美例子[43]。

---

[41] 在这一时间，也即在"堡垒管理局"成立之前，也可以发现军事地图，即在来自下列机构和实体的文献中：Provveditori alla Terraferma（大陆行政事务管理局）、Dispacci Rettori（城市长官公文局）、Provveditori ai Beni Inculti（未耕地管理局）、Processi（审讯文档管理局）、Savi ed Esecutori alle Acque（水务咨询与管理局）、Provveditori delle Rason Vecchie（公共审计局）和 Deputati del Consigliodei Dieci sopra Miniere（矿产十人委员会代表局）。

[42] 通常归入军事地图条目下的显示了围攻和战场的地图是后来制作的作品。由于按照内容和形式它们与军事地图是非常不同的，因此我没有将其纳入此处讨论。

[43] 在对共和国设防战略的诸多讨论，参见 Ennio Concina, *La macchina territoriale: La progettazione della difesa nel Cinquecento veneto* （Rome: Laterza, 1983），以及 Michael E. Mallett, *L'organizzazione militare di Venezia nel '400* （Rome: Jouvence, 1989）。

这些军事—政治地图通常不附带书面文本，被用一种中等的比例尺绘制，通常是以手绘的形式，在国家组织中流传，并且仅仅包括军事信息。不同于行政地图，它们没有附带一种书面文本，因为对于信息的地图学呈现使其自身已经完备了，并且所有显示的内容不得不通过图像本身来使其是完全可以被理解的。这解释了，为什么存在不同范围的标志符和替代符：在绘制城市中心的地图的时候，颜色和形象工具被用于标明防御设施，同时在绘制河道的时候，它们被用来表示军队移动时可能遇到的障碍物或者有利地点。沿着道路标识了距离的数字用于标明从一地到另一地的最近路线。地图是地方地图尺度的：它们呈现了广大的领土，同时提供了高度的细节，这与信息的密度成比例，并且有准确的朝向以及设防地区的清晰轮廓。

军事地图是稿本文献：与自己或者敌人领土有关的有价值的信息，通常通过间谍活动获得，被认为是头等机密并且只打算供统治者或者管理部门观览。直接的后果就是，对包含的信息进行选择：地图仅仅包含对于规划军队运动或者军事据点的防务有用的信息。自然而然是足够的，基于它们的目的是复制一幅一套军事防御体系的图像，这些地图关注于领土的一幅特定的图像——意图确认防御设施处于令人放心的状态——并且忽略其他领土特征。因此这里再度希望这些地图提供它们被绘制时间领土实际情况的图像毫无意义。我们不应忘记这些地图的目的并且意识到，与非军事事务有关的信息只不过是被用一种非常概要的形式给出。15 世纪著名的地图学家的作品应当提供了对这些地点更为详细的展示[44]。

乔瓦尼·比萨托（Giovanni Pisato）绘制的伦巴第地图

作为这一区域现存最为古老的地图之一，乔瓦尼·比萨托的伦巴第地图显示了维罗纳和米兰之间的城市和地形，并通过它们在明乔河（Mincio River）河岸的"近"侧或"远"侧的各自位置加以确认（图 35.10）[45]。有着与佩斯基耶拉（Peschiera）大致相同的纬度，明乔河穿过了已经提到的狭窄的瓶颈，它构成维罗纳和布雷西亚领土之间脆弱的连接地带——一个威尼斯应当用被称为塞拉利奥（Serraglio）的防御系统加以保护的连接地带。比萨托在 1440 年前后绘制了这幅地图，描绘了威尼斯、曼图亚和米兰之间主要的战争舞台，并且给出了与区域有关的有用的军事信息。这幅地图的军事性质，意味着其在一段很长时间内被使用并且被更新——如同我们可以从被擦除的曾经在城市贝尔加莫之上描绘的飞扬旗帜，以及时间为 1496 年的在克雷莫纳之上飞扬的圣马克（Saint Mark）旗帜下的文字（表明这年威尼斯军队占领并洗劫了城市）中所看到的那样。

地图包括了对于防御或者军队运动而言具有重要性的地形特征，包括聚落、水道和桥梁（图 35.11）。散布在领土上的高大树木是对林地的广泛存在的简要提示，这可能是一支进行

[44] 我在这里没有讨论在本丛书第一卷中可以看到的一些政治—军事地图。例如，参见 P. D. A. Harvey, "Local and Regional Cartography in Medieval Europe," in *HC* 1：464 – 501。

[45] Baratta 对这幅地图涵盖的地理特征进行了详尽的研究；参见 Mario Baratta, "La carta della Lombardia di Giovanni Pisato (1440)," *Rivista Geografica Italiana* 20 (1913)：159 – 63, 449 – 59, and 577 – 93；Giovanni Marinelli, *Saggio di cartografia della regione veneta* (Venice, 1881), 2；Giuliana Mazzi, "La cartografia：Materiali per la storia urbanistica di Verona," in *Ritratto di Verona：Lineamenti di una storia urbanistica*, ed. Lionello Puppi (Verona：Banca Popolare di Verona, 1978), 531 – 620, esp 542；以及 Antonio Manno, "Strategie difensive e fortezze veneziane dal XV al XVIII secolo," in *Palmanova：Fortezza d'Europa, 1593 – 1993*, ed. Gino Pavan (Venice：Marsilio, 1993), 501 – 49, esp. 514。羊皮纸被用彩色复制在了 *Imago mundi et Italiae：La versione del mondo e la scoperta dell'Italia nella cartografia antica (secoli X – XVI)*, 2 vols., ed. Luciano Lago (Trieste：La Mongolfiera, 1992), 2：292 – 93 (pl. III)。

中的军队遇到的障碍或者隐蔽所。

　　地图的政治—军事功能显然来自聚落被绘制的方式：每一座聚落都有一面旗帜表明其是受威尼斯、维斯孔蒂或贡萨加军队的控制。图像特征被用来试图给出作为武装城堡的一座城市的忠实的图像，同时不太重要的城镇，或者准确标明那里存在城堡〔拉齐塞（Lazise）、锡尔苗内（Sirmione）、加尔达（Garda）和贝纳科的塔（Torri del Benaco）〕，或者更为通常的是用一座教堂、塔楼或者住宅标识〔例如，在佩斯坎蒂纳（Pescantina）〕。在这一特定军事棋盘上的更为重要的设防地点〔瓦莱焦（Valeggio）、佩斯基耶拉和洛纳托（Lonato）〕被用一个较大的比例尺显示，并且尽管是概要性的，但依然对其防御设施的结构加以关注；例如，参见在佩斯基耶拉的斯卡利杰罗（Scaligero）城堡（制图学家还提供了对这里桥梁的如实描绘），或者维罗纳的要塞和城堡。这一相对尺寸的分级显然创造了一个重要性层级，而对大型中心更为写实的描绘使它们更容易被识别。应当同样被注意到的就是，不同的粉色色度被用于给防御设施着色：主要的防御建筑，例如桥梁和塔楼，比其他的更为明亮。水的核心重要性通过加尔达湖、科莫湖、波河以及其他蜿蜒流过伦巴第平原的河流的存在而被揭示。地图夸张地表现了这些水体，同时地形被呈现为广阔水体之间的狭窄陆地，这些水体的重要性通过大量沿着它们航行的船舶所强调。在一个河流交错的区域，桥梁同样具有核心重要性，同时地图对于在瓦莱焦、佩斯基耶拉和曼图亚上的设防桥梁给予了夸大尺寸的描绘。对所有水体使用单一颜色（蓝绿）强调了它们共同构成

894

图 35.10　乔瓦尼·比萨托的伦巴第地图，约 1440 年。羊皮纸上的水彩和笔绘。现存最为古老的区域地图之一，这幅地图覆盖了整幅羊皮纸，有一个 27 厘米长的"颈部"，在其末端有一个当将羊皮纸卷起来时将其系起来的小孔。我们关于制图者的唯一信息就是他的姓名，与日期一起在右上角的一小块装饰条中给出。这幅地图使用的非常特殊的风格与同时代的图像标准如此近似，以至于，如果没有证据表明这一文献具有一种实际用途的话，那么我们可以得出结论，它是出于装饰目的而绘制的

　　原图尺寸：65×89 厘米。Biblioteca Comunale, Treviso（MS. 1497）提供照片。

了单一网络——可能说明，蓄意利用洪水来作为一种策略，给陆上部队制造各种困难。

最初，没有显示道路；后来，添加了长长的墨水绘制的线条，将主要的中心连接起来，并用数字标明了它们之间的距离。这样的信息对于确定从一地到另一地行军所需要的时间是至关重要的，对于分析进行攻击或者退却的可能性也是至关重要的。这些数字的增加，证实了这幅地图是为军事使用而绘制的。这一点由地图上其他的补充内容所进一步证实：修建于 1345 年的瓦莱焦与波韦利亚诺（Povegliano）的塔尔塔罗泉水（Tartaro Springs）之间的维罗纳长墙。这一建筑构成了威尼斯和曼图亚领土之间重要的防御系统：通过改变明乔河的河道，有可能洪水会淹没大片土地，从而阻挡陆上部队从这里通过。地图还显示了出于军事目的而可以同样被洪水淹没的另一个区域：被称为大沼泽（Valli Grandi）的维罗纳地区的潮湿低地。

给出的信息并不意在描述领土，而是更倾向于勾勒难以攻陷的防御系统。这一信息仅仅通过制图学方式传达：替代符的使用使地图更容易识别；每一特征的战略重要性被作为准确的防御系统的一部分而加以描述。地图不仅显示了地点和水道，而且使用变动的比例尺和颜色编码标明每一防御工事和水体相对的军事重要性，并且用英里数来说明地点之间最好的路线。因而，标志符和替代符不仅被用于呈现大量的信息，而且它们提供了对基于一种必须被欣赏和尊重的秩序的复杂的防御系统的解读。当比萨托地图没有显示任何使其军事—政治用途清晰表达的标题或者名称时，一种对所使用的地图学语言的符号学分析揭示，地图不可能为其他任何目的而绘制。如果所使用的地图学体系并不仅仅是武断选择的结果的话，那么这

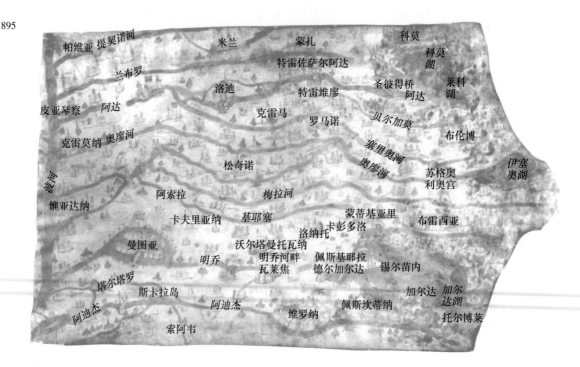

895

图 35.11 **比萨托的伦巴第地图的图解。标出了主要城市、河流和湖泊。一个更为完整的图解可以在** Mario Baratta, "La carta della Lombardia di Giovanni Pisato (1440) ." *Rivista Geografica Italiana* 20 (1913)：159 – 163, 449 – 459, and 577 – 593, esp. 581 – 584 **中找到**

一文献是一个聚焦于使用符号来在一个世界中建立秩序的良好例证[46]。

阿尔马贾地图：一幅维罗纳区域的地图

毫无疑问，被称为阿尔马贾地图的15世纪维罗纳区域地图的主要目的（图35.12）就是为维罗纳和曼图亚之间的领土提供的一个清晰图景，其对于防御通往布雷西亚的通道是至关重要的；这一地区中防御系统的一部分就是被描绘在比萨托地图中的瓦莱焦和维拉弗兰卡之间的长墙。我们不知道，其是在哪里、什么时间以及由谁，或者为谁制作的。提出令人信服的日期的尝试持续不断，并且产生了经常相互矛盾的理论，因为地图描绘的城市特征和记

896

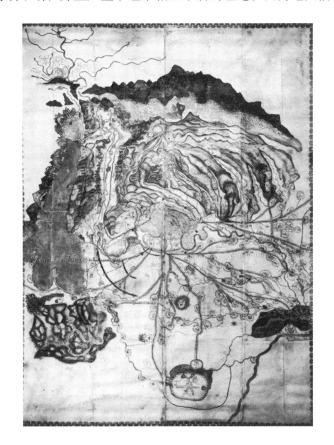

图35.12　阿尔马贾的维罗纳区域的地图，15世纪。羊皮纸上的水彩画。这幅地图的重要性被其麻烦不断的历史证实：1805年，与其他来自威尼斯的有价值的材料一起，其被带到维也纳宫廷档案馆（Court Archives），并且只是在第一次世界大战之后才被归还。除了年代最古老，地图的其他重要特征是有少见的羊皮纸的尺寸、图像的准确性，以及对颜色和透视技艺娴熟的使用。在北方，阿迪杰最初的河道强调了由阿尔卑斯山脉构成的地理和政治边界，其然后让位于密集的林地。技艺娴熟的图像和对颜色和透视的使用可以同样在对莱西尼山丘的描绘中看到，同时加尔达湖的冰碛碎石被用垂直视角绘制。林地范围（用对植被的描绘显示）并不经常是准确的，但是河网被非常准确地绘制

原图尺寸：300.2×224.8厘米。ASV（Miscellanea Mappe, dis. 1438）提供照片。

46　地图用于"显示"标志符的所有那些过程——正在传达的信息的数量及其类型（即参考和/或概念的）——不仅使地图成为对世界进行智力占有的地点，而且使其成为一个命名项目，因为其传达了标志符的一些含义，并且在一个层级秩序中对它们进行呈现。参见 Casti, *L'ordine del mondo*, 69 – 76。

录的事件来源于不同的时期[47]。可能其被持续地更新，归因于其被作为一种政治—军事文献而被使用。

用于描绘城市、城镇、道路和河流的符号的数量，清晰地表明了地图主要的政治军事目的。代表了人口密集中心附近的林地的符号也是如此，因为这些区域在战争中具有战略重要性。基于军事战略因素，同样还绘制了莱西尼山丘（Lessini Hills）和阿尔卑斯山脉的山区地带。在这幅地图上，地图学符号不多，并且经常给人以扭曲的印象，即这些地区在很大程度上是无法进入的，代表威尼斯共和国领土征服的最前沿边疆，这里在政治或知识层面上都尚未被充分吸收[48]。用数字标识了距离的道路，从维罗纳中心枢纽出发，构成了著名干线的基本框架，而这幅地图就是围绕这些干线构建的。与周围地区相比，城市被显示得更大。在观念形态上，维罗纳不仅被呈现为视觉呈现的中心，而且成为一种延伸环绕在其周围的整个区域的秩序中心。城市，其中坐落的世俗和宗教的权力机构很容易被识别，被描绘为共和国防御来自南方和西方的攻击的关键以及重要的政治实体。

对曼图亚的敌对城市的描述非常不同。具有 14 世纪建筑特色，城市被显示为由大型城墙以及南部的湖泊所防御。城市南部的湖泊不太广大，在那里有一个建筑在洪水泛滥土地［塞拉利奥（Serraglio）］上的防御系统。对于曼图亚的描绘有意表现出其是一座敌对城市。被显示的城市特征并不是最新的，正是这一事实间接证明了这种说法；显然获得关于敌人状态的最新信息是非常困难的。

因而，似乎毫无疑问的是，这一大型羊皮纸地图是为威尼斯政府绘制的，并且具有一种政治—军事目的。这一政治—军事目的决定了地图的语义及其语法。其目的解释了为什么存在没有信息的区域：一幅意图提供对于地区的概述的地图，应当尽可能包括更为多样的信息，但是一幅军事—政治地图通过集中于那些使其完成某一特定事物的特征——描绘一块领土，而这一领土被按照一个战争的可能舞台绘制了地图——来达成这一目的。

弗朗切斯科·斯夸尔乔内绘制的帕多瓦及其周边地区的地图

弗朗切斯科·斯夸尔乔内的帕多瓦及其周边领土的地图（图 35.13）毫无疑问由于大量原因而是重要的：年代（1465 年）、形式（其由大量羊皮纸的分幅图黏合在一起构成，如同

---

⑰ 阿尔马贾对地图的研究将时间确定为 1439 年前后，主要基于这样的事实，即在北方，在加尔达湖和阿迪杰之间，显示了小的船只以展示发生在 15 世纪上半叶的威尼斯和米兰之间的一场战争中的事件。1439 年，威尼斯人进行了危险的路上和河流旅程，将总共 25 个弹药柜和 6 艘大帆船带到依然在他们控制下的加尔达湖岸边，从而保持与对岸被围困城市的接触。最近，马齐（Mazzi）提出了一个稍后数十年的时期，因为图中存在一些维罗纳建筑，而这些建筑的工作直至 15 世纪 50 年代才开始。参见 Roberto Almagià, "Un'antica carta topografica del territorio veronese," *Rendiconti della Reale Accademia Nazionale dei Lincei: Classe di Scienze Morali, Storiche e Filologiche*, 5th ser., 32 (1923): 63 – 83, 以及 Giuliana Mazzi, "La conoscenza per l'organizzazione delle difese," in *Il territorio nella cartografia di ieri e di oggi*, 1st ed., ed. Fantelli Pier Luigi (Venice: Cassa di Risparmio di Padova e Rovigo, 1994), 116 – 45, esp. 117 – 24. 也可以参见 Cavazzana Romanelli and Casti, *Laguna, lidi, fiumi*, 60 – 65, 以及 Harvey, "Local and Regional Cartography," 478 – 79 (fig 20.13) and pl. 34, 那里以彩色方式对地图进行了展示。

⑱ 关于名称和分类的问题，参见 Almagià 的 "Un'antica carta topografica"，其准确地列出了地图上使用的所有地名。

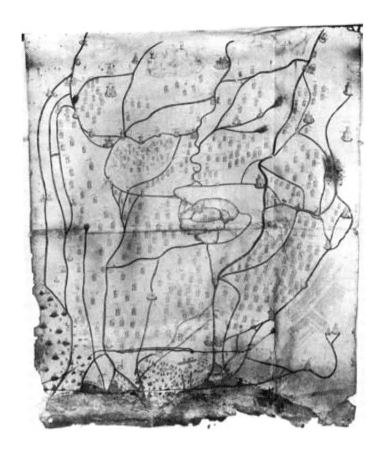

图 35.13　弗朗切斯科·斯夸尔乔内（FRANCESCO SQUARCIONE）的帕多瓦及其周围地区的地图，1465 年。羊皮纸上的水彩和笔画。被认为是帕多瓦画家弗朗切斯科·斯夸尔乔内的作品，这一作品与 1449 年的由安尼巴莱·马吉（Annibale Maggi）绘制的作品存在大量相似之处：对于帕多瓦的描绘，对于水道系统的叙述（有一些增补的运河，并且一些运河切入城市南部区域），边远城镇和乡村的数字和名称 ［增加了奥利亚格（Oriago）的防御工事，在斯特拉（Stra）和富西纳（Fusina）之间的布伦塔］，以及两张列出了距离的表格。地图的目的未知

原图尺寸：117 × 101 厘米。Assessorato ai Musei, Politiche Culturali e Spettacolo del Comune di Padova（Miscellanea MS. 53v e 177r‐v）提供照片。

维罗纳地图那样），以及图形描绘[49]。然而，尽管我们知道，地图被保存在帕多瓦的公共档案馆的记录中，但我们不知道其意图被用于的准确目的。也就是，我们不知道，其是不是一份政治—军事档案，或者一份行政档案。如果我们授权对这份档案进行符号学分

---

[49]　阿尔马贾认为那幅地图是 1460 年十人委员会要求创造一套完整的陆地地图的决定所产生的结果之一；然而，最近的研究似乎显示，绘制地图背后的原因与集中于中央的对于事实的寻找或装饰无关。Puppi 和 Olivato 发现这一作品的原始委托，其显示，其意图成为城市周边区域的某类目录，并且被保存在帕多瓦自己的城市首相官署中而不是被送往威尼斯。参见 Roberto Almagià, *Monumenta Italiae cartographica*（Florence：Istituto Geografico Militare，1929；reprinted Bologna：Forni，1980），12 and pl. XIbis；Lionello Puppi, "Appunti in margine all'immagine di Padova e suo territorio secondo alcuni documenti della cartografia tra '400 e '500," in *Dopo Mantegna*：*Arte a Padova e nel territorio nei secoli XV e XVI*（Milan：Electa，1976），163‐65；Loredana Olivato Puppi and Lionello Puppi, "Venezia veduta da Francesco Squarcionenel 1465," in *Per Maria Cionini Visani*：*Scritti di amici*（Venice，1977），29‐32；以及 Lionello Puppi, ed. , *Alvise Cornaro e il suo tempo*，展览目录（Padua：Comune di Padova，1980），233‐34。地图被彩色复制在 Lago, *Imago mundi et Italiae*，2：297（pl. Ⅶ）。也可以参见 Harvey, "Local and Regional Cartography," 479 and fig. 20. 15。

析的话，那么地图向我们显示了与众不同的特征：描述是基于两种不同的表达系统。通过由标志符以及形象和色彩的替代符构成的图符，地图对城市防御系统进行了一种秩序
898 井然的呈现，例如帕多瓦的设防城镇、河流以及沿着它们的防御设施。通过使用由标志符构成的图符以及一种符号，地图包括了与防御关系不大的大量城镇和乡村。用于标明这些聚落的主要符号就是顶上有着尖塔的小教堂；这些符号在河流网络内按直线布置——似乎更多在于编纂这类聚落的一个列表（可能为了某种调查），而不是对领土的外在样貌进行地图学描绘。然而，我们不能仅仅从一种技术的角度来评价具象的和象征性符号的使用[50]。

象征性符号是中世纪传统的一部分（并且因而表明了传统地图学的遗存），同时更为具象的符号是现代的产品，在现代时期中，对象的真实形态被复制[51]。因而我们可以得出两个层面的交流，以及两个层次的重要性：防御设施的标志和聚落的标志，同时前者显然要比后者重要。在考虑这一理论时，我们还应当记住，之前通过检查与其他地图可能存在的相似来理解地图目的的努力，已经被证明是没有结果的。符号学分析说明，基于地图绘制所针对的公共机构负责的两个领域（防御和进行普查），两种不必然相互矛盾的目的的存在。因而，这份档案强调，在缺乏严格编码的地图学语言的时候，一位地图学家是如何从一个"标示"迁移到另外一个的，因而给予了那些实际解释和使用地图的人以更大的自由。清楚的是，选择范围并不是完全开放的，而是由使用的替代符所决定的；然而，如同在这一例子中，这种符号可以传达多重信息。

我们可以通过谈到，被作为政治—军事类型的例子进行检查的地图有着共同的特征而进行总结。它们不仅确实包含进行了特定选择的信息，它们还以一种与制作领土形象有关的方式使用了符号工具，由此可以被用于规划战略工程和决定策略。总之，它们给出的图像被用于强化领土作为一种实体的思想，其"合法性"依赖于这样的事实，即它受到威尼斯共和国协调行使的权力的控制。

城市防御设施地图的绘制

我们现在考察政治军事地图的第二个类型，城市防御设施地图学，其与手绘的城市平面图存在密切联系。实际上，堡垒地图可以被认为占据了政治军事和城市形态的地图学呈现之间的过渡位置，一个混杂的位置，这些地图由负责建设和维护堡垒而不是执行军事战略的机构所使用则证实了这一点。

这些文献描述了由一个特定行政部门负责其建造或维护的防御设施，这一部门就是1542 年在威尼斯成立的"堡垒管理局"。在 16 世纪，这一类型的地图依然呈现了一些行政地图学的特征，并且因而经常附带有注释、项目概要或者理论论著。然而，这类地图另外一个特征就是，它们不仅标明了已经存在的事物，而且通常勾勒了通过对更

---

[50] 在每一制图学的交流中，信息可以属于两个系统的符号的编纂规范：类比和数字。第一个通过差异的关系来交流；而第二个则基于差异。关于对这两者更为深入的分析，参见 Casti, *L'ordine del mondo*, 43 – 47。

[51] 只有 18 世纪完全编码的制图学的出现，这种模拟符号才被放弃，并用抽象符号代替。

为有效的防御体系进行研究而形成的理论模型[52]。为了将它们的呈现变得更为具有说服力，它们不仅包括了城墙的轮廓，而且还有使得识别一个特定的城市中心成为可能的特征。

这些地图的主要目的就是描述整座城市或者单一堡垒的防御设施。因而，它们的关注点在于将要建造的或者可以改进的部分。这就是为什么地图用一种几何学的方法呈现它们的信息：被使用的图像风格传达了防御布局的几何性质，因而强调项目本身的理论方法和实际有效性。最终的结果就是，一个冰冷的和分析性的技术图像，其提供了一幅没有反映重要性层级的建筑的平面图（以及因而没有标明防御上的弱点和优点）。

这些地图通常附带有一段文本，因为那些介绍了理论研究、项目或者领土的陆地测量的人通常提供有描述了其工作主要特征的文本概要。如同在之前研究的行政地图的例子中，在附带的文本中列出了地名。通常地图本身只是给出了堡垒的名称，并且只是通过零散的方式提供了其他名称。因而，整个地图学呈现本身被作为一种名义上的替代符，形象和数字占据了名称的位置。

在附带有书面规划或者理论论著的各种重要地图中，我们应当确定无疑的包括那些对新帕尔马城市的描绘，其星形的壁垒使其成为防御艺术的最好的例证之一[53]。其受到了来自地图学家的大量关注，并且有大量的地图；最为重要的一幅就是附带有一份行政档案的绘制于 17 世纪前半叶某一时期的地图（图 35.14）[54]。地图显示了防御设施以及通往三座城门的道路，还有塔利奥（Taglio）运河，其从堡垒向南流淌。城墙内的区域是空白的，除了一个印有"帕尔马"语简单的装饰。所有的注意力因而都聚焦于外部城墙，同时蓝色被用于强调水在城市防御中的重要性，以及通过一个 200 威尼斯步（passi）的比例尺给出的尺寸。威尼斯量度单位的存在以及对于水的强调可以被认为表明了地图的行政用途，由此可能文献实际上针对的是"堡垒管理局"，因为在其档案中，存在大量相似的图像。至于完整的或者基本完整的防御设施，我们应当提到佩斯基耶拉的。

防御设施地图的绘制有时涉及如克里斯托福罗·索尔特等重要的地图学家，其在 1571 年由弗朗切斯科·马尔切洛（Francesco Marcello），佩斯基耶拉的"堡垒管理局"招集，绘制一幅城市新的防御设施的地图，并且研究通过这一建造工作去阻塞明乔河的河道（图 35.15）[55]。防御设施的工作，1546 年由威尼斯陆军的指挥官圭多巴尔迪·德拉罗韦雷二世（Guidobaldi Ⅱ Della Rovere）设计，开始于 1549 年。索尔特的平面图像标识了施工所需的填埋和挖掘的范围。加尔达湖湖岸的防御设施（图像的右下角）由两个棱堡构成，在两者之

数字 899（页边标注）

---

[52]　关于文艺复兴时期的地图绘制和战争，参见本卷的第二十九章。

[53]　关于新帕尔马的地图，参见 Gino Pavan, ed. , *Palmanova*: *Fortezza d'Europa*, *1593 – 1993*（Venice: Marsilio, 1993）。

[54]　参见 Pietro Marchesi, "La difesa del territorio al tempo della Serenissima," in *Palmanova*: *Fortezza d'Europa*, *1493 – 1993*, ed. Gino Pavan（Venice: Marsilio, 1993）, 57 – 72 and also 109 – 11。

[55]　参见 Giuseppe Gerola, "Documenti sulle mura di Peschiera," *Atti e Memorie dell'Accademia di Agricoltura*, *Scienze e Lettere di Verona*, 5 th ser. , 4（1928）: 85 – 105. 更为普通的资料包括 Ennio Concina, *La macchina territoriale*: *Relazioni dei rettori veneti in Terraferma*, ed. Amelio Tagliaferri, vol. 10, *Provveditorato di Salò*, provveditorato di Peschiera（Milan: Giuffrè, 1978）, 以及 Lionello Puppi, *Michele Sanmicheli architetto*: *Opera completa*（Rome: Caliban, 1986）, 150。

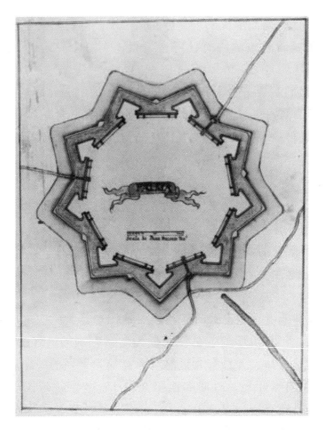

图 35.14　新帕尔马地图，17 世纪上半叶。纸上的水彩和笔画。基于所显示的防御设施的类型，这一未注明日期的地图可以被判断为绘制于 17 世纪上半叶。尽管图像中的空白以及缺乏附带的文献意味着，我们无法对地图的功能进行太多的推测，但我们对其的理解由这样的事实得到推进，这一事实就是其被保存在与防御设施、堡垒、城市和设防岛屿有关的图像档案中。以这种方式构成，档案必然有一种日常的管理用途，但不幸的是，我们无法确定这些功能具体是什么。然而，这样的事实，即所有材料都与防御有关，说明其意图为负责这些事务的官员服务

原图尺寸：48×36 厘米。Biblioteca Nazionale Marciana, Venice（Cod. It. Ⅶ 2211［=10049］, c. 111）提供照片。

间是被延伸的切断了港口的链条。明乔河一侧由建造在旧有的斯卡利杰罗要塞之上的坎塔纳拉（Cantanara）棱堡占据（图像左侧），其下的图像显示了河流之上的五孔的桥梁。这一技术图像告知我们，防御工事是如何对河水的流动造成了问题——从事领土资源管理的专家可能会被要求针对这一问题提出他们的观点。索尔特并不特别在意展示防御系统的有效性，以及标明其是否适合于其所修建的位置。在右上角的一个亲笔注释解释了所使用的颜色编码，指出一个特定的组合（红色被放置在绿色之上）标明了应当对水流问题负责的建筑。此外，强调了水系对于防御设施的重要性，因为本质上，由前者的扰乱而导致的问题甚至比后者的缺陷所导致的问题更为严重。这很好地展示了堡垒地图的一种完全的技术观点如何妨碍了我们理解威尼斯国家军事策略方法——一种方法不仅基于防御系统的因素，并且基于在某一特定领土背景中对某一特定建筑潜力的开发。

900

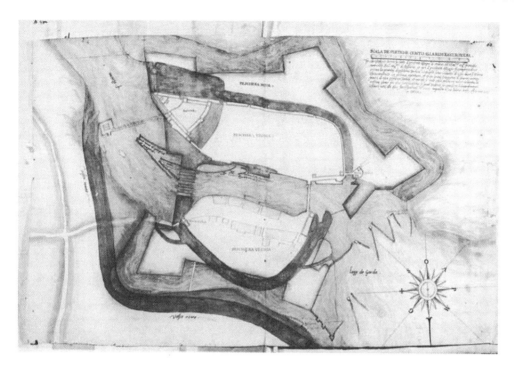

图 35. 15 克里斯托福罗·索尔特的佩斯基耶拉的新防御工事的地图，1571 年（7 月 3 日）。纸上的彩色和笔画。这是可被定义为"技术"地图的另外一幅索尔特的地图，同时还揭示了地图学家的非常个人的风格。他对颜色的使用——不同的阴影、粗细的对比和下划线——创造了美学的效果，其明确地将这幅地图与堡垒的通常的技术图像区分开来。然而，索尔特从未忘记他主要的描述性目的：右上角的段落解释了这样的效果只是被用来强调与防御和水道管理存在联系的问题

原图尺寸：46×70 厘米。Biblioteca Nazionale Marciana, Venice（Cod. It. Ⅵ 188［=10039］，c. 43）提供照片。

描述性的区域地图学在提供领土
信息和颂扬权力中的作用

如果已经注意到了国家在现代早期中所扮演的角色，那么是否可能去识别一种地图学形式，其没有反映特定利益层级，且没有严格地选择所包含的信息？这里，需要在 15 世纪和 16 世纪的那些地图之间划分一条明确的界限——首先，因为这一时期在国家中有一个值得注意的变革（仅仅是接近 16 世纪末，国家确实变成充分发展的行政实体，领土管理的首要中介者），其次，因为在这一时期中产生了只要可以被描述那么就实际存在的思想，并且产生了视觉呈现是赋予某人希望存在的东西以物质实体的一种方式的思想⑯。在 15 世纪，威尼斯依然是一个脆弱的实体，其对领土呈现的兴趣被局限在那些较早被勾勒的领土中，尽管在 16 世纪，国家的巩固意味着其成为一个领土的管理者，因而对于控制所有与其管辖的领土有关的信息有兴趣。我们应当还要补充，归因于对其本身视觉呈现的态度的变化，国家组织开始看到，地图是建立对领土整体的普遍的知识控制的一种重要方式。这就是为什么在

901

---

⑯ 关于世界的思想概念以及其在现代早期被呈现的方式，参见 Franco Farinelli, *I segni del mondo：Immagine cartografica e discorso geografico in età moderna*（Scandicci：Nuova Italia, 1992）。关于地图学作为交流工具的一种理论考虑，参见 Christian Jacob, *L'empire des cartes：Approche théorique de la cartographie à travers l'histoire*（Paris：Albin Michel, 1992）。

15 世纪中，地图或者有一个准确的目的，或者对领土进行了一种混乱的呈现，塞满了不同类型的信息。实质上，没有为被选择的信息建立编码；同时，只是到了后来才出现了普遍的、有良好结构的地图学项目，其遵循着设计用来为按照"实际情况"描绘"领土"而特定建立的规则。我们可以认为，对这一地图学产品类型最为创新性的引入，与两个主要方面有关：首先，对国家领土组织方式的描述；其次，对权力的颂扬。

考虑到第一个时期，15 世纪，我们可以分析一幅加尔达湖的手绘地图，对其出处、准确的日期、作者以及可能的接受者知之甚少。然而，目的是清楚的：通过地名的使用呈现特定的信息（图 35.16）[57]。这些被极为突出地进行了显示：所有湖边城镇的名称在翻滚的涡卷装饰中被用拉丁文给出。被赋予名称的城镇的重要性通过使用一座或多或少精致绘制的城堡来强调。这些揭示了地图意图传达的并不仅仅是位置，而是每一城镇的精髓或重要性。焦点集中在湖岸。如同在波特兰航海图的例子中那样，并不存在单一的正确的朝向。由于名称与湖岸平行排列，因而如果某人将要阅读其上的所有信息的话，

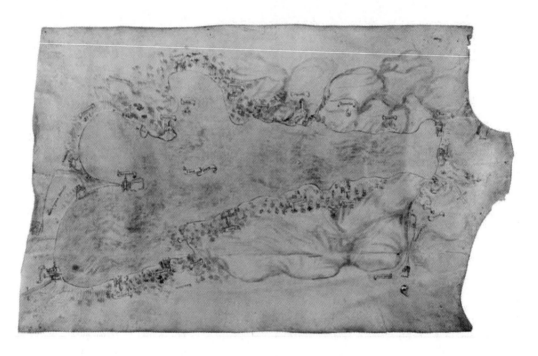

图 35.16 加尔达湖地图。羊皮纸上的水彩和笔画。没有题名、没有注明日期，也不知道作者，这幅地图显示了加尔达湖。归因于用于描绘图里（Turri，贝纳科的塔）和布伦祖努［Brenzonu，布伦祖农（Brenzonum），布伦佐内（Brenzone）］的风格，可以大致将时间确定为接近 14 世纪末。因而，其是意大利地图学现存最为古老的例子之一。对湖岸城镇进行了准确的描绘——并且，总之，重视通过地名进行识别——揭示，地图意图绘制密集居住的湖泊区域

原始尺寸：40 ×61 厘米。Biblioteca Civica, Verona（MS. 2286）提供照片。

---

⑤⑦ 尽管地图的时间已经被确定为 14 世纪末，但我们可以认为其是 16 世纪新的国家结构之前时期中的具有代表性的一个例子。参见 V. Fainelli, "Il Garda Scaligero," Il Garda 2, No. 1 (1927), 6 – 12; Almagià, Monumenta Italiae cartographica, 5 and pl. Ⅶ, No. 2; Alessandro Cucagna, ed. , Mostre "Cartografia antica del Trentino meridionale," 1400 – 1620, 展览目录（Rovereto: Biblioteca Civica "G. Tartarotti," 1985），19。

就必须将地图进行旋转。被标出的大量城镇解释了人类聚落的密集和对加尔达湖湖岸的调 902
整。甚至一座聚落和其他聚落之间树木的标志——或者限制了湖岸区域的高地的延伸——被
意图聚焦于湖岸聚落。我们可以认为地图的主要目的是指出湖岸的密集开发，以及其执行的
不仅是一种描述性的，还是一种意识形态的功能。

　　由于在亚得里亚海的政治影响力被减弱，16 世纪的威尼斯从一座商业化城市转变为一
座地主的城市，并且对农业和陆地感兴趣。这就是为什么城市当局委托绘制了一幅大型的季
罗尔（Tyrol）和贝尔加莫、科莫、帕多瓦、特雷维索以及波河三角洲区域的地图悬挂在元
老院大厅中⑱。

　　由此索尔特，按照我们已经看到的，除了为"未耕地管理局"工作，还被官方任命为
共和国的地图学家，并且我们发现了他自 1586 年（第一幅地图的时间）至 1594 年（最后
一幅地图的时间）在这一职位上工作的证据。当威尼斯陆地的大型地图佚失之后，我们确
实还有 5 幅单幅的地图，这些是元老院要求索尔特绘制的以作为大型地图的补充，由此使我
们可以理解 16 世纪描述性地图的主要特征（图 35.17）⑲。

---

　　⑱　由于一些原因项目被延缓了，因为在 1568 年克里斯托福罗·索尔特向威尼斯政府报告，这幅地图已经完成了部
分，并且，他希望，将在他搜集与内陆水道和灌溉相关的数据之后被完成。项目直至 1578 年才再次进行——在 1574 年
和 1577 年总督宫的两次严重的火灾之后。重新进行的任务确认，地图将描绘整个陆地区域，并且将涵盖长长的元老院大
厅的整个一面墙。显然意图颂扬威尼斯的权力，而且在为那些运用这些权力的人服务的时候，其同样还是一个实际工具。
然而，当决定为了政治原因而缩减地图尺寸的时候，任务在 1582 年被进一步修订，其被认为更应当被锁在橱柜中，以脱
离间谍的窥视。索尔特同样被要求为这一单幅地图增补 5 幅单独的地图。在威尼斯共和国灭亡之后，威尼斯共和国的档
案流散，它们现在位于威尼斯和维也纳的藏品中。关于索尔特和这一特定类型的地图学，参见 Juergen Schulz, *La
cartografia tra scienza e arte：Carte e cartografi nel Rinascimento italiano*（Modena：F. C. Panini, 1990），65 – 95。这一作品包含了
关于地图学家的完整参考书目。

　　⑲　除了图 35.17：1586 年，贝尔加莫区域的地图，340×168 厘米（Venice, Collezione Donà delle Rose）；1590 年，
弗留利地图，216×166 厘米（Vienna, Österreichisches Staatsarchiv, Kriegsarchiv, N. B Ⅶ a 167）；1591 年，布雷西亚区域的
地图，340×169 厘米（Venice, Collezione Donà delle Rose）；1591 年，维罗纳和维琴察区域的地图，294×165 厘米
（Venezia, Museo Correr, Carte Geografiche, MSS. P. D. C 864/3），所有 5 幅地图都是在纸上的水彩和笔画。在作为单一作品
时是重要的，与此同时，索尔特的地图作为一个整体以及一项重要政治项目尤其让人印象深刻。在绘制地图时使用的标
准揭示了它们意图服务的目的：提供在陆地上执行的所有威尼斯项目的精确记录，这些项目是在威尼斯共和国向腹地扩
张的早期就已实施的。尽管有不同尺寸，这 5 幅地图在比例尺、投影、朝向和图形风格方面几乎完全一致。对视觉比例
的平衡使用意味着并不存在一个用于描绘领土不同方面的明确的信息层级，但是在自然和人造特征中存在一种平衡。或
者通过一个轮廓的描绘，或者通过一幅它们外侧城墙的粗糙的平面图表明，城市似乎更多的是作为所有外围区域的参考
点，而不是作为一种占据主导的层级特征。被描述的领土特征涵盖了形态、水道、植被和人造物。我们可以看到，使用
地名标明城市、城镇、道路、河流、山丘以及甚至整个区域，在作为对领土整体的知识占有上是关键的一步。参见
Marinelli, *Saggio di cartografia della regione veneta*, 17 – 19；Roberto Almagià, L' "*Italia*" *di Giovanni Antonio Magini e la
cartografia dell' Italia nei secoli* ⅩⅥ *e* ⅩⅦ（Naples：F. Perrella, 1922），40 – 41；idem, *Monumenta Italiae cartographica*, 38 – 39
and pls. ⅩLⅢ and ⅩLⅣ；idem, "Cristoforo Sorte e i primi rilievi topografici della Venezia Tridentina," *Rivista Geografica Italiana*
37（1930）：117 – 22；idem, "Cristoforo Sorte, il primo grande cartografo e topografo della Repubblica di Venezia," in *Scritti
geografici*（1905 – 1957）, by Roberto Almagià（Rome：Edizioni Cremonese, 1961），613 – 18, esp. 615 – 17；Juergen Schulz,
"Cristoforo Sorte and the Ducal Palace of Venice," *Mitteilungen des Kunsthistorischen Institutes in Florenz* 10（1961 – 63）：193 –
208, esp. 202 – 6；idem, "New Maps and Landscape Drawings by Cristoforo Sorte," *Mitteilungen des Kunsthistorischen Institutes in
Florenz* 20（1976）：107 – 26；Giuliana Mazzi, "La Repubblica e uno strumento per il dominio," in *Architettura e Utopia nella
Venezia del Cinquecento*, ed. Lionello Puppi, 展览目录（Milan：Electa, 1980），59 – 62；Lelio Pagani, "Cristoforo Sorte, un
cartografo veneto del Cinquecento e i suoi inediti topografici del territorio bergamasco," *Atti dell'Ateneo di Scienze Lettere ed Arti di
Bergamo* 41（1978 – 80）：399 – 425；以及 Schulz, *La cartografia tra scienza e arte*, 65 – 95。

903

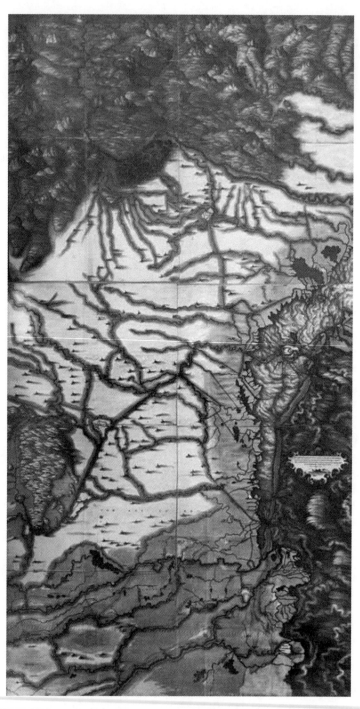

图 35.17 克里斯托福罗·索尔特的帕多瓦和特雷维索地图，1594 年。这幅特雷维索地区的地图显然与我们之前分析的那些为"未耕地管理局"绘制的地图存在很大差异。这里的主要目的是提供一种描述而不是提出一种建议，并且索尔特在一个更为客观的方法中对领土进行了呈现。因而，平原通过标明主要特点来被描绘，同时中心点被准确命名，并且通过与水网的关系来进行定位。另外，山脉——被按照新的由索尔特提出的系统进行描绘（即，在现场调查解读的基础上对体量进行绘制）——被显示为几乎不可通行的地形

原图尺寸：295×160 厘米。Kriegsarchiv, Österreichisches Staatsarchiv, Vienna（N. B Ⅶ a 154）提供照片。

我们应当从谈论这些地图的创新性并不仅源于一种技术，而且源于一种意识形态的视角作为开端，因为它们引入了一种新的对权力进行表达的方法。已经放弃了 16 世纪早期的将大型公共地图作为展示一种理想世界的方式的思想，这一世纪后半期的地图学家被新的地理发现所刺激去绘制有一种清晰政治含义的地图：它们的目的是呈现一个王公的或国家的权力范围。对那种范围的主要展示之一就是地图自身所蕴含的对领土的知识占有。因而，颂扬性质的地图学，不再可以仅仅依赖于修辞学工具和符号；其不得不尽可能地提供一种对领土的忠实描绘。那就是为什么索尔特和其他人发明了地图学测量和表达的方法，而这些则基于对被绘制的领土的第一手的经验研究，这也将技术创新引入地图学产品中。关于这些地图的直线距离，地图学家以从在现场获得的测量数据为开端。沿着道路测量一个地点与另一个地点之间的距离，这些道路被用罗盘测量导线的方式分成小的部分。首先，某人在每一特定部分开始的位置测量方向，记录度数，然后给出这一部分的长度，用度数给出这一部分最后的朝向——并且，因而某人有充分的数据给出精确的直线距离。其次，主要的参考点（城镇、建筑和交叉路）通过使用一架罗盘而加以确定，由此建立了它们的准确朝向，因而创造了由相互关联的参考点构成的网络。如同 904我已经提到的，标高的测量是更为复杂的：索尔特计算了山脉最高部分和他选择的不同固定点之间的距离。过程非常类似于三角测量，即使后者的距离是通过几何计算确定的，这使得某人可以精确地确定它们。然而，我们不能否认索尔特的作品标志着一种重要的技术发明：他是首次有效测量平原的面积和描绘高地高度的人，在过程中产生的技术问题只是在两个世纪后才能被完全解决。其他人，包括列奥纳多·达芬奇，同样给出了一种对山地地理景观的体量的描述，但这种地理景观，是作为绘画的一个特征；索尔特是首先基于这种对山体体量的研究来绘制地图的人[60]。

索尔特呈现平原和高地的地图学图像同样是创新的。不同视点的结合强调了地形的不同性质：平原被用一种平面视角描绘，同时，高地的地形特征被用倾斜视角显示（例如，索尔特使用了作为一名画家的技巧标明如裸岩地表这类特征的存在）[61]。领土或定居点的类型通过符号而被迅速识别出来，并不需要任何解释性的注释；所给出的是一个有实际用途的补充，但对于理解地图来说并不是必不可少的。

至于相关的命名，这些索尔特绘制的地图上的信息是通过符号和标签的平衡使用来传达的，标有城市、道路、山脉、河流和整个区域的名称。最为重要的城市被用名称，以及中心区域的平面布局或对关键建筑的透视描绘来确定。因为并不存在表现层级，因此，产生的领土图像是精确的实地测量的图像，"自然的"和中立的——即使我们知道，当处理符号表现

---

[60]　档案文献包括索尔特使用的技术设备的列表：一架罗盘（*bossolo*）、测量杆（*pertica*）和水准仪（*livello*）。包括的实地调查有：基于一条已经确定的参考线，（1）确定方向（风）和它们的角度（度数）；（2）计算距离（使用的量度单位——*pertiche*, *passi* 等——可能在不同地点之间存在差异）；（3）高度的计算（因为这些不可能通过相似三角系统进行测量，索尔特尝试建立从精确位置获得的垂直仰角），以及（4）使用水准仪。在绘图板上，地图学家然后将他获得的数值按照比例尺缩小，然后抄写它们［Lelio Pagani, "La tecnica cartografica di Cristoforo Sorte," *Geografica* 2（1979）：83–92］。

[61]　关于在索尔特的地图学产品中对图符结合的使用，我们提到了已经进行了分析的特雷维索区域地图。关于一项更为深入的研究，参见 Casti, "Il paesaggio"。

系统，尤其是在那些由国家机构和组织使用的这些地图学类别中的符号表现系统的时候，那种中立的思想是多么的存在问题。

伦巴第的教牧巡访地图学和教会的权力

如果考虑由威尼斯的政治组织制作的一些地图学类别，那么我们发现需要考虑 16 世纪在伦巴第存在的另外一类权力，即教会力量的地图学产品。这里进行比较以强调地图的政治用途，以及与制作它们的机构有关的它们之间的差异。实际上，为如米兰主教区这样的一种强有力的、组织良好的团体绘制的教牧巡访地图，提供了对固定在意识形态原则和政治利益上的领土的一种理解和呈现方式，而这些意识形态原则和政治利益都通过图像表达而被复制，并且有时只是将它们自己显示在图像表达中。

这些地图记录了由米兰主教卡洛·博罗梅奥（Carlo Borromeo），在 16 世纪后半期进行的教牧巡访，以及他继任者费代里科·博罗梅奥（Federico Borromeo）在 17 世纪最初二十年进行的巡访[62]。一位古代主教的职责，教牧巡访，在十人委员会之后，被每一任教区主教获得，其被期望每年访问他管辖下的所有教区长辖区（pievi）。1565 年，卡洛·博罗梅奥将大量现存实体组织为教区，并且还创造了大量的新教区（ex novo）——由此我们不能排除，被讨论的地图的目的之一就是精确确定不同教区长辖区之间的边界[63]。在这一宗教重新组织的时期中，登记簿包含了在巡访期间搜集的信息的文本描绘，且首次通过相关领土的地图进行了增补[64]。然而，这些地图的首要目的似乎有一种对领土的功能性描绘——提供一幅应当清晰表述了每一教区与它们所依赖的教区长辖区之间关系的图像。因而，地图用于给予一种领土的视觉图像，而在此之前，只是通过单纯的列表对这方面的内容进行了记录——登记簿中非常简单的文本描述。这一基本的旅程信息很快由所有地图都包含的基于第一手经验的地点之间的距离所补充。显然，这些数据对于规划巡访路线的主教是有用的，但是它们还有一个更为普遍的意图：它们帮助他形成了一幅宗教组织的领土方面的图像，因而可以评估宗教

905

---

[62] 涵盖了本节讨论的所有地图的这一主题最近的作品，就是 *Itinerari di san Carlo Borromeo nella cartografia delle visite pastorali*, ed. Ernesto Brivio et al. ［Milan：Unicopli，(1985)］。在大量关于卡洛·博罗梅奥生平的著作中，参见 *L'alto Milanese all'epoca di Carlo Borromeo*, Rassegna Gallaratese di Storia e d'Arte 37，No. 124（Gallarate，1984 – 85）的论文汇编；Cesare Gallazzi，"Visite pastorali ed apostoliche di Carlo Borromeo：Il mito di Pastore itinerante," in *Busto Arsizio prima di, con e dopo Carlo Borromeo*（Busto Arsizio，1984），227 – 38；以及 Ambrogio Palestra，ed.，*Visite pastorali alle pievi milanesi（1423 – 1856）*, vol. 1，*Inventario*（Florence：Monastero di Rosano，1977）。

[63] *Pievi* 是宗教组织的一种早期单位，并且它们分为下属教区，出现在 12 世纪。关于 *pieve* 的起源以及它们带来的问题，参见 Gian Piero Bognetti，*Sulle origini dei comuni rurali del Medioevo*（Pavia，1926）；Ambrogio Palestra，"Pievi，canonici e parrocchia nelle pergamene morimondesi," *Ambrosius* 32（1956）：141 – 43；以及 idem，"L'origine e l' ordinamento del apieve in Lombardia," *Archivio Storico Lombardo*, 9th ser.，3（1963）：359 – 98。关于宗教组织和管理，参见论文集 *Le istituzioni ecclesiastiche della "Societas Christiana" dei secoli XI – XII：Diocesi，pievi e parrocchie. Atti della sesta Settimana internazionale di studio，Milano，1 – 7 settembre 1974*（Milan：Vita e Pensiero，1977）。

[64] 对伦巴第地图学的总体讨论，参见 Aurora Scotti，"La cartografia lombarda：Criteri di rappresentazione，uso e destinazione," in *Lombardia：Il territorio, l'ambiente, il paesaggio*, ed. Carlo Pirovano, vol. 3（Milan：Electa，1982）：37 – 124；Archivio di Stato di Milano，*L'immagine interessata：Territorio e cartografia in Lombardia tra 500 e 800*（Milan：Archivio di Stato，1984）；以及 Marco Tamborini，*Castelli e fortificazioni del territorio varesino*（Varese：ASK，1981）。

区的功能及其维持与教区之间有效关系的能力。

大约 40 幅佚名的单一教区长辖区的地图，时间是博罗梅奥时期的。我们不知道关于它们制作者的任何事情——甚至不知道他们是否为专业人员或神职人员，或是否在米兰主教教区中有一定的地位。从地图上，我们可以推测，他们不是职业地图学家，而是业余人员，其目的是使用最适合它们主要目的的方法给出每一地区及其宗教组织的一幅图像：提供关于各个教区长辖区的所有核心信息。它们按照主教的旅程充分地显示了乡村道路系统，包括了在所有郊区教堂和大量乡村小礼拜堂的商店。这一对道路网的描述不仅包括不同社区和主要教区长辖区之间的距离，还有水道上的必要的桥梁。城镇或由一个教堂的符号或一个概要的平面图显示。在一些例子中，地图给出了关于地形的类型和用途的信息，确定了作物和林地，有时标明了哪里有斜坡。有时与主要教区长辖区区域的地图一起，有着单一教区的地图，其提供了关于个别城镇和乡村更为详细的信息。现在让我们考虑一个例子。

为描绘博罗梅奥最初的一次教牧巡访（在 1566 年）而绘制的地图，显示了蓬蒂罗洛（Pontirolo）的教区长辖区的区域（图 35.18）。河流将领土分成由城镇和乡村占据的部分，这些城镇和乡村与散布在领土上的不同教区存在联系，并且成为意图涵盖整个区域的宗教组织网络的连接点。我们不应当忘记，教会当局提供了各种服务（例如那些学校和作坊），以及提供了精神援助和物质援助，由此它们的作用显然就是一种领土管理。这就是为什么地图上的大部分信息采用了名称的形式，而这些名称确定了领土每一部分的社会重要性：地名以及教堂的符号标明了有着宗教重要性的地点，道路的名称（配标距离）提供了与位置有关的第一手信息，此外，构成河网的河道的名称形成了该地区的一个参考框架。"Levante"（黎凡特）（东）一词指的是东方。所有这一信息提供了由教会当局命令和控制的整齐划分的领土的图像。

如果卡洛·博罗梅奥在米兰主教教区为执行对整个教区领土的控制而建立了复杂的组织的话，那么优秀的人文主义者费代里科·博罗梅奥则标准化了涉及的程序。例如，尽管对前者巡访的描述由在不同场合陪同他的文员撰写（他们的笔迹有时高度个性化，通常难以阅读），而后者的访问被抄写在精美的副本上，并且然后被绑定在特别优雅的书册上。同样，后者的描述所附带的地图，在目的和地图学的内容以及风格上，与前者描述所附带的地图是不同的。从技术角度看，它们显然是由它们媒介大师绘制的，这些人的作品——通常用蛋彩画颜料着色——在有档案价值的同时也有着艺术价值。这些地图绘制者中成果最为丰富的就是布雷西亚画家阿拉贡尼奥〔（Aragonio），阿拉贡努斯（Aragonus）、阿拉贡纽斯（Aragonius）〕，他是很多地图的作者⑥。

一幅由阿拉贡尼奥绘制的地图是关于米萨利亚（Missaglia）教区长辖区的。是为了配合费代里科的 1611 年的教牧巡访的描述而绘制的，通过对颜色和背景效果的使用，对所有城

---

⑥　艺术家来自一个画家家族，并且在费代里科·博罗梅奥时期搬迁到米兰。他作为一名工程师在 1608—1611 年间为罗马教廷（Curia）工作，创造了一系列保存下来的地图。关于这些作品，参见 Angela Codazzi, "Le carte topografiche di alcune pievi di Lombardia di Aragonuus Aragonius Brixiensis（1608–1611），" *Memorie geografiche*, 1915, No. 29, 和 Brivio et al., *Itinerari di san Carlo Borromeo*。

镇、乡村、农舍和区域的小礼拜堂进行了生动和完整的描述，地图显示了艺术家的所有绘画技巧（图 35.19）。地图的中心是米萨利亚［Missaglia，马萨利亚（Masaglia）］教区长辖区本身，对其绘制时运用了比用于其他聚落更大的比例尺，由此强调了其地位。教堂的正面——有三个部分，带有窗户——被详细绘制，还有一些周围的房舍。从这一中心，引导出通往各个卫星教堂的线条，给出了一种区域中宗教组织的直接的视觉图像。圆形的山丘——阿拉贡尼奥的典型——被夸大。没有显示道路，但是突出表现了蜿蜒的河道。地图不太关注于给出详细的信息，而更多关注于提供一种领土的令人信服的真实的视觉图像。尽管我们已经考察的 16 世纪的地图通常意在给出准确的信息，但是这幅地图成功地提出了领土的一种特定的视觉图像，甚至在以付出消除特定自然或人为特征的代价之下。

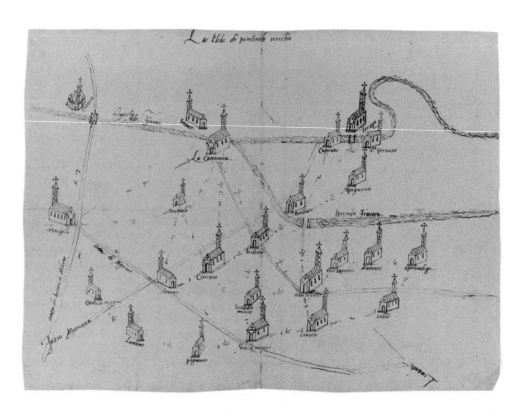

图 35.18　老蓬蒂罗洛（PONTIROLO VECCHIO）的教区长辖区及其周边区域的地图，1566 年。纸上的笔画。这幅地图显示了教区长辖区延伸的领土（辖区）的东部，枢机主教卡洛·博罗梅奥在他对主教教区所有教区长辖区进行的首次年度巡访中访问了这里（这幅地图仅仅显示了教区长辖区的一部分，由此说明还存在另外一幅地图，这幅地图涵盖了后来一次访问的另一部分区域）。城镇和乡村的位置（通过一种标准的一座教堂的轴侧画加以标明）是相当准确的。朝向用（"Levante"）标志显示，即东位于地图下端。显示了阿达（Adda）河和布伦博（Brembo）河的河道及两者的汇合，还有贝尔加莫区域的一道壕沟和桥梁的标志。标出了最好的道路：例如，从布雷萨（Bressa）至米兰的以及贝尔加莫的道路。较小的道路仅仅粗略绘制，或者简单地用表示从一个村庄到另一座村庄的距离的文字标识来代替

原图尺寸：30 × 41.2 厘米。Archiviodella Curia Vescovile di Milano（Raccolta carte topografiche e disegni；formerly in Section X, Visite pastorali, Pieve di Treviglio, vol. III［formerly vol. XII］）提供照片。

在费代里科·博罗梅奥时期绘制的地图中，存在一种关注内容明显的转移。之前的地图已经描绘了整个领土上的宗教组织；这些新的地图更多地关注于地理景观的细节，同时它们

的作者试图传递一种美丽的和密集居住的区域的视觉图像。这是一个这样的时期，即现代地图学史上地图学艺术与绘画艺术之间的联系最为紧密的时期，也是最为革命性的时期。然而，如果绘画的浮华最初取代了作为16世纪地图的一个特征的"严格"的话，那么应当，转而，很快被地图学的一个类型取代，这一类型认为严格和细致的测量是制作领土的真实呈现的一种和唯一一种方式。

907

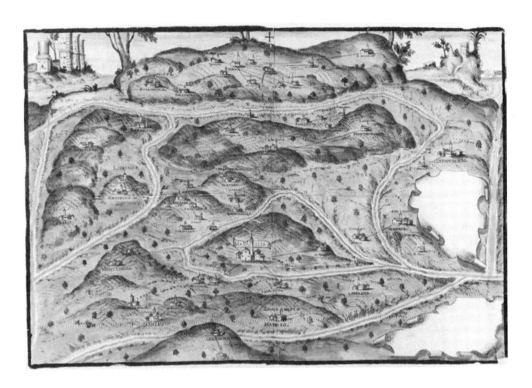

图35.19　阿拉贡努斯绘制的米萨利亚（MISSAGLIA）教区长辖区的管辖区域，1611年。纸上的水彩和笔画

原图尺寸：44.3×65.4厘米。Archivio della Curia Vescovile di Milano（Raccolta carte topografiche e disegni；formerly in Section X，Visite pastorali，Pieve di Missaglia，vol. XXX e XXXI）提供照片。

总　　结

为了得出关于我们试图展示的内容的一些结论，值得考虑我们遵从的两个分析的层面：被考察的地图学文献的类型学和用于解释地图的理论方法。关于第一个分析层面，被分析的不同类型的档案揭示了多重利益，这是在文艺复兴时期，意大利东北部的政府不得不去满足的，范围从行政管理到防御，从描述到颂扬，并且目的在于对领土资源的组织和管理以及对它们执行控制。被确定的地图类型显示了，创造一份文献背后的原因是如何可能影响了被包括的信息以及被选择的地图学语言，同时，无论后者是否被认为其自身是完整的或由书面文本补充，都揭示了文献背后的利益和动力，以及其作者为之设定的交流目的。

从之前的分析，我们已经可能看到，我们无法对这些文献进行正确的解释，除非我们首先确定它们所属于的地图学类型（并且因而获得了解码每一幅图像所包含信息的方法）。我们正在讨论的这一时期地图学语言的复杂性意味着，对于类型的识别，不是整齐分类而是正

908 确解释的问题。正是因为这些语言还没有被平坦化为一个抽象符号的枯燥汇编，因而它们依然试图传达多重关联和隐藏信息的完整序列，而这些在后来的制图技术中将消失不见。由此，类型的识别并不仅仅服务于对文献进行分类，其还提供了如何对其进行阅读的一种重要提示。

至于分析的第二个层面，地图的理论方法，我试图展示，符号学分析强调了结构，标志符和不同的替代符由此被放置在地图上，有助于我们理解文献的目的。实际上，地图上的每个符号都有特定目的，其与其他符号的含义被联系在一起，创造了一种总体信息。我们已经看到，只是基于其是否包含令人感兴趣的信息，判断地图的价值是多么具有误导性和局限性；要评判地图学文献，那么必须将其作为复杂的论述，且认识到其有明确的受众、有清晰的对象和交流的目标。事实上，我已经提出，一幅地图所提供的，并不是领土的布局，而是一种关于领土的某种思想：地图传达一种理论，提供了一种对领土的图符化的描述。这一时期在伦巴第和威尼托产生的地图学中，我们可以看到标志符和替代符被应用到传达社会实践以及观念形态的愿望或构建上。地图并不是一扇向世界打开的窗户，其是一种具有欺骗性的自然主义的和透明的象征主义的体系，其隐藏了一个隐秘的、不透明的和任意的表达机制。然而，正是因为这种手绘地图学——以及手绘的行政地图学，尤其——是"理论绑定的"，使我们理解领土自身可以如何被看成一种过程。地图向我们提供的并不是一种对地理景观的平凡的描绘，而是对人类和自然世界之间关系一种动态过程的例证。在这一层面上，地图不仅包含了一种"登记"行为，而且为领土的改变提出了目的和项目。这样的事实，即索尔特1556年的"特雷维索区域的灌溉平面图"中的耕地可能实际上并不存在，那条河水与它所流入的海洋无法明显地区分开来（如同萨巴迪诺对其的描绘），并不重要。重要的是，我们可以称这些信息为"被扭曲的"，揭示了技术人员和专家如何在公共争论中使用地图作为一种说服工具；在一幅地图所包含的全部信息中，被强调和强化的那些特征是最为值得关注的，是对事实进行的高效的修辞学呈现。

威尼斯共和国将地图引入关于领土管理问题的公共争论中，揭示了地图在文艺复兴时期的意大利所具有的重要性。地图成为管理过程的一部分；其作为事实的符号中介，对政治决定产生了影响。实质上，地图的交流功效使其成为促成社会策略的工具，一种提高政治策略的高效方法。由此，在意大利北部，地图表现为一种文化产品，而这种产品反过来产生了文化和领土的知识——以至于它们可以对世界强行提出一种创新性解释。

第三十六章 从 1480—1680 年意大利中部诸国的制图学[*]

莱奥纳多·龙巴伊 (Leonardo Rombai)
(北京大学历史系张雄审校)

　　本章的目的是记录发生在意大利中部诸国两个世纪中的重要的制图学活动。这些国家在 909 北部与热那亚共和国、米兰公国以及威尼斯共和国接壤，在南部则与那不勒斯王国接界。艾米利亚区域包括帕尔马和皮亚琴察（自 1545 年之后在法尔内塞家族统治之下）以及摩德纳（在埃斯特家族统治之下，直至 1598 年同时受到费拉拉的控制）（图 36.1）诸公国。意大利中部的其他国家和公国包括教皇国（在 1631 年之后还包括乌尔比诺公国）、托斯卡纳大公国、卢卡共和国（Republic of Lucca）以及其他较小的政治实体［圣马力诺共和国（Republic of San Marino）、皮翁比诺公国（Principality of Piombino）以及处于西班牙控制下的要塞，例如奥尔贝泰洛（Orbetello）和塔拉莫内］。

　　在这些区域制作的地图，基于它们的实际功能，大体上可以分为三大类：管理社会基础设施、边界、城市和交通路线的；记录和控制土地所有权的；管理用于农业和工业的自然资源的。这些类别中没有一个是独自存在的，并且地图的功能和被描述的工程可能被纳入两个或者所有三个类别中。当讨论地图的军事用途或者注入这些类别中的学术、政治和宗教的修辞功能的时候，尤其属于这种情况。例如，运河可以被用于灌溉农业作物，以及提供运输；涉及它们规划的地图可以放在社会基础设施或者农业资源的管理的背景下进行讨论。因而，本章的结构，按照地图类型进行一种比较宽泛的处理：单一区域的政区总图［"地方地图"（chorographies）］、特定用途的地图（那些为便利于管理水利工程、边界争端、林地资源、道路建设和矿产利益绘制的地图）、地籍地图，以及城镇地图和景观。重点在于通常保存在地方档案馆的手绘地图。只是顺带提及了在佛罗伦萨、罗马和威尼斯发展起来的印刷地图的贸易，这是第三十一章的主题之一。

---

[*] 本章使用的缩略语包括：ASF 代表 Archivio di Stato, Florence；BAV 代表 Biblioteca Apostolica Vaticana, Vatican City；MCV 代表 Roberto Almagià, *Monumenta cartographica Vaticana*, 4 vols. (Vatican City: Biblioteca Apostolica Vaticana, 1944–55)；MIC 代表 Roberto Almagià, *Monumenta Italiae cartographica* (Florence: Istituto Geografico Militare, 1929)；以及 *Tusciae* 代表 Leonardo Rombai, ed., *Imago et descriptio Tusciae: La Toscana nella geocartografia dal* XV *al* XIX *secolo* [(Tuscany): Regione Toscana; Venice: Marsilio, 1993]。

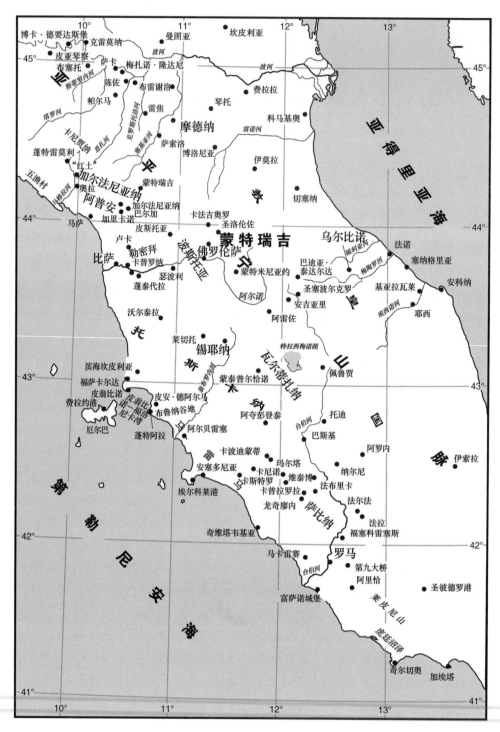

图 36.1　意大利中部诸国参考图

用于一般行政管理的地图（区域地方地图）

尽管用于国家和军事总目的的区域地图的绘制在意大利中部诸国的充分发展仅仅开始于临近我们这个时期的末期，但在 15 世纪的人文主义知识的更为学术化的动机中发现了它们的根源。在 15 世纪 50—70 年代之间的某一时间，皮耶罗·德尔马萨约（Piero del Massaio）绘制了马格拉河与台伯河（Tiber）之间第勒尼安海海岸的新地图（tabulae novae），以用于作为托勒密《地理学指南》佛罗伦萨抄本中的插图①。这一区域，对应于奥古斯都皇帝时期的第七行政区（Regio Ⅶ of Emperor Augustus），由托斯卡纳和现代拉齐奥（Lazio）的北部构成（理想化了的埃特鲁里亚领土），这是绝对无法反映当时意大利中部政治分裂的一种抽象概念②。马萨约的地图与《地理学指南》的联系，涉及托勒密所关注的如下内容，即地方地图的技术或绘制地球表面一小部分的区域地图所需要的画家的技能。

马萨约的三幅地方地图，"新图西亚"（Tuscia novela）"现代埃特鲁里亚"（图 36.2）和"新埃特鲁里亚的描述"（Descriptio Etruriae nova），是按照一个近似于 1∶400000 的比例尺绘制的，时间则分别为 1456 年、1469 年和 1472 年③（尽管对于第一幅地图的时间还存在一些疑问）。在吉罗拉莫·贝尔阿尔马托（Girolamo Bell'Armato）于 1536 年绘制了他的地图之前，它们一直被作为区域地图的原型使用，只是在聚落和地名的位置上存在些许区别。尽管对地岬的夸张和海岸线纵向的压缩明显体现了航海地图学的影响，但这些地方地图毫无疑问部分地建立在新的观察的基础上。它们揭示了一种对于山脉、河道和聚落分布的丰富和详细的知识，并且在它们中，马萨约使用了一种比例尺始终如一的地图学呈现风格。水文被描绘得非常详细，桥梁的位置准确，表示地点的符号数量众多且按照等级代表了聚落的三种规模④。

德尔马萨约的埃特鲁里亚地图由列奥纳多·达芬奇在 1503 年前后直接复制。列奥纳多的关注点清晰地集中在丰富的河网和地形起伏上，并且通过深入现场的检查以及使用一架罗盘和其他调查设备来计算遥远地方的海拔高度和地形的起伏来对马萨约的地图加以增补，尽管，在当时并不存在三角测量的系统使用⑤。然而，列奥纳多的地图保持手绘形式（参见后文的图 36.5），并且在 19 世纪之前一直无人所知，由此其并没有产生什么直接的影响。

① Mirella Levi D'Ancona, *Miniatura e miniatori a Firenze dal ⅩⅣ al ⅩⅥ secolo：Documenti per la storia della miniatura*（Florence：L. S. Olschki, 1962），220 – 23，以及 Naomi Miller, "Mapping the City：Ptolemy's Geography in the Renaissance," in *Envisioning the City：Six Studies in Urban Cartography*, ed. David Buisseret（Chicago：University of Chicago Press, 1998），34 – 74。

② Leonardo Rombai, "La nascita e lo sviluppo della cartografia a Firenze e nella Toscana Granducale," in *Tusciae*, 82 – 159, esp. 144 n. 1.

③ 关于马萨约制作的《地理学指南》的稿本，参见本章原文第 932 页，注释 104。

④ Roberto Almagià, "Una carta della Toscana della metà del secolo ⅩⅤ," *Rivista Geografica Italiana* 28（1921）：9 – 17；Leonardo Rombai, *Alle origini della cartografia Toscana：Il sapere geografico nella Firenze del '400*（Florence：Istituto Interfacoltà di Geografia, 1992），39 – 43；Rombai, "Cartografia a Firenze," 88 – 89。

⑤ Mario Baratta, *Leonardo da Vinci e la cartografia*（Voghera：Officina d'Arti Grafiche, 1912）.

图 36.2　皮耶罗·德尔马萨约,"现代埃特鲁里亚"(ETRVRIA MODERNA), 1469 年

图片版权属于 BAV(Vat. Lat. 5699, fol. 121v – 122r)。

　　德尔马萨约的地图不同于同时代的区域地图,后者倾向于围绕着对城市进行一种不成比例的描绘做文章,而这座城市是地区中具有主导性的政治权力的所在地。一个晚期的例子就是一幅关于帕尔马区域的羊皮纸地图,其时间是在 15 世纪后半期(图 36.3),在处理几何比例上,其比德尔马萨约地图更为不规则,同时帕尔马占据了中心位置。地图涵盖了波河、斯蒂罗内河(Stirone)、克罗伊斯托罗洛(Croistolo)与亚平宁山脉之间的平原。众多河流、艾米利亚大道(Via Emilia),以及主要的聚落显然基于新的观察⑥。

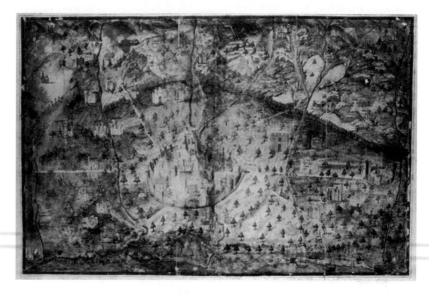

图 36.3　帕尔马区域的地图。15 世纪后半叶,绘制在羊皮纸上

原图尺寸:59×90 厘米。Archivio di Stato, Parma(Raccolta di Mappe e Disegni, vol. 2/ 85)提供照片. Archivio di Stato, Parma(prot. 2282, 06.01.06)许可使用。

---

⑥　*MIC*, 9.

除了一些托斯卡纳少数小区域的基于景观的呈现成为 14 世纪晚期和 15 世纪的主要特征⑦，意大利中部诸国中，在 16 世纪之前似乎没有绘制区域的或者地形比例尺的其他地图。

意大利中部区域的一些 16 世纪的印刷地图有着如此的原创性和重要性，以至于在很长时间中，它们被后来的地图作为模板使用⑧。与此同时，这些地图作为一种地缘政治政策的工具，标志着官方地图学的出现。向当时的区域政府提供了他们意图施加军事、经济和财政控制的领土的前所未有的详细知识，这些地图被看成服务于战略、军事和行政管理的目的⑨。

作为例子，我们可以讨论两幅著名的托斯卡纳地图，它们是作为实地调查的结果而绘制的，然后自 16 世纪后半叶和 17 世纪初期又作为由意大利和欧洲大型地图出版商发行的所有相似区域地图的模板。这些地图中的第一幅就是《图西亚方志地图》（*Chorographia Tvsciae*），由锡耶纳军事工程师吉罗拉莫·贝尔阿尔马托绘制于 1536 年，并且作为一幅木版画在罗马印刷。尽管对马格拉河与台伯河之间区域的夸张描述可能反映了某些一厢情愿的考虑，而当时美第奇家族急于推进建立一个区域国家的工作，但地图依然是直接观察的结果，标记和距离都来源于通过骑马在区域中较大部分进行的旅行考察。按照大致 1∶325000 的比例尺绘制，地图有丰富的地名、道路和桥梁。城镇符号的尺寸随着居民数量而变化（对于军事驻扎和征兵而言是有用的信息），并且尤其关注于设防中心。贝尔阿尔马托向美第奇家族的雇佣兵首领瓦莱里奥·奥尔西尼（Valerio Orsini）的献词，使地图作为军事规划的一种工具的意图毫无疑义⑩。

第二个例子是一对美第奇国家的地图，即《佛罗伦萨占领区》（*Dominio Fiorentino*）和《锡耶纳占领区》（*Dominio Senese*），它们显示了托斯卡纳大公国的两个构成部分。由斯特凡诺·比翁西诺按照一个大约 1∶500000 的比例尺绘制，他从 1576 年至 1589 年是大公弗朗切斯科一世和费迪南德一世的宇宙志学者。地图在 1584 年印刷。尽管项目并没有涉及实地地形的测量，但在它们对区域的整体描述方面，作品显然是对贝尔阿尔马托模型的改进，但是细节的密度要少于它们的前辈，因为它们只是局限于那些最为重要的聚落和水道（尽管这

---

⑦　例如，参见属于 15 世纪上半叶的绘本地图，在 Capitoli or Libri delle Sentenze of the Republic of Lucca，现在收藏于 Lucca, Archivio di Stato（Capitoli, 9；Offizio sopra I Paduli di Sesto, 59；and Deputazione sopra il Nuovo Ozzeri, 3）。它们涵盖了比恩蒂纳（Bientina）或塞斯托（Sesto）的湿地湖区，以及朝向阿尔诺河（Arno）的邻近佛罗伦萨领土的周围区域。关于进一步的描述，参见 Margherita Azzari, "La nascita e lo sviluppo della cartografia Lucchese," in *Tusciae*, 160 – 93, esp. 161 – 67。另外一个例子就是与坎皮利亚·马里蒂马（Campiglia Marittima）接壤的沃尔泰拉（Volterra）周围地区的地图，绘制了区域中大量的明矾矿和硼砂盆地的位置，时间为 15 世纪 70 年代（Volterra, Archivio Comunale, Atti del Cancelliere, D nera Ⅳ, 1）；参见 Margherita Azzari, "Vedutismo pittorico e cartografia locale nella Toscana del Quattrocento," in *Il mondo di Vespucci e Verrazzano: Geografia e viaggi, dalla Terrasanta all'America*, ed. Leonardo Rombai（Florence: L. S. Olschki, 1993），93 – 101, esp. 98 – 99，以及 Rombai, "Cartografia a Firenze," 83 – 86。

⑧　有关这些原型地图的标准描述，可以在 Roberto Almagià, *L' "Italia" di Giovanni Antonio Magini e la cartografia dell'Italia nei secoli ⅩⅥ e ⅩⅦ*（Naples: F. Perrella, 1922）；idem, *MIC*；idem, *MCV*, vol. 2；idem, *Documenti cartografici dello Stato Pontificio*（Vatican City: Biblioteca Apostolica Vaticana, 1960）中找到；而最新的描述见 Luciano Lago, ed., *Imago mundi et Italiae: La versione del mundo e la scoperta dell'Italia nella cartografia antica*（secoli Ⅹ – ⅩⅥ），2 vols.（Trieste: La Mongolfiera, 1992），以及 Giorgio Mangani, *Carte e cartografi delle Marche: Guida alla cartografia storica regionale*（sec. ⅩⅥ – ⅩⅨ）（Ancona: Il Lavoro Editoriale, 1992）。

⑨　Rombai, "Cartografia a Firenze," 100.

⑩　Rombai, "Cartografia a Firenze," 91；地图在 93。

些东西的位置通常是更为准确的）。关于托斯卡纳西北某些区域的信息密度较高，显然是由于可以获得更多的与这些具有重要战略意义的边界区域有关的原始材料⑪。

在乌菲齐画廊（Galleria degli Uffizi）的数学厅（Sala delle Matematiche），比翁西诺为大公费迪南德一世作为壁画地图绘制的这两幅地图的版本（1589 年），其上有比原始版本更多的关于河道和聚落的详细信息（在尺寸上，绘画是雕版版本的 12 倍）。而且，使用的较大比例使一些沿着海岸的和在亚平宁山脉斜坡上的主要森林区域被呈现出来⑫。因而，诸如此类的壁画地图（展开讨论参见第三十二章）的角色远远不是衍生物。

另外一个被后来地图用作资料的壁画地图的例子就是伊尼亚齐奥·丹蒂保存在梵蒂冈地理地图画廊的《埃特鲁里亚》（*Etruria*，1580 – 1582），其被按照 1∶65000 的比例尺绘制。在某些方面，在其涵盖的领土范围上以及对于水道的强调方面，尤其是在基亚纳河谷地区（Valdichiana），让我们想起了贝尔阿尔马托的地图。但是，在对聚落和道路网的描绘方面，其增加了大量的修订和改进；其他特征（例如对北部海岸线以及阿尔诺河道的描绘）其似乎模仿了比翁西诺的作品，丹蒂可能看到了这一作品的绘本形式。如果这些与比翁西诺地图的相似性不被认为是乔瓦尼·圭拉（Giovanni Guerra）和彼得罗·奥尔德拉多（Pietro Oldrado）在 16 世纪 80 年代对丹蒂壁画的补充所带来的话，那么，我们可以通过提及佛罗伦萨和佩鲁贾地图学家借鉴较早的政府地图而加以解释⑬。

贝尔阿尔马托、比翁西诺和丹蒂显然是维罗纳地理学家和历史学家莱奥尼达·平代蒙泰（Leonida Pindemonte）的灵感来源，后者在 1596 年献给费迪南德一世一部大部头的古物地理学的著作以及一部比例尺为 1∶140000 的地方地图。地图没有被出版，也不被人所知，被保存在大公的图书馆中⑭。是在实践经验和观察的基础上进行的编纂，地图包含了丰富的关于地名、古代聚落、水道的信息，还有密集的道路网，并且第一次包括了旁道［可能吸收了于 16 世纪 80 年代为圭尔夫派首领（Capitani di Parte Guelfa）编纂的佛罗伦萨托斯卡纳的道路普查］。

其他为了行政目而绘制但一直未出版的绘本形式的地区地图包括厄尔巴岛的大型地图（1575 年），其中显示了美第奇宫廷在费拉约港（Portoferraio）城的接近 2 英里的边界。这一边界是在 1557 年的《伦敦条约》（Treaty of London）中确定的，当时菲利普二世尽力抑制科西莫·德美第奇一世大公的野心，授予雅各布·迪阿皮亚诺六世（Jacobo Ⅵ d'Appiano）对于皮

⑪ Rombai, "Cartografia a Firenze," 98.

⑫ 然而早在 1573 年，美第奇家族的官员奥兰多·马拉沃提绘制了一幅锡耶纳的地方地图，其被悬挂在锡耶纳市政厅的一个房间中，但是在 19 世纪佚失了。但是我们可以基于一个 17 世纪的副本进行讨论，这幅地图基本是一幅原创的作品，标志着在水道、聚落和道路网的绘制上，对贝尔阿尔马托（Bell'Armato）1536 年埃特鲁里亚印刷本的一种实质性的进步（ASF, Regie possessioni, scaff. C, palch. 2, carta n. 49）。参见 Leonardo Rombai, "Una carta geografica sconosciuta dello Stato Senese：La pittura murale dipinta nel Palazzo Pubblico di Siena nel 1573 da Orlando Malavolti, secondo una copia anonima secentesca," in *I Medici e lo Stato Senese*, *1555 – 1609*：*Storia e territorio*, ed. Leonardo Rombai（Rome：De Luca, 1980），205 – 24。

⑬ Leonardo Rombai, "La formazione del cartografo nella Toscana moderna e i linguaggi della carta," in *Tusciae*, 36 – 81, esp. 74, 以及 idem, "Cartografia a Firenze," 97 – 98 and 144 n. 6；丹蒂的《埃特鲁里亚》被展示在 96。

⑭ Florence, Biblioteca Moreniana, Fondo Palagi, map 29. 参见 Riccardo Francovich, "Una carta inedita e sconosciuta di interesse storico e archeologico：La 'Geografia della Toscana e breve compendio delle sue historie' (1596) di Leonida Pindemonte," in *Essays Presented to Myron P. Gilmore*, 2 vols., ed. Sergio Bertelli and Gloria Ramakus（Florence：La Nuova Italia, 1978），2：167 – 78, 以及第二十九章，注释36（原文第 723 页）。

翁比诺和厄尔巴岛的权力，同时允许科西莫保持其新城及其周围两英里的土地。地图还包括了岛屿上的大量地名和主要地理特征，这是直至那不勒斯大地测量之前都无法被替代的信息[15]。

　　至于卢卡国家，米兰工程师亚历山德罗·雷斯塔在 1569 年绘制了一幅地方地图，这是与佛罗伦萨之间关于边界地区控制权纠纷产生的一项结果[16]。进一步的改进是由卢卡工程师马可·安东尼奥·博蒂（Marco Antonio Botti）在 17 世纪初做出的。博蒂地图内部竟然留下了很大一片空白，说明他是专门为保卫卢卡领土边界以及通往城市的主要通道绘制的地图[17]。

　　帕尔马和皮亚琴察公国由绘制在帕尔马福音书作者圣约翰修道院图书馆大厅中的大比例尺地图为代表，其绘制者是博洛尼亚艺术家安东尼奥·帕加尼诺和埃尔科莱·皮奥，时间是 1574—1575 年。布局是一幅图画形式的全境图，显示了艾米利亚大道的路线以及用被夸大尺寸呈现的大量聚落[18]。

　　拉努乔一世大公（Duke Ranuccio I）在位期间（1569—1622 年），在帕尔马发生了相当多的制图学活动，他利用了诸如斯梅拉尔多·斯梅拉尔迪（Smeraldo Smeraldi）和保罗·博尔佐尼（Paolo Bolzoni）等最杰出的本地工程师的服务。斯梅拉尔迪现存的作品，保存在帕尔马国家档案馆（Archivio di Stato）中，其中包括一丝不苟绘制的帕尔马的地图和很多波河、恩扎河（Enza）以及其他河道不同部分的图像，还有一幅帕尔马和皮亚琴察公国之间边界区域和克雷莫纳控制下的领土的地图，该图绘制于 1588—1589 年。斯梅拉尔迪的公国全图已经佚失，尽管一个副本在 1600 年之前的某个时间被送给了乔瓦尼·安东尼奥·马吉尼，并且构成了他自己印刷的区域地方地图的资料来源的一部分[19]。

　　保罗·博尔佐尼现存的作品包括地图和绘制了波河河道的部分图像，其中包括一幅为公爵在 1587—1588 年绘制的地图，旨在说明法尔内塞对这一地区的领土要求[20]。然而，我们不再拥有他向马吉尼保证绘制的皮亚琴察地区的大型概图，其中可能包括了一幅努雷河谷（Val di Nure）上游和兰迪（Landi）家族另外一块封地的图像[21]。

　　在由埃斯特家族统治的诸国（摩德纳和费拉拉），地图绘制尤其与两个项目联系在一起：在 1579 年展开的对与博洛尼亚领土接壤的边界的详细测量和调查，以及阿方索二世大公支持的并且在 1580 年结束的大型土地复垦项目。这些工程是公爵的工程师和数学专门人才马可·安东尼奥·帕西（Marco Antonio Pasi），按照比例 1∶65000 在 1580 年绘制公国全图

　　[15]　Rome, Istituto Storico e di Cultura dell'Arma del Genio. 参见 Leonardo Rombai, "La rappresentazione cartografica del Principato e territorio di Piombino（secoli XVI - XIX）," in *Il potere e la memoria：Piombino stato e città nell'età moderna*, ed. Sovrintendenza Archivistica per la Toscana, 展览目录（Florence：Edifir, 1995）, 47 - 56, esp. 49 - 50。

　　[16]　Lucca, Archivio di Stato, Fondo Stampe, n. 464. 参见 Luigi Pedreschi, *Una carta cinquecentesca del territorio lucchese*（Rome：Tecnica Grafica, 1954）, 8, 以及 Azzari, "Cartografia Lucchese," 175 - 76。

　　[17]　Lucca, Archivio di Stato, Acque e Strade, f. 749, sez. LXXXIV, c. 1. 参见 Azzari, "Cartografia Lucchese," 176 - 77。

　　[18]　Antonio Boselli, "Pitture del secolo XVI rimaste ignote fino ad oggi," *Archivio Storico per le Province Parmensi* 4（1895 - 1903）：159 - 74, 以及 *MIC*, 40. 关于修道院中的绘画, 参见 pp. 820 - 22, 尤其是图 32.7 和 32.8。

　　[19]　Marzio Dall'Acqua, "Il principe ed il cartografo：Ranuccio I e Smeraldo Smeraldi. Pretesto per appunti sugli interessi cartografici dei Farnese nel secolo XVI," in *Cartografia e istituzioni in età moderna*, 2 vols.（Genoa：Società Ligure di Storia Patria, 1987）, 1：345 - 66.

　　[20]　Parma, Archivio di Stato, Raccolta farnesiana, vol. XXVIII, c. 2.

　　[21]　*MIC*, 41 and 58.

的背景。被丹蒂和马吉尼广泛使用，帕西的地图包括了对定居地区一种尤其忠实的呈现[22]。

　　1598 年费拉拉国成为教皇国的一部分之后，其地方地图得到编纂，很大程度上是由于焦万·巴蒂斯塔·阿莱奥蒂（Giovan Battista Aleotti）的努力，他是一位活跃于世纪之交的水利工程师。他的各种地图和坡度立面图，与"费拉拉国家地方地图"（Corografia dello stato di Ferrara）的绘本（图 36.4）一起，在费拉拉出版（1603 年），目前依然保存在费拉拉。

914　　地方地图对于历史学家有巨大的价值，因为其反映了十多年中对该地区进行的十分严谨的水文测量调查，还有对大量居住区域的标注，以及关于波河三角洲以及与其接壤的费拉拉地区的概图[23]。

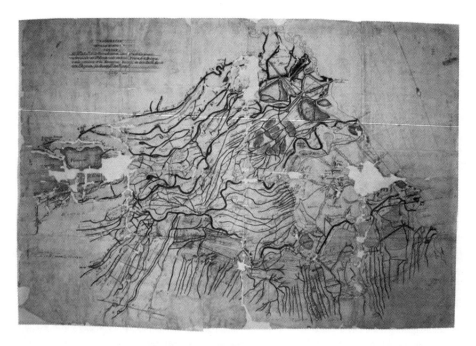

图 36.4　焦万·巴蒂斯塔·阿莱奥蒂，"费拉拉国家地方地图"。手绘草图，16 世纪末。1603 年在费拉拉出版

Biblioteca Comunale Ariostea, Ferrara（MS. Cl. I. 763, c. 184）提供照片。

　　博洛尼亚地区的主要地方地图是大型的地理绘画（附有一幅博洛尼亚城市的地图），是由圣塞波尔克罗（Sansepolcro）的塔斯坎·乔瓦尼·阿尔贝蒂（Tuscan Giovanni Alberti）为梵蒂冈的博洛尼亚大厅（Sala di Bologna）在 1575 年绘制的。受教皇格列高利十三世的委托，这一宏大的作品——其尺寸为 8.5 米 × 6.75 米——基于代表博洛尼亚元老院的希皮奥内·边蒂利［或达塔利（Dattari）］提供的官方材料。其在 19 世纪严重毁坏，现在已经不存在了[24]。

---

　　[22]　MIC, 42.

　　[23]　MIC, 42；Almagià, Documenti cartografici, 29—30 and pl. I；以及 Maria Gioia Tavoni, ed., L'uomo e le acque in Romagna：Alcuni aspetti del sistema idrografico del '700, 展览目录（Bologna：CLUEB, 1981）, 13。

　　[24]　MCV, 3：31.

在马尔凯（Marches）的文艺复兴时期地图学的关键作品是乌尔比诺公国的地图，由当地的军事工程师和数学家乔瓦尼·巴蒂斯塔·克拉里奇（Giovanni Battista Clarici）在1564—1574 年间编绘的，比例尺接近 1∶90000。编绘基于实地观察，这一作品不仅是最为古老的对国家边界的官方呈现，而且是一部对区域的水道和聚落分布极宝贵的详细叙述，对于聚落按照重要性和功能进行分级㉕。如同在我们讨论的许多地方地图编制的例子中的情况，克拉里奇的地图显然对于丹蒂和马吉尼绘制的地图有影响。

与克拉里奇的作品大致同时代的是另外一幅聚焦于乌尔比诺公国一个较小地区的地图——由福利亚河（Foglia）的上游河谷和梅陶罗（Meltauro）构成的西北区域——其绘制了大量河流以及大约 100 座聚落（从城镇到修道院）㉖。我们还应当提到 17 世纪早期的乌尔比诺国家的透视地图，是由一位除此之外一无所知的马可·费兰特·杰尔拉萨（Marco Ferrante Gerlassa）绘制的，其细致地记录了与德拉罗韦雷公国（Della Rovere principality）之间的边界㉗。

915

1577 年，伊尼亚齐奥·丹蒂绘制了所有 16 世纪地方地图中最为分析性的和精确的地图之一，"神圣佩鲁贾领土描绘"（Descrittione del territorio di Pervgia, Avgvsta），是为他祖国佩鲁贾的政府绘制的。在那年夏天经过了 28 天的细致调查和测量之后，他制作了一幅城市的详细地图"尺寸为 15 英尺，山脉用阴影表示然后上色，所有的主要街道都用白色，不同街区之间的所有分界用红线表示等"。它悬挂在佩鲁贾总督府（Palazzo del Governatore）主厅中，但是已经佚失了。然而，马里奥·卡塔罗（Mario Cartaro）1580 年在罗马出版了它的印刷版——当在不久之后准备他的梵蒂冈壁画的时候，丹蒂自己提到了这部作品㉘。

至于拉齐奥地区，在丹蒂绘制的《圣彼得的祖产》（Patrimonium S. Petri）和《拉丁姆与萨宾》（Latium et Sabina）这两幅在梵蒂冈的拉齐奥壁画地图之前，不存在地方地图尺度的政区地图。它们在 1630—1637 年间，在卢卡斯·荷尔斯泰因（Lucas Holstein）监督下被完全重制，它们所包含的信息的质量和数量被显著改进㉙。之前出版的罗马农村（Roman Campagna）的地图，是以大致 1∶41000 的比例尺绘制的，并且被称为《罗马的国家》（Il paese di Roma）（Venice, 1547），是由佛罗伦萨的欧福西诺·德拉沃尔帕亚（Eufrosino della Volpaia）绘制的，有一个更为专业化的功能㉚。其并不是为国家的中央政治权力的使用而绘

㉕　Angela Codazzi, "G. B. Clarici e la sua carta del Ducato d'Urbino," in *Atti dello XI Congresso Geografico Italiano*, 4 vols. (Naples, 1930), 2：280–88, 以及 Almagià, *Documenti cartografici*, 12–13 and pls. XV–XVI.

㉖　Francesco Bonasera, "Due carte manoscritte delle Marche settentrionali," *Rivista Geografica Italiana* 89 (1982)：133–35.

㉗　Mangani, *Carte e cartografi*, 57, 以及 Daniele Diotallevi, "Il caso di Marco Ferrante Gerlassa：Un' 'Officina' cartografica nel Ducato di Urbino agli inizi del XVII secolo," in *Gerardo Mercatore：Sulle tracce di geografi e viaggiatori nelle Marche*, ed. Giorgio Mangani and Feliciano Paolo (Ancona：Il Lavoro, 1996), 69–72。

㉘　MIC, 44–45, 以及 Alessandro Bellucci, "L'antico rilievo topografico del territorio perugino misurato e disegnato dal p. Ignazio Danti," *Bollettino della Società Geografica Italiana* 40 (1903)：328–44。其是在 BAV, MSS. Archivio Barberini, Confini, 27, f. 675。参见 Almagià, *Documenti cartografici*, 19 and pl. XXIII。

㉙　MIC, 61；MCV, 3：43–45；Lago, *Imago mundi et Italiae*, 2：430–35；以及 Lucio Gambi and Antonio Pinelli, eds., *La Galleria delle Carte Geografiche in Vatican / The Gallery of Maps in the Vatican*, 3 vols. (Modena：Franco Cosimo Panini, 1994), 2：201–383。

㉚　Eufrosino della Volpaia, *La campagna romana al tempo di Paolo III：Mappa della campagna romana del 1547*, intro. Thomas Ashby (Rome：Danesi, 1914)．

制的，而是为喜欢在拉齐奥沿海地区狩猎的拥有土地的贵族和资产阶级的使用而绘制的。地图显然是详细的实地考察和部分测量的结果，这允许沃尔帕亚给出领土上的地理景观和人为特征的详细图景。尤其关注于瞭望塔、客栈、农舍和其他农村建筑、古代遗迹、泉水、道路和林地区域，后者被与耕地明显地区分开来。地图涵盖了一个从阿罗内（Arrone）和阿里恰（Ariccia）到罗马以外的区域，并且通过描绘猎人、渔民、农夫、牧羊人和旅行者的农村生活的田园场景而进一步强化[31]。在一个长时期内，这是这一区域图像未曾受到挑战的模板。其被斯拉夫主教（Slav bishop）伊万·托姆科·姆尔纳维奇（Ivan Tomko Mrnavić）用于他的1629 年的大型的罗马农村的地理图像，这一图像是为富萨诺城堡（Castelfusano）的萨凯蒂别墅［Villa Sacchetti，后来的基吉别墅（Villa Chigi）］的客厅绘制的。那一作品涵盖了一个甚至更为扩展的区域，向北远至马卡雷塞（Maccarese），向南则至法尔法（Farfa），然后在内陆远至山地。其通过大量第一手的观察和来源于沃尔帕亚之外的材料而被丰富[32]。

荷尔斯泰因和纳尔尼（Narni）的印刷商雅各布·奥迪（Jacopo Oddi）出版了两幅绘本地图，一幅是拉齐奥及其周围区域的（19 世纪佚失），另外一幅是圣彼得祖产（Patrimonio di San Petri）的。后者基于 14 个月的现场调查和测量，并且在 1628—1636 年和 1637 年间的某一时间绘制。受到红衣主教团（Sacred College）的枢机主教弗朗切斯科·巴尔贝里尼（Cardinal Francesco Barberini）的委托，其必然比相同区域的其他绘画更为详细，最为重要的是其对水道和聚落的描绘[33]。后者被绘制得如此广泛，甚至描绘了古代的遗迹，并用字母 d（代表 *diruto*，"废墟"）表示，由此地图对于考古学家和对于区域聚落历史的研究而言是宝贵的资源。

特殊用途地图

已经描述的地方地图包含了用于一个区域的行政管理所需要的通常的信息，但是通常一幅地图被绘制的原因更有针对性。例如一个早期的例子，一幅 15 世纪中期的埃西诺河（River Esino）下游河道的地图上的标题告诉我们，地图被绘制以解决安科纳和耶西（Jesi）在基亚拉瓦莱（Chiaravalle）区域的领土边界纠纷[34]。

特殊用途的地图绘制是本章所讨论的 16 世纪和 17 世纪各个国家的制图学中最为重要和最为丰富的分支，尤其是在那些托斯卡纳和波河河谷的国家中，这些国家建立了一个官僚机构管理技术问题。这些地图是由为中央或者地方政权和机构服务的各种土木工程师和建筑916 家，针对特定的实际目的而制作的。更为罕见的是，它们可能是普通学者或者技术人员的作品。这类地图通常关注于领土资源的管理和可能的调整。数千种现存的例子在准确性和可靠

③ Roberto Almagià, "La cartografia del Lazio nel Cinquecento," *Rivista Geografica Italiana* 23（1916）: 25 – 44, 以及 Amato Pietro Frutaz, ed., *Le carte del Lazio*, 3 vols.（Rome: Istituto di Studi Romani, 1972）, 1: 20 – 22 and vol. 2, pls. 25 – 30.

② Roberto Almagià, "Le pitture geografiche nel Palazzo Chigi di Castelfusano（Roma）," *Atti del IX Congresso Geografico Italiano*（Genoa, 1925）, 2: 316 – 17; Lando Scotoni, "La Campagna Romana in una pittura geografica del 1629," *Rivista Geografica Italiana* 78（1971）: 204 – 14; 以及 Frutaz, *Le carte del Lazio*, 1: 31 – 32.

③ 有两个版本，一个在 BAV, Cod. Barb. Lat. 9898，另一个在 Archivio Segreto Vaticano。参见 *MIC*, 61, 以及 *MCV*, 3: 42 – 43 and pl. XIX。

④ Francesco Bonasera, "Due antiche carte manoscritte della media e bassa valle dell'Esino（Marche centrali）," *Rivista Geografica Italiana* 90（1983）: 574 – 77.

性方面达到了很高的标准；甚至那些遵照呈现得更为图像化的规范绘制的作品通常也是自己现场观察和测量的结果。

水资源地图

托斯卡纳和教皇国以及波河河谷的各种其他行政当局制作了大量涵盖了由大河贯穿的平原的地图，还有关注于单一河道和作为加固方案和土地复垦对象的沼泽的绘画和图像。由于政治和法律边界通常与水道和河流相一致，因此，这些地图对于边界纠纷有巨大的重要性，并且改变水道的位置经常发生深远的经济影响。

我们已经介绍了列奥纳多·达芬奇于1503年绘制的埃特鲁里亚地图（图36.5），它来源于皮耶罗·德尔马萨约绘制的区域的地方地图。在所描绘区域的丰富的水道网络中存在丰富的细节，以至于我们被引导认为地图被设计用来展示完整的和未来的水利项目[35]。这幅地图以及其他的托斯卡纳单一区域的透视图，例如区域东北部的地图显示了计划中的从佛罗伦萨通过皮斯托亚（Pistoia）和涅沃莱河谷（Valdinievole）延伸到大海的水道[36]，还有在卢卡和坎皮利亚之间的

图36.5　列奥纳多·达芬奇，埃特鲁里亚，约1503年。这一描述展示了从亚平宁山脉至台伯河的区域

原图尺寸：约31.7×44.7厘米。Royal Collection ⓒ 2006，Her Majesty Queen Elizabeth II. Royal Library，Windsor（RL 12277）提供照片。

---

[35]　一份非常类似的草图是在 Milan, Biblioteca Ambrosiana, Cod. Atlantico, f. 910r. 参见 Mario Baratta, "La carta della Toscana di Leonardo da Vinci," *Memorie Geografiche* 5（1911）：3 – 78, esp. 54；idem, *Leonardo da Vinci*, 23；Rombai, *Cartografia Toscana*, 36；以及 idem, "Cartografia a Firenze," 90 – 91。

[36]　Windsor, Royal Library, 12685r. 参见 Mario Baratta, ed., *I disegni geografici di Leonardo da Vinci conservati nel Castello di Windsor*（Rome：Libreria dello Stato, 1941）, 38 and pl. 4。

托斯卡纳海岸线的地图㉟，以及一幅基亚纳河谷地图，其绘制有特拉西梅诺湖（Lake of Trasimeno）㊳，都提供了以列奥纳多非凡的造型风格描绘的意大利行政水利地图学非常早的例子㊴。

　　由列奥纳多在大约相同时间绘制的其他地图包括拉齐奥区域［在阿夸彭登泰（Acquapendente）和罗马之间］的概图，其中，对于水文的关注可以从如下事实清晰地反映出来，即用超过人类聚落的详细程度对水道和沼泽加以展示㊵；阿尔诺上游的地图［在门索拉溪流（Mensola）和阿夫里科溪流（Africo）之间］以及河流下游河道的地图［在穆尼奥内溪流（Mugnone）和佛罗伦萨境内的卡西内溪流（Cascine di Firenze）］之间㊶；显示了列奥纳多出生地区［在蒙塔尔巴诺（Montalbano）和阿尔诺之间］的地图，包括标有一座人工水库工程的莱切托（Lecceto）和圣洛伦佐的急流㊷。所有这些作品都是在 1502—1503 年前后绘制的，并且与河流和水资源管理的工程有关㊸。

　　在 1513 年和 1516 年之间，列奥纳多为朱利亚诺·德美第奇绘制了奇尔切奥（Circeo）周围的沿海地区和蓬蒂内（Pontine）沼泽的地图，以勾勒区域大型土地复垦项目。尽管对于海岸线的描述是相当简略的，但地图对各种湖泊、河流、人工河道以及计划中的运河给予了一个相当准确的图像，还有包围了北部、东北部和东部平原的山岭区；平原地区密集的林地；阿皮亚大道的路线；沿海的主要聚落和一些孤立的村庄，都是用列奥纳多常见的优雅的制图技巧绘制的㊹。

　　16 世纪期间在托斯卡纳制作的处理水资源管理问题的地图是巨大的。最引人注目的地图之一的时间是 16 世纪 50 年代，涵盖了从蓬泰代拉（Pontedera）至海洋的阿尔诺河谷（Valdarno）下游（图 36.6）。用比例尺 1∶50000 绘制，地图描绘了一个未经改良的水道网络的详细图像，而这将很快通过科西莫一世委任的对于阿尔诺河以及其他河流的工作而被彻底改变㊺。

917

　　㉟　Windsor, Royal Library, 12683；参见 Baratta 的 *I disegni geografici*, 44 and pl. 15。1503 年的其他两幅勾勒了航运运河项目的地图——一幅与佛罗伦萨和勒瑟拜（LeCerbaie）之间的领土有关，另外一幅与比萨（Pisan）领土最西部的区域有关——可以在 Madrid, Biblioteca Nacional, MS. II – 8936, ff. 22v – 23r and 52v – 53r 中找到。

　　㊳　Windsor, Royal Library, 12278r；参见 Baratta, *I disegni geografici*, 41 – 42 and pl. 12。同一部抄本中包含了阿雷佐（Arezzo）和基亚纳河谷北部的地图，给出了中心之间的距离（Windsor, Royal Library, 12682；p. 42 and pl. 13）。一幅基亚纳河谷某一部分的地图［佛罗伦萨的卡斯蒂廖内（Castiglion Fiorentino）区域］，同样有着道路距离，是在 Milan, Biblioteca Ambrosiana, Cod. Atlantico, f. 918r。

　　㊴　Baratta, *Leonardo da Vinci*, 17.

　　㊵　这幅地图并没有一个亲笔署名，但应是由列奥纳多的一位追随者绘制的。其可能与 1513—1516 年他居住在罗马有关；精湛的笔法表现了由艺术家兼科学家所采用的卡西亚大道（ViaCassia）线路。现在藏于 Milan, Biblioteca Ambrosiana, Cod. Atlantico, f. 336 R. b. 参见 *MIC*, 20 and pl. XXI, 以及 Frutaz, *Le carte del Lazio*, 1：15 – 16 and vol. 2, pl. 21。

　　㊶　Windsor, Royal Library, 12679 and 12678；分别参见 Baratta, *I disegni geografici*, 40（pl. 8）and 39（pl. 7）。同一抄本包含了一幅 1515 年的佛罗伦萨的概图，对城外郊一带阿尔诺河河道进行的一项裁弯取直工程进行了勾勒（Windsor, Royal Library, 12681；p. 45 and pl. 17）。

　　㊷　Milan, Biblioteca Ambrosiana, Cod. Atlantico, f. 952r.

　　㊸　1504 年的一幅地图勾勒了一个排干皮翁比诺沼泽计划的平面图，方法是建造一条几乎是环形的大运河和一个由多条小运河组成的完整网络，该地图现在藏于 Paris, Bibliothèque de l'Institut de France, MS. L, fols. 77 – 84。参见 Rombai, "La rappresentazione cartografica," 47。

　　㊹　Windsor, Royal Library, 12684. 参见 *MIC*, 21, 以及 Baratta, *I disegni geografici*, 44 and pl. 16。

　　㊺　Rombai, "Cartografia a Firenze," 100.

　　从 16 世纪后半叶开始，我们掌握大量的例子：由乔瓦尼·安东尼奥·斯佩扎（Giovanni Antonio Spezza）署名的，勾勒了用于保护大公在阿尔贝雷塞（Alberese）地产的"洗衣房"免受翁布罗内（Ombrone）河洪水侵害的水利项目的地图；一幅阿尔诺河下游五个市镇（Cinque Terre）地区的地图，是由美第奇和阿尔布里齐（Albrizzi）主持的土地复垦和分配的结果；以及比恩蒂纳的沼泽湖和显示了重新确定各条水道河床的项目的涅沃莱河上游地区的地图[46]。

　　来自 17 世纪的例子包括基亚纳河谷建筑师盖拉尔多·梅基尼（Gherardo Mechini）的作品，这些作品的注意力集中在大范围的沼泽地、曾经更为广大的复垦土地的区域，以及由大公和其他私人地产主建造的农舍[47]。1622 年，弗朗切斯科·凡托尼（Francesco Fantoni）展示了一项从卡斯蒂廖内（Castiglione）的沼泽湖排水的项目，使用的是一幅格罗塞托（Grosseto）地区的布鲁纳谷地（Valley della Bruna）精美的透视图，其清晰地区分了山丘与它们古代的设防聚落和废弃的沼泽平原。来自这一时期的另外一个例子就是 1634 年的瓦尔伯尼（Valberina）的安吉亚里（Anghiari）和圣塞波尔克罗之间平原的地图，显示了受到台伯河洪水影响的地区，以及洪水对道路体系的大范围破坏[48]。

　　艾米利亚-罗马涅区和博洛尼亚地区复杂的水道网络创造了对于一种专门的和长期稳定的河流体系的需求。由地图展示的方案涉及控制和重新引导波河及其相当不可预测的支流，以及排干散布在平原上的沼泽。这一工作需要更新现存的地图和进行新的测量和调查，旨在监督陆地和水资源动态的交互作用。在雷焦艾米利亚（Reggio Emilia），地图主要处理与修筑堤坝和控制塞基亚（Secchia）河以及复垦较低的平原地区有关的问题，或者与帕尔马和 918

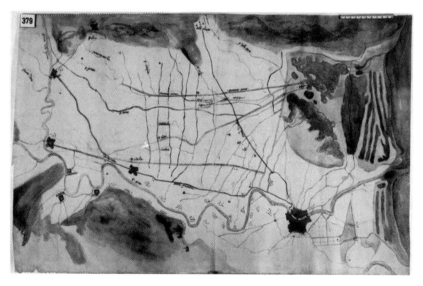

图 36.6　从蓬泰代拉至海的阿尔诺河谷地下游的地图，约 16 世纪 50 年代。按照 1∶50000 的比例绘制；上方为南

原图尺寸：约 46.9×74 厘米。ASF（Miscellanea di piante, n. 379）. Ministero per i Beni e le Attività Culturali 特许使用。

---

　　⑯　ASF, Miscellanea di piante, n. 5, n. 204/a, n. 204/b, and n. 470/c。

　　⑰　分别在 ASF, Miscellanea di piante, n. 498；Prague, Statni Ustredni Archiv, Toskansckych Habsburku, 261/a；以及 ASF, Miscellanea di piante, n. 752。

　　⑱　ASF, Piante dei capitani di parte guelfa, cartone XIV, c. 36。参见 Carlo Vivoli, *Il disegno della Valtiberina*：*Mostra di cartografia storica* (*secoli* XVI – XIX) (Rimini：Bruno Ghigi, 1992), 72 – 73 and pl. XIV。

919

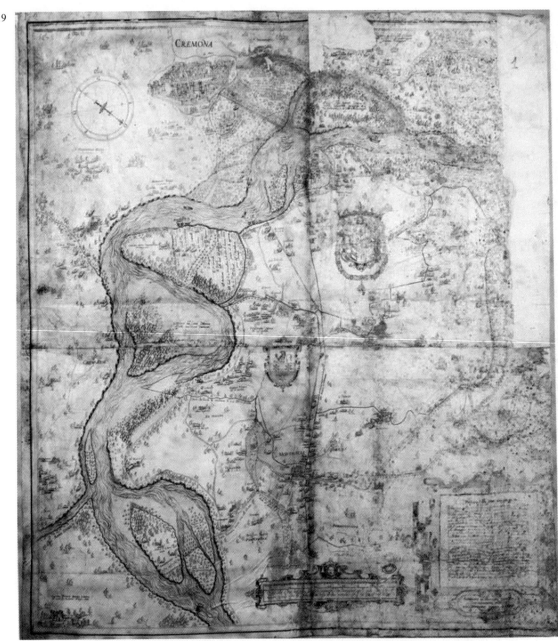

图 36.7　斯梅拉尔多·斯梅拉尔迪，波河地图，1589 年（波河以及阿达河河口的新堡与克雷莫纳之间周围的领土）

Archivio di Stato, Parma（Ufficio dei Confini, Mappe e Disegni, vol. 31/1）提供照片。复制得到了 Archivio di Stato, Parma（prot. 2282, 06.01.06）的许可。

曼图亚的边界纠纷有关的事务㊾。

帕尔马和皮亚琴察国家的例子是同样重要的，基于他们与现存的道路网有关的战略位置。国家的北部边界与波河是一致的，其资源不得不与他们的邻居所共享。河流不仅是一条重要的水道，而且也是重要的渔业和磨坊的水力资源。由波河河道的改道（由于决堤、洪水和淤塞）带来的问题，需要持续地对边界进行调整，自然产生了复杂的纠纷。持续存在的某些教会和贵族的封建权力使事情甚至变得更糟，他们被持续地卷入与国家和城镇当局的管辖权有关的争端中㊿。

特别令人感兴趣的是波河河段及其周边地区的两幅透视图，其是由法尔内塞宫廷的工程师斯梅拉尔多·斯梅拉尔迪绘制的，他是公国中水力学和领土问题方面最伟大的专家，他建立了一所培养在工作上与宫廷存在密切合作关系的土地调查员、制图学家和工程师的学校。第一幅的时间为1589年，涵盖了波河从阿达河河口的新堡（Castelnuovo Bocca d'Adda）至克雷莫纳的河段（图36.7）。400天现场调查的结果，提供了监管河流堤坝、运河和河道、低地沼泽的土地复垦以及挖掘运输运河的有效工具。地图提供了关于河道、道路网络、聚落、耕地、林地、未开垦地区和大地产的非常详细的信息。第二幅地图（1588—1590年），涵盖了波河从布雷谢洛（Brescello）至阿达河河口的新堡的河段。在内容上类似，但更多地关注于装饰，并且反映了对不同聚落进行透视描绘给予了更多的关注，被描绘的每一聚落都有统治家族的盾徽(51)。 920

斯梅拉尔迪还绘制了两幅法尔内塞领土与摩德纳之间边界区域的水文地图，摩德纳是波河河谷另外一个主要公国。一幅1612年地图的一个焦点就是主要关注于领土，显示了恩扎河的河道，其前方的在马米亚莫（Mamiamo）和柯恩佐（Coenzo）之间的地区，以及尽管存在1588年的边界协议，但依然带有争议的界线。地图上的信息中附带有将河道用于灌溉和运输的详细叙述，以及对防护土地免遭河流侵蚀的工作的描绘，显示了干涸的河床、牧场、道路、桥梁和聚落（小至个人的农舍、磨坊、客栈以及废弃的城堡，每个都标明了所有者）(52)。一个不太综合性的1625年的地图关注从柯恩佐至布雷谢洛的恩扎河的下游，在布雷谢洛，其流入波河。地图显示了岛屿以及河流沉积的地区（一些显示为树木繁盛，其他显示为耕地，边上树木成行）、港口、沿河城镇和村庄(53)。

在17世纪中，一种更为技术性的和几何性的地图学语言被建立了起来，提供了用于描述地理景观的一种方法，这种方法与由斯梅拉尔迪和他的助手所绘制的整合了平面和透视方式的地图相比表现力较差。作为一个例子，我们可以引用1669年展现了位于萨卡（Sacca）和梅扎诺·龙达尼（Mezzano Rondani）之间波河河道的，由勤勉的工程师乔瓦尼·巴蒂斯塔·巴拉蒂耶里（Giovanni Battista Barattieri）在世纪的下半叶绘制的准确但独立的地图。这里，注意力只集中于水文问题。信息被用最为简单的形式给出，没有屈从于视觉艺术或者描

㊾ Gino Badini, "La documentazione cartografica territoriale reggiana anteriore al 1786," in *Cartografia e istituzioni in età moderna*, 2 vols. (Genoa: Società Ligure di Storia Patria, 1987), 2: 825 - 32, esp. 827 - 29.

㊿ Franca Miani Uluhogian, ed., *Oltre i confini: Strategie di genti e di poteri* (Parma: PPS Editrice, 1996), 12 - 13.

(51) Miani Uluhogian, *Oltre i confini*, 14 - 15.

(52) Miani Uluhogian, *Oltre i confini*, 182 (No. 174).

(53) Miani Uluhogian, *Oltre i confini*, 188 (No. 187).

述地理景观其他要素的兴趣[54]。

教皇国同样不得不考虑在他们亚得里亚海和第勒尼安海沿岸领土上的沼泽地和湿地（沼泽池塘和内陆的潟湖地区）的水文不平衡的问题，基于那里存在持续的洪水的威胁[55]。与土地复垦和河道巩固有关的两幅地图尤其突出。"科马基奥湿地的图绘"（Disegno delle valli di Comacchio）（图 36.8）是由费拉拉水文工程师巴尔托洛梅奥·尼奥利（Bartolomeo Gnoli）在 1630—1650 年间的某一时间绘制的，作为他的"费拉拉城和省地形测量学"（Topografia della città e provincia di Ferrara）的插图。在很长时间内，其是对这一复杂地区的最为准确和详细的描绘，此乃沼泽地、路堤、田野、森林、沿海沙丘、道路和定居点的密集混合物[56]。第二幅地图是一幅 17 世纪早期的从海岸延伸至莱皮尼山（Lepini Hills）的蓬蒂内沼泽的地图，其中有大量的聚落以及密集和复杂的水道系统，它们就像 1580 年期间教皇西克斯图斯五世访问那里时的样子[57]。

这些私人或政府资助的地图中只有非常的小部分得到出版，无论是在旅行指南中，还是在有关水利工程冗长的论文和备忘录中。例子包括蓬蒂内沼泽地的地图，其是由国家雇用的技术人员在 1678 年绘制的，还有比萨平原的地图，其是在 1680—1685 年由朱利亚诺·恰凯里（Giuliano Ciaccheri）和维琴佐·维维亚尼（Vicenzo Viviani）绘制的。两幅地图都意图展示由荷兰水文工程师科尔内利·迈耶尔［Cornelis Meyer（Mejer，Meijer）］执行的土地复垦和巩固河道的工程，且出版在他 1685 年的《恢复罗马段台伯河荒废航行之艺术》（L'arte di restituire a Roma la tralasciata navigatione del suo Tevere）中[58]。其他出版的地图包括《涅沃莱河谷方志地图》（Carta corographica della Valdinievole，约 1675 年），是由大公的陆军校官贝内代托·圭里尼（Benedetto Guerrini）和工程师朱利亚诺·恰凯里制作的，还有由朱塞佩·圣蒂尼上尉（Captain Giuseppe Santini）绘制的《福切基奥沼泽地图》（Pianta del Padule di Fucecchio）（1679 年）。两者都由自然科学家乔瓦尼·塔尔焦尼-托泽蒂（Giovanni Targioni-Tozzetti）出版在他 1761 年关于涅沃莱河谷空气的不健康性质的专著中[59]。

边界地图

很多绘制的河流河道地图与边界纠纷有关。但是其他的边界，尤其是那些在亚平宁山区的，经常在国家之间产生问题，同时也造成了私人地产之间管辖权的内部界线问题。在 16 世纪，所有主要的国家——首先是托斯卡纳和卢卡，然后是帕尔马和摩德纳——建立了特殊机构——边界管理局来处理这类问题。边界专家和调查员经常进行实地访问，不仅正式地识

⑤④ Miani Uluhogian, *Oltre i confini*, 130（No. 69）.

⑤⑤ *MIC*, 63. 由此产生的地图现在收藏于 Vatican Archives；Rome，Archivio di Stato；the BAV；以及 Ferrara，Biblioteca Comunale Ariostea。

⑤⑥ Almagià, *Documenti cartografici*, 32 and pl. LIII（lower）.

⑤⑦ Rome，Archivio di Stato，P. 16. 参见 *MIC*，62。

⑤⑧ Frutaz, *Le carte del Lazio*, 1：69 – 70 and vol. 2，pl. 159，以及 Rossella Valentini，"Lo spazio extramoenia e la cartografia tematica，"和 Pietro Crini，"La cartografia tra pubblico e privato，"两者都在 *Tusciae*，244 – 303，esp. 273，and 360 – 87，esp. 366。

⑤⑨ Giovanni Targioni-Tozzetti, *Ragionamento... sopra le cause，e sopra i remedi dell'insalubrità d'aria della Valdinievole*，2 vols.（Florence：Stamperia Imperiale，1761）.

别实际的管辖边界，而且描绘和绘制它们，尽可能准确地调查和测量周围的地形。林木、小道，甚至道路的存在并无助于准确的确定边界，因为柱子、里程碑或者其他的界标可以被移动或者完全消除，因而引发纠纷和冲突(60)。

边界地图学在波河流域的国家（从摩德纳和雷焦的埃斯特公国到帕尔马和皮亚琴察公国）以及在佛罗伦萨和卢卡等托斯卡纳国家中是最为普遍的。边界地图的主要焦点是艾米 921
利亚－罗马涅（Emilia Romagna）的埃斯特家族与热那亚共和国和托斯卡纳大公国在亚平宁山脉边界上的争端。这就是在塔罗镇（Borgotarese）地区的情况，那里兰迪家族的帝国封地横跨亚平宁山脉，从塔罗河谷（Val di Taro）延伸到了卢尼贾纳，由此产生了与托斯卡纳大公的领土纠纷，这一纠纷从 16 世纪末持续到了 17 世纪后半叶。在所有打算展示问题的各种地图中，有一幅是突出的：一幅由奥塔维奥·法尔内塞在接近 16 世纪中期绘制的透视画，并且在大约 1 个世纪之后印刷。这幅地图旨在提供问题的一个清晰轮廓，标明所有重要的山峰，还有由纠纷各方所提到的不同的水道、聚落以及管辖权的界线(61)。

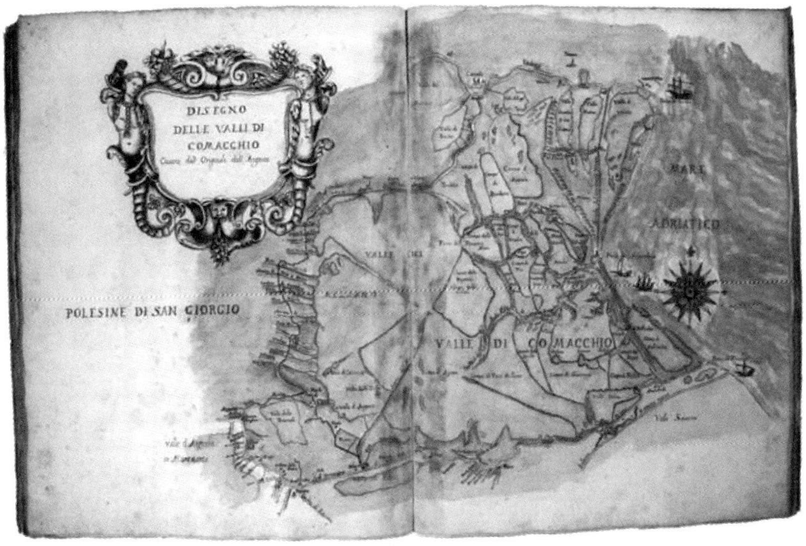

图 36.8 巴尔托洛梅奥·尼奥利，“科马基奥湿地图绘”，1630—1650 年

Biblioteca Comunale Ariostea, Ferrara 提供照片。

另外一个关键地区是加尔法尼亚纳（Garfagnana），其边界领土被在费拉拉的埃斯特国家（此后的摩德纳）、卢卡和佛罗伦萨之间划分。其提供了连续的边界纠纷如何被反映在地图学中的完美例证，如同我们可以通过研究摩德纳、卢卡、热那亚和佛罗伦萨档案中现存的作品所看到的。国家政府始终注意相近社区之间关于如林地和牧场等资源的纠纷。

在这些图像/地理景观作品中突出的是大量为埃斯特宫廷绘制的概图。一些例如 16 世纪晚期和 17 世纪晚期的佚名作品，使用了一种图像风格来描绘聚落，同时由工程师弗朗切斯

(60) Miani Uluhogian, *Oltre i confini*, 19.

(61) Parma, Archivio di Stato, Raccolta di mappe e disegni, vol. 8, n. 1, 并且参见 Dall'Acqua, "Il principe ed il cartografo," 350－52。

科·波尔塔（Francesco Porta）在 1588 年和由西吉斯蒙多·贝尔塔基（Sigismondo Bertacchi）在 1613 年绘制的地图则用一种更为准确的工程风格的方式绘制，并且包括了如林地等领土特征[62]。在为佛罗伦萨人绘制的地图中，我们可以提到加利卡诺（Gallicano）和巴尔加（Barga）地区的透视平面图，其中包含了存在争议的格拉尼奥山（Monte di Gragno），卢卡和佛罗伦萨领土之间的边界线穿过了这座山脉（图 36.9）。1539 年，这幅平面图通过巴尔加的专员弗朗切斯科·扎蒂（Francesco Zati）被呈送给科西莫一世大公。

922

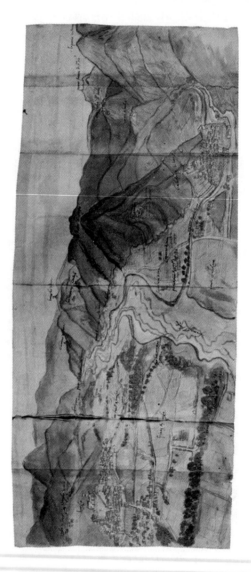

图 36.9　弗朗切斯科·扎蒂，加利卡诺和巴尔加地区的透视图。一幅显示了格拉尼奥山边界的地图，这一边界是卢卡和佛罗伦萨之间纠纷的对象，1539 年

　　ASF（Archivio de Confini, vol. 80, cas. V, cap. 16, n. 4）. Ministero per i Beni e le Attività Culturali 特许使用。

---

　　[62]　Giordano Bertuzzi and Riccardo Vaccari, "Fonti cartografiche relative ai territori estensi d'Oltreappennino, in particolare la Garfagnana, conservate presso l'Archivio di Stato di Modena," in *La Garfagnana: Storia, cultura, arte*, ed. Giordano Bertuzzi (Modena: Aedes Muratoriana, 1993）, 307–60, esp. 309 and 313.

从至少16世纪30年代之后，开始出现一些在卢卡制作并且涵盖了沿海区域的地图，国家与佛罗伦萨的领土以及与马萨和卡拉拉公国（Duchy of Massa and Carrara）之间的部分边界通过了这些沿海区域。这些地图中最卓越的是一幅显示了从山丘至大海的整个卡马约雷（Camaiore）平原的地图，其上包含了道路、水道、聚落（包括孤立的建筑），以及有争议的封闭了彼得拉桑塔（Pietrasanta）在内的领土的边界线。 923

至于热那亚共和国和托斯卡纳大公国之间的亚平宁山脉的边界，地图非常概略，归因于调查这类山区地形显而易见的困难。例证就是16世纪和17世纪的与塔罗河谷镇（Borgo Val di Taro）和卢尼贾纳的蓬特雷莫利（Pontremoli）（分别属于帕尔马和托斯卡纳的管辖之下）之间岁月悠久的领土纠纷有关的地图。一幅佚名的17世纪的地图涵盖了马拉河（Mara）和塔罗（Taro）河之间的地区，显示了两个聚落，且描绘了道路、定居区域和水道的空间分布(63)。

佛罗伦萨或者后来的托斯卡纳大公国的边界地图学由数千幅绘制于16世纪后半期的地图构成。大部分是绘画性质的，这使它们达成了令人惊讶的三维的效果，但是有些损害了它们平面的准确性。这方面的一个例子是环绕在泰达尔达修道院（Badia Tedalda）设防城堡周围领土的概图，其中心由对城堡的一种夸张描绘所占据(64)。其可以与卢尼贾纳地区1643年的地图进行对比，在后者中只有山脉用绘画方式展现，同时其余的信息——聚落、道路、水道、不同封建领土之间的划分——被用平面的方式显示；其他的例子包括同样准确的福斯迪诺沃（Fosdinovo）和格拉尼奥拉（Gragnola）侯国的地形图（1650年）以及奥拉（Aulla）镇与红土镇之间领土边界的透视图（1647年），其上细致地绘制了塔韦罗内（Taverone）的山涧，还有磨坊、田地以及林地(65)。

不同国家的边界管理局可以征召有高超技能的技术人员效力，他们同时充任陆地调查员和地形地图学家。作为这些天才的例子，我们可以提到加布里埃洛·乌吉［Gabriello Ughi，其在1622年绘制了阿普安诺（Apuano）和韦尔西利亚（Versilia）领土的透视地图以展示佛罗伦萨、卢卡和马萨之间的纠纷］，还有科西莫一世的御用工程师乔瓦尼·弗朗切斯科·坎塔加利纳（Giovan Francesco Cantagallina），他在1616年绘制了毗邻皮翁比诺公国边界区域的大量精湛画作。他的皮安·达阿尔马（Piand'Alma）和蓬塔拉（Punt'Ala）的马雷马（Maremma）沿海区域的地图使用了一种倾斜视角去展示区域的水道、聚落和形态结构的细节（图36.10）(66)。

同一国家中的社区之间的边界纠纷被大量的地图所证实。一个例子就是在托迪（Todi）和巴斯基（Baschi）之间的长达多个世纪的纠纷，由自16世纪末之后的各种地图所展示(67)。

---

(63) Parma, Archivio di Stato, Ufficio dei confini, 46/13. 参见 Miani Uluhogian, *Oltre i confini*, 169 – 70 (No. 148)。

(64) ASF, Corporazioni religiose soppresse dal governo francese, f. 78, c. 435. 参见 Vivoli, *Il disegno della Valtiberina*, 54 – 55 and pls. Ⅷ and Ⅸ。

(65) ASF, Piante antiche dei confini, 72; Genoa, Archivio di Stato, B. 6. 285; 以及 ASF, Piante antiche dei confini, 81。参见 Nicola Gallo, *Cartografia storica e territorio della Lunigiana centro orientale* (Sarzana: Lunaria, 1993), 58 – 59, 100 – 101, and 206 – 7。

(66) 除了图36.10，ASF中的各种副本还包括，Archivio vecchio dei confini, casella III, maps n. 38, c. 14。参见 Rombai, "La formazione," 54 and 80 n. 24。

(67) 例如，Todi, Archivio Storico Comunale, Disegni e piante, n. 178; Giovanna Giubbini and Luigi Londei, *Ut bene regantur: La visita di mons. Innocenzo Malvasia alle comunità dell'Umbria* (1587) (Perugia: Volumnia Editrice, 1994), 185 – 87。

另外一场这样的内部纠纷是在卡森蒂诺（Casentino）地区的托斯卡纳社区蒙特米尼亚约（Montemignaio）和巴蒂福莱（Battifolle）之间的，在 1600 年由监工（*capomastro*，建筑大师）米凯莱·乔基（Michele Ciocchi）在一幅明确强调了有争议地区的地图所展示[68]。

边境地图

通过提供关于海岸线、港口、防御设施和瞭望塔的相关信息，少数地图被设计用来便利执行对陆地和海上边境的军事、海关或者健康控制。一个例子就是一幅 16 世纪晚期的皮翁比诺－福洛尼卡（Follonica）海湾的透视图，尤其关注于所有设防的建筑，特别是那些沿着海岸线的，以及被发现于托斯卡纳大公国和皮翁比诺公国之间的边境区域的各种冶铁炉以及与它们有关的水和林地资源[69]。另外一个例子就是一幅 1604 年的在厄尔巴岛上的隆戈内（Longone）西班牙飞地的地图。是由一位不知名的西班牙建筑师在唐·佩德罗·迪门多萨（Don Pedro di Mendoza）的公寓中绘制的，其标明了堡垒（仍在建造中），并且将注意力集中于具有战略重要性的地点：其不仅显示了主要的防御工事和两个较小的位于海湾尽头的建筑，还详细描绘了区域的山岳形态图，标明了用于设置炮兵的陆地上的地点以及可能用于船舶停靠的地带[70]。

924

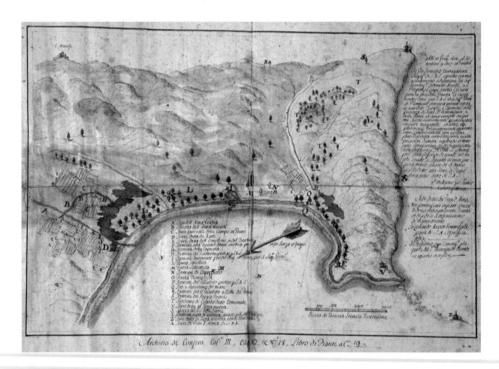

图 36.10　乔瓦尼·弗朗切斯科·坎塔加利纳，透视地图，1616 年。地图显示了皮安·达阿尔马（Piand'Alma）和蓬塔拉（Punt'Ala）的马雷马（Maremma）地区，绘制有大公国与皮翁比诺公国之间的边界

ASF（Archivio de Confini, casella Ⅲ, cap. Ⅺ, n. 18）. Ministero per i Beni e le Attività Culturali 特许使用。

---

[68]　ASF, Piante dei capitani di parte guelfa, cartone XV, c. 8; Rombai, "La rappresentazione cartografica," 52–53.

[69]　ASF, Piante di ponti e strade, n. 68.

[70]　ASF, Miscellanea Medicea, f. 105, c. 12. 参见 Leonardo Rombai and Gabriele Ciampi, eds., *Cartografia storica dei Presidios in Maremma（secoli XVI–XVIII）*（Siena: Consorzio Universitario della Toscana Meridionale, 1979）, 274–75.

来自这一时期教皇国的例子就是 1624 年的罗马海滩 (Spiaggia Romana) 地图和 1631 年的从安科纳至西尼加利亚 (Sinigallia) 的沿海地图。前者占据了三页图幅，描绘了从安塞多尼亚 (Ansedonia) 至加埃塔的拉齐奥海岸，列出了大量的港口和瞭望塔，并且标明了各个地物之间的距离[71]。后者是一种透视画作，其最初是一幅在圣多明我会 (San Domenico) 的安科纳修道院的木横梁上的装饰嵌板；其给出了安科纳海岸和马尔凯各个港口的图景[72]。

教区地图和显示宗教地产的地图

其他专业化的地图形式包括那些关注于修道院地产和其他教会拥有的地区的地图。就我们所知，中部诸国第二类地图最为完整的汇编就是构成皮亚琴察主教教区的各个教区的地图。被命名为"皮亚琴察教区地图" (Atlante della Diogesi di Piacenza)，这一汇编在 1620 年由法尔内塞工程师亚历山德罗·博尔佐尼 (Alessandro Bolzoni) 制作，即更为著名的保罗·博尔佐尼的兄弟，其中收录了大约 12 幅教区的地图（包含与 1618 年有关的人口统计信息）、所有教区的一幅汇总的总图，以及一张字母顺序的地名列表。地图有一个方格网，其中每一方格对应着 1 平方英里，由此使确定地点变得容易。大量的聚落被按照名字定位，准确性一般都很高，反映了实地调查和关于区域的第一手知识[73]。另外一个波河流域的主教教区，雷焦艾米利亚，是在 1683 年马利亚尼主教教牧巡视时绘制的地图的 925 对象[74]。

同样属于这一类别的还有所谓的"嘉布遣会士地图" (Atlante dei Cappuccini)，在 1632 年为了修士会的主教代表，吉罗拉莫·达纳尔尼神父 (Father Girolamo da Narni)，由方济各会 (Franciscan) 修士西尔韦斯特罗·达帕尼卡莱 (Silvestro da Panicale) 以及一位不知名的助手编纂[75]。地图集由 49 幅修会在意大利的"教省"的图版构成。尽管每幅地图旨在传达与山丘、河流、桥梁和城市有关的地理信息，尤其是嘉布遣会 (Capuchin) 修道院所在地（如有），但主要的焦点显然在于描绘居民和名人的形象，以及如狮子、狼等动物的形象，还有猎人、农夫以及巡游修士的形象。"嘉布遣会士地图"还包括了法兰西、西班牙、德意志和意大利的概图，显然是受到了亚伯拉罕·奥特柳斯的《寰宇概观》和其他印刷地图的启发。其涵盖的意大利教省包括了博洛尼亚、马尔凯、托斯卡纳、翁布里亚 (Umbria) 和拉齐奥的地图，同样基于印刷材料。然而，地图集确实通过其对各个教省之间边界的描绘作出了原创性的贡献（图版 31）[76]。

---

[71] BAV, Cod. Barb. Lat. 9898, n. 10. 参见 Frutaz, *Le carte del Lazio*, 1：44 – 45 and vol. 2, pls. 57 – 59。

[72] Ancona, Museo Nazionale. 参见 Olinto Marinelli, "Primi materiali per la storia della cartografia marchigiana," *Rivista Geografica Italiana* 7 (1900)：353 – 70, esp. 357 – 58。

[73] 其还包括了 "Pianta dell'antichissima et nobilissima città di Piacenza et con tutte le sue chiese e strade"；Piacenza, Biblioteca Comunale, MS. 60，以及 Naples, Biblioteca Nazionale. 参见 *MIC*, 58 – 59。

[74] Badini, "La documentazione," 828.

[75] Rome, Museo Francescano, inv. n. 1288，附属于 Rome, Archivio dell'Istituto Storico dei Cappuccini。至于地图集的一份影印件，参见 Silvestro da Panicale, *Atlante Cappuccino：Opera inedita di Silvestro da Panicale*, 1632, ed. Servus Gieben (Rome：Istituto Storico dei Cappuccini, 1990)。

[76] A. Melelli, "L'Atlante Cappuccino：Notazioni storico-geocartografiche," in *Silvestro Pepi da Panicale e il suo Atlante*, ed. Anselmo Mattioli (Perugia：Biblioteca Oasis, 1993), 181 – 209.

西尔韦斯特罗·达帕尼卡莱的编纂触发了由嘉布遣会修士制作的一套完整系列的印刷地图，尤其是在新会长，乔瓦尼·达蒙卡列里（Giovanni da Moncalieri）在1643年抵达之后。蒙卡列里实现了西尔韦斯特罗地图集的巨大实用价值，并且任命了三位僧侣——波尔多（Bordeaux）的贝尔纳德（Bernard）、居尚（Guchen）的马克西米努斯（Maximinus）（其几乎必然参与了西尔韦斯特罗的地图集），以及蒙泰雷阿莱（Montereale）的卢多维科——制作一套新的基于西尔韦斯特罗绘本的45幅图版的地图集。其于1643年在罗马出版，书名为《地理地图的描述》（*Chorographica descriptio*）(77)。

道路和运河地图

国家的权威部门对于绘制交通网络显示出极大的兴趣。尽管焦点主要集中在道路网之上，但水道也没有被忽略，如同我们从下列两幅地图中看到的，即16世纪的比恩蒂纳盆地的地图，其显示了色拉扎（Serezza）和阿尔托帕肖（Altopascio）的运输运河，还有另外一幅从卡普罗那（Caprona）至比萨的阿尔诺河的地图，显示了里帕法塔（Ripafatta）运输运河(78)。对于相关的基础设施以及对有着桥梁、水泉、客栈、旅店、驿站、税关和港口的地点的绘制也传达出了相似的兴趣。可有些令人惊讶的是，考虑到有大量可航行的水道，尤其是在波河流域的，因此，唯一精确处理它们的地图就是卡米洛·萨琴蒂（Camillo Sacenti）的展示了雷诺（Reno）河完整河道的地图。印刷于1682年，其之所以被绘制，与开通一条重要的航运运河有关(79)。

就我们所知，这一时期，在意大利或在其他任何地方，规模最大的和最为重要的特殊用途的道路地图汇编，就是“圭尔夫派首领居民点与道路地图”（Piante dei popoli e strade dei Capitani di Parte Guelfa）。其在16世纪80年代由在建筑师盖拉尔多·梅基尼监督下为佛罗伦萨当局工作的大量技术人员编绘，这些地图是一个完全整合在一起的道路地图最早的例子，其明确的目的是用一种现代化的视角记录公共道路系统（图36.11）。完成的作品涵盖了大约500个居民点［*popoli*，居民点是一个基本行政单位；当其中一些拼合在一起的时候，它们构成了*plebato*（乡村教区）的教省实体］。每一幅地图都是在长期的实地观察和一些新的土地调查之
926 后绘制的平面图。正方向和比例尺存在变化，地图不仅涵盖了道路以及水道上的桥梁，并且还有政区的行政划分，包含对各个聚落的图像呈现。这一对道路系统细致和完整的描述，不仅描绘了所有的主要中心，而且还有大量孤立的宗教建筑、贵族的别墅和庄园，农舍、磨坊和作坊、客栈以及其他服务于道路交通的设施(80)。

从罗马呈扇形散开的主要道路的地图，在1632年和1662年由多梅尼科·帕拉萨奇（Domenico Parasacchi），弗朗切斯科和多梅尼科·孔蒂尼（Domenico Contini）、托马索·扎诺利（Tommaso Zanoli）、多梅尼科·勒真德雷（Domenico Legendre）以及其他不同的专家和技术人员绘制，同样构成了一个有着相当规模的类型。包含了关于道路网络的有价值的信息，这些地图给出了相当大量的地形信息，尤其是关于聚落和水道的。它们描绘了几乎所有

(77) 参见 Mattioli, *Silvestro Pepi*, 14。

(78) ASF, Miscellanea di piante, n. 470/c and n. 43.

(79) Almagià, *Documenti cartografici*, 28 and pl. XLⅦ.

(80) ASF, Piante dei capitani di parte guelfa, t. 121/I - II. 参见 Giuseppe Pansini, ed., *Piante di popoli e strade: Capitani di parte guelfa, 1580 - 1595, 2 vols.* (*Florence: Olschki*, 1989)，以及 *Valentini*, “*Lo spazio extramoenia*,” 260。

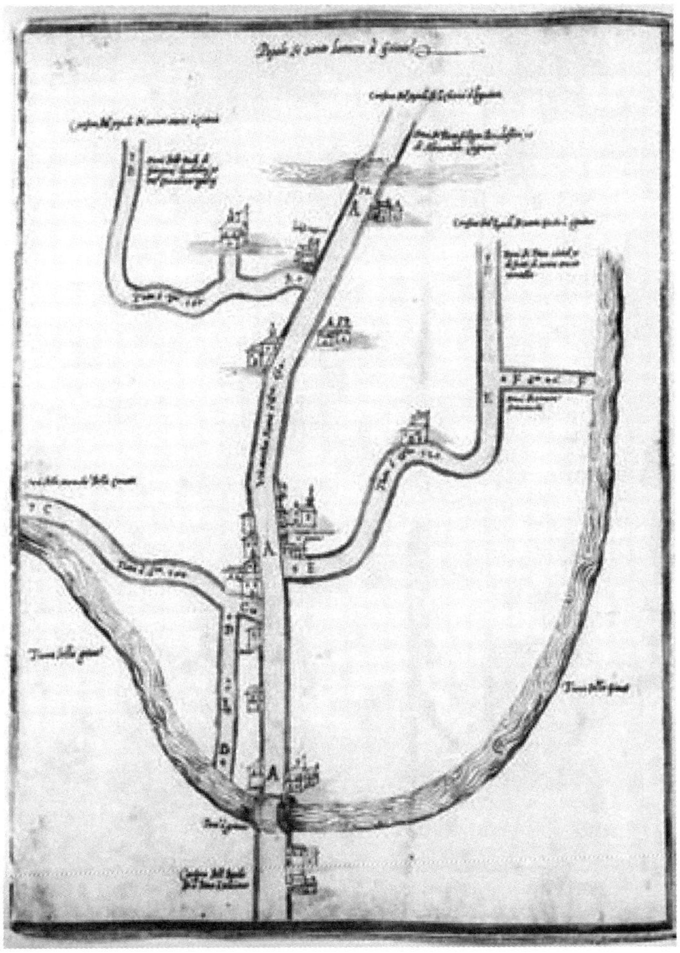

图 36.11　盖拉尔多·梅基尼，“格雷韦市圣洛伦佐区的居民”（POPOLO DI SANTO LORENZO À GRIEVE）**（佛罗伦萨）来自“**Piante dei popoli e strade**”，**1580—1586 **年**

ASF（Piante dei Capitani di Parte Guelfa, t. 121 - 1）. Ministero per i Beni e le Attività Culturali 特许使用。

从首都发出的主要道路路线：拉丁大道［the Via Latina，从罗马到切普拉诺（Ceprano）］、阿皮亚大道［Via Appia，从罗马到弗拉托齐基耶（Frattocchie）］、萨拉里亚大道［Via Salaria，从罗马到科雷塞山口（Passo di Corese）］、诺门塔那大道［Via Nomentana，从罗马到蒙泰罗通多（Monterotondo）］、普雷内斯蒂纳大道［Via Prenestina，从罗马到第九大桥（Ponte di Nona）］，以及其他的分别通往奇维塔韦基亚、蓬蒂内沼地（Paludi Pontine）、法拉（Fara）、萨比纳（Sabina）、维泰博（Viterbo）和马卡雷塞的道路(81)。

其他道路地图更多的是有着一种古老的功能。在 1628 年以及 1636—1637 年间，考古学家卢卡斯·荷尔斯泰因在拉齐奥为枢机主教巴尔贝里尼编绘了古罗马道路的地图。仅仅局限于道路网，这些地图包括了对从罗马至韦约（Veio）的卡西亚大道（Via Cassia）、从罗马至科雷塞山口的萨拉里亚大道和诺门塔那大道，从罗马至第九大桥的普雷内斯蒂纳大道，从罗

(81) BAV, Cod. Barb. Lat. 9898，以及在 Rome, Archivio di Stato, Presidenza delle strade, Catasto Alessandrino. 参见 Frutaz, *Le carte del Lazio*, 55 - 63 and vol. 2, pls. 78 - 153。

马至与那不勒斯边境的拉丁大道和阿皮亚大道的一部分，以及对从纳尔尼至福利尼奥（Foligno）的弗拉米尼亚大道（Via Flaminia）的呈现[82]。

　　描绘了从罗马至格罗塔·多尔兰多（Grotta d'Orlando，纳尔尼）的弗拉米尼亚大道完整路线的一幅尤其令人感兴趣的佚名地图，是在 1569—1661 年为筑路监理（*maestri di strade*）多梅尼科·亚科瓦奇（Domenico Jacovacci）和贾钦托·德尔布法洛（Giacinto del Bufalo）编绘的（图 36.12）。为了涵盖沿着这一著名的执政官路线的分支道路，不知名的地图制作者的工作包括了道路两侧大约 5 公里的范围，准确地绘制了河道，甚至最为孤立的聚落，并且对山地地形和当地的作物给予了一定的关注[83]。

927

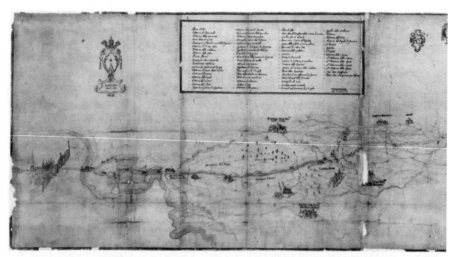

图 36.12　弗拉米尼亚大道地图，1659 年至 1661 年

Archivio di Stato, Rome（Presidenza delle Strade, Catasto Alessandrino, 433/Ⅳ）提供照片。

---

[82]　BAV, Cod. Barb. Lat. 9898. 参见 *MIC*, 61。

[83]　Lando Scotoni, "Una sconosciuta carta manoscritta della Strada Flaminia（1661）," *Rendiconte dell'Accademia Nazionale dei Lincei*, *Classe di Scienze Morali*, *Storiche e Filologiche*, ser. 9, vol. 2（1991）: 79 – 101。

耕地地籍地图学

地图学的另外一个内容丰富的分支是关于地产和土地所有权的地籍绘图的。这对于确立公共地域、宗教和贵族地产以及土地的私人份地是重要的。土地所有权地图在授予产权（无论他们是住宅的还是制造业的，例如磨坊和作坊）以及土地资源（农地、田地、林地和牧场）中是至关重要的。

在很大程度上，这些地图是一个广泛散布的耕地调查传统的一部分。时间为 16 世纪中期，它们被构建在一个由农村和城市技术人员进行的简化形式的三角测量的基础上。它们促成了地图学的一个类型，其持续直至 19 世纪初期，那时最早的公共土地登记簿在更为严格的几何方法的基础上编绘。

从至少早至 16 世纪 60 年代，埃斯特公国的城市和国家当局就针对未来的农业土地调查员（*pubblici agrimensori*）建立了在几何和数学方面的测试，还有实践考试。与此同时，毫无疑问，意大利中部大部分地区的很多测量知识是父子相传的[84]。

一个例子就是"一个农庄的地形测量图"（Rilievo di un podere），时间为 1607 年 2 月 27 日（图 36.13）。其作者，斯梅拉尔多·斯梅拉尔迪，尽力强调了地图的几何严谨性，以及它应当准确描绘这一每侧都有树木的小型家庭农场的建筑和景观特征。关于几何的测量，他指出，地表被"分为 11 个三角形，用红线标志，那么做由此可以准确地测量地形"[85]。

这一农业地图学的大部分来自波河流域和托斯卡纳。例如，来自波河流域的是大量地产地图（*mappe dei beni*），时间是 16 世纪和 17 世纪。这些地图涵盖了单一的土地份地或者建筑，这些通常是教区、宗教基金会或者宗教慈善基金会的地产，并且现在被发现于摩德纳和雷焦艾米利亚的图书馆和档案馆中，而且通常被汇集在卷册中[86]。大部分是简陋的图像，只有少量的装饰。唯一特别标出的作物是果实和其他树木。建筑按照近似透视的方式展示，或者带有平展的两侧。这些作品通常有一幅平面地图作为补充，由此可以理解整个布局。另外一个例子就是"卡斯蒂拉的地产"（Possessionealla Castilla）地图，是在 1616 年由普罗斯佩罗·费拉里尼（Prospero Ferrarini）为雷焦艾米利亚的圣罗斯佩罗（San Prospero）大圣堂绘制的[87]。另外值得注意的农用地地图是那些由公证人乔瓦尼·斯特凡诺·梅利（Giovan Stefano Melli）在 1606 年绘制的所有雷焦艾米利亚公用土地的地图[88]。

地籍地图学尤其繁荣于卢卡和佛罗伦萨周围的区域。这不仅归因于大量的由城市居民拥有的乡村地产，而且归因于出现于文艺复兴时期的地方农业的更为商业化的组织。这里，市

929

---

[84] Walter Baricchi, "La cartografia rurale nei territori estensi di Reggio Emilia: I riferimenti storici, gli autori, le tecniche," in *Le mappe rurali del territorio di Reggio Emilia: Agricoltura e paesaggio tra XVI e XIX secolo*, ed. Walter Baricchi (Casalecchio di Reno: Grafis Edizioni, 1985), 19 – 25, esp. 19.

[85] Pietro Zanlari, "Formazione del cartografo e figurazione urbana e territoriale nei ducati farnesiani tra i secoli XVI e XVII," in *Cartografia e istituzioni in età moderna*, 2 vols. (Genoa: Società Ligure di Storia Patria, 1987), 1: 437 – 63, esp. 462.

[86] Baricchi, *Le mappe rurali*.

[87] Modena, Archivio di Stato, Corporazioni religiose soppresse, Communa Generale n. 2584, mappa 5. 参见 Baricchi, "Le cartografia rurale," 24 and illustration on 86。

[88] Badini, "La documentazione," 829.

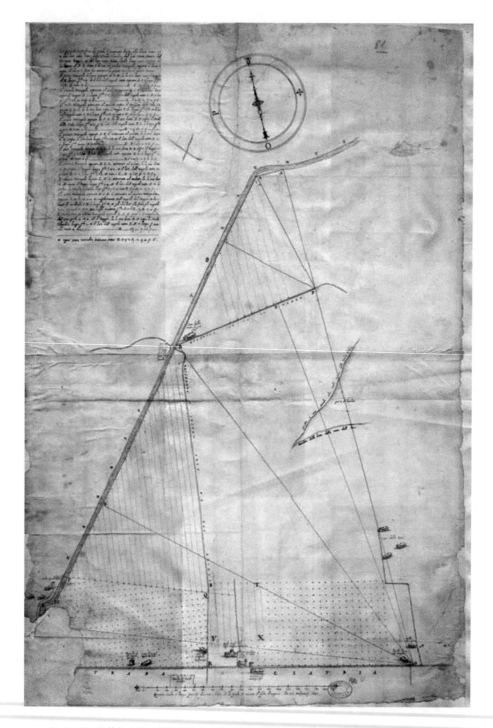

图 36.13 斯梅拉尔多·斯梅拉尔迪,"一个位于克劳狄大道上(艾米利亚)蓬泰塔罗城堡附近的农庄地形测量图"(RILIEVO DI UN PODERE SITUATO SULLA STRADA CLAUDIA [L'EMILIA] PRESSO IL CASTELLO DI PONTETARO)(帕尔马),1607 年

Archivio di Stato, Parma(Raccolta di Mappe e Disegni, vol. 19/81)提供照片。复制得到了 Archivio di Stato, Parma(prot. 2282, 06. 01. 06)的许可。

场导向主要导致了一种佃农制，其涉及一个密集的农场和佃作土地的网络。这些大量地籍地图，有时被称为海员手册（*martilogi*）、土地手册（*terrilogi*）、登记簿（*campioni*）和地产券（*effetti di beni*），不仅可以被发现于托斯卡纳各地的公共和私人图书馆中，而且还可以被发现于大量的档案馆（尤其是卢卡和佛罗伦萨的国家档案馆）中[89]。

在最为古老和最为重要的地图中有 1550 年的两个卢卡家族加尔佐尼（Garzoni）和圭尼基（Guinigi）的地产的海员手册[90]。其他重要的例子就是佛罗伦萨的新圣母医院（Ospedale di Santa Maria Nuova）农场的登记簿，其是由米凯兰杰洛·迪帕诺罗（Michelangelo di Pagnolo）在 1565 年绘制的；佛罗伦萨境内的卡西内溪流（Cascine di Firenze）的大公农场的地图，时间是在 1580 年前后[91]；以及对在卡法吉奥罗的美第奇庄园的土地调查，是由家族的当地代理人弗洛西诺·赞波尼在 1628 年以优雅的风格绘制的（图 36.14）。

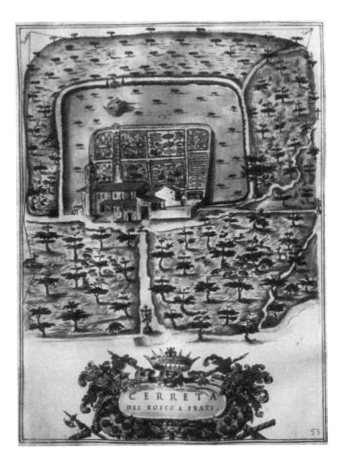

图 36.14　弗洛西诺·赞波尼（FROSINO ZAMPOGNI），弗拉蒂森林（BOSCO DI FRATI）图景，1628 年。来自美第奇家族卡法吉奥罗（Cafaggiolo）庄园的土地登记簿

ASF（Piante Scrittoio R. R. Possessioni, t. 5, n. 53）. Ministero per i Beni e le Attività Culturali 特许使用。

[89]　Leonardo Ginori Lisci, *Cabrei in Toscana*：*Raccolte di mappe, prospetti e vedute, sec. XVI – sec. XIX*（Florence：Cassa di Risparmio, 1978）；Azzari, "Cartografia Lucchese," 175；以及 Valentini, "Lo spazio extramoenia," 293 – 98。

[90]　Lucca, Archivio di Stato, Garzoni, n. 47，以及 Guinigi, n. 143。

[91]　ASF, Spedale di Santa Maria Nuova, n. 582，以及 Miscellanea di piante, n. 458。

多亏诸如乔瓦尼·皮纳蒙蒂（Giovanni Pinamonti）、朱利奥·帕里吉和阿方索·帕里吉（Alfonso Parigi）以及焦万诺佐·焦万诺齐（Giovannozzo Giovannozzi）等艺术—建筑家的参与，描绘了乡村地产的托斯卡纳地图，附载了大量执行良好的可以与精美的绘画相媲美的画作。这也就是带有精美的透视绘画装饰的成套的弧形天花板的情况，这一弧形天花板是佛兰芒地理景观艺术家朱斯托·塔滕斯（Giusto Tutens）为费迪南德一世大公在 1599 年绘制的。由于具有宣传美第奇家族权威的明显意图，因而这些作品描绘了很多家族的别墅［卡斯泰洛（Castello）、佩特拉亚（Petraia）、帝国土岗（Poggio Imperiale）、拉佩吉（Lappeggi）、玛里诺勒莱（Marignolle）、卡亚诺土岗（Poggio a Caiano）、卡法吉奥罗和安姆布罗贾纳（Ambrogiana）］，这些别墅位于花园和公园之中，并且由一个在租佃基础上组织的地理景观所环绕，其间还有农场和侧边种树的田地[92]。其他重要的作品包括精美的"皮蒂地毯"（Stratto Pitti），一部包括了精美绘制的 57 座农场地图的书籍，这些农场构成了佛罗伦萨重要的皮蒂（Pitti）家族的地产（1594—1603 年），它们被认为是由建筑师和艺术家朱利奥·帕里吉（Giulio Parigi）和他儿子阿方索绘制的[93]。

930　　　大量地图提到了对于林地的经济管理，这些林地可能是私人拥有的，但是其开发受到政府的严格控制。这与著名的"保护区"（preserves）有关，林地保留，为在比萨的大公船厂专门使用以及为在马雷马地区的铸铁厂（Magona del Ferro）周围的铁匠炉专门使用。1634 年，比萨船厂的厂长乔治［Giorgio，或佐尔齐（Zorzi）］·德内格里（de' Negri），绘制了大量令人惊讶的沿着第勒尼安海岸的主要森林区域［塞加拉里（Segalari）、波格利（Bogheri）、卡斯塔涅托（Castagneto）、克莱门扎诺（Collemezzano）、瓦达（Vada）、阿尔贝雷塞、斯蒂亚恰内塞（Stiaccianese）、克莱基奥（Collechio）、马西利亚纳（Marsiliana）和卡帕尔比奥（Capalbio）］绘图般的透视平面图，这些森林区域向船厂供应木材[94]。

也为特定的工业地产绘制了特定的地图，尤其是那些依赖水流作为动力的工业地产。例证包括位于菲耶索莱市皇山上（Montereggi a Fiesole）的磨坊的非常有效的透视图，其是在 1611 年由营造师雅各布·戴林奇萨（Jacopo dell'Incisa）和乔瓦尼·弗里利（Giovanni Frilli）绘制的[95]，还有美第奇的建筑师乔瓦尼·弗朗切斯科·坎塔加利纳的 1618 年的皮翁比诺公国在佩科拉河谷［Val di Pecora，福洛尼卡工厂（Follonica plant）］和科尼亚河谷［Val di Cornia，科尼亚·迪苏韦雷托工厂（Cornia di Suvereto plant）］的铸造厂的透视图。两者详细描述了公国和大公国之间关于水权的争端的原因[96]。另外一幅重要的地图就是 1623 年的"坎皮利亚的地产地图"（Pianta della tenuta di Campiglia），显示了美第奇家族位于马雷马地区马卡尔达纳·迪坎皮利亚·马里蒂马（Caldana di Campiglia Marittima）的铸造厂以及沿着卡尔达渠道（Fossa Calda）的所有各种作坊。一幅稍晚一些呈现了马雷马的各种特征的精美画作：其带来疟疾的沼泽地、其广大的公用地以及保留用于放牧的林地，以及其耕地的孤

---

[92]　现藏于 Museo di Firenze Com'era。

[93]　佛罗伦萨私人品，参见 Renato Stopani, "Lo ' Stratto Pitti'：Un cabreo inedito della fine del XVI secolo," Il Chianti：Storia, Arte, Cultura, Territorio 1 (1984)：21–61。

[94]　Pisa, Biblioteca Universitaria, ms. 641.

[95]　ASF, Piante dei capitani di parte guelfa, numeri neri, f. 1021, c. 661.

[96]　ASF, Miscellanea Medicea, f. 534, c. 234, and f. 546, cc. 1–24, esp. cc. 23r, 15r, and 3r.

岛，后者被仔细地用栅栏围起来以防止闲逛牲畜的破坏(97)。

在拉齐奥和教皇国，我们掌握的有关材料较少，地籍地图主要关注的是勾勒主要地形特征的轮廓；对绘画装饰表现出了极少的兴趣。作为例子，我们可以引用1603年的奥拉齐奥·托里亚尼（Orazio Torriani）的波尔图（Porto）地产地图；贝尔纳贝奥·利古斯特（Bernabeo Ligustri）的1609年的阿卢米耶雷（Allumiere）、托尔法（Tolfa）和马里纳河谷（Valle Marina）地产的地图(98)；以及土地调查员N. 佩托拉里斯（N. Pettoralis）的“托雷诺瓦农舍地图”（Pianta del Casale di Torrenova）。编绘于1634—1647年间的某一时期，这幅地图是按照1∶15000的比例尺绘制的，并且只是显示了1850公顷多的庄园的主要资源，牧场、开放农田、农舍、别墅、花园和小葡萄园，所有都曾经属于阿尔多布兰迪尼家族（Aldobrandini），但是后来作为陪嫁品的一部分落入潘菲利家族（Pamphili）手中(99)。

正如这一时期的其他地图类型，到17世纪后半叶的风格化的趋势将使用较少的装饰和更少的图像特征。一个例子就是一幅绘有佛罗伦萨家族卡尔迪家族（Riccardi）拥有的有面积广大的不动产的地图。总数大约在罗马附近为约2300公顷，老法尔科尼亚尼家族（Falcognani Vecchi）和新法尔科尼亚尼家族（Falcognani Nuovi）的这些房地产由大量散布的“居住区”和“农舍”构成，所有这些都被用一种更为抽象的几何方式绘制，由此与关注于绘图装饰的地图相比，给予了关于边界、土地利用以及建筑的更为准确的信息(100)。

这样的一种风格化的潮流是亚历山大七世教皇在1660年委托的土地登记的备用语言的先声，这份文献意图便利收税和实施粮食供应法律，以及将教皇沉重的道路养护的财政负担转移给房地产所有者本身。这是现存最为古老的我们拥有的附带有地图的土地清册的例子(101)。然而，土地清册附带的377幅地图变化很大，鉴于它们来自总数865位不同的土地调查员，并且对于调查技术或比例尺没有有约束力的规范。实际上，一些土地所有者甚至没有绘制新地图，而是上缴了早至16世纪的更早的地图。然而，基于其中一些巨大的比例尺（1∶3000/4000）(102)，这些水彩地图给予了罗马农村（Roman Campagna）中大量不动产以相当详细的叙述（图36.15）。它们显示了永久的和临时的聚落（用立面图像的传统方式描绘）、边界、地名、道路、水道、泉水和喷泉，以及农业区。在一些地图

(97) 分别藏在ASF, Piante delle R. Possessioni, n. 401 and t. 4, c. 26。参见Valentini, “Lo spazio extramoenia,” 302; Riccardo Francovich and Leonardo Rombai, “Miniere e metallurgia nella Toscana preindustriale: Il contributo delle fonti geo-iconografiche,” *Archeologia Medievale* 17 (1990): 695 – 709, esp. 707; 以及Leonardo Rombai and Carlo Vivoli, “Cartografia e iconografia mineraria nella Toscana setteottocentesca,” in *La miniera, l'uomo e l'ambiente: Fonti e metodi a confronto per la storia delle attività minerarie e metallurgiche in Italia*, ed. Fausto Piola Caselli and Paola Piana Agostinetti (Florence: All'Insegna del Giglio, 1996), 141 – 63。

(98) Frutaz, *Le carte del Lazio*, 1: 43 – 44.

(99) Rome, Archivio Colonna, cassetta XCVII. 参见Fabienne O. Vallino and Patricia Melella, “Tenute e paesaggio agrario nel suburbio romano sud-orientale dal secolo XIV agli albori del Novecento,” *Bollettino della Società Geografica Italiana* 120 (1983): 629 – 79, esp. 635 – 36 and fig. 3。

(100) 佛罗伦萨的私人藏品，参见Leonardo Rombai, “Palazzi e ville, fattorie e poderi dei Riccardi secondo la cartografia seisettecentesca,” in *I Riccardi a Firenze e in villa: Tra fasto e cultura, manoscritti e piante* (Florence: Centro Di, 1983), 189 – 219。

(101) Rome, Archivio di Stato, Presidenza delle strade, Catasto Alessandrino, vols. 428 – 33 bis.

(102) Vallino and Melella, “Tenute e paesaggio agrario,” 636.

931 上，这一土地利用信息并不非常清晰，但是在另一些地图上，栽植的林地和播种作物的土地之间的差异被清晰地显示[103]。

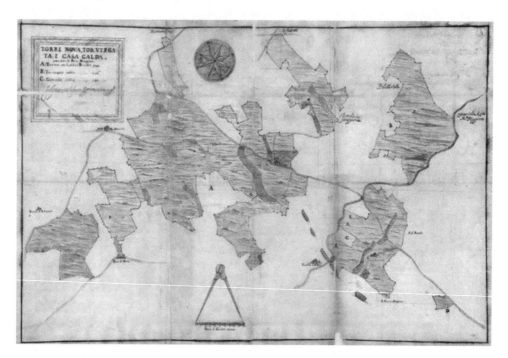

图36.15 "托雷诺瓦"（TORRE NOVA），1660年。一个来自亚历山德里亚抄本（Codex Alessandrino）的耕地的例子

Archivio di Stato, Rome（Catasto Alessandrino, Presidenza delle Strade, 430/4）提供照片。

城市地图和景观

如同其他区域，对于意大利中部诸国城市的地图学呈现的讨论，通常而言，注意区分城镇景观和地图的功能，前者是用于颂扬的，而后者是用于行政管理的。在某种程度上，颂扬的功能更少地依赖准确的尺度和对城镇的原原本本的几何观察，而在选择和强调反映其权力和荣耀——一座城市的特征时更多地依赖艺术家的技术。由于对单一建筑的识别被假设是重要的，因而城市的一种立面和倾斜的图像可能更为有效。行政管理功能，可能基于对被用于防御设施的建筑的测量调查，更多依赖于技术绘图，并以一种正交平面图对其自身进行表达。然而，可以提出对这一明确划分的直接反对，其中尤其重要的就是，测量的准确性和正确性也是颂扬功能的强大工具。还经常提出一种按照年代顺序的发展或者演变，即由颂扬性质的图像发展到测量的平面图，这在特定的例子中可能是或者可能不是真实的，并且忽略了两个功能的要点。尽管二分法的这些缺陷，但这一小节仍然按照这些线索组织，允许在具体示例中讨论出现的异常情况。

[103] Lando Scotoni, *Le tenute della Campagna Romana nel 1660: Saggi di ricostruzione cartografica* (Tivoli: Società Tiburtina di Storia e d'Arte, 1986), 194 – 216, 以及 Marcello Riggi, "Il Catasto Alessandrino: Primo approccio per una ricerca geostorica," in *La geografia delle sfide e dei cambiamenti: Atti del XXVII Congresso Geografico Italiano*, 2 vols. (Bologna: Pàtron, 2001), 1: 137 – 43。

歌功颂德的城市图像

接近 15 世纪中期，产生了一种以在 1456—1472 年由皮耶罗·德尔·马萨约在托勒密的《地理学指南》的佛罗伦萨抄本中展示的城镇图像作为例证的制图学类型。那部作品包含了 9 幅意大利和地中海城市的图像，包括佛罗伦萨和沃尔泰拉［罗马只是在后来才出现，想必是在（伟大的）洛伦佐·德美第奇（Lorenzo ［the Magnificent］de' Medici）1472 年 6 月征服该城的庆典中］[104]。马萨约的图像——类似于大量同时代和后来的城市图像，通常被定义是为了颂扬——吸收了绘画的技术，以及采用非系统性的透视以为了能够显示物体一个以上侧面的微型彩饰，尽管对于一些没影点的使用以及稍微被提高的观察点依然维持着一种空间深度的感觉，但将注意力集中在特定的点依然提供了一种整体的视觉效果。

马萨约的鸟瞰图，用一种夸张的比例，并且以一种环形或者椭圆形的形式，显示了在周围的领土环绕下的，位于中心的有墙城市。然而，在城墙之中，这一理想化的几何呈现让位于一种更为自然主义的图像，即使是不完整的。只有作为城市最具有特征的结构或基础设施的元素被包括在内：有桥梁的河流、道路以及坐落着政治、宗教或者市政权力机构的建筑（公共和私人的宫殿、教堂和修道院、医院，以及市场）。这类建筑的重要性通过环绕它们的空地而被强化[105]。

尽管可能的是，马萨约对于佛罗伦萨和沃尔泰拉的描绘都是他自己的作品，但有人认为，他对罗马的描绘借鉴了地理学家弗拉维奥·比翁多在 1446 年——或者在此以前——绘制的，以展示他专著《罗马的建立》（*Roma instaurata*）的平面图。当然，马萨约的罗马非常不同于如马索利诺·达帕尼卡莱（Masolino da Panicale）等大部分基于想象的前辈，帕尼卡莱 1453 年在卡斯蒂廖内·奥洛纳［Castiglione Olona，在瓦雷泽（Varese）］的大圣堂的洗礼堂中绘制了壁画，其中只包括了少量著名的历史遗迹，由此可以看出画家实际上正在意图绘制罗马[106]。

15 世纪马萨约类型的城市图像中最为著名的例子就是被称为佛罗伦萨地图的图像，上面带有一条链子（因为其边框用的是一条链子和挂锁的形式）。认识到这个问题是重要的，这幅图像至少存在三个版本，一幅很可能是由弗朗切斯科·罗塞利绘制的图像（一幅类似的那不勒斯的图像也被认为是他绘制的）；一幅铜版画，其中只有一幅图幅保存下来，可能同样是由罗塞利绘制的；以及最为著名的版本，一幅大型木版，可能是在 1472 年前后由卢多维科·德利乌贝蒂（Ludovico degli Uberti）雕版的[107]。在这幅图像的右下部分，我们找到

---

[104] 1456 年的抄本藏在 BNF, Parigino Lat. 17542 ex 4802；那些时间为 1469 年和 1472 年的抄本分藏于 BAV, Latino 5699 and Urbinate 277。后者在 fols. 130v, 134v – 135, and 131 中包括了佛罗伦萨、沃尔泰拉和罗马的地图。Amato Pietro Frutaz, *Le piante di Roma*, 3 vols.（Rome：Istituto di Studi Romani, 1962），1：19。

[105] Rombai, *Cartografia Toscana*, 42 – 44，以及 idem，"La formazione," 42 – 43。

[106] Frutaz, *Le piante di Roma*, 1：20，以及 Juergen Schulz, "Jacopo de' Barbari's View of Venice：Map Making, City Views, and Moralized Geography before the Year 1500," *Art Bulletin* 60（1978）：425 – 74, esp. 456 and 458 n. 114，意大利文的翻译见 idem, *La cartografia tra scienza e arte：Carte e cartografi nel Rinascimento italiano*（Modena：F. C. Panini, 1990），13 – 63, esp. 33 n. 114。

[107] Cesare de Seta, "La fortuna del 'ritratto di prospettiva' e l'immagine delle città italiane nel Rinascimento," in "*A volo d'uccello*"：*Jacopo de' Barbari e le rappresentazioni di città nell'Europa del Rinascimento*, ed. Giandomenico Romanelli, Susanna Biadene, and Camillo Tonini, exhibition catalog（Venice：Arsenale, 1999），28 – 37, esp. 28.

了一位画家的形象，带着笔和纸，其显然正在从位于城市西南山丘上的贝洛斯瓜尔多别墅（Villa di Bellosguardo）绘制城市；然而，将那种技法包括进来，很可能仅仅是为了强调工作的准确性，因为进行绘制的主要的眺望点是奥利韦托山（Monte Oliveto）的钟楼；这一视点被与其他次要的视点结合在一起创造了一幅混合的图像。

毫无疑问，这幅佛罗伦萨图像的语言和内容使其进入一种对城市的颂扬中——一种官方的图像，由此美第奇家族以及支持他们的富裕的佛罗伦萨中产阶级可以在国外政治家和商人的眼中建立名望和信用[108]。尽管比例尺不准确，但图像非常详细并且给予城市一种相当整体的印象，建立了各种建筑与周围城墙之间相当准确的尺寸上的关系。城市及其环境以及城市的肌理和在周围乡村中的大量别墅都得到了显示。这一呈现城市的新方式与如下的对于城市肌理的新意识有关：城市区域各种值得注意的点（其非常可能包括私人建筑，如富有商人的住宅）并不是被随机散布的，而是带有一些准确性的被放置在一种被扩展的地形呈现中[109]。

虽然有一些罕见的例外，但直至 17 世纪末，城市甚至小城镇的描绘持续喜好透视图。城市壁画通常仅仅依赖于视觉观察，以及绘画者的透视技法，而不需要采用任何技术测量。这方面的一个早期例子就是由科西莫一世的宫廷艺术家乔治·瓦萨里在 1560 年前后制作的
933 成套的绘画；这些作品，在佛罗伦萨旧宫的各个部分，与佛罗伦萨和其他许多托斯卡纳城市的图像一起颂扬美第奇公爵的胜利。一幅特别重要的作品是收藏于克莱门特七世教皇大厅（Sala Clemente Ⅶ）的《1529—1530 年帝国军队围攻时从南侧绘制的佛罗伦萨全景图》（*La veduta generale di Firenze da sud al tempo dell'assedio dell'esercito imperiale of 1529 – 30*）。这一图像详细描绘和纠正了罗塞利的佛罗伦萨的图像，使用了一个被升高的位于南侧的观测点，这使得看到整座城市及其周边成为可能［包括阿尔诺河蜿蜒流经的普拉托（Prato）的广阔平原，由此赋予整幅图像一种地理景观的特定宽度］。成套图像中的其他图像显然赋予受到比喻和颂扬的特征以更多的重要性，而不是地形的准确性，但是这一特殊作品旨在对 1530 年的围攻提供一幅颇为忠实且有据可查的图像，比如可以从包括进来的建筑中看出，这些建筑此后 30 年中有的被改建，有的则被拆毁了[110]。

其他重要的绘画作品包括佩特里尼亚尼·迪阿梅利亚宫（Palazzo Petrignani di Amelia）

---

(108) Giuseppe Boffito and Attilio Mori, *Piante e vedute di Firenze: Studio storico topografico cartografico* (1926; reprinted Rome: Multigrafica, 1973), XX and 12 – 21.

(109) Giuseppina Carla Romby, *Descrizioni e rappresentazioni della città di Firenze nel XV secolo* (Florence: Libreria Editrice Fiorentina, 1976), 17 – 22, 以及 Rombai, *Cartografia Toscana*, 30 – 31。我们应当牢记，在 1478—1490 年间的某一时刻，罗塞利雕版了一幅罗马的图景。尽管这一作品现在佚失了，但是其影响力可以在各种印刷品——从 1490 年由贝尔加莫人雅各布·菲利波·福雷斯蒂（Jacopo Filippo Foresti da Bergamo）印刷的，到 1550 年由塞巴斯蒂亚诺·明斯特印刷的作品——中看到，也可以在 1538 年之后某一时刻绘制，现在悬挂在 Mantua, Saletta delle Città in Palazzo Ducale 中的佚名的图像看到。参见 Frutaz, *Le piante di Roma*, 1: 20。

(110) 下文是瓦萨里本人对于他佛罗伦萨景观图做出的描述："我开始从一个尽可能最高的视角来绘制城市，甚至是在一座房屋的屋顶，由此在紧邻的地方之外，我还可以注意到圣乔治、圣米尼亚托（San Miniato）、圣加焦（San Gaggio）和奥利韦托山。然而，阁下应当知道，尽管我置身高处，但我还是无法看到佛罗伦萨的全部，因为加洛山（Monte del Gallo）和吉拉蒙塔山（Monte del Giramonta）遮挡了圣米尼亚托和圣尼科洛（San Niccolò）城门的景观以及鲁巴孔泰（Rubaconte）桥和城市的其他很多地区。"参见 Giuseppina Carla Romby, "La rappresentazione dello spazio: La città," in *Tusciae*, 304 – 59, esp. 327 – 29, 引文在 358 – 59 n. 1。

客厅中精美的罗马的透视图（由一位不知名的艺术家在16世纪最后10年中绘制）(111)；乔瓦尼·巴蒂斯塔·拉加齐尼（Giovanni Battista Ragazzini）的大约1556年的法诺的景观画，它位于法诺的圣多明我会教堂的一面墙壁上(112)；摩德纳地区的斯佩扎诺城堡（Spezzano）的萨苏奥洛（Sassuolo）图景（时间为16世纪后半叶）(113)；16世纪晚期的蒙泰普尔恰诺（Montepulciano）的全景画，在该城的里奇宫（Palazzo Ricci）中；以及最为重要的，1574年的法尔内塞城市和封地的一组透视图，是由枢机主教亚历山德罗·法尔内塞为在卡普拉罗拉的家族宫殿的海神节大厅（Sala dei Fasti di Ercole）而委托的。基于奥拉齐奥·特里吉尼·德马里伊（Orazio Trigini de'Marii）最初绘制的图绘，这些由来自瓦雷泽的乔瓦尼·安东尼奥·瓦诺西诺绘制的精美作品构成了成套的壁画地图，其涵盖了帕尔马、皮亚琴察、伊索拉（Isola）、龙奇廖内（Ronciglione）、法布里卡（Fabrica）、卡波德蒙蒂（Capodemonte）、卡斯特罗（Castro）、玛尔塔（Marta）和卡尼诺（Canino）(114)。帕尔马的鸟瞰图是从北部的公爵布景设计的花园之上俯瞰的，这是尤其重要的图像，因为其构成了现代时期城市官方庆典的图像。相同类型的城市图像同样形成了100幅图版的宏大著作，这是佩萨罗（Pesaro）艺术家弗朗切斯科·明古奇（Francesco Mingucci）在1626年为公爵乌尔比诺的罗韦雷煞费苦心创造的(115)。

这类颂扬城市的例子在意大利中部诸国中是常见的。一幅由焦万·巴蒂斯塔·阿莱奥蒂在1605年绘制的，且在第二年出版的费拉拉地图是明显的对城市从埃斯特家族大公国转移到教皇手中这一过程的的颂扬。阿莱奥蒂在负责建造费拉拉堡垒的工作中，特别将他的地图送给弗朗切斯科·博尔盖塞将军（General Francesco Borghese），因为其提供了城市的一个非常准确的轮廓、一段对将军自1599年之后就在建造的防御设施的工作的描述以及对于如果波河被重新引入旧有河道的话可能对防御设施造成的威胁的描述。（阿莱奥蒂自己，在最后的埃斯特公爵阿方索二世统治时期中，从事了使得河道实际上更往南迁移的工程。）他1605年的地图同样包括了如果河流被改道那么可能要采取的措施的纲要(116)。

其他的例子包括保罗·蓬佐尼（Paolo Ponzoni）的极为详细的帕尔马地图，其在1572年在皮亚琴察出版，还有1593年的佛罗伦萨的安东尼奥·滕佩斯塔的罗马的大型雕版图像。帕尔马的地图，显然是对法尔内塞权力的赞美，是一幅收藏在帕尔马皇家图书馆（Regia Biblioteca Parmense）中的官方作品，可能是基于一幅（现在佚失的）城市的空中透视图

(111) Frutaz, *Le piante di Roma*, 1: 23.

(112) Roberto Panicali and Franco Battistelli, *Rappresentazioni pittoriche, grafiche e cartografiche della città di Fano dalla seconda metà del XV secolo a tutto il XVIII secolo* (Fano: Cassa di Risparmio di Fano, 1977), 28 – 29.

(113) Raffaella Ferrari and Stefano Pezzoli, "Materiali per un'iconoteca dei documenti storici dell'ambiente costruito e naturale dell'Emilia-Romagna," in *I confini perduti: Inventario dei centri storici, terza fase, analisi e metodo*, 展览目录 (Bologna: CLUEB, 1983), 19 – 83, esp. 65 (fig. 70)。

(114) Dall'Acqua, "Il principe ed il cartografo," 353 – 56.

(115) BAV, Cod. Barb. Lat. 4434. 参见 *MIC*, 60 – 61, 和 Mangani, *Carte e cartografi*, 20。

(116) Francesco Bonasera, *Forma veteris urbis Ferrariæ: Contributo allo studio delle antiche rappresentazioni cartografiche della città di Ferrara* (Florence: Olschki, 1965), 22 – 23.

像[117]。滕佩斯塔的地图从一个位于地平线之上的想象的高视角对城市进行了描绘，并且为其他大量地图学家提供了灵感，其中包括乔瓦尼·马吉（Giovanni Maggi），其在 1600—1630 年间制作了大量大型的透视印刷品[118]。

很多在梵蒂冈地理地图画廊的印刷地图明显是基于这样的官方城市图像，只是进行了增补或者更新。例如，伊尼亚齐奥·丹蒂提到的 1572 年的蓬佐尼的帕尔马地图[119]，多梅尼科·蒂巴尔迪（Domenico Tibaldi）的 1575 年绘制的一幅博洛尼亚的不等角投影的绘画（悬挂在梵蒂冈的博洛尼亚大厅）[120]，1555 年围攻锡耶纳的图像（增加了奥兰多·马拉沃提的

934　1573 年的城市的印刷地图）[121]，1561—1562 年的，瓦萨里的在佛罗伦萨旧宫的佛罗伦萨的壁画[122]，以及 1626 年的弗朗切斯科·明古奇绘制的乌尔比诺的大型透视图像[123]等显然就是如此。另外，佩萨罗的描绘较为概要，没有考虑到斯福尔扎在 16 世纪建造的方形城墙之外的城市扩张（当城市由德拉罗韦雷统治的时候）；如果丹蒂自己没有意识到这一缺陷的话，那么他的 16 世纪的修补者确实是意识到了，因为他在图像之下增加了一句批语，指出这是"故意乱想"[124]。

此外，画廊中也有全部或部分原创的城市景观。总体上，原创的作品包括给出了所有主要的世俗和宗教建筑以及主要街道和广场的佩鲁贾地图，以及科马基奥（Comacchio）地图［由 G. B. 马尼（G. B. Magni）在 1647 年和 1650 年之间绘制］，在其中几乎所有的建筑都被以可被识别的方式绘制，还有沿着狭窄河岸的道路、蜿蜒的运河、小的港口、渔场以及大量小帆船[125]。部分原创的作品包括费拉拉的图像，其被显示在封闭的城墙之中，并且有大型城堡（其工程始于 1599 年；因而其呈现在这里，归因于马尼的复原工作）并且包括了街道和广场，可以完美识别出的主要建筑，波河和运河，以及圣乔治镇（Borgo San Giorgio）的河港[126]。其他的部分原创的作品就是半透视的罗马地图，在 1631—1632 年卢卡斯·荷尔斯泰因指导的复原工作过程中，其由西蒙·拉吉（Simone Lagi）完全重新绘制[127]。

丹蒂本人被认为负责了 1578 年的"一些博洛尼亚人城堡的图像"（Dissegni di alcuni castelli del Bolognese）中的透视图像。所有被描绘的堡垒坐落在环绕城市的平原上；它们包括布德里奥（Budrio）、阿尔吉莱堡（Castel d'Argile）、圭尔福堡（Castel Guelfo）、自由堡

---

[117]　Franca Miani Uluhogian, *Le immagini di una città：Parma, secoli XV - XIX*, 2d ed.（Parma：Casanova, 1984）, 23 - 27.

[118]　Frutaz, *Le piante di Roma*, 1：24.

[119]　Gambi and Pinelli, *Galleria*, 2：201 - 384.

[120]　Miani Uluhogian, *Parma*, 27.

[121]　Leonardo Rombai, "Siena nelle sue rappresentazioni cartografiche fra la metà del '500 e l'inizio del '600," in *I Medici e lo Stato Senese, 1555 - 1609：Storia e territorio*, ed. Leonardo Rombai（Rome：De Luca, 1980）, 91 - 109, esp. 107. 关于马拉沃提的地图，参见原文第 912 页，注释 12。

[122]　参见原文第 933 页，注释 110。

[123]　BAV, Cod. Barb. Lat. 4434. 关于 Danti 的 Urbino，参见 *MCV*, 3：71 and pl. XLIII（lower），以及 Nando Cecini, *La bella veduta：Immagini nei secoli di Pesaro Urbino e Provincia*（Milan：Silvana Editoriale, 1987）, 140 - 41。

[124]　*MCV*, 3：71 and pl. XLIII（upper），以及 Cecini, *La bella veduta*, 53.

[125]　*MCV*, 3：72 and pl. XLV（upper）, and 3：70 and pl. XLI（lower）.

[126]　*MCV*, 3：70 and pl. XLI（upper），以及 Bonasera, *Forma veteris urbis Ferrariæ*, 55.

[127]　*MCV*, 3：73 and pl. XLVII，以及 Frutaz, *Le carte del Lazio*, 1：47 - 49.

（Castelfranco）、克雷斯佩拉诺（Crespellano）、克雷瓦尔科雷（Crevalcore）、多扎（Dozza）、梅迪奇纳（Medicina）、圣塔加塔（Sant'Agata）、斯皮兰贝托（Spilamberto）、米内尔比奥（Minerbio）、诺南托拉（Nonantola）、皮乌马佐（Piumazzo）、圣切萨里奥（San Cesario）、佩尔西切托的圣乔瓦尼（San Giovanni in Persiceto）和圣彼得堡（Castel San Pietro）[128]。

作为行政管理和军事工具的城市平面图

　　城市地图学的另外一个类型有一个不同的来源：使用调查者和军事工程师的用于空间的几何测量的方法和设备制作的平面呈现。尽管这些方法应当在 15 世纪晚期和 16 世纪早期对如列奥纳多·达芬奇和拉斐尔等艺术大师产生了影响，但这一类型持续被看成一种技术图像。同时通过在 18 世纪出现的最早的公共土地登记册，这种技术图纸的产品将继续被视为王公、政府和军事决策者的专业"禁区"。实际上，毫不惊奇的是，基于它们所包含的重要战略价值的信息，被制作的这些少量作品被小心翼翼地保存在档案馆中，它们只是最近才从这里露面[129]。

　　这些作品的一个重要的先驱就是列奥纳多 1502 年绘制的伊莫拉城市地图（图 36.16）。普遍的准确性、单一街区和城市某一部分之间的比例，以及对作为领土背景的整体地形的描绘等是其全部的特征，而这些特征揭示了对距离和方向的测量以及导致我们假设地图制作时有一些战略目的[130]。

　　1529 年，当教皇和西班牙军队围攻佛罗伦萨的时候，后者最后一次起义反对并驱逐了它的美第奇统治者。在围攻时，教皇克莱门特七世授权制作意图可以在其上规划攻城战役的一个模型的产品。这一作品（已经散佚）被创造，在由本韦努托·德拉沃尔帕亚（Benvenuto della Volpaia）和尼科洛·特里博洛（Niccolò Tribolo）秘密进行的实地罗盘测量之后，他们负责用软木进行实际构建工作（然后通过骡子极为秘密地运输到罗马）[131]。

　　尤其重要的、具有行政军事功能的一类城镇地图就是那些与沿着埃斯特公国的托斯卡纳边界的设防中心［加尔法尼亚纳、卢尼贾纳和马萨—卡拉拉（Massa Carrara）的阿普安（Apuan）地区］有关的作品。这些数量众多的作品通常非常简要地描绘了地形信息[132]，但一幅突出的地图是 16 世纪的马萨城市及其周围区域的大型透视图。有详细丰富的自然地理景观的细节，这一作品似乎预示着后来的行政地图，后来的行政地图将一座城市显示为一幅整体图像中的一个内在部分，而不是作为一些使用一种夸张比例绘制的单独实体，而使用夸张比例绘制旨在作为一种在周边地区行使的政治、社会经济和文化霸权的直观指标[133]。

935

---

[128]　Bologna, Biblioteca Comunale dell'Archiginnasio. 参见 Ferrari and Pezzoli, "Materiali per un'iconoteca," 43（fig. 31）。

[129]　Miani Uluhogian, *Parma*, 19.

[130]　MS. L in Paris, Bibliothèque de l'Institut de France, 包含了列奥纳多关于切塞纳（Cesena）和乌尔比诺地图的两个初步的草图。关于伊莫拉地图，以及不是被普遍接受地对其他作者的推测，参见 Zanlari, "Formazione del cartografo," 453 – 54。

[131]　Rombai, "Siena," 102.

[132]　Modena, Archivio di Stato, Mappario estense, Topografie di città, n. 2, 20 – 25. 参见 Bertuzzi and Vaccari, "Fonti cartografiche," 314 – 18 中的目录。

[133]　Modena, Archivio di Stato, Grandi mappe, Mappe in telaio, panel N. 参见 Bertuzzi and Vaccari, "Fonti cartografiche," 349。

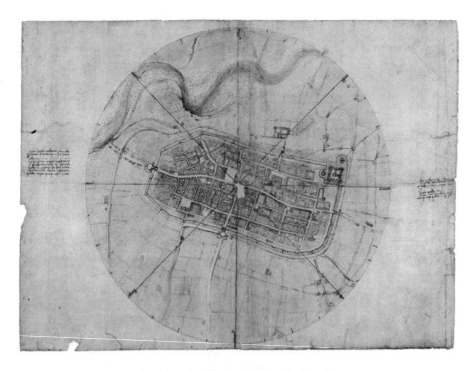

图 36.16 列奥纳多，伊莫拉地图，1502 年

原图尺寸：约 44×60.2 厘米。Royal Collection ⓒ 2006，Her Majesty Queen Elizabeth II. Royal Library，Windsor（Cod. Atlantico 12284）提供照片。

为了满足对一座城市中的元素进行平面显示，地图制作者制造了一个较高的视点，使得勾勒显示公共空间、开放道路、门廊、广场、喷泉、运河和绿地（田地、花园和菜园）、封闭的私人庭院，以及如钟楼、教堂和高耸的贵族宫殿（通常会突出绘制）的城市布局的轮廓成为可能，并且与城市城门和其他防御性结构（例如棱堡和壁垒）一起，用一个相当现实的比例绘制。然而，城市更为大众的区域继续被描述为建筑、庭院和开放空间的未分化的一个棋盘格。

一幅从较高视角俯瞰的地图的最佳例子就是美第奇宇宙志学者斯特凡诺·比翁西诺绘制的佛罗伦萨图景。《最美城市佛罗伦萨新绘最精确地形图》（*Nova pulcherrima civitatis Florentiae topographia accuratissima delineata*），绘制于 1584 年，试图以某种详细程度显示较小的建筑，同时保持它们相对于城墙和主要公共和私人建筑的比例，由此使用了一种混合的不等角投影—透视技术如实地反映建筑细节和城市布局[134]。多年后，在 1595 年，画家弗朗切斯科·万尼（Francesco Vanni）制作了一幅同等效果的锡耶纳地图。他的不等角投影地图的印刷品，是出于费迪南德一世皇帝陛下的"洪恩和意愿"而绘制的，是在经过数月的为描绘城市肌理而进行的研究和调查之后——包括了城墙之内所有未建区域——"完全具有适当测

936

---

[134] 比翁西诺可能使用了一种官方的平面地图，也许是基于 16 世纪末由圭尔夫派首领（Capitani di parte guelfa）的技术人员进行的去重新确定道路、沟渠和下水道的特别调查。ASF, Miscellanea di piante, n. 101；参见 *Documenti geocartografici nelle biblioteche e negli archivi privati e pubblici della Toscana*, vol. 2, *I fondi cartografici dell'Archivio di Stato di Firenze*, pt. 1, *Miscellanea di piante*, ed. Leonardo Rombai, Diana Toccafondi, and Carlo Vivoli (Florence: L. S. Olschki, 1987), 108。

量精度"的细节[133]。在编纂锡耶纳地籍地图之前，晚期的城镇图景相较于万尼的呈现而言没有本质的进展，即使它们包括了只有适度重要性的其他细节。例如，由绘画家鲁蒂略·马内蒂在 1609—1610 年绘制的城市的大型透视地图，在重要的锡耶纳的权威四人档案专家委员会（Quattro Conservatori）的命令下，显示了卡莫利亚港（Porta Camollia）充满了石灰华的饰面，其是在 17 世纪初年增加上去的[134]。

比翁西诺和万尼的地图都非常知名，因为存在印刷的版本提醒我们，如同陆地地图的情况，相对少量的城市图像和城市平面图被印刷和出售。当它们被印刷和出售的时候，其通常是在一位王公或统治当局明确的命令之下，他们确实是将地图作为对他们城市的一种颂扬。

奇普里亚诺·皮科尔帕索·迪杜兰特（Cipriano Piccolpasso di Durante）绘制的翁布里亚城市地图是另外一个融合了地图的颂扬功能和管理功能的良好例子。在 1565—1579 年间，皮科尔帕索，一位军事工程师，其是教皇国防御工事的首脑，"通过在四个月的现场测量中使用地形指南针，进行了付出极大努力"的工作，去制作他的"翁布里亚城市和村落地图与描述"（Piante et ritratti delle città e terre dell'Umbria）。由佩鲁贾政府委托，这一作品由 56 幅图像构成，范围从陆地地图、城市区域的概要轮廓到更为重要的城市地图和总数为 26 幅的翁布里亚大小聚落的透视图[135]。佩鲁贾地图是城市整体形态一个准确的轮廓，并标明了重要建筑、构成城市肌理的主要街区以及开放空地的区域、一些耕地（图 36.17）。然而，皮科尔帕索令人迷惑地在圣彼得门（Porta San Pietro）地区标明了一座小的堡垒"是由保罗·洛尔西诺（Paulo l'Orsino）建造的"，这是一座没有出现在后来地图中或者其他历史文献中的建筑。作品的总体观点就是"每一幅透视图都是生动活泼的，对于细节的处理非常小心翼翼"；每幅图版周围的框架"主要由树木的图案和当地生活的不同场景构成，通常有一种强烈的田园氛围"[136]。

17 世纪早期的卡拉拉的透视平面图是另外一幅基于测量的作品，其清晰地展现了一种颂扬的目的。在阿尔贝里科·马拉斯皮纳（Alberico Malaspina）命令下绘制的图像的前景，由防御工事和其他建筑所占据，例如通向了卢尼奥拉门（Porta della Lugnola）的"大理石路"（strada del marmo）（如此称呼是因为卡拉拉大理石的名气）、新的城市广场和阿尔贝里科大道（Via Alberica），后者是由阿尔贝里科自己建造的[137]。

卢卡制作了大量与城市规划方案有关的地图（涉及防御工事、道路和建筑）。一个例子就是大型的不等角投影的城市透视图，视角是从南侧，时间为 1600 年，其对城市肌理给予

[133]　Rombai, "Siena," 97 – 99 and 107 – 8，以及 Romby, "La città," 337。

[134]　装裱在 Siena, Archivio di Stato 的一个房间里；Rombai, "Siena," 101 and 108 – 9，以及彩色的在 Romby, "La città," 338 中。

[135]　MIC，引文在 44。与城市图像一起，存在一幅相当概要的翁布里亚的地方地图（c. 143v – 144r）和一幅更为原创性的特拉西梅诺湖及其周围地区的透视图，包含主要的聚落（c. 117v），其功能主要是展示一段关于汉尼拔和罗马人之间战斗的文本。这组藏品有三个抄本：Perugia, Biblioteca Comunale Augusta, MS. 3064；Rome, Biblioteca Nazionale Centrale, MS. 550；BAV, Cod. Urb. Lat. 279。参见 Adriana Giarrizzo, "Il lago Trasimeno: Appunti storico cartografici," *Rivista Geografica Italiana* 78 (1971): 170 – 203, esp. 188 – 89。

[136]　Eugenia Bevilacqua, "I ritratti di città e terre dell'Umbria di Cipriano Piccolpasso," *Bollettino della Società Geografica Italiana* 85 (1948): 242 – 43.

[137]　Romby, "La città," 330.

937

图 36.17 奇普里亚诺·皮科尔帕索·迪杜兰特，佩鲁贾地图。来自稿本 "Il primo libro delle Piante et ritratti delle città e terre dell'Umbria sottoposte al governo di Perugia"，约 1579 年

原图尺寸：64×42.6 厘米。Biblioteca Comunale Augusta, Perugia（MS. 3064, c. 37v-38r）提供照片。

了一种令人惊讶的准确描述[140]。还存在大量精美的城市图景和平面图，时间判断为 16 世纪后半叶，是由如雅各布·塞吉齐（Iacopo Seghizzi）、弗朗切斯科·达佩萨罗（Francesco da Pesaro）、巴尔达萨雷·兰奇（Baldassarre Lanci）、弗朗切斯科·帕乔托、彼得罗·瓦尼亚雷利（Pietro Vagnarelli）、亚历山德罗·雷斯塔、吉内塞·布雷夏尼（Ginese Bresciani）、温琴佐·奇维塔利（Vincenzo Civitali）和弗拉米尼奥·萨米尼亚提（Flaminio Saminiati）等有能力的工程师绘制的[141]。亚历山德罗·雷斯塔的地图绘制于 1563—1590 年间，对邻近城墙和城门的城市肌理给予了细致的叙述（同时将封闭区域内的剩余部分留成空白），由此可能的是，这幅地图意图服务于一些军事目的[142]。

这些手绘城市图像只是冰山一角，因为在 16 世纪和 17 世纪，每一区域都制作了无法计数的，甚至最不重要的城镇和设防聚落的地图（小至如孤立的瞭望塔等单独的建筑）。值得提到的是，16 世纪晚期的法诺的透视图，其被如此准确地绘制以至于所有街道和主要的宗教和世俗建筑都可以被确定[143]，还有阿莱奥蒂的 17 世纪早期的科马基奥地图[144]，还有小型的相当详细、写实的各种城堡和城镇的图景，这些城堡和城镇构成了兰迪家族的封建国家，其位于蓬特雷莫利和塔罗河谷镇之间的亚平宁山脉上。时间是 1617 年，这些图景和地图显然有一种政治目的[145]。

在接近 16 世纪中期的时候，通过使用调查者的罗盘和其他的光学设备，鼓励了在主要是关于城墙、城门和防御设施的简单轮廓的平面图中包含一些细节[146]，这一变化反映了正在增长的对于辨识城内单一建筑和区域的需求。然而，存在大量的例子，即绘制城市区域的平面地图以满足政府的迫切需要。这一习惯出现在各种 16 世纪后半期的托斯卡纳城市地图中。有特点的例子是那些 1550 年的恩波利（Empoli）的平面图，它们是由圭尔夫派首领

---

[140] Lucca, Archivio di Stato, Fortificazioni della città e dello stato, f. 43.

[141] Azzari, "Cartografia Lucchese," 171 – 75.

[142] Lucca, Archivio di Stato, Fortificazioni della città e dello stato, f. 42, c. 5.

[143] 装裱在 Pinacoteca di Fano。参见 Panicali and Battistelli, *Rappresentazioni pittoriche*, 48 – 49.

[144] Pinacoteca di Fano 的绘本。其他的相似地图就是同时代的（佚名）的琴托（Cento）地图，在 Ferrara 的 Biblioteca Comunale Ariostea，还有 1661 年的由 A. F. G. 达马泰利卡（A. F. G. da Matelica）绘制的伊莫拉地图，现在藏于 Imola, Biblioteca Comunale。参见 Ferrari and Pezzoli, "Materiali per un'iconoteca," 45 – 46（figs. 35 and 38）。

[145] Rome, Archivio dei principi Doria Landi Pamphili；以 *Descrizione degli stati e feudi imperiali di Val di Taro e Val di Ceno* 的名称于 1977 年出版。参见 Dall'Acqua, "Il principe ed ilcartografo," 352 – 53.

[146] 很多有城墙城市的概图被发现于 16 世纪的军事建筑工程师的论文集和地图集中。例子包括 Bartolomeo de Rocchi 的论文（约 1552 年），现在藏于 Florence（Gabinetto dei disegni e delle stampe, Galleria degli uffizi, n. 4177 A），或者 Francesco de Marchi 1550—1577 年间绘制的《堡垒地图集》（collection Piante di fortezze）中的那些地图，现在藏于 Florence（Biblioteca Nazionale Centrale, Magliabechiano, II. I. 281）。使用调查设备绘制的军事平面地图包括 1512—1513 年的比萨地图（被认为是 Giuliano da Sangallo 绘制的），被绘制用于描绘佛罗伦萨下令修建的防御设施（现在藏于 Gabinetto dei disegni e delle stampe, Galleria degli uffizi, n. 1971/A）；来自大约 1526 年的帕尔马地图，被认为是 Giorgio da Herba 绘制的（Parma, Archivio di Stato, Raccolta di mappe e disegni, 3/43；参见 Miani Uluhogian, *Parma*, 16 – 19）；以及 de Marchi map of Siena，绘制于 1554—1555 年的围攻期间（Florence, Biblioteca Nazionale Centrale, Magliabechiano, II. I. 281；参见 Rombai, "Siena," 94 and 106）。同时代的锡耶纳地图，一幅最初的全图，另外一幅佚名的地图（现在藏于 Gabinetto dei disegni e delle stampe, Galleria degli uffizi, n. 2615 and n. 1971/A）在特征与 Port'Ercole in Monte Argentario 的重要设防城镇的描绘相似，这些设防城镇在数年之前被转交从而受到西班牙的控制（地图现在藏于多处，其中包括 Florence, Gabinetto dei disegni e delle stampe, Galleria degli Uffizi, n. 1577/A, n. 2342/A, and n. 2343/A；参见 Rombai and Ciampi, *Cartografia storica*, 230 – 41）。

（Capitani di Parte）弗朗切斯科·迪唐尼诺（Francesco di Donnino）的营造师绘制的，他们被派到那些区域为了抵御阿尔诺河的洪水而绘制平面图，并且细致地绘制城市街道和广场的直角网格，关注位于中心的主要教堂⑭，此外，1553 年的阿尔诺河谷的圣乔瓦尼（San Giovanni Valdarno）地图显示了位于东北部的有城墙的有着几何布局的区域，这一地区被阿尔诺河的洪水严重毁坏（其重建是绘制了地图的大公爵的佚名技术人员的任务）⑭。

16 世纪显示了整座城市的垂直视角的各种地图，它们值得注意，是因为它们地形的准确性和丰富的细节。一个有特点的例子就是 1589—1592 年间由法尔内塞工程师斯梅拉尔多·斯梅拉尔迪为拉努乔一世大公绘制的帕尔马地图。地图可能在一些方面与亚历山德罗·法尔内塞大公的一幅五边形的城堡平面图相似，并且在使用改进的测量设备比如有一块天然磁石的青铜调查罗盘等方面领先于他的时代。地图显示了完整的道路和街道系统、城墙和街区的轮廓⑭。其非常不同于 1574 年的在卡普拉罗拉的法尔内塞宫的有帕尔马鸟瞰图的壁画，后者的目的在于颂扬城市并且强调公爵权力的所在地⑮。另外一幅这类作品是皮翁比诺地图，其是由阿尔卡拉公爵（Duke of Alcalà）佩拉凡·德里贝拉（Perafan de Ribera）送给西班牙国王的；绘制于 1570 年，其仔细地绘制了城市的肌理，并且详细描述了现存的和被规划的这一第勒尼安海沿岸重要堡垒的防御设施⑮。所有地图中最具有影响力的就是被绘制、印刷且毫无疑问是由莱昂纳多·布法利尼在 1551 年出版的罗马平面图⑮。

939

---

⑭ ASF, Piante dei capitani di parte guelfa, numeri neri, f. 957, cc. 247v – 248r. 参见 Walfredo Siemoni, "L'immagine della città," 以及 Anna Guarducci and Leonardo Rombai, "Il territorio: Cartografia storica e organizzazione spaziale tra tempi moderni e contemporanei," both in Empoli: Città e territorio, vedute e mappe dal '500 al '900, 展览目录（Empoli: Editori dell'Acero, 1998），115 – 61, esp. 119（fig. 53）, and 35 – 113, esp. 36, respectively。

⑭ ASF, Cinque del contado, f. 258, c. 602 bis.

⑭ 在 1601 年给拉努乔的献词中，斯梅拉尔迪对于所使用的图解给出了一个有趣的解释："由此他应当希望，他［Ranuccio］可能知道任何街道、镇区或那里任何地点的正确尺寸，其应当非常不同于我使用的透视法。"之前藏在 Parma, Biblioteca Palatina 的原创作品丢失于 1944 年；那仍然保存了一些照片和三部 18 世纪或 19 世纪的副本，收藏在 Parma, Archivio di Stato, Raccolta di mappe e disegni, 2/61 and 2/15, and Museo Archeologico Nazionale（悬挂在馆长办公室的走廊）；参见 Miani Uluhogian, Oltrei confini, 14 – 15; idem, Parma, 28 – 31 and 81 – 84; 以及 Zanlari, "Formazione del cartografo," 460 – 61。

⑮ Dall'Acqua, "Il principe ed il cartografo," 355 – 56, 以及 Miani Uluhogian, Parma. 我们不应当忘记，在 1588—1589 年，斯梅拉尔迪绘制了一座小城镇的"蒙蒂切利·多尼纳镇的皇家绘图"（Disegno Reale della pianta di Monticelli d'Ongina），该镇处于帕尔马公爵和该地区的封建领主帕拉维奇诺的管辖之下。地图是严格垂直的，即使地图学家仅仅在意将城市肌理作为一个整体，显示了壕沟、未建成区域、教堂和少量其他建筑。数年后，梅拉尔迪开始绘制关于布塞托（Busseto）平面概图的工作，随后由一位"学生，可能是他的儿子马克·安东尼奥（Marc'Antonio）"完成。两幅图像藏于 Parma, Archivio di Stato, Raccolta di mappe e disegni, vol. 36, c. 25/3, 以及 Mappe di strade e fiumi, vol. 9, c. 19。参见 Zanlari, "Formazione del cartografo," 458 – 59 and 461 – 62。

⑮ Archivio General de Simancas, Mapas, planos y dibujos, 2 vols., by Concepción Alvarez Terán and María del Carmen Fernández Gómez（Valladolid: El Archivo; ［Madrid］: Ministerio de Cultura, Dirección General de Bellas Artes, Archivos y Bibliotecas, 1980 – 90），1: 820; Rombai, "La rappresentazione cartografica," 48; 以及 Ilario Principe et al., eds., Il progetto del disegno: Città e territori italiani nell'Archivo General di Simancas（Reggio Calabria: Casa del Libro, 1982），No. 38.

⑮ 这幅地图的一个局部被显示在图 27.3 中。一幅佚名的绘本，被称为库内奥绘本，藏在罗马 Biblioteca Nazionale, P. A. 1ter。最早的基于这幅地图的作品是艾蒂安·杜佩拉齐 1577 年绘制的安东尼奥·拉弗雷伊地图，其显示了所有主要建筑的立面。参见 Leonardo Bufalini, Roma al tempo di Giulio III: La pianta di Roma, intro. Franz Ehrle（Rome: Danesi, 1911），以及 Frutaz, Le piante di Roma, 1: 21 – 22。

17 世纪的例子

在 17 世纪期间，平面城市图的产品数量更多，包括如 C. 索尔达蒂（C. Soldati）1625 年绘制的"圣乔瓦尼城堡的图绘"（Disegno di Castel San Giovanni）[153]，以及当地建筑师乔瓦尼·乔治（Giovanni Giorgi）1658 年绘制的"法诺城地图"（Pianta della città di Fano）[154]。最初，绘制周边区域主要是出于装饰目的，但是逐渐对城墙之外区域的关注导致了对地形和城市或城镇自然环境的更为实质性的描述，而城市和城镇是整个区域的政治和经济中心（地图学家显示了周围区域、孤立的建筑、道路和水道以及农业用地和林业用地之间的差异）[155]。

"内含自身风格的全部街道之费拉拉城地图"（Pianta della città di Ferrara con tutte le strade in propria forma），是由当地的水文工程师巴尔托洛梅奥·尼奥利在 1658 年和 1662 年之间绘制的，是最为令人震惊的 17 世纪的城市地图之一。使用了超过 100 个数字或者字母表来确定教堂、纪念物和特殊地点，其对于道路网络给予了一个清晰的描述，并且标明了旅游潜力，而这在当时是一个牢固确立的地图学传统。这一费拉拉的图像伴随有尼奥利在大约同时代制作的另一幅地图："费拉拉城周边地区"（Sito d'intorno alla città di Ferrara），其清晰描述了城墙、周围的区域和密集的水网[156]。

尽管单一城市或城镇的各种平面图和透视图在地图学家、日期、技术和语言方面是存在差异的，但它们在意图方面依然是明显一致的：领土的管理和控制，其通常涉及建立防御设施和充分的城市发展，而为这些目的绘制的平面图是进行这样地图绘制工作和测量工作所必需的。

---

[153] Parma, Archivio di Stato. 在 Ferrari and Pezzoli, "Materiali per un'iconoteca," 52（fig. 44）中发表。

[154] Jean Vallery-Radot, *Le recueil de plans d'édifices de la Compagnie de Jésus conservé à la Bibliothèque Nationale de Paris* (Rome: Institutum Historicum S. I., 1960), No. 50, 以及 Panicali and Battistelli, *Rappresentazioni pittoriche*, 70–71。

[155] Ferrari and Pezzoli, "Materiali per un'iconoteca," 42.

[156] Ferrara, Biblioteca Comunale Ariostea. 参见 Bonasera, *Forma veteris urbis Ferrariæ*, 30–31 and 48–49, 以及 Alberto Penna, *Atlante del Ferrarese: Una raccolta cartografica dei Seicento*, ed. Massimo Rossi (Modena: Panini, 1991), 91–92 and 95–96。

第三十七章　现代早期那不勒斯
王国的地图学*

弗拉迪米罗·瓦莱里奥（Vladimiro Valerio）
（北京大学历史系张雄审校）

940　　在书写现代早期那不勒斯王国地图学史的过程中，我们会遇到大量的"缺失"：存在只流通了非常短的一段时间的地图，或者只流通于非常有限的人群中的地图，那些被遗忘或者佚失而没有留下任何线索的地图，以及从未完成或者从未被印刷的地图。同时无论这种缺失是有意为之还是相关作品的内在特征，但这是意大利南部从16世纪初直至1734年（在这一那不勒斯历史上至关重要的一年中诞生了独立的政府）所遭受的文化和政治从属地位的表现。本章所涵盖的时间从1443年阿拉贡王朝（House of Aragon）的阿方索五世（Alfonso V）建立两西西里（Two Sicilies）王国开始，延续至从1504年至17世纪中期在西班牙总督统治下的时期，而这一时期结束的时间与1648年的反对西班牙的暴动完全同时，而这场暴动对城市的经济和社会生活产生了严重的影响。

　　与"沉默"和"秘密"一起，之前提到的缺失，为对那不勒斯地图学观念方面的调查提供了成果丰富的领域。哈利评论到："地图的缺乏和地图的存在一样，正是一个探究的领域"[1]，同时这一评价不仅可以涵盖单幅地图，而且可以涵盖特定社会或者特定时期所有绘制的地图。甚至在最近的历史时期中发生的这类缺失，揭示了地图学知识的范围（在数量和质量意义上）并不是简单地依赖于技术的发展。各种各样的期待和压力在这里发挥作用。同时尽管所有这些都含有一种政治要素（如同哈利指出的，它们包含了一种对于"维护国家权力合法化"的关注）[2]，它们还是可以在更为普遍的意义上，被看成依赖于机构的性质、依赖于占优势的经济和社会条件，以及甚至依赖于每一个社会都会发展的精神地图学。为了超越这些模糊的初步考虑，并给出一个明确的例子，我们可以证实，在超过四个世纪的时间中，那不勒斯的

---

* 本章所使用的缩略语包括：ASN 代表 Archivio di Stato, Naples, 以及 *Lexikon* 代表 Ingrid Kretschmer, Johannes Dörflinger, and Franz Wawrik, eds., *Lexikon zur Geschichte der Kartographie*, 2 vols.（Vienna：Franz Deuticke, 1986）。

① J. B. Harley, "Silences and Secrecy：The Hidden Agenda of Cartography in Early Modern Europe," *Imago Mundi* 40 (1988)：57–76, esp. 58. 参见哈利对"关于地图中的政治沉默的一种充足理论"的发展展开的有启发性的重点讨论（pp. 57–58）；这篇论文含有丰富的参考文献。

② Harley, "Silences and Secrecy," 58. 关于地图学和权力的主题，参见马西莫·夸伊尼各种作品中的有趣讨论："L'Italia dei cartografi," in *Storia d'Italia*, 6 vols.（Turin：Einaudi, 1972–76）, 6：3–49；"I viaggi della carta," in *Cosmografi e cartografi nell'età moderna*（Genoa：Istituto di Storia Moderna e Contemporanea, 1980）, 7–22, 增订后以"Fortuna della cartografia"的标题重新发表，*Erodoto* 5–6（1982）：132–46；"Il 'luogo cartografico'. Spazio disciplinare o labirinto storiografico?" in *Atti della giornata di studio su：*"*Problemi e metodi nello studio della rappresentazione ambientale*," *Parma*, 22 marzo 1986, ed. Pietro Zanlari（Parma：Istituto di Architettura e Disegno, Facoltà di Ingegneria, Università degli Studi di Parma, 1987）, 49–55。

地图学对于边界问题以及对"幸福的坎帕尼亚"（Campania Felix）区域的呈现给予了不同程度的强调。实际上，地图学的这些分支的方方面面将最终成为那不勒斯地图学持久的——元史学的——特征。然而，一种完全从政治—经济方面进行的解读并没有为这一现象提供一种充分的解释；显然，与集体想象和精神有关的因素在这里也发挥了作用③。

尽管附属国和政治依附是那不勒斯地图学中缺失状态的一个决定性因素，我们也不应当忽略其他因素的影响，而这些因素更为紧密地与地理和经济因素联系在一起。作为这些因素的一个例子，我们应当考虑意大利南部聚落的模式，那里的城镇在领土上星罗棋布，但是缺乏作为和谐发展的核心的联系和相互联络④。这种聚落模式的结果就是一系列封闭的经济体，有内地不发达的贸易和商业以及依赖于小吨位船只的沿海贸易。与这种碎片化的社会经济状况的同时，我们可以发现地图学知识非常不均衡的发展；覆盖面很差，同时，这个时期的地图学家对某些主题或地理区域特别关注或偏爱。

我已经提到了对于边界问题以及对于描述那波勒斯区域本身的关注；那不勒斯地图学的典型特征进一步的例证就是对某些堡垒战略方面的兴趣和对于特定轴线，例如区域的主要小路（tratturi，羊肠道）或者王家运河（regi lagni，人工建造的水渠，用来排干填海地区的水）的基于经济行政角度的关注。对于在马德里（Madrid）、那不勒斯、巴黎、锡曼卡斯（Simancas）和维也纳（Vienna）发现的意大利南部的图像和地图汇编的一项研究显示了按照地点和时期的不同，图像存在的各方面的差异⑤。被涵盖的主题几

941

③　关于以想象为主题的历史研究，参见 Evelyne Patlagean, "Storia dell'immaginario," in La nuova storia, 3d ed., ed. Jacques Le Goff, trans. Tukcry Capra（Milan: Mondadori, 1987），289 – 317。在 Leonardo Olschki 的 Storia letteraria delle scoperte geografiche: Studi e ricerche（Florence: Olschki, 1937）中与地图学的想象有关的有趣的思想还有待今后的发展。特别关注他对于经验与观念地理学的区分（pp. 143 – 44），以及书中论及神话的持续存在的部分（pp. 155 – 63），两者可以在标题为 "Realtà, convenzione e immaginazione nelle relazioni di viaggio del Medio-evo" 的一章中找到。对于地图学的想象的研究还可以在标题为 "Cartografia dell'immaginario" in Arte e scienza per il disegno del mondo，展览目录（Milan: Electa, 1983）237 – 56 中找到，其包括了出现在 Cartes et figures de la terre，展览目录（Paris: Centre Georges Pompidou, 1980）中的少量论文，由 Jacques Le Goff、Marina Paglieri 等人进行了有趣的增补。关于奇幻和虚构地理学的参考书目——应当被指出，这是一个与地图学的想象存在相当差异的主题——最近随着各种值得注意的作品的问世而增加。还有那些已经被引用的作品，参见 Omar Calabrese, Renato Giovannoli, and Isabella Pezzini, eds., Hic sunt leones: Geografia fantastica e viaggi straordinari（Milan: Electa, 1983），其涵盖了各种主题以及探讨它们的方法，以及 "Imaginary Map" and "Symbolic Map," in Cartographical Innovations: An International Handbook of Mapping Terms to 1900, ed. Helen Wallis and Arthur Howard Robinson（Tring, Eng.: Map Collector Publications in association with the International Cartographic Association, 1987），37 – 40 and 68 – 69。

④　参见 Philip Jones, "Economia e società nell'Italia medievale: La leggenda della borghesia," in Storia d'Italia: Annali, vol. 1, Dal feudalesimo al capitalismo, ed. Ruggiero Romano and Corrado Vivanti（Turin: Einaudi, 1978），185 – 372, esp. 201ff。

⑤　关于这些机构中的地图学汇编，参见 M. A. Martullo Arpago et al., eds., Fonti cartografiche nell'Archivio di Stato di Napoli（Naples: Ministero per i Beni Culturali e Ambientali, Ufficio Centrali per i Beni Archivistici, Archivio di Stato di Napoli, 1987），其提供了对保存在那不勒斯国家档案馆中的汇编的一项研究的最初结果；Archivo General de Simancas, Mapas, planos y dibujos, 2 vols., by Concepción Alvarez Terán and María del Carmen Fernández Gómez（Valladolid: El Archivo;［Madrid］: Ministerio de Cultura, Dirección General de Bellas Artes, Archivos y Bibliotecas, 1980 – 90），vol. 1, 以及 Ilario Principe et al., eds., Il progetto del disegno: Città e territori italiani nell'Archivio General di Simancas（Reggio Calabria: Casa del Libro, 1982），121 – 44 是关于锡曼卡斯档案馆的汇编；Elena Santiago Páez, ed., La Historia en los Mapas Manuscritos de la Biblioteca Nacional，展览目录（Madrid: Ministerio de Cultura, Dirección General del Libro y Bibliotecas, 1984）是关于 Biblioteca Nacional in Madrid 的汇编；以及 Daniela Ferrari, "Fonti cartografiche di interesse italiano presso il Krigsarchiv di Vienna," L'Universo 70（1990）: 354 – 61 是关于在维也纳 Kriegsarchiv 的汇编。在那不勒斯 Biblioteca Nazionale 珍本部的地图学汇编按照作者和地点进行了编目，而 BNF 中的 Cartes et Plans section 则按照它们汇编的来源编目（Collection d'Anville, Dépôt de la Marine, etc.）。

乎都属于之前提到的那些，但是并未揭示存在一种持续的研究，而基本是基于偶尔关注的暂时的发展。每部作品似乎都与一些特定的事件相关——并且似乎存在于一种地图学的真空中。

当我们关注印刷作品的时候，地图学图像或其他图示的稀缺变得甚至更为令人震惊，与对于普通人而言几乎一无所知的绘本地图相比，印刷作品自然而然对于后续的产品和普通地理学有更大的影响：印刷地图可以很容易超越最初委托绘制它们的宫廷或者封地的有限圈子，因而成为传播国家大小和力量的图像的主要方式之一（实际上，地图学可以提供现代国家的一幅地图或者一种象征，在其中作为整体的民众可以自认为是一个集体中的一员）。在这一点上，我们应当强调一个至今尚未被注意到的非常简单的事实，即在 16 世纪末之前，在那不勒斯并不存在印刷或者雕版的地形或者地理地图或者城市景观⑥。所有较老的与意大利南部有关的地理航海图、地图和城市景观都是在王国以外印刷的。

那不勒斯阿拉贡宫廷的天文学和测地学

欧洲制图学的复兴与 15 世纪期间现代国家的产生是同步的。或者正如赖德（Ryder）推测的那样，最早的欧洲国家"可能是最早显示出许多被历史学家贴上了'现代'标签的那些特征的国家"⑦，到 15 世纪中期为止，那不勒斯王国享有有利于发展现代制图学以及发展可以用于领土和地理测量的现代技术的环境。不幸的是，由于多种原因，这一过程并没有在一个国家的形成以及在作为一个国家的集体的自我认同中达到顶峰；其中最为重要的就是在相互竞争的封建领主之间持续存在广泛的斗争，君主无法削弱他们的权力，因为他自己忙于要在他的王国内外打仗。对于王国作为一个国家的独立存在的最后一击是 15 世纪末的政治动荡的结果，这种动荡剥夺了大量意大利国家的自治政府。然而，当阿拉贡的阿方索五世在 1443 年登上那不勒斯和西西里王国的王位的时候，建立意大利南部单一国家的基础已经奠定，并将其作为"阿拉贡王国政府统治下的国家联盟"的组成部分（关于一幅参考地图，参见图 37.1）⑧。

942

---

⑥　参见 Vladimiro Valerio（Ermanno Bellucci 的贡献），*Piante e vedute di Napoli dal 1486 al 1599：L'origine dell'iconografia urbana europea*（Naples：Electa Napoli，1998）。

⑦　A. F. C. Ryder，*The Kingdom of Naples under Alfonso the Magnanimous：The Making of a Modern State*（Oxford：Clarendon，1976），vii. 关于意大利南部的经济、政治和艺术状况（与阿拉贡王国政府统治下的其他国家的状况进行比较观察），参见 *IX Congresso di Storia della Corona d'Aragona，Napoli，11 - 15 aprile 1973，sul tema La Corona d'Aragona e il Mediterraneo：Aspetti e problemi comuni，da Alfonso il Magnanimo a Ferdinando il Cattolico*（1416 - 1516），4 vols.（Naples：Società Napoletana di Storia Patria，1978 - 84）中的论文，尤其是 Ferdinando Bologna 的原创作品，"Apertura sulla pittura napoletana d'età aragonese，" 1：251 - 99，以及他的 *Napoli e le rotte mediterranee della pittura da Alfonso il Magnanimo a Ferdinando il Cattolico*（Naples：Società Napoletana di Storia Patria，1977），这是由他 1978 年论文发展而来的。

⑧　Ernesto Pontieri，"Aragonesi di Spagna e aragonesi di Napoli nell'Italia del Quattrocento，" in *IX Congresso di Storia della Corona d'Aragona，Napoli，11 - 15 aprile 1973，sul tema La Corona d'Aragona e il Mediterraneo：Aspetti e problemi comuni，da Alfonso il Magnanimo a Ferdinando il Cattolico*（1416 - 1516），4 vols.（Naples：Società Napoletana di Storia Patria，1978 - 84），1：3 - 24，esp. 3.

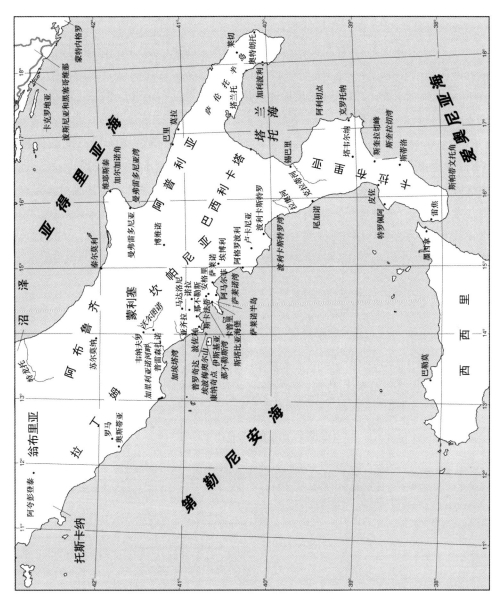

图 37.1　意大利南部参考地图

943　阿拉贡宫廷鼓励科学和地理研究，如同我们可以从国王自己内容丰富的图书馆以及从王国财政部的各种收据中看到的那样，这些收据上登记了因向微图画家和宇宙志学者委托绘制地理图而支付的费用⑨。此外，宫廷要获得——和控制——关于它管辖下领土的更好知识的决心，被显示在行政机关改革和国家机器的改造中。1444 年，建立了王家简易审判庭（Regia Camera della Sommaria，Royal Chamber of Summary Justice），随后是 1447 年建立的畜牧税办公室（Dogana delle Pecore）以及在 1467 年，阿方索养子费兰特（Ferrante）采取的关于建立土地登记和土地所有权评估的措施，其涉及"我们自己的领土以及所有男爵和教会的财产"⑩。阿方索和他的继承人费兰特同样渴望提升在那不勒斯王国境内的调查条件。当博尔索·德斯特（Borso d'Este）在 1444 年访问那不勒斯，旨在将阿方索的私生女带到费拉拉（Ferrara）［在那里她与博尔索的兄弟廖内洛·德斯特（Lionello d'Este）结婚］时，编纂了所谓的"1444 年那不勒斯城描述和王国统计"（Descrizione della città di Napoli e statistica del Regno del 1444），作为两西西里的新国王可以呈献给埃斯特王室的一种名片（尽管并不清楚是谁委托了这一组作品以及原因）⑪。这一文献赋予阿拉贡国王判断与他在一年前刚刚征服的广大领土有关的现存信息的贫乏的第一次机会，并且因而其成为大量进一步研究的出发点。显然，在领土扩展方面更有野心的项目——例如埃斯特（Este）提出的他们和阿方索在菲利波·玛利亚·维斯孔蒂（Filippo Maria Visconti）去世时接管公国的提议——

---

⑨　关于已经消失的阿拉贡图书馆，参见 Tammaro de Marinis 非常重要的著作，*La biblioteca napoletana dei re d'Aragona*，4 vols.（Milan：Hoepli，1947－57），以及两卷的增补卷（Verona：Valdonega，1969）。在 Marinis 的 1947—1957 年的出版物中列出的众多令人感兴趣的天文学和地理学作品中，我们应当提到 Giovanni Bianchini 的 "Tabulae Celestium"（2：29）；Flavio Biondo 的 "Italia illustrate"，内有一篇 Francesco Barbaro 撰写的前言和一篇给 "Alphonsum Serenessimum Aragonorum Regem" 的献词。（2：30）；"Geometria" by Thomas Bradwardine（2：35）；"De situ orbis" by Pomponius Mela（2：106）；以及托勒密的《地理学指南》的各种副本，其中包括有着 Hugo Comminelli 所作的文本以及 Piero del Massaio 所绘地图的著名的抄本，其现在收藏在 BNF（MS. Lat. 4802）（2：40）。Maria Rosaria Vicenzo Romano et al.，eds.，*Cimeli di Napoli Aragonese*（Naples：Industria Tipografica Artistica，1978）的短小的展览目录，同样有些令人感兴趣，尽管在展览目录 *Libri a corte：Testi e immagini nella Napoli aragonese*（Naples：Paparo，1997）中有更多的材料，其与 XVI Congresso Internazionale di Storia della Corona d'Aragonese 整合在一起。一个对现有材料的非常好的更新，可以在 Gennaro Toscano，ed.，*La Biblioteca Reale di Napoli al tempo della dinastia Aragonese/La Biblioteca Real de Nápoles en tiempos de la dinastía Aragonesa*，exhibition catalog（Valencia：Generalitat Valenciana，1998）中找到。

关于收据，参见 Nicola Barone，"Le cedole di tesoreria dell'Archivio di Stato di Napoli dall' anno 1460 al 1504," *Archivio Storico per le Provincie Napoletane* 9（1884）：5－34，205－48，387－499，and 601－37 and 10（1885）：5－47. 大量这样的与地理（或者相关）活动有关的收据，在如下作品中被提到：Michelangelo Schipa，"Una pianta topografica di Napoli del 1566," *Napoli nobilissima* 4（1895）：161－66，republished with a rich survey of images in *Il Bollettino del Comune di Napoli* 4－6（1913）：VIII－XXI，以及 Aldo Blessich，*La geografia alla corte aragonese in Napoli：Notizie ed appunti*（Rome：E. Loescher，1897），published simultaneously in *Napoli nobilissima* 6（1897）：58－63 and 92－95。

⑩　保存有异常丰富的关于意大利南部各个方面的材料的图书馆是 Biblioteca della Società Napoletana di Storia Patria，其中收藏有时间为 1467 年 11 月 29 日的敕令的一份手稿副本（MS. XXI C 9，fol. 24－27），其中我们读到如下段落"并且，我们明确地命令每个省的每座城市、庄园、城堡和地点——那些我们的财产和任何男爵或教士的财产——处以 1000 杜卡托（ducat）的罚金，在这些省份的每个地方，由六位忠实诚实的人来执行关于这些事情的命令"。然而，绘制地图或者进行土地调查似乎不在其设想内。

⑪　参见 Cesare Foucard，"Fonti di storia napoletana nell'Archivio di Stato di Modena," *Archivio Storico per le Provincie Napoletane* 2（1877）：726－57，包括 "Descrizione della città di Napoli e statistica del Regno del 1444," 731－57。

如果没有关于自己王国的全面信息的话，那么这些项目甚至无法被考虑[12]。

即使布莱西克（Blessich）的声称，即1444年的"描述"显示地图学家已经在阿拉贡宫廷中进行工作，很少获得支持[13]，但毫无疑问，阿方索的统治标志着未来将在费兰特统治期间完成的领土调查、土地测量以及天文测量过程的开端。如同众所周知的，阿拉贡的那不勒斯成为文学人文主义的一个中心；例如，乔瓦尼·蓬塔诺（Giovanni Pontano）在1448年抵达了城市，洛伦佐·瓦拉（Lorenzo Valla）从1443—1448年待在那里，同时被称为"巴勒莫人"（Il Panormita）的安东尼奥·贝卡代利（Antonio Beccadelli），在他去世的时候生活在阿拉贡的宫廷中。然而，从我们的角度来看，更令人感兴趣的是圣米尼亚托（San Miniato）的洛伦佐·博宁孔特里（Lorenzo Bonincontri）来到了这里。他于1456年来到这座城市，并且直至1475年10月都在那里，当时他动身去担任佛罗伦萨工作室的天文学教职（在这座城市取消了对他判处的流亡的惩罚之后）。尽管我们对于他在那不勒斯的情况知之甚少，但显然他的占星术、天文学和宇宙志的研究必然发挥了强有力的影响——并且不仅是在文学研究领域和抽象思辨方面[14]。在阿方索以及他的儿子费兰特统治期间，他作为一位年轻人参与的军事行动持续成为他在那不勒斯生活的重要部分。格雷森（Grayson）认为"很可能他担任了具有一些重要性的军事职位"——正如博宁孔特里的一些自述所证明的那样[15]。

令人惊讶的是，现代的历史学家尚未充分地调查或解释，在阿拉贡的费兰特统治期间（一位独裁君主，其在1480年还为整个王国建立了一个统一的度量衡制度），很可能存在对子午线圆弧的精确测量是如何进行或者被验证的。这是一个值得提出的问题，因为，如同我们将要看到的，在阿拉贡统治下的那不勒斯，天文学和宇宙志携手发展，并且都显示出王国是专业理论学者和实用科学家的家园。 944

按照卡洛斯·阿凡·德里韦拉（Carlo Afan de Rivera）的观点，直线距离测量的基本单位是英里，等于纬度1度的1/60，卡洛斯·阿凡·德里韦拉是一位19世纪的军队工程师，其对在那不勒斯王国使用的米制进行了全面的研究；因此，因数是链（*catena*）和步（*passo*），分别等于1英里的1/100和1/1000[16]。然后，步被分为7个掌（*palmi*），因此7000掌构成了1地理英里。直至19世纪，那不勒斯的卡普阿诺堡（Castelcapuano）中的度量衡办公室（*Officina di Pesi e Misure*，Weights and Measures Office）为这一古老的"掌"

---

⑫　参见 Cesare Foucard，"Proposta fatta dalla corte estense ad Alfonso I re di Napoli（1445），" *Archivio Storico per le Provincie Napoletane* 4（1879）：689 – 707。

⑬　参见 Blessich，*La geografia alla corte aragonese in Napoli*，17，其中，关于1444年的"描述"，作者注意到："非常类似于附带地图集的文本，这确实很适合那些［阿拉贡那不勒斯的］精美的地理学的羊皮纸，后者是加利亚尼（Galiani）在巴黎期间发现的。"然而，如同我们将要看到的，地图包含了在更为简洁的"描述"中大量缺失的信息。

⑭　一部丰富的传记，尤其要关注于他的文学作品，收录在 Benedetto Soldati，*La poesia astrologica nel Quattrocento：Ricerche e studi*（Florence：Sansoni，1906），105 – 98 中。

⑮　Cecil Grayson，"Bonincontri, Lorenzo," in *Dizionario Biografico degli Italiani*（Rome：Istituto della EnciclopediaItaliana，1960 – ），12：209 – 11，esp. 209. 也可以参见 Blessich，*La geografia alla corte aragonese in Napoli*，esp. 21 – 25。

⑯　"为了这一目的［阿拉贡科学家］规定，1英里必然等于纬度1度的1分。同时等于1000步或7000掌"。参见 Carlo Afan de Rivera，*Della restituzione del nostro sistema di misur epesi e monete alla sua antica perfezione*，2d ed.（Naples：Dalla Stamperia e Cartiera del Fibreno，1840），20，以及 idem，*Tavole di riduzione de' pesi e delle misure della Sicilia Citeriore in quelli statuiti dalla legge de' 6 aprile del 1840*（Naples：Dalla Stamperia e Cartiere del Fibreno，1840），7。

收藏有一个标准度量器，同时基于这一标准度量器——长度总共为4掌——一个特别委员会在1811年进行了一些复杂的测量，以确定旧的那不勒斯系统和新的法国度量衡系统之间的确切关系[17]。他们的结果显示，旧有的阿拉贡的"掌"与法国天文学家皮埃尔－弗朗索瓦－安德烈·梅尚（Pierre-François-André Méchain）和让－巴蒂斯特－约瑟夫·德朗布尔（Jean-Baptiste-Joseph Delambre）在1792年对敦刻尔克（Dunkirk）和巴塞罗那（Barcelona）之间纬度弧进行的测量所得出的数值仅仅相差了1/229，而法国进行的这次测量被作为十进制度量衡系统的基础[18]。当旧有的"掌"被测量为263.77毫米的同时，从法国天文学家的工作可以推导出的数值则为264.55毫米。阿凡·德里韦拉宣称，他对这种一致性感到"惊讶"，还说，"我们不能认为基于子午线的精确测量而得出的这种一致性是一个幸运的巧合"[19]。这一等于子午线1度的1/60的7000"掌"的英里，在那不勒斯三个多世纪中被用作"每度60英里"，而且应当只是在1782年由乔瓦尼·安东尼奥·里齐·赞诺尼（Giovanni Antonio Rizzi Zannoni）进行了调整[20]。

这一地球实际尺寸的知识显示，一个现在很遗憾被遗忘的不知名的科学家群体在十年左右的时间中工作于那不勒斯的阿拉贡宫廷，也就是在哥伦布（Columbus）出发进行他的航行之前。似乎不太可能的是，这类成就不为保罗·达尔波佐·托斯卡内利（Paolo dal Pozzo Toscanelli）所知，因为他在1475—1479年间经常与博宁孔特里接触，在后者返回佛罗伦萨之后[21]；或者也不可能对哥伦布而言是未知的，其很可能拥有关于阿拉贡的子午线1度的测量信息。而且，这些重要的天文学观察的存在——重要性在于它们本身以及它们对制图学的影响——可能可以从阿拉贡地图的细节推断出来，而对这些地图我们只是通过费迪南多·加利亚尼（Ferdinando Galiani）1767年在巴黎制作的副本间接地了解。

我们将在随后的段落中充分讨论在阿拉贡的那不勒斯制作的羊皮纸地图的副本的权威

---

[17] Saverio Scrofani, *Memoria su le misure e pesi d'Italia, in confronto col sistema metrico francese* (Naples: Monitore delle Due Sicilie, 1812), 61–64. 也可以参见 Ferdinando Visconti, *Del sistema metrico uniforme che meglio si conviene a' dominj al di qua del Faro del Regno delle Due Sicilie* (Naples: Stamperia Reale, 1829), esp. 5–14 中进行的进一步观察，还出版于 *Atti della Reale Accademia delle Scienze, sezione della Società Reale Borbonica*, 6 vols. (Naples, 1819–51), 3: 77–142。

[18] J. B. J. [Jean-Baptiste-Joseph] Delambre, *Grandeur et figure de la terre: Ouvrage augmenté de notes, de cartes*, ed. Guillaume Bigourdan (Paris: Gauthier-Villars, 1912), 199ff.

[19] Afan de Rivera, *Della restituzione del nostro sistema di misure*, 59. 然而，应当指出，在测量"掌"之前，1811年的委员会执行了大量测量"来确定最初是什么确定了它的长度"；但是他们报告，无论"我们在王国最为著名的档案馆中进行了如此大量细致的检查"，都找不到其起源的线索（Scrofani, *Memoria su le misure e pesi d'Italia*, 62）。阿拉贡的费迪南多1480年的法令，由梅尔基奥雷·德尔菲科（Melchiorre Delfico）在1787年发表，然后被包括在阿凡·德里韦拉的附录中（pp. 401-9），与度量衡的统一有关（"所谈到的度量衡必须要与那不勒斯城的度量衡相统一，由此在王国境内的度量衡就是一致的"，p. 401），并且这一法令与在整个王国中散布的不同标准有关。阿凡·德里韦拉最早发现了1"掌"的有效长度与阿拉贡天文学家对纬线1弧度的测量之间的关系；他的假设然后被 Luigi Vannicelli Casoni 在 *Compendio dei ragguagli delle diverse misure agrarie locali dello Stato Pontificio* (Rome, 1850), v and 176 所接受。

[20] 参见 Vladimiro Valerio, *Società uomini e istituzioni cartografiche nel Mezzogiorno d'Italia* (Florence: Istituto Geografico Militare, 1993), 135–36。

[21] 两位科学家的会面发生在托斯卡内利将他著名的信件送往里斯本（Lisbon）的牧师费尔南德·马丁斯（priest Fernand Martins）（1474年7月25日）之前一年。关于托斯卡内利对地球的测量，参见 Leonardo Rombai, *Alle origini della cartografia Toscana: Il sapere geografico nella Firenze del '400* (Florence: Istituto Interfacoltà di Geografia, 1992), 65–67。然而，整个问题在评论时应当将这些新的因素加以考虑。

性和准确性（并且介绍我们目前所了解到的这些作品的情况）。我想指出在其中一幅羊皮纸上的一个有趣的天文学注释——斯帕蒂文托海角（Capo Spartivento）的纬度值——作为在测量和方法学中所达到的细化程度和精度的一种明确指标。纬度的计算是通过使用太阳赤纬表来进行，这一方法在中世纪已经有充分的了解；实际上，如同我们可以从大量 945 13 世纪和 14 世纪的与天文学和航海有关的文本中看到的，被使用的公式在科学家和航海者中是一种常识[22]。然而，除了纬度，那不勒斯天文学家给出了"从北回归线至这一海角的距离"（图 37.2）[23]——一个意味着观测误差并不因太阳赤纬表中的错误而增加的方法[24]。

图 37.2　一幅卡拉布里亚（CALABRIA）地图的细部（18 世纪的副本）。卡拉布里亚的斯帕蒂文托角附近的图注证明，阿拉贡地图学家使用天文学观察以确定至少王国内的一些地点的坐标。海角的纬度被标为 14°17′，或按照另外一幅阿拉贡地图，为北回归线之上 14°18′

整幅地图的原图尺寸：93.4×65.5 厘米。ASN（Piante e disegni, folder XXXI, 20）许可使用。Vladimiro Valerio 提供照片。

黄道的倾角可以使用一种由托勒密在他的《天文学大成》中勾勒的方法进行较高准确度的估算[25]。斯帕蒂文托角被赋予的纬度（14°17′或 14°18′）令人惊讶的准确，如果采用黄道倾角为 23°33′这一数值的话，这是一个在 15 世纪最后 25 年中被确定的数值[26]。实际上，给出的数值 37°51′（14°18′+23°33′）非常符合实际的数值 37°55′，使得这成为在 18 世纪末之前卡拉布里亚被接受的最为准确的纬度数值。令人遗憾的是，没有其他的阿拉贡地图给予

㉒　关于确定纬度的实用天文学知识和方法，参见两篇基础性的论文，即 Luís de Albuquerque, "Astronomical Navigation" 和 "Instruments for Measuring Altitude and the Art of Navigation," both in Armando Cortesão's *History of Portuguese Cartography*, 2 vols.（Coimbra：Junta de Investigações do Ultramar-Lisboa, 1969–71），分别在 2：221–357 和 359–442。关于中世纪的纬度和经度，参见 John Kirtland Wright, "Notes on the Knowledge of Latitudes and Longitudes in the Middle Ages," *Isis* 5（1923）：75–98, esp. 78–80。

㉓　"这一海角与北回归线之间的距离在一个版本中被给出的是 14°17′，在另外一个版本中则是 14°18′"，这是写在现在位于 ASN 的 "Gran carta della Calabria Meridionale" 上的一个注释（Piante e disegni, folder XXXI, 20）。这一观察是在 1767 年由费迪南多·加利亚尼贡献的（它指的是在那一年重新复制的两张图幅中所含的量度的变化）。

㉔　参见本卷第二十章。

㉕　Ptolemy, *Almagest* 1.12；参见 *Ptolemy's Almagest*, trans. and anno. G. J. Toomer（1984；Princeton：Princeton University Press, 1998），61–63，带有托勒密文本的图示和注释。这一方法还被皮泰亚斯（Pytheas）用于观察马赛（Marseille）的纬度；参见 Germaine Aujac and the editors, "The Growth of an Empirical Cartography in Hellenistic Greece," in *HC* 1：148–60, esp. 150–51。

㉖　参见 Albuquerque, "Astronomical Navigation," 319："在大发现的时代，被接受的数值是 23°33′"。

我们关于那不勒斯王国境内其他重要地点的纬度数值——和可能的经度的数值㉗。

另外一个令人惊讶的地形测量的壮举是关于卡拉布里亚的斯奎拉切地峡（Isthmus of Squillace）的；然而，我们无法正确地评估其准确性，因为我们不知道当给出在爱奥尼亚（Ionian）和第勒尼安海（Tyrrhenian Seas）之间狭窄陆地的宽度为"19 里"的时候，阿拉贡的测地学家正在使用的是哪一种"里"㉘。基于山脉的存在，测量任务并不是一件容易的事情，并且只有使用仔细的三角测量才能被有效地执行。这一时期陆地测量技术发展状态的另一个令人惊讶的指标就是穿过卡拉布里亚连接了爱奥尼亚和第勒尼安海的一条运河的工程（我们知道这被标明在一幅在阿拉贡那不勒斯制作的羊皮纸地图上，因为其在一封 1767 年由费迪南多·加利亚尼撰写的信中被提到）㉙。因此，在阿拉贡人的统治下，地形不仅服务于对领土的行政和军事控制，而且还作为王国极为需要进行的大规模基础工程的重要工具。

阿拉贡羊皮纸之谜

我们最早的关于在阿拉贡那不勒斯制作的羊皮纸（vellum）地理地图的资料来源于费迪南多·加利亚尼，他是那不勒斯驻巴黎的大使的秘书，在那里，1767 年他有机会去参考保存在凡尔赛（Versailles）军火库档案中的羊皮纸地图。"我发现了一件无价之宝"，他在 1767 年 4 月 6 日写信给那不勒斯大臣贝尔纳多·塔努奇（Bernardo Tanucci），"在这里一个受到保护的地点，那里有不少的地理地图，据我所知，是关于我们古代国王们建造我们那不勒斯王国的，并且它们很可能是由查理八世（Charles Ⅷ）带到这里的……它们是真正有意思和有用的不朽作品。它们位于羊皮纸上，附有一个似乎是伦巴第人[Longobard（Lombard）]文字的图注。我们可以看到已经不存在的地点，以及那些后来确

㉗ 在 Blessich, *La geografia alla corte aragonese in Napoli*, 23 – 24 中的评价，关于在 *Tabulae astronomicae* 中赋予那不勒斯的纬度，这一表格是由博宁孔特里与卡米洛·莱奥纳尔迪（Camillo Leonardi）一起，在 1480 年前后编纂的，不幸的是非常不准确。我已经仔细地查阅了相关的拉丁抄本[n. 408 in Modena, Biblioteca Estense（a. F. 6, 18），103a – 116b]。关于同一作品，参见 Soldati, *La poesia astrologica*, 136。

㉘ 地峡的测量被用这些术语描述在 ASN（Piante e disegni, folder ⅩⅩⅩⅠ, 15）的卡拉布里亚地图上："Exact measurement 19 miles of 40 to the degree and 4 Roman *piedi* of the *passo capitolino*" 如果我们采用 1000 步（*passi*）的罗马里等于 1489.479 米这一数值的话（Angelo Martini, *Manuale di metrologia, ossia, misure, pesi e monete in uso attualmente e anticamente presso tutti i popoli*[Turin: Loescher, 1883], 596），那么得到的数值是 28291 米；如果我们使用那不勒斯里，也就是 1845.69 米（Vannicelli Casoni, *Compendio dei ragguagli*, 196）的话，那么我们得到的数值是 35068 米，而这一数值非常接近大约 01699 米的真实数值。

㉙ "在我在其[羊皮纸]中注意到的奇怪的事物中，我不想向您隐瞒我发现在那里提到的一个重要思想。这是一条在卡拉布里亚的运河，其从一个海通向另外一个海。河道应当从切特拉罗（Cetraro）以下开始挖掘，并且远至一条被称为法洛内[Falone（Follone）]的河流；这条运河应当通到了克拉蒂河（Crati），后者因而会变得可以航行，那么某人将出现在古代锡巴里（Sibari）所在的地方"；参见 1767 年 2 月 2 日由加利亚尼写给塔努奇（Tanucci）的信件，被引用在 Bernardo Tanucci, *Lettere a Ferdinando Galiani*, 2 vols., ed. Fausto Nicolini（Bari: Laterza, 1914），2: 60。来自塔努奇的回复非常有趣，其有洞察力地观察到："切特拉罗运河（Cedrato Canal）将极大地挽救那些普利亚（Puglia）的城市和城镇，但是将绕过卡拉布里亚的大部分"——城市和城镇，如皮佐（Pizzo）、特罗佩阿（Tropea）、雷焦（Reggio）和克罗托内（Crotone）将被从贸易路线上去除——同时，塔努奇评价"我不知道它们将会变成什么样子"（2: 60 – 61）。

立的但正在消失的地名。"⑳ 然而，由于这个描述，尽管有一些最著名的那不勒斯地图学的研究者［其中包括阿尔多·布莱西克（Aldo Blessich）和罗伯托·阿尔马贾（Roberto Almagià）］进行了艰苦的研究，但依旧没有出现珍贵的原始羊皮纸的蛛丝马迹。这些地图的完整故事只是最近才被整合在一起的，归因于对加利亚尼来往信件的仔细研究以及我可以进行的对这些地图的某些副本（在巴黎和那不勒斯的）和四份之前未出版的羊皮纸（可能是早期地图的 16 世纪或 17 世纪的副本）的比较——即使后者带来的问题要超过它们所能回答的问题。

在纸上的 18 世纪的副本是在巴黎制作的，直接来源于原始的羊皮纸，并且加利亚尼在他与塔努奇的来往信件中对复制程序进行了详细的描述。我们知道，复制是在他的直接监督下进行的，因为"那些羊皮纸上的墨水已经褪色得非常严重，由此年轻的工匠拒绝相信他们自己的眼睛；我不得不让他们在我的关注下制作副本"㉛。相似的，我们知道制作了两套副本：一份被送往那不勒斯，另外一份"被保存在这里［巴黎］以免那些被送出的副本发生不幸的事件"㉜。最为重要的，存在 13 份复制品，6 份位于那不勒斯的国家档案馆中，7 份位于法国国家图书馆（图 37.3）㉝。基于这些复制品，我们可以得出一些与阿拉贡宫廷中制图学家的工作有关的结论。当然，这些地图是复制品的事实意味着，它们提供的证据必须非常谨慎地处理，即使我们知道转移到纸张上的工作是尽可能忠实地进行的：加利亚尼告诉我们，"带着巨大的耐心和细致，他们不得不软化和扩展羊皮纸，增强墨水的颜色，并且重新描绘已经几乎完全褪色的线条，然后仔细和煞费苦心地在透明、浸油的纸张上制作一份描绘的副本，由此是为了制作一份尽可能与原件相近的副本，甚至保持旧有图注的形式"㉞。由此，唯一的变化就是在羊皮纸的汇集方式上（在某些情况下，一份大的复制件包含了被拼接在一起的数张羊皮纸所涵盖的区域），但对于它们的地理信息或文本图注没有进行任何改变；然而，我们没有办法知道，复制件在颜色方面以及某些细节的制作工艺方面的忠实程度。一个来自复制件的有趣之处就是，在每幅地图上呈现了一个几乎一致的比例尺。我通过测量城市、海角或者其他两个值得注意的地理特征之间的距离来分析比例尺，似乎可以合理地假设，这些地理要素在复制时被正确地呈现。结果显示，在单幅图幅上，比例尺的平均变化在 10% —15%。

这些百分比对于所有保存下来的地图而言都是如此，并且，因而允许我们认为，阿拉贡地

㉚　Tanucci, *Lettere*, 2：60。依然可以在 Dépôt de la Guerre 中找到阿拉贡地图的一份相当详细的列表，这是在加利亚尼的信中给出的。第一份羊皮纸被发现于 1767 年 3 月；对加利亚尼和塔努奇之间关于地图发现的来往信件的一个摘要，可以在 Valerio, *Società uomini*, 38 – 39 n. 27 中找到。

㉛　参见加利亚尼写给塔努奇的信，巴黎，1767 年 6 月 1 日，其被收录在 Augusto Bazzoni, ed., "Carteggio dell' abate Ferdinando Galiani col Marchese Tanucci (1759 – 1769)," *Archivio Storico Italiano*, 3d ser. 9, No. 2 (1869)：10 – 36；10, No. 1 (1869)：40 – 57；20 (1874)：345 – 53；21 (1875)：516 – 27；22 (1875)：37 – 51 and 416 – 27；23 (1876)：242 – 52；24 (1876)：32 – 46 and 243 – 54；25 (1877)：195 – 207；26 (1877)：26 – 42；4th ser. 1 (1878)：14 – 31 and 445 – 59；2 (1878)：23 – 31 and 365 – 74；3 (1879)：171 – 83；4 (1879)：35 – 43 and 361 – 75；and 5 (1880)：187 – 200 and 367 – 75；信件是 4th ser. 2 (1878), p. 370。

㉜　参见 Tanucci, *Lettere*, 2：144。

㉝　对于依然保存在巴黎和那不勒斯的地图的详细描述，参见 Valerio, *Società uomini*, 36 – 37 nn. 20 – 21。

㉞　参见 Tanucci, *Lettere*, 2：144.

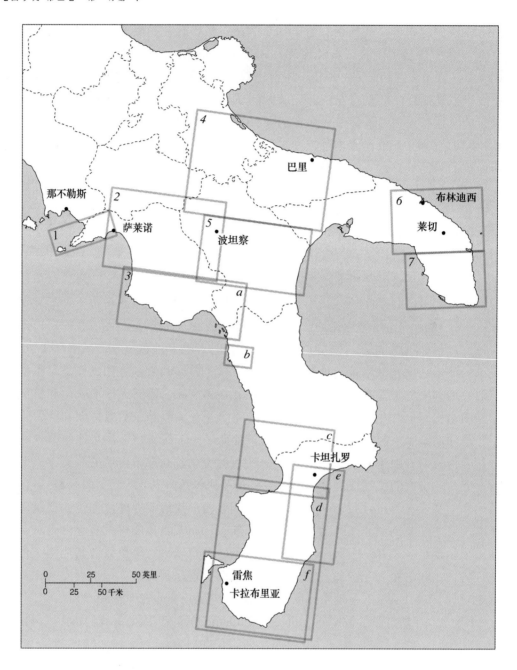

图 37.3　费迪南多·加利亚尼在巴黎制作的阿拉贡地图复制件的索引。这些地图现在分别藏在那不勒斯国家档案馆（字母a－f）和法国国家图书馆（数字1－7）。图幅的图形索引揭示，在地理正北方向有大约7°的逆时针的偏移；这归因于在进行地形测量时使用了一种磁罗盘。这一图形索引的基础是在巴黎在费迪南多·加利亚尼指导下于1769年绘制的那不勒斯王国的地图。基于 Vladimiro Valerio, *Società uomini e istituzioni cartografiche nel Mezzogiorno d'Italia*（Florence：Istituto Geografico Militare，1993），35

图是按照比例尺绘制的——带有准确制作图像的目的，由此提供对真实世界的一种没有变化的按照比例进行的描绘。这是非常有趣的，因为，除了建筑图像和少量城市平面图的珍贵例子之外，没有 15 世纪的地图学作品如此清晰地与用一种不存在变化的比例尺对领土上大区域进行的呈现联系起来。阿拉贡那不勒斯的地图学家显然对下述情况是不持有疑议的，即我们周围的真实世界可以通过其一种在度量上准确的忠实图像来掌控。在这里提到 1435 年莱昂·巴蒂斯塔·阿尔贝蒂（Leon Battista Alberti）《论绘画》（De pictura）中勾勒的文艺复兴时期的透视理论是有用和恰当的，在其中建筑师认为在视觉空间中具有类似的可测量性（其应当因而可以被清晰易读地描绘，当转换成一个平面之上的时候）[35]。地图学和透视图揭示了相同的对世界的认知途径，应用了在技术上不同但基于相同假设的手段。并且应当注意到，在相同的年代，垂直投影——其应当被称为鸟瞰或者从上方向下的透视视角——同样出现在皮耶罗·德拉弗兰切丝卡（Piero della Francesca）为他的《论绘画透视学》（De prospectiva pingendi）所作的示意图的艺术图像中[36]。

复制品上比例尺的一致性意味着，我们可以通过将正在调查的所有图幅拼合在一起从而构成一幅可靠的图像，因而揭示另外一个令人惊讶的技术特征：大部分地图学呈现的正方向显示，在地形测量工作中使用了一架罗盘，或者最起码，在决定单幅地图的通常的正方向的时候是如此[37]。所知，罗盘已经被使用于中世纪的航海制图学（其中，由于不了解磁偏角的影响，因而产生了地中海轴线众所周知的逆时针的偏移），但是这里我们看到这一严格的航海设备正在被广泛用于另外一项重要的工作。尽管 1440 年前后阿尔贝蒂已经实验性地将其用于他对罗马的地图绘制[38]，但阿拉贡那不勒斯的地图学家将其应用于一幅整个王国的地图。沿着中央子午线排列的图幅上角度的旋转几乎没有变化，揭示了一个朝西 7° 的倾斜，而这在地图学家执行他们调查的年代是大致正确的[39]。这条中央子午线从卡皮塔纳塔（Capitanata）延伸至卡拉布里亚。

马卡尼（Maccagni）对这一时期在地形测量中使用了罗盘表示了怀疑，他指出，保存至今的航海罗盘都不适合于这样的目的[40]。但没有方法确定航海罗盘是当时唯一使用的测角仪。例如，Graded circles（有刻度的圆环），这是为古代希腊人所了解的，并且由托勒密描

947

---

[35]　Leon Battista Alberti, De pictura, ed. Cecil Grayson (Bari: Laterza, 1980), bk. 1, pp. 6, 7, 8, 13, 19, and 20.

[36]　Piero della Francesca, De prospectiva pingendi, ed. Giusta Nicco Fasola (Florence: Sansoni, 1942).

[37]　在排列图幅的时候，我用作参考框架的基础是 1769 年由加利亚尼和乔瓦尼·安东尼奥·里齐·赞诺尼在巴黎制作的最初的西西里（Sicilia Prima）地图。原因就是，这幅地图使用了来源于阿拉贡羊皮纸的信息，并且因而使其更为容易弄清楚那些较早的地图所涵盖的是领土的哪一部分。

[38]　以"《罗马城的描述》（Descriptio urbis Romae）"中给出的信息为基础，Luigi Vagnetti 已经对罗马的地图进行了有趣的重建，其揭示了阿尔贝蒂的方法的有效性。参见 Luigi Vagnetti, "La 'Descriptio urbis Romae': Uno scritto poco noto di Leon Battista Alberti (contributo alla storia del rilevamento architettonico e topografico)," Quaderno (Università a degli Studi di Genova, Facoltà di Architettura, Istituto di Elementi di Architettura e Rilievo dei Monumenti) 1 (1968): 25–79, 以及 idem, "Lo studio di Roma negli scritti Albertiani," in Convegno Internazionale indetto nel V Centenario di Leon Battista Alberti (Rome: Accademia Nazionale dei Lincei, 1974), 73–140, 在其中 111–37 是对"《罗马城的描述》"的拉丁文本和意大利语的翻译，是由乔瓦尼·奥兰迪编辑的。阿尔贝蒂的方法最近被再次进行了研究；参见 Leon Battista Alberti, Descriptio urbis Romae: Édition critique, traduction et commentaire, ed. Martine Furno and Mario Carpo (Geneva: Droz, 2000)。

[39]　按照在 L. Hongre, G. Hulot, and A. Khokhlov, "An Analysis of the Geomagnetic Field over the Past 2000 Years," Physics of the Earth and Planetary Interiors 106 (1998): 311–35 中给出的数据，那不勒斯在 1450 年、1475 年和 1550 年的磁偏角应当为向东 9.1°、8.6° 和 8.3°。这也是我可以从对绘制时间恰好在 1475—1500 年的时段中的地图的研究中推导出的一个数值。我感谢 Keith Pickering 使用 National Geophysical Data Center 的 Geomag 3.0 程序（在 1998 年 8 月 20 日通过 e-mail 联系）计算了这些数值。

[40]　Carlo Maccagni, "Evoluzione delle procedure di rilevamento: fondamenti matematici e strumentazione," in Cartografia e istituzioni in età moderna: Atti del Convegno Genova, Imperia, Albenga, Savona, La Spezia, 3–8 novembre 1986, 2 vols. (Genoa: Società Ligure di Storia Patria, 1987), 1: 43–57, esp. 54–55.

述，使得在陆地上进行高准确性的角度测量成为可能。没有地形罗盘流传至今，但这样的事
948 实绝不是一个决定性的证据，尤其当我们考虑到 1294 年玛萨·马里蒂马采矿规程（Mining
Statutes of Massa Marittima）中非常明确地提到使用带磁针的仪器来确定土地边界的时候[41]。

不幸的是，我们对于那些制作了最初的阿拉贡羊皮纸地图的地图学家一无所知。然而，我们
不禁考虑到，这一工程必然以某种方式牵扯到以君子（Il Galateo）著称的安东尼奥·德费拉里斯
（Antonio De Ferraris）。尽管至今，没有他与整个王国的地形测量的一个方案之间存在联系的文献
或者档案方面的证据，但他是阿拉贡宫廷的地理学家和宇宙志学者中的一位中心人物。而且，他
的地方志作品——《加利波利城的描述》（Descriptio urbis Callipolis）和《雅皮吉人的位置》（De
situ Yapigiae），可能是在他一生非常晚的时候完成的（1511—1513 年间），但是它们成为从古代作
家那里搜集信息的一个出发点，然后通过仔细的个人调查对其进行检查，从而为考古细节揭示出
一个古物学的视角，如同我们将要看到的，这是阿拉贡羊皮纸地图的一个特点[42]。

在加利亚尼复制的一幅卡拉布里亚地图之上的一段图注告诉我们，"这幅地图的作者的
家乡"[43] 是塔韦尔纳（Taverna）城，其在 15 世纪和 16 世纪是人文主义的繁荣的中心[44]。尽
管这一信息无助于我们获得地图学家的名字，但其当然支持这样的论题，即至少一些当地的
人物被卷入执行地形测量的困难任务中，并且然后他们自己绘制了实际的地图。

除了由此包含的数字数据之外，这些阿拉贡那不勒斯地图的复制品似乎揭示，对地理景
观和自然的一种复苏的兴趣超过了同一时期的任何其他的制图学作品，而这是整个意大利文
艺复兴人文主义的一种特点[45]。如同伯克哈特（Burckhardt）在他关于意大利文艺复兴文化
的著作中的评价："在科学调查的领域之外，还有一种靠近自然的方式。在现代人中，意大
利人最早将外部世界看成并且感觉为美丽东西。"[46]

在人文主义时期，出现了一种与地理景观更为多样性的关系，且这种关系不断发展。自然

[41] 关于磁罗盘及其使用，参见 Giuseppe Boffito, Gli strumenti della Scienza e la Scienza degli strumenti（Florence, 1929；
reprinted Rome：Multigrafica Editrice, 1982），54 – 61，以及 Timoteo Bertelli, "Appunti storici intorno all'uso topografico ed
astronomico della bussola," Rivista Geografica Italiana 7 (1900)：65 – 108。

[42] 关于君子（Galateo），参见 Aldo Blessich, "Le carte geografiche di Antonio de Ferraris detto il Galateo," Rivista Geografica
Italiana 3 (1896)：446 -52，以及 Blessich, La geografia alla corte aragonese in Napoli，两者都包含了关于活跃于阿拉贡阿不勒斯的其
他制图学家和宇宙志学者 [卢卡·高里科（Luca Gaurico）、马尔科·贝内文塔诺（Marco Beneventano）和贝尔纳多·西尔瓦诺
（Bernardo Silvano）] 的信息。

[43] 这句话被写在卡拉布里亚北部的地图（ASN, Piante e disegni, folder XXXI, 15）上的塔贝尔纳（Taberna）城
（现在被称为塔韦尔纳）的旁边。

[44] 这座城市被弗朗切斯科·斯福尔扎（Francesco Sforza）在 1426 年夷为平地，并且由阿拉贡皇室重建，但是位置
稍微往西迁移了一点。

[45] 关于意大利其他地方和意大利之外的同时代的作品，参见 François de Dainville, "Cartes et contestations au XVᵉ siècle,"
Imago Mundi 24 (1970)：99 – 121，其考察了珍贵的 15 世纪法国的地图；P. D. A. Harvey, The History of Topographical Maps：
Symbols, Pictures and Surveys（London：Thames and Hudson, 1980），84 – 103，其讨论了来自中欧和盎格鲁 – 撒克逊世界的例
子；以及 idem, Medieval Maps（London：British Library, 1991），尽管书名如此，但将讨论延伸至 16 世纪初年。意大利的状
况依然尚缺乏研究，但也可参见 Roberto Almagià, Monumenta Italiae cartographica（Florence：Istituto Geografico Militare,
1929；重印，但有 Lucio Gambi 所作的导言，Bologna：Forni, 1980）。1420 年前后在皮埃蒙特（Piedmont）绘制的佚名地图
没有重要的新材料，这些地图被复制在了 Giovanni Romano, Studi sul paesaggio（Turin：Einaudi, 1978），figs. 14 and 15 中。

[46] Jacob Burckhardt, The Civilization of the Renaissance in Italy, 3d ed., [trans. S. G. C. Middlemore]（London：Phaidon,
1995），190 – 91.

世界不再是人类行为的一个冷漠的背景，而是"一个人类的活生生的舞台……与人的生命混合在一起"[47]。阿拉贡地图完全充满了这种人与其环境的新关系；简言之，对反映了地点历史的地图非常感兴趣，并且在意地图制作者所记录的古代建筑、塔、城堡和所有其他过去遗迹的残余情况，这是人文精神非常清晰的展现。同时，尽管在特定符号上有不可避免的重复，但是我们可以尝试区分它们的差异：例如，山脉被用一种作为 17 世纪和 18 世纪山岳志前身的平行透视的方法显示[48]。列奥纳多·达芬奇（Leonardo da Vinci）在他对山脉的描绘中所使用的图形的或者自然的方法，在这些地图中得到了回应。被天才的光环环绕，列奥纳多的地图学作品经常被在所有关于"精确"的历史背景下进行考虑，然而，这里我们可以看到他的作品与那不勒斯正在为阿拉贡宫廷制作的先进的制图学作品之间的密切关系。阿尔马贾宣称，即列奥纳多的地图"毫无疑问优于那个时代任何其他的［制图学］作品"[49]，这一宣称只是在近代时期只掌握极少量关于意大利人文地图学知识的时候才能成立。阿拉贡地图可靠地揭示了现场检查的结果，带有可以迅速识别出的对于地点的标示：被耕作的河谷区域被用显示了存在的田地的线条标明，同时还标明了重要的经济活动（图 37.4 和图 37.5）。

949

非常正确的观察就是，"对自然以及对可能受到自然界扰动而产生的感觉的客观描绘，并不是中世纪作者/艺术家为他们自己设定的一项任务"[50]。同时，可能我们应当开始将人文主义者的地图学看成与中世纪的地图学存在清晰的区别，对于这两者，即使在最近的研究中，也经常被扯在一起（或是因为学术传统或者因为现存档案的缺乏）[51]。如同泽里（Zeri）

---

[47] Eugenio Turri, *Antropologia del paesaggio*, 2d ed. （Milan：Edizioni di Comunità, 1983），60。关于地理景观的图形图像，参见罗马诺的经典和开创性的著作，*Studi sul paesaggio*，尤其是两篇论文中的第一篇（pp. 3 – 91）。

[48] Dainville 评论道："中世纪的绘本地图留给现代地图学家两种表达模式。第一种由使用一种赭褐色来标明山区的方式构成。第二种由使用一种锯齿形或者鸡冠花的符号来标明山脉存在的方式构成"；参见 François de Dainville, *Le langage des géographes：Termes, signes, couleurs des cartes anciennes, 1500 – 1800* （Paris：A. et J. Picard, 1964），167。然后他继续说，第一种山区地图"应当从一种不早于 17 世纪的时间来看待"（p. 168）。实际上，加利亚尼自己已经意识到，"所谈到的地图绘制得如此之好，山脉、河流和平原被如此之好地标明，以至于你今天也不会做得更好"（Tanucci, *Lettere*, 2：60）。对漫长岁月中山脉的地图学标绘方法的一个很好总结可以在 *Images de la montagne：De l'artiste cartographe à l'ordinateur*，展览目录（Paris：Bibliothèque Nationale, 1984）中找到。值得注意的是，没有来自 14 世纪的对于山区的呈现。

[49] Roberto Almagià, "Leonardo da Vinci geografo e cartografo," in *Atti del Convegno di Studi Vinciani：Indetto dalla Unione regionale della province toscane e dalle Università di Firenze, Pisa e Siena* （Florence：Olschki, 1953），451 – 66。关于列奥纳多的地图学作品，还可以参见 Leonardo Rombai, "La nascita e lo sviluppo della cartografia a Firenze e nella Toscana granducale," in *Imago et description Tusciae：La Toscana nelle geocartografia dal XV al XIX secolo*, ed. Leonardo Rombai （Venice：Marsilio, 1993），83 – 159，esp. 86 – 91 中的讨论。

[50] Olschki, *Storia letteraria*, 133.

[51] 参见 P. D. A. Harvey 撰写的一章，"Local and Regional Cartography in Medieval Europe," in *HC* 1：464 – 501，其讨论"所有来自中世纪基督教世界的关于陆地的地图并不是世界地图，也不是波特兰航海图，也不是被重新发现的托勒密地图"（p. 464）。作者意识到当前可用材料的局限性，并且观察到"未来的发现可能会从根本上改变这一图景"（p. 465）。关于描绘陆地的新的人文主义的方法可以在 Lucio Gambi, "Per una rilettura di Biondo e Alberti, geografi," in *Il Rinascimento nelle corti padane：Società e cultura* （Bari：De Donato, 1977），259 – 75 中找到。这更多地关注地理学史而不是地图史，但这有助于我们了解 Biondo "Italia illustrata"背后的方法和遵循的程序。Gambi 给予的描述可以被很好地应用于阿拉贡的作品："废弃的或者衰败的城市与那些刚刚新建的城市交织在一起"，同时 Biondo 从他对古典的研究中吸收的"古物的视角"被与一种"人文主义倾向"混合在一起，以"从一个所有有待研究的领域的被提升的制高点出发进行研究"（pp. 262 and 263）。

图 37.4 卡拉布里亚北部地图的细部（18 世纪的副本）。阿拉贡地图尤其关注于经济特征和人类活动的指标：有耕地的河谷用虚线来显示，林地用一种小的程式化的树木表示，同时海岸的灌木林则用另外一种同样有效的符号表示。如盐场等重要的经济活动同样可以在地图上找到一席之地。对于地形的描绘更为图形化和描述性：光线从左侧穿过纸张落到右侧，由此在山脉右侧投射出影子

完整的原图尺寸：41.3×56.1 厘米。ASN（Piante e disegni，folder XXXI，15）特许使用。Vladimiro Valerio 提供照片。

图 37.5　奇伦托（CILENTO）区域地图的细部（18 世纪）。城市肌理被作为自然地理
景观仔细地描绘。阿格罗波利（Agropoli）城的这一描绘显示了不规则的城墙以及其上有
一座堡垒和一些钟楼的一些山丘

完整的原图尺寸：51.2 × 122 厘米。ASN（Piante e disegni, folder XXXII, 2）特许使用。
Vladimiro Valerio 提供照片。

950　所说，"使得将眼睛所看到的客观现实复制转移到一个平面上成为可能的法则的发现，显然开辟了广泛的可能性"[52]，同时，如同我们已经看到的，那些法则中包括了地图学的呈现。

　　所有关于加利亚尼的 18 世纪复制品的之前的观察，由保存在那不勒斯国家档案馆的最近发现的四幅羊皮纸地图所证实。不幸的是，仔细地检查发现，这些地图是更为早期的作品的复制品。它们是手写的，其笔迹暴露了抄写者；他不得不努力模仿 15 世纪的哥特（Gothic）字体。尽管难以确定，但现存作品的时间可能是在 16 世纪至 17 世纪[53]。在原始的阿拉贡文献中使用哥特字体是作品针对特定的严肃气氛的标志。并且当注意到人文主义（罗马）字体在阿拉贡宫廷中被广泛使用，尤其是在阿方索统治期间的时候，其有一种庄严特色的作用变得更为明显[54]。关于阿拉贡宫廷的羊皮纸地图的谜团可能最终将通过对这四幅地图的全面研究而得到解决[55]，这些地图显示了伊斯基亚（Ischia）岛、坎帕尼亚区域的一部分、拉丁姆（Latium）南部以及加尔加诺（Gargano）（图 37.6）[56]。

---

[52] Federico Zeri, "La percezione visiva dell'Italia e degli italiani nella storia della pittura," in Storia d'Italia, 6 vols. (Turin: Einaudi, 1972 – 76), 6: 51 – 214, esp. 55.

[53] 我要感谢 Armando Petrucci 教授，因他给予我的他对羊皮纸上的字体的评估。不幸的是，他不得不通过图像进行工作，并且——如同他自己指出的——更为准确的评价应当需要对羊皮纸本身进行直接的检查。他的结论是通过 1998 年 1 月 27 日信件告知的。

[54] 关于"庄严字体"的重要性，参见 Armando Petrucci, La scrittura: Ideologia e rappresentazione (Turin: Einaudi, 1986), xx，其对作为一种视觉交流的元素或者作为一种抄录书面信息的字体的政治和社会用途进行了原创性讨论。关于中世纪和现代早期（直至 16 世纪）字体的变化，参见 Robert Marichal, "Le scrittura," in Storia d'Italia, 6 vols. (Turin: Einaudi, 1972 – 76), 5: 1265 – 1317. 似乎非常清晰的是，需要对在绘本制图学中使用的字体进行一项全面的研究，尽管与处理这一主题的需求有关的一个（轻微）建议出现在 A. S. Osley, "Calligraphy—An Aid to Cartography?" Imago Mundi 24 (1970): 63 – 75 中。尽管在很多领域都是敏锐的，但伍德沃德依旧仅仅在几行中涵盖了从哥特字体向人文主义字体的转变，但没有提到中世纪航海图和地方地图中的字体。他确实观察到，人文主义字体被发现于"一些 15 世纪和 16 世纪的绘本地图中，例如莱昂纳多·达蒂（Leonardo Dati）的《球体》（La Sfera）的各种版本以及巴蒂斯塔·阿涅塞（Battista Agnese）的绘本地图"；参见 David Woodward, "The Manuscript, Engraved, and Typographic Traditions of Map Lettering," in Art and Cartography: Six Historical Essays, ed. David Woodward (Chicago: University of Chicago Press 1987), 174 – 212, esp. 179. 然而，在他可能选择的所有例子中，这两者之间似乎并没有存在特定的相关性，因为《球体》是一部有着制图学图示的书籍，而巴蒂斯塔·阿涅塞的著作时间是 16 世纪。Lexikon 中的"Kartenschrift"词条，1: 389 – 94，没有太大的帮助。例如值得强调的——就我所知——14 世纪和 15 世纪大部分的航海图使用哥特字体，由此可能表明这一字体被用于所有的官方目的，或者其可能只是归因于早期作品的视觉呈现的留下来的影响。无论哪种解释，从 16 世纪之后，所有航海图使用罗马字体，并且这并不太可能只是一种巧合。

[55] 在 1985 年对收藏在 ASN 的地图的研究中，我可以识别一些来自法尔内塞藏品（Farnese collection）的羊皮纸地图是由加利亚尼描绘的地形图。档案馆的馆长 Dr. Mariantonietta Martullo Arpago 和我决定将对这些羊皮纸的全面研究推迟至稍晚的一个时间，但是到目前为止，我们都没有足够的时间返回到这一工作中。

[56] 下面是关于来自法尔内塞档案馆（Farnese Archive）的现在在藏于 ASN 的四幅羊皮纸的一个摘要（Archivio Farnesiano, 2114, n. i 1, 2, 3, and 4），所有都是用深红色墨水绘制的：（1）伊斯基亚岛和普罗奇达（Procida）岛的地图，28 × 42 厘米，比例尺约 1 : 120000；（2）马达洛尼（Maddaloni）和诺拉（Nola）之间领土的地图，32 × 29 厘米，比例尺约 1 : 55000；（3）拉丁姆南部（Lower Latium）地图（S. Germano, Venafro, Presenzano），34 × 49 厘米，比例尺约为 1 : 120000（墨水几乎完全褪色，使得地图实际上不可读）；以及（4）加尔加诺海角的地图，36 × 40 厘米，比例尺约 1 : 150000。

图 37.6　一幅显示了加尔加诺海角（GARGANO PROMONTORY）的羊皮纸地图的细部（16 世纪或者 17 世纪的副本）。海岸线、沿海的山的形式，以及居住中心都被仔细地标明在这些阿拉贡地图的复制品上。地名"翁布里亚人的谷地"（Valle delliUmbri）依然保留在翁布里亚森林自然保护区（Foresta Umbra Nature Reserve）的名称中

完整的原图尺寸：约 36×40 厘米（不规则）。ASN（Archivio Farnese 2114/4）特许使用。Vladimiro Valerio 提供照片。

　　加利亚尼的 1767 年的信件中实际上提到了这些羊皮纸中的一些，提到了一幅"美丽的伊斯基亚岛地图"[57]，并且作品实际上是一幅相当与众不同的绘画：轮廓是相当仔细和准确 951 的，并且，甚至在通过缩减比例而附加的被简化的描绘中，依然有一个用符号表示的地点，表明了一条从埃波梅奥尔山（Mount Epomeo）向下流至岛屿北岸的水渠和水道。还存在关于地名的丰富信息，其中一些地名的时间在那些后来在 16 世纪确立的地名之前：例如，皇帝角（Punta Imperatore）被称为"凯撒角"（Promontorio Cesareo），而鸦角（Punta Cornacchia）被称为"框架海角"（Promontorio della Cornice）[58]。而且，埃波梅奥尔山（Monte Epomeo）首次被以斯特拉博（Strabo）所使用的 E 字母开头的名称提到，而没有使用传统的中世纪名称圣尼古拉（San Nicola）（类似于托勒密，斯特拉博只是在 15 世纪才在欧洲被"再次发现"）[59]。

---

[57]　1767 年 7 月 1 日的信件，被引用在 Bazzoni，"Carteggio dell'abate Ferdinando Galiani，" 4th ser. 2，p. 370。

[58]　对 Cornice 的一个错误的抄写或许是地名转变为拉丁语的 Cornix 的基础——Cornacchia［鸦（crow）］。Cornix 最早出现在朱利奥·亚索利诺（Giulio Iasolino）绘制的伊斯基亚岛的地图上，其由马里奥·卡塔罗在 1586 年雕版。

[59]　斯特拉博的拉丁文译本的最早印刷版在 1469 年由 Conrad Sweynheym 和 Arnold Pannartz 在罗马出版；参见 Sebastiano Gentile，ed.，Firenze e la scoperta dell'America：Umanesimo e geografia nel '400 Fiorentino（Florence：Olschki，1992），187 – 88。普林尼也提到了埃波梅奥尔山："于是据说猴岛（Monkey Islands）也出现在坎帕尼亚海湾，并且据说后来它们中的一座，即艾波波斯山（Mount Epopos），突然燃起了一团大火"；参见 Pliny，Natural History，10 vols.，trans. H. Rackham et al.（Cambridge：Harvard University Press，1938 – 63），1：335（2.203）。

　　古典世界的影响在阿拉贡羊皮纸上的大量地方是非常明显的：例如，在克拉尼奥河旁有一段有趣的引文，其对邻近的阿切拉城市的负面影响由出自维吉尔的《田园诗》的一个著名段落指明："克拉尼奥不利于阿切拉。"（图37.7）[60] 地图学家对于古代文物的兴趣同样通过大量对考古遗址的标示表现出来，其中包括古代的苏伊苏拉（Suessula，"Sessola"，其今天的准确位置未知，但很可能基于这一羊皮纸地图而被重新发现），以及罗马时代的诺拉竞技场，其在16世纪初期的安布罗焦·莱昂内（Ambrogio Leone）时期已经面目全非[61]。所有这些证据——内容、地名、对古典文本和资料的交叉引用——说明，有一位文艺复兴时期的人文主义者参与地图的创造中，并且几乎立刻就能出现在脑海中的名字就是乔瓦尼·蓬塔诺（Giovanni Pontano），他是一位著名的人文主义者，也是一位在阿拉贡那不勒斯宫廷中有影响力的人物（他出现在一些重要的外交使团中）。如同我们将要看到的，存在他参与了展现那不勒斯王国与教皇国边界地图创作活动的官方证明。

图37.7 描绘了诺拉周围区域的一幅羊皮纸地图的细部（16世纪或17世纪的副本）。除了对一个居民中心进行了通常的呈现之外，阿切拉（Acerra）城——在罗马时期已经是一个重要的农业中心——在这里通过对维吉尔（Virgil）的《田园诗》（Georgics）的一段引文而加以确定，《田园诗》指出了克拉尼奥（Clanio）河的不利影响。标出一座"快要坍塌的汉尼拔修建的塔"（Hannibal's Tower），由此显示出其对考古和历史有兴趣

　　整幅的原始尺寸：32×29厘米。ASN（Archivio Farnese 2114/2）特许使用。Vladimiro Valerio 提供照片。

---

　　[60] "克拉尼乌斯（Clanius）［河］害了废弃的阿切拉"；参见 Virgil, *Georgics*, bk. 2, ll. 224–25. 维吉尔的这一段落被弗拉维奥·比翁多（Flavio Biondo）引用："武尔图尔诺（Vulturno）之后是克拉尼奥河……维吉尔称之为，'对阿切拉（acerra）有害'，因为它淹没了拉切拉（Lacerra）的土地"；参见 *Roma ristaurata*, *et Italia illustrata*, trans. Lucio Fauno（Venice, 1543），229r。

　　[61] 安布罗焦·莱昂内在其作品《论诺拉》（*De Nola*）（Venice, 1514）中没有提到竞技场。

阿拉贡统治时期王国的边界
地图和最后的地图学作品

　　我们关于另外的源自阿拉贡宫廷的地图学作品有更多的信息——一幅那不勒斯王国边界的地图——其通过一幅四分幅的较晚的（18 世纪）的复制品再次为我们所知。尽管其受到学者的注意早至 1913 年，且由阿尔马贾在 1929 年对它再次进行了研究，但这幅地图似乎并没有唤起太大的兴趣，并且只是在文献中被偶尔提到[62]。1767 年在凡尔赛的军火库档案馆中发现了原始作品，并且立刻吸引了加利亚尼的注意力，其与塔努奇联系，"最终图像和王国边界的原始 952 测量被发现，而且在我手中——通过购买和支付费用"[63]。那封 1768 年 5 月 30 日的秘密信件上的完整标题是"来自保存在圣天使堡（Castel Sant'Angelo）档案馆中的阿拉贡和教皇文档中的边界地形图版，是基于费迪南德国王（King Ferdinand）的命令，用罗马（Capitoline）尺测量的。乔瓦尼·焦维亚诺·蓬塔诺（Giovanni Gioviano Pontano）的作品和研究"，是对复制品上的拉丁文的意译[64]。图题和使用的符号与那些之前讨论的地图上的相似，并且它们风格上的延续性说明，这幅边界地图并不是单一的作品，而是一个正在持续进行的项目的一部分。原始的图像可以将日期以相当程度的准确性确定为大约 1492—1493 年，因为在 1492 年 1 月那不勒斯

---

　　[62]　唯一已知的副本由 Società Napoletana di Storia Patria 所有（stampe cat. V，229 A，B，C，and D）；其为四分幅，尺寸分别为 31.0×54.6、51.5×32.0、32.6×54.5 和 53.2×31.5 厘米。参见 Roberto Almagià，"Studi storici di cartografia napoletana，"*Archivio Storico per le Province Napoletane* 37（1912）：564 - 92 and 38（1913）：3 - 35，318 - 48，409 - 40，and 639 - 54；增加注释后重版于 Roberto Almagià，*Scritti geografici（1905 - 1957）*（Rome：Cremonese，1961），231 - 324，esp. 233（这是本章所使用的版本和页码）；并再版于 Ernesto Mazzetti，ed.，*Cartografi agenerale del Mezzogiorno e della Sicilia*，2 vols.（Naples：Edizioni Scientifiche Italiane，1972），1：1 - 150. 也可以参见 Almagià，*Monumenta Italiae cartographica*，13（其中有一番更为详细的描述和参考书目，在 pl. XIII，No. 2 中有 4 幅图幅的复制件）。地图在由 XI Congresso Geografico Italiano 于 1930 年在那不勒斯开会之际组织的地图学展览中展出；参见 *Atti dello XI Congresso Geografico*，4 vols.（Naples，1930），4：324，No. 23. 后来在 Leo Bagrow，*History of Cartography*，rev. and enl. R. A. Skelton，trans. D. L. Paisey，2d ed.（Chicago：Precedent，1985），93，94（fig. 22），and 144 - 45 中对其进行了讨论，并将其列入铜版"分幅地图鼻祖"中。作者认为，"这些地图用铜版雕制，可能是为他［蓬塔诺］的作品《论美丽的那不勒斯》（*De bello neapolitano*）所作，后者完成于 1494 年，并且在 1508 年印刷"（p.145）。尽管不准确，但是这一点被其他英文作者所接受。然而，Campbell 在 *The Earliest Printed Maps，1472 - 1500*（London：British Library 1987），213 - 15 中，敏锐地将这些那不勒斯王国边界地图最终归入"难以查找的或具有误导性描述的地图"之列。

　　[63]　引自加利亚尼写给塔努奇的信件，1768 年 5 月 30 日，巴黎，出版在 Tanucci，*Lettere*，2：212 n. 1。然而，应当指出的是，现在收藏在 Società Napoletana di Storia Patria 的复制品，并不是那些由加利亚尼在巴黎委托制作的地图，因为我们知道那些是用"浸油的纸制作的，否则古老的部分褪色的墨水将难以由此显露出来"（2：214 n. 1）。现存的复制品是制作在厚白纸上的。

　　[64]　加利亚尼将地图上给出的度量中的 P 解释为代表罗马尺（*piedi*），因为字母之后紧随着的就是形容词罗马（*capitolini*），但是其应当被解读代表罗马步（*passi*）。实际上，在第三幅地图上给出了最后的测量（stampe cat. V，229 B；在目录中，第三幅和第二幅地图的顺序正好相反，同时它们分别被标为 B 和 C），且被写作完整的形式 *alla croce vivara dcccii passi*［到十字路口的距离为 802 罗马步（*passi*）］。而且，如果 p 被认为代表 *piedi*（步）的话，那么第一幅地图上的比例尺（1：18000 p）将是不适合的。*piedi* 这一度量单位只是被用于建筑测量，从未被用于记录路程。

和教皇国签订了一个和平条约，其中蓬塔诺本人在谈判中扮演了一个重要角色⑥。涉及用于确定新边界的聚落，这些边界如同我们可以在第一张分幅图上看到的（图37.8），"古代"边界以特龙托（Tronto）河为界划定，包括那不勒斯王国的阿斯科利（Ascoli）和安卡拉诺（Ancarano）等城市在内。解决已经存在了多个世纪的边界争端的这样一份文件的当代有效性，对于加利亚尼而言是非常清楚的，他不得不指出，在这些地图上，边界被"如此精确的"描绘，"由此应当很容易在那些被侵占的地点对边界加以恢复"⑥。

再次，我们有着一份非常仔细制作的制图学作品，带有恒定的比例尺（接近1∶160000）。由调查者放置的用来标志边界的石头和十字架被清晰地显示，河流和主要的聚落中心也是如此，因而给出了那些作为王国一部分的以及那些在王国之外的区域的可靠图像。这一边界地图，会与王国的大量空间调查结合在一起印刷——或者，至少它们所包含的主要信息会在后来印刷的那不勒斯地区地图中找到一席之地——如果不是查理八世在他于1495年2月22日胜利进入那不勒斯城后将其偷走的话，那么它们在此后大约300年的时间中就不会在流通领域消失。实际上，在它们消失的一个世纪中，没有进行过那不勒斯王国整体的或者部分的地形测量⑥。

但这些起源于阿拉贡宫廷的地形作品并不是我们拥有的这座城市对制图学和地理学有着文化和科学兴趣的唯一标志。尽管缺乏与这一现象的相关文献，但我们也确实知道在1490年前后，贝尔纳多·西尔瓦诺正在经营着一家制作地图和抄本的作坊，并且还存在一些其他的航海图的制作者——所有这些表明了对于地图制作的广泛的兴趣和参与。

我们对来自埃博利（Eboli）的贝尔纳多·西尔瓦诺的生平和作品知之甚少⑥，埃博利是萨莱诺（Salerno）区域的一座农业小镇，但是他的名字被牢不可破地与托勒密的《地理学指南》联系在一起。通过与当代的地理学知识进行比较且对两者进行严格的评估，他似乎

---

⑥ 那不勒斯与教廷（Holy See）之间的和平条约签署于1492年1月28日，当圣彼得（Saint Peter）的位置由因诺森八世（Innocent Ⅷ）占据的时候。参见 Ernesto Pontieri, "Venezia e il conflitto tra Innocenzo Ⅷ e Ferrante I d'Aragona," *Archivio Storico per le Province Napoletane*, 3d ser., 5–6 (1966–67)：1–272。Harvey 在 *Topographical Maps*, 62 中指出这幅地图的标题的同时，还注意到"在那不勒斯诸王中有一位时间大致从1458—1516年的费迪南德"，还将测量的时间改变为到"这一时期的末尾，因为……其是基于一次测量调查，并且特意按照比例尺绘制"。然而，这错误地描述了事实，因为在那时蓬塔诺去世了，然而在标题中明确地提到了他参与了测量（"studio et opera Joan. Jov. Pontan"）。因而，他去世的那一年（1503年）应当被作为这幅地图绘制时间的下限。

⑥ 引自加利亚尼写给塔努奇的信件，巴黎，1768年5月30日，出版在 Tanucci, *Lettere*, 2：212 n. 1。

⑥ 关于来自阿拉贡图书馆（Aragonese Library）的书籍和抄本所经历的沧桑，参见最近的目录 Toscano, *La Biblioteca Reale di Napoli*, 277–321。

⑥ 有一个涵盖贝尔纳多·西尔瓦诺的非专业人士的丰富参考书目，最早令人感兴趣的对他的提及是在 A. E. Nordenskiöld, *Facsimile-Atlas to the Early History of Cartography*, trans. Johan Adolf Ekelöf and Clements R. Markham (Stockholm：P. A. Norstedt, 1889；reprinted New York：Dover, 1973), 18–19 and 87–88 中。我们关于这位人物现有知识的一项最新的归纳可以在 Robert W. Karrow, *Mapmakers of the Sixteenth Century and Their Maps：Bio-Bibliographies of the Cartographers of Abraham Ortelius*, *1570* (Chicago：For the Newberry Library by Speculum Orbis Press, 1993), 520–24 中找到。其他有用的参考文献可以在 Blessich, *La geografia alla corte aragonese in Napoli*, 41–47；Giulia Guglielmi-Zazo, "Bernardo Silvano e la sua edizione della Geografia di Tolomeo," *Rivista Geografica Italiana* 32 (1925)：37–56 and 207–16, and 33 (1926)：25–52；R. A. Skelton's "Biographical Note" to the facsimile of Ptolemy, *Geographia*；Venice, 1511 (Amsterdam：Theatrum Orbis Terrarum, 1969), Ⅴ–Ⅺ；以及 Peter H. Meurer, *Fontes cartographici Orteliani：Das "Theatrum orbis terrarum" von Abraham Ortelius und seine Kartenquellen* (Weinheim：VCH, Acta Humaniora, 1991), 240–41 中找到。

是第一位对托勒密的文本和地图进行修订的人。西尔瓦诺拒绝采用《地理学指南》给出的坐标，因为它们在抄本之间和译本与译本之间有所不同；因而，他试图将托勒密《地理学指南》与包含在当时航海图中的最新知识协调起来，并且"他确实知道托勒密的信息能够与来自水手的所有报告相调和"⑥⑨。

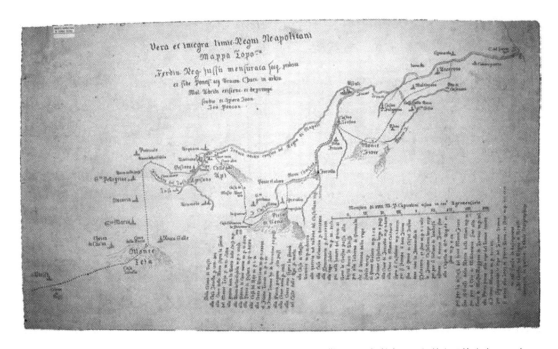

图 37.8　那不勒斯王国边界的地图（18 世纪的复制品）。那不勒斯王国与教皇国之间的和平协定在 1492 年 2 月签订，同时确立了一条新的边界。这被描绘在 1767 年于巴黎发现的 4 幅羊皮纸地图上。在 1768 年制作了这些地图的纸质副本

原图尺寸：31.0×54.6 厘米。Società Napoletana di Storia Patria, Naples（print catalog V 229/A）提供照片。

　　例如，西尔瓦诺改变了普利亚［阿普利亚（Apulia）］最东南端的萨伦蒂诺半岛（Salentine Peninsula）的朝向，从传统的托勒密的南北向改为正确的东西向；在这一具体问题上，他实际上接受了马尔科·贝内文塔诺的工作⑦⓪，这是另外一位来自意大利南部的著名地理学家和数学家。其和乔瓦尼·科塔（Giovanni Cotta）一起，是《地理学指南》罗马版本（1507 年）的负责人。最为重要的是，西尔瓦诺的校正标志着对于与意大利的海岸线和总体描述相关的各种版本的一次巨大改进（尤其是在意大利南部）。

　　西尔瓦诺对航海图的大量引用，以及他对它们的巨大信任，且他自己是一名水手这样的事实，支持了这样的说法，即在 15 世纪末 16 世纪初之间，这样的制图学在那不勒斯是蓬勃发展的（即使关于这方面的文献证据是缺乏的）。存在马略卡人（Majorcan）阿纳尔多·多梅内奇（Arnaldo Domenech）1486 年在那不勒斯的文献证据，这一年他绘制了一幅地中海的

　　⑥⑨　Blessich, *La geografia alla corte aragonese in Napoli*, 43.

　　⑦⓪　西尔瓦诺甚至在他给《地理学指南》撰写的导言中，拿出一短节内容 "Adversus Marcum Beneventanum Monachum" 来表达他对贝内文塔诺某些解读的批评。参见 Ptolemy, *Geographia*, ［cc. 2v］。

954 航海图⑦ ［他的度量衡的指南来自两年前，并且是在锡耶纳（Siena）制作的］⑫。然而，我们对于那不勒斯的祖阿尼（Zuane di Napoli）一无所知，其在 BL 的《科尔纳罗地图集》（Cornaro Atlas）中被提到，并且似乎他的职业生涯几乎全都在他的家乡之外度过⑬，对于卡拉布里亚的科拉·迪布里亚蒂科（Cola di Briatico）知道的稍微多些，他是一套现存地图集的作者⑭。

16 世纪那不勒斯航海制图学的基础在于阿拉贡统治的时期。韦康特·马焦洛（Vesconte Maggiolo）是文艺复兴时期杰出的航海图绘制者之一，他在 1511—1519 年在那不勒斯工作，在此期间，在王国其他的主要军事和商业中心建立了航海制图学的作坊，例如在墨西拿（Messina）和巴勒莫（Palermo）⑮。

那不勒斯的城市平面图：制作和目标

如果我们将王国的地方地图排除在外（在罗马和威尼斯出版），还有将尼古拉·安东尼奥·斯蒂利奥拉和马里奥·卡塔罗的作品（局限在世纪的最后 25 年，稍后讨论）排除在外的话，那么从 16 世纪至 17 世纪早期的非航海制图学的唯一重要的作品就是印刷的城市平面图。这些图由卡洛·忒提（Carlo Theti，一位军事工程师）、艾蒂安·杜佩拉奇（一位雕版匠和工匠）和亚历山德罗·巴拉塔（Alessandro Baratta，一位雕版匠和工匠）制作的，是当时那不勒斯在制图学问题上没有专门技术的明确证据。

卡洛·忒提制作的那不勒斯的平面图（1560 年）

1560 年在罗马由塞巴斯蒂亚诺·迪雷（Sebastiano di Re）雕版，由卡洛·忒提绘制的平面图是那不勒斯整座城市的一种重要的地形呈现。在整个 16 世纪中，忒提的作品和杜佩拉奇的作品将是这座城市未受到挑战的地图学的呈现（尽管后者的地图应当获得了更大的成功，并且是在一个更长的时期内）⑯。忒提 1529 年出生在诺拉的一个贵族家庭⑰。我们关于他的最早的

⑦　航海图现在藏于 National Maritime Museum, London。关于多梅内奇，一位活跃于 1446—1489 的马略卡制图学家，他是彼得吕斯·罗塞利（Petrus Roselli）的学生，参见 Julio Rey Pastor and Ernesto García Camarero, *La cartografía mallorquina* (Madrid: Departamento de Historia y Filosofía de la Ciencia, "Instituto Luis Vives," Consejo Superior de Investigaciones Científicas, 1960), 84, 和 Tony Campbell, "Portolan Charts from the Late Thirteenth Century to 1500," in *HC* 1: 371 – 463, esp. 429, 431, and 432 n. 421 (Campbell dates the chart 148 – , considering the last digit illegible)。1486 年的航海图被制作 "于那不勒斯城"。

⑫　参见 Gustavo Uzielli and Pietro Amat di S. Filippo, *Mappamondi, carte nautiche, portolani ed altri monumenti cartografici specialmente italiani dei secoli XIII– XVII* (Rome: Società Geografica Italiana, 1882), 232。

⑬　参见 Cortesão, *Portuguese Cartography*, 2: 195 – 200, esp. 197 and 200 n. 255, 以及 Campbell, "Portolan Charts," 432 and 437 n. 474。

⑭　参见 Roberto Almagià, "Notizie su due cartografi calabresi," *Archivio Storico per la Calabria e la Lucania* 19 (1950): 27 – 34, esp. 32 – 34。

⑮　关于意大利南部的航海制图学，参见本卷第七章和 Valerio, *Società uomini*, 44 – 48。

⑯　忒提的地图在 1940 年之后的书目中被提到。地图在 20 世纪 90 年代之前没有被复制和准确地描述；参见 Brigitte Marin, "Le plan de Naples de Carlo Theti gravé par Sebastiano di Re en 1560: Un nouveau document pour l'étude de la cartographie et de la topographie napolitaines," *Mélanges de l'École Française de Rome: Italie et Méditerranée* 102 (1990): 163 – 89, 以及 Valerio, *Piante e vedute di Napoli*, 30 – 32。甚至我们关于军事建筑师卡洛·忒提的不同的传记信息，都没有提到这一令人感兴趣的调查工作和制图术。关于忒提最为可靠的研究是 Pietro Manzi, *Carlo Theti, da Nola, ingegnere militare del sec. XVI* (Roma: Istituto Storico e di Cultura dell'Arma del Genio, 1960), 以及 idem, *Architetti e ingegneri militari italiani dal secolo XVI al secolo XVIII: Saggio bio-bibliografico* (Rome: Istituto Storico e di Cultura dell'Arma del Genio, 1976), index。

⑰　忒提家族还被 Ambrogio Leone 在 *Nola* (la terra natia): *Opera piccola, precisa, completa, chiara, dotta...*, trans. Paolino Barbati (Naples, 1934), 183 中提到。

消息就是其作为一位成年人参与了反击在突尼斯（Tunisian）海岸的柏柏尔（Barbary）海盗基地的军事行动（海盗对那不勒斯海湾以及王国岛屿的劫掠是一种经常性的威胁，尤其是在1550年期间）。我们对他在1551—1564年间的生平一无所知，但非常可能的是，他待在那不勒斯完成他为西班牙军队服务的技术训练。可能他参加了1556年由阿尔巴公爵（duke of Alba）费尔南多·阿尔瓦雷斯·德托莱多（Fernando Alvarez de Toledo）进行的对奥斯蒂亚城堡（Castle of Ostia）的围攻，他对此进行了极为详细的描述——并且充满了感情——在他关于防御设施的专著中。1565年，他与将改变他生活轨迹的两位朋友交往：扎加罗洛公爵（duke of Zagarolo）普罗斯佩罗·科隆纳（Prospero Colonna）和蓬佩奥·科隆纳（Pompeo Colonna）。同一年，他与后者一起旅行到了维也纳，在那里，他出现在了马克西米利安二世皇帝（Maximilian Ⅱ）的宫廷中，并在1569年将他第一部关于防御工事的著作奉献给了这位皇帝[78]。在他居住在这座城市期间，巴伐利亚选侯（elector of Bavaria）威廉二世（Wilhelm Ⅱ）要求他作为一名军事工程师为他效力，在1577年前后，他返回了意大利，继承了曾由米凯莱·萨米凯利（Michele Sammicheli）在威尼斯执掌的职位，以及继续从事威尼斯的贝尔加莫（Bergamo）和维罗纳（Verona）城的防御工事的工作。然后，直到1589年10月10日在帕多瓦去世之前，他应当在萨伏依（Savoia）、埃斯特和美第奇（Medici）家族的宫廷中工作[79]。　955

　　忒提的那不勒斯城市平面图描绘的是从1550年——这一年他从突尼斯沿海地区的军事任务中返回——至1560年这一时期的城市，1560年是地图出版的时间（图37.9）。例如，其显示了关于由总督佩德罗·德托莱多先生（Don Pedro de Toledo）委托的早在1537年开始的完固和修补城市城墙（城墙的一部分在以往法国军队的攻击中受到了损害）的主要工程已经进行的工作以及部分完成的工作。

　　乍一看，地图明显是出于一种特殊目的，而不是作为一幅普通地图而创造的。忒提地图的目的是从一种严格的军事视角提供对城市布局和城墙的一种解读。公制和地形的问题被故意忽略：例如，没有提到任何比例尺，尽管在同时代的地图中标明了比例尺（无论它们是否保持一种固定比例尺）。这一事实尤其重要，并且不应当被忽略，如果我们希望在其历史背景下对这幅地图进行正确解读的话[80]。然而，这并不意味着，城市布局被模糊描绘或者缺

---

[78] ［Carlo Theti］, *Discorsi di fortificationi del Sig. Carlo Theti Napolitano*（Rome：Giulio Accolto, 1569）。最早的版本只有30幅地图，并没有被作者承认是他的作品。在此后的版本中，用大量木版图进行了极大的扩展和增补，关于他对军事工程科学进行的大量观察，以及他与科隆纳兄弟讨论的成果，作者评价为"是多年之前，当我在国王宫廷中的时候——我依然在那里——在罗马以我的名义印刷，由认为可以用那种方式取悦我的人所做"；参见 *Discorsi delle fortificationi*, *espugnationi*, & *difese delle città*, & *d'altri luoghi*（Venice：Francesco de Franceschi Senese, 1589）, "A' Lettori Benigni."后来的一个版本1617年由 Giacomo de Franceschi 在 Venice 印刷。关于 *Discorsi* 的版本一个列表，参见 Manzi, *Architetti e ingegneri militari italiani*。

[79] 1588年的版本献给了托斯卡纳大公（grand duke of Tuscany）费迪南德·德美第奇一世（Ferdinand Ⅰ de' Medici）。关于忒提的旅行，参见 Manzi, *Carlo Theti da Nola*, 以及其中的参考书目。

[80] 缺乏诸如此类的方法学的考虑，导致某些学者比较两幅平面图所表现的地表区域，然后对两个工程之间城市建设工作的程度进行精确的推演。例如，基于被显示的穿过西班牙人居住区（Spanish Quarter）与托莱多大街（Via Toledo）平行的街道数量（在忒提地图上有1条，在杜佩拉奇的地图上有6条），Marin 推断，在两次测量之间，区域中发生了扩展，"除非"，她紧接着补充，"没有将区域作为一个紧密的街区进行呈现"；参见 Marin, "Le plan de Naples," 184。很可能在整个这一时期，那不勒斯城区都在扩张，但是对两幅地图的比较并不必然对此提供一种令人信服的证据。如果我们老是固守这样的一种比较，那么很可能必然得出荒谬的结论，例如，在两项工作之间的时期，一些完全崭新的城市街区出现在市场广场（Piazza del Mercato）以北（在忒提地图中显示了9条街道，而在杜佩拉奇的地图上则显示了正确的数量，11条）。

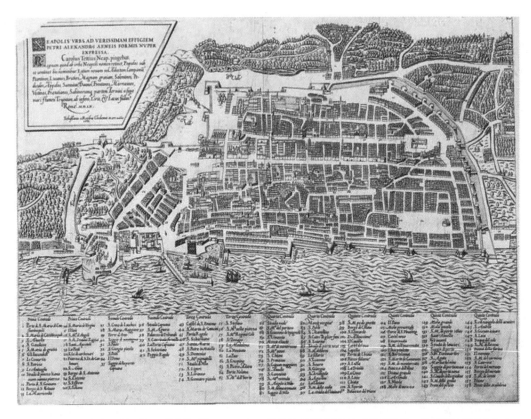

图 37.9 卡洛·忒提的那不勒斯平面图，1560 年。尽管是在那不勒斯由忒提制作的，但其通过罗马进入市场中——罗马是意大利印刷业最为活跃和最为有生机的中心之一——在那里其被雕版。地图是一件主题作品，旨在提供对城市肌理的一种军事解读，而不是提供一种完全成熟的陆地测量成果（如没有包含任何比例尺）

原始尺寸：41.0×54.5 厘米。BNF（EstampesVb 116）提供照片。

956 乏细节——远非如此。地图是被某位长期以来对城市非常熟悉的人清晰绘制的；对其包含的信息的巧妙综合只能由某位确实非常了解那不勒斯的人做到。

卡洛·忒提可能在佩德罗先生领导的那不勒斯城市的复兴期间完善了他自己的军事工程技术方面的专长，并且甚至可能在一些防御工程的构建中扮演了重要的角色。陆地测量技术是任何军事工程师作为他学徒生涯的一部分而应当进行学习的事情之一，并且这幅那不勒斯地图可能充分展现了诸如此类的训练。在忒提的例子中，测量技术的专业知识被记录在他的一些最为重要的印刷著作的某些章节中，后者还包含有对他为他自己发明的测量工具的描述[81]。

关于特定的兴趣，由于我们只能从文献描述中了解它们，是由在主要道路交叉口的拱门和拱廊显示出来的。例如，这些由卡洛·切拉诺（Carlo Celano）进行了描述，他将它们解释为“通过提供一种保护街道入口不受上述房屋影响的方法，使得城市变得更为强大”[82]。古玩市场（Anticaglie）和拱形塔（Torre dell'Arco）在图例中标识出来（前者作为 No. 9，后者作为 No. 29；在 1564 年被拆毁，拱形塔没有出现在杜佩拉奇的地图上）。这些特征的存在

---

⑧① 参见 Discorsi delle fortificationi，bk. 2，chap. 3（关于罗盘），chap. 4（关于测量距离、高度和深度）以及 chap. 5（关于测量距离、高度和深度的新的仪器）。

⑧② 段落被引用在 Marin，"Le plan de Naples," 185–86。

同样受到城市这一描述的军事性质的支配；地图军事性质的进一步的证据，我们可以引用对圣塞韦里诺（San Severino）斜坡的描绘，其同样没有出现在杜佩拉奇地图中。基于它们对于人员和物资移动的战略重要性，试提的平面图对它们给予了详细的描绘，即使不符合比例尺。1547 年的暴动，涉及市民和西班牙士兵之间的暴力冲突，对于所有那不勒斯人而言依然历历在目，同时调查者的眼睛远远不是中立的：他几乎痴迷于对通道和连接性道路的描绘，因而提供了将城市作为一种结构化的相互交织的整体空间的解读。基于这一非常特定的性质，地图面对的是一种受到限制的市场，并且由此不可能取得出版上的成功。然而，它在大约 30 年后由出版商尼古拉斯·范阿尔斯特（Nicolas van Aelst）重印，出版了一个包括了某些细小的但是重要的更新内容的版本[83]。

艾蒂安·杜佩拉奇的那不勒斯地图（1566 年）

由艾蒂安·杜佩拉奇在罗马雕版的那不勒斯地图是对城市最早的真实地形的描述，并且是从一种技术和一种艺术的视角，因而它在 16 世纪欧洲范围内正在制作的其他城市图解的主要作品中应占有一席之地（图 37.10）。对于这幅最初在罗马印刷的那不勒斯平面图的兴趣，可以追溯到一个世纪之前。杜佩拉奇用他的首字母的意大利语的形式，S P（Stefano du Perac），以及他的徽章，一根节杖［墨丘利（Mercury）所持之杖］署名。他现在被认为从 1554 年之后在罗马工作，与安东尼奥·拉弗雷伊广泛合作（并且也与城市中的其他印刷匠合作）。在世纪的最后 10 年中，他迁移到枫丹白露（Fontainebleau），在那里他作为一名建筑师和壁画艺术家为亨利四世（Henri Ⅳ）工作[84]。

杜佩拉奇也是一位敏锐的古典占物的绘画家，并且是作为他雕版画的基础的大量绘画的实际作者，在其中我们应当毫不迟疑地提到由拉弗雷伊印刷、时间为 1577 年的罗马的大型平面图。因而，杜佩拉奇可能实际上绘制了那不勒斯的平面图，尽管不太可能——我应当排除可能性——他实际上自己进行了调查工作。最为可能的情节就是，他从一幅现在已经佚失的原始作品进行了复制。关于罗马的城市平面图，我们可以接受弗鲁塔茨（Frutaz）的说法，他说这表明杜佩拉奇是"一位真正的艺术家，以及有经验的地图学家"[85]。我们知道，他对古代和现代罗马进行了细致的研究［我们还知道，在绘制城市地形的过程中，他是最早使用最近发现的时间为塞维鲁（Severus）在位时期的大理石城市平面图的人之一］。然而，难以接受的是，他进行了那不勒斯平面图所需要的现场的调查，鉴于（如同我们所知道的）城市的历史和领土都完全超出了他的研究领域。

由于用单一的大型图版工作的困难，城市平面图被雕版在两张铜版上。使得这幅杜佩拉奇地图从历史和地图学的视角都令人感兴趣的特点就是其被用大比例尺绘制，并且似乎这一比例尺贯穿了整幅地图。基于被标明的比例尺的 100 杖（canne）等于大致 40 毫米的计算，得出的比例就是大约 1∶5300，如果我们采用所用的杖（canna）不是那不勒斯杖（canna napoletana）

957

[83] 参见 Valerio, *Piante e vedute di Napoli*, 73 – 74。

[84] 关于杜佩拉奇，参见 Fabia Borroni Salvadori, *Carte, piante e stampe storiche delle raccolte lafreriane della Biblioteca Nazionale di Firenze*（Rome：Istituto Poligrafico e Zecca dello Stato, 1980），xx – xxii, 附有书目，以及 Etienne Du Pérac, *Roma prima di Sisto V：La pianta di Roma Du Pérac-Lafréry del 1577*, ed. Franz Ehrle（Rome：Danesi, 1908），8 – 11。

[85] Amato Pietro Frutaz, *Le piante di Roma*, 3 vols.（Rome：Istituto di Studi Romani, 1962），1：23。

而是在罗马使用的建筑杖（*canna architettonica*）的话，那么比例尺则是 1∶5600。实际上，基于杜佩拉奇对建筑测量的熟悉，非常可能的是，他确实使用的是后一种度量单位⑧。

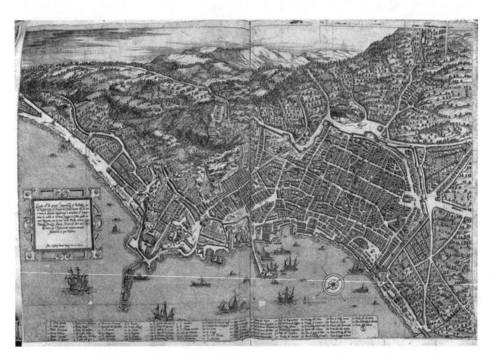

图 37.10　艾蒂安·杜佩拉奇绘制的那不勒斯平面图，1566 年。由杜佩拉奇在 1566 年雕版，这幅那不勒斯的平面图标志着城市地形描绘史上的一个里程碑。其准确性和一致的比例尺使得其成为 16 世纪中期欧洲最为令人感兴趣的城市测量之一。尽管我们不知道确切的实际测量者——杜佩拉奇充其量可能只是草绘者以及雕版者——地图揭示大量高度专业化的地形测量员和调查者那时在城市中工作，当时那不勒斯正在经历重要的城市发展，同时意大利南部作为一个整体在西班牙的欧洲领土中正在扮演一个重要的战略角色

原图尺寸：51.8×83.2 厘米。Biblioteca Nazionale Centrale, Rome（71.6. G. 2, c. 102）提供照片。

鉴于地图上显示的比例尺普遍是不可靠的，我通过测量地图上沿着不同方向延伸的直线不同部分的特定距离，计算了真实的比例尺⑧。基本上，作为整体比例尺，其应当大约

　　⑧　*canna napoletana* 的长度为大约 2.11 米；参见 Antonio Pasquale Favaro, *Metrologia, o sia, Trattato generale della misure, de'pesi, e delle monete*（Naples: Nel Gabinetto Bibliografico e Tipografico, 1826）, pt. 2, p. 104. 罗马的 *canna architettonica* 长度为 2.23 米；参见 Martini, *Manuale di metrologia*, 596。

　　⑧　从那些更为容易识别的，没有经历可能改变了它们水平位置的地理要素中选择了线段的端点。与那些在 1828 年由地形测绘办公室（Officio Topografico）绘制的地图上的数值进行了测量数值的比较，在那幅地图上这些点被清楚地标记。下面是最终的比例尺的列表：

　　港口的灯塔——在圣卢西亚（S. Lucia）的海上棱堡，1∶5500

　　新堡（C. Nuovo）的西侧塔楼——圣基亚拉（S. Chiara）的后殿，1∶6300

　　港口灯塔——圣马丁（S. Martin）修道院的立面，1∶5900

　　港口灯塔——卡尔米内（Carmine）棱堡，1∶6000

　　圣卢西亚的海上棱堡——圣莱昂纳多，1∶6400

　　皇家港口——卡普安纳门，1∶5900

　　圣卢西亚的海上棱堡——圣基亚拉的后殿，1∶6300

　　圣莱昂纳多——皇家港口，1∶5900

为1:6000。但是令人真正惊讶的是，用透视图突出绘制的一些特征，例如位于基亚亚（Chiaia）海岸的圣莱昂纳多（San Leonardo）和位于圣马蒂诺（San Martino）山丘上的查特豪斯修道院（Charterhouse Monastery），被在平面上精准对齐。因而，杜佩拉奇地图必然是使用了技术充分的设备进行的实地地形测量的成果（例如测角仪、罗盘等），可能是有三角 958 测量的数值（在当时肯定是知道几何三角测量的，这种测量方法有时被应用于小地点的测量）[88]。地理景观和山丘被放置在地图的顶部，是纯粹象征性的，意图满足当时对于风景画（*vedutismo*）的口味。在一个稍晚的阶段，艺术家增加了大量重要建筑的立面和城市内其他的建筑特征[89]。

我的测量确定了构建整幅地图的几何严谨性——一个标志着那不勒斯制图学的真实革命的严谨性。实际上，那不勒斯在这方面是迟到者，但一旦出现，就涌现出一件令人惊讶的并且将在超过两个世纪的时间内未被超越的作品。遗憾的是，在城市的档案中，没有原始调查的痕迹——基于被应用的技术——必然是一件涉及专业调查员和制图学家的长期项目，并且是在总督政府的庇护下执行的（或者至少得到了批准），即使不是在西班牙王室直接的庇护之下。地图直至今日依然毫不落伍；即使在提供一个最终的判断之前，对各种例证进行更为广泛的评估是必要的，但我们可能在这里引用梅尔杰利纳（Mergellina）附近的设防哨所，对此我们知道其是在1563年之后修建的。

1566年是该城市的城市肌理发展中重要的一年。在那年的7月31日，总督发布了第一道意图限制城墙内的建筑的政令——一项标志着关于那不勒斯城市"有计划发展"的一项长期争论的裁决，其最终需要菲利普二世（Philip Ⅱ）亲自加以直接干涉[90]。同样，1566年是出版商斯科托（Scotto）发行乔瓦尼·塔卡诺塔（Giovanni Tarcagnota）的《论那不勒斯城的位置及其对它的赞美》（*Del sito, et lodi della città di Napoli*）[91]的一年——这是一种配合杜佩拉奇的地图的文学作品。

由总督佩德罗·德托莱多先生（从1532年至他去世的1553年出现在那不勒斯）发起的建造工作和对防御设施的巩固被忠实地记录在杜佩拉奇的地图上，其可能因而

---

[88]　关于使用的测量工具，参见"Kompaß" and "Winkelmeßgerät" in *Lexikon*, 1: 417 – 18 and 2: 892 – 93. 16世纪上半叶关于三角测量的实际知识，参见 N. D. Haasbroek, *Gemma Frisius, Tycho Brahe and Snellius and Their Triangulations*（Delft: Rijkscommissie voor Geodesie, 1968），11 – 14，以及关于仪器，参见 Maccagni, "Evoluzione delle procedure di rilevamento,"以及 Piero Falchetta, "La misura dipinta: Rilettura tecnica e semantica della veduta di Venezia di Jacopo de' Barbari," *Ateneo Veneto* 178（1991）: 273 – 305. 后者包含了一些与被用于城市测量的地形测量设备和透视设备有关的有趣的方面。应当指出的是，与通常宣称的相矛盾，最早的那不勒斯的城市图像（试提和杜佩拉奇的那些），并不是城市景观，而是城镇平面图，其反驳了任何简单的进化论，即认为地形测量是对更趋近于图像类型的城市景观的发展。

[89]　参见 Valerio, *Piante e vedute di Napoli*, 35 – 38, esp. 36。

[90]　参见 Franco Strazzullo, *Edilizia e urbanistica a Napoli dal '500 al '700*, 2d ed.（Naples: Arte Tipografia, 1995），3 – 15 and 127 – 30，引文在127页，此书最初出版版在1968年，并且是最早考虑那不勒斯制度和城市规划的复杂性的作品之一。也可以参见 Giulio Pane and Vladimiro Valerio, eds., *La città di Napoli tra vedutismo e cartografia: Piante e vedute dal XV al XIX secolo*（Naples: Grimaldi, 1987），42 – 45（by Gulio Pane），此书强调了那不勒斯地图是如何与城市肌理的精确特征相对应的，并且将其作为一种建筑文献从而进行了有启发性的解读。

[91]　参见 Giovanni Tarcagnota, *Del sito, et lodi della citta di Napoli con vna breve historia de gli re svoi, & delle cose piu degne altroue ne' medesimi tempi auenute*（Naples: Scotto, 1566）. 关于这位人物，参见 Francesca Amirante et al., eds., *Libri per vedere: Le guide storicoartistiche della città di Napoli, fonti testimonianze del gusto immagini di una città*（Naples: Edizioni Scientifiche Italiane, 1995），24 – 26。

被意图作为城市规划的一种工具。我们可以确定地排除杜佩拉奇的作品被绘制用于某些军事目的，尽管并不缺乏一个对新的、更为完整的城市地图的需求的军事理由——例如，在西班牙试图将宗教裁判所（Spanish Inquisition）引入王国之后，那不勒斯发生的 1547 年暴动，或者来自城墙西侧裂口的防御问题〔其持续存在，尽管这样的事实，即《布卢瓦条约》（Treaty of Blois，1504 年）的签署实际标志着西班牙对意大利统治权的开端之后，1505 年天主教教徒费迪南德二世（Ferdinand Ⅱ）发来的一份公文，命令完成阿拉贡城墙的防御〕。然而，排除了地图背后的任何军事目的的事实就是作品没有被保持作为西班牙强权的一件秘密措施（如同后来的其他地图那样）。随着查理五世（Charles Ⅴ）在 1556 年的退位，他的儿子菲利普二世成为他的所有地中海领土的统治者，并且通过后来的《卡托—康布雷西条约》（Treaty of Cateau-Cambrésis，1559 年），西班牙在意大利南部的势力开始成为一个稳固的事实，并且注意力更为聚焦于作为一座城市的那不勒斯。

亚历山德罗·巴拉塔绘制的那不勒斯的景观图（1627 年）

对那不勒斯城市的关注作为催化剂，后来导致了非常精致的地图学作品的出现：乔瓦尼·奥兰迪（Giovanni Orlandi，一位出版商和雕版师）、尼古拉斯·佩雷（Nicolas Perrey，一位来自法国的雕版师）和亚历山德罗·巴拉塔（一位更为复杂的人物，一位雕版师和制图者）的大型那不勒斯透视图[92]。由总共 10 幅图页构成，透视图最初出版于 1627 年[93]，然后仅仅两年后就更新，并且对飘带和对某些铜版做了实质性的修订（图 37.11）。这一从海中描绘那不勒斯的令人感兴趣的先例，可以被发现在荷兰地理景观艺术家扬·范德费尔德（Jan van de Velde）的一件作品中，其作为 4 分幅的雕版画在 1616 年前后发行[94]。然而，尽管巴拉塔借鉴了范德费尔德，其中甚至包括他签名的位置（一艘位于前景中的帆船），但他自己调查的城市区域的复杂性，用位于背景中的一幅弗莱格雷伊（Flegrei）区域的景观作为终结，这在那不勒斯的形象呈现中是没有先例的。

作为一幅复杂的描述性作品，巴拉塔的那不勒斯景观画还表明了制图者对透视原则的掌握（图 37.12）。城市图像使用多重呈现系统来制作。尽管建筑和城市街区被按照粗糙的不等角投影透视的方法绘制，但基于对同时代城市形象的使用，展现了一种舞台场景的普通的地形平面图，被在一种曲线透视中加以呈现。我们对于这一后者的形式知之甚少，其历史根源在于列奥纳多·达芬奇的关于绘画的专著中，以及在法国微画像家让·富凯

959

㉒　关于巴拉塔的文献相当广泛。参见 Giulio Pane，"Napoli seicentesca nella veduta di A. Baratta，" *Napoli nobilissima* 9（1970）：118 – 59 and 12（1973）：45 – 70；Anna Omodeo，*Grafica napoletana del '600：Fabbricatori di immagini*（Naples：Regina，1981），15 – 16 and 52；Alessandro Baratta，*Fidelissimae urbis Neapolitanae cum omnibus viis accurata et nova delineatio*，ed. Cesare De Seta（Naples：Electa Napoli，1986）；Pane and Valerio，*La città di Napoli*，109 – 14（by Gulio Pane）；*All'ombra del Vesuvio：Napoli nella veduta europea dal Quattrocento all'Ottocento*，展览目录（Naples：Electa Napoli，1990），364；以及 Valerio，*Società uomini*，61 – 63。

㉓　初版的一个副本，重新装订在亚麻纸上，并且缺第 2、4 页，收藏在 BL。

㉔　关于范德费尔德制作的景观图，参见 Pane and Valerio，*La città di Napoli*，94 – 97（by Vladimiro Valerio）。

图 37.11　亚历山德罗·巴拉塔制作的那不勒斯平面图的细部，1627 年。这一来自《最真实的那不勒斯城》（*Fidelissimae urbis Neapolitanae...*）的细部，显示了一座被缩减的皇家宫殿，其依据的是建筑师多梅尼科·丰塔纳（Domenico Fontana）一个未实现的项目。细部然后在 1629 年版中被改变

整幅的原图尺寸：93.6×247.5 厘米。BL（Map Library, 24045. ［2］）提供照片。

（Jean Fouquet）的图像体验中，这两者都来源于 15 世纪最后 25 年。在随后的几个世纪中，技术只有非常少的发展，除了奎多巴尔度·德尔蒙特（Guidobaldo del Monte）的文艺复兴时期的关于透视的论文中不多但重要的提及之外⑮。

---

⑮　奎多巴尔度·德尔蒙特（奎多·乌巴尔多·蒙特［Guido Ubaldo Monte］）是文艺复兴时期透视法的一位重要的创新者和改革者。在他关于这方面的和其他主题作品中，我们可以提到 *Planisphaeriorum Universalium Theorica*（Pesaro：Geronimo Concordia, 1579）［（参见 Rocco Sinisgalli and Salvatore Vastola, *La teoria sui planisferi universali di Guidobaldo del Monte*（Florence：Cadmo），1994，有翻译和评注］，以及 Guido Ubaldo Monte（Guidobaldo del Monte），*Gvidi Vbaldi e Marchionibvs Perspectivae libri sex*（Pesaro：Geronimo Concordia, 1600）［参见 Rocco Sinisgalli, *I sei libri della prospettiva di Guidobaldo dei marchese del Monte*，有翻译和注释（Rome：Bretschneider, 1984）］。

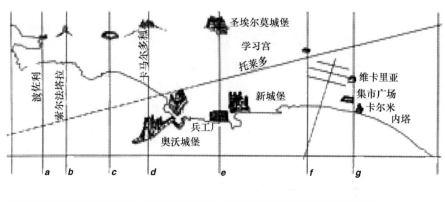

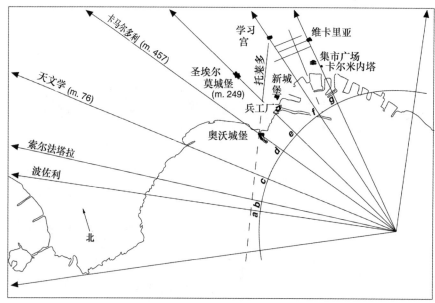

图 37.12 巴拉塔的那不勒斯图景的透视图。这一图示标明了特定的地理和建筑特征（上），并且是一种基于一幅现代地图（下）的对亚历山德罗·巴拉塔在他的那不勒斯城市平面图和景观（1627 年）中使用的透视的重建。大量视觉线条的确认（上，a-g）使得确定由此获得城市景观的"理论上的"点（下）成为可能。这些不同的视线的正确排列说明，景观的整体布局被建造作为一种名副其实的透视图，同时可能是使用现存的制图学材料在绘图板上创造的。由于明显的有效性的原因，扇形区域 d-e 和 e-f 并不是按照比例绘制的，而是被放大了的。从卡尔米内塔（Torrione del Carmine）至波佐利（Pozzuoli）的海岸线，以及托莱多大街的朝向只有使用一种曲线透视的时候才是连贯的

基于 Vladimiro Valerio, *Società uomini e istituzioni cartografiche nel Mezzogiorno d'Italia*（Florence：Istituto Geografico Militare, 1993），62。

斯蒂利奥拉的新调查之前的印刷地图

960

西班牙旨在实现对那不勒斯市全面的意识形态控制——尤其是在其总督统治的早期。这意味着切断存在于不同贵族知识分子圈子之间的联系，并且逐渐破坏阿拉贡时期的文化传统（以蓬塔诺这样的人物为象征）。结果就是长期的孤立，由此切断了那不勒斯社会与意大利和欧洲其他地方的联系。除了首都的地图之外，这种事态还被反映在了那不勒斯的地图学中，其中的内容和技术落后于其他欧洲国家。

两幅那不勒斯王国的印刷地图出版于 1557 年，一幅是在罗马，另外一幅是在威尼斯，

因而时间是在西班牙王权开始其在那不勒斯统治的 50 年之后。罗马的地图是由米凯莱·特拉梅齐诺诺印刷的，并且由塞巴斯蒂亚诺·迪雷遵照皮罗·利戈里奥（Pirro Ligorio）一部著作雕版的，后者是一位那不勒斯建筑家和古典遗物的学者[96]。毫无疑问，地图最初与在托勒密《地理学指南》，甚至与包含在该书 15 世纪修订版中的意大利"新地图"（Tabula nova）中的图像存在根本的差异。然而，除了王国的总体轮廓之外，我们无法确定一个来源，不过地图学家显然广泛关注于那些我们今天可以描述为考古信息的内容。如同阿尔马贾评论的，地图"充满了历史学—考古学的名称和信息，也与已经消失的古代部落和民族、道路、城市有关，以及与其他的古典时代的著名的位置有关"[97]。

在威尼斯印刷的佚名的地图仅仅标明了制作和出售它的印刷者："星星书店出品"（Alla libraria della Stella），我们知道指的就是印刷者和书商焦尔达诺·齐莱提（Giordano Ziletti）的经营场所。类似于在罗马印刷的地图，地图的上方为东北方。没有经度和纬度的度数。同时代的书面叙述的影响是清晰的；考古和历史是突出的特色。地图上有丰富的地名，同时每条河流只是通过两条平行线标明，并且在河口给出名称，一种被阿尔马贾描述为"最不诚实的，通常几乎完全由错误构成的或充满严重错误"的描绘[98]。然而，总体上，这似乎是比利戈里奥的地图更为细致的作品，可能因为我们可以感觉到同时代地理学的存在，这可能是由于这样的事实，即威尼斯与普利亚和意大利南部东侧地区有牢固的军事和商业联系。

两幅地图毫无疑问在未来的两个世纪中被大量复制和模仿。部分归因于其创造者享有的权威，利戈里奥的地图将被包括在亚伯拉罕·奥特柳斯（Abraham Ortelius）的《寰宇概观》（1570）以及被包括在赫拉德·德约德（Gerard de Jode）的《世界宝鉴》（Speculum orbisterrarum，1578）中。威尼斯地图出现在大量"拉弗雷伊收藏"中；有一些小的修改，其于 1562 年在威尼斯重新印刷，并且然后在同一城市，于 1566 年由乔瓦尼·弗朗切斯科·卡莫恰再次印刷。

从阿尔马贾之后，学者讨论了这些地图的可靠性如何，探讨了在哪些地方它们在地理上是错误的，而在哪里又是正确的。然而，历史编纂学由于未能考虑一个非常基本的事实从而高估了地图：两部作品从一个地形的角度来看是完全不可靠的。清楚的是，一幅地理地图只是基于书面叙述，通常不是一手的，并且基于其他的纯粹描述性的文献，而这种文献是无法满足任何一种领土几何学呈现的需要的。在盗窃阿拉贡地图之后，并且中止所有直接的地形或天文调查之后，关于那不勒斯王国的第一手地理知识显然处于一种贫乏状态。这两幅地图，出版于欧洲最为活跃和有最新信息的书籍和印刷市场中，显然证明了这一点。

从总督在 16 世纪 80 年代委托进行的斯蒂利奥拉的新调查之后，存在的唯一一幅绘本地图学作品，导致我们怀疑其揭示了存在对意大利南部更为细致的地理学研究的可能性。这就是保罗·卡尼奥（Paolo Cagno）的 1582 年的那不勒斯王国的大型地图，其在 1615 年重印

---

[96] 关于皮罗·利戈里奥，参见 Giovanni Bonacci, "Note intorno a Pirro Ligorio e alla cartografia napoletane della seconda metà del secolo XVI," in *Atti del V. Congresso Geografico Italiano*, *tenuto in Napoli dal 6 a 11 aprile 1904*, 2 vols. （Naples, 1905），2：812 - 27；Roberto Almagià, "Pirro Ligorio cartografo," *Atti della Accademia Nazionale dei Lincei*, *Rendiconti*, *Classe di Scienze Morale*, *Storiche e Filologiche*, 8th ser., 11（1956）：49 - 61；以及最近的 Karrow, *Mapmakers of the Sixteenth Century*, 349 - 58。

[97] Almagià, "Pirro Ligorio," 53.

[98] Almagià, "Cartografia napoletana," 260.

（图 37.13）[99]。尽管卡尼奥依然是一位神秘的人物，但我们知道，他是一位有些重要性的人物，其自 1595 年版《寰宇概观》开始被奥特柳斯包括在 "作者目录"（Catalogus auctorum）961 中[100]。原图现在佚失了，因其宏大的尺寸（4 分幅，构成了一幅 80×78 厘米的地图），以及雕版的质量而让人感到惊讶[101]。在标明的 40 意大利里（等于 72 毫米）的比例尺下，作品上有雕版匠耶罗尼莫·西西利亚诺（Hieronimo Siciliano）的名字——与制图学家自己一样是一

图 37.13　保罗·卡尼奥绘制的那不勒斯王国的地图，1615 年。这一地图最早于 1582 年在那不勒斯出版，然后 1615 年以 "那不勒斯王国"（Regnio di Napoli）的标题重新出版。唯一的变化就是在献词上，统治君主被标明在地图左上角的框架中。尽管在被相当延伸的卡拉布里亚以及萨伦蒂诺半岛轮廓中存在一些缺陷，但这些地图依然是 17 世纪早期意大利南部可用的最好的图像之一

原图尺寸：80.5×78.5 厘米。Newberry Library, Chicago（Novacco 2F/172）提供照片。

　　[99]　Almagià, "Cartografia napoletana," 283–86.

　　[100]　参见 Peter H. Meurer, "The Catalogus Auctorum Tabularum Geographicarum," in *Abraham Ortelius and the First Atlas*: *Essays Commemorating the Quadricentennial of His Death*, ed. M. P. R. van den Broecke, Peter van der Krogt, and Peter H. Meurer（'t Goy-Houten: HES, 1998），391–408, esp. 400 and 407, 以及 Meurer, *Fontes cartographici Orteliani*, 123–24。

　　[101]　复制在 Almagià, *Monumenta Italiae cartographica*, 46 and pl. LI。

位神秘人物，并且显然是天才。印刷匠和出版商是乔瓦尼·巴蒂斯塔·卡佩洛（Giovanni Battista Cappello），其在那个时期同样为希皮奥内·马泽拉（Scipione Mazzella）的《那不勒斯王国的描述》（*Descrizione del Regno di Napoli*）的出版而工作[102]。卡佩洛的献词谈到，他强化了卡尼奥的绘本地图，其"到他突然去世也没有完成"。地图第一次给出了意大利南部正确的朝向，并且显示了各个省份之间的界线。萨伦托半岛（Salento Peninsula）似乎是一个出现在贾科莫·加斯塔尔迪 1567 年《普利亚的描述》（*La descritione della Puglia*）中的相当矮宽的版本，但是缺乏一个可以确定地用于描述卡拉布里亚区域的资料来源。同样醒目的原创性可以在对从加里利亚诺（Garigliano）到波利卡斯特罗湾（Gulf of Policastro）的第勒尼安海岸的描述中看到，还可以在加尔加诺和曼弗雷多尼亚海湾（Gulf of Manfredonia）的轮廓中以及在对河流的标绘中看到。阿尔马贾注意到"沃尔图诺流域（Volturno Basin）的综合体及其错综复杂的网络，被非常好地进行了描述"，并且地图"包含了对意大利南部的一个总体描述，要超过能够见到的之前的任何作品"[103]。

保罗·卡尼奥的地图在时间上可以追溯到总督的官方计划正在执行的时期（约 1580年）。实际上，其可以被接受作为那个计划的前提，或者甚至是结果的部分总结。总之，卡尼奥的作品提供了符合同时代市场预期的意大利南部的制图学图像，并且包含了与意大利其他区域的地图相兼容的某种程度的详细和准确。

官方调查：由尼古拉·安东尼奥·斯蒂利奥拉和马里奥·卡塔罗编绘的王国地图

1580 年前后，那不勒斯的总督——可能基于西班牙宫廷的要求——委托对整个王国进行一项地形调查。如同我们所看到的，在阿拉贡羊皮纸消失之后，意大利南部准确的形态、尺寸和地理朝向实际上是未知的，并且在这些条件下，几乎不可能执行充分的政治、军事和行政控制。

不幸的是，现存的档案材料未能给我们提供调查的准确日期或者既定的目的。我们知道，尼古拉·安东尼奥·斯蒂利奥拉至少从 1583 年之后领导了这一任务[104]。然后，在 1591 年，他的工作中加入了马里奥·卡塔罗，皇室的调查员（*tabulario*），并且两者都预先收到了他们的月薪，因为"在阁下的命令下，他们将绘制王国的描述"。卡塔罗将收到"按照一个月工资 30 杜卡托计算的总数 60 杜卡托，还有他因绘制王国中所有地点的平面图和布局而收到的 10 斯库多"，同时斯蒂利奥拉收到 120 杜卡托"作为上述时间中他的工资"[105]，这是一个确定的标志，即至少在这一早期，卡塔罗在斯蒂利奥拉之下工作。

[102] 关于马泽拉，参见 Amirante et al. , *Libri per vedere*, 38 – 41。

[103] Almagià, "Cartografia napoletana," 284 and 285.

[104] 参见他写给奥特柳斯的信件，收录在 Abraham Ortelius, *Abrahami Ortelii（geographi antverpiensis）et virorvm ervditorvm ad evndem et ad Jacobvm Colivm Ortelianvm. . . Epistvlae. . .*（1524 – 1628），ed. Jan Hendrik Hessels, Ecclesiae Londino-Batavae Archivum, vol. 1（Cambridge, 1887; reprinted Osnabrück: Otto Zeller, 1969），370 – 71。

[105] Almagià, "Cartografia napoletana," 294 n. 5。阿尔马贾是唯一一位可以查阅在 ASN 中的财政部付款单的学者。所有这些材料，其中包括了与制作那不勒斯王国地图有关的工作记录和付款原因，在第二次世界大战中被摧毁。

卡塔罗至少自 1590 年之后参与了相似的工作⑩。从 1593 年之后，他作为总督府的工程师之一，同时在 1595 年因为受到异端的控诉离开公职之前，斯蒂利奥拉是城市工程师之一⑩。我们不知道，对斯蒂利奥拉的审讯的结论，但必然的是，他必然忏悔和放弃了他的错误，因为他作为一位自由人返回。然而，他禁止作为一名制图学家继续他的职业，并且他所有关于调查的作品被充公，如同我们从一封 1597 年 10 月 18 日雅各布·科利奥（Jacopo Colio）写给奥特柳斯的信件中所了解到的⑩。

从这一时刻开始，斯蒂利奥拉被排除在所有与调查有关的关联之外。然而，在死后出版的斯蒂利奥拉的一个传记概述中，提到了调查；概述说到，斯蒂利奥拉被"指定起草那不勒斯王国的一个地理描绘，受到宫廷的资助，他与另外一位著名学者他的兄弟莫代斯蒂诺（Modestino）一起前往，在王国内旅行并且他们完成了由卡塔罗雕版的地图，依然署着他的名字"⑩。其中提到的是王室在 1611 年委托卡塔罗雕版的一幅地图，但是其没有留存下来，部分因为基于他的天主教徒陛下（Most Catholic Majesty）的命令，其被宣称为"一份秘密的文献，其准确性可能引起了猜忌"⑩。他的天主教徒陛下显然依然对无敌舰队在 1588 年被摧毁而感到懊恼，并且难以忘记海盗继续毫无阻碍地在王国的沿海区域劫掠。在这样一个状态下，显然，地图上丰富的细节和数据应当会为意大利南部不稳定的防御带来更多的问题。

963

⑩　Almagià, "Cartografia napoletana," 294 n. 3.

⑩　从在那不勒斯的孔卡亲王（Prince of Conca）马泰奥·迪卡普阿（Matteo di Capua，1595 年 12 月）以及从切萨雷·米罗巴罗（Cesare Miroballo）（March 1596）那里，我们知道斯蒂利奥拉对于皇家大臣（royal ministers）的抱怨；参见 Luigi Amabile, *Il santo officio della inquisizione in Napoli, narrazione con molti documenti inediti*, 2 vols.（Città di Castello：S. Lapi, 1892），vol. 2, Documenti, pp. 59 and 60. 也可以参见 Saverio Ricci, *Nicola Antonio Stigliola, enciclopedista e linceo*（Rome：Accademia Nazionale dei Lincei, 1996）。

⑩　Ortelius, *Epistvlae*, 726 – 29, esp. 727, 被引用于 Almagià, "Cartografia napoletana," 295 n. 3.

⑩　传记，由出版商多梅尼科·马卡拉诺（Domenico Maccarano）出版，附带有 Nicola [Niccolò] Antonio Stigliola 去世后的版本，*Il telescopio over ispecillo celeste*（Naples：Domenico Maccarano, 1627）。

⑩　Archives of the Accademia dei Lincei, MS. 13, fol. 111v, 由 Giuseppe Gabrieli 在 "Le prima Biblioteca Lincea o libreria di Federico Cesi," *Rendiconti della R. Accademia Nazionale dei Lincei, Classe di Scienze Morale, Storiche e Filologiche*, 6th ser., 14（1939）：606 – 28, esp. 614 中被首次提到，然后在 Roberto Almagià, "Alcune stampe geografiche italiane dei secoli XVI e XVII oggi perdute," *Maso Finiguerra* 5（1940）：97 – 103, esp. 102 – 3 中使用。阿尔马贾对这些段落的抄录并不是正确的（参见 Valerio, *Società uomini*, 50 n. 63）。基于对这一文献的兴趣，我在这里将其完整地列出："最卓越的莱莫斯·德安德拉德和维拉纳伯爵彼得罗·费尔南德斯·迪卡斯特罗（Pietro Fernandez di Castro Conte di Lemos de Andrade e di Villana）……受到那不勒斯前任总督米兰达伯爵的命令，绘制一幅整个王国及其边境的地图，校正其他地图包含的错误，我多次前往王国的各个部分去执行这一任务，在其间经历了无数的苦难，尤其是在 1600 年的幸福之年，当莱莫斯伯爵，阁下的父亲和此后的总督，派我陪同 D. Francesco Miondozza Serbellon 去访问堡垒、城堡和塔楼，命令我制作图像并且准备关于它们的报告的时候，我也那么做了。现在，在皇室的命令下将这些地图雕刻在铜版上，我将会把它们出版。对我而言最为恰当的就是，其应当被敬献给阁下，现任的那不勒斯王国的总督。可能可以在阅览这幅地图和看到我的时候得到愉悦。并且可能我们的救世主将长久地保佑您。那不勒斯，1611 年 1 月 25 日。马里奥·卡塔罗"。这有一段后记。"这幅那不勒斯王国的地图非常难以找到，基于天主教徒陛下的命令，其被作为一种秘密档案而被禁止，因为其准确性可能会引起一些嫉妒。其由皇家纸张的 20 分幅构成。"总督指的是胡安·德祖尼卡（Juan de Zunica），米兰达伯爵（count of Miranda，从 1586 年 11 月至 1595 年 11 月担任总督）；费尔南德斯·鲁伊斯·德卡斯特罗（Fernandez Ruiz de Castro），莱莫斯伯爵（count of Lemos，从 1599—其于 1601 年 10 月 16 日去世担任总督）；以及佩德罗·费尔南德斯·德卡斯特罗（Pedro Fernandez de Castro），前者的儿子（从 1610 年 7 月至 1616 年 7 月担任总督）。

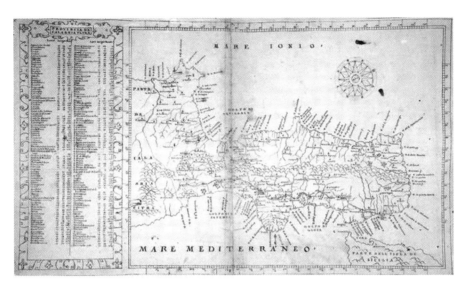

图 37.14 "南卡拉布里亚省"（PROVINCIA DE CALABRIA VLTRA）（16 世纪的副本）。来自一个斯蒂利奥拉—卡塔罗地图集的副本，其包含有 12 幅省级地图，尽管王国的总图丢失了。在这幅地图中，卡拉布里亚的南部界限被正确地按照南—东南向标绘。风玫瑰的北部并没有与图幅的边缘一致，并且随后对此的"矫正"导致了卡拉布里亚整体上被错误地按照北—南排列

原图尺寸：39.0×68.5 厘米。Naples，私人收藏。Vladimiro Valerio 提供照片。

因而，那不勒斯王国新的和原创的一套区域地图集是在 1583—1595 年间在斯蒂利奥拉指导下绘制的，并且现存五个不同的版本，其中最为古老的版本的时间是 16 世纪末⑪。这套地图集提供了整个王国的一个非凡景象，不仅提供了按省排列的所有主要的城镇和城市（图 37.14），而且还有海岸线的防御塔和主要的河流和湖泊（图 37.15）。很多第一次出现在地理地图上的符

---

⑪ 至今发现的绘本总共有 6 种：Naples，Biblioteca Nazionale，MS. ⅫⅠ. D. 100，署名"Mario Cartaro F. 1613"［参见之前注释中引用的研究以及 Fastidio（Benedetto Croce），"Mario Cartaro e l'atlante del Regno di Napoli，"Napoli nobilissima 13（1904）：191］；Biblioteca Apostolica Vaticana，Barb. Lat. 4415，署名"P. C. 1625"（参见 Almagià，"Cartografia napoletana"；idem，"Alcune stampe geografiche italiane"；以及 Roberto Almagià，L'opera geografica di Luca Holstenio［Vatican City：Biblioteca Apostolica Vaticana，1942］，88，107 n. 2，and 119）；Bari，Biblioteca Nazionale，16 T 17［参见 Osvaldo Baldacci，"Notiziasu un atlantino manoscritto del Regno di Napoli conservato nella Biblioteca Nazionale di Bari，"Annali della Facoltà di Magistero dell' Università di Bari 1（1960）：111 – 22］；BNF，Manuscrit Italien 52，署名"Paulus Krtarus Nap"，然后标明的时间从 1634—1636 年变动［参见 Cosimo Palagiano，Gli atlantini manoscritti del Regno di Napoli di Mario e di Paolo Cartaro（Rome：Istituto di Geografia dell'Università，1974），其中包括了之前列出的所有 4 个副本］；私人收藏在那不勒斯，地图没有年份或署名，但是时间为 16 世纪末［参见 Vladimiro Valerio，"Un'altra copia manoscritta dell' 'Atlantino' del Regno di Napoli，"Geografia 1（1981）：39 – 46］；以及 Valletta，Bibljoteka Nazzjonali ta' Malta，MS. D ⅩⅩⅠⅩ，由 14 幅署名"Paolo Krtary 1642"的地图构成（在标题页，Krtary 被描述为"皇家工程师和地理学家"）（并不存在对这一作品的完整描述，但是似乎在 BNF 中有个副本，其似乎转而来源于现在一个私人收藏中的版本）。在梵蒂冈和在巴里（Bari）中的版本似乎是不同的版本。还存在两幅手绘地图，明确地与斯蒂利奥拉—卡塔罗地图集存在联系：一幅巴西利卡塔（Basilicata）的地图，1982 年出售，来源于那一地图集的一个副本，并且可以将时间确定为 17 世纪上半叶，还有一幅加埃塔海湾（Gulfs of Gaeta）、那不勒斯和萨莱诺的地图，被包括在一个关于城堡和建筑的内容多样的书籍中，现在收藏于 Naples，Biblioteca Nazionale（MS. ⅫⅠ. D. 1），并且最近出版时没有标明作者（Leonardo Di Mauro，"Domus Farnesia amplificata est atque exornata，"Palladio 1［1988］：27 – 44，esp. 42 and fig. 27）。这一图像与斯蒂利奥拉地图集的一个 16 世纪副本的第一和第二幅图幅，在海岸线这一部分的描绘上有相同的轮廓和尺寸（我所测量的）。只是存在对地名的少量增补和修改，并且去除了所有的传统符号（港口、道路、堡垒等）。

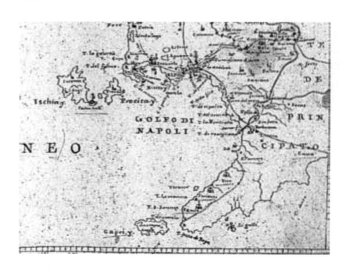

图 37.15 来自"劳动之乡省"（PROVINCIA DI TERR［A］DI LAVORO）的细部（16 世纪的副本）。来源于斯蒂利奥拉—卡塔罗地图集的一个副本。我们可以看到大量的象征性符号和常用符号，是这一副本与众不同的特点

整幅的原图尺寸：39.0×68.5 厘米。Naples，私人收藏。Vladimiro Valerio 提供照片。

号，不仅被用于标识自然特征，而且还被用于那些与人类活动相关的特征：行政建筑、军事建筑和基础设施（图 37.16）。从地图学的和被给出的统计数据的视角，以及从每一图幅简单尺寸的视角，这一结果提供了一整套连贯的和易管理的大量信息。所有已知绘本的比例尺都是相同的，大约 1∶500000（图 37.17）。另外一幅用可比较的用比例尺绘制的作品直至 1769 年才出现，当时费迪南多·加利亚尼和乔瓦尼·安东尼奥·里齐·赞诺尼在巴黎出版了他们 4 分幅的那不勒斯王国的地图，比例尺为 1∶411000。

图 37.16 斯蒂利奥拉和卡塔罗制作的那不勒斯王国地图集（约 1595 年）中的常用符号和象征性符号

a. 道路，距离用那不勒斯里（1 里 = 1845 米）表示；b. 换马驿站；c. 城堡或堡垒；d. 码头或者相当大的港口；e. 沿海的瞭望塔；f. 大主教管区；g. 主教辖区；h. 法院；i. 树木或森林；j. 山脉或单体的山；k. 省之间的边界；l. 石头修建的且有着超过一个券拱的桥梁；m. 单券拱的桥梁

基于 Vladimiro Valerio，*Società uomini e istituzioni cartografiche nel Mezzogiorno d'Italia*（Florence：Istituto Geografico Militare，1993），53。

　　不同于当时其他的地区地图，这幅那不勒斯王国的地图包括了"很多特定的距离和尺度，由此某人可以看到从一个政区至另外一个政区的里数，这对于住宿和满足陛下和总督府日常需要的其他所有必需之事都是有用的"⑫。16 世纪的版本因而给出了用里表示距离的道路以及各种驿站，还准确标明了堡垒、沿海瞭望塔、法院和港口的位置。

　　王国的这一调查作为人口普查和财政评估的工具而为宫廷服务。这就是为什么每幅地图由两个不同的部分：在右侧是地图学的地图，同时左侧则是行政省份的名称，然后是用字母顺序排列的城镇和其他支付炉捐的中心（参见图 37.14）。每一名称都附带有三个数字：前两个与坐标有关（被称为纬度和经度），是在地图上确定城市、城镇或者乡村所需要的，而第三个则标明了炉灶的数量。

　　斯蒂利奥拉对于王国的调查提供了一种国家地图集，其显示了那不勒斯正在与其他国家一起发生的事情。他所使用的旗帜和几何图案的相似性表明斯蒂利奥拉，或者具有关于如克里斯托弗·萨克斯顿（Christopher Saxton）的英国各郡地图（1579 年）等作品的直接知识，或者熟悉佛兰芒印刷的雕版的装饰性图案的汇编，例如汉斯·弗雷德曼·德弗里斯（Hans Vredeman de Vries）或雅各布·弗洛里斯（Jacob Floris）印刷的装饰图案的小册子（图 37.18）⑬。此外，奥特柳斯与斯蒂利奥拉的来往信件表明当时至少部分的那不勒斯知识分子设法维持与意大利其余部分和欧洲北部的科学方面的稳固接触⑭。

965

---

　　⑫　参见 Fastidio，"Mario Cartaro，" 191。

　　⑬　关于 16 世纪后半叶佛兰芒地图上的装饰工具，以及关于它们所遵照的模式，参见一篇非常有趣的论文，James A. Welu，"The Sources and Development of Cartographic Ornamentation in the Netherlands," in *Art and Cartography*：*Six Historical Essays*，ed. David Woodward（Chicago：University of Chicago Press 1987），147 - 173。

　　⑭　这里，我们可以引用奥塔维奥·皮萨尼（Ottavio Pisani）的例子，他是一位数学家、天文学家和制图学家，于 1575 年前后出生于那不勒斯，甚至作为一位非常年轻的人，在知识分子中受到了类似于乔瓦尼·巴蒂斯塔·德拉波尔塔（Giovanni Battista Della Porta）的尊敬。17 世纪早期，皮萨尼迁移到安特卫普（Antwerp），并且在那里保持着与大量佛兰芒科学家的联系。他与其中一位，即关于制图学投影理论的重要作品的作者数学家弗朗索瓦·德阿吉永（François d'Aguillon）的联系，将导致在 1612 年一部宏大的 12 图幅的平面球形图的出版，这些地图都是用极球面投影绘制的［参见 Rodney W. Shirley，*The Mapping of the World*：*Early Printed World Maps*，1472 - 1700，4th ed.（Riverside, Conn. ：Early World，2001），302 - 3（No. 279），其复制了这一地图的 1612 年的初版］。皮萨尼自己写到，他的图像放置在"一个圆形的被平坦展开的球仪中，这是之前没有人做过的事情"（奥塔维奥·皮萨尼写给伽利略的信件，安特卫普，1616 年 7 月 18 日，出版在 Galileo Galilei，*Le opere di Galileo Galilei*，20 vols. ，ed. Antonio Favaro［Florence：Barbèra，1890 - 1909］，12：86 - 87）中。皮萨尼最好的传记依然是由 Antonio Favaro 撰写的，即 "Amici e corrispondenti di Galileo Galilei：Studi e ricerche（Ⅱ. Ottavio Pisani），" *Atti del Reale Istituto Veneto di Scienze*，*Lettere ed Arti* 54（1895 - 96）：411 - 40，包含有文献和之前未出版的信件；重新联系的信件出版在 Antonio Favaro，*Amici e corrispondenti di Galileo*，3 vols. ，ed. Paolo Galluzzi（Florence：Salimbeni，1983），1：33 - 64。皮萨尼写给科西莫·德美第奇二世（Cosimo Ⅱ de' Medici）、伽利略和开普勒（Kepler）的信件出版在 Galilei，*Le opere*，11：547 - 49，564 - 65，and 579 - 81 and 12：86 - 87，124，148 - 49，and 176 - 77 中。一封写给乔瓦尼·安东尼奥·马吉尼（Giovanni Antonio Magini）的信件出版在 Antonio Favaro，*Carteggio inedito di Ticone Brahe*，*Giovanni Keplero e di altri celebri astronomi e matematici dei secoli* Ⅹ Ⅵ^e Ⅹ Ⅶ. *con Giovanni Antonio Magini tratto dall'Archivio Malvezzi de' Medici in Bologna*（Bologna：Nicola Zanichelli，1886），372 - 73 中，其中包括了关于皮萨尼的最早的可信信息（pp. 147 - 50），其中一部分被后来的传记所使用。

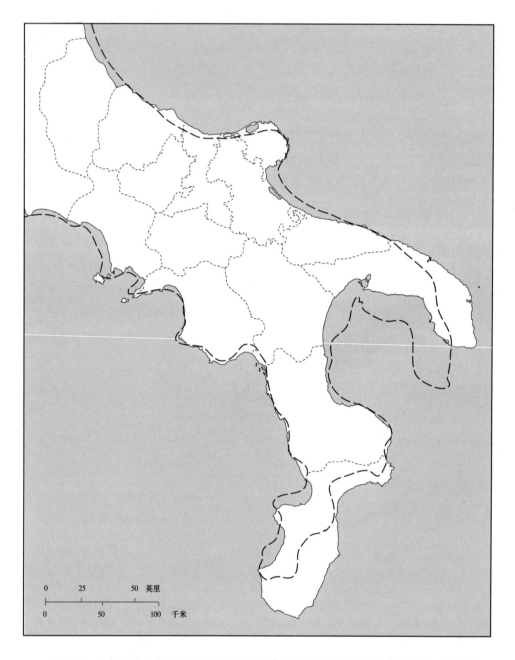

图 37.17 斯蒂利奥拉和卡塔罗绘制的那不勒斯王国地图集中的那不勒斯王国的边界，约 1595 年。实线标明了王国的轮廓，通过将从斯蒂利奥拉—卡塔罗地图集中获得的那些图幅进行并置后获得的；虚线标明了实际的轮廓。除了错误地显示了萨伦蒂诺半岛尽头朝南的弯曲以及轻微的不符合比例尺的卡拉布里亚之外，似乎整体上图像是相当准确的，并且有一致的比例尺。斯蒂利奥拉的数学和天文学知识主要在于确定和验证王国的大小

基于 Vladimiro Valerio，*Società uomini e istituzioni cartografiche nel Mezzogiorno d'Italia*（Florence：Istituto Geografico Militare，1993），50。

图 37.18　来自"莫利塞城郊省"（PROVINCIA DE CONTADO DE MOLISE）（16 世纪的副本）的装饰图案。斯蒂利奥拉和卡塔罗在他们那不勒斯王国地图上的装饰图案与那些出现在欧洲其他地方的最好的地图学作品上的图案完美地一致。一些特征似乎是准确的复制品：例如，在这一图版上的大型的蛏状头像与那些在英格兰和威尔士国家地图集中康沃尔（Cornwall）图版上的非常相似，后者在 1579 年由克里斯托弗·萨克斯顿出版。在某些方面，我们可能可以看到同时代对于怪诞图像的品位带来的影响

原图尺寸：39×24 厘米。Naples，私人收藏。Vladimiro Valerio 提供照片。

装饰性的地图学

斯蒂利奥拉的影响可以在发现于那不勒斯大圣洛伦佐（San Lorenzo Maggiore）的曾经做过餐厅的大型厅堂中那些描绘了对 12 省调查的图像中看到，大圣洛伦佐是全国议会所在地。穹顶的弧形天花板上绘制了王国各省和托斯卡纳的皇家堡垒的主题地图壁画，作者是艺术家路易吉·罗德里格斯（Luigi Rodriguez），其是卡瓦利耶·达尔皮诺（Cavalier d'Arpino）的学生（图 37.19）[115]。作品是由恩里克·德古斯曼（Enrique de Guzmán），第二任奥利瓦雷斯伯爵（count of Olivares）委托的，其从 1595 年至 1599 年担任总督。他让圣洛伦佐用地理地图进行装饰的决定，与文艺复兴时期在意大利广泛传播的一种潮流相符合，这一潮流在整个半岛

966

图 37.19 由路易吉·罗德里格斯绘制的标题为 "北方公国"（PRINCIPATO CITRA）的壁画。这是那不勒斯的大圣洛伦佐餐厅有着绘画装饰的弧形天花板中的一块，在其上画家罗德里格斯绘制了呈现了那不勒斯王国各省的地理地图的壁画

原图尺寸：165×330 厘米。Vladimiro Valerio 提供照片。

---

[115] 在端壁有着如下的铭文，其被框定在一个华丽的建筑框架中：

philippo iii. rege

forvm ad pvblica regni negotia

a carolo i. costrvctvm

temporis inivria pene collabens

fernando rviz a castro et andrade

lemonensivm et andradae comite

ac prorege ivbente

regia impresa refectvm est

anno dom. m d c.

的各个建筑中产生了一些高质量的作品⑩。如下事实必然有一些重要性，即奥利瓦雷斯作为 967
大使在 1580—1582 年前往罗马，正是在这一年伊尼亚齐奥·丹蒂正在完成教皇格列高利十
三世委托的装饰梵蒂冈美景画廊（Belvedere Gallery）的一系列地理地图⑪。在装饰主题（装
饰有怪异风格的穹顶壁画以及有地理地图的墙壁）之间的相似性，以及两个项目日期上的
相近，说明总督从美景画廊那里获得了自己的灵感。然而，基于两位艺术家在所掌握的专业
知识方面上的差异——丹蒂是一位宇宙志学者，而罗德里格斯只是一位画家——毫不惊奇的
是，在圣洛伦佐的地图只是不同省份的相当难以让人留下印象的地图。然而重要的是，这类
图像被选择作为容纳那不勒斯的议会代表的建筑的装饰。斯蒂利奥拉的作品显然提供了一个
对各省进行形象呈现的非常好的开端以及坚固的基础，即使他的作品被这些素描性质的图像
呈现所简化——并且有时被完全忽略，而后者的这些地图承担着明显截然不同的目的。我们
应当在这里非常细心，不要混淆画家的角色和制图学家的角色，因为两者的方法和目标是非
常不同的。

　　另外一个同时代的装饰性地图的例子被发现在一幅方位投影的世界地图上，其被
雕刻在一张木制写字台的象牙台面上。上有那不勒斯制图学家和雕版家的签名
"Jannuvarius Picicaro fecit Anno 1597"⑱。两架杰出的写字台现收藏于那不勒斯的圣马尔蒂
诺博物馆（Museo di San Martino）中，可能是出自同一人之手，或者至少时间是同一时期
（1619 年和 1623 年）的：两者都有象牙的前面板，并且其上雕刻着椭圆投影（oval
projection）的一幅平面球形图，标题为"世界全新地图"（Nova totius terrarium orbis），采用
了在 16 世纪变得非常常见的加斯塔尔迪的 1546 年的模型（图 37.20）⑲。这些写字台揭示了
这一时期品味的另外一个重要方面，即地图可以被用作整间房间的装饰，或者可以被作为在
更为日用的物品上的装饰物。在文艺复兴时期，中世纪成套的《圣经》/历史图像中加入了
另外一个装饰主题的来源：地理。

马里奥·卡塔罗

　　除了他与斯蒂利奥拉的合作作品之外，马里奥·卡塔罗制作了很多关于那不勒斯地
区的令人瞩目的地形学作品。这些包括了精美的弗莱格雷伊（Campi Flegrei）的雕版画
（1584 年）和精美的伊斯基亚岛的雕版画（1586 年），后者是按照大致 1∶30000 的比例
尺绘制的，还有其他一些他作为绘图工程师（*ingegnere delineatore*）和制图学家为王家运河

---

⑩　关于用地理图像进行装饰的建筑物的列表，参见阿尔马贾关于梵蒂冈画廊的著作，Roberto Almagià, *Monumenta cartographica Vaticana*, 4 vols.（Vatican City：Biblioteca Apostolica Vaticana, 1944 –55），3：11 –12 and all of vol. 4, 其中阿尔马贾完成了他对该主题的讨论。文艺复兴时期成套的制图学壁画中的主题，在本卷第三十二章进行了讨论。

⑪　参见 Almagià, *Monumenta cartographica Vaticana*, 3：1 –11。

⑱　由真纳罗·皮奇卡罗（Gennaro Picicaro）和乔瓦尼·巴蒂斯塔·德库尔蒂斯（Giovanni Battista de Curtis）署名的那不勒斯写字台的消息，由冈萨雷斯 – 帕拉西奥斯（Gonzáles-Palácios）在 1975 年给出。然后作者转向了那不勒斯橱柜的主题和这些普通家具的制造商，Alvar Gonzáles-Palácios, *Il tempio del gusto：Le arti decorative in Italia fra classicismi e barocco, Roma e il Regno delle Due Sicilie*, 2 vols.（Milan：Longanesi, 1984），1：237 –47 and 2：182 –92。皮奇卡罗的平面球形图在 Shirley, *Mapping of the World*, 219 –21（No. 200）中被描述和复制。

⑲　两个橱柜在尺寸和其他很多方面是一致的。对于橱柜的描述，且有着它们面板上的地理图版的复制件，可以在 Silvia Cassani, ed., *Civiltà del Seicento a Napoli*, 2 vols., 展览目录（Naples：Electa, 1984），2：365 –68 中找到。

委员会（Giunta dei Regi Lagni）制作的作为后续印刷本和大量图像的直接或间接模型的作品。卡塔罗从 1589 年至他在 1620 年 4 月 16 日去世之间一直担任后一职位[120]。最早的图像系列是"《王家运河全图》"（the entire Royal Canal），是在 1590 年制作的，而在 1594 年，卡塔罗制作了基于部分调查的另外一部作品，这次调查是受到为委员会工作的工程师影响而进行的。这些项目是在尼古拉·安东尼奥·斯蒂利奥拉和乔瓦尼·巴蒂斯塔·德拉波尔塔的咨询下执行的，后者被任命检查运河的地面坡度和研究新河道的可能性。在此后的多年中，另外 10 幅图像被制作涵盖了"运河系统的完整布局"[121]。然而，目前并不存在这些作品的痕迹，除了一幅时间为 17 世纪上半叶的图像的清晰副本之外。

来自城市中的银行的档案材料显示，马里奥的儿子保罗·卡塔罗（Paolo Cartaro），同样是一位繁忙的工匠。最近的发现表明了如下的支付内容：在 1612 年 3 月 12 日，克劳迪奥·斯皮诺拉（Claudio Spinola）向保罗·卡塔罗支付了 9 杜卡托，"因为完成了这一王国的图像"，并且在 1612 年 10 月 13 日，阿特里帕尔达公爵（duke of Atripalda）支出了 9 杜卡托"给保罗·卡塔罗，这是他出售和发送给他的对那不勒斯王国的描绘的价格"[122]。图 37.21 显示了保罗·卡塔罗的绘本"那不勒斯王国的描述"，1642 年。马里奥的侄子米凯兰杰洛（Michelangelo），是另外一位皇家宫廷工程师[123]，也参与了王国地图的绘制。1617 年，他为里恰亲王（Prince della Riccia）制作了一幅"那不勒斯王国地图"（Pianta del Regno di Napoli）——一件可能基于 16 世纪后期斯蒂利奥拉和卡塔罗地图的作品。

归因于使用了收纳在斯蒂利奥拉和卡塔罗绘本地图中的材料的那些印刷品，他们的手绘制图学并没有像阿拉贡地图那样经历了相同的默默无闻的命运，后者的幸存率较低。关于幸福的坎帕尼亚的整个运河系统的一幅地图，是在 1616 年由亚历山德罗·巴拉塔雕版的。由于被包括在加尔恰·巴里奥努埃沃（Garcia Barrionuevo）的《颂词》（Panegyricus）中，并且被奉献给莱莫斯伯爵佩德罗·费尔南德斯·德卡斯特罗，因此其成为对那不勒斯湾区域描绘的一个名副其实的原形[124]。就其本身而言，完整的斯蒂利奥拉—卡塔罗的王国各省的调查，被乔瓦尼·安东尼奥·马吉尼在制作他意大利地图集时用于绘制意大利南部的地图，这一地图集在他去世后由他的儿子在博洛尼亚（Bologna）于 1620 年出版。

[120] Franco Strazzullo, *Architetti e ingegneri napoletani dal '500 al '700* (Naples：Benincasa, 1969), 63.

[121] 关于马里奥·卡塔罗作为制图学家的作品，参见以下经典研究 Roberto Almagià, "Intorno a un cartografo italiano del secolo XVI," *Rivista Geografica Italiana* 20 (1913)：99 – 112，和 Annie Luchetti, "Nuove notizie sulle stampe geografiche del cartografo Mario Cartaro," *Rivista Geografica Italiana* 62 (1955)：40 – 45，然而，该研究忽略了他被任命为工程师以及他制作的绘本（并且显然除了署名并且时间为 1613 年的著名的那不勒斯地图集之外）。关于这一时期他在那不勒斯的工作，参见 Strazzullo, *Architetti e ingegneri napoletani*, 63 – 64。关于卡塔罗的进一步信息，可以在 Giuseppe Fiengo, *I Regi Lagni e la bonifica della* Campania felix *durante il viceregno spagnolo* (Florence：Olschki, 1988), 85 – 94 and index 中找到。这部作品完全基于档案材料，提供了关于其他人物（工程师、土地调查员和地形测量员）的有用信息，这些人参与了土地复垦的工作。

[122] Archivio Storico del Banco di Napoli, Banco del Sacro Monte della Pietà, Giornale copia polizze di cassa（现金和票据兑现的每日记录）1612, c. 250v。

[123] 参见 Strazzullo, *Architetti e ingegneri napoletani*, 65。

[124] 参见 Pane and Valerio, *La città di Napoli*, 89 – 90 (by Vladimiro Valerio)。

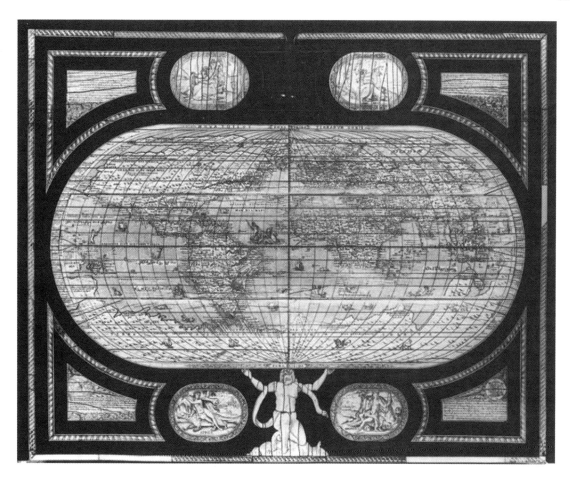

图 37.20 "世界全新地图"（NOVA TOTIUS TERRARUM ORBIS）椭圆投影的世界地图，雕刻在象牙之上，并且镶嵌在那不勒斯生产的一架红木写字台上，可以将时间确定为 17 世纪初

原图尺寸：48.6×60.5 厘米。Museo Nazionale di San Martino，Naples 提供图片。

  1601 年，马吉尼曾以某种方式努力获得了一幅由政府委托绘制的那不勒斯地区地图的副本[125]，并且其至现在，有争议的是，他必然广泛地修订了最初由斯蒂利奥拉和卡塔罗制作的素材。然而，早在 1922 年，阿尔马贾就敏锐地观察到："显示在大多数马吉尼地图上的特征，就是那些他们提议进行新的现场调查的地理特征。"可以确定的是，"［斯蒂利奥拉地图的］新版本，用新调查的结果加以改进和完成"，阿尔马贾认为被制作的地图[126]，确实存在——就像一套卡塔罗地图集的 18 世纪的副本所证明的，其时间大致在 1595— 969

---

  [125] 参见阿尔马贾为乔瓦尼·安东尼奥·马吉尼撰写的介绍，*Italia：Bologna 1620*, ed. Fiorenza Maranelli, intro. Roberto Almagià（Amsterdam：Theatrum Orbis Terrarum, 1974），V – XXI esp. XVI，其中他引用了一封马吉尼在 1602 年 3 月 27 日写给亚历山德罗·斯特里吉奥（Alessandro Striggio）的信件；信件出版在 Favaro, *Carteggio inedito di Ticone Brahe*, 437 – 38.

  [126] Roberto Almagià, L'"*Italia*" *di Giovanni Antonio Magini e la cartografia dell'Italia nei secoli XVI e XVII*（Naples：F. Perrella, 1922），77。不幸的是，这些评论并没有得到应有的注意，并且文献趋向于保持马吉尼对斯蒂利奥拉和卡塔罗地图集中的地图进行了显著改进的常见观点。

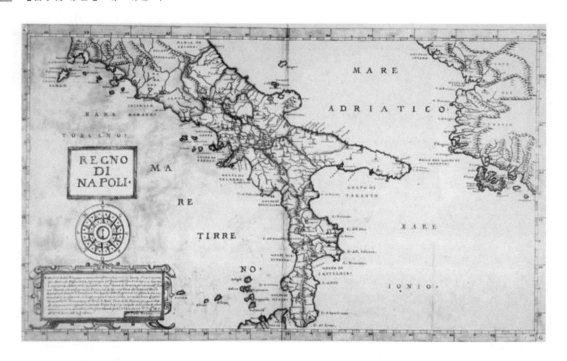

图 37.21　保罗·卡塔罗绘制的那不勒斯王国的地图，1642 年。来自一个手绘版。由卡塔罗绘制和署名

原图尺寸：37.5×63.6 厘米。National Library of Malta, Valletta（MS. 1029）提供照片。

1605 年（图 37.22）[127]。这一较晚副本的发现不仅澄清了马吉尼亏欠两位那不勒斯地图学家的性质，而且也强调了由卡塔罗自己采用的创新，其通常被错误地认为在整个过程中是一个二流人物，也就是比抄写员稍微好点[128]。同时这一对斯蒂利奥拉和卡塔罗作品的低估导致了将马吉尼的意大利南部地图评价为"整部汇编［1620 年地图集中的］中最为精细"，就是因为"对［相同地区］之前地图上的整体改进，要比在［地图集］中任何其他地图上发现的那些改进都要大"[129]。

---

[127]　单独图幅的描述和目录由 Colonel Angel Paladini Cuadrado of the Sección de Documentación del Servicio Geografico del Ejército, Madrid 友好地提供。地图收藏在 Cartoteca Historicia del Servicio Geografico del Ejército, Madrid，并且按照下列数字加以区别：No. 92，"Abruzzo Ultra，"43×60 厘米；No. 93，"Contado di Moliso，"34×54 厘米（比例尺之下写有"Mario Cartaro f."）；No. 94，"Abruzzo Citra，"34×54 厘米；No. 97，"Capitanata，"43×60 厘米；No. 98，"Terra di Bari，"32×60 厘米（比例尺之下写有"Mario Cartaro f."）；No. 99，"Terra d'Otranto，"32×60 厘米；No. 104，"Basilicata，"34×58 厘米；No. 106，"Calabria Citra，"43×60 厘米；No. 107，"Calabria Ultra，"32×60 厘米；No. 111，"Terra di Lavoro，"43×60 厘米（在心形框架之下写有"Mario Cartaro f."）；No. 112，"Principato Citra，"34×54 厘米；No. 113，"Principato Ultra，"32×60 厘米；以及 No. 275，"Presidii di Toscana，"34×54 厘米。所有地图都包括了一个比例尺，显示的是 10 意大利里等于 55 毫米（约 1: 336000）。地图 92，94，97，98，104，107，112 和 113 上的风玫瑰类似于现在保存在一处私人收藏中的斯蒂利奥拉地图集上的。

[128]　在现在收藏在马德里的地图（参见之前的注释）与那些由法比奥·马吉尼（Fabio Magini）在 1620 年出版的地图之间，存在令人惊讶的相似。通常据称的，即卡塔罗是从马吉尼那里复制的，似乎通过日期的比较首先被驳斥（他去世的那一年正好是马吉尼地图集出版的那一年）。而且，我们可以发现难以理解为什么与卡塔罗相比，马吉尼有更多的关于那不勒斯王国的信息，后者被任命并且收到了"绘制这一王国境内所有位置和布局的平面图的"的酬劳。西班牙地图集包含了一幅真正例外的图幅，描述了奥特朗托（Otranto）区域，第一次给出了萨伦蒂诺半岛末端的形状，且进行了极为详细的勾勒。

[129]　Almagià, L'"Italia" di Giovanni Antonio Magini, 78.

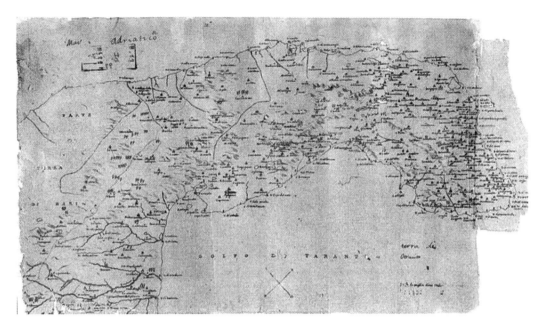

图 37.22 马里奥·卡塔罗的"奥特朗托之地"（18 世纪的副本）。一套马里奥·卡塔罗制作的那不勒斯王国的地图集的 18 世纪的副本的发现，揭示了这位制图学家的杰出以及他对后续作品的影响。这幅"Terra di Otranto"地图非常不用于那些 Stigiola 地图集中的（包括马里奥·卡塔罗和保罗·卡塔罗制作的地图集的副本）。在这一 18 世纪的副本中描述的轮廓和地理非常类似于那些在 1620 年由马吉尼出版的意大利地图集中的那些，后者当然使用了卡塔罗的著作最为来源）

原图尺寸：32 × 60 厘米。Spain, Ministerio de Defensa, Archivo Cartográfico y de Estudios Geográficos del Centro Geográfico del Ejército, Madrid（Italia n. 99）提供照片。

乔瓦尼·巴蒂斯塔·尼科洛西绘制的地图

满足特定社会需要的地图绘制——反映了更为普通的那不勒斯经济和社会增长过程的作品——是 17 世纪早期文化低迷时期的结果。同样，在意大利南部，军事问题并不是新知识和技术的巨大发生器，在那里战争主要被感知为一种不稳定的经济影响力，因为战争导致西班牙皇室需要应对不断增长的财政压力⑩。在这一时期，那不勒斯王国从未成为军事征服的

---

⑩　Villari 评价"那不勒斯的角色自菲利普二世的时代之后发生了变化；由一个遍布地中海的政治—军事体系中的关键要素，已经被逐渐转型成为西班牙正在大陆的其他地方进行的战争提供供应和资金的源头"；参见 Rosario Villari, *La rivolta antispagnola a Napoli*：*Le origini*（*1585 - 1647*），2d ed.（Bari：Laterza, 1980），123。当然，我们不能将阿尔贝里科·德库内奥（Alberico de Cuneo）制作的图景作为军事制图的例子，这幅图景的绘制是颂扬"忠诚的普泰奥利市"（Fidelis Puteolorum Civitas），其在 1648 年 6 月抵御了法国舰队的威胁。整体上没有比例尺，图像从西南方向显示了那不勒斯，位于在一种完全不准确的地理景观和海岸线之间。实际上在手写的评语"本人无天分"（Nonhabeo ingenium）中，阿尔贝里科承认他自己并不熟悉制图学。这幅由阿尔贝里科·德库内奥绘制的地图，由 BNF 在 1914 年获得（Rés. Gé C 4402），并且在 1917 年之后为公众和学者所知，在 Roger Hervé, Henri Hugonnard-Roche, and Edmond Pognon, *Catalogue des cartes géographiques sur parchemin conservées au Département des Cartes et Plans*（Paris：Bibliothèque Nationale, 1974），56 – 57 中可以看到详细的描述。对于作者一无所知，其可能是萨沃纳（Savona）的库内奥家族的成员，因为一名米凯莱·德库内奥（Michele de Cuneo）参与了克里斯托弗·哥伦布（Christopher Columbus）在 1493—1496 年间的第二次航行；参见 Rinaldo Caddeo, ed., R*elazioni di viaggio e lettere di Cristoforo Colombo*（*1493 - 1506*），2d ed.（Milan：V. Bompiani, 1943），330。同样，扬·费尔赫芬（Jan Verhoeven）绘制的那不勒斯的图景，由 Martin Binnart 于 1648 年在安特卫普印刷［并且同年由彼得罗·米奥特（Pietro Miotte）在罗马重新雕版，或者至少属名为相同的日期］，不能被认为是军事制图学的一个例子，即使其确实显示了 1647 年暴动之后西班牙重新征服城市的不同阶段。在两个例子中，我们有处理军事—政治事件但基于一种理想化的和说教性的视角的地图。它们与军事工程师的制图学之间几乎没有共同之处。

目标；其命运通常由外交谈判所决定，并且当 1734 年西班牙的查理三世（Charles III）确实通过军事力量征服了王国的时候，这一姿态标志着与过往的一个明确的断裂。

971　　　然而，军事地图被军人和制图学家路易吉·费迪南多·马尔西利（Luigi Ferdinando Marsigli，［马尔西利（Marsili）、马尔西利奥（Marsilio）］）认为是最为准确的制图学形式，因为"［它们］的根源并没有被发现于那些像流浪汉一样在区域中匆匆往来的人中，而是被发现于那些用军事罗盘对其进行绝对可靠测量的人中"[131]。一桩军事事件间接导致了乔瓦尼·巴蒂斯塔·尼科洛西（Giovanni Battista Nicolosi）绘制了那不勒斯地区的大型地图，如同作者自己在给他的《地理研究指南》（*Guida allo Studio Geografico*）撰写的前言中说的："在 1654 年，战争期间，我绘制了一幅关于那不勒斯王国的大型描述，在一幅内容丰富的图像中对王国进行了解释。"[132] 他所提到的战争就是法国和西班牙之间的战争，其在《威斯特伐利亚条约》（Treaty of Westphalia）终结了三十年战争（Thirty Years War）之后虽然缓和了下来，但未能建立起这两个历史上的对手之间的和平。潜伏的战争的这种持续状态引发了类似于法国海军在 1654 年 11 月对那不勒斯失败的攻击这样的事件（这次攻击与之前 1640 年的尝试相比并没有取得更大的胜利）[133]。

正是在这种西班牙和法国之间的高度紧张的气氛下，尼科洛西向西班牙的菲利普四世（Philip IV）和他的盟友奥地利的利奥波德［Leopold of Austria，其为大公，但是将在 1658 年成为哈布斯堡（Hapsburg）皇帝］呈现了他的"内容丰富的图像"，尺寸为 8 × 12 掌（*palmi*）（约 2 × 3 米），他告诉我们，"它固定……在墙上，由此作品的意义可以更为容易和愉悦地展示出来"[134]。在地图附带的信件中清晰地表达了地图背后的军事目的，这封信是 1655 年 11 月尼科洛西写给利奥波德的：地理地图和小册子"显示了涉及的王国是如何从内和从外受到攻击和防御的"[135]。

---

[131] 被引用于 Giovanni Natali, "Uno scritto di Luigi Ferdinando Marsilisu la riforma della geografia," in *Memorie intorno a Luigi Ferdinando Marsili, pubblicate nel secondo centenario dalla morte per cura del comitato marsiliano* (Bologna: Zanichelli, 1930), 221 – 32, esp. 231。至于马尔西利关于地理学改革的文本，也可以参见 Giovanni Natali, "Una prefazione inedita del Conte L. F. Marsili ad una sua riforma della geografia," in *Attidello XI Congresso Geografico Italiano*, 4 vols. (Naples, 1930), 2: 274 – 76。关于马尔西利，参见 Franco Farinelli, "Multiplex Geographia Marsilii est difficillima," in *I materiali dell'Istituto delle Scienze* (Bologna: CLUEB, 1979), 63 – 74，以及 "Marsigli, Luigi Ferdinando," in *Lexikon*, 2: 466 – 67 附有参考书目。关于军事制图学的整体状况和方法上的概要，参见 "Militärkarte, Militärkartographie," in *Lexikon*, 2: 495 – 98。

[132] Giovanni Battista Nicolosi, *Guidaallo studio geografico* (Rome: Vitale Mascardi, 1662), preface (unnumbered)。关于乔瓦尼·巴蒂斯塔·尼科洛西，参见 Gaetano Savasta, *Della vita e degli scritti di Giambattista Nicolosi...* (Paternò: Tipografia Placido Bucolo 1898) 中的基础性的传记研究，其使用了 1670 年的传记和其他之前未出版的材料。Savasta 是第一位引用了在罗马 Biblioteca Casanatense 中收藏的绘本的人。归纳了所有我们当前关于尼科洛西的知识的最新成果的是 Salvo Di Matteo, *Un geografo siciliano del XII secolo: Giovan Battista Nicolosi* (Paternò: Centro Studi "G. B. Nicolosi," 1977)。关于那不勒斯的地图，Luisa Spinelli 的 "La carta del Reame di Napoli di Giovan Battista Nicolosi," in *Atti dello XI Congresso Geografico Italiano*, 4 vols. (Naples, 1930), 2: 351 – 54, 依然是有用的，尽管 Di Matteo 没有引用它。

[133] 1654 年 11 月，一支法国舰队在那不勒斯湾的拉玛尔堡（Castellamare）停锚，然后军队在吉斯公爵五世（fifth duc de Guise）亨利·德洛兰（Henri de Lorraine）指挥下登陆。在向内陆推进远至安格里（Angri）和斯卡法蒂（Scafati）之后，法国人被迫在数日后撤退。

[134] Giovanni Battista Nicolosi, *Hercvles Sicvlvs sive Stvdivm geographicvm*, 2 vols. (Rome: Michaelis Herculis, 1670 – 71), 文本和地图集，引自 vol. 1, "Vitae auctoris breviarum"（未编号）。

[135] 一封尼科洛西写给 "Leopoldo I Re d'Ungaria" 的信件的草稿，时间为 1655 年 11 月 30 日（Rome, Biblioteca Casanatense, MS. 674, f. 102r）；信件最早由 Savasta, *Della vita*, 58 – 60 提到。关于在 Biblioteca Casanatense 中的尼科洛西的稿本，参见 Savasta, *Della vita*, 52 – 60 and 97 – 99, and Anna Saitta Revignas, comp., *Catalogo dei manoscritti della Biblioteca Casanatense*, vol. 6 (Rome: Istituto Poligrafico della Stato, 1978), 181 – 84, 相关的稿本 674, 675, and 676. 在 Biblioteca Casanatense 中还有另外两件尼科洛西的稿本：No. 1370, "Ragione dell' architettura militare"，由 241 页编号的图页构成，还有两页未编号的索引，以及 No. 5236, "Trattato geografico"，由 208 页编号的图页构成，此外在 fols. 206r – 7r 中有索引。Catalogo, p. 182, 对稿本 674 进行了不完整和不准确的描述。关于详细的和准确的描述，参见 Valerio, *Società uomini*, 64 n. 103。

没有尼科洛西地图的复制件存世，尽管存在可能是为尼科洛西谈到的三位总督制作三个副本时用到的一些图幅的蜡版⑭：加西尔恰·德阿韦兰德（Garcia de Avellande），卡斯特里略伯爵（count of Castrillo）；加斯帕尔·德布拉卡蒙特·古斯曼（Gaspar de Bracamonte y Guzmán），佩尼亚兰达伯爵（count of Peñaranda）；帕斯夸尔·德阿拉戈纳（Pasquale d'Aragona），托莱多的大主教⑭。然而，如果我们通过他保存下来的绘本（图 37.23）以及通过他为了改进王国现存的地图而绘制的平面图，以及通过三幅众所周知的蜡版（显然基于他的地图，即使并不是由尼科洛西自己绘制的）来判断的话，显而易见的是，他的"内容丰富的图像"没有任何重要的地图学上的进步。尼科洛西的作品毫无疑问是被过高评价了：他的整个项目是脆弱的，并且基于不太有说服力的文献和描述性材料，而没有基于任何特定的天文学观察和测量（例如，关于城镇之间的距离，他建议使用"从一个熟悉它们的人那里获得的信息"）⑭。

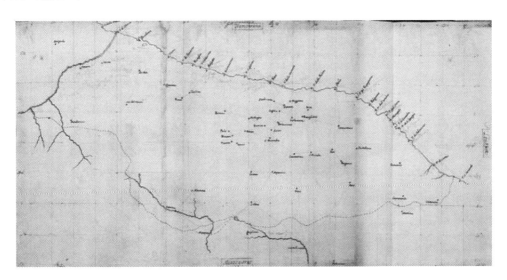

图 37.23　巴里图像。这一铅笔画，来自乔瓦尼·巴蒂斯塔·尼科洛西的绘本，可能是唯一允许我们评价他投入他的那不勒斯王国大型地图（1654 年）中的工作的价值的绘本

原图尺寸：30.4×60.7 厘米。Biblioteca Casanatense, Rome（MS.674, fol.171）。Ministero per i Beni e le Attività Culturali 特许使用。

⑭　我所确定的三幅蜡版收藏在 Sezione Manoscritti e Rari of the Biblioteca Nazionale, Naples，并且编目如下：b.29A/55，涵盖了巴里和巴西利卡塔省，48.5×74 厘米；b.29A/56，涵盖了卡皮塔纳塔和南部公国（Principato Ultra），47.5×74 厘米；b.29A/58，涵盖了阿布鲁佐北部（Abruzzo Citra）和莫利塞区（Molise），48×74 厘米。三幅厚纸的图页上没有任何绘画的痕迹，但是有针孔构成的线条；因而，只有将图页对着光线的时候才能看到轮廓。每一图页的一面被用于将轮廓转印到另外一张纸上的墨粉染黑。关于这一技术的使用，参见 Henri Gautier, *L'arte di acquerellare*: *Opera del Signore H. Gautier di Nismes*（Lucca: Rocchi, 1760），96–101，以及 Bartolomeo Crescenzio（Crescentio），*Navtica Mediterranea*（Rome: Bonfandino, 1607），189。三幅图幅可以拼合在一起从而构成一幅阿布鲁佐和劳动之乡（Terra di Lavoro）大部分地区的地图，还有卡皮塔纳塔、巴里镇（Terra di Bari）和巴西利卡塔的地图。投影使用的是梯形投影，比例尺，基于纬度 1 度的测量数值进行计算，大约为 1：360000。基于这一比例尺，整个那不勒斯王国可以被描述在一个 150×250 厘米的图版上，含有边框，应当与尼科洛西地图的尺寸（200×300 厘米）相同。关于图幅 29A/58，我发现了用于制作蜡版的原始图像：Naples, Biblioteca Nazionale, b.4A/57。

⑭　Nicolosi, *Hercvles Sicvlvs*, "Vitae auctoris breviarum"（unnumbered）.

⑭　Rome, Biblioteca Casanatense, MS.674, fol.105r.

在尼科洛西的稿本中的对于王国及其 12 个省份的总体描绘遵照《分为 12 省的那不勒斯王国》（*Il Regno do Napoli diviso in dodici provincie*）的结构（并且有时还从中复制数据），后者在出版方面获得了如此的成功，并且持续重印直至 17 世纪末（有些一些增补和修改）[139]。反之，文本——彼得罗·安东尼奥·索菲娅（Pietro Antonio Sofia）的作品——似乎完美地符合斯蒂利奥拉—卡塔罗地图集中的地理图版：按照相同顺序出现的省份，以及在港口、堡垒、瞭望塔和皇家城市列表上的相当广泛的一致性。可能是最初于 1614 年出版的索菲娅的文本，原本打算作为卡塔罗 1611 年雕版的分省地图集的附属，并且奉献给莱莫斯伯爵[140]。因而，尼科洛西的作品没有包含在 16 世纪最后 10 年中已经可以使用的地理数据方面的进步。不太可能同意的是，这是"一个几乎 30 年的项目"，或者按照斯皮内利（Spinelli）所说的，尼科洛西"对于改良和更新花费了大量的心思，因为卡萨纳泰图书馆中的绘本……充满了修订和补充"[141]。实际上，除了相当多的书页边缘的修订（与地名或者封建领主有关）之外，在之前提到的稿本中的唯一实质性的增补与 1669 年发生的火灾的数量有关。并且，经纬度表，尼科洛西宣称其是通过"恢复现在已经几乎被忽略的，地理学家的泰斗（Prince of Geographers）[即托勒密]的方法"编纂的[142]，可能意图赋予整部作品以科学上严谨的氛围，但是，实际上相当粗糙，在不同的稿本和印刷本之间存在矛盾，并且在包含或排除数据的背后没有充分的理由[143]。

973

一个世纪后，让 - 巴蒂斯特·布吉尼翁·德安维尔（Jean-Baptiste Bourguignon d'Anville）将进行一次相似但是更为成功地更新意大利地图的尝试，然而他正在使用的是更为精细的至关重要的工具。简言之，整幅尼科洛西地图似乎包含了与伽利略提出的新的科学概念完全相反的东西，后者认为实证经验居于先验公式之上，而直接观察的首要性是在抽象理论之上。可能有用的是在这里回想尼科洛西——可能因为方便的原因——在 1642 年宣称，"天堂的整个宇宙机器环绕大地转动，在其自身不知疲倦的动力之下"[144]。

---

[139] 参见 Pietro Antonio Sofia, *Il Regno di Napoli diviso in dodici provincie* …, *raccolto per Pietro Antonio Sofia napolitano* (Naples: Lazzaro Scoriggio, 1614); 1615 年由恩里科·巴科重印，其还制作了一个 1620 年的版本，在其中索菲娅的名字完全消失了。关于这一重要著作的版本，参见 Marco Santoro, ed., *Le secentine napoletane della Biblioteca Nazionale di Napoli* (Rome: Istituto Poligrafico e Zecca dello Stato, 1986), 86。下面比较了在尼科洛西和索菲娅中的一些段落："从海角到海角的海上旅行，航行了 1568 [英里]"（MS. 764, fol. 101r）对比"行程是 1468 英里"（*Regno di Napoli*, 2）；"那里总共有 1981 座城市、地产和城堡"（MS. 674, fol. 101r）对比"在这一王国中，总共有 1981 座城市和城堡"（*Regno di Napoli*, 3）。

[140] 参见 Valerio, *Societa uomini*, 50 n. 63。

[141] Spinelli, "La carta del Reame," 353.

[142] Rome, Biblioteca Casanatense, MS. 674, fol. 103r，尼科洛西写给利奥波德的信件；显然提到了亚历山大的地理学家和天文学家克劳迪乌斯·托勒密。

[143] 下列是一些地点坐标的对比列表。第一列来自 Biblioteca Casanatense 的 MS. 674，第二列来自 Nicolosi, *HercvlesSicvlvs*, 1: 97：

曼弗雷多尼亚 35.25 – 41.50　35.00 – 41.20

维耶斯泰（Vieste）35.25 – 42.40　35.20 – 41.40

泰尔莫利（Termoli）34.25 – 42.20　34.20 – 42.00

博维诺（Bovino）34.35 – 41.30　34.40 – 41.20

而且，在 Nicolosi, *Hercvles Sicvlvs*, 1: 102 中，赋予那不勒斯的坐标是 33.20—41.0，与阿切拉的坐标是相同的。就尼科洛西而言，彼此相近的地点可能也被赋予了相同的坐标！

[144] Giovanni Battista Nicolosi, *Teorica del globo terrestre: Et esplicazione della carta da nauigare* (Rome: Manelfo Manelfi, 1642), 14.

结　论

从 1443 年阿拉贡王朝的两西西里（西西里和那不勒斯）王国的建立至 17 世纪中期之间，意大利半岛南部（Mezzogiorno）区域的制图学的特点就是缺乏一种持续性的发展。地图被绘制以满足特定的、有时是特质的需要，以及解决在一系列封闭的经济体中的特定事件，无论是处理边界、城镇、防御设施、开凿运河还是牧羊。然而，这样的军事和经济因素并不能解释区域的整个地图学。在阿拉贡宫廷，尤其是在阿方索五世在位期间，对于天文学、大地测量和地形测量的关注表明了一种与欧洲其他宫廷在支持科学方面进行抗争的一种渴望。在羊皮纸上的一系列地图，按照通常需要运用与 16 世纪联系起来的测量角度的设备的方法，似乎是在 15 世纪末期制作的，但仅仅通过在 18 世纪由费迪南多·加利亚尼制作的副本而为人所知。我假设这些地图可能可以被与安东尼奥·德费拉里斯联系起来，其作为一名宇宙志学者活跃于阿拉贡宫廷。

对那不勒斯王国及其首要城市的行政方面的关注可能驱动了三幅那不勒斯重要城镇平面图的制作（由卡洛·忒提，1560 年；艾蒂安·杜佩拉奇，1566 年；亚历山德罗·巴拉塔，1627 年）以及一幅由尼古拉·安东尼奥·斯蒂利奥拉和马里奥·卡塔罗在 16 世纪最后二十五年中制作的王国的绘本地方地图。后者可能通过作为类似于一幅欧洲其他国家正在编纂的一类"国家地图"，从而强化了王国的图像。

那不勒斯制图学在 16 世纪末提出的关于容量、产量和流通量的承诺未能实现。一些因素导致了这种停滞：德拉波尔塔、卡塔罗和斯蒂利奥拉的去世（分别在 1615 年、1620 年和 1623 年）；由费代里科·切西（Federico Cesi）大力推进的那不勒斯学院随后的崩溃[145]；斯蒂利奥拉如此渴望建立的天文观测台，但失败了；整个意大利南部科学探究方面的普遍停滞。

在 17 世纪期间，那不勒斯王国经历了一场普遍的社会和思想危机，这导致了这座城市孤立于意大利和欧洲其他国家的政治和社会生活之外。当其他地方"维持内部均衡［尽管暂时的困难］，并且某方面停滞，但没有导致发展上的总体停滞的同时"[146]，那不勒斯似乎确实受到了这样一种逆向发展的影响；这一点也可以在城市地图学上看到，其揭示了缺乏对于制作对领土描绘和呈现更为现代的和更为有效的方法的兴趣。例如，如果我们检查那不勒斯的王家畜牧税办公室（Regia Dogana delle Pecore）的"引路人"（compassmen）的作品，其制图学作品直至 18 世纪的现代时期一直在被复制，我们看到其从未达到作为一种土地调查的传统所需要的工艺和精度标准。而且我们应当记得，几乎没有王家畜牧税办公室的引路人

⑭ 关于切西和德拉波尔塔之间的普遍矛盾关系，以及他们的不同目的，参见 Giuseppe Olmi，"'In essercitio universale di contemplatione, e prattica'：Federico Cesi e i Lincei，" in *Università, Accademie e Società scientifiche in Italia e in Germania dal Cinquecento al Settecento*, ed. Laetitia Boehm and Ezio Raimondi（Bologna：Il Mulino, 1981），169 – 235, esp. 221 – 23. 关于那不勒斯学院，参见 Giuseppe Gabrieli，*Il Carteggio Linceo della vecchia Accademia di Federico Cesi（1603 – 1630）*（Rome：Dott. Giovanni Bardi, tipografo della R. Accademia Nazionale dei Lincei, 1938；reprinted 1996）的经典研究，以及最近的 Giuseppe Olmi，"La colonia lincea di Napoli，" in *Galileo e Napoli*, ed. Fabrizio Lomonaco and Maurizio Torrini（Naples：Guida, 1987），23 – 58.

⑭ Villari，*La rivolta antispagnola a Napoli*，5.

在 15 世纪和 16 世纪制作的图像流传至今⑭⑦。

974 　　17 世纪那不勒斯科学文化的脆弱，尤其是其持续具有的不可思议的或神秘的色彩⑭⑧，与王国与意大利及欧洲其余部分早期科学思想上的孤立结合在一起，被反映在了那不勒斯制图学家的产出和质量上⑭⑨。17 世纪的早期确实是这样的时期，即欧洲其他部分的数学和技术进步正在标志着从"近似的宇宙向准确的宇宙"的过渡⑮⑩，结果就是在地球仪上对一个地点位置的确定和表现正在变得越来越明确。1599 年，一位剑桥的数学家爱德华·赖特（Edward Wright）与如约翰·纳皮耶尔（John Napier）和亨利·布里格斯（Henry Briggs）等同事一起，出版了他自己的《航海中存在的某些错误》（*Certaine Errors in Navigation*），其中包括了用于准确构建由赫拉尔杜斯·墨卡托（Gerardus Mercator）在其 1569 年的世界地图中提出的投影的公式和表格⑮①。同样，维勒布罗德·斯内利厄斯［Willebrord Snellius，斯内尔·范罗延（Snel van Royen）］——在莱顿（Leiden）的一位数学和天文学的讲师，其与第谷·布拉厄（Tycho Brahe）和约翰内斯·开普勒（Johannes Kepler）有联系——进行了第一次现代的

---

⑭⑦ 关于为海关当局制作的制图学产品，其在很大程度上可以追溯到我正在讨论的时期，参见 Gregorio Angelini, ed., *Il disegno del territorio*: *Istituzioni e cartografia in Basilicata*, *1500 - 1800*，展览目录（Rome: Laterza, 1988）中的论文和参考书，尤其是 Pasquale Di Cicco 的 "I compassatori della Regia Dogana delle Pecore," 10 - 17。

⑭⑧ 关于 17 世纪那不勒斯的天文学，参见 Giovanna Baroncelli, "L'astronomia a Napoli al tempo di Galileo," in *Galileo e Napoli*, ed. Fabrizio Lomonaco and Maurizio Torrini（Naples: Guida, 1987），197 - 225。巴龙切利认为，17 世纪早期在那不勒斯确立的新的天文学，"带来了具有同情的和排斥力的物理学，其依然是文艺复兴时期的一部分"（p. 200）。关于天文学和 16 世纪下半叶意大利南部从事天文学活动的地点，参见 Ugo Baldini, "La conoscenza dell'astronomia copernicana nell'Italia Meridionale anteriormente al Sidereus Nuncius," in *Atti del Convegno* "*Il Meridione e le Scienze*," ed. Pietro Nastasi（Palermo: Istituto Gramsci, 1988），127 - 68。

⑭⑨ 关于 17、18 世纪意大利南部的整个科学问题，在 Giuseppe Galasso, "Scienze, istituzioni e attrezzature scientifiche nella Napoli del Settecento," in *L'eta dei Lumi*: *Studi storici sul Settecento Europeo in onore di Franco Venturi*, 2 vols.（Naples: Jovene, 1985），1: 191 - 228, esp. 193 - 97 中可以找到一个清晰的轮廓。对于在 Naples, Biblioteca Nazionale 的，Gatto 认为是那不勒斯人 Davide Imperiali（Romano Gatto, "Un matematico sconosciuto del primo seicento napoletano: Davide Imperiali ［Con un'appendice di lettere e manoscritti inediti］," *Bollettino di Storia delle Scienze Matematiche* 8 ［1988］: 71 - 135）的作品的最新的研究，对 17 世纪那不勒斯的科学学科状况提出了一些看法。这篇精心撰写的论文（Naples, Biblioteca Nazionale, MS. XII. D. 64）可追溯到世纪中期，涉及应用几何学（今天我们称之为土地测量或地形学）。该书的九篇"论文"中，有一篇描述了测量线条、表面积、距离和坡度所要使用的仪器。从第二章到第七章的大部分章节都讨论了这些测量、勘测和用比例尺绘制的问题，特别是涉及军事领域。例如，第四篇论文讨论了如何"在不接近堡垒且又不冒着被攻击的危险的情况下勘察堡垒的布局"。Imperiali 还教授了如何在测量中使用放射线，使用特别选择和测量的多边形的顶点。然而，如果这部著作一方面表明，在这个"黑暗"时期，现代知识和方法在那不勒斯是存在的，那么它就没有回答这样一个问题，即其以及其他类似的论文究竟有多知名或多普遍？它们在多大程度上反映了通常的日常实践？

⑮⑩ Maria Luisa Altieri Biagi and Bruno Basile, eds., *Scienziati del Seicento*（Milan: R. Ricciardi, 1980），4，关于费代里科·切西的介绍性说明，作者是 Bruno Basile，他正在谈论的是切西"皈依伽利略"，但这句话却很好地概括了世纪之交的科学氛围。

⑮① 墨卡托只是简单地提到了地图的实际构建。赖特将其作为一个数学问题加以对待。关于墨卡托，参见传记以及丰富的参考书目，"Mercator, Gerard," in *Lexikon*, 2: 485 - 87。关于赖特，也可以参见 *The World Encompassed*: *An Exhibition of the History of Maps Held at the Baltimore Museum of Art October* 7 *to November* 23, 1952，展览目录（Baltimore: Trustees of the Walters Art Gallery, 1952），nos. 166 - 67 and pl. XLV; Carl B. Boyer, *A History of Mathematics*（New York: Wiley, 1968），329; 关于他的制图学的特点，参见 Lloyd Arnold Brown, *The Story of Maps*（Boston: Little, Brown, 1949），136 - 39。关于墨卡托投影及其同时代的投影，参见 Numa Broc, *La géographie de la Renaissance*（*1420 - 1620*）（Paris: Bibliothèque Nationale, 1980），173 - 77, Matteo Fiorini, *Le proiezioni delle carte geografiche*, 1 vol. 和地图集（Bologna: Zanichelli, 1881），其依然是有用的（esp. 368 - 72）; 还有 John Parr Snyder, *Flattening the Earth*: *Two Thousand Years of Map Projections*（Chicago: University of Chicago Press, 1993），43 - 49。

大地三角测量以确定地球的真实大小，并在 1616 年出版了他的结果[152]。通过恒星坐标确定地表位置的方法正在变得越来越广泛，原因就是大量的探险航行以及对古代完全不了解的南部海域中星座的发现带来的对科学的刺激。但是在那不勒斯，地图学和天文学仅仅在 18 世纪最后 20 年才再次建立了联系，即在定期地形调查再次开始的时候。

---

[152]　参见 Haasbroek, *Gemma Frisius*, 59 – 115。

葡 萄 牙

第三十八章　文艺复兴时期葡萄牙的
地图学*

玛利亚·费尔南达·阿莱格里亚（Maria Fernanda Alegria）、
苏珊·达沃（Suzanne Daveau）、若昂·卡洛斯·加西亚
（João Carlos Garcia）和弗兰塞丝克·雷拉尼奥（Francesc Relaño）

导　言

关于葡萄牙地图学的研究，大部分主要集中于 15 世纪和 16 世纪大范围的海外扩张对航 ⁹⁷⁵ 海图制作、海上天文航行以及地图制作的贡献。那一时期，对在那些活动中葡萄牙的重要性起到影响的因素是复杂的[1]。例如，位于欧洲大陆最西端、面对北大西洋，但葡萄牙的这种地理位置无法完全解释其获得的成功。其他国家有更多和更好的港口，以及参与海上活动的更多的人口比例。但是从 13 世纪之后，葡萄牙政治上的统一；从一系列授予其发现、征服和商业垄断的教皇教令中获得的支持，还有来自西非的用于支持这些活动的黄金和奴隶；以及关于大西洋中风向和水流、船只设计、航海图制作以及航海的技术知识，都对 16 世纪上半期葡萄牙在世界贸易中的重要性做出了贡献。

葡萄牙航海图制作活动的声望掩盖了对 16 世纪和 17 世纪葡萄牙人进行的，无论是国内的，还是海外的陆地地图制作的研究。在文献中，"航海"图通常包括在葡萄牙海外领土进行的调查以及区域和城市地图。不仅来自这一时期的很多葡萄牙的陆地地图保存下来，而且对此进行的少量研究中的大部分更感兴趣于在葡萄牙的调查中寻找技术创新，而不是解释地图作为文化和政治档案的作用。

航海图的相对重要性被反映在了权威的 6 卷本的《葡萄牙地图学的成就》（*Portugaliae monumenta cartographica*）（*PMC*）中，其是由阿曼多·科尔特桑（Armando Cortesão）和 A. 特谢拉·达莫塔（A. Teixeira da Mota）制作的，出版于 1960 年，也就是在"航海者"亨利

---

* 本章所使用的缩略语包括：*Bartolomeu Dias* 代表 *Congresso Internacional Bartolomeu Dias e a sua Época*：*Actas*, 5 vols. (Porto：Universidade do Porto, CNCDP, 1989)；IAN/TT 代表 Instituto dos Arquivos Nacionais / Torre do Tombo, Lisbon；*PMC* 代表 Armando Cortesão and A. Teixeira da Mota, *Portugaliae monumenta cartographica*, 6 vols. (Lisbon, 1960；reprint, with an introduction and supplement by Alfredo Pinheiro Marques, Lisbon：Imprensa Nacional-Casa da Moeda, 1987)；以及 *Publicações* 代表 *Publicações* (*Congresso do Mundo Português*), 19 vols. (Lisbon：Comissão Executiva dos Centenários, 1940－42)。

① C. R. Boxer, *The Portuguese Seaborne Empire*, *1415－1825* (New York：Knopf, 1969), 13－14.

王子［因方特·多姆·恩里克斯（Infante Dom Henrique）］去世500周年的时候②。该书丰富的描述，尤其关注在葡萄牙地理发现背景中，这些地图的日期和内容，且附带有大型的插图。其在1987年以缩印的形式再次印刷③。该书是15世纪至17世纪末的葡萄牙地图的主要资料，也是对文艺复兴时期任何国家的地图学资源而言，最为综合的指南。在主导了葡萄牙地图学的历史编纂40年后，虽然它的一些解释目前正在被修订，但其依然构成了关于这一主题的任何详细研究的出发点，并且其影响力可以在本章的各个部分被清晰地看到④。

976　　　围绕葡萄牙地图学和探险历史中重要事件的周年纪念，有组织的出版、展览和专题讨论会已经有漫长的历史，PMC是其中的一部分。第一次大规模的和广泛的地图学方面的展览是1903年由里斯本地理学会（Sociedade de Geografia de Lisboa）组织的，并且由埃内斯托·德瓦斯康塞洛斯将军（Admiral Ernesto de Vasconcellos）协调，后者已经成为葡萄牙海军的一名水文学者。其目录依然是一个重要的参考文献⑤。1940年，举办了双百周年的庆祝（葡萄牙独立八百周年和恢复独立三百周年），其间举办了很多学术专题研讨会和一次由A.丰托拉·达科斯塔（A. Fontoura da Costa）组织的重要的地图学方面的展览，需要提到的是，科斯塔是一位航海科学方面的历史学家⑥。1983年，在里斯本召开的第十七届欧洲艺术、科学和文化展览会（XVII Exposiçao Europeia de Arte, Ciência e Cultura）期间，向公众呈现了各

---

②　PMC；有作品的一个地理索引：João Vidago, "Portugalia monumenta cartographica: Sinopse do conteúdo geográfico das estampas," *Boletim da Sociedade de Geografia de Lisboa* 90 (1972): 197 – 228。

③　有一篇 Alfredo Pinheiro Marques 的导言，并增加了一些补充说明。

④　对葡萄牙地图学的研究，尤其是从18—20世纪的，受到缺乏葡萄牙档案馆和图书馆中的地图学材料的详细目录的阻碍。少有的例子包括 "Catálogo das cartas [do Arquivo Histórico Militar]," *Boletim do Arquivo Histórico Militar* 43 (1974): 145 – 320; H. Gabriel Mendes, *Catálogo de cartas antigas da Mapoteca do Instituto Geográfico e Cadastral* (Lisbon: Instituto Geográfico e Cadastral, 1969)；以及 *A Nova Lusitania: Imagens cartográficas do Brasil nas colecções da Biblioteca Nacional* (1700 – 1822): Catálogo (Lisbon: CNCDP, 2001)。关于现存的古旧的球仪，参见 António Estácio dos Reis, "Old Globes in Portugal," *Boletim da Biblioteca da Universidade de Coimbra* 42 (1994): 281 – 98。甚至在主要机构中，也需要诉诸稿本文件、在传播受到严格限制的影印书籍，或者更为最近的，计算机化的数据，例如 Base Nacional de Dados Bibliográficos (PORBASE)，其包含了由 Biblioteca Nacional 整理的 Catálogo Colectivo das Bibliotecas Portuguesas。其包括了项目成员机构的所有计算机化的和经过更新的地图学记录，并且可以通过网络使用 http://www.porbase.org/。在总目录中地图很少单独分开，例如 A. Ayres de Carvalho, *Catálogo da colecção de desenhos* (Lisbon: Biblioteca Nacional, 1977); João d'Almeida Allen, *Catálogo de geographia da Bibliotheca Pública Municipal do Porto* (Porto: Imprensa Civilisação, 1895)；以及 Magalhães Basto, *Catálogo dos manuscritos ultramarinos da Biblioteca Pública Municipal do Pôrto*, 2 ed. (Porto: Edições Comemorativas dos Descobrimentos Portugueses, 1988)。

葡萄牙档案馆和图书馆中唯一独立存在的地图学部门就是里斯本的 Biblioteca Nacional 中的。在其他的机构中，可以对藏品中的绘本或印刷本地图进行查询；这样的情况有 Arquivo Histórico Militar, the Centro de Estudos de História e Cartografia Antiga, the Instituto Geográfico Nacional, the Museu de Marinha, the Academia das Ciências de Lisboa, the Arquivo Histórico Ultramarino, the Biblioteca da Ajuda, the Biblioteca Pública Municipal do Porto, the Biblioteca Geral da Universidade de Coimbra, 以及 Biblioteca Pública de Évora。

对葡萄牙主要地图学收藏机构情况的一项评价，参见 Maria Joaquina Esteves Feijão, "O acesso aos documentos cartográficos em bibliotecas e arquivos portugueses," in *El documento cartográfico como fuente de información* (Huelva: Diputación Provincial de Huelva, 1995), 153 – 78, 以及 Maria Helena Dias, "As mapotecas portuguesas e a divulgação do património cartográfico nacional: Algumasre flexões," *Cartografia e Cadastro* 5 (1996): 43 – 50。

⑤　Ernesto J. de C. e Vasconcellos, ed., *Exposição de cartographia nacional* (1903 – 1904): *Catálogo* (Lisbon: Sociedade de Geographia de Lisboa, 1904)。

⑥　A. Fontoura da Costa, "Catálogo da Exposição de Cartografia," in *Publicações*, 4: 387 – 459.

种关于葡萄牙文化遗产的展览。早期的地图学被呈现在了在热罗尼姆斯修道院 ［Mosteiro dos Jerónimos，在里斯本的贝伦（Belém）］举办的，由特谢拉·达莫塔和路易斯·德阿尔布开克（Luís de Albuquerque）协调的展览中⑦。在 1988—2001 年间，全国委员会（Comissao Nacional para）为"纪念葡萄牙的发现"（Comemoraçoes dos Descobrimentos Portugueses，CNCDP）组织的各种活动，表明了在葡萄牙发现中发生的关键事件，尤其是巴托洛梅乌·迪亚斯、瓦斯科·达伽马和佩德罗·阿尔瓦斯·卡布拉尔（Pedro Álvares Cabral）的航行。1994 年，作为亨利王子诞生六百周年纪念活动的一部分，第一次主要关注葡萄牙以及亚速尔群岛和马德拉群岛的印刷地图学（从 16 世纪和 17 世纪之后）的展览，是由波尔图历史档案馆（Arquivo Histórico Municipal do Porto）组织的⑧。1997 年，作为第十七届地图史国际会议（Seventeenth International Conference on the History of Cartography）的一部分，在里斯本和埃武拉（Évora）组织了六次关于早期地图学的展览，并且它们各自的目录由 CNCDP 进行了出版⑨。在第二年，作为国际地理联盟 1998 年区域会议（International Geographical Union's 1998 Regional Conference）"大西洋：过去、现在和未来"（The Atlantic：Past，Present and Future）的一部分，组织了另一项大型的涵盖了四个世纪的葡萄牙地图学的展览⑩。

对葡萄牙地图学的研究已经被与航海科学和地理探索的历史紧密联系起来。葡萄牙天文航海史中的一位关键性学者就是数学家路易斯·德阿尔布开克，他工作于一个长期存在的学者传统中，尤其是若阿金·本萨乌德（Joaquim Bensaúde）、卢西亚诺·佩雷拉·达席尔瓦（Luciano Pereira da Silva）、杜阿尔特·莱特（Duarte Leite）、A. 丰托拉·达科斯塔和加戈·科蒂尼奥（Gago Coutinho）⑪。最为重要的初步活动就是国际航海史和水文学会议（Reuniões Internacionais de História da Náutica e da Hidrografia），这是从 20 世纪 60 年代末开始，阿尔布开克和马克斯·茹斯托·格德斯（Max Justo Guedes）最初定期在葡萄牙和在巴西组织的科学会议。没有期刊专门致力于葡萄牙早期的地图学。论文出现在大学的期刊（*Biblos and Revista da Faculdade de Letras*）、研究中心的出版物（*Finisterra* 和 *Studia*），以及公共或者私人机构的刊物（*Cartografia e Cadastro*，*Revista Militar*，*Boletim da Sociedade de Geografia de Lisboa*，*Mare Liberum* 和 *Oceanos*）中。最为重要的地图学出版物的群体就是热带科学研究所（Instituto

---

⑦ *XVII Exposição Europeia de Arte*，*Ciência e Cultura*：*Os descobrimentos portugueses e a Europa do Renascimento*（Lisbon：Presidência do Conselho de Ministros，1984）.

⑧ 参见 Maria Teresa Resende，ed.，*Cartografia impressa dos séculos XVI e XVII*：*Imagens de Portugal e ilhas atlânticas*，exhibition catalog（Porto：Câmara Municipal do Porto and CNCDP，1994）.

⑨ 两部目录尤其是关于这一时期的：Max Justo Guedes and José Manuel Garcia，*Tesouros da cartografia portuguesa*，展览目录（Lisbon：CNCDP，1997），和 Isabel Cid and Suzanne Daveau，*Lugares e regiões em mapa santigos*，展览目录（Lisbon：CNCDP，1997）。

⑩ *Quatro séculos de imagens da cartografia portuguesa = Four Centuries of Images from Portuguese Cartography*，2d ed.（Lisbon：Comissão Nacional de Geografia，Centro de Estudos Geográficos da Universidade de Lisboa，and Instituto Geográfico do Exército，1999）.

⑪ Armando Cortesão，*History of Portuguese Cartography*，2 vols.（Coimbra：Junta de Investigações do Ultramar-Lisboa，1969 - 71），1：51 - 58。路易斯·德阿尔布开克为第二卷撰写了关于天文航海和仪器设备的两个大篇幅的章节，即"Astronomical Navigation"和"Instruments for Measuring Altitude and the Art of Navigation，"2：221 - 357 和 359 - 442。关于葡萄牙扩张的作品的一篇指南就是 Alfredo Pinheiro Marques，*Guia de história dos descobrimentos e expansão portuguesa*（Lisbon：Biblioteca Nacional，1987）。

de Investigação Científica Tropical）古地图学研究中心的抽印本和纪念集（Separatas and Memórias of the Centro de Estudos de Cartografia Antiga）［今天的古代地图学史研究中心（Centro de Estudos de História e CartografiaAntiga）］的系列出版物。自 1961 年之后有大约 250 种抽印本，以及自 1963 年之后有超过 20 多部的纪念集。研究中心中发挥作用的有两个分支机构，一个在里斯本，另外一个在科英布拉，分别由特谢拉·达莫塔和科尔特桑（Cortesão）领导，后来他们的工作由阿尔布开克和玛利亚·埃米莉亚·桑托斯（Maria Emília Santos）延续。

15—17 世纪，葡萄牙地图学的历史可能可以被分为三个时期[⑫]。第一个时期，涵盖了 14 世纪和 15 世纪上半叶，是葡萄牙人在大西洋的早期探索应当需要的航海图的起源时期。我们只能使用稀缺的参考资料来重建这一活动。这一工作受到缺乏时间为 15 世纪第二个二十五年之前的葡萄牙航海图的阻碍，尽管基于葡萄牙人航海的地图确实存在。尤其，来自亨利王子时代的航海图的缺乏，使我们得出的结论无法超出如下猜测太远，即亨利作为地图学和航海科学活动的赞助者发挥了作用。

第二个时期，从 15 世纪最后二十五年至大约 1640 年，是最为知名的，并且经过了最为充分的分析。在这一时期的第一阶段，葡萄牙航海图制作者，尤其是赖内尔、奥梅姆和特谢拉等伟大的家族，使得里斯本成为一个正在扩张的世界的重要的地理学和地图学知识的中心。从 1580 年至 1640 年，在西班牙统治下的葡萄牙人，在地图学和航海图科学方面，面对着来自西北欧强权，尤其是英格兰和低地国家的竞争。尽管在巴西和非洲有一些原创的地图学，但葡萄牙再也未能恢复其早期的重要性。

1640 年，葡萄牙再次获得独立，并且其地图学史第三个时期的特点就是军事需要和延续至 1668 年的与西班牙的战争。关注点迁移到了葡萄牙自身与西班牙的边界，同时，地图学活动主要成为军事工程师的领域。葡萄牙试图再次获得独立以及收复其丧失的部分海外领土的方式之一，就是与第三方建立外交同盟，尤其是与法兰西、英格兰和德意志诸国，后者提供了武器、雇佣兵、工程师、建筑师和地图学家以为葡萄牙服务。

本章分为三个主要的专题部分，按照时间顺序组织。第一个专题部分，处理葡萄牙航海地图学的起源以及早期的发现。第二个部分，分区域叙述葡萄牙海外地图学的活动，在地中海的、沿着大西洋海岸的以及在东方的。最后一个部分涵盖了葡萄牙的地形和区域地图的绘制，其中包括军事地图学（关于一幅参考图，参见图 38.1）。

早期的航海地图学

葡萄牙地图学的起源

葡萄牙航海地图学的重要性，尤其是 16 世纪的，通常使我们忘记了中世纪葡萄牙的宗

---

⑫ Cortesão, *History of Portuguese Cartography*，对于这两个世纪的研究而言，一直是有价值的参考资料。相关主题和时期的简短的介绍，参见 A. Teixeira da Mota, "Cartografia e cartógrafos portugueses," in *Dicionário de história de Portugal*, ed. Joel Serrão, 4 vols. (Lisbon: IniciativasEditoriais, 1963 – 71), 1: 500 – 506; Luís de Albuquerque, "A cartografia portuguesa dos séculos XV a XVII," in *História e desenvolvimento da ciência em Portugal*, 2 vols. (Lisbon: Academia das Ciências de Lisboa, 1986), 2: 1061 – 84; 以及 Alfredo Pinheiro Marques, *Origem e desenvolvimento da cartografia portuguesa na época dos descobrimentos* (Lisbon: Imprensa Nacional-Casa da Moeda, 1987)。

图 38.1 葡萄牙参考地图

978 教世界同样对其地图学作出了贡献。现存最为古老的这一贡献的例证就是一幅形状为卵形的贝亚图斯地图的片段，其被收录在来自科英布拉附近洛尔旺（Lorvão）修道院的"圣约翰的启示录的评注"（Commentary on the Apocalypse of Saint John）的一个副本中。其作者可能是一位本笃会的抄写员，名字是埃加斯（Egas），其署名并且将绘本标注时间为 1189 年。历史学家亚历山大·埃尔库拉诺（Alexandre Herculano）在 1853 年拯救了这一作品[13]。幸存至今的中世纪地图学的进一步的残迹就是《世界地图》（mappamundi），其被收录在由弗雷·弗雷·巴尔塔萨·德维拉·弗兰萨（Frei Frei Baltasar de Vila Franca）在 14 世纪早期制作的塞维利亚的伊西多尔的《词源学》的一个抄本中。这幅世界地图（mappamundi）是伊西多尔 T－O 类型的修订版，有着具有特色的亚速海，那里，有趣的是，有人居住的世界，或者被居住的世界，被分成四个部分[14]。

这些地图学的文献来源于一种常见的伊比利亚文化，其不仅受到基督教修道院传统的推动，还受到数量相当大的对属于阿拉伯文化的作品的译本的影响，后者，众所周知，保存了大量古典世界文化的遗产。对于这些来源，我们必须补充犹太（Judaic）文化的要素，文艺复兴时期，在葡萄牙对航海科学的贡献中，其所占部分正在变得越来越明显。然而，葡萄牙航海地图学的出现，其背后隐藏着非常实用的问题。

科尔特桑，将他的结论基于葡萄牙在中世纪晚期密集的，早在 12 世纪就扩展远至北海的航海活动，认为这种航海必然需要伴随着地图学领域的一种平行发展。基于这一推测，科尔特桑将葡萄牙地图学开始的时间标记在了 14 世纪，尽管同时，他没有排除这样的可能性，即早在 13 世纪，葡萄牙就正在制作航海图[15]。不幸的是，科尔特桑不能为他的理论提出坚实的文献基础，结果他的观点很少被后来的历史学家所支持。

没有像科尔特桑走的那么远，但我们仍然可以承认，我们通常低估了 12、13 世纪北欧海船在地中海的存在。存在来自这一时期的斯堪的纳维亚、弗里斯兰、弗兰德斯和英格兰的探险的很多证据，他们基于各种不同的原因（海盗、朝圣或者十字军）进入葡萄牙的港口。两个例子足以对此进行展示："对里斯本的征服"（De expugnatione Lyxbonensi），这是由一位参与了 1147 年对里斯本袭击的英国人撰写的，还有就是"海上旅行的故事"（Narratio de itinere navali），一位佚名的参与了 1189 年解放锡尔维什（Silves）的德国人的作品[16]。这两个文本展示了，到 12 世纪中期，航海者长期积累的经验是如何在航海指南的列表中实体化的。这一信息以及经验的交换毫无疑问在葡萄牙是可行的，但是做出进一步的推测是不谨慎的。我们应当注意到，对航海地图学的起源提出的假设之一就是，最早的波特兰航海图是基于文本的，而这些文本与刚刚提到的那些文本是相似[17]。热那亚和马略卡是两座通常与这一

---

[13] 他将其保存在了 IAN/TT（Casa Forte, 160），此后其一直在那里。

[14] Biblioteca Nacional, Lisbon（Cod. Al. 446, fol. 139）.

[15] Armando Cortesão, *Cartografia portuguesa antiga*（Lisbon：Comissão Executiva das Comemorações do Quinto Centenário da Morte do Infante D. Henrique, 1960），52－54.

[16] 两个文本都由戴维（David）进行了编辑和研究；参见 Charles Wendell David, *De expugnatione Lyxbonensi：The Conquest of Lisbon*（New York：Columbia University Press, 1936），以及 idem, ed., *Narratio de itinere navali peregrinorum Hierosolymam tendentium et Silviam capientium*, A. D. 1189（Philadelphia：American Philosophical Society, 1939）.

[17] 参见 Bacchisio R. Motzo, "Il Compasso da navigare, opera italiana della metà del secolo XIII," *Annali della Facoltà di Lettere e Filosofia della Università di Cagliari* 8（1947）：1－137，和 Jonathan T. Lanman, *On the Origin of Portolan Charts*（Chicago：Newberry Library, 1987）. 对比 Patrick Gautier Dalché, *Carte marine et portulan au XIIe siècle：Le Liber de existencia riveriarum et forma maris nostri mediterranei（Pise, circa 1200）*（Rome：École Française de Rome, 1995）.

地图学创新的出现联系在一起被提到的港口，尽管某些专家认为这一创新有着葡萄牙的起源⑱。再次，问题就是对于后一种观点没有文献证据。13 世纪的葡萄牙提供了一种有利的环境，且接触到了航海地图学所需的信息是一回事；其实际上产生了地图学是另外一回事。

除了大西洋，大多数历史学家赞成地中海在葡萄牙航海地图学出现中的影响。被经常引用的事件就是 1317 年热那亚人埃马努埃莱·佩萨尼奥（Emanuele Pessagno）抵达了里斯本。佩萨尼奥前来为迪尼斯国王（King Dinis，1279—1325 年在位）服务，与他一起的还有 20 名他的利古里亚同伴。他来访的官方原因就是改革和现代化葡萄牙的海军⑲。然而，如同某些作者声称的，可能的是，为了协助完成他的任务，热那亚人把波特兰航海图的一些副本带到了葡萄牙⑳。将他们的推测建立在这样的猜想之上，一些作者甚至提出，航海图之间的接触导致形成了一个葡萄牙工匠的核心，他们有能力制作或者至少复制类似于同时期在利古里亚制作的那些航海图㉑。用于反驳这一基于推测的观点有两个证据：第一，没有证据说明，佩萨尼奥或他同时代的人制作了波特兰航海图，并且没有证据可以支持认为他们有能力教授这门技艺；第二，知道和使用航海图是一回事情，制作它们则完全是另外一回事。实际上，意大利航海图在 14 世纪抵达了葡萄牙，其本身只不过是一种猜测，貌似可信，但缺乏文献支持。

到了亨利王子的时代，早期的葡萄牙地图学被与阿拉贡—加泰罗尼亚宫廷的地图制作传统联系了起来。这一基于推测的联系，其主要论据就是假设在 15 世纪最初的三十年，梅斯特雷·雅科梅·德马略卡（Mestre Jácome de Mallorca）来到了葡萄牙。两位记录了这一事件的编年史作者，杜阿尔特·帕切科·佩雷拉和若昂·德巴罗斯，一致注意到，亨利征募著名的航海图制作者梅斯特雷·雅科梅来提供服务，以将他的技艺教授给葡萄牙人㉒。从这里，对于某些作者而言，将梅斯特雷·雅科梅抵达葡萄牙的时间作为葡萄牙航海地图学——一种以其涵盖范围扩展超出了地中海区域为假定特点的地图学——产生的时间，并不是太大的一步㉓。

科尔特桑和莱特都反对对于事件的这种解释。前者确实如此，因为，如同我们已经看到的，他相信在梅斯特雷·雅科梅抵达的时间之前，就存在一种真正的葡萄牙的地图学；而且，对于科尔特桑而言，马略卡人出现在葡萄牙可以通过推定的他对非洲内陆的知识

---

⑱　Yūsuf Kamāl（Youssouf Kamal），*Quelques éclaircissements épars sur mes Monumenta cartographica Africae et Aegypti*（Leiden：E. J. Brill，1935），188.

⑲　参见 João Martins da Silva Marques，*Descobrimentos portugueses：Documentos para a sua história*，3 vols.（Lisbon：Instituto para a Alta Cultura，1944 – 71），1：27 – 30（doc. 37）。

⑳　例如，参见 Jaime Cortesão，*Os descobrimentos portugueses*，6 vols.（Lisbon：Livros Horizonte，1975 – 81），1：167。

㉑　参见 Max Justo Guedes，"A cartografia do Brasil"（影印的文本，n. d.），3 – 4。

㉒　Duarte Pacheco Pereira，*Esmeraldo*，bk. 1，chap. 33；参见由 Joaquim Barradas de Carvalho 编辑的至关重要的版本，*Esmeraldo de situ orbis*（Lisbon：Fundação Calouste Gulbenkian，Serviço de Educação，1991），以及 João de Barros，*Ásia de João de Barros：Dos feitos que os portugueses fizeram no descobrimento e conquista dos mares e terras do Oriente*，6th ed.，4 vols.，ed. Hernâni Cidade（Lisbon：Divisão de Publicações e Biblioteca，Agência Geral das Colónias，1945 – 46），1：65 – 67（década 1，bk. 1，chap. 16）。

㉓　例如，参见 A. Fontoura da Costa，"Descobrimentos portugueses no Atlântico e na costa ocidental Africana do Bojadorao Cabo de Catarina," in *Publicações*，3：243 – 86，esp. 254. 关于最近的研究，参见 Marques，*Origem e desenvolvimento*，74。

和他在制造航海仪器方面的专长，而不是他作为地图制作者的技能来解释㉔。莱特从一个完全不同的视角进行了讨论，不相信梅斯特雷·雅科梅对葡萄牙地图学的影响，甚至质疑马略卡人是否曾经为亨利王子服务。他将他的观点基于证明在葡萄牙存在马略卡地图学家的同时代文献的缺乏，以及基于这样的事实，即他的名字在官方编年史家戈梅斯·埃亚内斯·德祖拉拉（Gomes Eanes de Zurara）的记录中没有提到，还基于推测的亨利王子对加泰罗尼亚—马略卡地图学的无知㉕。

后来的历史学家修改了莱特的怀疑。一份 1427 年的文献，这是莱特没有意识到的，证明了存在一位生活在里斯本附近的阿尔韦卡（Alverca）的"梅斯特雷·雅科梅"㉖。不幸的是，这一文献没有给出这位雅科梅的职业活动的更多细节，由此使这一文献失去了作为决定性证据的可能。还存在一些关于梅斯特雷·雅科梅真实身份的讨论。雷帕拉斯·鲁伊斯（Reparaz Ruiz），将他的论证建立在利亚夫雷斯（Llabrés）的研究上㉗，总结到，被帕切科和巴罗斯引用的马略卡人应当就是著名的地图学家若姆·里贝斯［Jaume Ribes，贾夫达·克莱斯克斯（Jafuda Cresques）的基督教化的名字］，其被认为在 1420—1427 年间的某一时间抵达了葡萄牙㉘。这一观点被广泛接受，直至马略卡历史学家列拉·桑斯（Rierai Sans）提出了证明里贝斯在 1410 年之前就去世的一系列文献㉙。

列拉·桑斯的结论最初似乎被用来支持莱特的怀疑，以及他拒绝承认的任何加泰罗尼亚—马略卡对葡萄牙地图学出现的影响。然而，将梅斯特雷·雅科梅认为就是里贝斯似乎确实存在问题，但与此同时，依然没有足够的理由去质疑帕切科·佩雷拉和巴罗斯的证词的准确性。相当可能就是，一位马略卡地图学家，无论他叫什么，在 15 世纪的前三十年来到了葡萄牙。支持这一假说的一个最终的间接线索就是现存最早的葡萄牙航海图与那些加泰罗尼亚—马略卡传统的航海图之间风格上的姻亲关系，例如，这是可以在 1492 年由若热·德阿吉亚尔（Jorge de Aguiar）绘制的航海图（图 38.2）中可以看到的事实。

然而，关于葡萄牙地图学的起源，除了它借鉴了各种异质文化之外，不存在确定的结论。缺乏 15 世纪最后二十五年之前的葡萄牙地图，使得我们无法以任何准确程度来确定葡萄牙地图学开始的时间。然而，从 15 世纪上半叶开始，在亨利王子生活的期间，我们找到了提到在葡萄牙制作的地图的最早文献。

980

㉔ Cortesão, *Cartografia portuguesa antiga*, 105 – 6.

㉕ Duarte Leite, *História dos descobrimentos*: *Colectânea de esparsos*, 2 vols. （Lisbon：Edições Cosmos, 1958 – 60），1: 175 – 80, and 390 – 93.

㉖ 参见 Armando Sousa Gomes, "O mestre Jácome de Maiorca," in *Publicações*, 3：645 – 51。

㉗ Gabriel Llabrés, "Los cartógrafos mallorquines," *Boletín de la Sociedad Arqueológica Luliana* 2 (1888)：323 – 28；and 3 (1890)：310 – 11 and 313 – 18.

㉘ Gonzalo de Reparaz Ruiz, "*Maestre Jacome de Malhorca*," cartógrafo do Infante （［Coimbra］：Coimbra Editora, 1930）.

㉙ Jaume Riera i Sans, "Cresques Abraham, jueu de Mallorca, mestre de mapamundis i de bruíxoles," in *L'atlas català de Cresques Abraham* （Barcelona：Diàfora, 1975），14 – 22, 以及 idem, "Jafudà Cresques, jueu de Mallorca," *Randa* 5 (1977)： 51 – 66。也可以参见 Alfredo Pinheiro Marques, "Realidades e mitos da ciência dos descobrimentos quatrocentistas （A propósito da 'Escola de Sagres' e do célebre 'Mestre Jaime de Maiorca'），" in *Bartolomeu Dias*, 2；347 – 61。尽管存在这些作品，但最近的一些葡萄牙国内和国外的研究依然坚持认为梅斯特雷·雅科梅就是贾夫达·克莱斯克斯。例如，参见，Joaquim Ferreira do Amaral, *Pedro Reinel me fez*：*À volta de um mapa dos descobrimentos* （Lisbon：Quetzal Editores, 1995），38。

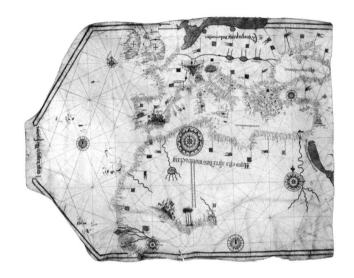

图 38.2　若热·德阿吉亚尔制作的有署名和日期的非洲海岸的航海图，1492 年

Beinecke Rare Book and Manuscript Library，Yale University，New Haven 提供照片。

文献证据

现存最早的明确提到真正的葡萄牙地图的文献被发现在博哈多尔角（Cape Bojador）的探险的背景中，博哈多尔角在 1434 年被吉尔·埃亚内斯（Gil Eanes）环绕。一幅 1443 年 8 月由佩德罗王子（Prince Pedro）在佩内拉（Penela）发布的航海图，提供了缺乏关于这一区域的知识的证据，并且提供了这些南方土地在同时代的地图学中往往是以误导的形式被描绘的证据；而当时，佩德罗王子依然扮演着年轻的国王阿丰索五世的摄政者的角色。由于这一原因，按照同一份文献，亨利王子派出了很多船只向南航行，且带着绘制一幅他们发现的海岸线的航海图（*carta de marear*）的任务㉚。

相同的背景也被"几内亚编年史"（*Crónica dos feitos da Guiné*）中的段落所揭示，其是由戈梅斯·埃亚内斯·德祖拉拉撰写的，大致完成于 1453 年前后，但是在 1460 年之后被修订增补㉛。在其中一个段落中，祖拉拉大篇幅地重复了在佩内拉的皇家航海图中表达的思想㉜。在另外一个段落中，我们读到，亨利王子委托了新的航海图，并且，奇怪的是，规定 981 这种航海图应当包括对水深和沙岸的说明，这是一个似乎不太可能有着那么早的时间的细节㉝。无论如何，重点就是我们已经有在 15 世纪中期之前的对葡萄牙航海图的多次提及。

韦尔兰当（Verlinden）试图将这一地图学活动的开始以某些准确度确定下来。为了做到这一点，他详细检查了之前提到的文献形成的背景，结论就是葡萄牙地图学开始于 1443 年。韦尔兰当坚持一个准确的时间，同样导致他强调，没有理由相信葡萄的航海图应当存在

㉚　José Ramos Coelho, comp. , *Alguns documentos do Archivo Nacional da Torre do Tombo ácerca das navegações e conquistas portuguezas publicados por ordem do governo de sua majestade fidelissima ao celebrar-se a commemoração quadricentenaria do descobrimento da America*（Lisbon：Imprensa Nacional，1892），8 - 9；Marques，*Descobrimentos portugueses*，1：435 - 36（doc. 339）；以及 *Monumenta Henricina*（Coimbra，1960 - ），8：107 - 8（doc. 62）。

㉛　参见 Duarte Leite，*Àcera da "Cronica dos feitos de Guinee"*（Lisbon：Livraria Bertrand，1941），173。

㉜　Gomes Eanes de Zurara，*Crónica dos feitos da Guiné*（Lisbon：Publicações Alfa，1989），149（chap. 78）.

㉝　Zurara，*Crónica*，145 - 47（chap. 76）.

于更早的时间㉞。尽管有葡萄牙人在 1443 年制作了航海图的这一文献证据，但这并不必然意味着这些航海图是最早的㉟。实际上，在 1435 年的巴塞尔议会上针对葡萄牙的陈述中，布尔戈斯（Burgos）主教阿方索·德卡塔赫纳（Alfonso de Cartagena），提到了一幅航海图，其是由葡萄牙代表作为证据展示的，即加那利群岛距离葡萄牙要比卡斯蒂尔更近㊱。韦尔兰当知道这一文献，但相信提到的地图并不是葡萄牙人的，而是一幅来源于意大利或马略卡的波特兰航海图㊲。然而，他的这一判断缺乏坚实的证据。从阿方索·德卡塔赫纳的粗略描述来看，更可能的是，涉及的地图是托勒密式的㊳。然后，再次，我们无法排除这样的假设，即航海图确实是由葡萄牙人绘制的，就像科尔特桑坚持的那样㊴。在确定葡萄牙航海地图学开始的具体时间方面我们不应当太苛责。将我们自己限制在对韦尔兰当论断的一个带有保留的赞同上应当是更为谨慎的，大概就是，可用的文献材料说明最早的葡萄牙航海图是在 15世纪第二个二十五年中制作的。

正是在这一时期发现了亚速尔群岛，由此确认了中世纪以来流传的关于群岛的模糊报道。一些作者相信，这一事件，类似于沿着非洲海岸向下的劫掠，必然会被葡萄牙当局在定期修订的标准航海图（cartas padrões）中记录下来㊵。事实可能是如此，但我们缺乏来自这一时期的文献证据来确认它。实际上，自 15 世纪上半叶保存下来的所有地图学作品，在其中有大西洋上的岛屿和非洲海岸的，都来源于意大利或马略卡。然而，一些作者对这些航海图进行了分析，试图展示地中海地图学家将他们的作品基于葡萄牙地图学的原型㊶。他们的分析产生了一个广泛的来源于葡萄牙的地名资料库，但是其并没有展示所讨论的信息必然来源于地图学材料。对于一位经验的地图学者而言，详细的航海指南的列表，对于让他以航海图的形式记录发现的进展是足够充分的；且这样的列表毫无疑问是存在的，并且比地图更为容易获得。唯一明确提到使用了葡萄牙航海图的地图学文献就是来自大约 1459 年的弗拉·

㉞ Charles Verlinden, *Quand commença la cartographie portugaise?* （Lisbon: Junta de Investigações Científicas do Ultramar, 1979），135 – 39.

㉟ Maria Fernanda Alegria and João Carlos Garcia, "Etapas de evolução da cartografia portuguesa (séculos XV a XIX)," in *La cartografia de la Península Ibèrica i la seva extensió al continent Americà* （Barcelona: El Departament, 1991），225 – 79, esp. 233.

㊱ 参见 Marques, *Descobrimentos portugueses*, 1: 297 – 98 (doc. 281)。

㊲ Verlinden, *Quand commença*, 138.

㊳ 关于这幅地图，布尔戈斯主教评论到："［他/她/它］被这幅航海图所误导，据此，显而易见的是，葡萄牙所在的角落被称为圣文森特（Saint Vincent）的末端或者海角，在海洋中形成了巨大的入口"；参见 Marques, *Descobrimentos portugueses*, 1: 297 – 98 (doc. 281)。这一地理特征并没有被显示在任何波特兰航海图上，但是其确实经常性地存在于托勒密《地理学指南》中的伊比利亚半岛的传统地图中。我们还知道，涉及的作品至少自康斯坦茨之后就在议会中流传。例如，参见经典研究 Raymond Thomassy, "De Guillaume Fillastre considéré comme géographe: A propos d'un manuscrit de la Géographie de Ptolémée," *Bulletin de la Société de Géographie* 17 (1842): 144 – 55.

㊴ Cortesão, *Cartografía portuguesa antiga*, 63。来自 15 世纪早期的一位佚名的葡萄牙人的作品提到了由阿方索·德卡塔赫纳描述的圣文森特角（Cabo de São Vicente）有特点地向外突出。参见 Aires Augusto Nascimento, *Livro de arautos* （Lisbon: A. A. Nascimento, 1977），258.

㊵ 例如，参见 A. Fontoura da Costa, "Ciência náutica portuguesa: Cartografia e cartógrafos," in *Publicações*, 3: 537 – 77, esp. 566。

㊶ 用其一生来证明这一理论的作者之一就是科尔特桑。涉及的假说，他认为，已经被呈现了在 Zuane Pizigano （1424）的航海图中。参见 Armando Cortesão, *The Nautical Chart of 1424 and the Early Discovery and Cartographical Representation of America: A Study on the History of Early Navigation and Cartography* （Coimbra: University of Coimbra, 1954）。对比 Marques, *Origem e desenvolvimento*, 87 – 111, 和 Alegria and Garcia, "Etapas de evolução," 235 – 38.

毛罗的世界地图(*mappamundi*)㊷。然而，奇怪的是，这幅世界地图（*mappamundi*）描绘非洲海岸线的传统方法［从雷德角（Red Cape）向南］说明，如果弗拉·毛罗手中确实掌握有同时代的葡萄牙地图的话，那么他在进行描绘时没有将它们作为模板。

档案文献表明葡萄牙地图在 15 世纪后半叶突然大量增加。除了弗拉·毛罗的证词之外，我们通过巴托洛梅·德拉斯卡萨斯知道，伊莎贝尔·佩雷斯特雷洛（Isabel Perestrello），克里斯托弗·哥伦布的岳母，给了她的女婿一些"用于辅助航海的作品和绘画"，这些之前是属于她的丈夫巴托洛梅乌·佩雷斯特雷洛（Bartolomeu Perestrello）的㊸。按照科尔特桑的观点，这些"绘画"极为可能是来源于葡萄牙的航海图㊹。另外一个涉及哥伦布的故事发生在若昂二世（João Ⅱ）的宫廷中，当巴托洛梅乌·迪亚斯从他于 1487—1488 年航行至非洲最南端的航行返回的时候。按照一段由热那亚航海者在他的皮埃尔·德阿伊《世界宝鉴》副本上的注释，哥伦布出现了，当迪亚斯向国王展示了一幅他自己绘制的描绘了所有新发现的岛屿的《航海图》（*carta navigacionis*）的时候㊺。这一证据提供了确证，即在某一时间点，葡萄牙航海者开始绘制他们航行的地图学意义上的草图。

982

图 38.3　弗拉·毛罗的世界地图上的非洲海岸的细部，约 1459 年

Biblioteca Nazionale Marciana，Venice 提供照片。

㊷　以 48 个图版的形式复制在了 Tullia Gasparrini Leporace, ed. , *Il mappamondo di Fra Mauro* (Rome：Istituto Poligrafico dello Stato, 1956) 中。提到了葡萄牙地图的图题，撰写在非洲西南部"Ethyopia Occidentale"与"Ethyopia Avstral"之间，即"存在很多观点和理解，提到水并没有环绕在我们居住地带的南部，但更多的证据是相反的，并且其中大部分是葡萄牙国王陛下命令他的帆船去寻找和目睹的……并且这些水手已经基于这些航行制作了新的地图，并且在河流、海湾、河口、港口上放置了新的名称，我正是从这些地图上进行的复制"。

㊸　Bartolomé de Las Casas, *Historia de las Indias*, 3 vols. , ed. Agustín Millares Carló (Mexico City：Fondo de Cultura Económica, 1951), 1：36.

㊹　Cortesão, *History of Portuguese Cartography*, 2：119；对比 Charles de La Roncière, *La découverte de l'Afrique au Moyen Âge*, *cartographes et explorateurs*, 3 vols. (Cairo：Société Royale de Géographie d'Egypte, 1924 – 27), 3：41.

㊺　Pierre d'Ailly, Jean Gerson, and Christopher Columbus, *Imago Mundi*, trans. Antonio Ramírez de Verger (Madrid：Testimonio Compañía Editorial, 1990), sch. 23b, 43.

几乎是在同时，佩罗·达科维良和阿丰索·德派瓦（Afonso de Paiva）被派出，通过陆地前往东方。基于后来的弗朗西斯科·阿尔瓦斯（Francisco Álvares）的叙述，其于1520年在埃塞俄比亚遇到了科维良，我们知道在葡萄牙准备了“一幅从世界图像中抽取的航海图”以帮助者两人进行如此困难的航行。按照阿尔瓦斯的说法，这幅航海图是在佩罗·德阿尔卡苏瓦什（Pero de Alcaçova）家中制作的，在场的有维塞乌（Viseu）主教卡尔扎伊哈（Calçadilha）；艺术大师佩德拉-内格拉斯的罗德里戈（Rodrigo of Pedras Negras）；以及一位犹太血统的，名为莫伊塞斯（Moyses）的艺术大师㊻。然而，没有任何关于最初的世界地图（*mappamundi*）的作者或者它的样貌的线索。学者已经提出了不同的假说来填补我们知识中的这一空白。某些学者相信，最初的地图学模型必然是一幅弗拉·毛罗的世界地图（*mappamundi*）的副本，这是由国王阿丰索五世委托的，并且假设在15世纪后半叶一个无法确定的时间被带到了葡萄牙㊼。其他人坚持，最初的世界地图（*mappamundi*）是一幅托勒密式的地图，并且有一个修饰过的用于说明可以环航非洲的想法的轮廓㊽。然而，阿尔瓦斯的叙述并没有为这一认定提供任何线索。

无论最初的世界地图（*mappamundi*）到底可能是什么，其中特定的重要性就是阿尔瓦斯提供了葡萄牙在1487年前后制作了一幅地图的新证据。不太可能确定，其对航海者而言到底有什么用处，但是我们从1551年由费尔南·洛佩斯·德卡斯塔涅达（Fernão Lopes de Castanheda）撰写的《发现和征服印度的历史》（*História do descobrimento & conquista da India*）第一版中读到的就是，显然，在通过一位来自拉梅古（Lamego）的名为约瑟夫（Josef）的犹太人将搜集的所有材料送给国王之前，科维良不仅使用了地图，而且为其增加了新的地名㊾。

还存在其他两个对15世纪葡萄牙地图可能的提及，尽管对于它们的作者和权威性存在严重的怀疑。第一个是在一个镀金的图像（*tabula deaurata*）中的宇宙志，镀金的图像直径为14掌，是耶罗尼米斯·闵采尔［Hieronymus Münzer，莫奈陶里乌什（Monetarius）］于1494年在里斯本的圣豪尔赫城堡（Castle of São Jorge）看到的㊿。长期以来认为，涉及的文献是一幅葡萄牙的世界地图（*mappamundi*），但是最近马克斯（Marques）倾向于相信，其是弗拉·毛罗的世界地图（*mappamundi*）存在于葡萄牙的另外一个证据(51)。可以确定的是，闵采尔的描述没有为任何一种假说提供足够坚实的证据。类似的怀疑也存在于若昂·法拉斯（João Faras）在他于1500年5月从韦拉克鲁斯（Vera Cruz）（巴西）写给国王曼努埃尔一世

㊻ Francisco Álvares, *Ho Preste Joam das Indias* (Lisbon, 1540), chap. CIV.

㊼ 例如，参见，Alfredo Pinheiro Marques, *A maldição da memória do Infante Dom Pedro: E as origens dos descobrimentos portugueses* (Figueira da Foz: Centro de Estudos do Mar, 1994), 185。

㊽ Armando Cortesão, "A 'Carta de Marear' em 1487 entregue por D. João II a Pêro da Covilhã," *Memórias da Academia das Ciências de Lisboa, Classe de Ciências* 17 (1974): 165-75.

㊾ Fernão Lopes de Castanheda, *História do descobrimento & conquista da India pelos portugueses* (Coimbra, 1551), bk. I, 3-4。关于地图的这些细节在后来的版本中被移除。关于这一问题，参见 Armando Cortesão, *The Mystery of Vasco da Gama* (Lisbon: Junta de Investigações do Ultramar, 1973), 90-98。

㊿ Hieronymus Münzer, "*Itinerário*" *do dr. Jerónimo Münzer* (*excertos*), ed. and trans. Basílio de Vasconcelos (Coimbra: Imprensa da Universidade, 1931), 22.

(51) Marques, *A maldição*, 186.

的信件中提到的“旧的世界地图”(mappa mundi antiguo)(52)，因为我们没有所讨论的旧地图到底是什么以及其作者是谁的任何线索。我们只是被告知，其属于佩德罗·瓦斯·比沙瓜多(Pedro Vaz Bisagudo)，并且，其描绘了圣豪尔赫·达米纳城堡（Castle of São Jorge da Mina)，并附带有韦拉克鲁斯岛。这些细节使我们推测，所讨论的地图是葡萄牙人的，大概最早描绘了巴西，但数据不足以使我们得出如此坚实的结论。 983

除了后来的或者极为不精确的文献记载之外，例如安东尼奥·加尔旺提到的神秘地图——其，即使进行最为宽泛的解读，也没有提到葡萄牙地图学的产品(53)——我们可以从我们迄今为止的观察中得出一些结论。首先就是，保存下来的文献材料说明，最早的葡萄牙航海图必然是在15世纪后半叶制作的。其次就是，奇怪的是，最明确和最确凿的文献记录（那些在亨利王子委托的航海图，弗拉·毛罗使用的航海图，以及迪亚斯的草图）都提到了一种功利主义性质的地图学。然后，再次，关于葡萄牙地图的其他更为值得怀疑的证据［那些闵采尔和加尔旺（Galvão）的］通常提到了一种更为具有装饰特点的地图学。这显然证明，最早的葡萄牙地图是被设计用于航海的。

早期葡萄牙航海图功利主义的特征解释了为什么缺乏关于它们作者的信息。更为重要的依然是，在服务于那些进行地理发现的人时，它们作为航海图辅助工具的实际使用帮助我们理解了为什么这些早期地图学的样本中的大多数没有保存在今天。如同我们已经在15世纪后半期的例子中看到的，非常可能的是，早期地图学的草图在新的航行发现了新的地平线的时候被不断地修订。使用和不断的修订，这些过程导致的毁坏，必然是早期葡萄牙的地图学样本消失的主要原因(54)。

最早的葡萄牙航海图

尽管大量文献提到了15世纪的葡萄牙地图，但它们的实际存在只是最近才由连续在国际会议上展现的各种样本而得以确定。今天，存在三幅完整的航海图以及各种残片，并且可以将时间确定为是15世纪最后二十五年。这些航海图证实了一种已经成熟的地图学传统，并且有自己的风格特征，其确证了现在已经佚失的早期葡萄牙地图学的存在。

---

(52) 这一文献在大量场合进行了复制。例如，参见，Duarte Leite，“O mais antigo mapa do Brasil，” in *História da colonização portuguesa do Brasil*，3 vols.，ed. Carlos Malheiro Dias (Porto：Litografia Nacional，1921 – 24)，2：225 – 81。

(53) António Galvão，*Tratado dos descobrimentos*，ed. Viconde de Lagoa and Elaine Sanceau，3d ed. ([Porto]：Livraria Civilização，[1944])，122 n. 3，320，and 323。按照加尔旺的观点，这些地图的时间是在葡萄牙开始扩张之前，并且已经描绘了好望角和前往印度的路线（其中一幅甚至显示了麦哲伦海峡）。尽管这些信息有时是被按照字面含义所接受(Antonio Ribeiro dos Santos，“Sobre dois antigos mappas geograficos do Infante D. Pedro，e do cartorio de Alcobaça，” in *Memorias de Litteratura Portugueza*，8 vols. [Lisbon：Academia，1792 – 1814]，8：275 – 304)，但是很多作者已经质疑这些地图是否存在。例如，参见 Francisco de Borja Garção Stockler，“Memoria sobre a originalidade dos descobrimentos maritimos dos portuguezes no seculo decimoquinto，” in *Obras de Francisco de Borja Garção Stockler*，2 vols. (Lisbon：Academia Real das Sciencias，1805 – 26)，1：343 – 88；Gabriel Pereira，“Importancia da cartographia portugueza，” *Boletim da Sociedade de Geographia de Lisboa* 21 (1903)：443 – 50；以及 Ernest George Ravenstein，*Martin Behaim：His Life and His Globe* (London：George Philip and Son，1908)，38。甚至在那些最近看到了故事中的某些真实并且试图确定这些地图的作者中，结论通常也是相同的：航海图是意大利人的。参见 Armando Cortesão，*Cartografia e cartógrafos portugueses dos séculos XV e XVI* (*Contribuïção para um estudo completo*)，2 vols. (Lisbon：Edição da “Seara Nova，” 1935)，1：123 – 25，以及 Marques，*A maldição*，158 – 61。

(54) 参见 Marques，*Origem e desenvolvimento*，83 – 87。

最早的样本是一幅佚名的和没有注明时间的航海图的样本，现在保存在摩德纳（图38.4）。这幅航海图描绘了从诺曼底（Normandy）至几内亚湾的大西洋海岸，并且包括了亚速尔群岛、马德拉群岛、加那利群岛和佛得角。这幅航海图最早的研究是由阿尔马贾进行的，他注意到了地名的葡萄牙来源，但是没有由此宣称航海图制作者的国籍[55]。1938年，在阿姆斯特丹的国际地理学大会（International Geographical Congress）上，航海图获得了国际声望，并且此后成为科斯塔的一部专著的主题，其在两年后出版了这一地图的一个优秀的复制品。他的结论就是，航海图实际上有着葡萄牙的来源，并且是在1471年前后制作的[56]。这一被确定的时间涉及含蓄地接受了如下理论，即航海图的制作伴随着葡萄牙沿着几内亚海岸的航行：因为"rio do lago"［拉各斯河（Lagos River），6°23′N，3°24′E］，是最后被记录的地名，科斯塔认为这幅地图必然与1471年早期若昂·德桑塔伦（João de Santarém）和佩罗·埃斯科巴尔（Pêro Escobar）确定那些纬度的探险有关。为了支持这一假说，佩雷斯（Peres）将注意力集中在这样的事实，即航海图第一次也是唯一一次记录了地名"桑塔伦河"（Rio de Santarém）（5°09′N），显然这是使用了一位葡萄牙航海者的名字[57]。

984　　科尔特桑反对这样的理论，即随着葡萄牙航行范围缓慢地向南扩展，摩德纳航海图成型。他认为，没有任何线索证明，摩德纳航海图是紧随着桑塔伦和埃斯科巴尔的航行而绘制的，因而可以更为谨慎地总结为，航海图是在15世纪最后三十年中绘制的[58]。但是特定的因素确实允许我们去确定一个稍微更准确的时间。首先就是航海图没有标注纬度。例如，明显的是，东西向排列的拉戈河（Rio do Lago）和韦尔加角（Cabo da Verga，Cape Verga，10°12′N，14°30′W），尽管这两者实际上在纬度上相距4°[59]。因而，似乎有理由推断，摩德纳航海图是在何塞·维齐尼奥和帕切科·佩雷拉1485年前后进行的几内亚海岸的水文调查之前制作的。其次，重要的是，摩德纳航海图既没有提到，也没有描绘圣豪尔赫·达米纳城堡，而城堡是由若昂二世命令自1482年之后修建的，并且在所有后来的葡萄牙地图上都进行了夸张的表现。在城堡的位置上，摩德纳航海图仅仅标明了"amina do ouro"，清晰地表现了自他们最早的航海之后葡萄牙人建立的贸易站点。因而，我们可以总结，尽管摩德纳航海图确实不是在桑塔伦和埃斯科巴尔的探险之后立刻绘制的，但其非常有可能是在这次航行之后的十年中制作的[60]。

保存至今的第二份15世纪葡萄牙地图学的样本就是佩德罗·赖内尔的航海图，现在保存在波尔多（图38.5）。在1960年之前一直不被人所知，其于同年在葡萄牙举办的第五届

[55] Roberto Almagià, "Notizia di quattro carte nautiche della R. Biblioteca Estense," *Bibliofilia* 27 (1926): 337–47。

[56] A. Fontoura da Costa, *Uma carta náutica portuguesa, anónima, de "circa" 1471* (Lisbon: República Portuguesa, Ministério das Colónias, Divisão de Publicações e Propaganda, Agência Geral das Colónias, 1940), 55–56。

[57] Damião Peres, *História dos descobrimentos portugueses*, 2d ed. (Coimbra: Edição do Autor, 1960), 209。

[58] *PMC*, 1: 3–4, 以及 Cortesão, *History of Portuguese Cartography*, 2: 211–12。也可以参见 Marcel Destombes, "Une carte interessant les études colombiennes conservée à Modène," in *Studi colombiani*, 3 vols. (Genoa: S. A. G. A., 1952), 2: 479–87。

[59] A. Teixeira da Mota, *A evolução da ciência náutica durante os séculos XV–XVI na cartografia portuguesa da época* (Lisbon: Junta de Investigações do Ultramar, 1961), 13, 以及 Guedes, "A cartografia do Brasil," 12。

[60] Alfredo Pinheiro Marques, "The Dating of the Oldest Portuguese Charts," *Imago Mundi* 41 (1989): 87–97, esp. 87–90, 以及 idem, *Origem e desenvolvimento*, 116–23。

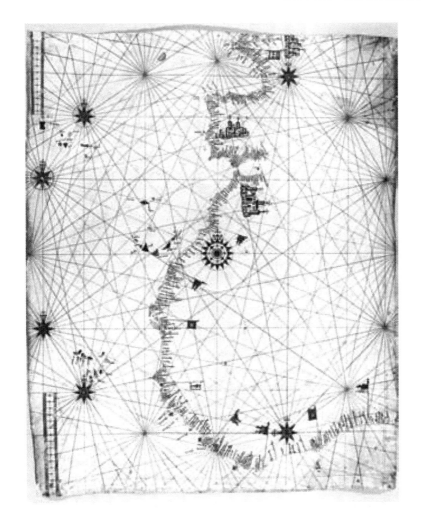

图 38.4 佚名的没有标注时间的大西洋海岸的航海图，约 1471 年

原图尺寸：95×75 厘米。Biblioteca Estense e Universitaria, Modena（C. G. A. 5c）提供照片。

国际海事史大会（Ⅴ Colóquio Internacional de História Marítima）上为世人所了解。这是一幅有署名但没有注明时间，描述了地中海西部和非洲海岸，终结于大西洋群岛（Atlantic archipelagos），并且扩展远至刚果河的地图。非洲海岸被描述在两个截然不同的部分中：第一个部分是对远至圣豪尔赫·达米纳城堡附近的库尔科角（Cabo Corço）的大西洋海岸的传统线图；第二个部分则表现了此后剩余的远至 Rio Poderoso 或刚果河（Rio do Padrom）的非洲海岸，但是其与第一部分在内陆部分是分开绘制的。

赖内尔航海图呈现的主要问题就是它的时间。科尔特桑，最早研究这一航海图的学者，最初将其时间定在了 1485 年前后[61]。将他的证据建立在迪奥戈·康（Diogo Cão）航行的传统年代上，科尔特桑注意到，赖内尔的航海图包括了刚果河，这条河流是康在他第一次探险

---

[61] Cortesão, *Cartografia portuguesa antiga*, 99 – 101. 也可以参见 *PMC*, 5：3 – 4。

过程中（1482—1484 年）看到的[62]。但是问题由此产生，即为什么赖内尔没有在他的地图中包括康在同一次航行中发现的刚果河以南的海岸延伸的部分？为了解决这一难点，科尔特桑后来提出了这样一个假说，即当他在 1483 年 4 月发现刚果河的时候，康派遣一艘船只将消息带回了葡萄牙。赖内尔因而可能只是了解到航行远至刚果河，并且他急忙将其绘制在了他的航海图上；如果这是事实的话，那么，科尔特桑认为，航海图的时间应当被确定为1483 年[63]。

985

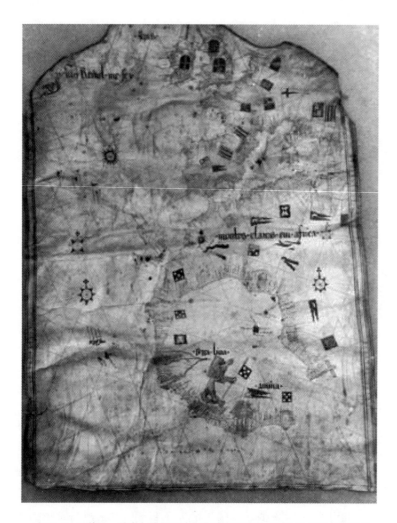

图 38.5　佩德罗·赖内尔绘制的地中海西部和非洲海岸的 15 世纪的航海图

原图尺寸：95 × 75 厘米。Archives Départementales de la Gironde, Bordeaux

(2 Fi 1582 bis) 提供照片。

---

[62]　关于对迪奥戈·康的航行（1482—1484 年和 1485—1486 年）的重建，参见 Peres 在 *História dos descobrimentos*，253 – 86 中的描述。这一长期建立的假说最近已经受到了 Radulet 的挑战，他声称存在三次而不是两次航行（1481—1482年、1483—1484 年和 1485—1486 年）。参见 Carmen M. Radulet, "As viagens de descobrimento de Diogo Cão: Nova proposta de interpretação," *Mare Liberum* 1 (1990): 175 – 204。尽管是令人深省的，但这一新主张未能排除所有的不确定性，并且历史学家中对于传统的理论有更多的接受。

[63]　Cortesão, *History of Portuguese Cartography*, 2: 210 – 11.

这一解释，尽管貌似可信，但基于一种没有文献证据的假说。而且，其无法解释赖内尔航海图上海岸线在圣豪尔赫·达米纳城堡的中断，且与此同时，在内陆的描述的依然延续。尽管存在这些问题，但科尔特桑的推理线索最近被格德斯进一步推进，其同样将地图的时间确定在 1483 年前后，这一日期基于一次 1481 年前后被推定的航行——比康的第一次探险更早——这次航行抵达了刚果河。基于赖内尔航海图上的地名使用了正确的名称，格德斯甚至提出了这次推测的探险的船长的名字：阿尔瓦罗·马丁斯（Álvaro Martins）[64]。但是这一结论仅仅是更进一步地进入了推测的领域。

其他已经研究了赖内尔航海图的作者反对科尔特桑和格德斯的观点，并且认为航海图随着发现的进展而成型的假说是没有真正理由的。例如，马克斯主张，航海图是在康第一次航行之后制作的，并且可能实际上是在随后多年中的任何时间制作的。下限应当是 1492 年，因为赖内尔的航海图在格拉纳达上有一面红色旗子，暗示着延续直至那年的穆斯林对这座城市的占领。马克斯因为将赖内尔航海图的时间确定在了约 1484—1492 年[65]。为了解释为什么赖内尔没有在他的航海图上描绘康的航行的完整范围，马克斯不得不假设葡萄牙皇室皇家强加的一项保密措施，以使得最新发现不被外国人所了解。为了解释非洲海岸线的断裂，马克斯诉诸更为模糊的假说，即赖内尔使用了之前存在的地图，而他只是在海岸线增加了新的延伸部分。

与那些倾向于一个较晚时间的人的感觉相一致，阿马拉尔（Amaral）认为赖内尔航海图是在 1492—1504 年间在两个阶段中制作的[66]。他的主要证据就是，格拉纳达上的红色旗子没有伊斯兰的含义，由此使得航海图是在 1492 年 1 月这座城市被解放之前制作的观点失去了意义；赖内尔的地图记录了好年岛（Ano Bom），其以这一名称为人所知只是在 1501 年之后；在库尔科角和刚果河之间延伸的海岸线的纬度是大致准确的；同时在那不勒斯之上的阿拉贡—加泰罗尼亚的旗帜表明，这幅地图完成于 1504 年之后。阿马拉尔将这些观察整合在一起后得出的结论就是，赖内尔在 1492 年将海岸线绘制远至圣豪尔赫·达米纳城堡，后来在 1504 年之后的某一时间，增补了陆地内部以及直至刚果河的剩下的海岸线，且在第二阶段使用了准确的纬度。

阿马拉尔的理论为我们确定地图绘制时间的尝试提供了新的元素，并且提供了关于为什么赖内尔将非洲海岸绘制为两个单独部分的一个有道理的解释。然而，他的所有论据都不是足够充分因而具有决定性的。例如，格拉纳达之上的红色旗子，有或者没有新月的徽章，可能表明了除伊斯兰对这座城市的主权之外的任何东西。这移除了赖内尔航海图的时间是早于 1492 年的一个障碍。在时间断限的另一端，那不勒斯之上的阿拉贡—加泰罗尼亚旗帜并不如其看起来的那么重要，因为在两个王国之间的王朝联系自 15 世纪中期之后就存在了。沿着海岸线的一个延伸部分的纬度的相对准确同样也是存在问题的：改进是重要的，但并不是决定性的。最 [986] 后，尽管赖内尔将位于几内亚湾内的一座岛屿命名为好年岛是非常令人感兴趣的，但关于真正发现这座岛屿的时间的疑问，以及对其在同时代思想中等同于伊利亚·德迪奥戈·康（Ilha de

---

[64] 按照格德斯的观点，地名 "angra de a° miz" 代表了 Angra de Alvaro Martins（Guedes，"A cartografia do Brasil," 12 – 13）。

[65] Marques，*Origem e desenvolvimento*，123 – 33，以及 idem，"Dating," 90 – 93。

[66] Amaral，*Pedro Reinel*.

Diogo Cão）（译者注：即迪奥戈·康的群岛）的疑问，由此移除了使用这一名称作为一个确定年代的因素的大部分力量。

确定赖内尔航海图的时间的困难应当没有什么奇怪。唯一我们对其可以确定的是，其是在 1483 年之后制作的。这一时间属于迪奥戈·康进行了他的探险的时期，也属于通过星辰进行航海刚刚开始的时期——两者依然充满了不确定性。因而，需要进行进一步的研究来更为准确地确定航海图的时间。

第三个和最后一个完整保存至今的 15 世纪地图学的样本就是 1492 年由若热·德阿吉亚尔制作的航海图（参见图 38.2）。由菲托尔（Vietor）于 1968 年在科英布拉举办的国际航海史大会（Reunião Internacional da História da Náutica）的开幕式上介绍给了科学界，阿吉亚尔的航海图后来由格雷罗（Guerreiro）进行了复制和研究[67]。由于其有署名并且标明了时间，因此，无论是制作者还是绘制年代都不存在问题。从一个地理学的视角，其稍微令人感兴趣，因为其仅仅描绘了远至圣豪尔赫·达米纳城堡的非洲海岸，而这里位于当时已知纬度以北很远。如同在赖内尔的航海图中，非洲海岸线被绘制为两个存在差异的部分。从一种风格的视角，阿吉亚尔航海图比早期的航海图有更多的装饰性。一些元素揭示了加泰罗尼亚－马略卡地图学传统的影响，例如波罗的海中滚动的波涛，红海的颜色和设计，以及多瑙河的河道。然而，大西洋地带南部有着典型的葡萄牙的特征：丰富的地名、准确的纬度（尽管那里没有清晰的刻度），以及神秘元素的普遍缺乏，尽管描绘了巴西群岛（Ilha Brasil）。因而，我们可以确定的陈述，15 世纪葡萄牙地图学并不经常完整地呈现最新的发现，但是如果我们将它们与同时代的欧洲地图进行比较的话，那些由葡萄牙人制作的航海图有着显著的准确性和详细程度。

除了完整的航海图之外，很多佚名的来源于葡萄牙的地图学的时间为 15 世纪晚期或者 16 世纪早期的残片保存了下来[68]。所有这些都局限于地中海，并且尽管它们没有记录新的地理发现，但它们确实证明了在之前几页的论述中变得越来越清晰的某些东西：到 15 世纪后半期，葡萄牙地图学已经达到成熟。最近发现的残片被用作文献的装订材料，这一事实表明，一旦过时，航海图可能只是它们的羊皮纸才有价值。然而，我们可以很容易地想象，其他地图必然曾经存在，但是已经被毁坏了。

葡萄牙地图学的这一早期阶段的顶峰出现在 16 世纪初年，此时在制作的航海图中使用了一套清晰的纬度系统。尽管在赋予非洲海岸的纬度方面存在改进，这在赖内尔航海图中已经非常显著，但最早的以图像方式描绘了一个纬度标尺的航海图是一幅来源于葡萄牙的时间

---

[67] Inácio Guerreiro, *A carta náutica de Jorge de Aguiar de 1492*（Lisbon：Academia de Marinha, Edições Inapa, 1992），以及 Alexander O. Vietor, *A Portuguese Chart of 1492 by Jorge Aguiar*（Coimbra：Junta de Investigações do Ultramar-Lisboa, 1970）。也可以参见 Armando Cortesão, "Uma carta portuguesa recém-descoberta, assinada e datada do século XV," *Memórias da Academia das Ciências de Lisboa, Classe de Ciências* 12（1968）：201 – 11. 地图收藏于 Beinecke Rare Book and Manuscript Library, Yale University。

[68] *PMC*, 1：5；Alfredo Pinheiro Marques, "Alguns fragmentos de mapas encontrados em Viana do Castelo e outras novidades do ano de 1988 para a história da cartografia," *Revista da Universidade de Coimbra* 35（1989）：309 – 22；以及 idem, "Portolan Fragments Found in Portugal," *Map Collector* 65（1993）：42 – 44。

大约在 1500 年前后的佚名航海图[69]。所谓的坎蒂诺地图（Cantino map），其出现的时间稍微晚一点（1502 年），并没有清晰地标明一个划分了刻度的子午线，不过准确定位了赤道和回归线，并且提供了图形比例尺[70]。一幅 1504 年前后由佩德罗·赖内尔署名的航海图不仅显 987 示了划分了刻度的子午线，而且还有位于纽芬兰海岸之外倾斜的额外的纬度标尺（图 38.6）[71]。这些地图展示了葡萄牙地图学在技术成就方面已经充分成熟，并且它们标志着葡萄牙地图学的一个新阶段，其特点就是产品数量的增加和多样化。

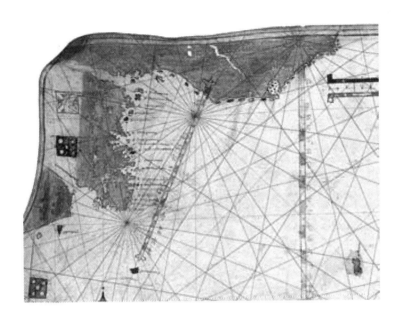

图 38.6　来自一幅佩德罗·赖内尔绘制的北太平洋航海图的细部，约 1504 年

Bayerische Staatsbibliothek，Munich（Cod. Icon 132）提供照片。

航海图制作者和航海图：从业者

这一部分归纳了一些职业葡萄牙地图学者的工作和在《葡萄牙地图学的成就》（*PMC*）中确定和复制的航海图。《葡萄牙地图学的成就》讨论了 55 位航海图制作者以及他们已知的作品和可以相当确定的属于他们的作品。附录 38.1 列出了有着超过四幅已知航海图的 27 位航海图制作者。

我们选择了三个职业葡萄牙地图学者家族——赖内尔、奥梅姆和特谢拉——来分别进行讨论。尽管对葡萄牙地图制作组织知之甚少，但这三个家族在很多已知地图的制作中是突出的。然后，给出了其他个别的地图制作者的简要传记：弗朗西斯科·罗德里格斯、若昂·德

[69]　Munich, Bayerische Staatsbibliothek, Cod. Icon 138/40, fol. 82. 参见 Heinrich Winter, "Die portugiesischen Karten der Entdeckungszeit, insbesondere die deutschen Stücke," in *Publicações*, 3：505 – 27, 以及 *PMC*, 1：23 – 24 and 5：3 – 4.

[70]　Modena, Biblioteca Estense e Universitaria（C. G. A. 2）. 关于这幅地图更多的信息，参见本章的原文第 993 页，注释 99 以及图 30. 10。

[71]　Heinrich Winter, "The Pseudo-Labrador and the Oblique Meridian," *Imago Mundi* 2（1937）：61 – 73, esp. 65 – 66；E. G. R. Taylor, "Hudson's Strait and the Oblique Meridian," *Imago Mundi* 3（1939）：48 – 52；*PMC*, 1：25 – 27；以及图 30. 13。

卡斯特罗、加斯帕尔·科雷亚（Gaspar Correia）和曼努埃尔·戈迪尼奥·德埃雷迪亚（Manuel Godinho de Erédia）。葡萄牙亚洲部分沿海堡垒的图像呈现的编纂者，例如佩德罗·巴雷托·德雷森迪（Pedro Barreto de Resende）和安东尼奥·波卡罗（António Bocarro），也将稍后进行讨论，并且还简要地提到了迪奥戈·里贝罗、费尔南·瓦斯·多拉多（Fernão Vaz Dourado）、老巴托洛梅乌、杜阿尔特·帕切科·佩雷拉、杜阿尔特·德阿马斯（Duarte de Armas）和费尔南多·阿尔瓦罗·塞科（Fernando Álvaro Seco），他们都对这一时期葡萄牙的地图制作做出了贡献。

图 38.7 展现了主要地图学家族和其他重要的葡萄牙地图制作者的年表。图表显示，葡萄牙地图学家的产品主要集中在 16 世纪。只有四位地图制作者直至 17 世纪依然有着高质量的地图学产品：佩德罗·特谢拉·阿尔贝纳斯、若昂·特谢拉·阿尔贝纳斯一世（João Teixeira Albernaz Ⅰ）、若昂·巴普蒂斯塔·拉旺哈和曼努埃尔·戈迪尼奥·德埃雷迪亚。

赖内尔家族

赖内尔家族的地图学产品开始于佩德罗·赖内尔，第一位有着署名地图的葡萄牙地图学家，还有他的儿子豪尔赫·赖内尔。他们已知的航海图从大约 1485 年延续直至大约 1540 年[72]。按照科尔特桑的观点，佩德罗·赖内尔和他的儿子创建了"赖内尔学派"[73]。他们几乎只在里斯本工作，但是在 1519 年，他们在塞维利亚。在为卡斯蒂尔服务时，豪尔赫·赖内尔参与了费迪南德·麦哲伦的环球航行的准备工作。塞巴斯蒂昂·阿尔瓦斯（Sebastião Álvares），葡萄牙的执政官（feitor），通知曼努埃尔国王，他已经"看到被放置在球仪和航海图之上的摩鹿加群岛的土地，而这些是赖内尔的儿子在那里制作好的，而这些当他的父亲到这里带他走的时候还没有完成，并且他的父亲将它们都完成了，将摩鹿加群岛的土地［放置在其上］，并且这成为由迪奥戈·里贝罗制作的其他所有航海图的标准"[74]。

豪尔赫·赖内尔离开葡萄牙似乎是由年轻人的傲慢所促成的。佩德罗·赖内尔前往塞维利亚带走他的儿子，并且成功地将他带回里斯本且没有受到惩罚。1524 年，他们出席了巴达霍斯－埃尔瓦斯会议（Badajoz-Elvas Junta）的谈判，在那次会议上讨论了与由《托尔德西拉斯条约》确定的分界线有关的摩鹿加群岛的地理位置。

摩鹿加群岛（香料群岛）的问题在胡安·塞巴斯蒂亚诺·德尔卡诺（Juan Sebastian del Cano）返回后变得更为微妙，后者指挥了麦哲伦舰队幸存的船只。这一以及其他问题导致卡斯蒂尔去寻求葡萄牙的地图学家、宇宙志学者和导航员。在他们中被提到的，除了麦哲伦之外，有胡安·迪亚斯·德索利斯（Juan Díaz de Solís）、埃斯特旺·戈梅斯、若昂·罗德里

72　已知的航海图是佩德罗·赖内尔的大西洋和地中海的航海图，约 1485 年；佩德罗·赖内尔的地中海航海图，约 1500 年；佩德罗·赖内尔的北大西洋航海图，约 1504；豪尔赫（？）·赖内尔的印度洋航海图，约 1510 年；佩德罗·赖内尔的两幅印度洋航海图，约 1517 年和 1518 年；一幅佩德罗（？）·赖内尔的南半球的航海图，约 1522 年；佩德罗（？）·赖内尔的一幅大西洋航海图，约 1535 年；以及一幅豪尔赫·赖内尔的大西洋航海图，约 1540 年。

73　Cortesão, *Cartografia e cartógrafos portugueses*, 1: 249–305, esp. 302. 给予赖内尔家族的特别关注，被所谓的 1519 年的《米勒地图集》是由他们与洛波·奥梅姆合作完成的假设所推动。这一假设后来遭到了怀疑，但是甚至直至今天依然不能被完全反驳。

74　IAN/TT, Corpo Cronológico, P. 1.ª, maço 13, doc. 20（cited in *PMC*, 1: 20）.

格斯（João Rodrigues）和弗朗西斯科以及鲁伊·法莱罗（Rui Faleiro）。

1528 年，若昂三世国王授予15000 里斯（reis）的年金给佩德罗·赖内尔[75]以及给他儿子一份10000 里斯的年金。1542 年，佩德罗在一份档案中再次被提到，这份档案谈到，他正在制作航海图。豪尔赫·赖内尔在16 世纪60 年代的多份档案中被提到。似乎他在1572 年依然活着[76]。

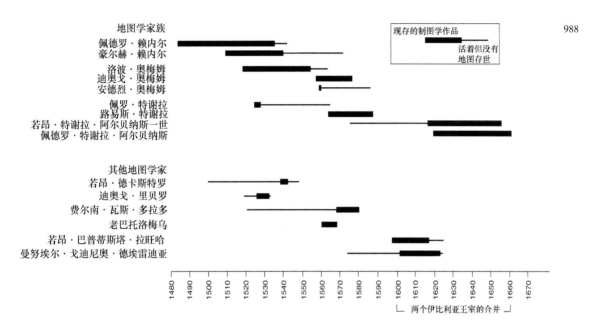

988

图 38.7　文艺复兴时期主要的葡萄牙地图学家以及地图学家族的年表

奥梅姆家族

我们知道三位葡萄牙地图学家的姓氏为奥梅姆：洛波·奥梅姆以及他的两位儿子，迪奥戈·奥梅姆和安德烈·奥梅姆。还有两位儿子的信息，即托马斯和安东尼奥，但是不知道属于这两者的航海图[77]。

洛波·奥梅姆的出生时间并不清楚，但他似乎是在1563 年之后不久去世的。有信息表明这位地图学家属于一个贵族家族，而这一贵族家族最为重要的成员之一就是佩德罗·赖内尔，皇室的首席侍从（chief equerry）[78]。这就解释了，为什么当他依然非常年轻的时候，洛

---

[75]　附带的说明是："……考虑到佩德罗·赖内尔，我的仆人，我的王国和领土上的航海图和航海罗盘的大师为我的叔叔若昂二世国王，以及我的主和我的父所提供的服务"；参见 IAN/ TT, Chancelaria de D. João Ⅲ, Doações, liv. 14, fl. 67（被引用在 PMC, 1：19）。

[76]　在一份时间为1572 年的文本中，他的妻子，Beatriz Lopes，因偷窃瓷器而被宽恕，因为"她和她的丈夫生病了，并且年老和贫困"，如果年金没有被支付的话，那么这应当得到了解释；参见 IAN/TT, Chancelaria de D. Sebastião e D. Henrique, Legitimações, liv. 44, fl. 196v（被引用在 PMC, 1：21）。

[77]　关于奥梅姆家族的主要参考著作之一就是 Léon Bourdon, "André Homem, cartographe Portugaisen France (1560 – 1586)," Revista da Universidade de Coimbra 23 (1973)：252 –91。

[78]　"佩罗·奥梅姆（Pedro Homem）有着非常高的官衔，仅次于 Lord High Constable［Condestável］"；参见 PMC, 2：52。

波就被认为是官方地图学家⑦。

通过提到地图学家和宇宙志学者洛波·奥梅姆的档案，我们知道了与他活动相关的事实，这些活动几乎都发生在葡萄牙（尽管这对于他的儿子迪奥戈和安德烈来说并不是如此）或者在北非［在阿扎莫尔（Azamor），他似乎在 1520—1522 年间在那里］⑧。他被支付了1200 雷亚尔（reais）的皇家津贴，并且在与卡斯蒂尔关于摩鹿加群岛的所属权的复杂争论中作为皇室代表发挥了重要的作用。

989　　迪奥戈·奥梅姆的航海图几乎完全集中于海岸线⑧。从初期（1557 年或 1558 年）开始直至他的后期（1569—1576 年），在他产品中似乎有大量的革新，在初期，他主要是复制其他人的作品，在后期，他改进了他自己的航海图，尤其是地中海东部的⑫。

1544 年，迪奥戈·奥梅姆因谋杀某人被国王若昂三世判处流放。他父亲干涉了对他的惩罚，条件就是，迪奥戈留在葡萄牙。然而，据知，不久之后，他就前往了英格兰，1557 年和 1558 年他都在那里。在 1547 年，也就是赦免他的那年之后，都没有关于他出现在葡萄牙的信息⑬。

1568 年之前的迪奥戈·奥梅姆的作品上的署名通常使用拉丁文。在那年之后，他的署名为"卢西塔尼亚宇宙志学者迪奥戈·奥梅姆"（Diegus homê Cosmographus Lusitanus），表达了他非常不愿意将葡萄牙作为他的祖国的愿望。一方面，事实就是，他依然无法很快接触到新发现的区域以及同时制作的地图，由此也就解释了地中海在他的作品中占据主导地位的原因；另一方面，他的受众不是葡萄牙人，而是英国人、意大利人或者法国人。

我们知道，安德烈·奥梅姆在安特卫普绘制了一幅世界地图，标注的时间是 1559 年。还有关于他使用恒向线制作了一幅法兰西地图的信息。类似于其他葡萄牙地图学家，例如若昂·阿丰索（João Afonso）、老巴托洛梅乌和迪奥戈·奥梅姆，安德烈·奥梅姆一生大部分的时间生活在葡萄牙以外的地区。促使安德烈离开祖国的动因并不知道，但是有一种猜想，

⑦ 洛波·奥梅姆的已知航海图就是洛波·奥梅姆和赖内尔家族的地图集，1519 年；一幅地中海的航海图，约 1550 年；一幅北大西洋的佚名航海图（被认为作者是洛波·奥梅姆），约 1550 年；一幅世界地图，1550 年；以及另外一幅世界地图，1554 年。

⑧ 时间为 1524 年的若昂三世的皇家诏令确认了自 1517 年以来的曼努埃尔一世的许可，提到"洛波·奥梅姆，我们航海图的大师"，授予他垄断权，由此他可以"制作和纠正所有的可能属于我们舰队的航海罗盘"；参见 IAN/TT, Chancelaria de D. João III, Doações, liv. 37, fl. 170v（被引用在 PMC, 1：49）。其他已知的时间、档案，以及我们从它们中所了解的，包括：1519 年，一幅署名和标注了日期的地图；1523 年，一件档案，西班牙大师 Zuñiga 在一封写给皇帝查理五世的信件中，提到地图学家和宇宙志学者洛波·奥梅姆；1524 年，通过阿隆索·德圣克鲁斯，知道"一位洛波·奥梅姆，制作航海图的大师"，是出席定位摩鹿加群岛的巴达霍斯-埃尔瓦斯会议的葡萄牙代表之一，（参见 Alonso de Santa Cruz, Crónica del emperador Carlos V, 5 vols., ed. F. de Laiglesia [Madrid, 1920–25], 2：88–89）；1529 年，档案提到"宇宙志学者洛波·奥梅姆"，在 1526 年之后，从皇室预算中获得 1200 雷亚尔；1541 年，档案提到洛波·奥梅姆，其"制作航海图"；1547 年，皇家诏令和葡萄牙在巴黎的大使 José Pereira Dantas 的通信，确认洛波·奥梅姆是地图学家迪奥戈·奥梅姆的父亲；约 1550 年，一幅署名的地中海航海图；以及 1554 年，一幅署名和注明日期的世界地图（参见 PMC, 1：49–53）。

⑧ 迪奥戈·奥梅姆是最为多产的葡萄牙地图学家之一。现存的有 1557—1576 年间他制作的 11 幅单幅的航海图；1559—1576 年间绘制的 7 套欧洲的和地中海的地图集，总共 52 图幅；1558—1568 年间制作的 5 套普通地图集，81 图幅，共计 144 幅航海图（这些构成了 PMC 第二卷的大部分）。

⑫ Marcel Destombes 将迪奥戈·奥梅姆的作品分为四个时期：第一个时期（1557—1558 年），他主要集中于复制洛波·奥梅姆的旧有模型；第二个时期（1559—1563 年），他对航海图进行常规的纠正；第三个时期（1564—1568 年），校正的数量更多，尽管通常并不重要，就像之前那个时期那样；最后，第四个时期（自 1569 年之后，在此期间他定居在威尼斯），他进行了多项改进，并将他的风格精细化，趋向于适度（PMC, 6：91–92）。

⑬ PMC, 2：5–8.

就是一次谋杀未遂[84]。

并不知道安德烈·奥梅姆离开葡萄牙的时间，但应当是在 1554 年之前，因为他对日本的陈旧呈现表明，他并不熟悉他父亲在 1554 年对这一群岛的呈现。在生活于安特卫普之后，他前往了巴黎，有接受作为海军上将科利尼（Admiral Coligny）的宇宙志学者的意图，后者试图在佛罗里达建立一个"新法兰西"（New France）。

于 1560 年开始居住在自 1555 年担任葡萄牙驻法国宫廷大使的若昂·佩雷拉·丹塔斯（João Pereira Dantas）的住所，安德烈·奥梅姆停留在巴黎的故事，由布尔东（Bourdon）重建，从他那里，我们将把最为重要的事实整合在一起[85]。大使被安德烈·奥梅姆和他的兄弟们的职业特长所说服，这导致他多次促使将他们带回葡萄牙，避免他们为其他国家服务。多次，他寻求他们返回里斯本的旅行的资金资助，以及一份从未到来的生存津贴。1564 年，丹塔斯决定将他们送往印度，但是安德烈·奥梅姆拒绝前往，因为这将不允许他为自己受到的指控进行辩护。因此安德烈·奥梅姆前往了英格兰，在那里他似乎一直待到 1567 年。此后不久，他返回了巴黎。关于他的兄弟，所知的就是，安东尼奥在印度为葡萄牙服务，而托马斯死于战争。

特谢拉家族

这一地图学家族复杂的谱系关系，它们在超过两个世纪中有五、六代人从事这一工作，由科尔特桑和特谢拉·达莫塔进行了重建[86]。家族以佩罗·费尔南德斯（Pero Fernandes）为首（已知他绘制了两幅航海图，其中一幅约作于 1525 年，另外一幅是在 1528 年），他是路易斯·特谢拉和马科斯·费尔南德斯·特谢拉（Marcos Fernandes Teixeira）的父亲，可能也是多明戈斯·特谢拉（Domingos Teixeira）的父亲。

佩罗·费尔南德斯是佩德罗·德莱莫斯（Pedro de Lemos）和若昂·特谢拉·阿尔贝纳斯一世（其有时在地图上的署名仅仅就是"若昂·特谢拉"）的祖父，同时也是佩德罗·特谢拉·阿尔贝纳斯的祖父。他是埃斯特旺·特谢拉（Estêvão Teixeira）的曾祖父，和若昂·特谢拉·阿尔贝纳斯二世（João Teixeira Albernaz II）的曾曾祖父[87]。考虑到家族成员的数量以及他们工作的时间，我们将主要提到路易斯·特谢拉和他的儿子若昂·特谢拉·阿尔贝纳斯一世。

路易斯·特谢拉主要工作于里斯本，在那里他编纂了从他的旅行中带回的元素，尤其是来自亚速尔群岛和巴西的，他在这些地区进行了最初的测量。他的航海图的优点被在葡萄牙之外的人士所认识到，尤其是在低地国家，在那里一些航海图被刻版。他被认为是 35 幅航海图的作者，其中还没有包括 1597—1612 年的佚名地图集，该图集的一部分是由若昂·巴普蒂斯塔·拉旺哈绘制的。

并不知道路易斯·特谢拉的出生地和出生时间。最早提到他的名字的档案是关于他在 1564 年 4 月 18 日参加的一次获得制作航海图的证书的考试的，这次考试的考官就是首席宇　990

---

[84]　Sousa Viterbo, *Trabalhos náuticos dos portuguezes nos séculos XVI e XVII*, 2 vols. (Lisbon: Typographia da Academia Real das Sciencias, 1898 – 1900), 1: 159.

[85]　Bourdon, "André Homem."

[86]　*PMC*, 1: 113 and 4: 79 – 86.

[87]　佩罗·费尔南德斯还是 Francisco da Silva Albernaz 的曾曾曾祖父，后者是若昂·特谢拉·阿尔贝纳斯二世的侄子。家族的最后一位地图学家就是 Francisco Albernaz，应当工作于 18 世纪，但是他绘制的地图没有保存下来。

宙志学者，佩德罗·努涅斯，而豪尔赫·赖内尔也出席了[88]。路易斯·特谢拉被认为有能力制作航海图、星盘和罗盘。一份 1569 年 1 月 15 日的许可陈述到，他正式负责皇家舰队所需的航海图和设备。

路易斯在巴西进行调查，后文将对此专门进行叙述，这一工作必然是在 1573—1578 年间进行的，由此产生了最好的海岸的海图志，其可能在 1585 年前后完成。亚速尔群岛的调查是在 1582 年之前执行的，因为它们的结果导致了一幅那一年由亚伯拉罕·奥特柳斯出版的特塞拉岛（Terceira Island）的航海图，以及一幅 1584 年由奥特柳斯出版的群岛的普通航海图。还存在时间为 1587 年的同一位作者的另外一幅亚速尔群岛的绘本航海图。

巴西和亚速尔群岛是路易斯·特谢拉的实验室，他的作品受到奥特柳斯和约道库斯·洪迪厄斯的尊敬。依然模糊不清的就是用来制作日本航海图的资料（同样是由奥特柳斯出版的，时间是 1595 年），其打破了所有之前的传统。没有任何线索表明特谢拉曾经去过那里。

路易斯·特谢拉作为一位地图学者工作了至少 50 年。与他有关的最后的重要材料涉及由贝尔肖尔·鲁伊斯（Belchior Ruiz）在 1613 年指挥的一次前往印度的探险。特谢拉将要在返航时测量内格罗角（Cabo Negro）和好望角之间的非洲海岸。但是地图学家似乎没有离开葡萄牙，可能归因于他的高龄。

若昂·特谢拉·阿尔贝纳斯一世是 17 世纪上半叶最为著名的葡萄牙地图学家。他的作品中的大部分，尤其是最早的地图，在风格上类似于他的父亲的[89]。在他制作的 340 幅地图中（不包括 323 个副本），有 146 幅是关于巴西的；这一数字没有包括出现了巴西的普通地图集中的航海图和副本。直至大约 1645 年，若昂·特谢拉·阿尔贝纳斯一世的作品几乎全部局限在巴西［包括将他认为是作者的与 1612 年的迪奥戈·德坎波斯·莫雷诺（Diogo de Campos Moreno）的《对巴西国家的条件进行了描述的著作》（*Livro que dá razão do estado do Brasil*）配套的地图］；在 1648 年之后，他主要工作于葡萄牙的领土和远东。

若昂·特谢拉·阿尔贝纳斯一世 1575 年前后出生于里斯本。1603 年 10 月，他收到一份授权成为制作航海图和航海设备的大师的资格证书，是由若昂·巴普蒂斯塔·拉旺哈进行的考试，他后来与其进行合作。1605 年 1 月，他被任命为几内亚和印度仓库的地图学家为皇家舰队制作航海图。

1619 年 8 月，与他的兄弟佩德罗·特谢拉·阿尔贝纳斯一起，若昂·特谢拉·阿尔贝纳斯一世制作了一幅麦哲伦海峡新的航海图。佩德罗留在了马德里，并且在那里制作了一幅海峡的航海图，只是署有他自己的名字，此外还有 1656 年雕版的马德里地图，以及 1662 年葡萄牙的雕版航海图。若昂返回了里斯本，说明了为葡萄牙工作的必要性。

在曼努埃尔·德菲格雷多（Manuel de Figueiredo）去世后，并且在这一职位的拥有者若昂·巴普蒂斯塔·拉旺哈离开西班牙期间，若昂·特谢拉·阿尔贝纳斯一世在 1622 年成为葡萄牙首席宇宙志学者职位的候选人。被选择的候选人是瓦伦廷·德萨（Valentim de Sá），但是在一套 1648 年的葡萄牙海岸的地图集中，若昂·特谢拉·阿尔贝纳斯一世被称为"首

---

[88] Viterbo, *Trabalhos náuticos dos Portugueses*, 1: 295 - 96, 以及 *PMC*, 3: 41 - 49.

[89] 关于一些航海图的作者的记录存在很多混乱，因为他的曾孙之一有相同的名字。然而，*PMC* 的作者成功地消除了之前的错误。

席宇宙志学者"。对此的解释就是，这可能与在 1646 年前后因未知的原因首席宇宙志学者安东尼奥·德马里斯·卡内罗（António de Mariz Carneiro）被驱逐至巴西有关。1647 年 7 月，国王若昂四世（King João Ⅳ）选择路易斯·塞朗·皮门特尔（Luís Serrão Pimentel）担任这一职位，但是可能存在一个很短的时期，这一职位是由若昂·特谢拉·阿尔贝纳斯一世持有的。若昂·特谢拉·阿尔贝纳斯一世最后一部已知的作品是一幅时间为 1655 年的大西洋和印度洋的航海图，尽管其还可能是由若昂·特谢拉·阿尔贝纳斯二世制作的。无论是若昂·特谢拉·阿尔贝纳斯一世去世的时间还是去世的地点都是未知的。

航海图

海外地图学的汇集

这一部分归纳了 PMC 中确定和复制的主要是航海的以及关注于海外的航海图[90]。在 PMC 出版（1960—1962 年），以及 1987 年版和更新版[91]之后，只发现了少量在 1450—1660 年间由葡萄牙地图学家绘制的航海图。如同在图 38.8 中看到的，按照年代顺序对航海图数量进行概览 991 可以发现，大多数地图学作品与地图汇编（通常是由同一位作者制作的，很少的情况下是由两位作者制作的）存在联系，这意味着系统地绘制某些特定区域地图的意图[92]。

尽管许多被赋予的事件有着近似的性质，但是图 38.8 解释了通常有着较多作品的时期，被其他较不活跃的时期所打断。直至大约 1535 年，产品的数量不是很多，某些地图占据了支配地位[93]。此后，是一个单幅地图和地图汇编稳定生产的时期，直至 16 世纪末。然而，最多的作品产生于 1610—1650 年，构成了巴西和印度洋详细地图的大部分。

---

[90]　"海外"指的是在地理上距离大陆上的葡萄牙以及距离亚速尔群岛和马德拉群岛非常遥远的所有区域，它们被认为是葡萄牙殖民地（在非洲、美洲和亚洲）。这一部分的研究不包括 207 幅葡萄牙地图：114 幅杜阿尔特·德阿马斯制作的"要塞之书"的图像和平面图，1 幅费尔南多·阿尔瓦罗·塞科制作的葡萄牙航海图，《埃斯科里亚尔地图集》（一幅总图）中的与葡萄牙领土有关的 6 幅航海图，43 幅路易斯·德菲格雷多·法尔康制作的"Códice da Casa de Cadaval"的航海图，23 幅佩德罗·努涅斯·蒂诺科制作的"Atlas do Priorado do Crato"的航海图，3 幅被认为作者是若昂·特谢拉·阿尔贝纳斯一世的"Correicões de Portugal"的佚名的航海图，16 幅若昂·特谢拉·阿尔贝纳斯一世制作的葡萄牙海岸地图集中的航海图（1648），以及 1 幅若昂·努涅斯·蒂诺科绘制的里斯本的平面图（1650）。还有，没有包括 10 幅陆地地图：3 幅英雄港（Angra do Heroísmo）、特塞拉岛和亚速尔群岛的城市的佚名的平面图；2 幅由安东尼奥·皮加费塔出版的刚果和非洲的雕版航海图；1 幅若昂·巴普蒂斯塔·拉旺哈绘制的阿拉贡的航海图；Cristóvão Álvares 绘制的 1 幅伯南布哥（Pernambuco）皇家堡垒的平面图和立面图；佩德罗·特谢拉·阿尔贝纳斯的 1 幅马德里的平面图（1656）；1 幅佚名的安哥拉的航海图；以及由 Balthazar Telles 出版的 1 幅阿比西尼亚航海图。

[91]　PMC 的第二版，是由 Alfredo Pinheiro Marques 协作的，包括了由他撰写的一个导言（1：13 – 22），一个增补包括了"在《葡萄牙地图学的成就》第一版后 27 年中与葡萄牙地图学有关的新材料"（6：7 – 72）和"没有包括在《葡萄牙地图学的成就》中的新的葡萄牙航海图"（6：75 – 112），也就是，6 幅航海图：1 幅由若热·德阿吉亚尔制作的，1492 年；1 幅佚名的航海图，约 1510 年；1 幅佚名航海图（认为作者是迪奥戈·奥梅姆），约 1566 年；1 幅佚名航海图（认为绘制者是安东尼奥·桑切斯），约 1633 年；1 幅由路易斯·特谢拉雕版在 4 张图幅上的世界地图，1604 年（？）［约 1645 年］；以及 1 幅由若昂·特谢拉·阿尔贝纳斯一世绘制的航海图，1640 年。

[92]　PMC 的作者采用"地图集"这一词语来指称各种不同的地图汇编，例如，某个国家整个海岸的地图，某一特定海岸的小的局部的航海图，城堡的平面图和城市图景、素描，以及航海图。基于本部分的目的，我们保留了 PMC 的分类，但是有时使用了"地图汇编"这一表达方式。

[93]　在 1535 年之前存在的地图如此之少，对此有两种通常的解释——1755 年的地震以及随后摧毁了 Palácio Real da Ribeira 和印度之屋以及里斯本的几内亚和印度仓库的大火，还有保密政策——已经都被反驳（本章稍后）。对于保存下来葡萄牙作者的数量不多的航海图，对此最为可能的解释就是，它们通过使用而被自然损毁。大部分保存下来的航海图都是那些提交给地位较高的世俗和宗教贵族的航海图。

　　这一模式与科尔特桑的观点相矛盾，后者认为葡萄牙地图学的数量在两个伊比利亚王室统一的期间（1580—1640 年）大幅度减少了[94]。无论质量如何，必须要记住，特谢拉家族的两位产量最多的地图学家，路易斯·特谢拉和若昂·特谢拉·阿尔贝纳斯一世，还有若昂·巴普蒂斯塔·拉旺哈和曼努埃尔·戈迪尼奥·德埃雷迪亚的年代，与伊比利亚的统一是一致的，统一导致了更多的地图学信息的交换。

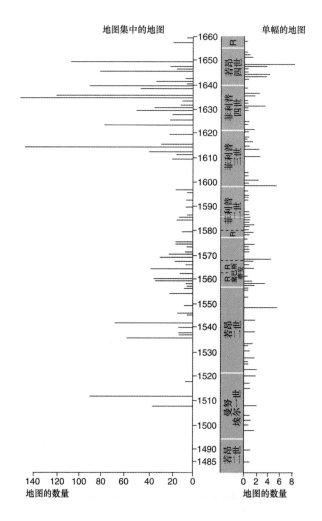

图38.8　现存的文艺复兴时期的葡萄牙航海图和海外地图的数量，按照时间排列

　　图表包括了在 PMC 列出但不一定进行了复制的航海图。必然要考虑时间的不确定性。对于给定时期的未标注具体时间的地图，被赋予了下列时间：16 世纪中期和 17 世纪中期——1550 年和 1650 年；16 世纪末和 17 世纪末——1600 年和 1700 年；17 世纪后半叶——1675 年；在一个已知范围内的时间：某一时期中间；16 世纪末或 17 世纪初——1605 年；17 世纪初——1610 年；1635 年之后——1650 年；1650 年之后——1675 年；1625 年之后——1640 年。时间上的这种不准确性的情况并不多，而且在年份上也没有本质的差异。R = 摄政；西班牙的菲利普二世、菲利普三世和菲利普四世分别是葡萄牙的菲利普一世、菲利普二世和菲利普三世。

---

　　[94]　Cortesão, *Cartografia e cartógrafos portugueses*, 1. 26—32，关于葡萄牙地图学中的四个时期，最后一个是"衰落"："在葡萄牙地图学在 16 世纪第三个二十五中达到第顶峰之后，开始了显著的衰落，这一衰落的开始与宗教裁判所、耶稣会和菲利普家族的绝对统治相一致"（1：32）。

1. 被保存下来的航海图的所在地

按照表 38.1 的粗略展示，并且按照可能的预期，葡萄牙保存了我们正在讨论的地图的最大部分。但是那一部分代表了现存的文艺复兴时期葡萄牙地图学产品的不到一半。巴西是现存地图数量居于第二位的地点。1807 年那不勒斯的入侵迫使葡萄牙皇室逃亡到巴西，并 992 且他们携带了很大部分国家的地图学的遗产⑤。西班牙、法兰西、意大利和英格兰，除了在地理位置上紧邻葡萄牙之外，还与其维持着传统的和强烈的政治、文化和商业联系。因而，在这些国家保存的地图归因于历史原因，以及这些国家对于葡萄牙的技术和文化遗产的欣赏，无论是在哪个历史时期。在美国，以及可能在奥地利和德意志的情况中，动机是更倾向于文物搜集和地图目录学。通过来自目录和来自私人收藏的信息，这些国家强大的购买力允许在拍卖机构经由个人和机构去获得。

表 38.1 　　　　　　　　PMC 中提到的保存有葡萄牙绘本地图
（约 1485—1660 年）的国家　　　　　　　　　（单位：幅）

国家	地图总数
葡萄牙	1247
巴西	277
美国	269
联合王国	248
西班牙	238
法兰西	181
奥地利	156
意大利	142
德意志	110
尼德兰	85
斯里兰卡岛（Sri Lanka，之前的锡兰）	52
比利时	40
俄罗斯	15
梵蒂冈城	9
之前的南斯拉夫（Yugoslavia）	7
奥地利	1
土耳其	1
总数	3078

除巴西之外，由葡萄牙殖民的地区，如安哥拉（Angola）、莫桑比克（Mozambique）、非洲的其他区域，印度洋的各个地区，以及亚洲沿海地区，已知只保存有少量葡萄牙人绘制的地图。一个可能的解释就是，葡萄牙对非洲的有效占有仅在 19 世纪末才能实现。另外，可能的是，这些汇编并不是完整的目录，并且文艺复兴时期葡萄牙地图学的样本可能在那里还会被发现。

---

⑤　José Silvestre Ribeiro, *Historia dos estabelecimentos scientificos, litterarios e artisticos de Portugal...*, 19 vols.（Lisbon：Typographia da Academia Real das Sciencias, 1871 – 1914），以及 António Pedro Vicente, "Memórias políticas, geográficas e militares de Portugal（1762 – 1796），" *Boletim do Arquivo Histórico Militar* 41（1971）：11 – 298.

很多绘本地图仅有一个副本或者少量副本保存下来，通常归因于在海上使用造成的损坏和遗失。那些保存下来的大多数是被交给教会人士或者贵族或者对意想不到的地理知识的革命感兴趣的知识分子的豪华版。由于地图的雕版在葡萄牙出现的较晚，因此印刷地图的比例非常少（表38.2）[96]。16世纪期间，在葡萄牙没有一幅雕版的地图被印刷；它们主要是在意大利和尼德兰印刷的，还有的是在法兰西和英格兰。

表38.2　　　　　　　在 PMC 中确定的，保存在葡萄牙的绘本和印刷的地图
（约 1485—1660 年）　　　　　　　　　　　　　　　　　（单位：幅）

地图的类型	数量
绘本地图和地图集	3078
只有一个已知副本的单独雕版的地图	30
有着多种已知副本的单独雕版的地图（第一版）	10
包括在印刷书籍和地图集中的雕版地图（第一版）	57
总数	3175

2. 详细目录和分类

基于在 PMC 中出版的数量众多的和各种地图学作品，附录38.2展示了世界不同区域的葡萄牙地图的相对数量，并且揭示了地中海和大西洋、印度洋、远东和巴西的显著地位。注意，印度洋和远东的葡萄牙地图学开始于同一年，这与这些区域的空间连续性有关。这两个区域个性化的原因，以及在地图学上将巴西与美洲大陆其他地区独立开来处理的原因，将在后面进行解释。从这一简短的详录和分类开始，我们将要分析在附录38.2中确定的每一区域的地图，开始于世界地图，然后是在其中确定的五个大的区域的地图。

3. 世界地图

在我们研究的这一时期中，葡萄牙地图学家制作的25幅世界地图现在保存了下来（附
993　录38.3）。其中最为重要的三幅就是所谓的1502年的坎蒂诺世界地图[97]，1529年的迪奥戈·里贝罗的世界地图，以及1559年的安德烈·奥梅姆的世界地图。

由三块羊皮纸构成，坎蒂诺地图首次清晰地区分了新世界和亚洲。尽管1500年的胡安·德拉科萨航海图首次描绘了新大陆的东海岸（East Coast），但在这幅地图上亚洲和美洲之间的分割是相当有争议的。坎蒂诺航海图还是已知最早的以葡萄牙语的形式记录了词语"安迪利亚"（Antilia）的地图[98]。

---

[96]　葡萄牙的印刷地图学在17世纪和18世纪是零散发生的。只是在19世纪中叶才变得系统，随着波兰雕版师J. Lewicki 来到葡萄牙，后者被邀请在作为葡萄牙 Instituto Geográfico de Portugal（IPG）前身的机构中工作。

[97]　名称"坎蒂诺"代表的是购买者，阿尔贝托·坎蒂诺，其由里斯本的费拉拉公爵派去搜集关于葡萄牙发现的信息。在一封1502年11月的信件中，坎蒂诺谈到，他的任务完成的很好，尤其是获得了关于瓦斯科·达伽马前往印度航行的信息；还有佩德罗·阿尔瓦斯·卡布拉尔通过巴西前往东方的信息；以及加斯帕尔·科尔特-雷亚尔和其他人前往北大西洋航行，和停留在纽芬兰、格林兰和拉布拉多（Labrador）的信息。世界地图的作者还考虑到了1501—1502年若昂·达诺娃前往印度的航行，因为正是在其返航途中，于1502年9月，他发现了 Ascension Island，而这座岛屿被绘制在了坎蒂诺世界地图上。本节所讨论的一些绘本世界地图在附录39.1中进行了展示。

[98]　出现在 Zuane Pizigano 航海图（1424年），以及在其他较晚的航海图上的"安迪利亚"与坎蒂诺世界地图上的安迪利亚没有关系，无论是形状还是位置。

　　莱特研究了这一航海图上对南美洲的呈现（图 38.9）。一片羊皮纸被粘贴在东北海岸之上以遮盖较早的呈现。这一纠正，将海岸线更向西移动，并且增加了一些名称（Abaia de todos Sanctos，San Miguel，Rio de Sã franc. 和 Rio de Brasil），这些名称来源于由 1501—1502 年若昂·达诺娃（João da Nova）探险带回的知识[99]。同样，对于分界线的重点呈现也来源于《托尔德西拉斯条约》，揭示了葡萄牙和西班牙之间这一协议的重要性。

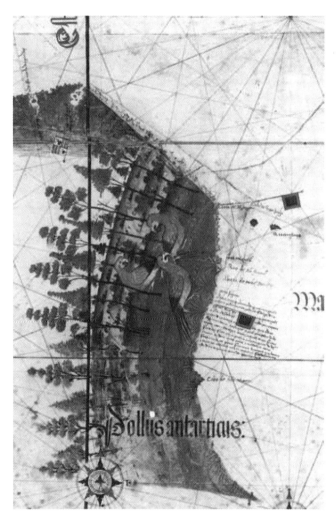

图 38.9　来自坎蒂诺世界地图的南美洲的细部，1502 年

Biblioteca Estense e Universitaria, Modena（C. G. A. 2）提供照片。

---

　　[99]　在大量研究坎蒂诺地图的作品中，除了 Cortesão, *Cartografia e cartógrafos portugueses*, 1: 142 – 51, 和 *PMC*, 1: 7 – 13之外，下列是重要的：Leite, *História dos descobrimentos*；idem, "O mais antigo mapa," 225 – 81；Luís de Albuquerque and J. Lopes Tavares, *Algumas observações sobre o planisfério "Cantino"* (1502) (Coimbra: Junta de Investigações do Ultramar, 1967)；A. Teixeira da Mota, "A África no planisfério portuguê sanónimo 'Cantino' (1502)," *Revista da Universidade de Coimbra* 26 (1978): 1 – 13；idem, "Cartografia e cartógrafos portugueses"；Ernesto Milano, *La carta del Cantino e la rappresentazione della terra nei codici e nei libri a stampa della Biblioteca estense e universitaria* (Modena: Il Bulino, 1991)；Luís de Albuquerque, *Os descobrimentos portugueses* (Lisbon: Publicações Alfa, 1985)；Francesc Relaño, "Uma linha no mapa e dois mundos: A visão ibérica do Orbe na época de Tordesilhas," *Vértice*, 2d ser., 63 (1994), 36 – 44；Maria Fernanda Alegria, João Carlos Garcia, and Francesc Relaño, "Cartografia e Viagens," in *História da expansão portuguesa*, 5 vols., ed. Francisco Bethencourt and K. N. Chaudhuri (Lisbon: Círculo de Leitores, 1998 – 2000), 1: 26 – 61。

坎蒂诺地图中对亚洲的描绘存在缺陷，就像对印度支那半岛呈现的那样，其过于向南延伸，几乎抵达了南回归线。东亚是想象的，因为在这方面依然没有直接的葡萄牙人的知识。信息的来源应当是亚洲的地图以及如马可·波罗旅行的描述等旧有的文本资料。

关于非洲，坎蒂诺地图包含了很多地名，尤其是在西非海岸。从扎伊尔河河口至好望角，记录了 68 个地名（大约比胡安·德拉科萨的地图多 20 个地名）。标准航海图标记了由迪奥戈·康、巴托洛梅乌·迪亚斯、瓦斯科·达伽马和佩德罗·阿尔瓦斯·卡布拉尔的航行所抵达的主要地点。大量图题表达了对曼努埃尔国王的敬仰，并且讲述了葡萄牙人的传教活动、商业以及一些地点的居民数量。在东方，尽管图像显示放弃了托勒密的思想，以及显示了对胡安·德拉科萨的轮廓的重要改进，但那里只有少量的地名，不到胡安·德拉科萨地图上地名的 1/3。

坎蒂诺地图显然与古典遗产存在清晰的区别，并且建立了一个非洲的新形象，由此其他地图学家在他们的著作中对其进行了迅速的复制，例如被称为孔斯特曼二世（Kunstmann II，约 1503—1506 年）的地图，一幅被称为哈米国王（King-Hamy，约 1504 年）的地图，尼科洛·德卡塞里奥绘制的一幅地图（约 1505 年），以及佩萨罗航海图（约 1505 年）。在大约半个世纪中，只有少量细节被引入以改进坎蒂诺地图上显示的非洲轮廓。在这些中包括：由迪奥戈·里贝罗对地中海朝向的改进（1529 年），被认为是由豪尔赫·赖内尔（1510 年）对马达加斯加位置的改进，以及最后的若昂·德卡斯特罗（1541 年）对红海图像的改进。

坎蒂诺地图并没有纬度标尺，但是对赤道、北回归线和南回归线进行了正确的放置。在托勒密世界地图上，赤道被放置在佛得角所在的纬度上，比正确位置向北了约 15°。

迪奥戈·里贝罗的作品由四幅世界地图构成，时间分别为 1525 年、1527 年、1529 年（两幅，一幅在梵蒂冈，另外一幅在魏玛），还有一幅时间大约为 1532 年的西半球的航海图。在被称为卡斯蒂廖内的 1525 年的世界地图[100]，与后来的地图之间存在很多相似性，尽管也有显著的差异，尤其是与在 1529 年世界地图中的与佛罗里达和新斯科舍（Nova Scotia）相关的海岸方面，这些海岸刚刚才由有经验的葡萄牙导航员埃斯特旺·戈梅斯发现，后者参加了首次环球航行[101]。复制的最多的航海图可能就是约 1532 年的地图，因为其具有吸引力，但是 1529 年的世界地图被认为在质量上以及在所包含的信息量上是那个时代最好的地图之一。

所有已知的由迪奥戈·里贝罗绘制的航海图是精致的，当他为查理五世皇帝服务的时候，最初是在塞维利亚，然后是在拉科鲁尼亚（La Coruña），然后又在塞维利亚，他在那里于 1533 年 8 月去世。并不知道是什么导致了迪奥戈·里贝罗离开了葡萄牙，也不知道这位地图学家在葡萄牙制作的地图。

迪奥戈·里贝罗是最早扩散了与 1519—1522 年的麦哲伦航行有关信息的人，这是一次他合作建造了设备以及绘制了航海图的探险。在他的关于北美洲北海岸的资料来源中已经提到了埃斯特旺·戈梅斯的探险，后者从 1524 年开始持续之前的尝试去找到一条在大西洋和新世界的太平洋海岸之间的通道，大致是在佛罗里达和布雷顿角（Cape Breton）之间。迪

---

[100] 这幅航海图被如此称呼是因为其是皇帝查理五世送给教皇克莱门特七世的大使巴尔达萨雷·卡斯蒂廖内的礼物，参见 Belén Rivera Novo and María Luisa Martín-Merás, *Cuatro siglos de cartografía en América* (Madrid: Editorial MAPFRE, 1992), 75。

[101] 埃斯特旺·戈梅斯在麦哲伦海峡逃离，前往为西班牙服务。

奥戈·里贝罗还记录了来自卢卡斯·巴斯克斯·德艾利翁 1526 年尝试在卡罗来纳海岸进行殖民的数据。北美洲弯曲的海岸线在多年中存在于众多的地图中。

迪奥戈·里贝罗航海图最为原创的方面之一就是他对地中海轴线朝向的纠正，始于 1529 年的航海图。实际上，他似乎是第一个放置了第 36 条平行纬线的人，其穿过了直布罗陀海峡、塞浦路斯的北部，而不是如同之前的航海图以及很多后来的航海图所作的那样，穿过了亚历山大的北部，后者代表了地中海东部向南 5° 的错误。

1529 年世界地图，保存在梵蒂冈，是当时设计和着色最好地图的之一，创新在于其用科学仪器，如星盘、四分仪（参见图 40.3）作为装饰[102]。在这一地图上，对世界进行了重绘，尤其是对新世界，主要是基于克里斯托弗·哥伦布、加斯帕尔·科尔特-雷亚尔和米格尔·科尔特-雷亚尔兄弟、阿美利哥·韦思普奇、瓦斯科·努涅斯·德巴尔沃亚、弗朗西斯科·皮萨罗、费迪南德·麦哲伦、埃斯特旺·戈梅斯和卢卡斯·巴斯克斯·德艾利翁等探险家的信息。

只有一幅世界地图已知是由安德烈·奥梅姆绘制的，时间为 1559 年（图 38.10）。其是一幅大型地图，不幸的是被分割为 10 片。基于丰富的信息严谨的设计、艺术的精美和用拉丁语撰写的丰富的图题，地图似乎是为一位重要人士绘制的。桑塔伦子爵（visconde de Santarém）在 1841 年最早对其进行了研究，当时地图依然是完整的[103]。依然清晰的特点，例如在葡萄牙和西班牙之间通过托尔德西拉斯子午线对世界的划分，纬度标尺从 0°—90°，被认为是由葡萄牙导航员弗朗西斯科·法莱罗（Francisco Faleiro）所做的太阳倾角的表格。这些表明奥梅姆的与葡萄牙的持续联系，他在 1560 年开始居住在葡萄牙大使驻巴黎的住所进一步证实了这一点。

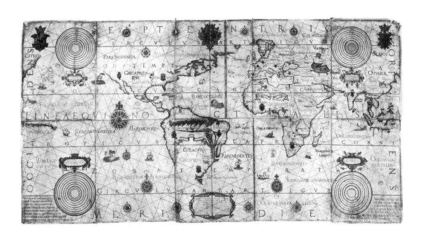

图 38.10　安德烈·奥梅姆绘制的世界地图，1559 年

原图尺寸：150×294 厘米。BNF（Ge CC 2719 Res）提供照片。

---

[102]　Surekha Davies, "The Navigational Iconography of Diogo Ribeiro's 1529 Vatican Planisphere," *Imago Mundi* 55 (2003)：103–12.

[103]　Manuel Francisco de Barros e Sousa, viscount of Santarém, *Atlas composé de mappemondes*, *de portulans et de cartes hydrographiques et historiques*, *depuis le VI*ᵉ *jusqu'au XVII*ᵉ *siécle* (Paris：E. Thunot, 1849)。存在两个影印件：*Atlas de Santarém*，有由 Helen Wallis and A. H. Sijmons 所撰写的解释文本（Amsterdam：R. Muller, 1985），以及 *Atlas du Vicomte de Santarém* (Lisbon：Administração do Porto de Lisboa, 1989)。

按照热尔内（Gernez）的说法，在 1434 年［当吉尔·埃亚内斯首次航行过博哈多尔角（Cabo Bojador）］的时候和 1559 年（安德烈·奥梅姆的世界地图的时间）之间——也就是，在 124 年中——葡萄牙人已经识别出了超过 60000 公里的海岸线，其中超过 27000 公里是在非洲，超过 21000 公里是在亚洲，5000 公里是在印度尼西亚，还有 7000 公里是在巴西，这标志着每年识别出的距离平均为 480 公里[104]。在尚未进行探险的区域，也就是奥梅姆地图上左侧空白的未知区域，这一世界地图的一个特征，也是其他葡萄牙地图的特征，清晰显示了这一国家的地图学的实践特点，这在 16 世纪上半叶尤其明显。地图制作的中心从意大利和德意志转移到了欧洲西北部，首先是安特卫普（约 1560—1575 年），然后是阿姆斯特丹（尤其是在约 1590 年之后）。然而，这些尼德兰的印刷中心持续使用葡萄牙的资料，直至 1602 年荷兰东印度公司的创建。

4. 按区域进行的分析

这一小节分析了在附录 38.2 中呈现的，以及在图 38.11 中归纳的葡萄牙地图学产品的区域模式。

①地中海和大西洋的航海图

这一时期绘制的大多数葡萄牙的地中海航海图都包括了大西洋的一部分。只包括有地中海子区域的航海图没有描绘大西洋（图 38.12）。如同附录 38.4 所展示的，这一区域地图的数量（327 幅）是被定义的群组中数量最大的之一，并且绘制它们的时期（约 1485—1654年）与本研究涵盖了几乎相同的时段。

关于地中海和大西洋的地图，存在三个大量生产的时期（参见图 38.11）：1500—1520年间；从约 1540—1600 年，而在约 1560—1570 年达到了一个非常明显的高峰；以及最后，1625 年前后至大约 1635 年。这些时期中的每一个都至少有一位有代表性的地图学家（或编纂者）。1500—1520 年，它们的主要贡献来源于瓦伦廷·费尔南德斯。然而，他必然只是从其他地图进行复制，并且草图非常粗糙[105]。从 1530 年直至约 1600 年，居于领导地位的代表人物就是迪奥戈·奥梅姆。若昂·特谢拉·阿尔贝纳斯一世是 1628—1643 年地中海和大西洋的葡萄牙地图学的主要作者。迪奥戈·奥梅姆是最为多产的葡萄牙地图学家之一[106]，或者至少是那些保存下来最多作品的地图学家之一。我们知道在 1557—1576 年间制作的 11 幅单幅的航海图；在 1559—1574 年间绘制的 7 套欧洲和地中海的地图集，其中总共有 52 幅地图；从 1558—1568 年的 5 套普通地图集，81 图幅，总共有世界不同部分的 144 幅航海图，尤其是关于地中海的；它们占据了 *PMC* 第二卷的大部分。

---

[104] Désiré Gernez, "Importance de l'oeuvre hidrographique et de l'oeuvre cartographique des Portugais au 15.ᵉ et au 16.ᵉ siècles," in *Publicações*, 3: 485 – 504.

[105] 复制其他作者作品的一些"作者"，但是在 *PMC* 中也被按照地图学家进行了处理。典型的就是瓦伦廷·费尔南德斯的例子。

[106] 我们认为葡萄牙的地图学家是那些出生在葡萄牙的，尽管他们可能在其他国家工作。

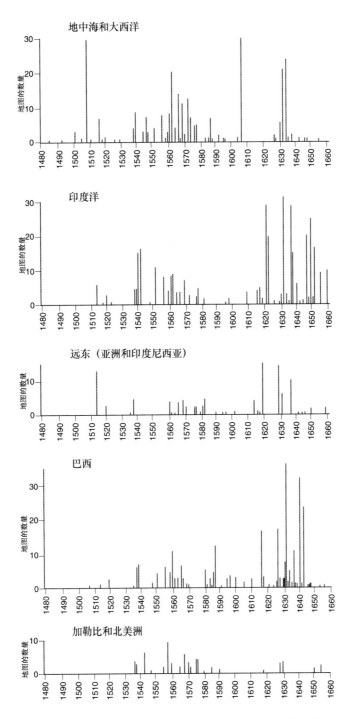

图38.11　在 *PMC* 中复制的现存的葡萄牙地图的数量，按照时间和涵盖的区域

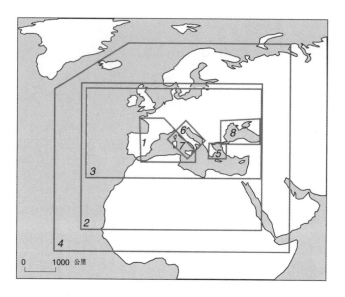

图38.12　在葡萄牙的地中海以及大西洋附近地区的地图中所描绘的区域的样本。下列是记录下来的被编号区域的航海图的日期。航海图可能是由不同制作者绘制的，不仅仅是在括号中作为例子引用的那些。（1）约1500年（佚名）；（2）1492—1566年，1580年和约1632年（迪奥戈·奥梅姆）；（3）1510—1630年（迪奥戈·奥梅姆）；（4）1558年、1561—1563年［拉萨罗·路易斯（Lázaro Luís）］；（5）1538—1632年（迪奥戈·奥梅姆）；（6）1538—1632年（迪奥戈·奥梅姆）；（7）1559年、1561年（若昂·特谢拉·阿尔贝纳斯一世）；以及（8）1559—1572年（迪奥戈·奥梅姆）

迪奥戈·奥梅姆使用的装饰类型非常繁缛，这种情况延续至1569年，但在1570—1576年间发生了本质的变化。在1570年的地中海和大西洋的航海图上（图38.13），相对简朴的装饰非常醒目，减少到8个带有装饰的罗盘和8个表明了风向的头像。

图38.13　迪奥戈·奥梅姆绘制的地中海航海图，1570年

原图尺寸：约72.4×110厘米。BL（Egerton MS. 2858）提供照片。

②印度洋的航海图

图 38.11 显示了关于印度洋的葡萄牙航海地图学产品的年代顺序，这里对印度洋的定义是好望角以东，马六甲和苏门答腊以西[107]。两个主要的活动时期非常突出：从 1535 年至 1580 年，以及从约 1610 年至 1660 年。在第一个时期，最具代表性的作者就是若昂·德卡斯特罗、费尔南·瓦斯·多拉多、迪奥戈·奥梅姆和加斯帕尔·科雷亚；在第二个时期，则是若昂·特谢拉·阿尔贝纳斯一世，以及曼努埃尔·戈迪尼奥·德埃雷迪亚。

小区域的航海图则有 1510 年佚名的（作者可能是豪尔赫·赖内尔）航海图，如复制在图 38.14 中的所示。这是第二幅显示了印度洋的葡萄牙航海图（第一幅是坎蒂诺地图，1502 年），基于导航员的调查。其包括了一些图题以及一些非常不同于坎蒂诺地图的图文，表明作者使用了不同的原型或者资料[108]。罗盘的位置以及在红海之上的深红色的颜料，是这一航海图与众不同的特征。另外一个特征就是两次提到了 CIRCOLO DE CANCRI，其中之一位于赤道，一个用非常小的字母进行了纠正的错误：*equinocial chamam a esta linha*（这条线被称为赤道）。 997

在 1580 年之后，随着伊比利亚两个王室的统一以及荷兰人对葡萄牙控制地区的兴趣的增加，对于沿海设防地点的维持和占据，变得非常困难，需要军事和城市地图学。这一时期超过 70% 的地图学产品是关于堡垒、沿海城市、港口、海角和小岛屿的（277 幅航海图），这是葡萄牙对这些地点的占有的一个明显证据。

17 世纪复兴的葡萄牙地图学主要归功于曼努埃尔·戈迪尼奥·德埃雷迪亚。埃雷迪亚的风格与其他人的航海图差异很大。他的 1615—1622 年的复合地图集包括了多种地方志的元素，也就是，关于内陆的各个方面的信息，以及图像通常没有着色和艺术性的修饰。作为一名掌握了当地语言并且有着强烈观察精神的马来群岛（Malay Peninsula）、印度尼西亚和印度洋的专家，他留给我们来源于他自己的调查数据，以及来自马来群岛的和同时代欧洲航海图的数据的航海图和草图。

在埃雷迪亚复合地图集中描绘的他在那里度过了一些时间的科西姆的景观，是非常具有代表性的[109]。一些观察是从位于地平线之上的一个高点进行的，是在海中的某个位置。城市区域由科西姆河所限定，在那里清晰地确定了码头，沿着"进入河口的河流"，河流上有着一座桥梁，这使得城市可以与城市的一个半城市、半乡村的郊区相联系。在科西姆内部，未受到保护的一侧面对着大海，因为"这一地点有壁垒，但大海将其打破"，科西姆河和码头附近的大片区域由给人留下深刻印象的建筑所点缀，其中有一座教堂。朝向内部，迷宫般的街道，有清晰限定的住宅街区和农业用地，被保存下来。在科西姆河的另一侧河岸，绘制了一座堡垒，大致是从上部俯视的，以及另外一座教堂。棕榈树赋予了一种伸手可及的热带的地方颜色。集市和"称胡椒重量的地方"指的是商业类型。图 38.15 是由埃雷迪亚绘制的 998 科西姆的较早版本（1610 年），在风格和内容上类似，但是注释较少。

[107] 当一幅地图在给定目录之外的时候，其被分类在最接近的陆块的目录中。

[108] 图文和图题在 *PMC*，1：29 and 30 中进行了讨论。

[109] *PMC*，4：53–60 and esp. pl. F，以及 Jorge Faro，"Manuel Godinho de Erédia," *Panorama*，2d ser.，13–14（1955）.

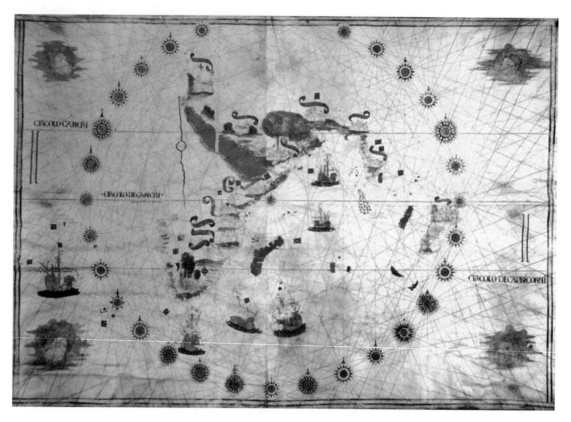

图 38.14 印度洋的航海图，佚名（豪尔赫·赖内尔?），1510 年

Herzog August Bibliothek，Wolfenbüttel（Cod. Guelf. 98 Aug. 2 K4）提供照片。

③远东的航海图（亚洲和印度尼西亚）

在 PMC 中复制了葡萄牙地图制作者制作的大约 108 幅远东的地图。产量最为密集的时期是在 1560—1580 年，以及从约 1613—1650 年；加斯帕尔·维埃加斯（Gaspar Viegas）在 1513 年前后的活动也是突出的（参见图 38.11）。这些活跃时期大致与印度洋绘图活动的时间一致，这是这些区域间一致性的一个标志。

在附录 38.5 中提到了绘制这一区域地图最为重要的地图学家。最为有效率的人，是那些其一生大部分时间与土著文化有接触的人。在 1560—1580 年间，地图的作者数量众多，其中突出的是费尔南·瓦斯·多拉多，但还有迪奥戈·奥梅姆、若昂·德利斯博阿、老巴托洛梅乌和路易斯·豪尔赫·德巴尔布达（Luís Jorge de Barbuda）的作品，从 17 世纪之后，已知只有两位葡萄牙地图学家从事远东的绘图活动：曼努埃尔·戈迪尼奥·德埃雷迪亚和若昂·特谢拉·阿尔贝纳斯一世，其使用了一些埃雷迪亚绘制的航海图。

这一时期大部分的地图是关于堡垒和城市的，这揭示了对这一广大区域的海上控制是从岛屿和沿海城市组织的，而这些地方需要建造堡垒。葡萄牙人未能成功地进入内地。内陆的商业是由当地的所有者（官员）控制的。

一位定居于西班牙并且为查理五世服务的葡萄牙人迪奥戈·里贝罗的世界地图（1525 年和 1527 年），提供了群岛东部的一个新图像（这里涉及的区域位于锡兰以东）。但是这两幅世界地图以及此后的其他地图，都没有（除了约 1535 年佚名的一幅）婆罗洲（Borneo）

岛的完整海岸线，也没有对这座大岛以南和东南的岛屿进行很好的处理。好的地图学知识被局限于印度尼西亚西部。

　　最早对远东岛屿和半岛进行了可接受的呈现的地图是那些由费尔南·瓦斯·多拉多绘制的（约1568年、1570年、1571年、1575年、约1576年和1580年的地图集），这些地图在沿海的 999 设计上非常相似，尽管在装饰上存在区别。关于远东的图幅之一被复制在图版32。地图还包括另外一张图幅，其包括了亚洲的东海岸和日本⑩。印度支那半岛（Indochina Peninsula）和主要岛屿——苏门答腊、婆罗洲（尽管东部是不完整的）、西里伯斯岛（Celebes）的菲律宾的北海岸、摩鹿加群岛和帝汶（Timor）的小岛屿——的海岸线是完全可识别的。显示了新几内亚的北部海岸线，没有地名，但是有一段提到麦哲伦对其发现的文字。很多新的地名被引入，甚至在那些几乎没有被旅行过的区域。

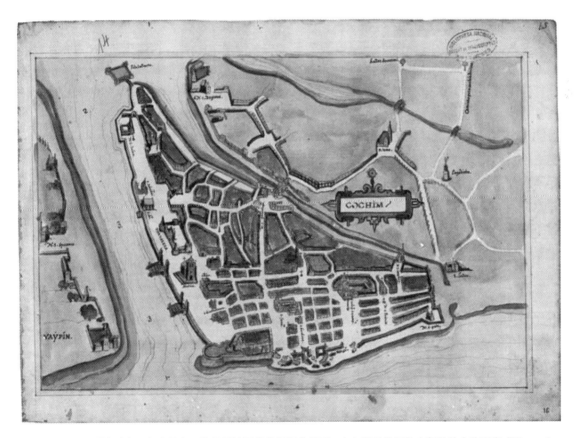

　　图38.15　曼努埃尔·戈迪尼奥·德埃雷迪亚的科西姆的景观。来自埃雷迪亚的木版的绘本地图集"Plantas de praças das conquistas de Portugal..."，1610

　　原图尺寸：21.6×32.4厘米。Acervo da Fundação Biblioteca Nacional-Brasil 提供照片。

　　因而，可以归纳关于远东和印度洋的葡萄牙地图学产品的三个相互联系的特点：一种功利主义的目的，航海的和商业的；对岛屿轮廓和服务于商业的城市中心、堡垒的绘制；以及

---

　　⑩　由 Luís Filipe F. R. Thomaz 制作的"东部群岛"（Eastern Archipelago）以及其他的地图的简化设计，目的是重建海岸线并且确定正在被引入的新地名，以及各自的地理来源，用于辅助对这一地图的解释。参见注释111。

丰富的有复杂含义的地名，因为其经常基于对当地语言的糟糕翻译。

区域贸易的两条主要轴线坐落于马六甲与摩鹿加群岛之间，以及在马六甲和中国之间[11]。帝汶的小岛屿，作为檀香木贸易的基地，同样自早期开始就出现在葡萄牙地图上，最初只是显示了北部海岸。

如同在全球其他区域的例子中的那样，在地图上对这一区域贸易中心的描绘并没有一个线性的发展。在1508年和1509年之前，这两年迪奥戈·洛佩斯·德塞凯拉（Diogo Lopes de Sequeira）的探险队抵达了马六甲和苏门答腊，葡萄牙的知识只是局限于印度洋；一些稍晚的地图，类似于1517年的佩德罗·赖内尔的那些，以及1519年的洛波·奥梅姆的那些，维持了根植于托勒密的对于这一区域的概念。随着迪奥戈·洛佩斯·德塞凯拉的探险以及归因于1509—1515年的印度总督阿丰索·德阿尔布开克的努力，1511年，葡萄牙在马六甲确立了殖民地，控制的区域扩展了。

然而，葡萄牙占领地区的扩展大致因为国王曼努埃尔政策的变化而中断。那位君主更喜欢征服圣地，并且在1515年用一位政治同盟者洛波·苏亚雷斯·德阿尔贝加里亚（Lopo Soares de Albergaria）取代了阿丰索·德阿尔布开克。随着若昂三世继位，"自由"政策被采纳，在皇室希望保留的一些路线上，在限制皇家垄断的同时，允许航海和商业。

④巴西的航海图

巴西，直至19世纪都是葡萄牙的领土，有保存下来的在数量上居第三位的葡萄牙绘制的地图（313）。超过一半的地图是特谢拉家族的作品（附录38.6）。若昂·特谢拉·阿尔贝纳斯一世显然非常突出，之后差距很大的居于第二位的是他的父亲，路易斯·特谢拉。若昂在1616—1642年绘制了大量的地图（参见图38.11）。在1535—1570年间，主要代表人物是迪奥戈·奥梅姆、加斯帕尔·维埃加斯和老巴托洛梅乌；1580年至17世纪初的巴西地图的绘制在根本上是属于路易斯·特谢拉的。

路易斯·特谢拉用巴西沿海的当地地图绘制了第一套地图集（约1586年）。普通航海图（图版33）是最早以相对严密和详细的方式显示了从亚马孙河至麦哲伦海峡的美洲大陆南部的地图。其同样是第一幅显示了一种对份地（capitanias，舰长的地位）的划分，一种皇室权力的代表的有趣图像。对于内陆知识的缺乏，通过将份地分开的纬线的延伸线展现了出来。实际上，葡萄牙人在16世纪和17世纪仅仅占据了巴西的一个狭窄的沿海边缘地带。路易斯·特谢拉的后代，尤其是他的儿子若昂·特谢拉·阿尔贝纳斯一世，完成了对巴西海岸的勘查，绘制了一些地图集（稍后分析）。

⑤加勒比和北美洲的航海图

文艺复兴时期葡萄牙的中北美洲地图学并不丰富，且尤其缺乏创新。现存的61幅地图中的大部分是在1537—1590年间绘制的（参见图38.11），主要的绘制者是费尔南·瓦斯·多拉多（图录38.7）。然而，我们不能忘记，一些大西洋的航海图被包括在了之前关于地中海航海图的小节中，并且大西洋航海图则包括了美洲大陆的小部分。

---

⑪ Luis Filipe F. R. Thomaz, "Da imagem da Insulíndia na cartografia," in *Diário de Notícias*, October 1994, *Rotas da terra e do mar*, fasc. 19 and 20, 394 – 421, 以及 idem, "The Image of the Archipelago in Portuguese Cartography of the 16th and Early 17th Centuries," *Archipel* 49 (1995): 79 – 124.

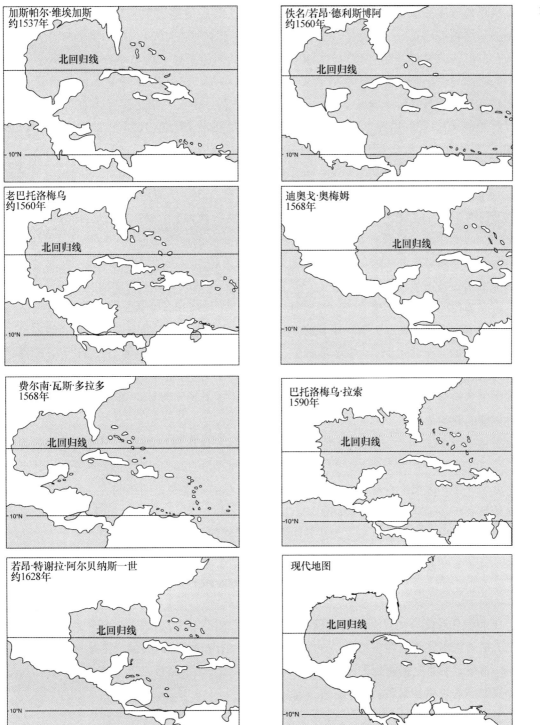

图 38.16　显示在葡萄牙的中美洲和安的列斯群岛的地图上的海岸线，约 1537—1628 年，与现代的海岸线
进行了比较

最早的整体呈现了北美洲的葡萄牙地图是 1615 年由曼努埃尔·戈迪尼奥·德埃雷迪亚绘制的。加利福尼亚开始令地图学家感兴趣，当科尔特斯在 1524—1526 年抵达半岛南部的时候。其形状被忽略，直至 1539—1540 年，当时弗朗西斯科·德乌略亚对其进行了探索[112]。最早描绘加利福尼亚的葡萄牙地图学家是老巴托洛梅乌，时间是在 1560 年，此后是 1565 年的塞巴斯蒂昂·洛佩斯（Sebastião Lopes），稍晚是费尔南·瓦斯·多拉多在 1568—1580 年间绘制的 10 幅地图。若昂·特谢拉·阿尔贝纳斯一世大约在 1628 年前后对这一区域感兴趣。

葡萄牙人对中美洲和安的列斯群岛的地图绘制大约开始于 1537 年的加斯帕尔·维埃加斯[113]。紧随他之后的是如 1543 年前后的若昂·阿丰索；1560 年前后的老巴托洛梅乌和若昂·德利斯博阿；有着从 1561 年至 1568 年作品的迪奥戈·奥梅姆；1590 年的巴托洛梅乌·拉索（Bartolomeu Lasso）；以及有着时间为 1628 年和 1643 年的地图的若昂·特谢拉·阿尔贝纳斯一世等地图学家。美洲的这一部分是被葡萄牙人较好地绘制了地图的区域之一，可能是因为在那里发现的古物和对其较早的占据，尽管事实上，在某些地图上有虚构的岛屿，延续了深深扎根在葡萄牙和其他国家中的一种传统。

在图 38.16 中，展示了不同作者的一些地图上对中美洲和安的列斯群岛轮廓的描绘（地图的比例尺尽可能的近似）。中美洲和安的列斯群岛的轮廓在所有地图上都能很好地被识别；赤道和北回归线的位置相当正确；中美洲的范围和部分佛罗里达半岛几乎经常被夸大；想象中的岛屿激增，尤其是在佛罗里达以东；同时特定的"发明"被重复，例如，尤卡坦半岛南侧的海湾。

在从大约 1537 年加斯帕尔·维埃加斯绘制的这一区域最早的葡萄牙地图，到最晚的约 1643 年由特谢拉·阿尔贝纳斯一世绘制的地图之间，没有展现出本质性的进步，其可能的解释就是，这一区域没有被葡萄牙人所占据，并且信息的来源是间接的。一些地图学家良好的名望没有扩展到他们绘制了地图的所有区域上。例如，若昂·特谢拉·阿尔贝纳斯一世绘制的巴西的杰出地图，在质量上无法与中北美洲的地图相比。

1002

制度和政治政策

16 世纪中葡萄牙海洋帝国的范围，及其地图学成就，无法仅仅被解释为是其重要人物的个人成就或者主角的独立工作。地图学家和他们制作的数量巨大的地图是一种集体历史进程的一部分，并且是普遍化的制度和政府政策的一部分。我们将要简短地分析一些与这些媒介存在联系的神话和事实，特别关注于地图学的。

---

⑫ 关于美洲的探险、殖民和地图学的参考书目是广泛的。少量专门提到了葡萄牙或者伊比利亚地图学的著作是 *Cartografía histórica del encuentro de dos mundos*（Aguascalientes, Mexico: Instituto Nacional de Estadística, Geografía e Informática, 1992）；Arthur Howard Robinson, "It Was the Mapmakers Who Really Discovered America," *Cartographica* 29, No. 2（1992）: 31–36；以及 Max Justo Guedes, "Dos primórdios cartográficos nas Américas," in *Diário de Notícias*, August 1994, *Rotas da terra e do mar*, fasc. 8 and 9, 186–206。

⑬ 这里我们使用的表达方式"中美洲"（Central America），尽管其只是在 19 世纪才普遍使用。

所谓的萨格里斯学校

在解释亨利王子给葡萄牙航海图带来相当大的推动力的时候，研究葡萄牙的发现的历史学家长期以来相信，在占领塞乌塔（Ceuta）（1415 年）之后，王子在萨格里斯（Sagres）汇集了一批学者，其目的是给今后的探险制定详细的后勤和科学规划。我们应当注意到，这一思想是与亨利同时代的那些作者无关的。与他的兄弟们相反，他的智慧天赋并没有受到赞美[114]。直到很久之后，在 16 世纪，以若昂·德巴罗斯和达米昂·德戈伊斯（Damião de Góis）为代表的作者开始认定王子有学者的特性，主要是在宇宙志中，以及将他作为大量古代作者的读者。戈伊斯尤其写到，在占领塞乌塔之后，亨利王子决定撤离到萨格里斯，以更好地实践这些美德。在那里，他建造了一座别墅，后来命名为因凡特别墅（Vila do Infante），在那里他致力于星辰运动的研究，并且派出船只探索非洲海岸[115]。

我们已经看到（在之前的一节），帕切科·佩雷拉和巴罗斯叙述了亨利王子获得马略卡地图学家梅斯特雷·雅科梅，让他前往萨格里斯并且将他的技艺教授给葡萄牙人。一个世纪之后，塞缪尔·珀切斯（Samuel Purchas）在他的《哈克路特遗作》（*Hakluyt Posthumus*，1625）中传播了这一观点，增加了这样的记录，即梅斯特雷·雅科梅的主要职责就是"建立一所水手学校"[116]。基于这一记录，安托万·普雷沃斯特（Antoine Prévost），将戈伊斯和巴罗斯的传统与珀切斯的结合起来，综合而成一段在后代中成为经典的历史，即王子在萨格里斯建立了一所学校或者学院，由梅斯特雷·雅科梅领导，在那里，学者和海上的导航员共同合作规划未来的探险[117]。虽然没有详细分析后来历史记录中"萨格里斯学校"（School of Sagres）遭受的各种变化，但我们可以说，这一对亨利王子和发现的起源的理想化的观点返回了葡萄牙，并且在历史学家奥利韦拉·马丁斯（Oliveira Martins）1891 年的著作中达到了顶点[118]。在葡萄牙之外，马约尔（Major）和比兹利（Beazley）的著作产生了相当大的影响[119]。

在"萨格里斯学校"的数学、天文学、航海图和海军的工作中，我们希望关注其地图学的工作。赋予学校的没有根据的主张中最为重要的是，其发明了航海的平面航海图，在其中子午线和平行纬线用垂直的等距线表示。这一令人惊讶的论断最早出现在法国耶稣会士乔治·富尼耶（Georges Fournier）的《水文学》（*Hydrographie*）（1643）中，后者将大量有着

---

[114]　对于相关文本和编年史的一个详细分析，参见 Leite, *História dos descobrimentos*, 1：131 – 54。

[115]　Damião de Góis, *Chronica do prínçipe Dom Ioam*, new ed.（Coimbra：Imprensa da Universidade, 1905），14 – 16，以及 idem, *Fides*, *religio*, *moresque Aethiopum...*（Louvain, 1540），Aiv. 也可以参见 Barros, *Ásia*, 1：59 – 62（década 1, bk. 1, chap. 14）。

[116]　Samuel Purchas, *Hakluytus Posthumus*；or, *Purchas His Pilgrimes*：*Contayning a History of the World in Sea Voyages and Lande Travells by Englishmen and Others*, 20 vols.（Glasgow：James MacLehose and Sons, 1905 – 7），2：11.

[117]　Abbé Prévost, *Histoire générale des voyages*, 25 vols.（La Haye：P. de Hondt, 1747 – 80），1：4 – 5.

[118]　J. P. Oliveira Martins, *Os filhos de D. João I*, 7th ed.（1891；Lisbon：Edições S. I. T., 1947），59 – 78.

[119]　Richard Henry Major, *The Life of Prince Henry of Portugal, Surnamed the Navigator, and Its Results*（London：A. Asher, 1868），以及 C. Raymond Beazley, *Prince Henry the Navigator：The Hero of Portugal and of Modern Discovery, 1394 – 1460 A. D.*（New York：G. P. Putnam's Sons, 1895），160 – 67。

平行纬线的航海图（*cartes marines par lignes parallèles*）的创造归于亨利王子[120]。相同的思想后来再次出现在了让·艾蒂安·蒙蒂克拉（Jean Etienne Montucla）和葡萄牙宇宙志学者曼努埃尔·皮门特尔（Manuel Pimentel）的著作中，后者明确将它们称为平面航海图，或者"普通葡萄牙航海图"[121]。海洋学者斯托克勒（Stockler）更为谨慎地认为，王子的贡献，基于当时地图学的缺陷，与他的目的有关，被局限在建议梅斯特雷·雅科梅构建一种新类型的地图，其中"平行纬线的度数与赤道上的那些度数是相等的"[122]。由于这些航海图隐含的假设就是存在一种等角圆柱投影，或者平面航海图，一些历史学家甚至将其定义为"亨利王子的投影"（projecção do principe Henrique）[123]。更为不确定的就是红衣主教萨赖瓦（Cardinal Saraiva）的论断，即在萨格里斯存在对于纬度的计算，甚至是对经度的计算[124]。但是将亨利王子认为是这些创新中的任何一个的发明者，都是极为不可能的。甚至马约尔，一位致力于支持"亨利王子神话"（Henryesque myth）的人，也敦促对这类夸张要保持谨慎[125]。最近的研究仅仅证实，它们是没有基础的[126]。

1003 　　在接近 20 世纪初，对于萨格里斯学校的不断增长的质疑，超出了其被假定的地图学的成就，并且延伸至学校的所有方面。例如米斯（Mees）、莱特和弗雷塔斯（Freitas）等作者——以及，最近的阿尔布开克、马克斯和兰德尔斯——正在一点点地消除神话的基础[127]。他们指出的一些基本错误中包括这样的事实，即亨利王子只是在他生命中的最后几年才前往且大致永久居住在萨格里斯。没有证据说明，他受到过科学的教育，并且存在疑问的是，他曾经接触过他被假设阅读过的很多古典学者的著作。没有证据表明任何学者迁移到萨格里斯执行为王子服务的工作；已经被注意到的是，贾夫达·克莱斯克斯的情况是不可能的。总体而言，萨格里斯学校并不是一个有历史文献记载的机构。

---

[120] Georges Fournier, *Hydrographie contenant la theorie et la practique de toutes les parties de la navigation* (Paris: Michel Soly, 1643), bk. 14, chap. 3, 505. 对比 Luís Serrão Pimentel, *Prática da arte de navegar*, 2d ed. (Lisbon: Agência Geral do Ultramar, 1960), 59 – 78, 以及 António Carvalho da Costa, *Compendio geographico* (Lisbon: J. Galrão, 1636), bk. 1, chap. 24。

[121] Jean Etienne Montucla, *Histoire des mathématiques, dans laquelle on rend compte de leurs progrès depuis leur origine jusqu'à nos jours*, 2 vols. (Paris: C. A. Jombert, 1758), vol. 1, pt. 3, bk. 4, chap. 13, 以及 Manuel Pimentel, *Arte de navegar de Manuel Pimentel*, ed. Armando Cortesão, Fernanda Aleixo, and Luís de Albuquerque (Lisbon: Junta de Investigações de Ultramar, 1969), pt. 2, chaps. 14 – 15。

[122] Francisco de Borja Garção Stockler, *Ensaio Historico sobre a origem e progressos das Mathematicas em Portugal* (Paris: Na officina de P. N. Rougeron, 1819), 16 – 17, esp. 17。

[123] Pereira, "Importancia da cartographia portugueza," 444.

[124] Francisco de S. Luiz (Cardinal Saraiva), "Memoria em que se colligem algumas noticias sobre os progressos da marinha portugueza até os principios do seculo XVI," in *Obras completas do cardeal Saraiva*, 10 vols. (Lisbon: Imprensa Nacional, 1872 – 83), 5: 349 – 96, esp. 380.

[125] Major, *Life of Prince Henry*, 54.

[126] 参见 Luís de Albuquerque, *Dúvidas e certezas na história dos descobrimentos portugueses*, 2 vols. (Lisbon: Vega, 1990 – 91), 1: 29 – 38, 以及 Cortesão, *Cartografia portuguesa antiga*, 123 – 40.

[127] 参见 Jules Mees, "Henri le navigateur et l'Académie portugaise de Sagres," *Boletim da Sociedade de Geographia de Lisboa* 21 (1903): 33 – 51; Leite, *História dos descobrimentos*, 1: 160 – 88; Jordão Apollinario de Freitas, *A vila e fortaleza de Sagres nos séculos XV a XVIII* (Coimbra: Instituto para a Alta Cultura, 1938), Albuquerque, *Dúvidas e certezas*, 1: 15 – 27; Marques, "Realidades e mitos," 347 – 61; 以及 W. G. L. Randles, "The Alleged Nautical School Founded in the Fifteenth Century at Sagres by Prince Henry of Portugal, Called the 'Navigator,'" *Imago Mundi* 45 (1993): 20 – 28.

没有任何证据说明，当发现这些未开拓的领土的时候，亨利王子在收集尽可能多的有关非洲和大西洋的信息时，其周围缺乏有航海经验的人。但是将这些延伸到对一所萨格里斯学校的信仰，甚至如同某些最近的研究所作的那样，则是一个不同的问题⑱。特谢拉·达莫塔提议，术语"萨格里斯学校"保留在象征意义层面上，指的是海上导航员面对未知地域时彼此传递的经验和实践知识⑲。实际上，这可能是一种用最近的发现来调和一种长期的历史传统的精致方法，如果这一方案被采用，仅仅允许，某人更应当说"拉各斯学校"。

印度之屋以及几内亚和印度仓库

不存在萨格里斯学校并不意味着葡萄牙的发现是在没有一个制度基础设施作为支持的情况下进行的。在 1415 年征服塞乌塔之后不久，贸易和海外行政机构就已经由拉各斯的塞乌塔之屋（Casa de Ceuta）着手进行规范。随着发现的不断深入，这一机构发展，并且更换了名字。在 15 世纪中期前后，历史档案提到一所几内亚之屋（Casa da Guiné），随后是米纳之屋（Casa da Mina）。在瓦斯科·达伽马从他的航行返回之后，这些机构被整合进入几内亚、米纳和印度之屋（Casa da Guiné，Mina e Índias），或者按照其简称，印度之屋⑳。到那时，其迁往了里斯本，并且坐落在特茹河［Tejo，塔古斯（Tagus）］畔的里贝拉达斯纳沃斯（Ribeira das Naus），国王曼努埃尔同样将他的住所迁移到了那里。由于这一原因，这一区域被称为 Terreiro do Paço ［宫殿区（Palace Square）］㉛。

进行了集中的立法工作以确定印度之屋的特性和特征。最为著名的就是由国王曼努埃尔在 1509 年 7 月颁布的《指南》（regimento），其确定了国王关于印度之屋运作的最为重要的指令。印度之屋在新帝国的贸易和行政活动中发挥着重要的调节作用。《指南》还提到几内亚和印度仓库㉜。尽管经常被如此称呼，但事实上是几内亚和印度仓库而不是印度之屋拥有　1004

⑱　在最近的非葡萄牙人的研究中，其中依然相信存在"萨格里斯学校"的有，Francisco Valero Olmos，"Monarquías ibéricas，descubrimientos geográficos y antigüedad clásica：La Cosmografía de Ptolomeo en la Valencia de mediados del siglo XV，" in Congreso Internacional de Historia，el Tratado de Tordesillas y su Epoca，3 vols. （Valladolid：Junta de Castilla y León，1995），1：625 – 29，esp. 626；Rebecca Stefoff，The British Library Companion to Maps and Mapmaking （London：British Library，1995），149；以及 Paul Zumthor，La medida del mundo：Representación del espacio en la Edad Media，trans. Alicia Martorell （Madrid：Cátedra，1994），329。在另外一个层次，让人感兴趣地注意到，甚至在葡萄牙，"萨格里斯学校"的神话经常被在关于阿尔加韦的旅行指南和信息手册中作为对旅游者的诱饵。

⑲　A. Teixeira da Mota，" A 'Escola de Sagres，' " in Sagres，a escola e os navios，ed. Roger Chapelet et al. （Lisbon：Edições Culturais de Marinha，1984），9 – 29，in English，"The School of Sagres，" in Sagres，the School and the Ships，ed. Roger Chapelet et al. （Lisbon：Edições Culturais de Marinha，1985），9 – 29。

⑳　José F. Ferreira Martins，"Casa da India，" Publicações，4：365 – 84，以及 Gustavo Couto，História da antiga Casa da Índia em Lisboa （Lisbon：Libanio da Silva，1932）。

㉛　Gaspar Correia，Lendas da India，4 vols. （1858 – 66；reprinted，intro. M. Lopes de Almeida，Porto：Lello & Irmão，1975），1：529.

㉜　Damião Peres，ed. ，Regimento das Cazas das Indias e Mina （Coimbra：Faculdade de Letras da Universidade de Coimbra，Instituto de Estudos Historicos Dr. Antonio de Vasconcelos，1947），11.

了与航海科学，包括地图生产有关的功能[133]。我们因而将注意力转移到几内亚和印度仓库及其地图学活动上。

不同的档案指出，几内亚仓库在国王若昂二世统治（1481—1495 年）早期就已经作为单独实体存在。一封由曼努埃尔撰写的时间为 1500 年 10 月的信件，提到了迪奥戈·马克斯（Diogo Marques）在 1480—1487 年间作为仓库的管理员（recebedor）。除包括供给和与武器有关的细节之外，这封信陈述，大量的航海设备保存在仓库，但是根本没有提到地图[134]。并不太久之后，在 1494—1497 年间，我们发现著名的航海家巴托洛梅乌·迪亚斯填充了管理员的职位[135]。由此，特谢拉·达莫塔总结到，到那时，仓库已经作为一个水文资料的储藏机构发挥作用。按照这一理论，标准世界地图（carta padrão de el-Rei），作为地理发现的航海地图学的基础，是在那里制作的[136]。然而，还需要一些年后，才出现这类活动的证据。

清晰地提到了仓库作为地图学工作的地点和地图储存的地点的一份葡萄牙档案，出现在时间为 1514 年 1 月从曼努埃尔写给自 1501 年之后担任仓库管理员的若热·德瓦斯康塞洛斯（Jorge de Vasconcellos）的信件中[137]。然而，还存在其他间接证据，使我们可以总结，在那些年中有相当数量的集中的地图学活动。最为重要的是时间为 1504 年 11 月 13 日的一份皇家诏令，其禁止葡萄牙航海图的地图学家描绘刚果河（扎伊尔河）之外的非洲海岸。正是若热·德瓦斯康塞洛斯本人负责执行审查[138]。我们由此可以推断，到 16 世纪初，仓库正在执行地图学的职责。

我们看到较早，到 15 世纪，葡萄牙皇室就已经关注于更新航海图以追上发现的步伐了。当地图学的任务被交给仓库的时候，这一习惯不仅完全延续下来，而且被系统地标准化。来自 16 世纪最初三十年的一些档案显示，在任何派出前往东方新的探险之前，海上导航员被授予两幅航海图。当探险队返回里斯本的时候，他们被要求交还这些航海图以及对它们的注释和修订[139]。存在些许怀疑的就是，这些新知识然后被应用于一幅标准世界地图。实际上，这一点在航海标准图中得到的证实，关于其，洛波·奥梅姆写道，"基于这样的标准图，国

[133]　关于印度之屋与几内亚和印度仓库之间的差异和不同的权限，参见 Francisco Paulo Mendes da Luz，"Dois organismos da administração ultramarina no século XV：A Casa da Índia e os Armazéns da Guiné，Mina e Índias，" in *A viagem de Fernão de Magalhães e a questão das Molucas*，ed. A. Teixeira da Mota（Lisbon：Junta de Investigações Científicas do Ultramar，1975），91 - 105。关于在两个实体中依然存在的混淆的一个例子，参见 Stefoff，*British Library Companion*，80。

[134]　Anselmo Braamcamp Freire，"Cartas de quitação del Rei D. Manuel，" *Archivo Historico Portuguez* 1（1903）：94 - 96，163 - 68，200 - 208，240 - 48，276 - 88，328，356 - 68，398 - 408，and 447 - 48，esp. 401 - 2。

[135]　Braamcamp Freire，"Cartas de quitação，" 360. 对比 Francisco Paulo Mendes da Luz，"Bartolomeu Dias e os Armazéns da Guiné，Mina e Índias，" in *Bartolomeu Dias*，3：625 - 33。

[136]　A. Teixeira da Mota，"Some Notes on the Organization of Hydrographical Services in Portugal before the Beginning of the Nineteenth Century，" *Imago Mundi* 28（1976）：51 - 60，esp. 52.

[137]　Viterbo，*Trabalhos náuticos dos portuguezes*，1：87.

[138]　Coelho，*Alguns documentos*，139.

[139]　参见 Francisco Leite de Faria and A. Teixeira da Mota in *Novidades náuticas e ultramarinas：Numa informação dada em Venezaem 1517*（Lisbon：Junta de Investigações Científicas do Ultramar，1977），51，68 - 69 中抄录的档案。

王的仓库为他的舰队和朝向印度的航行制作了所要求的航海图"⑭。不幸的是，没有一份这样的地图学原型的副本保存下来。它们可能在 1677 年里斯本地震后的大火中被毁坏了。然而，可能可以从著名的坎蒂诺地图推断出标准世界地图大致的样子。对其进行研究的作者同意，其是保存在仓库的标准地图的一份非法的副本⑭。

1547 年，创建了官方的首席宇宙志学者的职位。最早担任这一职位的是佩德罗·努涅斯，并且一直担任直至其去世。从其创立开始，这一职位与仓库的活动存在密切联系。一份时间为 1592 年的《首席宇宙志学者的指南》（*A regimento do cosmógrafo-mor*），其可能牢固地基于一份相似的已经佚失的 1559 年的文献，使我们不仅可以看到新的职位与仓库管理员之间的紧密合作，而且间接地提供了与 16 世纪仓库的组织和各种功能有关的线索⑭。在宽泛的框架中，《指南》明确强调了其在葡萄牙水文学中的核心地位。因而，不太奇怪的是，仓 1005 库的工作方法启发了其他欧洲海上强权，西班牙、英格兰和尼德兰。

保密政策

在现代葡萄牙的历史编纂中，一项保密政策（*política do sigilo*）已经成为一种确实的理论，其被用来解释与发现有关的档案文件的缺乏。这一政策可以被定义为：系统和深思熟虑地执行着对地理、商业、技术和科学的保密工作，目的是在面对外国压力的时候为扩张主义提供最具可能性的优势。其实践结果就是，通过各种措施，发现航行所获得的知识没有被传播，外国人被排除在这类航行的准备和参加之外，对档案和描述进行抑制或者伪造，同时，那些离开葡萄牙前往其他国家的科学家受到迫害。

到 19 世纪，红衣主教萨赖瓦等作者正在证实，因为公然的和蓄意的政策，大量与葡萄牙的扩张有关的档案已经消失⑭。然而，从关于对发现进行保密的一系列分散资料中获得的仅仅是一种推论，而正是科尔特桑将这一推论上升到了历史理论的层次⑭。这里，我们将要

---

⑭　BNF（MS Coll. des Cinq Cents de Colbert, 298, fols. 6 – 8）。档案由 Luís de Matos 作为 *Les Portugais en France au XVIᵉ siècle*: *Études et documents* 出版（［Coimbra］: Por Ordem da Universidade, 1952），318 – 22。

⑭　这一思想由 Leite 在 "O mais antigo mapa do Brasil" 中进行了表达，后来在 *PMC*, 1: 7 – 13 中采用。此后，其实质上被所有研究地图的作者所重复，最晚的是由 Milano 在 *La carta del Cantino* 中。

⑭　参见 A. Teixeira da Mota, *O sregimentos do cosmógrafo-mor de 1559 e 1592 e as origens do ensino náutico em Portugal*（Lisbon: Junta de Investigações do Ultramar, 1969）。

⑭　Francisco de S. Luiz（Cardinal Saraiva），"Indice chronologico das navegações viagens, descobrimentos, e conquistas dos portuguezes nos paizes ultramarinos desde o principio do seculo XV," in *Obras completas do cardeal Saraiva*, 10 vols.（Lisbon: Imprensa Nacional, 1872 – 83），5: 45 – 159, esp. 48.

⑭　保密政策理论最初是由 Jaime Cortesão 在一篇名为 "Do sigilo nacional sobre os descobrimentos," *Lusitania*: *Revista de Estudos Portugueses* 1（1924）: 54 – 81 中理论化的。其在他后来的作品中得以发展，其中最为重要的就是 *A política de sigilo nos descobrimentos*: *Nos tempos do Infante D. Henrique e de D. João II*（Lisbon: Comissão Executiva das Comemorações do Quinto Centenário da Morte do Infante D. Henrique, 1960）。后来，大量的作者宣称他们自己反对科尔特桑（Cortesão）的理论，其中包括 Leite，在 *História dos descobrimentos*, 1: 411 – 49；Alvaro Júlio da Costa Pimpão，在 *A historiografia oficial e o siglio sôbre os descobrimentos*（Lisbon, 1938）；Damião Peres，在 "Política de sigilo," in *História da expansão portuguesa no mundo*, 3 vols., ed. António Baião, Hernâni Cidade, and Manuel Múrias（Lisbon: Editorial Ática, 1937 – 40），2: 17 – 21；以及 Albuquerque，在 *Dúvidas e certezas*, 1: 57 – 65。对葡萄牙水文学中保密概念的一个总体评价，参见 Francisco Contente Domingues, "A política de sigilo e as navegações portuguesas no Atlântico," *Boletim do Instituto Histórico da Ihla Terceira* 45（1987）: 189 – 220, 以及 idem, "Colombo e a política de sigilo na historiografia portuguesa," *Mare Liberum* 1（1990）: 105 – 16。

仅仅检查这一保密政策对地图学的影响。

地图学领域中保密政策的理论起源基于一件具体的、被记录下来的事件，以及大量的推论。历史档案记录的事件就是 1504 年 11 月 13 日国王曼努埃尔皇家诏令的发布[145]。诏令禁止制作地球（pomas）的地球仪，以及相关的航海图，禁止描绘刚果河（扎伊尔河）之外的非洲海岸。国王曼努埃尔将这一措施作为之前一道禁止扩展到圣多美（São Tomé）和普林西比岛（Principe Islands）的命令的延续。这道命令还适用于"几内亚的航海图"（sea charts of Guinee）。这似乎并不是一条可以被推广到整个葡萄牙地图学的限制。

某人可能会认为，随着这些措施，曼努埃尔正在试图保护前往印度的路线（carreira da India）的秘密。然而，详细显示了前往印度的路线的各种图像已经在整个欧洲流通了至少 10 年以上。这些包括了亨利库斯·马特尔鲁斯·日耳曼努斯的世界地图，基于马特尔鲁斯的弗朗切斯科·罗塞利的小型印刷本世界地图，以及马丁·贝海姆的地球仪。真实的是，这些地图学产品在它们描绘非洲海岸方面没有任何太高的准确性。甚至可以认为，它们是基于葡萄牙提供的错误信息，而这正是保密政策的一部分[146]。然而，这并不适用于坎蒂诺世界地图，这是一幅有着相当准确性的作品，其已经成为费拉拉公爵埃尔科莱·德斯特的藏品很多年了[147]。

对前往印度的路线加以保密的思想，同样与由瓦斯科·费尔南德斯·德卢塞纳在 1485 年 12 月以葡萄牙皇室的名义提交给教皇因诺森八世的服从宣言（Declaration of Obedience）相矛盾。这一讲话，当时在罗马出版，然后在 1492 年出版了第二版，在其中，葡萄牙当局公开宣称了最近沿着非洲海岸前往所有信奉基督教国家的航行，并且重申他们的信念，大西洋和印度洋是连通的，虽然当时还没有通过实践验证[148]。若昂二世正式重申了葡萄牙对于前往印度的路线的控制权，因而恢复葡萄牙对可能从路线中获得的任何未来航行和贸易的权利要求。那么，我们怎么可以说他的继任者试图让窥探的眼睛看不到整个欧洲已经知道的东西呢？

1006   阿马拉尔最近要求注意署名的和佚名的葡萄牙航海图之间的区别。由此，他进行了合理的推理，即只有前者是合法有效的[149]。例如，这将解释，为什么 15 世纪的葡萄牙航海图，如那些佩德罗·赖内尔和若热·德阿吉亚尔的，没有扩展到扎伊尔河纬度之外。然而，难以看到这些限制的任何作用，如果葡萄牙统治者完全意识到在其他国家中的大量的地图学家与此同时正在他们的地图上展示更往南的新发现的领土的话。马丁·贝海姆的情况是一个非常具有说明性的例子。最初来源于纽伦堡，贝海姆在 1484 年前往葡萄牙，在那里他结婚，作为一名武装骑士为国王提供个人服务，并且被授权执行一次前往几内亚的航行。1490 年，他返回他的家乡城市纽伦堡，并且建造了一架地球仪，其上显示了一个被环航的非洲。这并

⑭⑤　Coelho, Alguns documentos, 139.

⑭⑥　参见 Cortesão, Os descobrimentos portugueses, 2: 529–30, 以及 George H. Kimble, "Portuguese Policy and Its Influence on Fifteenth Century Cartography," Geographical Review 23 (1933): 653–59, esp. 655–56。

⑭⑦　关于坎蒂诺平面球形图的历史，一次间谍行为的产物，参见 Milano, La carta del Cantino, 96–98。

⑭⑧　Vasco Fernandes de Lucena, Oratio de obedientia ad Innocentium VIII (Rome, 1485); in English, The Obedience of a King of Portugal, ed. and trans. Francis Millet Rogers (Minneapolis: University of Minnesota Press, 1958), 47–48.

⑭⑨　Amaral, Pedro Reinel, 179–84.

没有阻止他后来返回葡萄牙，他也没有因为"泄露"地理"秘密"而受到任何惩罚。实际上，他与宫廷和平相处直至他于 1507 年去世㉑。虽然地球仪在描绘非洲的时候没有反映葡萄牙的知识或者贝海姆的个人经历，但其清晰地表明了通过海上路线抵达印度的可能性。

多明格斯（Domingues）提出了一种假说来解释这些表面上的矛盾。他认为，1504 年诏令的发布紧随着巴西的发现，因而扎伊尔河纬度的限制，是让葡萄牙地图学家难以清晰地提到巴西的一种间接方法，其被强化以使得保持由《托尔德西拉斯条约》（1494）授予的葡萄牙在新世界的权利㉑。因而保密政策应当不能被理解为一种由葡萄牙君主强加的强制措施，而是一种适应环境的特定措施，其目的在于保护国家的科学利益和领土。并不奇怪的是，例如，葡萄牙人和卡斯提人故意扭曲了他们对于巴西的呈现以将拉普拉塔河（Rio de la Plata）和亚马孙河河口包括在他们各自影响所及的半球内㉑。大约在 18 世纪中期前后，葡萄牙使用了相同的策略在《马德里条约》（Treaty of Madrid，1750）的谈判中获得利益㉑。然而，这并不意味着，一个严格保密措施得到普遍的执行；在外交事务中所采用的是更为特定的、临时性的措施。

将理论应用于这一时代的不同区域，某些人提出了证据，即地图学的保密在葡萄牙已经存在于亨利王子的时代。这一思想的主要的证据之一就是弗拉·毛罗的世界地图（mappamundi）（约 1459 年）。应当认为，尽管地图的作者宣称使用了同时代葡萄牙的航海图，但非洲海岸的形状显示了可靠的证据最远只到罗索角（Cabo Rosso）。在解释葡萄牙的探险和地图学呈现之间的差异的时候，某些作者得出的结论就是，提供给弗拉·毛罗的航海图是经过有意审查的，消除了最新的发现㉑。然而，还有其他可能的不涉及一种保密理论的解释。

首先，航海图和世界地图（mappaemundi）通常有不同的功能、风格、技术特征和比例尺。因而，试图找到一种弗拉·毛罗的世界地图（mappaemundi）与葡萄牙航海图之间的表面联系应当是无用的。而且，保存在威尼斯的世界地图（mappamundi）只是弗拉·毛罗最初地图的一个副本，而原本已经佚失了。我们从现存的档案知道，弗拉·毛罗在 1448 年从事他的世界地图（mappamundi）的绘制工作，并且他必然在同一年或者不久之后就完成了㉑。10 年后，当葡萄牙为地图支付最后的 30 杜卡托的时候，弗拉·毛罗和他的同事正在完成另外一幅世界地图（mappamundi），对此学者假设本质上与第一幅是相同的。当副本之一被送到葡萄牙，并且此后就佚失的时候，其他的副本依然在穆拉诺。今天在威尼斯可以看到的正

㉑　关于贝海姆的传记，参见 Ravenstein, *Martin Behaim*, 5 – 56。

㉑　Domingues, "A política de sigilo," 213. 也可以参见 Inácio Guerreiro, "A cartografia dos descobrimentos portugueses e a 'política de sigilo,'" in As rotas oceânicas (sécs. XV – XVII)：Quartas Jornadas de História Ibero-Americana, ed. Maria da Graça Mateus Ventura (Lisbon：Edições Colibri, 1999), 189 – 212, esp. 200 – 201。

㉑　A. Teixeira da Mota, *Reflexos do Tratado de Tordesilhas na cartografia náutica do século XVI* (Coimbra：Junta de Investigações do Ultramar, 1973)．

㉑　Max Justo Guedes, "A cartografia da delimitação das fronteiras no século XVIII," in Cartografia e diplomacia no Brasil do século XVIII (Lisbon：CNCDP, 1997), 10 – 38, 以及 Jaime Cortesão, *História do Brasil nos velhos mapas*, 2 vols. (Rio de Janeiro：Ministério das Relações Exteriores, Instituto Rio Branco, 1965), 2：149 – 273。

㉑　例如，参见，Kimble, "Portuguese Policy," 656 – 59。

㉑　关于与弗拉·毛罗的世界地图存在联系的档案记录，Placido Zurla 的开创性工作，*Il mappamondo di Fra Mauro Camaldolese* (Venice, 1806)，依然是最为有用的。

是这幅地图。任何对弗拉·毛罗的世界地图（mappamundi）的考察必然因而要考虑到其是一个较老的地图学模板的一个副本。因而，毫不奇怪，弗拉·毛罗的地图上呈现的准确知识在纬度上只是远至阿尔瓦罗·费尔南德斯（Álvaro Fernandes）在1445—1446年抵达的纬度。

真实的是，在葡萄牙发现中还存在很多未解决的问题，历史记录中的空白以及当前的研究状态都不允许对这些问题加以解决。然而，这并不能证明将保密政策作为唯一解释的合法性。在方法论层面，将档案记录的缺乏认为是保密理论的证据应当是错误的，因为由此逻辑合理的大量假说中的任何一个，都应当足以证实仅仅是可疑或合理的任何事件。一个例子就是，在了解到存在证明了相反情况的地图之前，历史学家将15世纪葡萄牙航海图的缺乏归因于保密政策。谨慎地提出历史上缺乏文献的问题的解决方案是明智的。这一格言同样应用于那些对当前争论持相反意见的人，他们否认存在任何保密政策。命令对地图学加以保密的1504年的诏令在16世纪初被执行。例如，作出下述猜想应当是合理的，即相似的政策在若昂二世的时代就已经存在，例如，关于将纬度度量应用到地图学方面。在亨利王子时代，已经对地图学材料持有特定信心，虽然这一理论不能被忽视，但缺乏坚实的证据来证明这一点。最为难以证明的应当就是，葡萄牙王室在15世纪和16世纪施行了一种严格全面的保密政策。所有证据都说明，政策更多的是一种临时施行的与外交事务有关的措施，或者为了在与其他国家竞争中，避免泄露技术优势或权利而采取的合理的保密措施。如果未来的研究将展示一种全面的保密政策确实存在，并且确实应用于地图学家的话，那么至少可以说的就是，其是完全无效的。

印度计划

瓦斯科·达伽马通过好望角环绕非洲前往印度的航行（1497—1499年），是葡萄牙王室长期进行的被称为印度计划的规划的结果。这涉及对地理信息的搜集和对其推进以构成一种行动的系统规划，从而使葡萄牙人将印度作为他们大西洋航行的目的。确定这一思想出现的时间一直是争议的根源。一些作者，例如，本萨乌德和科尔特桑，相信亨利王子从开始就意图抵达印度[156]。其他人，例如莱特、戈迪尼奥和阿尔布开克，认为这一目的在一个较晚时间成为葡萄牙海外策略的一部分[157]。由于这一没有被充分理解的问题有一个隐含的地图学的维度，因此我们在这里提议对问题进行一次简短的重新检查。

最早明确认为亨利王子以抵达印度作为目的的学者就是达米昂·德戈伊斯，时间是在1567年[158]。然而，这是一个相当晚的叙述，并且"亨利的计划"（plano henriquino）的辩护者强调，同时期的与王子有关的其他档案的重要性，而正是在这些档案中印度被间接地提到

[156] Joaquim Bensaúde, *Origine du plan des Indes* (Coimbra: Imprensa da Universidade, 1929); idem, *A cruzada do Infante D. Henrique* (Lisbon: Divisão de Publicações e Biblioteca, Agência Geral das Colónias, 1942); Jaime Cortesão, *Teoria geral dos descobrimentos portugueses: A geografia e a economia da Restauracao* (Lisbon: Seara Nova, 1940); idem, *A política de sigilo nos descobrimentos*; 以及 idem, *Os descobrimentos portugueses*, 1: 227 – 41 and 2: 331 – 43。

[157] Leite, *História dos descobrimentos*, 1: 67 – 79, 96 – 122, 442 – 49; Vitorino Magalhães Godinho, "O plano henriquino e o āmbito dos desígnios do Infante," in *Ensaios*, 2d ed., 4 vols. (Lisbon: Sá da Costa, 1978), 2: 115 – 26; 以及 Albuquerque, *Dúvidas e certezas*, 1: 39 – 50。

[158] Góis, *Chronica*, 14 – 16. 来自15世纪和16世纪的其他葡萄牙文本中对这一点的讨论，参见 Leite, *História dos descobrimentos*, 1: 97 – 122。

作为葡萄牙航海的目标。这些档案是祖拉拉的《几内亚编年史》的一章；教皇诏令《罗马教皇》（*Romanus pontifex*）（1455 年）和在《其他著作》（*Inter coetera*）（1456 年）中的不同段落；迪奥戈·戈梅斯（Diogo Gomes）的《关系》（*Relação*）的故事；以及修道士贡萨洛·达索萨（friar Gonçalo da Sousa）的碑文（1469 年）。

在所有这些例子中，"亨利的计划"的辩护者用一种限定方式解释"印度"一词，意指德干半岛（Deccan Peninsula）。然而，众所周知，在中世纪晚期，在这一方面存在相当多的模棱两可和混淆。在马可·波罗的旅行之后，两种最为常见的印度的概念将土地分为三个部分：大印度（Greater India）或者在恒河这一侧的印度，小印度（Lesser India）或者恒河远侧的印度，以及中印度（Middle India）或者埃塞俄比亚印度（Ethiopic India）。最后的区域被认为就是亚洲，因为其位于尼罗河之外，尽管其包含了非洲东部的土地。总体上，我们可能通过谈及在中世纪晚期"印度"这一术语指的是印度洋沿海地区来进行简化。因而，没有理由得出以下结论，即当祖拉拉，谈到安唐·贡萨尔维斯（Antão Gonçalves）的航行的时候，其所宣称王子的愿望就是不仅仅获得关于非洲海岸，而且还有印度群岛和祭祀王约翰的土地的信息[159]，他必然使用的是一种亚洲印度（Asiatic India）的限制性的概念。实际上，在葡萄牙地图学的圈子中，祭祀王约翰通常被放置在非洲[160]。

对提到的其他文献的一个简要分析得出了相似的结论。例如，在修道士贡萨洛·达索萨的碑文中，亨利王子被赞扬，因为他发现了"往下直至印度的整个几内亚海岸"[161]。由于亨利的航海只是到达了谢拉·莱昂内（Sierra Leone）所在的纬度，因此可以推测，提到的印度很可能位于几内亚，或者，如果我们接受印度的祭祀王约翰的领土涵盖了非洲直至大西洋的这一思想的话，那么其是一种埃塞俄比亚的类型。从迪奥戈·戈梅斯的《关系》那里也可以得出同样的结论，在其中，他提到了某位雅各布，"一位国王派出陪伴我的印度人，由此当我们抵达印度的时候，他可以作为我们翻译"[162]。如果我们记得戈梅斯将雅各布的语言能力放在了非洲内陆，在冈比亚河（Gambia River）区域进行考验的话，似乎不太可能的是，他是一位来自亚洲的人。非常可能的是雅各布是一位埃塞俄比亚人，可能是阿比西尼亚人豪尔赫领导的团队中的一员，后者在 1452 年访问了里斯本[163]。

由"亨利的计划"的辩护者惯常提出的另外一种论据，与罗马教皇的诏令有关，这一诏令是由尼古拉五世在 1455 年 1 月 8 日签署的，在其中，他赞扬了亨利王子持续航行"到印度"（*usque ad Indos*）的努力[164]。显然，某人可以得出这样的结论，即罗马教宗在这里指出了抵达印度的目的。然而，我们应当想到，在这一时期，塞内加尔河（Senegal River）通

1008

[159]　Zurara, *Crónica*, 41 – 43（chap. 16）.

[160]　参见 Godinho, "O plano henriquino," 以及 Francesc Relaño, *La emergencia de Africa como continente：Un nuevo mundo a partir del viejo*［Lleida,（Spain）：Edicions de la Universitat de Lleida, 2000］, 81 – 102.

[161]　Leite, *História dos descobrimentos*, 2：420.

[162]　Diogo Gomes, "A Relação dos Descobrimentos da Guíne e das Ilhas," in *Documentos sôbre a Expansão portuguesa*, 3 vols. , ed. , Vitorino Magalhães Godinho（Lisbon：Editorial Gleba, 1956）, 1：69 – 115, esp. 86.

[163]　*Monumenta Henricina*, 12：319 – 22, esp. 321（doc. 154）.

[164]　这一著名的教皇诏令在大量情况下被复制，例如 Coelho, *Alguns documentos*, 14 – 20；Marques, *Descobrimentos portugueses*, 1：503 – 8（doc. 401）；以及 *Monumenta Henricina*, 12：71 – 79（doc. 36）.

常被认为是尼罗河的一条西侧分支[165]。诏令本身陈述，抵达了几内亚，葡萄牙发现了伟大著名的尼罗河（*magnus flumen Nili reputatus*），如同我们所指出的，这一时期，想象地理学在尼罗河之外放置了埃塞俄比亚的领土和祭祀王约翰的国土。因而，再次，貌似可信的是，教皇诏令中的"印度"可能是非洲，而不是亚洲。实际上，文本后来陈述，尊崇基督之名的"印度人"，由此与他们联系，并且促使他们参与反对撒拉逊人（Saracens）和其他信仰的敌人的斗争是有利的。在王子的思想中，这些信仰的敌人被基本局限为摩洛哥或者非洲北部的摩尔人。并不清楚的是，与圣托马斯的聂斯脱利派（Nestorian）的后裔的联盟的用处是什么。更为符合逻辑的就是认为，臣属于祭祀王约翰的阿比西尼亚人，最近被尼古拉五世接见，当一支代表团在 1450 年旅行来到罗马的时候[166]。从教皇数年后撰写诏令，以及从其继任者卡利克斯特斯三世（Calixtus Ⅲ）用相似的语言对其进行的确认（1456 年）[167] 来看，最为可能的结论就是亨利王子热切希望抵达埃塞俄比亚印度。

在一项最近的研究中，格德斯拒绝了这一论题，并且谈到，他继续认为，沿着科尔特桑的思路，罗马教皇诏令中的"印度"应当就是亚洲[168]。他的研究在这里尤其令人感兴趣，因为，除了已经了解的证据之外，格德斯使用了之前没有被充分考虑的地图学的证据。格德斯强调了《加泰罗尼亚地图集》（约 1375 年）作为这一时期地理形象的一种反映的重要性。这一作品的一段图题，书写于霍尔木兹（Ormuz）的标志附近，吸引了他的注意力："这座城市被称为 Hormes（霍尔木兹），其是印度的开始之处。"[169] 在另外一端，也就是在孟加拉区域外的一点点，一段图题宣称了印度的终点（"Finis Indie"）。将这些要素作为他的主要证据，格德斯总结，从 14 世纪最后二十五年开始，欧洲地理学想象中的"印度"的概念通常与波斯湾（Persian Gulf）以东的区域联系起来。因而，之前提到的教皇诏令中的"印度"必然是亚洲的。然而，《加泰罗尼亚地图集》中的或尼科洛·德孔蒂（Niccolò de Conti）文本中的印度的概念，在欧洲宇宙志背景中根本不是主流。甚至瓦斯科·达伽马依然将埃塞俄比亚和尼罗河的区域称为"下印度"（Lower Indies）[170]。

然而，更为重要的就是，即使承认，其是教皇宫廷的主导概念，但教皇诏令暗示抵达了"Indians"，不是"India"或"Indies"。这一差异是重要的，因为，无论印度作为一块领土

---

[165] 双尼罗河，且其有一条东侧的分支，还有另外一条西侧的分支的想法，在同时代的几乎所有地图中都被有效地呈现，无论它们是世界地图还是港口的航海图。这一思想还在文本中被明确作为证据，例如，在 Zurara 的 *Crónica* 的大量段落中，如 112–18，122–24，136–38 和 142–45（chaps. 59–60, 63, 71, and 75）。帕切科·佩雷拉尤其明确地提到了在亨利的圈子中的这一概念："同时当塞内加尔河被发现并且被勘查的时候，王子［亨利王子］说到，其是尼罗河穿过埃塞俄比亚向西的支流，并且他所说的是事实"；参见 *Esmeraldo*，bk. 1, chap. 26（p. 605 in Carvalho ed.）。

[166] Charles-Martial de Witte, "Une ambassade éthiopienne à Rome en 1450," *Orientalia Christiana Periodica* 22（1956）：286–98；*Monumenta Henricina*, 10：226–7（doc. 165）and 288–93（docs. 220–21）。

[167] Coelho, *Alguns documentos*, 20–22；*Monumenta Henricina*, 12：286–88（doc. 137）；以及 Marques, *Descobrimentos portugueses*, 1：535–37（doc. 420）。

[168] Max Justo Guedes, "O plano da Índia seria do Infante, ou de D. João II?" *Revista de Ciências Históricas* 9（1994）：79–88.

[169] Guedes, "O plano da Índia," 86.《加泰罗尼亚地图集》保存在 BNF, MS. Esp., 30。

[170] Alvaro Velho, *Diário da viagem de Vasco da Gama*, 2 vols., ed. Damião Peres（Pôrto：Livraria Civilização, 1945），1：101.

的范围如何，在整个 15 世纪，埃塞俄比亚和祭司王约翰的统属地区通常依然被称为
"Indians"⑰。因而，不仅非常可能的就是，教皇诏令将非洲称为"Indians"，而且，按照我
们之前注意到的，这一解释是对我们问题的最为合理的解决方法。换言之，毫无疑问开辟了
"几内亚航线"的亨利王子，创造了一个后来导致发现"印度航线"的动力。

对于"亨利的计划"的辩护者而言，亨利王子的天才没有将他的被假设的目的限于
朝向东方抵达印度。而且，作为相同计划的一个内在的部分，他们认为他还有着通过向
西航行抵达印度的意图。这一论题在现存的档案文献中几乎得不到支持，尽管这一证据 1009
的稀缺通常通过归因于保密政策而得以辨明。唯一的同时代报告，即给予这一思想以支
持的就是迪奥戈·戈梅斯的《关系》，在其中我们读到："亨利王子，希望知道大洋西部
的遥远的区域，以免那里可能存在由托勒密描述的岛屿或者陆地，因而派出船只去寻找
陆地。"⑫ 然而，如同莱特已经指出的，这一段落可能是由贝海姆窜入的⑬。作为支持
"向西的计划"的证据，迪奥戈·德特维（Diogo de Teive）前往亚速尔群岛西部的航行是
引人注目的，但是甚至在这一例子中也不足以展示这些航行的目的和实际范围是那些由
科尔特桑提出的⑭。另外，在王子去世之后，记录了更多数量的被猜测的前哥伦布时代的
向西的航行。这并不意味着，葡萄牙在卡布拉尔之前已经抵达了美洲海岸。《托尔德西拉
斯条约》似乎表明，若昂二世确信在西半球的南部存在陆地，但同时，似乎不可能的就
是，它们已经被发现了，因为，如果是这样的话，那么宣布葡萄牙的发现是在卡斯蒂尔
和所有基督教世界之前，应当是有利的。

还有大量的显示了在若昂二世统治时期，已经存在一个清晰和系统的印度计划（*plano
da Índia*）的证据。明确了这一点的就是下列各种行动，通过影响深远的探险的方式对非洲
海岸的持续探索（那些迪奥戈·康和巴托洛梅乌·迪亚斯的）；通过陆地探险的方式搜集关
于印度区域的信息［那些修道士安东尼奥·德利斯博阿（Friar António de Lisboa）和佩罗·
德蒙塔罗里奥（Pêro de Montarroio）以及佩罗·达科维良和阿丰索·德派瓦的］；深入非洲
内陆以搜集关于祭祀王约翰的信息［那些若昂·德阿韦罗（João de Aveiro）以及贡萨洛·
埃亚内斯（Gonçalo Eanes）和佩罗·德埃武拉（Pero de Évora）的］；对于航海的研究和对
纬度计算的完善［那些梅斯特雷·罗德里戈（Mestre Rodrigo）、何塞·维齐尼奥、阿布拉
昂·扎库托（Abraão Zacuto）和杜阿尔特·帕切科·佩雷拉的］；以及向西探索大西洋的尝
试和建议［那些费尔南·多明格斯·多阿尔科（Fernão Domingues do Arco）以及费尔南·迪
尔莫（Fernão Dulmo）和若昂·阿丰索的］。真实的是，很多这些成系列的行动是由亨利王
子发起的，并且由佩德罗王子和国王阿丰索五世延续，但是如同托马斯（Thomaz）指出的，

⑰ 甚至在 16 世纪，戈伊斯依然继续将阿比西尼亚人称为"Indi"。参见 Damião de Góis, *Legatio magni indorum imperatoris*（Anvers：Ioan Grapheus, 1532），11-12。

⑫ Gomes, "Relação," 1：104.

⑬ Leite, *História dos descobrimentos*, 1：145-50, 352-53.

⑭ Jaime Cortesão and A. Teixeira da Mota, *El viaje de Diogo de Teive colon y los Portugueses*（Valladolid：Casa-Museo de Colón, Seminario de Historia de América de la Universidad, 1975），translation of *A viagem de Diogo de Teive.* 参见 Leite, *História dos descobrimentos*, 1：339-73。

正是若昂二世才将这一海外政策整合到了一个现代的和连贯一致的项目中[175]。

应当可以认为，除了水手和大使的描述之外，葡萄牙统治者很可能在构思印度计划的时候已经借鉴了地图学家提供的全球的愿景。某些人认为，亨利王子可能通过美第奇地图集的方法预言了印度和大西洋之间的连接[176]。然而，没有档案证据支持这一假说，而且，这是不太可能的，因为最近的研究对这一作品提出了一个较晚的时间[177]。王子可能接触到的其他的世界图景就是安东尼奥·加尔旺（António Galvão）提到的地图。据说，不仅好望角，甚至麦哲伦海峡都在其上有所呈现，但是按照对它们的描述，这些地图的存在是非常可疑的[178]。总体而言，我们没有王子参考了任何至今已知的中世纪世界地图的证据。而且，在这些著作中通常出现的环流的大洋，绝对没有暗示地图制作者有任何关于环航的可能性的思想[179]。其中唯一超出了这一中世纪传统的世界地图，即展现了一个清晰的环绕非洲以及继续前往印度的可能性的思想就是弗拉·毛罗的著作。然而，假设这一地图抵达了葡萄牙，其可能只是服务于阿丰索五世，或者甚至更为可能的是若昂二世。在一项最近的研究中，马克斯强烈地坚持，事实就是如此，但是他提出的支持这一假说的证据（科维良和闵采尔）远远不是决定性的[180]。

除了中世纪的世界地图及其它们的象征性的大洋之外，还有其他的在瓦斯科·达伽马第一次航行之前，在其中展现了可以通过一条海上路线前往印度的可能性的地图学作品。这样的地图是亨利库斯·马特尔鲁斯和弗朗切斯科·罗塞利的世界地图，还有贝海姆的地球仪。这再次证实了意大利在作为葡萄牙从中看到了世界图景的"理论宝库"（theoretical storehouse）的绝对优势地位[180]。然而，不太清楚的是，来源于意大利的与印度计划有关的思想，对葡萄牙统治者的影响是否要大于葡萄牙自己下属亲自搜集的信息和蛛丝马迹。当在教皇因诺森八世和所有基督教国家之前，瓦斯科·费尔南德斯·德卢塞纳错误地宣称，其坚信，葡萄牙王室已经抵达了非洲东南部的"亚洲"国家（1458年）的时候，葡萄牙外交官

---

[175] Luís Filipe F. R. Thomaz, "O Projecto Imperial Joanino（tentative de interpretação global da política）ultra marine de D. João II," in *Bartolomeu Dias*, 1：81–98。比较 Alfredo Pinheiro Marques, *Vida e obra do "Príncipe Perfeito" Dom João II* (Figueira da Foz：Centro de Estudos do Mar, 1997)。也可以参见 A. Fontoura da Costa, "As portas da Índia em 1484," *Anais do Club Militar Naval* 66 (1935)：3–62，以及 A. Teixeira da Mota, "A viagem de Bartolomeu Dias e as concepções geopolíticas de D. João II," *Boletim da Sociedade de Geografia de Lisboa* 76 (1958)：297–322。

[176] María Alice Magno Corte-Real, "As Indias Orientais no plano henriquino," in *Congresso Internacional de História dos Descobrimentos：Actas* (Lisbon：Comissão Executiva das Comemorações do V Centenário da Morte do Infante D. Henrique, 1961), 3：93–96.

[177] 尽管包含在美第奇地图集中的世界地图的历书标明了一个1351年的时间，但是大多数学者证实，存在一个后期的修订。关于对这一问题的简短讨论和被建议的时间，参见 Tony Campbell, "Portolan Charts from the Late Thirteenth Century to 1500," in *HC* 1：371–463, esp. 448。

[178] 参见本章原文第983页，注释53。

[179] 参见 Francesc Relaño, "The Idea of Africa within Myth and Reality：Cosmographic Discourse and Cartographic Science in the Late Middle Ages and Early Modern Europe" (Ph. D. diss., European University Institute, Florence, 1997), 142–55。

[180] Marques, *A maldição*, 151–202. 科维良和闵采尔的证据在本章之前的部分进行了讨论。

[180] "理论宝库"的表达方法来自 Thomas Goldstein, "Geography in Fifteenth-Century Florence," in *Merchants & Scholars：Essays in the History of Exploration and Trade*, ed. John Parker (Minneapolis：University of Minnesota Press, 1965), 9–32, esp. 18。

和法学家模棱两可地引用了"最有能力的地理学家"的想法，但没有指出他们是谁[182]。然而，在任何情况下，无论是否有地图学的辅助，我们有这样的印象，即当国王曼努埃尔命令瓦斯科·达伽马进行航行的时候，葡萄牙事先知道由此可以抵达印度的路线。航行所需的路线和所需的简短的时间，瓦斯科·达伽马作为指挥官令人惊讶的选择，以及探险队极好的外交特征似乎表明，事先有一个详细的计划。

葡萄牙海外通道和领土的地图学

1415 年对塞乌塔的征服，在历史上被接受作为葡萄牙大发现的开端。在那一年至 1460 年亨利王子去世，以及抵达几内亚湾的时间之间，探险被局限在非洲大陆的海岸。在随后的 20 年中，整体上探险的延迟，部分是因为皇室的决定，即在 1468 年，提供给商人费尔南·戈梅斯（Fernão Gomes）一项在非洲沿海商业的垄断权，一旦他完成了每年沿海 100 里格的发现率的话。

在 1474 年之后，随着若昂二世摄政，然后成为国王，印度计划变得更为强大。然而，正是在 1479 年，当葡萄牙和卡斯特拉（Castela）之间签署了《阿尔卡索瓦斯条约》（Tratado de Alcáçovas）的时候，且在教皇在 1481 年批准了条约之后，葡萄牙人对于亚速尔群岛和马德拉群岛的所有权被承认，以及获得了对加那利群岛以南海域和岛屿开发的垄断权。

这一向南过程中的一些更为重要的事件就是迪奥戈·康向扎伊尔河河口（1482 年）和向克罗斯角（Cape Cross，1486 年）的航行，巴托洛梅乌·迪亚斯朝向好望角的航行，并且于 1488 年抵达那里；同一年，佩罗·达科维良和阿丰索·德派瓦离开前往埃塞俄比亚，其穿过了地中海和红海；瓦斯科·达伽马离开前往印度，并于 1498 年抵达；以及最后佩德罗·阿尔瓦斯·卡布拉尔前往印度的探险，并于 1500 年抵达了巴西。

葡萄牙对美洲的第一次发现属于佩罗·德巴塞卢什（Pero de Barcelos）和若昂·费尔南德斯·拉夫拉多尔（João Fernandes Lavrador），他们在 1495 年抵达了格林兰；在 1500 年，加斯帕尔·科尔特－雷亚尔发现了纽芬兰（Terra Nova）。我们对于在第二次航行中他出现在那里没有任何证据，而他也在那次航行中消失了；他的兄弟米格尔前去寻找他，但未能成功。

在南美洲，葡萄牙沿着海岸的探险开始于 1501 年，即在卡布拉尔发现维拉克鲁兹的土地（Terra de Vera Cruz，巴西）之后不久。幸存的航海图给予我们一些关于在大西洋两岸、印度洋以及印度尼西亚和亚洲海岸探险的信息。

以在传统上已经被航行的摩洛哥海岸的南部进行的最早的海上测量为开端，葡萄牙绘制了新的航海路线和他们探索过的海岸的地图[183]。在古典航海图上，海岸按照距离和方向的测量数据而被定位，并且标明了纬度位置。在这一图绘的普通类型中，标出了最为重要的沿海地点（岛屿、海角、河口和浅滩）。导航员使用这些地图去记录遵从的路线，并且从已知的

---

[182]　Lucena, *Obedience of a King*, 47–48.

[183]　在一封 1443 年 10 月 22 日的信件中，国王阿丰索五世说到，亨利王子已经拥有被探索的博哈多尔角之外的土地，并且他曾命令由此绘制一幅航海图；参见 Luís de Albuquerque, Maria Emília Maderia Santos, and Maria Luísa Esteves, et al., *Portugaliae monumenta Africana* (Lisbon: CNCDP, Imprensa Nacional-Casa da Moeda, 1993 –), 1: 23.

路线中选择他们的航线。如同之前提到的，印度仓库定期搜集由导航员校正和增补的地图，并且对标准地图进行维护和更新，由此，在航行之前，将来自标准地图的某部分的副本发给导航员。

　　基础的航海图由与沿海相应的最为重要地点的细节的图像所补充。两种类型可以被区别开来：航海目的的沿岸景观以及主要有着军事目的的堡垒和城市平面图。第一种类型，是为导航员绘制的，呈现了知识（*conhecenças*）——使导航员可以从远离海岸的地方确定这些地点的自然特征或者建筑，这些地点或因它们所呈现的危险（阴影）或因它们所提供的庇护之处而重要——以及详细的航海特征，由此允许船只安全地抵达和抛锚（海的深度、潮汐和被庇护的海湾）。这些图像通常附带有一份文本报告，或者航海日志（*roteiro*）。第二种类型的航海图，呈现了堡垒和海岸特征，是让中央政府或者地方政府的官员感兴趣的。描绘了有着特定战略或者商业重要性的地点，它们显示了位置，建筑结构，以及海岸上堡垒的军事装备。一些呈现了在葡萄牙人到达之前的一个地点，其他的则呈现了葡萄牙统治中的某一特定时间；还有一些汇集了关于敌人或者同盟的领土的信息。两种航海图的基本类型并不经常存在差异，因为很多沿海地点景观中绘制的与航海有关的内容与军事和商业功能也存在联系。一些景观的重要内容在于记录一场军事事件（攻击或者海战）或者如一次沉船等灾难。

　　当地的区域的地图学呈现通常包括从不同视点观察到的细节。海岸的轮廓通常用平面视角绘制，地形起伏的立面，就好像其是从一艘位于距离海岸不远的船只上看到的那样，而房屋和城垛，好像它们是从想象的高点用倾斜视角看到的那样。我们甚至有一个特殊兴趣点的地形模型的迹象，时间是 1549 年[184]。这些绘制地图的技术并不是创新的，因为它们已经被用于实践，例如，在意大利，从至少从 14 世纪开始[185]。葡萄牙地图学家使用的材料包括由他们自然之发（*pelo natural*）直接制作的地图，按照他们所说的那样，此外，它们同样还包括较早的图像或平面图，可能主要是来源于意大利的用于表现摩洛哥港口的，但是对于亚洲海洋而言，非常可能的是来源于阿拉伯的、波斯的、印度的、爪哇的或者中国的[186]。

　　这里讨论的一个半世纪的地图学，反映了葡萄牙帝国东部防御设施非常迅速的发展和巩固。然而，这仅仅接触到葡萄牙在巴西殖民存在的开始，后者开始于 16 世纪，但是主要发展于 18 世纪。至于非洲，需要区分绘制其海岸线的地图与有着其内部（*sertão*）知识的地图之间的区别。直至 17 世纪初期之前，海岸线依然是航海调查的对象。但是只有特定的政治、宗教和经济利益的内部区域——刚果、阿比西尼亚（埃塞俄比亚）和莫诺莫塔帕（Monomotapa，莫桑比克的一部分，赞比西亚的大部分）——成为地图学探查的对象。

---

　　[184]　国王若昂三世命令建筑师 Miguel de Arruda 交给他一个堡垒的陶土的模型（*modelo em barro*），有准确的尺寸，后者当时正工作于对摩洛哥堡垒的改进；参见 1549 年 5 月 15 日的信件，被引用于 Henrique Lopes de Mendonça, *Notas sôbre alguns engenheiros nas praças de Africa*（Lisbon：Imprensa Nacional，1922），10。

　　[185]　P. D. A. Harvey, *The History of Topographical Maps：Symbols, Pictures and Surveys*（London：Thames and Hudson，1980），66 – 83，以及 Helen M. Wallis and Arthur Howard Robinson, eds., *Cartographical Innovations：An International Handbook of Mapping Terms to 1900*（Tring, Eng.：Map Collector Publications in association with the International Cartographic Association，1987）。

　　[186]　Suzanne Daveau, "A propósito das 'pinturas' do litoral marroquino incluídas no *Esmeraldo de situ orbis*," *Mare Liberum* 18 – 19（1999 – 2000）：79 – 132. 也可以参见本章的 pp. 1013 and 1015，注释 196 and 215。

16 世纪和 17 世纪上半叶，葡萄牙海外地图学的产品现在将在四个小节中进行呈现：在最初的地理发现和后来探查时期的前往印度的航线的地图学，绘制印度港口和堡垒地图的阶段，非洲的陆地地图学，以及巴西地图学的起源。

前往印度的道路

由杜阿尔特·帕切科·佩雷拉绘制的"埃斯梅拉尔多的对世界的描述"是已知最早的关于葡萄牙海外领土的地图学产品。不幸的是，对其进行展示的原始抄本和地图已经消失了，只有 18 世纪的副本中保存下来的文本部分对它们的文本描述[187]。这一关于宇宙志和航海的专著的作者是一位著名的军事官员和水手，有着探索非洲海岸、大西洋西部和印度的广泛的个人经验。抄本保存下来的部分书写于 1505—1508 年。最初，其包括一幅世界地图和从直布罗陀海峡至好望角的 18 幅地图或者沿岸地点的景观图（图 38.17）。

包括在文本中的对地图和景观的描述允许我们重建它们的特征[188]。12 幅图像与摩洛哥海岸有关。它们是不同港口的景观，可能是倾斜视角的，将城市和航海结合起来，并且有时是对周围海岸的一种地图学的素描。从佛得角的纬度到非洲南端的五幅图像似乎有更多的变化，包括呈现了佛得角和与其同名的群岛的有恒向线的航海图。将"埃斯梅拉尔多的对世界的描述"的文本描述与这些地点的最为古老的图版（大体上，那些乔治·布劳恩和弗兰斯·霍根伯格的 1572 年《寰宇城市》中的）进行比较，揭示出在某些情况下，存在强烈的一致性，这说明有可能使用了相同的原型。 ₁₀₁₂

最初包括在"埃斯梅拉尔多的对世界的描述"中的地图和景观是由杜阿尔特·帕切科·佩雷拉从当时可用的图像文献中选择的，但它们并不是由他绘制的。同样，摩洛哥北部的地点［塞乌塔、阿尔卡塞尔·瑟盖尔（Alcácer Ceguer）、丹吉尔（Tangiers）和阿兹拉（Arzila）］的特定图像，从它们中所包含的描述来看，似乎可以确定时间是在文本（1505 年）之前，而其他的［拉腊什（Larache）和阿尼夫（Anifé）］的图像可能来自 1507 年杜阿尔特·德阿马斯对摩洛哥海岸的调查[189]。至于圣克鲁斯·德阿瓜·德巴尔巴［Santa Cruz de Água de Narba，位于阿加迪尔（Agadir），在摩洛哥南侧］的堡垒的绘画，其显然要比 1505 年堡垒的修建要晚。至于圣豪尔赫·达米纳城堡（位于几内亚湾），作者警告"我们基于现实情况将其放置在这里且如实描绘"[190]，说明有可能，他使用了当他撰写时抵达了里斯本的最新的档案。

---

[187]　"埃斯梅拉尔多的对世界的描述"在 19 世纪末之前都没有出版，参见 Duarte Pacheco Pereira, *Esmeraldo de situ orbis*, ed. Raphael Eduardo de Azevedo Bato（Lisbon：Imprensa Nacional, 1892）。有一个带有注释的英文翻译，Duarte Pacheco Pereira, *Esmeraldo de situ orbis*, ed. and trans. George H. T. Kimble（London：Hakluyt Society, 1937），以及 Carvalho（1991）提到的至关重要的版本。对于作者和作品，Carvalho 撰写了一些重要的研究。对稿本的唯一描述，节略但是带有地图学的图示，出现在 Diogo Barbosa Machado, *Bibliotheca lusitana*, 4 vols.（1741；Coimbra：Atlântida Editora, 1965 – 67）, 1：738 – 41 中。

[188]　Daveau, "A propósito das 'pinturas.'"

[189]　Damião de Góis, *Crónica do felicíssimo rei D. Manuel*［1566］, new ed., 4 vols.（Coimbra：Ordem da Universidade, 1949 – 55）, 1：27.

[190]　Pacheco Pereira, *Esmeraldo*, bk. 2, chap. 5（p. 646 in Carvalho ed.）.

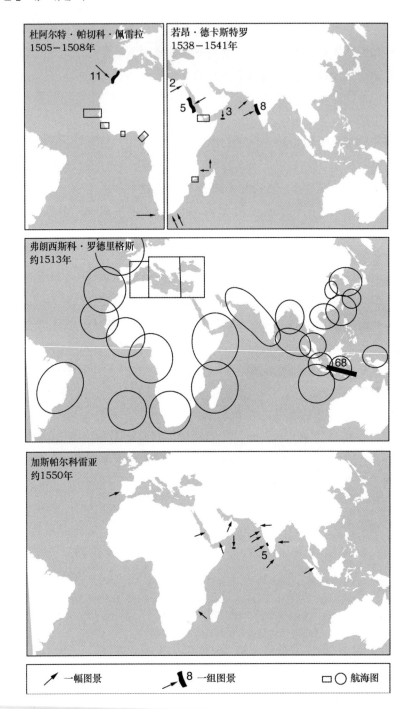

图 38.17 四种葡萄牙资料中的地图的地点。杜阿尔特·帕切科·佩雷拉的"埃斯梅拉尔多的对世界的描述"（1505—1508 年）中的地图、景观和航海图的位置，（尽管只有文本描述保存了下来）；那些在若昂·德卡斯特罗的《航海日志》（roteiros）（1538—1541 年）中的；那些由弗朗西斯科·罗德里格斯绘制的［约 1513 年，保存在"弗朗西斯科·罗德里格斯之书"（Livro de Francisco Rodrigues）中的］；以及那些在加斯帕尔·科雷亚的"印度的传奇"（Lendas da Índia）（约 1550 年）中的

　　在这一时期，由于他们军事工程的需要，葡萄牙人在摩洛哥海岸进行了详细的地图学调查。这些个人，与那些同时代从事葡萄牙和西班牙陆地边界的地图绘制和防御工事修建的人是同一批，在他们之中，杜阿尔特·德阿马斯和弗朗西斯科·丹西略（Francisco Dansilho）是突出的[191]。在包括于《寰宇城市》（1572）中的一些葡萄牙防御工事的图像上，我们依然可以识别出用于绘制岩石的有特点的风格，而这是杜阿尔特·德阿马斯使用在他的 1509 年的"要塞之书"（Livro das fortalezas）中的[192]。

　　"埃斯梅拉尔多的对世界的描述"第四本书的大部分和第五本书的全部，在 18 世纪佚失了。这几本书主要处理的是从非洲南部前往印度的海上路线，并且还有"所有埃及所属的埃塞俄比亚和阿拉伯的费利克斯与波斯以及印度数量众多的王国多种多样的事情"[193]。追随瓦斯科·达伽马第一次发现航行（1497 年）的舰队在 1500 年、1501—1502 年［有着迪奥戈·迪亚斯（Diogo Dias）对非洲东海岸直至红海入海口的勘测］、1503 年（杜阿尔特·帕切科·佩雷拉参与其中），以及再次在 1505 年和 1506 年驶离了里斯本，并且成果可能被包括在了"埃斯梅拉尔多的对世界的描述"中。

　　对应于阿丰索·德阿尔布开克管理印度的短暂时期的是一个地图学调查的新阶段。阿尔布开克主导了大规模的探险来确定那些将使葡萄牙人控制穿过印度洋的商业交通的战略地点的位置[194]。在 1511 年 8 月征服了马六甲之后，阿尔布开克发现有着"一幅爪哇导航员的大型航画图 1013……这是我看到过的最好的事物"。这幅地图结合了来源于葡萄牙在大西洋最新的航海，例如"好望角、葡萄牙和巴西的土地"的信息和"对红海和波斯海、克洛韦群岛（Clove islands），中国人和戈尔（Gores）［福莫萨（Formosa）和琉球群岛（Ryuku Archipelago）的居民］的航海，以及船只所遵从的恒向线和直接航线，以及内陆，和王国彼此之间边界的划分"的呈现[195]。这幅地图综合了欧洲人和东方的知识，并且有着正在增长的对于提供航海信息的兴趣，以及提到了陆地图的编制。它构成了在葡萄牙人抵达之前，印度尼西亚有地图实践的证据，而且还是来自所有国家的地图学家吸收新信息的速度的证据[196]。

　　不幸的是，这一珍贵的地图随着 1511 年 11 月"海之花"号（Flor de la Mar）在苏门答腊海岸外的失事而佚失了。1512 年 4 月，阿尔布开克可以送给国王一份只有地图东半部分的一个副本，其已经由弗朗西斯科·罗德里格斯从爪哇语翻译为葡萄牙语。在他写给国王的

[191]　Duarte de Armas, *Livro das fortalezas*: *Fac-simile do MS. 159 da Casa Forte do Arquivo Nacional da Torre do Tombo*, intro. Manuel da Silva Castelo Branco（Lisbon: Arquivo Nacional da Torre do Tombo, Edições INAPA, 1990; 2d rev. ed. , 1997）。弗朗西斯科·丹西略是来源于 Biscayne 的作品的大师。他前往摩洛哥，在那里进行与堡垒的防御工事有关的工作。1513 年，他绘制了城市阿扎莫尔，这是布拉干萨刚刚征服的（Daveau, "A propósito das 'pinturas,'" 122）。

[192]　在 Armas, *Livro das fortalezas* 的导言中，Manuel da Silva Castelo Branco 提出，堡垒地图的绘制（景观和平面图）完成于 1509 年。一些图像在 *PMC*, 1: 71 – 75, pls. 28 – 33 中进行了讨论和复制。

[193]　Pacheco Pereira, *Esmeraldo*, bk. 4, chap. 6（p. 699 in Carvalho ed. ）.

[194]　阿丰索·德阿尔布开克工作的历史背景，参见 Luís Filipe F. R. Thomaz, *De Ceuta a Timor*（Linda a Velha: DIFEL, 1994）, 189 – 206。

[195]　*PMC*, 1: 80.

[196]　关于阿丰索·德阿尔布开克时代东方的地图学，尤其参见他的通信，*Cartas de Affonso de Albuquerque*, 7 vols.（Lisbon: Academia Real das Sciencias de Lisboa, 1884 – 1935）, 以及 Armando Cortesão, ed. and trans. , *The Suma Oriental of Tomé Pires. . . and the Book of Francisco Rodrigues. . .*, 2 vols.（London: Hakluyt Society, 1944）, 葡萄牙语的是, *A Suma Oriental de Tomé Pires, e o Livro de Francisco Rodrigues*（Coimbra: Por ordem da Universidade, 1978）。

信件中，他再次坚持地图的价值："殿下可以看到那些中国人和戈尔所来自的地方，以及您的船只必然采用的前往克洛韦群岛的航线，以及金矿所在的位置，还有爪哇和班达岛，生产肉豆蔻和豆蔻香料的岛屿，暹罗国王（King of Siam）的土地，以及中国人航行的终点的位置，其采用的航向，以及他们为何没有航行得更远。"[197]

这些是最为古老的葡萄牙人绘制的已知的沿海景观。它们被保存下来，是因为它们被在1514年送往里斯本，并且被包括在一个抄本，也就是所谓的"弗朗西斯科·罗德里格斯之书"中，除了这些之外，其包含26幅航海图[198]。其中，15幅航海图是基于现存的航海图；其中3幅是地中海的，12幅是关于前往印度的航海路线的。更为原创性的是6幅孟加拉湾的地图，以及印度尼西亚部分的，那里只是最近才由葡萄牙人进行了航行，还有5幅粗糙的从远东前往中国的海上路线的草图。非常可能的是，这最后5幅地图，至少，可能来源于前述的爪哇导航员绘制的地图。

1513年，阿尔布开克，正在探索红海，派出弗朗西斯科·罗德里格斯在一艘由若昂·戈梅斯（João Gomes）指挥的帆船上朝向达赫拉克群岛（Dahlak Archipelago）和马萨瓦［Mesewa，厄立特里亚（Eritrea）］。1513年11月4日，阿尔布开克写信给国王："他带给我绘制的达赫拉克的岛屿和海洋，他所能做到最好的。我送给殿下这一副本。"[199] 可能的是，这与若昂·德巴罗斯后来在里斯本看到的是相同的地图，有着"按照它们的位置排列的岛屿"（图38.18）[200] 对于地图学家弗朗西斯科·罗德里格斯的其他情况一无所知，除了下述情况，即他是年轻人，他可能来自葡

图38.18 弗朗西斯科·罗德里格斯绘制的苏卡尔岛（SUKUR）的立面图，约1519年

Bibliothèque de l'Assemblée Nationale, Paris（MS. 1248）提供照片。

[197] Albuquerque, *Cartas*, 1：64 – 65, and *PMC*, 1：80。

[198] 关于罗德里格斯和他的地图，参见 *PMC*, 1．79 – 84, pls. 34 – 36。

[199] Albuquerque, *Cartas*, 1：221.

[200] Barros, *Asia*, 2：366 – 69 (*década* 2, bk. 8, chap. 2）.

萄牙［他对比了位于红海端口上的一座城堡与位于里斯本以南的帕尔梅拉（Palmela），圣地亚哥骑士团（Order of Santiago）总部的一座城堡］，以及他在 1519 年前往中国。

与在阿尔布开克征服马六甲、果阿和霍尔木兹的短暂且重要时期中的地图学活动有关的信息，在他与国王曼努埃尔的通信的少量段落和弗朗西斯科·罗德里格斯的抄本中进行了归纳。这一不充分的文献证实，在这一时期，葡萄牙地图学从之前的亚洲制图学中获益，尽管实际上其痕迹没有保存下来[201]。存在一个问题：在葡萄牙或者亚洲来源的立面图中是否有对小岛屿的呈现？[202] 这一呈现类型出现在弗朗西斯科·罗德里格斯绘制的地图上，并且在他航行中搜集的信息是这些立面图的原始材料，但不知道的是，这是他发明的这种风格，还是他采用或者复制了流行于当地的一种风格。

阿尔布开克立刻向国王送出了他可以在他探索的地方获得的所有地图学文献。1512 年 4 月，有从爪哇地图上翻译的片段，他将他试图建立的两个地点的平面图送往了里斯本："一幅果阿岛屿的［帕拉姆（padram）］地图，（以及另外一幅）第乌（Diu）岛屿的和坎贝运河岛屿的，由此它们确保您可以建立堡垒以及保证您制造厂的安全"[203]。里斯本的宫廷和其在远在海外的领土的最高代表之间的通信是缓慢和困难的。对一个问题的回复，或对一道命令得以确认的满怀期待的等待，需要花费至少一年半的时间，地图学档案成为信息的一个重要元素。地图显示了当地商业所使用的活跃路线，而这是葡萄牙人意图控制的，同时港口以及堡垒的详细平面图为异域亚洲土地赋予了生命和具体的存在，而异域的亚洲土地突然成为远在旧世界另一端的一个小国国王的附属地。

一些档案表明，对东方地点的很多地图学呈现在国王曼努埃尔时期的葡萄牙就已经出现。按照若昂·德卡斯特罗的说法，"国王……命令豪尔赫·赖内尔，航海图的大师，为国王的信息制作一幅航海图（padrão），其上有远至苏伊士（Suez）的地点之间用里格表示的距离，以及从那里到远至亚历山大的所有土地"[204]。在国王去世时（1521 年）制作的目录中有"一件绘制有亚丁的棉衣"[205]。更为重要的是，有很多为国王制作的夸耀他最近的胜利的佛兰芒挂毯，例如那些在索法拉（Sofala）、莫桑比克、基尔瓦（Quiloa）、蒙巴萨（Mombasa）、布拉瓦（Brava）、索科特拉（Socotra）和霍尔木兹的胜利。对一个例子的描述如下："来自真实的索法拉，同时悬挂着旗帜的船只抛锚，因为他们乘坐小艇登陆，并且建造了纪念碑（padrão）。"[206]

---

[201]　Gerald R. Tibbetts, "The Role of Charts in Islamic Navigation in the Indian Ocean" 和 Joseph E. Schwartzberg 的关于南亚地图学的章节（"Introduction to South Asian Cartography," "Cosmographical Mapping," "Geographical Mapping," "Nautical Maps," and "Conclusion"），都收录在 HC 2.1：256－62 and 295－509，而 Joseph E. Schwartzberg 的关于东南亚地图学的章节（"Introduction to Southeast Asian Cartography," "Cosmography in Southeast Asia," "Southeast Asian Geographical Maps," "Southeast Asian Nautical Maps," and "Conclusion to Southeast Asian Cartography"），都收录在 HC 2.2：689－842。

[202]　按照 Heinrich Winter, "Francisco Rodrigues' Atlas of ca. 1513," *Imago Mundi* 6 (1949)：20－26，用侧面轮廓的形式呈现岛屿，"并不是葡萄牙地图学家的表达方式之一"；这一呈现类型来源于东方（p. 21）。

[203]　Albuquerque, *Cartas*, 1：64.

[204]　João de Castro, *Obras completas de D. João de Castro*, 4 vols., ed. Armando Cortesão and Luís de Albuquerque (Coimbra：Academia Internacional da Cultura Portuguesa, 1968－82), 3：44，以及 *PMC*, 1：130。

[205]　Viterbo, *Trabalhos náuticos dos portuguezes*, 1：131.

[206]　Coelho, *Alguns documentos*, 516－18，引文在 517 页，以及 António Alberto Banha de Andrade, *Mundos novos do mundo：Panorama da difusão, pela Europa, de notícias dos descobrimentos geográficos portugueses* (Lisbon：Junta de Investigações do Ultramar, 1972), 443－47。

一些仪式性的地图流传下来，绘制在羊皮纸上并且有着美丽的着色。被认为是豪尔赫·赖内尔绘制的印度洋航海图，被认为绘制于1510年，对印度洋西部进行了很好的描述，但是其在一段文字中承认"人口众多、高贵和富有的城市马六甲……依然没有被了解或者被发现"[207]。至于大约1517年的航海图，被认为是佩德罗·赖内尔绘制的，已经结合了来自阿丰索·德阿尔布开克时代的调查，其中包括红海、孟加拉湾和中国海；将马六甲半岛定位在正确的纬度上，并且呈现了印度尼西亚的众多岛屿[208]。

有着非常不同的风格和意图的就是被认为是洛波·奥梅姆和佩德罗以及豪尔赫·赖内尔绘制的，时间为1519年的，有着壮丽装饰的地图汇编[209]。其试图制作的不仅是一件有效地进行了重新勘查的地点的综合体，而且是世界上所有地貌的综合体。其因而构成了一种混合物，包含有混杂了最近航海结果的托勒密的思想。关于由洛波·奥梅姆署名的世界地图，大西洋和印度洋在南侧由一块连接了巴西到马六甲半岛的未知大陆封闭起来；另外，在涉及中国和印度尼西亚的页面上，出现了"大中国湾"（Magnus Golfus Chinarum），由一条南北向的概要性的海岸限定了东部的边界。

阿丰索·德阿尔布开克在1515年去世，并且他的印度总督的继任者是洛波·苏亚雷斯·德阿尔贝加里亚。这一变化可能被反映在对东方地图学更少的兴趣上。在至少1/4世纪中，没有关于它们的直接新闻。但是我们确实有着被认为是迪奥戈·里贝罗绘制的大型世界地图[210]，其显示了一些新的材料。最为古老的（自1525年）显示了红海的南部，并且正确描绘了波斯湾和马六甲半岛的片段；里贝罗慎重地将未知地点留作空白。1527年的地图有着几乎相同的形状，一幅1529年的地图（在罗马）结合了苏门答腊的南侧海岸，同时另外一幅1529年的地图（在魏玛）有着完整的暹罗湾（Gulf of Siam）。

一套新的原创地图的汇编出现在1538年，来自若昂·德卡斯特罗在他第一次前往印度的航行[211]。这一地图学家的个性与温和的弗朗西斯科·罗德里格斯非常不同。卡斯特罗是一位高等贵族，与若昂三世关系密切，尤其与国王的兄弟和顾问路易斯王子（Prince Luís）关系密切。当他在1538年前往印度的时候，卡斯特罗被授权指挥一艘船只，并且试图改进航海技术。他将他自己认为是数学家佩德罗·努涅斯的学生，并且受过充分可靠的文学教育，由此使得他可以使用和讨论如托勒密等古典地理学家以及如马丁·费尔南德斯·德恩西索等现代宇宙志学者的思想。卡斯特罗将理论与观察和坚实的试验结合起来。他直接询问他访问的土地上的有知识的人[212]，并且有着著名的图形表达的能力，尽管明显的是，包括在他的航迹图中的一些图像是由助手绘制的。

我们知道三幅由若昂·德卡斯特罗制作的海上航迹图：从里斯本至果阿的航海日志（1538年4月6日至1538年9月11日），从果阿至第乌的航海日志（1538年11月21日至

---

[207] PMC, 1：29–31, pl. 9.

[208] PMC, 1：33–34, pl. 10.

[209] 今天汇集在BNF；参见 PMC, 1：55–61, pls. 16–24。

[210] PMC, 1：87–106, pls. 37–40.

[211] PMC, 1．87–106，pls. 37–40.

[212] 尤其关于尼罗河的洪水，对此若昂·德卡斯特罗在1541年1月在马萨瓦询问了一些"重要的阿比西尼亚人"（Castro, Obras completas, 2：236）。

1539 年 3 月 29 日），以及从果阿至苏伊士的红海的航海日志（1540 年 12 月 31 日至 1541 年 8 月 21 日）[213]。第一个航海日志被保存在两个较晚的副本中；每一个都不是完整的，但是其中一个保存了所有的图像——六幅从南非的纳塔尔（Natal）之地到果阿附近的凯马达岛（Queimadas Islands）看到的全景的沿海景观，还有一幅莫桑比克湾（Bay of Mozambique）的航海图，其似乎是一幅早期文献的复制品（参见图 38.17）。被认为是原始的第二部航海日志，即从果阿至第乌的，佚失了，但是其存在于一个制作于 1588 年之前的副本中，并且在 19 世纪被复制。其中的 15 幅图示是河口、港口以及首要地点的，它们结合有从垂直角度看过去的海岸以及标明了方向的草图、地形的水平景观，以及人文图景和建筑的倾斜视图（图 38.19）。在红海的航海日志中，三幅索科特拉岛北海岸的全景侧面图，显示了宏观的自然细节，在其他图像中非常突出。呈现了红海港口的 12 幅图像与那些第二部航海日志中的属于同一类型，有与一幅海岸线平面图结合在一起的海岸的侧面图。一些学者相信，若昂·德卡斯特罗发明了这一呈现类型，并由卢卡斯·扬茨·瓦格纳更为广泛地传播[214]。毫无疑问，卡斯特罗有条不紊地使用了他可以搜集到的当地的地图学信息[215]。

这些档案部分地保存下来，是因为若昂·德卡斯特罗制作了一些稿本副本并将它们分发给有关各方[216]。他的地图和景观的一些版本因而有着非常相似的内容，但是也有着可以察觉的风格上的差异。比较图像的文本描述，显示航海日志中的地图的现存版本中没有一个是原创的。

这些当地的地图，是对之前的航海图的一种补充。一条关于新果阿（New Goa）河口的注释表明，其"超过了任何其他常见的和已知的"，因而，似乎卡斯特罗没有"必要制作任何一幅它的 *tauoa*（航海图）"。相反，对于邻近的旧果阿（Old Goa）的河口，卡斯特罗发现其"应当制作一幅 *tauoa*（航海图）"[217]。来自卡斯特罗的红海地图的信息最早被记录在一幅保存在维也纳的佚名的世界地图上[218]。

1016

---

[213] 关于航海日志的版本和稿本的历史，参见 *PMC*, 1：133 – 44。红海的航海日志由 Samuel Purchas 最早出版在 *Pvrchas His Pilgrimes, in Five Bookes*, 4 vols.（London：Printed by William Stansby for Henrie Fetherstone, 1625）的一个总结性的英文版中，并且在 1699 年出现在一个 Antonius Matthaeus, *Veteris œui analecta, seuvetera aliquot monumenta quæ hactenus nondum visa...*, 10 vols.（Leiden, 1698 – 1710）的拉丁版中。最早的葡萄牙文版本的时间是 1833 年：João de Castro, *Roteiro em que se contem a viagem que fizeram os Portuguezes no anno de 1541*, ed. António Nunes de Carvalho（Paris：Baudry, 1833）。从里斯本到果阿的航海日志只是用葡萄牙文进行了出版：João de Castro, *Roteiro de Lisboa a Goa*, ed. João de Andrade Corvo（Lisbon：Academia Real das Sciencias, 1882）。从果阿至第乌的航海日志同样只有一个葡萄牙语版：João de Castro, *Primeiro roteiro da costa da India：Desde Goa até Dio*, ed. Diogo Köpke（Porto：Typographia Commercial Portuense, 1843）。最后两个航海日志的图像有多个绘本。所有航海日志的文本被包括在 Castro, *Obras completas* 中。图像的一个选集被复制在 *PMC*, vol. 1, pls. 53 – 70 中，还有一个影印版，João de Castro, *Tábuas dos roteiros da India de D. João de Castro*, intro. Luís de Albuquerque（Lisbon：Edições INAPA, 1988）。

[214] A. Teixeira da Mota, "Evolução dos roteiros portugueses durante o século XVI," *Revista da Universidade de Coimbra* 24（1971）：201 – 28, esp. 218, 以及 Lucas Jansz. Waghenaer, *Spieghel der zeevaerdt*（Leiden：Christoffel Plantijn, 1584 – 85）。

[215] Castro, *Obras completas*, 3：19 and 44。当在果阿准备他前往红海的探险时，若昂·德卡斯特罗寻求"阿拉伯和古吉拉特（Gujarati）导航员以及来自马拉巴尔的将他们航海图带给他的人"（p. 19）。

[216] Alonso de Santa Cruz, *Libro de las longitudines y manera que hasta agora se ha tenido en el arte de navegar*, ed. Antonio Blázquez y Delgado-Aguilera（Seville：Zarzuela, 1921）, 32 – 33。

[217] Castro, *Obras completas*, 2：21 and 23。

[218] 科尔特桑认为这一时间是大约 1545 年，但是其可能是在之前两年或者三年；参见 *PMC*, 1：155, pl. 79。

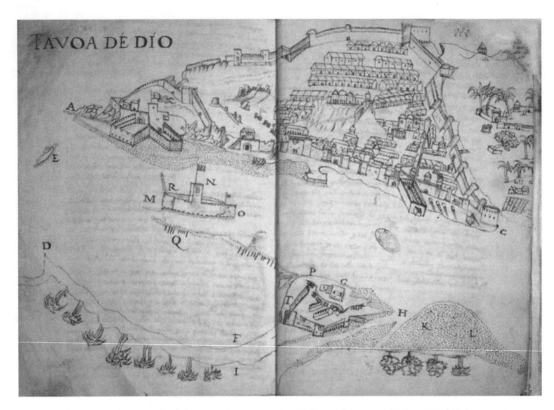

图 38.19　若昂·德卡斯特罗绘制的从果阿至第乌的航海日志上的第乌堡垒的图景

原图尺寸：约 29.3×40.7 厘米。IAN/TT（Colecção de. S. Vicente, vol. 15, fol. 244）提供照片。

　　在他第二次停留在印度期间（1545—1548 年），若昂·德卡斯特罗作为总督，并且面对着困难的经济和军事问题，并且因而没有时间执行个人的地图学调查。然而，当他在那里航行的期间，他负责莫桑比克堡垒的现代化。1545 年 8 月，他写信给国王，"由此这可能更好的被理解……我送给 Y. H. 一幅绘画，其中有着所有东西"，并且国王答复了他，在 1546 年 3 月，送给他与目标物有关的"一些绘画和一些 *lembranças*［笔记］"[19]。

　　在同一月的另外一封信中，国王从若昂·德卡斯特罗那里要求获得"我在这些地区的主要堡垒的图像"[20]。信件揭示了国王的技术能力[21]以及在印度长期缺乏地图学的组织。

1017　其还传达了关于被命令的产品的材料特征。有可能，确实制作了这些图像，因为若昂·德卡

---

[19]　Castro, *Obras completas*, 3：68 an 135.

[20]　信件是从若昂三世写给若昂·德卡斯特罗的，时间是 1546 年 3 月 8 日："我很高兴看到我在这些地区的主要堡垒的草图，并且如果我能看的更为明确的话，那么我就能得到更多的满足，我正式要求你，如果可能有人知道如何很好的做到这一点的话，那么请将每一个人都送到我这里，由此他们所在的城市或地方以及它的位置可以被制作在一块［纸板］或一些轻木板上，完全按比例制作，并且用这种方式制作出来，以便人们能够看到他们所希望看到的这些地点的样子。"（"Cartas missives de D. João de Castro," 72, IAN/TT）

[21]　Francisco de Monzón，在他的 *Libro primero del espejo del pricipe Christiano*（Lisbon, 1544）中，说到，国王若昂三世的兄弟了解很多自然哲学的不同分支，例如天空的运动、世界的构成、天文学和几何学以及算术，并且他认为王子和重要的贵族应当知道航海艺术、世界地图和航海图。弗朗西斯科·德奥兰达，在他的 "Lembrança ao muyto Sereníssimo e Cristianíssimo Rey Dom Sebastiam：De quanto serve a sciencia do desegno"（1571）中悲叹，年轻的君主无法像若昂三世和他的兄弟那样理解和实践绘画的艺术；参见 Jorge Segurado, *Francisco d'Ollanda：Da sua vida e obras...*（Lisbon：Edições Excelsior, 1970），156.

斯特罗的孙子弗朗西斯科在他的"编年史"（Crónica）中提到一份他祖父的原始稿本"其中有着我们在印度的所有堡垒的描述"[22]。

图形表达在国家层面上作为一种交流方式而被广泛使用。1547 年，若昂·德卡斯特罗向一位自 1512 年之后在印度安顿下来的优秀木匠加斯帕尔·科雷亚定购印度总督的一系列画像。画像在一位当地画家的帮助下制作，并且被悬挂在果阿的总督宫中。

科雷亚在 16 世纪 40 年代末至 1561 年之间撰写了宏大的手稿（以及在 1563 年增补了最后的细微之处），"印度的传奇"。他在其中记录了更为适合作为葡萄牙统治东方海域的半个世纪中具有纪念意义的那些事件。他是其中很多事件的目击者，因为他从 1512 年至 1515 年作为秘书在阿丰索·德阿尔布开克几乎所有的运动中都陪伴着他，并且后来生活在科西姆和果阿，参与了 1533 年至 1536 年在第乌的探险，并且在印度的很多其他地区进行了旅行。这一著作的历史并不简单，并且依然无法被完全了解[23]。最初，包括至少 53 幅图示。其中有着总督的肖像，对舰队的呈现（所有都丢失了），以及一些其他的图像。19 幅图像呈现了对于葡萄牙而言重要的沿海地点（参见附录 38.8 和图 38.17）。

似乎没有疑问的就是，"印度的传奇"中的图示出自加斯帕尔·科雷亚之手。可能的是，在前往印度之前，他在葡萄牙学会了绘画，当时他作为国王房间的一名男侍从从而频繁出入宫廷。他的绘画风格类似于杜阿尔特·德阿马斯的，甚至一些重要的细节，例如对岩石的呈现也是如此[24]。尽管科雷亚可能在果阿遇到了弗朗西斯科·罗德里格斯，但在"印度的传奇"中没有提到他，并且两位地图学家的绘画风格是完全不同的。科雷亚的绘画从未包括标尺或者正方向的定向器，并且他仅仅对地理景观的陆地元素感兴趣，而对航海方面兴趣不大。

占据了文本第一版左页的两幅图画，是卡利卡特和哥伦布（Colombo）的，与著作的最终稿同时代，制作于 16 世纪 60 年代早期[25]。但是这一图像汇编初稿的时间和来源并不清楚。插图的大部分不仅呈现了一个地点，还呈现了在某一特定日期发生在那里的事件 [例如，舰队从塔古斯驶离，舰队进入达布尔（Dabul），以及对亚丁的攻击]。由此，在很多情况中，加斯帕尔·科雷亚宣称，他描绘了来自生活或来自真实的事件，因此非常有趣的就是，可以按照在"印度的传奇"中他自己的证词或者其他珍稀文献，验证他出现在这些地点的

㉒　Francisco de S. Luiz, *Obras completas do cardeal Saraiva*, 10 vols. (Lisbon: Imprensa Nacional, 1872 – 83), 6: 68. 若昂·德卡斯特罗撰写的著作，被认为是一个原始的稿本，被直接送给了路易斯王子。与此同时，在里斯本的意大利银行家 Lucas Giraldi，他是若昂·德卡斯特罗的朋友，保证在这一年送给他，他所要求的"基督教国王的城堡和战役的图画"；参见 Virgínia Rau, "Um grande mercador-banqueiro italiano em Portugal: Lucas Giraldi," *Estudos Italianos em Portugal* 24 (1965): 3 – 35, esp. 29. 1546 年 12 月，在大规模的围攻之后重建了第乌的墙体，若昂·德卡斯特罗写信给国王："我建造城堡的方式是通过塞乌塔的草图"；在 1547 年 8 月 13 日，他写给后来从事这一工作的自己的儿子："我非常高兴你送给我的草图，更为高兴的是你用来描绘它的几何学术语。"（Castro, *Obras completas*, 3: 307 and 434）

㉓　科雷亚最初的，更为残缺的稿本，今天保存在 IAN/TT。17 世纪初被使用在里斯本，"印度的传奇"在 18 世纪末佚失。在 Rodrigo José de Lima Felner 的指导下，其在 1858 年至 1866 年以四卷的形式出版（Lisbon: Academia Real das Sciencias）。那一版本以四卷的形式重印，且有着 M. Lopes de Almeida 的导言（Porto: Lello & Irmão, 1975）。12 幅图形被复制在 *PMC*, 1: 167 – 68, pls. 85 – 86.

㉔　参见 Daveau, "A propósito das 'pinturas,'" 89.

㉕　参见 1858 年至 1866 年版的 Correia, *Lendas da India*, 1: X n. 13 中 Lima Felner 的导言。

1018

图38.20 来自加斯帕尔·科雷亚的"印度的传奇"的亚丁图景,约1550年

原图尺寸:约40.6×54.6厘米。IAN/TT(Lendas da India, vol. 2)提供照片。

图38.21 来自《寰宇城市》的亚丁的图景,1572年

原图尺寸:约19.5×46.5厘米。BL(G. 3603)提供照片。

年代㉖。清楚的是，他必然是一位目击者，并且在某些事件发生的时候对它们进行了描绘。在其他例子中，他前往那些地点，是在被描述的时间之前或之后，或者根本从未前往那里。在那些情况下，他基于从其他作者那里搜集的图像材料来绘制景观，他重新对它们进行加工以为"印度的传奇"获得综合性的图景。

有两个例子可以展现这一点。在他的亚丁的透视景观中，加斯帕尔·科雷亚包括了攻击城市城墙的场景，对此他是在 1513 年目击的。但是由设防的山丘链所环绕的城市的图像，非常类似于 1572 年的《寰宇城市》（图 38.20 和 38.21）中的图版。加斯帕尔·科雷亚制作的图示，仅仅是发现于《寰宇城市》中的图像的中部，也就是城市的部分，剪除了其边缘并对草图进行了简化。因而，其不可能是原型。似乎更为可能的是，科雷亚的亚丁来源于与《寰宇城市》所使用的相同的原型。所知的是，在《寰宇城市》中汇集的图版是基于早期的单幅图版，一些是相当古老的㉗。确实，非常可能的是，原始图像的时间可能是葡萄牙最早抵达城市的日期，即 1500 年或 1502 年㉘。

若昂·德卡斯特罗和加斯帕尔·科雷亚都创建了第乌的图景，但年代不同：科雷亚于 ^1019^ 1513 年和 1535 年在那里，卡斯特罗则是在 1539 年和 1546 年（图 38.19 至图 38.22）。若昂·德卡斯特罗制作的图像被包括在他于 1541 年带到里斯本的航行日志中，因而没有呈现 1546 年之后由弗朗西斯科·皮雷斯（Francisco Pires）重建的有着三角棱堡的堡垒（参见图 38.25）。

科雷亚的图像包括一条（在一条河流上）注释，其谈到，在 1535 年"由总督努诺·达库尼亚（Nuno da Cunha）修建的第乌的城堡"㉙。当他在 1528 年 4 月离开葡萄牙前往印度的时候，库尼亚随身带着一幅"第乌的图像"，其可能来自 1513 年阿尔布开克的访问。

随着 1535 年工作的完成，总督立刻将城堡新绘制的图像送给国王，但是在官方正式运输之前，是通过冒险家迪奥戈·博特略（Diogo Botelho）秘密交送的，其毫不迟疑地乘坐一艘小帆船从印度返回葡萄牙，由此他可以将这一重要的文献首先交给国王㉚。这些不同的插曲证实，对印度堡垒的图形呈现并不罕见，而且被认为是重要的。

初看起来，似乎，由加斯帕尔·科雷亚传达的第乌的图像是直接基于真实情况绘制的。一些图形的细节，完美地与相应的文本描述相符合。但是其他的细节则与文本不同。例如，在右侧城墙上的"五个圆形塔楼"没有表现出来，在图 38.22 上只出现了两个，尽管所有五个塔楼都出现在了若昂·德卡斯特罗的更少艺术色彩的绘画中（图 38.19）。但是卡斯特

㉖　例如，一封关于 São Tomé 居民的信件："在 534 年，加斯帕尔·科雷亚基于真实绘制了这一聚落"；被 António da Silva Rego 在 *Documentação para a história das missões do padroado português do Oriente*, 12 vols.（Lisbon: Divisão de Publicações e Biblioteca, Agência Geral das Colónias, 1947–58），2: 254 中引用。

㉗　斯凯尔顿指明，与印度、非洲和波斯城市有关的图画被 Hansa 商人 Constantin von Lyskirchen 交给了布劳恩；参见 R. A. Skelton, "Introduction," in *Civitates orbis terrarum*, "*The Towns of the World*," *1572–1618*, by Georg Braun and Frans Hogenberg, 3 vols.（Cleveland: World, 1966），1: Ⅶ–ⅩⅩⅢ. 也可以参见 Daveau, "A propósito das 'pinturas.'"

㉘　在一部被认为作者是洛波·奥梅姆和赖内尔的且时间为 1591 年的地图集中有着一幅其上标明了亚丁的小插图的地图。已经显示了一座山脉脚下的城市，而山上建有城堡（*PMC*, vol. 1, pl. 19）。

㉙　Correia, *Lendas da India*, vol. 3, facing 625（1858–66 ed.），和 *PMC*, vol. 1, pl. 85D.

㉚　这一插曲由不同的印度编年史学者复述。尤其参见 Correia, *Lendas da India*, 3: 660–70（1858–66 ed.），和 Barros, *Asia*, 4: 333–37（*década* 4, bk. 6, chap. 14）.

罗的图像更为准确和丰富，并且由有着丰富信息的文本描述所补充。其包括两个航海元素，而这在科雷亚的图绘中是完全缺乏的。在其上，与被引用的图例宣称的相反，出现了马蒂姆·阿丰索·德索萨应当在1545年命令完成的工作的两个局部，当时面对预计即将来临的围攻[231]。例如，其显示，河流上新的城门，有着圆形的塔楼和一个码头，还有为小船准备的有掩护的小型港口。科雷亚的图画构成了一种综合体，某种程度上让人印象深刻，是基于记录了防御工事的前后相继的各个阶段的一些档案绘制的。

　　另外一个与"印度的传奇"有着密切关系的抄本就是"里苏阿特·德阿布雷乌之书（Livro de Lisuarte de Abreu）"[232]，其是按照可能在印度制作它的人命名的。其包括了直至1563年的总督和副王的彩色肖像，以及对同一时期抵达印度的舰队的呈现。此外，其包含了大量地图学目的的绘画：两幅海岸图景［厄加勒斯角（Cape Agulhas）和科摩罗（Comoros）岛］和一幅莫桑比克的地图学的素描，其附带有对1558年里苏阿特·德阿布雷乌乘坐前往印度的舰队的叙述。这些图画的风格与那些弗朗西斯科·罗德里格斯的存在密切关系，因为山脉的自然主义风格和动植物的细节带有一些幻想色彩。其他的图像，穿插在那些舰队图像中的，是基于印象主义的，让人想起沉船和海军遭遇战的场景。

葡萄牙帝国的东部

　　葡萄牙的印度，随着到1570年的衰退而受到威胁，在随后的10年中有着显著的衰落[233]。从1580年至1640年葡萄牙与西班牙有着共同的国王，并且遭受着更为强有力的西班牙外国政策的后果。由于西班牙和英格兰之间海军的对抗，葡萄牙在大西洋上的航线自1585年之后受到英国舰队的威胁。另一方面，在加尔文派的尼德兰叛乱之后，荷兰东印度公司的创立导致在东方海域上的航行变得不安全。接着，1604年，果阿的港口被荷兰船只阻塞了三个星期。尽管努力维持着里斯本和印度之间一年一次的海上联系，但后者不得不越来越独立地生活，并且组织了一个与葡萄牙有着松散联系的自治的经济网络。

　　通过保存至今的样本数量判断，葡萄牙地图学产品似乎在16世纪后半叶在数量上减少了，在17世纪又再次增长（参见图38.11）。但是，同时，来源于葡萄牙的地图学，通过主要是在尼德兰印刷的大量地图和景观图，在世界范围的扩散显著增加。当地理知识的扩展在葡萄牙，受到非常严格限制的时候——关于这一属地，在那里只出版有少量书籍，更多的是

1020

　　[231]　Correia, *Lendas da India*, 4：424（1858–66 ed.）.

　　[232]　抄本目前位于 Pierpont Morgan Library, New York（MSS. 525）。有着一个影印本，*Livro de Lisuarte de Abreu*（Lisbon：CNCDP, 1992），其有着一个路易斯·德阿尔布开克所作的导言。也可以参见 *PMC*, 1：169–72, pl. 87.

　　[233]　1560年，加斯帕尔·科雷亚，其在1512年之后生活在印度，判断，1550年之后不应当再算作葡萄牙印度的历史。Van Linschoten，其从1583年至1589年生活在果阿，还有 Pyrard de Laval，其在1608年至1610年在那里，描述了一个依然强有力的帝国；参见 Jan Huygen van Linschoten, *Itinerario, voyage ofte schipvaert*（Amsterdam：Cornelis Claesz., 1596），以及 François Pyrard de Laval, *Discours du voyage des François aux Indes orientales*（Paris：Chez David le Clerc, 1611）. 撰写于1663年，Manuel Godinho 认为印度的国家已经在1561年至1600年间抵达了其"顶峰"，然后开始衰落；参见 Manuel Godinho, *Relação do novo caminho*（1663；Lisbon：Imprensa Nacional-Casa da Moeda, 1974），21–22. 更为最近的观点，包括那些 Chaudhuri 的观点，他认为在东方的葡萄牙帝国的顶峰从1520年延伸到1560年，而 Magalhães 认为其最伟大的时期一直延续至1370年；参见 K. N. Chaudhuri, "O estabelecimento no Oriente" 和 Joaquim Antero Romero Magalhães, "Os limites da expansão asiática"，都收录在 *História da expansão portuguesa*, 5 vols., ed. Francisco Bethencourt and K. N. Chaudhuri（Lisbon：Círculo de Leitores, 1998–2000），1：163–91, esp. 178 and 2：8–27, esp. 9.

关于历史的，而不是地理的，而且没有地图[24]——雕版地图和印刷书籍在整个欧洲数量正在增加。这对意大利和尼德兰而言尤其是真实的，那里在知识分子阶层中正在散播越来越多关于发现和异域土地的新闻。布劳恩和霍根伯格的《寰宇城市》（自 1572 年之后）和弗朗索瓦·德贝勒福雷（François de Belleforest）的《普通宇宙志》（1575 年）包含了葡萄牙绘制的大量欧洲、非洲和亚洲的城市景观，但通常并不知道被使用的景观原型的作者和时间。1595 年，扬·许根·范林斯霍滕出版了他的附带有很多明显基于葡萄牙地图的航海图的《旅行指南》[25]。

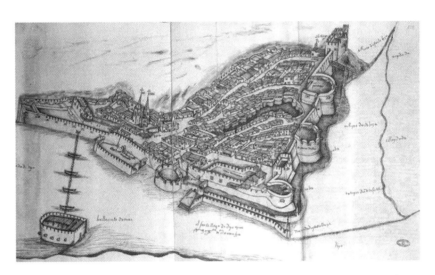

图 38.22 来自加斯帕尔·科雷亚的"印度的传奇"中的第乌堡垒的景观，约 1550 年

原图尺寸：约 42.8 × 72.5 厘米。IAN/TT（Lendas da India, vol. 3）提供照片。

当 1570 年初这些地图获得国际散播的同时，依然在东方有着新的地图学的活动。连接里斯本至果阿的海上路线的改进，持续吸引了政府的注意力，其使得对非洲海岸的南部进行了更为详细的地图绘制。同样的，中央政府持续寻求在东方具有战略价值的葡萄牙港口和堡垒的图形呈现。迪奥戈·奥梅姆绘制的前后相继的地图集，尤其是那些从 1558 年至 1568 年的，显示了持续增加的关于远东的地图学知识；例如，他的地图包括了朝鲜半岛（Korean Peninsula）和日本群岛（Japanese Archipelago）[26]。但一些基于陆地或海上探险的新地图，似乎更多的来源于私人活动而不是中央政府的任何持续性的政策。 1021

---

[24] Fernão Lopes de Castanheda 的 *História do descobrimento* 的第一卷 1551 年在科英布拉出版；最早的若昂·德巴罗斯的 *década of the Ásia*，1552 年在里斯本出版。

[25] François de Belleforest, *La cosmographie vniverselle de tovt le monde*, 2 vols.（Paris：Chez N. Chesneau, 1575）；参见 Mireille Pastoureau, *Les atlas français, XVIe-XVIIe siècles: Répertoire bibliographique et étude*（Paris：Bibliothèque Nationale, Département des Cartes et Plans, 1984），55 – 64，和 Luís Silveira, *Ensaio de iconografia das cidades portuguesas do ultramar*, 4 vols.（Lisbon：[Junta de Investigações do Ultramar], 1955）. 在 1598 年至 1610 年之间，扬·许根·范林斯霍滕的《旅行指南》被翻译为英文、德文、拉丁语和法语，但是最早的葡萄牙译文的时间仅仅是在 1997 年：*Itinerário, viagem ou navegação para as Índias orientais ou portuguesas*, ed. Arie Pos and Manuel Loureiro（Lisbon：CNCDP, 1997）；其包括了图形的影印件。

[26] *PMC*, 2：13 – 15, esp. pl. 105, and 2：31 – 32, esp. pl. 140A and B.

在国王塞巴斯蒂安（King Sebastian）时代，感觉到了对前往印度的路线的知识加以改进的需求，因为在非洲海岸灾难性的沉船事故在数量上的增加。1575 年至 1576 年，曼努埃尔·德梅斯基塔·佩雷斯特雷洛探索了从好望角至科连特斯角（Cape Corrientes）的南非海岸，并且撰写了一部航海日志，其中包含有一幅航海图，其以两个副本的形式保存至今[23]。文本同样附带有八幅海岸的立面图来帮助导航员确定他们自己沿着海岸的位置（图 38.23）。与那些弗朗西斯科·罗德里格斯或若昂·德卡斯特罗的绘画相比，这里的海岸线的图形标记展现出的是更多的概要性而不是自然主义的，并更重视赋予不同元素的相对位置而不是每个元素的细节。

图 38.23 曼努埃尔·德梅斯基塔·佩雷斯特雷洛（MANUEL DE MESQUITA PERESTRELO）航海日志中的沿海景观，约 1575 年。视角来自巴卡斯角（Cape Vacas）以东的埃尔因凡特角（Cape Infante）

原图尺寸：约 3.35×16.7 厘米。BL（Add. MS. 16932）提供照片。

与此同时，在 1591 年被菲利普二世任命为葡萄牙首席宇宙志学者的葡萄牙地图学家若昂·巴普蒂斯塔·拉旺哈指导下，[28] 正在准备新的前往印度的航线的海上旅行指南。没有如同旧有的沿海旅行指南所作的那样按部就班地描述被发现的海岸，这些新的旅行指南，特谢拉·达莫塔命名为"行程路线指南"（route itineraries）或"航线行程指南"（navigational itineraries），主要标明了关于远海的航海条件（盛行风和洋流以及随着季节变化的可选择的路线）[29]。例子包括曼努埃尔·蒙泰罗（Manuel Monteiro）和加斯帕尔·费雷拉·雷芒（Gaspar Ferreira Reimão）的"印度洋航海路线"（Roteiro da carreira da Índia, 1600），以及由雷芒编纂和增补的"印度洋海上航行路线"（Roteiro da navegação e carreira da India）[30]。除了海洋数据之外，其包括某些危险浅滩和礁石的航海图，以及沿海的景观，例如，标记着莫桑比克北部东非海岸的"崎岖峰"（Craggy Peaks）的景观。尽管印度理事会（Conselho da

㉓ Manuel de Mesquita Perestrelo, *Roteiro da África do Sul e Sueste, desde o Cabo da Boa Esperanç aaté ao das Correntes* (*1576*), anno. A. Fontoura da Costa (Lisbon：Agência Geral das Colónias, 1939)，以及 *PMC*, 4：27 - 30, pl. 409B and C.

㉘ 关于拉旺哈，参见 Cortesão, *Cartografia e cartógrafos portugueses*, 2：294 - 361，以及 *PMC*, 4：63 - 76.

㉙ Teixeira da Mota, "Evolução dos roteiros portugueses," 212.

㉚ Manuel Monteiro and Gaspar Ferreira Reimão, "Roteiro da carreira da Índia, 15 de Março de 1600," in *Roteiros portugueses inéditos da carreira da Índia do século XVI*, anno. A. Fontoura da Costa (Lisbon：Agência Geral das Colónias, 1940)，133 - 81，以及 Gaspar Ferreira Reimão, *Roteiro da navegação e carreira da India*, 2d ed. (1612；Lisbon：Agência Geral das Colonias, 1940) .

Índia）说到，对于雷芒的旅行指南的印刷，"应当谨慎行事"，并且导航员受到的威胁，如果他们允许其被复制就会被处死刑，但该书于 1612 年在里斯本被印刷[24]。

对于内格罗角以北的西非海岸依然知之甚少，因为其通常被海上路线所避开。1613 年，拉旺哈为一幅似乎从未完成的详细地图起草了指南。但是指南向我们指出了当时所使用的地图绘制方法的线索。绘制了一幅大比例尺的地图（"每一度至少一乍"，或大约 1∶500000），对于每一个可以作为港口的地点也是如此，一幅图像"有着更大的形式和尺寸，使得可以测量英尺和步长，由此可以考虑可能用于建造聚落和堡垒的位置"[242]。

两幅大型地图集证实，葡萄牙人在很长时间内维持着在世界这一部分他们地图学上的领先地位。若昂·特谢拉·阿尔贝纳斯二世绘制的非洲海岸的大型地图集［"全部非洲海岸的描绘"（Livro da descripçaõ de toda a costa de Africa...）］时间是 1665 年，并且 1700 年的，《法国海图续集》（Suite du Neptune françois），其以 17 幅航海图的形式复制了 1665 年地图集的所有地图（在每幅航海图上指明了，其是由"葡萄牙国王明令绘制的"），在阿姆斯特丹出版[243]。

对于 16 世纪后半叶和 17 世纪初在印度制作的地图知之甚少。里斯本的中央权力机构持续要求关于对葡萄牙而言具有重要意义的地点的信息，并且这些要求中的一些流传至今。已知的是，按照印度的主要编年史家迪奥戈·德科托（Diogo de Couto）在 1598 年 11 月的抱怨，首席建筑师乔瓦尼·巴蒂斯塔·卡里托（Giovanni Battista Cairato）在 1584 年前往印度，并且他带回里斯本一份防御工事的报告和草图，"而不想给出一个副本"[244]。但是在 1598 年，给副王的新的皇家指示抵达了印度："要求他将国家所有堡垒的图像用第一批船只尽可能快的送出，由此陛下可以看到它们，并且可以获得它们位置和形式的信息。"[245] 另外一条请求，来自 1633 年，没有特别提到堡垒，但是要求"对于这一国家所有海岸、港口、水湾和锚地，各个政府和舰长分别进行描述"[246]。

卡里托可能是从里斯本派来制作印度地图的最后一位能干的技术专家。在他之后，补充的地图学家似乎基本是当地人，这说明中央政府对于这里只有很少的兴趣。从 1600 年至 1623 年，曼努埃尔·戈迪尼奥·德埃雷迪亚的一些立面图的例子和各种作品被保存下来。在其在印度尼西亚为荷兰服务之后，从 1626 年至 1638 年，一位来自法国的导航员，皮埃

1022

---

[24]　印度理事会的观点，时间为 1611 年 2 月 28 日，由 Francisco Paulo Mendes da Luz 出版在 *O conselho da Índia*（Lisbon：Divisão de Publicações e Biblioteca, Agência Geral do Ultramar, 1952），510 – 11。

[242]　BL, Add. MS. 28461, fols., 160 – 61（*PMC*, 3：45 n. 17）。

[243]　*PMC*, 5：36 – 41, esp. 40. 1665 年的地图集保存在巴黎, Archives Nationales, NN＊20, Afrique no 1. 也可以参见 Pastoureau, *Les atlas français*, 351 – 56, 和 Suzanne Daveau, "O novo conhecimento geográfico do mundo," in *Gravura e conhecimento do mundo：O livro impresso ilustrado nas colecções da BN*, ed. Joachim Oliveria Caetano（Lisbon：Biblioteca Nacional, 1998）, 125 – 47, esp. 137 – 38.

[244]　Diogo de Couto, *Obras inéditas de Diogo de Couto, chronista da India, e guarda mor da Torre do Tombo*, ed. António Lourenço Caminha（Lisbon：Na Impressão Imperial e Real, 1808）, 88, 和 C. R. Boxer and Carlos de Azevedo, *A fortaleza de Jesus e os portugueses em Mombaça, 1593 – 1729*（Lisbon：Centro de Estudos Históricos Ultramarinos, 1960）, 在英文中, *Fort Jesus and the Portuguese in Mombasa, 1593 – 1729*（London：Hollis & Carter, 1960）. 在继续前往印度之前, 意大利建筑师乔瓦尼·巴蒂斯塔·卡里托在 1577 年为国王菲利普二世服务, 并且于 1581 年在丹吉尔工作, 他在印度建造或者改建了一些堡垒。

[245]　*PMC*, 4：48.

[246]　António Bocarro, *Década 13 da Historia da India*, 2 vols.（Lisbon, 1876）, 1：XVI；还被引用于 *PMC*, 5：60.

尔·贝特洛（Pierre Berthelot），被葡萄牙人征募来绘制地图。后来，在 1654 年至 1660 年之间，绘制地图的是安德烈·佩雷拉·多斯雷斯（André Pereira dos Reis），他出生在果阿，是一位葡萄牙导航员的儿子[247]。

曼努埃尔·戈迪尼奥·德埃雷迪亚 1563 年出生在马六甲，是一位出生于阿拉贡的葡萄牙贵族和一位来自望加锡（Macassar）的马来公主的儿子。他先后在马六甲的耶稣会学校和在果阿的神学院进行了研究。1579 年他进入耶稣会，但在 1580 年或 1584 年，他很快就离开了。后来，他致力于宇宙志，并且致力于"用新的卡塞和南方印度（Meridional India）的地方地图的呈现来取代世界地图和地图集中旧有的图像"[248]。这一宣称说明，他从事的地图学中的众多原创性的方面：他对陆地地图学和绘制地区地图的兴趣，并且不仅仅是为了航海或者军事目的；可能对来源于亚洲的本地地图学资料的使用，以及他发现新土地，尤其是南方大陆的热情，他猜测其存在印度尼西亚的南部，将其称为"南印度"（Southern India）。

德埃雷迪亚的职业生涯在马六甲和果阿之间划分，同时他的地图学产品包括城市和城堡的平面图以及不同比例尺的地方地图。他从未成功的从果阿、里斯本和马德里当局获得授权，他不断地征求他们的意见，以获得在南部海域继续他的探索不可或缺的授权和资源，按照一份包括在 1630 年的若昂·特谢拉·阿尔贝纳斯一世的世界地图中的注释，这一活动应当开始于 1601 年[249]。德埃雷迪亚绘制的最为古老的地图，目前只能通过一个副本进行了解，时间是 1601 年，是对班达岛的呈现。按照一封尼古劳·德蒙塔莱格雷（Nicolau de Montalegre）的信件，其取材于"对它们有着很好了解的爪哇人的图像，以及由曼努埃尔·戈迪尼奥装饰的绘画"[250]。

根据副王的命令，德埃雷迪亚在 1610 年制作了印度沿岸地点平面图的汇编，然后副王将它们送到了里斯本。今天保存在里约热内卢（Rio de Janeiro），其包括分布在从莫桑比克至马六甲的 19 处堡垒的平面图（参见图 38.15）。两幅马六甲的平面图，以及一幅"果阿土地区划的描述"，毫无疑问的是，这些是由德埃雷迪亚自己绘制的，但可能的是，其他平面图中的一些可能来源于之前建筑师和工程师的调查[251]。

图 38.24 显示了在 PMC 中的曼努埃尔·戈迪尼奥·德埃雷迪亚绘制的地图的覆盖范围。用不同的比例尺呈现了不同的地点，同时地图范围从当地或者地方地图学到一幅完整的远东地图。大部分是从其他资料编绘的结果。印度斯坦（Hindustan）或莫戈尔（Mogor）的地图，由于关于河流河道的准确性而著名（印度河、恒河以及它们的支流），同时其可能基于那时在莫卧儿帝国宫廷中的耶稣会士的调查[252]。

就当前我们最好的知识而言，一些德埃雷迪亚的地图似乎构成了地图学的创新，例如，那些果阿周围的、科西姆内陆的、康慕里角（Cape Comorim）的、马六甲区域的以及新加坡

---

[247] 关于皮埃尔·贝特洛（Pierre Berthelot），参见 *PMC*，5：67 – 69，pls. 575 – 76，关于安德烈·佩雷拉·多斯雷斯（André Pereira dos Reis），参见 *PMC*，5：27 – 29.

[248] 关于 Manuel Godinho de Erédia，参见 *PMC*，4：39 – 60，pls. 411 – 22，esp. 4：40.

[249] *PMC*，4：111 – 18 and pl. 464

[250] *PMC*，4：47 and pl. 411 A.

[251] *PMC*，4：47 – 48 and pl. 411 B – F.

[252] *PMC*，4：59 and pl. 415A and B.

海峡（straits of Singapore）的地图。不幸的是，它们依然没有成为研究的对象，并且对德埃雷迪亚的地图绘制技术、他所使用的信息，或者他作品可能对后来地图学的影响一无所知㉓。只是提出了少量假说。为 1615 年在马德里印刷的若昂·德巴罗斯的《亚洲》（*Ásia*）1023 在其去世后出版的部分，若昂·巴普蒂斯塔·拉旺哈绘制和雕版了三幅地图㉔。被呈现的三个区域包括在现存的由德埃雷迪亚绘制的地图范围内，即使它们远远不如 1615 年出版的地图详细。若昂·特谢拉·阿尔贝纳斯一世熟悉德埃雷迪亚的作品，并且可能的是，他 1630 年地图集中的非洲南部和东南部的地图是基于德埃雷迪亚的调查。

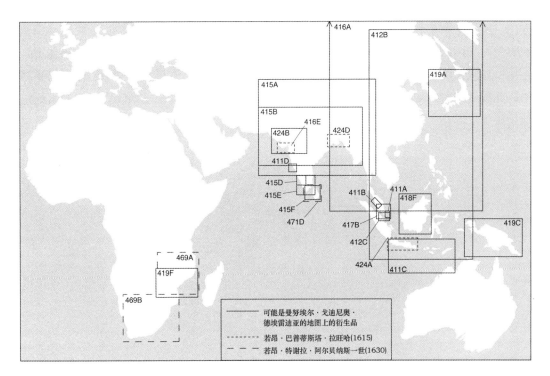

图 38.24　曼努埃尔·戈迪尼奥·德埃雷迪亚绘制的主要的地方地图及其衍生物的涵盖范围。数字指的是 *PMC* 卷四中对应的图版

　　17 世纪葡萄牙在其东方海洋帝国沿海堡垒的图像呈现被保存在世界上的很多图书馆中。很多被收录于 *PMC*，并且附带有搜集到的关于它们的信息的汇集㉕。时间最为古老的是 1635 年的，当时安东尼奥·波卡罗，印度的编年史学者，在副王利尼亚里什伯爵（count of Linhares）的要求下撰写"东印度所有堡垒、城镇和村庄的平面图之书"（O livro das plantas de todas as fortalezas, cidades e povoações do estado da Índia Oriental），利尼亚里什伯爵将两个

　　㉓　Paul Wheatley, in "A Curious Feature on Early Maps of Malaya," *Imago Mundi* 11 (1954): 67–72, 显示了一幅德埃雷迪亚绘制的地图，是关于马六甲半岛的，准确地描绘了使得东西海岸之间的商业贸易成为可能的两条河流之间的陆上运输。

　　㉔　João Baptista Lavanha 在 João de Barros, *Quartadecada da Asia de Ioão de Barros* (Madrid: Na Impressão Real, 1615)，和 *PMC*, 4: 71–72 and pl. 424。

　　㉕　*PMC*, 5: 59–85 (table on 82–85)。

副本送往了里斯本，其中一份现在保存在埃武拉（图版 34）㉕。文本最初附带有一系列的 52 幅的绘画，波卡罗说到它们并不是他绘制的。在埃武拉的汇编，是不同时期由有着不同能力的人以及经由不同的指示基于档案制作的。最为明显的一致性主要归因于一位绘图员的干预。但更为值得怀疑的就是，来自埃武拉的副本，以及另外一份非常相似的副本，是为国王准备的两幅原始的副本，因为其图像经过了大量的彩饰，并由此使得某些细节变得几乎难以识别㉗。国王可能更想要的是更容易阅读和有着更少颜色的档案，就像维索萨镇抄本（Codice de Vila Viçosa）中的那些（图 38.25）㉘。在更多的情况下，地图在文本中被松散的提及。波卡罗强调文本，并且他警告，他已经没有时间实现他所期望的工作了，"有着确定了方向、进行了测量和按照比例尺绘制的平面图，但由于在这一国家内极为缺乏这一领域技术娴熟的人，因此使其变得不可能……我试图将所有信息放在可以被充分信任的描述中，同时在堡垒和城镇的平面图中，除了它们的形式和形象之外得不出更多的信息，由于在某些图像中，测量是按照比例进行的，而在另外一些中，它们不够精确；平面图中绘制的火炮数量不能被接受，但在文本中给出的则可以"㉙。

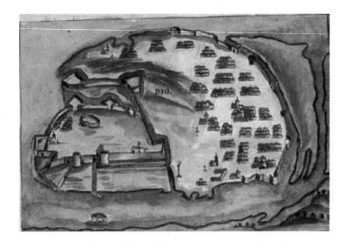

图 38.25　第乌岛和要塞的图景，17 世纪。来自"Livro das plantas das fortalezas，cidades e povoações do estado da Índia Oriental"

原图尺寸：21 × 31.3 厘米。Biblioteca do Paço Ducal, Vila Viçosa（Codice de Vila Viçosa, fol. 40）提供照片。

㉕　其最早出版于 1992 年，允许进行文本和图形之间的比较：António Bocarro, *O livro das plantas de todas as fortalezas, cidades e povoações do estado da India Oriental*, 3 vols. （Lisbon：Imprensa Nacional-Casa da Moeda, 1992）. 最近还出版了其他一些图像汇编：António de Mariz Carneiro 的汇编在 *Descrição da fortaleza de Sofala e das mais da Índia*, ed. Pedro Dias （Lisbon：Fundação Oriente, 1990），和 Biblioteca do Paço ducal de Vila Viçosa 的抄本在 Luís Silveira, ed., *Livro das plantas das fortalezas, cidades e povoações do estado da India Oriental*（Lisbon：Instituto de Investigação Científica Tropical, 1991）。两份锡兰的描述，有着众多地图，被复制在了 Jorge Manuel Flores, *Osolhos do rei：Desenhos e descrições portuguesas da ilha de Ceilão*（1624 - 1638）（Lisbon：CNCDP, 2001）中。

㉗　相似的副本于 1961 年在牛津出售；参见 *PMC*, 5：62.

㉘　保存在马德里的副本也是如此，参见 *PMC*, 5，63 - 64，这一副本的图像在 *PMC* 中被认为是由若昂·特谢拉·阿尔贝纳斯一世（João Teixeira I）制作的，并且被认为是在印度制作的原版的一个副本。

㉙　*PMC*, 5：60；作者的翻译。

　　据说，附带在博卡罗（Boccaro）撰写的文本中的图像的作者是佩德罗·巴雷托·德雷森迪[260]，但是这一结论来源于对雷森迪撰写的稿本的某一版本前言的错误解读[261]。雷森迪是利尼亚里什伯爵的秘书，并且当他与副王一起在 1636 年返回葡萄牙的时候，他利用航行中的空闲完成了"东印度之书"（O livro do estado da Índia Oriental）自己的版本。雷森迪在前言中解释，他收到了用他搜集的一套平面图作为交换获得的博卡罗的文本。然后，他在自己的版本中使用了这些文本，纠正了一些叙述并且增加了舰队和总督的列表，以及更多的关于阿拉伯、荷兰和英国堡垒的图示，而且他成功地获得了这些堡垒的消息，以及一幅楚马（Cuama）的陆地、堡垒和河流的地图[262]。

　　没有理由认为，雷森迪是附带在博卡罗文本中的图像的作者。在雷森迪的前言中他确实没有谈到，他绘制了平面图；他只是说到，他开始编纂他的汇编，并且比博卡罗"拥有的更多"[263]。当然，当在印度期间，他有着比制作地图更为急迫的任务；至多，他可能复制了一些，或者，更为可能的是，他可能让人将它们复制了。制作有着统一和细致的装饰的 52 幅绘画，对于一名非常活跃的副王的秘书来说似乎不是一个适当的职业。尽管印度缺乏有能力制作有着正确比例尺和正方向的地图的专家，但在果阿应当有着有能力完成制作良好副本这种日常工作的艺术家。

　　总体上，博卡罗的工作更多的是处理印度的经济和军事方面的事务，而不是航海方面的事务，同时如同作者警告的，在文本中提到的特定的技术细节没有出现在相应的图像中。蒙巴萨的情况尤其明显。文本，描述了非洲东海岸的这一地点，是基于比最终包括在抄本的图像中的信息更为丰富的图形文献撰写的。实际上，其代表了博卡罗注明了他使用的文献的唯一例子：他说到环绕岛屿的海峡的水深，用英寻表示的，"按照这一国家的宇宙志学者进行的测量"[264]。当博卡罗进行撰写的时候，印度的宇宙志学者是皮埃尔·贝特洛，但是非常可能的是，博卡罗所提到的是去世于 1623 年的曼努埃尔·戈迪尼奥·德埃雷迪亚。在博卡罗的文本和附带的图形之间存在差异，但是在他的文本和由埃雷迪亚绘制的一幅已知地图之间存在相似性。在博卡罗的文本中标明的壁垒的名称和形状出现在埃雷迪亚的地图中（1610年），此外还有其他的名称和数据的匹配[265]。对马六甲的堡垒可以进行同样的观察，在被整合进博卡罗抄本的图形中没有发现那些壁垒的名称，但是出现在一幅 1604 年埃雷迪亚制作的平面图上[266]。

　　因而，似乎，博卡罗开始使用他掌握的地图学文献来撰写他的"东印度之书"，但是后来决定使用更为完整的，尽管技术上较差的，雷森迪提供的图像汇编。显而易见的是，不是

---

[260]　Cortesão，*Cartografia e cartógrafos portugueses*，2：101 - 2，和 *PMC*，5：60 - 61.

[261]　现在保存在 BNF。参见 *PMC*，5：65 - 67.

[262]　Cortesão，*Cartografia e cartógrafos portugueses*，2：102 - 3. 楚马的河流，包括 Zambesi River，流入河流附近的印度洋。

[263]　*PMC*，5：61.

[264]　Bocarro，*O livro das plantas*，2：35.

[265]　*PMC*，4：48. 关于 Mombasa，参见 Boxer and Azevedo，*A fortaleza de Jesus*. Azevedo 展示，埃雷迪亚的图像非常不准确，甚至包括荒谬的细节。按照乔瓦尼·巴蒂斯塔·卡里托的一幅草图，堡垒的兴建开始于 1593 年，但其在 1610 年也没有完成。

[266]　Silveira，*Ensaio de iconografia*，vol. 3，pl. 815.

所有他查阅的平面图都是由埃雷迪亚制作的，因为相当数量的被呈现的堡垒是在埃雷迪亚去世后被占领、建造或者重建的[267]。

比较大量 17 世纪描绘了葡萄牙印度的堡垒的抄本，与整合到被出版的著作中的图像，解释了同时代关于东方的信息在欧洲传播的路径和受众最感兴趣的主题。这些抄本主要确定了，到这一时间，在印度缺乏地图学专家来进行测量，因为伊比利亚诸国让他们在欧洲或者巴西工作[268]。埃雷迪亚似乎是在东方的最后一位有创造力的葡萄牙地图学家[269]。

绘制非洲的地图

截至坎蒂诺地图的时间（1502 年），除了红海之外，非洲海岸线的轮廓已经被葡萄牙人以一种几乎现代呈现的方式绘制了地图。但是在多个世纪内以来一直非洲大陆的内部抵抗着欧洲的渗透，这极大地限制了关于其地图学知识[270]。在 15 世纪后半叶，在葡萄牙水手与从撒哈拉到谢拉·莱昂内的非洲西海岸的首次联系之后，一些冒险者沿着重要商业路线旅行，这些商业路线连通了海岸上的地点［阿格里姆（Arguim）岛、塞内加尔河的河口和帕尔马，后来被称为戈雷岛（Gorée）的岛屿］与内陆的商业中心，例如毛里塔尼亚的瓦丹（Ouadane）和在马里（Mali）的尼日尔河（Niger）上的杰内（Djenné）以及通布图（Tombouctou）。这些旅行者留下了相当准确的关于旅行距离的描述[271]。但是这一知识从未被用地图学的方法进行描绘，如同这样的事实所展示的，直至 19 世纪，西侧河流（塞内加尔河和冈比亚河）与尼日尔的内陆河盆地之间的分水岭完全被地图学家忽略。一条大的河流，尼日尔河—尼罗河，在地图上流向大西洋，将它们自己分为由不同的河流构成的巨大三角洲，葡萄牙人以及后来的其他欧洲人基本只是位于他们的船只可以抵达的这些河流的河口。

类似的，几内亚湾北海岸的勘查——1482 年，葡萄牙人在那里建立了一个重要的圣豪尔赫·达米纳的商业 *feitoria*（贸易站）——本质上没有扩展穿过狭窄的有着商业贸易的海

㉗　阿拉伯海岸 Mascate 附近的 Quelba、Libedia、Madá 和 Doba 的堡垒，在 1623 年或 1624 年被占领；Damão 城堡修建于 1625 年；Cambolim 城堡兴建于 1629 年；同时出现在锡兰的 Caliture 堡垒图像中棕榈树的枝条，只是在 1630 年的叛乱之后才被石墙取代。

㉘　若昂·巴普蒂斯塔·拉旺哈在 1610 年至 1611 年绘制了阿拉贡的地图；其出版于 1620 年（*PMC*, 4：69 - 70, pl. 423）。Agustín Hernando Rica, *La imagen de un país*：*Juan Bautista Labaña y sumapa de Aragón*（*1610 - 1620*）（Zaragoza：Institución "Fernando el Católico," 1996）. 关于巴西，参见 pp. 1028 - 34。

㉙　Thomaz, "Archipelago in Portuguese Cartography," 94.

㉚　关于对非洲的渗透和陆地地图学的基本参考书目就是 La Roncière, *La découverte de l'Afrique*。也可以参见 Yūsuf Kamāl（Youssouf Kamal）, *Monumenta cartographica Africae et Aegypti*, 5 vols.（Cairo, 1926 - 51）；Maria Emília Madeira Santos, *Viagens de exploração terrestre dos portugueses em África*, 2d ed.（Lisbon：Centro de Estudos de História e Cartografia Antiga, 1988）；I. Norwich, *Maps of Africa*：*An Illustrated and Annotated Carto-Bibliography*（Johannesburg：Ad. Donker, 1983）；和 Francesc Relaño, *The Shaping of Africa*：*Cosmographic Discourse and Cartographic Science in Late Medieval and Early Modern Europe*（Aldershot：Ashgate, 2002）.

㉛　内陆的主要描述在 1506 年被德意志印刷匠瓦伦廷·费尔南德斯基于若昂·罗德里格斯的口头报告进行了汇编，后者从 1498 年之后在 Sertão de Arguim（今天的毛里塔尼亚）旅行。参见 *Códice Valentim Fernandes*（Lisbon：Academia Portuguesa da História, 1997）；Santos, *Viagens de exploração terrestre*, 33 - 41；以及 Suzanne Daveau, *A descoberta da Africa Ocidental*：*Ambiente natural e sociedades*（Lisbon：CNCDP, 1999）.

岸地带㉒。只是在位于南半球的扎伊尔河河口南侧，葡萄牙人可以与刚果国王发展稳定的友好关系，并且他们在相当于今天安哥拉北部的广大区域稳定发展。

　　在东非，葡萄牙人在两个地点确立了他们的存在：在莫桑比克岛，对于他们前往印度航海的供给而言至关重要的一个地点，以及在索法拉，一个建立在楚马河沼泽河口上的堡垒，莫诺莫塔帕内地生产的黄金抵达了那里㉓。1552 年，若昂·德巴罗斯出版了一部对这一半神化的帝国的地理描述，可能附带有地图学的草图，其暗示了之前的探索㉔。例如，我们知道在 1514 年安东尼奥·费尔南德斯（António Fernandes）从索法拉至莫诺莫塔帕的航行㉕。若昂·德巴罗斯的文本被意大利地图学家贾科莫·加斯塔尔迪所使用，当他在 1564 年出版了一幅非洲地图的时候，其是首次对托勒密地图的修改㉖。

图 38.26　皮加费塔出版的刚果地图，1591 年。收录于 Duarte Lopes and Filippo Pigafetta,

Relatione del Reame di Congo et delle circonvicine contrade（Rome：Bartolomeo Grassi，1591）

原图尺寸：约 43.3×50.2 厘米。BL（G. 7151）提供照片。

　　㉒　几内亚湾的北侧海岸在 Pacheco Pereira 的 "Esmeraldo de situ orbis"（1505 年至 1508 年）中进行了详细的描述；参见 Santos, *Viagens de exploração terrestre*, 45–53.

　　㉓　关于赤道以南的非洲的葡萄牙地图学，尤其参见 W. G. L. Randles, *L'image du sud-est Africain dans la littérature européenne au XVIᵉ siècle*（Lisbon：Centro de Estudos Históricos Ultramarinos, 1959），和 A. Teixeira da Mota, *A cartografia antiga da África Central e a Travessia entre Angola e Moçambique, 1500–1860*（Lourenço Marques：Sociedade de Estudos de Moçambique, 1964）.

　　㉔　Barros, *Asia*, 1：391–98（*década* 1, bk. 10, chap. 1）.

　　㉕　Hugh Tracey, *António Fernandes, descobridor do Monomotapa, 1514–1515*, trans. Caetano Montez（Lourenço Marques：Arquivo Histórico de Moçambique, 1940）.

　　㉖　Teixeira da Mota, *Cartografia antiga*, 25–30.

葡萄牙人杜阿尔特·洛佩斯（Duarte Lopes），其从 1578 年之后生活在刚果国王的宫廷中，被派往罗马作为这位国王的大使，并且带到那里一幅非洲地图，其成为 1591 年由菲利波·皮加费塔（Filippo Pigafetta）出版的两幅地图的基础。其中一幅地图，比例尺大约为 1∶4500000，呈现了由多条河流穿过的刚果王国，这些河流大部分都标有正确的名称（图 38.26）。另外一幅地图，呈现了非洲大陆东部的三分之二，并且汇编了到那时为止葡萄牙人直接或者间接获得的知识。杜阿尔特·洛佩斯获得的地图的作者未知，可能是在葡萄牙获得的，他在 1584 年前往了那里[27]。

关于赞比西河（Zambezi）河口周围地区的 17 世纪早期的一系列地图也保存了下来。它们可能基于来自 16 世纪的呈现了莫诺莫塔帕市镇的原型[28]。在其中一幅时间约 1636 年的地图上（图 38.27），有着一个小湖，其标志着尼亚萨湖（Lake Nyasa）的最南端。我们知道这一时期被下令进行的一些探险，以及一幅"由一位在莫诺莫塔帕王国旅行了多年的葡萄牙人绘制的"地图，神父曼努埃尔·戈迪尼奥在 1665 年说到他看到过这幅地图[29]。

1027

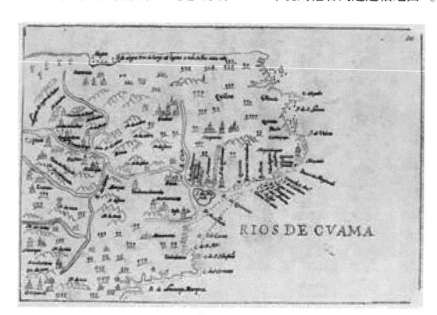

图 38.27 17 世纪楚马河的地图（赞比西河河口附近）

原图尺寸：19.6×30.2 厘米。Bildarchiv，Österreichische Nationalbibliothek，Vienna（Atlas Stosch［vol. 281］，map 30）提供照片。

葡萄牙人较早收到信息的非洲的另外一个部分就是阿比西尼亚。最早抵达西方的可能是由阿比西尼亚僧侣带来的地图学草图。这些，与其他数据——尤其来源于葡萄牙大使佩德拉·德利马（Rodrigo de Lima）的航行（1519 年至 1527 年）的，在 1540 年由神父弗朗西斯

---

[27] *PMC*，3：103－8 和 pl. 386A－B，以及 Duarte Lopes and Filippo Pigafetta，*Relatione del reame di Congo et delle circonvicine contrade*（Rome，B. Grassi，1591）.

[28] *PMC*，vol. 4，pl. 419F，and vol. 5，pls. 579A－D and 580A－B，以及 Teixeira da Mota，*Cartografia antiga*，41－57.

[29] Godinho，*Relação*，218－19.

科・阿尔瓦斯描述和出版[29]——一起，被地图学家所使用，但是他们将阿比西尼亚的特征放置的向南过远了。1645 年前后，耶稣会士马诺埃尔・德阿尔梅达制作了一幅阿比西尼亚地图，他于 1624 年至 1663 年间在那里旅行。在一架星盘的帮助下，他确定了地点的纬度。他对蓝尼罗河的河道和源头进行了更为准确的绘制，这些在 1681 年由西班牙耶稣会士佩德罗・派斯进行了描述。阿尔梅达的阿比西尼亚帝国政区地图的一个雕版版本被包括在了 1660 年的《埃塞俄比亚通史》（*História geral da Etiópia a alta*）中，并且广泛流传（图 38.28）[20]。

图 38.28　马诺埃尔・德阿尔梅达的阿比西尼亚地图的雕版，1660 年。Manoel de Almeida, *História geral de Etiópia a alta...*, ed. Balthazar Telles（Coimbra, 1660）

原图尺寸：约 26.6×36.4 厘米。BL（984. f. 15）提供照片。

　　为了弥补非洲大陆内陆第一手知识的缺乏，欧洲地图学家诉求于两个策略。第一，他们扩大了与阿比西尼亚有关的地名所涵盖的空间，将它们扩展超出了赤道区域，到了大陆南部。第二，他们采用了托勒密的关于尼罗河的源头和河道的思想。由亚历山大地理学家提出的水文地理开始于赤道以南的明月山脉（Mountains of the Moon）。从那里，然后北流，出现了多条河流，这些河流抵达了两个巨大的几乎位于相同纬度的平行湖泊，但依然位于南半球。从这两个湖泊的每一个流出的新河道，汇合形成了位于赤道以北的尼罗河的主河道。下游，巨大的非洲河流接受了多条阿比西尼亚的支流，并且北流，流入地中海。

　　从 16 世纪初开始，这一非洲内陆的图像出现在葡萄牙地图学中。例如，在被称为阿米

　　㉙　Álvares, *Ho Preste Joam das Indias*, 以及 Santos, *Viagens de exploração terrestre*, 57–68.

　　㉚　Manoel de Almeida, *História geral de Etiópia a alta...*, ed. Balthazar Telles（Coimbra, 1660）; *PMC*, 5：108–16, pls. 607–8, 引文在 110; Teixeira da Mota, *Cartografia antiga*, 65–69; 和 Santos, *Viagens de exploração terrestre*, 109–17.

国王（约 1504 年）和孔斯特曼三世（Kunstmann Ⅲ）（约 1506 年）的佚名地图中可以被观察到。但是通过由马丁·瓦尔德泽米勒印刷的地图（1507 年和 1516 年），托勒密的中非的方案被此后的数代地图学家长期使用。

最早的变化就是贾科莫·加斯塔尔迪的作品，其出版了一幅非洲地图（Venice, 1564），其上没有呈现明月山脉，同时描绘了一个大的内陆湖泊，不仅作为尼罗河的源头，而且是其余大多数非洲河流的源头。这些思想已经存在于 1522 年若昂·德巴罗斯对于莫诺莫塔帕帝国的描述中，加斯塔尔迪必然已经在《航海和旅行文集》（Navigazioni e viaggi）卷一的第二版（1554 年）的一个意大利译文中读到过[232]。加斯塔尔迪的 1564 年的图像被奥特柳斯在他的《寰宇概观》（1570）中所采用，后者使其此后在欧洲地图学家中流行。

1028 　　即使存在由其产生的各种变体，但巴罗斯－加斯塔尔迪关于中非的图案延续了由托勒密提出的水文地理系统中的主流。这一区域呈现的最早的真正替代就是洛佩斯获得的非洲地图，其由菲利波·皮加费塔在 1591 年出版[233]。在这幅地图上，明月山脉不再作为尼罗河的源头从而有着重要地位，同时河流的源头被绘制在赤道以北而不是以南。中非的大湖不再在同一纬度平列放置，而是在同一子午线上垂直描绘。在欧洲的印刷地图学中没有类似于这一版本的地图出现，尽管一些元素已经以原始形式被呈现在之前的葡萄牙绘本地图中。例如，一些主要方面已经被认为出现在了安德烈·奥梅姆的世界地图上（1559 年）[234]；两年后，它们以更为精细的形式出现在老巴托洛梅乌的非洲地图上[235]；最后，在佩德罗·德莱莫斯制作的地图上（约 1583 年）和巴托洛梅乌·拉索的地图上（1584 年和 1590 年）有着一个相似的图案[236]。

因此，由皮加费塔出版的地图的最大贡献在于其系统详细说明了这些关于中非的思想，并且使得它们在欧洲被了解。问题在于，在缺乏传播了考察结果的文本的情况下，大多数欧洲地图学家依然信奉托勒密的模型。归因于伊比利亚的耶稣会士的行动，关于阿比西尼亚的知识在 1660 年之后得到大规模改进，同时地图学家被迫在本质上修订他们对于中非的呈现。尽管他们清除了与这一区域不相符合的地名，但是尼罗河源头依然在很长时间内被按照古典传统绘制。

巴西海岸

围绕佩德罗·阿尔瓦斯·卡布拉尔在 1500 年 4 月 23 日达到了塞古鲁港（Porto Seguro, 16°18′S—38°58′W）是否是有意为之这一问题，存在激烈的讨论。论争依然存在，尽管存在

[232] Giovanni Battista Ramusio, *Primo volume, & seconda edition delle navigationi et viaggi*, 2d ed. (Venice: Nelle stamperia de Givnti, 1554).

[233] Francesc Relaño, "Against Ptolemy: The Significance of the Lopes-Pigafetta Map of Africa," *Imago Mundi* 47 (1995): 49-66.

[234] 制作于安特卫普，保存在 BNF；参见 *PMC*, 2: 67-71, pl. 191

[235] 保存在佛罗伦萨；参见 *PMC*, vol. 2, pl. 203, 以及 Teixeira da Mota, *Cartografia antiga*, 31-39.

[236] 莱莫斯，约 1583 年，世界地图保存在 BNF，Armando Cortesão 带有一些疑问的将作者认为是塞巴斯蒂昂·洛佩斯，复制在 *PMC*, vol. 4, pl. 408；拉索，1584, *PMC*, 3: 95-96, pl. 380；和拉索，1590, 鹿特丹地图集的第五幅航海图，*PMC*, 3: 91-92, pl. 375.

压倒性的理论，即无论我们使用哪些术语对其进行描述，发现是有意为之的[207]。然而，比有意为之这一问题更为令人感兴趣的可能就是，这一未知土地的概念化的内容是如何从那时之后成型并且流行的。地图自然在这一概念化过程中占有中心地位。

卡布拉尔抵达的土地，与其形态有关的一个不得不处理的基本疑问就是，其是一座岛屿还是一块大陆，以及这一岛屿或者大陆到底有多大。另外一个难题就是新的土地与亚洲的空间关系。然后，还存在更北方的陆地——后来被命名为北美洲，但是在 1502 年的坎蒂诺地图中被确定为"卡斯蒂尔国王的安的列斯群岛"（Antilles of the King of Castile）——与南美洲之间的关系[208]。

在旧世界，这些新的和遥远的土地——安的列斯群岛（由克里斯托弗·哥伦布发现，1492 年至 1498 年）、新斯科舍（可能是由约翰·卡伯特发现，1497 年？）、位于赤道附近的南美洲（由杜阿尔特·帕切科·佩雷拉发现，1498 年？）、巴西（由阿美利哥·韦思普奇发现，1498 年？）、苏里南（Surinam）（由马丁·阿隆索·平松和迭戈·德莱佩斯发现，1499 年/1500 年）、塞古鲁港（由佩德罗·阿尔瓦斯·卡布拉尔发现，1500 年）和纽芬兰（由科尔特 – 雷亚尔兄弟发现，1501 年/1502 年）——在一大堆不同的名称之下被了解，同时从这一早期保存下来的地图明确证实了在概念化这些未知的大片领土时遇到的困难，这些土地的范围只是才开始被估计，并且对其的描述依然混乱。

被称为"美洲"（America）的地区，在 1507 年的瓦尔德泽米勒地图之后被用于赞美阿美利哥·韦思普奇，被多种多样的称为"第四大陆"（Fourth Continent）、"新世界"（New World）、"西印度"（West Indies）、"卡斯提印度"（Castilian Indies）和"陆地"（Terra Firma）。只有一种表达方式，"第四大陆"——并且这是最不流行的，而且在对其发现之后很久才出现在文本中——清楚地表达了是一块大陆而不是一座岛屿。位于旧世界对面的新世界，尽管不知道其形状和其范围；同时西印度群岛或卡斯提印度，位于另外一个虚构的印度群岛的对立面，后者从那时被称为东印度群岛，其边界和范围同样是未知的。甚至这样的表达方式"陆地"（Terra Firma）也并不一定指的是一块陆地，因为其同样可以被应用于一块相对广大的位于大洋中的陆地。

后来被称为巴西的土地同样有着不同的命名方式。表达方式"维拉克鲁兹的土地"起源于 1500 年发现之后，一封由佩德罗·阿尔瓦斯·卡布拉尔舰队的医生和天文学家若昂·法拉斯写给国王曼努埃尔的信件。法拉斯的信件的地点是"圣克鲁斯岛"［Ilha（Island）de Vera Cruz］。后来的命名"圣克鲁斯省"（Província de Santa Cruz），被用于由曼努埃尔写给

---

[207]　如同格德斯的评述，"围绕卡布拉尔的舰队抵达巴西是偶然或者是有意为之这一问题的讨论，已经花费了大量的笔墨"；参见 Max Justo Guedes, "O descobrimento do Brasil," *Oceanos* 39 (1999): 8 – 16, esp. 13. *Oceanos* 的这一期完全致力于"Oachamento do Brasil"（巴西的发现），这也是其书名页。值得提到的还有 Jaime Cortesão, *Introdução à história das bandeiras*, 2 vols. (Lisbon: Portugalia, 1964); idem, *História do Brasil*; idem, "América," in *Dicionário de história de Portugal*, ed. Joel Serrão, 4 vols. (Lisbon: Iniciativas Editoriais, 1963 – 71), 1: 128 – 43; idem, *A expedição de Pedro Álvares Cabral e o descobrimento do Brasil* (Lisbon: Imprensa Nacional-Casa da Moeda, 1994); 以及 *Aconstrução do Brasil*, *1500 – 1825*, 展览目录 (Lisbon: CNCDP, 2000). 关于术语 *achamento* 是否表示"偶然"，*descoberta* 是否意味着"有意"存在各种观点。

[208]　直至 1538 年，经由赫拉尔杜斯·墨卡托，在"America pars septentrionalis"（北美洲）和"America pars meridionalis"（南美洲）的概念之间才有了明确的区别。随着对整个大陆的内部以及知识和物质的掌握，术语"中美洲"（Central America）直至 19 世纪才流行。

费迪南德和伊莎贝拉通知他们这些发现的一封信件中，这是一个较早的可供选择的形式，可能被用于政治目的[209]。"巴西"直至 1508 年之后才开始流行；这一命名可能用于确定神秘的巴西岛屿的位置，这座岛屿自第一次在 1325 年安杰洛·达洛托的一幅航海图中被提到之后，一直在地图学家心血来潮时被绘制在大西洋海域内。"巴西木"（Brazil wood）可能是用这一广大和未知土地的名称来命名其所出产的最早的有价值的资源。

尽管在当时对于巴西的地理范围以及经济重要性都不了解，但是葡萄牙和卡斯蒂尔领土的各自范围已经以《托尔德西拉斯条约》子午线的形式，在现存的来源于葡萄牙的地图中被标明，即 1502 年的坎蒂诺地图。重要的事情就是标明，在两个伊比利亚强权之间对世界的划分，而不论新发现的土地的形状、大小，或者重要性如何。坎蒂诺地图之后的很多世界地图持续记录了新的信息，无论是由葡萄牙王室和其他国家派出的导航员提供的，还是由个人主动提供的。由于在 16 世纪最初 20 年中，在最早的海岸探险和最早的地图之间存在一种密切的关联（这种关联后来随着地图学家、探险家和居民的叙述的激增而消失），所以我们将要首先考察这一相互关系。

1. 巴西早期的探险家和地图：从坎蒂诺地图（1502 年）至赖内尔的地图（1519 年）

在坎蒂诺地图上对巴西的呈现[210]，从根本上是基于哥伦布的第三次航行（1498 年），在这次航行中看到了今天的委内瑞拉（Venezuela）海岸；1498 年由杜阿尔特·帕切科·佩雷拉发现（未证实），佩雷拉为其确定了一个大约南纬 3°30′的纬度[211]；1499 年和 1500 年马丁·阿隆索·平松和迭戈·德莱佩在今天苏里南的航行；以及，最重要的，佩德罗·阿尔瓦斯·卡布拉尔的探险，其中加斯帕尔·德莱莫斯（Gaspar de Lemos），由卡布拉尔派往葡萄牙，进行了一次叙述，以及后来由贡萨洛·科埃略（Gonçalo Coelho）和阿美利哥·韦思普奇进行的探险（1501 年至 1502 年），这次探险涵盖了从大北河（Rio Grande do Norte）至大约南纬 25°的卡纳内亚河（Cananeia）的巴西海岸。所有这些资料都对坎蒂诺地图上巴西海岸的形成做出了贡献。

在坎蒂诺之后绘制的两幅葡萄牙地图，也就是所谓的约 1506 年的孔斯特曼三世和包括在约 1513 年的弗朗西斯科·罗德里格斯的"弗朗西斯科·罗德里格斯之书"中的航海图，几乎没有增加任何新内容[212]，尽管事实上巴西海岸的商业和地理管辖权已经在 1502 年被授予了费尔南·德洛伦哈（Fernão de Loronha）。该管辖权与授予费尔南·戈梅斯的非洲海岸的类似特许

[209]　为后来的舰队标明供水地点而树立的大型木制十字架可能是名称"圣克鲁斯"的来源，其被曼努埃尔一世在一封信件中使用。参见 A construção do Brasil. 后来增加了前缀"土地"（terra），或者有时增加了"省"（província）。

[210]　这幅世界地图的主要参考书目在本章原文第 993 页注释 99 中给出。

[211]　Pacheco Pereira, Esmeraldo, bk. 1, chap. 7（p. 553 in Carvalho ed.）. 关于被推测的佩雷拉的航行，参见 Max Justo Guedes, O descobrimento do Brasil（Lisbon：CTT, 2000）, 10："如果帕切科·佩雷拉处于巴西的赤道地区，那么为什么保存在埃斯梅拉尔多的巴西的纬度表向北只是远至 São Roque 湾，也就是 3°30′S？在推测葡萄牙皇室对这一土地的权利可能存在疑问后，他可能已经对该地区失去了兴趣？"

[212]　在孔斯特曼三世航海图（参见图 30.17）中，巴西海岸位于其真实位置以东，并且在一些已知地点的纬度上也存在错误，例如 Cabo de Santo Agostinho 和卡纳内亚河。然而，也存在改进，例如在海岸线的总体朝向上。并且这一航海图首次描绘了 1503 年发现的特立尼达岛（Guedes, "Dos primórdios cartográficos nas Américas," 190）。

"弗朗西斯科·罗德里格斯之书"中的 26 幅航海图几乎完全描绘的都是东方，如同在首页上说明的，标题为"Piloto maior da primeira frota que descobriu Banda e as Molucas"。罗德里格斯的摩鹿加群岛航海图是第一幅。"弗朗西斯科·罗德里格斯之书"中唯一一幅巴西的航海图没有地名，但是首次确定了 Abrolhos reef 的位置。

明显相似㉓。事实上，存在线索，即在 16 世纪早期，葡萄牙皇室的主要兴趣并不在巴西，而是在东方。

被认为绘制者是豪尔赫·赖内尔的 1519 年前后的航海图，以及同年的洛波·奥梅姆和赖内尔的地图集（被称为《米勒地图集》）中的地图，可能首次记录了重要的新东西。豪尔 1030 赫·赖内尔的航海图是最早绘制了从巴拿马地峡（位于太平洋一侧）连续直至拉普拉塔河河口的海岸线的葡萄牙航海图。1519 年洛波·奥梅姆和赖内尔地图集中的巴西地图描绘了从亚马孙三角洲至拉普拉塔河河口的南美洲海岸㉔，并且在三个基本方面与较早的呈现不同：其地名远为丰富；其对内陆的图形处理令人着迷，尤其是在其对巴西木的描绘上，以及其图文提供了关于巴西内陆居民的有价值的信息㉕。

2. 航海图和地图学家数量的增加：从迪奥戈·里贝罗（1525 年）至塞巴斯蒂昂·洛佩斯（约 1583 年）

在 16 世纪早期之后，巴西海岸的勘查和巴西木的商业潜力不仅吸引了葡萄牙人和西班牙人，而且还吸引了法国和意大利人；稍微晚一点前来的是荷兰人。海岸线的长度，以及虚构的东方占据了曼努埃尔的思想，使对巴西土地的一次调查变得困难㉖。因而，那时在葡萄牙和其他地方制作的地图，基于多种多样的资料绘制——一个推动了格德斯，我们拥有他的关于巴西地图学的最为重要的研究，将这一时期描述为"地图学的世界主义"的现象㉗。

在 1566 年路易斯·特谢拉的详细调查之前，制作了少量的描绘了巴西的葡萄牙地图，而特谢拉的这一调查对海岸线的形态进行了真正的改进。至于内陆，地理信息被限制在主要的河流，即亚马孙河和拉普拉塔河，其被葡萄牙和西班牙探险家进行了全程的航行。因此在

㉓　在 1502 年颁发的租约中，一个由费尔南·德洛伦哈领导的商人公会被授予了圣克鲁斯之地（Terra de Santa Cruz）商业探险的垄断权，条件是，他们每年对海岸进行长度为三百里格的调查，并且交给皇室 4000 杜卡托。无法确定合同是否直至 1512 年依然有效，还是只是到 1505 年有效，但是我们确实知道，在 1513 年，对于巴西木贸易的垄断权属于 Jorge Lopes Bixorda，基于未知的条款。参见 Jorge Couto, "Dos modelos de colonização do Brasil," *Diario de Notícias*, August 1994, *Rotas da terra e do mar*, fasc. 9, 10, and 11, pp. 210 – 42, esp. 10. 也可以参见 Francis Dutra, "Brazil: Discovery and Immediate Aftermath," in *Portugal, the Pathfinder*, ed. George D. Winius (Madison, 1995), 145 – 68.

㉔　主要的资料显然是 1503 年贡萨洛·科埃略的探险，其成果是在瓜纳巴拉（Guanabara）湾的第一个贸易站；在一支由西班牙人 Cristóbal de Haro 召集的舰队中，皇家官员迪奥戈·里贝罗（与地图学家同名的人）与 Estêvão Fróes 在 1513 年的航行；同年的一支新舰队的航行，再次由 Cristóbal de Haro 与 Nuno Manuel 联合召集，其中一艘由 João de Lisboa 担任船长的帆船，探索了远至拉普拉塔河河口的卡纳内亚河以南的地区；最后，Vasco Núñez de Balboa 在 1516 年至 1517 年的探险，在探险中看到了太平洋。参见 Joaquim Antero Romero Magalhães, "O reconhecimento da costa," *Oceanos* 39 (1999): 102 – 12, 和 Inácio Guerreiro, "A revelação da imagem do Brasil (1500 – 1540)," *Oceanos* 39 (1999): 114 – 26.

㉕　"这是大巴西地区的航海图，并且其西侧抵达了卡斯蒂尔国王的安的列斯群岛。其人民在皮肤的颜色上有些黑。野蛮和残忍，他们吃人肉。这些人非常擅长使用弓箭。这里有着彩色的鹦鹉，以及数不清的其他鸟类和巨大的野兽。同时，发现了很多种类的猴子，并且在被称为巴西的树上大量繁殖，这种木材被认为可以染出纯正的紫色。"（*PMC*, 1: 57）

㉖　一个由数字证明的结论：1540 年前后，仅仅只有大约 2000 名葡萄牙人以及可能 3000 或者 4000 名奴隶定居在巴西，而在印度大约有 10 万人。甚至晚至 1650 年，海岸地带依然没有被完全殖民。

㉗　Guedes, "Dos primórdios cartográficos nas Américas," 200. 在 Rivera Novo and Martín-Merás, *Cuatro siglos de cartografía en América* 中发现了一个地图清单，清晰展示了资料的交换，而这在 María Luisa Martín-Merás, *Cartografía marítima hispana: La imagen de América* (Barcelona: Lunwerg, 1993), 和 J. B. Harley, *Maps and the Columbian Encounter: An Interpretive Guide to the Travelling Exhibition* (Milwaukee: Golda Meir Library, University of Wisconsin, 1990) 中也可以观察到。

一些地图中，内陆被用精美的装饰填充，类似于最早的访问者的文书，告诉我们与内陆居民和他们习惯有关的一些信息——由此在欧洲人眼睛中是陌生的——及其自然资源的一些信息[208]。

1031

图 38.29　南美洲东海岸的细部，佚名（迪奥戈·里贝罗），约 1532 年。将这幅图与图 38.30 进行比较。注意马拉尼昂（Maranhão）河口以东海岸线的不同范围。这幅航海图同样被认为是阿隆索·德查韦斯所绘；参见图 40.15

Herzog August Bibliothek，Wolfenbüttel（Cod. Guelf. 104A and B Aug.）提供照片。

[208]　我们在这里记录了最为著名和最为重要的文书。Pero Vaz de Caminha 的"航海图"（Carta），当佩德罗·阿尔瓦斯·卡布拉尔抵达的时候，于 1500 年在"维拉克鲁兹的土地"上撰写给曼努埃尔，是对欧洲人首次与自然和本土居民接触的有价值的叙述，且是从一个迷人和充满感情的角度撰写的。直至 19 世纪才出版，信件最早由科尔特桑在 Pero Vaz de Caminha，*A carta de Pero Vaz de Caminha*，ed. Jaime Cortesão（Rio de Janeiro：Livros de Portugal，1943）中进行了研究。六封阿美利哥·韦思普奇撰写的有争议的信件，可能撰写于 1500 年之后不久，我们可以在这里记录前两封：被称为"新大陆"的信件，写给 Lorenzo di Pierfrancesco de'Medici 的，没有说明地点或者日期，以及"Lettera di Amerigo Vespucci delle isole nuovamente trovate in quattro suoi viaggi"，用拉丁文出版于 1507 年，并且被称为 *Lettera*。这些信件的可信性经常遭到质疑。关于韦思普奇的丰富的参考书目，参见 Max Justo Guedes，"Vespúcio，Américo，" in *Dicionário de história dos descobrimentos portugueses*，2 vols.，ed. Luís de Albuquerque（Lisbon：Caminho，1994），2：1073 – 77.

迪奥戈·里贝罗绘制的1525年、1527年和1529年的世界地图是在西班牙制作的，在它们对海岸线的呈现上差异很小，1532年前后的航海图遵从着它们的前辈。但是，这些地图确实自然而然足以记录了由西班牙派出的探险队带来的信息，即那些由葡萄牙探险家胡安·迪亚斯·德索利斯（一位卡斯蒂尔的居民）和他的姐夫弗朗西斯科·托雷斯（Francisco Torres）在1515年和1516领导的前往索利斯（后来改名为拉普拉塔河）河口的探险㉙。迪奥戈·里贝罗的地图首次记录了麦哲伦海峡（其在1520年由麦哲伦航行），以及1524年为弗朗索瓦一世服务的乔瓦尼·达韦拉扎诺的探险队搜集的信息。

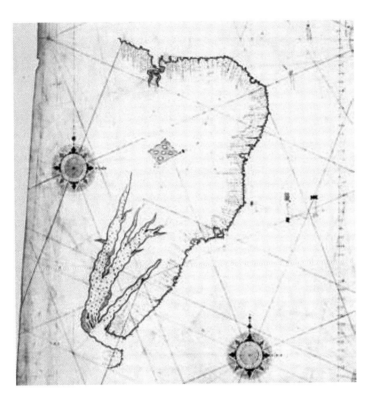

图38.30　南美洲东海岸的细部，加斯帕尔·维埃加斯，1534年。参见图38.29的文字说明

完整的原图尺寸：96×70厘米。BNF（Rés. Ge B 1132）提供照片。

㉙　关于迪奥戈·里贝罗的生平和作品，参见本章之前的讨论。准确地确定托尔德西拉斯子午线的位置是困难的，且这条子午线被认为通过了亚马孙三角洲和拉普拉塔河河口，是葡萄牙和西班牙对于后者河口的所有权正在进行的政治斗争的原因。北侧海岸线的方向——非常近似于东西向——和经度的问题是一系列探险的推动力，对此，除了在1500年导致发现了亚马孙三角洲的（可能是由Vicente Yáñez Pinzón领导的）探险之外，我们可以列出，那些Estêvão Fróis（1513年）、Diogo Leite（1531）、若昂·德巴罗斯和Aires da Cunha（1536）以及若昂·德巴罗斯的儿子们（1556年和1561年）的探险。参见Synésio Sampaio Góes［Filho］，"Navegantes do Brasil," *Oceanos* 39（1999）：34－52；*A construção do Brasil*；和 Maria Fernanda Alegria，"Representações do Brasil na produção dos cartógrafos Teixeira（c.1586－1675），" *Mare Liberum* 10（1995）：189－204. 在胡安·迪亚斯·德索利斯和他的姐夫在1515/1516年进行的搜索"南海"（Southern Sea）的探险（从Cabo de Santo Agostinho至拉普拉塔河的河口）中，索利斯被土著吃掉。弗朗西斯科·托雷斯仍然在大陆上，并且对巴西木的贸易感兴趣，后者导致曼努埃尔对西班牙表示强烈抗议。数年后，法国的探险开始，此后是1524年的由达韦拉扎诺兄弟乔瓦尼和Girolano进行的探险。

对于加斯帕尔·维埃加斯，我们应该感谢他最早的巴西局部的地图，也就是，汇编中搜集的关于海岸线的某些小的局部的航海图，以及基于1530年至1533年马蒂姆·阿丰索·德索萨和他的兄弟佩罗·洛佩斯·德苏萨从亚马孙三角洲至拉普拉塔河河口的重要和被细致记录的探险所发现内容而绘制的最早的航海图。这支探险队是由葡萄牙国王若昂三世派出的，以回应由为查理五世服务的塞巴斯蒂亚诺·卡伯特和迪奥戈·加西亚（Diogo Garcia）率领的舰队所产生的警告，并且涉及各种任务[300]。维埃加斯在海岸地带记录了新的由马蒂姆·阿丰索·德索萨命名的地名，[301]并且纠正了巴拉圭河（Paraguay）和巴拉那河（Paraná）河流的河道。拉普拉塔河的河口，尽管其巨大的尺寸，但被更为准确的描绘。加斯帕尔·维埃加斯还利用了迪奥戈·里贝罗的地图来展现他对拉普拉塔河口的展示，但是他在南美洲北海岸的轮廓上没有遵照里贝罗（或可能是阿隆索·德查韦斯）的。实际上，可能归因于他对塞巴斯蒂亚诺·卡伯特的尊敬和两者之间的朋友关系，里贝罗减少了马拉尼昂河口东侧海岸线的范围，这一特征在加斯帕尔·维埃加斯航海图上是缺乏的（图38.29和图38.30）。后者在西班牙人给亚马孙三角洲所起的名称大富尔纳河（Furna Grande）和葡萄牙人的名称马拉尼昂之间有着一个明确的区分，有着让人想起带有牙根［梅阿林河（Mearim）和伊塔皮库鲁河（Itapicuru）河］的完整牙齿的创新设计。

1032 最早描绘了亚马孙和马拉尼昂（也就是，三角洲，直至那时被称为MarDulce）的完整河道的地图就是塞巴斯蒂亚诺·卡伯特的1544年地图（1553年在伦敦刻版）。安东尼奥·佩雷拉（António Pereira），在他约1545年的航海图上，可能是第一位记录了来自1542年弗朗西斯科·德奥雷利亚纳的航行信息的葡萄牙地图学家[302]，在这一时期，西班牙已经航行了亚马孙的完整河道，甚至记录了卡伯特未能标明的地名。

十年后，另外一幅葡萄牙地图吸引了卡伯特，其用绵延的蛇纹曲线描绘了亚马孙的河道——洛波·奥梅姆1554年世界地图。这幅地图是一幅后来被不同国家的其他地图学家在很多地图中重复的图像。新的海岸聚落，例如萨尔瓦多（建立于1540年），被记录在一幅约1560年的一些佚名的航海图中，还有一些内陆地区具有领导地位的城市，例如基多（Quito）；而这些地图中的一幅的作者被认为是若昂·德利斯博阿。如同我们看到的，绘制一幅新地图所需要的新信息处于流通状态，即使政治策略是鼓励保密。

在其他葡萄牙地图学家中，塞巴斯蒂昂·洛佩斯和老巴托洛梅乌，清晰地将巴西表示为一座岛屿[303]。洛佩斯的1558年的、1565年前后的、1570年前后的和1583年前后的地图将其描绘为一个完备的区域，通过亚马孙和拉普拉塔河的支流与大陆的其他区域分离开来，这两条大河通过一个或者更多的湖泊连通，如同可以在1570年前后和1583年前后的航海图中看

---

[300]　马蒂姆·阿丰索·德索萨的探险的目的是多样的：去调查卡纳内亚河南侧的海岸线，将测量设备放置在战略位置上；去将法国人驱逐出被称为Paraíba，Rio de Janeiro的领土；去勘探贵金属，并且去建立实验性农场且开启土地的殖民化。作为这次探险的结果发现了圣文森特（1532）、桑托斯（1545）、伯南布哥（1535）和Olinda（1535）。

[301]　那些被记录的名称中的一些包括北海岸的"b. de diogoleite"，"samp°"（São Pedro）和"Rio de mtia.ª de souse"（也就是，马蒂姆·阿丰索·德索萨河）。

[302]　至少两名葡萄牙人参加了这次探险。

[303]　这一概念最早是由菩昂·阿丰索呈现的，约1543年（毫无疑问，按照国籍，他是一位葡萄牙人），后来则是由若昂·阿丰索在他1554年的世界地图中。列出了葡萄牙人将巴西展现为一座岛屿的地图的综合性列表，可以在Alfredo Pinheiro Marques, *A cartografia do Brasil no século XVI* (Lisbon: Instituto de Investigação Científica Tropical, 1988) 中找到。

到的那样。这些从根本上是夸张的呈现，即使大致准确的话，由此为政治自治的目的而赋予标出的区域以一种地理上的自治：拉普拉塔盆地和亚马孙的支流只不过是对巨大沼泽地区以及由此产生的水文系统的一种人为的概念化㉃。老巴托洛梅乌的 1561 年的航海图维持着巴西为一座岛屿的概念，同时是最早的将领土细分为份地的地图，就像在马蒂姆·阿丰索·德索萨于 1533 年返回之后，若昂三世的命令那样㉅。

　　本图拉（Ventura）对出现在西班牙探险中的葡萄牙人的研究包含如下观察："16 世纪在美洲的扩展必须被看到，在一方面，涉及精神和文化的极其复杂的框架，同时在另一方面，受到迫切的经济动力的推动，这绝对与国籍问题无关……在这一时期，伊比利亚诸国发现强加一种领土的政治意识是非常困难的，因为人们与他们的近邻之间……要比讲同一种语言的人，或者那些屈从于相同法律的人，感觉到一种更多的一致性。"㉆ 葡萄牙人可能已经发现了巴西，但是其他国家，尤其是西班牙，对新土地的探险的地图学的记录，以及后来对内陆的殖民做出了贡献。

　　3. 特谢拉家族的巴西地图学（约 1586—1642 年）

　　将关于巴西海岸的知识提升到一个新的完美高度的地图学家是路易斯·特谢拉和若昂·特谢拉·阿尔贝纳斯一世。图 38.31 标明了在约 1586—1642 年之间编绘的 7 套地图集中每一图幅的位置。这一系列开始于一套由路易斯·特谢拉绘制的地图集，其中 12 幅保存了下来（其中一幅展现了整个海岸线），且由若昂·特谢拉·阿尔贝纳斯一世延续，并对巴西海岸线的其他地区进行了渐进的调查，巴西的海岸线到 1642 年已经被完整地绘制了航海图㉇。但其不仅仅只是标志着在我们正在提及的被改进的这些地图集中涵盖区域的扩展。地图的比例尺（标绘在每一幅上）、现象的具象处理，以及图文，同样验证了渐进过程。路易斯·特谢拉在他的任何区域地图中都没有标明比例尺，尽管他在普通航海图中那么做了。若昂·特谢拉·阿尔贝纳斯一世在他 1603 年地图集中的一些地图上标明了比例尺，还有在 1640 年地图集中的全部地图上。同样，准确性的改进，尤其在有着更多居民的沿海部分更为频繁。

　　所有特谢拉的巴西地图集——那些由路易斯·特谢拉、若昂·特谢拉·阿尔贝纳斯一世，以及后者的孙子若昂·特谢拉·阿尔贝纳斯二世绘制的——包括一幅美洲次大陆或巴西的一幅总图，通常是地图集中的第一幅航海图，然后是数量从 11 幅（路易斯·特谢

1033

㉃　对于"岛屿——巴西"的图像呈现并没有利用一种通用的模型。例如，在老巴托洛梅乌绘制的 1560 年和 1561 年的航海图上，巨大的中央湖泊被连通到亚马孙和 S. Francisco，而后者转而连接到了自 Assunção 之下的巴拉那河的下游，而在塞巴斯蒂昂·洛佩斯的约 1570 年的航海图中，这些连接并不存在。在后一幅航海图中，巨大的中央湖泊被连接到一个位于西部的较小湖泊，其流入从 Andes 流出的一条小河。缺乏中央湖泊与亚马孙之间的连接，是费尔南·瓦斯·多拉多地图集的一个特征（1568，1570，1571，1575，ca. 1576，and 1580），在其中，河流的河道依然是相当不同的。参见 Maria Fernanda Alegria，"A produção cartográfica portuguesa sobreo Brasil（1502 – 1655）：Tentativa de tipologia espacial e temática，" in *Portugal e Brasil no advento do mundo moderno*，ed. Maria do Rosário Pimentel（Lisbon：Edições Colibri，2001），59 – 89.

㉄　这还是最古老地记载了纽芬兰附近水深读数的葡萄牙航海图。

㉆　Maria da Graça Mateus Ventura，"Portugueses nas Índias de Castela：Percursos e percepções，" in *Viagens e viajantes no Atlântico quinhentista*（Lisbon：Edições Colibri，1996），101 – 31，esp. 101. 这位作者的博士论文谈到了相同的问题：*Portugueses no descobrimento e conquista da Hispano-América：Viagens e expedições（1492 – 1557）*（Lisbon：Edições Colibri，2000）.

㉇　基于有着一些修订，Alegria，"Representações do Brasil. "

拉，约 1586 年）至 35 幅（若昂·特谢拉·阿尔贝纳斯一世，1630 年）的分区航海图，如同在图 38.31 中所展示的。对特谢拉家族的一些巴西地图集中的普通航海图的一个粗略的对比显示，尽管几乎所有的地图集都在它们的标题中包含了词汇"巴西"，但普通航海图中所涵盖的区域通常都是不同的。一些显示了向南扩展远至火地岛的区域，并且到了亚马孙三角洲以西，例如约 1586 年的路易斯·特谢拉绘制的航海图（参见图版 33），以及 1626 年由若昂·特谢拉·阿尔贝纳斯一世绘制的航海图；其他的则显示了托尔德西拉斯子午线以东的区域地图，这条子午线被（错误地）认为穿过了亚马孙三角洲和拉普拉塔河三角洲[508]。

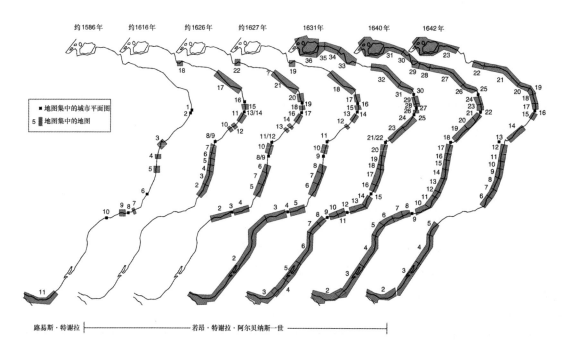

图 38.31　路易斯·特谢拉和若昂·特谢拉·阿尔贝纳斯一世地图集中的巴西海岸线的地图和城市平面图。基于 Maria Fernanda Alegria, "A produção cartográfica portuguesa sobreo Brasil（1502 – 1655）: Tentativa de tipologia espacial e temática," in *Portugal e Brasil no advento do mundo moderno*, ed. Maria do Rosário Pimentel（Lisbon: Edições Colibri, 2001）, 59 – 89, esp. 71

　　路易斯·特谢拉赋予巴西的轮廓，在他后代的航海图中大部分没有变化，除了少量的修正：南回归线的南部，朝向从 NNE-SSW 转为 NE-SW，以及拉普拉塔河河口的轮廓被改进。路易斯·特谢拉的巴西轮廓是卓越的，这就解释了为什么其在后来的航海图中被采纳并且没有太大的修订。然而，正确的和不正确的轮廓都被复制了。

　　关于大陆内部的信息，在航海图之间差异很大。在很多情况中，这一区域被留成空白，或者仅仅绘制有最为重要的河流，并不都有正确的河道；另外，未知的土地被填充以对本土动植物的呈现或者日常活动的图像，例如砍伐树木或者在甘蔗种植园的工作。

---

　　[508]　特谢拉家族绘制的 7 套巴西地图集的涵盖范围，对它们的图像对比是在 Alegria, "Representações do Brasil," 197 中。

若昂·特谢拉·阿尔贝纳斯一世的 1640 年地图集中的 Baía de Todosos Santos（万圣湾）的航海图（图版 35），并没有提供充分的和具体的，就像在同一位地图学家的巴西地图集中的很多区域航海图中所包含的丰富信息，但其确实传达了一种它们多样性的思想。突出的特征是正方向，通过有特点的葡萄牙百合花饰的风玫瑰来标明；海湾的总体轮廓（对于现代人而言可以完美地识别）；主要的岛屿以及他们所有者的名称，包括塔帕里卡（Taparica）的大岛屿；主要河流和河口；用英寻标明的水深；以及，在内陆，对主要产糖的种植园的呈现。不同的种植园的重要性可以通过这样的事实来判定，即实际上其中只有四个有词"engenho"（磨坊）；其他的则通过一个磨坊建筑的图像和一段表明所有者的图文如"Do Aragão"或"Do Soares"来呈现。对"engenho"（磨坊）一词的省略是食糖贸易重要性的指标，这在同一位地图学家的其他地图中也展现了出来。除了产糖的种植园之外，传教中心通过顶上有着一个十字架的建筑来标明。散布的树木装饰了未知的地方，就像很多同一时期由葡萄牙地图学家和其他国家的同行所绘制的航海图那样。 1034

葡萄牙的陆地地图学

对于 16 世纪和 17 世纪葡萄牙的陆地地图学只有很少的研究，部分归因于其被同时代的航海地图学的声望和多产所遮蔽，以及默认——尽管远远未能证明——这两种地图学的模式是完全分离的。并没有很多葡萄牙的陆地地图被保存下来，这些地图的少量研究中的大部分有着过度的民族主义的关注，更多的兴趣在于搜集葡萄牙地图学成就中的技术创新，而不是解释这些地图作为文化和政治义献的角色。

实际上，我们必须考虑到葡萄牙的国内和国际条件，葡萄牙被定义为自 13 世纪之后有着稳定边界，并有着相对强大的中央政府以及对各种形式的地方政权进行严格控制的皇家行政机构的独特国家。从这一早期开始，葡萄牙人有领土，以及尤其，地方行政单元（*vilas* 或 *concelhos*）以及将它们连接起来的路线的良好的集中化的知识。

已知最早的对国家进行了地理描述的人，被认为是一名巴塞卢什公爵的使者，并且是为康斯坦茨会议的葡萄牙代表在 1416 年撰写了相关内容。这一作品是对欧洲主要国家的描述。葡萄牙首先被作为一个整体呈现，然后被分成六个区域。我们可以认为，作者曾经阅读过地图，因为他比较伊比利亚半岛和小亚细亚的形态的方式——他首先说到"类似于位于两个海洋之间的巨大的尾巴，并且非常类似于同样坐落在两个海之间的小亚细亚"——并且还因为他对在首幅托勒密的伊比利亚半岛地图中的葡萄牙地区正方向的重视，这幅地图他可能是在 1407 年至 1408 年在意大利旅行中看到过[⑳]。

但是现存最早的特定葡萄牙区域的地方描述的时间要晚至 16 世纪——那些 1512 年杜罗和米尼翁之间（Entre Douro e Minho）的、1532 年拉梅古的，以及 1548 年杜罗和米尼翁之

---

⑳　Nascimento，*Livro de arautos*，192，和 Suzanne Daveau and Orlando Ribeiro，"Conhecimento actual da história da geografiaem Portugal，" in *História e desenvolvimento da ciência em Portugal*，2 vols.（Lisbon：Academia das Ciências de Lisboa，1986），2：1041 – 60；关于使者使用的地图以及引文，参见 esp. 1051。

间的和山后（Trás-os-Montes）的⑩。这些是私人自主行动的结果，但是它们受到丰富的和准确的行政统计信息的支持。现存的时间为 12 世纪的皇家《调查》（Inquirições）保存下来，还有一份时间为 14 世纪中期的 3000 座教堂的列表，以及一张 1417 年的 1325 个行政中心的列表，其附带有国王可以使用的十字弓手的数量。至少开始于 1496 年，在政府的推动下，执行了一些居民的统计调查⑪。

这些调查数据最为重要的和保存最好的就是 1527 年至 1532 年的《普查》（Numeramento），已经成为众多研究的对象⑫。国王委托中央行政机构的区域代表（corregedores）来执行，后者在六个大区（comarcas）中执行这一任务。然而，部分调查是由中央政权的特使直接完成的，并且从 1530 年之后，在原始的指示中增加了一项新的指令，即需要行政治所之间的用里格表示的距离——对于构建一幅地图而言是有用的信息。对于绘制地图的目的而言不可缺少的关于朝向的信息，只是零星地出现在一些报告中，并且只是在阿连特茹的军事命令涉及的土地的《普查》的最后报告中才系统的出现（1532 年）。然而即使在这里，朝向也几乎通常只是给出八个主要方向，虽然是基本的，但对于构建一幅地图而言似乎并不是充分的信息。

《普查》是掌握有法学家技艺的皇家牧师的作品；他们习惯于处理数字，制作列表和检查文献。他们编纂的大量地名可以作为一幅地图的资料，但是一项地名的对比研究显示，在近乎同时代的汉堡抄本（Hamburg Codex）或者那些由费尔南多·阿尔瓦罗·塞科（约 1560 年）绘制的地图中列出的大量地名并不存在于《普查》中。那些执行这一调查的牧师有着良好的关于国家的实际知识，而这些知识是通过他们经常性的在行政治所之间的移动或在陪伴皇室频繁的流动时所遵照的行程而形成的⑬，但是他们似乎并不拥有葡萄牙领土的真正的地图学图景。

尽管葡萄牙的边界自 13 世纪之后一直没有发生变化，并且最后一次与邻近的卡斯蒂尔

⑩ Luciano Ribeiro, "Uma descrição de entre Douro e Minho por Mestre António," *Boletim Cultural* [*Câmara Municipal do Porto*] 22 (1959): 442 – 60; Rui Fernandes, "Descripção do terreno em roda da cidade de Lamego duas leguas," in *Collecção de livros ineditos da historia Portugueza*, 5 vols., ed. José Francisco Correia da Serra et al. (Lisbon: Officina da Mesma Academia, 1900 – 1983), 5: 546 – 613; 以及 João de Barros, *Geographia d'entre Douro e Minho e Tras-os-Montes*, ed. João Grave (Porto: Tipografia Progresso de D. A. da Silva, 1919). 葡萄牙地理描述的基本研究是 Joaquim Antero Romero Magalhães, "As descrições geográficas de Portugal, 1500 – 1650: Esboço de problemas," *Revista de História Económica e Social* 5 (1980): 15 – 56.

⑪ 关于这些问题的整体回顾，参阅 Nova história de Portugal: António Henriques R. de Oliveira Marques, ed., *Portugal nacrise dos séculos XIV e XV* (Lisbon: Editorial Presença, 1987) 系列的第四和第五卷，以及 João José Alves Dias, ed., *Portugal do Renascimento à crise dinástica* (Lisbon: Editorial Presença, 1998).

⑫ Júlia Costa Pereira Galego and Suzanne Daveau, *O Numeramento de 1527 – 1532: Tratamento cartográfico* (Lisbon: Centro de Estudos Geográficos, 1986), 和 João José Alves Dias, *Ensaios de história moderna* (Lisbon: Editorial Presença, 1988). The *Edição crítica do Numeramento*, by João José Alves Dias, Patrimónia Histórica, Cascais 正在进行中；Entre Douro and Minho e Entre Tejo e Guadiana 的 *comarcas* 由 Dias 出版，标题为 *Gentes e Espaços: Edição crítica do Numeramento de 1527 – 1532*, *Dicionário Corográfico do Portugal Quinhentista* (Cascais: Patrimónia, 1999). 也可以参见 Suzanne Daveau, "A descrição territorial no *Numeramento de 1527 – 32*," *Penélope* 25 (2001): 7 – 39.

⑬ 对整个葡萄牙的路线的描述，尤其参见 J. García Mercadal, ed., *Viajes de extranjeros por España y Portugal: Desde los Tiempos mas Remotos, hasta fines del siglo XVI* (Madrid: Aguilar, 1952), 关于皇室的行程，参见 Júlia Costa Pereira Galego, Maria Fernanda Alegria, and João Carlos Garcia, *Os itinerarios de D. Dinis, D. Pedro I., e D. Fernando I.: Interpretação gráfica* (Lisbon: Centro de Estudios Geográficos, 1988).

的战争发生在 1476 年［托罗战役（Battle of Toro）］，对于与卡斯蒂尔土地边界的清晰定义以及对其进行有效防御的关注持续直至 1580 年，那年西班牙国王也成为葡萄牙国王。尽管葡萄牙军队被集中于摩洛哥、"Algarve de Além-Mar"（海外的阿尔加韦）以及与穆斯林土地接壤的王国边境，但从 15 世纪开始，葡萄牙政府没有忘记与卡斯蒂尔之间传统的竞争，并且两者都维持着在边界上的堡垒。

葡萄牙的战略位置在 1580 年之后完全改变。当东部边界丧失了其大部分的军事和政治意义的同时，葡萄牙的沿海地区更多地暴露在外国入侵的面前。葡萄牙开始直接卷入英格兰和西班牙的海战中，同时西班牙国王命令改进港口入口的防御设施，以及由职业人士，主要是葡萄牙人和意大利人进行一项沿海的地图学调查[314]。

随着葡萄牙再次在 1640 年之后独立，与西班牙的边界再次成为战场。两个国家的战争从 1640 年至 1668 年持续，没有间断。一些国家的军事技术人员参与到双方的斗争中，主导了新的地图学调查。尽管理论上，陆地测量被中央政权所垄断，但战争的紧迫性和 1640 年的分裂造成的功能性的混乱，葡萄牙被迫主要依赖雇佣来的工程师和官员。

那些留下了对葡萄牙全境的旅程的描述的 15 世纪和 16 世纪的旅行家中，没有一位似乎使用了地图。即使在克卢尼修道院院长的 1535 年至 1536 年的西班牙和葡萄牙全境的令人感兴趣的旅行的旅程中，我们也无法发现——任何地方——提到了被旅行区域的一幅空间图像[315]。梅斯特雷·安东尼奥（Mestre António），1512 年杜罗和米尼翁之间地区的描述的作者，是唯一间接提到一幅空间图像的，尽管是一种被扭曲的，他通过谈到其长度［即波尔图（Porto）和瓦伦萨（Valença）之间］为 18 里格，及其从 4—10 里格之间变化的宽度来对土地进行了描述[316]。托勒密《地理学指南》的一个斯特拉斯堡版（1513 年）的副本属于多明戈斯·佩雷斯（Domingos Peres）[317]，他是世纪中期布拉干萨（Bragança）公爵的孩子的数学教师，但是没有证据说明，他对地图感兴趣。似乎，人文主义者和地志编撰者加斯帕尔·巴雷罗斯（Gaspar Barreiros）开始对地图感兴趣，当他第一次到达罗马的时候（1546 年）。在现存的两部作品中，他比较性地使用了托勒密的现代地图和少量其他的意大利的地图[318]。但是他忽略了（或者没有提到，可能故意的）由费尔南多·阿尔瓦罗·塞科绘制的葡萄牙地图，尽管其是在巴雷罗斯第二次到达罗马的那一年印刷的。当在他们博学的作品中描绘葡萄牙河流的时候，无论是安德烈·德雷森迪（André de Resende）还是杜阿尔特·努涅斯·杜莱昂（Duarte Nunes do Leão）似乎都没有参考这幅地图，尽管从 1570 年之后可以在《寰宇

---

[314] 关于这一时期西班牙的活动，参见本卷的第三十九章。

[315] Claude de Bronseval, *Peregrinatio hispanica*: *Voyage de Dom Edme de Saulieu, abbé de Clairvaux, en Espagne et au Portugal, 1531 – 1533*, 2 vols., ed. Maur Cocheril (Paris: Presses Universitaires de France, 1970).

[316] Ribeiro, "Douro e Minho," 446.

[317] Lisbon, Biblioteca Nacional (CA 152 V)；参见 Luís de Matos, *A corte literária dos duques de Bragança no Renascimento* (Lisbon: Fundação da Casa de Bragança, 1956).

[318] Gaspar Barreiros, *Chorographia de algvns lvgares que stam em hum caminho* (Coimbra, 1561)；也可以使用影印本：idem, *Chorographia* (Coimbra: Por ordem da Universidade, 1968). 也可以参见 Justino Mendes de Almeida, "Um inédito de Gaspar Barreiros: 'Suma, e descripçam de Lusitania' (Cód. 8457 DA B. N.)," 在他的 *Páginas de cultura portuguesa* (Amadora: Lusolivro; Distribuição, Delme, 1994), 113 – 75 中, 以及 Suzanne Daveau, "A obra de Gaspar Barreiros: Alguns aspectos geográficos," *Revista da Faculdade de Letras* 27 (2003): 97 – 127, esp. 120 – 24.

概观》中找到这方面的材料⑲。

1036 　　关于在葡萄牙使用了地图的明确证据，我们必须等待路易斯·门德斯·德瓦斯康塞洛斯（Luís Mendes de Vasconcelos，1608 年）提及一名 *soldado*（士兵）的证词，后者是一位在若昂三世宫廷的杰出的军事人物，被认为已经参考了呈现了数量众多有人定居的地点的里斯本政区的"地形图"，而这些定居点多到他无法进行统计。他还提到了另外一名 *fidalgo*（贵族），后者经常出现在这一宫廷中，并且"对于人文和一些受人尊敬的艺术是 *douto*［博学的］"，并且其参考了亚伯拉罕·奥特柳斯的地图集⑳。然而，这些提及可能是间接的，这些是区域地图和 16 世纪在低地国家印刷的葡萄牙地图的扩散的唯一证据。但是它们证实，在这一时期，陆地地图学的使用被限定在接近政权中心的有限的精英中。重要的是，若昂·德·巴罗斯，被认为是重视地图的，但他放弃了将它们结合到他的关于葡萄牙发现的历史著作中［《亚洲》（*Ásia*）］㉑，以及他计划的"通用地理学"（Universal geography）中，他构思的这一"通用地理学"是附带有评注的地图集。

汉堡抄本

　　存在一幅 1536 年之前的葡萄牙的地区地图，这一认识基于献给阿丰索王子（Prince Afonso）的在汉堡的一个抄本㉒。这一汉堡抄本列出了 1533 个地名，并且给出了其中大致 1450 个地点的经度和纬度，还有 29 座山脉的名称以及 8 个区域的名称，所有这些都位于葡萄牙（图 38.32）。地名被用字母分组为 19 个部分，但是只考虑了首字母，这是一种当时广泛使用的组织文档的技术，例如 1527 年至 1532 年《普查》的区域报告附带的索引。62 个地点的位置信息已经丢失。这些地名通常位于不同字母组的底部。大约 70 个地名出现了不止一次，有时对于它们的位置有着些许不同的注释。抄本用多种颜色非常仔细的书写，且没有校正，并且其没有显示出频繁使用的痕迹。其可能作为一种有着很高声望的礼物而编纂的，并且是从之前的工作档案复制的。

---

⑲　André de Resende, *Libri quatuor de antiqvitatibvs Lvsitaniae* (Evora, 1593); idem, *As antiguidades de Lusitânia*, ed. Raul Miguel Rosado Fernandes (Lisbon: Fundação Calouste Gulbenkian, 1996); 以及 Duarte Nunes do Leão［Nunez do Lião］, *Descrpção do reino de Portugal* (1610; Lisbon: Centro de História da Universidade de Lisboa, 2002). 也可以参见 Daveau and Ribeiro, "Conhecimento actual da história," 1053–56.

⑳　Luís Mendes de Vasconcelos, *Do sitio de Lisboa* (Lisbon: Na Officina de Luys Estupiñan, 1608), 2d ed. (Lisbon, 1803), 1–2 and 188. 按照 Barbosa Machado 在 *Bibliotheca lusitana*, 3: 114–15 中的观点，这名"士兵"是马蒂姆·阿丰索·德索萨，后者领导了 1530 年至 1533 年前往巴西的舰队，并在 1542 年至 1545 年担任印度总督，同时"政治家"是 Castanheira 伯爵，*vedor da fazenda*（财政大臣）和作者的祖父。

㉑　若昂·德巴罗斯在 1552 年、1553 年和 1563 年在里斯本出版了他的《亚洲》（*Ásia*）的前三个十年（*décadas*）。第四个十年（*décadas*），在巴罗斯去世后，由若昂·巴普蒂斯塔·拉旺哈于 1615 年在马德里出版，并且包括了地图。

㉒　对抄本最早的描述出现在 Luís Silveira, *Manuscritos portugueses da Biblioteca Estadual de Hamburgo*, vol. 1 of *Portugal nos arquivos do estrangeiro* (Lisbon: Instituto para a Alta Cultura, 1946), 32–33. 对其首次尝试使用，是在 Cândido Ferreira Alves et al., "O mais antigo mapa de Portugal," *Boletim do Centro de Estudos Geográficos* 12–13 (1956): 1–66, and 14–15 (1957): 10–43. 一项重要的研究是由 Kevin Kaufman, "An Early Portuguese Geographical Index: The Longitudo et Latitudo Lusitaniae and Its Relation to Sixteenth-Century Mapping Techniques" (master's thesis, University of Wisconsin-Madison, 1988) 进行的，也可以参见 Suzanne Daveau, "À propos de la première carte chorographique du Portugal (1526–35)"（提交给 19th International Conference on the History of Cartography, Madrid, 2001 的论文）。

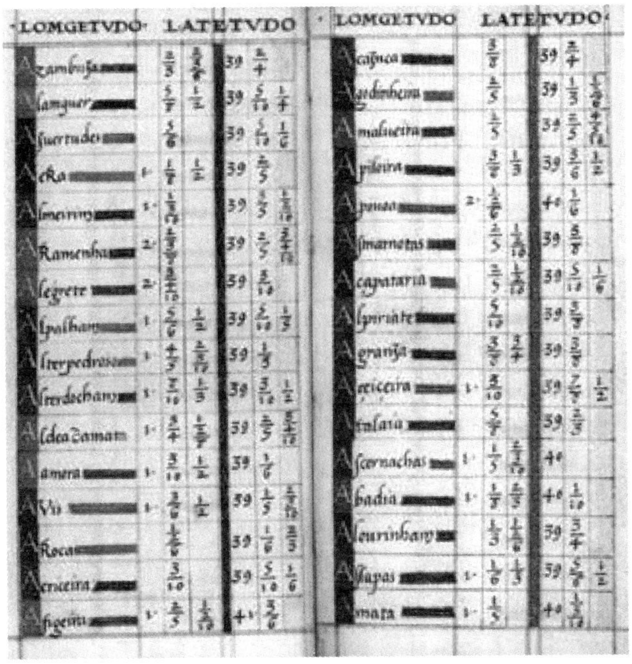

图 38.32　来自"卢西塔尼亚经度和纬度（LONGITUDO ET LATITUDO LUSITANIAE）"的页面，其也被称为汉堡抄本

Staats- und Universitätsbibliothek，Hamburg（Codex in scrinium 136，fols. 2v – 3r）提供照片。

　　建立一个地理位置列表的思想显然是由在 1507 年之后激增的托勒密《地理学指南》的版本所启发的。汉堡抄本中的经纬度的注释，是用度数和度数的分数表示的。这些由序列中的一个或两个分数表示，与同时代的《地理学指南》版本中所使用的系统相近[23]。但是汉堡抄本采用的系统有着一个更为复杂的外观，包括使用有着三种元素的分数，例如 1/4 的 1/3，或者 1/6 的 3/4。这一表达分数的方法在当时很常见，并且以一种通俗的方法延续 1037 到现在[24]。在很长时间内，读取这一注释类型的准确数值受到障碍，因为第二个分数的分母是模糊的，当其等于第一个分数的分母的时候[25]。

---

　　[23]　Germaine Aujac，*Claude Ptolémée*，*astronome*，*astrologue*，*géographe*：*Connaissance et représentation du monde habité*（Paris：C. T. H. S.，1993），162. 按照 Thomassy 的观点，在 15 世纪初，"纪尧姆·菲拉斯垂"、雅各布·安格利，其将托勒密《地理学指南》翻译为拉丁语，在分割度数时同时使用了分数和分这两种方式，似乎六十进位依然是一种知之甚少的发明。

　　[24]　例如，在 1527 年至 1532 年的《普查》中，据说埃武拉主教有着权利，在 Mira，去获得"什一税的三部分中的两部分"。今天依然如此，在 Chaviães（Melgaço），灌溉组织的某位受益者在某天收到可用水的"四分之一的 1/2，再加 1/16"（也就是 3/16）；参见 Fabienne Wateau，*Conflitos e água de rega*：*Ensaio sobre organização social no Vale de Melgaço*（Lisbon：Publicações Dom Quixote，2000），262.

　　[25]　里斯本的坐标在汉堡列表中用下列方式表示：经度 0 1/3 1/2/6，纬度 39 1/6 1/3。经度可以用下列方式解读：0°20′ + 5′ = 0°25′；右侧一栏的分数的分母是，按照规则，中间一栏的分母的两倍。但是里斯本纬度的例子阐释了至今阻碍了对列表中使用的注释的解读的首要困难。其应当读为：39 1/6 1/3/6 = 39°10′ + 3.3′ = 39°13.3′，假定右侧一栏的分数的分母默认等值于中间一栏的数值。这一规则在已知相对位置的一些地方被经验性的证明。其他这类注释的例子，可以参见图 38.32。

在大多数情况下，19 个字母组中每一个的内部顺序似乎是一幅原始地图的阅读方案的直接结果，这一方案允许对被列举的地点的经度和纬度数值进行测算。阅读应当开始于里斯本区域，然后是国家的南部，最终是其北部区域[326]。在一对罗盘的帮助下，其可以将一个特定点与最近的代表了经度（0—3°E）和纬度（37°N—42°N）的线条之间的距离转换到阿巴科（abaco）上[327]，呈现在地图上的经纬度线被作为一个网格。度数相应的分数然后在阿巴科上被读出。因而，获得的列表构成了一个便利的工具，使用它，某人可以通过再次使用一对罗盘和一个阿巴科，找到地图上任何地点的位置。

抄本被献给阿丰索王子，国王曼努埃尔的第四子。他在 7 岁的时候被任命为红衣主教，并且在 1524 年 11 月获得了圣布拉斯（S. Brás）大主教的头衔——这一头衔出现在献词中。这使得抄本可能的时间为这一时间至 1536 年之间的某一日期，因为在 1536 年，阿丰索的头衔变为圣若昂（S. João）和圣保罗（S. Paulo）的主教[328]。

与他的兄弟一起，阿丰索王子接受了一种充实且多样化的教育，其中包括数学和宇宙志的基础，非常足以使他理解这一文献[329]。对范围广大的教会领土的管理，使得地名列表对于红衣主教是有价值的，然而并不知道他是否实际使用了它。献词可以表示，礼物来自一位直接从属于他的人，可能是他的某位老师。

受过教育的人的重要核心围绕在若昂三世周围——他的议会成员和他兄弟的老师——其中很多拥有关于法律、神学和数学的多方面的知识[330]。其中很多在巴黎大学研究，曼努埃尔和他的儿子若昂三世将大量受到资助的人送到了那里[331]，而其他人进入了西班牙或意大利的大学。以下人员可能或参与了，或与抄本的制作以及我们相信作为抄本基础的地图的制作存在联系。

弗朗西斯科·德梅洛（Francisco de Melo），洛波·奥梅姆将其称为"葡萄牙在数学和宇宙志方面最为博学的人"，在巴黎进行研究直至 1521 年，然后为曼努埃尔致力于数学工作[332]。在巴黎，他遇到了一些数学家，其中可能有让·费内尔（Jean Fernel），后者测量了巴黎的子午线，还有奥龙斯·菲内，其在 1525 年使用经纬度坐标绘制了一幅法兰西地图。他与奥梅姆和佩德罗·马加略（Pedro Margalho）一起，参加了与摩鹿加群岛和被垂涎的香料群岛的经度有关的埃尔瓦斯 - 巴达霍斯使团（Elvas-Badajoz Commission，1524）的工作[333]。梅洛从 1529 年至 1533 年是里斯本大学的校长，此后他在埃武拉的宫廷工作，因为他在那时

[326] Kaufman, "Portuguese Geographical Index," 81 – 91.

[327] 这里的"阿巴科"指的是被用于计算数值而不需要数字的图形表格。

[328] Fortunato de Almeida, *História da igreja em Portugal*, new ed., 4 vols., ed. Damião Peres (Porto: Portucalense Editora, 1967 – 71), 2: 580.

[329] Monzón, *Libro*, 以及 Luís de Matos, "O ensino na corte durante a dinastia de Avis," in *O humanismo português: 1500 – 1600*, ed. José V. de Pina Martins et al. (Lisbon: Academia das Ciências de Lisbon, 1988), 499 – 592.

[330] 关于葡萄牙宫廷中的知识氛围，参见 J. S. da Silva Dias, *A política cultural da época de D. João III* (Coimbra: Instituto de Estudos Filosóficos, Universidade de Coimbra, 1969 –); Reijer Hooykaas, "Science in Manueline Style: The Historical Context of D. João de Castro's Work," in *Obras completas de D. João de Castro*, 4 vols., ed. Armando Cortesão and Luís de Albuquerque (Coimbra: Academia Internacional da Cultura Portuguesa, 1968 – 82), 4: 231 – 426; 以及 Leonor Freire Costa, "Acerca da produção cartográfica no século XVI," *Revista de História Económica e Social* 24 (1988): 1 – 26.

[331] Luís de Matos, *Les Portugais à l'Université de Paris entre 1500 et 1550* (Coimbra: Universidade de Coimbra, 1950).

[332] Matos, *Les Portugais en France*, 321.

[333] Cortesão, *Cartografia e cartógrafos portugueses*, 1: 70 – 85.

是最年轻的王子们的教师和皇家委员会（Royal Council）的成员。

佩德罗·马加略，主要作为神学家和哲学家而著名，同样在巴黎研究，并且是出版于萨拉曼卡（1520 年）的《医学概要》（*Physicus compendium*）的作者，在其中，讨论了经度的问题。他从 1530 年之后作为红衣主教——王子阿丰索的教师。

佩德罗·努涅斯，其在萨拉曼卡和埃纳雷斯堡研究医药，同时被任命为王国的宇宙志学者，并且在 1529 年担任里斯本大学的哲学教授。在反驳奥龙斯·菲内（1546 年）的错误的著作中，努涅斯宣称之前描述了"一种通用表格……在其中，某人可以看到……任何地点的位置"，并补充道："我们在将与我们的其他著作一起出版的书籍《星盘》（*De astrolábio*）中，对这一表格的用途、实例进行完整的描述，如果我们目前有着有能力进行雕版和印刷的人的话，且他们应像在法兰西和德意志那样众多且有着娴熟的技巧。"㉞ 这一列表或者表格似乎与汉堡抄本非常相似。

绘制地图的其他可能的参与者有托马斯·德托雷斯（Tomás de Torres），教授若昂三世宇宙志基础知识的数学家，以及地图学家洛波·奥梅姆。至于全体人员的协调，非常有可能是由安东尼奥·德阿泰德（António de Ataíde）进行的，他是若昂三世的宠臣，1530 年之后担任 *vedor da fazenda*（财政大臣），1532 年成为卡什塔涅拉（Castanheira）伯爵。

编纂汉堡抄本所需要的调查的准确日期并不知道，但可以提出一个大致的时间范围。抄本包含了奥利文萨（Olivença）桥，杜阿尔特·德阿马斯说其是在 1509 年建造的，并且似乎在 1521 年曼努埃尔去世前建造完成。假定的地图和调查的非常可能的时期应当在 16 世纪 20 年代末，或者 16 世纪 30 年代初期，可能在 1530 年前后。

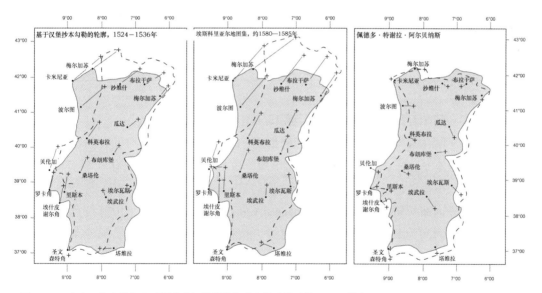

图 38.33　来自三部文艺复兴时期葡萄牙资料的经度和纬度的比较。汉堡抄本（约 1524 年至 1536 年），埃斯科里亚尔地图集（约 1580 年至约 1585 年）的葡萄牙部分，以及佩德罗·特谢拉·阿尔贝纳斯地图（1662 年）中的 18 个地点的坐标，被用来勾勒国家的总体轮廓。表 38.3 给出了 5 个地点的纬度值

㉞　1546 年的引文可以在 Pedro Nunes, *Obras*, new. ed., 4 vols.（Lisbon: Imprensa National, 1940–60），3: 214 中找到。关于努涅斯，参见 Cortesão, *Cartografia e cartógrafos portugueses*, 1: 85–112。

基于汉堡抄本（图38.33和表38.3）的数据重建的地图有着一种畸形，这种畸形越往北方约明显，这似乎是最初选择纬度37°00′和40°00′分别作为圣文森特角（Cape St. Vincent，Cabo de São Vicente）和贝伦加岛（Berlenga Islands）所在位置的根本结果，这是基于水手的传统。一个地图的完整重建，目前正在进行中，这幅地图已经由考夫曼（Kaufman）进行了草绘[337]。

在两个大型的、几乎同时代的——《普查》和汉堡抄本——工程之间，似乎没有展现出一种功能上的密切相关性。前者应当主要是基于现存的大量商业、行政或者军事路线，例如那些在1509年由杜阿尔特·德阿马斯和在1517年由费尔南多·哥伦布（Fernando Colombo）制作的"要塞之书"（防御葡萄牙的内陆边界的堡垒的图像，稍后讨论）中描绘的[338]。地图的绘制或者编绘似乎根本上是军事关注的结果，主要聚焦于葡萄牙和西班牙交界的东部边界地带。在这一意义上，"要塞之书"中大比例尺图像的创建似乎是国家地图绘制的直接前身。

1039

表38.3　　　　被选择的纬度值，文艺复兴时期的文献与现代的比较

地点	汉堡抄本	《埃斯科里亚尔地图集》中的葡萄牙部分	佩德罗·特谢拉·阿尔贝纳斯的葡萄牙地图	现代
卡米尼亚	42°30′	42°51′	41°54′	41°52′
贝伦加	40°00′	40°08′	39°20′	39°25′
里斯本	39°13′	39°24′	38°43′	38°41′
埃武拉	38°45′	38°58′	38°20′	38°34′
圣文森特角	37°00′	37°06′	36°50′	37°01′
卡米尼亚与圣文森特角之间的差异	5°30′	6°04′	4°59′	4°51′

费尔南多·阿尔瓦罗·塞科的地图，约1560年

费尔南多·阿尔瓦罗·塞科最为著名的地图，通过其两个版本的少有的印刷品而被了解。其中一个版本是由塞巴斯蒂亚诺·迪雷雕版，由米凯莱·特拉梅齐诺在教皇和威尼斯元老院授予的特权下出版的，并且在1561年之后的某一时间在威尼斯印刷（图38.34）。另外一个版本由约安内斯·范多埃提库姆（Joannes van Doetecum）雕版，由赫拉德·德约德在安特卫普出版，时间为1565年[339]。两者都通过一位葡萄牙人文主义者，阿希莱斯·埃斯塔

[337] Kaufman, "Portuguese Geographical Index."

[338] Armas, *Livro das fortalezas*，以及 Fernando Colón, *Descripción y cosmografía de España*, 3 vols.（Madrid：Impr. de Patronato de Huérfanos de Administración Militar, 1908 – 15），还有一个影印版，idem, *Descripción y cosmografía de España*, 3 vols.（Seville：Padilla Libros, 1988）.

[339] 意大利和安特卫普的版本复制在了 *PMC*, vol. 2, pls. 197 and 198 中。也可以参见这些重要的研究：Frazão de Vasconcelos, "O primeiro mapa impresso de Portugal e notas genealógicas sôbre a família Seco," *Arqueologia e História* 8 (1930)：27 – 33；Alves et al., "O mais antigo mapa de Portugal," 附带有1570年版的一个很好的复制件；Fernando Castelo-Branco, "Algumas notas sobre o mapa de Álvaro Seco," *Boletim da Sociedade de Geografia de Lisboa* 98 (1980)：112 – 23；以及 Suzanne Daveau, "A rede hidrográfica no mapa de Portugal de Fernando Álvaro Seco (1560)," *Finisterra* 35 (2000)：11 – 38.

索（Achilles Estaço）献给红衣主教斯福尔扎，埃斯塔索在1562年9月至1564年之间作为一名图书管理员为红衣主教工作，斯福尔扎于1564年去世。两者都在献词中包含了作者的名字，并且在安特卫普版本中，名字在有着"由费尔南多·阿尔瓦罗·塞科"（vernando Álvaro secco avctore）的横幅标题中重复。

　　两份献词中的词句几乎是相同，甚至到献词正式的结尾都是这样，在意大利版中如下："VALE：ROMAE ⅩⅢ KAL IVN MDLX"，同时在安特卫普版本中则是："Vale：Romae ⅩⅢ Cal lun MDLX"。正确的版本必然是安特卫普中的，因为与葡萄牙大使洛伦索·皮雷斯·德塔沃拉（Lourenço Pires de Távora）在1560年5月20日代表年轻的国王塞巴斯蒂安在罗马向新任教皇庇护四世（加冕于1560年1月6日）的誓词完全一致㊳。印刷意大利版的这一年可能是1562年，因为就是那一年，阿希莱斯·埃斯塔索作为一名图书管理员前往红衣主教斯福尔扎的驻地。这幅地图，并不是暗中离开了葡萄牙，就像所谓的1502年的坎蒂诺地图的情况那样，而似乎是一种官方或者半官方的产品㊴。

　　在阿尔瓦罗·塞科地图上国家整体的扭曲，与汉堡抄本所阐释的是相似的——扭曲向北逐渐增加——但是没有那么明显。两个版本中都给出了纬度值，然而这些数值没有被分为分，而是被用里格表示，使用葡萄牙水手通常使用的17.5里格对应1°的数值。然而，纬度是非常不准确的，因为它们被基于赋予里斯本的纬度40°（现代的数值是38°41'），这被明显地书写在了地图的边缘（"Lisboa grad. 40"）。这一数值，近似于托勒密的数值，是1321年至1339年的《马德里历书》（*Madrid Almanac*）中所标明的㊵。但是到13世纪，水手已经认为这是不正确的，并且将纬度40°赋予了贝伦加岛（现代数值是39°25'），后者在阿尔瓦罗·塞科地图上为40°40'㊶。

1040

　　两个版本之间相同地点纬度上的微小差异可能反映了手抄的准确程度㊷。我们因而可以理解影响了同时代地图的不确定性的程度，当一个地点的位置很容易出现1°的5'—10'范围内的误差的时候（10—20公里）。

　　㊳　洛伦索·皮雷斯·德塔沃拉使团文献的核心部分被发现于 Luiz Augusto Rebello da Silva and António Ferrão, eds., *Corpo diplomatico portuguez contendo os actos e relações politicas e diplomaticas de Portugal com as diversas potencias do mundo* (Lisbon：Academia Real das Sciencias, 1862 – 1936), vols. 8 – 10. 关于阿希莱斯·埃斯塔索，参见 José Gomes Branco, "Un umanista portoghese in Italia：Achilles Estaço," in *Relazioni storiche fra l'Italia e il Portogallo：Memorie e documenti* (Rome：Reale Accademia d'Italia, 1940), 135 – 48; idem, "Os discursos em latim do humanista Aquiles Estaço," *Euphrosyne* 1 (1957)：3 – 23; 以及 Belmiro Fernandes Pereira, *As orações de obediência de Aquiles Estaço* (Coimbra：Instituto Nacional de Investagação Científica, 1991)．

　　㊴　由一名代表了印度政府的葡萄牙大使在1520年作为外交礼物送给祭司王约翰的《世界地图》（*mappamundi*）由 Francisco Álvares 在 *Verdadeira informação das terras do Preste João das Índias*, new ed. (Lisbon：Imprensa Nacional, 1889), 148 – 49 中进行了叙述。

　　㊵　Luís de Albuquerque, *Os almanaques portugueses de Madrid* (Coimbra：Imprensa de Coimbra, 1961)．

　　㊶　Martín Cortés, *Breue compendio de la sphera y de la arte de nauegar con nuevos instrumentos y reglas* (Seville：Anton Aluarez, 1551), 以及一个影印本，idem, *Breve compendio de la sphera y de la arte de navegar* (Valencia：Vicent García, 1996), fols. 65 – 66; 也可以参见图38.38。

　　㊷　Cortés, *Breue compendio*, fols. 63 – 64.

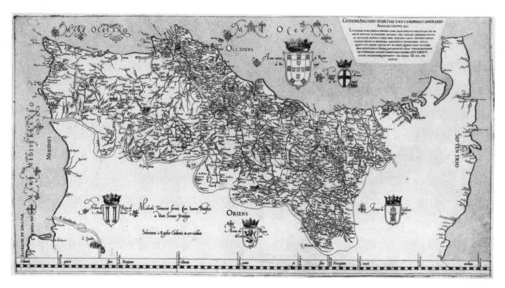

图 38.34　费尔南多·阿尔瓦罗·塞科的葡萄牙地图，1561 年之后

原图尺寸：35.5×67.5 厘米。BNF（Rés. Ge DD 626［20］）提供照片。

　　阿尔瓦罗·塞科地图两个印刷版上的地名与那些汉堡抄本上的非常相似，尽管一些差异说明对两者差异的一种系统性的比较应当是有用的。从汉堡抄本或 1527 年至 1532 年《普查》上不存在的各种地名，我们可以推断出用于这一印刷本地图的绘本地图绘制时的背景，最早在 1558 年。地图上的地名暗示了一些参与其制作的个人。在接近托马尔（Tomar）的标识的位置，词汇"Quinta dos Secos"确定地图的作者属于这一家族，当时这一家族最为有名的成员就是佩德罗·阿尔瓦罗·塞科（Pedro Álvares Seco），众议院（Casa da Suplicação）的 *desembargador*（高等法院法官）以及两部关于作为葡萄牙圣殿骑士团（Knights Templar）继承者的军事基督骑士团（Order of Christ）的著作的作者。地图还包括了骑士团总部所在地的托马尔教区的边界。骑士团的 *comendador-mor*（大团长），D. 阿丰索·德伦卡斯特雷（D. Afonso de Lencastre），是洛伦索·皮雷斯·德塔沃拉之前在罗马的葡萄牙大使。塔古斯河口的南侧，出现了"Quinta Távora"，其属于新大使的 *morgadio*（世袭的地产），还有狄思达修道院（Mosteiro da Descida），他在前往罗马之前不久于 1558 年兴建的一座修道院。最后，提到了佩尼谢（Peniche）的两个地点，"新里斯本"（Nova Lisboa）和"伯爵城堡"（Castelo do Conde），其被解释为描述了 1557 年为修建佩尼谢城堡而开始的工作[43]。"Conde"（伯爵），是阿托吉亚（Atouguia）伯爵，路易斯·德阿泰德（Luís de Ataíde），是财政大臣、卡什塔涅拉伯爵以及大使洛伦索·皮雷斯·德塔沃拉的一位近亲。

　　在地图的意大利版本中，葡萄牙领土被呈现为坐落于一片广大的、几乎空旷的从直布罗陀海峡延伸至加利西亚海岸北部的空间中，被用大致勾勒了其边界的点状线环绕[44]。主教教区的边界通过点状线被仔细地标明，甚至那些最近才创立的，例如莱里亚（Leiria，1543）、

---

　　[43]　Alves et al. , "O mais antigo mapa de Portugal"（1957）: 23 – 24.

　　[44]　João Carlos Garcia, "As fronteiras da Lusitânia nos finais do século XVI," in *Miscellanu Rosae*（Budapest: Mundus, 1995）, 137 – 53, 以及 idem, "A configuração da fronteira luso-espanhola nos mapas dos séculos XV a XVIII," *Treballs de la Societat Catalana de Geografia* 41（1996）: 293 – 321.

杜罗河畔米兰达（Miranda do Douro，1545）和波塔莱格雷（Portalegre，1549），其被认为是梵蒂冈可能会感兴趣的。葡萄牙的古代盾徽与其现代的盾徽并列出现。主要的河流除了它们的现代名称之外，还有拉丁名称。在地图各处呈现着大量的桥梁，但是由于与教会的关注相比，它们有着更多的经济和军事价值，因此它们可能来源于与汉堡抄本有关的地图，因为其地图更适合于这些关注。

1565 年的安特卫普版，显然针对的是更为多样的受众。其上，桥梁和主教教区的边界都消失了，标题变成为"Portvgalliae qvae olim Lvsitania"（葡萄牙，之前的卢西塔尼亚）。地点和河流名称抄写上的细微差异显示，安特卫普版并不是直接来源于意大版，两者可能都来源于一个共同的祖本[345]。

从 1570 年开始，阿尔瓦罗·塞科的地图获得了广泛的传播，并且在亚伯拉罕·奥特柳斯的《寰宇概观》中持续进行了国际传播。其还出现在德约德的地图集《世界宝鉴》（1578 年）中。那些版本与意大利版在中央部分非常相似，尽管不是所有的桥梁都被显示，并且一些地名被误译。葡萄牙西海岸的一个被夸大的阿威罗（Aveiro）潟湖，深入大洋中并且被两个突出的几乎对称的浅滩包围，这构成了《寰宇概观》中的版本的特征。另外一个广泛传播的版本就是由约道库斯·洪迪厄斯在 1600 年之后为墨卡托—洪迪厄斯地图集绘制的。在其中，被绘制的阿威罗潟湖，向北有着一个广阔的浅滩，并且向着大洋开放的出口被向南移动，但是阿威罗城镇被错误地放置在了北岸。其是基于在卢卡斯·扬茨·瓦格纳的《航海之镜》（1586）中的一种呈现。阿尔瓦罗·塞科地图持续被作为以绘本或者印刷本形式出现的葡萄牙地图的基础，直至佩德罗·特谢拉·阿尔贝纳斯的 1662 年地图的出现——几乎是之后整整一个世纪[346]。例如，一个洪迪厄斯版本的简化副本被包括在亚历山德罗·马萨伊（Alessandro Massai）的"阿尔加韦王国的描述"（Descrição do Reino do Algarve，1621）中[347]。

葡萄牙的绘本地图

16 世纪和 17 世纪葡萄绘本地图的少量样本之所以令人感兴趣，是因为除了阿尔瓦罗·塞科地图之外，它们给予了地图学资料的一些提示。最近发现的绘制在羊皮纸上的一幅葡萄牙地图的残片，被用来修补一本书的封面（图版 36）[348]。用墨色和四色水彩绘制，这幅地图的残片高度清晰，并且显示了包含了阿威罗潟湖和维塞乌城镇的部分。维塞乌以东，可以看到葡萄牙的古代盾徽的一部分。这幅地图大致的比例尺为 1∶400000，并且其呈现了一个在一幅陆地地图上不常见的特点——一个密集的位于陆上和海上的恒向线网络，还有着一个 32 条罗盘方位线的风玫瑰。一些地名通过暗淡的墨水和不太细致的书写被添加到原图上。

⑤　Daveau，"A rede hidrográfica no mapa."

⑥　大量来源于费尔南多·阿尔瓦罗·塞科地图的葡萄牙地图在 Resende，*Cartografia impressa*，和在 António Campar et al.，eds.，*Olhar o Mundo，ler o território*：*Uma viagem pelos mapas*（Coimbra：Instituto de Estudos Geográficos，Centro de Estudos Geográficos，Faculdade de Letras da Universidade de Coimbra，2004）中被复制和讨论。

⑦　抄本保存在 Lisbon，Museu da Cidade。其由 Lívio da Costa Guedes 发表在"Aspectos do Reino do Algarve nos séculos XVI e XVII：A 'Descripção' de Alexandre Massaii（1621），"和"Aspectos do Reino de Portugal nos séculos XVI e XVII：A 'Descripção' de Alexandre Massaii（1621）（Ⅱ Tratado），"*Boletim do Arquivo Histórico Militar* 57（1988）：21 – 269，and 58（1989）：15 – 215。

⑧　一个复制品被出版在 Carmen Manso Porto，*Cartografía histórica portuguesa*：*Catálogo de manuscritos，siglos XVII – XVIII*（Madrid：Real Academia de la Historia，1999），30 – 31. 地图被赋予了一个可能的时间，1600 年。

这些名称中的一个位于盾徽之上。至于恒向线网格，显然是后来增加的，因为其覆盖了地图上的所有其他元素。

这一片段可能来源于葡萄牙提供给西班牙国王菲利普二世（葡萄牙的菲利普一世）的地图，是由路易斯·豪尔赫·德巴尔布达绘制的，以作为他知识的一项证明。胡安·包蒂斯塔·葛西奥在一封 1579 年 7 月 21 日写给国王的信中谈到了这幅地图，将其称为对"葡萄牙王国的描述，其中可以发现，以栩栩如生的方式描绘的所有城市、城镇、地点、海洋和陆地港口、山丘、山丘、森林以及王国的河流，所有都被呈现得非常明显，由此每当陛下希望的时候，国王陛下在扫视整个王国的全部状况时可以感到愉悦"。在同一封信中，葛西奥宣称，巴尔布达是一位"熟练掌握地理学和地图编纂，以及绘制地图、地点和省份的人"[349]。自 1571 年之后，这位地图学家为胡安·德博尔哈（Juan de Borja）服务，后者从 1569 年至 1573 年是在葡萄牙的西班牙大使，他然后试图将巴尔布达带到西班牙。然而，巴尔布达只是在葛西奥帮助下于 1579 年逃离了葡萄牙。这封地图他携带作为一件信物，可能是在他逃离之前绘制的（可能在 1571 年至 1573 年之间）。地图上的恒向线网络在葛西奥的信件中没有被提到，但其可能是在到了西班牙之后被添加上去的。

这一带有恒向线的陆地地图的类型有着一个著名的先例。存在一幅法兰西王国的地图，安德烈·奥梅姆，一位葡萄牙地图学家以及著名的洛波·奥梅姆的儿子，1560 年之后在巴黎成为一名难民，其在 1564 年，在葡萄牙大使的坚持下，将这幅地图交给了国王查尔斯九世（King Charles IX）[350]。让·尼科特（Jean Nicot），1559 年至 1560 年派往葡萄牙的法国大使，在他的《法国的宝藏》（Thrésor de la langue françoyse，1606）中提到：

> 存在按照那些海图的风格绘制的陆地地图，如同我在 1564 年看到的王国那幅……是由一位葡萄牙宇宙志学家在卡斯蒂尔国王大使的要求下绘制的，我已经将这位宇宙志学者送给了国王查尔斯九世……由此，国王应当保留这幅所提到的地图，因为这是对他的国家而言有害的，并且让这幅地图的设计者和宇宙志学者为他服务。它们是用于战争的地图，可能使敌国领导一支军队穿过绘制在那幅地图上的整个国家，且不需要一名了解这个国家的向导，而只需要一架四分仪或者一架罗盘的帮助[351]。

用于战争的地图，例如那些法兰西的以及葡萄牙地图的残片被了解，仅仅是因为它们被秘密地传输给外国。通常，原始地图应当被它们源自的国家的军事领导所仔细的守护，并且防止任何的传播（大使尼科特对于看到它感到奇怪）。这类地图同样是有趣的，因为其是起源于航海的技术对陆地地图学产生了影响的一个例子，揭示了两种类型的地图学，尽管考虑到针对不同用途的不同技术，但允许它们的从业者和使用者之间的接触和交流。

存在一幅大约 1585 年的伊比利亚半岛地图，绘制在 21 图幅上，其通常被认为是《埃斯科里

1042

[349] Pedro Longás Bartibás, "Carta del astrólogo italiano Juan Bautista Gesio al Rey Felipe Ⅱ," in *Publicações*, 6: 167 – 72, 以及 Ursula Lamb, "Nautical Scientists and Their Clients in Iberia (1508 – 1624): Science from Imperial Perspective," *Revista da Universidade de Coimbra* 32 (1985), 49 – 61.

[350] Bourdon, "André Homem," 260 – 66.

[351] 被引用在 Bourdon, "André Homem," 287 (doc. 3)。

亚尔地图集》（Escorial Atlas）。雷帕拉斯·鲁伊斯（Reparaz-Ruiz）强调了这一西班牙地图集中葡萄牙部分的独创性，他对这一主题进行了大量的研究[⑥]。他假设，地图集的葡萄牙部分可能来源于一幅原型地图，其可能同样是阿尔瓦罗·塞科作品的基础。他认为，其调查应当是在佩德罗·努涅斯的指导下进行的。《埃斯科里亚尔地图集》的葡萄牙部分、仅仅描绘了葡萄牙的地图的残片、阿尔瓦罗·塞科的地图和汉堡抄本之间，存在的大量地名内容上的相似性，似乎是证实了他假说的主要线索。对于有着 3000 个西班牙位置的坐标，且提到了《埃斯科里亚尔地图集》的斯德哥尔摩（Stockholm）抄本的研究将确保我们得出更为坚实的结论[⑥]。

1597 年，路易斯·特谢拉或者他的儿子若昂·特谢拉·阿尔贝纳斯一世为一套 32 图幅的地图集设计了世界地图和对海岸轮廓进行了呈现的地图，这一图集在西班牙被称为《拉旺哈地图集》（Lavanha Atlas）[⑭]。在那时，地图的工作被打断，归因于其针对的接受者菲利普二世的女儿卡塔琳娜（Catarina）的去世。这一作品只是在 1612 年才由若昂·巴普蒂斯塔·拉旺哈完成，其为地图绘制了河流、山脉和城镇，并且撰写了文本和绘制了宇宙志图示。在葡萄牙地图中，我们注意到，海岸线，除了远至桑塔伦的塔古斯谷地（Tagus Valley）外，以如同波特兰航海图那样的方式进行了呈现，有着丰富的地名，这与国家的其余部分形成了反差。海岸线的呈现比阿尔瓦罗·塞科地图中的远为详细。

两幅呈现了葡萄牙（或其大部分的）的绘本地图的时间为 17 世纪初。第一幅，被认为来自 1617 年，属于所谓的卡达瓦尔抄本（Cadaval Codex），后者是一套有着 43 幅航海图和平面图的地图集，作者被认为是路易斯·德菲格雷多·法尔康（Luís de Figueiredo Falcão）[⑥]。抄本中的葡萄牙地图呈现了国家的大部分，除了没有其东北区域之外。其显示了朝东的偏移，并且朝北逐渐增加，但是其比在阿尔瓦罗·塞科地图集及其衍生物中的要少很多（图 38.35）。重要特点就是河流网络，与在早期地图中的相比有些简化，且附带有一些地名；对海岸线进行了改进。阿韦罗潟湖的形状，以及锡尼什（Sines）的南部区域，同样得到了改进。在较早的呈现中，这一南部区域向一个巨大的海湾开放，布满了大量的小岛。然后在这幅地图中，我们可以发现一些奇怪的细节：法鲁附近向南伸出的海角被一座岛屿阻挡，这一细节，让我们想起，一种后来以夸大的方式在由佩德罗·特谢拉·阿尔贝纳斯于 1662 年绘制的地图中广泛传播的形式。这幅难以理解的地图似乎成为知之甚少的国家政府机构的活动的证据，即逐渐的，为了受限制的国内的使用，纠正了国家的地图学图像，同时外部使用的图像——大部分由荷兰印刷地图传播——依然相对稳定，尽管过时。

所谓的古尔本基安（Gulbenkian）地图是一幅大型的绘制在 6 片皮纸上的壁画地图，其在 1964 年发现于意大利（图 38.36）。其保存状况非常糟糕，因为一次轻率的清洗擦除

⑥　Gonzalo de Reparaz-Ruiz, "La cartographie terrestre dans la Péninsule Ibérique au XVIᵉ et au XVIIᵉ siècle et l'oeuvre des cartographes portugaisen Espagne," *Revue Géographique des Pyrénées et du Sud-Ouest* 11 (1940)：167 - 202；idem, *España, la tierra, el hombre, el arte*, 2 vols. (Barcelona：A. Martín, 1954 - 55), 75 - 88；以及 idem, "Une carte topographique du Portugal au seizième siècle," in *Mélanges d'études portugaises offerts à Georges Le Gentil* (Lisbon：Instituto para a Alta Cultura, 1949), 271 - 315.

⑥　Geoffrey Parker, "Maps and Ministers：The Spanish Habsburgs," in *Monarchs, Ministers, and Maps：The Emergence of Cartography as a Tool of Government in Early Modern Europe*, ed. David Buisseret (Chicago：University of Chicago Press, 1992), 124 - 52, esp. 130.

⑭　Turin, Biblioteca Reale；参见 *PMC*, 4：73 - 76, pls. 425 - 40.

⑥　IAN/TT, Casa Cadaval, Codice LFF.

1043 了其表面不同部分的大量细节。基于绘制的风格，作者被认为是若昂·特谢拉·阿尔贝纳斯一世（他在他大部分作品上的署名为"若昂·特谢拉"），绘制时间被认为上限是在1629年，这一年正是布萨库修道院（Convento do Buçaco）被修建于在地图中明确强调的科英布拉东北封闭的林区中的时候；下限则至1650年，这一年被认为是作者去世的时间[59]。这一地图仅仅呈现了葡萄牙王国的盾徽，以及两次间接提到英国在佩尼谢和圣文森

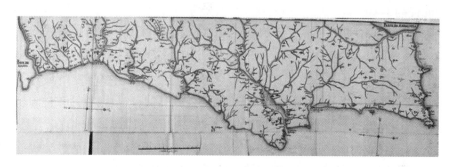

图 38.35 卡达瓦尔抄本中的葡萄牙地图，1617 年

原图尺寸：约 41.1×128.5 厘米。IAN/TT（Cód. Casa Cadaval, No. 29）提供照片。

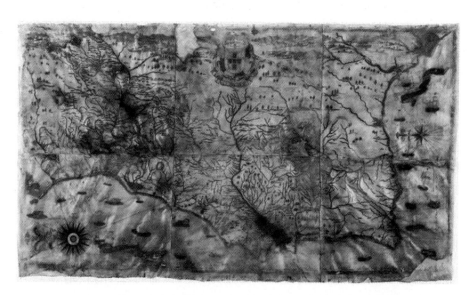

图 38.36 被认为是若昂·特谢拉·阿尔贝纳斯一世绘制的葡萄牙墙壁地图

Fundação Calouste Gulbenkian, Lisbon（Ref. J22/87）提供照片。

特角地区的登陆（在 1587 年和 1589 年？），这些事实使得科尔特桑相信，其是在 1640 年之后绘制的，这一年是葡萄牙重新获得独立的时间。即使因为档案中的大部分应当被转

1044 移到了马德里，因此其作者只能使用当时存在于里斯本的有限数量的地图学档案，但当与阿尔瓦罗·塞科地图的海岸进行比较的时候，海岸的形态有些许改进。

---

⑤ Armando Cortesão, "Um velho mapa de Portugal descoberto em Itália," *Colóquio*, *Revista de Artes e Letras* 30 (1964)：31－34，以及 *PMC*, 6：111－12。

佩德罗·特谢拉·阿尔贝纳斯的地图，1662 年

佩德罗·特谢拉·阿尔贝纳斯的《葡萄牙王国的描述》（*Descripcion del Reyno de Portvgal*），由马科斯·奥罗斯科（Marcos Orozco）雕版，并且 1662 年在马德里印刷（图 38.37），提供了我们所研究时期的终结[57]。1722 年，阿泽维多·福特斯（Azevedo Fortes）称它是非常错误的一幅地图，"除了海岸线之外，其朝向的偏差并不大"[58]。地图在战争期间印刷，当时西班牙军队正在沿着阿连特茹（Alentejo）边界集结以准备此后两年的入侵。其被献给了西班牙的菲利普四世。在顶部，地图左侧有着西班牙国王复杂的盾徽，葡萄牙国王的盾徽则位于右侧。除了葡萄牙领土之外，地图包括，如同标题所证明的，"分享其边界的卡斯蒂尔王国"。地图正方向为西，似乎显示了西班牙军队的入侵路线，但是散布的山脉符号并没有说明其被作为实际的战略工具使用。

图 38.37 佩德罗·特谢拉·阿尔贝纳斯的葡萄牙王国的描述，1662 年。雕版在 4 张图版上
原图尺寸：75×105.5 厘米。BNF（Ge DD 2987）提供照片。

地图可能至少部分的基于其作者佩德罗·特谢拉·阿尔贝纳斯在 1622 年至 1630 年之间执行的海岸调查[59]。这些调查是在伊比利亚半岛西侧海岸进行勘查和建造防御设施的巨大努力的 1045

[57] *PMC*，4：159–60，pl. 519，以及 Carmen Líter and Francisca Sanchis，*Tesoros de la cartografía española*，展览目录（Madrid：Biblioteca Nacional，2001），105–8。

[58] Manoel de Azevedo Fortes，*Tratado do modo o mais facil，e o mais exacto de fazer as cartas geograficas*（Lisbon：Na Officina de Pascoal da Sylva，1722），preface.

[59] Antonio Blázquez y Delgado-Aguilera，"La descripción de las costas de España por Pedro Teixeira Albernas，en 1630，" *Revista de Archivos，Bibliotecas y Museos* 19（1908）：364–79；idem，"Descripción de las costas y puertos de España de Pedro Teixeira Albernas，" *Boletín de la Real Sociedad Geográfica* 52（1910）：36–138 and 180–233；以及 *PMC*，4：153–59。《葡萄牙王国的描述》的文本复制在了 Pedro Teixeira［Albernaz］，*Compendium geographicum*，facsimile ed.（Madrid：Museo Naval，2001）. 也可以参见 Felipe Pereda and Fernando Marías，eds.，*El Atlas del rey planeta：La "Descripión de España y de las costas y puertos de sus reinos" de Pedro Texeira*（1634）（Madrid：Nerea Editorial，2002）.

一部分，这是由西班牙王室强制执行的，因为其几乎持续不断地参与到了与英格兰的海战中。

阿莱格里亚展示，塔古斯河以南地图的部分中包括 286 个地名，比费尔南多·阿尔瓦罗·塞科地图上的多 50 个[560]。23 个地点已经消失，但是出现了 73 个新地点，主要位于里斯本和埃武拉之间，在上阿连特茹（Alto Alentejo）以及位于阿尔加韦海岸，其中一些来源于同时代的调查。对水文网络和地理坐标分析显示，与早期的地图相比，有着明显的改进[561]。然而，来源于古代的奇怪内容依然存在，尤其是瓜迪亚纳（Guadiana）下游河谷阿尔科廷（Alcoutim）附近的想象的岛屿。

尽管其被仔细的雕版，但这幅地图并不容易阅读，因为其包含了众多山脉和森林的想象的图像，并且使用了四种区别居住点类型的符号。其包含了一个 15 里格的比例尺，并且其边缘包含有每度 17.5 里格的子午线，并且平行纬线每度 14.5 里格。其在马德里出版时的环境，当时卡斯蒂尔与葡萄牙处于交战状态，证实，陆地地图学成为军队的责任，且军队也拥有了资格，其本身也在中央政治权威的控制之下。其取代了阿尔瓦罗·塞科地图成为大约一个世纪中不同国家中葡萄牙印刷地图的原形。例如，其被认为用作罗伯特·德沃贡迪绘制的葡萄牙地图（1749 年）和约翰·巴普蒂斯特·霍曼（Johann Baptist Homann）绘制的葡萄牙地图（1704 年）的资料。

16 世纪和 17 世纪葡萄牙的地图绘制技术

从 16 世纪早期之后，容易获得的印刷文献在全欧洲流通，这些资料解释了地图学家设计和构建地图的技术。彼得·阿皮亚的《宇宙志》（1524），有着自 1533 年之后增加的赫马·弗里修斯的实践性的增补，并且在 1548 年翻译为西班牙语，在一种带有非常清晰地解释性图示的时尚中，表明了如何通过三种技术中的一种完成对任何区域的"描述"：使用地点的经纬度数值；使用纬度和距离数值；或者，"不知道任何经度或者纬度或者距离"的话，通过简单的对角度的测量数据，这一技术是赫马认为最容易的[562]。

1530 年，奥龙斯·菲内清晰地解释了，他使用平行纬线和子午线的网格是如何构建他的法兰西地图的，在这一网格中他使用那些地点已知的经纬度来确定位置[563]。似乎明显的是，他引用的坐标并不都是通过天文学方法确定的。1546 年，在讨论菲内的"错误"的时候，佩德罗·努涅斯揭示，菲内的著作，当其在巴黎出版后（1532 年），在葡萄牙就已经知道了，并且他宣称，书中引用的各种技术已经在葡萄牙流行很长时间了，"不仅仅有数学家，而且也有那些制作平面图、描绘航海图，且在球仪上使用星盘，通过纬度和位置的角度，或者通过旅程记录测量经度差异的工匠"[564]。

[560] Maria Fernanda Alegria, "O povoamento a sul do Tejo nos séculos XVI e XVII: Análise comparativa entre dois mapas e outras fonts históricas," *Revista da Faculdade de Letras: Geografia* 1 (1986): 179–208.

[561] Suzanne Daveau, "Géographie historique du site de Coruche, étape sur les itinéraires entre Évora et le Ribatejo," *Revista da Faculdade de Letras* 5 (1984): 115–35, esp. 128, 以及 Daveau, "A rede hidrográfica no mapa."

[562] Peter Apian, *Libro dela Cosmographia de Pedro Apiano, el qual trata la descripion del mundo, y sus partes, por muy claro y lindo artifício, aumentado por el doctissimo varon Gemma Frisio...* (Enveres: Bontio, 1548), 55–55v.

[563] Oronce Fine, *De cosmographia*, 出版在 Fine 的 *Protomathesis* (Paris, 1532);《宇宙志》据说已经在 1530 年首次单独出版。参见 Lucien Gallois, "La grande carte de France d'Oronce Fine," *Annales de Géographie* 44 (1935): 337–48, 以及 François de Dainville, "How Did Oronce Fine Draw His Large Map of France?" *Imago Mundi* 24 (1970): 49–55.

[564] Nunes, *Obras*, 3: 213.

1551 年，在他的《汇编》（*Breue compendio*）中，马丁·科尔特斯解释，为了准备航海图的比例尺或者里格标尺（*tronco de légua*），"在我们西班牙，使用一对罗盘去测量从圣文森特角至最大的贝伦加岛中部的距离，［结果］3 度"，也就是，52.5 里格或 50 里格，依赖于每度所采用的数值（每度 17.5 里格或 16 里格）[65]。阿斯凯奇（Asketch）证实了这一解释，将37°00′赋予了圣文森特角，并将 40°00′赋予了贝伦加岛（图 38.38）。乌齐埃利认为这是葡萄牙人决定通常被采用的子午线 1°的长度（17.5 里格）的场所[66]。这一传统成为我们可以从汉堡抄本重建的地图的基础。这一错误的子午线的数值解释了为什么这幅地图向北逐渐有着更为明显的扭曲。

1046

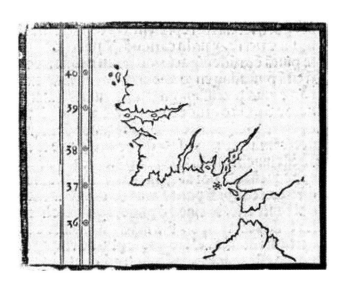

图 38.38　伊比利亚半岛西南海岸的地图，来自科尔特斯的作品。地图显示圣文森特角位于37°00′，贝伦加岛位于40°00′

原图尺寸：约 10.3 × 11.9 厘米。Martin Cortés's *Breue compendio*（1551 edition），fol. 65. BL（C. 54. k. 4）提供照片。

当葡萄牙地图学家若昂·巴普蒂斯塔·拉旺哈，服务于西班牙国王，为他的阿拉贡地图在 1610 年进行调查的时候，他继续使用一种非常简单的传统方法，即从高点测量方向且结合对距离的重新计算，而距离数据或者是由当地的从业者提供给他的，或者是他自己已经测量的[67]。他引入的主要的技术改进就是一架允许以 0.5°精度测量角度的测量仪。拉旺哈基于少量天文测量调整了在田野中搜集的数据。

通过对比汉堡抄本（1525 年至 1536 年）、《埃斯科里亚尔地图集》（约 1580 年至约 1585 年）

[65]　Cortés, *Breue compendio*, fols. 63 – 66.

[66]　Gustavo Uzielli, *La vita e i tempi di Paolo dal Pozzo Toscanelli* (Rome: Ministero della Pubblica Istruzione, 1894), 411. 也可以参见 Jaime Cortesão et al., "Influência dos descobrimentos dos Portugueses na história da civilização," in *História de Portugal*, 8 vols., ed. Damião Peres (Barcelos: Portucalense Editora, 1928 – 37), 4: 179 – 528, esp. 230 – 31, 和 Rolando A. Laguarda Trías 的两部出版物：*La aportación científica de mallorquines y portugueses a la cartografía náuticaen los siglos XIV al XVI* (Madrid: Instituto Histórico de Marina, 1964), 以及 "Interpretacion de los vestigios del uso de un método de navegación preastronomica en el Atlántico," *Revista da Universidade de Coimbra* 24 (1971): 569 – 93.

[67]　关于若昂·巴普蒂斯塔·拉旺哈，参见 *PMC*, 4: 63 – 76, map of Aragon, pl. 423; João Baptista Lavanha, *Itinerario del reino de Aragón*, 有着 Faustino Sancho y Gil 所作的一篇序言 (Zaragoza, 1895); 以及 Hernando Rica, *La imagen de un país*.

的葡萄牙部分，以及从由杜阿尔特·帕切科·佩雷拉的"埃斯梅拉尔多的对世界的描述"提供纬度数值的佩德罗·特谢拉·阿尔贝纳斯地图（1662）（参见图38.33）中选择出的少量位置的地理坐标，可以得出有趣的结论。"埃斯梅拉尔多的对世界的描述"，一部宇宙志和航海方面的著作，最初包含有地图，但已经佚失了，不过文本的日期为1505年至1508年，同时给出的纬度比托勒密的数据要准确很多。"埃斯梅拉尔多的对世界的描述"中存在葡萄牙和卡斯提内陆数据，由此证实，与航海无关的通过天文学手段确定纬度的方法在那时已经取得了进步。

但是汉堡抄本的纬度数值不同于"埃斯梅拉尔多的对世界的描述"的那些，并且这些差异显示，抄本的纬度值在很大程度上，来源于间接的估算。由于纬度在国家的最南部与现代数据接近，并且向北逐渐越来越夸大，朝向国家的东北有着一种逐渐增加的扭曲，并且显然，在北方缺乏可信的天文学测量。地图绘制者并没有意识到把贝伦加岛错误地向北放置了大约65英里，由此导致了对国家的一个相当大的延伸。

相反，埃武拉的纬度位置在汉堡抄本中几乎是正确的（38°45′，现代数字是38°34′）。佩德罗·努涅斯报告，他已经在1533年估算了这一纬度，大约为38°20′，在国王和亨利王子"日落前不久"在场的时候，去展示他发明的"测量影子的设备"（instrument de sombras）的有效性，其允许在白天的任何时候确定一个地点的纬度[68]。这样的展示暗示，纬度，通常在正午测量，在那时已经是众多周知的，并且近似于获得的数值。

费尔南多·阿尔瓦罗·塞科地图的版本呈现了纬度方面的微小变化，在彼此衍生的版本之间或者在来源于原型的版本之间的数值变化，都在可以预期到的范围内。但是地图的版本使用了传统的被赋予了里斯本的托勒密的纬度数值——北纬40°00′——而忽略了水手使用的远为准确的数值。这是另外一个用于确信最初的阿尔瓦罗·塞科地图是人文主义者的而不是航海者的作品的证据。

在图38.33和表38.3中，我们可以看到国家轮廓在纬度方向上"被延伸"最多的是在《埃斯科里亚尔地图集》中，在卡米尼亚和圣文森特角的纬度之间的差异为6°04′（实际数值为4°51′）。除了一些岛屿的位置之外，佩德罗·特谢拉·阿尔贝纳斯地图上的数值更为接近现代数值，差异仅仅只有几分。我们因而可以确信，作为新的测量结果的这幅地图，其测量所使用的技术，与那些用于绘制与16世纪初汉堡抄本相关的地图的技术完全不同。

不能确定的是，最早的葡萄牙地图是否是用之前的坐标表格绘制的。最为可能的是，它们是通过三角测量制作的，基于距离和角度，就像之前陈述的，其绝不是通过三角法绘制的[69]。《埃斯科里亚尔地图集》的地图有着一个方形网格，每度为16里格，同时佩德罗·特谢拉·阿尔贝纳斯地图（1622年）有着矩形网格，其中经度每度14.5里格，纬度17.5里格。只有这幅地图才可能是在网格上绘制的。

早期的区域和地方地图学

1. 边界的勘查

已知最早的地方尺度上的葡萄牙领土的地图学呈现，被与在地表确定国家的边界联系起

---

[68] 参见 Nunes, Obras, 1: 218.

[69] Alves et al., "O mais antigo mapa de Portugal."

来。随着对伊比利亚半岛的大西洋一侧最南部分的区域阿尔加韦的占领，基督教的再征服终止于1249年，因而确定了南侧的边界。在东部与卡斯蒂尔之间，最后的重要的领土调整的时间是1297年。葡萄牙此后维持了相同的政治范围，并且，在这一意义上，是欧洲大陆历史背景下的独一无二的例子。中央政权试图使用界标的准确位置来在地方层级上准确地确定这条边界线，而地标经常在区域纷争中被拆毁或者改变位置。边界通过葡萄牙的一种防御工事的战略网络来标识，而这种战略网络面对着边界西班牙一侧的一种相应的军事系统。

　　1454年，阿丰索五世命令要对阿连特茹和西班牙埃斯特雷马杜拉（Extremadura）之间边界的一段进行调查（inquirição）。在包含了调查的抄本中发现了一幅草图（debuxo），其呈现了奥利文萨和阿尔孔切尔之间可以选择的政治边界，包括地表上界标的位置（图38.39）[570]。六十年后，在1515年，稍微往北一点，另外一次确定邻近的设防村落奥古拉（Ouguela）和阿尔布开克的管辖权边界的尝试，解释了一幅区域的详细平面图[571]。地形、水利工程网络、聚落和道路被大致定位；平面图附带有解释性的文本。

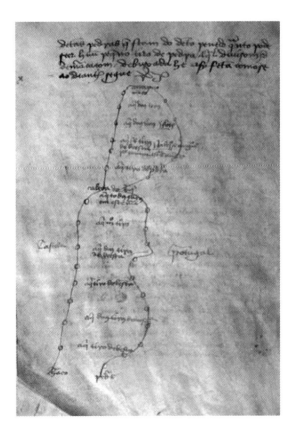

图38.39　奥利文萨和阿尔孔切尔（ALCONCHEL）之间界线的地图，1438年至1481年。复制自
"Livro das demarcações e pazes"，fol. 23
　　原图尺寸：约29.6×21.2厘米。IAN/TT（Núcleo Antigo 310, fol. 26v）提供照片。

　　[570]　参见 Rita Costa Gomes, "A construção das fronteiras," in A memória da nação, ed. Francisco Bethencourt and Diogo Ramada Curto (Lisbon: Livraria Sá da Costa Editora, 1991), 357 – 82, esp. 374 – 75.

　　[571]　IAN/TT (Gav. XVII, maço 5, n°3). 参见 Gomes, "A construção das fronteiras," 377 – 79.

　　在很大程度上，从 15 世纪末开始发生的葡萄牙政治的中央化，解释了在曼努埃尔（在位时间 1495 年至 1521 年）在位期间发生的对领土的勘查以及制作的领土的清单。不仅城市对陆地边界感兴趣，而且中央机关也组织了与军事防务问题直接相关的全面调查。

　　1489 年和 1507 年，杜阿尔特·德阿马斯，皇室的 *escudeiro*（护卫），参与了两次前往摩洛哥海岸的探险，在那里他执行了对接近阿扎莫尔、塞拉（Salé）和拉腊什的主要河流的港口浅滩的调查。基于他在制作良好的 *debuxo*（草图）方面的名望，他对卢祖—西班牙（Luso-Spanish）的一段边界进行了旅行，在 1509 年绘制了从马林堡（Castro Marim）至卡米尼亚的主要城堡的图景和平面图，并且询问了防御结构的缺陷和存在的问题。那一年，他花费了七个月的时间访问了边界上的位置，绘制了自然景观和大量城堡的平面图。在返回首都后，他对草图进行了精选和重绘，在第二年制作了一组 57 座堡垒的 114 幅全境图像（平均每座堡垒，两幅图像和一幅城堡平面图），装订在著名的名为"要塞之书"的羊皮纸稿本中（图 38.40）[572]。

　　在同一份档案中曾经存在第二份绘制在纸上的初步的抄本，但是在 1655 年至 18 世纪第二个二十五年之间消失了，也就是葡萄牙和西班牙的数十年战争期间。1910 年至 1921 年，这一抄本的两部分在马德里被重新发现，今天它们依然在那里[573]。这一抄本的残本，非常可能是地图学间谍活动的例子，有着与"要塞之书"相比较少的图像（71 幅），但是有着提供了关于每座城堡的信息的大量的说明文字。

1048

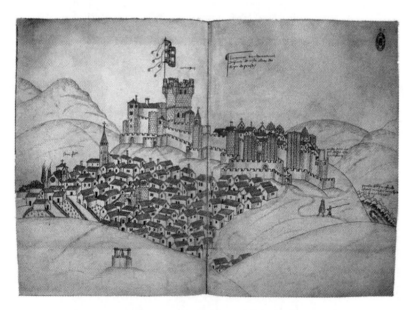

图 38.40　杜阿尔特·德阿马斯的布拉干萨的景观，1509 年

原图尺寸：35×49 厘米。来源于 Duarte de Armas, "Livro das Fortalezas," fol. L

XXXIX. IAN/TT（Casa Forte, Cod. 159）提供照片。

---

　　[572] 著作的第一版是在 1943 年，Duarte de Armas, *Reprodução anotada do Livro das fortalezas de Duarte Darmas*, ed. João de Almeida（Lisbon: Editorial Império, 1943）；其被包括在 *PMC*, vol. 1，并且有着两个之前提到 Castelo Branco 的版本。其来源于我们提到杜阿尔特·德阿马斯的 Castelo Branco 的文本。

　　[573] Madrid, Biblioteca Nacional（Reservados, Cod. 9241）.

在 17 世纪战争中，当葡萄牙的边界受到持续的威胁的时候，对于抄本的兴趣，同样被一个 1642 年由布拉斯·佩雷拉·德米兰达（Brás Pereira de Miranda）制作的名为《王国的国王所验证的葡萄牙的边界》（"Fronteira de Portugal justificada pellos Reys deste Reyno"）的稿本副本所证实[574]。在其中，所有图像之前是来源于费尔南多·阿尔瓦罗·塞科地图的某个版本的一幅葡萄牙地图，但其上标明了另外一道不同的边界堡垒线。

2. 海岸线的调查

为什么执行了后续的海岸线的地图学调查，存在两个主要原因——出于航海的原因，例如探查浅滩或港口，以及军事原因，例如选择设置防御的地点，探查存在登陆可能性的海滩，以及验证堡垒的状态。两个原因通常是并存的，但是它们的相对重要性依赖于特定的历史时期和背景。

在伊比利亚王室统一的时期（1580—1640 年），对西班牙君主而言，面对着持续不断的攻击，尤其是来自不列颠的攻击，防御葡萄牙海岸是极为重要的。意大利建筑师——菲利波·泰尔齐（Filippo Terzi）、乔瓦尼·巴蒂斯塔·卡里托、乔瓦尼·温琴佐·卡萨尔（Giovanni Vincenzo Casale）和亚历山德罗·马萨伊——因而被引入来进行大量防御设施建造方面的研究、计划和协作，由此产生了丰富的地图[575]。

这些地图学作品的例子，包括葡萄牙海岸防御设施的五幅平面图，是由意大利建筑师绘 1049 制的，保存在西曼卡斯档案馆（Arquivo General de Simancas）。贾科莫·弗拉蒂尼（Giacomo Fratini），一位在阿尔巴公爵扈从人员中前往葡萄牙的工程师，被认为绘制了一幅位于里斯本附近塔古斯河口的圣茹利昂·达巴拉（S. Julião da Barra）城堡的平面图，这是在 1553 年规划的建筑，并且在 1559 年执行[576]。关于围绕在安格拉（Angra）港口周围的防御设施，关于特塞拉岛上的防御设施（在亚速尔群岛），三幅来自 1589 年前后的平面图可以被与蒂布尔齐奥·斯潘尼齐（Tiburzio Spanochi）和乔瓦尼·温琴佐·卡萨尔联系起来[577]。最后，存在一幅由菲利波·泰尔齐绘制的塞图巴尔（Setúbal）的圣菲利普（S. Filipe）城堡的时间为 1594 年的原始图绘[578]。泰尔齐在 1577 年之后于葡萄牙工作，当时他被国王塞巴斯蒂安召去组织在塔古斯河、萨杜河（Sado）和利马港口浅滩，在佩尼谢以及在阿尔加韦和阿连特茹海岸的防御设置。由此产生的地图证明了葡萄牙海岸军事防卫关注的三个最具战略意义的地区：在塔古斯和萨杜河的港口浅滩，以及在北大西洋中部的亚速尔群岛。

关于在甚至更早时间绘制的其他的海岸地图有着更多的信息，例如西芒·德儒奥（Simão de Ruão）的作品，其在意大利和德意志研究建筑和军事工程，并且在 1567 年至

---

[574] Lisbon, *Biblioteca Nacional* (Il. 192).

[575] 参见 Rafael Moreira, "Os grandes sistemas fortificados," in *A arquitectura militar na expansão portuguesa* (Lisbon: CNCDP, 1994), 147 - 60, 以及 idem, "Arquitectura: Renascimento e classicismo," in *História da arte portuguesa*, 3 vols., ed. Paulo Pereira (Lisbon: Temas e Debates, 1995), 2: 302 - 75, esp. 327 - 32. 法鲁、Forte da Ilha das Lebres (Tavira) 和锡尔维什军事平面图的绘本，时间从 1617 年至 1621 年，被认为是亚历山德罗·马萨伊绘制的，并且保存在 Real Academia de la Historia in Madrid，最近由 Manso Porto 在 *Cartografía histórica portuguesa*, 7 - 16 中展示。

[576] Simancas, Arquivo General (XVI - 7)；绘本平面图作为时间为 1581 年的档案的附件。参见 A. Teixeira da Mota, "Arquitectos e engenheiros na cartografia de Portugal até 1700" (未出版的手稿, n. d), 44.

[577] Simancas, Arquivo General (XV - 35, 36, 37).

[578] Simancas, Arquivo General (VII - 135).

1568 年间完成了在波尔图、孔迪镇（Vila do Conde）和维亚纳堡（Viana do Castelo）的军事防御项目[79]。即使这些例子是作为报告和备忘录补充的单独的平面图，但它们很快变成呈现了葡萄牙海岸的各种各样的综合性地图集和地图学汇编。

例如，被称为卡达瓦尔抄本的没有标题的抄本，时间为 1617 年，是由路易斯·德菲格雷多·法尔康编绘的，包含了从阿尔加韦至佩德内拉斯（Pederneira）的海岸部分的详细的航海图（图 38.41），并且包括一幅描绘了从加利西亚至安达卢西亚（Andalucia）的整个海岸的地图。航海图参考并基于之前提到的意大利建筑师和工程师弗拉蒂尼、斯潘尼齐、卡萨尔和泰尔齐的调查和绘图，还有 1597 年的 *engenheiro-mor do reino*（首席皇家工程师）、著名的大师莱昂纳多·图里亚诺（Leonardo Turriano）以及马萨伊的调查和图绘，后者在 1586 年与卡萨尔（他的叔叔）一起从那不勒斯来到葡萄牙。

1050

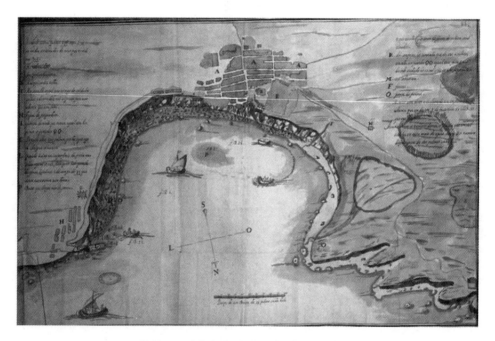

图 38.41 来自卡达瓦尔抄本的航海图，1617 年

原图尺寸：约 34.7×53.5 厘米。IAN/TT（Cód. Casa Cadaval, No. 29, p. 66）提供照片。

在 1621 年，马萨伊完成了地图的绘本，即他的"阿尔加韦王国的描述"[80]。按照特谢拉·达莫塔的观点，马萨伊的"阿尔加韦王国的描述"是"流传至今的 17 世纪的关于葡萄牙某一区域的最好的地图"[81]。其不仅涵盖了阿尔加韦，还包括了阿连特茹海岸的军事结构以及萨杜河和塔古斯河口，按照从卡塞拉（Cacela）至卡斯凯什（Cascais）的地理顺序。大致有 30 幅大比例尺的航海图，附带有罗卡角（Cabo da Roca）和蒙德古河（Mondego）河口的沿海地图、阿尔加韦和葡萄牙的地图。地图附带有一篇多卷的关于阿尔加韦的文本，并且

⑰ 参见 Mário Jorge Barroca, *As fortificações do litoral portuense*（Lisbon: Edições Inapa, 2001），59–61.

⑳ Lisbon, Museu da Cidade（Col. Vieira da Silva, nº 460）. 参见 Guedes, "Aspectos."

㉑ Teixeira da Mota, "Arquitectos e engenheiros," 12.

按照沿海的各个部分组织。它们包括了水文和地形航海图以及沿海防御工事网络的图像和工程。涉及阿尔加韦和阿连特茹海岸的描述，似乎基于马萨伊的调查以及卡萨尔的作品中提到了里斯本地区的调查。

　　佩德罗·特谢拉·阿尔贝纳斯于 1622 年至 1630 年沿着伊比利亚半岛海岸进行了测量，之后，这位著名的地图学家撰写了一部详细的地理学描述，其以 5 卷本的形式流传至今[82]。尽管只有其中一卷包含有地图[83]，但我们知道，本章最初包括地图以及葡萄牙海岸的详细的航海图。文本之一暗示"tables"（或地图）超过一幅，例如来自对塔古斯河口的描述的片段："……在这些地图上可以看到的更为与众不同和清晰的就是通过数字显示的两个入口和港口浅滩的底部。"[84] 依然有待于发现的就是，佩德罗·特谢拉·阿尔贝纳斯是否进行了一次海岸的准确调查（其似乎已经存在于马萨伊的时代），或者只是对特定特征进行了实地调查。在葡萄牙重新独立之后（1640 年），佩德罗的兄弟若昂·特谢拉·阿尔贝纳斯一世，正在主导海岸调查，这次调查被汇总于"对葡萄牙王国的海港的描述"，这是一份 16 幅按照顺序描绘了海岸各个部分的航海图的汇编，这些航海图有着相当简单的设计（图 38.42）。已知有 5 幅原始的，时间为 1648 年的航海图，以及一幅 1669 年的副本[85]。

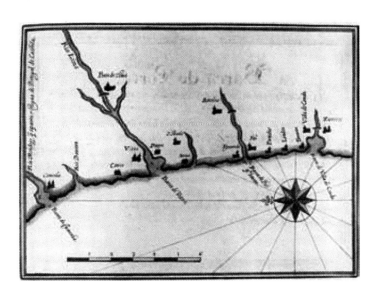

图 38.42　来自若昂·特谢拉·阿尔贝纳斯一世的"对葡萄牙王国海港的描述"（DESCRIPÇÑO DOS PORTOS MARITIMOS DO REGNO DE PORTUGAL）的米尼奥（MINHO）海岸的地图，1648 年

原图尺寸：15×20 厘米。Biblioteca Nazionale Centrale, Florence（Codex Palatino, 1044, tav. 3）. Ministero per i Beni e le Attività Culturali della Repubblica Italiana 特许使用。

---

　　[82]　Vienna, Österreichische Nationalbibliothek（MS. 5563 Re. 7639 and MS. 5707 Rec. 376）；BL（Add. MS. 28497）；Madrid, Biblioteca Nacional；以及 Uppsala Universitetsbibliothek。

　　[83]　来自 Uppsala Universitetsbibliothek 稿本的影印版，Teixeira, *Compendium geographicum*。

　　[84]　Vienna, Österreichische Nationalbibliothek，"Dela forma, grandeza, fertilidade e riqueza de España"（MS. 5707 Rec. 376）。

　　[85]　样本被保存在 Lisbon, Sociedade de Geografia；Vienna, Österreichische Nationalbibliothek（two）和 BL. 最后的一个样本，PMC 的作者认为已经佚失的，被发现于 Florence, Biblioteca Nazionale Centrale（Manoscritti Palatini, 1044）；参见 *PMC*, 4：79，141 – 43，and pls. 509A-H and 510A-H. 1669 年的副本在 BNF。

3. 区域地图的缺乏

有着自 16 世纪中期保存下来的葡萄牙不同区域的详细的文本描述，但是与它们对应的地图或者已经毁坏，或者今天依然隐藏在其他档案中。在 1608 年的他以对话形式为里斯本辩护的作品中，路易斯·门德斯·德瓦斯康塞洛斯让其中一位角色提到了该地区的"地形图"，其中涉及里斯本范围内无数地点的位置[89]。

在"包含了克拉图传教士的教堂和村庄的所有平面图和简介之书"（Livro que tem todas as plantas e perfis das igrejas e vilas do preorado do Crato）中发现了一种相当不同的地图学类型，该书是由佩德罗·努涅斯·蒂诺科（Pedro Nunes Tinoco）撰写的，其时间是在 1620 年，并且包含了克拉图（Crato）的城镇和教堂的平面图和立面图[90]。作者是若昂·巴普蒂斯塔·拉旺哈的一名学生，并且是著名建筑师家族的领袖。1615 年，他是克拉图，即葡萄牙中部的一座小型修道院辖区的建筑师。从 14 世纪中叶之后，克拉图的修道院成为医院骑士团（Hospitaller order，马耳他骑士团）的所在地，并且其修道院院长在其控制的土地上有着绝对的权威[91]。1615 年，蒂诺科在修道院所控制的所有土地上进行了旅行，用总数超过 20 幅的绘画描绘了所有村庄和教堂，并且为其中一些构建了平面图。着色的和仔细设计的高视角图像在大比例尺基础上描绘了塔古斯谷地和上阿连特茹东部的小型建筑的核心（图版 37）。

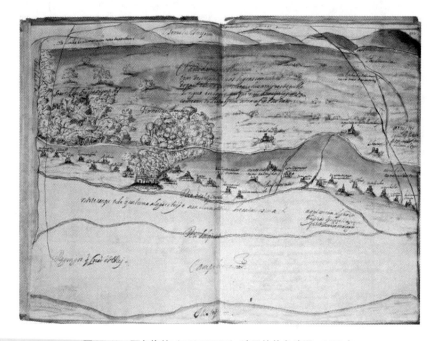

图 38.43 阿尔梅林（ALMEIRIM）地区的佚名地图，1632 年

Henrique Ruas 射影，Biblioteca da Ajuda/IPPAR, Lisbon（51 – X – 3, fols. 24 – 25）

提供照片。

---

[89] Vasconcelos, *Do sitio de Lisboa*.

[90] 抄本位于 Sernache do Bonjardim 神学院。

[91] Tude de Sousa, "Algumas vilas, igrejas e castelos do antigo priorado do Crato（Crato-Flor da Rosa-Amieira），" *Arqueologia e História* 8 (1930): 53 – 82, esp. 54 – 55.

　　阿尔梅林区域的一幅 1632 年的奇怪的草图保存了下来。阿尔梅林是一个经常被皇室光临的地点，并且位于肥沃的里巴特茹（Ribatejo）区域的塔古斯河的 *leztrias*（泛滥平原）[889]。草图有着一种倾斜视角，可能是从桑塔伦的较高城堡绘制的，这座城堡紧邻塔古斯河（图 38.43）。聚落位于南岸，在洪水最高水位可以抵达的范围之外。佚名的地图附带有表明了本地村庄经济状况的文献。

　　我们知道三幅涉及 17 世纪葡萄牙不同行政区域的绘本地图：托马尔、桑塔伦和瓜尔达（Guarda）的《更正》（*correições*）[890]。每幅地图的背景由层级化的河流网络构成。允许对这些《更正》的略图进行清晰理解的政区界限是严格和完美的矩形，没有最为基本的准确性的要求。有人居住的地点被以标准化模型的方式放置在地图上，这些模型用于区分不同类别的村庄和城镇。基于风格化的图像证据，科尔特桑和特谢拉·达莫塔判断他们是若昂·特谢拉·阿尔贝纳斯一世的作品；基于索拉亚（Sorraia）盆地的河流河道的细节，它们说明地图绘制的时间是在 1640 年至 1646 年之间[891]。但是他们的证据并不足以让人信服，因为这些河流的河道经常是不稳定的[892]。为了确定一个准确的时间，需要对三幅地图进行全面研究，即将它们与葡萄牙政区边界变动的详细历史进行比较。存在这些档案可能来自 18 世纪的一些线索[893]。

1052

　　4. 绘本的和印刷的城市图景

　　葡萄牙地图学家制作的图景或者城市平面图同样来源于 16 世纪初期。保存下来的有限数量中的大部分是小型的，并且是有着装饰的书稿的内在组成部分。例如，插入杜阿尔特·加尔旺（Duarte Galvão）的"D. 阿丰索·亨里克斯纪事"（Crónica de D. Afonso Henriques）的里斯本图景，该书的作者被认为是安东尼奥·德奥兰达（António de Holanda），时间大约为 1520 年，还有被认为是由杜阿尔特·德阿马斯绘制的埃武拉的景观，时间为 1501 年，其作为由国王曼努埃尔授权的城市 *foral*（特许状）的题名页[894]。在两份文献中，建筑密集地集中在有墙区域之内，且其中有着少量空地。宫殿、教堂和女修道院因有着可识别的建筑细节而突出。在环绕在城市周围的区域中，描绘了与港口和沿海有关的活动（在里斯本的例子中）以及农业活动（在内陆城市埃武拉的例子中）。埃武拉、贝雅（Beja）和桑塔伦南部城市的地图被认为是由安东尼奥·德奥兰达绘制的。它们作为由西芒·德·贝宁（Simão de Bening）制作的"葡萄牙国王的谱系"（Genealogia dos Reis de Portugal）的插图，时间可能

---

⑧⑧　参见 José Manuel Garcia, "Tesouros da cartografia portuguesa em Portugal," in *Tesouros da cartografia portuguesa*，展览目录（Lisbon：CNCDP, 1997），35 – 114, esp. 59.

⑨⓪　前两者保存在 Lisbon，Biblioteca Nacional（Iconografia, D 95 R and D 96 R），最后一个在 Évora, Biblioteca Pública（Gav. 4, Pasta A, nº 2.）

⑨①　*PMC*, 5：142.

⑨②　Daveau, "Géographie historique du site de Coruche."

⑨③　参见 Suzanne Daveau, "Lugares e regiões em mapas antigos," in *Lugares e regiões em mapas antigos*, by Isabel Cid and Suzanne Daveau（Lisbon：CNCDP, 1997），13 – 44, esp. 37 – 38. 基于其中一幅地图上的水印，de Carvalho 认为它们来自 18 世纪。参见他的 *Catálogo da colecção de desenhos*, 187.

⑨④　分别保存在 Cascais in the Museu-Biblioteca dos Condes de Castro Guimarães（inv. 14）以及 Évora at the Arquivo Municipal de Évora。

是在 1530 年前后⑨。由于里斯本在当时经济中的重要性，因此我们知道大量 16 世纪的城市描绘，其中包括在"葡萄牙国王的谱系"中的被认为是由奥兰达绘制的装饰画（图 38.44）。一幅首都的全景图像，属于大型的、高度详细的自然图像，时间为 1570 年前后⑯；另外一幅是由弗朗西斯科·德奥兰达绘制的，并且被包括在他的作品《工厂，正在死去的里斯本城》（"Da fabrica que falece ha cidade de Lysboa"，1571）中⑰；同时第四幅是由西芒·德米兰达（Simão de Miranda）在 1575 年绘制的，描绘了城市的西部⑱。奥兰达是一位著名的艺术家，还是米凯兰杰洛的朋友，同时他的抄本将他对于首都的防御和装饰的建议汇集在一起。其包括一幅里斯本至河口之间的塔古斯河岸的图像，有着已经建造和被规划的防御设施的整个系统⑲。在被认为是由安东尼奥·德奥兰达在 1517 年至 1538 年制作的《曼努埃尔时间之书》（"Livro de horas de D. Manuel"）中还有着里斯本的细节，包括街道和广场⑳。

图 38.44 安东尼奥·德奥兰达的里斯本图景，约 1530 年至 1534 年

细部的尺寸：约 24×36.5 厘米。BL（Add MS. 12531, fol. 8）提供照片。

⑨ Antonio de Holanda and Simão de（Simon）Bening, A genealogia iluminada do infante dom Fernando（Lisbon，1962）.

⑯ Leiden, Rijksuniversiteit（1 – 17 J 29 – 15 – 7831 – 110）；地图的尺寸：0.8×2.75 米。

⑰ Lisbon, Biblioteca da Ajuda（51 – Ⅲ – 9, fols. 8v – 9r）. 作品只是在 1879 年由 Joaquim de Vasconcellos 在波尔图出版，但是没有雕版。最好的影印版依然是 Segurado, Francisco d'Ollanda 的。

⑱ 现收藏在都灵。参见 Lisboa quinhentista: A imagem e a vida da cidade（Lisbon: Direcção dos Serviços Culturais da Câmara Municipal, 1983），87（No. 25）.

⑲ Lisbon, Biblioteca da Ajuda（51 – Ⅲ – 9, fols. 12v – 13r）.

⑳ Lisbon, Museu Nacional de Arte Antiga（inv 14, fols. 25 and 129v）. 关于 16 世纪里斯本的图像，参见 Ana Cristina Leite, "Os centros simbólicos," in História da arte portuguesa, 3 vols., ed. Paulo Pereira（Lisbon: Temas e Debates, 1995），2: 69 – 90, esp. 70 – 72.

一些葡萄牙城市的图像——里斯本、科英布拉和布拉加（Braga）——被分散在 1572 年的乔治·布劳恩和弗兰斯·霍根伯格的《寰宇城市》16 世纪欧洲地图中[401]。基于布拉加——伊比利亚半岛的精神中心之一，大主教居住在那里——图像的绘本，被认为是由曼努埃尔·巴尔博萨（Manuel Barbosa）绘制的，他是一位波尔图博学的居民。亚伯拉罕·奥特柳斯与巴尔博萨通信，巴尔博萨不仅评论了奥特柳斯地图中的地名错误，而且他也是出版商委托发现和发送葡萄牙城市地图的人员之一，尤其是波尔图和布拉加的[402]。但是奥特柳斯在布拉加还有另外一位信使：加斯帕尔·阿尔瓦斯·马沙多（Gaspar Álvares Machado），一位与大主教阿戈什蒂纽·德卡斯特罗（Archbishop Agostinho de Castro）关系密切的古物收集者，而主教明确希望看到他所在城市的图像出版在《寰宇城市》第五卷中；在其中展示的布拉加的城市平面图是一幅小型的杰作。1594 年 8 月，马沙多写到，他将送出他自己绘制的一幅布拉加的地图[403]。

独立和战争地图（自 1640 年之后）

在伊比利亚王室联合时期（1580 年至 1640 年）之后，葡萄牙进入与西班牙的持续战争中，其一直延续到 1668 年，其间只有少量的间断。葡萄牙领土地图学获得了比之前任何时期可能都要充分的活力。对此的一个解释就是，Conselho de Guerra（战争委员会）和下属机构 Junta de Fortificações（防御设施委员会）的创建。同样，在里斯本设立的一所 Aula de Artilharia e Esquadria（炮兵和演习院校），说明了在 1641 年开始的一项计划，而这一计划随着 1647 年 Aula de Fortificação e Arquitectura Militar（防御设施和军事建筑学校）在里贝拉 – 达什纳斯（Ribeira das Naus）的成立而成型。这一学校是由路易斯·塞朗·皮门特尔指导的，他自 1641 年之后成为 cosmógrafo-mor（首席宇宙志学者），并且在 1673 年成为 engenheiro-mor（首席工程师）。他是一些军事建筑理论作品的作者，包括《绘制规则和不规则形状的防御工事的卢西塔尼亚的方法》（*Methodo Lusitanico de desenhar as fortificaçoens das praças regulares & irregulares*），其中包括大量的平面图和模型地图（图 38.45）[404]。但皮门特尔不仅是一位理论家，他还活跃地参与了葡萄牙南部军事防御的改建。防御设施和军事建筑

1053

---

[401]　Georg Braun and Frans Hogenberg, *Civitates orbis terrarum*, "The Towns of the World," 1572 – 1618, 3 vols., intro. R. A. Skelton（Cleveland：World Publishing, 1966）. 里斯本的图像是在 vol. 1（1572），而里斯本、科英布拉和布拉加的图像是在 vol. 3（ca. 1598）。

[402]　Abraham Ortelius, *Abrahami Ortelii（geographi antverpiensis）et virorvm ervditorvm ad evndem et ad Jacobvm Colivm Ortelianvm...Epistvlae...*（1524 – 1628），ed. Jan Hendrik Hessels, Ecclesiae Londino-BatavaeArchivum, vol. 1（1887；reprinted Osna-brück：Otto Zeller, 1969），608 – 10.

[403]　Ortelius, *Epistvlae*, 593 – 95. 特谢拉·达莫塔留下了关于这一可能的作者权的手稿注释；参见 Garcia, "Tesouros da cartografia portuguesa," 54. 马沙多并不以作为一名地图学家或艺术家而知名，但有着剽窃者和伪造者的名声。

[404]　Luís Serrão Pimentel, *Methodo Lusitanico de desenhar as fortificaçoens das praças regulares & irregulares*（Lisbon：António Craesbeeck de Mello, 1680）. 关于一个 1670 年的有着亲笔署名（？）且被献给托斯卡纳大公科西莫·德美第奇三世（Cosimo Ⅲ de' Medici）的文本稿本的基础，我们知道作者参考了意大利王子给他的一份专业的参考书目。科西莫·德美第奇三世在 1668 年至 1669 年访问了葡萄牙。参见 Joaquim Oliveira Caetano and Miguel Soromenho, eds., *A ciência do desenho*：*A ilustração na colecção de códices da Biblioteca Nacional*（Lisbon：Biblioteca Nacional, 2001），67. 关于作为防御工程专著的《绘制规则和不规则形状的防御工事的卢西塔尼亚的方法》以及它同时代参考书目的背景，参见 Manuel C. Teixeira and Margarida Valla, *O urbanismo português, séculos XIII – XVIII*；*Portugal-Brasil*（Lisbon：Livros Horizonte, 1999），129 – 31.

学校是训练葡萄牙军事工程师和建筑师的一个重要学校，一座地图学成为指导核心的学校。但是在田野工作中，外国军事技术人员做出了决定性的贡献。这些专家的存在，与葡萄牙和其他反西班牙的欧洲国家——主要是法兰西的外交和军事协定有关。

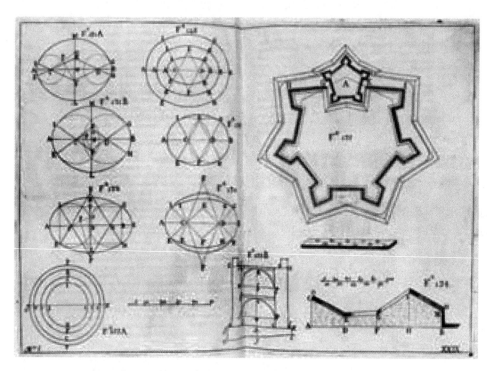

图 38.45　来自路易斯·塞朗·皮门特尔的《绘制规则和不规则形状的防御工事的卢西塔尼亚的方法》中的"模型地图"的一个例子，里斯本，1680 年

原图尺寸：约 22.6×32.5 厘米。BL（8822.dd.5）提供照片。

1054　　　归因于对防御工事的迫切需要，王国的主要城市被同样呈现在了精确的城市平面图中。1641 年，紧随着葡萄牙重新获得独立，若昂四世任命里斯本的圣安唐学院（Colégio de Santo Antão）的教授耶稣会士西芒·法东尼奥（Simão Falónio）为 engenheiro-mor do reino（首席皇家工程师），并且委托他勘查和绘制萨杜河以及那些塞图巴尔、阿拉比达（Arrabida）和塞辛布拉（Sesimbra）的港口防御设施[405]。特别重视沿着陆上和海上边界发生冲突的地区。

　　1. 规划区域战略

　　长期的战争期间，军事行动规划在一个区域尺度上基于地理条件进行组织。编绘了地图以支持与国家大区域相关的决定，依然用绘本的形式以确保保密，并且通常包含有很少的细节。一些呈现了米尼奥和阿连特茹的大的边界地区的例子保存了下来，那里更为经常地遭到西班牙军队的攻击，无论是通过永久存在的地方性的偷袭，还是在战略性的战役中。

　　"米尼奥河的航道图"（Carta do curso do rio Minho, 1652）被认为是作为雇用人员的法国工程师中的那时在这一区域非常活跃的人员的作品：安韦尔（Anvers）、维勒·德阿蒂斯（Viele

---

⑩　参见 Caetano and Soromenho, A ciência do desenho, 56.

d'Athis）、若热·杜邦塞尔（Jorge Duponsel）或查尔斯·德拉萨尔（Charles de Lassart）⑩。地图，绘制的比例尺为 1∶100000，呈现了在利马（Lima）和米尼奥河之间的区域，有着详细的水文网络（图 38.46）。但其主要目的是显示米尼奥谷地中防御设施的分布，在葡萄牙一侧的和在西班牙一侧的，以及显示了通往河谷的重要运输线路的防御。也展现了圣地亚哥堡、维亚纳堡和拉博雷鲁堡（Castro Laboreiro）的平面图。

　　工程师米歇尔·莱斯科勒（Michel Lescolle）是另外一幅米尼奥的重要绘本地图的作者，这幅地图被作为一幅区域战略地图，即"恩特雷里·杜罗和米尼奥的地理地图"（Carta Geografica da Provincia de Entre Douro e Minho），时间为 1661 年⑩。莱斯科勒在葡萄牙和巴西的活动涵盖了 1642 年至 1684 年的时期。在 1660 年，他被任命为米尼奥军队的野外总监（general field master），并且 1676 年他在维亚纳堡建立了一所炮兵学校，这所学校在 1701 年转化为一所防御工程学校。

　　没有一幅米尼奥的航海图被印刷或者复制，可能因为，尽管在区域的战略策划中有着重要性，但葡萄牙和西班牙之间的大型战役从未在这里发生。阿连特茹是一个完全不同的情况。所有已知的这一区域的绘本地图的时间很可能都是在战争的最后几年（1660 年至 1668 年），当时阿连特茹是决定战争命运和葡萄牙独立的地方。涉及上阿连特茹边界一部分的有

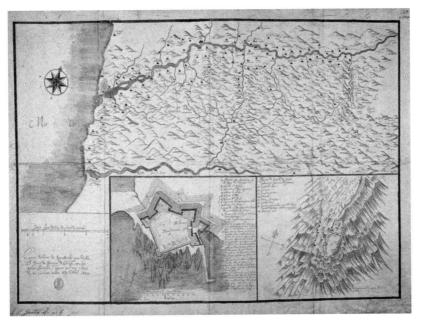

图 38.46　"米尼奥河的航道图"，1652 年

原图尺寸：84×115 厘米。Biblioteca Pública de Évora（Gav. 4，no 4）提供照片。

---

⑩　参见 Teixeira da Mota，"Arquitectos e engenheiros," 40. Charles de Lassart 是首席皇家工程师，自 1642 年之后，旅行了整个国家，组织了所有的边界防御，无论是陆地上的还是海上的。关于他在杜罗河河口防御设施中的地图学活动，参见 Rafael Moreira，"Um exemplo：São João da Foz, de igreja a fortaleza," in *A arquitectura militar na expansão portuguesa*（Lisbon：CNCDP, 1994），56 – 70, esp. 65.

⑩　BNF（Col. Tralage, port. 189，nº 4163）；参见 Teixeira da Mota，"Arquitectos e engenheiros," 40.

些相似构图的两幅地图，都仅仅呈现了大致的地理信息。其中一幅被插入所谓的 1660 年的"尼古拉斯·德朗格雷斯之书"（Livro de Nicolau de Langres）中；另外一幅是佚名的，并且没有装订，时间是同一年[408]。阿拉因·曼尼松－马莱特，一位地理学家和军事工程师，其从 1666 年至 1668 年工作于阿连特茹区域，被认为基于朗格雷斯的图像制作了他自己的绘本"阿连特茹地图"（Carte de l'Alenteie），时间为 1667 年[409]。

一幅有着防御工事的艺术性插图的区域地图，让我们想起了那些在奥特柳斯的《寰宇概观》中发现的地图，这幅地图就是由巴托洛梅乌·若昂（Bartolomeu João）绘制的"马德拉群岛的描述"（Descrição da Ilha da Madeira，约 1654），若昂在 1618 年之后是马德拉群岛防御工事的军事建筑师和工程师[410]。在岛屿内部只呈现有不平坦的地形和聚落的分布。在葡萄牙重新独立的背景下，军事兴趣表现在地图右侧和下方边缘显示了马德拉群岛的主要堡垒的六幅插图。

除了这些区域地图之外，我们可以引用更为有限地区的详细的航海图，这些航海图通常出现于战争期间在领土上非常常见地参与了间谍和反间谍活动的信使的背包中。两幅小的，呈现了瓜迪亚纳谷地边界（聚落和水网）的粗略的地图，比例尺分别为 1∶270000 和 1∶620000[411]。

2. 工程师、建筑师和堡垒平面图

归因于 1641 年之后为葡萄牙军队服务的很多法国军事建筑师和工程师，大量地图被绘制用来表现堡垒的密集网络，包括沿着大西洋海岸的和沿着陆地边界的，以及那些控制了最为重要城市之间主要交通线路的堡垒。今天对于这些堡垒平面图中的一些是了解的，它们散布在主要的葡萄牙档案馆中。尽管没有署名，但因为风格，它们可以被认为是法国工程师的作品。这些平面图是关于受到入侵军队威胁最大的三个区域的，也就是米尼奥、贝拉（Beira）和阿连特茹的。

在各种地图中，我们可以提到时间在战争第一年和最后一年之间绘制的地图：查尔斯·德拉萨尔的坎普马约尔（Campo Maior）地图（约 1642 年）、若昂·吉洛特（João Gilot）的塞图巴尔地图（约 1652 年）、蒙萨拉斯（Monsaraz）和布朗库堡（Castelo Branco）的佚名地图（约 1655 年），和米歇尔·莱斯科勒的拉博雷鲁堡地图（1658 年）。让我们考虑，例如，1056 若昂·吉洛特的塞图巴尔地图（图 38.47）。其是一个有着大量校正的工作文档。图例清晰地表达了用于呈现公共、宗教和军事建筑以及被规划的各种军事建筑的颜色的含义。

法国工程师不是唯一描绘了葡萄牙区域的群体[412]。面对着塞尔韦拉新镇（Vila Nova de Cerveira）的林多苏城堡（Lindoso Castle）和我们圣母的康塞桑（Nossa Senhora da Conceição）堡垒的平面图（约 1665 年）证实，葡萄牙学校正在发挥着功能。这些平面图被

---

⑧ Lisbon, Biblioteca Nacional (Cod. 7445 and Iconografia, Pasta I, nº1). 还存在一幅与上阿连特茹东部有关的地图，保存在 Centro de Estudos de História e Cartografia Antiga (CEHCA, 123)，被称为 *Theatro de la guerra en Portugal*，时间为 17 世纪。

⑨ BNF (Col. Tralage, port. 189, nº 4164).

⑩ *PMC*, 5: 92 –93.

⑪ Évora, Biblioteca Pública (Gav. 4, Pasta A, nos. 18 and 19). 关于 17 世纪末由工程师和军事建筑师在卢祖—西班牙边界上进行的间谍活动，参见 Miguel Soromenho, "Descrever, registar, instruir: Práticas e usos do desenho," in *A ciência do desenho: A ilustração na colecção de códices da Biblioteca Nacional*, ed. Joaquim Oliveira Caetano and Miguel Soromenho (Lisbon: Biblioteca Nacional, 2001), 19 –24, esp. 23.

⑫ 参见 Edwin Parr, "As influências holandesas na arquitectura militar em Portugal no século XVII: As cidades alentejanas," *Arquivo de Beja* 7 – 8 (1998): 177 –90.

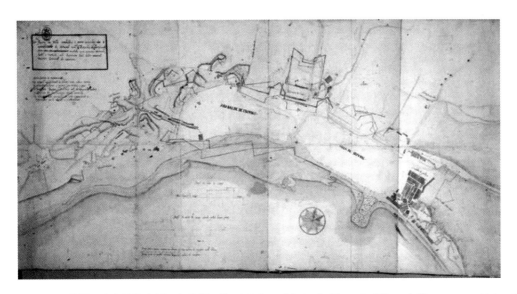

图 38.47　**若昂·吉洛特的塞图巴尔地图，约 1652 年。**"Copia da Planta da Villa arabaldes e postos visinhos da notavel villa de Setuval cum alguns desenhos de sua fortificasão cum que se podera sercar medida cum summa pontualidade e tracada."

原图尺寸：102.4 × 60 厘米。Biblioteca Nacional, Lisbon (Iconografia, D. 46 R) 提供照片。

认为是若昂·努涅斯·蒂诺科（João Nunes Tinoco），一位像他的父亲佩德罗·努涅斯·蒂诺科一样是建筑师的人士的作品，后者是若昂·巴普蒂斯塔·拉旺哈的学生。蒂诺科和阿尔贝纳斯家族仅仅是著名的地图学家族的例子。

在 17 世纪葡萄牙城市地图学的有限领域内，时间为 1650 年的若昂·努涅斯·蒂诺科的里斯本平面图是突出的。今天只能看到一些它的副本[413]。其取代了在《寰宇城市》第一卷和第五卷中散布的 16 世纪的图像，并且其成为在 1755 年的大地震中被摧毁之前的里斯本城市最为可信的展现。在卢祖—西班牙战争的背景下，其主要目的毫无疑问在于清查和描述现存的城市资源，并且在面对潜在敌人进攻的时候，使得规划城市防御成为可能[414]。因而，葡萄牙首都的城市结构被详细的描绘（按照街区），同时标明了主要建筑。在当时，一道新的城墙正在按照外国工程师勒咖特（Legarte）、若昂·科斯曼德尔（João Cosmander）和若昂·吉洛特确定的路径进行规划，因为存在与当时完成的详细的地形调查有关的信息[415]。

由外国人和葡萄牙作者编绘的葡萄牙城堡的主要平面图的时间是在军事冲突的最后阶段。他们的资源可能是众多和多样的，范围从可能是通过间谍获得的大规模的由敌方详细阐述的调

[413]　例如，在里斯本，收藏于 Museu da Cidade（MC. Des. 1084）。一份葡萄牙城市景观的图册，被称为 *Typis portugaliae*，时间为 17 世纪末，1989 年由 Anselmo 发现：Artur Anselmo, "Um documento iconográfico precioso e até agora desconhecido: Aguarela de Viana no século XVII," *Cadernos Vianenses* 13 (1989): 107 – 12.

[414]　在防御系统和防御设施限制的条件下，17 世纪葡萄牙城市的发展，对此参见 Teixeira and Valla, *Urbanismo português*, 149 – 214, 以及 Margarida Valla, "Espaço urbano no recinto fortificado do século XVII: A teoria e a prática," 和 Margarida Tavares da Conceição, "Configurando a praça de guerra: O espaço urbano no sistema defensivo da fronteira portuguesa (primeiras impressões para os séculos XVII e XVIII)," 都收录在 *Universo Urbanístico Português, 1415 – 1822*（Lisbon: CNCDP, 2001), 383 – 92 and 825 – 39.

[415]　Ana Cristina Leite, "Lisboa, 1670 – 1911: A cidade na cartografia," in *Cartografia de Lisboa, séculos XVII a XX*（Lisbon: CNCDP, 1997), 24 – 38, esp. 28.

1057　查，到小规模的外国印刷的地图学产品。之前提到的地图汇编，《尼古拉斯·德朗格雷斯之书》，正式的书名为《葡萄牙王国所有广场的平面图和图像》（*Desenhos e plantas de todas as praças do Reyno de Portugal*），只是不同的地图学资料的一种汇编[⑯]。朗格雷斯是一位法国军事工程师，其从 1644 年之后为葡萄牙军队服务，并且在 1659 年达到了首席工程师的地位。在 1661 年，他采纳了西班牙的警告，这是 17 世纪欧洲战争的雇用人员中一种常见习惯。他改变了立场——朗格雷斯为葡萄牙边界地带的防御设施工作了很长时间——让敌人获得了许多军事地图的信息。在 1663 年阿梅西亚尔战役（Battle of Ameixial）期间或者在 1665 年的军事战役的时候（在此期间朗格雷斯去世了），在《尼古拉斯·德朗格雷斯之书》中汇集的极为重要的成套地图再次由葡萄牙人进行了搜集，在多个世纪中为梅霍尔堡伯爵（counts of Castelo Melhor）所有，这是一个与复辟战争（Wars of Restoration）存在密切联系的家族。地图学的成套产品包括阿连特茹边界上的大部分葡萄牙城堡的平面图，还有那些在卡武埃鲁角（Cape Carvoeiro）和萨杜河河口之间海岸上的城堡的平面图。图像的尺寸变化很大，它们的完成度也是如此，证实了对于军事规划而言有着实用性的一套地图的典型特征。

　　若昂·努涅斯·蒂诺科基于《尼古拉斯·德朗格雷斯之书》编纂了一套新的平面图汇编，书名为《葡萄牙防御工事之书》（Livro das praças de Portugal com suas fortificações），时间为 1663 年[⑰]。在受到来自托里公爵（Torre）的委托之后，建筑师蒂诺科使用法国工程师［科斯曼德尔、吉洛特、朗格雷斯、皮埃尔·德圣 - 科隆布（Pierre de Sainte-Colombe）和其他人］制作的与米尼翁至阿尔加韦的要塞有关的原件进行了一次重新汇编。

　　卢祖—西班牙边界的防御工事的另外一套 14 幅平面图，是相同类型的，时间约为 1668 年，尤其关注于贝拉和阿连特茹。这套平面图被整合到《施托施地图集》（Atlas Stosch），手工绘制和着色在不同尺寸的纸上。在这些档案中有一幅由安东尼奥·科雷亚·平托（António Correia Pinto）署名的平面图，他是一位 1666 年之后工作于阿连特茹防御工事的助理工程师[⑱]。

　　在复辟战争期间设防的城镇和城市的一些葡萄牙的军事平面图是通过阿拉因·曼尼松 - 马莱特印刷的《战神的作品》（*Les travaux de Mars*，1671—1672）而扩散的。尽管他在阿连特茹区域只工作了很短的时间，但他继续搜集他前辈的丰富的地图学材料，这些作品，经过他的重制，几年后在巴黎出版[⑲]。这一剽窃很快受到了路易斯·塞朗·皮门特尔在他的《绘制规则和不规则形状的防御工事的卢西塔尼亚的方法》（1680）中提出的批评。

　　⑯　尼古拉斯·德朗格雷斯的作品由 Gastão de Mello de Mattos 在 *Nicolau de Langres e a sua obra em Portugal*（Lisbon：［Gráfica Santelmo］，1941）中进行了研究。

　　⑰　Lisbon，Biblioteca da Ajuda（46 – XⅢ – 10）．

　　⑱　Vienna，Österreichische Nationalbibliothek，Atlas Stosch（nos. 200，203/1，496，498，499，500，502，504，506，508，509，510，515，and 598）；参见 *PMC*，5：143. 防御工事平面图的汇编应当持续被绘制、复制、重制和扩大，如同在 Cod. 5174 at the Biblioteca Nacional，Lisbon 的，由路易斯·塞朗·皮门特尔和 Francisco Pimentel 制作的名为"Tratado da fortificação"（日期在 1679 年之后）的例子，其呈现了贝拉和阿连特茹的要塞（参见 Caetano and Soromenho，*A ciência do desenho*，70），或在同一图书馆中找到的画册（Iconografia，D. A. 7 A），其开始是"Livro de varias plantas deste Reino e de Castela"，由 João Thomas Correa 署名，并且充斥着印刷的和手绘的时间在 1680 年至 1743 年之间的地图。关于图册，参见 Mello de Mattos，*Nicolau de Langres*，9.

　　⑲　Allain Manesson-Mallet，*Les travaux de Mars*；ou，*La fortification nouuelle tant reguliere，qu'irreguliere*，3 vols.（Paris，1671 – 72）．17 幅葡萄牙要塞和设防城镇的平面图几乎全部发现于卷 1，只有一些，例如 Vila Viçosa 和里斯本的平面图，有着图题"这里是我在那里建造的事物的平面图和立面图"（Here is the plan and profile that I made there）（1：176 and 180）。

3. 战役、英雄和地图学的宣传

在葡萄牙再次独立的背景下，我们发现少量地图，大部分是印刷的，与阿连特茹中部和西班牙的埃斯特雷马杜拉（Spanish Extremadura）临近部分的军事战役存在直接联系。这些，严格意义上，并不是军事地图，因为那些军事地图依然保持着秘密且是以绘本的形式。取而代之，它们是庆祝战役胜利和颂扬它们的军事领袖的档案。它们展示的不是原创性的内容，但是我们将讨论和展示两个例子，同时五幅相似的地图在附录 38.9 中列出。

已知阿连特茹中部的和邻近的西班牙的埃斯特雷马杜拉的某一部分的唯一一幅印刷地图被认为是由若昂・特谢拉・阿尔贝纳斯一世绘制的，时间大约为 1644 年。这幅地图被认为是阿连特茹边界图（*Carta da fronteira do Alentejo*）（图 38.48）[420]。呈现在地图上的区域是阿连特茹军事舞台主要的中心。其是面对敌人军事活动的最为开放和缺乏防御的区域：塔古斯（北方）和谢拉莫雷纳（Sierra Morena）（南方）之间的边界部分，其是西班牙的埃斯特雷马杜拉和安达卢西亚之间的界线。在这些战役中没有手绘草图或最终地图的踪迹。雕版的航海图，即使得益于它们，但显然有着不同的目的。在艺术镶嵌板的中心且在纹章之下，有着以下献词："致洛伦索・许特先生，孔扎布鲁和塞特拉男爵（Lord of Kongzbroo and Sätra），葡萄牙王室中瑞典女王的助手，VL 以此奉献。""洛伦索・许特"（Lourenço Skytte）就是拉尔斯・许特（Lars Skytte），是 1641 年至 1647 年间在葡萄牙宫廷的瑞典代表。在 1641 年葡萄使团被派往未来的瑞典的克里斯蒂娜女王（Queen Christina）的宫廷之后，里斯本收到了由武器和军火构成的宝贵的军事帮助，外加一位外交代表[421]。 [1058]

拉尔斯・许特在历史上作为路德教会的大使，其皈依天主教，但对于我们的地图而言，更为重要的就是他出现在 17 世纪的里斯本。由于国家处于战争状态，很多外国人集中在首都——外交官、军事人物和间谍——都是重要的，而且还有每日彼此交流以及与分享了他们利益的葡萄牙精英经常交流的那些危险人物。许特留下了关于他在里斯本和国家中的生活以及宫廷生活的无比珍贵的报告[422]。我们不知道，献给他的地图是否被作为一部孤立的文献还是作为将被出版（或者已经出版的）的文本的附件，其可能是由保罗・克拉斯贝克（Paulo Craesbeeck）绘制的[423]。将地图献给许特的"VL"，非常可能是卢卡斯・福斯特曼斯（Lucas Vorsterman），一位来自安特卫普的著名雕版师，其从 1645 年至 1648 年在葡萄牙，与瑞典大使的任期相符[424]。福斯特曼斯为克拉斯贝克工作，并且克拉斯贝克有着印刷地图的技术能 [1059]

[420]　*PMC*, 5：142，以及 João Carlos Garcia，"O Alentejo c.1644：Comentário a um mapa," *Arquivo de Beja* 10（1999）：29 – 47.

[421]　参见 Moses Bensabat Amzalak，ed.，*A embaixada enviada pelo rei D. João Ⅳ à Dinamarca e à Suécia：Notas e documentos*（Lisbon：Instituto Superior de Comércio, 1930）。

[422]　Karl Mellander and Edgar Prestage，*The Diplomatic and Commercial Relations of Sweden and Portugal from 1641 to 1670*（Watford：Voss and Michael, 1930），43.

[423]　克拉斯贝克已经出版了一部献给许特的著作：Paulo Craesbeeck，*Commentarios do grande capitam Rvy Freyre de Andrada*（Lisbon：Paulo Craesbeeck, 1647）。也可以参见 H. Bernstein，*Pedro Craesbeeck & Sons：17th Century Publishers to Portugal and Brazil*（Amsterdam：Hakkert, 1987），38 – 39。

[424]　Ernesto Soares，*A gravura artística sôbre metal：Síntese histórica*（Lisbon, 1933），14 and 188 – 93. 至于福斯特曼斯以及他作为一名雕版师对地理空间的兴趣，参见 Henri Hymans，*Lucas Vorsterman：Catalogue raisonné de son oeuvre*（Brussels, 1893）；在稍微不同的书名下重印，*Lucas Vorsterman, 1595 – 1675, et son oeuvre gravé：Catalogue raisonné de l'oeuvre...*（Amsterdam：G. W. Hissink, 1972），55。

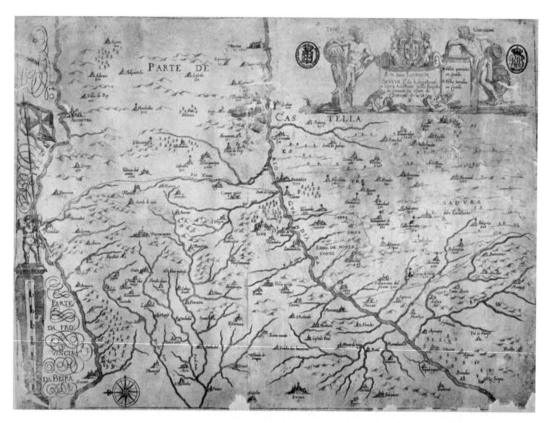

图 38.48 阿连特茹边界图，被认为是由若昂·特谢拉·阿尔贝纳斯一世绘制的，约 1644 年。绘制的比例尺约为 1∶370000

原图尺寸：43.6×59.5 厘米。Biblioteca Nacional, Lisbon（Cartografia, CC 254 A）提供照片。

力，因为他的住宅还印刷音乐著作[125]。

阿连特茹地图的正方向为上为东。在西班牙区域，水网几乎消失了，但是显示了聚落，并且带有数量方面的信息。只是列出了敌人的资源，显示了已经存在的损害和依然易受到攻击的部分。图文只是陈述"＊在卡斯蒂尔被烧毁的小城镇"（＊small towns burned in Castile）和"P 在卡斯蒂尔被占领的小城镇"（P small towns captured in Castile。葡萄牙一侧被描述为田园诗般的领土，有着河流、山脉和树林；西班牙一侧则只在其上呈现了小城镇和村庄的台地。尽管与地图整体印刷的部分相比，其显然只是一个相对较小的部分，但主要的场景是蒙蒂茹战役（Battle of Montijo），这是葡萄牙人取得的第一次重要胜利（在 1644 年 5 月 26 日），由此确保了国家的独立。在地图中，有着一个小的但详细的战役的图景以及对步兵、骑兵和炮兵的描绘。

1642 年前后特谢拉·阿尔贝纳斯的田野工作必然通过某些方式对地图的绘制做出了贡献，但是献给拉尔斯·许特的地图是在 1644 年的最后几个月迅速发生的军事、政治和外交事件的背景下绘制的。地图的一份副本抵达了斯德哥尔摩或者由间谍在途中截获。无论如何，图像的任务完成了：传播关于战役的信息，并且展示葡萄牙对敌方领土了解得非常详细。联盟或者敌手从中只能发现的就是，那些制作地图的人希望他们知道的东西。

[125] 参见 Nuno Daupiás d'Alcochete，"L'officina craesbeeckiana de Lisbonne," *Arquivos do Centro Cultural Português* 9（1975）：601 – 37，esp. 634。

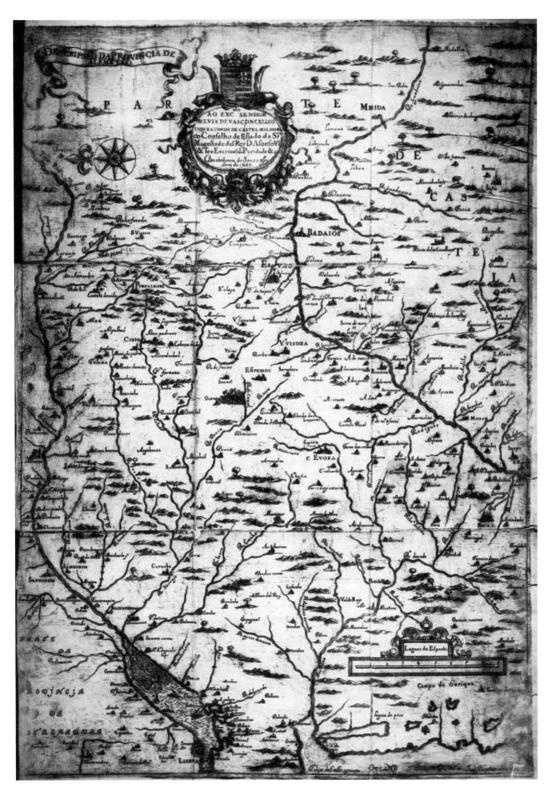

图38.49 阿连特茹省的描述，巴托洛梅乌·德索萨制作，1665年

原图尺寸：57×40.2厘米。Biblioteca Pública Municipal do Porto（Reservados，C［I］-36）提供照片。

从 1660 年至 1665 年,发生了长期战争最为决定性的战役。再次,如由建筑师巴托洛梅乌·德索萨(Bartolomeu de Sousa)(1665 年)绘制,并且由菲利克斯·达科斯塔(Felix da Costa)和若昂·巴普蒂斯塔雕版的"阿连特茹省的描述"(Descripsão da Provincia de Alemtejo)的地图,试图捕捉住那些历史的瞬间(图 38.49)。这幅地图的尺寸和装饰质量说明,其原来可能是一份单独的文档。已知有两个印本[126]。

地图被献给路易斯·德瓦斯康塞洛斯·索萨(Luís de Vasconcelos e Sousa),第三任梅霍尔堡公爵,国王阿丰索六世(Afonso Ⅵ)的权臣,并且与阿梅西亚尔战役有关,这场战役发生在 1663 年 7 月,而且可能是葡萄牙军队对抗西班牙人所取得的最为重要的胜利。呈现在索萨地图上的区域包括塔古斯和瓜迪亚纳之间的领土,从西班牙的埃斯特雷马杜拉的边界直至大西洋。那是葡萄牙最为容易受到入侵的区域——同时也是从伊比利亚半岛内部至里斯本最为容易的攻击路线。由于这一原因,在那里可以找到受到最好保护的堡垒。

在葡萄牙的印刷地图学

在 15 世纪和 16 世纪的最初数十年中,大量海上发现和随之而来的陆地探险主要归因于两个伊比利亚民族。但是传播关于新世界知识的主要是其他国家的公民的作品。如何解释这样的事实?受到半岛上图像或者印刷艺术落后的阻碍,受到政治权威的不信任的影响,受到伊比利亚的发现启发的大量的文学作品以稿本的形式留存下来["埃斯梅拉尔多的对世界的描述",约 1508 年;杜阿尔特·巴尔博萨(Duarte Barbosa)的"书",1516 年之前;以及若昂·德卡斯特罗的航海日志,1538 年至 1541 年],或者是在后来出版[若昂·德巴罗斯的《亚洲》以及《卡斯塔涅达的历史》(História of Castanheda),1552 年之后,还有《卢济塔尼亚人之歌》(Os Lusíadas),1572 年]。在更早出版的书籍的例子中,就像 1519 年由卡斯提作者马丁·费尔南德斯·德恩西索在马德里出版的《地理概要》,文本在进入流通时中并没有被假设应当附带有世界地图。

只知道少量的 16 世纪和 17 世纪在葡萄牙印刷的地图的样本,有以下三个原因:第一,由于地图学制作的特点和目的;第二,由于在面对外部竞争的时候,缺乏高质量的技术人员和印刷工场;第三,由于存在的市场的规模。然而,进行了一些尝试,尤其是 1640 年至 1668 年在葡萄牙的那些与军事地图学有关的地图。

1604 年,梅尔基奥尔·埃斯塔西奥·多阿马拉尔(Melchior Estácio do Amaral)的《关于战争的论著》(*Tratado das Batalhas, e sucessos do Galeão Sanctiago com os Olandeses na Ilha de Sancta Elena*)由安东尼奥·阿尔瓦雷斯(António Alvarez)在里斯本出版。其是对海上旅行故事的叙述,类似于很多与它同时代的作品。其包含了一幅圣埃伦娜(I. de Sancta Elena)的小型航海图,圣埃伦娜是一个重要道路上的站点,并且,由于这一原因,这一地点被不断地绘制地图[127]。

---

[126] 第二份在 Lisbon, Mapoteca da Direcção dos Serviços de Engenharia(1-4-7, 4185)。

[127] 在 BNF 中,有着同一岛屿的另外一幅印刷地图,有着葡萄牙语的地名,时间同样来自 17 世纪,Ge DD 2987(8439);参见 *PMC*, 5:91。

　　另外一幅与海战有关的地图就是包括在耶稣会士巴托洛梅乌·格雷罗（Bartolomeu Guerreiro）所作的《收复萨尔多瓦》（*Iornada dos Vassalos da Coroa de Portugal, pera se recuperar a Cidade do Salvador, na Bahya de Todosos Santos*）中的一幅萨尔瓦多的城市平面图。该书 1625 年由马特乌斯·皮涅罗（Matheus Pinheiro）在里斯本出版，是在军队和一只卢祖—西班牙舰队重新占领这座巴西城市数月后，其之前被荷兰所攻占。该书在书商弗朗西斯科·阿尔瓦斯支付了出版成本下出版。由本托·梅亚利亚（Bento Mealhas）雕版的圣萨尔瓦多（São Salvador）的详细平面图，保存了历史的瞬间，是对文本中的事实叙述的补充。

1061

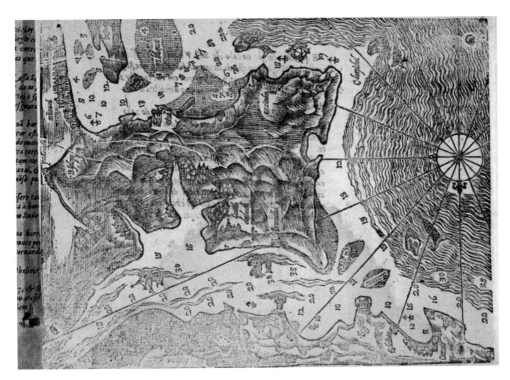

　　图 38.50　曼努埃尔·德菲格雷多和加斯帕尔·费雷拉·雷芒的塔古斯河口地图（MAPA DOS ESTUÁRIOS DO TEJO E DO SADO），1642 年

　　　原图尺寸：18×24 厘米。收录在 António de Mariz Carneiro, *Regimento de pilotos e roteiro da navegaçam e conquistas do Brasil, Angola...*（Lisbon: Lourenço de Anveres, 1642）. Biblioteca Nacional, Lisbon（Res. 1315 P）提供照片.

　　葡萄牙在印刷地图方面进行了一些最初尝试的是在水文地图学领域。1642 年，由 1631 年之后担任首席宇宙志学者的安东尼奥·德马里斯·卡内罗制作的《巴西、安哥拉的征服以及航行日志和导航汇编》（*Regimento de pilotos e roteiro da navegaçam e conquistas do Brasil, Angola...*），由洛伦索·德安韦尔斯（Lourenço de Anveres）在里斯本出版。在末尾的一节中，包含了 11 幅木版沿海航海图，这些是由曼努埃尔·德菲格雷多和加斯帕尔·费雷拉·雷芒绘制的，涵盖了从菲尼斯特雷角至直布罗陀海峡的西班牙和葡萄牙[㉛]。这些，在很大程

　　㉛　*PMC*, 5：122. 洛伦索·德安韦尔斯还出版了 António de Mariz Carneiro, *Regimento de pilotos e roteiro das navegacoens da India Oriental...*（Lisbon: Lourenço de Anueres, 1642），其包含了相同地图汇编。

度上，来源于之前的航海海图志，并且绘制的粗糙（图 38.50）。它们所包含的信息清楚地表明了外国模板的影响，但即使如此，它们是后来 17 世纪葡萄牙沿岸航海图的先例，而后来的这些航海图包括在了 1673 年由安东尼奥·克拉斯贝克·德梅洛（António Craesbeeck de Mello）在里斯本出版的路易斯·塞朗·皮门特尔的《实用导航和航海的艺术》（*Arte pratica de navegar e regimento de pilotos*）中。

这一得到很少研究的葡萄牙印刷地图的领域，依然正在进行目录清查工作，特别包括插入不同性质的作品中的地图，这些作品的内容涵盖了从地理描述到历史学作品和战斗故事。在葡萄牙工作的艺术家，主要是外国人，以葡萄牙地图学家绘制的草图为基础雕刻了铜版，就像基于在葡萄牙制作的版本从而将它们分发到国内和欧洲的受众中的那些来自外国的出版者和书商。我们需要记住，包括在一本用葡萄牙文撰写并且在葡萄牙出版的书籍中的马诺埃尔·德阿尔梅达绘制的埃塞俄比亚地图（图 38.28）是如何迅速传播到全欧洲的[402]，由此意识到即使在地图学领域，科学互动圈内的交流也是如此有效和跨国的。

---

[402] Almeida, *História geral de Etiópia* 地图还复制在了 Melchisédec Thévenot, *Relations de divers voyages curieux*, 4 vols. (Paris: De límprimerie de Iacques Langlois, 1663 – 72）中，以及在 Isaac Vossius, *De Nili et aliorum fluminum origine*（The Hague: Adriani Vlacq, 1666）中；此后，其被包括了在一些非洲大陆的图像中。

附录 38.1　*PMC*（约 1485—1660 年）复制的每位作者绘制的航海图的数量，按照所描绘的区域列出[a]

制图学家和编纂了汇编的个人	世界	地中海和大西洋	印度洋	远东	巴西	除巴西之外的美洲	太平洋＋其他区域	总数
若昂·特谢拉·阿尔贝纳斯一世	3	49	68	14	158	6	5＋1	304
迪奥戈·奥梅姆	4	84	11	5	10	7		121
费尔南·瓦斯·多拉多		19	17	17	16	19		88
曼努埃尔·戈迪尼奥·德埃雷迪亚	1		53	21	2	1	1	79
若昂·德卡斯塔伯[b]			37					37
路易斯·特谢拉		12	5		19			36
佩德罗·巴雷托·德雷森迪			35					35
瓦伦廷·费尔南德斯[c]		31						31
若昂·巴普蒂斯塔·拉旺哈和路易斯·特谢拉		29						29
弗朗西斯科·罗德里格斯		7	6	12	1			26
加斯帕尔·维埃加斯[d]		5	5	4	7	3		24
塞巴斯蒂昂·洛佩斯		8	2	2	9	2	0＋1	24
安德烈·佩雷拉·多斯雷斯			20	3				23
老巴托洛梅乌		6	2	2	7	3		20
若昂·利斯博阿		5	6	2	5	1		19
若昂·特谢拉·阿尔贝纳斯一世和安东尼奥·波卡罗			16					16
拉萨罗·路易斯		4	4	1	3	1		13
佩德罗·巴雷托·德雷森迪和安东尼奥·波卡罗			13					13
安东尼奥·桑切斯	1	2	1	1	6		1	12
加斯帕尔·科雷亚			11					11
巴托洛梅乌·拉索		4		1	5	1		11
洛波·奥梅姆和赖内尔家族[e]		2	2	3	2			9
若昂·阿丰索		3				6		9
佩德罗·赖内尔		3	2		1		0＋1	7

续表

制图学家和编纂了汇编的个人	世界	地中海和大西洋	印度洋	远东	巴西	除巴西之外的美洲	太平洋+其他区域	总数
若昂·弗莱雷		7						7
利祖拉特·德阿布雷乌			7					7
安东尼奥·德马里斯·卡内罗			6					6
迪奥戈·里贝罗	4				1			5
佚名		37	45	14	42	11	1+2	152
总数	13	317	374	102	294	61	8+5	1174

a. 作品少于 5 幅航海图的作者被排除在外。

b. 每一刻本只计算一个印刷版，即使 *PMC* 中复制了更多的版本。

c. 存在 4 位他们的 31 幅岛屿草图必然被费尔南德斯进行了复制的人物。

d. 只考虑了 26 幅航海图的地图集，因为 24 幅航海图的地图集实际上是相同的。

e. 来自这一地图集的世界地图（*mappamundi*），被认为是洛波·奥梅姆的作品，没有被统计。

1063

附录 38.2 *PMC*（约 1485—1660 年）复制的航海图的分布，按照被描绘的区域列出[a]

被描绘的区域	第一幅航海图的时间	单幅航海图的数量	地图集和汇编中的航海图的数量	总数
世界	1502	17	8	25
地中海和大西洋	约 1485	30	296	326
印度洋	1510	11	374	385
远东（亚洲和印度尼西亚）	1510	5	103	108
巴西	1506	44	271	315
除了巴西之外的美洲大陆	约 1537	0	61	61
太平洋	约 1537	1	9	10
其他区域	约 1537	1	4	5
总计		109	1126	1235

a. 排除了大陆葡萄牙的地图和专门的陆地地图。

附录38.3 *PMC*（约1485—1660年）收录的 25幅葡萄牙世界地图[a]

1502	坎蒂诺地图（vol. 1, pls. 4 – 5）
1519	洛波·奥梅姆和赖内尔家族（vol. 1, pl. 16）
约1519	豪尔赫·赖内尔（孔斯特曼四世）（vol. 1, pl. 12）
1525	迪奥戈·里贝罗（卡斯蒂廖内）（vol. 1, pl. 37）
1527	（迪奥戈·里贝罗）（vol. 1, pl. 38）
1529	（迪奥戈·里贝罗）（vol. 1, pl. 39；BibliotecaApostolicaVaticana）
1529	（迪奥戈·里贝罗）（vol. 1, pl. 40；Herzogin Anna Amalia Bibliothek，Weimar）
约1545	（佚名）（vol. 1, pl. 79）
约1550	（佚名）（vol. 1, pl. 80）
1554	洛波·奥梅姆（vol. 1, pl. 27）
1558	迪奥戈·奥梅姆（vol. 2, pl. 100D；fol. 4 in universal atlas）
1559	安德烈·奥梅姆（vol. 2, pls. 187 – 91）
1561	迪奥戈·奥梅姆（vol. 2, pl. 126 left；fol. 13 in universal atlas）
约1565	迪奥戈·奥梅姆（vol. 2, pl. 171 left；fol. 15 in universal atlas）
1568	迪奥戈·奥梅姆（vol. 2, pls. 128C and D；fol. 24 in universal atlas）
1570	费尔南多·奥利韦拉（vol. 5, pls. 525A and B）
1573	多明戈斯·特谢拉（vol. 2, pl. 238）
约1583	佚名，塞巴斯蒂昂·洛佩斯，（vol. 4, pl. 408）
1597 and 1612	若昂·巴普蒂斯塔·拉旺哈和路易斯·特谢拉（vol. 4, pl. 426；fol. 3r in cosmographical atlas）
约1604？	路易斯·特谢拉（vol. 6, pl. 5 fragment）
约1615—1622	曼努埃尔·戈迪尼奥·德埃雷迪亚（vol. 4, pls. 414A and B；fols. 3r and 17r in miscellaneous atlas）
1623	安东尼奥·桑切斯（vol. 5, pl. 527A）
约1628	若昂·特谢拉·阿尔贝纳斯一世（vol. 4, pl. 459A；first map in universal atlas）
1630	若昂·特谢拉·阿尔贝纳斯一世（vol. 4, pl. 464；fols. 2v – 3 in universal atlas）
约1632	若昂·特谢拉·阿尔贝纳斯一世（vol. 4, pl. 482）

a. 一些作品没有署名但是被 *PMC* 的作者认为是括号中的地图学家的作品。

1064

附录 38.4 绘制了收录在 *PMC*（约 1485—1660 年）中的 地中海和大西洋航海图的葡萄牙地图学家[a]

地图学家或编纂汇编的个人[b]	航海图总数	第一幅和最后一幅航海图的时间
［迪奥戈·奥梅姆］	84	约 1550 – 约 1576
［若昂·特谢拉·阿尔贝纳斯一世］	49	1628 – 1643
瓦伦廷·费尔南德斯	31	1506 – 1510
若昂·巴普蒂斯塔·拉旺哈和路易斯·特谢拉	29	1597 – 1612
费尔南·瓦斯·多拉多	19	1568 – 1580
［路易斯·特谢拉］	12	16 世纪末至 1602 年
［塞巴斯蒂昂·洛佩斯］	8	约 1555 – 约 1565
弗朗西斯科·罗德里格斯	7	1513
若昂·弗莱雷	7	1546
老巴托洛梅乌	6	约 1560
［加斯帕尔·维埃加斯］	5	约 1517 – 1537
若昂·德利斯博阿	5	约 1560
拉萨罗·路易斯	4	1563
巴托洛梅乌·拉索	4	约 1575 – 1590
佩德罗·赖内尔	3	约 1485 – 1504
若昂·阿丰索	3	约 1543
洛波·奥梅姆和赖内尔家族	2	1519
佩罗·费尔南德斯	2	1525 – 1528
安东尼奥·桑切斯	2	1633 – 1641
有着一幅航海图的作者的总数[c]	7	1492 – 1654（?）
佚名的航海图的总数[d]	38	15 世纪末至 1636 年
总数	327	

a. 排除的是世界地图、南美洲地图（参阅巴西）和印度洋南部的地图，后者显示了大西洋的一小部分（参阅印度洋）。

b. 一些没有署名但是被 *PMC* 的作者认为是括号中的地图学家的作品。

c. 这些是若热·德阿吉亚尔（1492）、洛波·奥梅姆（约 1550）、巴托洛梅乌·拉索/彼得吕斯·普兰修斯（1592 – 1594）、佩德罗·德莱莫斯（约 1594）、费尔南·德苏萨（Fernão de Sousa）（约 1625）、何塞·马丁斯（José Martins）（1644）和巴托洛梅乌·若昂（1654?）。

d. 15 世纪末，片段（1），15 世纪末"现代地图（carta de Modena）"（1），约 1510 年（1），1538 年（9），1547 年（3），1550 年至 1560 年（7），约 1585 年（7），1604 年（1），约 1622 年至 1627 年（3），约 1630 年（3），约 1636 年（2）。

附录 38.5 绘制了收录在 *PMC*（约 1485—1660 年）中的远东（亚洲和印度尼西亚）航海图的葡萄牙地图学家[a]

地图学家或编纂了汇编的个人[b]	航海图总数	第一幅和最后一幅航海图的时间
曼努埃尔·戈迪尼奥·德埃雷迪亚	21	1601 – 1616
费尔南·瓦斯·多拉多	17	1568 – 1580
［若昂·特谢拉·阿尔贝纳斯一世］	14	约 1628 – 1649
弗朗西斯科·罗德里格斯	12	约 1513
迪奥戈·奥梅姆	5	1561 – 1568
加斯帕尔·维埃加斯	4	约 1637
安德烈·佩雷拉·多斯雷斯	3	1654 – 1656/60
洛波·奥梅姆和赖内尔家族	2	1519
若昂·德利斯博阿	2	约 1560
老巴托洛梅乌	2	约 1560
塞巴斯蒂昂·洛佩斯	2	约 1565
有着一幅航海图的作者的总数[c]	10	1563 – 1646
佚名作者的航海图的总数[d]	14	约 1535 – 1650
总数	108	

a. 世界地图被排除在外。

b. 一些没有署名但是被 *PMC* 的作者认为是括号中的地图学家的作品。

c. 这些是拉萨罗·路易斯（1563）、路易斯·豪尔赫·德巴尔布达（约 1575—1584 年）、Inácio Moreira（蒙泰罗）（约 1581 年）、巴托洛梅乌·拉索（1590）、巴托洛梅乌·拉索/彼得吕斯·普兰修斯（1592—1594）、路易斯·特谢拉（1595）、巴托洛梅乌·拉索/Arnold Floris van Langren（1596）、若昂·巴普蒂斯塔·拉旺哈（1615）、安东尼奥·桑切斯（1641）和 António Francisco Cardim（1646）。

d. 约 1535 年（1）、约 1630 年（2）、约 1636 年（10）、1650 年（1）。

附录 38.6 绘制了 *PMC*（约 1485—1660 年）中收录的巴西航海图的葡萄牙地图学家[a]

地图学家或者编纂了汇编的个人[b]	航海图总数	第一幅和最后一幅航海图的时间
［若昂·特谢拉·阿尔贝纳斯一世］[c]	158	约 1616 – 1655
［路易斯·特谢拉］[d]	19	约 1568 – 1610
费尔南·瓦斯·多拉多	16	1568 – 1580
［迪奥戈·奥梅姆］	10	1558 – 1568
［塞巴斯蒂昂·洛佩斯］	9	1558 – 1583
［加斯帕尔·维埃加斯］	7	1534 – 1537
［老巴托洛梅乌］	7	1560 – 1561

续表

地图学家或者编纂了汇编的个人	航海图总数	第一幅和最后一幅航海图的时间
[安东尼奥·桑切斯]	6	1633 – 1641
[若昂·德利斯博阿]	5	约1560
[巴托洛梅乌·拉索]	5	约1584 – 1596
拉萨罗·路易斯	3	1563
[Cristóvão Álvares]	2	1629 – 1638
洛波·奥梅姆和赖内尔家族	2	1519
[多明戈斯·特谢拉]	2	16世纪中至1573年
曼努埃尔·戈迪尼奥·德埃雷迪亚	2	1615/22
Pascoal Roiz	2	1632
有着一幅航海图的作者的总数[e]	16	约1513 – 1563
佚名作者的航海图的总数[f]	42	约1506 – 1547
总数	313	

a. 世界地图被排除在外。

b. 一些没有署名但是被 PMC 的作者认为是括号中的地图学家的作品。

c. 1655 年的地图可能是由若昂·特谢拉·阿尔贝纳斯一世或若昂·特谢拉·阿尔贝纳斯二世绘制的。

d. 1597/1612 年地图是由路易斯·特谢拉和若昂·巴普蒂斯塔·拉旺哈绘制的。

e. 这些是弗朗西斯科·罗德里格斯（约1513）、豪尔赫·赖内尔（1519）、迪奥戈·里贝罗（1532）、佩德罗（？）·赖内尔（约1535）、豪尔赫（？）·赖内尔（约1535）、安东尼奥·佩雷拉（约1545）、洛波·奥梅姆（约1550）、费尔南多·奥利韦拉（1570）、Pero de MagalhãesGandavo（约1574）、西芒·费尔南德斯（约1580）、佩德罗·德莱莫斯（1594）、Cipriano Sanches（1596）、Domingos Sanches（1618）、António Vicente Cochado（1623）、本托·梅亚利亚（1625）和 Eleodore Ebano（？）（1653）。

f. 约1506（1），1538（7），1547（2），约1550（2），约1550/60（6），16世纪第三个二十五年（未计数）、1585（4），约1600（1），约1620（1），1625年之后（1），1630（4），约1635（1），约1636（10），1637（1）和1647（1）。

1067

附录38.7　绘制了收录在 PMC（约1485—1660年）中的美洲大陆航海图的葡萄牙地图学家[a]

地图学家或者编纂了汇编的个人[b]	航海图总数	第一幅和最后一幅航海图的时间
费尔南·瓦斯·多拉多	19	1568 – 1580
迪奥戈·奥梅姆	7	1558 – 1568
若昂·阿丰索	6	约1543
若昂·特谢拉·阿尔贝纳斯一世	6	约1628 – 1643
[老巴托洛梅乌]	3	约1560
[加斯帕尔·维埃加斯][e]	3	约1537
[塞巴斯蒂昂·洛佩斯]	2	约1565

续表

地图学家或者编纂了汇编的个人	航海图总数	第一幅和最后 一幅航海图的时间
有着一幅航海图的作者的总数[d]	4	约 150 – 1615/22
佚名、未经确认的航海图的总数[e]	11	约 1538 – 约 1630
总数	61	

a. 世界地图和包括巴西在内的航海图被排除。

b. 一些没有署名但是被 PMC 的作者认为是括号中的地图学家的作品。

c. 这位地图学家制作了两套实际上相同的地图集，其中一套有着 34 幅航海图，而另一套有着 36 幅；这里只计算后一套地图集中的航海图。

d. 这些是若昂·德利斯博阿（约 1560）、拉萨罗·路易斯（1563）、巴托洛梅乌·拉索（1590）和曼努埃尔·戈迪尼奥·德埃雷迪亚（约 1615/22）。

e. 约 1538 年（2）、1547 年（1）、约 1550 年至 1560 年（2）、约 1585 年（3）、约 1630 年（3）。

附录 38.8　由加斯帕尔·科雷亚在"印度的传奇"（1563 年）中呈现的沿海位置

现在的状态	地点	主题	在"印度的传奇"中的描述（卷：页）	描绘的事件的日期	作者出现在位置上的日期
佚失	Mouth of the Tagus River	Departure of the armada of Vasco da Gama	1:15	1497	Until 1512
佚失	Cochim	Fortress	1:213, 641	1506	1514, 1528
假定的	Quiloa	?	1:276, 535	?	?
假定的	Mombaça	?	1:544	?	?
佚失	Sofala	Fortress	1:577, 783	1506	Was not there
佚失	Soco (Socotorá)	Fortress and town	1:684	1507	Jan. 1513
佚失	Dabul	Entrance of the armada	1:925–26	Dec. 1508	Later than Dec. 1508
原始的	Malaca	Town and fortress	2:250–51	1511	Never there
原始的	Calicut	Fortress	2:330, 334	Nov. 1512	1512, 1514
原始的	Aden	City, hills, armada, and assault	2:342–43	Feb. 1513	Feb. 1513
副本	Coulão	Site and fortress	2:394–95	1515	?
副本	Ormuz	Fortress and town	2:438	1515	1515
副本	Judá	Site, city, and armada	2:494, 497	Mar. 1517	Never there
副本	Columbo (Ceilão)	Site, fortress, and boats	2:540–41	Sept. 1518	Never there
佚失	São Tomé	"House"	2:789	1524	1521, 1534
副本	Cananor	Site, town, and fortress	3:16–17	Feb. 1526	?
原始的	Chale	Site and fortress	3:438–39	1531–32	?
原始的	Diu	Stronghold	3:624–25	1535, 1545	1513, 1533–35
原始的	Baçaim	Site and fortress	3:688–89	1536	1532–33

附录 38.9 军事或宣传地图的例子

标题/描述/作者	出版时间和地点	位置/文献/额外信息
Views of four Spanish frontier villages (Codiceira, Alconchel, Cheles, Villanueva del Fresno) attacked by the Portuguese (1641–42), by Manuel de Almeida. Engravings.	In Aries Varella, *Sucessos que ouve nas frontieras de Elvas, Olivença, Campo Mayor, & Ouguela . . .* (Lisbon, 1643)	One rare example with engravings is Biblioteca Nacional, Lisbon (Res. 877//2P). Nothing is known about the author of the etchings. See Ernesto Soares, *História da gravura artística em Portugal*, 2 vols., new ed. (Lisbon: Livraria Samcarlos, 1971), 1:65–66.
A small portion of the Spanish Extremadura between Badajoz and Villanueva del Fresno bordering Portugal, by António Moniz de Carvalho. Engraving. Ca. 1:540,000.	In António Moniz de Carvalho, *Francia interessada con Portugal en la separacion de Castilla* (Paris, 1644); in Castillian	Map engraved and printed in France, sources unknown. Book written to demonstrate advantages to the French state of the separation of Spain and Portugal. See João Carlos Garcia, "As razias da Restauração, notícia sobre um mapa impresso do século XVII," *Cadernos de Geografia* 17 (1998): 43–48.
Vestigium sive effigies Urbis Helviae, by Pierre de Sainte-Colombe, a French military architect in service of the Portuguese; engraved by João Baptista in 1661. The map depicts the Battle of the Linhas de Elvas, January, 1659.	In A. C. de Jantillet, *Helvis obsidione liberata* (Lisbon, 1662)	Biblioteca Nacional, Lisbon (E. 1090 V). On the artist João Baptista (Coelho or Lusitano), see J. C. Rodrigues da Costa, *João Baptista, gravador português do século XVII (1628–1680)* (Coimbra, 1925).
Praça de Elvas sitiada pello exercito Castelhano e levantamento do sitio e foçoa das armas portuguezas em 14 Jt° 1659, by Roderigo Stoop.		Biblioteca Nacional, Lisbon (Iconografia E. 648 A). Stoop was a Dutch artist active in Portugal 1659–62. See Soares, *História da gravura artística em Portugal*, 2:619.
Entrada do exercito del Rey de Castella, governado por D. Ioam de Austria, no Reino de Portugal, anonymous (possibly French), undated. Depicts the Portuguese victory at Ameixial.	Ca. 1663	Biblioteca Nacional, Lisbon (Iconografia E. 649 A). Unbound. Image in two parts: the top depicts the frontier region with a background of possibly the João Teixeira Albernaz map engraved in 1644, and the bottom shows the battle in elevated view with silhouettes of Évora and Estremoz. The author could be Dirk Stoop. See Ernesto Soares, *Dicionário de iconografia Portuguesa*, suppl. (Lisbon: Instituto para a Alta Cultura, 1954), 234–35.

西　班　牙

第三十九章　西班牙半岛的地图学，
1500—1700 年[*]

戴维·比塞雷（David Buisseret）

导　言

对西班牙地图学者在新世界取得的成就的叙述，在文献中掩盖了西班牙半岛以及哈布斯
堡王朝统治下的欧洲地图学。然而，西班牙地图学家，无论是在旧世界的还是在新世界的，
都来自相同的机构，依赖于长期建立的相同的传统，寻求同样丰富的科学环境，并且在很多
例子中对他们各自的地图学问题提出了相似的解决方法[①]。

中世纪晚期，在天主教君主（卡斯蒂尔和阿拉贡）的领土上，众多的影响因素发挥着
作用，同时有着众多不同的地图学传统。在西方，葡萄牙人正在将波特兰航海图的技术推向
它们的边界，将它们应用到越来越向南的、环绕非洲西海岸的航行中[②]。在南方，格拉纳达
的摩尔人可以从地图学的阿拉伯传统中借鉴到丰富的内容，这些传统可以追溯至地中海的古
代，而这些古代成就中的大部分已经被西北欧所遗忘[③]。在东方，存在航海地图学家的马略
卡学派，其来源于 13 世纪之前，且绘制了有着令人惊讶的准确性的地中海的地图[④]。

在西班牙内部，作为地图绘制辅助的那些科学兴盛。存在着数学家和仪器制作者，通常
来自犹太人社区，他们完全可以与欧洲任何其他地方的学者相媲美。还正在建造一种制度性
的框架，有着散布的大学和一些印刷工厂，尽管到 1500 年，无论是大学还是印刷厂，它们
在西班牙的发展却不如在德意志的或在意大利的发展得好。

---

[*] 本章中使用的缩略语包括：*Diccionario* 代表 *Diccionario histórico de la ciencia moderna en España*，2 vols.，ed. José María López Piñero et al.（Barcelona：Península，1983）；BNM 代表 Biblioteca Nacional，Madrid；以及 AGS 代表 Archivo General de Simancas。

[①] 我在这里必须要感谢 John S. Aubrey of the Newberry Library；Professor Geoffrey Parker，现在他在 Ohio State University；还需要感谢后来的 Richard Boulind of Cambridge University 的帮助。没有他们慷慨的建议，那么我揭示半岛上西班牙地图学的秘密要花费更长的时间。在后来的阶段，本章需要非常感谢 Agustín Hernando Rica 和 Richard Kagan 的建议。

[②] 与葡萄牙地图学有关的信息，参见本卷的第三十八章以及杰出的著作 Armando Cortesão and A. Teixeira da Mota，*Portugaliae monumenta cartographica*，6 vols.（Lisbon，1960；reprinted with an introduction and supplement by Alfredo Pinheiro Marques，Lisbon：Imprensa Nacional-Casa da Moeda，1987）。

[③] Juan Vernet Ginés，"Influencias musulmanas en el origen de la cartografía náutica，" *Boletín de la Real Sociedad Geografica* 89（1953）：35 – 62.

[④] 关于这些波特兰航海图的信息，参见 Tony Campbell，"Portolan Charts from the Late Thirteenth Century to 1500，" in *HC* 1：371 – 463.

　　西班牙的领导者似乎已经意识到了政府运作中地图的潜在价值。我们没有关于天主教君主费迪南德和伊莎贝拉态度的准确信息，但是费迪南德来自阿拉贡，那里，在他的宫廷中存在地图学家，而伊莎贝拉必然已经了解到在海外冒险中地图的重要性，就像她资助的那些开启了一个新世界的探险那样。他们的孙子，查理五世，同样很好地意识到了地图的价值，他的继承者菲利普二世，也是如此，非常关注于鼓励制作一幅关于半岛的好地图。查理五世和菲利普二世周围环绕着使用和汇编了地图的贵族和顾问，他们的继承者菲利普三世、菲利普四世和查尔斯二世也是如此。

　　他们中没有一位在制作整个半岛的新的、准确的印刷地图的各种努力中取得成功，这部分归因于在菲利普二世统治的后半段发生的整体性衰落。由于各种原因，经济陷入混乱，同时社会越来越少的对外在的影响开放。这对学术生活有着某种伤害性的影响；例如印刷业，由于经济衰退和新闻的严格监管而被削弱了。

　　西班牙的力量，被菲利普二世过于焦急的政策削弱，在与尼德兰，然后是在与法兰西的长期斗争中继续衰落，而这些争斗一直持续到了 17 世纪中期。到那时，1580 年之后与西班牙联合的葡萄牙，再次获得独立。在那之后，获得胜利的法国进入了一个政治和知识扩张的伟大时期（其中包括地图学成就的大量涌现），但是西班牙人似乎在数十年中迷茫于他们自己的不幸。然而，在 17 世纪末的数十年中，随着在边缘区域开始发生的经济恢复，出现了一种与众不同的复兴，同时 novatores（发明家）开始在政治和科学生活中提出改革的思想。西班牙错过了科学革命的第一个阶段，但是从 17 世纪 70 年代开始，在自然科学中出现了一种稳定的复苏，其中自然包括地图学的复苏⑤。

　　用于分析从 1500 年至 1700 年两百年的发展的主要资料，被发现于在马德里、锡曼卡斯的大量收藏，以及程度稍小的，塞维利亚的收藏中。BNM 包含了由军事和平民地图学家制作的绘本材料，还有大多数半岛的印刷地图⑥。还有，马德里的国家历史档案馆（Archivo Histórico Nacional）有着丰富的稿本材料，尽管其中很多没有完整的编目⑦。在锡曼卡斯，AGS 的地图和平面图有着非常好的编目，并且为 1503 年之后的市民和军事地图提供了丰富的资料⑧。在塞维利亚的印度总档案馆（Archivo General de Indias），主要关注于海外材料，但是其大量绘本地图中的一些使我们可以追溯那些其生涯开始于半岛的地图学家的发展

<hr />

⑤　这一时期西班牙的文化史和政治史，我依赖于 *Historia de España* 的各卷，这是由 Ramón Menéndez Pidal（Madrid：Espasa-Calpe, 1935 – ）开创的，还有 Richard L. Kagan, ed., *Spanish Cities of the Golden Age：The Views of Anton van den Wyngaerde*（Berkeley：University of California Press, 1989）。

⑥　绘本地图被发现于 Sección de Manuscritos 中，其有着自己的目录，还有 Sección de Geografía y Mapas，其藏品大部分在 Biblioteca Nacional, *La Historia en los Mapas Manuscritos de la Biblioteca Nacional*, ed. Elena［Maria］Santiago Páez, exhibition catalog（［Madrid］：Ministerio de Cultura；Dirección del Libro y Bibliotecas, 1984）中进行了描述。印刷地图被发现于 Sección de Geografía y Mapas，还有在 Sección de Incunables y Raros。

⑦　关于 "Estado" 的划分，参见 Pilar León Tello, *Mapas, planos y dibujos de la Sección de Estado del Archivo Histórico Nacional*（Madrid：Ministerio de Cultura；Dirección General del Patrimonio Artístico, Archivos y Museos, 1979）。

⑧　参见 Archivo General de Simancas, *Mapas, planos y dibujos*, 2 vols., by Concepción Alvarez Terán and María del Carmen Fernández Gómez（Valladolid：El Archivo；［Madrid］：Ministerio de Cultura, Dirección General de Bellas Artes, Archivos y Bibliotecas, 1980 – 90）。

轨迹⑨。

一些档案材料是那些在半岛之外的欧洲工作的西班牙地图学家的，还有一些是通常作为军事工程师为西班牙国王服务的非西班牙籍的地图制作者的。在这一时期，西班牙在欧洲的领土不仅涵盖了半岛上的大部分（在从 1580 年至 1640 年，葡萄牙与西班牙联合的时候则是全部），还包括通过摄政和副王在意大利和低地国家统治的大片领土。本章确实不包括在意大利和低地国家出生的地图学家，除非当在出生地之外时，他们或多或少的永久的为西班牙皇室服务。确实，作为西班牙君主巨大力量之一的是，其可以为其项目从全欧洲吸引专家：来自意大利的军事工程师，来自德意志的矿工，以及来自低地国家的地图学家等⑩。

关于这一巨大主题的二手文献并不是很丰富。在 20 世纪初，安东尼奥·布拉斯克斯和德尔加多－阿吉莱拉（Antonio Blázquez y Delgado-Aguilera）发表了一些篇幅很长的和原创的论文⑪，但是在此后的数十年中，这一主题被忽略了，直至贡萨洛·德雷帕拉斯·鲁伊斯（Gonzalo de Reparaz Ruiz）在 20 世纪 30 年代开始的关于这一主题的工作。大约在同时，在塞维利亚的西班牙美洲研究院（Escuela de Estudios Hispanoamericanos）开始进行一个漫长系列的出版工作，其中本文感兴趣的某些类型的地图被作为图版使用和复制。在过去二十年，何塞·玛丽亚·洛佩斯·皮涅罗（José María López Piñero）的著作极大地扩展了我们对于西班牙地图学家所在世界的了解。后来，弗朗西斯科·巴斯克斯·毛雷（Francisco Vázquez Maure）同样提供了一个简短但是更新的论文，即《西班牙地图学史讲座课程》（*Curso de conferencias sobre historia de la cartografía española*，1982），同时更为最近的是阿古斯丁·埃尔南多·里卡（Agustín Hernando Rica）正在发表的关于半岛地图学史的研究。

中世纪的传统

从他们在公元 8 世纪占领了伊比利亚半岛大部分地区开始，摩尔人已经编纂了对它们的地理描述。他们尤其擅长于天文学和仪器制造，并且很早就已经接受了经度和纬度的概念。到 11 世纪中期，例如，由某位阿尔扎卡罗［al-Zarqēllo，阿扎尔奎尔（Azarquiel）］主要负责编纂的托莱多图表（Toledo tables），其中列出了很多地点，并基于加那利群岛的中央子午线列出了它们的地理坐标⑫。

北方的基督教王国在自然科学方面并不太突出，但是阿拉贡王国，以及他在巴塞罗那的海洋中心，从 12 世纪开始正在扩展他在地中海的贸易利益。这一海洋活动使得基于马略卡的一个主要的航海图制作者的学派兴起，并且得到阿拉贡王室的支持。例如，1359 年，这 1071

---

⑨　关于这一档案馆的地图目录，我们依然不得不依赖于那些由 Pedro Torres Lanzas 在 20 世纪 10 年代早期制作的目录；正在进行建立电子目录的工作。

⑩　对这类科学人才的有趣的调查，参见 David C. Goodman, *Power and Penury*: *Government*, *Technology and Science in Philip Ⅱ*'s *Spain* (Cambridge: Cambridge University Press, 1988), 88 – 150.

⑪　Antonio Blázquez y Delgado-Aguilera, "La descripcion de las costas de España por Pedro Teixeira Albernas, en 1603," *Revista de Archivos*, *Bibliotecas y Museos* 19 (1908): 364 – 79; idem, *Estudio acerca de la cartografía española en la edad media*, *acompañado de varios mapas* (Madrid: Imprenta de Eduardo Arias, 1906); 以及 idem, "El Itinerario de D. Fernando Colón y las relaciones topográficas," *Revista de Archivos*, *Bibliotecas y Museos*10 (1904): 83 – 105.

⑫　David Woodward, "Medieval *Mappaemundi*," in *HC* 1: 286 – 370, esp. 323.

一政府颁布法令，其所有的帆船此后应当至少携带两幅航海图；毫无疑问，它们是在当地制作的[13]。

一些阿拉贡的航海图制作者似乎是犹太人，其中最为知名的可能就是亚伯拉罕·克莱斯克斯（Abraham Cresques）。犹太人社区在卡斯蒂尔和阿拉贡都是卓越的，并且以其天文学家和医生的杰出而被注意到。在 15 世纪晚期，居于领导地位的天文学家就是阿布拉昂·扎库托（Abraão Zacuto），他的《万年历》（*Almanach perpetuum*，1496）对于发展一种基于天文学的航海制度而言是至关重要的。扎库托工作于萨拉曼卡，那里在 1227 年之后已经有了一所大学。西班牙大学不如那些在意大利或者欧洲北部部分地区的大学发展得那么好，但是萨拉曼卡确实在数学和天文学的研究方面有着好的名望，并且于 1460 年，在那里对一张特殊的天文表格进行了计算[14]。扎库托可能在 1486 年或 1487 年遇到了哥伦布，当时后者正在萨拉曼卡，但是扎库托的命运预示了很多西班牙的知识分子的命运；在 1492 年的反犹太人的诏令之后，他移居到了葡萄牙，然后到了突尼斯，1515 年在大马士革去世[15]。

14 世纪的阿拉贡国王在他们对于自然科学的赞助方面是与众不同的，但是那些卡斯蒂尔的国王，除了阿方索十世（Alfonso X）外，在这方面则不太有名。他们所处的位置是困难的，因为自然科学领域的知识分子的领导者不是犹太人就是摩尔人，并且这两个团体居于主要的基督教团体之外。确实，巴塞罗那和马略卡的犹太人社区由于 1391 年的大屠杀而极度减少，并且在直至 1492 年成功的终结之前，卡斯蒂尔的统治者都参与到将摩尔人驱逐出半岛的长期运动中。尽管有这些政治上的困难，但对于 16 世纪的西班牙而言，摩尔人和犹太人的遗产在数学和天文学方面都是杰出的，两者都是地图学最终发展的科学基础。

在这一地图学活动的主流之外，以及除了可能可以被称为地图绘制的伟大传统之外，一些中世纪的地图被用一种或多或少务实的方式编纂，而没有涉及天文学、数学或者地图学理论。这样的地图似乎是稀少的；实际上，哈维评论到，对于西班牙和葡萄牙而言，"没有报告过小区域的中世纪的地图"[16]。然而，在 AGS 和 BNM 的目录中这类地图的缺乏并不意味着它们不存在。一项相对粗浅的调查，在国家历史档案馆（Archivo Histórico Nacional）"教士"的部分中找到了一幅，并且非常可能将会在这一收藏机构中发现其他这类地图。图 39.1 复制了这一地图，描绘的是阿热莱斯，一座位于巴利亚多利德（Valladolid）附近的修建有城墙的小城镇。平面图绘制于 1458 年，是为涉及圣贝尼托（San Benito）教堂的诉讼而绘制的。绘制了通往城镇之外的道路，同时在城镇中显示了喷泉（"la fuent"）及其溪流。类似的地图，显示了建筑的轮廓和基本外观特征，似乎是 15 世纪欧洲很多部分的地图的特征，并且经常编绘于法律纠纷过程中[17]。

---

[13] José María López Piñero, *El arte de navegar en la España del Renacimiento*, 2d ed. (Barcelona: Editorial Labor, 1986), 120.

[14] Guy Beaujouan, *La science en Espagne aux XIVe et XVe siècles* (Paris: Palais de la Découverte, 1967), 34–35.

[15] López Piñero, *El arte de navegar*, 34.

[16] P. D. A. Harvey, "Local and Regional Cartography in Medieval Europe," in *HC* 1: 464–501, esp. 465.

[17] 例如，参见 François de Dainville, "Cartes et contestations au XVe siècle," *Imago Mundi* 24 (1970): 99–121。

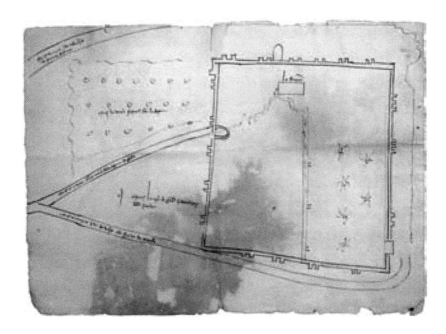

图 39.1　佚名的阿热莱斯（ARGELES）地图，1458 年。这一 15 世纪中期的城镇平面图是在一项诉讼的过程中绘制的；在西班牙的档案中可能还会找到其他的

原图尺寸：22×31 厘米。Spain, Ministerio de Cultura, Archivo Histórico Nacional, Madrid（Mapas, Planos y Dibujos, n. 223）提供照片。

　　甚至可能的是，一种与众不同的地图风格诞生于西班牙的这一"小的"、非学术的传统之中。图 39.2 显示了一幅描绘了乌萨诺斯（Usanos）和瓦迪韦罗（Valdeaverlo）之间耕地的这一风格的地图，这是瓜达拉哈拉（Guadalajara）省的邻近塔古斯河上游的两座村庄。从被称为"阿吉拉山"（cuesta del Aguila）的前景中的山丘开始，标注了大部分地表特征的名称。两条河流从右侧开始蜿蜒，并且在流入位于上方左侧的塔古斯河（"Rio Taxo"）之前汇流在一起。每条道路（"camino"）用点状线表示，风格化的树木代表了树林。类似于农家庭院（"corrales"）、磨坊（"molino"）和水井（"pozo"）的孤立特征也被标识出来，农场（"prado"）和平原（"vega"）也是如此。这一地图的风格与其他那些菲利普二世为《地理录》（*relaciones geográficas*）委托绘制的绘画（*pinturas*）中的一些非常相似，并且似乎完全可能的是，它们都来源于一种与众不同的半岛上的西班牙的原生传统。

　　通常城镇和城市被用这些单纯的素描风格进行了某种程度的详细描绘。有时，素描是透视图，同时在另外的例子中，它们更类似于地水平面的立面图。图版 38 显示了杜罗河畔阿兰达（Aranda de Duero）的透视图，其风格化的轮廓（极为对称）非常类似于同时代欧洲其他部分的平面图，并且使我们对于环形城墙内的街道和住宅的总体布局有很好的了解。标识了主要教堂的名称，其他有着特定兴趣的地理要素也是如此，如"新广场"（la plaza nueva）（下方右侧，毗邻凯旋柱）。在大约位于马德里以北九十英里的杜罗河畔阿兰达的外侧，杜罗河（Douro River）被显示流入了大西洋，在其沿途推转了两座水车。这一地图是特殊的，因为我们恰好知道其制作的时间和原因。1503 年，费尔南多·德加马拉（Fernando de Gamarra），皇家法官，将这幅地图与关于在杜罗河畔阿兰达开拓一条新街道的案子的信

1072

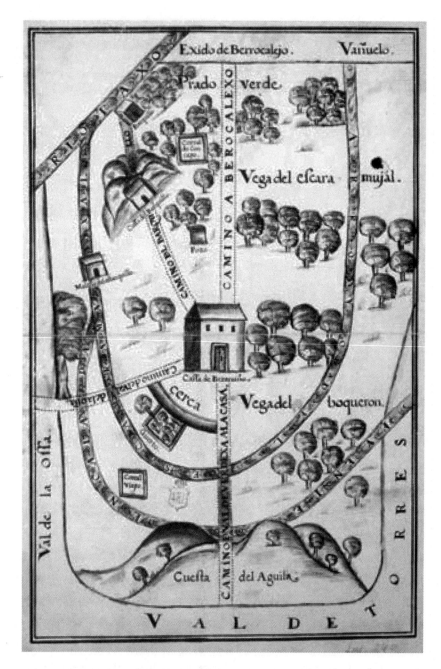

图 39.2　佚名的 16 世纪的瓦迪韦罗周边地区的地图。这一地图与在新世界绘制的一些地图存在有趣的相似性，并且其可能属于一种研究极少的本土的地图绘制传统

原图尺寸：34×23 厘米。Spain, Ministerio de Cultura, Archivo Histórico Nacional, Madrid（Mapas, Planos y Dibujos, n. 34）提供照片。

息一起送回了皇家委员会。当然，我们不知道是谁绘制了它，以及加马拉对于这类档案的征求，在当时是否属于例外情况。

图 39.3 显示了一幅 1513 年的地水平面的立面图，同样可能是被呈交给皇家委员会的，这是为了一个关于在加的斯的城墙上开辟一座新城门的案子制作的。可能，城门就是位于上

有十字架的突出的塔楼的右下方的那座。我们对于是谁绘制了这一相当有吸引力的小型素描
一无所知，但类似于图版 38，其显示，在中世纪晚期的西班牙，某些人意识到了在他们书
写的证词中增加视觉证据的价值。

图 39.3　佚名的加的斯（CÁDIZ）的立面图，1513 年。这一优雅的加的斯的立面图是在 16 世
纪的欧洲变得非常普遍的地图学形式的一个早期例证

原图尺寸：41.5×58.5 厘米。Spain, Ministerio de Cultura, AGS（MPD. XXV −47）提供照片。

16 世纪的科学背景

大约在世纪之交，很多西班牙人熟悉地图学中最新的思想。例如，1498 年，弗朗西斯1073
科·努涅斯·德拉耶巴（Francisco Nuñez de la Yerba）出版了他的庞波尼乌斯·梅拉的《世
界概论》的版本，一幅依赖托勒密坐标的地图。一年后，安东尼奥·德内夫里哈出版了他
的《宇宙志导言之书》（*Cosmographiae hiae libros Introductorium*），在其中充分阐释了托勒密
的两种投影和经纬网的思想。我们不知道托勒密《地理学指南》在西班牙是如何散播的，
无论是以稿本或（在 1477 年后）以印刷版的形式，但可能的是，到 1500 年，这一著作可以
在大多数人文主义者的藏书中找到。总体而言，西班牙地图学家与众不同的意识到了用于所
有地图绘制的数学基础；如同米格尔·塞尔韦特在他 1535 年的托勒密《地理学指南》的版
本中注意到的，"如果没有受过数学训练，那么没有人可以将他自己称为地理学家"[18]。

在 1508 年之后，最为有才华的地图学家，不仅是来自西班牙的，还有来自葡萄牙和意
大利的，趋向于被吸引到附属于在塞维利亚的贸易署的航海学校。在那里，王室建立了一个
导航员和宇宙志学者的群体，其任务是训练西班牙的水手并向他们授予许可，并且描绘由他

---

[18]　被引用在 López Piñero, *El arte de navegar*, 74.

们的航行所揭示的新世界。当船长进入塞维利亚的时候，他们被强制向航海学校报告，并且他们新奇的观察被标绘在国王标准图上，或者世界总图上。这些宇宙志学者制作了令人印象深刻的在本卷的第40章中进行了充分讨论的地图；这里，我们只是注意到塞维利亚的航海学校作为16世纪早期西班牙地图制作者所获得的卓越地位的一个例子。其并不是唯一的机构，因为在加的斯和圣塞瓦斯蒂安（San Sebastián）还存在其他不太知名的学校。

偶尔，附属于贸易署的地图制作者同样绘制陆地地图。其中一位就是弗朗西斯科·德鲁埃斯塔（Francisco de Ruesta），属于与贸易署存在联系的某个家族的成员。1660年，他绘制了一幅位于塞维利亚的萨尔特拉斯（Salteras）的边界的平面图（图39.4），非常类似于数学学院（Academia de Matemáticas）（稍后讨论）毕业者的相同的闲暇作品。鲁埃斯塔在1633年被任命为总导航员，但在他于1643年被法国人捕获前，并未在贸易署进行太多的工作。在他获释之后，鲁埃斯塔因他与他的兄弟塞巴斯蒂安之间的争吵而为我们所知，他控告后者在维护国王标准图中存在疏忽[19]。

还存在其他的在其中可能提供了一些地图绘制方面训练的机构。到16世纪40年代，存在于布尔戈斯、巴塞罗那、直布罗陀和米兰的炮兵学校，1559年加入了马卡略的一所[20]。这些学校培养炮手，而这些炮手需要有阅读地图以确定枪炮的位置或者设计防御工事的能力。不太清楚的是，杰出的西班牙工程师是如何被训练的，但很多人是地图学者，并且至少其中一些可能来自这些学校。通常，他们形成了各自的王朝，其中最为突出的之一就是安东内利（Antonelli）家族[21]。胡安·包蒂斯塔·安东内利（Juan Bautista Antonelli）从意大利前来为查理五世服务；他参与了各种战役，并且然后在16世纪80年代，将他的注意力转移到了市民工程上，为西班牙河流的航行设计了一个方案（可能使用地图），但因技术问题和磨坊主的反对而失败。

胡安·包蒂斯塔的弟弟，同样叫胡安·包蒂斯塔，但是简单地被称为包蒂斯塔，更为著名，并且在西班牙和新世界的很多地点工作。例如，1610年，拉腊什城镇，位于摩洛哥的太平洋海岸，被割让给西班牙的菲利普三世，并且工程师被要求强化它的防御工事。图39.5显示了包蒂斯塔·安东内利为这一场合绘制的城市平面图。其没有比例尺和正方向，但是，与20世纪早期的一幅城镇平面图比较，其似乎有着实质上的准确性。注意，安东内利插入了街道，并且整个平面图是用平面形式绘制的，除了一座建筑以及构成水域边界的悬崖之外。

图39.6显示了由工程师绘制的最为简单的类型的地图的一个例子。地图显示了加的斯，其是在1578年由弗兰塞丝·德阿拉瓦（Francés de Alava）绘制的，阿拉瓦是炮兵队长，并且是这一时期一位主要的工程师[22]。他插入了一个比例尺，并且似乎用心地勾勒了防御设施

⑲ 关于鲁埃斯塔兄弟，参见 "Ruesta, Francisco de," in *Diccionario*, 2：272 – 73. 这一传记百科全书增补了 Felipe Picatoste y Rodríguez, *Apuntes para una biblioteca científica Española del siglo XVI* (1891；reprinted Madrid：Ollero y Ramos, 1999)。

⑳ José María López Piñero, *Ciencia y técnica en la sociedad Española de los siglos XVI y XVII* (Barcelona：Labor Universitaria, 1979), 106, 以及 Goodman, *Power and Penury*, 123 – 25.

㉑ 参见 Diego Angulo Iñiguez, *Bautista Antonelli：Las fortificaciones americanas del siglo XVI* (Madrid：Hauser y Menet, 1942)。

㉒ 关于他的一些活动，参见 Goodman, *Power and Penury*, 110 – 33, 以及 Víctor Fernández Cano, *Las defensas de Cádiz en la edad moderna* (Seville：[Escuela de Estudios Hispanoamericanos], 1973), 65. 也可以参见 José Antonio Calderón Quijano, *Las defensas del Golfo de Cádiz en la edad moderna* (Seville：Escuela de Estudios Hispanoamericanos, 1976)。

以及海岸线，尽管城市本身所在区域几乎是空白；毕竟，这是一幅用于设计防御设施的平面图：需要保护的加的斯区域的轮廓。这是 16 世纪晚期和 17 世纪欧洲各国国家军事工程师绘制的众多这类平面图的典型。工程师提出了可以被称为一种"军事风格"的绘制方式，并且密切注意比例尺、朝向以及防御工事的走向，但是对内部道路或周围乡村等特征则普遍漠视。

1074

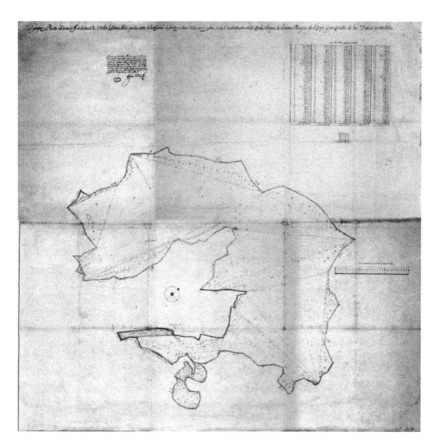

图 39.4　弗朗西斯科·德鲁埃斯塔，萨尔特拉斯边界平面图，1660 年。这类边界地图似乎是一种特定的西班牙地图形式，可能因为在那个社会中，建立城市边界有着异乎寻常的重要性

原图尺寸：125.6 × 127.6 厘米。Spain, Ministerio de Cultura, AGS（MPD. II –36）提供照片。

　　工程师中的有着高度成就的一位工匠就是路易斯·布拉沃·德阿库尼亚（Luis Bravo de Acuña），他在 1627 年为第三任奥利瓦雷斯伯爵加斯帕尔·德古斯曼（Gaspar de Guzmán）准备了一套直布罗陀地图和平面图的地图集㉓。地图集被 BL 所收藏，并且其中一幅地图被复制作为图 39.7。其从西侧展现了直布罗陀城镇，以及其后侧的大悬崖。布拉沃·德阿库 1075 尼亚从仅仅显示了防御工事的角度绘制了图景，但是在这一地图上，他还选择绘制了城镇内

　　㉓　关于布拉沃·德阿库尼亚作品的例子，参见 José Antonio Calderón Quijano, *Las fortificaciones de Gibraltar en 1627*（Seville：Universidad de Sevilla, Secretariado de Publicaciones, Intercambio Científico y Extensión Universitaria, 1968），以及在 José Antonio Calderón Quijano et al., *Cartografía militar y marítima de Cádiz*, 2 vols.（Seville：Escuela de Estudios Hispanoamericanos, 1978），1：640 中的简要提及。

部。这是一个基本上属于平面的透视图的良好例证，甚至让无知的观看者获得了小城镇布局的非常完整的印象。奥利瓦雷斯是这类地图和地图集的热切的收集者㉔，并且可能有着众多其他西班牙城镇的这类图景。去世之前，他将他收藏交给了埃斯科里亚尔图书馆（Escorial Library），并且其中大部分似乎在1671年大火中被毁坏了。

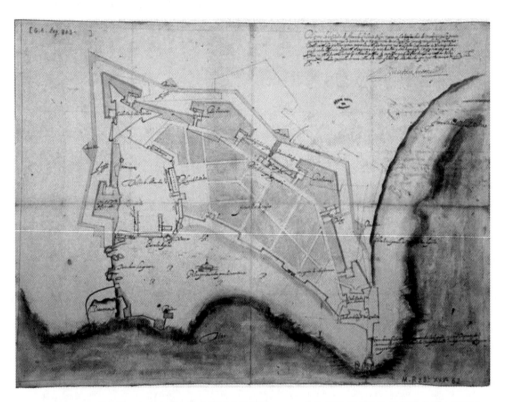

图 39.5　包蒂斯塔·安东内利，拉腊什城市平面图，1612 年。防卫城市的堡垒线的发展，需要来自工程师的准确的平面图；这一平面图是那些在 16 世纪 30 年代欧洲很多国家开始绘制的平面图中的典型

原图尺寸：43.1×58.4 厘米。Spain, Ministerio de Cultura, AGS（MPD. XXV－62）提供照片。

另外一套令人印象深刻的地图集是由弗朗西斯科·内格罗（Francisco Negro）编绘的，后者的活跃期是在17 世纪 30 年代和 40 年代。他的绘本汇编"西西里王国的所有广场和城堡的平面图"（Plantas de todas las plaças y fortaleças del Reyno de Sicilia）绘制于 17 世纪 40 年代㉕。他的城镇景观非常细致，但更为令人印象深刻的就是他对位于马尔萨拉（Marsala）的城堡的描绘。其首先显示在平面图上，然后当与平面图进行对比的时候，其被显示在有着与众不同的准确性的绘画中（图 39.8）。但可惜的是，我们没有方法准确地知道，类似于内格罗、阿拉瓦和布拉沃·德阿库尼亚的工程师是如何被训练的，但是我们可以推测，至少，其中一些来自炮兵学校，并且，随着时间的流逝，原始的学徒制被更正式的教学方式所取代。

另外一个与地图绘制有关的机构就是数学学院，其于 1582 年由菲利普二世建立于马德

㉔　参见 John Huxtable Elliott, *Richelieu and Olivares*（Cambridge：Cambridge University Press, 1984），28.

㉕　BNM, Manuscritos 1.

里。其中最早的教授就是若昂·巴普蒂斯塔·拉旺哈，以他的阿拉贡地图（后文讨论）而 1076
闻名；克里斯托瓦尔·德罗雅斯（Cristóbal de Rojas），一部关于防御工事的著作的作者以及
众多绘本地图的作者，以及佩德罗·安布罗西奥·德翁德雷斯（Pedro Ambrosio de Ondériz）。
在他作为《那些时代的措施和防御，设防的理论和实践》（*Teórica y practica de fortificación*,
conforme las medidas y defensas destos tiempos，Madrid，1598）出版的课程中，罗雅斯提出，为
了理解防御工事，需要三件事情：很多数学知识，一些算数（用于计算成本），以及测量位
置的能力[26]。图 39.9 是他作品的一个很好的例证。1591 年，他前往桑坦德（Santander）以
参与一次前往布列塔尼的探险，并且可能在那种情况下绘制了圣马丁要塞（Fort Saint
Martin）的小平面图。在右侧，他从上方对其进行了显示，并且标明了朝向；只有船只没有
使用通常的平面设计。在左侧，他用立面的形式对位置进行了展示，并且在这里堡垒的奇异
性质变得明显，其中一面墙比其他几面要高很多，并且一座教堂非常不常见的被放置在了中
央。位于左侧上方的"极简"的比例尺被应用于平面视角和立面视角，使我们对这一与众
不同的位置有着一个很好的了解。

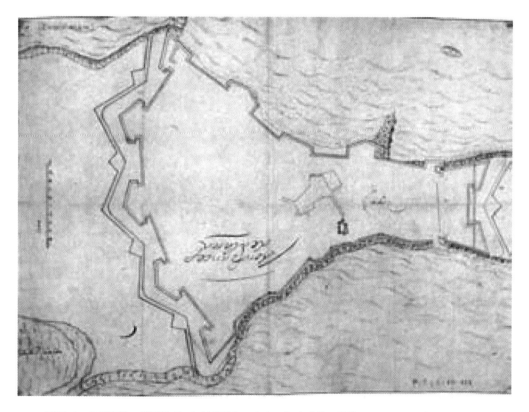

图 39.6　弗兰塞丝·德阿拉瓦，加的斯防御工事上已经完成的工作的平面图，1578 年。阿拉瓦是西班
牙炮兵的队长，并且这一平面图是 16 世纪士兵绘制的有比例的功能性图像的典型

原图尺寸：42.6×58.0 厘米。Spain, Ministerio de Cultura, AGS（MPD. Ⅶ-124）提供照片。

[26]　关于罗雅斯的传记，参见 Eduardo de Mariátegui, *El Capitan Cristóbal de Rojas：Ingeniero militar del siglo XVI*（Madrid：
Imprenta del Memorial de Ingenieros, 1880），以及参见 "Rojas, Cristóbal de," in *Diccionario*, 2：259-62。

罗雅斯的同事翁德雷斯教授数学和宇宙志课程，翻译了一部欧几里得的数学著作 [《欧几里得的推测和观点》（*La perspectiva y especularia de Euclides*），1585]，并且留下了关于这些主题的一部稿本。他成为皇家宇宙志学者，被委派前往塞维利亚，并且被委任确定国王标准图上的错误，尽管他在执行这项任务之前就去世了[27]。

在多年的时间中，数学学院持续吸引了擅长应用数学的人士。例如胡安·塞迪略·迪亚斯（Juan Cedillo Díaz）是一位学院的教授，其对航行和水文工程感兴趣。他撰写了一部关于 trinormo（一种用来测量斜坡、高度和距离的仪器）的文本，有着为"工程师和陆地测量员（*agrimensores*），水手、建筑师，以及炮兵人员"所准备的应用方案。对陆地测量员（*agrimensores*）的提及尤其令人感兴趣，因为我们对于西班牙的这类地图学者知之甚少[28]。

少量有着详细文献记载的陆地测量员之一就是路易斯·卡尔杜奇（Luis Carducci），其也是一名数学学院的毕业生[29]。出生于马德里，双亲是意大利人，他成为陛下的数学家（*matemático de su majestad*），并且早至 1627 年就开始绘制平面图。1634 年，他在马德里出版了一部关于实践测量的专著，名为《测量管辖权和土地的方法》（*Cómo se deben medir las jurisdicciones y demás tierras*）。卡尔杜奇留下了 9 幅地图：一幅平面图保存在 BNM，还有 8 幅保存在 AGS。图 39.10 显示了一幅他绘制于 1638 年的阿塔拉亚·德卡纳维特（Atalaya de Cañavete）边界的平面图；城镇位于中心，大量弯曲的道路在此汇聚。在其他城镇地产的开始处有着注记，数量众多的地块被用字母或者数字标记，同时在两个列表中列出了用 *varas*（大致，平方码）表示的它们的面积。有着一个比例尺，同时整幅地图更为类似于同时代英格兰的作品，除了没有凯旋的性质之外；其绘制仅仅是为了提供信息。图 39.11 显示了卡尔杜奇一幅更早的并且完成度更高的作品。其是一幅邻近雷亚尔堡（Alcalá la Real）的地区的平面图，这一区域在 1631 年前后被菲利普四世卖给了德罗斯特鲁希略侯爵（marquis de los Trujillos）。城市被显示在上端，区域如在图 39.10 中那样被划分，但是这次，存在一些显示山脉的尝试，同时卡尔杜奇在右下侧使用了一种精致的旋涡装饰。

基于他漫长和活跃的一生，我们所知由卡尔杜奇绘制的 9 幅平面图可能仅仅是他总体工作的一个片段。1645 年，国王命令他进行一次塔古斯河的调查去考察如何能使其从阿兰胡埃斯（Aranjuez）至里斯本变得可以航行；历史学院（Academia de la Historia）的"塔霍河的地方地理"（Corografía del río Tajo）从这一投机活动中幸存了下来[30]。1656 年，也就是在卡尔杜奇去世前一年，军事委员会（Council of War）命令他去教授数学和工程方面的课程，以弥补工程师的严重短缺。他似乎已经成为一名技艺纯熟和活跃的地图学家，工作于西班牙地图学的一个相当平淡的时期。

---

[27] 参见 "Ondériz, Pedro Ambrosio de," in *Diccionario*, 2：130 - 31。

[28] 参见 "Cedillo Díaz, Juan," in *Diccionario*, 1：203。

[29] 参见 "Carduchi, Luis," in *Diccionario*, 1：180 - 81。

[30] 参见 "Carduchi, Luis," 1：181。

1077

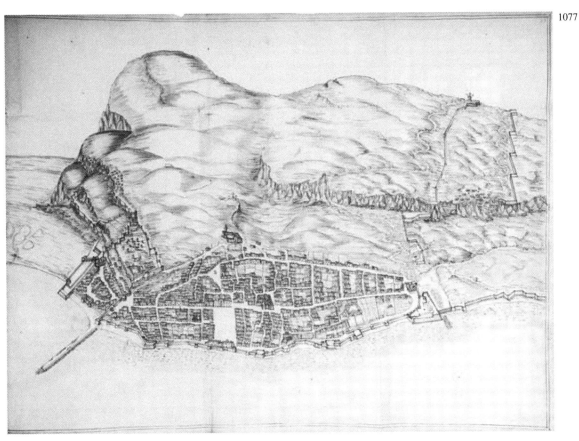

图 39.7　路易斯·布拉沃·德阿库尼亚，从西侧看去的直布罗陀的平面图，1627 年。现代早期的工程师采用了各种技术来展示他们正在建立防御工事的城市的特征。至于这一平面图，路易斯·布拉沃·德阿库尼亚采用了一种透视和一种标准的平面图的折衷方案

原图尺寸：42×57 厘米。BL（Add. MS. 15152, fol. 23）提供照片。

　　在数学学院和贸易署之间从未有任何正式的关系，但是一些同时代的学者在他们之间很容易进行调动。这样的一位学者就是安德烈斯·加西亚·德塞斯佩德斯。作为学院中的一位教授，他在 1596 年至 1598 年之间还是贸易署的总导航员，在那里他以制造设备的技巧以及对国王标准图进行的校订而著名。他在 1598 年返回马德里，作为印度群岛委员会（Council of the Indies）的宇宙志学者，在 1606 年他出版了《新设备之书》（*Libro de instrumentos nuevos*），其三个部分中的一个包含了实用几何学，其中有进行高度和距离的测量的指南[31]。菲利普二世还委托他撰写一本《西班牙的历史和普通地理学》（General corografia e historia de Espana）。总体上，学院的成员所绘制的地图，在风格上与那些军事工程师绘制的是不同的，因为两组人的关注点是不同的。工程师关注于防御工事，学院的成员则关注于显示管辖区域的边界、交通线以及修建水利工程的可能性。

---

[31]　参见 "García de Céspedes, Andrés," in *Diccionario*, 1：375 - 76.

1078

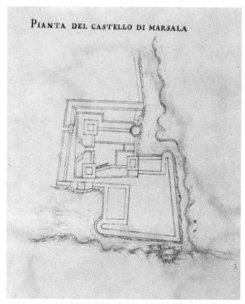

图39.8　弗朗西斯科·内格罗，西西里的马尔萨拉城堡的平面图和透视图，1640 年。工程师内格罗采用了两种不同的方式绘制了马尔萨拉城堡：左侧，平面图；右侧，透视图

BNM（facs-763，67 and 68）提供照片。

　　西班牙的航海和陆地地图学活动可能在 16 世纪中期前后达到了顶峰。到那时，安东尼奥·德格瓦拉（Antonio de Guevara）、佩德罗·德梅迪纳和马丁·科尔特斯的作品正在被翻译成很多其他欧洲语言，并且塞维利亚航海学校的名望也在其高点，由此很多欧洲人本能的向伊比利亚强权寻求最新的用于陆地和水域的地图绘制技术[32]。

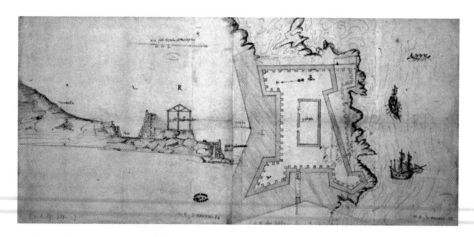

图39.9　克里斯托瓦尔·德罗雅斯，桑坦德的圣马丁要塞的平面图，1591 年。罗雅斯，当时西班牙顶尖的工程师，用平面图和立面图对小型堡垒进行了描绘

原图尺寸：33.6×74.0 厘米。Spain, Ministerio de Cultura, AGS（MPD. XXXVIII－53, 54）提供照片。

㉜　Goodman, *Power and Penury*, 50，以及 E. G. R. Taylor, *The Haven-Finding Art：A History of Navigation from Odysseus to Captain Cook*（London：Hollis and Carter, 1958），172－91, esp. 174 and 189－90.

1079

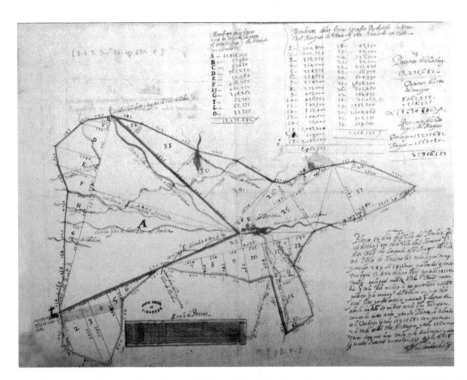

图 39.10　路易斯·卡尔杜奇，阿塔拉亚·德卡纳维特边界的平面图，1638 年。这是另外一幅独到的西班牙城镇边界地图，非常类似于在图 39.4 中所展示的

原图尺寸：37.4×47.8 厘米。Spain, Ministerio de Cultura, AGS（MPD. V – 2）提供照片。

自然科学的衰落和复兴，1550—1700 年

在 16 世纪后半期，西班牙地图学家与欧洲其他强权的地图学家是并驾齐驱的，然后被后者超越。这一相对的衰落毫无疑问与直至世纪末缠绕着西班牙的经济和社会问题部分相关。但是其还与西班牙印刷厂的投资不足，以及与在其中外国影响力不受鼓励的学术环境有关。这两个现象有助于进一步解释在西班牙印刷地图中缺乏的一种正常的贸易。

印刷在西班牙有着一个很好的开端，大部分是经由德意志移民的努力。到 1480 年，在西班牙有 7 座城镇有着印刷厂，作为对比，在法兰西有 9 座，在英格兰则是 4 座，并且到 15 世纪末，西班牙与这两个国家相比依然不落后[33]。然而，它在 16 世纪早期开始落后，在坚 1080 持过时的印刷技术，例如使用小型印刷机、黑色字体和粗糙的木刻版的情况下，表现出非凡的保守主义。这一保守主义阻碍了工业的发展，并且尤其意味着需要大型印刷设备和铜版的详细地图几乎无法在西班牙生产，而不得不依赖于从意大利进口的印刷设备以及低地国家的地图学材料[34]。

---

[33]　关于一项普遍的调查，参见 Lucien Febvre and Henri-Jean Martin, *The Coming of the Book：The Impact of Printing*, *1450 – 1800*, ed. Geoffrey Nowell-Smith and David Wootton, trans. David Gerard（London：New Left Books, 1976），180 – 97，以及 Clive Griffin, *The Crombergers of Seville：The History of a Printing and Merchant Dynasty*（Oxford：Clarendon, 1988），1 – 19.

[34]　Griffin, *The Crombergers of Seville*, 183 – 210, esp. 200.

图 39.11　路易斯·卡尔杜奇，雷亚尔堡周边平面图，1631 年。这是由卡尔杜奇制作的一幅地图的完成度更高的版本，类似于在图 39.10 中所显示的，是在出售地产的时候绘制的

原图尺寸：43.0×56.5 厘米。Spain, Ministerio de Cultura, AGS（MPD. V－9）提供照片。

在塞维利亚、萨拉曼卡、巴塞罗那和布尔戈斯出版的科学书籍的百分比也有着相似的下降。例如，在塞维利亚，1500 年之前的印刷品中有几乎 14% 在性质上是关于科学的，1500 年至 1550 年之间，这一数字上升到了 23%。然而，在 16 世纪的剩余时间中，其回落到了 16%，可能因为出版可能会冒犯宗教裁判所的书籍正在变成一件危险的事情[35]。很多外国著作可能被禁止，并且因为大量顶尖的地图学家工作于如低地国家等在神学方面存疑的地区，因此他们的书籍和地图集尤其易受到攻击。随着时间的流逝，对抗科学著作的压力开始建立；尽管相对较少的这类书籍出现在 16 世纪 60 年代和 80 年代的禁书目录中，但它们在 1612 年和 1632 年出版的那些禁书目录中则数量众多。到那时，赫拉尔杜斯·墨卡托已经被禁止，因为他的一些作品似乎有着异教徒的风格，而且他与很多异教徒是朋友。在这一西班牙学术生活令人苦恼的时期中，大多数西班牙的学术机构也衰落了。

1081　　大学，从未像其他国家的大学那样繁荣，当菲利普二世继位之初反对西班牙人的海外研究时，受到了重击[36]。当然，一些人依然我行我素，但是存在持续的反对这类接触的官方压力。贸易署依然工作良好，直至大约 1650 年，那时其开始衰落。布尔戈斯和塞维利亚的炮

㉟　参见 López Piñero, *Ciencia y técnica*, 58－81, esp. 66.

㊱　参见 David C. Goodman, "Philip II's Patronage of Science and Engineering," *British Journal for the History of Science* 16 (1983)：49－66, esp. 50－52, 以及 Pedro González Blasco, José Jiménez Blanco, and José María López Piñero, *Historia y sociología de la ciencia en España*（Madrid：Alianza Editorial, 1979）, 30－31.

兵学校被关闭，1625 年，数学学院也遭受了相似的命运。当所有这些发生的时候，很多其他欧洲国家正在经历一场在西班牙仅仅有着微弱感觉的科学革命的第一阶段。

在 17 世纪的最后几十年，存在着一场显著的复兴[37]。当数学学院在 1625 年关闭的时候，其被耶稣会士的马德里帝国学院取代[38]。17 世纪中，在很多国家，耶稣会士在数学及其应用方面都是杰出的，并且在西班牙也是如此：截至 17 世纪 60 年代末，他们的领军人物就是何塞·萨拉戈萨（José Zaragoza），在某种意义上，其是发明家（*novatores*）的学术领袖，并且希望进行彻底的变革。他首先在瓦伦西亚教书，但是此后在 1670 年担任马德里帝国学院的数学教席，在那里他进行了广泛的出版，对法文的《学者报》（*Journal des Savants*）做出了贡献。他个人建造了大量的在他的《制作和使用各种数学工具》（*Fabrica y uso de varios instrumentos matematicos*，Madrid，1675）中进行了描述的各种测量仪器，并且经常被咨询关于执行大规模工程项目的最好方式。他因而在奇拉帕（Chilapa）开发一个矿产中，在桑卢卡尔－德巴拉梅达（Sanlúcar de Barrameda）修建防浪堤中，以及在阿尔马登（Almadén）开发另外一个矿产中担任了顾问；这些项目中的大多数涉及仔细的测量和地图绘制[39]。在萨拉戈萨的学生中有何塞·查弗里翁（José Chafrion），我们将把他作为一名区域地图学家对待。

尽管西班牙的炮兵学校被关闭，但炮兵、工程和制图学的训练目前可以从那不勒斯、费拉拉和布鲁塞尔的学校获得，后者自 1675 年之后由可敬的塞巴斯蒂安·费尔南德斯·德梅德拉诺（Sebastián Fernández de Medrano）指导。1646 年出生在托莱多附近，梅德拉诺可能加入了马德里的一所军事学院，然后在 1667 年与西班牙 *tercio*（步兵单位）前往了弗兰德斯。1674 年，他被任命为在布鲁塞尔新建立的军事学校的教授，在那里他一直教授课程直至 1704 年，并从 1677 年之后出版了大量作品。他最为知名的著作毫无疑问就是《工程师》（*El ingeniero*），1687 年在西班牙出版，并在 1694 年翻译为法文，即《实用工程师》（*L'ingénieu rpratique*）。[40]

还存在一种科学生活正在返回到类似于巴塞罗那、瓦伦西亚、加的斯和塞维利亚的外围中心的复苏的标志。在塞维利亚，例如，圣特尔莫学院（Colegio de San Telmo）建立于 1681 年，教授孤儿以最新的航海技术，并且准备将他们作为导航员进行培养。复苏同样来源于西班牙的欧洲领土，如那些在意大利的和在弗兰德斯的。在意大利，领军人物是胡安·卡拉穆尔·洛布科维茨（Juan Caramuel Lobkowitz），一位西多会修士，其享受着皇家的保护，并且出版了主题广泛的著作[41]。他 1667 年的《数学家的竞赛》（*Cursus mathematicus*）非常具有影响力，并且确实对于将笛卡尔的思想传入西班牙语世界中起到了很大作用。以某种方式，

㊲　在 José María López Piñero，*La introducción de la ciencia moderna en España*（Barcelona：Ediciones Ariel，1969）中有着很好的描述。

㊳　José Simón Díaz，*Historia del Colegio Imperial de Madrid*，2 vols.（Madrid：Consejo Superior de Investigaciones Científicas，Instituto de Estudios Madrileños，1952 – 59）.

㊴　关于这些开发，参见 José María López Piñero，"La ciencia y el pensamiento científico，" in *Historia de España*，ed. Ramón Menéndez Pidal，vol. 26，pt. 1，*El Siglo del Quijote（1580 – 1680）：Religión，filosofía，ciencia*，2d ed.（Madrid：Espasa-Calpe，1986），159 – 231.

㊵　参见 "Fernández de Medrano，Sebastián，" in *Diccionario*，1：329 – 30，以及 Joaquín de la Llave y Garcia，"Don Sebastián Fernández de Medrano como geógrafo，" *Boletín de la Real Sociedad Geográfica* 48（1906）：41 – 63，esp. 42 – 49.

㊶　参见 Julián Velarde Lombraña，*Juan Caramuel：Vida y obra*（Oviedo：Pentalfa Ediciones，1989）.

在 17 世纪末的西班牙有着一种显而易见的科学复苏，甚至是在与 18 世纪的波旁联盟（Bourbon alliance）的联系急剧复苏之前。

西班牙统治者中的绘图意识

并不存在关于费迪南德和伊莎贝拉对地图的态度的直接证据，但确实在他们的宫廷中有着加泰罗尼亚宇宙志学者海梅·费雷尔·德布拉内斯（Jaime Ferrer de Blanes），并且必然已经知道了马卡略地图学家。而且，1508 年，在塞维利亚建立了新的航海学校，并且这一学校在整个欧洲变得有名，而且这一名望持续了很多年。当费迪南德在 1516 年去世的时候，由他的曾孙查尔斯一世继承，后者在 1519 年成为皇帝查理五世。年轻的国王将奥地利和西班牙的领土联合起来，继承了来自奥地利地区的丰富的地图学传统。他的祖父马克西米利安一世，显然有能力在其广大领土任何部分绘制出一幅急需的地图[42]，并且操德语的区域在这一时期有着数量异常丰富的地图学者，他们的名字标志着关于新世界的最早的印刷地图：约翰尼斯·勒伊斯、马丁·瓦尔德泽米勒、格雷戈尔·赖施、彼得·阿皮亚等。

1082 因而，查尔斯，在成长中，对于地图学的可能性有着充分的意识，并且在他一生中，与地图和地图绘制者有着密切的联系。例如，1539 年，当他在托莱多因通风而卧床的时候，他与皇家宇宙志学者阿隆索·德圣克鲁斯共同度过了很多时日，学习天文学和地图学，"他从中获得了很多乐趣和快乐"[43]。工程师胡安那罗·图拉里亚诺（Juanelo Turriano）是他的一位私人朋友，其在 1556 年皇帝最终退位后陪伴着皇帝[44]。查尔斯的妻子，皇后葡萄牙的伊莎贝拉，对于地图学和地理学有着等同的兴趣，她的品味毫无疑问继承于他的父亲葡萄牙国王曼努埃尔一世。1536 年，她写信给新西班牙的总督："我们非常希望有着一幅那块土地上的主要城市、港口和海岸线的平面图或图像。"[45]

不足为奇的是，查尔斯将这些兴趣传给了他的儿子菲利普二世。例如，到 1545 年，查尔斯已经送给菲利普一幅由巴蒂斯塔·阿涅塞制作的装饰豪华的世界地图[46]。菲利普后来在尼德兰度过了很多年，当时这里是科学地图绘制的伟大中心，在那里他熟悉了如赫拉尔杜斯·墨卡托和雅各布·范代芬特尔等地图学家的作品，并且再次提出了制作一幅小比例尺的西班牙地图的计划（本章后面将提到）。在他埃斯科里亚尔新建的宫殿中（一组由皇陵、教堂、学院和一座修道院构成的马赛克式的复杂建筑），他有着一座悬挂有超过 70 幅地图的御殿，这些地图来源于 1578 年版的亚伯拉罕·奥特柳斯的《寰宇概观》，并且他委托安东·范登·韦恩加尔德（Antoon van den Wijngaerde）〔安东尼·范登温加尔德（Anthonie van den Wyngaerde）、安托

[42] 参见 Heinrich Ulmann, *Kaiser Maximilian* Ⅰ: *Auf urkundlicher Grundlage dargestellt*, 2 vols. (Vienna: Verlag des Wissenschaftlichen Antiquariats H. Geyer, 1967), 1: 206, 以及 Gerald Strauss, *Sixteenth-Century Germany: Its Topography and Topographers* (Madison: University of Wisconsin Press, 1959), 82.

[43] 被引用于 Kagan, *Spanish Cities*, 41.

[44] González Blasco, Jiménez Blanco, 以及 López Piñero, *Historia y sociología*, 23.

[45] 被引用在 Kagan, *Spanish Cities*, 41.

[46] 现在收藏于 John Carter Brown Library at Brown University, Providence, R. I., 并且在 Samuel J. Hough, *The Italians and the Creation of America*, exhibition catalog (Providence, R. I.: Brown University, 1980), 70–71 中进行了描述。也可以参见 Goodman, "Philip II's Patronage," 49–66。

万·德拉比涅（Antoin de la Vigne）、安东尼奥·德拉斯比尼亚斯（Antonio de las Viñas）］去绘制城市景观，以装饰马德里的帕尔多（Pardo）宫和阿尔卡萨尔（Alcázar）㊼。

相同类型的对地图学的敏感性，在菲利普统治期间的领导者中间广泛分布。当他的图书管理员，贝尼托·阿里亚·蒙塔诺，1568 年至 1575 年在安特卫普期间，"旅行箱中充满了数学仪器、星盘、绘画……奥特柳斯的地图，以及最为重要的著作，都被他用船运到了他在西班牙的朋友胡安·德奥万多（Juan de Ovando）、路易斯·曼里克（Luís Manrique），纳赫拉（Najera）和察亚（Zayas）公爵那里"㊽。相似地，当路易斯·乌尔塔多·德托莱多（Luis Hurtado de Toledo）在 16 世纪 60 年代后期作为西班牙在威尼斯的大使的时候，他为菲利普二世汇集了一套地图汇编。这一地图集，在其献词中被描述为一部"岛屿和重要区域以及设防城市之书"，将最新的意大利作品汇集在一起，并且以多种形式保存了下来㊾。在那时的西班牙形成了很多图书馆，类似于由菲利普的建筑师胡安·德埃雷拉（Juan de Herrera）汇集的。其包含了超过 400 卷的著作，其中不仅包括西班牙地图学作者，如赫罗尼莫·吉拉瓦（Jerónimo Girava）、赫罗尼莫·德查韦斯（Jerónimo de Chaves）和马丁·科尔特斯的作品，还有赫马·弗里修斯、奥龙斯·菲内和赫拉尔杜斯·墨卡托的作品㊿。埃雷拉的图书馆，类似于阿里亚·蒙塔诺的，最终扩大了菲利普在埃斯科里亚尔汇集的巨大收藏；但是，其中很多毁于 1671 年的大火。

西班牙的海军指挥官必须精通航海图，但在那时，她的陆军将领同样是技艺熟练的地图使用者。当 1567 年，阿尔巴公爵从意大利向北行军进入尼德兰的时候，他使用了一幅由费迪南德·德拉努瓦（Ferdinand de Lannoy）绘制的弗朗什—孔特的地图；其出版延迟了 10 年，但其出现在 1579 年版的奥特柳斯的《寰宇概观》中[51]。1568 年，当他追随奥兰治王子［威廉·范奥兰耶（Willem van Oranje）］进入林堡（Limburg）的时候，绘制了其他三幅地图，并且为 1573 年的阿尔巴的探险准备了另外两幅地图[52]。这些军事地图在地形的呈现和抽象示意方面具有选择性，但它们显然构成了以阿尔巴为代表的指挥官的战略思想中至关重要的一部分。

从 17 世纪之后，较少提及西班牙领导者中对于地图的使用，可能因为其在当时已经成为一种非常普通的情况，因此不再值得提到。然而，我们确实知道"［加斯帕尔·德古斯曼，第三任奥利瓦雷斯公爵］在宫殿的住处有一间专门的地图室，在那里他应当花费了很长时间来研究他的地图和航海图；并且弗兰德斯老兵对他对于地方地形的详细知识感到惊奇"[53]。他的主人，菲利普四世，同样以继承了查理五世和菲利普二世对于地图的兴趣而闻名，正像他亲自鼓

㊼ Kagan, *Spanish Cities*, 48 and 56.

㊽ B. Rekers, *Benito Arias Montano（1527 - 1598）*（London：Warburg Institute, University of London, 1972）, 75.

㊾ George H. Beans, *A Collection of Maps Compiled by Luis Hurtado de Toledo, Spanish Ambassador in Venice, 1568*（Jenkintown, Pa.：The George H. Beans Library, 1943）.

㊿ 参见 F. J. Sánchez Cantón, *La librería de Juan de Herrera*（Madrid, 1941）; idem, *La biblioteca del marqués del Cenete, iniciada por el cardinal Mendoza（1470 - 1523）*（Madrid：［S. Aguirre, impressor］, 1942）; 以及 López Piñero, *Ciencia y técnica*, 134 - 35。

[51] 参见 Geoffrey Parker, *The Army of Flanders and the Spanish Road, 1567 - 1659：The Logistics of Spanish Victory and Defeat in the Low Countries' Wars*（Cambridge：Cambridge University Press, 1972）, 83。

[52] 这些地图被复制在了 Parker, *Army of Flanders*, 102 - 5（figs. 11 and 12）。

[53] Elliott, *Richelieu and Olivares*, 28.

励地图学家，并将新的地图和景观画挂在他宫殿的墙壁上所展示的那样[54]。

1083　　甚至查尔斯二世，通常被视为一位低能的国王，都没有避免受到地图学的影响，因为耶稣会数学家何塞·萨拉戈萨宣称，在 1675 年，他正在试图使国王对地图给予更多的关注[55]。当然，我们所搜集的参考资料毫无疑问是部分的，并且是有欠缺的，但似乎从 1500 年至 1700 年，在西班牙统治者之中存在一种相对水平较高的地图意识，并且实际上在法兰西和欧洲其他国家的统治者中也是如此[56]。

对半岛的皇家地图绘制

　　在 15 世纪期间，存在对卡斯蒂尔各个部分的语言描述（*relaciones topografiícas*）[57]。1517 年，尽管，费尔南多·科隆（Fernando Colón），克里斯托弗·哥伦布的儿子，接受了一项皇家委托去绘制整个国家的地图并进行描述。这一非常早熟的冒险在 1523 年 6 月走到了尽头，当时委托被皇家委员会取消，但是稿本"费尔南多·德科隆的旅行指南"（Itinerario de Fernando de Colón）保存了下来[58]。到 1523 年，大约 6500 个社区被编号，尽管没有地图保存下来。废止这项投机活动的原因是模糊的，除非布拉斯克斯和德尔加多–阿吉莱拉认为的皇家政府不希望将这么重要的任务交给个人手中的想法是正确的，即使是一位像费尔南多·科隆这样如此杰出以及受到皇权保护的人。即使如此，这一活动的失败意味着在查理五世统治期间没有进行进一步的工作。存在一份由佩德罗·德梅迪纳进行的地形描述，其被称为《西班牙的伟大以及值得纪念之事之书》（*Libro de grandezas y cosas memorables de España*，Seville，1548），但这远远不是基于一次真正的调查，并且这一相当粗糙的西班牙地图，雄辩地证明了需要更好的东西。

　　无论是查理五世还是菲利普二世，似乎委托了埃纳雷斯堡大学（University of Alcalá de Henares）的数学教授佩德罗·德埃斯基韦尔（Pedro de Esquivel），在 16 世纪 50 年代绘制了一系列西班牙的详细地图。埃斯基韦尔立刻开始了工作，使用了一套特定设计的并且非常庞大的设备去进行可能是准确的三角测量。到 1560 年，田野工作大部分完成了，使得这一项目的一位支持者报告，埃斯基韦尔"看遍、踏遍，甚至检查了整个帝国中的每一小块土地，用他自己的双手和眼睛，以及用数学设备所允许的程度，使他自己确信每件事情的真实性"[59]。埃斯基韦尔受到了菲利普二世的支持，并且似乎在 16 世纪 60 年代和 70 年代一直工作，直至他在 1577 年去世，当时这一工作由胡安·德埃雷拉接管。

---

[54]　参见 Richard L. Kagan 撰写的章节，"Arcana Imperii: Mapas, ciencia y poder en la corte de Felipe Ⅳ," in *El Atlas del rey planeta: La "Descripción de España y de las costas y puertos de sus reinos" de Pedro Texeira（1634）*, ed. Felipe Pereda and Fernando Marías（Madrid: Editorial Nerea, 2002），49 – 70。

[55]　1981 年年初与已故的 Richard Boulind 的通信。

[56]　尝试对这一发展进行了追溯，呈现在 David Buisseret, ed., *Monarchs, Ministers, and Maps: The Emergence of Cartography as a Tool of Government in Early Modern Europe*（Chicago: University of Chicago Press, 1992）中。

[57]　参见 Blázquez y Delgado-Aguilera, "El Itinerario," 84 – 85。

[58]　保存在 Seville, Biblioteca Colombina。参见 Tomás Marín Martínez, ed., *"Memoria de las obras y libros de Hernando Colón" del Bachiller Juan Pérez*（Madrid: [Catedra de Paleografía y Diplomática], 1970），161 – 251, 以及 Blázquez y Delgado-Aguilera, "El Itinerario," 87 – 88。

[59]　被引用于 Kagan, *Spanish Cities*, 44 – 45。

　　这些努力的结果，似乎被保存在了《埃斯科里亚尔地图集》中，这是一套保存在马德里之外的埃斯科里亚尔宫皇家图书馆中的绘本。其由半岛的一幅总图（图 39.12）以及 20 幅局部地图构成，这些局部地图对应于一个基本的分区。关于其时间，学者有着不同的认识。马塞尔（Marcel），撰写于 1889 年，认为其时间是 17 世纪中期[60]。雷帕拉斯·鲁伊斯，在他 1950 年的论文中宣称，其时间是 1585 年；更为最近的，巴斯克斯·毛雷倾向于一个大约 1590 年的时间[61]。整体上，最早的时间似乎是最为可能的。这样的事实，即在埃尔讷（Elne）标记有一个主教教区，而在巴利亚多利德没有标记主教教区，由此指向一个 1604 年和 1598 年之前的时间；而且，绘本由洛佩斯·德韦拉斯科亲自作了评述，其去世于 1598 年。半岛的轮廓明显是古老的，并且直布罗陀和卡塔赫纳之间的距离太大了，由此导致了一个扩展了北海岸线；很难相信，在受到托马斯·吉米努斯启发的地图出现了如此众多的版本之后，一幅类似于此的地图是晚至 17 世纪制作的。

1084

图 39.12 《埃斯科里亚尔地图集》的总图。这幅西班牙地图，被绘制在经度和纬度的网格中，并且被分成 20 个有着编号的部分，证实了对基于数学的新的地图学的精通

原图尺寸：30.5×45 厘米。照片版权属于 Patrimonio Nacional, Madrid（MS. K. I. 1, fols. 1v – 2r）.

[60]　Gabriel Marcel, *Les origines de la carte d'Espagne*（Paris, 1899）.

[61]　Gonzalo de Reparaz Ruiz, "The Topographical Maps of Portugal and Spain in the 16th Century," *Imago Mundi* 7（1950）：75 – 82；Francisco Vázquez Maure, "Cartografía de la Península: Siglos XVI a XVIII," in *Curso de conferencias sobre historia de la cartografía española: Desarrollado durante los meses de enero a abril de 1981*（Madrid: Real Academia de Ciencias Exactas, Físicas y Naturales, 1982），59 – 74, esp. 63；以及 idem, "Cartographie Espagnole au XVIe siècle"（typescript, held at the BNM, n. d.），63.

无论《埃斯科里亚尔地图集》是否确实是埃斯科里亚尔工作的产品，其最令人感兴趣的是显示了那一时期西班牙地图学的力量和局限。作为开始，其是令人惊讶的详细的，包含了大约6000个地名。雷帕拉斯·鲁伊斯观察到，葡萄牙的部分尤其准确，但是很多西班牙的部分同样被进行了很好的观察。例如，对第二部分（图39.13）的分析显示，数量众多的城镇被非常准确的定位，尽管河流的河道在很大程度上是示意的。可能这说明，即地图是通过从城镇的高层建筑上进行观察而构建的，因而构建了一个参考点的网络，然后水文方面的内容可以相对粗略地进行勾勒。实际上，在其中一幅地图的背面（fol. 9r），有着一个扇形的名称列表，其表明托莱多城市的地标是从一个中央有利位置进行观察的结果；这一列表当然是从绘制那座城市地图的过程中保存下来的。其中一幅地图背面存在的这一粗糙的工作告诉了我们《埃斯科里亚尔地图集》未完成的性质，其中只有总图是被仔细绘制的。可能工作从未超过这一阶段，或者可能一个完成度更高的版本在1671年大火中被毁，这次大火烧毁了埃斯科里亚尔图书馆中数量众多的珍宝。

1085

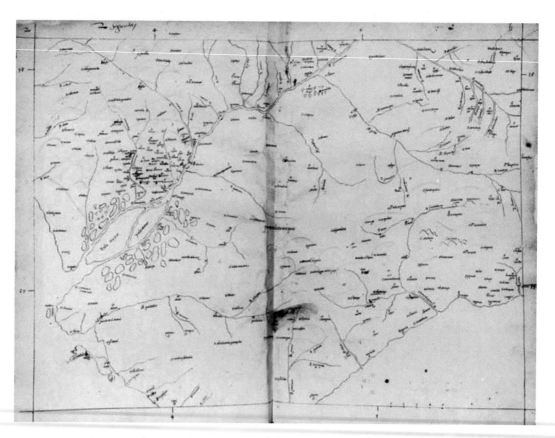

图 39.13 来自《埃斯科里亚尔地图集》第二部分的局部。这一第二部分的细部（参见图 39.12），显示了由地图制作者确定了位置的城镇和乡村网络有多么的密集

整个原始图幅的尺寸：30.5×45 厘米。照片版权属于 Patrimonio Nacional, Madrid（MS. K. I. 1, fols. 5v－6r）。

有着一幅整个国家的总图，其后是用相同比例显示了每一部分的分图，这一概念是非常精巧的。唯一使用这一呈现方法的大致同时代的地图集是1568年的菲利普·阿皮亚的《巴伐利亚图集》（*Bairische Landtafeln*）。同时代的法国地图使用省作为绘制地图的单元，由此第一套法兰西地图集，是由莫里斯·布格罗在 1594 年绘制的，由不同比例尺的不同地图汇编而成，并且没有完整地涵盖整个国家。当克里斯托弗·萨克斯顿在 16 世纪 70 年代绘制英格兰地图的时候，他选择郡作为绘制地图的单元，由此尽管他确实涵盖了整个国家，但有着不同的比例尺。无论是谁绘制的《埃斯科里亚尔地图集》，其显示了一种制作单幅地图的令人印象深刻的能力，都有着相同的比例尺，并且所有地图都与布置在总图上的经纬度网格连接起来。历史学家疑惑，为什么这一杰出的作品从未被出版，并且一些人推测，这是因为菲利普二世希望保持信息的秘密状态。一个较为简单的解释就是，作品从未被完成；而且，西班牙并不拥有印刷这类有着恰当比例尺的局部地图的印刷设备。为了出版，地图集应当必须被完成，然后被送往弗兰德斯或意大利去印刷；然而从未达到这一阶段。

菲利普二世鼓励制作一幅西班牙"总体描述"的各种其他项目，但是没有一项涉及用埃斯科里亚尔项目的比例尺绘制地图。在 16 世纪 70 年代后期，例如，他开始委托制作来自不同省份的《地理录》（*relaciones geogràficas*），在新世界的各省的这类《地理录》通常都附带有地图。然而，只完成了新卡斯蒂尔（New Castile）和托莱多的大主教辖区（Archdiocese）的那些；而这些是没有地图的[62]。他还资助了迭戈·佩雷斯·德梅萨（Diego Pérez de Mesa）的作品，他的《西班牙的伟大以及值得注意之事的第一和第二部分》（*Primera y segunda parte de las grandezas y cosas notables de España*，Alcalá de Henares，1590）是佩德罗·德梅迪纳 1548 年的作品的一个修订版，但是，同样，这是缺乏新意的地图学。当菲利普于 1598 年去世的时候，依然没有出版半岛上各省的大比例尺的地图。

1619 年，地图学家路易斯·特谢拉的儿子——若昂·特谢拉·阿尔贝纳斯一世的兄弟，葡萄牙人佩德罗·特谢拉·阿尔贝纳斯，被召唤到马德里，并且成为"国王陛下的宇宙志学者"（Cosmographer of His Majesty）。1622 年，随着一项皇家委托，开始了绘制西班牙（和葡萄牙，然后连接到西班牙）的海岸地图的工作。开始于圣塞瓦斯蒂安，他在这一工作上花费了很多年的时间，并在 1634 年完成。作为结果的地图集，被菲利普四世使用，但是从未付诸印刷；类似于《埃斯科里亚尔地图集》，其躺在档案馆中，直至最近才被找到和出版[63]。特谢拉以他著名的马德里平面图而闻名，其在 1656 年出版于阿姆斯特丹。卡甘将这一平面图描述为强烈的"君主中心的"，意思就是，皇室宫殿的尺寸被夸大，并且马德里被呈现为一个有着世界范围的君主国的皇家首都[64]。

区域地图学

西班牙各省地图绘制的历史是复杂和断断续续的，就像 16 世纪欧洲的其他国家那样。很多最初的绘本地图已经佚失了，由此现在通常只有通过阅读类似于奥特柳斯、墨卡托和布劳的那些普通地理集的内容来重建地图学的活动。

---

[62]　Kagan，*Spanish Cities*，47.

[63]　参见 Felipe Pereda and Fernando Marías，eds. ，*El Atlas del rey planeta*：La "*Descripción de España y de las costas y puertos de sus reinos*" *de Pedro Texeira*（1634）（Madrid：Editorial Nerea，2002）。

[64]　参见 Richard L. Kagan，"*Urbs* and *Civitas* in Sixteenth-and Seventeenth-Century Spain*，*" in *Envisioning the City*：*Six Studies in Urban Cartography*，ed. David Buisseret（Chicago：University of Chicago Press，1998），75 – 108，以及本卷的图 27. 6。

现存最早的由一名西班牙人绘制的区域地图显示了法兰西的部分（图 39.14）。其向我们提供了一幅来自大约 1539 年的香槟的图像，类似于来自东北方向的一个透视图(65)。在上部右侧是枫丹白露，在中部是特洛伊斯（Troyes）［“特洛伊”（Troy）］，同时在左侧中央的是塞纳河畔沙蒂永（Châtillon-sur-Seine）。塞纳河（Seine River）从左向右蜿蜒穿过中部，在特洛伊斯之前不远处与奥布河（Aube River）汇合。地图的绘制有着非常精致的细节，同时在这一时尚中体现了视觉化一个完整省份的想象力的飞跃。城镇和乡村小区域的透视图在 16 世纪期间变得常见，但是用这种方式对于一个完整省份进行的描绘，直至在 20 世纪的航拍图像提供了这种类型的透视之前，一直没有成为一种被接受的形式。不知道作者，尽管其毫无疑问是属于查理五世宫廷中的某人。这一图像构成了一系列图像的一部分，这一判断来源于背面的标注中将其称为“第九号”（number 9），但是不知有其他地图保存了下来。

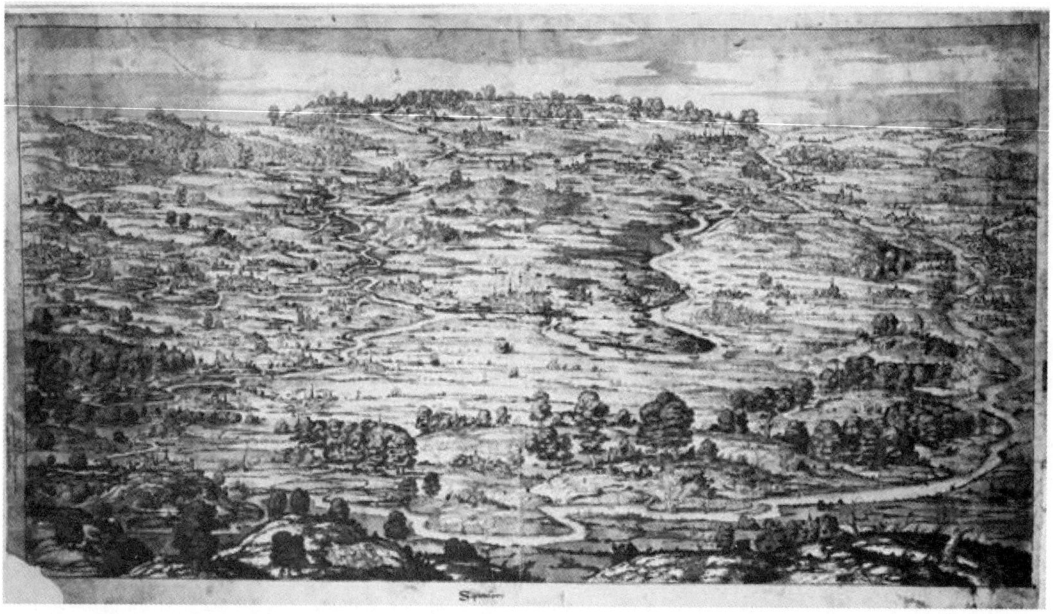

图 39.14　佚名的香槟鸟瞰图，约 1539 年。这一与众不同的景观造成了朝向只是在 20 世纪晚期才常见的航拍图的富有想象力的跳跃；这样的图景在现代早期的欧洲是非常不同寻常的

BNM（M－1v 283）提供照片。

现存最早的某一西班牙省份的地图，是在 1579 年版的奥特柳斯《寰宇概观》中找到的一幅安达卢西亚的地图（图 39.15）。其是由赫罗尼莫·德查韦斯绘制的，他是皇家宇宙志学者阿隆索·德查韦斯的儿子。赫罗尼莫属于与贸易署存在联系的地图制作者的圈子，并且被任命为 1552 年新创立的教授职位——同年，他的父亲成为总导航员。因而，作为将在贸
1086 易署提出的技术应用于半岛制图学的独一无二的例子，他的地图是令人感兴趣的，尽管我们不知道，为什么他选择用这种方式绘制塞维利亚周围的区域。

(65) 参见 Santiago Páez, *La Historia en los Mapas Manuscritos*, 192 中的彩色复制件。

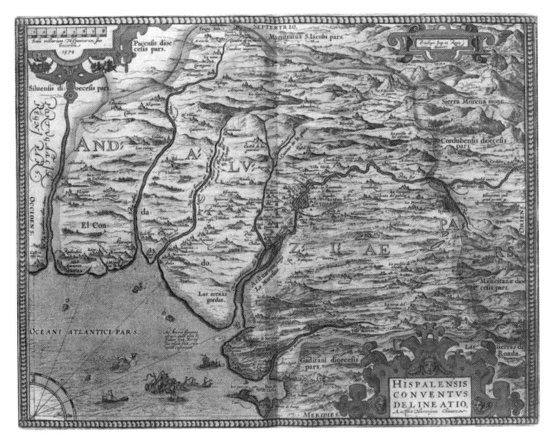

图 39.15　赫罗尼莫·德查韦斯，《安达卢西亚的描绘》（*HISPALENSIS CONVENTVS DELINEATIO*），来自 1579 年版奥特柳斯的《寰宇概观》。这一安达卢西亚的精美地图涵盖了在西班牙印刷地图中最早描绘的区域之一

原图尺寸：50 × 66 厘米。来自 Abraham Ortelius, *Theatrum orbis terrarum*（Antwerp：C. Plantinum, 1579），pl. 20. Geography and Map Division, Library of Congress, Washington, D. C.（G1006. T5 1612）提供照片。

　　从那之后，《寰宇概观》的后续版本中包含了数量不断增加的西班牙各省的地图，如同埃尔南多·里卡所示的那样[66]。当墨卡托－洪迪厄斯《地图集》在 1606 年出版的时候，其中有着阿拉贡、比斯开（Biscay）、卡斯蒂尔、加泰罗尼亚、加利西亚、格拉纳达、莱昂（Leon）、纳瓦拉和巴伦西亚的地图（图 39.16）。尽管对于半岛地理知识的这种扩展涵盖了除安达卢西亚之外的大部分领土，但我们不知道这种喷发产生的背景或者大多数地图学家的名字。唯一有着绘制者名字的地图是加利西亚的，是由费尔南多·德奥赫亚（Fernando de Ojea）绘制的[67]。这一作品，类似于《地图集》中众多的地图，代表了在细节知识上的一种显著的进步；奥赫亚被认为是道明会（Order of Preachers）的成员，也就是一名多明我会教士，但除此之外，我们对他一无所知。如果法兰西的例子是可靠的话，那么 1606 年《地图集》其他地图中的一些可能同样是由教会圣职人员绘制的，但我们无法对此确定。唯一看起来似乎相当确定的事情就是，绘制者是西班牙人，或者卡斯提人，因为在这一欧洲具有领

---

　　[66]　参见 Agustín Hernando Rica, *Contemplar un territorio*：*Los mapas de España en el* Theatrum *de Ortelius*（［Madrid］：Ministerio de Fomento, Instituto Geográfico Nacional, Centro Nacional de Información Geográfica, 1998）.

　　[67]　Hernando Rica, *Contemplar un territorio*, 35 – 36.

导地位的强权之间存在强烈猜疑的时期，外国人很难悠闲地在半岛上到处走动，而这些地图提供的细节说明了绘制者的这种"悠闲"。

图 39.16　新近显示在 1606 年墨卡托 – 洪迪厄斯《地图集》上的西班牙诸省

在西班牙的一些领地上，大范围的地图绘制是由军事工程师执行的。尼德兰尤其如此，在那里，1643 年，"L. 英格尔贝特，西班牙国王的工程师"（L. Ingelbert, ingénieur du roy d'Espagne）编绘了一幅显示了与法兰西之间边界的地图[68]。这一作品非常详细，并且在用红色点状线显示边界方面是早熟的；我们对其作者一无所知，并且其保存下来，只是因为制作了一个副本，可能是通过为了法国而进行的偷窃。

在作为工程师为西班牙在尼德兰服务的英格尔贝特的同事中，有着范朗格恩王朝的一些成员。建立者，雅各布·弗洛里斯·范朗格恩，是一位 16 世纪 80 年代和 90 年代在阿姆斯特丹工作的球仪制作者，但是他儿子阿诺尔德·弗洛里斯（Arnold Floris）向南迁移到了安特卫普，时间大约是在 1610 年，并且在那里成为"陛下的球仪制造者"（*Sphérographe de leurs Altesses*），或者西班牙的尼德兰摄政者阿尔伯特和伊莎贝拉·克拉拉·欧热尼亚（Isabella Clara Eugenia）的球仪制作者。阿诺尔德·弗洛里斯后来转行进入了地图制作行业，在 1628 年成为皇家宇宙志学者（*cosmographe du roy*），他的儿子迈克尔·弗洛朗、雅克·弗洛朗（Jacques Florent）以及可能还有弗雷德里克·弗洛朗（Fredericq Florent）在省

1087

---

[68]　引用自收藏于 BNF, Cartes et Plans, Ge DD 4121（180）的地图。

份地图的绘制中非常突出⑥。

　　从现在 BL 保存的绘本地图判断，迈克尔·弗洛朗·范朗格恩在 17 世纪 20 年代中期忙于绘制奥斯坦德的防御工事以及马尔代克（Mardyck，敦刻尔克附近）的运河和沙丘的地图⑦。在大约 1626 年，他绘制了默斯河和莱茵河之间新挖掘的运河的一幅地图；其被献给伊莎贝拉·克拉拉·欧热尼亚，并且作为《默斯河和莱茵河之间的福萨河》（*Fossa quœ a Rheno ad Mosam*）出现在 1630 年的布劳的《大西洋的附录》（*Atlantis appendix*）中。1629 年，他被任命为宇宙志学者或法兰德斯和萨马格德的数学家（*mathematic de Sa Mag^d en Flandres*，法语和西班牙语的混合是与众不同的特点），并且 1631 年至 1633 年，他在西班牙⑦。

　　这些各种的预备性的地图必然为迈克尔·弗洛朗·范朗格恩的布拉班特的伟大地图奠定了基础，后者出现在 1635 年的威廉·扬茨·布劳《新地图集》（*Novus atlas*）的第二卷中⑦。其分为三个部分，所有正方向都为西，并且相互交叠，大致涵盖了现代比利时（Belgium）的中部和北部区域。在这一区域中，有着梅赫伦（Mechelen）区，迈克尔·弗洛朗还用一幅地图涵盖了这一地区，而这幅地图由布劳出版；他的风格是稳重的，尤其关注于堡垒、设防城镇以及水道，毫无疑问对一位工作于防御设施和运河的皇家地地图学家而言是适合的。在 17 世纪 40 年代，他忙碌于数学、测量和水文工程方面的各种项目，并且在 1644 年出版了他最为著名的著作，《陆地和海上的真实的经度》（*La verdadera longitud por mar y tierra*，Madrid，1644）。同一年，迈克尔·弗洛朗还出版了他的卢森堡公爵领地的精湛地图，只能从布鲁塞尔的比利时皇家图书馆的拙劣副本中才了解到其最早的版本。图 39.17 显示了这一他大约绘制于 1671 年或 1672 年的地图的一个后来的版本⑦。迈克尔·弗洛朗绘制了视觉上非常愉悦的地图，其上有着被明确确定的树林和河流，以及一个通过排字等级来赋予重要性的精致系统。

　　我们对于迈克尔·弗洛朗·范朗格恩的兄弟雅克·弗洛朗·范朗格恩知之甚少，除了他在 1620 年前后是陛下的宇宙志学者和工程师（*cosmographe et ingénieur de Sa Majesté*），以及他绘制了小政区的和堡垒的地图和平面图之外。另外一名兄弟（弗雷德里克·弗洛朗·范朗格恩？），似乎已经离开为法国工作，因为在法文档案中有大量他制作的地图，通常是献给孔迪王子（prince de Condé）的⑦。非常有趣，通过奉献给红衣主教黎塞留的他的稿本"西班牙国王与荷兰国家之间战争的舞台"（Théâtre des guerres entre le Roy d'Espagne et les Estats de Hollande）判断，他的父亲阿诺尔德·弗洛里斯·范朗格恩，同样至少曾经为法国服务过⑦。

　　⑥　参见 Johannes Keuning, "The Van Langren Family," *Imago Mundi* 13（1956）：101 – 9；"Langren（Michel-Florent van），" in *Biographie nationale, publiee par l'Académie royale des sciences, des letters et des beaux-arts de Belgique*（Brussels：H. Thiry-van Buggenhoudt, 1866 – ），vol. 11，cols. 276 – 92；以及 Claire Lemoine-Isabeau, ed., *Cartographie belge dans les collections espagnoles, XVIe au XVIIIe siècle*, exhibition catalog（Brussels：Crédit Communal，[1985]）.

　　⑦　参见 BL, Add. MS. 14007.

　　⑦　Keuning, "Van Langren Family," 108 – 9.

　　⑦　参见 Peter van der Krogt, *Koeman's Atlantes Neerlandici*（'t Goy-Houten：HES Publishers, 1997 – ），2：97 – 98 中的列表。

　　⑦　关于这一地图，参见 Emile van der Vekene, *Les cartes géographiques du Duché de Luxembourg éditées aux XVIe, XVIIe et XVIIIe siècles：Catalogue descriptif et illustré*, 2d ed.（Luxembourg：Krippler-Muller, 1980），102 – 7。

　　⑦　例如，参见，BNF, Cartes et Plans, Ge B 8203 and 8204, and Ge AA 2042 – 44.

　　⑦　Brussels, French Ministère des Affaires de Hollande, 现在保存在 Section Géographique du Service des Archives et Documentation.

图 39.17　迈克尔·弗洛朗·范朗格恩《卢森堡公国》（*LUXEMBVRGENSIS DVCATVS*），1671/72。范朗格恩家族的一些成员为西班牙尼德兰的统治者服务，编纂了不同比例尺的各种地图

BNF（Ge D 13064）提供照片。

西班牙皇家工程师负责意大利和低地国家各省地图的绘制。他们作品中的一些是佚名的，如附带在一本名为"意大利不同区域的地图和平面图"（Plantas y mapas de lugares fuertes de la Italia）的汇编中的地图[76]。这一地图被设计用来确定那些堡垒的位置，还给出了这些堡垒的平面图（图 39.18）；水文也被细致地绘制，还有米兰与邻近国家之间的边界（点状线）。类似于此的地图证实了对某省的一般特征有着相当了解。

正如 1606 年的墨卡托 - 洪迪厄斯《地图集》包含了一套完整的西班牙各省的新地图，1636 年的墨卡托 - 洪迪厄斯 - 扬松纽斯《地图集》的各个版本以及 1658 年的约翰内斯·扬松纽斯的《新地图集》也是如此[77]。这一次，材料被集中在东北方，并且是若昂·巴普蒂斯塔·拉旺哈［胡安·包蒂斯塔·拉班纳（Juan Bautista Labanna）］的作品。1550 年前后出生于葡萄牙，拉旺哈在那里和意大利进行研究，并且在 1583 年被召集到新建立的马德里的数学学院，作为数学和航海理论的教授。他成为地理学和家谱学等主题的作品丰富的作者，并

76　BNM，Manuscritos，12678。

77　例如，参见 Van der Krogt, *Koeman's Atlantes Neerlandici*, 1：445 – 46。

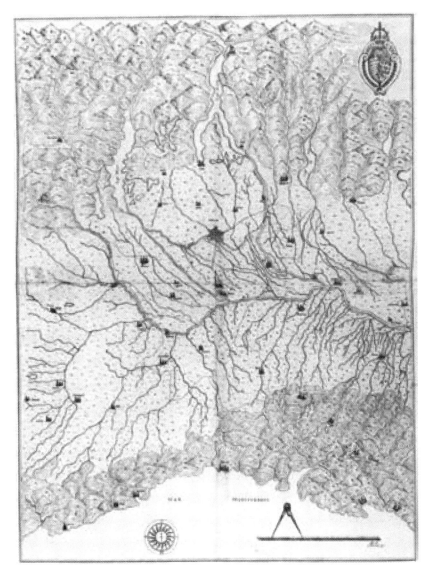

图 39.18　意大利北部的佚名地图。西班牙国王的工程师活跃于意大利北部的地图
绘制中，因为在这一地图中绘制了与山脉和河流相对应的主要堡垒的位置

BNM（MS. 12678，fols. 41 – 42）提供照片。

且以稿本形式留下了大量作品[78]。拉旺哈还是一位实践工程师，其被咨询了关于改进塔古斯河上的航行的方案等项目[79]。1612 年，他前往了西班牙尼德兰，并且 1610 年至 1611 年，在阿拉贡，为在该区域的一幅新地图上描绘不动产而工作。

　　阿拉贡的大部分土地是山地，这给地图学家带来了极大的困难。与加泰罗尼亚一起，其在 1606 年的墨卡托 – 洪迪厄斯《地图集》中的呈现，是对其性质的全面总结。拉旺哈后来

[78]　例如，在 BNM, Manuscritos, 1450, 7632, 11499, 11572, and 11680；其他的则在 Real Academia de la Historia, at the Universiteitsbibliotheek Leiden, 以及在 Kungliga Biblioteket in Stockholm. 也可以参见 Agustín Hernando Rica, *La imagen de un país：Juan Bautísta Labaña y su mapa de Aragón（1610 – 1620）*（Zaragoza：Institución "Fernando el Católico," 1996）。

[79]　BNM, Manuscritos, 18630.

1089 编绘的地图是更为详细和准确的[80]。其正方向为北方，并且在捕捉阿拉贡困难的地形和水文方面相当程度是成功的（图 39.19）。当墨卡托 - 洪迪厄斯 - 扬松纽斯《地图集》1636 年出版的时候，其包括了一幅拉旺哈地图的非常如实的副本，这时正方向改为朝西以适应页面的格式。

图 39.19 若昂·巴普蒂斯塔·拉旺哈，《阿拉贡》的细部，1622 年。这一省份给早期的地图学家带来了大量的麻烦，但是其困难的地形被拉旺哈进行了令人信服的描绘，这是一位为西班牙国王服务的葡萄牙地图学家

原图尺寸：115×93 厘米；细部尺寸：约 34.9×29 厘米。BNF（Ge DD 2987 [1777] B）提供照片。

⑧ Cortesão and Teixeira da Mota, *Portugaliae monumenta cartographica*, 4：69 - 70.

　　1658 年的约翰内斯·扬松纽斯的《新地图集》包含有显示了西班牙北部主教教区和大主教教区的详细地图；这些毫无疑问是由拉旺哈在 40 年前绘制阿拉贡地图的过程中绘制的。6 幅地图，显示了环绕在巴瓦斯特罗（Barbastro）、韦斯卡（Huesca）、潘普洛纳（Pamplona）、萨拉戈萨、塔拉戈纳（Tarragona）和特鲁埃尔（Teruel）周围的区域，在详细和准确性方面达到了新水平。如同从图 39.20 中可以看出的，它们结合在一起涵盖了拉旺哈在他于 1620 年最早出版的地图中所描述区域的大部分。拉旺哈的工作由阿拉贡的庄园所委托，但是他选择通过其教会的教区来描绘国家，毫无疑问，因为这些在实践上是最为重要的政区单元。可能其他主教教区在 17 世纪也有着地图，但我们所知道的最为详细的是红衣主教路易斯·曼努埃尔·费尔南德斯·德波托卡雷罗（Cardinal Luis Manuel Fernandez de Portocarrero）在 1681 年出版的著名的托莱多大主教辖区的地图[81]。我们对其作者一无所知，但地图给出了一个托莱多周围区域的深刻印象，并且有着区域中主导城市的各个侧面的详细景观。

图 39.20　由教会地图覆盖的拉旺哈的《阿拉贡》的区域

---

　　[81]　目录列在了 *Castilla la nueva，mapas generales；Madrid，capital y provincia，siglos XVII a XIX*（Madrid：Instituto de Geografía Aplicada，Consejo Superior de Investigaciones Científicas，1972），7。

在布局上非常相似的是保存在 BNM 中的几乎同时代的加泰罗尼亚的绘本墙壁地图，其由安布罗西奥・博尔扎诺（Ambrosio Borsano）绘制于 1687 年前后⑧。1628 年出生在米兰的博尔扎诺，在 1653 年开始为西班牙服务，并且在 10 年中战斗于意大利北部。当和平来临的时候，他被派往伊比利亚半岛，工作于巴伦西亚和巴利阿里群岛。1673 年，他被作为工程师和炮兵指挥官派往加泰罗尼亚，同时毫无疑问，在他生命的这一阶段，他开始编纂加泰罗尼亚的大型墙壁地图，地图用前所未有的细节和准确性对公国进行了展示（图 39.21）。很可能的是，博尔扎诺花费了 17 世纪 70 年代的大部分时间去准备这一地图。BNM 中的一套地图集可能代表了他的初步工作⑧。十多幅城镇平面图中的很多与沿着大型墙壁地图边缘的城市平面图涵盖了相同的地点。地图集和墙壁地图中的风格和习惯，与那些同时代的法国军事工程师绘制的非常相似。我们确实不知道，博尔扎诺在哪里受到的训练——可能是在米兰的西班牙军事学校——但是无论如何，几乎不可避免的是，在这一时期，其他欧洲地图学家将会模仿攻无不克的法国。最后听到博尔扎诺的信息是在 1696 年，并且关于他的生平也知道的不多。然而，除了他的地图之外，他留下来了至少一部稿本著作，他的生平和作品值得进行全面调查⑧。

何塞・查弗里翁的生平和作品也是如此，对于他，我们至少知道他出生在瓦伦西亚，并且成为何塞・萨拉戈萨的保护人。他然后工作于意大利，绘制了利古里亚、热那亚和米兰的地图；在这一阶段，他受到了胡安・卡拉穆尔・洛布科维茨的赞助，后者是发明家（novatores）中的一位领导者，如同我们已经看到的。大约 1680 年，他作为一名工程师为米兰总督服务⑧，同时这使他有机会去为他出版于 1687 年的《米兰城市的广场和城堡的防御工事的平面图》（Plantas de las fortificaciones de las ciudades, plazas y castillos del Estado de Milan）搜集材料，以及为他出版于 1685 年的《米兰南部地图》（Carta de la parte meridional del Estado de Milan）搜集材料。

图 39.22 显示了查弗里翁的《米兰南部地图》的一部分。其正方向为南，涵盖了波河河谷。在距离河谷很远的地方，地图的准确性下降，但是甚至在那里，对如塞拉瓦莱（Serravalle，"Sarauale"）和尼扎蒙费拉托（Nizza Monferrato，"Nizza"）等城镇的定位也很好；当然，它代表了对如 1662 年的约安・布劳的《大地图集》这种广泛使用的地图集中可用的区域地图的版本的巨大改进。查弗里翁的 1685 年热那亚共和国的地图似乎尤其被很好的构思，因为晚至 1784 年，我们发现一幅那一区域的地形图是"取自查弗里翁著名的西班牙地图"⑧。

因而，在一个当地牧师的作品可能就是杰作的早期之后，很多西班牙在欧洲的领土的区

---

⑧　总体描述，参见 Santiago Páez, La Historia en los Mapas Manuscritos, 66 – 67, 以及 Cartografía de Catalunya: Segles XVII – XVIII, 展览目录（［Barcelona］: Institut Cartogràfic de Catalunya, ［1986］), 24 and 25（彩色复制品）。

⑧　BNM, Manuscritos, 12683 and 18054。

⑧　关于一些传记方面的细节，参见 "Borsano (D. Ambrosio)," in Bibliografía Militar de España, by José Almirante (Madrid: Imprenta y Fundicion de Manuel Tello, 1876), 84。

⑧　参见他的 Topographia de la Liguria（也被称为 Carta de la Rivera de Genova con sus verdaderos confines y caminos）上的旋涡装饰，出版于 1685 年，复制于 Massimo Quaini, "Dalla cartografia del potere al potere della cartografia," in Carte e cartografi in Liguria, ed. Massimo Quaini (Genoa: Sagep, 1986), 7 – 60, esp. 8 – 9。

⑧　引用了 BNF, Cartes et Plans, Ge CC 2550 的地图。

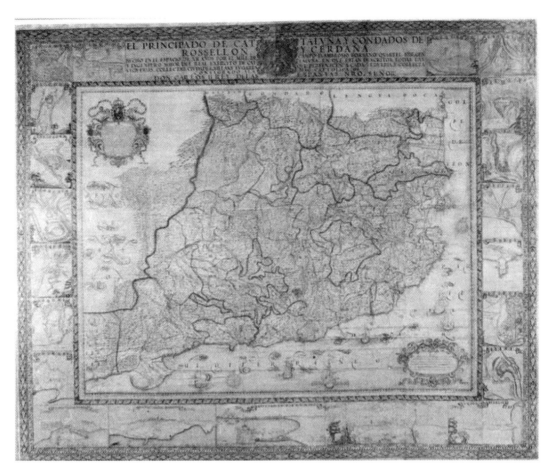

图 39.21 安布罗西奥·博尔扎诺，"卡塔吕纳、鲁西永和塞达尼亚的主要特征"（EL PRINCIPADO DE CATTALVNA Y CONDADOS DE ROSSELLON Y CERDANA），约 1687 年。在 17 世纪 70 年代，工程师和炮兵指挥官博尔扎诺忙于绘制这幅加泰罗尼亚的地图，其用显著的忠实性绘制了该省的主要特点，并且在多年中被复制

原图尺寸：233×291 厘米。BNM 提供照片。

域地图产生于不同类型的皇家机构。英格尔贝特、范朗格恩、博尔扎诺，可能还有查弗里翁，是与炮兵和工程学校存在联系的皇家工程师。拉旺哈早就被任命在菲利普二世的数学学院工作，并且毫无疑问将在那里教授的原则应用于他的地图活动中。西班牙半岛的总体形状在那一时期的小比例尺的印刷地图中以各种准确程度绘制出来[87]；到 1700 年，区域的几乎所有部分已经被如此细致的绘制了地图，以至于对于达成相当复杂的行政决定而言，其中的总图正在变得有用。

---

[87] 其中很多被复制在了 Agustín Hernando Rica, *El Mapa de España, siglos XV – XVIII* （［Spain］：Ministerio de Fomento, Instituto Geográfico Nacional, Centro Nacional de Información Geográfica, ［1995］）。

1093

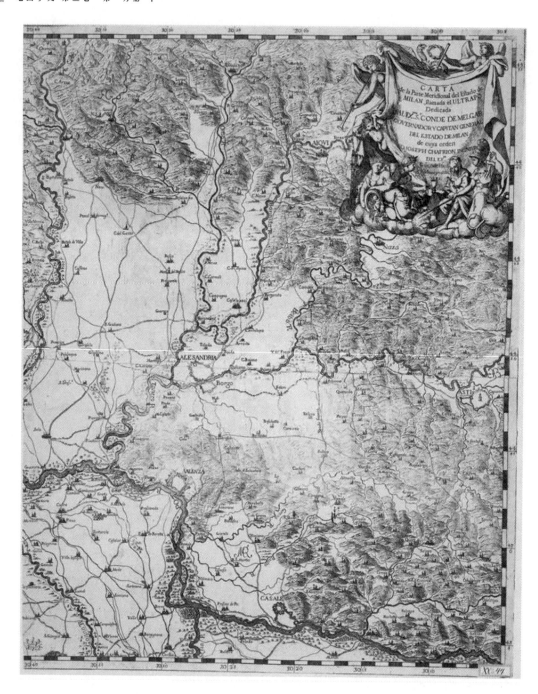

图 39.22 何塞·查弗里翁《米兰南部地图》的右页，1685 年。在 17 世纪晚期，查弗里翁，类似于博尔扎诺，成功地描绘了一个省份，在这一例子中是米兰，其如此准确，因此地图此后持续使用了很多年

总　结

当回顾 1500 年至 1700 年之间西班牙绘制地图的整体情况的时候，我们被整个时期所使用的专门技术的高水平震惊。西班牙不缺乏在欧洲其他部分实践的最新技术的知识，并且除了 17 世纪中期那一时期之外，它还有着保存和传授地图学知识所需的机构。然后，为什么地图学的历史学家通常对那一时期它的陆地地图学的成就有着一个相当负面的评价？

答案的一部分在于西班牙印刷工业的虚弱，尽管尼德兰的、德意志的和意大利的地图绘制者的作品，以及最终那些法国和英国的作品，被印刷并在整个西欧世界普遍流通，但那些 1092 西班牙的地图学家倾向于在档案中保留绘本的形式。这方面的主要例子就是产生了《埃斯科里亚尔地图集》的项目，而这将我们的注意力集中在问题的另一个方面——西班牙历届政府显然缺乏将项目贯彻到圆满结束的能力。

如同某些作者所做的那样，做出如下宣称可能是愚蠢的，即这是因为一种有缺陷的行政体制或君主的漠不关心。正好相反，如同我们看到的，君主的地图意识非常明显，各种议会的效率至少与欧洲更多产的其他国家的一样高。我们需要记住的是，在这些年中，西班牙正在参与一场庞大的海外殖民活动。那种活动不仅是政治的，也是技术的和文化的，并且占据和分散了它最好的政治家和技术人员的精力。我们不得不问自己，以他们的巴伐利亚（1568）和英格兰（1579）地图而闻名菲利普·阿皮亚和克里斯托弗·萨克斯顿，如果他们是西班牙人，那么他们是否会绘制欧洲各区域的地图。几乎可以确定的是，他们应当忙碌于试图绘制海上通道、海岸线和西班牙巨大的和不断增长的帝国内部区域的地图，因为她的注意力和精力遍及大西洋。

那些确实出现在西班牙的地图反映了其社会和经济结构的性质。

在西班牙没有可以与同时代英国的地产地图相比较的东西，因为在西班牙没有可以与英国农业早熟的资本化相对应的东西[88]。在宗教改革中涉及的大规模的土地交换，以及随之而 1094 来的伦敦市场的急速发展在西班牙也不存在[89]。另外一方面，存在很多其制作者试图确定西班牙城市的位置和土地边界的地图，因为西班牙文化本质上自罗马时期以来是一个城市文化，并且因而非常关注城市对于乡村的控制。同样，君主，鼓励很多地图学的冒险活动，不仅有 16 世纪 10 年代和 70 年代夭折的那些，还有确保了安东·范登·韦恩加德和雅各布·范代芬特尔对众多西班牙和尼德兰城市草绘的那些活动，而这些地图应出现在乔治·布劳恩和弗兰斯·霍根伯格《寰宇城市》中。简言之，在西班牙，如同在其他任何地方，地图学产品忠实反映了经济和社会的可能性。

---

[88]　试图解决现代欧洲早期出现地产地图，以及解释它们在西班牙缺乏的原因的尝试，参见 David Buisseret, ed. , *Rural Images*: *Estate Maps in the Old and New Worlds*（Chicago: University of Chicago Press, 1996）. 有帮助的材料，参见 Andrés Bazzana and André Humbert, *Prospections aériennes*: *Les paysages et leur histoire, cinq campagnes de la Casa de Velázquez en Espagne*（*1978 - 1982*）（Paris: Diffusion De Boccard, 1983）。

[89]　我非常乐意感谢马德里的 Casa de Velázquez 的帮助，他的主管允许我发送通知给大约 20 名法国学者，然后在西班牙从事有可能揭示在 1700 年存在地产平面图的工作。几乎所有人都回复了，但是几乎所有的回复都是否定的。

第四十章　文艺复兴时期的西班牙航海地图学[*]

阿利松·桑德曼（Alison Sandman）

　　至少在大致轮廓方面，西班牙航海地图学的历史是众所周知的。已经从各方面对大部分保存下来的航海图进行了讨论，其基本的制度结构，以及那些为航海图提供了地理信息的探险好像也是如此。在本章中，我没有尝试重复近年的里卡多·塞雷索·马丁内斯（Ricardo Cerezo Martínez）或玛丽亚·路易莎·马丁-梅拉斯（María Luisa Martín-Merás）的工作，尽管我当然非常倚重他们的研究[①]。不幸的是，除了对航海地图学的一般介绍之外，对于那些不能阅读西班牙语的人而言可用的资料非常少[②]。我所希望去做的就是为西班牙航海图提供一个基于背景的介绍，即在围绕于航海图周围的机构，以及对航海图的构建和使用感兴趣的各种团体的背景下，对航海图进行讨论。在本章中，我尤其关注航海的历史（因为导航员使用了航海图）、宇宙志的历史（因为宇宙志学者制作了它们），以及领土纠纷的历史，还有其他外交要务[③]。幸运的是，与航海和探险有关的西班牙官僚机构保存了大量记录，而这些记录通常比它们所讨论的航海图保存得要好；这些对于航海图的官僚记录，构成了所有关于西班牙航海地图学的讨论的一个主要资料来源。

　　西班牙航海图的绘制当然并不始于 16 世纪，或者甚至不始于克里斯托弗·哥伦布，但

---

　　[*] 本章使用的缩略语包括：Cosmographers and Pilots 代表 Ursula Lamb, Cosmographers and Pilots of the Spanish Maritime Empire（Aldershot：Variorum, 1995）；El Tratado 代表 El Tratado de Tordesillas y suépoca（Congreso Internacional de Historia），3 vols.（［Tordesillas］：Sociedad V Centenario del Tratado de Tordesillas, 1995）；以及 AGI 代表 Archivo General de Indias, Seville.

　　[①] Ricardo Cerezo Martínez, La cartografía náutica española en los siglos XIV, XV, y XVI（Madrid：C. S. I. C., 1994）. 玛丽亚·路易莎·马丁-梅拉斯的很多杰出工作，尤其参见她的 Cartogra fía marítima hispana：La imagen de América（Barcelona：Lunwerg, 1993）。也可以参见 Belén Rivera Novo and María Luisa Martín-Merás, Cuatro siglos de cartografía en América（Madrid：Editorial MAPFRE, 1992）, 65 – 102；María Luisa Martín-Merás, "La cartografía de los descubrimientos en la época de Carlos V," in Carlos V：La náutica y la navegación, exhibition catalog（Barcelona：Lunwerg, 2000）, 75 – 94；以及 idem, "La cartografía marítima：Siglos XVI – XIX," in La cartografía iberoamericana, by María Luisa Martín-Merás et al.（Barcelona：Institut Cartografic de Catalunya, 2000）, 19 – 83, esp. 19 – 38。

　　[②] Michel Mollat du Jourdin and Monique de La Roncière, Sea Charts of the Early Explorers：13th to 17th Century, trans. L. le R. Dethan（New York：Thames and Hudson, 1984），提供了一个非常好的介绍，但是关于西班牙的部分非常简洁，而且并不是一直可靠。

　　[③] 关于这一时期宇宙志和航海的概观，参见本卷的第三章和第二十章。

是遵从着一个漫长的中世纪传统，而这一传统产生了如《加泰罗尼亚地图集》等重要的作品④。然而，哥伦布的航行，催生了重要的改变。政府增长的兴趣、涉及新领土的行政管理的政府机构，与日常海洋航行不断增加的新的航行需求结合起来，改变了航海图的监管、销售和使用。随着描绘新的地点、取悦新的客户，以及需要遵从新的规则，西班牙航海图的贸易进入了一个新时代。由于这一原因，我以 16 世纪作为开端。

绘本航海图的传统造成了档案方面的难题。大部分已知绘制的航海图没有保存下来，大部分在档案记录中提到的航海图无法与现存任何航海图匹配，并且大部分现存的航海图似乎是为了呈献而制作的，而不是为了使用而制作的。据推测，导航员所使用的航海图，当它们不再有用的时候，就被销毁了，就像国王标准图的旧版本那样；国王标准图作为核心范例被保存，作为地图学家进行复制的一个模本。塞雷索·马丁内斯编纂了一个非常有价值的已知航海图的列表，其中包括一些现存下来的，一些在近现代时期被毁坏的，以及一些仅仅通过16 世纪简要的提及而被了解的⑤。因为这一糟糕的保存率，很多最为重要的航海图仅仅只是通过文本记录而被了解。由于这一原因，我不是按照单幅幸存下来的航海图，而是按照围绕航海图的不同用途以及服务于它们的机构和人员来组织本章。在导言中，我对航海图本身、其主要特点，以及在决定如何获得用于修订其信息时存在的困难进行了概述。在第一部分，我讨论了航海地图学在西班牙的制度背景，勾勒了与航海图的绘制和使用有关的不同群体，以及在某些持续的冲突中航海图发挥的作用。在第二部分，我关注国王标准图，或者作为模本的核心航海图，尤其关注以下内容：各种对其进行修订、使之保持最新，以及确保所有其他的航海图都是从其复制的努力。最后，在第三部分，我聚焦于将航海图销售给导航员，以及对作为在海上使用的工具的航海图的绘制。

1096

导言：16 世纪的航海地图学

航海图由贸易署管理，这一机构于 1503 年建立于塞维利亚，赋予其掌管任何与印度有关的贸易、旅行和殖民事务的职责⑥。尽管塞维利亚与海的距离有些不便利，但其依然保持作为前往印度旅行的行政中心，尽管在桑卢卡尔－德巴拉梅达和加的斯建立了下级机构。航海被认为是工作的一部分，尽管在投入的费用或精力方面较小，但由此航海图受到了贸易署

---

④　关于较早的传统，参见 Cerezo Martínez, *Cartografía náutica*, 25 – 88, 以及 Martín-Merás, *Cartografía marítima hispana*, 25 – 42. 关于马略卡和加泰罗尼亚地图学，参见 Julio Rey Pastor and Ernesto García Camarero, *La cartografía mallorquina* (Madrid: Departamento de Historia y losofía de la Ciencia, "Instituto Luis Vives," Consejo Superior de Investigaciones Científicas, 1960)。

⑤　Cerezo Martínez, *Cartografía náutica*, 253 – 81.

⑥　José Cervera Pery, *La Casa de Contratación y el Consejo de Indias* (*Las razones de un superministerio*) (Madrid: Ministerio de Defensa, 1997), 51 – 63 关于贸易署的建立及其前身, 67 – 72 关于其功能。也可以参见［María del］Carmen Galbis Díez, "The Casa de la Contratación," in *Discovering the Americas: The Archive of the Indies*, ed. Pedro González García (New York: Vendome Press, 1997), 91 – 128. 关于贸易署地图学的功能，参见 José Pulido Rubio, *El piloto mayor de la Casa de la Contratación de Sevilla: Pilotos mayores, catedraticos de cosmografía y cosmógrafos* (Seville, 1950), 255 – 457. 在同时代的档案中，贸易署有着不同提法，如 Casa de Contratación 和 Casa de la Contratación；为了保持一致性，我仅使用后者。

的赞助。贸易署居于王室的权威之下，在 1523 年印度群岛委员会成立后，贸易署受后者管辖⑦。

大部分使用于 16 世纪西班牙的航海图（如同在欧洲其余部分）主要是经过扩展以包括新世界在内的地中海的波特兰航海图⑧。最早的一些只是包括大西洋沿岸（新世界的和旧世界的），尽管后来的地图扩展，尽可能多的包括了被认为对于正在考虑的航行而言所必需的已知世界。当取决于制作者和针对的受众，航海图在详细程度和装饰物方面差异巨大的同时，基本特征则保持一致，构成了一种一致的传统。这几乎完全是一种绘本传统，尽管为了用于航海教科书和宇宙志著作，印刷了少量航海图⑨。

航海图最为著名的特征就是一套相互交叠的完全覆盖了航海图的恒向线。这些恒向线从有着 34 个点的罗盘玫瑰的一个圆周（或两个圆周）放射出，在航海图中均匀分布，并且用颜色编码，其中 8 条主要的方位线用黑色，其间的 8 条则用绿色，而剩下的 16 条则用红色。这些恒向线构成了说明任何两个地点之间罗盘方向的基础，并且当结合基于放置在航海图上的比例尺读出的距离的时候，其对于在海上使用航海图是至关重要的。航海图几乎通常包含至少一个纬度标尺，由此构成了第二层网格，并且通常标记有赤道和回归线。很多航海图还有着一个经度标尺。航海图的特点还包括垂直于海岸线的地名列表，并且几乎完全将海岸线填满。少数航海图有着其他对于导航员而言有着潜在的使用价值的特点，例如迭戈·古铁雷斯的大西洋航海图上的带有注释的中央罗盘玫瑰（图 40.1）⑩。

航海图另外一个令人惊讶的特点就是它们的尺寸。保存下来的航海图通常都非常大，经常长达 1—2 米。尽管这些航海图可能并不是意图被用于海上的，如在 1606 年，安德烈斯·

---

⑦　关于印度群岛委员会，参见 Ernst Schäfer, *El Consejo Real y Supremo de las Indias*: *Su historia*, *organización y labor administrative hasta la terminación de la Casa de Austria*, 2 vols., trans. Ernst Schäfer（1935 – 47；reprinted Nendeln, Liechtenstein：Kraus Reprint, 1975），vol. 1, 和 Demetrio Ramos Pérez et al., *El Consejo de las Indiasen el siglo XVI*（［Valladolid］：Universidad de Valladolid, Secretariado de Publicaciones, 1970）中的论文。

⑧　对波特兰航海图的一个总体调查，参见 Tony Campbell, "Portolan Charts from the Late Thirteenth Century to 1500," in *HC* 1：371 – 463。

⑨　佩德罗·德梅迪纳和马丁·科尔特斯都在他们的教科书中包含了概要性的航海图。半个世纪后，安德烈斯·加西亚·德塞斯佩德斯也在文本中包括了一幅航海图，其与几何学的争论有着密切联系。关于包含在这类书籍中的航海图和地图的部分列表，参见 Martín-Merás, *Cartografía marítima hispana*, 121 – 35。关于梅迪纳航海图的印刷史，参见 Barbara B. McCorkle, *New England in Early Printed Maps*, *1513 to 1800*: *An Illustrated Carto-Bibliography*（Providence, R. I.：John Carter Brown Library, 2001），7。关于教科书中的航海图，参见 Pedro de Medina, *Regimie*［n］*to de nauegacio*［n］: *Contiene las cosas que los pilotos ha*［n］*e saber para bien nauegar*. . .（Seville：Simon Carpinteró, 1563），fols. ［vii verso］-viii recto, 以及影印版和译本 *Regimiento de navegación*（1563）（Madrid, 1964）；Martín Cortés, *Breue compendio de la sphere y de la arte de nauegar con nueuos instrumentos y reglas*. . .（Seville：Anton Aluarez, 1551），fol. lxvii recto, 以及影印本, *Breve compendio de la esfera y del arte de navegar*（Madrid：Editorial Naval, Museo Naval, 1990），225；以及 Andrés García de Céspedes, *Regimiento de navegacion mando haser el rei nvestro señor por orden de sv Conseio Real de las Indias*, 2 pts.（Madrid：I. de la Cuesta, 1606），pt. 2, *Segvnda parte*, *en qve se pone vna hydrografía que mando hazer Su Magestad*（以下简称 *Hydrografía*），after fol. 126。

⑩　古铁雷斯给出的数字非常近似于那些由罗德里戈·萨莫拉诺给出作为"旧数字"（在他重新计算表格之前，使用的是这些数字）的数字；在 Rodrigo Zamorano, *Compendio de la arte de navegar*, 影印本（Valencia：Librerías "Paris-Valencia,"1995），fols. 44v – 46r 中，他解释了这些数字的使用。这类表格在航海教科书中是一个标准特征。多梅尼科·维利亚罗尔（Domingo Villaroel）在他的绘本地图集的第四幅航海图中包含了一个类似的罗盘玫瑰，复制在 Sandra Sider, *Maps*, *Charts*, *Globes*: *Five Centuries of Exploration. A New Edition of E. L. Stevenson's* Portolan Charts *and Catalogue of the 1992 Exhibition*, 展览目录（New York：Hispanic Society of America, 1992），35 中。

加西亚·德塞斯佩德斯指出，西印度贸易的"普通航海图"（padrón ordinario）有着相似尺寸⑪。这一尺寸必然使这些航海图在海上是笨重的，并且实际上使它们难以复制。即使现代 1097
书籍中最大的图像通常也不到原图尺寸的一半，赋予了一种不可避免的（尽管错误的）印象就是，航海图是有局限的并且难以阅读。当然，整个世纪中的导航员对于航海图上纬度方面不到半度的错误进行了抱怨，但这种错误在较小的航海图上是无法察觉的。

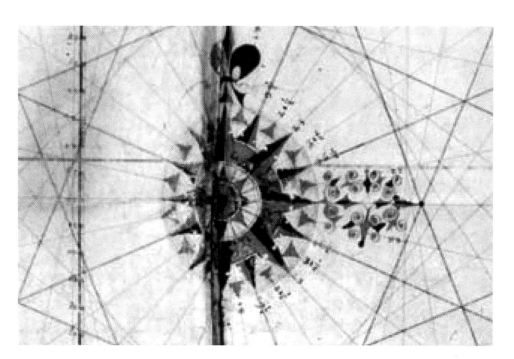

图 40.1　来自迭戈·古铁雷斯的大西洋航海图的风玫瑰，1550 年。环绕在罗盘玫瑰周围的数字标明了一位导航员沿着恒向线航行从而将其位置改变一个纬度所需要航行的距离，距离是用里格表示的。这一信息通常被包括在一部航海教科书中，但是在现存的航海图上则很难看到
BNF（S H Arch N2）提供照片。

　　航海图的其他特征随着购买者的不同而变化。导航员在船上携带的航海图相对便宜，并且可能只有很少的装饰。由于它们并不被假定会长期使用，因此它们被绘制在纸上。尽管现实总是落后于理论，但通常认为导航员会随着时间的流逝而用更能跟上时代的航海图来取代他们原来的。导航员的航海图同样经常局限于与导航员正在规划的航行相关的那部分世界。这些航海图在行政和法律记录中经常被提到，但是已知没有例子保存下来⑫。
　　向导航员出售的航海图都被假定与一幅中央的模板相称，这一模板被称为国王标准图，字面意思就是皇家标准或模板。标准图（如同在记录中被一贯被称为）在世纪中有着不同的形式，但是其通常被绘制在一块羊皮纸上，以易于校正。其由一本书籍作为补充，书籍中

---

　　⑪　García de Céspedes, *Regimiento de navegacion*, fol. 104r. 在对在不同纬度需要不同距离比例的讨论中，他绘制了一段线条，并说其代表了 6 度，"根据印度路线的普通模式［航海图］的度数"。在印刷书籍中这条线是 6.7 厘米长，其应当使得一幅涵盖了从西班牙至加勒比的航海图大约有 1 米长。
　　⑫　迭戈·古铁雷斯制作的大西洋航海图可能是一个例外。即使（如果有可能）保存下来的航海图是导航员携带的那些航海图的典型，但其依然是一种被官方禁止的类型；参见后文讨论。

包含了从导航员那里搜集来的陈述；晚至 1590 年，这一书籍与作为模板的航海图一起保存在贸易署中一个上锁的箱子中⑬。尽管名义上显示了整个世界，但实际上标准图聚焦于朝向西印度群岛的航行，这种航行最为通常的是从塞维利亚出发。在世纪末，这一单独的航海图被一套六幅的，每幅显示了一个不同航程的航海图所取代，尽管大部分注意力被集中在显示了前往西印度群岛的航程的航海图上。没有明确确定为模板航海图的航海图保存了下来，尽管很多现存的航海图被认为是从其复制的。

现存航海图中的大部分是华丽的，并且可能意图作为礼物，尽管它们通常被认为包含了与导航员的航海图和标准图相同的地理信息，本质上有着相同的形式。这些是最为经常被复制的航海图，并且通常包括图像、盾徽和详细的标题。这些装饰通常支持着特定的计划或者领土要求；例如，乔瓦尼·（胡安·）韦思普奇 1526 年的航海图，使用旗帜去为西班牙宣称香料群岛和拉普拉塔河的权利，同时将巴西和印度割让给葡萄牙，所有这些都没有显示任何边界线；为了支持这一事实上的对世界的划分，在南大西洋和印度洋上的船只悬挂着葡萄牙的旗帜，同时那些在太平洋的和北大西洋上的船只则悬挂着西班牙的旗帜（图 40.2）⑭。迪奥戈·里贝罗［迭戈·里韦罗（Diego Ribero）］在他的航海图中包括了如星盘和四分仪等宇宙志仪器的图示，可能由此表明测量纬度的重要性的增长，因为通过这些仪器可以用来确定纬度（图 40.3）⑮。

这些有更多装饰的航海图有多种不同的目的。一些被委托制作以在特殊场合，如皇家婚礼上，呈现给高贵人士⑯。其他的一些可能被它们的制作者呈献给一位潜在的或者实际的赞助者⑰。第三种类型的航海图被正在着手进行准备的探险者，如最为著名的哥伦布和麦哲伦使用，去展示他们计划的可行性。尽管我们不知道这些视觉辅助工具所采用的准确形式（幸存下来的描述只是模糊地提到了地图、球仪和航海图），但其中的一些可能是航海图⑱。最后，还有一些航海图被作为外交条约的一部分。例如，1529 年的《萨拉戈萨条约》（Treaty of Saragossa），指定一个联合委员会绘制一幅显示了西班牙与葡萄牙在东印度的领土之间新的"分界线"的航海图，并且这条绘制在航海图上的分界线将构成新的法律边界⑲。

⑬　AGI, Patronato, 251, R. 77, block 2, images 38–39, 来自 1590 年 8 月 20 日多梅尼科·维利亚罗洛的诉状，请求罗德里戈·萨莫拉诺返还航海图和书籍。

⑭　对完整的世界地图的一个简短讨论和一个彩色复制品，参见 Sider, *Maps, Charts, Globes*, 13–16。

⑮　这样的图示还可以发现于魏玛世界地图（1529）、梵蒂冈世界地图（1529）、魏玛世界地图（1527）以及卡斯蒂廖内世界地图（1525）上；关于这些和所有其他 1530 年之前的显示了旧世界和新世界的绘本地图，参见附录 30.1。里贝罗，还有费尔南多（Hernando）·科隆和阿隆索·德查韦斯，意图支持对导航员进行不断增加的教育，同时后者对于天文导航的依赖有着相应的增长。

⑯　例如，参见萨尔维亚蒂（图 30.26、图 40.13 和图 40.14）和卡斯蒂廖内（图 30.25 和图 40.12）航海图。

⑰　例如，乔瓦尼·韦思普奇的 1526 年的世界地图，有着哈布斯堡王朝的盾徽。

⑱　例如，参见最常被称为孔斯特曼四世的航海图（图 30.22 和图 40.9）。

⑲　不幸的是，如果这一航海图被绘制了的话，那么也没有保存下来。

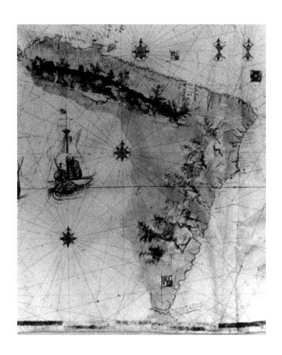

图 40.2 来自乔瓦尼·韦思普奇世界地图的南美洲的细部，制作于塞维利亚，1526 年。棋盘格的旗帜代表了卡斯蒂尔，而点状的旗帜代表了葡萄牙的阿维斯王室（House of Avis）。韦思普奇不仅在南美洲，而且是在非洲和亚洲使用旗帜来表示土地的所有者以及通常的海上路线。完整的世界地图显示在了图 30.27

完整的原图尺寸：85×262 厘米；细部的尺寸：约 48×38 厘米。Hispanic Society of America, New York（MS. K. 42）提供照片。

图 40.3 迪奥戈·里贝罗世界地图的细部，1529 年。这一细部显示了用于确定太阳倾角的四分圆的和圆形设备的图像，都附带有指南。位于文本框中的文本解释了如何从数字以及相应的纬度尺（给出了日期）中读出太阳倾角，如何使用四分仪，以及在给定太阳倾角和正午太阳高度的情况下，如何计算纬度。相似的图示和解释出现在了里贝罗的其他一些世界地图中。完整的世界地图显示在了图 30.29

原图尺寸：80×204.5 厘米；细部尺寸：约 57×64 厘米。照片版权属于 Biblioteca Apostolica Vaticana, Vatican City（Borgiano Ⅲ）。

　　航海图并不是导航员唯一可以使用的辅助工具类型。还有着显示了港口和主要特征的岛屿平面图和海角的景观，这些通常附带有航行指南。这些整合在一起构成了一种用于指示需要遵循的路线的可选择的方法，对纬度的依赖更少，而更多地依赖于罗盘方向以及对陆地和水域的标志物（或者著名特点）的识别。"导航员之光"（Luz de nauegantes），由巴尔塔萨·维尔勒里诺·德维拉洛博斯（Baltasar Vellerino de Villalobos）制作，是这一类型的一个例子，整合了详细的航迹图和陆地的标志物（senas），且使用当时最为常见的短语[20]。对于一座岛屿图景的简要观察指出了两类之间的巨大差异（图40.4）。这种岛屿图景是更为常见的对航线进行的详细描述的精致版，并且它们可能基于导航员自己保存的素描和笔记。在这一特定例子中，某些岛屿与它们在书籍中的描绘之间相似性的缺乏，使得图示的实际用途存在疑问；导航员自己更倾向于使用标志物而不是岛屿的图绘[21]。书籍的一种混合形式可以在"世界上所有岛屿的岛屿之书"中看到，这是由阿隆索·德圣克鲁斯撰写的。这一书籍，在

1099 他的有生之年未出版，包含了对岛屿的位置、特征和资源的仔细描述，以及对每座岛屿的详细描绘以及一套地图集[22]。

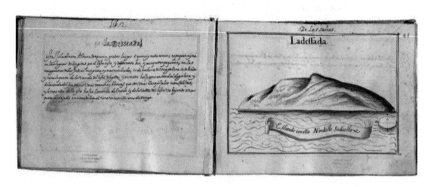

图40.4　来自维尔勒里诺·德维拉洛博斯的"导航员之光"的代西拉德（DÉSIRADE）的图景。绘本地图主要包含了图像和文本的对页。在这一例子中，文本描述了岛屿的纬度和大小，与此同时还有其突出的特点。如此命名，是因为其是在跨越大西洋后的一个受欢迎的景象，这座岛屿是这本书中西印度群岛的开始

　　来自 BaltasarVellerino de Villalobos，"Luz de nauegantes, donde se hallaran las derrotas y señas de las partes maritimas de las Indias, islas y tierra firme del mar occeano," 1592. Biblioteca General Universitaria, Salamanca（MS. 291, fols. 44v – 45r）提供照片。

　　[20]　关于一个影印本，参见 Baltasar Vellerino de Villalobos, *Luz de navegantes, donde se hallarán las derrotas y señas de las partes maritimas de las Indias, Islas y Tierra Firme del mar océano*（Madrid: Museo Naval de Madrid, Universidad de Salamanca, 1984）。

　　[21]　例如，参见 Martin Fernández de Enciso, *Suma de geographia*, ed. Mariano Cuesta Domingo（Madrid: Museo Naval, 1987）; Alonso de Chaves, *Quatri partitu en cosmografía práctica, y por otro nombre, Espejo de navegantes*, ed. Paulino Castañeda Delgado, Mariano Cuesta Domingo, and Pilar Hernández Aparicio（Madrid: Instituto de Historia y Cultura Naval, 1983），249 – 422; 以及 Juan de Escalante de Mendoza, *Itinerario de navegación de los mares y tierras occidentales*, 1575（Madrid: Museo Naval, 1985）. 维尔勒里诺·德维拉洛博斯被指控从《旅行指南》中剽窃了文本；参见 María Luisa Martín-Merás 在 Vellerino de Villalobos, *Luz de navegantes*, xx – xxi 进行的介绍性研究。

　　[22]　Mariano Cuesta Domingo, *Alonso de Santa Cruz y su obra cosmográfica*, 2 vols.（Madrid: Consejo Superior de Investigaciones Científicas, Instituto "Gonzalo Fernández de Oviedo," 1983 – 84）. 并不是一个影印本，同时这一著作包括了一项介绍性的研究、对"岛屿书"的抄录，以及很多复制件。

尽管这些书籍中的一些内容是由制作了航海图的同一位人物制作的，但它们并没有构成相同传统的一部分。甚至在 16 世纪中越发变得常见的绘本地图集，似乎从未意图为导航员或海员而制作[23]。景观和描述的著作不仅与航海图存在视觉上的差异，而且作为书籍，它们可能针对的是更为富有和更为受过教育的受众，而不是通常不识字的导航员。在本章中，我重点关注航海图的绘本传统。

构建一幅航海图

尽管关于绘制航海图的过程的第一手叙述，都非常简要，更多的是评价最终产品的易用性、展示出的技艺以及成品的质量，而不是评论绘制航海图过程中的步骤的，绘图步骤通常在这一时期的航海教科书进行了讨论[24]。由于这些叙述在主要点上的一致，它们指明了应该如何在绘制航海图方面达成的共识，即使这不是会被一贯遵循的程序。文本清晰地表达了，在制作一幅航海图时有两种不同方式：基于一个模板或基于一份报告。复制一幅现存的航海图是更为容易的，并且更为常见；因为所有出售给导航员的航海图被假定是模板航海图的准确复制品，可以复制的航海图，当需要的时候，在比例尺方面可以变化，对于大多数目的而言是足够的。一份来自 16 世纪末的评价确定了这一习惯。因赞扬某位地图制作者拥有基于报告而制作航海图的能力，天文学家和医生西蒙·德托瓦尔（Simón de Tovar）说道，"无论他们给他的是什么样的陈述，他都可以制作出与之相配的航海图，就好像他是从一个模板复制的"，并且"只有很少的宇宙志学者知道如何做到这一点"[25]。

只有当制作新的标准图的时候，宇宙志学者才被迫超越可用的航海图，并且去找到一种 1100 对不同的导航员的报告进行整合和协调的方法。然而，很多宇宙志学者，甚至当从一个模板复制的时候，也确实从导航员的报告中整合了正确的东西，由此使得他们的航海图更容易出售[26]。编纂一部新的标准图是非常困难的，并且也是花费时间的，由此其通常委托给知名的专家（通常是总导航员，负责颁发导航员的许可并检查他们的航海图和仪器的官员），或者这类专家的一个委员会[27]。尽管重申了宇宙学家定期会面以纠正模板图中错误的这一规定，但这些修订很少，并且通常与日常的地图绘制活动相分离。

无论正在制作的航海图是改编于一幅已经存在的航海图，还是按照报告绘制的，或者是两者的一种混合，但大部分的过程是相同的。宇宙志学者阿隆索·德查韦斯在他未出版的航海教科书中提供了对过程的详细描述，以引导读者一步一步地构建一幅航海图。

---

[23]　这些地图集更为通常的是与马略卡宇宙志学者（例如约安·马丁内斯和奥利韦斯以及奥利瓦家族）联系起来，而不是与塞维利亚人联系起来；参见 Rey Pastor and García Camarero, *Cartografía mallorquina*, 101 – 48。

[24]　关于在教科书中进行的叙述，参见 Chaves, *Espejo de navegantes*, 110 – 14；Cortés, *Breve compendio*, 214 – 25, 以及 Diego García de Palacio, *Instrucción nautica*, ed. Mariano Cuesta Domingo（Madrid：Editorial Naval, Museo Naval, 1993）, 236 – 39。

[25]　AGI, Patronato, 261, R. 8, 16 October 1592 西蒙·德托瓦尔对于赫罗尼莫·马丁优点的证实（在记录中，名字并不一致，即 Jerónimo Martín、Jerónimo Martínez 和 Jerónimo Martínez de Pradillo）。当马丁申请作为一名宇宙志学者的时候，很多人被派去观看他制作一幅航海图，参见 1136 页。

[26]　迭戈·古铁雷斯和多梅尼科·维利亚罗洛都是用这点作为避免他们的航海图受到不符合标准图的指控的方法；参见后文的讨论。

[27]　关于总导航员的职位，参见 Pulido Rubio, *Piloto mayor*, 9 – 53。

首先，他定义了他的目的，并解释，当地球仪是对世界的最好呈现的同时，他将只是讨论航海图，"因为其是在航海中最为有用的工具，并且西班牙航海家有着与此有关的最为丰富的知识"㉘。查韦斯继续讨论了作为航海图的基础的恒向线网络的构建，然后是增加经度和纬度的网格，（如果需要）还绘制有赤道、回归线、南极圈和北极圈，并与其他线条有着视觉上的区分。

在查韦斯教科书的下一部分，他描述了如何在一幅这样准备的空白图上描绘陆地。他指明，最为重要的事物是详细的和准确的信息，无论"一幅图像，基于另外的航海图去复制，或者基于作品，例如托勒密的，或处理了来源于目击的和经验的报告或主题的其他人士的"㉙。然后，某人应当挑选一个非常著名的地点，例如一个海角或河流，确定它的纬度，并且在航海图上将其绘制在相应的纬度上。然后，选择另外一个邻近的著名地点，应当将这两者放置在彼此正确的相对位置上，首先检查纬度，然后检查两者间的距离以及罗盘方向，并且最终绘制第二个特征。过程的最后步骤就是在两点之间的海岸线上绘制所有的特殊点。这些步骤应当在绘制每一个著名特征时被遵守，直至绘制完海岸线。令人感兴趣的是，不同意这一步骤的主要文本是由一名瓦伦西亚法学家佩德罗·德锡里亚（Pedro de Siria）撰写的，并不知道其与航海图制作者或在大西洋上的实践航海活动存在联系。他坚持，航海图，与其使用距离或恒向线，不如基于经纬度，以及按照在充满知识的书籍中的表格中找到的数值来放置特征㉚。然而，没有证据证明他的观点对塞维利亚的习惯造成了冲击。

下一步就是用海角、河流、港口以及其他任何有用事物的名称标注航海图，可能用较大的字母或者红色来标注最为重要的名称。然后，可以对航海图进行装饰：绘制陆地上的特征，以及用彩色绘制岛屿由此使其可以被迅速地看到。查韦斯补充到，习惯上是用大量小的粗点来标注沙岸，用十字标注水下的危险。最终，某人应当在 32 个点（以及在中心的一个较大的点）上绘制罗盘玫瑰，在每一个上标明北方，并且标注每一个海的名称。完整的描述指明在制作航海图中通常使用的惯例，表明在着色和整体外观上有着一个高度的标准化。

马丁·科尔特斯［科尔特斯·德阿尔瓦卡尔（Cortés de Albacar）］在很多方面给出了相似的描述，尽管聚焦于不同的细节㉛。尤其，没有对如何基于报告或作品建立一幅新的航海图进行讨论，但他为如何复制一幅之前存在的航海图提供了详细的指导，使用浸过亚麻子油的薄纸来描摹海岸线，并且用一面熏黑的纸张来将图案转移到已经绘制好恒向线的一张纸上。下一个步骤就是增加港口和类似特征的名称、装饰、着色，以及最后，用里格表示的比例尺，所有都是从原图复制的。只是这样，他说道，某人应当增加纬线，从原图复制，或按

㉘ 关于构建一幅航海图，参见 Chaves, *Espejo de navegantes*, 110 – 12, esp. 111。对于通常使用的步骤的一个详细分析，参见 pp. 185 – 89。

㉙ 关于在一幅航海图上描绘陆地，参见 Chaves, *Espejo de navegantes*, 113 – 14, esp. 113。

㉚ Pedro de Siria, *Arte de la verdadera navegacion：En que se trata de la machina del mu［n］do, es a saber, cielos, y elementos* (Valencia: I. C. Garriz, 1602), 67；复制在了 José Ignacio González-Aller Hierro, comp. , *Obras clásicas de nautica y navegación*, CD – ROM (Madrid: Fundación Histórica Tavera, Digibis, 1998)。

㉛ Cortés, *Breve compendio*, 214 – 25. 关于一部 16 世纪英译本的影印本，参见 idem, *Arte of Navigation（1561）*, intro. David Watkin Waters (Delmar, N. Y. : Scholars' Facsimiles and Reprints, 1992), fols. lvi recto-lxi verso.

照选定的传统比率，即17又1/2或16又2/3的基于里格的比例尺进行计算，或者从已知的纬度推断。最后，他讨论了如何改变一幅航海图的比例尺，增加或减少尺寸。为了方便，他提供了这样的一幅航海图的简化版以供参考（图40.5）。

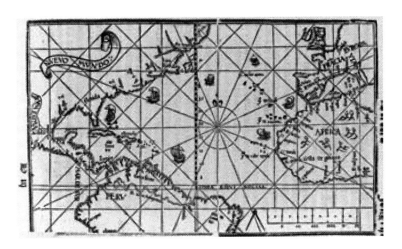

图40.5　包括在马丁·科尔特斯的《汇编》中的印刷航海图，1551年。这并不意味着给出地理细节或者被用于海上，但简单的提供了一幅航海图上主要特征的插图。类似的图像被包括在由佩德罗·德梅迪纳撰写的教科书中

原图尺寸：约15.4×25.7厘米。来自Martín Cortés, *Breue compendio de la sphera y de la arte de nauegar, con nueuos instrumentos y reglas...*（Seville：Anton Aluarez, 1551），fol. lxvii recto. BL（C. 54. k. 4）提供照片。

这种描述的受众并不清楚，尤其考虑到对方法和解释奇怪的混合。两种对如何制作一幅航海图的描述都被包括作为航海教科书的一部分，尽管查韦斯的从未出版，而科尔特斯的则在英格兰比在西班牙更为知名。尽管尤其是科尔特斯，确实给出了一步一步的指导，但似乎不太可能某人实际上仅仅通过这样的指南就学会制作航海图[32]。然而，因为两人都与定期往来于印度群岛路线上的水手存在密切联系，并且查韦斯还与那些向导航者出售他们航海图的宇宙志学者有着密切接触，几乎可能的是，他们的叙述与实际操作之间有着一些近似，即使只是在理想化的形式中[33]。

信息的来源

航海图上囊括的所有信息最终都来源于航海。探险航海的导航员带着圆木，制作航海图

㉜　然而，似乎可能的是，这些细致的指南是书籍被英国人所采纳的原因。

㉝　对科尔特斯知之甚少，参见由Mariano Cuesta Domingo在Cortés, *Breve compendio*, 33 – 34中进行的研究。关于他的著作在英格兰的使用，参见Cortés, *Arte of Navigation*（*1561*），7 – 22。关于查韦斯的简要的参考书目，参见Chaves, *Espejo de navegantes*，15 – 35，以及Pulido Rubio, *Piloto mayor*，607 – 37。关于航海教科书的总体情况，参见Pablo Emilio Pérez-Mallaína Bueno, "Los libros de náutica Españoles del siglo XVI y su influencia en el descubrimiento y conquista de los océanos," in *Ciencia, vida y espacio en Iberoamérica*, 3 vols., ed. José Luis Peset Reig（Madrid：Consejo Superior de Investigaciones Científicas, 1989），3：457 – 84，以及María Luisa Martín-Merás, "Los regimientos de navegación de la Casa de la Contratación," in *Obras españolas de náutica relacionadas con la Casa de la Contratación de Sevilla*（Madrid：Museo Naval, 1992 – 93），13 – 29。

且为航海图做注释，并且最终向贸易署的官员以及在塞维利亚的宇宙志学者报告。来自探险者的信息被由来自商人和舰队船只上的导航员的报告所补充，编绘时希望，前往同一地点的重复航行将有助于确定它们的准确位置。从长远来看，这一方法是成功的，并且航海图总体上随着时间的流逝而有着更少的错误。然而，使用来源于导航者的信息并不像人们希望的那样直接，尤其是当可用的报告彼此之间存在矛盾的时候，同时短期内，其产生了众多的争议。在 16 世纪的发展过程中，宇宙志学家和皇家官员发现了这些问题的不同解决方法；他们都修订了他们用于搜集来源于导航员的信息的步骤，并且发现了对其进行补充的途径，首先是用特定目的的调查探险，后来是详细的调查表和天文观察。

1. 来自导航员的报告

尽管来自导航员的报告的可信性存在争议，并且不断重复试图找到信息的替代来源，但这类报告依然是关于位置信息的最为重要的来源。1527 年，国王命令，导航员保持详细的记录，以便于帮助修订模板航海图，并且在总体上改进航海地图学。导航员将在整个航行期间保持每日的书写记录，保持记录"他们每日遵从的路径的轨迹，和位于哪条恒向线之上，和他们抵达的陆地或岛屿或海湾，以及他们航行了多远，海岸线是如何延伸的，在这些地方有哪座港口或河流和海角，以及它们位于的纬度和距离"[34]。所有这些被转而送达塞维利亚或圣多明各（Santo Domingo），由导航员或者船长署名，并且附带有一个他们没有停留在任何其他地方的誓言，因此这可能使得这些记录起到阻止走私的第二个功能。尽管这一规则从未被充分执行，但其在这一世纪后来的时间中被多次重申，同时导航员的报告构成了所有未来与航海图有关的论据的基础。导航员的陈述被工作在塞维利亚的贸易署的宇宙志学者搜集，尽管并不经常清楚的是，谁对接受这些收到的报告负责。

然而，这类信息难以使用，并且产生了非常多的冲突[35]。尽管总体上同意，导航员的报告是绝对必要的，但宇宙志学者中的很多并不信任他们。按照一部佚名的小册子的作者所指出的，如果在同一艘船只上的三位导航员在他们对位置的计算中差异超过 100 里格的话，那么他们的观察不可能被认为是可靠的[36]。导航员报告的可靠性（或缺乏可靠性）是恶意争论的关键，而这些争论在 16 世纪 40 年代动摇了贸易署，并且尽管进行了很多讨论，但其从未被令人满意的解决。

弗朗西斯科·法莱罗，其曾经跟随费迪南德·麦哲伦前往西班牙并且在此后数十年中保持活跃，对依赖于导航员获得信息的问题进行了详细的叙述[37]。他将问题看成具有两面性——导航员使用罗盘方位，在他们应当使用纬度的地方，并且他们未能因为磁偏角而校正

---

[34] AGI, Indiferente, 421, L. 12, fol. 40rv, 16 March 1527. 国王命令中相应部分的一个抄本可以在 Pulido Rubio, *Piloto mayor*, 261–64 n. 225, esp. 262–63 中找到。

[35] 对于 16 世纪 30 年代和 40 年代的这类矛盾的更为详细的检查，参见 Alison Sandman, "Mirroring the World: Sea Charts, Navigation, and Territorial Claims in Sixteenth-Century Spain," in *Merchants & Marvels: Commerce, Science, and Art in Early Modern Europe*, ed. Paula Findlen and Pamela H. Smith (New York: Routledge, 2001), 83–108, esp. 88–91.

[36] Sandman, "Mirroring the World," 88.

[37] 参见 Sandman, "Mirroring the World," 88–89, 引用了 AGI, Justicia, 1146, N. 3, R. 2, block 1, images 15–17, 5 May 1545 statement。关于法莱罗，参见 Ricardo Arroyo Ruiz-Zorrilla 在 Francisco Faleiro, *Tratado del esphera y del arte del marear: Con el regimie[n]to de las alturas* (Madrid: Ministerio de Defensa, Ministerio de Agricultura Pesca y Alimentación, 1989), 9–40 的译文和影印版中进行的研究。

他们的罗盘，或者忽略了系统性的错误，或者在他们试图纠正这个错误的尝试中将问题进一步恶化。作为结果，大部分导航员报告的罗盘方位不能被信任，同时他们的纬度测量数据很少，而且不太可能是正确的。对于法莱罗而言，问题就是每一位导航员都应当拥有进行可信赖的观察的能力，由此解决方法就是更多的训练、细致的观察和一次新的测量。

阿隆索·德圣克鲁斯对此并不同意，提出，导航员的问题并不大，问题是在于宇宙志学者的偏见[38]。撰写于另一次尝试修改模式航海图的背景下，他建议，他们应当首先获得在活跃的导航员中最为流行的航海图的一个副本，其可能是最好的。然后，导航员应当被一个一个带到房间中，而地图制作者不出现，并且口头要求指出航海图中的错误。他假定，这种密切和独立的提问应当减少偏见，并且由此产生一种可行的共识。

不幸的是，并不清楚，这些提议中的任何一个是否被执行。似乎可能的是，导航员的报告继续被搜集、使用和抱怨。1575 年，总宇宙志学者胡安·洛佩斯·德韦拉斯科要求，导航员需要提供他们航行的详细书面报告[39]。他的要求的摘要指明，他仅仅要求他们遵照已经在书籍中存在了大约 50 年的规则，但是没有记录说明其比之前的尝试要更成功。最终，印度群岛委员会决定尝试一种搜集信息的新方法。他们的解决方法是两面的：派出受过训练的人去搜集信息，并且当未受过训练的人提供信息时，使用特定的调查问卷去指导他们。然而，一部讨论了修订模板航海图的 1606 年的书籍依然非常依赖于导航员的报告，尽管其警告这样的一种方法存在不可避免的错误[40]。

2. 日月食的测量以及海梅·胡安（Jaime Juan）的调查

由印度群岛委员会尝试的一种解决方法，尤其是由胡安·洛佩斯·德韦拉斯科尝试的，就是去书写详细的调查问卷，以希望对被搜集的信息加以控制[41]。调查问卷，被称为《地理录》（relaciones geográficas），涉及对于管理遥远土地而言，有着潜在使用价值的所有种类的信息；这一信息中只有一小部分涉及位置。不幸的是，对调查问卷的反应是令人失望的。很少有人反馈知道如何确定纬度，并且大部分人忽略了相关的问题。

在一个相关的尝试中，洛佩斯·德韦拉斯科试图让海外观察者送回对于月食的观察，然后其可以被用于确定经度[42]。他印刷了细致的指示，并且将它们送到在新世界的所有西班牙

---

[38]　参见 Sandman, "Mirroring the World," 89，引用了 AGI, Justicia, 945, fol. 169rv, 6 September 1549 圣克鲁斯写给 Hernán Pérez de la Fuente 的信件。

[39]　AGI, Indiferente, 1956, L. 1, fol. 266rv, 14 March 1575. 导航员将向宇宙志学教授 Diego Ruiz 提供信息。

[40]　García de Céspedes, Hydrografía. 这一著作被复制在了 González-Aller Hierro, Obras clásicas 中。

[41]　关于位置的问题以及对它们的反应，对此进行的分析，参见 Clinton R. Edwards, "Mapping by Questionnaire: An Early Spanish Attempt to Determine New World Geographical Positions," *Imago Mundi* 23 (1969): 17 - 28. 关于调查问卷促成的地图，参见 Barbara E. Mundy, *The Mapping of New Spain: Indigenous Cartography and the Maps of the Relaciones Geograficas* (Chicago: University of Chicago Press, 1996).

[42]　关于对 1584 年 11 月 17 日月食的观察的影印本和译本，参见 María Luisa Rodríguez-Sala, ed., *El eclipse de luna: Misión científica de Felipe II en Nueva España* (Huelva: Universidad de Huelva, 1998)。也可以参见 Edwards, "Mapping by Questionnaire," 18 - 22，其中包括对一系列指示的英文翻译；以及 García de Céspedes, *Hydrografía*, fols. 161v - 69v，其中有对洛佩斯·德韦拉斯科方法的一个几乎是同时代的批评。然而，尽管存在问题，但加西亚·德塞斯佩德斯将月食观察考虑为是确定经度最为可靠的办法。这一理论并不是新的；其中创新的就是试图从大量未受过训练的人那里获得信息。关于长距离信息网络的普遍重要性，参见 Steven J. Harris, "Long-Distance Corporations, Big Sciences, and the Geography of Knowledge," *Configurations* 6 (1998): 269 - 304。

拥有的土地上，要求那里的官员确保观察的进行。这一尝试持续了十多年，因为他要求对1577 年、1578 年、1581 年、1582 年、1584 年和 1588 年的蚀进行观察；最后的指示指出，返回的回复，应当提供使得整个项目具有价值的所需信息⑬。然而，尽管付出这些努力，他只收到了非常少的回复，几乎所有回复都来自专业的宇宙志学者。作为一种动员新世界的代理者的方法，调查问卷是一次失败的尝试。

1103

由于来自导航员和新世界官员的报告没有提供充分的关于地点位置的详细信息，国王决定尝试第三种措施。1583 年，印度群岛委员会同意在一次前往新西班牙和菲律宾的调查探险中派遣一位瓦伦西亚宇宙志学者——海梅·胡安（Jaime Juan）⑭。平面图是由胡安·德埃雷拉（其同样与数学学院存在联系）和洛佩斯·德韦拉斯科制作的，只有来自委员会的冷淡的支持。海梅·胡安被指示要保持详细的记录，尤其是关于纬度的和罗盘偏角的，并且随身携带多种类型的观察设备；他的助手包括一名画师。此外，他被期望教授他船只上的导航员如何使用设备和如何观察并且评论他们在海上的习惯。考察的重点在于带上胡安——一位宇宙志学者。前往所有宇宙志学者之前依赖非专业的观察者的地方。不幸的是，从尝试中所获甚微，因为胡安在路途中去世了，并且他的记录也都丢失了，尽管保存下来的为数不多的对蚀的观测之一的时间属于他探险的时段。

3. 对导航员提出的问题的回应

在对蚀的观察以及海梅·胡安的探险失败之后，注意力再次回到了导航员身上。当佩德罗·安布罗西奥·德翁德雷斯在 16 世纪 80 年代被派去修订在贸易署使用的航海图的时候，他清楚的是，需要一些获得信息的较好方法。尽管他建议进行另外一次特定目的的探险，但贸易署的官员基于成本考虑驳回了提议，并取而代之以另外一套对导航员的详细指示⑮。委员会同意，适当地派出携带有大型星盘以有助于观察的导航员，以及一张所需信息的对照表。指示揭示了对导航员的专门技术持续缺乏信任，因为他们明确地被命令不用基于他们观察去进行确定纬度所需要的计算，而应只是简单的报告原始数值⑯。然而，即使有着这些预防措施，但结果也是令人失望的，同时在 1595 年，翁德雷斯再次推动了一次特定的探险，指明应当需要少量资源（只有两艘船），并且使用海梅·胡安的调查作为先例。这次，国王和委员会同意了，但翁德雷斯生病了，并且在其可以实施之前就去世了⑰。

最后，尽管那些负责人已经发出调查问卷，要求列出航海图中的错误，但依然不得不使用来自导航员的报告来完成修订，而不是仅仅依赖于航海记录。安德烈斯·加西亚·德塞斯

⑬ AGI, Indiferente, 427, L. 30, fols. 374v–75v, 1 June 1587 cedula 有着 27 位接受者的列表。关于结果，参见 AGI, Mapas y Planos, Mexico, 34A–F；复制在了 Rodríguez-Sala, Eclipse de luna, 103–62。

⑭ 关于这次探险，参见 M. I. Vicente Maroto and Mariano Esteban Piñeiro, Aspectos de la ciencia aplicada en la España del Siglo de Oro（[Spain]；Junta de Castilla y León, Consejería de Cultura y Bienestar Social, 1991），403–6，以及 María Luisa Rodríguez-Sala, "La missión científica de Jaime Juan en la Nueva España y las Islas Filipinas," in El eclipse de luna: Misión científica de Felipe II en Nueva España, ed. María Luisa Rodríguez-Sala（Huelva: Universidad de Heulva, 1998），43–66. 很多相关的记录在 AGI, Indiferente, 740, N. 103, 和 Filipinas, 339, L. 1, fols. 225r–36v。

⑮ Vicente Maroto and Esteban Piñeiro, Ciencia aplicada, 416.

⑯ AGI, Indiferente, 742, No. 151c–4, 15 December 1593 给导航员的印刷的指示。

⑰ Vicente Maroto and Esteban Piñeiro, Ciencia aplicada, 420–21；关于翁德雷斯修订后的提议，参见 AGI, Indiferente, 426, L. 28, fols. 220v–21v, 16 September 1595.

佩德斯，其在翁德雷斯之后接管了工作，不仅承认他依赖导航员的汇报，甚至指示，哪位导航员应为修订的航海图上的哪部分提供信息。除得出了如下结论，即有着相同结论的独立报告有着更高的可靠性这一总体评价之外，他没有提供方法来确定哪些报告是可信的，尽管他确实详尽分析了世界每一部分的错误的主要来源⑱。在经过了大致一个世纪的试验之后，贸易署和皇家宫廷的宇宙志学者被迫承认，特定目的的探险是非常昂贵的，并且尽管他们有着各种各样的问题，但导航员是可用的最好的观察者。尽管航海和被探查的领土的知识之间的关系从未像宇宙志学者希望的那样简单，但导航员依然是所需信息的一个来源。

作为航海官僚机构一部分的航海图

从 1503 年贸易署建立之后，塞维利亚成为航海的管理中心。正是如此，其成为对航海者和那些支持他们的人，其中包括航海图制作者和航海设备制作者而言有吸引力之地。很多关键人物——探险家和地图学家——来自海外，被发财或者获得荣耀的机会诱惑至西班牙，或者是被为一项让人感到欣赏的项目获得皇家支持的希望而诱惑至西班牙。从西班牙王国其他部分迁移来的其他人，可能只是简单地被吸引到一个不断增长的领域。所有的竞争都是为了在不断增长的航海图市场中分一杯羹，以及为了获得赞助的机会而希望受到官方注意。他们对于哪种航海图可以被使用，谁可以被允许销售它们，以及航海图的价格到底应该是多少的争论首先被提交给了贸易署，然后，如果上诉，则会被提交给委员会，同时君主会按照意愿进行干涉。因而，虽然航海图除了作为导航员的工具之外还有着很多其他用途，而且某些用途可以被认为更加重要，但对于在官僚机构中确定航海图的地位而言，"作为导航员的工具"是至关重要的。

航海图的用途

虽然航海图在西班牙被用于多种不同的目的，其中包括工具、地位的符号、装饰、视觉工具、出售的商品和法律证据等，但大多数这些用途对于管理它们的法律有着极少的影响。这些法律由两个主要因素塑造：导航员在海上对于航海图的预期用途（并且由此也属于外国导航员的潜在用途），以及涉及西班牙和葡萄牙领土争端的航海图的政治敏感性。此外，由于它们对于个人制作者的潜在利益，因此其中很多人希望获得法律的垄断权，阻止新人进入这一领域。由于理解这些用途对于理解生产和使用航海图的规则是至关重要的，因此我按照顺序对每一个进行简要讨论。

对于任何希望穿越大洋的导航员而言，航海图是至关重要的工具，对此有着广泛的认知。宇宙志学者附加在航海图上的重要性可以在他们撰写的航海教科书上看到，因为他们极为详细地描述了正确使用一幅航海图的方式⑲。来自导航员的分散的证词证明了他们赋予航

1104

⑱　García de Céspedes, *Hydrografia*, chap. 13. 由于书籍的部分目的在于证明葡萄牙人的报告的不可信，且将东印度群岛的很多部分移入西班牙的领土，因而他的方法的公正无私是存在争论的。

⑲　例如，参见 Chaves, *Espejo de navegantes*, 114 – 16, 以及 Pedro de Medina, *Arte de nauegaren que se contienen todas las reglas, declaraciones, secretos, y auisos, q[ue] a la buena nauegacio[n] son necesarios, y se deue[n] saber* (Valladolid: Francisco Fernandez de Cordoua, 1545), bk. 3, chaps. 7 – 14.

海图的价值，以及指出了他们确实在海上使用了它们，以及讨论了某些航海图超出其他航海图的相对优点[50]。一位导航员明确地责骂一次沉船事故是因为航海图上的错误，描述一位导航员，其"按照基于模板航海图制作的航海图上的路线进行导航，由此在航线上发生了错误并且失事了"[51]。

皇家官员认为对于安全的航海而言，航海图足够重要，由此他们试图限制外国人获得它们。由于西班牙政府希望将其他国家排除在与西班牙领土的贸易之外，或者禁止他们在西班牙领土居住，航海图以及与之相伴的任何形式的描述性信息，都被认为是政府的秘密，由此被集中控制，并且在没有得到允许的情况下不得泄露[52]。作为许可程序的一部分，导航员发誓不给予、销售或者出借他们的航海图给外国人[53]。然而，由于航海图在不广泛发售的情况下是没有用的，因此没有人会预期它们会保持完全的秘密状态，而这当然增加了它们的政治敏感性。

与试图保持地理信息或多或少的保密状态类似，印度群岛委员会同样试图确保所有在航海图上传达的信息支持西班牙的利益。由于1494年的《托尔德西拉斯条约》，西班牙和葡萄牙领土之间的边界（与两个国家有关的）是一条经线[54]。由于对土地的宣称依赖于土地相对于这条线的位置，因此对地点的报告或者呈现中的错误不只是简单的航海潜在的危险，而且可以构成新的领土争端的基础。当西班牙或葡萄牙正在考虑重新谈判他们各自的领土要求的时候，这一点尤其重要。

提出的与存在问题的航海图有关的问题，反映了官方关注的程度。在16世纪40年代的证词中，年轻的宇宙志学者桑舒·古铁雷斯反对他父亲迭戈制作的某些航海图，说道，它们可能容易被误解，并且经常被用于曲解西班牙的领土主张[55]。虽然专家对于所讨论的航海图是否确实歪曲了"分界线"存在分歧，但没有人否认问题的重要性。"分界线"在航海图上放置的位置在此后数十年中依然重要。例如，一封1575年写给在葡萄牙的西班牙大使的信

---

[50] 例如，参见 AGI, Justicia, 1146, N. 3, R. 2, images 347 – 57 and 371 – 72 以及 image 157 之后的导航员的常见证词，所有的时间都是从1544年和1545年的；也可以参见262, R. 2, 1593年和1596年导航员对模板航海图中存在的错误的调查问卷的回复。

[51] AGI, Justicia, 1146, N. 3, R. 2, block 3, image 216, Diego Sanchez Colchero 的未注明时间的证词（约 November 1544），证实了船只失事的原因。

[52] 早至1510年，禁止在未得到允许的情况下，泄露关于西印度群岛（West Indies）的信息；参见 Pulido Rubio, Piloto mayor, 382。

[53] 这一命令出现在了每次许可证考试的官方记录中；1568年之后的很多考试保存在 AGI, Contratación, 54A and B. 我发现的最早例子是 AGI, Justicia, 836, N. 6, image 795, 22 June 1551 carta de examen of Benito Sanchez。

[54] 对托尔德西拉斯条约和随之而来的争议的回顾，参见 Antonio Rumeu de Armas, El Tratado de Tordesillas（Madrid：Editorial MAPFRE, 1992）；也可以参见 A. Teixeira da Mota, ed., A viagem de Fernão de Magalhães e a questão das Molucas：Actas do Ⅱ Colóquio Luso-Espanhol de História Ultramarina（Lisbon：Junta de Investigações Científicas do Ultramar, 1975），以及 El Tratado 中的论文。关于法国和英国对伊比利亚要求的反应，参见 Paul E. Hoffman, "Diplomacy and the Papal Donation, 1493 – 1585," Americas 30（1973）：151 – 83。

[55] AGI, Justicia, 1146, N. 3, R. 2, block 3, image 359, 1545年春季某天，桑舒·古铁雷斯的陈述，转写在了 Pulido Rubio, Piloto mayor, 512 – 13.

件，要求他调查葡萄牙人是否正在扭曲他们自己的航海图，以确保某些岛屿位于他们这一侧㊳。这些问题对两个国家制作的航海图产生了充分的影响，在两个国家于西班牙的菲利普二世之下统一了 10 年之后，16 世纪 90 年代的一个改革项目陈述的目标之一，就是使得西班牙和葡萄牙的航海图达成一致㊲。 1105

为外交目的而使用的航海图并不全是海上的航海图。导航员自己评论，即他们在海上使用的航海图不同于那些宇宙志学者通常制作的，并认为，关于"分界线"的位置，某人应当寻找"完整的宇宙志的航海图"，而不是使用"我们用于航海的航海图，后者只不过是从这里前往印度群岛的，是按照我们的路线制作的，并且由我们自己校正"㊳。然而，官员关注于，不应当存在在未来可以被葡萄牙人用于其领土主张的航海图，无论其使用目的是什么。

由于外交和航海因素推动贸易署和委员会规范航海图的贸易，因而官员被吸引到航海地图学的所有方面。他们迫使其自己不仅关注单幅航海图是否恰当，而且关注它们的价格和可获得性，尤其因为某些制作者使用他们的授权去获得垄断。这使官员们声称，垄断对于制造商的经济生存是必要的，并反对其他人认为的海图太重要而不能留在任何一个人手中的说法。对航海图进行的广泛管理，意味着在相互竞争的航海图制作者之间纯粹的经济纷争通常是在贸易署的法庭上或委员会中进行的战斗，由此赋予那些有着超越于塞维利亚之上的关系的制作者以额外的利益，并且顺便保留了关于这种争议的许多记录。

监督和授权

模板航海图，保存在贸易署并且在特殊的场合拿出，其与出售给导航员的航海图以及他们在海上携带的航海图之间的关系也是存在问题的㊳。按照法律，所有航海图都需要从模板航海图进行准确复制，但是模板航海图并不经常更新，并且通常处于各种争论之中，这意味着其通常是过时的。处理这一问题通常有着多种策略。一些导航员付款按照最近的发现来修订他们的航海图㊿。他们可能携带两幅航海图，其中一幅是为了应对检查，另外一幅则是为了使用，或者只是简单地希望修订后的航海图应当能通过检查。其他人则要求能够使用自己制作的航海图㊱。可能对于那些获得授权在塞维利亚制作航海图的宇宙志学者有着很多抱怨，由此鼓励他们去推动对模板航海图进行正式的修订，或者鼓励他们非法出售修订后的航

㊳　AGI, Indiferente, 427, L. 29, fol. 110r, 印度群岛委员会发给葡萄牙大使的时间不确定的指示；参见 David C. Goodman, *Power and Penury: Government, Technology and Science in Philip II's Spain* (Cambridge: Cambridge University Press, 1988), 53 – 61。

㊲　Vicente Maroto and Esteban Piñeiro, *Ciencia aplicada*, 410 – 12. 西班牙将项目描述为纠正在葡萄牙航海图中的扭曲。

㊳　AGI, Justicia, 1146, N. 3, R. 2, block 3, images 356 – 57, 来自六位导航员的未标注日期的陈述书，约 1544 年；抄录在了 Pulido Rubio, *Piloto mayor*, 510 – 12。

㊳　对这一制度最好的全面描述是在 Pulido Rubio, *Piloto mayor*, 255 – 90 中。

㊿　AGI, Patronato, 261, R. 8, fol. 5v, 6 October 1592 导航员 Juan de Anaya 关于一幅由赫罗尼莫·马丁修订的航海图的证词。

㊱　AGI, Indiferente, 1963, L. 7, fols. 83v – 84v, 17 February 1540 *cedula* 授权 Antonio Lopez de Aguiare 使用他自己航海图的权利，只要他回来说明他所发现的错误。

海图[62]。在世纪末的改革尝试中，导航员不得不被明确地命令使用与模型航海图匹配的航海图来报告错误，因为如果不这样的话，那么他们的评注将不能被正确的整合[63]。不幸的是，尽管存在导航员的航海图不同于那些官方支持的航海图的如此数量众多的迹象，但官方的航海图和环绕在它们周围的官僚机构依然是我们关于在海上使用的航海图的最好资料。

在平息辱骂的尝试中，委员会建立了两套平行的制度，一套是向制作航海图的人授权，另外一套则是监督他们制作的航海图。最初，并不存在清晰地向航海图制作者授权的制度，由此所有授权都是专门的，允许（通常是排他性的）为出售给导航员而制作航海图（参见附录40.1）。限制航海图制作者数量的理由是希望对贸易加以保护；对于未授权的销售的罚款将被交给得到授权的航海图制作者手中，假定是对作为失去客户的补偿[64]。在这一时期，航海图的特许被作为特权授予了一些现有制作者，而不是作为自身的机构。

1519年，印度群岛委员会建立了一个皇家航海图制作者的机构［航海图制作大师（*maestro de hacer cartas de navegar*）］[65]。四年后，委员会建立了一个皇家宇宙志学者的机构，他们应当去制作航海图和其他航海设备，并且还负责帮助修订模板航海图以及参加所有导航员都需要的执照的考试。由于指定新人担任这些职位的速度要比老人离开的速度快，因此，在16世纪上半叶，被授权的航海图制作者或宇宙志学者的数量稳定增加，尽管到16世纪90年代，趋势已经完全反转，由此存在这样的抱怨，即航海图太昂贵了，难以找到[66]。然后，在期间，竞争往往激烈，许可的授予往往有争议。

而且，一项授权，并不充分；每一幅单独的航海图和设备还必须得到批准。对于每一位宇宙志学者而言的航海图贸易经济方面的重要性，意味着航海图的检查通常是有争议的，尤其是检查委员会的构成。由于对于规则是否应用于所有出售给导航员的航海图或者他们使用的所有航海图，在观点上存在差异，由此对检查的适当时机也有相当大的争议，以及它们是购买者还是销售者的责任也存在争议。

最初，检查是由总导航员进行的（关于16世纪和17世纪早期贸易署的总导航员的一个名单，参见附录40.2）[67]。在这一时间，导航员的职责似乎在于购买好的航海图，因为没有提到在销售之前检查地图。16世纪30年代的某一时间点，宇宙志学者参与到了总导航员负

⑥ 在格雷戈里奥·洛佩斯的监督之下，修订完成于1543年至1544年，是受到导航员向塞巴斯蒂亚诺·卡伯特和迭戈·古铁雷斯投诉的刺激。40年后，在推进一项新的修订的时候，多明尼科·维利亚罗洛引用了来自导航员的抱怨。尽管有着来自导航员的支持，但古铁雷斯和维利亚罗洛因出售不符合模板航海图的航海图的指控而受到调查。

⑥ AGI, Indiferente, 742, No. 151c, 15 December 1593 印刷的给导航员的指示。

⑥ 关于这一 24 July 1512 cedula 的抄录，参见 Pulido Rubio, *Piloto major*, 467 – 70. 所讨论的航海图制作者就是乔瓦尼·韦思普奇。授予韦思普奇和安德烈斯·德圣马丁向导航员出售航海图的另外一个相同日期的 cedula；参见 José Toribio Medina, *El veneciano Sebastián Caboto, al servicio de España y especialmente de su proyectado viaje á las Molucas por el Estrecho de Magallanes y al reconocimiento de la costa del continente hasta la gobernación de Pedrarias Dávila*, 2 vols. （Santiago, Chile: Imprenta y Encuadernación Universitaria, 1908）, 1: 324 – 25 n. 13。

⑥ Manuel de la Puente y Olea, *Estudios españoles: Los trabajos geográficos de la Casa de Contratación* （Seville: Escuela Tipográfica y Librería Salesianas, 1900）, 285 – 86, 以及 Pulido Rubio, *Piloto mayor*, 293 – 95. 关于贸易署授权的宇宙志学者和航海图制作者的列表以及对他们保存下来的作品的讨论，参见 Martín-Merás, *Cartografía marítima hispana*, 70 – 72, 80 – 121.

⑥ AGI, Patronato, 261, R. 8, images 7 – 19, 1592 各位导航员支持任命一位新的宇宙志学者的证词。

⑥ AGI, Indiferente, General, 1207, No. 61, piece 2, 1546 copy of 2 August 1527 关于检查航海图和设备的规则。

责的检查中。1539 年，总导航员被告知每月与宇宙志学者在贸易署的会厅聚会两次，去"检查海上的航海图和那里的其他设备，并且讨论它们以及其他与你的职责有关的事务"[68]。同一批人有时被要求去检查一位寻求一份授权的宇宙志学者制作的航海图和设备，或检查一幅给定绘制者的航海图[69]。

16 世纪 40 年代，关于正在出售的航海图是否充分的长期争论之后，这些管理措施被明显收紧，同时两位主要的航海图制作者被亲自命令在没有得到事先批准的情况下不要为了销售而制作航海图。他们极力反对这一规定，详细说明了已经存在的保障措施。不仅总导航员在导航员的授权考试和每次航行之前检查航海图，而且港口的检查员在允许每艘船只离开之前都要查验这些检查的证据[70]。然而，规定被改变，由此一个总导航员和宇宙志学者的委员会应当在航海图出售之前对它们进行检查，尽管这并不一定会中止其他检查[71]。1566 年，规则再次发生了变化，在来自马雷安特斯大学（Universidad de Mareantes）的利益冲突的指控之后，新成立的行会代表了导航员、船长和船只所有者。两位有经验的导航员（并非巧合的是，他们都是行会的领导）在总导航员和宇宙志学者加入了检查，同时那些已经制作了航海图的宇宙志学者被禁止去检查它们[72]。

无论检查委员会的构成如何，被遵照的程序似乎是相当稳定的。在整个世纪中，未能通过检查的航海图被返回到他们的制作者手中以进行修订，如果它们被判定为无法修正的话，那么将被销毁，同时那些通过检查的航海图则被盖上一个官方印章。然而，过程的法典化并没有阻止抱怨，总导航员拒绝检查或者批准某些航海图[73]。他们同样没有阻止欺骗。例如，罗德里戈·萨莫拉诺，被控告打开了保存有官方印章的盒子上的锁，偷窃了印章，并且在空白纸上盖印，然后他将纸张带回家中让一位助手用其制作航海图[74]。然而，虽然是一个不完美的制度，但其为导航员提供了一些保护。

宇宙志官员、海上航海图和航海

尽管在 16 世纪，制作海上航海图的大部分人是宇宙志学家，但是相反的说法当然是不

---

[68]　AGI, Indiferente, 1963, L. 7, fol. 13r, 19 September 1539.

[69]　参见 AGI, Indiferente, 1961, L. 3, fol. 284r, 16 June 1535 需要检查加斯帕尔·雷贝洛的作品；Indiferente, 1962, L. 4, fols. 5v–6v, 13 November 1535 要求检查阿隆索·德圣克鲁斯的作品；Indiferente, 1962, L. 6, fol. 156rv, 20 December 1538 佩德罗·德梅迪纳的授权，以及 Indiferente, 1963, L. 7, fols. 19v–20r, 19 November 1539 有报告认为它们是错误的，由此命令去重新检查梅迪纳的航海图和设备。

[70]　所有这些信息以及申述，都在 AGI, Indiferente, 1207, No. 61。最初规定的时间是 1545 年 3 月 9 日，同时剩下的材料的时间是 1546 年春季。

[71]　*Ordenanzas reales para la Casa de la Contratacion de Sevilla, y para otras cosas de las Indias, y de la navegacion y contratacion de ellas*（Seville: for F. de Lyra, 1647），1552 laws, law No. 141, 也可以参见 Francisco Morales Padrón, *Teoría y leyes de la conquista*（Madrid: Ediciones Cultura Hispánica del Centro Iberoamericano de Cooperación, 1979），252–58.

[72]　关于抱怨，参见 AGI, Indiferente, 1966, L. 15, fol. 193r, 21 October 1564 *cedula* 中总结的请求。一件相反的提议，要求两位宇宙志学者应当参加会议并且贡献他们的时间；参见 AGI, Indiferente, 2005, 14 October 1566 petition。关于行会，参见 Cervera Pery, *Casa de Contratación*, 91–108, 以及 Luis Navarro García, "Pilotos, maestres y señores de naos en la carrera de las Indias," *Archivo Hispalense* 46–47（1967）: 241–95, esp. 279–92.

[73]　佩德罗·德梅迪纳指责塞巴蒂亚诺·卡伯特不希望竞争，同时多梅尼科·维利亚罗洛对阿隆索·德查韦斯提出了相似的抱怨，然后是对罗德里戈·萨莫拉诺；参见后文的讨论。

[74]　AGI, Contratación, 5554, 5 September 1592 来自梅尼科·维利亚罗洛的控诉。

成立的。工作在贸易署的宇宙志学家是一个更为广大的领域中的非典型的部分；在大学和皇家宫廷中也有着宇宙志学家，其数量在世纪中不断增长。为了理解在塞维利亚的宇宙志学者的行为，那么重要的就是要去理解更广泛的知识的和制度性的背景。

作为一种智力工作，宇宙志是一种大学传统的一部分，完全基于托勒密（他的天文学和地理学著作），但还有亚里士多德、约翰尼斯·德萨克罗博斯科和庞波尼乌斯·梅拉[75]。其包括地理学、水文学、几何学、天文学、宇宙哲学和自然史的方面，并且在整个 16 世纪，西班牙的宇宙志学者不仅深深地涉及了天文学和数学，还涉及了医药学，并且成为官方历史学家和编年史学家[76]。

尽管与大学存在联系，但是宇宙志中的大部分工作与印度群岛有关，并且其中最大部分的职位涉及航海或地图学[77]。贸易署是西班牙首要的宇宙志的中心；因为其主要目的是管理前往新世界的旅行以及与新世界的商业，宇宙志学者倾向于将他们的注意力集中在航海[78]。被雇佣于贸易署的宇宙志学者经常涉及模板航海图的修订，此外还有给导航员上课，参加导航员证书的考试，以及检查航海图和设备。他们还被召集在一起参加关于有争议领土的位置的会议，并且被要求对新设备、书籍、政策或寻求工作的人进行评估。本质上，他们作为印度群岛事业的支持人员。

在 16 世纪晚期，随着在其他地方也可以找到越来越多的宇宙志的工作机会，贸易署与皇家宫廷之间的关系变弱。由于贸易署的宇宙志学者忙碌于与航海有关的事物，并且还有从宫廷出发还要数天的旅行，因此国王开始汇集在更近地方的宇宙志专家[79]。这一趋势开始于阿隆索·德圣克鲁斯，其甚至在 16 世纪 40 年代在贸易署和在皇家宫廷都拥有职位。1571

---

[75] 关于宇宙志在大学中的地位，参见 Cirilo Flórez Miguel, Pablo García Castillo, and Roberto Albares Albares, *El humanism científico* (Salamanca: Caja de Ahorros y Monte de Piedad de Salamanca, 1988), 39 – 47.

[76] 对于 16 世纪西班牙"宇宙志"的各种含义的概览，参见 Víctor Navarro Brotóns, "La cosmografía en la época de los descubrimientos," in *Las relaciones entre Portugal y Castilla en la época de los descubrimientos y la expansión colonial*, ed. Ana María Carabias Torres (Salamanca: Ediciones Universidad de Salamanca, Sociedad V Centenario del Tratado de Tordesillas, 1994), 195 – 205, 以及 idem, "Cartografía y cosmografía en la época del descubrimiento," in *Mundialización de la ciencia y cultura nacional: Actas del Congreso Internacional "Ciencia, descubrimientos y mundo colonial,"* ed. Antonio Lafuente, Alberto Elena, and M. L. Ortega (Madrid: Doce Calles, 1993), 67 – 73. Portuondo 的关于地图学和宇宙志的著作，我已经无法将它们整合到本章中，但其是非常令人感兴趣的；参见 Maria Portuondo, "Secret Science: Spanish Cosmography and the New World, 1570 – 1611" (Ph. D. diss., Johns Hopkins University, 2005). 宇宙志学家在天文学和数学中发挥的作用，也可以参见 Mariano Esteban Piñeiro, "Cosmografía y matemáticas en la España de 1530 a 1630," *Hispania* 51 (1991): 329 – 37; Vicente Maroto and Esteban Piñeiro, *Ciencia aplicada*; Víctor Navarro Brotóns, "Astronomía y cosmología en la España del siglo XVI," 以及 Mariano Esteban Piñeiro, "Los oficios matemáticos en la España del siglo XVI," both in *Actes de les II Trobades d'Història de la Ciència i de la Tecnica* (Peníscola, 5 – 8 desembre 1992) (Barcelona: Societat Catalana d'Historia de la Ciència i de la Tecnica, 1993), 39 – 52 and 239 – 51, 以及 Víctor Navarro Brotóns and Enrique Rodríguez Galdeano, *Matemáticas, cosmología y humanismo en la España del siglo XVI: Los Comentarios al segundo libro de la Historia Natural de Plinio de Jerónimo Muñoz* (Valencia: Instituto de Estudios Documentales e Históricos sobre la Ciencia, Universitat de València-C. S. I. C., 1998), 181 – 88.

[77] 关于数学职位的一个广泛的名单，参见 Esteban Piñeiro, "Oficios matemáticos." 几乎所有这些（主要的例外是海军的炮兵）都是由宇宙志学者填充的。

[78] 关于贸易署的宇宙志著作的标准参考著作依然是 Pulido Rubio, *Piloto mayor*; 也可以参见 Puente y Olea, *Trabajos geográficos*, 和 Cervera Pery, *Casa de Contratación*, 108 – 37. 关于作为一个地图学中心的贸易署，参见 Martín-Merás, *Cartografía maritima hispana*, 69 – 158. 关于宇宙志学者在贸易署争端中发挥的作用，参见汇编在 Ursula Lamb, *Cosmographers and Pilots* 中的论文。

[79] Esteban Piñeiro, "Oficios matemáticos," 244 – 49, 以及 Vicente Maroto and Esteban Piñeiro, *Ciencia aplicada*, 76 – 109 and 399 – 406.

年，印度群岛委员会被重新组织，为附属于委员会的编年史学者和宇宙志学者准备了职位[80]。这一工作不仅需要撰写印度群岛的历史，而且需要提供一种描述，附带有地图和航海图。1582 年，数学学院的创建，提供了一个教学和翻译的中心，以及首席宇宙志学者的一个新住所[81]。这些宫廷宇宙志学者并不负责在塞维利亚的事务，并且对那里的宇宙志学者没有直接的权威。然而，首席宇宙志学者是委员会派往贸易署去监督技术事务的明显人选，并且由此成为贸易署和委员会之间关于航海图事务的中介[82]。

这些中介的出现，强调了宇宙志学者主张他们对于航海的权威性的持续努力。在 16 世纪上半叶，很多贸易署的宇宙志学者利用他们的职位（以及尤其是他们对于航海图的控制）试图对航海进行改革，尽管少量与导航员存在特定联系的人拒绝了这一尝试。然而，在大约 1580 年之后，改革的动力来自宫廷，而不是总部位于塞维利亚的宇宙志学者。在两种情况下，并且在整个世纪中，改革者将他们的注意力集中在对于模板航海图的控制上。

国王标准图

皇家模板航海图，或者国王标准图，目的是作为地理信息的一种集中储存。通过将所有信息汇总到一幅集中化的航海图，并且定期对其进行更新，官方意图建立一种他们可以在需要时加以使用的资源。而且，通过确保只有一幅这样的作为参考的航海图，他们提供了一种可以用来衡量所有其他在使用的航海图的标准。对于在这一计划执行中的所有缺陷而言，其本质上是成功的。印度群岛委员会要求贸易署为宇宙志会议这样的场合提供模板航海图的复制件，同时复制件确实被发出。导航员被定期要求提供关于他们航行的信息，且他们的陈述被保存在贸易署。当航海图并不经常更新的同时，修订则时不时的进行，使用的正是从导航员那里搜集的数据。最终，当不是导航员使用的所有航海图都与模板航海图匹配的时候，规则的存在为改革者提供了影响力，促成了航海者使用的航海图和模板航海图本身的改变。尽管通常比国王和委员会所渴望的要少，但航海图的存在帮助了集中化和规范化[83]。

模板航海图的存在以及经常进行修订的需要，意味着对其进行维护成为塞维利亚的宇宙志学者最为重要的功能之一。在他们的修订中，他们通常不得不记住航海图两方面的目的——为导航员使用的航海图提供一种模板，以及为了统治者和后来的印度群岛委员会提供一种参考。因而，航海图从来都不只是一种简单的工具，同样其还宣称了地点的位置，并且由此带有政治意味。而且，当关于出售给导航员单幅航海图的争论被频繁地简化为关于它们是否符合模板航海图这一简单问题的同时，所有修订模板航海图的尝试需要考虑它们对于航海和外交的潜在用途。

为了符合这一两重目的，模板航海图有着多个副本——一个保存在塞维利亚，保存在贸

1108

---

[80]　Vicente Maroto and Esteban Piñeiro, *Ciencia aplicada*, 99 – 100 and 400 – 403.

[81]　Vicente Maroto and Esteban Piñeiro, *Ciencia aplicada*, 74 – 86.

[82]　这在世纪末航海改革的尝试中尤其如此；参见 Vicente Maroto and Esteban Piñeiro, *Ciencia aplicada*, 407 – 31。

[83]　关于作为标准化和控制的一种形式的模板航海图制度，参见 David Turnbull, "Cartography and Science in Early Modern Europe: Mapping the Construction of Knowledge Spaces," *Imago Mundi* 48 (1996): 5 – 24, esp. 7 – 14, 以及 Harris, "Long-Distance Corporations," 279 – 85。

易署中上锁的盒子中，第二件则在皇家宫廷的印度群岛委员会。模板航海图还以多种形式保存，因而表明了多个不同的模板航海图的存在，尽管它们经常好像被作为一幅地图来讨论。要求修订模板航海图的多条命令指出，宇宙志学者应当制作一幅世界地图和一幅航海图，有时指示，至少一幅应当展示陆地的内部。

保存在塞维利亚的模板航海图的版本被当地的宇宙志学者所修订，包括频繁的小规模的纠正以及在正式会议上的偶尔的彻底重制。这些会议通常充满了争论，并且最终的文件提供了大部分现存的与如何制作和使用航海图有关的信息，尽管，基于航海图本身的缺乏，存在较少争议的修订可能没有留下文件证据。关于主要修订的一个列表，参见附录40.3。当修订的细节倾向于反映塞维利亚的地方政治以及那里的宇宙志学者之间的关系的同时，每次修订背后的动力反映了更为普遍的外交背景和印度群岛委员会关注的问题。在这一外交背景之外，是无法理解关于模板航海图的各种决定的，由此我以关于《托尔德西拉斯条约》以及西班牙和葡萄牙在他们之间划分世界的尝试的一个导言部分作为开始。

外交活动和官僚机构

1. 《托尔德西拉斯条约》

《托尔德西拉斯条约》的历史是众所周知的，但是其对伊比利亚地图学的重要性几乎没有被夸大。西班牙和葡萄牙在1494年签署了这一条约，同意遵守通过一条位于佛得角群岛以西370里格大西洋中的一个未具体指明的地点的分界线，西班牙获得这条线西侧的土地，而葡萄牙则获得该线以东的土地[84]。尽管这开始只是因为希望通过简单的便利方式，去划分正在发展的影响力的范围，因而限制两个强权之间的冲突，但条约的细节将影响深远。协商者设定了一条作为边界的线，但没有人可以在只有通过专家才能确定的位置上画出这条线，前提是确实有专家可以确定这个位置。这确保了边界线的位置将持续产生争议，同时宇宙志学者，作为相关的专家，应当在航海和地图学中有着一定的地位[85]。

条约陈述，"分界线"的准确位置由一个西班牙—葡萄牙联合委员会来确定，但是由于委员会从未开过会，因此这一线条的准确位置依然是模糊的[86]。尽管很多航海图确实标明了这条线，但在选择的位置上没有太多的一致性[87]。原则上存在很大的分歧；除了条约本身有意的模糊之外，葡萄牙和西班牙对于度数和里格之间的转换上使用了不同的标准，由此将任

1109

---

84 对于这一条约及其后果的一个很好的概述，参见 Rumeu de Armas, *Tratado de Tordesillas*；英文的简要概述，参见 Joseph F. O'Callaghan, "Line of Demarcation," in *The Christopher Columbus Encyclopedia*, 2 vols., ed. Silvio A. Bedini (New York: Simon and Schuster, 1992), 2: 423 – 26. 关于导致这一条约的教皇诏书，参见 Marta Milagros del Vas Mingo, "Las bulas alejandrinas y la fijación de los límites a la navegación en el Atlántico," in *El Tratado*, 2: 1071 – 89。

85 关于确定这条线所在位置的困难，参见 Luís de Albuquerque, "O Tratado de Tordesilhas e as dificultades tecnicas da sua aplicaçao rigorosa," in *El Tratado de Tordesillas y su proyeccion*, 2 vols. (Valladolid: Seminario de Historia de America, Universidad de Valladolid, 1973), 1: 119 – 36; Ricardo Cerezo Martínez, "El meridiano y el antimeridiano de Tordesillas en la geografía, la náutica y la cartografía," *Revista de Indias* 54 (1994): 509 – 42, 以及 António Estácio dos Reis, "O problema da determinação da longitude no Tratado de Tordesilhas," *Mare Liberum* 8 (1994): 19 – 32. 宇宙志和航海学的影响，参见 Alison Sandman, "Cosmographers vs. Pilots: Navigation, Cosmography, and the State in Early Modern Spain" (Ph. D. diss., University of Wisconsin Madison, 2001), 26 – 91.

86 Rumeu de Armas, *Tratado de Tordesillas*, 148 – 50.

87 对于被选择的位置的一个调查，参见 Cerezo Martínez, "Meridiano y el antimeridiano," 529 – 32.

何通过天文学方法确定这条线的位置的尝试变的更为复杂。此外，对新发现的土地的位置没有达成共识，尤其是它们的经度。因而，不太可能知道哪幅航海图（如果有的话）将这条线放置在了正确的位置上[88]。

图 40.6　来自迪奥戈·里贝罗世界地图的细部，1529 年。两面旗帜构成了一条事实上的分界线，每一面旗帜面对着其国家的领土。里贝罗在东部做了同样的事情（因为在那个时间，"分界线"被看成两条相距 180°的线条），但是在两面旗帜间有着更多的空间，可能表明了普遍的不确定性。完整的世界地图被展示在了图 30.29 中

完整的原图尺寸：85×204.5 厘米；细部的尺寸：约 49×29 厘米。照片版权属于 Biblioteca Apostolica Vaticana，Vatican City（Borgiano Ⅲ）.

---

　　[88]　对于这点的一个有力陈述，参见 Rolando A. Laguarda Trías, *El predescubrimiento del Río de la Plata por la expedición Portuguesa de 1511 – 1512*（Lisbon：Junta de Investigações do Ultramar, 1973），55 – 57。

　　实际上，西班牙和葡萄牙航海图在描绘上存在一个趋势清晰的分歧，假定部分是基于政治的原因[89]。已知最早描绘了"分界线"的航海图之一，例如，坎蒂诺航海图，复制自一幅葡萄牙人的原件，并且被走私出境。这一航海图清晰地标明，葡萄牙人拥有的不仅是南美洲的大部分，还有纽芬兰[90]。西班牙倾向于宣称，边界位于以东很远的地方，甚至到了否定葡萄牙人在新世界拥有任何领土的地步。"分界线"有时被直接绘制出来，就像在坎蒂诺航海图上那样；其他时候，航海图绘制者选择通过旗帜而不是描绘线条本身来标明所有权[91]。迪奥戈·里贝罗将两者结合起来，通过旗帜的位置以指明一条边界线，然而，没有绘制线条本身（图40.6）。

　　在16世纪早期，没有任何一方对"分界线"给予太多的注意。甚至在发现了巴西以及随后葡萄牙人宣称在新世界拥有领土之后，两个国家持续将他们的努力集中于不同的地理区域，尽管存在偶尔的外交争执[92]。直至西班牙人使用麦哲伦的航行冒险提出对东印度群岛（East Indies）拥有权利的时候，"分界线"的准确位置才变得重要。然而，与此同时，环绕在航海图周围的官僚机构有足够发展的时间。

　　2. 模板航海图制度的创建

　　从贸易署建立之后，航海图的管理就与皇室对探险的赞助以及与贸易和航海的需要密切联系起来。首任总导航员，佛罗伦萨人阿美利哥·韦思普奇，是为天主教徒费迪南德提供咨询的一群经验丰富的探险家之一；他被授予了在西班牙在幕后监督各类事宜而获得报酬的职位，并且负责向导航员进行教学和颁发执照，并对他们的航海图和航海器具进行规范[93]。他的首要任务之一就是制作一幅新的"直至当时已经被发现的属于我们的王国和领土的，所有印度群岛的陆地和岛屿的"航海图，以作为一份其他人进行复制的通用范本；这是第一份模板航海图[94]。

　　韦思普奇的命令清晰地陈述了这一模板航海图被设计去解决的问题：正在使用的航海图的多样性，在它们之间无论是地点的位置（asiento）还是罗盘方位（derrota）都存在差异。这一对罗盘方位和位置（通常用纬度表示）的双重强调在整个16世纪是典型的，并且两者之间不可避免的差异引起了许多地图学的重要争议。为了克服这一多重性，总导航员被命

1110

---

　　[89]　Cerezo Martínez, "Meridiano y el antimeridiano," 530–31.

　　[90]　关于坎蒂诺航海图，参见 Ernesto Milano, *La Carta del Cantino e la rappresentazione della terra nei codici e nei libri a stampa della Biblioteca estense e universitaria* (Modena: Il Bulino, 1991)。

　　[91]　例如，参见，乔瓦尼·韦思普奇1526年世界地图的细部（图40.2）。旗帜同样被胡安·德拉科萨、迪奥戈·里贝罗和努诺·加西亚·托雷诺所使用。

　　[92]　最为著名的就是11名葡萄牙水手因位于"分界线"西班牙一侧而受到控告并被捕；参见 Laguarda Trías, *Predescubrimiento*, 91–113. 葡萄牙人同样拒绝西班牙向东航行的尝试；参见 Ramón Ezquerra Abadía, "Las Juntas de Toro y de Burgos," in *El Tratado de Tordesillas y su proyeccion*, 2 vols. (Valladolid: Seminario de Historia de America, Universidad de Valladolid, 1973), 1: 149–70, esp. 168–69.

　　[93]　The 6 August 1508 *cedula* 为总导航员设立了一个职位，这一文献被抄录在文献最为主要的汇编中；例如，参见 Pulido Rubio, *Piloto mayor*, 461–64, 和 Martín Fernández de Navarrete, *Colección de los viages y descubrimientos que hicieron por mar los españoles desde fines del siglo XV*, 5 vols. (Buenos Aires: Editorial Guaranía, 1945–46), 3: 299–302. 关于在布尔戈斯召开的会议（以及一次更早的在托罗的会议）去规划未来的探险，参见 Cerezo Martínez, *Cartografía náutica*, 133–34, 以及 Ezquerra Abadía, "Juntas de Toro y de Burgos"。

　　[94]　AGI, Indiferente, 1961, L. 1, fols. 65v–67r, 6 August 1508 任命阿美利哥·韦思普奇为总导航员的指示。*Cedula* 的这一部分被引用于 Pulido Rubio, *Piloto mayor*, 258; *cedula* 整体被抄录在 pp. 462–63。

令，向经验丰富的导航员咨询，去制作一幅新的和更好的印度群岛的航海图。因而，改革有着双重目的，即改进航海图（例如使得它们更为确定）以及将它们标准化。尽管这些目标从未完全实现，但这一尝试要求进行前所未有的集中控制。

然而，清楚的是，甚至最好的航海图都需要被持续的校正和更新，所以指示中也要求返回的导航员提供定期的报告："还有，我们命令我们王国所有的导航员……发现新的陆地或者岛屿或者港湾或者新的港口，或者其他适合放置到所说的模板航海图中的任何东西，在返回到卡斯蒂尔的时候，他们应当将他们的报告交给你，我们的总导航员以及塞维利亚贸易署的官员，由此每件事物都被放置在模板航海图的相应位置上。"⑮ 从后来的描述可以清楚地知道，导航员也应该去报告他们在所使用的航海图上发现的任何错误。

然而，除了这一详细的命令之外，对于第一幅模板航海图或在 1508 年通常使用的各种航海图知之甚少。它们可能与那个时代保存下来的航海图有着一些相似性，例如 1500 年的胡安·德拉科萨航海图（图 40.7）⑯，或者来自约 1505 年至 1508 年的佚名航海图，其保存在佩萨罗的奥利弗利纳图书馆和博物馆（Biblioteca e Musei Oliveriana）（图 40.8）⑰。这些说明了关于新世界形态方面的变化着的理念，并且在一定程度上给出了一些可用的地理信息的线索，但是两者地理和风格之间巨大的差异只能表明可以使用的地理信息的范围。而且，尽管存在阿美利哥·韦思普奇确实绘制了一幅模板航海图的证据，但航海图本身没有保存下来。线索确实存在；新世界的部分可能与被称为 Egerton 2803（图版 39）的地图集上的那些相似⑱，并且可能构成了彼得·马特［彼得罗·马尔蒂雷·德安希拉（Pietro Martire d'Anghiera）］出版于 1511 年《数十年来的新世界》（*Décadas del nuevo mundo*）中的印刷本航海图的基础⑲。1510 年，韦思普奇正在他的住宅中忙碌于制作一幅模板航海图，在彩饰书稿人努诺·加西亚·托雷诺的帮助下，后者后来被指定为首任皇家航海图制作者⑳。1511年，贸易署官员规定，航海图应当被保存在一个有着三把钥匙的上锁的箱子中。韦思普奇在 1512 年初去世。

几个月之后，胡安·迪亚斯·德索利斯，新任总导航员和向费迪南德提供建议的探险者

　　⑮　Pulido Rubio, *Piloto mayor*, 463（transcription）.
　　⑯　这幅航海图已经被从各种不同的角度进行了很多研究。对航海图以及与其有关的历史书写的详细叙述，参见 Cerezo Martínez, *Cartografía náutica*, 89 – 118，还有 Ricardo Cerezo Martínez 的三篇系列论文："La carta de Juan de la Cosa," *Revista de Historia Naval* 10, No. 39（1992）：31 – 48；11, No. 42（1993）：21 – 44; and 12, No. 44（1994）：21 – 37. 一个不同的视角，参见 Fernando Silió Cervera, *La carta de Juan de la Cosa：Análisis cartográfico*（Santander：Instituto de Historia y Cultura Naval, Fundación Marcelino Botín,［1995］）. 关于航海图和"分界线"，参见 Hugo O'Donnell y Duque de Estrada, "La carta de Juan de la Cosa, primera representación cartográfica del Tratado de Tordesillas," in *El Tratado*, 2：1231 – 44. 关于胡安·德拉科萨的传记信息，参见 Antonio Ballesteros Beretta, *La marina cántabra y Juan de la Cosa*（Santander：Diputación Provincial, 1954）, 129 – 402。
　　⑰　Cerezo Martínez, *Cartografía náutica*, 124 – 26；以及 Frederick Julius Pohl, "The Pesaro Map, 1505," *Imago Mundi* 7（1950）：82 – 83. Cerezo Martínez 认为，这幅航海图可能是努诺·加西亚·托雷诺某幅航海图的副本。
　　⑱　Cerezo Martínez, *Cartografía náutica*, 257, 以及 Arthur Davies, "The Egerton MS. 2803 Map and the Padrón Real of Spain in 1510," *Imago Mundi* 11（1954）：47 – 52. 关于这一地图集的影印本，参见［Vesconte Maggiolo］, *Atlas of Portolan Charts：Facsimile of Manuscript in British Museum*, ed. Edward Luther Stevenson（New York：Hispanic Society of America, 1911）.
　　⑲　这幅航海图的复制件是容易获得的；例如，参见 Martín-Merás, *Cartografía marítima hispana*, 123。
　　⑳　Cerezo Martínez, *Cartografía náutica*, 148 – 49。

圈子中的另外一位成员，被要求去修订模板航海图[101]。在修订模板航海图时，他得到了来自乔瓦尼·韦思普奇（阿美利哥的侄子）的帮助，后者同样被授权出售模板航海图的副本[102]。

1111 不幸的是，他们在那时制作的航海图没有一幅保存下来，并且在 1515 年，索利斯出发参加了一次航行，但再也没有返回。1518 年，一次新的修订被委托给费尔南多·科隆（费迪南德·哥伦布）——克里斯托弗·哥伦布年轻的儿子。显示了巴尔沃亚对于太平洋的发现的一幅南美洲和安的列斯群岛的航海图可能来自这次修订的时间[103]。

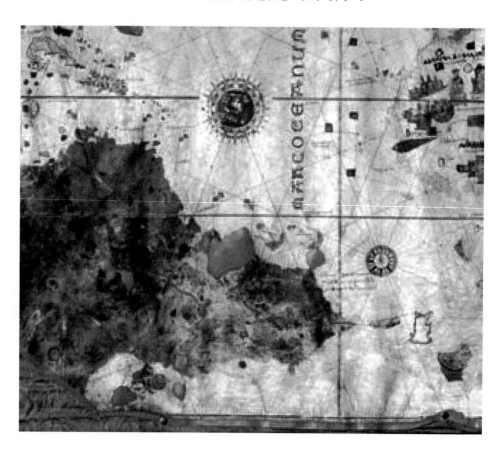

图 40.7 来自胡安·德拉科萨的航海图的细部，1500 年。细部显示了南美洲海岸线的一部分，包括了赤道，还有用来标明卡斯提领土的旗帜。图中显示的子午线穿过了亚速尔群岛，并且不能被认为意图作为"分界线"。其可能代表了一条零磁偏角线（在当时被认为是一条固定的子午线），可能因为科萨在他的航行中对它进行了观测。完整的世界地图显示在了图 30.9 中

完整的原图尺寸：95.5×177 厘米；细部的尺寸：约 54×67.5 厘米。Museo Naval, Madrid（inv. 257）提供照片。

[101] Cerezo Martínez, *Cartografía náutica*, 148 – 50；命令被抄写在 José Toribio Medina, *Juan Diaz de Solís: Estudio histórico*, 2 vols.（Santiago, Chile: Impressoen Casa del Autor, 1897），2：78 – 85。第一卷是索利斯的传记，而第二卷抄写了大量相关的档案。一个更为简短的叙述，主要基于梅油纳，参见 Pulido Rubio, *Piloto mayor*, 567 – 89。

[102] 关于乔瓦尼·韦思普奇，参见 Consuelo Varela, *Colón y los Florentinos*（Madrid: Alianza Editorial, 1988），78 – 81。

[103] Martín-Merás 在她关于航海图的研究中令人信服的提出这一点；参见 "Cartografía de los descubrimientos," 75 – 82。

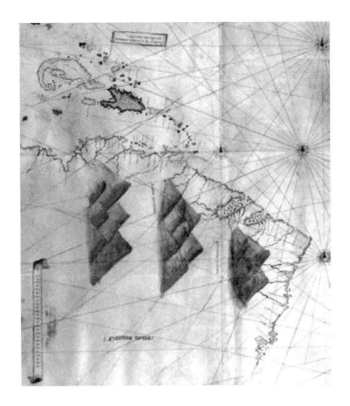

图 40.8　来自佚名航海图的细部，约 1505 年至 1508 年。细部显示了加勒比海和南美洲的部分，标记为"新大陆"（Mundus novus）。这可能是在最早的模板航海图创建之前，在贸易署使用的某幅航海图的副本。完整的世界地图显示在了图 30.15

原图尺寸：122×206 厘米；细部的尺寸：约 69×60 厘米。Biblioteca e Musei Oliveriana，Pesaro 提供照片。

　　到这一时间，模板航海图已经被整合到了贸易署制度性的工作中，因为在 1513 年多位导航员的证词提到了对其增加信息[104]。1515 年，当一群导航员和宇宙志学者被召集到一起给出关于位于现在巴西最东端的圣阿古斯丁角（Cape of San Agustín）位置的证据的时候，他们正在使用的是一幅新的模板航海图，这幅航海图是由安德烈斯·德莫拉莱斯构建的[105]。因而，到 1515 年，已经存在对模板航海图的多次修订，并且其被接受，至少在理论上，作为地理信息的集中储存设施，且由航海带来的信息所校正。

　　3. 麦哲伦和葡萄牙人的联系

　　在之后数年中投入航海地图学上的注意力不多，可能归因于缺乏一位总导航员，再加上查理五世登基之后不稳定的环境。然而，到 1518 年早期，查尔斯稳定了局势，并且在 3 月末，他对费迪南德·麦哲伦提出的航海去证明香料群岛位于"分界线"西班牙一侧的建议

　　[104]　Cerezo Martínez, *Cartografía náutica*, 148.

　　[105]　模板航海图在 *cedula* of 15 November 1515 得到了批准；Cerezo Martínez, *Cartografía náutica*, 151. 关于会议，参见 Laguarda Trías, *Predescubrimiento*, 96 and 190 – 93，关于莫拉莱斯，参见 "Morales, Andrés," in *Diccionario histórico de la ciencia moderna en España*, 2 vols. , ed. José María López Piñero et al. （Barcelona：Península, 1983），2：82 – 83。

表示赞成，到那时，分界线被看成两条相距180度的线⑩。麦哲伦的提议许诺强化西班牙对岛屿主权的宣称，促进了西班牙地图学的重要变化。

最为重要的变化可能是在人员方面，因为麦哲伦引诱一些葡萄牙宇宙志学者到西班牙来加入他的行动中。鲁伊（罗德里戈）·法莱罗［Rui（Ruy，Rodrigo）Faleiro］是与他一起规划航行的伙伴，表明了从这一项目开始之后对宇宙志和地图学的重视。除撰写了一部在海上确定经度的指南（如果航行将要证明西班牙的所有权的话，这是必要的），他还为航行绘制了一些航海图⑩。他的兄弟，弗朗西斯科·法莱罗，最初不太知名，但是在此后50年中一直为西班牙服务，参与了模板航海图的多次修订。迪奥戈·里贝罗和佩德罗以及豪尔赫·赖内尔同样前往西班牙加入这一项目⑩。尽管赖内尔们很快返回为葡萄牙服务，但里贝罗的后半生都在为西班牙工作。如此众多葡萄牙人的参与不仅提供了地理信息，而且还提供了技术熟练的工匠。在航行准备方面有充足的就业空间；探险的账单中包括为五艘船只准备的超过30幅航海图⑩。

麦哲伦从葡萄牙到西班牙的时候也携带着地图和航海图，其中包括他用来向西班牙国王说明他项目可行性的一架球仪和一幅世界地图。完全不清楚包含在这些航海图中的信息总量：按照一种叙述，航海图的区域中应当包括南美洲的海峡，他计划经由那条海峡进行航行，但在地图上被故意留成空白⑩。航海图可能并不是普通的海上航海图，而是包含了解释文字的更为具有装饰性的航海图，例如被称为孔斯特曼四世（Kunstmann IV）的佚名的航海图［或者称为慕尼黑的平面天球图（Munich Planisphere）］，其似乎被设计作为一种视觉辅助工具，并且通常被认为绘制者是豪尔赫·赖内尔（图40.9）⑪。尽管对经度的细致检查将摩鹿加群岛放置在了葡萄牙的领土内，但航海图的总体布局（其上，摩鹿加群岛位于左侧远端，并且葡萄牙在东印度群岛的领土位于右侧远端）暗示它们应当位于西班牙的领土内。

总体而言，麦哲伦的航行应当对于西班牙的航海地图学是重要的，即使其完全没有成功。然而，在胡安·塞巴斯蒂亚诺·德尔卡诺率领下的维多利亚号的返回，将有着甚至更为深远的影响。丰富的货物点燃了西班牙分享东方财富的希望，重新开始了划界的问题。西班牙和葡萄牙都同意，法律问题明显的解决方法应当就是扩展"分界线"，因而就是将世界一分为二。在东方确定这条线的准确位置是一个问题，然后，因为不仅他们没有可靠的方法来

---

⑩ 一条反面子午线的思想史，参见 Ramón Ezquerra Abadía，"La idea del antimeridiano，" in *A viagem de Ferñao de Magalhães e a questão das Molucas*：*Actas do II Colóquio Luso-Espanhol de História Ultramarina*，ed. A. Teixeira da Mota（Lisbon：Junta de Investigações Científicas do Ultramar，1975），1 – 26。

⑩ 关于法莱罗，参见 A. Teixeira da Mota，*O regimento da altura de leste-oeste de Rui Faleiro*：*Subsídios para o estudo náutico e geográfico da viagem de Fernão de Magalhães*（Lisbon：Edições Culturais da Marinha，1986），esp. 129 –41（研究最初撰写于1943年）。法莱罗的行为变得越来越不稳定，并且花费他一生剩余的大量时间来照顾他的兄弟。

⑩ L. A. Vigneras，"The Cartographer Diogo Ribeiro，" *Imago Mundi* 16（1962）：76 – 83，esp. 76，以及 Joaquim Ferreira do Amaral，*Pedro Reinel me fez*：*À volta de um mapa dos descobrimentos*（Lisbon：Quetzal Editores，1995），39 – 49. 也可以参见本卷 p. 987 和 pp. 992 – 95 的处理。

⑩ Navarrete，*Colección de los viages y descubrimientos*，4：165.

⑩ Cerezo Martínez，*Cartografía náutica*，168. 空白部分的描述来自巴托洛梅·德拉斯卡萨斯。

⑪ 参见 Ivan Kupčík，*Münchner Portolankarten*：*"Kunstmann I – XIII" und zehn weitere Portolankarten /Munich Portolan Charts*："*Kunstmann I – XIII" and Ten Further Portolan Charts*（Munich：Deutscher Kunstverlag，2000），41 –48，包括19世纪重绘的一幅彩色复制品。

在海上确定经度，而且他们依然不能在大西洋中就这条线的位置达成一致。面对这一不确定性，无论是地图学家还是外交家都参与到了西班牙的争论中。

图 40.9　来自重绘的一幅佚名的航海图的细部，这幅航海图的作者被认为是豪尔赫·赖内尔，约 1519 年。之前在慕尼黑的巴伐利亚，自 1945 年之后丢失，这幅航海图幸存在一张 1935 年的照片中，并且这幅彩色重绘是在 1843 年由奥托·蒲鲁革（Otto Progel）进行的。用拉丁语表示的很多解释性的图例，以及摩鹿加群岛放置在了左侧远端，导致猜测这是由麦哲伦绘制的用于说服西班牙国王支持他的航行的航海图之一。这一细部显示了巴西，附带有解释性的文本和用于标识领土的旗帜。麦哲伦将要航行前往的部分位于左侧空白处，除了船只的图片之外。世界地图完整的重绘，参见图 30.22

完整的原图尺寸：约 65×124 厘米；细部的尺寸：约 18.2×25.6 厘米。BNF（Res. Ge AA 564）提供照片。

地图学的情况是清楚的。遵照孔斯特曼四世的例子，这一时期的西班牙航海图固定的将摩鹿加群岛放在"分界线"西班牙一侧[112]。最早清晰地展示了在东方的分界线的就是努诺·加西亚·托雷诺，在一幅 1522 年在巴利亚多利德（当时是宫廷所在地）制作的南亚的航海图中，使用了由卡诺带回的信息（图 40.10）。摩鹿加群岛被清晰地放置在了"分界线"西班牙一侧；实际上，这条线穿过了苏门答腊岛，甚至比麦哲伦所宣称的位于更西方，将摩鹿加群岛的转口港同样放在了西班牙一侧。马丁-梅拉斯提出，这是此后数年中创作作为送给外国领导者的大量航海图之一，意图展示西班牙所宣称的合法性，并且确实在 16 世纪离开西班牙掌握的大部分航海图可能都服务于这一目的[113]。

这些宣称是通过航海图的整体布局以及清晰的分界线所表达的。被称为都灵航海图的佚名航海图没有清晰的描述"分界线"，但是通过将摩鹿加群岛放在航海图的左侧远端，而不

⑫　参见 Martín-Merás, "Cartografía marítima," 31。

⑬　Martín-Merás, *Cartografía marítima hispana*, 87；Cerezo Martínez, *Cartografía náutica*, 173 – 74，以及，一项更为详细的研究，参见 Alberto Magnaghi, "La prima rappresentazione delle Filippine e delle Molucche dopo il ritorno della spedizione di Magellano, nella carta costruita nel 1522 da Nuño García de Toreno, conservata nella Biblioteca di S. M. il Re in Toreno," in *Atti del X Congresso Geografico Italiano*, 2 vols.（Milan, 1927），1：293 – 307。

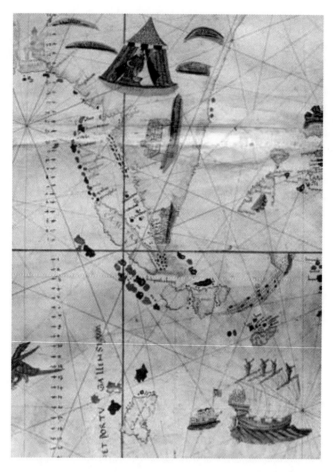

图 40.10 努诺·加西亚·托雷诺的显示了与托尔德西拉斯对
向的子午线的航海图的细部，1522 年。细部显示了通过了苏门答
腊的"分界线"，而摩鹿加群岛明显位于西班牙一侧。"分界线"
被标识为"linea divisionis castellahorvm et portvgallensivm"

　　Biblioteca Reale（Turin（Coll. O XVI /2）. Ministero per i Beni e
le Attivita Culturali 特许使用。

是亚洲的剩余部分，暗示着西班牙的领土超出了摩鹿加群岛，尽管由此导致在岛屿与美洲之
间留下了大片的空白（图 40.11）[114]。随着外交战的逐渐激烈，这一位置在西班牙成为一种宣
称摩鹿加群岛所有权的常见方式。卡斯蒂廖内航海图（1525），被认为是迪奥戈·里贝罗所
1114 绘的，将岛屿放在了航海图的两侧，结合西班牙的国旗从而标明了所属权（图 40.12）。同
一年的萨尔维亚蒂航海图，被认为是由努诺·加西亚·托雷诺所绘，将岛屿明确地放置在了
航海图的左侧远端，并有着一个巨大的标识（图 40.13），尽管对经度的详细检查将会把它

---

　　[114] Cerezo Martínez, Cartografía náutica, 175 – 76；Martín-Merás, Cartografía marítima hispana, 88 – 89；以及 Alberto
Magnaghi, Il planisfero del 1523 della Biblioteca del Re in Torino；La prima carta del mondo costruita dopo il viaggio di Magellano
unica copia conosciuta di carta generale ad uso dei piloti dell'epoca delle grandi scoperte（Florence：Otto Lange-Editore，1929）. 在
他对划界政策的广泛讨论中（pp. 29 – 49），马尼亚吉认为，航海图中心的标记确实代表了"分界线"。

们放置在葡萄牙的领土中⑮。两艘有着西班牙旗帜以及有着名称"Hic ratis e qvinq［ue］est totvm qvi circvit orbem"（主要意思是，"这是环绕地球的五艘船之一"）的两艘船，再次确认了西班牙的主张（图40.14）⑯。由于这些航海图意图作为在查理五世婚礼上送给葡萄牙的伊莎贝拉的礼物，似乎可能，选择航海图作为礼物意图公开西班牙对领土的要求⑰。

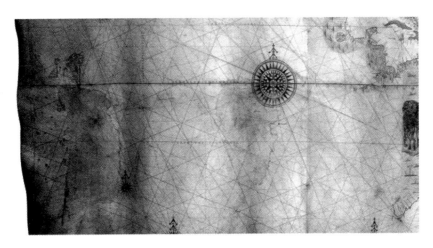

图40.11　都灵世界地图的细部，佚名，约1523年。绘制者被认为是乔瓦尼·韦思普奇或努诺·加西亚·托雷诺。注意包含了麦哲伦海峡（右下）以及将摩鹿加群岛放置在左侧远端。这一放置上的重要性显然从地图绘制者愿意容忍太平洋上大面积的空白而表现了出来。完整的世界地图显示在图30.24

完整的原图尺寸：112 × 262 厘米；细部的尺寸：约 62 × 118 厘米。Biblioteca Reale, Turin (Coll. O. XVI. 1). Ministero per i Beni e le Attivita Culturali 特许使用。

　　西班牙地图学和宣传方面的重要性随着外交上的失败而变得日益重要。在1524年的一系列会议上，来自西班牙和葡萄牙的代表试图在关于"分界线"的位置上达成一致⑱。很多宇宙志学者涉及其中。

　　⑮　参见 Carlos V : La náutica y la navegación, exhibition catalog (Barcelona: Lunwerg, 2000), 240 – 41, 以及，一幅完整尺寸的影印件，参见 Edward Luther Stevenson, Maps Illustrating Early Discovery and Exploration in America, 1502 – 1530, Reproduced by Photography from the Original Manuscripts (New Brunswick, N. J. , 1906), map No. 7. 赤道被用未标注的10度的增量划分——在"分界线"东侧稍微超过了17度，在西侧则几乎为19度。因而，视觉的印象，反面的子午线应当位于左侧边界，是具有误导性的；其应当穿过了标识文字"Malucos"。

　　⑯　关于在地图上使用船只作为装饰以及作为对领土的主张，参见 Martín-Merás, "Cartografía marítima," 22 – 24.

　　⑰　Cerezo Martínez, Cartografía náutica, 184；Martín-Merás, Cartografía marítima hispana, 91 – 93；以及 Roberto Bini, ed. , Carta del navegare universalissima et diligentissima : Planisfero Castiglioni, 1525 (Modena: Il Bulino, 2001).

　　⑱　关于会议，参见 Mariano Cuesta Domingo, "La fijación de la línea—de Tordesillas—en el Extremo Oriente," in El Tratado, 3 : 1483 – 1517, esp. 1499 – 1505. 大多数西班牙专家的观点可以在 AGI, Patronato 48, R. 12 – 17 中找到，并且被出版在 Navarrete, Colección de los viages y descubrimientos, 4 : 296 – 337. 对葡萄牙立场的简要概述，参见 Isabel Branquinho, "O Tratado de Tordesilhas e a questão das Molucas," Mare Liberum 8 (1994): 9 – 18, esp. 15 – 16. 17 世纪早期，在修订模板航海图的过程中，西班牙人安德烈斯·加西亚·德塞斯佩德斯重新开启了这一问题的讨论；参见 García de Céspedes, Hydrografía, chap. 8 中对档案的广泛引用。

1115

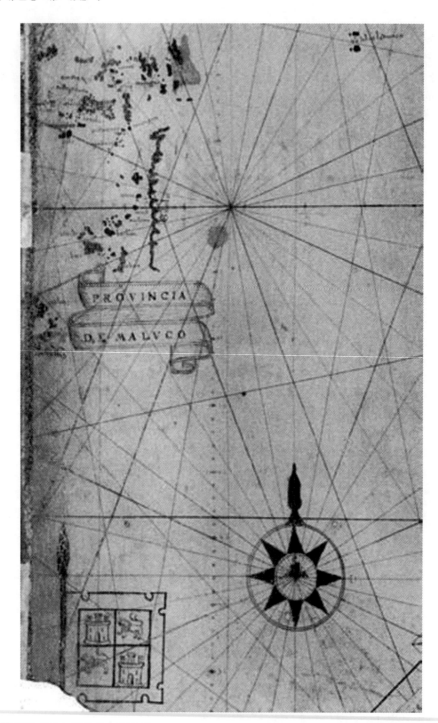

图 40.12　卡斯蒂廖内世界地图的细部，该图被认为是由迪奥戈·里贝罗绘制的，
1525 年。注意放置在摩鹿加群岛之下的旗帜，其位置代表了西班牙的权力。在显示在
图 30.25 完整的世界地图中，在右侧远端同样有着岛屿的一个图像（同样有着西班牙
的旗帜）标明了它们与葡萄牙印度群岛的关系。还要注意相同的那些宇宙志图示，就
像在里贝罗的 1529 年的世界地图上的那样，尽管没有解释性文本

　　完整的原图尺寸：82×208 厘米；细部的尺寸：约 30×19 厘米。Biblioteca Estense
e Universitaria，Modena（C. G. A. 12）提供照片。

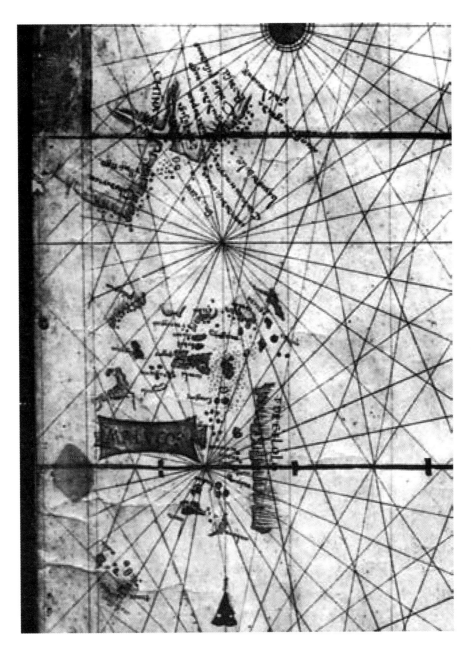

图 40.13　来自萨尔维亚蒂世界地图的摩鹿加群岛的细部，该图被认为是由努诺·加西亚·托雷诺绘制的，约 1525 年。西班牙对摩鹿加群岛的领土要求是通过将它们放置在航海图的左侧远端，而不是在右侧远端与葡萄牙在东印度群岛领土放置在一起来暗示的。标识文字的尺寸，与那些大陆的标识文字的尺寸相同，表明了岛屿的重要性。完整的世界地图展示在了图 30.26

完整的原图尺寸：93×204.5 厘米；细部的尺寸：约 24.6×18.6 厘米。Biblioteca Medicea Laurenziana, Florence（Med. Palat. 249）. Ministero per i Beni e le Attività Culturali 特许使用。

图 40.14 萨尔维亚蒂世界地图上的船只的细部。船只，上面有着卡斯提的旗帜和哈布斯堡的鹰，被显示在太平洋的中部，且处于其从摩鹿加群岛返回的途中，因而增补了声称西班牙拥有该岛屿的形象图示。提到了麦哲伦的航行的拉丁文本

生卵的原图尺寸：93 11 204.6 厘米，细部的尺寸：约 13.9 x 9.3 厘米。
Biblioteca Medicea Laurenziana, Florence (Med. Palat. 249). Ministero per i Beni e le Attivita Culturali 特许使用。

无论是作为代表（费尔南多·科隆），还是作为专家顾问（包括塞巴斯蒂亚诺·卡伯特、迪奥戈·里贝罗和乔瓦尼·韦思普奇），赖内尔们则作为葡萄牙方面的顾问，尽管西班牙曾试图雇佣他们[119]。尽管涉及的专家非常广泛，但只是在对关于哪幅航海图是可靠的并且可以被用作证据的广泛争论之后，讨论就终止于困境。领土问题在 1529 年之前都未解决，1592 年，西班牙将他们对香料群岛可能拥有的任何权利抵押给了葡萄牙，但即使如此，协议规定，岛屿位于西班牙的领土内[120]。

西班牙与葡萄牙之间谈判的失败，强化了修订模板航海图，以结合新的在航海期间搜集到的信息，以及去确保存在一个统一标准的需求。鉴于在会谈中使用航海图作为证据，似乎可能任何新的模板航海图都应当必须明显地支持西班牙的要求。1526 年 6 月，印度群岛委员会命令总导航员汇集其他导航员，并且制作新的模板航海图[121]。由于总导航员的缺席（以及大多数有经验的航海图制作者的缺席），任务最终被交给了费尔南多·科隆，他曾经是代表之一，并于 1518 年主持了一次较早的修订[122]。科隆可能得到了迪奥戈·里贝罗的［在他从贸易署位于拉科鲁尼亚（La Coruña）的前哨返回之后］，还有年轻的宇宙志学者阿隆索·德查韦斯的协助，查韦斯在科隆的推荐之下，被任命为皇家宇宙志学者[123]。科隆开始从返回的导航员那里搜集信息，这些导航员被命令当在海上的时候，为他保存每天的记录[124]。不幸的是，我们并不清楚，他是否曾经根据这些信息制作了一幅模板航海图[125]。

无论一幅官方的模板航海图是否被批准，贸易署的宇宙志学者继续进行小的改变，并且制作他们自己的航海图。在魏玛的 1527 年航海图，可能是作为这种努力的结果的航海图的代表，其绘制者被认为是当时活跃的各个宇宙志学者，但很可能是由迪奥戈·里贝罗制作的（参见图 30.28）[126]。其非常类似于两幅由迪奥戈·里贝罗在 1529 年绘制的航海图，其中一幅现在收藏在魏玛，另外一幅则是在罗马（参见图 30.29 和图 30.30）。航海图有着相同的标题，提到了《托尔德西拉斯条约》，并且宣称按照条约，航海图将世界分为两个部分[127]。按照里贝罗通常的风格，航海图以它们宇宙志仪器的图示而闻名，其上显示了一架星盘和一架

1116

　　[119]　参见 Jerry Brotton, *Trading Territories: Mapping the Early Modern World* (Ithaca, N. Y.: Cornell University Press, 1998), 133 – 34 中的叙述。这可能是迭戈·古铁雷斯后来提交的作为职位空缺证明的任命信函的起源；参见 AGI, Indiferente, 1204, No. 21。

　　[120]　对条约谈判和当时外交状况的一项分析，参见 Leoncio Cabrero, "El empeño de las Molucas y los tratados de Zaragoza: Cambios, modificaciones y coincidencias entre el no ratificado y el ratificado," in *El Tratado*, 2: 1091 – 1132。

　　[121]　Cerezo Martínez, *Cartografía náutica*, 190。

　　[122]　AGI, Indiferente, 421, L. 11, fol. 234rv, 6 October 1526。韦思普奇确实在 1526 年绘制了一幅航海图，但是没有证据表明其目的是作为对模板航海图的修订，并且此后他在塞维利亚事务中的作用微乎其微。参见图 40.2；Martín-Merás, *Cartografía marítima hispana*, 93 – 95；以及 Sider, *Maps, Charts, Globes*, 13 – 16。

　　[123]　AGI, Indiferente, 421, L. 13, fol. 82r, 4 April 1528。

　　[124]　AGI, Indiferente, 421, L. 12, fol. 40rv, 16 March 1527。

　　[125]　尽管他在 1528 年向印度群岛委员会送出了大量阿隆索·德查韦斯的航海图，但并不清楚这些航海图是作为新的模板航海图，还是作为查韦斯的能力的证据。1535 年，他被要求按照条款完成航海图，由此暗示这一航海图没有完成。塞雷索·马丁内斯认为，查韦斯的航海图被接受作为新的模板航海图，只是委员会根本没有意识到这个事实，归因于混乱和频繁的人员更替。参见 Cerezo Martínez, *Cartografía náutica*, 191 – 92 and 201 – 3。

　　[126]　关于这幅航海图的作者，对各种观点的讨论的结论就是其作者是里贝罗，参见 Chaves, *Espejo de navegantes*, 16 – 20。

　　[127]　Martín-Merás, *Cartografía marítima hispana*, 96 – 97, 以及 Cerezo Martínez, *Cartografía náutica*, 191。

四分仪，附有解释如何使用它们的图说，以及一位正在确定太阳偏角的人物图像。标题和图示的结合说明，他制作航海图的政治化的环境。从这一时期保存下来的另外一幅航海图，时间是在 1533 年至 1535 年之间，并且可能是由查韦斯绘制的，尽管也被认为作者是里贝罗（图 40.15）[128]。尽管未完成，但其很可能意图作为一幅新的模板航海图的草稿。

　　尽管从那个时代幸存下来的航海图大致相似，但在导航员所使用的航海图中存在着充分的变化，足以让来自印度群岛委员会的督察感到惊骇，后者报告"向印度群岛航行的导航员和水手以及船长使用从模板航海图的一种变体复制来的航海图，在其上很多事物是不同的和存在矛盾的"[129]。

由印度群岛委员会主持下的修订

1117　　模板航海图此后的多次修订是在印度群岛委员会主持下进行的。在 1523 年建立的时候，委员会已经被赋予了管理贸易署活动的权力。然而，任何监督，需要从遥远的地方进行，因为贸易署依然留在塞维利亚，而委员会则跟随着皇家宫廷。为了补救这一问题，委员偶尔会

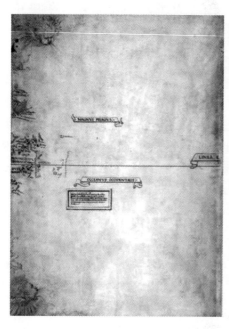

图 40.15　沃尔芬比特尔航海图，被认为是由阿隆索·德查韦斯绘制的，约 1533 年。这一未完成的航海图位于两张显示了美洲和菲律宾的图幅上，并且其可能是涵盖了整个世界的一幅大型航海图的一部分。其完全缺乏恒向线、经度和纬度的标识，以及距离的标尺，尽管其在大陆上确实包含了一些装饰

原图尺寸：58.3×87.8 厘米。Herzog August Bibliothek，Wolfenbüttel（Cod. Guelf. 104A and B Aug.）提供照片。

　　[128]　Cerezo Martínez 在 Cartografía náutica，191 and 199（detail reproduced）中认为作者是里贝罗；马丁－梅拉斯在 "Cartografía marítima，" 19 - 38，esp. 21 and 23（details reproduced）中认为查韦斯更可能是作者。一个较早的详细的讨论，参见 Edward Luther Stevenson，"Early Spanish Cartography of the New World，with Special Reference to the Wolfenbüttel-Spanish Map and the Work of Diego Ribero，" Proceedings of the American Antiquarian Society 19（1909）：369 - 419。

　　[129]　被引用于 Cerezo Martínez，Cartografía náutica，202。文本是督察人员的行动报告的一部分。

派出他的一名成员前往塞维利亚对被报告的滥用情况进行检查，并且去进行任何需要的政策变化，非常类似于他们对海外领土所做的那样⑬。可能作为普遍整顿的一部分，或者由于督察人员在宫廷中比贸易署的宇宙志学者更为知名，或者可能只是因为管理，这些监督经常成为修订模板航海图的机会。

1. 在胡安·苏亚雷斯·德卡瓦哈尔主持下的 1536 年的改革

最早的一次这类修订发生在胡安·苏亚雷斯·德卡瓦哈尔（Juan Suárez de Carbajal）督察期间⑬。1535 年，印度群岛委员会向费尔南多·科隆写信，询问他模板航海图的状态，命令他迅速完成它，如果其还没有被完成的话，则授权贸易署的官员去招集当地的导航员和宇宙志学者去协助他⑬。科隆不再活跃于地图学，因此在分配给苏亚雷斯·德卡瓦哈尔的房子中与他见面的是当地的其他宇宙志学者：塞巴斯蒂亚诺·卡伯特和迭戈·古铁雷斯属于一个小集团并且与阿隆索·德查韦斯有一个松散的联盟，同时弗朗西斯科·法莱罗、佩德罗·梅希亚（Pedro Mexía）、阿隆索·德圣克鲁斯与他们对立。委员会花费了一年的时间进行修订，咨询了导航员的报告、旧的航海图以及活跃的导航员，并且按照后来的一件报告，从事了很多"达成一致、研究和审议"的工作⑬。在过程中，他们搜集了大量文件，在 30 年后 ¹¹¹⁸ 依然要求获得这类文件⑬。尽管所有这些，他们依然不能达成一致，并且最终苏亚雷斯·德卡瓦哈尔命令他们通过对每个问题进行投票来打破僵局⑬。

对于委员会而言，一个关键性的问题就是在修订航海图的过程中，谁的权威应当是具有决定性的。圣克鲁斯反对多数票原则，因为他否认其他宇宙志学者的能力，抱怨，这些"从未看过一幅海上航海图的"或"只是知道一点点关于地球和神判占星术知识"的人不应当被认为是专家⑬。卡伯特和古铁雷斯以不同理由驳回了这一建议，只是抱怨委员会的成员缺乏亲身经历的经验。"他们中没有人在那里，"古铁雷斯说道，"曾经在印度群岛，也没有一位是水手，或者曾经看到过海岸、岛屿和海湾，除了唯一的一位总导航员之外"⑬。按照古铁雷斯的说法，缺乏导航员的参与，最初导致卡伯特拒绝签署完成的航海图，尽管他最终屈服了⑬。

圣克鲁斯认为程序存在如此的缺陷，因此他在模板航海图完成之前就离开了，并且继续向印度群岛委员会抱怨。他后来宣称，他的干涉有效地破坏了委员会对航海图的信念，尽管

---

⑬　关于监督的过程（被称为 *visitas*），参见 Schäfer, *Consejo Real*, 1: 80 – 88 and 147 –65。

⑬　对这次修订的一个更为完整的叙述，参见 Sandman, "Mirroring the World," 85 – 90。

⑬　AGI, Indiferente, 1961, L. 3, fol. 276rv, 20 May 1535. 并没有进一步的关于应当招集谁的指令。

⑬　苏亚雷斯·德卡瓦哈尔，被引用于 Cerezo Martínez, *Cartografía náutica*, 202。

⑬　1569 年，贸易署试图安排返还曾经由费尔南多·科隆所拥有的文件；参见 Pulido Rubio, *Piloto mayor*, 263 n. 225。

⑬　一些关于争论的叙述保存在了法律证词中，例如 AGI, Justicia, 1146, N. 3, R. 2, block 3, image 84，古铁雷斯对苏亚雷斯·德卡瓦哈尔的陈述的描述。Ursula Lamb 认为，苏亚雷斯·德卡瓦哈尔正在试图通过多数票原则确定科学事实；参见她的"Science by Litigation: A Cosmographic Feud," *Terrae Incognitae* 1 (1969): 40 – 57, esp. 56, reprinted in *Cosmographers and Pilots*, item Ⅲ. 我认为，他只是在缺乏决定性数据的情况下，简单地试图找到一个应当使得委员会达成一项决定的方法，而不是对绝对事实做出任何宣称。

⑬　AGI, Justicia, 945, fol. 168rv, 6 September 1549 来自阿隆索·德圣克鲁斯写给埃尔南·佩雷斯·德拉富恩特的信件。

⑬　AGI, Justicia, 1146, N. 3, R. 2, block 3, images 107 – 8, 9 September 1544 迭戈·古铁雷斯的陈述。尽管这一谴责忽略了圣克鲁斯在南美洲的经验，对此古铁雷斯是必然意识到了的；圣克鲁斯作为投资者的代理人乘船前往那里，而不是作为一位导航员或水手。

⑬　AGI, Justicia, 1146, N. 3, R. 2, block 3, image 108, 9 September 1544 迭戈·古铁雷斯的陈述。

他们确实不断确认，航海图将被作为官方的模板航海图[139]。即使如此，他的抗议活动是富有成效的，因为圣克鲁斯返回塞维利亚，并被任命为了宇宙志学者，明确许可他搜集他认为修订国王标准图所需要的信息，并且一条命令禁止在没有圣克鲁斯在场的情况下，卡伯特制作或者检查航海图[140]。卡伯特抗议这一新的权威，并且在经过多年的斗争之后，圣克鲁斯放弃了自己的主张，同时承诺的修订也未完成[141]。

尽管所有的抗议，但被苏亚雷斯·德卡瓦哈尔批准的航海图成为官方的模板航海图，尽管我们只能对其特点进行猜想。1536年，阿隆索·德查韦斯制作了一幅可能是基于这幅地图的航海图，其被描述为一幅"现代的航海图"，但是也没有保存下来，除非沃尔芬比特尔航海图（参见图40.15）可以追溯到那一时期。然而，查韦斯确实撰写了一份对印度群岛的详细描述，其中包括主要地点的纬度以及它们之间的罗盘方向。这作为他未出版的航海教科书的一部分保存了下来，并且可能与附带有模板航海图的书籍中所包括的那些信息在类型上非常近似[142]。

2. 导航员的反抗，1544年的修订和双标尺的航海图

尽管导航员没有参与模板航海图的制作，但他们构成了航海图的主要市场，并且由此形成了一种经济力量。按照来自16世纪40年代的证词，导航员非常不喜欢模板航海图，由此他们说服迭戈·古铁雷斯去销售老版的航海图，尽管这样的行为是被严格禁止的。古铁雷斯，转而，说服塞巴斯蒂亚诺·卡伯特（总导航员）去批准航海图，允许它们通过检查，即使它们并不符合模板航海图[143]。

卡伯特和古铁雷斯之间的共谋受到了一位到达塞维利亚的新的宇宙志学者佩德罗·德梅迪纳的威胁[144]。带着1538年停留在宫廷中时获得的一封皇家授权书，他试图打破古铁雷斯对航海图、设备和对导航员的教育的垄断，有人猜测他的出现意在考验卡伯特的力量。无论有着什么意图，卡伯特至始至终与梅迪纳为敌，甚至试图拒绝他接触国王标准图。因而，当梅迪纳发现，通常使用的航海图并不符合标准图的时候，他没有什么动力忽视这个罪行，而是开始了持续数年的法律程序。

在这一矛盾之中，格雷戈里奥·洛佩斯（Gregorio López）是从印度群岛委员会派来去监督贸易署的[145]。按照后来的（强硬的支持者）的叙述，卡伯特说服了一群导航员将他们对

---

[139] AGI, Justicia, 945, fol. 168v, 6 September 1549 来自圣克鲁斯写给埃尔南·佩雷斯·德拉富恩特的信件。

[140] AGI, Contratación, 5784, L. 1, fols. 69v–70r, 7 July 1536, 关于他的任命；Indiferente, 1962, L. 5, fols. 41v–42v, 20 and 21 November 1536, 关于从导航员和新世界的总督那里搜集信息，以及 fol. 41v, 20 November 1536, 关于圣克鲁斯在制作和检查航海图时位于卡伯特之上的权威。

[141] 关于他们在权威上的争夺战，参见 AGI, Indiferente, 2005 中的请愿，以及在 Justicia, 945, fols. 168r–71r, 6 September 1549 信件中圣克鲁斯的叙述。关于圣克鲁斯的运作，参见 Alonso de Santa Cruz, *Crónica de los Reyes Católicos*, 2 vols., ed. Juan de Mata Carriazo (Seville, 1951), 1: v–viii.

[142] Chaves, *Espejo de navegantes*, 249–422, 以及 Cerezo Martínez, *Cartografía náutica*, 204–5.

[143] AGI, Justicia, 1146, N. 3, R. 2, block 2, image 33, 28 August 1544 迭戈·古铁雷斯的陈述，以及 block 3, image 119, 9 September 1544 塞巴斯蒂亚诺·卡伯特的陈述。

[144] Pedro de Medina, *A Navigator's Universe: The Libro de Cosmographía of 1538*, trans. and intro. by Ursula Lamb (Chicago: Published for the Newberry Library by the University of Chicago Press, 1972), 9–18, 以及 Mariano Cuesta Domingo, *La obra cosmográfica y náutica de Pedro de Medina* (Madrid: BCH, 1998), 41–121. 关于梅迪纳与古铁雷斯之间的争斗，参见 Sandman, "Cosmographers vs. Pilots," 160–211, esp. 174–81, 以及 Sandman, "Mirroring the World," 91–97。

[145] Schäfer, *Consejo Real*, 1: 63–67 and 82–83；来自监督的记录，见于 AGI, Justicia, 944。

模板航海图中存在错误的抱怨交给新的监督员⑭。同意修订是必然的，洛佩斯命令卡伯特在宇宙志学者出场的情况下处理它们，同时正式地召开了与阿隆索·德查韦斯、佩德罗·梅希亚、迭戈·古铁雷斯以及大量导航员的会议。按照某些证词，最终的校正是由古铁雷斯亲手进行的。改变似乎被局限于少量特定地点，尽管在它们是代表了新发现的土地（在这一部分，航海图可能被期待进行需要的校正），还是位于航海图上较老部分的地点，在观点上存在差异。除此之外，对于这次修订就一无所知了。细节被环绕在其周围的大规模争斗所遮蔽，这种争斗围绕古铁雷斯实际上的垄断地位，以及销售与模板航海图不符的航海图的恰当性。

尽管其被经济和法律问题遮蔽，但梅迪纳和古铁雷斯同样还存在更为技术层面的纠纷，因为他们对于当时地图学中的一个核心问题无法达成一致——如何将纬度和经度与距离和罗盘方位进行协调。这通常被看作一个投影的问题，也就是需要当在一个平面地图上描绘一个球面时决定去扭曲哪些部分的问题。直至 16 世纪后期之前，投影确实是一个问题，但是其并没有被看作一个严重的问题，可能因为西班牙的大部分航海活动主要集中在低纬度。在世纪中期，地图学家更为关注的是调整罗盘偏角。

问题来源于这样一个事实，即有磁性的罗盘并不指向地理上的北方，而是依赖于具体的位置，指向一个位于稍微偏东或者偏西的点。在 16 世纪中期，两点之间被接受的罗盘方位——它们是航海图上的位置的基础，以及导航员遵守的路线的基础——已经通过使用在塞维利亚进行了磁偏角校正的罗盘进行了观察，但是通常没有沿着路线进行校正。这一方法将一个复杂的系统性错误引入了航海图中。这一错误并没有带来太多的实际问题，由此导航员继续使用相同的罗盘来进行航行（没有校正它们），这是他们中大多数人所做的。然而，当任何人试图将纬度结合到一幅图像中的时候，罗盘方向的扭曲就成了一个问题。对于前往西印度群岛（West Indies）的航行而言，结果就是一位认为他正在向正西航行的导航员，将最终发现他位于最初出发的纬度以南 3 度。因而，任何进行纬度观察的尝试，或者在航海图上显示纬度的尝试，都将表明某些东西是错误的。

古铁雷斯通过增加第二个纬度标尺来解决问题，这一纬度标尺偏离第一个纬度标尺 3 度（图 40.16）。通过在旧世界按照一个纬度标尺标绘纬度，然后在新世界按照另外一个标尺绘制纬度，古铁雷斯可以将地点放置在它们正确的纬度上，而不需要改变导航员习惯使用的罗盘方位。在他的航海图上，一位导航员可以绘制一条航线，而这条航线按照罗盘朝向正西并且同时改变着纬度，就好像船只惯常的那样，而不需要弄清楚如何调和来自纬度和罗盘方位的冲突⑮。

---

⑭　这些出现自关于古铁雷斯的航海图是否与模板航海图匹配的证词中。参见 AGI, Justicia, 1146, N. 3, R. 2, block 2, images 33 – 34, 28 August 1544 迭戈·古铁雷斯的陈述；images 37 and 43, 9 September 1544 阿隆索·德查韦斯的陈述；block 3, images 84 – 85, 一个不同于 28 August 1544 的迭戈·古铁雷斯的陈述；images 109 – 10, 9 September 1544 迭戈·古铁雷斯的陈述；images 118 – 19, 9 September 1544 塞巴斯蒂亚诺·卡伯特的陈述；image 94, 2 September 1544 佩德罗·梅希亚的陈述；还有来自导航员对由古铁雷斯（Alonso Martin [images 157 – 62], Alonso Perez [images 168 – 72], 以及 Juan de Nozedal [images 206 – 10]）和卡伯特（Geronimo Rodriguez [images 320 – 33]）提供的调查问卷的回答。

⑮　关于这一论证的详细版本以及导航员和宇宙志学者的反应，参见 "Cosmographers vs. Pilots," 160 – 211, esp. 190 – 200。

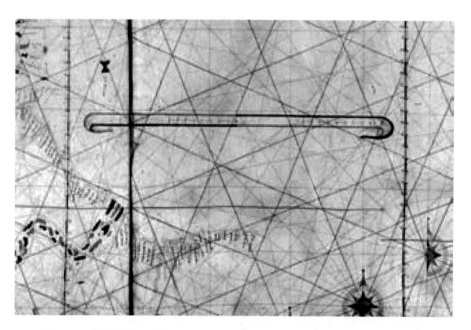

图40.16 南美洲的东北海岸，来自迭戈·古铁雷斯的大西洋航海图，1550 年。详细显示了每一个纬度标尺，且都有着一个相应的赤道，由此导致一个不可避免的赤道之间的差异，这尤其激发了很多宇宙志学者的强烈反对

BNF（S H Arch N2）提供照片。

这一类型的航海图的广泛使用显然来自大量导航员的证词，其中很多宣称，他们并不知道如何使用任何其他类型的航海图[148]。甚至阿隆索·德查韦斯，虽然其在他自己的证词中责备航海图是错误的和无法使用的，但也在他自己的航海教科书中将它们称为被使用的通常类型的航海图之一[149]。尽管其流行，但这类航海图被几乎所有的活跃于塞维利亚的宇宙志学者拒绝，因为他们认为没有进行真实呈现的航海图在海上是不可能有用的[150]。

当梅迪纳的派系将他们自己局限在有操守的拒绝流行的航海图的时候，古铁雷斯和卡伯特确定了纬度、罗盘方向、距离和形状上的具体错误。作为对在模板航海图上错误信息的要求的回应，卡伯特和迭戈·古铁雷斯转交了相同的备忘，仅仅是在拼写和纸张的准确布局上存在差异。桑舒·古铁雷斯在一个存在细微差异的形式中包括了相同的信息[151]。这些备忘录列出了纬度以及地点之间罗盘方向的错误，大部分是极为详细的，其中包括纬度上类似于半度的错误。其他的回应令人失望的模糊，忽略了古铁雷斯派别声称的具体情况，并且声

1120

[148] 他们的证词保存在 AGI, Justicia, 1146, N. 3, R. 2, block 3; 也可以参见 Sandman, "Cosmographers vs. Pilots," 197 - 98。

[149] Chaves, *Espejo de navegantes*, 271. 查韦斯区分了两种类型的航海图：那些使用罗盘方向和那些使用纬度的。他指出，后者有着一个单一的纬度标尺，暗示其他航海图有两个纬度尺，可能就是那些由古铁雷斯制作的。

[150] 参见 Sandman, "Cosmographers vs. Pilots," 181 - 90。

[151] AGI, Justicia, 1146, N. 3, R. 2, block 3, images 383 - 85, 关于指出标准图中的错误的塞巴斯蒂亚诺·卡伯特的备忘录; images 389 - 91, 来自迭戈·古铁雷斯的备忘录; 以及 images 393 - 95, 来自桑舒·古铁雷斯的备忘录。来自卡伯特和桑舒·古铁雷斯的备忘录被抄录在 Pulido Rubio, *Piloto mayor*, 524 - 26 and 526 - 28。

称，航海图制作的非常好，并且没有包含太大的错误⑫。本质上，他们认为，由于标准图是被技术熟练的人使用很多报告制作的，并且完全在有能力的权威的管理之下，并且进一步因为其被所有最好的宇宙志学者所接受，因此其必然是一幅好的航海图。

争论的这一方面产生了程序性问题。当被告知一个错误的时候，一位宇宙志学者应当做什么？他是否可以自己自由地修改他的航海图，或者每次修订都需要所有可以到场的宇宙志学者举行一次会议，以及对模板航海图进行一次正式改变？尽管习惯上，宇宙志学者经常对他们自己的航海图进行修订，但查韦斯和梅迪纳强烈建议通过定期举行会议以及通过正确的程序来控制对航海图的改变。实际上，对宇宙志学者规定的官方工作就要求每两周开一次会来讨论在模板航海图上的改变，尽管没有证据表明这样的会议被举行了。

最后，印度群岛委员会忽略了针对特定错误的报告，并且坚定地支持了梅迪纳⑬。委员会禁止导航员使用古铁雷斯的双纬度标尺的航海图，并且重申了所有航海图都必须与国王标准图匹配的要求。古铁雷斯被禁止制作任何不符合模板航海图的航海图，如果违犯则将失去他的职位并且没收他的所有财产⑭。委员会在面对来自导航员、卡伯特和古铁雷斯的警告的情况下作出了这一决定，同时尽管这样的事实，即在他们的总结中，贸易署的官员劝告，被建议的改变存在潜在的危险。然而，他们确实，官方给予导航员一年的时间去学会如何使用航海图。实际上的转变花费的时间要长一点，因为唯一幸存下来的古铁雷斯的双纬度尺的航海图是在这一决定的五年之后，并且在 1551 年，一些导航员证实最近购买了双纬度尺的航海图⑮。甚至 16 世纪 60 年代，标准的航海图还被偶尔的指明为是单一纬度尺的航海图⑯。

在这一时期的很长时间内，阿隆索·德圣克鲁斯工作于他的"岛屿书"⑰。在与卡伯特进行了非决定性的战斗之后离开塞维利亚，他在宫廷中，并且在里斯本检查葡萄牙人的航海图。由于他保留了接触导航员的报告的权力，因此他的航海图可以展现当时可用的信息。当关注岛屿的同时，如同标题所展示的，圣克鲁斯通过七个部分包括了一幅世界航海图，是用（他说到）一幅海上航海图的风格绘制的，由此读者可以很好地将岛屿放置在一个更为广阔的地理背景中⑱。尽管他划分世界的方式非常类似于后来的模板航海图，但他航海图的重心在于大的陆块，而不是航海航行；他显示了新西班牙，但是并没有显示从新西班牙到菲律宾

　　⑫　AGI, Justicia, 1146, N. 3, R. 2, block 3, images 397 – 400, 27 January 1545 阿隆索·德查韦斯的陈述，抄录在 Pulido Rubio, *Piloto mayor*, 528 – 31；images 401 – 2，赫罗尼莫·德查韦斯未标明日期的陈述；以及 R. 3, block 3, image 93, January 1545 佩德罗·梅希亚的陈述，抄录在 Pulido Rubio, *Piloto mayor*, 518 – 23。

　　⑬　关于委员会做出决定的政治环境，参见 Sandman, "Cosmographers vs. Pilots," 203 – 9。

　　⑭　AGI, Indiferente, 1963, L. 9, fols. 174v – 76v, 22 February 1545 写给贸易署官员的信件，以及 fol. 176v, 22 February 1545 对迭戈·古铁雷斯的命令。

　　⑮　例如，参见 AGI, Justicia, 836, N. 6, block 3, images 308 – 9, 1 December 1551 Diego Munyz 的证词讨论了一年半之前他的导航员考试；另外一位导航员，Luis Gonzalez，当被问到他购买的是哪幅航海图的时候，证实，他拥有一幅由迭戈·古铁雷斯制作的双纬度尺航海图，并且刚购买了（1551 年）一幅桑舒·古铁雷斯制作的单一纬度尺的航海图（image 319）。

　　⑯　例如，参见，Gaspar Luis 的证词，其被控没有执照就作为一名导航员（AGI, Justicia, 852, N. 3）。

　　⑰　按照 Mariano Cuesta Domingo 的观点，"岛屿书"的一部分似乎在 1541 年前后完成，但路易莎·马丁 – 梅拉斯认为，某些章节的时间应该是在 1550 年前后；参见 Cuesta Domingo, *Alonso de Santa Cruz*, 1：115，以及 Martín-Merás, *Cartografía marítima hispana*, 111。

　　⑱　参见 Martín-Merás, *Cartografía marítima hispana*, 102 – 11, esp. 102。

和摩鹿加群岛的航线，如同在 16 世纪 80 年代提议的那样。奇怪的是，在他的中美洲的航海
1121　图中，圣克鲁斯包括了一套双纬度标尺，尽管与古铁雷斯所使用的不是相同的类型（图
40.17）。标尺由两个相邻的纬度尺构成，每个都是每 5° 标识一次，其中左侧的纬度尺稍微
大一点，由此距离赤道越远，它们之间的相异性也逐渐变大。这一工具的目的并不清楚⑲。

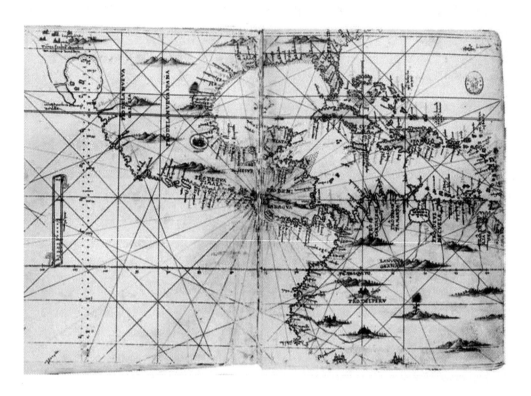

图 40.17　来自阿隆索·德圣克鲁斯的"岛屿书"的中美洲的航海图。其是涵盖了世界的七幅航海图中的一幅。该
书被设计用来作为一种帮助读者将书中涵盖的单一岛屿进行定位的现成的参考资料，但圣克鲁斯参与到了模板航海图的
修订，由此可能的是，他的工作使用的是与模板航海图所使用的大致相似的信息。注意，左侧远端，有着不同大小度数
的双纬度尺。同样注意航海图的组织方式，其集中于大陆而不是一次海上航行

原图尺寸：285 × 430 厘米；Biblioteca Nacional，Madrid（Sección de MS.）提供照片。

3. 埃尔南·佩雷斯·德拉富恩特监督下的修订（1549—1553 年）

1549 年，印度群岛委员会的另外一名成员，埃尔南·佩雷斯·德拉富恩特（Hernán
Pérez de la Fuente），被派往塞维利亚监督贸易署，并且附带修订模板航海图。1549 年的一
封归纳了他的进展的信件提到了他每日与宇宙志学者会面，指出，已经要求他们增加关于人
口中心和其他陆地特征的信息⑳。这封信继续向委员会描述了模板航海图当前可用的版本：
"模板［航海图］并不全面，因为他们朝向两极缺少的纬度超过 30°，因为对于那些绘制了

---

⑲　马丁-梅拉斯指出了双纬度尺及其在划分上与模板航海图之间的相似性，尽管我的分析与她的在少量方面存在
差异。她认为，双纬度尺可能是一种用来描述磁偏角的工具，由于缺乏解释，并且其与其他双纬度尺在方法上存在差异，
因此似乎不太可能。同时，除非第二个纬度尺只是简单的一个被擦除的错误或者后来的增补，否则我无法想出其他任何
可行的解释。

⑳　AGI, Indiferente, 1964, L. 11, fols. 286r–88r, 13 September 1549 写给埃尔南·佩雷斯·德拉富恩特的信件。

它们的人来说，剩下的部分从来都是没有必要的……并且一幅全面的航海图没有关于人口稠密区域的内容，而是类似于海上航海图，只有海岸线，同时如果重新制作的话，那么可以将所有内容完全放在一幅航海图上，并且在纬度和经度上是完整的，而制作这样一幅需要花费40 杜卡托（ducados）"[161]。佩雷斯·德拉富恩特被告知去命令制作这样的一幅航海图，但不用等到其被完成就要将其送到位于巴利亚多利德的宫廷。这一修订可能与在一封 1553 年的信件中所讨论修订是相同的，但是对于航海图的其他情况就一无所知了[162]。

1122

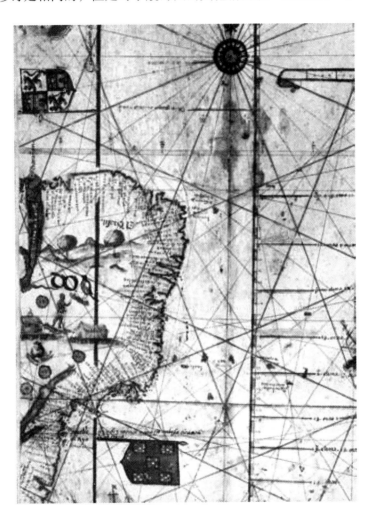

图 40.18　桑舒·古铁雷斯的世界航海图的细部，1551 年。细部显示了南美洲部分的装饰，并且包括了"分界线"和宇宙志的图文，其中包括白昼的长度

完整的原图尺寸：108×336 厘米；细部的尺寸：约 37×27 厘米。Bildarchiv, Österreichische Nationalbibliothek, Vienna （Map Department：K I 99.416, 4 fol.）提供照片。

---

[161]　AGI, Indiferente, 1964, L. 11, fols. 287v – 88r, 13 September 1549 写给埃尔南·佩雷斯·德拉富恩特的信件。

[162]　关于 1553 年 10 月 20 日的信件，参见 Pulido Rubio, *Piloto mayor*, 269, 以及 Cerezo Martínez, *Cartografía náutica*, 219. 两者从这封信中确定的修订时间都没有提到 1549 年的讨论。佩雷斯·德拉富恩特两次出现在塞维利亚：第一次大约在 1549 年至 1551 年，监督贸易署；第二次是在 1553 年，这次是调任到市政府。

除了迭戈·古铁雷斯的双纬度尺航海图和圣克鲁斯的"岛屿书"中的航海图之外，从这一时期保存下来的航海图不多。一个突出的例外就是 1551 年由桑舒·古铁雷斯制作的装饰性的世界地图，尽管大量的描述和装饰清晰地表示，他没有意图将其仅仅只是作为模板航海图的一个复制品（图 40.18）[163]。桑舒最初遵照他父亲的步伐，但是大约在这一时期，他与他的家庭破裂并且去追求更为理论的导向[164]。尽管存在某些初始的问题，但他的航海图被批准出售，他在贸易署有着一个漫长的生涯，但他从未建立阿隆索·德圣克鲁斯或佩德罗·德梅迪纳所拥有的宫廷方面的联系，且被描述为缺乏宇宙志的知识[165]。也许是作为回应，他的世界地图清晰地表明了他在宇宙志方面的自负。标题块声称，他正在遵从托勒密以及更多的当代宇宙志学者和发现者，并且他包括了关于气候和白昼长度的细节，而这些在宇宙志中比在航海图中更为常见。尽管桑舒试图与卡伯特和迭戈·古铁雷斯脱离，但很多大块的文本与塞巴斯蒂亚诺·卡伯特 1544 年世界地图上的文字是相同的，对于文本解释的普遍强调也是如此（图 40.19 和图 40.20）[166]。

作为地图学中心的塞维利亚的衰落

1552 年是贸易署的大变动时期，无论是在人事上还是在组织上都发生了变化。在埃尔南·佩雷斯·德拉富恩特 1549 年的监督所产生的一系列调查的最后时期，迭戈·古铁雷斯和佩德罗·梅迪纳被暂停了职位[167]。尽管梅迪纳最终被官复原职，但他离开了塞维利亚，并且在那之后很少参与贸易署的事务。古铁雷斯在他的请愿过程中去世，他的儿子之一，迭戈·古铁雷斯，作为一名航海图制作者被任命担任他的职位，同时他的儿子桑舒在 10 年的活跃服务之后，最终被任命为宇宙志学者。尽管是一位宇宙志学者而不是一位导航员，但阿隆索·德查韦斯被任命为总导航员，以及创立了一个新职位，宇宙志教授，并且被授予了他的儿子，赫罗尼莫·德查韦斯。

因而，到 1554 年，活跃于塞维利亚的授权的宇宙志学者就是弗朗西斯科·法莱罗和阿隆索·德圣克鲁斯（都经常不在塞维利亚）、阿隆索·德查韦斯（总导航员）、赫罗尼莫·德查韦斯（宇宙志教授），以及迭戈·古铁雷斯和桑舒·古铁雷斯兄弟。机构的大部分力量现在掌握在查韦斯家族手中，尽管古铁雷斯家族，通过第三个儿子（路易斯）的帮助，后者非常活跃但没有执照，保留了大部分海员的习惯。群体的相对地位可以从 1554 年 9 月在巴利亚多利德的皇家宫廷召开的与宇宙志有关的非特定问题的一次会议的出席情况看出来。

1123

---

[163] 对这一航海图的详细复制品及对其文本的一个分析，参见 Martín-Merás, *Cartografía marítima hispana*, 112 – 19；也可以参见 Henry Raup Wagner, "A Map of Sancho Gutiérrez of 1551," *Imago Mundi* 8（1951）：47 – 49。

[164] 关于古铁雷斯家族内部的争斗和关于桑舒的早期生涯，参见 Sandman, "Cosmographers vs. Pilots," 212 – 92, esp. 224 – 28 and 250 – 52。

[165] 佩雷斯·德拉富恩特的评价是在 AGI, Indiferente, 1093, No. 98, 22 September 1549 的信件中。关于对佩雷斯·德拉富恩特的监督的分析以及他对所有活跃的宇宙志学者的评价，参见 Sandman, "Cosmographers vs. Pilots," 235 – 42。

[166] 关于古铁雷斯的世界地图与卡伯特印刷的一幅地图的比较，参见 Harry Kelsey, "The Planispheres of Sebastian Cabot and Sancho Gutiérrez," *Terrae Incognitae* 19（1987）：41 – 58；Martín-Merás, *Cartografía marítima hispana*, 122 – 31；以及 Cerezo Martínez, *Cartografía náutica*, 210 – 12。

[167] 来自这一调查的档案以及后续的检举，参见 AGI, Justicia, 945, and Justicia, 836, N. 4 and N. 6. 关于这些事件的背景，参见 Sandman, "Cosmographers vs. Pilots," 212 – 92。

阿隆索·德查韦斯、赫罗尼莫·德查韦斯和阿隆索·德圣克鲁斯被要求出席会议，还有一些大学的天文学家[168]。古铁雷斯家族显然没有得到邀请。

由于缺乏类似于之前数十年的著名的内部争议，因此关于模板航海图没有太多的可用信息。一幅由迭戈·古铁雷斯（可能是儿子）制作，由耶罗尼米斯·科克在 1562 年刻版的航海图，给出了 16 世纪 50 年代模板航海图状况的某些信息，尽管航海图的印刷可能更多地归于外交因素，而不是航海因素[169]。一封 1562 年从印度群岛委员会写给贸易署官员的信件提到，他们正在汇集导航员来修订模板航海图，但没有给出细节[170]。1566 年，委员会写信给贸易署，为了即将来临的在马德里召开的关于摩鹿加群岛和菲律宾的地位的宇宙志会议的需要而要求一幅更新的航海图[171]。再次，航海图没有保存下来。

第二年在塞维利亚相当平静。随着 1571 年印度群岛委员会的首席宇宙志学者（cosmographer major）职位的设立，很多对于地图学的关注转移到了皇家宫廷。对地理信息的搜集给予了众多的关注，信息主要是来自导航员的和来自特定的调查探险的，但这些与贸易署的日常事务分离开来。在贸易署，大量纷争依然继续，但其中很少涉及宇宙志学者的地图学活动。此外，随着死亡和退休，活跃的宇宙志学者的数量陡然下降（参见附录 40.1）。

1575 年，一位新的宇宙志学者（罗德里戈·萨莫拉诺）来到城镇，重新燃起了宇宙志的争斗[172]。萨莫拉诺是一种新类型的宇宙志学者，一位受到过教育的专家，来自城镇之外，并且将塞维利亚的职位看成美好事务的踏脚石。在 1582 年的一次请愿中，萨莫拉诺详细阐述了他之前七年的活动，指明，他时间的大部分被用于为强化麦哲伦海峡的防御而进行的一次航行准备航海图和设备，其中包括在 1579 年佩德罗·萨尔米恩托·德甘博亚的航行之后对模板航海图的修订[173]。似乎可能的是，存在很多为了特定探险而对模板航海图进行修订的尝试，其中大部分由于缺乏档案证据所以无法被了解。

---

[168]　AGI, Indiferente, 425, L. 23, fol. 96rv, 11 August 1554 *cedulas* 召集佩德罗·德埃斯基韦尔、Juan Aguilera 和 Abbot of Santjuil 在 1554 年 9 月 10 日之前到宫廷；Indiferente, 1965, L. 12, fols. 188v, 189r, and 192r, 11 August 1554 *cedulas* 命令阿隆索·德查韦斯、赫罗尼莫·德查韦斯和阿隆索·德圣克鲁斯在 9 月 10 日达到宫廷；以及 Indiferente, 425, L. 23, fol. 109rv, 19 September 1554 命令，为他们的出席和交通方面的花费，支付埃斯基韦尔、Aguilera、一位没有姓名的修道院院长、赫罗尼莫·德查韦斯和阿隆索·德圣克鲁斯、佩德罗·德梅迪纳和 Pero Ruiz de Villegas 费用。梅迪纳似乎代替阿隆索·德查韦斯出席。

[169]　John R. Hébert and Richard Pflederer, "Like No Other: The 1562 Gutiérrez Map of America," *Mercator's World* 5, No. 6 (2000): 46 – 51. Hébert 和 Pflederer 将地图放置在《卡托—康布雷西条约》（1559 年）的背景下，并且将北回归线用作一条分界线。一幅高清晰度的航海图的图像现在可以在 Library of Congress 在线地图藏品中找到；参见 John R. Hébert, "The 1562 Map of America by Diego Gutiérrez," http: //memory. loc. gov/ammem/gmdhtml/gutierrz. html。

[170]　AGI, Indiferente, 1966, L. 14, fol. 138r, 10 January 1562.

[171]　关于这一会议，参见 Goodman, *Power and Penury*, 58 – 61. 关于宇宙志学者被召集参加会议，并且此后被支付费用，参见 AGI, Indiferente, 1967, L. 16, fol. 45rv; Indiferente, 2002, fol. 21rv; Indiferente, 1967, L. 16, fols. 58v – 60r; 以及 Indiferente, 425, L. 24, fols. 300v – 301r. 会议的结果和提出的观点被保存在 AGI, Patronato, 49, R. 12。

[172]　关于一个简要的传记，参见 Pulido Rubio, *Piloto mayor*, 639 – 711, 关于他的数学著作，参见 Mariano Esteban Piñeiro and M. I. Vicente Maroto, "Primeras versiones castellanas (1570 – 1640) de las obras de Euclides: Su finalidad y sus autores," *Asclepio* 41, No. 1 (1989): 203 – 31, esp. 206 – 12。

[173]　AGI, Patronato 262, R. 11 block 1, 没有标明具体时间的 1582 年的陈述书，附带有 1582 年 5 月 23 日的关于他的活动的具结书；参见 Cerezo Martínez, *Cartografía náutica*, 226 – 28. 关于麦哲伦海峡的航海图，参见 Julio F. Guillén y Tato, *Monumenta chartográfica Indiana* (Madrid, 1942 –), 1: 29 – 100。

　　到16世纪80年代，塞维利亚对于宇宙志而言不再是唯一的中心，并且因而在地图学的重要性上也降低了很多。尽管萨莫拉诺与他的竞争对手多梅尼科·维利亚罗洛为了制作航海图的权利在此后十年中争斗，在过程中，其宣称维利亚罗洛的航海图不符合模板航海图，这些宣称让人想起四十年前梅迪纳对古铁雷斯的指控，并且可能有着非常相同的动机。再次出现的问题就是保持模板航海图最新状态的困难，以及宇宙志学者凭借一己之力进行修订的规定。由于这些指控更多的是与导航员的习惯进行竞争，而不是与模板航海图本身有关，因此我在本章结尾部分对冲突进行更为充分的讨论。尽管有着这些充满争斗的证据，但似乎没有进行任何正式的尝试来修改模板航海图。改变的推动力转移到了皇家宫廷。

1124

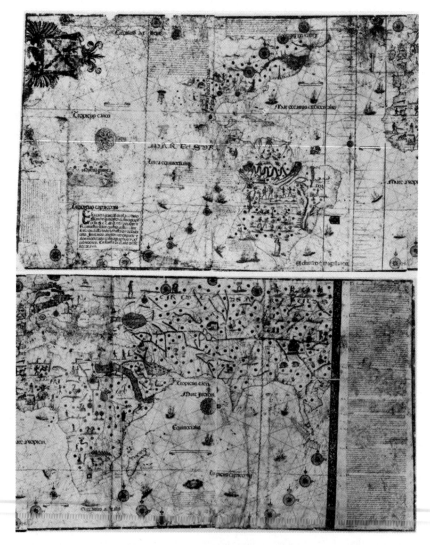

图40.19　桑舒·古铁雷斯的世界航海图，1551年。航海图包含了广泛的历史和地理描述。可以与1544年的由塞巴斯蒂亚诺·卡伯特绘制的世界地图（图40.20）的整体布局和对文本的强调进行比较。尽管投影不同，但两者都关注于强调他们的宇宙志的知识以及与导航员保持距离，并且两者都失败了，他们继续被作为实践人员而雇佣

　　原图尺寸：108×336厘米，粘在亚麻布上。Bildarchiv, Österreichische Nationalbibliothek, Vienna（Map Department：K I 99.416, 4 fol.）提供照片。

在首席宇宙志学者主持下的修订

1582 年，在他从里斯本返回之后，国王菲利普二世在宫廷中创建了数学学院，是西班牙和葡萄牙之间存在丰富交流的例证之一[⑭]。学院的主要功能之一就是教授宇宙志，由此提供了一个研究的中心，而与贸易署相比，这一研究中心与日常的航海图事务的联系不那么密切，并且对于宫廷而言更为便利。尽管由建筑师胡安·德埃雷拉运营，但学院主要关注于宇宙志的事务：将数学著作从拉丁文翻译为地方语言，教授宇宙志，并且设计航海设备，尤其是用于在海上确定经度的设备。当一位新的首席宇宙志学者，佩德罗·安布罗西奥·德翁德雷斯，在 1591 年被任命的时候，他的部分工作被指定为校正由导航员使用的航海图和设备[⑮]。服从于这一任务，翁德雷斯在塞维利亚撰写了一篇与航海有关的问题的内容广泛的备忘录，并且在 1593 年初，印度群岛委员会允许他前往塞维利亚去监督一项对航海的全面改革。

由于这一改革标志着自哥伦布时代之后，第一次对航海进行全面检查的尝试，并且导致了对模板航海图的重新界定，因此值得在某些细节上对翁德雷斯的努力分析。在对错误的其他来源进行了广泛讨论之后，翁德雷斯转向了他改革的核心——导航员使用的航海图——仔细区分系统性错误与特定错误，并强调了前者[⑯]。他强调葡萄牙航海图广泛存在的误导，且将国家之间的领土冲突放置在历史背景中，由此宣称葡萄牙人正在通过有意压缩他们半球中的土地来宣称拥有香料群岛；他补充，两个王国最近的联合，提供了最终解决这一问题的完美机会。翁德雷斯然后继续列出了模板航海图中 24 个细节上的错误，聚焦于浅滩的错误放置，但同时也列出了需要修订的消失的岛屿和海岸线，以及少量错误的纬度。由于他补充到，导航员可以确定更多的错误，因而他要求召开一次导航员和宇宙志学者的全体大会。

他还要求重新定义模板航海图的概念，建议，改革委员会应当制作六幅新的航海图，按照所描绘的航程进行划分，而不是一幅全面的模板航海图。为了确保可以获得，他还建议，在贸易署应当保存每一幅航海图的一个副本，同时另外一幅被送往印度群岛委员会。他指出必须保持可用性的三幅航海图：第一幅是从葡萄牙前往东印度群岛的航海图，第二幅是前往巴西和麦哲伦海峡的航海图，第三幅则是显示了从新西班牙到菲律宾和摩鹿加群岛的航程的。他还建议，应当有着一幅地中海的和另外一幅关于北方土地的，尤其是英格兰、爱尔兰和鳕鱼之地（纽芬兰）的。这后面的两图，他认为重要性要低一些，

1125

---

⑭　关于学院的信息及其在 16 世纪的活动，参见 Vicente Maroto and Esteban Piñeiro, *Ciencia aplicada*, 71 – 109；对各种相关档案的抄录，参见 110 – 34。在这一背景中，若昂·巴普蒂斯塔·拉旺哈（胡安·包蒂斯塔·拉班纳）的作用尤其应当值得调查，因为他参与了西班牙和葡萄牙的改革；关于他在葡萄牙的作用，参见 A. Teixeira da Mota, *Os regimentos do cosmógrafo-mor de 1559 e 1592 as origens do ensino náutico em Portugal* (Lisbon: Junta de Investigações do Ultramar, 1969)，12 – 13。

⑮　Vicente Maroto and Esteban Piñeiro, *Ciencia aplicada*, 407；关于翁德雷斯生涯，参见 80 – 108。

⑯　AGI, Indiferente, 742, No. 83A, 15 January 1593 佩德罗·安布罗西奥·德翁德雷斯的备忘录，附带于 25 January 1593 *consulta*（consultation）of the Council of the Indies；与航海图有关的部分中的很大部分，被引用于 Vicente Maroto and Esteban Piñeiro, *Ciencia aplicada*, 408 – 14。与改革的原因和冲突的背景有关的额外信息，被包括在 García de Céspedes, *Regimiento de navegacion* and *Hydrografía*。

1126

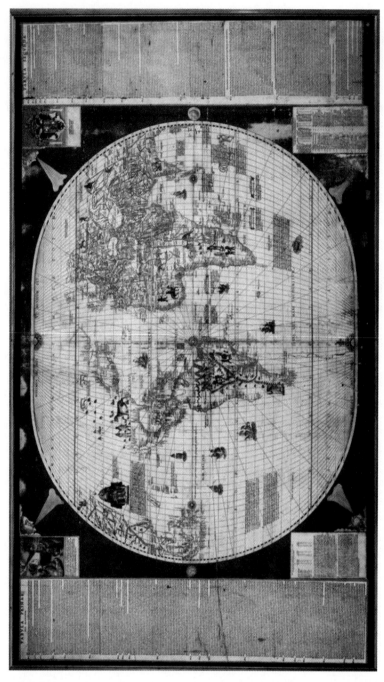

图 40.20 塞巴斯蒂亚诺·卡伯特的世界地图，1544 年。这幅世界地图似乎设计用来展示卡伯特的宇宙志知识。除了历史知识（包括他的早期航海史）之外，文本表明了他对古典权威和当代宇宙志问题的熟悉，其中包括用于在海上确定经度的方法。世界地图可能被作为一种广告，因为数年后，他前往英格兰，在那里印刷了另外一个版本（已经散佚）

原图尺寸：125×219 厘米。BNF 提供照片。

可能因为贸易署通常不会将船只派往那里。最后的一幅航海图是最为重要的——为了前往西印度群岛的路线绘制的模板航海图，这是从贸易署出发的最为常见的航行。这幅航海图，他建议，应当不仅去除所有已知的错误，而且，更为重要的是，其制作的图幅应当要比当前所具有的至少大三分之一，由此可以包含更多的细节[177]。委员会同意了他的评估，并且翁德雷斯被派往塞维利亚咨询导航员、马雷安特斯大学的以及其他在塞维利亚的专家[178]。

　　这组专家提出的建议是有效的。他们说道，模板航海图，在之前 26 年中（自 16 世纪 60 年代后期以来）没有被修订过，并且由此非常需要进行修订[179]。尽管导航员提供了长长的错误列表，但他们依然感觉没有足够可靠的信息来修订航海图，由此他们希望下一支舰队的导航员去搜集进一步的数据。一旦舰队返回，他们应当可以修订西印度群岛的模板航海图，并且在过程中，他们可以从事其他五幅航海图的工作。归因于大量的工作，他们建议，委员会不仅应当将翁德雷斯派回塞维利亚来完成修订，而且应当将葡萄牙宇宙志学者路易斯·豪尔赫·德巴尔布达［路易斯·若热（Luis Jorge）］送来给予帮助[180]。翁德雷斯返回马德里去向委员会报告，他带着一份针对导航员的指示的临时副本。

　　这些指示，在贸易署官员的命令下被印刷，对航海图中的不确定性给出了很好的看法[181]。它们由应当被调查地点的详细列表构成，按照驶往印度群岛的船队通常的目的地进行划分。并不经常被船队涵盖的少量地点，则被委托给相关的总督，后者将基于这一目的派出船只。指示说明，导航员将使用新的较大的按照半度划分刻度的星盘记录每一地点太阳在正午时的高度，由此强调了纬度测量不断增长的重要性[182]。与此同时，委员会同意一旦获得了来自导航员的信息，翁德雷斯和路易斯·豪尔赫·德巴尔布达应当前往塞维利亚[183]。然而，这一信息，等了很长时间才到来，并且被证明不太令人满意。在他 1595 年的报告中，翁德雷斯抱怨，只有三位导航员进行了回应，同时没有提供很好的信息[184]。他建议，应当派出两艘带有特殊目的的调查船只。委员会同意了，但是在制定任何安排之前，翁德雷斯去世了。

　　随后的一年，委员会任命安德烈斯·加西亚·德塞斯佩德斯代替翁德雷斯担任首席宇宙志学者，并且由此去完成改革项目[185]。加西亚·德塞斯佩德斯是一位受过大学教育的数学

---

⑰　AGI, Indiferente, 742, No. 83A, fol. 5v.

⑱　他的指示保存在 AGI, Indiferente, 742, No. 151c。

⑲　关于导致这些建议的会议，参见 AGI, Indiferente, 742, No. 151c, 22 December 1593 来自贸易署官员的报告；关于导航员的陈述，参见 Patronato, 262, R. 2。

⑳　关于巴尔布达（Barbuda），参见 Vicente Maroto and Esteban Piñeiro, *Ciencia aplicada*, 83 – 87, 以及 Goodman, *Power and Penury*, 62。

㉑　AGI, Indiferente, 742, No. 151c；复制品在 Vicente Maroto and Esteban Piñeiro, *Ciencia aplicada*, 444 – 47 中。

㉒　按照翁德雷斯的报告，就像印度群岛委员会在 AGI, Indiferente, 868, 28 July 1595 *consulta* 中所总结的。

㉓　AGI, Indiferente, 742, No. 151.

㉔　AGI, Indiferente, 868, 28 July 1595 *consulta* of the Council of the Indies, 以及 Vicente Maroto and Esteban Piñeiro, *Ciencia aplicada*, 420 – 22 and 448 – 50（transcription）。

㉕　关于改革的这一阶段，参见 Vicente Maroto and Esteban Piñeiro, *Ciencia aplicada*, 422 – 31. 关于改革活动的更多信息，来自加西亚·德塞斯佩德斯自己在 *Regimiento de navegacion* 和 *Hydrografía* 中的陈述。关于加西亚·德塞斯佩德斯，参见 Vicente Maroto and Esteban Piñeiro, *Ciencia aplicada*, 144 – 53, 以及 Alison Sandman, "An Apologia for the Pilots' Charts: Politics, Projections and Pilots' Reports in Early Modern Spain," *Imago Mundi* 56 (2004): 7 – 22。

家，与宫廷中的数学学院有着密切联系，其在葡萄牙服务了 10 年后，最近才返回。给予他的指派就是去完成翁德雷斯的工作，完成新的模板航海图的范本以及所有在海上使用的设备。

由于意识到了翁德雷斯数据收集措施的失败，加西亚·德塞斯佩德斯最初的行动之一就是为导航员制作了一份新的调查问卷，要求他们指出在国王标准图中的任何错误以及就被提议的观测设备的修改方案提出意见。这些调查问卷被印刷，并且被分发给活跃的导航员；在档案中保存了很多回应，大部分来自 1597 年 4 月（图 40.21）[186]。导航员的回应表明他们对于整个努力是缺乏耐心的；大多人建议，航海图和设备已经足够好，因此应当置之不理。有些人甚至指出，任何看似是航海图的问题，实际上归因于未知的洋流。少数问卷包括了应当被修订的细节，例如建议，岛屿应该不仅只标有岛屿的名称，而且还应该标有港口的名称[187]。

1128

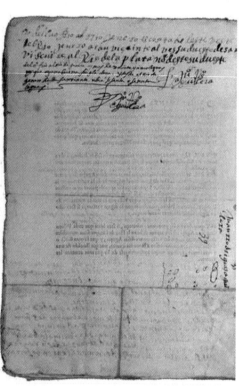

图 40.21　对于 1597 年询问导航员关于他们的航海图和设备的"MEMORIA"（备忘录）的回应。这一回应来源于胡安·罗德里格斯·阿吉莱拉（Juan Rodrigues Aguilera），一位有着超过 24 年航行至印度群岛的经验的导航员，指出在模板航海图中他推荐进行的改变。他后来为加西亚·德塞斯佩德斯撰写了一份证词，表示，他赞成通过搜集来自导航员的信息编纂而成的新的模板航海图

Spain, Ministerio de Cultura, AGI (Patronato, 262, N. 1, R. 2, images 105 and 106) 提供照片。

[186]　AGI, Patronato, 262, R. 2, fols. 19r – 61v.

[187]　AGI, Patronato, 262, R. 2, fol. 54rv, Jerónimo Martín. Martín 是少数列出了长长的错误列表的导航员之一；他当时正在申请作为一名宇宙志学者的执照（第二次）。

使用来自导航员的信息，当可能的时候，通过来自月食的经度信息加以修订，加西亚·德塞斯佩德斯在1597年春节将一套新的模板航海图组成整体，尽管它们直至1599年才得到官方批准[188]。作为改革的最后部分，他出版了关于水文学的一部著作，对改革进行了描述，解释了如何制作和使用航海图，以及顺带探讨了导航员和宇宙志学者之间在态度和习惯方面的差异。尽管他在他的著作中包括了一幅航海图，但模板航海图本身没有保存下来，同时印刷的航海图似乎主要设计用来展示平展一个球体的问题（图40.22）。

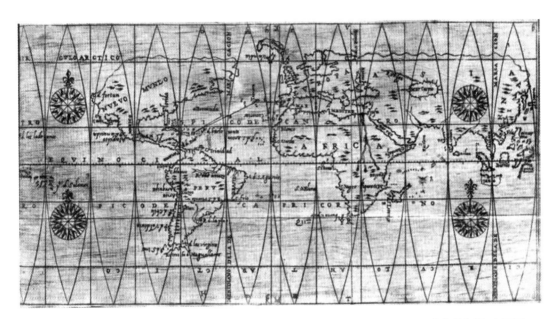

图40.22　包括在安德烈斯·加西亚·德塞斯佩德斯的《水文学》（*HYDROGRAFIA*）中的航海图。加西亚·德塞斯佩德斯使用这一图示去帮助那些不太了解几何学的人了解他先前的讨论，理解航海图在高纬度地区是如何扭曲了距离。航海图显示在曲线内的部分表明了每一纬度地球的实际面积；因而，较高纬度的航海者认为他们比他们实际航行的要远

Andrés García de Céspedes, *Regimiento de navegacion mando haser el rei nvestro señor por orden de sv Conseio Real de las Indias*, 2 pts. （Madrid: I. de la Cuesta, 1606）, pt. 2, *Segvnda parte, en qve se pone vna hydrografia que mando hazer Su Magestad*, after fol. 126. James Ford Bell Library, University of Minnesota, Minneapolis 提供照片。

世纪末的模板航海图

是否接受加西亚·德塞斯佩德斯对航海图的修订，围绕这一问题的争论，解释了世纪末关于海上航海图的思想。清楚的是，在导航员和宇宙志学者的眼中，海上航海图是与他们自身有关的一种形式，他们自己有着与众不同的解决地图学内在问题的方式。问题是两面的——磁偏角和投影——尽管实际上，它们无法被纯粹的这样分开。投影是一个无法避免的问题，因为一个球体地球无法被呈现在一个平面上，如果没有进行任何扭曲的话。由于导航员无法忍受任何改变了他们习惯使用的地点之间罗盘方向的航海图，因此航海图不得不扭曲地点之间的距离。尽管到这一时间，赫拉尔杜斯·墨卡托已经做出了他的解决方法，并且在1599年，爱德华·赖特发表了他对投影的分析，但没有一位西班牙宇宙志学者讨论了可能

[188]　在 García de Céspedes, *Hydrografía*, chap. 13 中，他包括了一张具体校正的列表。

性。取而代之，屈从于需要避免复杂的投影，加西亚·德塞斯佩德斯试图通过建议，在航海图中包括被设计用于不同纬度的多种距离标尺来改善扭曲[188]。

另外一个问题就是磁偏角。由于导航员并不通常为了磁偏角而校正他们的罗盘，因此他们遵从的恒向线是不正确的。然而，几乎所有导航员表达的无异议的观点就是，应当将罗盘设置为抵销了塞维利亚的磁偏角。例如，佩德罗·穆尼斯·德尔萨尔托（Pedro Muniz del Salto）解释，位于航海图上的所有恒向线都是按照抵消了磁偏角的罗盘而放置的，由此对于罗盘的改变应当涉及改变所有人们所遵从的航线，而如果不首先派人去对路线重新测量的话，那么做是危险的[189]。

两个问题的结合意味着，导航员偏好的航海图在技术上是不准确的，尽管导航员意图在罗盘偏角的情况下讨论问题，同时宇宙志学者偏好讨论投影。然而，所有人都同意，航海图需要对导航员有用，即使这涉及某些折中或者细微的不准确。按照塞维利亚宇宙志学者安东尼奥·莫雷诺（Antonio Moreno）解释的，期待导航员成为数学家是没有意义的[190]。航海图是，并且应当保持，一个独立的传统，允许导航员使用他们的罗盘去旅行，而不需要担心投影的精确。因而，在世纪末，安德烈斯·加西亚·德塞斯佩德斯已经找到宇宙志学者的需要与导航员的需要之间的一种可行的折中，在一段时间内，终结了自世纪中期以来贸易署内的辩论。

此外，改革标志着一幅单一的全局性的模板航海图被一系列较小的、按照不同航行路线组织的航海图决定性的替代了。这与16世纪晚期绘本地图集流行度的增加是平行的，尽管产品的中心存在差异，用于确定那些区域位于一幅航海图上的原则也是如此[191]。可能并不是巧合的是，很多从16世纪末保存下来的地图学作品或由绘本或由印刷本地图集构成；小迭戈·古铁雷斯和赫罗尼莫·德查韦斯的大多数已知作品保存下来，仅仅因为他们被亚伯拉罕·奥特柳斯所使用[192]。随着日益渴望更多的细节，再加上划分成更小的部分，基于国王标准图的航海图已经变成了一种岛屿书、旅行指南和港口景观的类似物。

最后，翁德雷斯和加西亚·德塞斯佩德斯的著作，强调了外交方面的持续重要性。翁德雷斯的有特点的扭曲，归因于作为16世纪地图学主要问题之一的葡萄牙对领土主权的宣称。加西亚·德塞斯佩德斯延续了这一强调；在他的关于水文学的书籍得到出版的同意后，该书的撰写作为通盘改革的一部分，这本书被描述为"一部关于普通水文学的著作，其中展示了，葡萄人如何歪曲地图以将香料群岛放置在他们的国界中"[193]。因而，16世纪末模板航海

---

[188] 他在 García de Céspedes，*Regimiento de navegacion*，chap. 48，和 *Hydrografía*，chap. 2 中解释了问题并且替自己的解决方法辩护。

[189] AGI，Patronato，262，R. 2，fol. 20rv。

[190] AGI，Patronato，262，R. 2，fol. 8rv，16 November 1598 安东尼奥·莫雷诺的观点。他在 1603 年被任命为宇宙志学者。也可以参见 fol. 10r，15 November 1598 大学毕业生迭戈·佩雷斯·德梅萨的陈述，以及 fols. 12r – 13r，23 November 1598 赫罗尼莫·马丁的陈述。

[191] 包含了航海图的绘本地图集的列表，参见 Cerezo Martínez，*Cartografía náutica*，271–78。

[192] 就古铁雷斯而言，是一幅美洲的航海图；就查韦斯而言，是南美洲、西班牙和佛罗里达的地图，参见 Robert W. Karrow，*Mapmakers of the Sixteenth Century and Their Maps: Bio-Bibliographies of the Cartographers of Abraham Ortelius，1570* (Chicago: For the Newberry Library by Speculum Orbis Press, 1993)，285–87 (Gutiérrez) and 116–18 (Chaves)。

[193] Dated 16 June 1603，并且被印刷在 García de Céspedes，*Regimiento de navegacion* 中。

图看起来与它们最初的非常不同，并且环绕在地图学和航海周围的官僚机构被进行了大规模扩张，但与此同时，航海图持续服务于航海和政治的双重目的。

销售航海图给导航员

尽管航海图总体上有着多种用途，但对于导航员而言，它们是海上航行时的主要工具。导航员应当仅仅使用与模板航海图匹配的航海图，但这是非常难以执行的。尽管活动是在同一机构下执行的，并且涉及很多相同的人，但实际上，将航海图销售给导航员与保持模板航海图的更新的努力基本是分开的。航海地图学的这一方面被相对忽视了，可能归因于文献的缺失以及这种活动缺乏声望。销售给导航员的航海图在任何方面都应当不具有创新，并且通常被尽可能的制作得廉价。这意味着，当将航海图销售给导航员具有潜在利润的同时，不太可能的是，让它们的制作者得到富有的赞助者的关注，或者提供发展的机遇。

尽管在塞维利亚的所有宇宙志学者都被授权向导航员出售航海图，但导航员趋向于惠顾少量的宇宙志学者。那些在向导航员销售航海图中取得成功的人，通常是受过最少教育和有着最低工资的宇宙志学者，这可能因为他们更愿意对来自导航员的需求做出回应。在讨论模板航海图时，导航员通常没有投票权，而当他们为自己使用而购买航海图时，他们通常试图获得他们所需要的，而不管规则如何。由于当它们过时的时候，属于导航员的航海图被销毁，因此他们的航海图（以及专门销售给导航员航海图的航海图制作者的活动）只是通过文本才能被了解，主要是通过腐败调查中对于航海图的讨论，以及通过与使用不同的航海图有关的诉讼和授予新制造者的许可。

由于航海图被导航员和皇家官员看成航海的工具，因此它们通常与航海设备仪器一起进行讨论，并且在与航海有关的问题的背景下进行讨论。因此，向导航员销售产品的人不仅是制图专家，而且还销售各种航海仪器。在这一部分，我首先在总体上讨论航海用品的制度，以及其在整个16世纪中所发挥的功能。在本节的剩余部分，我用编年的方式对不同制作工场和航海图制作者进行叙述。没有聚焦于航海图的内容，因为它们绝大部分是未知的，我关注于贸易的经济方面以及在维护航海图的秘密、将好的航海图制作者吸引到塞维利亚以及确保航海图的稳定供应之间的权衡。

航海用品的制度

海上航海图只是一位导航员所需要的众多工具之一，并且同一家商店趋向于销售所有这些工具。一位宇宙志学者应当不仅仅掌握航海图，而且还应当掌握星盘、直角照准仪、四分仪、罗盘、指南，甚至沙漏。这并不意味着，任何一个人制作所有这些物品，因为被授权的宇宙志学者通常转包其中一些或者所有工作，并且可能有时只是简单地批准用于销售的物品。一家在16世纪中期兴旺的作坊，也就是迭戈·古铁雷斯的，雇用了他三个儿子中的两个（第三个有着独立的授权）以及一些佚名的工匠——很多帮助者，以至于一位敌对者宣称，他没有制作过任何一件作品。佩德罗·德梅迪纳，其最近刚设立了一间不太成功的商店，嘲笑的宣称，甚至"一位银匠……向他销售星盘，以及一位木匠向他销售直角照准仪，一位书籍作者向他销售指南"，但古铁雷斯应当充分了解相关的知识以确保它们制作的良好[195]。尽管古铁雷斯否认仪器存在缺陷，但他分包工作则毫无秘密可言。

1131　　　分包的习惯延续至少直至 16 世纪末[196]。尽管大部分对分包和协助的讨论涉及星盘和指南，但海上航海图可能也受到这种做法的约束。罗德里戈·萨莫拉诺因将一些数量的空白纸张带回家中而受到指控，而这些纸张的每一张上都已经盖有批准的印章，指控的一部分就是，航海图实际上是由一位助手制作的。这位助手，至少按照指控，是由萨莫拉诺的对手多梅尼科·维利亚罗洛训练的，可能作为一名非正式的学徒（因为对于航海图制作者而言，没有正式的学徒制度）。维利亚罗洛抱怨，不仅萨莫拉诺诱惑其助手为他服务，而且他在后者的训练未完成之前也是那么做的，由此在预先标注为批准的纸张上制作的航海图是有瑕疵的[197]。因而，似乎明确的是，是被授权的宇宙志学者之外的人制作了海上航海图。

图 40.23　17 世纪塞维利亚的图景，从特里亚纳（TRIANA）看过去的样子。大多数航海者（以及还有导航员）生活在特里亚纳，位于河流上塞维利亚的对岸，毗邻可以在左侧远端看到的浮桥。贸易署毗邻皇家宫殿（阿尔卡萨尔），其紧挨着大教堂。墙外前景中的沙地（Arenal）是港口。从特里亚纳到大教堂，沿着可能是 16 世纪的道路，现在大致步行需要约 15 分钟

原图尺寸：约 50×230 厘米。BL（Maps K. Top. 72.16）提供照片。

　　　如同这个时期常见的，一位宇宙志学者可以在他家中工作（就像古铁雷斯家族那样），或者建立一间独立的作坊（就像佩德罗·德梅迪纳以及后来的桑舒·古铁雷斯）。整体上，贸易集中在港口（紧邻城墙之外）和贸易署之间的区域，与水手生活的区域距离并不远，并且位于城市的商业中心（图 40.23）。尽管大多数官方活动（例如对航海图和设备的检查）应当发生在贸易署之中，但建筑太小了，且有着一个有洞的屋顶，并且尽管来自导航员的一些抱怨，但能够在家中工作是地位的象征。模板航海图保存在贸易署中一个上锁的箱子内，但因为任何有资格的宇宙志学者都可以制作一个副本，因此这无法阻止他们在家中工作。

　　　不太清楚的是，与其他航海设备的销售相对应，宇宙志学者业务中来自航海图销售的比例是多少，但是通过这一方法挣得的收入是相当可观的。在进行执照考试的时候，每一位导

　　⑲　AGI, Justicia, 1146, N.3, R.2, block 3, images 97–104, 3 September 1544 佩德罗·德梅迪纳的陈述，以及 block 2, images 33–36, 28 August 1544 古铁雷斯捍卫其做法的陈述。

　　⑯　AGI, Patronato, 251, R.77, block 2, images 61–62, 15 October 1590 呈交给委员会的请愿书。

　　⑰　AGI, Contratación, 5554, 5 September 1592 多梅尼科·维利亚罗洛的请愿书。关于雇工，参见 AGI, Patronato, 251, R.77, block 2, images 52–55, 26 October 1590 多梅尼科·维利亚罗洛针对罗德里戈·萨莫拉诺的抱怨。关于萨莫拉诺与维利亚罗洛之间广泛的争斗，参见 Pulido Rubio, *Piloto mayor*, 665–86。

航员都需要拥有一套完整的工具，并且每年有大约 20 名导航员获得执照。由于导航员的工具在每次航行前都被进行检查，因此有很大比例的导航员可能时不时的购买新的航海图，尽管昂贵。在 1545 年受到询问的大部分导航员在之前一年或者两年购买了一幅航海图，尽管其中一人坚称，他在近 20 年来没有购买过一幅航海图。

对于一位如古铁雷斯的宇宙志学者而言，航海图的销售代表着他们收入的重要部分。古铁雷斯从贸易署每年获得的工资仅有 16 杜卡托，但从其他来源挣得的收入足以将他的儿子桑舒确立为一名船主，并且为他提供充分的结婚费用，其中包括一块天然磁石，据说其后来提供了每年 300 杜卡托的收入[198]。尽管迭戈·古铁雷斯作为一名商人挣得了一些金钱，但他主要的收入来源似乎是来自导航员为航海图和设备支付的费用，以及教导他们通过执照考试的费用，并且如果没有他们的支持，他也无法发达。在 16 世纪后期，罗德里戈·萨莫拉诺（其工资要远远超过古铁雷斯）依然证实，他收入的大部分来自销售航海图和航海设备[199]。

表 40.1　　　　　　不同年份航海图和其他设备的价格，1519—1592 年　　　　　　1132

	1519	1547	1548	1549	1551	不明的年份	1592
航海图	1023 – 2250mrs	3ds (1125mrs)	3ds (1125mrs)	3½ds (1312mrs)	4ds (1500mrs)	5 – 6ds (1875 – 2250mrs)	8ds – 10rs (3000 – 3400mrs)
星盘	720mrs	3ds (1125mrs)	24 – 25rs (816850mrs)	2½ds (937mrs)		2½ds (937mrs)	50rs (1700mrs)
照准仪				4rs (136mrs)	½d (187mrs)		
指南				1d (375mrs)	15rs (510mrs)		
罗盘	272 – 375mrs	8rs (272mrs)			1d (375mrs)	14 – 15rs (476 – 500mrs)	2ds (750mrs)

注释：1 杜卡托（d）等于 11 雷阿尔（reales，rs），等于 375 马拉维迪斯（maravedis，mrs），同时货币通常用最便利的方式表示；表格中的价格首先用它们被提到时所使用的货币表示，然后为了便于比较转换为马拉维迪斯（maravedis）。

资料来源：1519 年的价格来源于 Martín Fernández de Navarrete, Colección de los viages y descubrimientos que hicieron por mar los españoles desde fines del siglo XV, 5 vols.（Buenos Aires：Editorial Guaranía, 1945 – 46），4：165，来自于麦哲伦航行的财政账目。所有其他价格来源于法律案件中的证词：1547 年的价格，AGI，Justicia，945，fol. 125v，27 July 1549 船长和导航员佩德罗·冈萨雷斯（Pedro Gonzales）的证词；1548 年和 1549 年的价格，Justicia，945，fol. 127v，29 July 1549 迭戈·古铁雷斯的证词；1551 年的价格，Justicia，836，N. 6，1 December 1551 迭戈·穆尼奥斯（Diego Munoz）的证词；年份不明的和 1592 年的价格，Patronato，261，R. 8，fols. 15r – 17r，8 October 1592 胡安·加永（Juan Gayon）的证词，其将 1592 年的价格与它们曾经的价格进行了比较。当描述中列出了同一商品的不同价格的时候，我给出了范围。

对于那些购买了航海图的导航员而言，航海图是一项主要的支出。在 16 世纪中期（最早的可用数字），一套完整的工具需要花费至少 8 杜卡托（航海图就需要 3 杜卡托），与此同时，一位导航员从一次往返航行中所挣得的工资最高就是 130 杜卡托，这接近于一位塞维

---

[198]　关于迭戈的工资，参见 AGI，Contratación，5784，L. 1，fol. 58v. 关于 1541 年的结婚费用，参见 AGI，Justicia，792，N. 4，fols. 42r – 45r，31 August 1563 桑舒与 Luis Gutiérrez 之间的协议。磁石提供的收入来源于用其接触罗盘的收费。关于桑舒·古铁雷斯作为一位船主的活动，甚至是在他父亲去世之前（当他的结婚费用可以支付的时候），参见 AGI，Justicia，765，N. 1.

[199]　AGI，Patronato，251，R. 77，block 2，images 61 – 62，15 October 1590 呈献给委员会的请愿。

利亚工匠在一年中预期可以挣到的最低工资额[200]。由于导航员通常开始是作为水手，后者有着甚至更低的薪水，因此设备代表了一个相当高的成本，即使有着古铁雷斯所声称的给予新导航员的折扣[201]。价格持续上涨，并且在世纪末，代表了导航员的行会抱怨，航海图非常缺乏并且昂贵，由此给他们的成员带来了相当大的困难。关于这一世纪不同时间点，航海图和其他设备价格的一个归纳，参见表 40.1。大部分信息来源于个别导航员关于他们支付或者日常支付的价格的证词；这些价格似乎与官方探险所使用的设备的价格是不同的。

销售航海图和其他设备的商店，还作为导航员和水手聚集和闲谈的中心，并且可能简单地作为通常聚会的地点。关于贿赂和其他腐败行为的大量导航员的证词，涉及他们在购买仪器或参加宇宙志课程时观察到的事件。在 16 世纪末，总导航员，罗德里戈·萨莫拉诺，使用这种商店的公共特征作为反对允许一名法国人去制作星盘的一项论据。尽管萨莫拉诺承认那里没有任何与星盘有关的秘密，但他认为，由于导航员会在那些制作他们仪器的人面前自由的谈论，因此这些人需要是值得信任的，并且由此他们不应当是外国人[202]。尽管这一论据几乎当然的揭示萨莫拉诺从相关人员那里勒索钱财的努力，但其表明了环绕在工场周围的复杂的问题网络。

由于贸易有着如此潜在的利益，因此很多航海图制作者试图获得垄断权，使用法律的或者表面上合法的手段去阻止其他人进入市场。这些尝试导致了政策制定者的困境，他们希望同时去鼓励当地的制作者（这意味着要确保不存在太多的让他们难以谋生的竞争），且维持较低价格的航海图的充分供应（这意味着避免垄断），并且确保，航海图保留某种秘密（这意味着禁止外国人去制作航海图）。这些目的通常是奇怪的，因为航海图的制作者抱怨如果没有垄断的话，他们无法谋生；同时导航员则抱怨价格昂贵以及缺乏。塞维利亚的航海图贸易分为三个时期；我按照顺序对它们进行讨论。

家族、作坊和垄断

1. 早期阶段：1508—1533 年

在世纪的早期，航海图贸易并没有受到严格的管理，因此对于这方面，除了在什么时间、谁被许可之外，所知甚少。1512 年，安德烈斯·德圣马丁（Andrés de San Martín）和乔瓦尼·韦思普奇被赋予了一个排外的销售模板航海图的副本的授权，但是他们当然并不是在塞维利亚唯一制作航海图的人：安德烈斯·德莫拉莱斯制作了一幅在 1515 年被用于修订模板航海图的航海图，同时努诺·加西亚·托雷诺帮助制作了第一幅模板航海图，并且后来为麦哲伦的航行制作了大量航海图。可能作为对他为麦哲伦工作的回报，1519 年，托雷诺成

---

[200] 仪器的花费，参见 AGI, Justicia, 945, fol. 125v, 27 July 1549 Pedro Gonzales 关于 1547 年价格的证词；fol. 127v, 29 July 1549 迭戈·古铁雷斯关于他对设备所收取的费用的证词；以及 fol. 148v, 16 August 1549 Lazaro Morel 关于他为他的工具支出的费用的证词。关于导航员和水手的工资以及他们的购买能力，参见 Pablo Emilio Pérez-Mallaína Bueno, *Spain's Men of the Sea: Daily Life on the Indies Fleets in the Sixteenth Century*, trans. Carla Rahn Phillips (Baltimore: Johns Hopkins University Press, 1998), 114–24。

[201] AGI, Justicia, 945, fol. 641v, 迭戈·古铁雷斯提供的调查问卷。他为自己所受到的关于对航海图和设备收费过高的指控进行辩护，说到，他的价格对于涉及制作它们的工作而言是相当合理的报酬，并且他为那些刚刚通过授权考试，需要为他们的工作购置设备的人提供了折扣。之前提到的新获得授权的导航员支付的价格，由此应当反映这一折扣。

[202] AGI, Contratación, 734, No. 1, 1592–94 Pedro Grateo 和罗德里戈·萨莫拉诺之间关于制作星盘的权力的争论。

为第一位被授予官方地位的航海图制作者，但是乔瓦尼·韦思普奇继续活跃直至他在 1525 年被停职，可能因为其将信息送往了美第奇[203]。因而，在 16 世纪的最初 25 年中，大量人士正在制作航海图，但并不清楚谁正在将航海图销售给导航员。

这一时期另外一位重要的航海图制作者就是迪奥戈·里贝罗，是前往西班牙帮助麦哲伦航行的葡萄牙宇宙志学者之一，并且他在 1523 年成为贸易署第一位被任命的宇宙志学者。他一生剩余的时间都在为西班牙工作：最初几年规划从在拉科鲁尼亚的短命的香料贸易署（Casa de la Especiería）前往香料群岛的探险，从 1528 年至他去世则一直在塞维利亚的贸易署[204]。1544 年，一群导航员被询问关于之前 25 年在塞维利亚制作航海图的人的情况；除了古铁雷斯家族（他们是在询问中经常被提及的）之外，里贝罗是最经常被提到的人[205]。里贝罗确实在他在西班牙期间是一位活跃的航海图制作者，因为他的世界地图中的一些依然保存下来（参见图 30.25 和图 30.28 – 30.30，以及图 40.3、图 40.6 和图 40.12 中的细部）。1525 年试图让加西亚·霍夫雷·德洛艾萨（García Jofre de Loaysa）就职香料群岛舰队的总督，携带着由里贝罗和托雷诺制作的航海图；实际上，这些航海图似乎被携带在同一艘船只上，因为导航员之一注意到它们之间 4 里格的差异[206]。似乎可能的是，里贝罗还将航海图出售给单独的导航员，但是这些航海图没有保存下来。

2. 古铁雷斯家族：1534—1581 年

对于世纪中期的数十年知道得更多一些，主要归因于宇宙志学者之间诉讼的档案汇编。在 16 世纪中期，古铁雷斯家族维持了对航海图贸易的实际垄断。迭戈·古铁雷斯在 1534 年被授权作为一位宇宙志学者，尽管他在这之前已经活跃了数年。他获得职位主要归功于他的朋友和同盟塞巴斯蒂亚诺·卡伯特（总导航员）以及来自很多导航员的支持[207]。他遵照工匠的传统；没有受过大学教育或者拉丁语的知识，他是宇宙志学者中教育程度最低的。他训练了他的三个儿子——路易斯、桑舒和迭戈——从儿童时代就开始制作航海图和设备，并且桑舒转而训练他的孩子之一，同样起名为桑舒，尽管小桑舒并没有继续从事这一领域的工作[208]。总体上，家族从老迭戈被授权开始直至桑舒在 1581 年去世都主导了这一领域。

在 16 世纪 30 年代和 40 年代，这一垄断权通过与塞巴斯蒂亚诺·卡伯特的共谋而获得。作为总导航员，卡伯特被禁止自己向导航员出售航海图，但是作为首席检查员，他可以控制

[203] Rolando A. Laguarda Trías, *El cosmógrafo sevillano Andrés de San Martín, inventor de las cartas esféricas* (Montevideo, 1991), 22 – 24, 以及 Varela, *Colón y los Florentinos*, 78 – 81。

[204] 关于里贝罗的生涯，参见 Vigneras, "Cartographer Diogo Ribeiro."

[205] AGI, Justicia, 1146, N. 3, R. 2, block 3, fol. 46v, 22 October 1544, 迭戈·古铁雷斯提供的调查问卷中的第 14 个问题，按照来自不同导航员的问题的证词。18 位导航员中的 8 位提到了里贝罗，同时一位导航员（Cristobal Cerezo de Padilla）提到了托雷诺。当在第 19 个问题中特别问到这两人曾经制作过的航海图的时候，大多数人可以做出回答。

[206] Cerezo Martínez, *Cartografía náutica*, 185. 导航员是 Martín de Uriarte。

[207] AGI, Indiferente, 1204, No. 21, undated 1533 来自迭戈·古铁雷斯的希望被任命为宇宙志学者的请求，由一份卡伯特、11 位导航员和 18 位船主签署的请愿书所支持；Indiferente, 1961, L. 3, fol. 82rv, 7 November 1533 对于获得关于古铁雷斯的信息的要求；以及 Contratación, 5784, L. 1, fol. 58v, 21 May 1534 任命古铁雷斯为宇宙志学者，年薪为 6000 马拉维迪斯（mrs），或 16 杜卡托（ds）。

[208] 在 1566 年 2 月 15 日，当他前往宫廷的时候，桑舒授予他儿子在他位置上工作的权力；参见 AGI, Justicia, 792, N. 4, fol. 57r. 小桑舒可能替补成为一位宇宙志学者，这不仅仅只是一个法律问题，因为在 7 月，委员会命令，老桑舒被给予全薪，尽管他的缺席；参见 AGI, Indiferente, 1967, L. 16, fol. 32rv, 4 July 1566. 我们了解此后就没有再提到小桑舒。

哪些航海图可以通过检查。当佩德罗·德梅迪纳在 1538 年前往塞维利亚的时候，他未能成功地打破这一垄断。甚至在 1540 年的一项官方规定，即在航海图贸易中不应当存在垄断之后，梅迪纳的商店也没有成功，尽管他的抱怨确实导致了检查委员会中纳入了宇宙志学者[209]。当古铁雷斯恳求来自 18 位导航员的证词的，即询问是否确实在最近 20 年中，他和他的儿子制作了在塞维利亚销售的所有航海图和设备的时候，大多数导航员没有保留的表示同意[210]。虽然这一证词确实受到了一种选择偏见的影响，但梅迪纳自己证实，导航员没有选择，只能购买古铁雷斯的航海图[211]。

在那时，古铁雷斯家族的至少三名成员正在制作航海图。路易斯，最年长的儿子，已经结婚，有着自己的家庭和一座商店，从那里他出售航海图和设备，尽管他没有得到官方授权从事这一工作[212]。第二个儿子，桑舒，被单独授权制作航海图，可能作为他申请被任命为宇宙志学者失败的一种补充奖励[213]。小迭戈似乎没有太多的活动，尽管他可能作为他父亲的助手进行工作；1554 年，他被授权，主要是继承他父亲去世后留下的职位[214]。

尽管 1548 年卡伯特离开了西班牙，并且迭戈·古铁雷斯在 1552 年晚期被停职，但古铁雷斯的儿子们继续主导了这一贸易，不仅制作新的航海图和航海设备，而且修复旧有的航海图和设备[215]。尽管梅迪纳放弃了在塞维利亚销售航海图的尝试，但对古铁雷斯垄断权的新的威胁来自赫罗尼莫·德查韦斯。赫罗尼莫是阿隆索·德查韦斯（自 1552 年担任总导航员）的儿子，他自己是一位宇宙志学者和贸易署的宇宙志教授[216]。他显然开始制作和销售航海图和设备，因为在 1556 年，巴斯蒂亚诺·卡伯特挑战了他如此做的权力，他认为禁止总导航员出售设备的禁令应扩展到其整个家族[217]。没有小查韦斯曾经在向导航员销售航海图上获得成功的证据，尽管他的一些作品保存了下来，被奥特柳斯包括在他的地图集中，并且出现在查韦斯自己著作的图示中[218]。

古铁雷斯兄弟继续主导这一领域，在整个 16 世纪 70 年代，超越了所有竞争对手，尽管

---

[209] AGI, Indiferente, 1963, L. 7, fol. 84v, 17 February 1540 cedula 说到，卡伯特和古铁雷斯不应当在航海图或设备方面有着垄断权，并且任何有着执照的人都应当可以销售它们；也可以参见 Indiferente, 1207, No. 61 的陈述，检查制度在 1545 年 3 月 9 日发生了改变。

[210] AGI, Justicia, 1146, N. 3, R. 2, block 3, fol. 46v, 22 October 1544，由迭戈·古铁雷斯提供的调查问卷的第 14 个问题，此后是来自不同导航员的对这一问题的证词。

[211] AGI, Justicia, 1146, N. 3, R. 2, block 3, fol. 19v, 3 September 1544 佩德罗·德梅迪纳的陈述。

[212] AGI, Justicia, 1146, N. 3, R. 2, block 2, fol. 3v, 19 August 1544 阿隆索·德查韦斯对于古铁雷斯家族的抱怨；block 3, fol. 10r, 9 September 1544 阿隆索·德查韦斯对他的抱怨的重申；以及 block 3, fol. 8rv, 28 August 1544 迭戈·古铁雷斯的回应。

[213] AGI, Indiferente, 1206, No. 24, 27 October 1539 桑舒·古铁雷斯提交证人的具结书用于支持他被任命为宇宙志学者的申请，以及 Indiferente, 1963, L. 7, fol. 45rv, 12 December 1539 cedula 命令巴斯蒂亚诺·卡伯特以及宇宙志学者去观看，桑舒·古铁雷斯是否适合制作航海图和设备。这一检查似乎很顺利，因为后来他被授予了执照。

[214] AGI, Contratación, 5784, L. 1, fol. 99v, 22 October 1554.

[215] 一个著名的例子涉及用一块磁石去重新触碰罗盘；参见注释 219。

[216] AGI, Indiferente, 1963, L. 8, fols. 94r–95r, 29 November 1541 任命赫罗尼莫·德查韦斯为宇宙志学者，以及 Contratación, 5784, L. 1, fol. 95rv, 4 December 1552 任命查韦斯担任首席宇宙志教授。

[217] AGI, Justicia, 792, N. 4, fols. 49v–52r, 1556 年诉讼的抄录，由桑舒·古铁雷斯引用作为反对阿隆索·德查韦斯评判他的仪器的理由。这一问题从未被解决。

[218] 他著作中的地图是小的插图，展示了如风以及地球的形状和位置等主题。关于他的已知作品，参见 Karrow, *Mapmakers of the Sixteenth Century*, 116–18, 以及 Martín-Merás, *Cartografía marítima hispana*, 126, 129–30 (color reproductions), and 132.

只留下零星的记录㉑。1569 年，迭戈申请被任命为宇宙志学者未能获得成功，他认为，只有两位宇宙志学者是不够的㉒。迭戈可能在 1574 年去世，当时桑舒宣称是在塞维利亚的唯一一位制作航海图的人㉑。到他于 1581 年去世之前，桑舒是唯一一位宇宙志学者，而且由于长期如此，因此这一职位被描述为传统上是被垄断的㉒。当古铁雷斯家族的垄断开始的时候，他们是最没有受过教育的，并且与在塞维利亚的大量宇宙志学者有着糟糕的联系。到桑舒去世的时候，对于航海图销售的垄断被看成这一职位最为重要的补贴。

3. 萨莫拉诺和维利亚罗洛：1581—1596 年

16 世纪 80 年代和 90 年代，以两位新的宇宙志学者罗德里戈·萨莫拉诺和多梅尼科·维利亚罗洛之间的战斗为特点。两者竞争的不仅是航海图和设备的贸易，而且也是更为享有声望的总导航员的职位，以及塞维利亚的最为杰出的宇宙志学者的地位。他们是受过更多教育的并且同样是成功地向导航员销售航海图的最早的宇宙志学者，并且在他们任期内，向导航员销售航海图和设备的行为更为密切的与塞维利亚的其他宇宙志活动联系起来。由于涉及的人的个性以及他们倾向于将每个争议直接提交给印度群岛委员会，因此他们的争论提供了关于 16 世纪末在塞维利亚的航海图销售情况的具有无比价值的证据，以及限制贸易和确保可用性之间的不断变化的平衡。

罗德里戈·萨莫拉诺主要感兴趣的并不是将航海图销售给导航员。在有着多年的在大学中的教学经历之后，他被任命为宇宙志教授，并且只是后来才被授予作为宇宙志学者的名誉职位，因而被允许出售航海图。他自己的叙述表明，他通过他的著作教授导航员并且为特定的探险提供航海图，由此进入航海图贸易中㉓。然而，到 1584 年，萨莫拉诺被深深地卷入航海图的销售中，因而认为值得为他的垄断权去抵御新的宇宙志学者多梅尼科·维利亚罗洛的侵入。

维利亚罗洛出生在由西班牙菲利普二世所统治的那不勒斯王国的城镇斯蒂洛㉔。对于维利亚罗洛的早期生活知之甚少，但是在某一时间，他进入了教会，研究宇宙志，并且

㉑　其中最为突出的就是一个家族争夺用于重新磁化导航员罗盘的一块磁石的控制权；参见 AGI, Justicia, 792, N. 4，以及 Ursula Lamb, "The Sevillian Lodestone: Science and Circumstance," *Terrae Incognitae* 19 (1987): 29 – 39, reprinted in *Cosmographers and Pilots*, item Ⅶ.

㉒　AGI, Indiferente, 2005，来自迭戈·古铁雷斯的申请，1569 年 3 月 30 日收到，以及 Indiferente, 1967, L. 17, fols. 139v – 40r, 7 April 1569 贸易署官方需要更多信息的要求。

㉑　AGI, Patronato, 262, R. 9, fol. 10r, 10 March 1574，由桑舒·古铁雷斯呈现的调查问卷的第三个问题，以及不同导航员针对问题的证词，以及 Justicia, 931, N. 6, 22 February 1577 Cristobal Garcia de la Vega 描述了迭戈死亡的证词。

㉒　尽管 Pulido Rubio 将他去世的时间列为 1580 年 8 月 13 日 (*Piloto mayor*, 981)，但他活跃于 1581 年年初；他的去世可能是在 1581 年 8 月 13 日。桑舒出现在 1581 年 4 月 30 日的 Gonzalo Baez Bello 的考试中，但是在 1581 年 12 月 Juan Camacho 的考试以及此后的任何考试中则没有被提到 (AGI, Contratación, 52 A, nos. 7 and 8)。关于被垄断的宇宙志学者的职位，参见 AGI, Patronato, 252, R. 77, block 2, image 25, 5 May 1584 来自贸易署官方写给印度群岛委员会的报告。

㉓　AGI, Patronato, 262, R. 11, blocks 1 and 2；Indiferente, 740, No. 165, 20 August 1583 *consulta* 关于提高他的薪水；以及 Contratación, 5784, L. 3, fol. 27rv, 5 September 1583 *cedula* 将他的工资从 60000 提高至 80000 马拉维迪斯。

㉔　关于维利亚罗洛的简要生平，参见 Agustín Hernando Rica, "Los cosmógrafos de la Casa de Contratación y la cartografía de Andalucía," in *Miscelanea geografica en homenaje al profesor Luis Gil Varon* (Córdoba: Servicio de Publicaciones de la Universidad de Córdoba, 1994), 125 – 43, esp. 134 – 36. 与维利亚罗洛在那不勒斯的工作相关的更多信息，参见本卷的 pp. 222 – 24. 以及，对维利亚罗洛和萨莫拉诺之间竞争的叙述，引用了很多相关档案，参见 Pulido Rubio, *Piloto mayor*, 647 – 95。

开始制作航海图。16 世纪 80 年代早期，一份在海上确定经度的提议让他获得了西班牙印度群岛委员会的注意。当在马德里等待升迁的时候，维利亚罗洛要求允许他前往塞维利亚，说到，他已经听说，他们需要人去制作航海设备和航海图。这奠定了在他和萨莫拉诺之间长达十年的竞争和激烈争论的基础。在很多争论纯粹是关于地位和经济利益的同时，由于经常发生的对贫困的抱怨，因此其还产生了关于规范航海图贸易时所遇困难的涉及面较广的问题。

维利亚罗洛在塞维利亚面对着坚决的反对。他明确的进入航海图贸易中的意图威胁了当地的利益，因此检查委员会拒绝批准他的航海图被销售[225]。当被询问的时候，总导航员，阿隆索·德查韦斯，基于他关于维利亚罗洛的外国人身份的情况（作为阿拉贡王国而不是卡斯蒂尔的附属国），以及将关于印度群岛的秘密交给外人显而易见的不利情况；他甚至建议，官方应当没收维利亚罗洛所拥有的所有航海图。阿隆索·德查韦斯认为，将外国人保持在航海图贸易之外“对于前往印度群岛的航行的安全、平静和稳定而言，是非常重要的”[226]。由于国家的原因，外国人禁止拥有航海图，他们当然更不应当掌管航海图的生产。

自然，维利亚罗洛，看到了问题的困难，因而表达他自己只是单纯地为了满足航海图的需求，而这种需求将导致导航员去在葡萄牙购买不确定的和不受管理的航海图[227]。由于通常情况下，在提到这种可能性时，只是用来展示本地制作的航海图的缺乏，因此并不清楚，实际情况中，西班牙导航员使用葡萄牙航海图的普遍性，但是一些零散的提及保存在法律记录中[228]。在任何情况下，印度群岛委员会都会继续确保满足对当地制作的航海图的需求，无论是为了收入，还是为了控制制作的机会。希望挖掘这种情绪，维利亚罗洛搜集请愿和证词，并且带到马德里，在那里他的策略获得了大部分（即使是延迟的）成功[229]。

印度群岛委员会试图找到一种折中方案。他们同情维利亚罗洛的抱怨，即他无法从销售航海图中获得足够的钱，同时不愿意让他不再为西班牙服务，但又拒绝了他的将航海图销售给外国人以挣得额外收入的想法。取而代之，委员会建议，应当给予维利亚罗洛与宇宙志教授（萨莫拉诺）相同的薪水，因为两个工作对于正确地规范航海有着同等的必要性。国王批准了这一建议，给予额外的条件，即维利亚罗洛教授其他人制作航海图，大概是为了避免未来再次出现稀缺问题[230]。

然而，在塞维利亚的职位，并不是维利亚罗洛所希望的全部，无论是资金方面的，还是

1136

㉕　AGI, Patronato, 252, R. 77, block 2, images 28 – 29, 20 April 1584, 阿隆索·德查韦斯和罗德里戈·萨莫拉诺宣誓后的证词。

㉖　AGI, Patronato, 252, R. 77, block 2, image 31, 4 August 1584 阿隆索·德查韦斯的陈述。

㉗　AGI, Patronato, 252, R. 77, block 2, images 32 – 33, undated 1584 来自多梅尼科·维利亚罗洛的诉求。

㉘　例如，参见 AGI, Contratación, 642, N. 2, R. 1, 1568 诉讼跟随着一个来自 Alonso Diaz 对于返还一幅被没收的航海图的请求，以及 Indiferente, 1088, L. 13, fol. 10r, 20 February 1585 来自马雷安特斯大学的诉求。

㉙　AGI, Patronato, 262, R. 1, block 2, 未标注时间的，来自多梅尼科·维利亚罗洛的请求；Indiferente, 1952, L. 3, fols. 147r – 48r, 7 October 1586, 任命；Indiferente, 741, N. 128, 30 October 1586 consulta 关于提高维利亚罗洛的工资；以及 Contratación, 5784, L. 3, fols. 45v – 46r, 23 November 1586 cedula 将他的工资提高至 80000 马拉维迪斯。他还被一次性给予了 300 雷阿尔，或大约 10000 马拉维迪斯；参见 Indiferente, 426, L. 27, fols. 143v – 44r。

㉚　AGI, Indiferente, 741, N. 128, 30 October 1586 consulta；也可以参见较早的 consulta in N. 96, 20 August 1586。

名望方面的，并且给他自己的宇宙志项目留下的时间并不多[⑳]。维利亚罗洛在销售航海图和设备中也不算非常成功，尽管他将他的失败归罪于萨莫拉诺持续的阻挠[㉒]。不止萨莫拉诺和维利亚罗洛从航海图贸易中获利，因为在1592年，一位新的航海图制作者申请了一份许可，宣称，维利亚罗洛的航海图是不充分的，并且对他之前的一些抱怨进行了回应。这一新的威胁就是赫罗尼莫·马丁（Jerónimo Martín），一位来自阿亚蒙特（Ayamonte）的导航员，其宣称他在过去八年中，在他的宇宙志研究以及在对所讨论地点的长期经验的辅助之下，他在塞维利亚已经制作了航海图和其他设备[㉓]。出于谨慎，印度群岛委员会从当地的专家那里寻求信息，这些专家最初去观看他制作一幅航海图。按照一份证词，不仅马丁的航海图绘制得很好，且他的书写清晰和易读，而且他还有着基于报告制作新的航海图的稀有技能[㉔]。尽管有着来自专家的证词、一份来自贸易署官员的关于需要另外一位宇宙志学者的报告，以及另外一份来自马丁的请求，其宣称地图非常短缺以至于人们再次退而在里斯本购买航海图，但马丁没有获得任命[㉕]。然而，他可能继续售出航海图。

到1594年，竞争非常充分，由此维利亚罗洛抱怨其陷入赤贫并且威胁回到那不勒斯[㉖]。第二年，他搜集了他所有的报告，并且徒步走到马德里去请求帮助。印度群岛委员会建议授予他500杜卡托（超过他年薪的一倍）去确保他能留下来，但是这一关心来得太晚了，维利亚罗洛离开此地前往了法兰西[㉗]。在写信给西班牙的朋友时，维利亚罗洛描述了他在与城里最好的人的晚餐活动，他们慷慨的贷款以及提供薪水来说服他留下来，这与他在塞维利亚的待遇形成鲜明对比[㉘]。此外，对他的生涯就一无所知了。

不太清晰的就是，在这15年中是谁出售航海图给导航员。维利亚罗洛证明，他试图如此，但从他的抱怨来看，很少成功，而且他经常不在那里。尽管他的一些航海图保存了下来，但没有一幅是非常适合出售给在塞维利亚的导航员的。一幅1589年的地中海的航海图，推测绘制于他因健康而在那不勒斯的时期[㉙]。一幅有着装饰的绘本地图集可能来自相同的时期，尽管在后面的用可旋转的轮盘给出的例子的时间是在16世纪的最后几年[㉚]。无论时间

㉑　维利亚罗洛经常性的生病、缺席以及支付的问题进一步恶化了这一状况；参见 AGI, Patronato, 251, R. 77, block 1. 关于他试图提高他职位的尝试，参见 Patronato, 251, R. 77, block 2, images 56–58, November 1590 关于在宫廷中作为宇宙志学者或者被命名为总导航员以取代萨莫拉诺的请求，以及 Indiferente, 741, N. 96, 6 June［1591］对于一个牧师职位的请求。

㉒　AGI, Indiferente, 1090, L. 17, fols. 18v–19r, 11 January 1588 来自 Domenico Vigliarolo 请求的一个概述。

㉓　AGI, Patronato, 261, R. 8. 这对于来自阿亚蒙特的赫罗尼莫·马丁可能也是如此，其为前往 Tierra Firme 的导航员的执照在1590年2月9日参加了考试。

㉔　这一证词来源于天文学家和医生 Simón de Tovar，他还是一位世交；参见 Vicente Maroto and Esteban Piñeiro, *Ciencia aplicada*, 380–81 and 423. 其提供的证词比被委员会询问的专家提供的要更为详细。

㉕　AGI, Patronato, 261, R. 8, image 25, 来自马丁的请求；images 27–28, 10 February 1593 来自贸易署官员的报告；以及 images 31–36, February 1593 罗德里戈·萨莫拉诺、Alonso de Chaves Galindo 和 Diego de Albendín 的证词。

㉖　AGI, Indiferente, 2007, 2 November 1594 来自维利亚罗洛的请求。

㉗　AGI, Indiferente, 868, 17 August 1595 印度群岛委员会的 *consulta*。最终的命令是给予300杜卡托。

㉘　AGI, Patronato, 262, R. 11, images 41–42, 6 August 1596 维利亚罗洛从波尔多发给钟表匠 Maestro Pedro（可能是 Pedro Grateo）的信件，以及 image 44, 未注明日期的，从维利亚罗洛送往外科医生 Romulo Folla 的信件。

㉙　航海图现在位于 Madrid, Servicio Geográfico del Ejército；参见 Martín-Merás, *Cartografía marítima hispana*, 120–21。

㉚　这一地图集现在收藏于 Hispanic Society of America；参见 Sider, *Maps, Charts, Globes*, 35–36. 这似乎就是在 Cesáreo Fernández Duro, *Disquisiciones náuticas*, 6 vols.（1876–81；reprinted Madrid：Ministerio de Defensa, Instituto de Historia y Cultura Naval, 1996）, 6：566–67 中所描述的地图集，尽管他提到的标题页上的时间1598年已经被擦去。

为何，地图集清晰地聚焦于欧洲和地中海；其包括了爱琴海和亚得里亚海的大型航海图，同时忽略了西班牙在新世界和东印度群岛的土地。唯一显示了新世界的航海图（No. 5）显示了北太平洋（图版40）。在这一地图集清晰地展示了维利亚罗洛的技巧的同时，其没有涉及他可以提供给导航员使用的任何类型的地理细节。

萨莫拉诺还证实，为了向导航员销售而制作了航海图，但是没有提到，他是否成功地获得了他们的支持，或者他是否确实出售了任何一幅，并且他的航海图没有保存下来。维利亚罗洛在1589年抱怨，某位不知姓名的人不仅在没有授权的情况下制作航海图，而且将它们卖给外国人，但并不清楚他指的是谁[241]。赫罗尼莫·马丁确实证实销售了航海图，但是他在当时并没有得到授权，由此似乎不太可能的是，马丁制作了大量被销售的航海图。尽管来自大学的对缺乏航海图的例行公事的抱怨并不是那么的大公无私，但它们可能确实反映了市场中的一个不稳定的时期。基于对缺乏航海图及其高昂价格的抱怨，可能确实存在航海图的缺乏，至少是在某一时期。然而，提到的航海图的价格，表明，它们的价格在16世纪后半期几乎翻番了，同时导航员的工资（同样归因于缺乏而较高）几乎提高了三倍（参见表40.1）。

1137

保密、保护主义和外国人的权利

维利亚罗洛的生涯表明，环绕在关于保密和国籍的法律周围的复杂因素[242]。由查韦斯和萨莫拉诺提出的对保密的关心显然是自私自利的，但它们反映了在西班牙的习惯中一种长期存在的趋势。广为人知的，来源于至少16世纪早期的法律并且被所有导航员和宇宙志学者的许可誓言所强化，所有航海的细节，包括航海图，应当被保密。航海图向任何希望航行到新领土的人提供了有帮助的信息——它们的纬度、基于已知地点的罗盘方向，以及需要避免的危险。由于西班牙政府希望将其他国家拒之于西班牙领土的贸易和定居之外，并且避免这些领土受到攻击，因此航海图以及与此相伴的任何形式的描述，被认为是受到集中控制的国家机密，未经事先许可不得泄露。所有导航员必须宣誓保证不让他们的航海图进入外国人的掌握中，并且必须将过时的航海图交回进行销毁。而且，如果不首先证明他们是卡斯蒂尔的公民，否则就无法得到授权，甚至不会被允许接受所需要的关于宇宙志的课程。航海图制作者，同样，必须宣誓不将他们制作的航海图销售给外国人，并且印度群岛委员会明确否定了维利亚罗洛在1586年提出的取消这一限制的请求。关于航海的书籍，在没有得到允许的情况下不能被印刷，并且如果它们对于前往印度群岛的路线介绍的太详细的话，那么按照惯例，印刷的许可将会被驳回[243]。

---

[241]　AGI, Patronato, 251, R. 77, block 2, images 33–34, 27 November 1589.

[242]　这一问题没有被忽略。关于保密，参见 J. B. Harley, "Silences and Secrecy: The Hidden Agenda of Cartography in Early Modern Europe," *Imago Mundi* 40 (1988): 57–76, esp. 60–65. 关于西班牙人的保密措施，参见 Martín-Merás, *Cartografía marítima hispana*, 153–54; idem, "Cartografía de los descubrimientos," 90–93; 以及 Geoffrey Parker, "Maps and Ministers: The Spanish Habsburgs," in *Monarchs, Ministers, and Maps: The Emergence of Cartography as a Tool of Government in Early Modern Europe*, ed. David Buisseret (Chicago: University of Chicago Press, 1992), 124–52, esp. 125. 与荷兰的对比，参见 K. Zandvliet, *Mapping for Money: Maps, Plans and Topographic Paintings and Their Role in Dutch Overseas Expansion during the 16th and 17th Centuries* (Amsterdam: Batavian Lion International, 1998), 94–98. 也可以参见 Richard L. Kagan, "Arcana Imperii: Mapas, ciencia y poder en la corte de Felipe IV," in *El atlas del rey planeta: La "Descripción de España y de las costas y puertos de sus reinos" de Pedro Texeira (1634)*, ed. Felipe Pereda and Fernando Marías (Madrid: Editorial Nerea, 2002), 49–70。

[243]　例如，参见 Chaves, *Espejo de navegantes*, 以及 Escalante de Mendoza, *Itinerario de navegación*。

这种地理信息，转而，是外国人（也是在外国的西班牙人）发自内心所寻求的。在 16 世纪，新世界的船只和定居地成为海盗经常攻击的目标（海盗，是西班牙对那些驾驶所有种类敌对船只的人的称呼），当可能的时候，他们偷窃航海图。例如，弗朗西斯·德雷克爵士，据传闻非常高兴能捕获太平洋地区的航海图。德雷克（和其他人）同样通常将他们捕获的船只上的导航员保留下来，而不是与剩下的船员一起释放[214]。因而，拒绝允许外国人接触航海图，与一项长期存在的政策相一致，这一政策则基于西班牙人和他们的敌人所持有的关于航海图用途的观点。

然而，这些法律，从不是绝对的，也不是意在将航海的所有信息保持秘密——因为这很容易被认为是一个注定要失败的努力。没有一种保险的方式可以阻止海盗从捕获的船只上获得航海图，也没有人愿意建议，导航员应当不让他们自己被捕获。甚至关于应当使用哪种航海图的论证，也假设航海图将会达到外人手中；否则，"分界线"的描述应当不会是一个如此重要的问题。

维利亚罗洛并不是唯一在塞维利亚建立商店的来自外国的航海图制作者，尽管他是自卡伯特之后第一位如此公开逃离的人。20 年之前，桑舒·古铁雷斯已经成功地辩称，某位安德烈斯·弗雷莱（Andrés Freile）应当被禁止制作航海图，因为他是一位葡萄牙人，而且是一位葡萄牙宇宙志学者的儿子[215]。到维利亚罗洛试图销售航海图的时候，关于保密的必要性的论据，被关于需要保护本土航海图制作者并且不允许外国人窃走他们的商业的论据所补充。这些后来的论据的重要性，显然从缺乏对维利亚罗洛逃亡法兰西的反应就可以看出。就在他离开之前，印度群岛委员会已经建议，他知道太多的秘密，并且应当被说服留下。然而，一旦他离开了，也就没有人在乎了。没有印度群岛委员会曾就他的离开进行过讨论，或者他们关注于丢失的航海图的记录。已知唯一提到维利亚罗洛在法国的西班牙的记录，是那些由罗德里戈·萨莫拉诺提交的试图证明维利亚罗洛已经放弃了他职位的文件。

由此，控制关于航海的信息的尝试，应当表明了什么？首先，似乎清楚的是，关于保密的规则在抑制竞争时被援引的次数与控制信息时一样多。萨莫拉诺（类似于他之前的古铁雷斯）攻击在塞维利亚的试图与他竞争的每个人；类似于维利亚罗洛的外国人只是为他提供了额外的用于攻击他们的弹药。印度群岛委员选择忽视保密的因素以确保航海图的充分供应，这一事实表明了后一种因素的重要性。 1138

但是缺乏关注也是对地理信息的态度发生微妙转变的证据，从强调国家秘密到强调宣传。正如一部著作的作者在 1582 年在一次不成功的尝试使其获得出版许可的辩解中所阐述的，敌人和海盗已经知道了所有他们需要的东西[216]。当另外一位宇宙志学者认为，当局应当会感到极大的遗憾，如果在允许地理信息被出版之前，不对它们进行仔细的检查的话，其所恐惧的并不在于泄露秘密，而在于可能会出版以后会在领土争端中被用来攻击西班牙的主

⑭　Harry Kelsey, *Sir Francis Drake*：*The Queen's Pirate*（New Haven：Yale University Press，1998），esp. 97 and 169.

⑮　AGI，Indiferente，1966，L. 15，fols. 17v – 18r，16 December 1563 来自委员会发给贸易署禁止允许弗雷莱制作地图的命令，如果他是葡萄牙人的话，以及 fols. 30r – 31r，10 January 1564 chapter 在一份写给贸易署官员的信件中谈到他们应当遵守命令。

⑯　Escalante de Mendoza，*Itinerario de navegación*，13.

张和数据㉔。维利亚罗洛带走的航海图应当对于这类目的没有用处，并且这可能也是他的离开没有引起太多关注的原因之一。

结　论

在出售给导航员的航海图没有保存下来的同时，贸易署的记录，尤其是航海图制作者之间的法律诉讼，向我们提供了关于是谁制作并且销售航海图的足够充分的信息，由此可以得出一些总体性的结论。在整个世纪中，导航员自身，尽管他们缺乏行政层面的力量，但在决定谁应被授权出售航海图，以及谁能成功地销售航海图中非常活跃。此外，他们并不可耻于委托制作特殊目的的航海图，或者从葡萄牙人那里购买航海图，当在塞维利亚可以得到的航海图无法得到他们支持的时候。印度群岛委员会在履行其与航海图有关的日常工作方面较不成功。尽管他们试图确保有足够详尽的航海图的充分供应，但事实证明非常难以在这种渴望与在避免将关于航海图的细节泄露给外国人的相反的渴望之间，以及在与每一位航海图制作者获得生产中的垄断地位的尝试中建立一种平衡。

由于宇宙志学者的数量在16世纪中减少，他们之间的竞争变得日益喧嚣，对于垄断权的争夺变得更为公开，同时航海图的短缺也越来越是一个问题。到安德烈斯·加西亚·德塞斯佩德斯在塞维利亚完成航海图和设备的改革的时候，罗德里戈·萨莫拉诺是唯一的官方宇宙志学者，并且他还担任着总导航员和宇宙志教授，由此使得他很少有时间可以为导航员制作航海图。为了缓和这种短缺，委员会最终批准了导航员赫罗尼莫·马丁之前的请求，任命他为任期两年的宇宙志学者㉘。从这一时间之后，这一职位是一种官方垄断，尽管这一垄断从未能阻止未授权的制作者去销售航海图。

由于环绕在航海习惯周围的详细规则，西班牙的航海地图学受到国家的密切管理。这些管理由在塞维利亚的贸易署和在皇家宫廷中的印度群岛委员会建议和执行，并且通常透露了导航员使用航海图作为航海工具的渴望与政府将航海图作为对领土位置的宣言的渴望之间的紧张关系。在这一广泛的框架内，还存在其他一些紧张关系：在官方模板航海图制作者与那些制作了被导航员在海上使用的航海图制作者之间，在航海图的制作者与它们的使用者之间，在对信息的获得加以限制的渴望与使其被那些需要的人所获得之间，以及在渴望建立一种受到控制的垄断与害怕让任何人在航海图生产中获得垄断地位的恐惧之间。

尽管由于本章的目的，我对作为航海官僚体系的一部分的海上航海图、官方模板航海图的创立和修订，以及销售给导航员的航海图单独进行处理，但在这些主题之间的密切联系是显而易见的。集中于塞维利亚的作坊以及来自皇家宫廷的监督都构成了相同的一以贯之的传统的一部分，区别于马略卡学派的地中海传统以及在里斯本的葡萄牙传统。这一传统就是为国家服务的宇宙志学者，向西班牙前往东印度群岛和西印度群岛的航行提供技术支持，并且对导航员和殖民地管理人员的需求非常注意（尽管程度不同）。诞生自哥伦布的航行，这一传统在16世纪中不断变化，但是通常保持着与航海习惯和政府监督之间的密切联系。

㉔ AGI, Patronato, 259, R. 72, 18 February 1578，胡安·包蒂斯塔·葛西奥写给国王的信件。

㉘ 马丁以 Jerónimo Martínez de Pradillo 的名字被任命；参见 AGI, Contratación, 5784, L. 3, fol. 100rv, 26 August 1598。

附录40.1　在贸易署的宇宙志学者和专职专业人员，1503—1603 年（按照最早任命的时间排列）

一位航海图制作者（*maestro de hacer cartas y instrumentos*）被授权向导航员制作和销售航海图，取决于他们是否通过了由总导航员以及后来由一个为此目的而指定的委员会的检查。一位宇宙志学者（*cosmografo*）有着一位航海图制作者的所有权利和责任，此外被期望出席导航员授权考试。教授的职位（*cathedrático*）创建于 1552 年，并且这一工作涉及在成为导航员所需要的日常课程中教授宇宙志和仪器的使用。总导航员（*piloto mayor*）掌管航海图和设备的检查，并且监督执照考试。我在这一表格中包括了总导航员的职位、总导航员的助手，以及当被任命者还是宇宙志学者时的代理总导航员。

人名	职业	任命的时间	年薪 马拉维迪斯 （mrs）	备注
乔瓦尼·韦思普奇	导航员	1512 年 5 月 22 日	20000 mrs	1525 年 3 月 18 日解除职务
	航海图制作者	1512 年 7 月 24 日	没有	授权可以出售模板航海图的副本，而没有正式职务
	代理总导航员	1526 年 6 月 26 日（和努诺·加西亚·托雷诺）		可能从未服务过；在 1528 年之后去世
安德烈斯·德圣马丁	航海图制作者	1512 年 7 月 24 日之前	没有	授权可以出售模板航海图的副本，而没有正式职务；与麦哲伦一起离开；1521 年去世
弗朗西斯科·法莱罗	没有详细说明	1519 年 4 月 30 日	35000mrs；在 1532 年 8 月 10 日升至 50000mrs	一直作为一名宇宙志学者对待；去世于约 1574 年
努诺·加西亚·托雷诺	航海图制作者	1519 年 9 月 13 日		去世于 1526 年 6 月 22 日
	代理总导航员	1526 年 6 月 26 日（和乔瓦尼·韦思普奇）		从未服务过
迪奥戈·里贝罗	宇宙志学者	1523 年 7 月 1 日	30000 mrs	去世于 1533 年
	总导航员助理	1527 年 8 月 2 日	没有	任命去帮助费尔南多·科隆；到卡伯特回归，于 1532 年 3 月停止
阿隆索·德查韦斯	总导航员助理	1527 年 8 月 2 日	没有	任命去帮助费尔南多·科隆；到卡伯特回归为止
	宇宙志学者	1528 年 4 月 4 日	30000 mrs	
	导航员的授课者	1528 年 8 月 21 日	没有	到卡伯特回归为止
	总导航员	1552 年 7 月 11 日	未详细说明	1586 年 4 月 21 日退休，有退休金；去世于 1587 年 8 月 24 日

续表

人名	职业	任命的时间	年薪 马拉维迪斯 （mrs）	备注
迭戈·古铁雷斯	宇宙志学者	1534 年 5 月 21 日	6000 mrs	1552 年 9 月 24 日被剥夺了职位；1554 年去世
	代理总导航员	1548 年 3 月 6 日（最初是和埃尔南多·布拉斯［Hernando Blas］）		代理总导航员的权力在 1548 年 12 月期满
阿隆索·德圣克鲁斯	宇宙志学者	1536 年 7 月 7 日	30000 mrs	1567 年 11 月 9 日去世
	Royalcontino（在宫廷）	1537 年 12 月 26 日	35000 mrs	被允许同时得到两份工资
佩德罗·梅希亚	宇宙志学者	1537 年 4 月 20 日	30000 mrs	去世于 1551 年 1 月 17 日
加斯帕尔·雷贝洛	航海图制作者	1537 年 7 月 23 日	没有	最后出现在记录中是在一份 1538 年 5 月 15 日的让卡伯特使其制作航海图的命令中
佩德罗·德梅迪纳	航海图制作者	1538 年 12 月 20 日	没有	1567 年去世；之前数年离开了塞维利亚
	宇宙志学者	1539 年 1 月 24 日	没有	命令谈到，他被作为一名宇宙志学者受到了训练
桑舒·古铁雷斯	航海图制作者	1539 年 12 月 12 日	没有	1581 年 8 月 31 日去世
	可以参加考试	1544 年 7 月 18 日	没有，没有投票	
	宇宙志学者	1553 年 5 月 18 日	10000mrs	
	教授（暂时的）	1569 年 5 月 25 日	30000mrs	暂时替代了赫罗尼莫·德查韦斯；1574 年 3 月 3 日由 Diego Ruiz 代替
	教授（暂时的）	1575 年 10 月 19 日	未指定	暂时替代了 Diego Ruiz（其在 1575 年 9 月 30 日之前去世）；在 1575 年 12 月 9 日职位授予了罗德里戈·萨莫拉诺
赫罗尼莫·德查韦斯	航海图制作者	1541 年 11 月 29 日	没有	可能作为一位宇宙志学者（措辞含糊不清）
	教授	1553 年 12 月 4 日	30000mrs	在 1568 年放弃了职位；在 1574 年 3 月 10 日之后去世
迭戈·古铁雷斯	航海图制作者	1554 年 10 月 22 日	6000mrs	取代了他的父亲，迭戈·古铁雷斯，在后者去世之后；在 1569 年 3 月 30 日未能成功的申请被任命为宇宙志学者；1574 年去世
迭戈·里韦罗	宇宙志学者	1573 年 3 月 11 日		
	教授	1573 年 3 月 11 日	60000mrs	在 1574 年 3 月 3 日获得的职位，但是在 1575 年 9 月 30 日去世；不清楚他是否服务过

1140

续表

人名	职业	任命的时间	年薪 马拉维迪斯 （mrs）	备注
罗德里戈·萨莫拉诺	教授	1575 年 11 月 20 日	60000mrs；在 1583 年 9 月 5 日升至 80000mrs	1613 年 2 月 23 日从职位上退休，在一条他不能同时担任总导航员和宇宙志教授的规定之后
	宇宙志学者	1579 年 8 月 26 日	没有额外薪水	他直至 1620 年 6 月 24 日之前一直占据着这一职位
	暂时的总导航员	1586 年 4 月 13 日	就像阿隆索·德查韦斯那样	最初任期为四年；在 1590 年 7 月 7 日重新任命；由安德烈斯·加西亚·德塞斯佩德斯在 1596 年 11 月 12 日取代
	总导航员	1598 年 4 月 14 日		他占据这一职位直至 1620 年 6 月 24 日去世
多梅尼科·维利亚罗洛	宇宙志学者	1586 年 10 月 7 日	10000mrs；在 1586 年 12 月 23 日升至 80000mrs	1596 年离开前往法兰西
赫罗尼莫·马丁	宇宙志学者	1598 年 8 月 26 日	80000mrs	按照与维利亚罗洛相同的条件规定了两年的试用期；在 1600 年 6 月 19 日需要重新任命；1602 年去世
安东尼奥·莫雷诺	宇宙志学者	1603 年 9 月 21 日	10000mrs；约 1610 年升至 80000mrs，并且在约 1611 年升至 112000mrs	1607 年 2 月 14 日获得永久性任命
	教授	1612 年 10 月 28 日	50000mrs，在萨莫拉诺在世期间，此后 100000mrs	
	总导航员	1625 年 1 月 2 日	50000mrs	1634 年 1 月 2 日去世

附录40.2 贸易署的总导航员职位的时间轴，1508—1620年 （斜体字标明是临时职位）

任命的时间	人名	离开/去世
1508年3月22日	阿美利哥·韦思普奇	1512年2月22日在任上去世
1512年3月25日	胡安·迪亚斯·德索利斯	1515年8月离开参加了一次航行；1516年早期去世
1515年7月27日	*弗朗西斯科·德科托*	索利斯的兄弟；在他航行期间，作为他的代理人
1518年2月5日	塞巴斯蒂亚诺·卡伯特	1521年的大部分时间在英格兰度过，参加了1524年在巴达霍斯的会议，两次都不知道是否有代理人；1526年3月离开参加了一次探险航行
1526年6月26日	努诺·加西亚·托雷诺和乔瓦尼·韦思普奇	由皇家的授权任命作为卡伯特的代理人；托雷诺在四天前去世了；没有证据表明韦思普奇曾经担任这一职位
1527年8月2日	费尔南多·科隆	由皇家的授权任命为卡伯特的代理人，由阿隆索·德查韦斯和迪奥戈·里贝罗协助
1532年3月	塞巴斯蒂亚诺·卡伯特	由皇家的授权任命作为卡伯特的代理人，在1548年之后，放弃了职位；1557年在英格兰去世
1548年3月6日	*埃尔南多·布拉斯和迭戈·古铁雷斯*	由卡伯特宣布为他的代理人；1548年7月确认，此后五个月到期
1549年9月之后	*埃尔南多·布拉斯*	印度群岛委员会任命作为代理总导航员，但是在1550年6月接受了一个舰队中的职位
1550年6月19日	*迭戈·桑谢斯·科尔切罗*	由贸易署官员任命，当卡伯特和布拉斯不在的时候
1552年7月11日	阿隆索·德查韦斯	10月1日任职；1586年4月21日带薪退休；1587年8月去世
1586年4月13日	罗德里戈·萨莫拉诺	四年的任期在1590年7月7日重新开始；在模板航海图修订过程中临时替换
1595年9月16日	*佩德罗·安布罗西奥·德翁德雷斯*	临时任命，在模板航海图修订期间；在返回塞维利亚前去世
1596年5月15日	*安德烈斯·加西亚·德塞斯佩德斯*	在模板航海图修订期间，临时任命；履职直至1598年
1598年4月14日	罗德里戈·萨莫拉诺	在模板航海图修订后重新任命；履职，直至他于1620年6月24日去世

附录40.3　国王标准图的修订，1508—1600 年

时间	修订
1508 年	第一幅模板航海图被认为是由阿美利哥·韦思普奇（总导航员）制作的；他在 1510 年与努诺·加西亚·托雷诺一起进行这方面的工作
1512 年	胡安·迪亚斯·德索利斯（总导航员）被要求在乔瓦尼·韦思普奇的帮助下修订模板航海图
1515 年	一幅安德烈斯·德莫拉莱斯制作的航海图被接受为模板航海图
1518 年	费尔南多·科隆被要求修订模板航海图
1526 年	费尔南多·科隆再次被要求修订模板航海图。1528 年，一幅由阿隆索·德查韦斯制作的航海图可能被接受作为模板航海图
1535—1536 年	在印度群岛委员会胡安·苏亚雷斯·德卡瓦哈尔的监督下制作了一幅航海图。最初，费尔南多·科隆被询问他是否已经完成了委托给他的模板航海图。在他离开的期间，修订工作被委托给了塞巴斯蒂亚诺·卡伯特（总导航员）、阿隆索·德查韦斯、弗朗西斯科·法莱罗、迭戈·古铁雷斯、佩德罗·梅希亚和阿隆索·德圣克鲁斯。在来自卡伯特、古铁雷斯和圣克鲁斯的抗议中，其完成于 1536 年
1543—1544 年	在得到印度群岛委员会的格雷戈里奥·洛佩斯的允许的情况下，塞巴斯蒂亚诺·卡伯特（总导航员）修订模板航海图。这一工作在导航员的帮助下以及在迭戈·古铁雷斯、佩德罗·梅希亚和阿隆索·德查韦斯出席的情况下进行，针对的是查韦斯和梅希亚的建议。航海图在 1544 年 8 月之前被完成。据卡伯特和古铁雷斯所说，导航员对以前的模板航海图的抱怨是必然的。航海图是洛佩斯对贸易署进行的广泛监督的一部分，并且被查韦斯和佩德罗·德梅迪纳引入关于卡伯特使用和主导的航海图的诉讼中
1549—1553 年	1549 年，印度群岛委员会的埃尔南·佩雷斯·德拉富恩特要求监督新的海上航海图和世界地图的新模板。他可能让弗朗西斯科·法莱罗、佩德罗·德梅迪纳、迭戈·桑谢斯·科尔切罗和桑乔·古铁雷斯参与了工作，因为一条 1560 年的授权命令要求支付他们为完成模板航海图所做的工作的费用。工作可能是在 1550 年至 1552 年之间进行的，当科尔切罗担任总领航员的时候，因为他没有其他理由参与这一工作。同样还可能涉及迭戈·古铁雷斯，之所以在关于支付酬金的授权中没有提到他，是因为他在 1554 年去世了
1561—1562 年	在委员会和贸易署之间的信件中提到了航海图的修订；不了解任何细节
1581—1582 年	修订航海图，作为一次前往麦哲伦海峡探险的准备；修订涉及在贸易署召开的由佩德罗·萨尔米恩托·德甘博亚和他的导航员安东·巴勃罗（Antón Pablos）（最近刚从海峡返回）、宇宙志学者罗德里戈·萨莫拉诺，以及其他没有特别说明的导航员和宇宙志学者参加的会议。修订使用了由萨莫拉诺对月食的观测。这次修订可能并不是对模板航海图本身的修订，而是对其所包含的麦哲伦海峡的部分的修订，因为在 1593 年，委员会谈到，当前的模板航海图在 16 年中没有进行过修订
1593—1595 年	佩德罗·安布罗西奥·德翁德雷斯（首席宇宙志学者）被派往塞维利亚去修订航海图和设备。为了讨论这次修订，他举办了一次由导航员和来自马雷安特斯大学的代表，以及罗德里戈·萨莫拉诺和多梅尼科·维利亚罗洛，还有一些未特别记载的将军、海军将领和官员参加的会议。他决定创造 6 幅新的模板航海图，并且派出携带有新的星盘的导航员去搜集修订所需的信息。翁德雷斯在 1596 年去世，当准备返回塞维利亚去完成修订的时候
1596—1599 年	安德烈斯·加西亚·德塞斯佩德斯接替翁德雷斯去监督修订工作。他受到了罗德里戈·萨莫拉诺和西蒙·德托瓦尔的帮助。他们用印刷的调查问卷从导航员那里搜集信息。完成的 1 套 6 幅的模板航海图在 1599 年 3 月 3 日被接受作为官方地图

第四十一章　西班牙殖民地的地图学，
1450—1700 年[*]

戴维·比塞雷（David Buisseret）

　　在所有的历史中，很少有强权能像西班牙在 16 世纪上半叶那样如此迅速地获得了如此大量的显然未经过绘图的领土。这一获取提出了巨大的行政、军事和政治问题，在其中，有着应当如何对这些区域绘制地图的问题。16 世纪早期，西班牙的天主教君主，费迪南德二世和伊莎贝拉一世（Isabella Ⅰ），通过在塞维利亚建立一所宏大的地图学中心来对这一问题进行了最初的回应，这一绘图中心的活动在本卷的第 40 章中由阿利松·桑德曼进行了描述。然而，随着时间的流逝，产生了其他地图绘制群体，并且他们的工作将要在本章中进行描述。在考虑到这些群体的性质之后，我们将讨论他们在西班牙海外领土的重要区域的活动。

　　这些区域将通过与在塞维利亚的印度总档案馆（AGI）地图编目人员所使用的相同的地理区域进行定义。这一宏大的汇编，最初在 18 世纪通过对早期的各种汇编进行整合而形成，对于西班牙早期的殖民地地图学而言是最为丰富的宝藏[①]。主要的标题在数字上是 9 个，涵盖了如下地区：圣多明各、佛罗里达/路易斯安那（Louisiana）、墨西哥、危地马拉、巴拿马、委内瑞拉、秘鲁/智利（Chile）、布宜诺斯艾利斯（Buenos Aires）和菲律

---

[*] 我应当感谢 Anne Godlewska, Juan Gil, Brian Harley, John Hébert 和 Richard Kagan 为本章的准备工作提供的帮助。
本章中使用的缩写包括：AGI 代表 Archivo General de Indias, Seville。

① 在 1900 年至 1921 年之间，Pedro Torres Lanzas 为 AGI 制作了一系列目录。这些目录已经以各种书名重印，此外还有其他的一些地图目录，而这些目前已经被计算机化的通用列表所取代。参见 Pedro Torres Lanzas, *Catálogo de mapas y planos de México*, 2 vols. (reprinted [Madrid]: Ministerio de Cultura, Dirección General de Bellas Artes y Archivos, 1985); idem, *Catálogo de mapas y planos: Guatemala (Guatemala, San Salvador, Honduras, Nicaragua y Costa Rica)* (reprinted [Spain]: Ministerio de Cultura, Dirección General de Bellas Artes y Archivos, 1985); idem, *Catálogo de mapas y planos: Audiencias de Panamá, Santa Fe y Quito* (reprinted [Spain]: Ministerio de Cultura, Dirección General de Bellas Artes y Archivos, 1985); idem, *Catalogo de mapas y planos: Virreinato del Perú (Perú y Chile)* (reprinted [Spain]: Ministerio de Cultura, Dirección General de Bellas Artes y Archivos, 1985); 以及 Pedro Torres Lanzas and José Torre Revello, *Catálogo de mapas y planos: Buenos Aires*, 2 vols. (reprinted [Madrid]: Ministerio de Cultura, Dirección General de Bellas Artes y Archivos, 1988), 也可参见 Archivo General de Simancas, *Mapas, planos y dibujos*, 2 vols., by Concepción Alvarez Terán and María del Carmen Fernández Gómez (Valladolid. El Archivo, [Madrid]: Ministerio de Cultura, Dirección General de Bellas Artes, Archivos y Bibliotecas, 1980–90), 以及 Pilar León Tello, *Mapas, planos y dibujos de la Sección de Estado del Archivo Histórico Nacional*, 2d ed. (Madrid: Ministerio de Cultura, Dirección General del Patrimonio Artístico, Archivos y Museos, 1979).

宾。1700 年之前的圣多明各地区的地图，主要涵盖了加勒比海及其岛屿，在数字上超过
100 幅②。这些地图包括整座岛屿的轮廓，还有例如哈瓦那（Havana）和圣多明各等大城
市的平面图，是由军事工程师绘制的。西班牙和其他国家的藏图机构中也能零散地发现
这种类型的平面图③。

就我们所研究的时期而言，佛罗里达/路易斯安那的地图在数量上仅有大约 60 幅，正如
对一个西班牙统治者而言是兴趣缺缺的地区所预期的那样④。墨西哥则是不同的，因为这里
是早期最为丰富的和最好的绘制了地图的区域之一。在 AGI 中不仅有着 135 幅左右地图，而
且在其他藏图机构还有着数量众多的地图，如巴利亚多利德的档案馆，还有在墨西哥城的国
家档案馆（Archivo General de la Nación）⑤。而且，耶稣会士在这一区域非常活跃，尤其是在
更为偏远的省份，同时那里还存在着活跃的本土的地图绘制传统⑥。

危地马拉地图的数量相对不多⑦，但是巴拿马的地图则数量众多，毫无疑问是因为这一
地峡是西班牙在大西洋的领土与在太平洋的领土之间重要的交通枢纽。在南美洲，有着三个　1144
分区：委内瑞拉、秘鲁/智利和布宜诺斯艾利斯⑧。这三个地区并不是西班牙在新世界的野
心的主要关注点，因而地图的数量也在 50 幅左右。然而，它们之中确实包含有如卡塔赫纳
和利马等大城市，这些城市吸引了军事地图学家，并且在它们更为遥远的地区，耶稣会士通
常非常活跃⑨。最后，就是菲律宾，一个甚至更为遥远的区域，因为其保存下来的地图的数
量刚刚超过 20 幅⑩。

从这一枚举可以看出来，大量地图保存了下来，事实确实如此，即使它们非常分散。但
也有大量地图已经毁坏了，无论是在档案馆的事故中还是在它们抵达档案馆之前就发生的灾
祸中。我们因而处于这样的状态，即试图描述一种现象，但没有关于其最初范围的清晰概
念，同时当试图进行概括的时候，这一点必须要经常牢记在心。然而，西班牙殖民地地图学

---

② Julio González, *Catálogo de mapas y planos de Santo Domingo*（Madrid：Dirección General de Archivos y Bibliotecas，
1973）.

③ 很多被列在和复制在了 Julio González 的极为有价值的目录中，即 *Planos de ciudades iberoamericanas y filipinas
existentes en el Archivo de Indias*，2 vols.（［Madrid］：Instituto de Estudios de Administración Local，1951）。

④ Julio González, *Catálogo de mapas y planos de la Florida y la Luisiana*（Madrid：Dirección General del Patrimonio
Artístico，Archivos y Museos，1979）.

⑤ Torres Lanzas，*Catálogo de mapas y planos de México.* 参见 Archivo General de la Nación，*Catálogo de ilustraciones*，14
vols.（Mexico City：Centro de Información Gráfica del Archivo General de la Nación，1979 – 82），附带有众多的复制品，由此其
给予了藏品以一个令人印象深刻的概要。

⑥ 参见 Ernest J. Burrus，*La obra cartográfica de la Provincia Mexicana de la Compañía de Jesús*（*1567 – 1967*）（Madrid：
Ediciones José Porrúa Turanzas，1967），以及 Barbara E. Mundy，"Mesoamerican Cartography," in *HC* 2. 3：183 – 256。

⑦ Torres Lanzas，*Catálogo de mapas y planos*：*Guatemala.*

⑧ Julio González, comp.，*Catálogo de mapas y planos de Venezuela*（Madrid：Dirección General de Archivos y Bibliotecas，
1968）；Torres Lanzas，*Catálogo de mapas y planos*：*Virreinato del Perú*；以及 Torres Lanzas and Torre Revello，*Catálogo de mapas
y planos*：*Buenos Aires.*

⑨ 参见 Guillermo Fúrlong Cárdiff，*Cartografía jesuítica del Río de la Plata*（Buenos Aires：Talleres S. A. Casa Jacobo Peuser，
1936），以及 idem，*Cartografía histórica argentina*：*Mapas，planos y diseños que se conservenen el Archivo General de la Nación*
（Buenos Aires：Ministerio del Interior，1963［1964］）。

⑩ Archivo General de Indias，*Catálogo de los documentos relatives a las islas Filipinas existentes en el Archivo de Indias de
Sevilla*（Barcelona：［Imprenta de la Viuda de Luis Tasso，Arco del Teatro］，1925 – ）.

的研究者在地图影印件的杰出汇编的数量方面具有显著的优势，这些汇编的出版已经超过了100 年⑪。

工作于西班牙海外领土的各种地图学家团体

就航海地图学而言，桑德曼已经对贸易署的航海学校的活动进行了描述，解释了模板地图是如何产生的以及地图学组织的性质。随着时间的流逝，学校的杰出成员开始制作海外领土的陆地地图学。这些人中最早的就是阿隆索·德圣克鲁斯，其头衔是"制作航海图和制作导航仪器的宇宙志学者"（cosmógrafo de hacer cartas y fabricar instrumentos para la navegación）。圣克鲁斯大约在 1505 年出生于塞维利亚，在塞巴斯蒂亚诺·卡伯特 1526 年至 1530 年的探险中陪伴着他，然后返回，居住在塞维利亚，在那里他于 1536 年被任命为皇家宇宙学者⑫。

圣克鲁斯最终出版了大量关于发现和探险的著作⑬。从一种地图学的视角，他的两部最为令人印象深刻的著作就是一幅世界地图，其制作成球仪贴面条带，由此可以做成一架地球仪（1542 年），以及一部世界地图集，被称为"岛屿书"，其留存下来多个版本⑭。"岛屿书"主要由 9 幅总图以及 100 多幅详图构成，其中很多是岛屿的，在这方面圣克鲁斯追随的是一种制作岛屿地图集的古老传统。在其四个部分中，第四个部分是与西班牙在新世界的领土有关的，包括可能是古巴的一幅地图（图 41.1）。这种描述是圣克鲁斯的风格的特点，其中包括有一个比例尺以及经度和纬度的数字，但是在其显示海岸线的方法上明显类似于波特兰航海图。圣克鲁斯将他的著作基于一部绘本地图学材料的大型汇编，在其于 1572 年去世的时候，其中包括了世界不同部分的约 100 幅地图。这一汇编传递给他的继承者，胡安·洛佩斯·德韦拉斯科，并且可以被追溯至在 1635 年收藏于埃斯科里亚尔的图书馆；其毫无疑问毁于 1671 年的火灾。

"岛屿书"地图并没有显示新世界内部区域的非常详细的细节。这一点在 1562 年随着迭戈·古铁雷斯的美洲地图的出版而开始被纠正。他还是航海学校的宇宙志学者

---

⑪ 例如，参见 Eduardo Acevado Latorre, comp. , *Atlas de mapas antiguos de Colombia：Siglos XVI a XIX*（Bogotá：Litografía Arco, ［1971?］）；Julio F. Guillén y Tato, *Monumenta chartográfica Indiana*（Madrid, 1942 – ）；Egon Klemp, ed. and comp. , *America in Maps：Dating from 1500 to 1856*, trans. Margaret Stone and Jeffrey C. Stone（New York：Holmes and Meier, 1976）；François-Auguste de Montêquin, "Maps and Plans of Cities and Towns in Colonial New Spain, the Floridas, and Louisiana：Selected Documents from the Archivo General de Indias de Sevilla," 2 vols. （Ph. D. diss. , University of New Mexico, 1974）；J. H. Parry and Robert G. Keith, eds. , *New Iberian World：A Documentary History of the Discovery and Settlement of Latin America to the Early 17th Century*, 5 vols. （New York：Times Books, 1984）；Edward Luther Stevenson, *Maps Illustrating Early Discovery and Exploration in America, 1502 – 1530, Reproduced by Photography from the Original Manuscripts*（New Brunswick, N. J. , 1906）；Francisco Vindel, *Mapas de América en los libros es pañoles de los siglos XVI al XVIII*（1503 – 1798）（Madrid：［Talleres Tipográficos de Góngora］, 1955）；以及 idem, *Mapas de América y Filipinas en los libros españoles de los siglos XVI al XVIII：Apéndice a los de América. Adición de los de Filipinas*（Madrid：［Talleres Tipográficos de Góngora］, 1959）。

⑫ 关于圣克鲁斯，参见 Mariano Cuesta Domingo, *Alonso de Santa Cruz y su obra cosmográfica*, 2 vols. （Madrid：Consejo Superior de Investigaciones Científicas, Instituto "Gonzalo Fernández de Oviedo," 1983 – 84），和 Alonso de Santa Cruz, *Map of the World*, 1542, 由 E. W. Dahlgren（Stockholm：Royal Printing Office, P. A. Norstedt and Söner, 1892）解释。

⑬ 列在了 Cuesta Domingo, *Alonso de Santa Cruz*, 1：61 – 62 中。

⑭ 世界地图被很好地复制在了 Santa Cruz, *Map of the World* 中。在 Cuesta Domingo, *Alonso de Santa Cruz*, 1：113 – 15 中列举了"岛屿书"的副本。关于"岛屿书"的时间，参见本卷原文第 1120 页，注释 157。

（*cosmógrafo*），在那里他于 1554 年继承了他父亲迭戈·古铁雷斯的职位，并且服务至少至 1569 年。尽管现在保存下来的地图仅有两个副本，收藏于国会图书馆（Library of Congress）和 BL，但其曾经广泛传播，并且在其最后的编辑者的观点中，"绘制这一地图的意图之一就是为欧洲那些意图染指这一区域的其他强权明确定义西班牙的美洲"⑮。地图有着奇怪的特征，例如缺乏一个纬度标尺，同时省略了在 1494 年的《托尔德西拉斯条约》中得到同意的西班牙和葡萄牙领土之间的分界线（图 41.2）。但是，由于其有着详细的内部区域，由此其确实代表了西班牙对他们正在控制的广阔领土的理解的一个独特阶段。

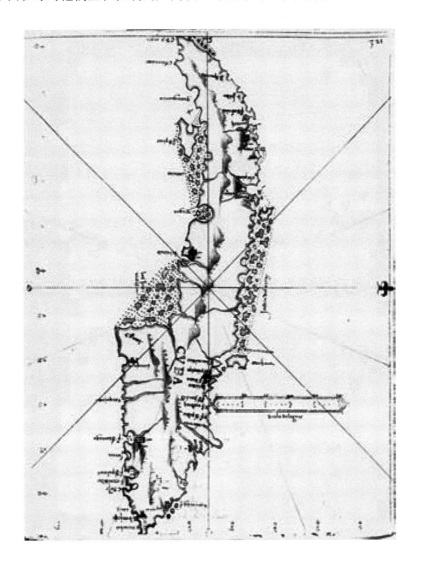

图 41.1　阿隆索·德圣克鲁斯，来自"岛屿书"的"古巴"，1542 年。这幅地图显示了圣克鲁斯是如何将中世纪波特兰航海图风格的一些元素（深深的河湾，代表城市的符号等）与新的数学地图学整合在一起的，后者包括经纬度的坐标。地图还显示了西班牙人如何彻底掌握了岛屿的主要轮廓和它的主要定居点的位置的

Biblioteca Nacional, Madrid（Res 38, p. 321）提供照片。

---

⑮　由 John R. Hébert 在 "The 1562 Map of America by Diego Gutiérrez" 中进行了描绘和复制，http：//memory. loc. gov/ammem/gmdhtml/gutierrz. html，位于国会图书馆在线地图收藏中。

图 41.2 迭戈·古铁雷斯，来自《美洲》的细部（安普卫特，1562 年）。这一极为珍贵的雕版地图显示了西班牙人正在如何了解他们在美洲征服的地区的内部细节。注意到，其是在安特卫普印刷的，因为这种复杂的印刷工作是无法在西班牙完成的

Geography and Map Division, Library of Congress, Washington, D. C.（G3290 1562. G7）提供照片。

　　如同我们已经看到的，在 1572 年，胡安·洛佩斯·德韦拉斯科收到了阿隆索·德圣克鲁斯的地图收藏。之前　年，他已经被任命为宇宙志学者－编年史学家（cosmágrafo-cronista），并且被菲利普二世指令尽可能多的获得关于海外领土的信息；从这一时间之后，我们看到了殖民地管理者的要求，并由此应当导致产生了《地理录》，以及它们中的图像（pinturas）⑯。已知大约有 100 幅这样的西班牙管辖权的特殊的和与众不同的图像保存了下

⑯ 列表在 Howard Francis Cline, "The relaciones geográficas of the Spanish Indies, 1577 – 1586," Hispanic American Historical Review 44 (1964)：341 – 74, esp. 352, 尽管这一列表毫无疑问现在被补充和扩大了。

来；它们现在被分藏在得克萨斯、西班牙和墨西哥的藏图机构中⑰。它们是由大量不同作者编纂的。其中一些经过了正式的欧洲的训练，但同时很多似乎是临时的地图制作者，并且其中一些保留着纯粹的本土风格。当然，对于洛佩斯·德韦拉斯科而言，这种差异很大的呈现非常难以将信息整合成一套详细的地图。

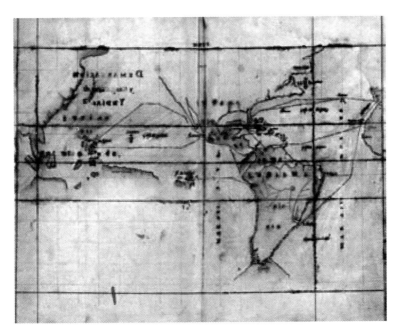

图41.3　胡安·洛佩斯·德韦拉斯科，西班牙世界的地图，约 1575 年。这是一部显示了 16 世纪 70 年代的西班牙世界的地图集中的第一幅地图。其是一幅总图，设计用来确定随后 12 幅详细地图的位置，并且显示主要的交通路线。这幅地图有些难以阅读，因为地图的墨水在多个世纪中已经渗透到对面的页面中

John Carter Brown Library at Brown University，Providence 提供照片。

　　依然，他确实开始了一部宏大的"印度群岛的地理及其描述"（Geografía y descripción universal de las Indias）的工作，其在 1574 年完成，然而直至 1894 年之前一直保持着绘本的状态⑱。似乎在这种情况下，他制作了一系列附带的地图，其中一套现在保存在罗得岛普罗维登斯的布朗大学（Brown University）的约翰·卡特·布朗图书馆（John Carter Brown Library）。经过少量修改，其被整合进入安东尼奥·德埃雷拉和托尔德西拉斯（Antonio de Herrera y Tordesillas）于 1601 年至 1615 年间在马德里出版的《数十年来的新世界》中，之

---

　　⑰　其大部分图像（*pinturas*）现在与它们曾经附属的报告分离开；将它们重新整合在一起，可能会有很多工作要去做；尤其是使用 René Acuña, ed., *Relaciones geográficas del siglo XVI*, 10 vols.（Mexico：Universidad Nacional Autónoma de México, Instituto de Investigaciones Antropológicas, 1982 – 88）中的方法。似乎肯定的就是，这类工作将确定至今无法识别的很多图像（*pinturas*）。

　　⑱　Juan López de Velasco, *Geografía y descripción universal de las Indias*, ed. Justo Zaragoza（Madrid：Establecimiento Tipográfico de Fortanet, 1894）。它们再次被出版于 Juan López de Velasco, *Geografía y descripción universal de las Indias*, ed. Marcos Jiménez de la Espada（Madrid：Ediciones Atlas, 1971）中，但这一伟大的著作依然是一个可以用于研究的信息丰富的潜在资料来源。

后，这套绘本地图广为人知⑲。洛佩斯·德韦拉斯科的地图展现了对统一的西班牙帝国的愿景。首先是一幅西班牙世界的总图（图41.3），然后是12幅极为详细地显示了领土各个部分的地图，帝国通常由其 *audiencias* 或司法区划分构成（图41.4）。地图并不是特别的详细，但是作为整体，它们验证了西班牙殖民活动的一种非常一致的愿景；它们提供了一种地图学的框架，在其上可以建立后续的地图。实际上，这一愿景并没有导致大比例尺地图的广泛绘制，部分是因为，如同我们所看到的，送出以回应洛佩斯·德韦拉斯科的请求的图像（*pinturas*），通常有着本土的风格，并且对于宇宙志学者—编年史学家而言，非常难以去解释和整合⑳。尽管这一失败，洛佩斯·德韦拉斯科最初的工作在当时依然是非凡的；很多年之后，欧洲的其他君主才可以制作其领土的类似的完整的地图学清单。

下一个保存下来的普查是在17世纪10年代至20年代由尼古拉斯·德卡多纳（Nicolás de Cardona）执行的，其在他的"对众多陆地和海洋的地理和水文描述"（Descripciones geographicas e hydrographicas de muchas tierras y mares）中对材料进行了归纳㉑。这一稿本包含了42幅地图，显示了加勒比和中美洲的区域，卡多纳曾在那里进行了旅行。对比圣克鲁斯的作品，这些地图是相当粗糙的并且是非正式的；它们似乎是海军船长的略记，而不是一位宇宙志学家的最终成果。然而，卡多纳可能只是将它们作为一种备忘录。

当卡多纳正在中美洲和北美洲旅行的时候，卢卡斯·德基罗斯（Lucas de Quirós）则正在为他南美洲的伟大地图"对各省地方地理的描述"（Descripción corographica de las provincias）搜集材料㉒。这幅华美着色的地图，可能是为国王菲利普三世制作的，归纳了1618年前后西班牙关于拉丁美洲的知识。基罗斯在他的伟大地图上将他自己描述为"南海的首席宇宙志学者"（cosmógrafo mayor del mar del sur）。最后一位首席宇宙志学者（*cosmógrafo mayor*），其作品我们需要在这里考虑的就是塞巴斯蒂安·德鲁埃斯塔（Sebastian de Ruesta），他在1652年至1670年之间任职。他最为重要的保存下来的著作就是《西印度群岛的海、海岸和岛屿的航海图》（*Carta náutical del mar, costas e islas de las Indias Occidentales*，1654），其是通过一份荷兰副本为我们所知的。从这一副本判断，鲁埃斯塔是一位一丝不苟的地图学家，在他的手中，南美洲的海岸线，尤其，开始有着一种新的准确性㉓。

1147

---

⑲　这些地图的绘本和印刷版之间的准确关系从未被阐释。关于《数十年来的新世界》的重印，参见 Antonio de Herrera y Tordesillas, *Historia general de los hechos de los castellanos, en las islas, y tierra-firme de el mar oceano*, 10 vols., ed. J. Natalicio González（Asunción: Guaranía, [1944–47]），以及同一著作的另外一个版本 *Historia general de los hechos de los castellanos en las islas y tierrafirme del mar océano*, 17 vols.（Madrid: [Tipografía de Archivos], 1934–57）。

⑳　这被 J. B. Harley 在 *Maps and the Columbian Encounter: An Interpretive Guide to the Travelling Exhibition*（Milwaukee: Golda Meir Library, University of Wisconsin, 1990），115–21 中有趣地解释为是本土居民抵抗西班牙统治的一部分。但是对于大多数评注者而言，似乎本土地图绘制者只是简单地按照他们熟悉的风格进行绘制。

㉑　现在保存在 Madrid, Biblioteca Nacional。关于影印件和翻译，参见 Nicolás de Cardona, *Geographic and Hydrographic Descriptions of Many Northern and Southern Lands in the Indies, Specifically of the Discovery of the Kingdom of California（1632）*, ed. and trans. W. Michael Mathes（Los Angeles: Dawson's Book Shop, 1974）. Cardona 的工作现在还没有进行过细致的研究，并且值得我们关注。

㉒　现在保存在 Madrid, Palacio Real。

㉓　BL（Add. MS. 5027.22）。鲁埃斯塔的兄弟（Sebastian 和 Francisco），尽管研究的很少，但却是贸易署晚期成员中令人感兴趣的。参见 Duke of Alba [Jacobo Stuart Fitz-James y Falcó], ed., *Mapas españoles de America: Siglos XV–XVII*（Madrid, 1951），281–300。

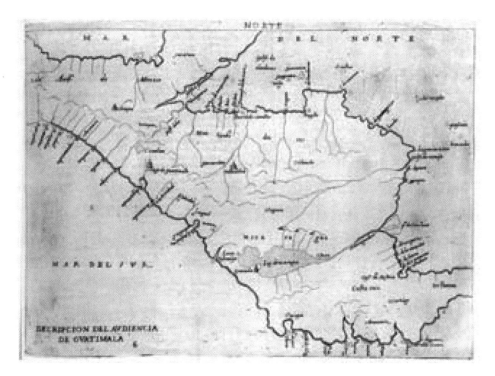

图 41.4　安东尼奥·德埃雷拉和托尔德西拉斯，来自他《数十年来的新世界》的中美洲的地图（MADRID，1601 年至 1615 年）。这一危地马拉的 *audiencia*（司法区划）的地图是绘本地图集中 12 幅地图之一的印刷版，这一地图集中的总图复制在了图 41.3 中。阐明西班牙所属领土边界的这种具有一致性的方式在 16 世纪晚期的欧洲显然是早熟的

John Carter Brown Library at Brown University，Providence 提供照片。

　　军事工程师的服务与皇家宇宙志学家的服务之间存在相当大的分离，并且军事工程师的服务起源于 16 世纪，也即当皇帝查理五世征招意大利工程师，如弗朗切斯科·帕乔托为在安普卫特和都灵等地点的宫殿建造宏大的有着棱堡的城堡的时候[24]。首先，新世界的西班牙聚落缺乏这种类型的防御设施，并且在这一时期，它们只是被用一种非常业余的方式勾勒了轮廓[25]。

　　然而，16 世纪 70 年代来自英国、荷兰和法国威胁的增加，导致菲利普二世去认真思考加强他海外领土的防御，并且这在弗朗西斯·德雷克爵士 1585 年海盗般的航行之后变得尤其迫切，尤其当他对缺乏防御设施的城镇，如圣多明各、卡塔赫纳和圣奥古斯丁施以令人恐惧的破坏之后。西班牙的回应就是建立一支皇家委员会去检查美洲的堡垒，但是甚至在那一时间之前，意大利人莱昂纳多·托里亚尼（Leonardo Torriani）就已经被派去修建加那利群岛的堡垒，这是通往新世界的道路上的一个重要的补给站。托里亚尼于 1584 年抵达了那里，并且直至 1593 年之前间歇性的在岛屿上工作，1593 年他返回欧洲，并且成为葡萄牙的皇家

---

　　[24]　这一发展在 Christopher Duffy，*Siege Warfare：The Fortress in the Early Modern World，1494－1660*（London：Routledge and Kegan Paul，1979），esp. 33 and 67－68 中进行了很好的解释。

　　[25]　通过对在 González，*Planos de ciudades iberoamericanas y filipinas* 中的相关图版的考察，读者可能对此会深信不疑。

建筑师㉖。在他于岛上工作期间，他制作了一份"描述"（Descrittione），在其中他使用了不同的绘图技术来描绘整个区域和特定的防御工事㉗。图版 41 显示了兰萨罗特（Lanzarote）岛上的阿拉克兰（Arrecife）的港口景观和防御工事。托里亚尼可能制作了这种类型的图景，以及堡垒详细的、按照比例尺绘制的平面图。在意大利受过训练，他还是一名人文主义者，他在他的描述中包括了当地民族的图像。

托里亚尼在伦巴第受到的教育，但可能还获得了与工作有关的他作为地图学家的知识。在这方面，他类似于我们知道的 16 世纪和 17 世纪在新西班牙工作的其他十多位工程师，这一时间是在军事学院和绘图学校的时代之前㉘。他们中的大部分是西班牙人，尽管他们还来自低地国家和意大利。确实是一位意大利人，包蒂斯塔·安东内利，是他们中最为著名的，并且留下了最为令人印象深刻的地图。除绘制了如波托韦洛（Portobelo）、巴拿马城、韦拉克鲁斯（Veracruz）、哈瓦那、圣多明各和圣胡安［San Juan，里科港（Puerto Rico）］等地点的平面图之外，他还绘制了从韦拉克鲁斯到墨西哥城的道路的最为不常见的地图（稍后讨论）。

最为著名的西班牙工程师就是克里斯托瓦尔·德罗雅斯㉙。一位马德里数学学院的教师，他出版了关于防御设施的最早的西班牙著作，即《防御设施的理论和实践》（Teórica y practica de fortificación，Madrid，1598），此外他还在如加的斯、科鲁尼亚和直布罗陀等西班牙的大量地点进行了工作。在 17 世纪早期，他编纂了新世界主要的西班牙堡垒的平面图：卡塔赫纳、哈瓦那、巴拿马城和波托韦洛。类似于安东内利，罗雅斯熟悉最新的欧洲地图学的惯例，熟悉城市平面图的制作，而这种平面图有着正方向和比例尺，由此与 16 世纪 80 年代之前的作品形成了对比。其他 17 世纪的工程师使用了正确的技术制作了平面图，由此它们最终使得那些希望理解西班牙美洲大城市发展的历史学家非常感兴趣。

到目前为止，郊野被忽略了，但是朝向 17 世纪末，耶稣会士开始绘制他们被指派的各省的广大区域的地图㉚。这些耶稣会士中的很多来自中欧的哈布斯堡的领地：奥地利、巴伐利亚、波西米亚、克罗地亚（Croatia）等。他们通常遵照标准的耶稣会士的课程，《学习规划》，而在其不同版本中，强调了自然科学，尤其是宇宙志和地图学（图 41.5）。尽管如本笃会和方济各会等修道会分别以他们在历史和音乐方面的工作而著名，但显然耶稣会是以他

㉖ 参见 Leonardo Torriani, *Die Kanarischen Inseln und ihre Urbewohner: Eine unbekannte Bilderhandschrift vom Jahre 1590*, ed. And trans. Dominik Josef Wölfel（Leipzig: K. F. Koehler, 1940）。

㉗ 现在保存在 University of Coimbra。这一作品被描述和复制在 Fernando Gabriel Martín Rodríguez, *La primera imagen de Canarias: Los dibujos de Leonardo Torriani*（Santa Cruz de Tenerife: Colegio Oficial de Arquitectos de Canarias, 1986）, 39 – 130。

㉘ 他们的名字可能会在这些著作中找到：José Antonio Calderón Quijano, *Las fortificaciones españolasen America y Filipinas*（Madrid: Editorial MAPFRE, 1996）, 以及 José Omar Moncada Maya, *Ingenieros militares en Nueva España: Inventario de su labor científica y espacial, siglos XVI a XVIII*（[Mexico City]: Universidad Nacional Autónoma de México, 1993）, 19 – 27。关于对他们作品的归纳，参见 David Buisseret, "Spanish Military Engineers in the New World before 1750," in *Mapping and Empire: Soldier-Engineers on the Southwestern Frontier*, ed. Dennis Reinhartz and Gerald D. Saxon（Austin: University of Texas Press, 2005）, 44 – 56。

㉙ 参见 Eduardo de Mariátegui, *El Capitan Cristóbal de Rojas: Ingeniero militar del siglo XVI*（Madrid: Imprenta del Memorial de Ingenieros, 1880）。

㉚ 关于这一工作的概括性研究，参见 David Buisseret, "Jesuit Cartography in Central and South America," in *Jesuit Encounters in the New World: Jesuit Chroniclers, Geographers, Educators and Missionaries in the Americas, 1549 – 1767*, ed. Joseph A. Gagliano and Charles E. Ronan（Rome: Institutum Historicum S. I., 1997）, 113 – 62。

们在自然科学方面的研究而闻名的修道会。结果，当他们中欧的神父发现他们被派往遥远的布道团的时候——并且有时，确实，由于是非西班牙人而被排除在大都市的功能之外——他们通常将他们卓越的技能用于实际。毫不夸张地说，美洲的很多区域更多的是被耶稣会士详细地绘制了地图，而直至 19 世纪晚期，在国家政府统治时期才再次出现这种情况。

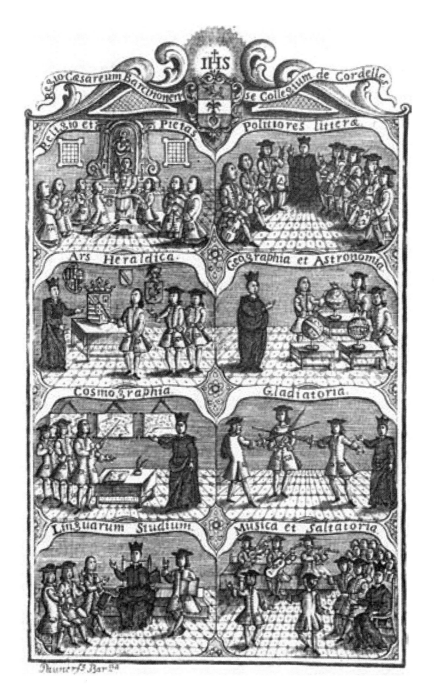

图41.5　佚名，来自莱迪学院（COLLEGE OF CORDELLE）学校简介中的耶稣会课程的插图（西班牙，约1750 年）。需要注意，所显示的四分之一的研究领域涉及地图学知识："地理学和天文学"以及"宇宙志"被放置在宗教、政治研究、纹章学等之中

西班牙主要区域的殖民地图学

加勒比和墨西哥湾

新世界的西班牙领土地图学最早的例子肯定是小的草图，现在保存在马德里的利亚里宫（Palacio de Liria），在其上，克里斯托弗·哥伦布曾经被认为前往了海地岛的西北海岸③¹。这一草图准确地捕捉到了海岸的主要特征，事实上，基于从胡安·德拉科萨1500年的航海图判断，西班牙人捕捉到了加勒比海的整体轮廓。关于可以向葡萄牙的若昂二世展示加勒比群岛主要轮廓的卢卡亚印第安人的故事，说明欧洲人获得了一些帮助③²。

当彼得·马特（彼得罗·马尔蒂雷·德安希拉）在塞维利亚于1511年出版他的《数十年来的新世界》的时候，他可以使用可能由安德烈斯·德莫拉莱斯绘制的一个加勒比的版本，其形成于西班牙人10年中在那一区域相当密集的活动（参见图30.8）。八年后，墨西哥湾和尤卡坦半岛的轮廓，被由阿隆索·阿尔瓦雷斯·皮内达（Alonso Àlvarez Pineda）领导的探险所确定，并且由皮内达航海图固定了下来，该图现在保存在塞维利亚（图41.6）③³。

1149

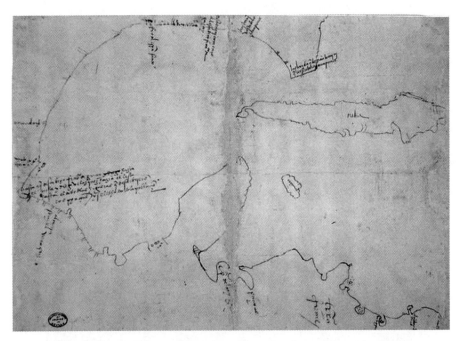

图41.6　阿隆索·阿尔瓦雷斯·皮内达，墨西哥湾的地图，1519年。这一注定著名的航海图标志着一个时期的终结，即当西班牙人希望证明中国（Cathay）应当位于古巴以西一点的时候。其有卓越的真实性，不仅描绘了墨西哥湾的岸线，而且也描绘了尤卡坦半岛的轮廓，后者在后来的岁月中通常绘制得没有那么准确。

原图尺寸：约29.8 × 42.3厘米。Spain, Ministerio de Cultura, AGI（MP-México 5）提供照片。

③¹　其很好地复制在了 Duke of Alba, *Mapas españoles*, pl. I（facing p. 9）中；关于作者存在一些争议。

③²　Bartolomé de Las Casas, *Historia de las Indias*, 3 vols.（Hollywood, Fla.：Ediciones del Continente, 1985），1：324 – 25.

③³　参见 *Carlos V：La náutica y la navegación*, exhibition catalog（Barcelona：Lunwerg Editores, 2000），419 中优秀的彩色复制件。

皮内达航海图显示了海岸湾（Gulf Coast）极少量的内陆特征，但是这些开始出现于 1524 年发表的附带于埃尔南·科尔特斯第二封信件的地图中[34]。到 1536 年，圣克鲁斯可以描绘整个区域，北美洲东海岸的大部分，以及沿海地名的密集序列。图 41.7 显示的地图，包括了一个南北向的标尺，以及一套纬度的度数，但是在经度方面则什么都没有。内部的特征依然很少，除了墨西哥城和一座朝向北美洲中心的神秘城市之外。在 1541 年，圣克鲁斯绘制了一幅海湾以北地区更进一步的地图，然后包括了来自他之前的在"岛屿书"中发现的两幅有着"América"（美洲）标题的地图中的信息[35]。到那时为止，西班牙人已经确定了加勒比海和墨西哥湾沿岸的主要特征，并且他们的注意力已经转向描绘在 1519 年于墨西哥登陆后被占领的广大土地。

"岛屿书"还包含有一些加勒比岛屿的单幅地图：海地岛、古巴、牙买加（Jamaica）、里科港和特立尼达。海地岛的圣克鲁斯的版本使用了之前安德烈斯·德莫拉莱斯的地图

图 41.7　阿隆索·德圣克鲁斯，中美洲和加勒比海的地图，约 1536 年。这幅地图显示了西班牙宇宙志学者是如何正在通过将各种不同种类的信息绘制在一起，来建立一个他们新获得的帝国的沿岸地名的列表。调查的这一阶段一旦结束，后续的宇宙志学者将转而去详细的描绘单独的省份

Spain, Ministerio de Cultura, Archivo Histórico Nacional, Madrid（Diversos Colecciones, car. 1, u. 2）提供照片。

---

[34]　这一地图经常被复制；例如，参见 William Patterson Cumming, R. A. Skelton, and David B. Quinn, *The Discovery of North America*（New York：American Heritage Press, 1972），68。

[35]　关于"岛屿书"的复制品，参见 Duke of Alba, *Mapas españoles*, pl. XI（facing p. 71）to pl. XXVIII（facing p. 117），以及 Alonso de Santa Cruz, *Islario general de todas las islas del mundo*, ed. Antonio Blázquez y Delgado-Aguilera, 2 vols.（Madrid：Imprenta del Patronate de Huérfanos de Intendencia é Intervención Militares, 1918），esp. maps 2 and 3。

1150 （1509），以及一幅佚名地图学家的地图（1516）㊱。莫拉莱斯的地图在如此早的时期是非常充分的，包括了至少十余座城市，用具有各类特征的符号标识，此外还有海岸外的海岛。显示了海岸，但没有波特兰航海图风格的有特征的河湾，同时大海是生动的，其上有着可能代表了哥伦布的船只的东西。一种纬度标尺，岛屿东端作为开始的0°，沿着地图的下沿绘制。1516 年的佚名地图通过某些方式标志着一种退步，因为其海岸线的描绘不太准确，但其确实进行了显示内陆地形的某些尝试。

尽管当他描绘岛屿的时候，圣克鲁斯使用了这两幅地图，但他的海岸线有特点地显示了深深的海湾。他比他的前辈提供了更为丰富的地名，但当他从事这幅地图的工作的时候，西班牙的利益已经决定性的从加勒比移走。这一点在下一幅地图上被显示得非常清楚，这幅地图是1658 年由蒙特马约尔·德昆卡（Montemayor de Cuenca）绘制的；海岸线非常近似，但同时地名的数量要比圣克鲁斯的地图更少㊲。

莫拉莱斯绘制的地图显示了位于西南海岸的圣多明各城；这一重要的中心［现在多米尼加共和国（Dominican Republic）的首都］，在 16 世纪被多次绘制了地图㊳。在德雷克的劫掠之后，工程师包蒂斯塔·安东内利对其进行了仔细的描绘（图41.8）。安东内利显示了两个可能是城墙和棱堡线的轮廓，以及城墙内主要纪念性建筑的位置。这一平面图同样包括了一个海岸线标尺以及对被执行的工作的评注；这是一个意在使得印度群岛委员会的成员可以去确定未来的建筑因而设计的平面图的杰出例子。圣多明各对于西班牙王室而言一直是重要的，并且制作了其他更多的平面图，但是其中很少可以与安东内利的作品的杰出相媲美㊴。

在圣克鲁斯的"岛屿书"中受到特殊对待的第二座加勒比岛屿就是古巴㊵。最早的航海图（胡安·德拉科萨的 1500 年的航海图和坎蒂诺的 1502 年的地图）将这一岛屿显示为朝向其西端有着一个奇怪的类似于蝎子尾巴的弯曲。圣克鲁斯对这些错误的版本加以了纠正，赋予岛屿一个准确的轮廓（参见图41.1）。他还显示了大致 8 座城镇，并且他的版本被迭戈·古铁雷斯（1562）和胡安·洛佩斯·德韦拉斯科（1575）所遵循。他们没有显示内陆进一步的细节，因为在 1519 年之后，古巴已经成为西班牙帝国中的一个荒僻之处。陆地相对缺乏价值，由此较大的定居点（estancias）使用距离主要住宅的某种半径来定义它们的范围；由此产生的圆周被压入某些街道，并且可能依然在今天被检测到。

古巴的首要城市是哈瓦那，位于西北海岸，然后是圣地亚哥（Santiago），位于东南部。安东内利工作于哈瓦那的防御工事，在大约 1593 年制作了一幅精细的平面图去展示一项用链条将港口封闭起来的项目㊶。甚至更为令人震惊的是克里斯托瓦尔·德罗雅斯的平面图，尤其是

㊱ 关于这些地图的复制品，参见 Emilio Rodríguez Demorizi, comp., *Mapas y planos de Santo Domingo*（Santo Domingo：Editora Taller, 1979），5 – 9。

㊲ Vindel, *Mapas de América en los libros españoles*, 123 – 26.

㊳ 复制在了 Rodríguez Demorizi, *Mapas y planos de Santo Domingo*, pls. 8 – 11。

㊴ 参见 González, *Planos de ciudades iberoamericanas y filipinas*, 1：310 – 14 中的图版。

㊵ 参见这一地图在 Duke of Alba, *Mapas españoles*, pl. XIX（facing p. 95）中的优秀的彩色复制件。

㊶ 复制在了 Diego Angulo Iñiguez, *Bautista Antonelli：Las fortificaciones americanas del siglo XVI*（Madrid：Hauser y Menet, 1942），fig. 3（facing p. 52）中。

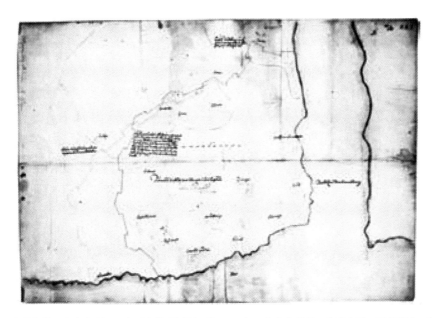

图41.8 包蒂斯塔·安东内利，圣多明各的平面图，约 1592 年。安东内利是一个意大利工程师家族，他们在菲利普二世和菲利普三世统治期间都非常活跃。西班牙君主可以从他们范围广大的欧洲帝国招集涵盖面非常广大的技术专家，而他们是这种招集方式的良好例证

Biblioteca Nacional，Madrid（MN 235）提供照片。

他的 1603 年的显示了防御工事的"描述"（Descripción），如同习惯那样，用黄色表示已经完成的工作（图 41.9）。哈瓦那持续吸引那些制作正在扩展的城市的平面图的工程师，这座城市成为 *flota*（舰队）朝向归途的通道上的关键。从那座城市的平面图的粗糙判断，圣地亚哥位于哈瓦那之后的第二位，因为其在西班牙帝国中没有拥有那样的中心位置。

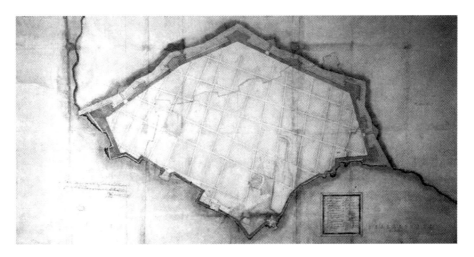

1151

图41.9 克里斯托瓦尔·德罗雅斯，哈瓦那的平面图，1603 年。作为珍宝船队最后停靠的港口，哈瓦那作为一个设防的基地受到了更多的关注。这一西班牙工程师罗雅斯绘制的杰出的平面图不仅显示了防御工事可供选择的防线，而且显示了内部街道的线条以及位于港口入口处的堡垒

原图尺寸：58.1×114.2 厘米。Spain，Ministerio de Cultura，AGI（MP-Santo Domingo，20）提供照片。

这一点对于牙买加岛也是如此，其直至 16 世纪末都是哥伦布家族的财产。这一点可能解释了圣克鲁斯在"岛屿书"中对于岛屿的粗糙绘制，其显示了一条扭曲的海岸线，并且内陆的细节非常之少。在 1575 年洛佩斯·德韦拉斯科绘制的地图以及 1632 年卡多纳绘制的地图中，也没能更好地显示这座岛屿；在西班牙战略的总体方案中的重要性不足以确保一次全面的测量。所有这些在 1655 年发生了变化，当时英国占领了这座岛屿。皇家宇宙志学者热拉尔多·库恩（Gerardo Coen）在第二年绘制了一个有着相当准确比例尺和朝向的地图；还存在其他的详细地图，显示了英国入侵的范围[42]。这些地图并不是特别的准确，但是它们包含了很多信息，并且是西班牙战地指挥官可以制作的令人感兴趣的例子。他们收复岛屿的努力失败了，同时，英国很快开始制作他们新占领地的详细地图，这一占领地开始有着巨大的经济和战略重要性。[43]

圣克鲁斯的里科港（圣胡安，按照其后来被称作的）的地图比他的牙买加的版本更为准确，但是岛屿作为一个整体直至 1700 年都被西班牙地图学家非常糟糕地加以绘制[44]。实际上，注意力集中在圣胡安城，这座城市的 4 幅 16 世纪的平面图保存在了 AGI 中。它们是相对粗糙的，推测是由当地士兵绘制的[45]。由圣克鲁斯进行了相对详细展示的岛屿就是特立尼达。实际上，其总体轮廓相对准确，然后其应当更好地绘制在了洛佩斯·德韦拉斯科的 1575 年的地图上。特立尼达在西班牙帝国中从未享受过里科港所获得的突出地位，并且没有城市可以与圣胡安相媲美，由此其地图学直至 18 世纪都被忽略。

考虑到西班牙绘制海地岛、古巴、牙买加、里科港和特立尼达［大安的列斯群岛（Greater Antilles）］地图的历史，我们可以很好地总结，其特点就是被忽略。这是可以理解的，因为，在一个鲜活的开端之后，尤其是在圣多明各，岛屿未能成功地达到西班牙人的期望，并且此后除了大的港口之外，几乎被完全忽略，同时将大量的努力投入了对大陆的征服和描绘上。

佛罗里达和路易斯安那（北美洲）

加勒比岛屿以西的海洋在 1508 年至 1519 年之间被逐渐调查，这一时间，阿隆索·阿尔瓦雷斯·皮内达绘制了他的地图。随着墨西哥湾海岸线的确定，各种探险队被派往其北部，希望发现像墨西哥居民那样的富有居民。所有这些探险队都未能发现容易获得的财富，由此在很多年中，海湾以北西班牙的永久性存在被限定在圣奥古斯丁的堡垒，还有一些毗邻的教士团，以及最远的在格兰德河（Rio Grande）上游河段的定居点。为这些区域制作了地图，并且一些地图从各种探险中保存了下来。一旦西班牙人在 1682 年通过罗伯特·卡弗利耶·德拉萨莱的航行注意到法国在该地区的野心，密西西比河（Mississippi River）河口区域的地

㊷ 复制在了 Francisco Morales Padrón, *Jamaica Española* (Seville, 1952), 233 – 34，而关于库恩的地图参见 p. 58。

㊸ 这些大比例尺地图已经由 B. W. Higman 在 *Jamaica Surveyed: Plantation Maps and Plans of the Eighteenth and Nineteenth Centuries* (1988; reprinted Kingston: University of the West Indies Press, 2001) 进行了分析。

㊹ 复制在 Duke of Alba, *Mapas españoles*, pl. XXI (Puerto Rico, facing p. 99) and pl. XX (Jamaica, facing p 97)

㊺ 参见 Ricardo E. Alegría, *Descubrimiento, conquista y colonización de Puerto Rico, 1493 – 1599* (San Juan de Puerto Rico: Colección de Estudios Puertorriqueños, 1992).

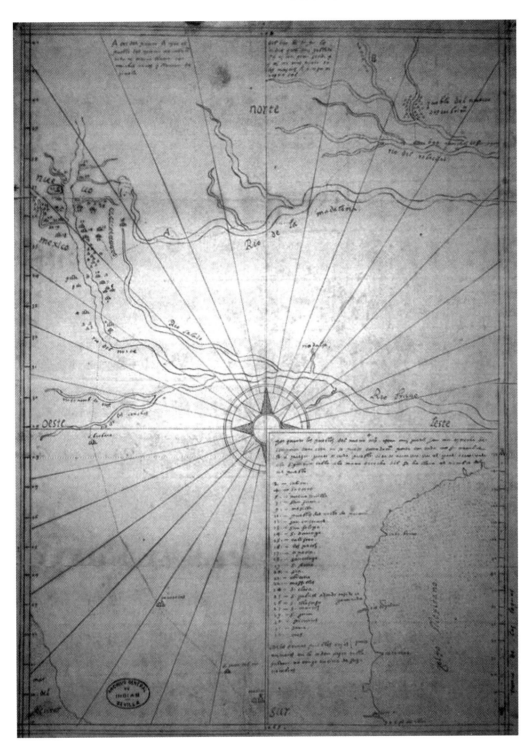

图 41.10　恩里科·马丁内斯，新墨西哥各省的草图，1602 年。这一地图不仅显示了格兰德河的上游，而且还显示了河流以东的某些细节。因而，其绘制时，西班牙人仍希望从后来成为美国中部的地区中找到容易获得的财富

原图尺寸：42×30 厘米。Spain, Ministerio de Cultura, AGI（MP-México, 49）提供照片。

图学就开始萌发了㊻。

圣奥古斯丁的堡垒，建立于 1565 年，主要是控制西班牙人的船只在他们返回西班牙的家乡的路途中必须经过的海峡，在某些时候被绘制了地图，但直至 18 世纪之前都不是非常详细㊼。位于格兰德河上游的定居点，由胡安·德奥纳特（Juan de Onate）建立于 1598 年，在由恩里科·马丁内斯（Enrico Martínez）于 1602 年绘制的一幅值得关注的草图中显示出来（图 41.10）。1555 年出生在博恩（Born），名为海因里希·马丁（Heinrich Martin），他于 1589 年前往墨西哥作为国王的宇宙志学者，并且同样作为一名印刷匠开办了一项生意㊽。以精致的图书馆和收集的科学仪器而闻名，他参与到排干墨西哥城周围区域的尝试中。他的 1602 年的草图似乎是按照一名参与奥纳特探险队的士兵的信息制作的㊾。其不仅显示了定居点，而且显示了由奥纳特团队调查的东北方的田野，同时在附带的符号表中对定居点进行了描述。草图在东西方向上缩短了很多，但是在加拿大和阿肯色河（Arkansas Rivers）方面则绘制得很好；其是由探险队制作的地图类型中的典型，同时"是美洲西部任何部分现存最早的地图，因而作为一份文献，有着如同其准确性（在其边界和性质内）一样的珍贵性"㊿。

这一区域以东的土地已经被埃尔南多·德索托的探险队（1539 年至 1543 年）部分的穿越，同时在阿隆索·德圣克鲁斯的文件中发现了由这次探险产生的一幅地图[51]。其对现在美国南部地区赋予了一种特别的印象（图 41.11）。对佛罗里达进行了很好的观察，流入大西洋中的各种河流也是如此。那些流入墨西哥湾的河流也被显示出来，其中一条可以被远远的追溯其在东部的源头，似乎地图学家已经收到了关于俄亥俄河（Ohio River）河道的一些信息。在欧扎克斯（Ozarks）所在位置的周围显示了一条山脉线，同时定居点的名称被频繁给出。在流入墨西哥湾的河流中，没有显示密西西比河的迹象，但是地图总体上通过来自一次探险和当地的信息相当有效地视觉化了一片广大区域，其是这类方法的一个良好的例子。

1154

大致在埃尔南多·德索托正试图探查现在成为美国东南部地区的时候，埃尔南多·德阿拉尔孔正在调查其西南部的海岸。1540 年从阿卡普尔科出发，他花了两年的时间探索加利福尼亚湾（Gulf of California）的海岸，最终沿着科罗拉多河向上游航行了两次去寻找锡沃拉（Cibola）的神秘城市，这座城市在图 41.12 的地图上被显示为"锡沃拉城"（La Ciudad de

㊻ 由 Robert S. Weddle, *The French Thorn：Rival Explorers in the Spanish Sea, 1682 – 1762* (College Station：Texas A&M University Press, 1991) 描述的一项发展。

㊼ 参见复制在 González, *Planos de ciudades iberoamericanas y filipinas*, 1：125 – 28 中的地图。

㊽ 参见 Francisco de la Maza, *Enrico Martínez：Cosmógrafo e impresor de Nueva España* (Mexico City：Sociedad Mexicana de Geografía y Estadística, 1943), 16 – 23。

㊾ 参见 George Peter Hammond and Agapito Rey, *The Rediscovery of New Mexico, 1580 – 1594：The Explorations of Chamuscado, Espejo, Castaño de Sosa, Morlete, and Leyva de Bonilla and Humaña* (Albuquerque：University of New Mexico Press, 1966), 63。

㊿ Carl I. Wheat, *Mapping the Transmississippi West, 1540 – 1861*, 5 vols. (1957 – 63；重印于 Storrs-Mansfield, Conn.：Maurizio Martino, [1995]), 1：32, 并且地图复制在了 vol. 1, facing p. 29。

[51] 在 *Carlos V*, 422 – 23 and 426 – 27, 以及在 William Patterson Cumming, *The Southeast in Early Maps*, 3d ed., rev. and enl. Louis De Vorsey (Chapel Hill：University of North Carolina Press, 1998), 108 – 11 and pl. 5 中复制并带有评注。

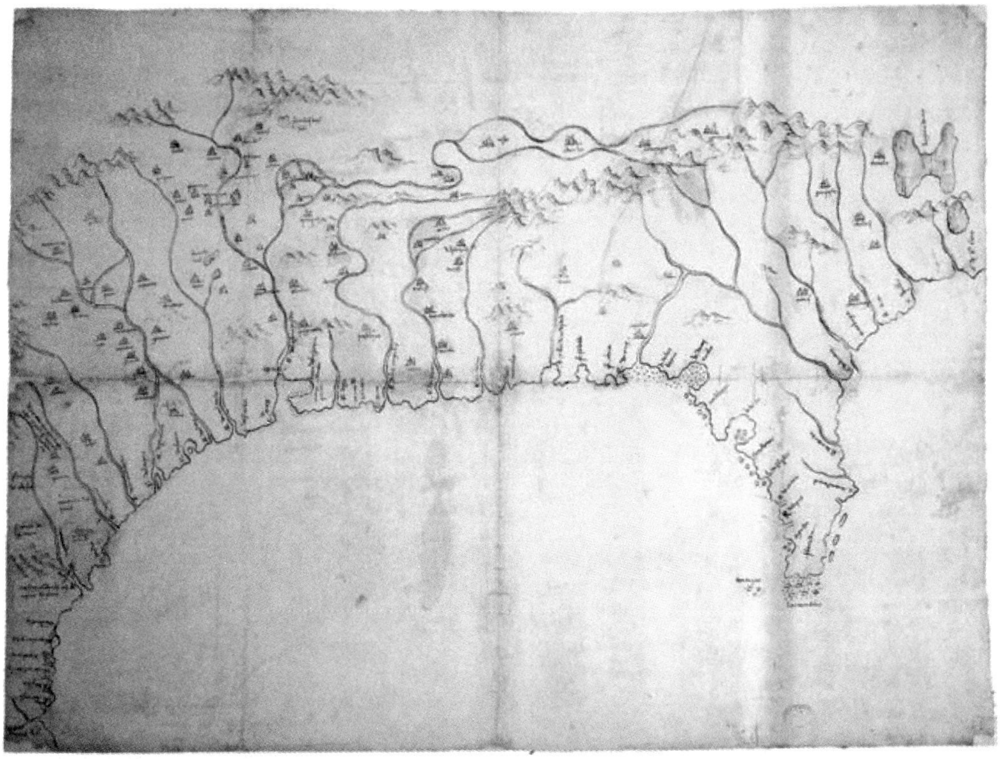

图 41.11　佚名，墨西哥湾地图，1544 年。来源于 16 世纪 40 年代，这一地图显示了大量区域，这些区域是西班牙人还未曾前往的，其必然在很大程度上依赖土著人的信息；他们的信息似乎是相当准确的

原图尺寸：44×59 厘米。Spain, Ministerio de Cultura, AGI (MP-México, 1) 提供照片。

Cibora)。这幅地图有着一段奇怪的历史，因为不太清楚其与领航员多明戈·德尔卡斯蒂略之间存在何种关系，后者参与了阿拉尔孔的探险，并且他的名字出现在涡形装饰中。这幅地图首次以印刷形式出现是在 1770 年在墨西哥城出版的埃尔南·科尔特斯的《新西班牙的历史》(*Historia de Nueva España*) 中(52)。对加利福尼亚半岛进行了很好的观测，但是注释者指出，存在大量的不准确，无论是由卡斯蒂略还是由很多晚期的雕版师造成的。未能发现锡沃拉，只是西班牙人在他们早期的加利福尼亚探险中遇到的众多失望之一，同时更为令人惊讶的就是，塞巴斯蒂安·比斯凯诺在 1602 年至 1603 年被派回这一区域，制作了一部准确地绘制了沿岸众多港口的航行指南(53)。

整体而言，西班牙人已经对北方的冒险感到失望，在 16 世纪晚期和 17 世纪大部分时间都是如此，他们将他们的努力集中在了中美洲和南美洲。然而，1682 年从法属加拿大出发前往密 1155
西西比河河口的拉萨莱的探险结束了这一令人昏昏欲睡的时期，因为西班牙人恐惧，法国正在

(52) 复制在 Henry Raup Wagner, *The Cartography of the Northwest Coast of America to the Year 1800*, 2 vols. (Berkeley: University of California Press, 1937), 1: 31 (pl. Ⅷ)。

(53) 完整地复制在了 Demetrio Ramos Pérez, "La expansión Californiana," in *Historia general de España y América*, vol. 9.2, *América en el siglo XⅦ: Evolución de los reinosindianos*, 2d ed., ed. Demetrio Ramos Pérez and Guillermo Lohmann Villena (Madrid: Ediciones Rialp, S. A., [1990]), 79-127, esp. 97-109。

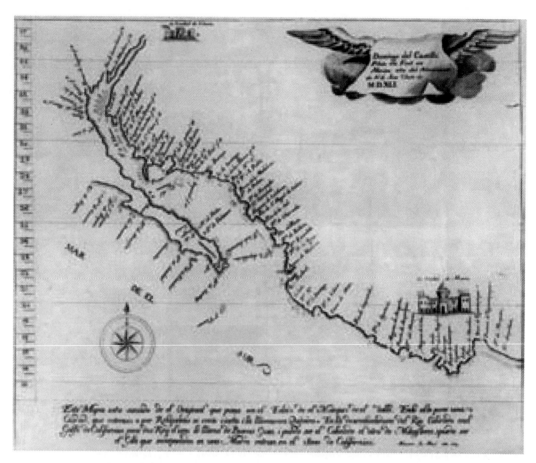

图41.12　多明戈·德尔卡斯蒂略，加利福尼亚区域地图，1541年。西班牙人绘制了将被证明非常难以居住的区域的地图，并且这一地图是这类努力很好的例子。在16世纪40年代之后，这一区域实际上很少受到欧洲人的关注，直至17世纪末耶稣会士才开始将他们的传教团扩展到其中

来自 Hernán Cortés, *Historia de Nueva España*（Mexico City：En la imprenta del Superior Gobierno, del Br. D. Joseph Antonio de Hogalen la Calle de Tiburcio, 1770）. John Carter Brown Library at Brown University, Providence 提供照片。

希望不仅去包围位于东部的英国殖民地，而且同样进入位于墨西哥北部的西班牙人的宝藏[54]。在1684年的另外一次探险中，拉萨莱试图在密西西比河口建立一个法国人的基地。这一冒险未能成功，但其刺激西班牙人在1685年至1699年之间组织了不少于11次的探险[55]。在这些探险的过程中制作了很多地图，包括那些由马丁·德埃查加赖（Martin de Echagaray）在1684年，卡洛斯·德西根萨·y. 贡戈拉（Carlos de Sigüenza y Góngora）在1689年，阿隆索·德莱昂（Alonso de Leon）在1690年，以及多明戈·瑟兰（Domingo Theran）在1691年制作的[56]。

作为他们较大战略的一部分，西班牙人开始考虑使得彭萨科拉湾（Pensacola Bay），而

[54]　关于这些猜测，参见 Weddle, *French Thorn*, 3–25。

[55]　列举在 William Patterson Cumming et al., *The Exploration of North America*, *1630–1776*（New York：G. P. Putnam's Sons, 1974），150–52。

[56]　关于这个列表，参见 González, *Cátalogo de mapas y planos de la Florida y la Luisiana*, 14（Sigüenza y Góngora），以及 Torres Lanzas, *Catálogo de mapas y planos de México*, 1：62–63（Echagaray），67–68（Leon），and 69–70（Theran）。

不是圣奥古斯丁，作为他们在世界这一部分的主要基地，并且在 1693 年由安德烈斯·德佩斯（Andrés de Pez）领导的探险之后，德西根萨·y. 贡戈拉，一位克里奥尔地图学家，我们将会在墨西哥再次讨论他，绘制了圣玛丽亚·德加尔韦湾（Bay of Santa María de Galve）的一幅精美地图[57]。最后，彭萨科拉被证明并不是一个令人满意的基地，同时西班牙人最终让人们集中居住在了今天圣安东尼奥（San Antonio）周围地区，位于命名为得克萨斯的河流边，而法国则在 18 世纪早期定居在了新奥尔良（New Orleans）。由此在大致位于今天得克萨斯和路易斯安那的边界建立起来一种并不轻松的共存。法国因而被隔离在墨西哥银矿之外，同时西班牙人开始更为详细地绘制圣安东尼奥周围区域的地图。

墨西哥

尽管佛罗里达和路易斯安那的地图绘制在某种程度上是偶然的，是由探险的机遇和政治力量的平衡所驱动的，但墨西哥的地图绘制则是相当系统的，因为其从 1519 年之后就是西班牙君主核心利益所在的区域。这一区域的命运位于墨西哥城，其在 16 世纪 20 年代早期就被绘制了地图。西班牙人可能遵循着一幅本土的平面图，因为这是一个中美洲（meso-American）民族有着长期和发展良好的绘制地图传统的区域[58]。当圣克鲁斯在 1540 年前后制作他的大比例尺地图的时候，他大量吸收了这一传统来制作这一巨大和复杂的直线布局的城市的一幅非凡的图像[59]。

由于其是帝国的中心，因此墨西哥城从 16 世纪晚期之后不断被绘制地图[60]。早期受到很多关注的其他城市就是位于韦拉克鲁斯入口处的港口，其受到圣胡安·德乌约阿（San Juan de Ulloa）堡垒的保护[61]。图 41.13 显示了由尼古拉斯·德卡多纳在 1622 年制作的更为令人印象深刻的图像，当时防御设施依然处于初步阶段。周期性的受到英国和法国海盗的攻击，这一位置在 17 世纪 80 年代期间被工程师海梅·弗兰克（Jaime Franck）接手，其绘制了这一地点的大量平面图。在西海岸，阿卡普尔科是马尼拉大型帆船前往的港口，那座城市 1156 同样经常被绘制地图，特别是由阿德里安·布特（Adrian Boot），其重重的阴影赋予港口一个难以忘怀的印象（图 41.14）[62]。

57　复制在 James R. McGovern, ed., *Colonial Pensacola* (Hattiesburg: Printed at the University of Southern Mississippi Press, 1972), 24.

58　参见 Mundy, "Mesoamerican Cartography."

59　复制在 Albert B. Elsasser, *The Alonso de Santa Cruz Map of Mexico City & Environs: Dating from 1550* (Berkeley: Lowie Museum of Anthropology, University of California, Berkeley, [1974?]). 类似于曾经位于哈布斯堡帝国档案馆中的其他一些材料，这一地图现在位于斯德哥尔摩。

60　关于这一平面图的长长的系列，参见 González, *Planos de ciudades iberoamericanas y filipinas*, 1: 204 – 19。

61　关于此，参见 José Antonio Calderón Quijano, *Historia de las fortificaciones en Nueva España* (Seville: [Escuela de Estudios Hispano-Americanos], 1953)。

62　参见 González, *Planos de ciudades iberoamericanas y filipinas*, 1: 138 – 56 中马尼拉平面图的长长的系列. 也可以参见 José Antonio Calderon Quijano, *Nueva cartografía de los puertos de Acapulco, Campeche y Veracruz* ([Seville]: Escuela de Estudios Hispanoamericanos, 1969), 6 – 10, pl. 4。

图 41.13 尼古拉斯·德卡多纳，韦拉克鲁斯和圣胡安·德乌约阿的图景，1622 年。这一"韦拉克鲁斯的城镇和城堡"的图景是一位海军船长的作品，其意图将其作为一种备忘录附带在他的旅行记录中。其与那些由工程师为国王和他的顾问的决策而制作的有比例的平面图迥然不同

Biblioteca Nacional, Madrid（MS. 2468 65）提供照片。

图 41.14 阿德里安·布特，阿卡普尔科港口的景观，1618 年。在 1612 年从低地国家前往墨西哥（通过法兰西，其在那一时间已经对西班牙变得友好），并且直至于 1648 年去世之前，他在那里进行了种类广泛的工作。他不仅是一位防御设施的专家，而且还是水利工程方面的专家，并且在他的工程中绘制了很多平面图

Spain, Ministerio de Cultura, AGI（MPImpresos, 34）提供照片。

由菲利普二世下令在《地理录》（relaciones geográficas）中附带的图像（pinturas），产生了大量墨西哥区域的地图[63]。其中一些在风格上几乎完全是本土的，其中一些显示了中美洲和西班牙影响的混合，同时少量的是纯粹欧洲的[64]。在这些地图中，有一幅韦拉克鲁斯区域的地图，克莱因（Cline）对其进行了研究。同一位作者认为，这些图像（pinturas）中的一些可能对亚伯拉罕·奥特柳斯在 1579 年至 1584 年之间制作的《寰宇概观》后续版本中的新西班牙地图做出了贡献[65]。哈利坚持，一方面大多数图像（pinturas）的风格应当超出了西班牙地图学家的理解[66]，但是确实有可能，其中一些事实上是有帮助的；其确实是菲利普二世最初的意图。

另外一类进入欧洲印刷地图中的绘本地图就是耶稣会士的作品。早至 1662 年，一位佚名的耶稣会士制作了一幅令人印象深刻的墨西哥西北区域的地图[67]。保存在罗马的耶稣会中央档案馆（Central Jesuit Archives），其赋予了流入墨西哥湾的河流的一种概略但综合性的描绘，同时还有墨西哥北部山地的清晰印象。类似于大多数耶稣会士的作品，其在技术上是先进的，正方向为北，同时标识着经纬度。如同我们已经看到的，耶稣会士通常以他们的地图学技术而著名，而由于那些活跃于墨西哥北部偏远的传教团中的大多数成员主要来自欧洲中部，因此在那里他们遵从着一种强调地理学和地图学的《学习规划》的版本。

例如，大约在 1683 年，来自克罗地亚的胡安·玛丽亚·拉特考伊（Juan María Ratkay）绘制了一幅塔拉乌马拉（Tarahumara）的地图（图 41.15）[68]。他用一个经纬度的网格将整幅作品封闭了起来，仔细地显示了印第安传教团，还有它们与河流、山脉和平原的关系。在同一区域工作的其他耶稣会士，其中最为著名的就是欧塞维奥·弗朗西斯科·基诺（Eusebio Francisco Kino）。1681 年从巴伐利亚和奥地利抵达了墨西哥，在 1683 年至 1710 年之间，基诺制作了大约 30 幅墨西哥不同区域的地图，大部分基于他众多的旅行；在这些地图中，他有效地使用了他学习到的地图学技术。他的早期作品被汇总在一幅 1701 年的总图中，其最早于 1705 年印刷，"当之无愧地给他带来了广泛的认可，作为一个探险家和地图师"[69]。在很多年之后，地图学家们遵从他的加利福尼亚/墨西哥区域的版本，由此我们在纪尧姆·德利斯勒（Guillaume Delisle）、托马斯·洛佩兹（Tomás López）和里戈贝尔·博恩的地图中可以找到他作品的痕迹，以上仅是几例。

当基诺第一次抵达墨西哥的时候，他与卡洛斯·德西根萨·y. 贡戈拉一起，并且在多

---

⑥③　Cline, "*Relaciones geográficas*," 352.

⑥④　参见 Barbara E. Mundy, *The Mapping of New Spain: Indigenous Cartography and the Maps of the Relaciones Geográficas* (Chicago: University of Chicago Press, 1996), 以及 David Buisseret, "Meso-American and Spanish Cartography: An Unusual Example of Syncretic Development," in *The Mapping of the Entradas into the Greater Southwest*, ed. Dennis Reinhartz and Gerald D. Saxon (Norman: University of Oklahoma Press, 1998), 30 – 55。

⑥⑤　Howard Francis Cline, "The Patino Maps of 1580 and Related Documents: Analysis of 16th Century Cartographic Sources for the Gulf Coast of Mexico," *El México Antiguo* 9 (1961): 633 – 92, 以及 idem, "The Ortelius Maps of New Spain, 1579, and Related Contemporary Materials, 1560 – 1610," *Imago Mundi* 16 (1962): 98 – 115。

⑥⑥　Harley, *Maps and the Columbian Encounter*, 115 – 21.

⑥⑦　复制在 Burrus, *La obra cartográfica de la Provincia Mexicana*, pl. Ⅳ (facing p. 32)。

⑥⑧　Buisseret, "Jesuit Cartography," 116 and pl. 2.

⑥⑨　Ernest J. Burrus, *Kino and the Cartography of Northwestern New Spain* (Tucson: Arizona Pioneers' Historical Society, 1965), 68.

年中，他依然与这位墨西哥学者保持联系。德西根萨·y. 贡戈拉在 1660 年至 1667 年之间同样是一位耶稣会士，1667 年他离开宗教团体，在 1672 年成为墨西哥皇家大学（Royal University of Mexico）的数学教授[70]。在 1680 年，他被命名为"王国的皇家宇宙志学者"（Royal Cosmographer of the Realm），并在此后的某一时间，制作了他伟大的他称为"新西班牙"（Nueva España）的地图（图41.16）。这一详细的图像反映了他用于研究阿兹台克文明和欧洲科学技术所花费的时间，同时在他整个生命中，他一直绘制地图去展示与他有关的活动。例如，1689 年，他绘制了一幅地图来安排阿隆索·德莱昂进入得克萨斯的路线；1691 年，他绘制了另外一幅地图来确定排干墨西哥城沼泽的最佳路线；同时在 1693 年，如同我们已经看到的，他制作了一幅彭萨科拉湾的精细地图，他渴望西班牙人占据这里以作为抵抗法国人的基地。

其他墨西哥人正在绘制地图，尽管非常难以确定他们的名字。除了那些从事制作用来附属于《地理录》（relaciones geográficas）的图像（pinturas）的人之外，可能还有着通过绘制地图用来确定新建立的主教辖区的教会人士。吉尔·冈萨雷斯·达维拉的《传教士的舞台》（Teatro ecclesiástico）在 1649 年至 1655 年之间出版于马德里，包含了一幅米却肯（Mechouacan）主教教区的优秀地图[71]。这一作品，其作者依然不为人所知，但在技术上可以与最新的欧洲地图比肩；图像是完整和准确的，雕版精美，并且带有宏大的装饰。

这些早期地图中的一些涵盖了相当小的区域，或者甚至只是城镇。例如，1608 年，恩里科·马丁内斯制作了一幅"墨西哥地区的描述和潟湖的排水"（Descripcion de la comarca de México y obra del desagüe de la Laguna），其仅仅显示了墨西哥城及其周边地区；地图主要设计用来解释被提议的排干工作，但其很好地展现了这一伟大的城市是如何被放置到其谷地中的[72]。另外一幅专业地图是 1590 年由工程师包蒂斯塔·安东内利绘制的，其是非常与众不同的一幅，用来展示从韦拉克鲁斯通往墨西哥城的路线（图版42）[73]。不同于很多图像（pinturas），这一地图在风格上是纯粹欧洲的。道路用红色表示，河流用蓝色表示，并且有着传统的比例尺和朝向的标识。显示了相当小的定居点，以及它们令人感兴趣的主要对象。从位于地图底端的海湾向内陆工作，我们因而遇到了一些"estancias"（定居点）、一个"yngenio"（制糖工厂），然后"la puebla de los angles"[普埃布拉－德萨拉戈萨（Puebla de Zaragoza）]。波波卡特佩特山 [Mount Popocatepetl，"博尔詹"（Bolcan）]然后出现在左侧，在我们来到墨西哥城（"墨西哥"）所在的河流和排水渠的复杂系统之前。下述情况应当是令人奇怪的，即其是工程师绘制的唯一的道路图，且似乎没有其他地图保存了下来。

[70] 关于他离开宗教团体，参见 Irving Albert Leonard, *Don Carlos de Sigüenza y Góngora: A Mexican Savant of the Seventeenth Century* (Berkeley: University of California Press, 1929), 9–10。

[71] Gil González Dávila, *Teatro eclesiastico de la primitiva iglesia de la Nueva España en las Indias Occidentales*, 2d. ed., 2 vols. (Madrid: Jose Porrua Turanzas, 1959), facing 160.

[72] 复制在了 Maza, *Enrico Martinez*, 107。

[73] 参见 Duke of Alba, *Mapas españoles*, 175–78 and pl. XL (facing p. 175)。

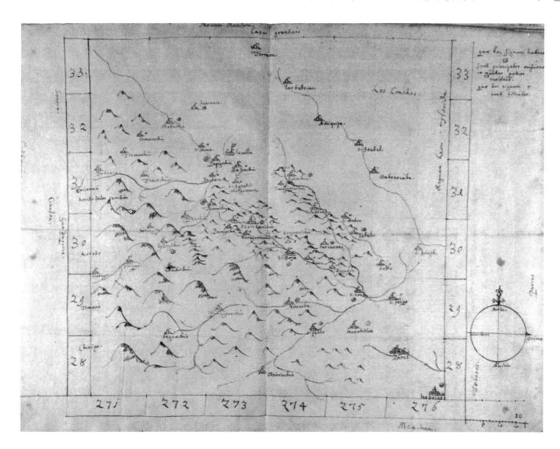

图 41.15　胡安·玛丽亚·拉特考伊，塔拉乌马拉区域地图，1683 年。这幅小地图是耶稣会传教士绘制的地图的典型。通常，他们更为重视当地居民的群体，但是拉特考伊集中于描绘山脉、河流和定居点，所有这些都包含在了一个数学框架中；这一地图显然是由一位经过地图学训练的人制作的

原图尺寸：28.8×37.3 厘米。Archivum Romanum Societatis Iesu, Rome（Hist. Soc. 150, fols. 9 – 10）提供照片。

同样，对于墨西哥区域地图的绘制，是丰富和变化多端的。我们可以从安托奇沃（Antochiw）对于单一省份尤卡坦的研究中获得关于其丰富程度的一些概念[74]。最早的地图是由马扬斯（Mayans）绘制的，其作品被转交，并且在某些情况下被西班牙人所整合。耶稣会士在这一区域并不活跃，但是军事工程师则非常活跃，同时他们早就绘制了如坎佩切（Campeche）和巴利亚多利德等城市的地图。海岸由西班牙的水文工程师绘制，准确性不断增加，然后是法兰西和英格兰的水文工程师，同时到 18 世纪，形成了"地图学家的尤卡坦学派"，意味着存在相当数量的当地的地图绘制者[75]。需要为其他省份进行类似的详细程度的工作，由此我们最终才可以评价这一区域整体上的地图学的性质。

1159

[74]　Michel Antochiw, *Historia cartográfica de la península de Yucatán*（［Mexico City］: Centro de Investigación y de Estudios Avanzados del I. P. N. , 1994）.

[75]　Antochiw, *Historia cartográfica*, 269 – 84.

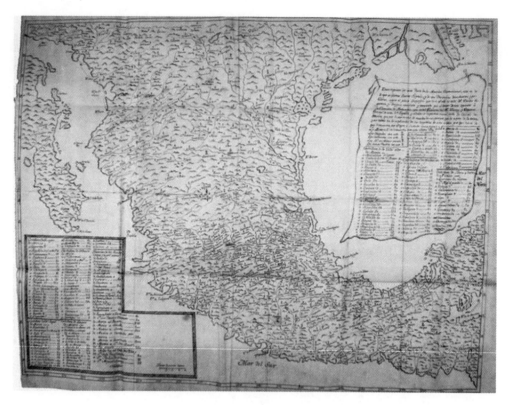

图 41.16　卡洛斯·德西根萨·y. 贡戈拉，墨西哥地图，1691 年。这一墨西哥的伟大地图表明了西根萨·y·贡戈拉关于这一区域的秘密知识，他对其中的古代文明非常感兴趣

原图尺寸：55×72 厘米。Real Academia de la Historia, Madrid（Colección Boturini, vol. 8）提供照片。

中美洲

从大约 1530 年开始，包含有我们现在称为伯利兹（Belize）、哥斯达黎加（Costa Rica）、厄瓜多尔（Ecuador）、危地马拉、洪都拉斯、尼加拉瓜、巴拿马和萨尔瓦多（El Salvador）等国家的地峡的总体形状已经广为人知。到 1536 年，由圣克鲁斯绘制的加勒比和墨西哥湾区域的航海图已经准确地勾勒了太平洋一侧和加勒比一侧的海岸线[76]。大约十年后，在“岛屿书”中，圣克鲁斯不仅提供了尤卡坦半岛的地图，还提供了洪都拉斯北海岸的地图。整个区域人口稀少，但已经确定主要的河流和山脉。

这一相当粗糙的轮廓在 16 世纪 70 年代被洛佩斯·德韦拉斯科或他的信息精细化。他的地图，如同我们在埃雷拉和托尔德西拉斯的《数十年来的新世界》中看到的，在相当大程度上改进了圣克鲁斯的轮廓，并且给予危地马拉和巴拿马的定居点（audiencias）以详细的描述。然而，无论是中美洲的海岸线还是地形都被描绘得非常复杂，并且在 17 世纪中，洛佩斯·德韦拉斯科的工作只有非常小的改进；这一区域实际上是西班牙王室主要关注区之外的帝国的一部分。详细绘制了内部的地图局限于巴拿马城周围地区。1609 年，克里斯托瓦尔·德罗雅斯对小城镇进行了精美的绘制（图 41.17），他是一位皇家工程师，我们已经在哈瓦那的部分讨论过他了。类似于同样工作于巴拿马的安东内利，罗雅斯绘制了准确的平面

1160

---

[76]　参见图 41.7。

测量地图，用比例尺、正方向完成，并且有着丰富的传统符号。巴拿马是财富的太平洋运输的转接点，然后这些财富被穿过地峡运输到波托韦洛港，在那里其被舰队（*flota*）搜集，以运输到欧洲。波托韦洛同样被西班牙工程师严密的设防，尽管两个地点都在 17 世纪末陷落到了海盗手中；两者同样在它们收复之后被持续绘制地图，因为它们长期在西班牙帝国中作为至关重要的连接点而存在(77)。

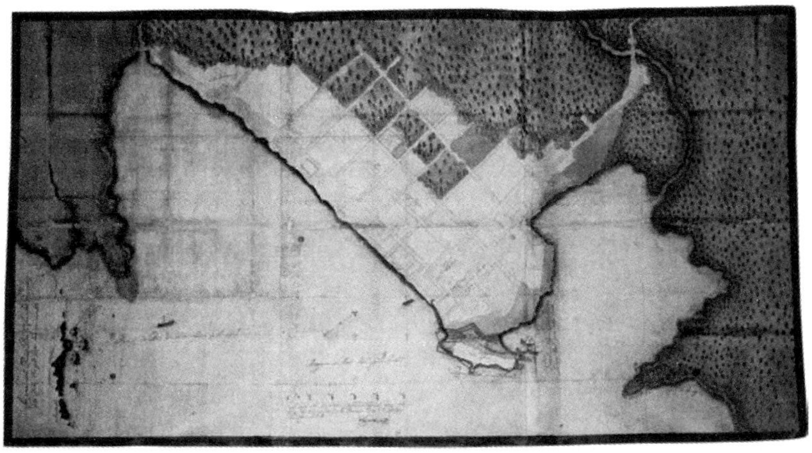

图 41.17　克里斯托瓦尔·德罗雅斯，巴拿马城的平面图，1609 年。巴拿马城构成了位于太平洋和大西洋之间的西班牙通道上的一个关键性的连接点，在其上，伟大的 *flotas*（舰队）或者财富舰队运行着。因而，罗雅斯所关注的不仅是描绘城市，还有环绕在周围的乡村

原图尺寸：66×125 厘米。Spain，Ministerio de Cultura，AGI（MP-Panamá，27）提供照片。

委内瑞拉和哥伦比亚

南美洲的北海岸在最早的西班牙地图中已经被绘制了形状（参见图 30.8）。截止到 16 世纪 40 年代，圣克鲁斯可以清楚地绘制赤道以北的海岸，无论是向东的还是向西的，同时这一信息在古铁雷斯的作品中进行了归纳（参见图 41.2）。洛佩斯·德韦拉斯科地图的埃雷拉和托尔德西拉斯版，其呈现了现代被称为哥伦比亚的地区，标题为《新王国的描绘》（*Descripcion del avdiencia del Nvevo Reino*），与众不同的充分，因为其可以依赖于两条大河的南北向河道，这两条河流即位于西侧的考卡（Cauca）河和位于东侧的马格达莱纳（Magdalena）河，两条河流流经中科迪勒拉山（Cordillera Central）的两侧（图 41.18）；这些主要特征赋予整个区域以形状。在北海岸，同样存在与众不同的特征，例如西侧的乌拉瓦湾（Gulf of Urabá），向东然后是卡塔赫纳，然后是圣玛尔塔（Santa Marta）。地图上的地名相对较多，并且很好的定位，可能是依赖于一幅 16 世纪 70 年代制作的，作为图像（*pintura*）附带于《地理录》（*relaciones geográficas*）的地图(78)。波哥大（Bogotá）的档案馆

(77)　参见 González，*Planos de ciudades iberoamericanas y filipinas*，1：261－73 中的平面图系列。

(78)　现在保存在 Madrid，Real Academia de la Historia。参见 Duke of Alba，*Mapas españoles*，pl. XXXI（facing p. 129）中的彩色复制件。

保存有1700年之前的大致50幅地图，同时如果这些地图可以被复制和研究的话，那么结果应当非常令人感兴趣(79)。但是本章的研究无法查询它们。

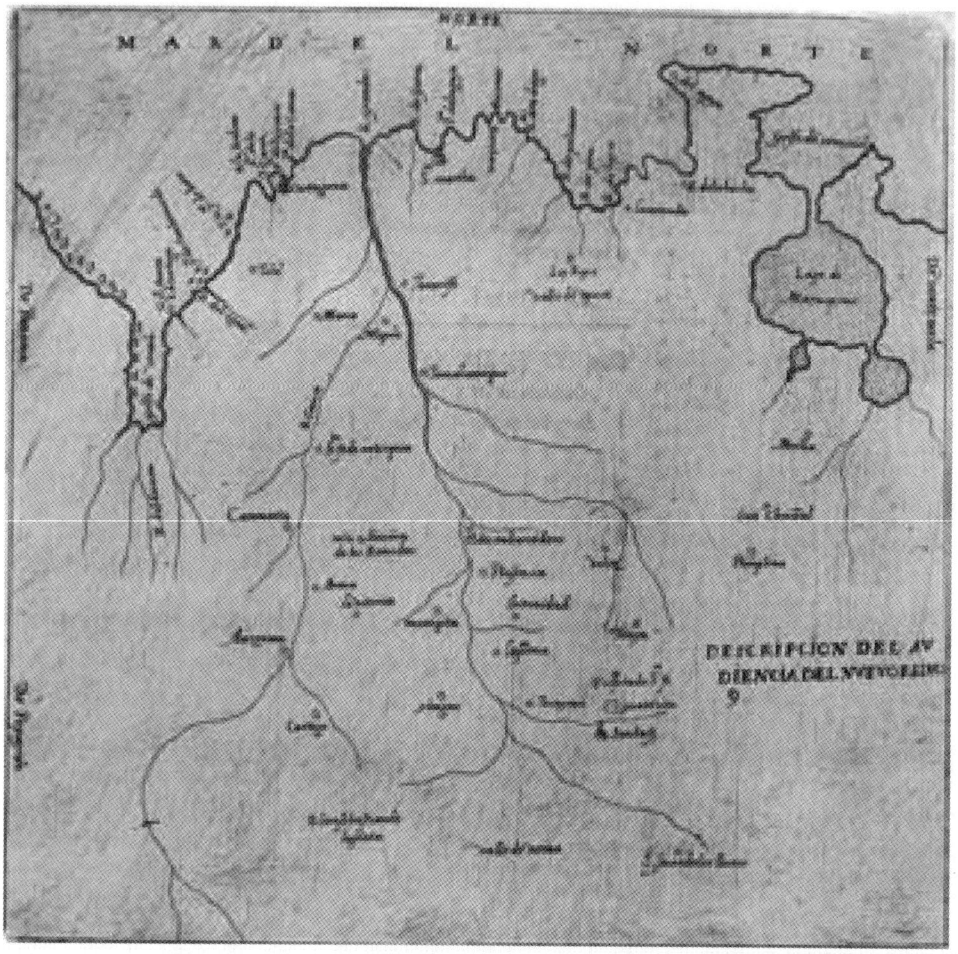

图41.18 安东尼奥·德埃雷拉和托尔德西拉斯，哥伦比亚地图，来自他的《数十年来的新世界》（MADRID，1601—1615年）。这是由洛佩斯·德韦拉斯科编纂的绘本地图集（也可以参见图41.3）中的辅助地图之一，此后由埃雷拉（Hererra）（参见图41.4）修改后印刷。其显示了南美洲中相对较早出现了西班牙定居点的部分，其中有一些沿着大河建立的城镇

John Carter Brown Library at Brown University, Providence 提供照片。

关于海岸，最为重要的港口就是卡塔赫纳。其至少自1571年之后开始被绘制地图，尽管最初是以一种非常粗略的方式。1586年，城镇受到弗朗西斯·德雷克爵士灾难性的劫掠，由此造成了与其他一些西班牙城镇相同的效果；由菲利普二世派出的委员会中包括有绘制了
1161 类似于图41.19中的平面图的工程师。这一平面图显示了按照包蒂斯塔·安东内利在1595年提议建造了堡垒的卡塔赫纳的旧有中心，不仅绘制了新的防御设施，还有街道线以及邻近乡村的某些建筑。当安东内利离开的时候，克里斯托瓦尔·德罗雅斯从他那里接管了工作，

(79) Vicenta Cortés Alonso, *Catálogo de mapas de Colombia* (Madrid: Ediciones Cultura Hispánica, 1967).

在 1609 年至 1631 年间工作于卡塔赫纳，并且绘制了更多的平面图(80)。这些平面图显示了防御设施的逐步扩张，防御设施的扩展在 17 世纪中延续，并且最终使得城市在 1741 年抵御了英国海军将领爱德华・纳什（Edward Vernon）的攻击。哥伦比亚的其他一些城市——拉帕尔马（La Palma）、圣玛尔塔和托卢（Tolú）——同样在 17 世纪是平面图绘制的对象，但是卡塔赫纳是其中绘制了平面图最多的；实际上，与其他海外的西班牙城市相比，保存在 AGI 的卡塔赫纳平面图数量更多。

图 41. 18 中的洛佩斯・德韦拉斯科地图显示了朝向其东侧的巨大的马拉开波湖（Lake Maracaibo），其是委内瑞拉省地图中这一突出特点的开端。最令人满意的委内瑞拉的概图，当然是一幅由弗朗西斯科・德鲁埃斯塔在 1634 年绘制的（图 41. 20）。其对海岸线进行了相当准确的描绘，还显示了内陆的山脉、河流和一些定居点。还对海岸外的岛屿进行了细致的显示，同时同一年鲁埃斯塔还绘制了一幅仅仅针对这些岛屿中的一座的地图，“库拉索岛的描述”(Descripción de la isla de Curaçao)(81)。正是在 1634 年，荷兰人占领了库拉索［Curaçao，依然是尼德兰所属安的列斯群岛（Netherlands Antilles）的一部分］，同时鲁埃斯塔毫无疑问制作了这张地图，以便就可能的西班牙反击提供建议。考虑到西班牙人已经在其上定居了那么长的时间，虽然岛屿的形状相当粗糙，但主要的特征被仔细地标记且制作了图例。

南美洲北海岸的一些其他位置和岛屿受到了某些关注。例如，1623 年，克里斯托瓦尔・德

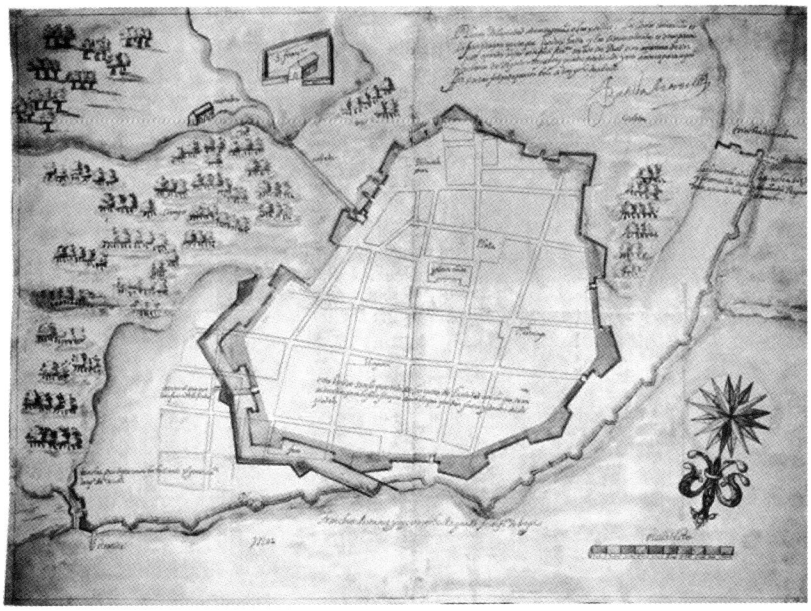

图 41. 19　包蒂斯塔・安东内利，卡塔赫纳的平面图，1595 年。卡塔赫纳不仅被集中绘制了地图，而且在 17 和 18 世纪建造了严密的防御设施，由此，最终，在 1741 年的一场成为著名例子的陆地防御战中，其有能力抵抗英国海军将领爱德华・纳什的攻击

原图尺寸：41 ×59 厘米。Spain，Ministerio de Cultura，AGI（MP-Panamá，10）提供照片。

(80) 奇怪的，其中一幅保存在 BL，Add. MSS. 1617。也可以参见 Enrique Marco Dorta，*Cartagena de Indias*：*La ciudad y su monumentos*（Seville：Escuela de Estudios Hispano-Americanos，1951）。

(81) 现在收藏于 AGI，Indiferente，2569。

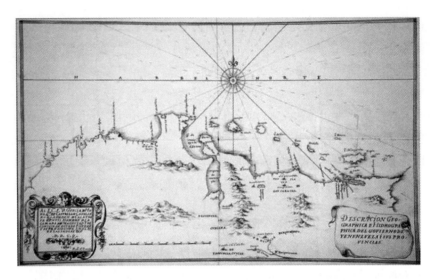

图41.20　弗朗西斯科·德鲁埃斯塔，委内瑞拉的管辖范围，1634 年。这幅地图被设计用来给予一个关于委内瑞拉省沿岸地区的完整印象，毫无疑问是于 1634 年在库拉索被荷兰占领的情况下。岛屿可以在罗盘玫瑰下方看到，同时阿鲁巴（Aruba）位于左侧，玛格丽塔重要的岛屿则在东方很远处

原图尺寸：40×55.8 厘米。Spain, Ministerio de Cultura, AGI（MP-Venezuela, 19）提供照片。

罗雅斯制作了一幅阿拉亚（Araya）盐池的详细地图，其上有它们的通道和保卫它们最好的方式[82]。地图学有些不太令人印象深刻，但是有着一个比例尺和正方向，由此允许我们准确的定位被提议的工作。位于阿拉亚半岛旁的整个库马纳（Cumaná）省被仔细地绘制了地图，玛格丽塔（Margarita）的饲养珍珠和养鱼的岛屿也是如此[83]。珍珠和盐，在现代经济中占有了相当外围的地位，但在 17 世纪是非常重要的，并且确实是西班牙在这一海岸的利益之所在。一些大型的堡垒因而修建来保护盐田。其中之一就是被称为圣丹尼尔（San Daniel）的堡垒，当其在 1622 年之后开始兴建的时候，由克里斯托瓦尔·德罗雅斯绘制了平面图（图41.21）。这些准确地按照比例尺绘制的图景向我们提供了海岸重要部分的准确景象。

　　在列举的早期地图中，委内瑞拉得到了很好的关注，同时这些列表显示地图被专门绘制来描述沿着海岸的地点[84]。在 17 世纪晚期之前，随着传教团在内地的分布，奥里诺科河的河道开始以某种详细程度被了解。这一地区的知识的增长，在欧洲印刷地图中的记录是延后的，一幅 1690 年由温琴佐·科罗内利绘制的地图最早反映了由这些宗教地图学家搜集的信息。有可能可以获得对这个地区中的地图学的跨度的很好了解，因为最为重要的地图中的很多被复制在了委内瑞拉边界委员会（Venezuelan Boundary Commission）1897 年的出版物中，

以为确定不列颠所属圭亚那（British Guiana）和委内瑞拉之间的边界提供建议[85]。按照非常

[82] 列在了 González, *Catálogo de mapas y planos de Venezuela*, 31。

[83] 参见 Hermann González, *Atlas de la historia cartográficade Venezuela*, 2d ed.（[Caracas]: E. Papi Editor,[1987]）的工作。

[84] 参见 Francisco Morales Padrón and José Llavador Mira, *Mapas, planos y dibujos sobre Venezuela existentes en el Archivo General de Indias*, 2 vols.（[Seville]: Escuela de Estudios Hispano-Americanos,[1964－65]）。

[85] *Maps of the Orinoco-Essequibo Region, South America, Compiled for the Commission Appointed by the President of the United States "to Investigate and Report upon the True Divisional Line between the Republic of Venezuela and British Guiana"*（Washington, D. C.:[U. S. Government Printing Office], 1897），以及还有 Buisseret, "Jesuit Cartography," 124。

相同的方式，以及在大约同时，巴西和法国政府都制作了早期地图影印件的地图集，如同我们后面将要看到的。

秘鲁和智利

与东海岸相比，西班牙宇宙志学者绘制南美洲西海岸的速度更为缓慢，但是到 16 世纪 40 年代，圣克鲁斯在他的"岛屿书"中给出了总体轮廓，并且在 1562 年，古铁雷斯在 16 世纪 50 年代的佩德罗 – 德巴尔迪维亚（Pedro de Valdivia）战役之后绘制了整个海岸线。1575 年，洛佩斯·德韦拉斯科绘制了沿着海岸的主要港口，显示了基多、查尔卡斯（Charcas）和利马的定居点（audiencias）以及智利省⑧。至于内陆，我们至少拥有 1584 年的早期地图，"奇里瓜纳国家居住的山脉"（Cordillera en qve habita la nacion Chiriguana）（图 41.22）。其很可能是绘制用来附属于《地理录》（relaciones geográficas）的，并且其正方向朝东，同时波托西（Potosi）位于前方的正中，而格兰德河位于左侧，蜿蜒流入巴西。这一作品的绘制是准确和无误的。

亚马孙河巨大河盆的地图绘制，可以通过由巴西和法国政府编纂的影印地图集而进行追溯，这些地图集编纂于 19 世纪晚期，当时他们将他们关于领土的案件提交给瑞士政府进行仲裁⑧。从 16 世纪之初开始，世界地图显示了从西向东穿过南美洲中部的巨大河流的一些形态；地图学家经常恰当地将其命名为亚马孙河，伟大而奇特的循环。对于河盆地图的绘制在 17 始末开始认真执行，当时神父塞缪尔·弗里茨（Father Samuel Fritz）在 1686 年抵达了耶稣会基多学院（Jesuit college of Quito），他是由他的祖国波西米亚派来的⑧。基多代表了河盆的西端，就像作为大西洋东部河口巨大终点的帕拉（Pará）。一只从基多出发的探险队实际上在 1636 年就抵达了帕拉（Pará），由此警告了那里的葡萄牙当局，因此在 1637 年，佩德罗·特谢拉领导了一支反向的探险队，并且在 1639 年试图用《属地法案》（Act of Possession）确定两个欧洲强国之间的边界。弗里茨因而进入了一个存在争议的地区，并且他自己在 1690 年至 1691 年进行了一次从基多至帕拉的旅行；在这一时间之后，他花费了数年的时间在河流沿岸的传教团工作，直至 1707 年他出版了他的地图《马拉尼翁或亚马孙大河》（Gran Rio Marañon, o Amazonas）（图 41.23）。这一杰出的作品，从西部的基多延伸至东部的帕拉，显示了沿着这一巨大河流的大量部落和传教团，并且在未来很多年成为亚马孙地图学的基础。

1163

---

⑧　参见保存在 John Carter Brown Library at Brown University，Providence，R. Ⅰ中的绘本地图。

⑧　这些地图集中的一些是华丽的；例如，参见，*Mémoire contenant l'exposé des droits de la France dans la question des frontières de la Guyane française et du Brésil, soumise a l'arbitrage du gouvernement de la Confédération Suisse*（Paris：Imprimerie Nationale，1899）。

⑧　关于弗里茨，依然参见 George Edmundson，ed. and trans.，*Journal of the Travels and Labours of Father Samuel Fritz in the River of the Amazons between 1686 and 1723*（London：Printed for the Hakluyt Society，1922）. 似乎这一著名人物需要进一步的研究。

1164

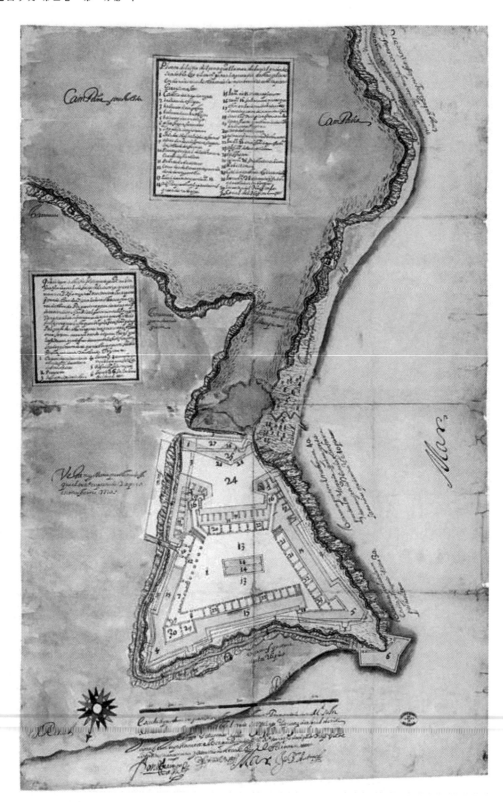

图41.21　克里斯托瓦尔·德罗雅斯，圣丹尼尔要塞平面图，1623年。这是工程师用来描绘要塞的方法的典型例子，不仅插入了防御工事本身，而且还插入了环绕在周围的郊野的轮廓。修建这一堡垒来保护阿拉亚的盐田

原图尺寸：75.4×48.2厘米。Spain, Ministerio de Cultura, AGI (MP-Venezuela, 12) 提供照片。

图 41.22　佚名，"奇里瓜纳国家居住的山脉"，1584 年。这一精美的地图绘制出了波托西（前侧中部）东侧的田野，现在的玻利维亚（Bolivia）就属于波托西。其显示了西班牙人关注于绘制出河流的河道和定居点的位置，而没有考虑到非常复杂的地理情况

原图尺寸：28×40 厘米。Spain, Ministerio de Cultura, AGI（MP-Buenos Aires, 12）提供照片。

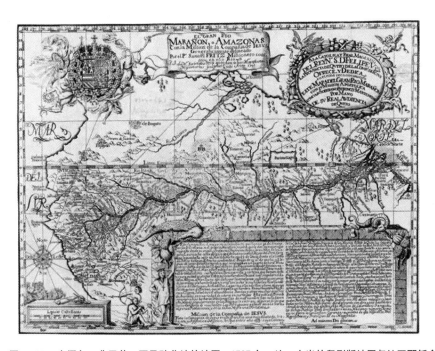

图 41.23　塞缪尔·弗里茨，亚马孙盆地的地图，1707 年。这一杰出的印刷版地图归纳了耶稣会士波西米亚神父塞缪尔·弗里茨的调查，其从 1686 年之后，进行了一系列穿越这一广大土地的旅行。毫无疑问使用了其他耶稣会士的地图，以及来源于报告人的信息，他制作出了亚马孙和奥里诺科河的一种图像，虽然包括了民间传说，然而纠正了他更加富有幻想的前辈的作品

原图尺寸：约 31×41.5 厘米。BL（＊Maps 83040［4］）提供照片。

　　在弗里茨地图的左下角，正好可以看到利马城，还有它的港口卡亚俄（Callao）。这是西班牙在整个区域活动的一个重要基地，并且经常被绘制地图⑧。在 17 世纪 80 年代中期有着一次非常伟大的地图绘制活动，当时佛兰芒耶稣会士胡安·拉蒙·科尼尼克（Juan Ramón Koninick）绘制了一幅显示了被提议用来抵抗英国海盗的新防御设施的平面图。这一平面图，在其被修建之前的一段时间，乐观地显示了一个棱堡防御线，然后在 1687 年被弗雷·佩德罗·诺拉斯科（Fray Pedro Nolasco）重复，他是一名美塞苔斯（Mercedarian）的修道士，其大型作品（46×66 厘米）是详细和有技巧的，与这一时期欧洲用凯旋风格绘制的城市平面图完全相同。其他一些重要的城市同样被绘制了地图，尤其包括了波托西的矿业中心，这里是西班牙财富的非常主要的来源；1600 年，这里是一幅精美的平面测量图的呈现对象，同样也是大量透视图的对象⑨。

　　智利属于南美洲最后被绘制的那些地区之一。在 16 世纪 80 年代，对于麦哲伦海峡的兴趣不断增加，当时工程师蒂布尔齐奥·斯潘尼齐，以他关于西班牙半岛的著作而非常闻名，被派来绘制出控制海峡的堡垒的平面图；这些平面图已经被很好复制⑨。然而，工作从未被执行，可能因为，当 1615 年至 1616 年一支探险队环绕霍恩角航行的时候，西班牙人疑虑荷兰人表达的意图是什么，因而否定了控制这一海峡的任何目的。1618 年至 1619 年，西班牙船长巴托洛梅·加西亚·德诺达尔（Bartolomé García de Nodal）和贡萨洛·德诺达尔（Gonzalo de Nodal）被派来确定这一报告；他们成功的环绕航行了火地岛，并且绘制了一幅比荷兰人绘制的准确得多的地图（图 41.24）⑨。

　　耶稣会士安东尼奥·鲁伊斯·德蒙托亚（Antonio Ruiz de Montoya）制作了一幅地图，而这幅地图 1646 年在罗马出版于阿隆索·德奥瓦列（Alonso de Ovalle）的《智利王国的历史关系》（Historica relacion del reyno de Chile）中，而在此之前，智利省本身一直没有被绘制地图。这一地图，尺寸为 36×47 厘米，是从一幅非常稀有的、原始的、尺寸为 58×117 厘米的地图缩减的⑨。图 41.25 显示了这一较大地图的右半部，也就是南侧，在右侧中部是火地岛。安第斯山（Andes）的走向基本是按照传统方式绘制的，但是插入了很多河流和定居点，并且大量的涡形装饰试图给出一种国家特征的印象。这一地图由奥瓦列出版，应当在约 150 年的时间中影响了在地图上显示智利的方法，直至大约 1780 年。奥瓦列的工作同样包括圣地亚哥、瓦尔帕莱索（Valparaiso）、科金博（Coquimbo）和金特罗（Quintero）的平面图，但是那些平面图，尽管显然准确，但实际上是退化的，反映了西班牙帝国这一部分发展得非常缓慢。

---

　　⑧　参见下列著作：Juan Gunther Doering, ed. , *Planos de Lima*, *1613 – 1983*（Lima：Municipalidad de Lima Metropolitana, 1983）；Richard L. Kagan, *Urban Images of the Hispanic World*, *1493 – 1793*（New Haven：Yale University Press, 2000）, 169 – 76；以及 Guillermo Lohmann Villena, *Las defensas militares de Lima y Callao*（Seville：Escuela de Estudios Hispano-Americanos, 1964）。

　　⑨　参见 Kagan, *Urban Images*, 101 – 5 and 186 – 98 中的复制件和注释。

　　⑨　参见 Carlos Martínez Shaw, ed. , *El pacífico español de Magallanes a Malaspina*（Madrid：Ministerio de Asuntos Exteriores, [1988]）, 16 – 17。

　　⑨　基于 Clement R. Markham, ed. and trans. , *Early Spanish Voyages to the Strait of Magellan*（London：Printed for the Hakluyt Society, 1911）, 187. 也可以参见 Mateo Martinic Beros, *Cartografía magallánica*, *1523 – 1945*（Punta Arenas：Ediciones de la Universidad de Magallanes, 1999）。

　　⑨　参见 Lawrence C. Wroth, "Alonso de Ovalle's Large Map of Chile, 1646," *Imago Mundi* 14 (1959)：90 – 95。

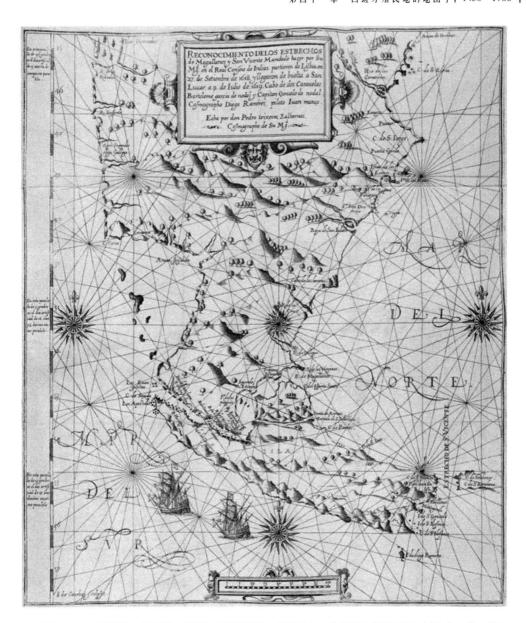

图41.24　巴托洛梅·加西亚·德诺达尔和贡萨洛·德诺达尔，南美洲南部的地图，1621 年。这一著名的印刷地图来源于诺达尔 1618 年至 1619 年的航行，此后他们的观察被皇家宇宙志学家佩德罗·特谢拉·阿尔贝纳斯整合，并绘制了地图。对这些荒凉水域的令人惊讶的准确描绘附带有风玫瑰，而后者似乎来源于波托兰航海图

原图尺寸：约 39.6 × 33.9 厘米。Special Collections and Rare Books，Wilson Library，University of Minnesota，Minneapolis（TC Wilson Library Bell 1621 Ga）提供照片。

布宜诺斯艾利斯

另一方面，环绕拉普拉塔河河口的地区，早就被绘制了地图而且是完整的，因为这适合于具有这样明显希望的地区。圣克鲁斯在他的 16 世纪 40 年代的"岛屿书"中给出了一个恰当的印象，并且 60 年后，其被耶稣会士神父迭戈·德托雷斯（Diego de Torres）进行了更为详细的绘制。按照阿根廷（Argentine）历史学家卡迪夫（Cárdiff）的说法，托雷斯的影响

力然后扩展到了在欧洲由约安内斯·德拉埃特（Joannes de Laet）、威廉·扬茨·布劳和约翰内斯·扬松纽斯出版的地图中[94]。

1168

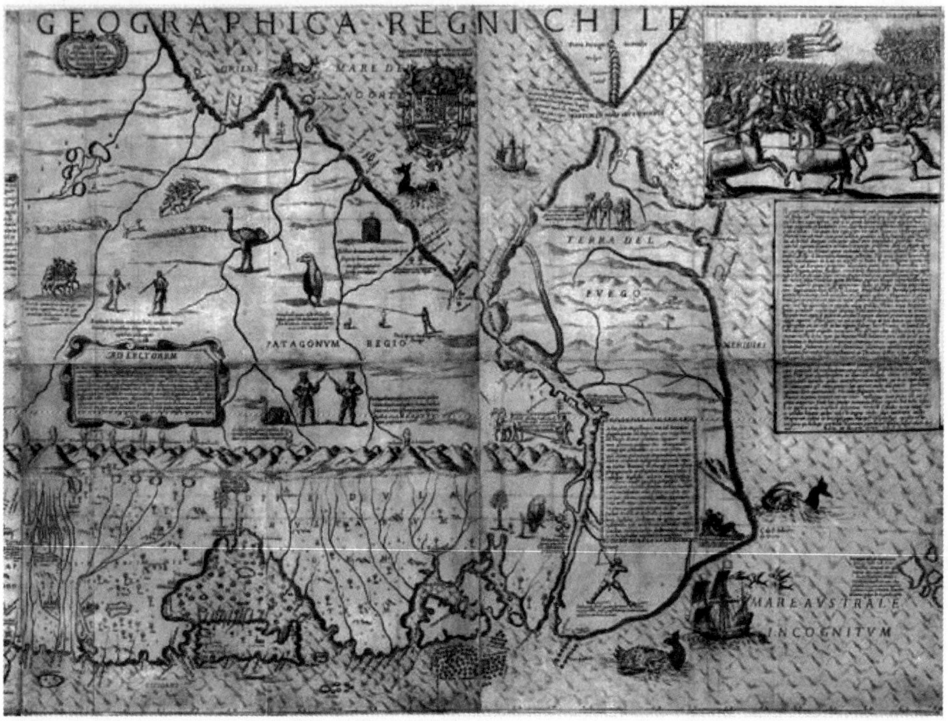

图41.25 阿隆索·德奥瓦列，来自智利地图的细部，1646年。这一地图显示了从大西洋至太平洋的一个巨大区域，其中还有被仔细插入的河流和少量城镇。在相应图像的空白处插入的文字中，还提到了中世纪的世界地图(*mappaemundi*)

细部的尺寸（右半部）：约58×79.4厘米。来源于 Alonso de Ovalle, *Historica relacion del reyno de Chile*（Rome：Por Francisco Cauallo, 1646）. John Carter Brown Library at Brown University, Providence 提供照片。

当然，耶稣会士的核心兴趣在于向北流入内地的大河的走向，在那里他们处于建立他们传教团（*reducciones*）的过程中。最终，他们进入被巴西的葡萄牙人宣称拥有的领土中，并且引发了冲突，这一冲突在18世纪晚期通过驱逐耶稣会士而得以解决。在那之前，他们已经制作了大量地图，开始于大约1600年的最早的修道院院长之一胡安·罗梅罗（Juan Romero）制作的地图[95]。

类似于很多耶稣会士地图，这一地图现在已经无法找到，但是它们对于在欧洲印刷的地图的影响很快就可以看到。1667年，约安·布劳出版了《巴拉奎利亚，俗称巴拉圭》(*Paraqvaria, vulgo Paragvay*)，将其献给了耶稣会士修道会总会长温琴佐·卡拉法（Vincenzo Caraffa）（图41.26）。这一地图准确地绘制了巴拉圭河、巴拉那河和乌拉圭河（Uruguay Rivers）的河道，确定了沿着这些河流的主要印第安部落的名称以及他们的城镇。还显示了西班牙城市和耶稣会的"reductions"（传教团），方济各会传教团也是如此；可能类似于此的一幅地图相当准确地展现了教会和皇权渗透这一土地中的方式。

[94] Fúrlong Cárdiff, *Cártografia jesuítica del Río de la Plata*, 21 – 23.

[95] Fúrlong Cárdiff, *Cártografía jesuítica del Río de la Plata*, 20 – 21，以及 Buisseret, "Jesuit Cartography."

　　如同在西海岸，在东海岸，同样，城市缓慢的发展，但是从未可以与加勒比巨大的早期城市相匹敌。然而，在早期就绘制了后来成为阿根廷的那些地区中的一些城镇的地图，即使总体上是相当粗糙的；因而，我们拥有了布宜诺斯艾利斯（1583）、门多萨（Mendoza）（1561 年和 1562 年）、圣胡安·包蒂斯塔·德拉里韦拉（San Juan Bautista de la Ribera）（1607）、圣胡安·德拉弗龙特拉（San Juan de la Frontera）（1562）和塔拉韦拉·德马德里（Talavera de Madrid）（1668）的图像⑯。这些平面图几乎都是四边形的形式，并且由此看起来非常类似于示意图，列出了位于正在建设的新的城市中心的公共和私人地块。

1169

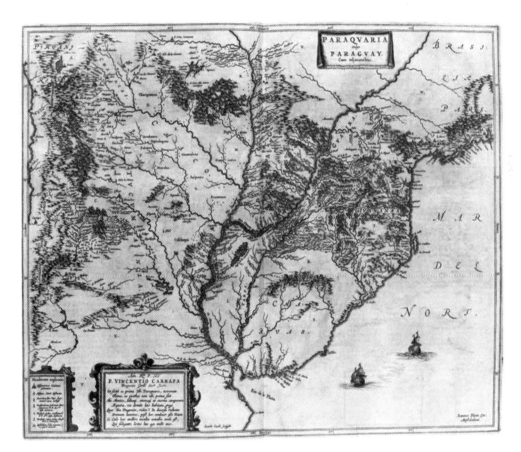

　　图 41.26　约安·布劳，《巴拉奎利亚，俗称巴拉圭》（*PARAQVARIA, VULGO PARAGVAY*）（AMSTERDAM, 1663）。当约安·布劳印刷这一地图并且将其奉献给耶稣会修道院总院长的时候，他毫无疑问赞同一修道团体的成员用于绘出大河流河道的方法。在这一国家中，正在进行被称为"reductions"（布道团）的定居点的实验，时间是在他们于 18 世纪后期被摧毁以及耶稣会士被驱逐之前

　　原图尺寸：约 45×55.2 厘米。Newberry Library, Chicago（Ayer * 135 B63 1663）提供照片。

菲律宾群岛

　　至少在 16 世纪 40 年代之前，或多或少可以被认为是菲律宾的岛屿开始出现在欧洲的世界地图上。最早的显示了巴拉望（Palawan）和棉兰老（Mindanao）的西班牙地图学家就是

---

⑯　参见 González, *Planos de ciudades iberoamericanas y filipinas*, 1: 1, 11–13, and 17–19 中的复制件。

圣克鲁斯，是在他的"岛屿书"中；然而，他的知识是浅薄的和不准确的。岛屿的总体形状在大约 1551 年被桑舒·古铁雷斯进行了更好的描绘，他是老迭戈·古铁雷斯的儿子。他的世界地图显示了岛链的总体轮廓和大致正确的地点；实际上，1566 年，在塞维利亚，桑舒就是被要求就关于菲律宾和摩鹿加群岛的位置给出一个观点的地图学家之一[⑨]。

1564 年和 1565 年期间，一支由巴斯克·米格尔·洛佩斯·德黎牙实比（Basque Miguel López de Legaspi）领导的探险队访问了菲律宾，并且这支探险队中的导航员绘制的四幅航海图保存在塞维利亚的 AGI[⑱]。然而，它们没有显示太多岛屿的详细情况，最早的相对详细的地图是约 1572 年由迭戈·洛佩斯·波韦达诺（Diego López Povedano）绘制的。这一地图以某种详细程度显示了内格罗斯（Negros）岛，尽管是以一种非常原始的方式。在由胡安·洛佩斯·德韦拉斯科于大约 1575 年编纂的一幅西太平洋的地图中，岛屿的形状依然只是非常近似，尽管这在这一地图的印刷版中得到了大量修正，印刷版是于 1601 年在马德里由安东尼奥·德埃雷拉和托尔德西拉斯出版的[⑲]。

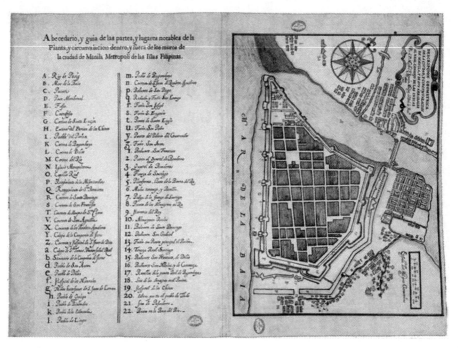

图 41.27 伊格纳西奥·穆尼奥斯（IGNACIO MUNOZ），《马尼拉城市的几何描述与城市环境的保护》（*DESCRIPCION GEOMETRICA DE LA CIVDAD Y CIRCVNVALACION DE MANILA*）（MANILA，1671）。在 17 世纪晚期，马尼拉的定居点增长迅速，并且这一由伊格纳西奥·穆尼奥斯绘制的相当乐观的图像捕捉到了位于这一阶段的城市。图例中的字母和数字是编号的，并且显示了穆尼奥斯提交的一份对城市的详细分析

原图尺寸：47.3×60.4 厘米。Spain, Ministerio de Cultura, AGI（MP-Filipinas, 10）提供照片。

---

⑨ 在 *Kartographische Zimelien: Die 50 schönsten Karten und Globen der Österreichischen Nationalbibliothek*, ed. Franz Wawrik et al.（Vienna: Österreichische Nationalbibliothek, 1995），62 中进行了带有注释的展示。

⑱ 参见 Pedro Torres Lanzas, *Relación descriptiva de los mapas, planos, etc., de Filipinas...*（Madrid, 1897），4.

⑲ 参见韦拉斯科的绘本（图 41.3），以及 Herrera y Tordesillas, *Historia general*（1944–47），和 idem, *Historia general*（1934–57）.

在 17 世纪上半叶，西班牙人逐渐占据了菲律宾群岛，同时这一点被反映在了地图学中。到 1659 年，曼努埃尔·德奥罗斯科（Manuel de Orozco），使用我们所不知道的资料，在马德里制作了一幅地图，生动地显示了群岛的所有岛屿以及内部的某些细节[100]。大约在那一时间，还存在其他描绘内地区域的尝试，例如佚名的"伊图伊和吕宋岛北部其他省份的地图"（Map of Ituy and other provinces in northern Luzon）[101]。整体上，内部地区不够富裕，不足以吸引西班牙殖民者到那里进行详细的地图学工作。

最早保存下来的菲律宾的城镇平面图显示了甲米地（Cavite），在大约 1640 年其正在建设城堡。这些平面图是一名被称为"荷兰工程师"的里卡多·卡尔（Ricardo Carr），以及西班牙的胡安·德索莫维利亚·特哈达（Juan de Somovilla Tejada）等工程师的工作[102]。大约在那时，马尼拉同样正在发展，并且在 1671 年，其被显示在了《马尼拉城市的几何描述与城市环境的保护》（*Descripcion geometrica de la civdad y circvnvalacion de Manila*）（图 41.27）中。作者是神父伊格纳西奥·穆尼奥斯，多明我会的牧师，并且虽然他混合了垂直的和倾斜的视角，但他提供了比例尺和正方向，并且成功地给予了正在兴起的首都城市的一个具有说服力的印象。作为西班牙东方贸易的中心，马尼拉大帆船的母港，在 18 世纪期间，其应当被经常性地绘制了地图[103]。

1171

结　　论

在对他们领土的空间呈现中，西班牙人面临的任务是巨大的。确实，葡萄牙人已经扩展得尽可能远和尽可能快，但是他们并不关心建立定居的殖民地，并且由此非常满意于从葡萄牙出发的海上交通线的准确的航海图。对于葡萄牙地图学家而言，不需要制作他们没有意图占领的领土的详细图像。一个例外就是巴西，在那里确实他们最终建立了一个很好地绘制了地图的定居殖民地。当其他欧洲强权开始在 16 世纪晚期扩张的时候，他们确实比西班牙人更为系统、迅速地绘制了他们占有的土地。以英国为例，地图学被留给了私人企业，并且法国从未尝试，例如，去在马赛或勒阿弗尔（Le Havre）建立任何与贸易署相似的机构。只有荷兰遵从了伊比利亚的领导，他们在阿姆斯特丹和巴达维亚（Batavia）建立了航海学校。

到 16 世纪末，贸易署的工作已经确立了西班牙新世界的轮廓，同时洛佩斯·德韦拉斯科已经显示使用一种统一的风格来绘制所有这些区域是可能的。菲利普二世毫无疑问希望进一步执行这一工作，并且使用附带于《地理录》（*relaciones geográficas*）的图像（*pinturas*）去绘制出整个帝国的详细地图。这一野心勃勃的计划失败了，不仅因为图像（*pinturas*）的性质，其信息对于欧洲传统的地图学家来说通常是无法理解的，而且因为到 16 世纪末，菲利普二世和他的继承者越来越多地将他们的注意力转移到存在于欧洲的问题。

16 世纪 80 年代，外国强权渗透入新世界，由此产生了自相矛盾的效果，迫使西班牙人

---

[100]　被 Carlos Quirino, *Philippine Cartography (1320–1898)*, rev. ed. (Amsterdam: N. Israel, 1963), 84 引用。

[101]　现在保存在 AGI。

[102]　参见复制在 González, *Planos de ciudades iberoamericanas y filipinas*, 1: 131–33 中的平面图，以及对他们的描述 2: 119–22。

[103]　参见 González, *Planos de ciudades iberoamericanas y filipinas*, 1: 138–56，关于马尼拉的大量平面图。

第一次认真强化其主要城市的防御，并且转而，导致了那些不仅可以规划环绕它们的棱堡线，并且可以描绘它们主要特征，并且通常涉及毗邻郊野的工程师的作品。从 1517 年开始，一系列的法律制定了在新世界建立城市的方法。它们将被选址在靠近淡水的位置，并且不要远离大海，同时街道朝向四个基点方位，并配备有两个主要的广场等。因而，我们发现大量城镇平面图，其中古老的四边形的城市中心——按照这些西印度群岛的法律进行布局——现在被强有力的城墙和棱堡所环绕。建设防御设施以及绘制相应地图的过程应当延续到了西班牙海外势力的终结。

首先，对郊野进行详细地图绘制的前景非常渺茫，基于菲利普二世在 16 世纪 70 年代投机活动的失败。但是，随后在 16 世纪末，耶稣会士抵达。他们在很多星罗密布在天主教欧洲的学院中受到了最初的数学和地图学的训练，他们将他们的技术甚至带到了最为偏远的传教团。这些真实发生了，不仅是在西班牙世界，在那些墨西哥北部的地点、奥里诺科河谷以及巴拉圭区域，而且在法属加拿大和葡萄牙的巴西。他们的工作，几乎是意外地符合了他们的技术以及未曾预期的机遇，这意味着他们绘本地图中展现的对于很多区域的了解，在 20 世纪地图学极大进步之前都没有变化。耶稣会士在 18 世纪 70 年代被从海外领土驱逐出去，同时他们杰出的工作也就终结了。

在 18 世纪初，最后的哈布斯堡国王查尔斯二世（在位时间 1665—1700 年）去世；他的继承者是法国王子，被称为菲利普五世（在位时间 1700—1746 年）。尽管，在 1700 年之前很久，因为西班牙哈布斯堡王朝力量的衰退，法国波旁王朝的影响力在西班牙就已经可以被感觉到。西班牙海外地图学历史中的众多引人动心的主题之一确实就是波旁王朝的影响力渗透到半岛的过程。但这只是许多研究主题之一，而这些研究主题也将取得丰硕的成果。

词汇对照表

词汇原文	中文翻译
"Livro das praças de Portugal com suas fortificações"	"葡萄牙防御工事之书"
"Heures d'étienne Chevalier"	"骑士时代"
contemptus mundi	"轻视俗世"
"Commentary on the Apocalypse of Saint John"	"圣约翰的启示录的评注"
Poeticon Astronomicon	"天文诗"
"Liber fideliorum crucis"	"信徒的十字架之书"
"Instruttione per riconoscere le provincie et Luoghi"	"行省及地方知识指南"
"Introductionam astrologia ungler"	"占星学导论"
Arte della vera navegatione	"真正的航海艺术"
"Il Paradiso degli Alberti"	《阿尔贝蒂的天堂》
Escorial Atlas	《埃斯科里亚尔地图集》
HISPALENSIS CONVENTVS DELINEATIO	《安达卢西亚的描绘》
Fontes cartographici Orteliani	《奥特柳斯的制图学资料来源》
Bairische Landtafeln	《巴伐利亚图集》
PARAQVARIA, VULGO PARAGVAY	《巴拉奎利亚，俗称巴拉圭》
Carte generale contenante les mondes coeleste terrestre et civile	《包含天国和尘世诸世界的全图》
The Sky Explored：Celestial Cartography 1500 – 1800	《被探索的星空：天文制图学，1500—1800 年》
Carte Pisane	《比萨航海图》
crónicas	《编年史》
CHRONICLE EXTRAVAGANS	《编年史增补》
Liber chronicarum, 1493	《编年史之书》
Corografia e Storia della Alpi Marittime	《滨海阿尔卑斯地区方志图与历史》
Epitoma rei militaris	《兵法简述》
Tabula Peutingeriana	《波伊廷格地图》
Bologna Geography	《博洛尼亚地理学》
Polyhistor	《博学者》
Britannia	《不列颠》
Atlas maior sive Cosmographia Blaviana	《布劳大地图集或宇宙志》
Teatro del cielo e della terra	《苍穹和大地的舞台》
Rudimentum novitiorum	《初学者手册》
Etymologies	《词源学》

词汇原文	中文翻译
De magnete	《磁论》
Lesser Voyages	《次要的航行》
Speculum Maius（*Speculum*）	《大宝鉴》
Theatre of the Empire of Great Britaine	《大不列颠帝国的舞台》
Geodæsia Rantzoviana	《大地测量学》
periegesis	《大地巡游记》
Arcano del mare	《大海的秘密》
The Ambassadors，1533	《大使们》
Opus maius	《大著作》
Lectura Dantis	《但丁读本》
Isole，citta，et fortezze	《岛屿、城市和堡垒》
isolario 、isolarii	《岛屿书》
Relaciones geográficas	《地理录》
De geographia	《地理学》
Septe giornate della Geographia	《地理学的七日》
Geography	《地理学指南》
Caertboek vande Midlandtsche Zee	《地中海的航海书》
Nieuwe beschryvinghe ende caertboeck vande Midlandtsche Zee	《地中海的航海之书以及新描述》
Specchio del Mare Mediterraneo	《地中海之镜》
Triestino Atlas	《的里雅斯特地图集》
Timaeus	《蒂迈欧》
Inquirições	《调查》
Praise of the Fly	《对苍蝇的赞美扬》
De situ orbis	《对世界的描述》
abreviatio de situ orbis	《对世界的描述的节略》
De mundo nostro sublunari philosophia nova	《对我们月下世界的新思考》
Nova totivs terrarvm orbis descriptio	《对整个地球的新描绘》
Poly-Olbion；or，A Chorographicall Description	《多福之国，或，一种地方志的描述》（《多福之国》）
Farnese Atlas	《法尔内塞地图集》
Suite du Neptune françois	《法国海图续集》
Le theatre francoys	《法兰西的舞台》
Seven Books of History Against the Pagans	《反异教史七卷》
Teorica y practica de fortificacion	《防御设施的理论和实践》
Orlando furioso	《疯狂的奥兰多》
Paradise Regained	《复乐园》
Christianismi restitutio	《复兴基督教》
De Bello Gallico	《高卢战记》
Cancioneiro geral	《歌集》
Ambulatio gregoriana	《格列高利的行迹》

词汇原文	中文翻译
"Forma urbis Romae"	《古罗马城图志》
De consideratione ad Eugenium papam tertiam libri quinque	《关于沉思的五书：给教皇尤金的建议》
I quattro primi libri di architettura	《关于建筑的前四书》
Dittamondo	《关于世界的事实》
Theorica planetarum；Theory of the Planets	《关于行星的理论》
Theoricae novae planetarum，1474	《关于行星的新理论》
Arte de navegar	《航海的艺术》
Navigazioni et viaggi	《航海和旅行文集》
Principall Navigations	《航海全书》
carta navigacionis	《航海图》
Spieghel der zeevaerdt	《航海之镜》
Certaine Errors in Navigation（Certaine Errors of Navigation）	《航海中存在的某些错误》
Good Government and Bad Government	《好的政府和坏的政府》
Book of conjunctions	《合点之书》
De harmonia mundi totius	《和谐的全世界》
Harmonia macrocosmica seu atlas universalis et novus	《和谐宏观宇宙的新的通用地图集》
Harmonia nascentis mvndi	《和谐世界的诞生》
Utriusque cosmi maioris，1617－26 *Utriusque cosmi maioris scilicet et minoris metaphysica*	《宏观宇宙与微观宇宙》
Liber floridus	《花之书》
Civitates orbis terrarum	《寰宇城市》
Totius orbis terrarum	《寰宇大全》
Theatrum orbis terrarum	《寰宇概观》
Emblematvm libellvs	《徽章之书》
"Compendium, seu Satyrica historia rerum gestarum mundi"	《汇编，或世界上发生的事件的概要》
The Art of Painting	《绘画的艺术》
Trattato dell'arte de la pittura	《绘画艺术论》
Fundamentum geographicum	《基础地理学》
El bautismo de Cristo	《基督的洗礼》
Reipublicae Christianopolitanae descriptio	《基督教共和国的描述》
La gitanilla	《吉普赛姑娘》
Geometria	《几何学》
Geometria practica nova	《几何学的新习惯》
Elements	《几何原本》
Tractatus geometricus	《几何原理》
computes	《计算表册》
Tipocosmia	《记忆的舞台》
Catalan atlas，1375	《加泰罗尼亚地图集》
De re aedificatoria	《建筑论》

词汇原文	中文翻译
De architectura；De architectura libri dece	《建筑十书》
Annales ecclesiastici	《教会编年史》
The Babylonian Captivity of the Church	《教会的巴比伦之囚》
Ecclesiastica historia	《教会史》
Les vrais pourtraits et vies des hommes illustres	《杰出人士的真实感知和生活》
magnum opus	《杰作》
Libro de las longitudes	《经度之书》
September Testament	《九月约书》
Della architettura militare	《军事建筑学》
Il principe	《君主论》
Casanatense Atlas	《卡萨纳泰地图集》
canzoniere	《坎佐涅雷》
Cornaro Atlas	《科尔纳罗地图集》
Cortona chart	《科尔托纳航海图》
El Nuevo Mundo descubierto por Cristóbal Colón	《克里斯托弗·哥伦布发现的新世界》
Quaritch Atlas	《夸里奇地图集》
De re metallica	《矿冶全书》
Lavanha Atlas	《拉旺哈地图集》
Cosmographie du Levant	《黎凡特宇宙志》
Ephemerides	《历表》
Istoria	《历史》
Carte e cartografi in Liguria e Salone	《利古里亚的地图和制图学》
Descrittione della Lyguria	《利古里亚的描述》
Os Lusiadas	《卢济塔尼亚人之歌》
La verdadera longitud por mar y tierra	《陆地和海上的真实的经度》
Survey of London	《伦敦调查》
De pictura	《论绘画》
Trattato dell'arte della pittura	《论绘画的艺术》
De prospectiva pingendi	《论绘画透视学》
De geometricis mensurationibus rerum	《论几何测量》
De geometria	《论几何学》
Of Education	《论教育》
On the Soul	《论灵魂》
SPHAERA MUNDI	《论世界之球体》
De sphaera solida	《论天球仪》
Urbis Romae topographia	《罗马城的地形》
"Descriptio urbis Romae"	《罗马城的描述》
the Forma Urbis Romae	《罗马城图志》
Topographia Romae	《罗马地形》

词汇原文	中文翻译
Decades	《罗马帝国衰亡史》
Speculum Romanae magnificentiae	《罗马辉煌鉴》
Roman Martyrology	《罗马殉道圣人录》
Itinerario	《旅行指南》
"Mirabilia urbis Romae"	《美妙的罗马城》
Miller Atlas	《米勒地图集》
Manual of Munich	《慕尼黑手册》
Teorica y practica de fortificacion，conforme las medidas y defensas destos tiempos	《那些时代的措施和防御，设防的理论和实践》
Edict of Nantes	《南特敕令》
Atlantes Neerlandici	《尼德兰地图集》
De libris revolutionum Nicolai Copernici narratio prima	《尼古劳斯·哥白尼最早讲述的革命之书》
Epitome de la corographie de l'Europe	《欧洲历史的缩影》
Planisphaerium	《平球论》
Commentary，1483	《评注》
Introductio in universam geographiam	《普通地理学导论》
Tipvs orbis vniversalis	《普通世界地图》
Cosmographie universelle（Cosmographie vniverselle）	《普通宇宙志》
Typvs cosmographicvs vniversalis	《普通宇宙志图》
Heptaméron	《七日谈》
Meteorologia	《气象学》
Sphere	《球体》
Tratado da sphera	《球体的原则》
corpus spericum	《球体论集》
Tractatus de sphaera	《球体原理》
Historia general del la isla，y reyno de Sardeña	《撒丁岛及其王国的历史》
Theatrum Sabaudiae	《萨伏依的舞台》
Commedia divina；Divine Comedy	《神曲》
Paradise Lost	《失乐园》
Rime	《诗句》
Poetics	《诗论》
Psalm	《诗篇》
Liber secretorum fidelium crucis super terrae sanctae recuperatione et conservation	《十字架信徒的秘密》
Euclidis Elementa practica	《实用欧几里德原本》
De orbis situ	《世界的描绘》
Theatre du monde	《世界剧场》
Historia mundi	《世界历史》
Libro... de tutte l'isole del mondo	《世界所有岛屿之书》
Dell'Universale	《世界万象》

词汇原文	中文翻译
Le miroir du monde	《世界之境》
De mundi sphaera	
Le sphère du monde	《世界之球》
L'isole piv famose del mondo	《世界著名岛屿》
Il libro del cortegiano	《侍臣论》
Act of Possession	《属地法案》
Seamans Secrets	《水手的秘密》
The Mariner's Mirror	《水手之镜》
HYDROGRAFIA	《水文学》
Historia de gentibvs septentrionalibvs	《斯堪的纳维亚国家的历史》
Quadripartitum	《四书》
Don Quijote	《堂吉诃德》
Tridentine profession of faith	《特伦托会议信纲》
De signis coeli	《天空的符号》
De revolutionibus orbium coelestium	《天体运行论》
Poetica astronomica	《天文诗》
Almagest	《天文学大成》
Epitome of the Almagest，1462	《天文学大成的节略》
Fundamentum astronomicum	《天文学基础》
Georgics	《田园诗》
Perspectiva：Corporum regularium	《透视：常规多面体》
Libro di prospettiva，1569	《透视之书》
Practijck des lantmetens	《土地测量的实践》
The Compleat Gentleman	《完美的绅士》
Almanach perpetuum	《万年历》
Mikrokosmografia：A Description of the Body of Man	《微观体格描绘：人体的描述》
Marriage of Philology and Mercury	《文献学与水银的婚姻》
Utopiae typus	《乌托邦地图》
Commentary on the Dream of Scipio	《西皮奥之梦的评注》
tabulae modernae	《现代地图》
Illustrium virorum	《肖像集》
Novus atlas	《新地图集》
Niew groot Stratesboeck	《新的大型手册》
De le stelle fisse	《星辰的确定》
Sidereus nuncius	《星际信使》
Roman d'Alexandre	《亚历山大传奇》
Le vite de piv eccellenti architetti，pittori，et scvltori italiani	《艺苑名人传》
Theatrum civitatum et admirandorum Italiae	《意大利城市美景》
Imago Italiae	《意大利地图集》
Monumenta Italiae cartographica	《意大利地图学志》

词汇原文	中文翻译
Descrittione di tutta Italia	《意大利全国地理志》
Italia illustrate（Italia illustrata）	《意大利图像》
Facsimile Atlas	《影印地图集》
De mundo sublunari	《月下世界》
De facie in orbe lunae	《在月球表面》
Earliest Printed Maps	《早期印刷地图》
Additamentum	《增补》
Pandecte locorum communium	《札记大全》
Tetrabiblos	《占星四书》
Coelifer Atlas	《支撑天空的阿特拉斯》
Castle of Knowledge	《知识之堡》
Libro del conoscimiento	《知识之书》
An Appeal to the Ruling Class of German Nobility as to the Amelioration of the State of Christendom	《致德意志贵族公开书》
Midsummer Night's Dream	《仲夏夜之梦》
Principal Navigations	《重要的航海》
Lucidarium	《注释》
Isole famose，porti，fortezze，e terre maritimi	《著名岛屿、港口、要塞和滨海地区》
A. Teixeira da Mota	A. 特谢拉·达莫塔
D. Afonso de Lencastre	D. 阿丰索·德伦卡斯特雷
G. S. Gordon	G. S. 戈登
G. Andrea Ansaldo	G. 安德烈亚·安萨尔多
N. Jaugeon	N. 加宗
N. Pettoralis	N. 佩托拉里斯
R. H. van Gent	R. H. 范根特
W. Graham Arader Ⅲ	W. 格雷厄姆·阿拉德三世
Abel Foullon	阿贝尔·富隆
Abisola	阿比索拉
Abyssinian	阿比西尼亚
Apollo	阿波罗
Abū al-Ḥusayn ʿAbd al-Raḥmān ibn ʿUmar al-Ṣūfi's	阿卜杜勒–拉赫曼·苏菲
Abū Māʿshar Jaʿfar ibn Muḥammad al-Balkhī	阿布·马尔萨尔·贾法尔·伊本·穆罕默德·巴尔希
Abdias Trew	阿布迪亚斯·特鲁
Abraão Zacuto	阿布拉昂·扎库托
Abruzzi	阿布鲁齐
Abruzzo Citra	阿布鲁佐北部
Adda	阿达
Castelnuovo Bocca d'Adda	阿达河河口的新堡
Adamastor	阿达马斯托
Adamo Scultori	阿达莫·斯库尔托里

词汇原文	中文翻译
Adolph von Schaumburg	阿道夫·冯绍姆布格尔
Adrian Pauw	阿德里安·波夫
Adrian Boot	阿德里安·布特
Adriaan Metius	阿德里安·梅修斯
Adriaan Moetjens	阿德里安·莫廷斯
Adricomius	阿德利米乌斯
Adige	阿迪杰
Arnheim	阿恩海姆
duke of Alba	阿尔巴公爵
Albania	阿尔巴尼亚
Alberese	阿尔贝雷塞
Alberico de Cuneo	阿尔贝里科·德库内奥
Alberico Malaspina	阿尔贝里科·马拉斯皮纳
Via Alberica	阿尔贝里科大道
Albert Ganado	阿尔贝特·加纳多
Albert Krantz	阿尔贝特·克兰茨
Albert Magnus	阿尔贝特·马格努斯
Alberto da Sarteano	阿尔贝托·德萨尔泰阿诺
Alberto de Stefano	阿尔贝托·德斯特凡诺
Alberto Cantino	阿尔贝托·坎蒂诺
Albenga	阿尔本加
Albi	阿尔比
Albion	阿尔比恩
Albino Canepa	阿尔比诺·卡内帕
Albissola	阿尔比索拉
Albert R. Vogeler	阿尔伯特·R. 沃格勒
Albert Blar	阿尔伯特·布拉
Albrecht Altdorfer	阿尔布雷克特·阿尔特多费
Albrecht Dürer	阿尔布雷克特·丢勒
Albrecht Meier	阿尔布雷克特·梅耶尔
Albrecht V	阿尔布雷克特五世公爵
Albrizzi	阿尔布里齐
Aldus Manutius	阿尔杜斯·马努蒂乌斯
Aldo Blessich	阿尔多·布莱西克
Aldobrandini	阿尔多布兰迪尼
al-Farghānī	阿尔法罕
Argonaut	阿尔戈
Algeria	阿尔及利亚
Castel d'Argile	阿尔吉莱堡

词汇原文	中文翻译
Algiers	阿尔吉耶斯
Algarve	阿尔加韦
Alcalá	阿尔卡拉
Alcazar	阿尔卡萨
Alcácer Ceguer	阿尔卡塞尔·瑟盖尔
Tratado de Alcáçovas	阿尔卡索瓦斯条约
Alcoutim	阿尔科廷
Alkmaar	阿尔克马尔
ALCONCHEL	阿尔孔切尔
Almadén	阿尔马登
Almagià	阿尔马贾
ALMEIRIM	阿尔梅林
Armida	阿尔米达
Arnoullet	阿尔努莱
Arno	阿尔诺
Alpers	阿尔珀斯
Alsace	阿尔萨斯
Alsatian	阿尔萨斯
Altdorf	阿尔特多夫
Altenburg	阿尔滕堡
Altopascio	阿尔托帕肖
Alvar Núñez Cabeza de Vaca	阿尔瓦·努涅斯·卡韦萨·德巴卡
Alvaro Alfonso	阿尔瓦罗·阿方索
Álvaro de Bazán	阿尔瓦罗·德巴赞
Álvaro Fernandes	阿尔瓦罗·费尔南德斯
Álvaro Martins	阿尔瓦罗·马丁斯
Alverca	阿尔韦卡
Alvise Gramolin	阿尔维塞·格拉莫林
Alvise Cà da Mosto	阿尔维塞·卡达莫斯托
Alcibiades	阿尔西比亚德斯
Alcina	阿尔西纳
al-Zarqēllo	阿尔扎卡罗
Alfonso de Cartagena	阿方索·德卡塔赫纳
Alfonso d'Este	阿方索·德斯特
Alfonso Ⅱ d' Este	阿方索·德斯特二世
Alfonso Parigi	阿方索·帕里吉
Alfonso X	阿方索十世
Alfonso V	阿方索五世
Alphonsine Tables	阿方索星表

词汇原文	中文翻译
Afonso de Albuquerque	阿丰索·德阿尔布开克
Afonso de Paiva	阿丰索·德派瓦
Afonso Ⅵ	阿丰索六世
Prince Afonso	阿丰索王子
Afonso Ⅴ	阿丰索五世
Africo	阿夫里科
Aphra Behn	阿芙拉·贝恩
Arguim	阿格里姆
Agrippa	阿格里帕
Agrippa d'Aubigné	阿格里帕·德奥比涅
Agropoli	阿格罗波利
Agas map	阿格什地图
Argus	阿格斯
Argentine	阿根廷
Agustín Hernando Rica	阿古斯丁·埃尔南多·里卡
Achensee	阿赫森
Archimedian	阿基米德
Agadir	阿加迪尔
Acre	阿卡
Acapulco	阿卡普尔科
Arkansas Rivers	阿肯色河
Acquapendente	阿夸彭登泰
Arrabida Sesimbra	阿拉比达·塞辛布拉
Aragon Aragón	阿拉贡
Aragon Alfonso	阿拉贡·阿方索
Acequia Imperial de Aragón	阿拉贡帝国运河
Arrecife	阿拉克兰
Mount Ararat	阿拉拉特山
Arawak	阿拉瓦克
Araya	阿拉亚
Allain Manesson-Mallet	阿拉因·曼尼松－马莱特
Aleria	阿苿里亚
Alessio Piemontese	阿莱西奥·皮耶蒙泰塞
Aranjuez	阿兰胡埃斯
Aretinus	阿雷特努
Arezzo	阿雷佐
Ariccia	阿里恰
Arias Montano	阿里亚·蒙塔诺

词汇原文	中文翻译
Alison Sandman	阿利松·桑德曼
Alentejo	阿连特茹
Allier	阿列河
Arin	阿林
Alewijn Petri	阿留金·彼得
Alonso Àlvarez Pineda	阿隆索·阿尔瓦雷斯·皮内达
Alonso de Ercilla	阿隆索·德埃尔西利亚
Alonso de Herrera	阿隆索·德埃雷拉
Alonso de Ovalle	阿隆索·德奥瓦列
Alonso de Chaves	阿隆索·德查韦斯
Alonso de Hojeda	阿隆索·德霍杰达
Alonso de Leon	阿隆索·德莱昂
Alonso de Santa Cruz	阿隆索·德圣克鲁斯
Alonso López Pinciano	阿隆索·洛佩斯·平切诺
Alonso Vélez de Mendoza	阿隆索·维莱斯·德迪门多斯
Allumiere	阿卢米耶雷
Aruba	阿鲁巴
Argun Khan	阿鲁浑汗
Aaron Rathborne	阿伦·拉思伯恩
Arrone	阿罗内
Alovisio Rosaccio	阿洛伊西奥·罗塞西奥
Aloisio Cesani	阿洛伊西奥·切萨尼
Amadeus Joannis	阿马德乌斯·若阿尼斯
Amaral	阿马拉尔
Amat di S. Filippo	阿马特·迪·S. 菲利波
Amalberti	阿玛尔贝尔蒂
Armando Cortesao	阿曼多·科尔特桑
Amedeo VIII	阿梅代奥八世
Battle of Ameixial	阿梅西亚尔战役
Amerigo Vespucci	阿美利哥·韦思普奇
KING HAMY	阿米国王
Ammianus Marcellinus	阿米亚诺斯·马尔切利努斯
Armsheim	阿姆斯海姆
Amsterdam	阿姆斯特丹
Arnaldo Domenech	阿纳尔多·多梅内奇
Arnhem	阿纳姆
Strait of Anian	阿尼安海峡
Anifé	阿尼夫
Agnadello	阿尼亚德洛

词汇原文	中文翻译
Arnaud de Bruxelles	阿诺·德布鲁塞尔
Arnold Buckinck	阿诺尔德·巴金科
Arnold Floris	阿诺尔德·弗洛里斯
Arnold Mermann	阿诺尔德·梅尔曼
Arnold Scherpensiel	阿诺尔德·舍尔彭西尔
Arnoldo di Arnoldi	阿诺尔多·迪阿诺尔迪
Via Appia	阿皮亚大道
Apuan	阿普安
Apuano	阿普安诺
Apulia	阿普利亚
Apuleius	阿普列乌斯
Acerra	阿切拉
ARGELES	阿热莱斯
Athanasius Kircher	阿萨内修斯·基尔舍
Via Due Macelli	阿塞利大街
Arthur L. Kelly	阿瑟·L. 凯利
Arthur Hopton	阿瑟·霍普顿
Arthur Robins	阿瑟·罗宾斯
Ashdown Forest	阿什当森林
Asti	阿斯蒂
Asketch	阿斯凯奇
Ascoli	阿斯科利
Aslake	阿斯拉克
Astraea	阿斯特莱亚
Astengo	阿斯滕戈
Astolfo	阿斯托尔福
Astrophil	阿斯托菲尔
Astronomia	阿斯托诺米亚
Asola	阿索拉
Atalaya de Canavete	阿塔拉亚·德卡纳维特
river Aternus	阿特尔努斯河
Atlas	阿特拉斯
duke of Atripalda	阿特里帕尔达公爵
Atouguia	阿托吉亚
Aveiro	阿威罗
Avignon	阿维尼翁
House of Avis	阿维斯王室
Achilles Estaço	阿希莱斯 埃斯塔索
Joachim Du Bella	阿希姆·杜贝拉

词汇原文	中文翻译
Joachim Du Bellay	阿希姆·杜贝莱
Joachim Heller	阿希姆·赫勒
Joachim Camerarius	阿希姆·卡梅拉留斯
Joachim Patinir	阿希姆·帕蒂尼尔
Ayamonte	阿亚蒙特
Azay-le-Rideau	阿宰勒里多
Azevedo Fortes	阿泽维多·福特斯
Azarquiel	阿扎尔奎尔
Azamor	阿扎莫尔
Arzila	阿兹拉
Aztec	阿兹台克
Mount Epomeo	埃波梅奥尔山
Eberhard Kieser	埃伯哈德·基泽
Eboli	埃博利
Ebro	埃布罗
Ebsdorf	埃布斯多尔夫
Ebstorf and Psalter	埃布斯托夫和普萨特尔
Ed Dahl	埃德·达尔
Edmund Doran	埃德蒙·多兰
Edmund Spenser	埃德蒙·斯潘塞
Edmond Buron	埃德蒙德·比龙
Edmond Halley	埃德蒙德·哈利
Eden	埃登
Edirne	埃迪尔内
El Escorial	埃尔埃斯科里亚尔
El Viso	埃尔比索
Erzgebirge	埃尔茨
Conte d'Elda	埃尔达伯爵
Edelsteen	埃尔德斯坦
Erhan Oner	埃尔汗·奥内尔
Ercole d'Este	埃尔科莱·德斯特
Ercole Pio	埃尔科莱·皮奥
Ercole Spina	埃尔科莱·斯皮纳
Duke Ercole	埃尔科莱公爵
Thomas of Elmham	埃尔门的托马斯
Hernán Cortés	埃尔南·科尔特斯
Hernán Pérez de la Fuente	埃尔南·佩雷斯·德拉富恩特
Hernando Blas	埃尔南多·布拉斯
Hernando de Alarcón	埃尔南多·德阿拉尔孔

词汇原文	中文翻译
Hernando De Soto	埃尔南多·德索托
Hernando Gallego	埃尔南多·加莱戈
Hernando Peñate	埃尔南多·佩尼亚特
Elne	埃尔讷
Elvas-Badajoz Commission	埃尔瓦斯－巴达霍斯使团
Erwin Panofsky	埃尔温·帕诺夫斯基
Cape Infante	埃尔因凡特角
Aveley	埃弗利
Evert Sijmonsz. Hamersveldt	埃弗特·西姆文斯·哈默斯特
Erhard Etzlaub	埃哈德·埃兹洛布
Erhard Ratdolt	埃哈德·拉特多尔特
Erhard Reuwich	埃哈德·雷维奇
Erhard Weigel	埃哈德·魏格尔
Aegidius Tschudi	埃吉迪乌斯·楚迪
Ägidius Sadeler	埃吉迪乌斯·萨德勒
Aegidius Strauch	埃吉迪乌斯·施特劳赫
Egas	埃加斯
Edgerton	埃杰顿
Eco	埃科
Eckert	埃克特
Hercules	埃库莱斯
Hercules o Doria	埃库莱斯·O. 多里亚
Hercules Doran	埃库莱斯·多兰
Eratosthenes	埃拉托色尼
Hererra	埃雷拉
Eric H. Ash	埃里克·H. 阿什
Elly Dekker	埃利·德克尔
Aelian	埃利亚努斯 剑桥
Elias Ashmole	埃利亚斯·阿什莫尔
Elias Hoffmann	埃利亚斯·霍夫曼
Eleanor	埃莉诺
Heron	埃龙
Ehrensvärd	埃伦斯韦德
Stanza d'Heliodoro	埃略多罗厅
Emanuele Filiberto	埃马努埃尔·菲利贝托
Emanuele Tesauro	埃马努埃尔·泰绍罗
Emanuela Casti	埃马努埃拉·卡斯蒂
Emanuele Pessagno	埃马努埃莱·佩萨尼奥
Emery Molyneux	埃默里·莫利纽克斯

词汇原文	中文翻译
University of Alcalá de Henares	埃纳雷斯堡大学
Enea Silvio de' Piccolomini	埃内亚·西尔维奥·德皮科洛米尼
Enea Silvio Piccolomini	埃内亚·西尔维奥·皮科洛米尼
Aeneas	埃涅阿斯
Aeneid	埃涅伊特
Epidaurus	埃皮达鲁斯
Epsom Downs	埃普瑟姆丘陵
Hartmann of Eptingen	埃普廷根的哈特曼
Ethiopian	埃塞俄比亚
Ethiopic India	埃塞尔比亚印度
Eiselein	埃塞尔因
Essex	埃塞克斯
Serra da Estrela	埃什特雷拉山
Escorial	埃斯科里亚尔
Esslingen	埃斯林根
Esmeraldo de situ orbis	埃斯梅拉尔多的对世界的描述
Esmeijer	埃斯梅耶尔
Isla de los Estados	埃斯塔多斯岛
Este	埃斯特
Extremadura	埃斯特雷马杜拉
Estevão Gomes	埃斯特旺·戈梅斯
Estêvão Teixeira	埃斯特旺·特谢拉
Estense	埃斯滕塞
Etruria	埃特鲁里亚
Etna	埃特纳
Evangelista Tosino	埃万杰利斯塔·托里诺
Evangelista Torricelli	埃万杰利斯塔·托里切利
Euboea	埃维亚
Évora	埃武拉
River Esino	埃西诺河
Aegina	埃伊纳岛
Mount Epopos	艾波波斯山
Ijzendijke	艾曾代克
Estienne Bremond	艾蒂安·布雷蒙
Étienne Duchet	艾蒂安·迪谢
Etienne Du Pérac	艾蒂安·杜佩拉奇
Aix-les- Bains	艾克斯莱班
Eila M. J. Campbell	艾拉·M. J. 坎贝尔
Via Emilia	艾米利亚大道

词汇原文	中文翻译
Emilia Romagna	艾米利亚－罗马涅
Emilia-Romagna	艾米利亚－罗马涅区
Hainaut	艾诺
Eisenberg	艾森贝格
Eisenstein	艾森斯坦
Ivins	艾文斯
Eichstätt	艾希施泰特
Ain	艾因
Ionian	爱奥尼亚
Edward Denny	爱德华·丹尼
Edward Phillips	爱德华·菲利普斯
Edward Wright	爱德华·赖特
Edward Vernon	爱德华·纳什
Edward Norgate	爱德华·诺格特
Edward Sherburne	爱德华·舍伯恩
Edward Worsop	爱德华·沃索普
Edwardian statutes	爱德华法令
Edward VI	爱德华六世
Erfurt	爱尔福特
Aegean	爱琴海
Archipelago	爱琴海群岛
Estonia	爱沙尼亚
Ambrogio Leone	安布罗焦·莱昂内
Ambrogio Lorenzetti	安布罗焦·洛伦泽蒂
Ambrogio Traversari	安布罗焦·特拉韦尔萨里
Ambrosio Borsano	安布罗西奥·博尔扎诺
Ambrosini	安布罗西尼
Ambrosius	安布罗修斯
Andalusia	安达卢西亚
André Homem	安德烈·奥梅姆
André de Resende	安德烈·德雷森迪
André Falcão de Resende	安德烈·法尔康·德雷森迪
André Pereira dos Reis	安德烈·佩雷拉·多斯雷斯
André Thevet	安德烈·泰韦
Andrés de Morales	安德烈斯·德莫拉莱斯
Andrés de Pez	安德烈斯·德佩斯
Andrés de San Martín	安德烈斯·德圣马丁
Andrés de Urdaneta	安德烈斯·德乌达内塔
Andrés Freile	安德烈斯·弗雷莱

词汇原文	中文翻译
Andrés García de Céspedes	安德烈斯·加西亚·德塞斯佩德斯
Andrea Alciati	安德烈亚·阿尔恰蒂
Andrea Baldi	安德烈亚·巴尔迪
Andrea Bareta	安德烈亚·巴雷达
Andrea Benincasa	安德烈亚·贝宁卡萨
Andrea Bianco	安德烈亚·比安科
Andrea Pograbski	安德烈亚·波格拉斯基
Andrea Poma	安德烈亚·波马
Andrea Pozzo	安德烈亚·波佐
Andrea da Barberino	安德烈亚·达巴贝里诺
Andrea Doria	安德烈亚·多里亚
Andrea Corsali	安德烈亚·科萨里
Andrea Palladio	安德烈亚·帕拉迪奥
Andrea Spinola	安德烈亚·斯皮诺拉
Andreas Bureus	安德烈亚斯·布鲁斯
Andreas Cellarius	安德烈亚斯·塞拉里于斯
Andreas Stiborius	安德烈亚斯·斯蒂波利斯
Andreas Walsperger	安德烈亚斯·瓦尔施佩格
Andrew Dury	安德鲁·杜里
Andrew Marvell	安德鲁·马弗尔
Andrew Perne	安德鲁·佩尔内
Andrews	安德鲁斯
Andronica	安德罗尼克
Andros	安德罗斯
Antilles	安的列斯群岛
Antilia	安迪利亚
Andes	安第斯山
Antón Pablos	安东·巴勃罗
Antoon van den Wijngaerde	安东·范登韦恩加尔德
Anton Koberger	安东·科贝格
Antonelli	安东内利
Anthonie van den Wyngaerde	安东尼·范登温加尔德
Anthonie Jacobsz.	安东尼·雅各布茨
Anthony Jenkinson	安东尼·詹金森
António Alvarez	安东尼奥·阿尔瓦雷斯
Antonio Bonfini	安东尼奥·邦菲尼
Antonio Bertola	安东尼奥·贝尔托拉
Antonio Beccadelli	安东尼奥·贝卡代利
António Bocarro	安东尼奥·波卡罗

词汇原文	中文翻译
Antonio Borg	安东尼奥·博格
António de Ataíde	安东尼奥·德阿泰德
Antonio de Espejo	安东尼奥·德埃斯佩霍
António de Holanda	安东尼奥·德奥兰达
Antonio De Ferraris	安东尼奥·德费拉里斯
Antonio de Guevara	安东尼奥·德格瓦拉
Antonio de las Vinas	安东尼奥·德拉斯比尼亚斯
António de Mariz Carneiro	安东尼奥·德马里斯·卡内罗
Antonio de Nebrija	安东尼奥·德内夫里哈
Antonio Fighiera	安东尼奥·菲吉耶拉
António Fernandes	安东尼奥·费尔南德斯
Antonio Francesco Doni	安东尼奥·弗朗切斯科·多尼
Antonio Francesco Lucini	安东尼奥·弗朗切斯科·卢奇尼
Antonio Floriano	安东尼奥·弗洛里亚诺
António Galvão	安东尼奥·加尔旺
Antonio Canevari	安东尼奥·卡内瓦里
Antonio Campi	安东尼奥·坎皮
Antonio Corbelli	安东尼奥·科尔贝利
António Correia Pinto	安东尼奥·科雷亚·平托
António Craesbeeck de Mello	安东尼奥·克拉斯贝克·德梅洛
ANTONIO LAFRERI	安东尼奥·拉弗雷伊
Antonio Leonardi	安东尼奥·莱奥纳尔迪
Antonio Lupicini	安东尼奥·卢皮奇尼
Antonio Ruiz de Montoya	安东尼奥·鲁伊斯·德蒙托亚
Antonio Manetti	安东尼奥·马内蒂
Antonio Millo	安东尼奥·米洛
Antonio Moreno	安东尼奥·莫雷诺
Antonio Paganino	安东尼奥·帕加尼诺
António Pereira	安东尼奥·佩雷拉
ANTONIO PIGAFETTA	安东尼奥·皮加费塔
Antonio Salamanca	安东尼奥·萨拉曼卡
António Sanches	安东尼奥·桑切斯
Antonio Trevisi	安东尼奥·特雷维西
Antonio Tempesta	安东尼奥·滕佩斯塔
António Vieira	安东尼奥·维埃拉
Antonino Bertolotti	安东尼诺·贝尔托洛蒂
Antonino Saliba	安东尼诺·萨利巴
Antonino Thesauro	安东尼诺·特索罗
Antonius de Strata	安东尼乌斯·德斯特拉塔

词汇原文	中文翻译
Antonius Millo fecit	安东尼乌斯·米洛绘制
Antoninus	安敦尼
Angola	安哥拉
Ange Stoedt	安格·斯托代特
Angra	安格拉
Angri	安格里
ANGELUS	安格鲁斯
Anghiari	安吉亚里
Angelino Dulceto	安杰利诺·杜尔塞托
Angelo Dalorto	安杰洛·达洛托
Angelo Freducci	安杰洛·弗雷杜奇
Angelo Minorelli	安杰洛·米诺雷利
Ancarano	安卡拉诺
Ancona	安科纳
Ambrogiana	安姆布罗贾纳
Anna Friedman Herlihy	安纳·弗里德曼·赫利希
Annaberg	安娜贝格
Anne Jahnke	安妮·延克
Annibale Maggi	安尼巴莱·马吉
ANNIBALE IMPUCCIO	安尼巴莱·伊姆普齐奥
Anzio	安齐奥
Angevin	安热万
Ansedonia	安塞多尼亚
Antão Gonçalves	安唐·贡萨尔维斯
Antwerp	安特卫普
Antinous	安提诺座
constellation of Antinous	安提诺座
Antiparos	安提帕罗斯
Antioch	安条克
Antiochus I	安条克一世
Antochiw	安托奇沃
Antoine Oliver	安托万·奥利弗
Antoine de Fer	安托万·德费尔
Antoin de la Vigne	安托万·德拉比涅
Antoine Du Pinet	安托万·杜皮内特
Antoine Du Verdier	安托万·杜韦迪埃
Antoine Lafréry	安托万·拉弗雷伊
Antoine Perrenot de Granvella	安托万·佩勒诺·德格兰维尔
Antoine Prévost	安托万·普雷沃斯特

词汇原文	中文翻译
Anvers	安韦尔
Anglo-Saxon	盎格鲁－撒克逊
Aube River	奥布河
Odyssey	奥德赛
Ferdinand of Austria	奥地利的费迪南德
Catherine of Austria	奥地利的凯瑟琳
Leopold of Austria	奥地利的利奥波德
Orbetello	奥尔贝泰洛
Albanes	奥尔本斯
Aldine	奥尔代恩
Olfert Dapper	奥尔法特·达珀尔
Orléanais	奥尔良
Ornano	奥尔纳诺
Olson	奥尔森
Orvieto	奥尔维耶托
Florentine family of Orsini	奥尔西尼的佛罗伦萨家族
Offenburg	奥芬堡
Auvergnac	奥弗纳特人
Auvergne	奥弗涅
Augsburg	奥格斯堡
Ouguela	奥古拉
Augustinian	奥古斯丁
Augustine Ryther	奥古斯丁·赖瑟
Augustin Roussin	奥古斯丁·鲁森
Augustin Hirschvogel	奥古斯丁·希尔施沃格
Augustus	奥古斯都
Augustus the Strong	奥古斯都鼎力王
Avgvsta Tavrinorvm	奥古斯都都灵
Augusta Taurinorum	奥古斯塔都灵
August Lubin	奥古斯特·卢宾
August Ⅱ	奥古斯特二世
August Ⅰ	奥古斯特一世
Orkneys	奥克尼
Aulla	奥拉
Orazio Bracelli	奥拉齐奥·布莱斯利
Orazio Grassi	奥拉齐奥·格拉西
Orazio Trigini de' Marii	奥拉齐奥·特里吉尼·德马里伊
Orazio Trigino de' Marii	奥拉齐奥·特里吉诺·德默里
Orazio Torriani	奥拉齐奥·托里亚尼

词汇原文	中文翻译
Horace	奥拉塞
Orlando Malavolti	奥兰多·马拉沃提
Orlandus Malavolta	奥兰多斯·马拉沃尔塔
prince of Orange	奥兰治王子
Olaus Magnus	奥劳斯·马格努斯
Origen	奥里金
Orinoco	奥里诺科
Olivares	奥利瓦雷斯
count of Olivares	奥利瓦雷斯伯爵
Oliveira Martins	奥利韦拉·马丁斯
Monte Oliveto	奥利韦托山
Olivença	奥利文萨
Oriago	奥利亚格
Oronce Fine	奥龙斯·菲内
Oruch	奥鲁奇
Orosian	奥罗修斯
O'Loughlin	奥洛克林
O'Malley	奥马利
Onno Brouwer	奥诺·布劳沃
Onorato II Grimaldi	奥诺拉托·格里马尔迪二世
Honoré d'Urfé	奥诺雷·德于尔费
Honorius Augustodunensis	奥诺里于斯·奥古斯托度南西斯
Oppenheim	奥彭海姆
Opicino de Canistris	奥皮西诺·德卡尼斯垂斯
Othello	奥塞洛
Orsona	奥森纳
Castle of Ostia	奥斯蒂亚城堡
Ottoman	奥斯曼帝国
Conte di Ottomanno Freducci	奥斯曼诺·弗雷杜奇伯爵
Ottoman Turks	奥斯曼土耳其
Valle d'Aosta	奥斯塔河谷
Ostend	奥斯坦德
Oostburg	奥斯特堡
Oostlandt	奥斯特朗德
Austin	奥斯汀
Austin Royer	奥斯汀·罗耶
Auschwitz	奥斯威辛
duchy of Oświęcim	奥斯威辛公国
Ottavio Farnese	奥塔维奥·法尔内塞

词汇原文	中文翻译
Ottavio Pisani	奥塔维奥·皮萨尼
Ottaviano Fregoso	奥塔维亚诺·弗雷戈索
Ottaviano Mascherino	奥塔维亚诺·马斯凯里诺
Otranto	奥特朗托
Altologo	奥特罗格
Ottoricota	奥图里科塔
Otto Lange	奥托·朗格
Otto Progel	奥托·蒲鲁革
Ortona	奥托纳
Otto IV	奥托四世
Ovid	奥维德
Babylonian	巴比伦
Via del Babuino	巴比诺大街
Barber	巴伯
Badajoz-Elvas Junta	巴达霍斯－埃尔瓦斯会议
Batavia	巴达维亚
Bard	巴德
Battifolle	巴蒂福莱
Battista Agnese	巴蒂斯塔·阿涅塞
Battista Beccari	巴蒂斯塔·贝卡里
Battista Guarini	巴蒂斯塔·瓜里尼
Battista Sormano	巴蒂斯塔·索尔马诺
Barberini	巴尔贝里尼
Baldacci	巴尔达奇
Baldassare Bordone	巴尔达萨雷·博尔多内
Baldassare Castiglione	巴尔达萨雷·卡斯蒂廖内
Baldassarre Lanci	巴尔达萨雷·兰奇
Baldassare Maggiolo	巴尔达萨雷·马焦洛
Baldassare Peruzzi	巴尔达萨雷·佩鲁齐
Bardo	巴尔多
Balkans	巴尔干
Barga	巴尔加
Barnet	巴尔内特
Baltasar Gracián	巴尔塔萨·格拉西安
Baltasar Vellerino de Villalobos	巴尔塔萨·维尔勒里诺·德维拉洛博斯
Balthasar Jenichen	巴尔塔扎·耶尼兴
Balthazar Arnoullet	巴尔塔扎尔·阿尔努莱
Bartolo da Sassoferrato	巴尔托洛·达萨索费拉托
Bartolomeo Bonfadino	巴尔托洛梅奥·邦法蒂诺

词汇原文	中文翻译
Bartolomeo Bonomi or Bonomini	巴尔托洛梅奥·博诺米 或博诺米尼
Bartolommeo dalli Sonetti	巴尔托洛梅奥·达利索内蒂
Bartolomeo Crescenzio	巴尔托洛梅奥·克雷申齐奥
Bartolomeo Cristini	巴尔托洛梅奥·克里斯蒂尼
Maestro Bartolomeo Quadro	巴尔托洛梅奥·夸德罗师傅
Bartolomeo Marliani	巴尔托洛梅奥·马利亚尼
Bartolomeo Mellano	巴尔托洛梅奥·梅拉诺
Bartolomeo Gnoli	巴尔托洛梅奥·尼奥利
Bartolomeo Pareto	巴尔托洛梅奥·帕雷托
Bavaria	巴伐利亚
elector of Bavaria	巴伐利亚选侯
Bagrow	巴格鲁
Cape Vacas	巴卡斯角
Buckminster Fuller	巴克敏斯特·富勒
Bactria	巴克特里亚
Barabas	巴拉巴斯
Palatine	巴拉丁
Paraguay	巴拉圭
Paraná	巴拉那河
Insula Barataria	巴拉塔里亚岛
Palawan	巴拉望
Palermo	巴勒莫
Il Panormita	巴勒莫人
Palestine	巴勒斯坦
University of Paris	巴黎大学
Paris Basin	巴黎盆地
Bari	巴里
Balearic Islands	巴利阿里群岛
Valladolid	巴利亚多利德
Barentsz	巴伦支
Barent Langenes	巴伦支·朗亨尼斯
Baroque	巴罗克
Baroque	巴洛克
Gulf of Panama	巴拿马湾
Barnardo Baroncelli	巴纳多·巴龙切利
Banet Panades	巴尼特·帕纳德斯
Panurge	巴奴日
Baptista Boazio	巴普蒂斯塔·博阿里奥
Baptist Cysat	巴普蒂斯特·赛萨特

词汇原文	中文翻译
Basel	巴塞尔
Basel University	巴塞尔大学
Barcelona	巴塞罗那
Bartholomew Gosnold	巴塞洛缪·戈斯诺尔德
Bartholomew Colombus	巴塞洛缪·哥伦布
Bachelard	巴舍拉尔
Basses-Pyrénées	巴斯—比利牛斯
Bastia	巴斯蒂亚
Baschi	巴斯基
Basque Miguel López de Legaspi	巴斯克·米格尔·洛佩斯·德黎牙实比
Basle	巴斯莱
Patagonia	巴塔哥尼亚
Barthélemy de Chasseneuz	巴泰勒米·德沙森纽兹
Bartolomé de Las Casas	巴托洛梅·德拉斯卡萨斯
Bartolomé García de Nodal	巴托洛梅·加西亚·德诺达尔
Bartolomeu de Sousa	巴托洛梅乌·德索萨
Bartolomeu Dias	巴托洛梅乌·迪亚斯
Bartolomeu Guerreiro	巴托洛梅乌·格雷罗
Bartolomeu Lasso	巴托洛梅乌·拉索
Bartolomeu Perestrello	巴托洛梅乌·佩雷斯特雷洛
Bartolomeu João	巴托洛梅乌·若昂
Bartholomaeus Angelicus	巴托洛梅乌斯·安杰利卡斯
Bartholomäus Scultetus	巴托洛梅乌斯·斯库尔特图斯
Bartolovich	巴托洛维奇
Bartomeu Olives	巴托梅乌·奥利韦斯
Barbastro	巴瓦斯特罗
BAVIERA	巴维耶拉
Brazil	巴西
Basilicata	巴西利卡塔
Basinio da Parma	巴西尼奥·达帕尔马
Ilha Brasil	巴西群岛
Barbara Marshment	芭芭拉·马什门特
White Sea	白海
Buckinghamshire	白金汉郡
Whitehall	白厅
Sala dei Gigli	百合花大厅
DALS HUNDRED	百湖
Bermuda	百慕大
Barbary	柏柏尔

词汇原文	中文翻译
Platonic	柏拉图
Platonic Academy	柏拉图学院
Platonism	柏拉图哲学
Byzantine	拜占庭
Bamberg	班伯格
Banda Sea	班达海
Via dei Banchi	班基大街
Bantam	班塔姆
Boncompagni	邦孔帕尼
Aquarius	宝瓶座
Paola Sereno	保拉·塞雷诺
Pauline	保利娜
Pauline Moffitt Watts	保利娜·莫菲特·沃茨
Paolino Minorita	保利诺·米诺里塔
Paolino Veneto	保利诺·威尼托
Pauline missions	保林布道团
Paolo Bolzoni	保罗·博尔佐尼
Paul Boyer	保罗·博耶尔
Paolo dal Pozzo Toscanelli	保罗·达尔波佐·托斯卡内利
Paolo da Canal	保罗·达卡纳尔
Paul Dax	保罗·达克斯
Paul Tierney	保罗·蒂尔尼
Paul Fabricius	保罗·法布里修斯
Paolo Forlani	保罗·福拉尼
PAOLO GRAZIANI	保罗·格拉齐亚尼
Paul Grendler	保罗·格伦德勒
Paolo Giovio	保罗·焦维奥
Paul Dziemiela	保罗·杰米拉
Paolo Cagno	保罗·卡尼奥
Paolo Cartaro	保罗·卡塔罗
Paolo Cortesi	保罗·科尔泰西
Paulo Craesbeeck	保罗·克拉斯贝克
Paulo Ramusio	保罗·拉穆西奥
Paulo l'Orsino	保罗·洛尔西诺
Paolo Moneglia	保罗·莫内利亚
Paolo Ponzoni	保罗·蓬佐尼
Paul Pfinzing	保罗·普菲津
Paul Scriptoris	保罗·斯科里普托利斯
Paul II	保罗二世

词汇原文	中文翻译
Paul Ⅲ	保罗三世
Boughton	鲍顿
Bouwsma	鲍斯玛
Northamptonshire	北安普敦郡
North Atlantic	北大西洋
Big Dipper	北斗星
Bedburg-Hau	贝德堡豪
Bedfordshire	贝德福德郡
Bedouin	贝杜因
Baynton-Williams	贝恩顿－威廉
Beans	贝恩斯
Bertino Riveti	贝尔蒂诺·里维蒂
Bergamo	贝尔加莫
Bernabeo Ligustri	贝尔纳贝奥·利古斯特
Bernard van Orley	贝尔纳德·范奥利
Bernard van den Putte	贝尔纳德·范登皮特
Bernard von Breydenbach	贝尔纳德·冯不来梅巴赫
Bernard Lisker	贝尔纳德·利斯克
Bernard Salomon	贝尔纳德·萨洛蒙
Bernard Wapowski	贝尔纳德·瓦波斯基
Bernardino Betti	贝尔纳迪诺·贝蒂
Bernardino Daniello	贝尔纳迪诺·达尼埃洛
Bernardino da Siena	贝尔纳迪诺·达谢纳
Bernardino Cantone	贝尔纳迪诺·坎托内
Bernardino Tensini	贝尔纳迪诺·腾西尼
Bernardim Ribeiro	贝尔纳丁·里贝罗
Bernardo di Cles	贝尔纳多·迪克莱斯
Bernardo Carrosio	贝尔纳多·卡罗西奥
Bernardo Tanucci	贝尔纳多·塔努奇
Bernardo Usodimare Granello	贝尔纳多·乌索迪马雷·格拉内洛
Bernardo Silvano	贝尔纳多·西尔瓦诺
Bernini	贝尔尼尼
Bertram Buchholtz	贝尔特拉姆·布赫霍尔茨
Belchior Ruiz	贝尔肖尔·鲁伊斯
Berchet	贝尔谢
Bergen op Zoom	贝亨奥普佐姆
Beira	贝拉
Béroalde de Verville	贝劳德·德弗维尔
Belleforest	贝勒福雷

词汇原文	中文翻译
Berggren	贝里格伦
belluno	贝卢诺
Belém	贝伦
Berlenga Islands	贝伦加岛
Villa di Bellosguardo	贝洛斯瓜尔多别墅
Torri del Benaco	贝纳科的塔
Benedetto Bordone	贝内代托·博尔多内
Benedetto Guerrini	贝内代托·圭里尼
Benedit de Vassallieu dit Nicolay	贝内迪特·德瓦萨列·迪特尼古拉
Benito Arias Montano	贝尼托·阿里亚·蒙塔诺
Benin	贝宁
Palazzo Besta	贝什塔宫
Beth Freundlich	贝特·弗罗因德利希
Bertrand Boysset	贝特兰德·博伊赛特
Batestein Castle	贝特斯坦城堡
Beverino	贝韦里诺
Beja	贝雅
Beatus	贝亚图斯
Beatus Rhenanus	贝亚图斯·雷纳努斯
Ben Jonson	本·琼森
Ben Sheesley	本·希斯利
Benedictine	本笃会
Benedict XIII	本笃十三世
Benjamin Wright	本杰明·赖特
Benjamin Schmidt	本杰明·施密特
Ventura	本图拉
Bento Mealhas	本托·梅亚利亚
Benvenuto della Volpaia	本韦努托·德拉沃尔帕亚
Bianco	比安科
Bientina	比恩蒂纳
Belgium	比利时
Pisan	比萨
Guido of Pisa	比萨的吉多
Leonardo of Pisa Fibonacci	比萨的莱昂纳多，斐波那契
Pizzigani	比萨加尼
Buisseret	比塞雷
Vicente Prunes	比森特·普鲁内斯
Vicente Yáñez Pinzón	比森特·亚涅斯·平松
Aelius Aristides	比斯比·阿里斯蒂德斯

词汇原文	中文翻译
Biscay	比斯开
Giles of Viterbo	比特沃的希莱斯
Pishon	比逊河
Biagioli	比亚焦利
Biasutti	比亚苏蒂
Beazley	比兹利
Peter H. Meurer	彼得·H. 莫伊雷尔
Peter Anich	彼得·阿尼什
Peter Apian	彼得·阿皮亚
Peter Drach	彼得·德拉赫
Pieter Draeckx	彼得·德拉克克斯
Pieter Dircksz. Keyser	彼得·迪克兹·凯泽
Pieter van der Beke	彼得·范德尔贝克
Pieter van den Keere	彼得·范登基尔
Peter Heylyn	彼得·黑林
Peter Heimbach	彼得·亨巴赫
Peter Keschedt	彼得·凯切特
Peter Martyr	彼得·马特
Peter Stent	彼得·斯滕特
Peter Thorsheim	彼得·索尔谢姆
Peterhouse	彼得豪斯
Pietrasanta	彼得拉桑塔
Pietro Arduzzi	彼得罗·阿尔迪兹
Pietro Andrea Mattioli	彼得罗·安德烈亚·马蒂奥利
Pietro Antonio Sofia	彼得罗·安东尼奥·索菲娅
Pietro Oldrado	彼得罗·奥尔德拉多
PIETRO BATTISTA CATTANEO	彼得罗·巴蒂斯塔·卡塔内奥
Pietro Bertelli	彼得罗·贝尔泰利
Pietro Bembo	彼得罗·本博
Pietro da Cortona	彼得罗·达科尔托纳
Pietro de' Nobili	彼得罗·德诺比利
Pietro Gioffredo	彼得罗·吉欧佛瑞多
Pietro Cattaneo	彼得罗·卡塔内奥
Pietro Cavallini	彼得罗·卡瓦利尼
Pietro Keschedt	彼得罗·凯谢特
Pietro Coppo	彼得罗·科波
Pietro Ransano	彼得罗·兰萨诺
Pietro Russo	彼得罗·鲁索
Pietro Lodovico Boursier	彼得罗·洛多维科·布尔西耶

词汇原文	中文翻译
Pietro Martire d'Anghiera	彼得罗·马尔蒂雷·德安希拉
Pietro Miotte	彼得罗·米奥特
Pietro Salvago Della Chiesa	彼得罗·萨尔瓦戈·德拉基耶萨
Pietro Vagnarelli	彼得罗·瓦尼亚雷利
Pietro Vesconte	彼得罗·韦康特
Pietrobono Avogaro	彼得罗博诺·阿佛伽罗
Petronius	彼得罗纽斯
Petrus Alliacus	彼得吕斯·阿利亚库斯
PETRUS DE GUIOLDIS	彼得吕斯·德吉奥尔迪斯
Petrus de Nobilibus	彼得吕斯·德诺比利巴斯
Petrus Ramus	彼得吕斯·拉米斯
Petrus Roselli	彼得吕斯·罗塞利
Petrus Plancius	彼得吕斯·普兰修斯
Petrus Spranghers	彼得吕斯·斯普兰格尔斯
Petrarch	彼特拉克
Accademia della Crusca	秕糠学会
Pythagoreanism	毕达哥拉斯主义
Pius V	庇护五世
Camera ai Confini	边界部
cartas padrões	标准航海图
Maritime Alps	滨海阿尔卑斯
Iceland	冰岛
Mount Popocatepetl	波波卡特佩特山
Piazza del Popolo	波波洛广场
Portolan chart	波多兰航海图
portolano	波多兰航海图
Bonn	波恩
Bordeaux	波尔多
Val Polcevera	波尔切维拉谷地
Porto	波尔图
Bogotá	波哥大
Bogheri	波格利
Po	波河
Po Valley	波河河谷
Eridanus	波江座
Poggio Bracciolini	波焦·布拉乔利尼
Poleggi	波莱吉
Polemon	波莱莫内
Polybius	波里比阿

词汇原文	中文翻译
Gulf of Policastro	波利卡斯特罗湾
Polisy	波利西
Polonghera	波隆盖拉
Baltic	波罗的海
Pollux	波吕丢刻斯
Pomian	波米安
Bourbonnais	波旁
Porębsk (Porębski)	波瑞博斯基
Poseidon	波塞冬
Boston	波士顿
Persian Sea	波斯海
Persian Gulf	波斯湾
Portalegre	波塔莱格雷
Boterus	波特努斯
Portobelo	波托韦洛
Potosi	波托西
Powhatan	波瓦坦
Povegliano	波韦利亚诺
Unity of Bohemian Brotherhood	波西米亚兄弟会的联盟
Bohemia	波希米亚
Martin of Bohemia	波希米亚的马丁
Boethius	波伊提乌
Poznan′	波兹南
Pozzuoli	波佐利
Bolivia	玻利维亚
Baetica	伯埃齐克
Bird	伯德
Burden	伯登
Bourne	伯恩
Bernhard Ⅱ	伯恩哈德二世
Burckhardt	伯克哈特
Birkenhead	伯肯黑德
Lord Burghley	伯利男爵
Belize	伯利兹
Peloponnesian	伯罗奔尼撒
Peloponnesus	伯罗奔尼撒半岛
Birmingham	伯明翰
Pernambuco	伯南布哥
Burgundians	勃艮第人

词汇原文	中文翻译
Burgundy	勃艮第
Brandenburg	勃兰登堡
Born	博恩
Bordelais	博尔德莱
Bordon	博尔东
BORGO	博尔戈
Borges	博尔格斯
Bolkhov	博尔霍夫
Borgiano Ⅵ	博尔贾诺六世
Boorsch	博尔施
Borso d'Este	博尔索·德斯特
Bolzano	博尔扎诺
Bolcan	博尔詹
Bolzoni	博尔佐尼
Boghors	博格霍斯
Capo Bojador（Cabo Bojador）	博哈多尔角
Boccaro	博卡罗
Bolingbroke	博林布罗克
Borroni Salvadori	博罗尼·萨尔瓦多里
Bolognino Zaltieri	博洛尼诺·扎尔蒂耶里
Bologna	博洛尼亚
Sala di Bologna	博洛尼亚大厅
Sala de Bologna	博洛尼亚厅
Bonifacius Amerbach	博尼费修斯·阿默巴赫
Beauceron	博瑟伦人
Bosporus	博斯普鲁斯海峡
Vincent of Beauvais	博韦的樊尚
Bovino	博维诺
Bouza Álvarez	博扎·阿尔瓦雷斯
Bremen	不来梅
Brittannia	不列颠尼亚
British Isles	不列颠群岛
British Guiana	不列颠所属圭亚那
Braunschweig	不伦瑞克
Brunswick-Lüneburg	不伦瑞克－吕讷堡
Buda	布达
Budapest	布达佩斯
Budrio	布德里奥
Bourdon	布尔东

词汇原文	中文翻译
Burgos	布尔戈斯
Baudri of Bourgueil	布尔格伊的博德里
Bourges	布尔日
Brabant	布拉班特
Bragança	布拉干萨
Brague	布拉格
Braga	布拉加
Braunus	布拉努斯
Burano	布拉诺
braccia	布拉恰
Bracciano	布拉恰诺
Brás Pereira de Miranda	布拉斯·佩雷拉·德米兰达
Braşov	布拉索夫
Brava	布拉瓦
Brasito Olivo	布拉西多·奥利瓦
bracia	布拉西亚
Naviglio di Bra	布拉运河
Blasé Voulondet	布来泽·沃隆德特
lords of Brederoke	布莱德罗科男爵
Bryanston	布莱恩斯滕
Brian D. Quintenz	布赖恩·D. 昆廷斯
Brian Harley	布赖恩·哈利
Brian Covey	布赖恩·科维
Brown University	布朗大学
Castelo Branco	布朗库堡
Blaubeuren	布劳博伊伦
Bréhat	布雷阿
Siège de Breda	布雷达的围攻
Brederote	布雷德罗德
Cape Breton	布雷顿角
Braidense	布雷顿斯
Bressa	布雷萨
Breslau	布雷斯劳
Brest	布雷斯特
Brescia	布雷西亚
Brescian	布雷西亚
Brescello	布雷谢洛
Briançon	布里昂松
Brixen	布里克森

词汇原文	中文翻译
Bridgwater	布里奇沃特
Britomart	布里托马特
Brittany	布列塔尼
Brondolo	布龙多洛
Bouloux	布卢
Countess Adele of Blois	布卢瓦的阿德勒公爵夫人
Treaty of Blois	布卢瓦条约
Bruttij	布鲁蒂
Broomhill	布鲁姆希尔
Valley della Bruna	布鲁纳谷地
Bruges	布鲁日
Franc de Bruges	布鲁日法兰克
Brudzewo	布鲁日沃
Brussels	布鲁塞尔
Brembo	布伦博
Brenda Parker	布伦达·帕克
Brenta	布伦塔
Brenzonum	布伦祖农
Brenzonu	布伦祖努
Brenzone	布伦佐内
Boulonnais	布洛奈
Boulogne	布洛涅
Bois de Boulogne	布洛涅林苑
Brugge	布吕格
Convento do Buçaco	布萨库修道院
Busseto	布塞托
Bushnell	布什内尔
Buenos Aires	布宜诺斯艾利斯
Zeitz	蔡茨
Charcas	查尔卡斯
Charles Estienne	查尔斯·艾蒂安
Charles Edwards Lester	查尔斯·爱德华兹·莱斯特
Charles Bailly	查尔斯·巴伊
Charles de Bouelles	查尔斯·德布埃勒
Charles de Lassart	查尔斯·德拉萨尔
Charles de l'Escluse	查尔斯·德莱斯克吕斯
Charles Dean	查尔斯·迪安
Charles Howard	查尔斯·霍华德
Charles Colbert	查尔斯·科尔伯特

词汇原文	中文翻译
Charles Müller	查尔斯·米勒
Baron Charles-Athanase Walckenaer	查尔斯－阿塔纳斯·沃尔肯纳男爵
Charles VIII	查尔斯八世
Charles II	查尔斯二世
Charles IX	查尔斯九世
Charles VI	查尔斯六世
Chapple	查普尔
Marcus Junianus Justinus	查士丁
Charterhouse Monastery	查特豪斯修道院
Zayas	察亚
Cheshire	柴郡
Shrovetide	忏悔节
Polophylax	持棒卫士座
Cuama	楚马
Virgo	处女座
Dogana delle Pecore	畜牧税办公室
Captain Christopher Newport	船长克里斯托弗·纽波特
Zweibrücken	茨韦布吕肯
Family of Love	慈爱教
Darby	达比
Dabul	达布尔
Dardanelles	达达尼尔海峡
Dalmatia	达尔马提亚
Agostino Abate	达戈斯蒂诺·阿巴特
Agostino da Noli	达戈斯蒂诺·达诺利
Agostino Chiavari	达戈斯蒂诺·基亚瓦里
Agostino Ricci	达戈斯蒂诺·里奇
Agostino Parentani	达戈斯蒂诺·帕伦塔尼
AGOSTINO VENEZIANO	达戈斯蒂诺·韦内齐亚诺
Agostino Giustiniani	达戈斯蒂诺·朱斯蒂尼亚尼
Dahlak Archipelago	达赫拉克群岛
ducados	达克特
Dalecarlia	达拉纳
Damaso	达马索
Damietta	达米埃塔
Damião de Góis	达米昂·德戈伊斯
Dana Freiburger	达娜·赖布格尔
Dane	达内
Daniele Barbaro	达妮埃尔·巴尔巴罗

词汇原文	中文翻译
Dattari	达塔利
Tartary	鞑靼
Greater Antilles	大安的列斯群岛
Rio Grande do Norte	大北河
Furna Grande	大富尔纳河
Deluge	大洪水
Lio Maggiore	大马焦雷
Damascus	大马士革
Chronologia Magna	大年表
San Lorenzo Maggiore	大圣洛伦佐
Grosswardein	大瓦代恩
Ursa majoris	大熊座
Archbishop Agostinho de Castro	大主教阿戈什蒂纽·德卡斯特罗
Delft	代尔夫特
Deventer	代芬特尔
DÉSIRADE	代西拉德
Conrad of Dyffenbach	戴芬拜克的康拉德
Dateia	戴提亚
David Buisseret	戴维·比塞雷
David Fabricius	戴维·法布里修斯
David Friedman	戴维·弗里德曼
David Gans	戴维·甘斯
David Rumsey	戴维·拉姆齐
David Chytraeus	戴维·齐特尔
David Seltzlin	戴维·塞尔茨林
David Woodward	戴维·伍德沃德
Davide Imperiali	戴维·因佩里亚利
Dandolo	丹多洛
DANFRIE	丹弗里斯
Tangiers	丹吉尔
Denmark	丹麦
Daniel Angelocrator	丹尼尔·安杰洛克拉托
Daniel Brownstein	丹尼尔·布朗斯坦
Daniel Funck	丹尼尔·丰克
Danielle Lecoq	丹尼尔·勒科克
Daniel Zehender	丹尼尔·齐亨德尔
Daniel Schwenter	丹尼尔·施纹特
Daniel Stalpaert	丹尼尔·斯塔尔帕特
Denis E. Cosgrove	丹尼斯·E. 科斯格罗夫

词汇原文	中文翻译
Dinteville	丹特维尔
Dainville	丹维尔
Dante	但丁
Daniel	但以理
Danzig	但泽
Artushof of Danzig	但泽的阿图斯霍夫
"Insularium illustratum"	岛屿的图像
Douglas W. Marshall	道格拉斯·W. 马歇尔
Douglas W. Sims	道格拉斯·W. 西姆斯
Presidenza delle Strade	道路委员会
Order of Preachers	道明会
Texas	得克萨斯
duca d'Atri Andrea Matteo Acquaviva	德阿特里·安德烈亚·马泰奥·阿夸维瓦公爵
d'Aubray	德奥布雷
De Hollanda	德奥兰达
de Baren	德贝伦斯
Derbyshire	德比郡
Destombes	德东布斯
Deccan Peninsula	德干半岛
"Germania illustrate"	德国图示
Dekker	德克尔
Palazzo De Cupis	德库皮斯宫
Della Rovere principality	德拉罗韦雷公国
Delano-Smith and Kain	德拉诺－史密斯和卡因
Dresden	德累斯顿
Dresden Kunstkammer	德累斯顿艺术收藏室
Delhi	德里
Drew Ross	德鲁·罗斯
marquis de los Trujillos	德罗斯特鲁希略侯爵
Delos	德洛斯
Democritus	德谟克利特
Denucé	德尼克
De Certeau	德塞尔托
Desimoni	德斯摩尼
de Vilhegas	德维列加斯
De Vorsey	德沃尔西
Desiderius Erasmus	德西德留斯·伊拉斯谟
Terrier	地产册
Galleria delle Carte Geografiche	地理地图画廊

词汇原文	中文翻译
Sala delle Tavole Geografiche	地理地图间
Sala delle Carte Geografiche	地理地图室
Dépôt de la Guerre	地理与战争总局
Sala delle Nappe	地图厅
Officio Topografico	地形办公室
Tripoli	的黎波里
Trieste	的里雅斯特
Dumfriesshire	邓弗里斯郡
Dunwich	邓尼奇
Low Countries	低地国家
Mosteiro da Descida	狄思达修道院
Diodorus Siculus	迪奥多鲁斯·西库鲁斯
Diogo Ortiz de Calzadilla	迪奥戈·奥尔蒂斯·德卡萨迪利亚
Diogo Homem	迪奥戈·奥梅姆
Diogo Botelho	迪奥戈·博特略
Diogo de Campos Moreno	迪奥戈·德坎波斯·莫雷诺
Diogo de Couto	迪奥戈·德科托
Diogo de Teive	迪奥戈·德特维
Diogo Dias	迪奥戈·迪亚斯
Diogo Gomes	迪奥戈·戈梅斯
Diogo Garcia	迪奥戈·加西亚
Diogo Cão	迪奥戈·康
Diogo Ribeiro	迪奥戈·里贝罗
Diego Ribero	迭戈·里韦罗
Diogo Lopes de Sequeira	迪奥戈·洛佩斯·德塞凯拉
Diogo Marques	迪奥戈·马克斯
Didier Robert de Vaugondy	迪迪埃·罗伯特·德沃贡迪
Diller	迪勒
Dillingen	迪林根
Duina	迪纳
King Dinis	迪尼斯国王
Parione	迪帕廖内
Ditchley Portrait	迪奇利肖像
Dithmarschen	迪特马申
Dieppe	迪耶普
Dewsbury	迪尤斯伯里
René Descartes	笛卡尔
Thebes	底比斯
Tigris	底格里斯河

词汇原文	中文翻译
Timor	帝汶岛
Tycho Brahe	第谷·布拉厄
Tyrrhenian Seas	第勒尼安海
Dijon	第戎
Diu	第乌
University of Tübingen	蒂宾根大学
Tiburzio Spanochi	蒂布尔齐奥·斯潘尼齐
Gervase of Tilbury	蒂尔伯里的杰维斯
Tilemann Stella	蒂勒曼·斯特拉
Tirol	蒂罗尔
Timotheus	蒂莫托伊斯
Timothy Pont	蒂莫西·庞特
Didacus Bemardini	迭戈·贝拉地尼
Diego de Ordás	迭戈·德奥尔达斯
Diego de Guevara	迭戈·德格瓦拉
Diego de Lepe	迭戈·德莱佩
Diego de Torres	迭戈·德托雷斯
Diego Gutiérrez	迭戈·古铁雷斯
Diego López Povedano	迭戈·洛佩斯·波韦达诺
Diego Munoz	迭戈·穆尼奥斯
Diego Pérez de Mesa	迭戈·佩雷斯·德梅萨
Diego Sánchez Colchero	迭戈·桑谢斯·科尔切罗
Forest of E a st Bere	东比尔森林·
Ostfriesland	东弗里斯兰
East Frisia	东弗里西亚
East Indies	东印度群岛
Tudor	都铎
Turin	都灵
San Salvatore in Turin	都灵的圣萨尔瓦托雷
Golgotha	髑髅地
Duarte Barbosa	杜阿尔特·巴尔博萨
Duarte de Armas	杜阿尔特·德阿马斯
Duarte Galvão	杜阿尔特·加尔旺
Duarte Leite	杜阿尔特·莱特
Duarte Lopes	杜阿尔特·洛佩斯
Duarte Nunes do Leão	杜阿尔特·努涅斯·杜莱昂
Duarte Pacheco Pereira	杜阿尔特·帕切科·佩雷拉
Duane Marble	杜塞·马布尔
Du Bellay	杜贝莱

词汇原文	中文翻译
École du Ponent	杜波嫩特学派
ducat	杜卡托
Durand	杜兰德
Entre Douro e Minho	杜罗和米尼翁之间
Douro River	杜罗河
Aranda de Duero	杜罗河畔阿兰达
Miranda do Douro	杜罗河畔米兰达
Damiata	杜姆亚特
Tuileries	杜伊勒里花园
Duisburg	杜伊斯堡
Officina di Pesi e Misure，Weights and Measures Office	度量衡办公室
Antipodes	对跖地
Dunkirk	敦刻尔克
Sala dello Scudo	盾室
River Dordogne	多尔多涅河
Dauphiné	多菲内
Dover	多佛尔
Val Dogade	多加德沼泽
Dole	多勒
Palazzo Doria-Spinola	多利亚-斯皮诺拉宫
Doroszlai	多罗斯洛伊
Dolomites	多洛米蒂山
Doroszlaa	多洛斯拉
Domenico Bandini	多梅尼科·班迪尼
Domenico Buoninsegni	多梅尼科·博宁塞尼
Domenico de' Lapi	多梅尼科·德拉皮
Domenico Tibaldi	多梅尼科·蒂巴尔迪
Domenico Fontana	多梅尼科·丰塔纳
DOMENICO FREDDIANI	多梅尼科·弗雷迪亚尼
Domenico Contini	多梅尼科·孔蒂尼
Domenico Legendre	多梅尼科·勒真德雷
Domenico Revello	多梅尼科·雷韦洛
Domenico Maccarano	多梅尼科·马卡拉诺
Domenico Parasacchi	多梅尼科·帕拉萨奇
Domenico Pelo	多梅尼科·佩洛
Father Domenico Ceva	多梅尼科·切瓦神父
Domenico Vigliarolo	多梅尼科·维利亚罗洛
Domenico Silvestri	多梅尼科·西尔韦斯特里
Domenico Jacovacci	多梅尼科·亚科瓦奇

词汇原文	中文翻译
Domenico Zenoi	多梅尼科·泽诺伊
Dominican Republic	多米尼加共和国
Domingo Olives	多明戈·奥利韦斯
Domingo del Castillo	多明戈·德尔卡斯蒂略
Domingo Theran	多明戈·瑟兰
Domingos Peres	多明戈斯·佩雷斯
Domingos Teixeira	多明戈斯·特谢拉
Domingues	多明格斯
Dominican	多明我会
Donato	多纳托
Donato Bertelli	多纳托·贝尔泰利
Donato Bramante	多纳托·布拉曼特
Danube	多瑙河
Krems an der Donau	多瑙河畔克雷姆斯
Dorset	多塞特
Dozza	多扎
Ohio River	俄亥俄河
Russia	俄罗斯
Elba	厄尔巴
Ecuador	厄瓜多尔
Cape Agulhas	厄加勒斯角
Eritrea	厄立特里亚
Empoli	恩波利
Endymion	恩底弥翁
Enrico Bacco	恩里科·巴科
Enrico Martínez	恩里科·马丁内斯
Enrico Martello	恩里科·马尔泰洛
Enrique de Guzmán	恩里克·德古斯曼
Enrile	恩里莱
Englisch	恩利施
Archduke Ernst	恩斯特大公
Enza	恩扎
Vlore	发罗拉
Fabio Licinio	法比奥·利奇尼奥
Fabio Magini	法比奥·马吉尼
Fabrica	法布里卡
Fabrizio Stechi	法布里齐奥·斯泰基
Fabriano	法布里亚诺
Farfa	法尔法

词汇原文	中文翻译
Palazzo Farnese	法尔内塞宫
French Wars of Religion	法国宗教战争
Fara	法拉
Pharamond	法拉蒙
France	法兰西
Ile-de-France	法兰西岛
The Collège de France	法兰西学院
Faro	法鲁
Falun	法伦
Fallowfield	法洛菲尔德
Falone Follone	法洛内
Famagusta	法马古斯塔
Fano	法诺
Fazio degli Uberti	法齐奥·德利乌贝蒂
Veit	法伊特
Verdusse	凡尔登斯
Versailles	凡尔赛
Van der Sman	范·德尔斯曼
Van der Krogt	范德尔格罗特
vatican palace	梵蒂冈教皇宫
Franciscan	方济各会
Junta de Fortificações	防御设施委员会
Pegasus	飞马座
Fiorenza	菲奥伦扎
Phebus	菲比
Fitz-Dottrell	菲茨－多特尔
Filarete	菲拉雷特
Philaster	菲拉斯特
Philibert Delorme	菲利贝尔·德洛姆
Philibert Mareschal	菲利贝尔·马雷沙尔
Filiberto Pingone	菲利贝托·潘贡
Filippo Beroaldo	菲利波·贝罗尔多
Filippo Brunelleschi	菲利波·布鲁内莱斯基
Filippo Francini	菲利波·弗兰奇尼
Filippo Maria Visconti	菲利波·马里亚·维斯孔蒂 剑桥
Filippo Maria Visconti	菲利波·玛利亚·维斯孔蒂
Filippo Pigafetta	菲利波·皮加费塔
Filippo Terzi	菲利波·泰尔齐
Felix da Costa	菲利克斯·达科斯塔

词汇原文	中文翻译
Philippe Danfrie	菲利佩·丹弗里斯
Felipe de Guevara	菲利佩·德格瓦拉
Philippe de La Hire	菲利佩·德拉海尔
Felipe Fernández-Armesto	菲利佩·费尔南德斯—阿梅斯托
Felipe Guillén	菲利佩·纪廉
Philippe Thomassin	菲利佩·托马森
Oceanus Philippicus	菲利皮科斯洋
Philipp Apian	菲利普·阿皮亚
Philipp Eberhard	菲利普·埃伯哈德
Philip Eckebrecht	菲利普·埃克布莱希特
Philipp Clüver	菲利普·克卢弗
Philipp Melanchthon	菲利普·梅兰克森
Philip Neri	菲利普·内里
Philip Jones	菲利普·琼斯
Philipp Uffenbach	菲利普·乌芬巴赫
Philip Symonson	菲利普·西蒙森
Philip Sidney	菲利普·悉尼
Philipp Immser	菲利普·因莫斯
Philip II	菲利普二世
Philip the Good	菲利普三世
Filips Philipp Galle	菲利普斯 菲利普 ·加尔
Philips van Marnix	菲利普斯·范马尼克斯
Philip IV	菲利普四世
Philippines	菲律宾
Cabo Finisterre（Cape Finisterre）	菲尼斯特雷角
Casteldelfino	菲诺堡
Fischer	菲舍尔
Vietor	菲托尔
Fichtelberg	菲希特尔贝格
Vianen	菲亚嫩
Fiesole	菲耶索莱
Federico Bersore	费代里科·贝尔索雷
Federico Borromeo	费代里科·博罗梅奥
Federico da Montefeltro	费代里科·达蒙泰费尔特罗
Federico Cesi	费代里科·切西
Ferdinand de Lannoy	费迪南德·德拉努瓦
Ferdinand de' Medici	费迪南德·德美第奇
Ferdinand II de' Medici	费迪南德·德美第奇一世
Ferdinand I de' Medici	费迪南德·德美第奇一世

词汇原文	中文翻译
Ferdinand Columbus	费迪南德·哥伦布
Ferdinand Magellan	费迪南德·麦哲伦
Ferdinand Ⅱ	费迪南德二世
King Ferdinand	费迪南德国王
Ferdinand Ⅲ	费迪南德三世
Ferdinand Ⅰ	费迪南德一世
Ferdinando（Ferando）Bertelli	费迪南多（费兰多）·贝尔泰利（费迪南多·贝尔塔利）
Ferdinando Galiani	费迪南多·加利亚尼
Fernão de Loronha	费尔南·德洛伦哈
Fernão de Sousa	费尔南·德苏萨
Fernão Dulmo	费尔南·迪尔莫
Fernão Domingues do Arco	费尔南·多明格斯·多阿尔科
Fernão Gomes	费尔南·戈梅斯
Fernão Lopes de Castanheda	费尔南·洛佩斯·德卡斯塔涅达
Fernão Mendes Pinto	费尔南·门德斯·平托
Fernão Vaz Dourado	费尔南·瓦斯·多拉多
Fernandez Ruiz de Castro	费尔南德斯·鲁伊斯·德卡斯特罗
Fernández- Armesto	费尔南德斯—阿梅斯托
Fernando Alvarez de Toledo	费尔南多·阿尔瓦雷斯·德托莱多
Fernando Àlvaro Seco	费尔南多·阿尔瓦罗·塞科
Fernando Oliveira	费尔南多·奥利韦拉
Fernando de Ojea	费尔南多·德奥赫亚
Fernando de Gamarra	费尔南多·德加马拉
Fernando de Rojas	费尔南多·德罗贾斯
Fernando de' Medici	费尔南多·德美第奇
Fernando González	费尔南多·冈萨雷斯
Fernando Colombo	费尔南多·哥伦布
Fernando Colón	费尔南多·科隆
Feltre	费尔特雷
Gerard of Feltre	费尔特雷的赫拉德
Ferrara	费拉拉
Portoferraio	费拉约港
Ferrando Bertelli	费兰多·贝尔泰利
Ferrante Gonzaga	费兰特·贡萨加
Ferrante Vitelli	费兰特·维泰利
Fahy	费伊
Fontanabuona	丰塔纳博纳
Fontainebleau	枫丹白露
von den Brincken	冯登布林肯

词汇原文	中文翻译
von Pastor	冯帕斯托尔
Virginia Company	弗吉尼亚公司
Fra Mauro	弗拉·毛罗
Fra Egnatio	弗拉·伊格内修斯
Frabetti	弗拉贝蒂
Vladimiro Valerio	弗拉迪米罗·瓦莱里奥
BOSCO DI FRATI	弗拉蒂森林
Flaminio Saminiati	弗拉米尼奥·萨米尼亚提
FLAMINIA	弗拉米尼亚
Via Flaminia	弗拉米尼亚大道
Franeker	弗拉讷克
Frattocchie	弗拉托齐基耶
Flavio Biondo	弗拉维奥·比翁多
Flegrei	弗莱格雷伊
Fleurigny	弗莱瑞尼
Frieburg	弗赖堡
Franz（Francesco）Ehrle	弗兰茨（弗朗切斯科）·埃尔勒
Flanders	弗兰德斯
Franconia	弗兰科尼亚
Francesca Fiorani	弗兰切丝卡·菲奥拉尼
Francés de Alava	弗兰塞丝·德阿拉瓦
Francesc RelaÑo	弗兰塞斯克·雷拉尼奥
Frans Floris	弗兰斯·弗洛里斯
Frans Hogenberg	弗兰斯·霍根伯格
Franz Reitinger	弗朗茨·赖廷格
FRANZ RITTER	弗朗茨·里特尔
Fracanzio da Montalboddo	弗朗坎佐·达蒙塔博多
Francesco Oliva	弗朗切斯科·奥利瓦
Francesco Berlinghieri	弗朗切斯科·贝林吉耶里
Francesco Petrarca	弗朗切斯科·彼得拉尔卡
Francesco Porta	弗朗切斯科·波尔塔
Francesco Busso	弗朗切斯科·布索
Francesco Agostino della Chiesa	弗朗切斯科·达戈斯蒂诺·德拉基耶萨
Francescho da Lucha	弗朗切斯科·达卢卡
Francesco da Pesaro	弗朗切斯科·达佩萨罗
Francesco de Marchi	弗朗切斯科·德马尔基
Francesco de' Medici	弗朗切斯科·德美第奇
Francesco de Tomaso di Salò	弗朗切斯科·德托马索·迪萨洛
Francesco de Vico	弗朗切斯科·德维科

词汇原文	中文翻译
Francesco di Lapacino	弗朗切斯科·迪拉帕奇诺
Francesco di Giorgio	弗朗切斯科·迪乔治
Francesco di Donnino	弗朗切斯科·迪唐尼诺
Francesco Fantoni	弗朗切斯科·凡托尼
Francesco Ferretti	弗朗切斯科·费雷蒂
Francesco Filelfo	弗朗切斯科·费列佛
Francesco Fontana	弗朗切斯科·丰塔纳
Francesco II Gonzaga	弗朗切斯科·贡萨加二世
Francesco Guicciardini	弗朗切斯科·圭恰迪尼
Francesco Grisellini	弗朗切斯科·吉塞利尼
Francesco Ghisolfi	弗朗切斯科·吉索尔菲
Francesco Castellani	弗朗切斯科·卡斯泰拉尼
Francesco Levanto	弗朗切斯科·莱万托
Francesco Richini	弗朗切斯科·里基尼
Francesco Lupazolo	弗朗切斯科·卢帕佐罗
Francesco Robacioli	弗朗切斯科·罗巴西奥利
Francesco Rosselli	弗朗切斯科·罗塞利
Francesco Marcello	弗朗切斯科·马尔切洛
Francesco Maria Giustiniani	弗朗切斯科·玛丽亚·朱斯蒂尼亚尼
Francesco Maria Grimaldi	弗朗切斯科·玛利亚·格里马尔迪
Francesco Maria Levanto	弗朗切斯科·玛利亚·莱万托
Francesco Mingucci	弗朗切斯科·明古奇
Francesco Moscheni	弗朗切斯科·莫斯凯尼
Francesco Paciotto	弗朗切斯科·帕乔托
Francesco Piacenza	弗朗切斯科·皮亚琴扎
Francesco Primaticcio	弗朗切斯科·普里马蒂乔
FRANCESCO SALAMANCA	弗朗切斯科·萨拉曼卡
Francesco Sansovino	弗朗切斯科·圣索维诺
Francesco Sforza	弗朗切斯科·斯福尔扎
FRANCESCO SQUARCIONE	弗朗切斯科·斯夸尔乔内
Francesco Tensini	弗朗切斯科·腾西尼
Francesco Valegio	弗朗切斯科·瓦莱吉奥
Francesco Vanni	弗朗切斯科·万尼
Francesco Zati	弗朗切斯科·扎蒂
Duke Francesco I	弗朗切斯科一世大公
FRANCHE-COMTÉ	弗朗什-孔特
Franche-Comtois	弗朗什-孔图瓦
François Ollive	弗朗索瓦·奥利夫
François Belleforest	弗朗索瓦·贝勒福雷

词汇原文	中文翻译
François Baudouin	弗朗索瓦·博杜安
François de Aguilón	弗朗索瓦·德阿吉隆
François d'Aguillon	弗朗索瓦·德阿吉永
François de Belleforest	弗朗索瓦·德贝勒福雷
François de Dainville	弗朗索瓦·德丹维尔
François de La Guillotière	弗朗索瓦·德拉纪尧蒂尔
François de Malines	弗朗索瓦·德马林斯
François Demongenet	弗朗索瓦·德蒙热内特
François Grudé La Croix du Maine	弗朗索瓦·格鲁达·拉克鲁瓦·杜梅因
François Rabelais	弗朗索瓦·拉伯雷
François Leclerc	弗朗索瓦·勒克莱尔
François II	弗朗索瓦二世
François I	弗朗索瓦一世
Lady Frances	弗朗西丝夫人
Francis Borgia	弗朗西斯·博尔贾
Francis Beaumont	弗朗西斯·博蒙特
Francis Drake	弗朗西斯·德雷克
Francis Herbert	弗朗西斯·赫伯特
Francis Quarles	弗朗西斯·夸尔斯
Francis Bacon	弗朗西斯·培根
Francis Sabie	弗朗西斯·萨比耶
Francis Xavier	弗朗西斯·泽维尔
Francisco Albo	弗朗西斯科·阿尔博
Francisco Àlvares	弗朗西斯科·阿尔瓦斯
Francisco Oliva	弗朗西斯科·奥利瓦
Francisco Valverde de Mercado	弗朗西斯科·巴尔韦德·德梅尔卡多
Francisco Vázquez de Coronado	弗朗西斯科·巴斯克斯·德科罗纳多
Francisco Vázquez Maure	弗朗西斯科·巴斯克斯·毛雷
Francisco Dansilho	弗朗西斯科·丹西略
Francisco de Estrada	弗朗西斯科·德埃斯特拉达
Francisco de Hollanda Holanda	弗朗西斯科·德奥兰达
Francisco de Orellana	弗朗西斯科·德奥雷利亚纳
Francisco de Osuna	弗朗西斯科·德奥苏纳
Francisco de Coto	弗朗西斯科·德科托
Francisco de Ruesta	弗朗西斯科·德鲁埃斯塔
Francisco de Melo	弗朗西斯科·德梅洛
Francisco de Monzón	弗朗西斯科·德蒙松
Francisco de Sá de Miranda	弗朗西斯科·德萨德米兰达
Francisco de Ulloa	弗朗西斯科·德乌略亚

词汇原文	中文翻译
Francisco Faleiro	弗朗西斯科·法莱罗
Francisco de Quevedo	弗朗西斯科·克韦多
Francisco Rodrigues	弗朗西斯科·罗德里格斯
Francisco López de Gómara	弗朗西斯科·洛佩斯·德戈马拉
Francisco Negro	弗朗西斯科·内格罗
Francisco Nunez de la Yerba	弗朗西斯科·努涅斯·德拉耶巴
Francisco Pires	弗朗西斯科·皮雷斯
Francisco Pizarro	弗朗西斯科·皮萨罗
Francisco Torres	弗朗西斯科·托雷斯
Franciscus Monachus	弗朗西斯库斯·莫纳库斯
Frauenkirche	弗劳恩基希
Frei Frei Baltasar de Vila Franca	弗雷·弗雷·巴尔塔萨·德维拉·弗兰萨
Fray Pedro Nolasco	弗雷·佩德罗·诺拉斯科
Freiburg	弗雷伯格
Frederik de Houtman	弗雷德里克·德豪特曼
Fredericq Florent	弗雷德里克·弗洛朗
Frederick III	弗雷德里克三世
Frederick V	弗雷德里克五世
Freducci	弗雷杜奇
Freitas	弗雷塔斯
Frezzaria	弗雷扎里亚
Fridericus	弗里德里希
Friedrich Wilhelm	弗里德里希·威廉
Friesland	弗里斯兰
Conte Merenda of Forli	弗利的梅伦达伯爵
Friuli	弗留利
Frutaz	弗鲁塔茨
Wrociaw	弗罗茨瓦夫
Floris Balthasarsz.	弗洛里斯·巴尔萨萨斯
Floriano	弗洛里亚诺
Floriano Dal Buono	弗洛里亚诺·达尔博诺
florins	弗洛林
FROSINO ZAMPOGNI	弗洛西诺·赞波尼
Vermondo Resta	弗蒙多·雷斯塔
Firth	弗思
Cape Verde	佛得角
Cape Verde Islands	佛得角群岛
Seignurie de Flandre	佛兰德勋爵
Flemish	佛兰芒

词汇原文	中文翻译
Franco	佛朗哥
Florida	佛罗里达
Florence	佛罗伦萨
Castiglion Fiorentino	佛罗伦萨的卡斯蒂廖内
Florentine Republic	佛罗伦萨共和国
Council of Florence	佛罗伦萨议会
Dominio Fiorentino	佛罗伦萨占领区
Vosges	孚日
Declaration of Obedience	服从宣言
Faustian	浮士德
Württemberg	符腾堡
Rue du Fouarre	福阿里街
Fordham	福德姆
Fornovo	福尔诺沃
FALKLAND ISLANDS	福克兰群岛
Fuxo	福克斯奥
Foligno	福利尼奥
Foglia	福利亚
Fogliano	福利亚诺
Follonica	福洛尼卡
Formentera	福门特拉岛
Formosa	福莫萨
Fossano	福萨诺
Fosdinovo	福斯迪诺沃
Fausto Rughesi	福斯托·鲁赫西
Library of the Monastery of San Giovanni Evangelista	福音书作者圣约翰修道院图书馆
Alcor	辅星
Easter	复活节
Wars of Restoration	复辟战争
Fulda	富尔达
Fulke Greville	富尔克·格雷维尔
Fulvio Orsini	富尔维奥·奥尔西尼
Fugger	富格尔
Castelfusano	富萨诺城堡
Fusina	富西纳
Galileo Galilei	伽利略·加利莱伊
Cain	该隐
Guyon	盖恩
Gherardo Mechini	盖拉尔多·梅基尼

词汇原文	中文翻译
Guéroult	盖鲁
Galenic medicine	盖伦派医学
Gaius Julius Solinus	盖乌斯·朱利叶斯·索里努斯
Gay	盖伊
Concettism	概念主义
Gambi	甘比
Gandia	甘迪亚
Gambia	冈比亚河
Gonzáles-Palácios	冈萨雷斯－帕拉西奥斯
Congo	刚果河
Gaul	高卢
Gallican	高卢派
Gauss	高斯
Goldstein	戈德斯坦
Gores	戈尔
Gough	戈夫
Gorée	戈雷岛
Gorizia	戈里齐亚
Gomes Eanes de Zurara	戈梅斯·埃亚内斯·德祖拉拉
Gottfried von Kcmpen	戈特弗里斯·冯肯彭
Gottfried Wilhelm Leibniz	戈特弗里斯·威廉·莱布尼茨
Copernicus	哥白尼
Copenhagen	哥本哈根
Colombo	哥伦布
Columbian encounter	哥伦布的相遇
Costa Rica	哥斯达黎加
Gothic	哥特
Gergovia	格尔戈维亚
Gerhard Emmoser	格哈德·艾莫斯
Glatz	格拉茨
Gladys Krieble Delmas Foundation	格拉迪丝·克里布尔·德尔玛基金会
Gradisca	格拉迪斯卡
Grafton	格拉夫顿
Glari	格拉里
Heinrich Loriti of Glaris	格拉里斯的海因里希·罗日提
Granada	格拉纳达
War of Granada	格拉纳达战争
Gragnola	格拉尼奥拉
Monte di Gragno	格拉尼奥山

词汇原文	中文翻译
Grazioso Benincasa	格拉齐奥索·贝宁卡萨
Grasso	格拉索
Grande	格兰德
Rio Grande	格兰德河
Grant	格兰特
Gravesend	格雷夫森德
Gravere	格雷弗
Gregor Reisch	格雷戈尔·赖施
Gregor Wintermonat	格雷戈尔·温特莫纳特
Gregorio López	格雷戈里奥·洛佩斯
Guerreiro	格雷罗
Grenoble	格雷诺布尔
Grayson	格雷森
Gresham College	格雷沙姆学院
Grace	格雷丝
Gracechurch Street	格雷斯教会街
Gellio Parenti	格里奥·帕伦蒂
Grifoni	格里福尼
Görlitz	格利茨
Gregory XII	格列高利十二世
Greenblatt	格林布拉特
Greenwich	格林尼治
Greenland	格陵兰
Gruber	格鲁贝尔
Glen McLaughlin	格伦·麦克劳夫林
Glendower	格伦道尔
Grendi	格伦迪
Groningen	格罗宁根
Grosseto	格罗塞托
Grotta d'Orlando	格罗塔·多尔兰多
Grössing	格罗辛
Gloucestershire	格洛斯特郡
John of Glogow	格沃古夫的约翰
Goedings	葛定思
Gennadius Library	根纳季斯图书馆
DUCAL PALACE	公爵宫
Galériedes Cerfs	公鹿画廊
Brethren of the Common Life	共同生活兄弟会
Gonzaga	贡萨加

词汇原文	中文翻译
Gonçalo Eanes	贡萨洛·埃亚内斯
Gonzalo de Reparaz Ruiz	贡萨洛·德雷帕拉斯·鲁伊斯
Gonzalo de Nodal	贡萨洛·德诺达尔
Gonzalo Fernández de Oviedo	贡萨洛·费尔南德斯·德奥维多
Gonçalo Coelho	贡萨洛·科埃略
Cuba	古巴
Gubbio	古比奥
Goodman	古德曼
Gulbenkian	古尔本基安
Guglielmo Lanfranchi	古列尔莫·兰弗兰基
Guglielmo Saetone	古列尔莫·萨埃通
Guglielmo Sirleto	古列尔莫·西莱托
Land of Cush	古实之地
Qusta— ibn Lu—qa—	古斯塔·伊本·卢加
Gustav II Adolphus	古斯塔夫·阿道富斯二世
Gustavus II Adolphus	古斯塔武斯·阿道富斯二世
Gustavus I	古斯塔武斯一世
Gutenberg	古滕贝格
Gutierre Díez de Gámes	古铁雷斯·迭斯·德盖姆斯
Guadalajara	瓜达拉哈拉
Guadiana	瓜迪亚纳
Guarda	瓜尔达
Guarnieri	瓜尔涅里
Guarino da Verona	瓜里诺·达维罗纳
Guarino Guarini	瓜里诺·瓜里尼
Guanabara	瓜纳巴拉
Palazzo del Belvedere	观景楼
Guidobaldi II Della Rovere	圭多巴尔迪·德拉罗韦雷二世
Capitani di Parte	圭尔夫派首领
Castel Guelfo	圭尔福堡
Guiana	圭亚那
Praesepe nebula	鬼星团
Piazza della Signoria	贵族广场
Library of Congress	国会图书馆
International Geographical Congress	国际地理学大会
Reunião Internacional da História da Náutica	国际航海史大会
International Cartographic Association	国际制图学协会
padron real	国王标准图
King Constantine	国王君士坦丁

词汇原文	中文翻译
King Ladislaus Ⅳ	国王拉迪斯劳斯五世
King Manuel	国王曼努埃尔
King Sebastian	国王塞巴斯蒂安
Goa	果阿
Obererzgebirgischen Kreis	过山区域
Habakkuk	哈巴谷
Hapsburg	哈布斯堡
Hudson Bay	哈得孙湾
Hadrian	哈德良
gouverneur de la Bay d'udson	哈德逊湾总督
John of Harlebeke	哈来贝克的约翰
Harris	哈里斯
Harrisse	哈里斯
Halifax	哈利法克斯
Harrington	哈灵顿
King-Hamy	哈米国王
Hanau	哈瑙
Hatfield	哈特菲尔德
Hartmann Schedel	哈特曼·舍德尔
Harthill	哈特希尔
Havana	哈瓦那
Harvey	哈维
Hawikuh	哈维库
Gulf Coast	海岸湾
Hibernia	海伯尼亚
Heidelberg	海德堡
University of Heidelberg	海德堡大学
Hispaniola	海地岛
Gelderland	海尔德兰
Plutarch of Chaeronea	海罗尼亚的普鲁塔克
Jaime Dossaiga	海梅·多撒加
Jaime Ferrer	海梅·费雷尔
Jaime Ferrer de Blanes	海梅·费雷尔·德布拉内斯
Jaime Franck	海梅·弗兰克
Jaime Juan	海梅·胡安
Jaime Pérez de Valencia	海梅·佩雷斯·德巴伦西亚
Sala dei Fasti di Ercole	海神节大厅
Hague	海牙
Heinrich Arboreus	海因里希·阿布罗斯

词汇原文	中文翻译
Heinrich Bebel	海因里希·倍倍尔
Heinrich Petri	海因里希·彼得
Heinrich Bünting	海因里希·宾廷
Heinrich Zell	海因里希·采尔
Heinrich Decimator	海因里希·德西默尔
Heinrich von Rantzau	海因里希·冯兰曹
Heinrich Martin	海因里希·马丁
Heinrich Steiner	海因里希·施泰纳
Heinrich Wölfflin	海因里希·韦尔夫林
Hamburg Codex	汉堡抄本
Sir Humphrey Gilbert	汉弗莱·吉尔伯特爵士
Humfrey Cole	汉弗莱·科尔
Hampton Court	汉普顿宫
Hampshire	汉普郡
Hans Epischofer	汉斯·埃匹希科菲
Hans Baldung	汉斯·巴尔东
Hans Dorn	汉斯·多恩
Hans Vredeman de Vries	汉斯·弗雷德曼·德弗里斯
Hans Holbein	汉斯·霍尔拜因
Hans Liefrinck	汉斯·利弗里尼克
Hans Lufft	汉斯·卢夫特
Hans Melchior Volckmair	汉斯·梅尔基奥尔·沃尔克马尔
Hans Mielich	汉斯·米利希
Hans Weiditz	汉斯·韦迪兹
Hans Woutneel	汉斯·沃特尼尔
HANS SEBALD BEHAM	汉斯·泽巴尔德·贝哈姆
Hansgeorg Schlichtmann	汉斯格奥格·施利希特曼
padrão de navegar	航海标准图
Arte de nauegar	航海的艺术
roteiro roteiros	航海日志
carta de marear	航海图
De la composición de la carta de marear	航海图的构造
Prince Henry the Navigator	航海者亨利王子
Magistrato delle Galee	航运长官
Roger of Howden	豪登的罗杰
Jorge Reinel	豪尔赫·赖内尔
Ano Bom	好年岛
Cape of Good Hope	好望角
José Chafrion	何塞·查弗里翁

词汇原文	中文翻译
José Martins	何塞·马丁斯
José María López Pinero	何塞·玛丽亚·洛佩斯·皮涅罗
José Zaragoza	何塞·萨拉戈萨
José Vizinho	何塞·维齐尼奥
Piazza della Pace	和平广场
Temple of Peace	和平神庙
Santa Maria della Pace	和平圣母
Holstein	荷尔斯泰因
the Verenigde Oostindische Compagnie VOC	荷兰东印度公司
Stadhouder	荷兰省督
States General	荷兰议会
Homer	荷马
Helgerson	赫尔格森
Herman	赫尔曼
Helsinki	赫尔辛基
Hermetic	赫耳墨斯
Gerard de Jode	赫拉德·德约德
Gerard ter Brugghen	赫拉德·特尔布吕根
Gerardus Mercator	赫拉尔杜斯·墨卡托
Columns of Hercules (Pillars of Hercules)	赫拉克勒斯之柱
Heraclitus	赫拉克利特
Jeremias Falck	赫雷米亚斯·法尔克
Heliodorus	赫里奥多鲁斯
Hereford	赫里福德
Gerona	赫罗纳
Jerónimo de Chaves	赫罗尼莫·德查韦斯
Jerónimo Dortal	赫罗尼莫·多托尔
Jerónimo Girava	赫罗尼莫·吉拉瓦
Jerónimo Martín	赫罗尼莫·马丁
Heronimus Rouffault	赫罗尼纽斯·罗孚特
Gemma Frisius	赫马·弗里修斯
Germania	赫马尼亚
Hessel Gerritsz.	赫塞尔斯·格雷茨
Hesperides	赫斯珀里得斯
Waltham Abbey in Hertfordshire	赫特福德郡的沃尔瑟姆修道院
Herborn	黑博恩
Black seas	黑海
Black Legend	黑色传奇
Hesse	黑森

词汇原文	中文翻译
Hesse-Kassel	黑森－卡塞尔
Hendrik van Schoel	亨德里克·范舍尔
Hendrik Niclaes	亨德里克·尼克拉斯
Henricus Glareanus	亨里克斯·格拉雷亚努斯
Henricus Hondius	亨里克斯·洪迪厄斯
Henricus Cornelius Agrippa	亨里克斯·科尔内留斯·阿格里帕
Henry S. Turner	亨利·S. 特纳
Henry Billingsley	亨利·比林斯利
Henri Vignaud	亨利·比尼奥德
Henry Briggs	亨利·布里格斯
Henri de Lorraine	亨利·德洛兰
Henri de Lubac	亨利·德吕巴克
Henry Harrisse	亨利·哈里斯
Henry Hexham	亨利·赫克瑟姆
Henry Howard	亨利·霍华德
Henri Lancelot de La Popelinière	亨利·朗瑟洛·德拉波普兰尼尔
Henri Lefebvre	亨利·勒菲弗
Henry Michelot	亨利·米什洛
Henry Peacham	亨利·皮查姆
Henry Percy	亨利·珀西
Sir Henry Savile	亨利·萨维尔爵士
Henry Turner	亨利·特纳
Henry VIII	亨利八世
henricus martellus germanus	亨利库斯·马特尔鲁斯·日耳曼努斯
Henry VII	亨利七世
Henry III	亨利三世
Henri IV	亨利四世
Henry IV	亨利四世
Prince Henry	亨利王子
Ganges river	恒河
Red Sea	红海
Cardinal Orsini	红衣主教奥尔西尼
Cardinal Pietro Bembo	红衣主教彼得罗·本博
Cardinal Guillaume Filastre（Cardinal Guillaume Fillastre）	红衣主教纪尧姆·菲拉斯垂
Cardinal Gabriele Paleotti	红衣主教加布里埃尔·帕莱奥蒂
Cardinal Maffeo Barberini	红衣主教马费奥·巴尔贝里尼
Cardinal Giovanni Salviati	红衣主教乔瓦尼·萨尔维亚蒂
Cardinal Saraiva	红衣主教萨赖瓦
Sacred College	红衣主教团

词汇原文	中文翻译
Cardinal Scipione Gonzaga	红衣主教希皮奥内·贡萨加
Honduras	洪都拉斯
Monkey Islands	猴岛
Coma Berenices	后发座
post-Tridentine	后特伦托会议
Juan Bautista Antonelli	胡安·包蒂斯塔·安东内利
Juan Bautista Gesio	胡安·包蒂斯塔·葛西奥
Juan Bautista Labaña	胡安·包蒂斯塔·拉巴纳
Juan Bautista Labanna	胡安·包蒂斯塔·拉班纳
Juan Bautista Prunes	胡安·包蒂斯塔·普鲁内斯
Juan Vicente	胡安·比森特
Juan de Herrera	胡安·德埃雷拉
Juan de Escalante de Mendoza	胡安·德埃斯卡兰特·德门多萨
Juan de Onate	胡安·德奥纳特
Juan de Ovando	胡安·德奥万多
Juan de Borja	胡安·德博尔哈
Juan de la Cosa	胡安·德拉科萨
Juan de Somovilla Tejada	胡安·德索莫维利亚·特哈达
Juan de Valdés	胡安·德瓦尔德斯
Juan de Zunica	胡安·德祖尼卡
Juan Díaz de Solís	胡安·迪亚斯·德索利斯
Juan Fernández de Heredia	胡安·费尔南德斯·德埃雷迪亚
Juan Gayon	胡安·加永
Juan Caramuel Lobkowitz	胡安·卡拉穆尔·洛布科维茨
Juan Ramón Koninick	胡安·拉蒙·科尼尼克
Juan Luis Vives	胡安·路易斯·维韦斯
Juan Rodrigues Aguilera	胡安·罗德里格斯·阿吉莱拉
Juan Romero	胡安·罗梅罗
Juan López de Velasco	胡安·洛佩斯·德韦拉斯科
Juan Margarit y Pau	胡安·马加里特·y. 保
Juan Manual Navara	胡安·马努阿莱·纳瓦拉
Juan María Ratkay	胡安·玛丽亚·拉特考伊
Juan Sebastian del Cano	胡安·塞巴斯蒂亚诺·德尔卡诺
Juan Cedillo Díaz	胡安·塞迪略·迪亚斯
Juan Suárez de Carbajal	胡安·苏亚雷斯·德卡瓦哈尔
Juanelo Turriano	胡安那罗·图拉里亚诺
Hubert van Eyck	胡贝特·范艾克
Hubert Gautier	胡贝特·戈蒂埃
Hugo Allard	胡戈·阿拉德

词汇原文	中文翻译
Hugo Grotius	胡戈·赫罗齐厄斯
Huguenots	胡格诺派教徒
Hussite	胡斯派
Wallace Klippert Ferguson	华莱士·克利佩特·弗格森
Whiting	怀特
Crown Prince Tommaso	皇储托马索
Emperor Augustus	皇帝奥古斯都
Punta Imperatore	皇家角
Capella Real	皇家卡佩拉
El Dorado	黄金国
Golden Lake	黄金湖
Painted Chamber	绘厅
Tierra del Fuego	火地岛
Hobbes	霍布斯
Hotspur	霍茨波
Cape Horn	霍恩角
Horncastle	霍恩卡斯尔
Hohenlohe- Neuenstein	霍恩洛厄－诺伊恩施泰因
Holzberg	霍尔茨贝格尔
Ormuz	霍尔木兹
Hoffman	霍夫曼
Hogenbergius	霍根贝格斯
Horatio Brown	霍雷肖·布朗
Holywood	霍利伍德
Hooykaas	霍伊卡
Hawickhorst	霍伊克霍斯特
Chioggia	基奥贾
Order of Christ	基督骑士团
Christ Church College	基督堂学院
Quito	基多
Kilton Park	基尔顿公园
Quiloa	基尔瓦
Isidore of Kiev	基辅的伊西多尔
Villa Chigi	基吉别墅
Cyclades	基克拉泽斯群岛
Kimmeria	基迈里亚
Chisone	基索内
Kit Batten	基特·巴滕
Chivasso	基瓦索

词汇原文	中文翻译
Quivirá	基维拉
Kirchheim unter Teck	基希海姆·恩特特克
Gihon	基训河
Chiaravalle	基亚拉瓦莱
Val de Chiana	基亚纳大道
Valle di Chiana	基亚纳谷地
Valdichiana	基亚纳河谷地区
Chiaia	基亚亚海
Gian Galeazzo Visconti	吉安·加莱亚佐·维斯孔蒂
Gianlorenzo Bernini	吉安洛伦佐·贝尔尼尼
Gibson	吉布森
Gil Eanes	吉尔·埃亚内斯
Gil González Dávila	吉尔·冈萨雷斯·达维拉
Gilles Corrozet	吉尔·克洛泽特
Gilhofer	吉尔霍费尔
Gigantes	吉甘蒂斯
Giraldus Cambrensis	吉拉尔德斯·坎布雷斯
Monte del Giramonta	吉拉蒙塔山
Girolamo Olgiato	吉罗拉莫·奥尔贾特
Girolamo Bell'Armato	吉罗拉莫·贝尔阿尔马托
Girolamo Benivieni	吉罗拉莫·贝尼维尼
Girolamo Porro	吉罗拉莫·波罗
Girolamo Porro Padovano	吉罗拉莫·波罗·帕多瓦诺
Father Girolamo da Narni	吉罗拉莫·达纳尔尼神父
Girolamo Fracastoro	吉罗拉莫·弗拉卡斯托罗
Girolamo Cardano	吉罗拉莫·卡达诺
Girolamo Cattaneo	吉罗拉莫·卡塔内奥
Girolamo Righettino	吉罗拉莫·里盖蒂诺
Girolamo Ruscelli	吉罗拉莫·鲁谢利
Girolamo Marafon	吉罗拉莫·马拉丰
Girolamo Muziano	吉罗拉莫·穆齐亚诺
Geminus	吉米努斯
Ginese Bresciani	吉内塞·布雷夏尼
fifth duc de Guise	吉斯公爵五世
Guienne	吉耶纳
Schlaraffenland	极乐世界
Casa da Guiné, Mina e Índias	几内亚、米纳和印度之屋
armazéns da guiné e índia	几内亚和印度仓库
Armazéns da Casa da Guiné e da Índia	几内亚和印度之屋的仓库

词汇原文	中文翻译
Gulf of Guinea	几内亚湾
Casa da Guiné	几内亚之屋
Guillaume Hobit	纪尧姆·奥比
Guillaume Postel	纪尧姆·波斯特尔
Guillaume Delisle	纪尧姆·德利斯勒
Guillaume Duprat	纪尧姆·迪普拉
Guillaume Guéroult	纪尧姆·盖鲁尔
Guillaume Le Testu	纪尧姆·勒泰斯蒂
Guillaume le Vasseur de Beauplan	纪尧姆·勒瓦瑟尔·德博普朗
Guillaume Rouillé	纪尧姆·鲁耶
Tyrol	季罗尔
Prester John	祭司王约翰
Gulfs of Gaeta	加埃塔湾
Gabriel de Valseca	加布里埃尔·德巴尔塞卡
Gabriel Harvey	加布里埃尔·哈维
Gabriel Kaltemarckt	加布里埃尔·卡尔提马克特
Gabriele Paleotti	加布里埃尔·帕莱奥蒂
Gabriel Ⅰ Tavernier	加布里埃尔·塔韦尼耶一世
Gabriele Simeoni	加布里埃尔·西梅奥尼
Cabriello Ughi	加布里埃洛·乌吉
Strait of Gades	加德海峡
Katmandu	加德满都
CÁDIZ	加的斯
Garda	加尔达
Gardigiano	加尔迪贾诺
Carthusian	加尔都西会
Garfagnana	加尔法尼亚纳
Calcutta	加尔各答
Gargano	加尔加诺
GARGANO PROMONTORY	加尔加诺角
Garcia Barrionuevo	加尔恰·巴里奥努埃沃
García Márquez	加尔恰·马克斯
Galvano Fiamma	加尔瓦诺·菲亚马
Galvão	加尔旺
Calvin	加尔文
Calvinist	加尔文派
Garzoni	加尔佐尼
Gago Coutinho	加戈·科蒂尼奥
Garay	加拉伊

词汇原文	中文翻译
Pas-de-Calais	加来海峡
Galeazzo Maria Sforza	加莱亚佐·马里亚·斯福尔扎
Caribbean	加勒比
Caribbean Sea	加勒比海
Galilean	加里利
Garigliano	加里利亚诺
Gallipoli	加利波利
Gulf of California	加利福尼亚湾
Gallicano	加利卡诺
Galilee	加利利
Galicia	加利西亚
Garin	加林
Caroline Islands	加罗林岛
Carolingian	加洛林王朝
Carolingian Aratus	加洛林亚拉图
Monte del Gallo	加洛山
Canary Islands	加那利群岛
Ganado	加纳多
Gaston Bachelard	加斯顿·巴舍拉尔
Gaston d'Orléans	加斯顿·德奥尔良
Gascony	加斯科尼
Gaspard van der Heyden	加斯帕德·范德尔海登
Gaspar Álvares Machado	加斯帕尔·阿尔瓦斯·马沙多
Gaspar Barreiros	加斯帕尔·巴雷罗斯
Gaspar de Bracamonte y Guzmán	加斯帕尔·德布拉卡蒙特—古斯曼
Gaspar de Guzmán	加斯帕尔·德古斯曼
Gaspar de Carvajal	加斯帕尔·德卡瓦哈尔
Gaspar de Lemos	加斯帕尔·德莱莫斯
Gaspar Ferreira Reimão	加斯帕尔·费雷拉·雷芒
Gaspar Corte-Real	加斯帕尔·科尔特–雷亚尔
Gaspar Correia	加斯帕尔·科雷亚
Gaspar Rebelo	加斯帕尔·雷贝洛
Gaspar Viegas	加斯帕尔·维埃加斯
Gasparo Segizzi	加斯帕罗·塞吉兹
Gasparo Tentivo	加斯帕罗·特斯蒂诺
Catalan	加泰罗尼亚
Garcia de Avellande	加西尔恰·德阿韦兰德
Garcilaso de la Vega	加西拉索·德拉维加
Garcia de Resende	加西亚·德雷森迪

词汇原文	中文翻译
García Jofre de Loaysa	加西亚·霍夫雷·德洛艾萨
Gaio	加约
Christie	佳士得
Canaan	迦南
Carthage	迦太基
Dogana delle Pecore	家畜税办公室
Capuchin	嘉布遣会
Cavite	甲米地
Jardine and Brotton	贾丁和布鲁顿
Jafuda Cresques	贾夫达·克莱斯克斯
Giacomo Antonio Biga	贾科莫·安东尼奥·比加
Giacomo Bracelli	贾科莫·布莱斯利
Giacomo Fratini	贾科莫·弗拉蒂尼
Giacomo Franco	贾科莫·佛朗哥
Giacomo Gherardi	贾科莫·盖拉尔迪
Giacomo Gastaldi	贾科莫·加斯塔尔迪
Mr. Giacomo Castaldo	贾科莫·卡斯塔尔多
Giacomo Maggiolo	贾科莫·马焦洛
Giacomo Ponsello	贾科莫·蓬塞洛
Giacomo Stagnone	贾科莫·斯塔尼奥内
Giacomo Soldati	贾科莫·索尔达蒂
Giaglione	贾廖内
Lake Jalpuk	贾浦克湖
Giacinto del Bufalo	贾钦托·德尔布法洛
Giasinto Filippi	贾钦托·菲利皮
Jason Martin	贾森·马丁
Justingen	贾斯汀根
General Francesco Borghese	将军弗朗切斯科·博尔盖塞
Giordano Orsini	焦尔达诺·奥尔西尼
Giordano Bruno	焦尔达诺·布鲁诺
Giordano Ziletti	焦尔达诺·齐莱提
Giorgione	焦尔焦内
Giovan Battista Aleotti	焦万·巴蒂斯塔·阿莱奥蒂
Giovan Francesco Cacherano d'Osasco	焦万·弗朗切斯科·卡舍拉诺·德奥萨斯库
Giovan Francesco Serponte	焦万·弗朗切斯科·塞尔蓬泰
Giovambattista Palatino	焦万巴蒂斯塔·帕拉蒂诺
Duchess Giovanna Battista	焦万娜·巴蒂斯塔公爵夫人
Giovannozzo Giovannozzi	焦万诺佐·焦万诺齐
Giovenale Boetto	焦韦纳莱·博埃托

词汇原文	中文翻译
hippogryph	角鹰兽
Pope Pius Ⅸ	教皇庇护九世
Pope Pius Ⅳ	教皇庇护四世
Pope Gregory ⅩⅢ	教皇格列高利十三世
Patrimonium Sancti Petri	教皇国
Pope Clement ⅩⅡ	教皇克莱门特十二世
Pope Leo Ⅹ	教皇利奥十世
Pope Urban Ⅷ	教皇乌尔班八世
Pope Sylvester Ⅰ	教皇西尔维斯特一世
Pope Alexander Ⅶ	教皇亚历山大七世
Pope John ⅩⅫ	教皇约翰二十二世
Decretals	教令集
Sala dell' Udienza	接见大厅
Maestri delle Strade	街道管理员
Presidenza della Strada	
Jed Woodworth	杰德·伍德沃思
Djerba	杰尔巴
Jeff Bernard	杰夫·贝尔纳德
Geoffrey Parker	杰弗里·帕克
Geoffrey Chaucer	杰弗里·乔瑟
Jack L. Ringer	杰克·L. 林格
Jeremy J. Scott	杰雷米·J. 斯科特
Jericho	杰里科
Gerolamo Baseglio	杰罗拉莫·巴西利奥
Gerolamo Bordoni	杰罗拉莫·博尔多尼
Gerolamo Costo	杰罗拉莫·科斯托
Hieronimo Masarachi	杰罗姆·马萨拉奇
Geronimo Ferra	杰罗尼莫·费拉
Geronimo Canevaro	杰罗尼莫·卡内瓦罗
Sultan Cem	杰姆苏丹
Djenné	杰内
Gesso	杰索
Jay	杰伊
Kimberly J. Krouth	金伯利·J. 克鲁斯
Kimberly Coulter	金伯利·库尔特
Golden Hind	金雌鹿号
Gingerich	金格里奇
Taurus	金牛座
Knigtons Ashe	金斯顿桉树
Quintero	金特罗

词汇原文	中文翻译
Günter Schilder	京特·席尔德
"bureau of longitude"	经度局
Sala dei Nove	九人执政官大厅
Fessa vetus	旧费萨
Vieux Port	旧港
Palazzo Vecchio	旧宫
Old Goa	旧果阿
Old Norse	旧诺斯
Salvation history	救赎史
Cyrus the Great	居鲁士大帝
Sinus Magnus	巨湾
Cancer	巨蟹座
Council of War	军事委员会
Constantinople	君士坦丁堡
Emperor Constantine	君士坦丁大帝
Sala di Costantino	君士坦丁厅
kabbala	喀巴拉
Kara Sea	喀拉海
Caorle	卡奥尔莱
Cabecas	卡贝萨斯
Capodemonte	卡波德蒙蒂
Cabral	卡布拉尔
Cadaval Codex	卡达瓦尔抄本
Cárdiff	卡迪夫
Porto Cardo	卡多港
Carpo	卡尔波
Fossa Calda	卡尔达渠道
Carmine	卡尔米内
Torrione del Carmine	卡尔米内塔
Karpathos	卡尔帕索斯岛
Karpinski	卡尔平斯基
Calçadilha	卡尔扎伊哈
Cafaggiolo	卡法吉奥罗
Caxton	卡克斯顿
Calabria	卡拉布里亚
Calabrian	卡拉布里亚
Carrara	卡拉拉
Karamania	卡拉马尼亚
Callapoda	卡拉帕达

词汇原文	中文翻译
Caraci	卡拉奇
Carruthers	卡拉瑟斯
Karel	卡雷尔
Carena	卡雷纳
Karelia	卡累利阿
Charybdis	卡里布迪斯
Calicut	卡利卡特
Samorin of Calicut	卡利卡特的沙莫林
Calixtus Ⅲ	卡利克斯特斯三世
Calice	卡利切
Caliban	卡利万
Cagliari	卡利亚里
Karen Bianucci Bonick	卡伦·比亚努奇·伯尼克
Karrow	卡罗
Carolina	卡罗来纳
Carolus Bovillus	卡罗勒斯·博韦卢斯
Palazzo della Carovana	卡罗瓦纳宫
carlo emanuele Ⅰ	卡洛·埃马努埃尔一世
Carlo Barberini	卡洛·巴尔贝里尼
Carlo Borromeo	卡洛·博罗梅奥
Carlo da Corte	卡洛·达科尔特
Carlo di Castellamonte	卡洛·迪卡斯特拉蒙特
Carlo Marsuppini Carlo Marsupini	卡洛·马尔苏比尼
Carlo Morello	卡洛·莫雷洛
Carlo Passi	卡洛·帕西
Carlo Celano	卡洛·切拉诺
Carlo Spinola	卡洛·斯皮诺拉
Carlo Theti	卡洛·忒提
Carlo Sigonio	卡洛·西戈尼奥
Carlo Giuseppe Ratti	卡洛·朱塞佩·拉蒂
Caloiero	卡洛尔洛
Carlo Afan de Rivera	卡洛斯·阿凡·德里韦拉
Carlos de Borja y Aragón	卡洛斯·德博尔哈·y. 阿拉贡
Carlos de Sigüenza	卡洛斯·德西根萨
Carlos de Sigüenza y Góngora	卡洛斯·德西根萨·y. 贡戈拉
KALOGEROS ISLET	卡洛耶罗斯岛
Camaldolese	卡马尔多利
Camargue	卡马格
Carmagnola	卡马尼奥拉

词汇原文	中文翻译
Camaiore	卡马约雷
Camillo Leonardi	卡米洛·莱奥纳尔迪
Camillo Sacenti	卡米洛·萨琴蒂
Caminha	卡米尼亚
Porta Camollia	卡莫利亚港
Canale	卡纳莱
Cananeia	卡纳内亚河
Canino	卡尼诺
Capalbio	卡帕尔比奥
Carpentras	卡庞特拉
Capitana	卡皮塔纳
Capitanata	卡皮塔纳塔
Capitoline	卡皮托林
Castelcapuano	卡普阿诺堡
Capuana	卡普安纳门
Caprarola	卡普拉罗拉
Caprona	卡普罗那
Casanova	卡萨诺瓦
Cathay	卡塞
Cacela	卡塞拉
Cassel	卡塞勒
Casentino	卡森蒂诺
Castanheira	卡什塔涅拉
Castile	卡斯蒂尔
Castille	卡斯蒂利亚
Castiglione Arretino	卡斯蒂廖内·阿雷蒂诺
Castiglione Olona	卡斯蒂廖内·奥洛纳
Castiglioni	卡斯蒂廖尼
Cascais	卡斯凯什
Caspar Henneberger	卡斯帕·亨内贝格尔
Caspar Stiblin	卡斯帕·西林
Caspar Dauthendey	卡斯珀·道滕代
Caspar Schwenckfeld	卡斯珀·施文克费尔德
Caspar Vopel	卡斯珀·沃佩尔
Gastaldo	卡斯塔尔多
Castagneto	卡斯塔涅托
Castello	卡斯泰洛
Citta di Castello	卡斯泰洛城
Santa Maria di Castello	卡斯泰洛的圣母修道院

词汇原文	中文翻译
Castela	卡斯特拉
count of Castrillo	卡斯特里略伯爵
Castro	卡斯特罗
Castilian	卡斯提人
Castilian Indies	卡斯提印度
Castor	卡斯托
Cartagena	卡塔赫纳
Catarina	卡塔琳娜
Cattaneo	卡塔内奥
Catania	卡塔尼亚
Caterina	卡泰丽娜
Cattigara	卡提伽腊
Peace of Cateau-Cambrésis	卡托—康布雷西和约
Treaty of Cateau-Cambrésis	卡托—康布雷西条约
Cavalier d'Arpino	卡瓦利耶·达尔皮诺
Carta di Cavallo	卡瓦洛地图
Cavanella	卡瓦内利亚
Cape Carvoeiro	卡武埃鲁角
Cassiodorus	卡西奥多罗斯
Via Cassia	卡西亚大道
Cassiano dal Pozzo	卡西亚诺·达尔波佐
Callao	卡亚俄
Cairo	开罗
Chemnitz	开姆尼茨
Kepler	开普勒
Caius Julius Solinus	凯厄斯·朱利叶斯·索里努斯
Caius Julius Hyginus	凯厄斯·朱利叶斯·伊琪
Cherasco	凯拉斯科
Cerigo	凯里戈岛
Cherubino Alberti	凯鲁比诺·阿尔贝蒂
Queimadas Islands	凯马达岛
Caesare Caesariano	凯撒·卡萨里啱
Promontorio Cesareo	凯撒角
Caesarea	凯撒里亚
Kaiserslautern	凯撒斯劳滕
Catherine	凯瑟琳
Catherine Delano-Smith	凯瑟琳·德拉诺－史密斯
Catherine de' Medici	凯瑟琳·德美第奇
Caitlin Doran	凯特琳·多兰

词汇原文	中文翻译
Casey	凯西
Church Triumphant	凯旋的教会
Caymox	凯耶莫克斯
Campbell	坎贝尔
Gulf of Cambay	坎贝湾
Cumberland	坎伯兰
Cumbria	坎布里亚郡
Candia	坎迪亚
Cantino	坎蒂诺
Cantino map	坎蒂诺地图
Cannae	坎尼
Campeche	坎佩切
Campidoglio	坎皮多利奥
Campiglia Marittima	坎皮利亚·马里蒂马
Campo Maior	坎普马约尔
Cantanara	坎塔纳拉
Canterbury cathedral	坎特伯雷大教堂
Canterbury Saint Augustine	坎特伯雷圣奥古斯丁
Cantone	坎托内
Cambrai	康布雷
League of Cambrai	康布雷联盟
Sinus Codanus	康达努斯海
Congelatum Mare Mare Congelatum	康恩拉土姆海
Konrad Peutinger	康拉德·波伊廷格
Conrad Celtis	康拉德·策尔蒂斯
Cunradus Dasypodius	康拉德·达西波纽斯
Konrad Gesner	康拉德·格斯纳
Conrad Heinfogel	康拉德·海因福格尔
Conrad Roesner	康拉德·勒斯纳
Conrad Lycosthenes	康拉德·利克斯森里斯
Konrad Pellikan	康拉德·派利坎
Conrad Türst	康拉德·图斯特
Cape Comorim	康慕里角
Constance	康斯坦茨
Council of Constance	康斯坦茨会议
Cornwall	康沃尔
Richard of Cornwall	康沃尔的理查德
Kaufman	考夫曼

词汇原文	中文翻译
Cauca	考卡
Cawley	考利
Cauro	考罗
Coenzo	柯恩佐
Corfiote Nikolaos Sophianos	柯菲奥·尼古劳斯·索菲亚诺斯
Kirkstead Abbey	柯克斯台德修道院
John of Königsberg	柯尼斯堡的约翰
Koblenz	科布伦茨
Codazzi	科达齐
Cordevole	科尔代沃莱河
Calder River	科尔德河
Koeman	科尔曼
Cornelis Anthonisz.	科尔内利·安东尼斯
Cornelis de Houtman	科尔内利·德豪特曼
Cornelis de Jode	科尔内利·德约德
Cornelis van Wytfliet	科尔内利·范怀夫列特
Cornelis Claesz.	科尔内利·克拉斯
Cornelis Meyer Mejer, Meijer	科尔内利·迈耶尔
Cornelio Maggiolo	科尔内利奥·马焦洛
Cornelio Ⅱ Maggiolo	科尔内利奥·马焦洛二世
Cornelius Gemma	科尔内留斯·赫马
Cornelius Sutor	科尔内留斯·祖托尔
Colchester	科尔切斯特
Capo Corso	科尔索角
Corte	科尔特
Cortesão	科尔特桑
Cortés de Albacar	科尔特斯·德阿尔瓦卡尔
Corfu	科孚岛
Coquimbo	科金博
Cola di Briatico	科拉·迪布里亚蒂科
Corradino Astengo	科拉迪诺·阿斯滕戈
Passo di Corese	科雷塞山口
Fort Coligny	科利尼要塞
Cape Corrientes	科连特斯角
Cologne	科隆
Galleria Colonna	科隆纳画廊
Coluccio Salutati	科卢乔·萨卢塔蒂
Colorado River	科罗拉多河
Via dei Coronari	科罗纳里大街

词汇原文	中文翻译
Commagene	科马根
Comacchio	科马基奥
Comoros	科摩罗
Como	科莫
Comnenian	科穆宁
Cornia di Suvereto	科尼亚·迪苏韦雷托
Val di Cornia	科尼亚河谷
Copts	科普特人
Korzybski	科日布斯基
Cos	科斯岛
Costa di Arignano	科斯塔·迪阿里尼亚诺
Portrait of Corsica	科西嘉的画像
Cosimo	科西莫
Cosimo Bartoli	科西莫·巴尔托利
Cosimo II de' Medici	科西莫·德美第奇二世
Cosimo III de' Medici	科西莫·德美第奇三世
Duke Cosimo I de' Medici	科西莫·德美第奇一世大公
Cosimo III	科西莫三世
Cochim River	科西姆河
Keuning	科伊宁
Coenraert Decker	科因若特·德克尔
Coimbra	科英布拉
Venerable Bede	可敬的比德
"Guerino Meschino"	可怜的盖兰
Crati	克拉蒂河
Krakow	克拉科夫
Wenceslaus of Cracow	克拉科夫的文策斯劳斯
Clark L. Taber	克拉克·L. 塔伯
Clanio	克拉尼奥河
Clanius	克拉尼乌斯河
Claius	克拉努斯
Claes Janz. Visscher	克拉斯·扬茨·菲斯海尔
Crato	克拉图
Bernard of Clairvaux	克莱尔沃的贝尔纳德
Collechio	克莱基奥
Clément Marot	克莱芒·马罗
Clemente Corsamino d'arbisola	克莱门特·克洛萨米诺·德阿比索拉
Clement VII	克莱门特七世
Sala Clemente VII	克莱门特七世大厅

词汇原文	中文翻译
Clement Ⅳ	克莱门特四世
Collemezzano	克莱门扎诺
Clermont College	克莱蒙特
Cleve	克莱沃
Klein	克莱因
Kronstadt	克朗斯塔特
Claude de Seyssel	克劳德·德塞塞勒
Claude Duchet	克劳德·迪谢
Claude Lévi-Strauss	克劳德·列维－斯特劳斯
Claude Mellan	克劳德·梅朗
Claudio Duchetti	克劳迪奥·杜凯蒂
Claudio Spinola	克劳迪奥·斯皮诺拉
Claudianus	克劳迪斯
CLAUDIUS CLAVUS	克劳迪乌斯·克拉乌斯
Claudius Ptholomeus	克劳迪乌斯·普特霍洛梅乌斯
Claudius Ptolemy	克劳迪乌斯·托勒密
Klausen	克劳森
Chrétien Wechel	克雷蒂安·维切尔
CREMA	克雷马
Cremona	克雷莫纳
Gerard of Cremona	克雷莫纳的赫拉德
Kretschmer	克雷奇默
Crespellano	克雷斯佩拉诺
Crevalcore	克雷瓦尔科雷
Collimitius	克里米提乌斯
Crino	克里诺
Christian Brannstrom	克里斯蒂安·布伦斯特伦
Christiaan van Adrichem	克里斯蒂安·范阿德雷希姆
Christiaan Huygens	克里斯蒂安·惠更斯
Christiaan Sgrooten	克里斯蒂安·斯根顿
Christian Sgrooten	克里斯蒂安·斯根顿
Christian Ⅱ	克里斯蒂安二世
Christianus Adrichomius	克里斯蒂安纳斯·安德里奇纽斯
Christian Ⅳ	克里斯蒂安四世
Christian Ⅰ	克里斯蒂安一世
Christina	克里斯蒂娜
Crisfal	克里斯法尔
Kristen Overbeck Laise	克里斯滕·奥弗贝克·拉伊塞
Christoph Grienberger	克里斯托夫·格雷博格

词汇原文	中文翻译
Christoph Clavius	克里斯托夫·克拉维斯
Christoph Scheiner	克里斯托夫·沙伊纳
Duke Christoph	克里斯托夫公爵
Christopher Columbus	克里斯托弗·哥伦布
Christopher Marlowe	克里斯托弗·马洛
Christopher Saxton	克里斯托弗·萨克斯顿
Christopher Saxton	克里斯托弗·萨克斯顿
Christophe Tassin	克里斯托弗·塔桑
Christoph Trechsler	克里斯托弗·特雷希斯特
Christoph Schissler	克里斯托弗·席斯勒
Christoffel Plantijn	克里斯托弗尔·普朗廷
Cristoforo Buondelmonti	克里斯托福罗·布隆戴蒙提
Cristoforo de Grassi	克里斯托福罗·德格拉西
Cristoforo Landino	克里斯托福罗·兰迪诺
Cristoforo Sabbadino	克里斯托福罗·萨巴迪诺
Cristoforo Sorte	克里斯托福罗·索尔特
Cristóbal de Rojas	克里斯托瓦尔·德罗雅斯
Cristóvão Falcão	克里斯托旺·法尔康
Crete	克里特
Old Man of Crete	克里特的老人
Kritovoulos	克里特沃伦斯
Clio	克利俄
Cluny	克卢尼
Klencke Atlas	克伦克地图集
Croatia	克罗地亚
Crone	克罗内
Cape Cross	克罗斯角
Crotone	克罗托内
Croistolo	克罗伊斯托罗洛
Klosterneuberg	克洛斯特伯格
Klosterneuburg	克洛斯特新堡
Clove islands	克洛韦群岛
Kenneth Nebenzahl	肯尼思·内本察
Kent	肯特
Kensington Palace	肯辛顿宫
Condren	孔德朗
Condé	孔迪
Vila do Conde	孔迪镇
Conflent	孔夫朗

词汇原文	中文翻译
Prince of Conca	孔卡亲王
Consagra	孔萨格拉
William of Conches	孔什的威廉
Kunstmann Ⅱ	孔斯特曼二世
Kunstmann Ⅲ	孔斯特曼三世
Kunstmann Ⅳ	孔斯特曼四世
KUNSTMANN Ⅰ	孔斯特曼一世
Contin	孔廷
Kongzbroo	孔扎布鲁
Cabo Corço	库尔科角
Curaçao	库拉索
Cuma	库马
Cumaná	库马纳
Cuneo	库内奥
Kupfer	库普费尔
Courtrai	库特赖
Kutná Hora	库特纳霍拉
Kuttenberg	库滕贝格
Quondam	库翁达姆
Promontorio della Cornice	框架海角
Guido Ubaldo Monte	奎多·乌巴尔多·蒙特
Guidobaldo del Monte	奎多巴尔度·德尔蒙特
Quirinal	奎里纳尔
Palazzo del Quirinale	奎里纳莱宫
Istituto Querini-Stampalia	奎里尼－斯坦帕利亚研究所
Guinigi	奎尼基
Quintilian	昆体良
Castro Laboreiro	拉博雷鲁堡
Labrador	拉布拉多
Ludgershall	拉德格舍尔
Ladislaus Ⅴ	拉迪斯劳斯五世
Ratti	拉蒂
Ratisbon	拉蒂斯邦
Via Latina	拉丁大道
Latium	拉丁姆
Ralph Agas	拉尔夫·阿加丝
Sir Ralph Lane	拉尔夫·拉内爵士
Lars Skytte	拉尔斯·许特
Raffaele Maffei	拉法埃莱·马费伊

词汇原文	中文翻译
Raffaele Soprani	拉法埃莱·索普拉尼
Raffaellino da Reggio	拉法埃利诺·达雷焦
Raffaello Sanzio	拉法埃洛·圣齐奥
Raphael	拉斐尔
Rafael Dieste	拉斐尔·迪斯特
Lago	拉戈
Rio do Lago	拉戈河
Lagos River	拉各斯河
Ragusa	拉古萨
La Coruña	拉科鲁尼亚
Larache	拉腊什
La Ronciere	拉龙西埃
La Rochelle	拉罗谢尔
Castellamare	拉玛尔堡
La Mancha	拉曼查
Lamego	拉梅古
Ramist	拉米斯主义者
Lane	拉内
Duke Ranuccio I	拉努乔一世大公
La Palma	拉帕尔马
Rapallo	拉帕洛
Lappeggi	拉佩吉
Rio de la Plata	拉普拉塔河
Lapland	拉普兰
Rhaptum Promontorium	拉普塔海角
Lazio	拉齐奥
Lazise	拉齐塞
Radziwill	拉齐维尔
Lacerra	拉切拉
Lazarus	拉萨鲁斯
Lázaro Luís	拉萨罗·路易斯
cliff of La Sapientza	拉萨皮恩察悬崖
Via Lata	拉塔大道
Latour	拉图尔
La Valletta	拉瓦莱塔
La Ciotat	拉西约塔
Rye	拉伊
Leghorn	来航
Leander Albertus	莱安德·阿尔伯塔斯

词汇原文	中文翻译
Leandro Alberti	莱安德罗·阿尔贝蒂
Leon	莱昂
Leon Battista Alberti	莱昂·巴蒂斯塔·阿尔贝蒂
Leonhard Thurneysser	莱昂哈德·特恩内瑟尔
Leonhard Zubler	莱昂哈德·祖伯勒
Leonard Digges	莱昂纳德·迪格斯
Leonardo Bufalini	莱昂纳多·布法利尼
Leonardo Bruni	莱昂纳多·布鲁尼
Leonardo Dati	莱昂纳多·达蒂
Leonardo Qualea	莱昂纳多·夸雷
Leonardo Cernoti	莱昂纳多·切尔诺蒂
Leonardo Turriano	莱昂纳多·图里亚诺
Leonardo Torriani	莱昂纳多·托里亚尼
Leonor	莱昂诺尔
Leo Afer	莱奥·阿费尔
Leo Africanus	莱奥·阿弗里卡纳斯
Leonardo Rombai	莱奥纳多·龙巴伊
Leonida Pindemonte	莱奥尼达·平代蒙泰
Leonora	莱奥诺拉
Leipzig	莱比锡
Leibnitz	莱布尼茨
Leadenhall	莱登霍尔
Leiden	莱顿
Leganés	莱加斯斯
Lerici	莱里奇
Leiria	莱里亚
Lemme	莱梅
count of Lemos	莱莫斯伯爵
Lenaert Terwoort	莱纳茨·特伍德
Lynam	莱纳姆
Lepini Hills	莱皮尼山
Lecceto	莱切托
Lesley B. Cormack	莱斯利·B. 科马克
Leisnig	莱斯尼希
earl of Leicester	莱斯特伯爵
Lestringant	莱斯特兰冈
Lesbos	莱斯沃斯
The Madonna of the Letter	莱特的马东纳
Levanto	莱万托

词汇原文	中文翻译
Lessini Hills	莱西尼山
Lech	莱希河
Rhine	莱茵
Rheinberg	莱茵贝格
Count Palatine bei Rhein	莱茵河畔的巴拉丁伯爵
Ryder	赖德
Reiner Gemma	赖纳·赫马
Reiner Gemma Frisius	赖纳·赫马·弗里修斯
Reichenbach	赖兴巴赫
Lambert	兰伯特
Lambert Andreae	兰伯特·安德烈
Landshut	兰茨胡特
Randles	兰德尔斯
Landi	兰迪
Landino	兰迪诺
Landau	兰多
Lanman	兰曼
Lanzarote	兰萨罗特
Reims	兰斯
Ransburg	兰斯堡
Notre Dame de Reims	兰斯的圣母
LANTERNA	兰泰尔纳
Blue Nile	蓝尼罗河
Languedoc	朗格多克
Lloyd Triestino	劳埃德·的里雅斯特
Terra di Lavoro	劳动之乡
Lady Laudomia Forteguerri	劳多米亚·福尔泰圭里夫人
Laura	劳拉
Laurentius Corvinus	劳伦丘斯·科菲努斯
Laurentius Lomelinus Sorba	劳伦丘斯·罗姆利奴斯·索尔巴
Laurence Nowell	劳伦斯·诺埃尔
Raisz	劳伊斯
Bartolomeu Velho	老巴托洛梅乌
Peter Bruegel the Elder	老彼得·布吕格尔
Diogo Velho	老迪奥戈
Falcognani Vecchi	老法尔科尼亚尼
Cosimo the Elder	老科西莫
Cosimo de' Medici the elder	老科西莫·德美第奇
Christoph Trechsler the Elder	老克里斯托夫·特雷希斯特

词汇原文	中文翻译
PONTIROLO VECCHIO	老蓬蒂罗洛
Old Winchelsea	老温切尔西
GIUSEPPE DE ROSSI the Elder	老朱塞佩·德罗西
Le Havre	勒阿弗尔
Lepanto	勒班陀
Griffones	勒格里丰
Legarte	勒咖特
Leclercs	勒克莱尔
Le Roy Ladurie	勒罗伊·拉迪里
Le Maire Strait	勒梅尔海峡
René II	勒内二世
Le Cerbaie	勒瑟拜
Röst	勒斯特岛
Luttrell	勒特雷尔
reales	雷阿尔
Red Cape	雷德角
Redon	雷东
Magister Reinhardus	雷恩哈斯先生
Regensburg	雷根斯堡
Regiomontanus	雷吉奥蒙塔努斯
Reggio	雷焦
Reggio Emilia	雷焦艾米利亚
Remigius Hogenberg	雷米吉乌斯·霍根贝格
Ranulf Higden	雷纳夫·希格登
Reyner Wolfe	雷内尔·沃尔夫
René d'Anjou	雷涅·德安茹
René Goulaine de Laudonnière	雷涅·古莱纳·德劳多尼尔
Reno	雷诺
Reinaut Barthollomiu de Ferrieros	雷诺特·巴托洛缪·德费列罗
Reparaz Ruiz	雷帕拉斯·鲁伊斯
Reparaz-Ruiz	雷帕拉斯·鲁伊斯
Revelli	雷韦利
REVELLO	雷韦洛
Reais	雷亚尔
Alcalá la Real	雷亚尔堡
Levante（Levant）	黎凡特
Richelieu	黎塞留
Livy	李维
Needham	李约瑟

词汇原文	中文翻译
Lyons	里昂
Ribatejo	里巴特茹
Ribeira das Naus	里贝拉－达什纳斯
Ripoli	里波利
Ribe	里伯
Alain of Lille	里尔的阿兰
Rigobert Bonne	里戈贝尔·博恩
Caspian Sea	里海
Riccardiana	里卡迪
Ricardo Carr	里卡多·卡尔
Ricardo Cerezo Martínez	里卡多·塞雷索·马丁内斯
Riccardi	里卡尔迪
Rico	里科
Puerto Rico	里科港
Rickenbach	里肯巴赫
lire	里拉
Rimini	里米尼
Ripafatta	里帕法塔
Palazzo Ricci	里奇宫
Prince della Riccia	里恰亲王
reis	里斯
Lisbon	里斯本
Sociedade de Geografia de Lisboa	里斯本地理学会
Livorno	里窝那
Rialto	里亚尔托
Rio de Janeiro	里约热内卢
Richard B. Arkway	理查德·B. 阿克维
Richard L. Kagan	理查德·L. 卡甘
Richard Benese	理查德·伯尼斯
Richard Brome	理查德·布罗姆
Richard Hakluyt	理查德·哈克卢特
Richard Haydocke	理查德·海多克
Richard Madox	理查德·马多克斯
Richard Mulcaster	理查德·马卡斯特
Richard Knolles	理查德·诺尔斯
Richard Pace	理查德·佩斯
Sir Richard Sackvill	理查德·萨克维尔爵士
Richard Surflet	理查德·苏雷特
Richard Tottill	理查德·托希尔

词汇原文	中文翻译
Richard Worthington	理查德·沃辛顿
Richard Ⅰ and Philip Ⅱ	理查德一世和菲利普二世
Lithuania	立陶宛
Livonia	立窝尼亚
Buen Retiro	丽池公园
Libyan	利比亚
Lear	利尔
Liguria	利古里亚
dux Ligurum	利古里亚的领导者
Ligurian Sea	利古里亚海
Rica de Oro	利卡·德奥多
Rica de Plata	利卡·德普拉塔
Lima	利马
Matteo Ricci	利玛窦
Lemnos	利姆诺斯岛
Limousin	利穆赞
Lignon	利尼翁
the count of Linhares	利尼亚里什伯爵
Lippe River	利珀河
Lippstadt	利普施塔特
Levi ben Gerson	利维·本格尔松
Livio Sanuto	利维奥·萨努托
Llabrés	利亚夫雷斯
Palacio de Liria	利亚里宫
Liam Brockey	利亚姆·布鲁克伊
Lizuarte de Abreu	利祖拉特·德阿布雷乌
Lisa Saywell	莉萨·塞韦尔
rione of Campo Marzio	练兵场区
Two Sicilies	两西西里
Lionello d'Este	廖内洛·德斯特
Leonardo da Vinci	列奥纳多·达芬奇
Diocese of Rieti	列蒂主教辖区
Liège	列格
Riera i Sans	列拉·桑斯
Liechtenstein	列支敦士登
Orion nebula	猎户星云
Orion	猎户座
Limburg	林堡
Linz	林茨

词汇原文	中文翻译
Lindberg	林德伯格
Ringhtons Ashe	林顿梣树
Lindoso Castle	林多苏城堡
Lindgren	林格伦
Lienhart Holl	林哈特·赫尔
Lincolnshire	林肯郡
Linda Halvorson	琳达·霍尔沃森
Santa Maria dell'Anima	灵魂圣母
Devotional Book	灵修书
Rhombus	菱形座
Palazzo della Signoria	领主宫
Ronciglione	龙奇廖内
Longone	隆戈内
Ludius	卢底乌斯
Ludovico Buti	卢多维科·布蒂
Ludovico della Spina	卢多维科·德拉斯皮纳
Ludovico degli Uberti	卢多维科·德利乌贝蒂
Ludovico Giorgio	卢多维科·乔治
Ludovico I	卢多维科一世
Ludovicus de Angulo	卢多维克斯·德安古洛
Louvre	卢浮宫
Luca Gaurico	卢卡·高里科
Luca Massimi	卢卡·马西米
Luca Pacioli	卢卡·帕乔利
Republic of Lucca	卢卡共和国
Lucas Vázquez de Ayllón	卢卡斯·巴斯克斯·德艾利翁
Lucas Brunn	卢卡斯·布鲁恩
Lucas de Quirós	卢卡斯·德基罗斯
Lucas Vorsterman	卢卡斯·福斯特曼斯
lucas Holstein	卢卡斯·荷尔斯泰因
Lucas Cranach	卢卡斯·克拉纳赫
Lucas Jansz. Waghenaer; Lucas Jansz. Waghenaar	卢卡斯·扬斯宗·瓦格纳
Luc Antonio degli Uberti	卢克·安东尼奥·德利乌贝蒂
Luke Fox	卢克·福克斯
Lucretius	卢克莱提乌斯
Lucan	卢肯
Porta della Lugnola	卢尼奥拉门
Lunigiana	卢尼贾纳
Luperzio Arbizu	卢佩祖奥·阿维苏

词汇原文	中文翻译
Luperzio de Arbizu	卢佩祖奥·德阿维苏
Lucian	卢奇安
Lucilio Maggi	卢奇利奥·马吉
Luxembourg	卢森堡
Loire	卢瓦尔
Louvain	卢万
Lucien Gallois	卢西恩·加卢瓦
Lusitanian	卢西塔尼亚
Lucia Sforza	卢西亚·斯福尔扎
Luciano Pereira da Silva	卢西亚诺·佩雷拉·达席尔瓦
Rouen	鲁昂
Rubaconte	鲁巴孔泰
Rubicon	鲁比肯河
Robinson	鲁滨逊
Rudolf Ⅱ	鲁道夫二世
Rudophine Tables	鲁德菲表
Rutilio Manetti	鲁蒂略·马内蒂
Rufach	鲁法奇
Ruge	鲁格
Ruggiero	鲁杰罗
Roeland Bollaert	鲁兰德·博拉特
Rumoldus Mercator	鲁莫尔德斯·墨卡托
Rupelmonde	鲁佩尔蒙德
Ruprecht Kolberger	鲁普雷希特·科尔贝格
Roussillon	鲁西永
Rui Ruy, Rodrigo Faleiro	鲁伊 罗德里戈 ·法莱罗
Rui Faleiro	鲁伊·法莱罗
Ruy González de Clavijo	鲁伊·冈萨雷斯·德克拉维霍
Rotterdam	鹿特丹
Lutheran	路德教会
Lutheranism	路德教派
Lutheran League	路德联盟
Louis Ⅱ	路易二世
Luigi Ferdinando Marsigli（Marsili、Marsilio）	路易吉·费迪南多·马尔西利
Luigi Rodriguez	路易吉·罗德里格斯
Louis ⅩⅢ	路易十三
Louis ⅩⅣ	路易十四
Louis ⅩⅠ	路易十一
Luis Bravo de Acuna	路易斯·布拉沃·德阿库尼亚

词汇原文	中文翻译
Louis Boulengier	路易斯·布朗吉耶
Luís de Albuquerque	路易斯·德阿尔布开克
Luís de Ataíde	路易斯·德阿泰德
Luís de Figueiredo Falcão	路易斯·德菲格雷多·法尔康
Luis de Góngora	路易斯·德贡戈拉
Luís de Camões	路易斯·德卡莫斯
Louis de Mayerne Turquet	路易斯·德梅宴尼·蒂尔凯
Louis de Valetault	路易斯·德瓦雷托
Luís de Vasconcelos e Sousa	路易斯·德瓦斯康塞洛斯·索萨
Luís Jorge de Barbuda	路易斯·豪尔赫·德巴尔布达
Luis Carducci	路易斯·卡尔杜奇
Louis Marin	路易斯·马丁
Luís Manrique	路易斯·曼里克
Luís Mendes de Vasconcelos	路易斯·门德斯·德瓦斯康塞洛斯
Luis Jorge	路易斯·若热
Luís Serrão Pimentel	路易斯·塞朗·皮门特尔
Luís Teixeira	路易斯·特谢拉
Luis Váez de Torres	路易斯·瓦埃兹·德托雷斯
Luis Hurtado de Toledo	路易斯·乌尔塔多·德托莱多
Louisiana	路易斯安那
Prince Luís	路易斯王子
Lombardy	伦巴第
Longobard Lombard	伦巴第人
Rembertus Dodonaeus	伦贝特努斯·多多纳斯
Treaty of London	伦敦条约
Roanoke episode	罗阿诺克故事
Robert A. Highbarger	罗伯特·A. 海伊巴格
Robert W. Karrow	罗伯特·W. 卡罗
Robertus Anglicus	罗伯特·艾利克斯
Robert Burton	罗伯特·伯顿
Robert Brentano	罗伯特·布伦塔诺
Robert Dudley	罗伯特·达德利
Robert Devereux	罗伯特·德弗罗
Robert Fludd	罗伯特·弗拉德
Robert Herrick	罗伯特·赫里克
Robert Cavelier de La Salle	罗伯特·卡弗利耶·德拉萨莱
Robert Karrow	罗伯特·卡罗
Sir Robert Cotton	罗伯特·科顿爵士
Robert Lythe	罗伯特·莱思

词汇原文	中文翻译
Robert Recorde	罗伯特·雷科德
Robert Norton	罗伯特·诺顿
Robert Tindall	罗伯特·廷德尔
Robert Williams	罗伯特·威廉
Robert Vaughan	罗伯特·沃恩
Robert Hues	罗伯特·休斯
Roberto Almagià	罗伯托·阿尔马贾
Rhodes	罗得岛
Rodrigo de Bastidas	罗德里戈·德巴斯蒂达
Rodrigo Zamorano	罗德里戈·萨莫拉诺
Rodney W. Shirley	罗德尼·W. 雪利
Lofoten	罗弗敦群岛
Rutgert Christoffel Alberts	罗格特·克里斯托弗尔·阿尔贝茨
Roger J. P. Kain	罗杰·J. P. 凯恩
Roger Ascham	罗杰·阿沙姆
Roger Bacon	罗杰·培根
Cabo da Roca	罗卡角
Rocco Dalolmo	罗科·达洛尔莫
Rocco Cappellino	罗科·卡佩利诺
Rolandino	罗兰迪诺
"Historiarum ab inclinatione Romanorum imperii Decades"	罗马帝国衰亡史
Spiaggia Romana	罗马海滩
Curia	罗马教廷
Romania	罗马尼亚
Roman Campagna	罗马农村
PIAZZA COLLEGIO ROMANO	罗马学院广场
Rhone（Rhône）	罗讷
Rose Barr	罗塞·巴尔
Rosselló Verger	罗塞略·贝赫尔
Rossetto	罗塞托
Roskilde	罗斯基勒
Rostock	罗斯托克
Rosso Fiorentino	罗索·菲奥伦蒂诺
Cabo Rosso	罗索角
Rovigo	罗维戈
Roviasca	罗维亚斯卡
Val Roza	罗扎沼泽
Roz Woodward	罗兹·伍德沃德
Lobanov Rostovski	洛巴诺夫·罗斯托夫斯基

词汇原文	中文翻译
Lopo Homem	洛波·奥梅姆
Lopo Soares de Albergaria	洛波·苏亚雷斯·德阿尔贝加里亚
Lotz	洛茨
Lodovico Ariosto	洛多维科·阿廖斯托
Lodovico Avanzi	洛多维科·阿万齐
Lodovico Antonio Muratori	洛多维科·安东尼奥·穆拉托里
Lodovico degli Arrighi	洛多维科·德利阿里吉
Lodovico Guicciardini	洛多维科·圭恰迪尼
Loor	洛尔
Lorvão	洛尔旺
Laurent Bremond	洛朗·布雷蒙
Loureiro	洛雷罗
Lotharingen	洛林
Lorenz Behaim	洛伦茨·贝海姆
Lorenz Fries	洛伦茨·弗里斯
Lourenço de Anveres	洛伦索·德安韦尔斯
Lourenço Pires de Távora	洛伦索·皮雷斯·德塔沃拉
Lourenço Skytte	洛伦索·许特
Lorenzo Bonincontri	洛伦佐·博宁孔特里
Lorenzo de la Vaccherie	洛伦佐·德拉瓦凯里耶
Lorenzo della Volpaia	洛伦佐·德拉沃尔帕亚
Lorenzo de' Medici	洛伦佐·德美第奇
Lorenzo di Pierfrancesco de' Medici	洛伦佐·迪皮耶尔弗兰切斯科·德美第奇
LORENZO FILIPPO	洛伦佐·菲利波
Lorenzo Cravenna	洛伦佐·格拉文纳
Lorenzo Ghiberti	洛伦佐·吉贝尔蒂
Lorenzo Lotto	洛伦佐·洛托
Lorenzo Sabatini	洛伦佐·萨巴蒂尼
Lorenzo Tarabotto	洛伦佐·塔拉博托
Lorenzo Valla	洛伦佐·瓦拉
Lonato	洛纳托
Launay	洛奈
Lope de Vega	洛佩·德维加
Lübeck	吕贝克
Rüegg	吕格
Rücker	吕克尔
Dionysius Periegetes	旅行者狄奥尼修斯
Canal Maestro	马埃斯特罗运河
Madagascar	马达加斯加

词汇原文	中文翻译
Maddaloni	马达洛尼
Madaba	马代巴
Madeira	马德拉群岛
Madeleine de Scudéry	马德莱娜·德斯库代里
Madrid	马德里
Colegio Imperial de Madrid	马德里帝国学院
Treaty of Madrid	马德里条约
Martim Afonso de Sousa	马蒂姆·阿丰索·德索萨
Martino Rota	马蒂诺·罗塔
Matthias Flacius Illyricus	马蒂亚斯·弗拉齐乌斯·伊利里库斯
Matthias Corvinus	马蒂亚斯·科菲努斯
Matthias Quad	马蒂亚斯·夸德
Matthias Ringmann	马蒂亚斯·林曼
Matthias Strubicz	马蒂亚斯·斯特鲁比茨
Martín Alonso Pinzón	马丁·阿隆索·平松
Martin Bylica	马丁·拜利卡
Martin Behaim	马丁·贝海姆
Martin de Echagaray	马丁·德埃查加赖
Martín Fernández de Enciso	马丁·费尔南德斯·德恩西索
Martin Frobisher	马丁·弗罗比舍
Martin Helwig	马丁·黑尔维希
Martín Cortés	马丁·科尔特斯
Martin Luther	马丁·路德
Martin Pring	马丁·普林
Martin Waldseemüller	马丁·瓦尔德泽米勒
Martini	马丁尼
Martin V	马丁五世
Marburg	马尔堡
Mardyck	马尔代克
Marga	马尔加
Margariti	马尔加里蒂
Marches	马尔凯
Marcantonio Colonna	马尔坎托尼奥·科隆纳
Marcantonio Raimondi	马尔坎托尼奥·拉伊蒙迪
Marco Beneventano	马尔科·贝内文塔诺
Marco Boschini	马尔科·博斯基尼
Marco Dente	马尔科·登特
Marco Fassoi	马尔科·汰索
Marcolini	马尔科利尼

词汇原文	中文翻译
Marmirolo	马尔米罗洛
Palazzo di Marmirolo	马尔米罗洛宫
Marsala	马尔萨拉
procedure of marteloio	马尔泰罗奥规则
Marsilio Ficino	马尔西利奥·菲奇诺
Marche	马尔谢
Malta	马耳他
Order of Malta	马耳他骑士团
Cross of Malta	马耳他十字架
Malvolio	马伏里奥
Margo Kleinfeld	马戈·克莱因菲尔德
Magdalena	马格达莱纳
Magdeburg	马格德堡
Magra	马格拉
river Magra	马格拉河
Majorca	马霍卡岛
Machiavel	马基雅维利
Piazza Maggiore	马焦雷广场
Caldana di Campiglia Marittima	马卡尔达纳·迪坎皮利亚·马里蒂马
Maccarese	马卡雷塞
Maccagni	马卡尼
Marcos Orozco	马科斯·奥罗斯科
Marcos Fernandes Teixeira	马科斯·费尔南德斯·特谢拉
Marco Antonio Botti	马可·安东尼奥·博蒂
Marco Antonio Pasi	马可·安东尼奥·帕西
Marco Polo	马可·波罗
Marco Ferrante Gerlassa	马可·费兰特·杰尔拉萨
Marco Foscari	马可·福斯卡里
Macoir-Bailly	马可伊－巴伊
Marc'Antonio	马克·安东尼奥
Marc-Antoine Muret	马克－安托万·米雷
Macrobius	马克罗比乌斯
Marques	马克斯
Max Justo Guedes	马克斯·茹斯托·格德斯
Maximilien de Béthune	马克西米利安·德贝蒂讷
Maximilian Ⅱ	马克西米利安二世
Emperor Maximilian	马克西米利安皇帝
Maximilian Ⅰ	马克西米利安一世
Maximinus	马克西米努斯

词汇原文	中文翻译
Marcus Manilius	马库斯·马尼留
Marcus Terentius Varro	马库斯·特伦修斯·瓦罗
Mara	马拉
Malabar	马拉巴尔
Marafon	马拉丰
Lake Maracaibo	马拉开波湖
Maranhão	马拉尼昂
maravedis	马拉维迪斯
Malay Peninsula	马来群岛
Universidad de Mareantes	马雷安特斯大学
Maremma	马雷马
Magona del Ferro	马雷马地区的铸铁厂
Mali	马里
Mario Cartaro	马里奥·卡塔罗
Mario Sisco	马里奥·西斯科
Marika Brouwer	马里卡·布劳沃
Valle Marina	马里纳河谷
Marignano	马里尼亚诺
marquis of Marignano	马里尼亚诺侯爵
Marino	马里诺
Marino Sanudo	马里诺·萨努托
Marino Sanuto	马里诺·萨努托
Mariola de Salvo	马丽奥拉·德萨尔沃
Castro Marim	马林堡
Malindi	马林迪
Malacca	马六甲
Majorcan	马略卡
Palma de Mallorca	马略卡岛帕尔马
Mamiamo	马米亚莫
Mani	马尼
Manicongo	马尼孔戈
Manila	马尼拉
Magnaghi	马尼亚吉
Manuele Grisolora	马努埃莱·格里索罗拉
Manuello Crisolora	马努埃洛·克里索罗拉
Manoel de Almeida	马诺埃尔·德阿尔梅达
Mazzi	马齐
Duchy of Massa and Carrara	马萨和卡拉拉公国
Massa Carrara	马萨－卡拉拉

词汇原文	中文翻译
Masaglia	马萨利亚
Masaccio	马萨乔
Mesewa	马萨瓦
Masetti Zannini	马塞蒂·赞尼尼
Marcel	马塞尔
Marseille	马赛
Province of the Mass	马斯省
Masolino da Panicale	马索利诺·达帕尼卡莱
Matteo Bandello	马泰奥·班戴洛
Matteo de' Pasti	马泰奥·德帕斯蒂
Matteo di Capua	马泰奥·迪卡普阿
Matteo Florimi	马泰奥·弗洛里米
MATTEO GREGORIO	马泰奥·格雷戈里奥
Matteo Gastaldi	马泰奥·加斯塔尔迪
Matteo Maria Boiardo	马泰奥·玛丽亚·博亚尔多
Matteo Palmieri	马泰奥·帕尔米耶里
matteo pagano	马泰奥·帕加诺
Matteo Prunes	马泰奥·普鲁内斯
Mateo Alemán	马特奥·阿莱曼
Mateo Griusco	马特奥·格吕斯科
Matheus Pinheiro	马特乌斯·皮涅罗
Mattheus Bril	马托伊斯·布里尔
Matthäus Merian	马托伊斯·梅里安
Marsiliana	马西利亚纳
Massimi	马西米
Massimo Quaini	马西莫·夸伊尼
Matthew Edney	马修·埃德尼
Matthew Paris	马修·帕里斯
Mayans	马扬斯
Mayenne	马耶纳
Maina	马伊纳
Major	马约尔
Mazzorbo	马佐尔博
Marta	玛尔塔
Martha White	玛尔塔·怀特
Magdalen Hall	玛格达伦厅
Margarita	玛格丽塔
Marguerite de Navarre	玛格丽特·德纳瓦尔
Margie Towery	玛吉·托尔里

词汇原文	中文翻译
Mary Magdalene	玛丽·玛格达莱妮
Mary Pedley	玛丽·佩德利
María Luisa Martín-Merás	玛丽亚·路易莎·马丁－梅拉斯
Mariandyni	玛利安杜尼亚
Maria Emília Santos	玛利亚·埃米莉亚·桑托斯
Maria Fernanda Alegria	玛利亚·费尔南达·阿莱格里亚
Maria Slocum	玛利亚·斯洛克姆
Marmarica	迈尔迈里卡
Miles Coverdale	迈尔斯·科弗代尔
Michael Drayton	迈克尔·德雷顿
Michael Florent van Langren	迈克尔·弗洛朗·范朗格恩
Michael Lok	迈克尔·洛克
Michael Mästlin	迈克尔·马瑟琳
Michael Maier	迈克尔·迈尔
Michael Maestlin	迈克尔·梅斯特林
Michael Scot	迈克尔·斯科特
Maître Joao	迈特雷·若昂
Madison	麦迪逊
Mecca	麦加
Forest of Macclesfield	麦克尔斯菲尔德森林
Maginus	麦琪纳斯
STRAIT OF MAGELLAN	麦哲伦海峡
Magellanic Clouds	麦哲伦星云
Gulf of Manfredonia	曼弗雷多尼亚湾
Mangani	曼加尼
Manuel Barbosa	曼努埃尔·巴尔博萨
Manuel de Orozco	曼努埃尔·德奥罗斯科
Manuel de Figueiredo	曼努埃尔·德菲格雷多
MANUEL DE MESQUITA PERESTRELO	曼努埃尔·德梅斯基塔·佩雷斯特雷洛
Manuel Godinho de Erédia	曼努埃尔·戈迪尼奥·德埃雷迪亚
Manuel Monteiro	曼努埃尔·蒙泰罗
Manuel Pimentel	曼努埃尔·皮门特尔
Manuel Chrysoloras	曼努埃尔·索洛拉斯
Manuel Ⅰ	曼努埃尔一世
Mansfeld	曼斯费尔德
Munster	曼斯特
Mantua	曼图亚
Congress of Mantua	曼图亚大会
Duchy of Mantova	曼托瓦公国

词汇原文	中文翻译
Mount Olivet	芒特奥利韦特
Modon	毛登
Prince Maurits	毛里茨王子
Mauritania	毛里塔尼亚
Mearim	梅阿林河
Duke of Medinaceli	梅迪纳塞利公爵
Medicina	梅迪奇纳
Melchior Álvaro de Santa Cruz	梅尔基奥尔·阿尔瓦罗·德圣克鲁斯
Melchior Estácio do Amaral	梅尔基奥尔·埃斯塔西奥·多阿马拉尔
Melchior Ayrer	梅尔基奥尔·艾雷尔
Melchior Tavernier	梅尔基奥尔·塔韦尼耶
Melchior Ⅱ Tavernier	梅尔基奥尔·塔韦尼耶二世
Melchior Ⅰ	梅尔基奥尔一世
Melchiorre Delfico	梅尔基奥雷·德尔菲科
Mergellina	梅尔杰利纳
Melk	梅尔克
Merk	梅尔克河
Merzaria	梅尔扎里亚
Mechelen	梅赫伦
Castelo Melhor	梅霍尔堡
Mecklenburg- Schwerin	梅克伦堡 – 什末林
Mynken Liefrinck	梅肯·利弗里尼克
Sala della Meridiana	梅里迪亚纳大厅
Meric Casaubon	梅里奇·卡索邦
Melli	梅利
Melion	梅利翁
Meroë	梅罗伊
Menago River	梅纳戈河
Minorca	梅诺卡岛
Messer Manuel	梅塞尔·曼纽尔
Messer Palla	梅塞尔·帕拉
Metz	梅斯
Mestre António	梅斯特雷·安东尼奥
Mestre Rodrigo	梅斯特雷·罗德里戈
Mestre Jácome de Mallorca	梅斯特雷·雅科梅·德马略卡
Metapontum	梅塔蓬图姆
Meltauro	梅陶罗
Metten	梅滕
Henry of Mainz or Sawley	梅因兹或索雷的亨利

词汇原文	中文翻译
Mezzano Rondani	梅扎诺·龙达尼
Coalsack nebula	煤袋星云
Medici	美第奇
Medici villa	美第奇别墅
Belvedere Gallery	美景画廊
Belvedere Hill	美景山
Mercedarian	美塞苔斯
Mesopotami	美索不达米亚
Frankfurt am Main	美因河畔法兰克福
Mendoza	门多萨
Mensola	门索拉
Mombasa	蒙巴萨
Friar Nicolo Guidalotti of Mondavio	蒙达维奥的修道士尼科洛·圭达洛蒂
Mondego	蒙德古河
Maunder Minimum	蒙德极小期
Battle of Montijo	蒙蒂茹战役
Mondovi	蒙多维
Montferrat	蒙费拉
Monferrato	蒙费拉托
War of Monferrat	蒙费拉托战争
Montcontour	蒙贡杜尔
Montmorency	蒙莫朗西
Montgenèvre	蒙热内夫尔山口
Monsaraz	蒙萨拉斯
Montalbano	蒙塔尔巴诺
Montereale	蒙泰雷阿莱
Monterotondo	蒙泰罗通多
Montello	蒙泰洛
Montepulciano	蒙泰普尔恰诺
Montebelluna	蒙特贝卢纳
Montemayor de Cuenca	蒙特马约尔·德昆卡
Montemignaio	蒙特米尼亚约
Montjuic	蒙锥克
Monjovet	蒙祖维
Bay of Bengal	孟加拉湾
Middlesex	米德尔塞克斯
MYTILENE	米蒂利尼
Meer	米尔
Miguel de Madrigal	米格尔·德马德里加尔

词汇原文	中文翻译
Miguel de Cervantes	米格尔·德塞万提斯
Miguel Corte-Real	米格尔·科尔特 – 雷亚尔
Miguel Servet	米格尔·塞尔韦特
Michaelangelo	米开朗基罗
Michele Antonio Baudrand	米凯莱·安东尼奥·博德朗
Michele de Cuneo	米凯莱·德库内奥
Michele de la Cacia	米凯莱·德拉卡恰
Michele Ciocchi	米凯莱·乔基
Michele Sammicheli	米凯莱·萨米凯利
Michele Tramezzino	米凯莱·特拉梅齐诺
Michelangelo	米凯兰杰洛
Michelangelo di Pagnolo	米凯兰杰洛·迪帕诺罗
Michelangelo Morello	米凯兰杰洛·莫雷洛
Mickwitz	米克维茨
Merula	米拉
Milanesi	米拉内西
Milan	米兰
count of Miranda	米兰达伯爵
Miletus	米利都
Milo	米洛
Melos	米洛斯岛
Casa da Mina	米纳之屋
Minerbio	米内尔比奥
Minerva	米内尔娃
MINHO	米尼奥
Miniato Pitti	米尼亚托·皮蒂
Mechouacan	米却肯
MISSAGLIA	米萨利亚
Mees	米斯
Mistra	米斯特拉
Misiti	米西蒂
Michel de Montaigne	米歇尔·德蒙泰涅
Michel de Certeau	米歇尔·德塞尔托
Michel Foucault	米歇尔·富科
Michel Lescolle	米歇尔·莱斯科勒
Michel Jobé	米歇尔·若贝
Miekkavaara	米耶卡瓦拉
Peru	秘鲁
chancery hand	秘书体

词汇原文	中文翻译
Mississippi River	密西西比河
Mindanao	棉兰老
University of Minnesota	明尼苏达大学
Mincio River	明乔河
Mountains of the Moon	明月山脉
Modena	摩德纳
Moor	摩尔人
Moluccas	摩鹿加群岛
Morocco	摩洛哥
Monaco	摩纳哥
Mosaic	摩西
PENTATEUCH	摩西五经
Moselle	摩泽尔
Capricorn	磨羯座
The Domesday Book	末日审判书
Modestino	莫代斯蒂诺
"modum zone"	莫迪姆带
Molfetta	莫尔费塔
Mole River	莫尔河
Morpin	莫尔潘
Mogor	莫戈尔
Mohacs	莫哈奇
Moravia	莫拉维亚
Maurice Bouguereau	莫里斯·布格罗
Molise	莫利塞区
Molo	莫洛
Monachus Portus	莫纳库斯港
Monetarius	莫奈陶里乌什
Monica G. Fitzgerald	莫妮卡·G. 菲茨杰拉德
Monomotapa	莫诺莫塔帕
Mozambique	莫桑比克
Bay of Mozambique	莫桑比克湾
Muscovy	莫斯科大公国
Muscovy Company	莫斯科公司
Mughal	莫卧儿
Meurer	莫伊雷尔
Moyses	莫伊塞斯
Mercury	墨丘利
Methone	墨托涅

词汇原文	中文翻译
Magellanica	墨瓦腊泥加
Mexico City	墨西哥城
Royal University of Mexico	墨西哥皇家大学
Gulf of Mexico	墨西哥湾
Messina	墨西拿
Meuse	默斯河
Boötes	牧夫座
priest Fernand Martins	牧师费尔南德·马丁斯
Munich Wehrkreisbücherei	慕尼黑军事图书馆
Murfuli	穆尔富力
Mehmed II	穆罕默德二世
Muradi	穆拉迪
Murano	穆拉诺
Chateau de Moulins	穆兰城堡
Mullisheg	穆利克
Mugnone	穆尼奥内溪流
Napoleonic	拿破仑
Naples	那不勒斯
Zuane di Napoli	那不勒斯的祖阿尼
Narbonne	纳博讷
Narni	纳尔尼
Najera	纳赫拉
Naxos	纳克索斯岛
Gregory of Nazianzus	纳齐昂的格列高利
Saint Gregory of Nazianzus	纳齐昂的圣格列高利
Nathaniel Bacon	纳撒尼尔·培根
Natal	纳塔尔
Natale Bonifacio	纳塔莱·博尼法乔
Natalis Comes	纳塔利斯·科梅斯
Nahua	纳瓦
Collège de Navarre	纳瓦拉学院
Navarino	纳瓦里诺
Piazza Navona	纳沃纳广场
Subalpine	南阿尔卑斯
Principato Ultra	南部公国
Argo	南船座
Terra Australa	南方大陆
South Carolina	南卡罗来纳
Triangulus Antarcticus Triangulum Australe	南三角座

词汇原文	中文翻译
Crux	南十字座
Yugoslavia	南斯拉夫
Nancy Bouzrara	南希·布扎拉
Nancy	南锡
Nebbio	内比奥
Cabo Negro	内格罗角
Negros	内格罗斯
Nemesis	内梅西
Netherlands	尼德兰
Seven United Provinces United Provinces of the Netherlands	尼德兰七省联合共和国
Netherlands Antilles	尼德兰所属安的列斯群岛
Cnidus	尼多斯
Neil Safier	尼尔·萨菲尔
Nicola Antonio Stigliola	尼古拉·安东尼奥·斯蒂利奥拉
Nicolas Barbier	尼古拉斯·巴尔比
NICOLAS BARRÉ	尼古拉斯·巴雷
Nicholas Breton	尼古拉斯·布雷顿
Nicolas de Fer	尼古拉斯·德费尔
Nicolás de Cardona	尼古拉斯·德卡多纳
Nicolas de Nicolay	尼古拉斯·德尼古拉
Nicolas Durand Villegagnon	尼古拉斯·杜兰德·维莱加格农
NICOLA VAN AELST	尼古拉斯·范阿尔斯特
Nicolas van Aelst	尼古拉斯·范阿尔斯特
Nicolas Claude Fabri de Peiresc	尼古拉斯·克劳德·法布里·德佩雷斯克
Sir Nicholas Bacon	尼古拉斯·培根爵士
Nicolas Perrey	尼古拉斯·佩雷
Nicolas Pruckner	尼古拉斯·普鲁克纳
Nicholas Germanus	尼古拉斯·日耳曼努斯
Nicholas Sanson	尼古拉斯·桑松
Nicolas Sanson d'Abbeville	尼古拉斯·桑松·德阿布维尔
Nicolas Iszoard	尼古拉斯·伊佐阿尔
Nicolas-Claude Fabri de Peiresc	尼古拉斯－克劳德·法布里·德佩雷斯克
Nicholas V	尼古拉五世
Nicolau de Montalegre	尼古劳·德蒙塔莱格雷
Nicolaus Bazelius	尼古劳斯·巴塞尔
Nikolaus von Heybeck	尼古劳斯·冯海贝克
Nicolaus Copernicus	尼古劳斯·哥白尼
Nicolaus Gothus	尼古劳斯·哥特斯

词汇原文	中文翻译
Nicolaus Cusanus	尼古劳斯·库萨
Nicolaus Reimers	尼古劳斯·莱默斯
Nicolaus Prugner	尼古劳斯·普鲁格纳
Nicolaus Germanus	尼古劳斯·日耳曼努斯
Nicolaus Vourdopolos	尼古劳斯·沃尔多普洛斯
Nigual	尼瓜拉
Nicaragua	尼加拉瓜
Niccolò Bevilacqua	尼科洛·贝维拉夸
Nicolò dell'Abate	尼科洛·德尔阿巴特
Nicolò de Caverio	尼科洛·德卡塞里奥
Niccolò de Conti	尼科洛·德孔蒂
Niccolo de' Conti	尼科洛·德孔蒂
Niccolò Ⅲ d'Este	尼科洛·德斯特三世
Nicolo Canachi	尼科洛·卡纳科
Nicolo Romano	尼科洛·罗马诺
Niccolò Machiavelli	尼科洛·马基亚韦利
Niccolò Nelli	尼科洛·内利
Niccolò Niccoli	尼科洛·尼科利
Niccolo Tartaglia	尼科洛·塔尔塔利亚
Niccolò Tartaglia Bencdctti	尼科洛·塔尔塔利亚·贝内代蒂
Niccolò Tedesco	尼科洛·泰代斯科
Nicolo Todescho	尼科洛·陶戴斯考
Niccolò Tribolo	尼科洛·特里博洛
Nicolò Todesco	尼科洛·托代斯科
Nicosia	尼科西亚
Nic. Gerbelius	尼克·吉尔贝努斯
Niclas Meldemann	尼克拉斯·梅尔德曼
Nile	尼罗河
Nile Delta	尼罗河三角洲
Nimrud Dagh	尼姆鲁德山
Nimrod	尼姆罗德
Neptune	尼普顿
Niger	尼日尔河
Nise	尼舍
Nice	尼斯
Contée de Nice	尼斯伯国
Nieuwpoort	尼乌波特
Nisyros	尼西罗斯
Lake Nyasa	尼亚萨湖

词汇原文	中文翻译
Nizza Monferrato	尼扎蒙费拉托
Nestorian	聂斯脱利派
Valdinievole	涅沃莱河谷
Oxford	牛津
Nieuport	纽波特
Newberry Library	纽伯利图书馆
Newfoundland	纽芬兰
New Haven	纽黑文
Nuremberg	纽伦堡
Nuremberg Chronicle	纽伦堡纪事
New York	纽约
Val di Nure	努雷河谷
Numa Broc	努马·布罗克
Nuno da Cunha	努诺·达库尼亚
Nuño García Toreno	努诺·加西亚·托雷诺
Norway	挪威
Norwegian	挪威湾
Nordenskiöld	诺登舍尔德
Nofri	诺弗里
Norfolk	诺福克
Nola	诺拉
Noricum	诺里库姆
Norimberga	诺林贝格
Norman B. Leventhal	诺曼·B. 利文撒尔
Normandy	诺曼底
Via Nomentana	诺门塔那大道
Nonantola	诺南托拉
Nocera	诺切拉
duke of Northumberland	诺森伯兰公爵
Novacco Collection	诺瓦科藏品
Novara	诺瓦拉
Stefano Cattaneo da Novara	诺瓦拉人斯特凡诺·卡塔内奥
Norwich	诺威奇
Noah's Ark	诺亚方舟
Neugebauer	诺伊格鲍尔
Neumarkt	诺伊马克特
Neustadt	诺伊施塔特
Eudoxus	欧多克斯
Eufrosino della Volpaia	欧福西诺·德拉沃尔帕亚

词汇原文	中文翻译
Pontus Euxine	欧克辛斯蓬托斯
Eusebio Francisco Kino	欧塞维奥·弗朗西斯科·基诺
Eustachio Divini	欧斯塔基奥·迪威尼
Eusebius	欧西比乌斯
Ozarks	欧扎克斯
Posidonius	帕奥西多尼乌斯
Paderborn	帕德博恩
Paduli della Padulalta	帕度拉尔塔的沼泽
Padua	帕多瓦
Pardo	帕尔多
Parma	帕尔马
Biagio Pelacani of Parma	帕尔马的比亚焦·佩拉卡尼
Regia Biblioteca Parmense	帕尔马皇家图书馆
Palma Mallorca	帕尔马马略卡
Palmela	帕尔梅拉
Pausanias	帕夫萨尼亚斯
Paganico	帕加尼科
Paganino del Pozzo	帕加尼诺·德尔波佐
Palla Strozzi	帕拉·斯特罗齐
Tarabellum	帕拉贝伦
Palatia	帕拉蒂亚
Palatine Frederick	帕拉丁·弗雷德里克
Paragon Sinus	帕拉贡湾
Paracelsus	帕拉塞尔苏斯
Palaisseau	帕莱
Parry	帕里
Via di Parione	帕里奥内大街
"Paria"	帕里亚
Palumbo-Fossati	帕伦博－福萨蒂
Palos	帕洛斯
Panagia	帕纳贾
Paponius Melis	帕皮纽斯·梅利斯
Pacheco Pereira	帕切科·佩雷拉
Passau	帕绍
Pasquale d'Aragona	帕斯夸尔·德阿拉戈纳
Pasquino	帕斯奎诺
Pastoureau	帕斯图罗
Patrick Gautier Dalché	帕特里克·戈蒂埃·达尔谢
Partridge	帕特里奇

词汇原文	中文翻译
Patricia Burnette	帕特里夏·伯尼特
Patmos	帕特莫斯
Pavia	帕维亚
Parshall	帕歇尔
Pamphili	潘菲利
Panfilo Piazzola	潘菲洛·皮亚佐拉
Pannonia	潘诺尼亚
Pamplona	潘普洛纳
Pomponius Mela	庞波尼乌斯·梅拉
Pantagruel	庞大固埃
Rodrigo de Lima	佩德拉·德利马
Rodrigo of Pedras Negras	佩德拉－内格拉斯的罗德里戈
Pedro Álvares Seco	佩德罗·阿尔瓦罗·塞科
Pedro Álvares Cabral	佩德罗·阿尔瓦罗·卡布拉尔
Pedro Ambrosio de Ondériz	佩德罗·安布罗西奥·德翁德雷斯
Pedro Barreto de Resende	佩德罗·巴雷托·德雷森迪
Pedro de Esquivel	佩德罗·德埃斯基韦尔
Pedro de Lemos	佩德罗·德莱莫斯
Pedro de Medina	佩德罗·德梅迪纳
Don Pedro de Toledo	佩德罗·德托莱多先生
Pedro de Siria	佩德罗·德锡里亚
Pedro Fernández de Quirós	佩德罗·费尔南德斯·德基罗斯
Pedro Fernandez de Castro	佩德罗·费尔南德斯·德卡斯特罗
Pedro Gonzales	佩德罗·冈萨雷斯
Pedro Calderón de la Barca	佩德罗·卡尔代罗内·德拉巴尔卡
PEDRO REINEL	佩德罗·赖内尔
Pedro López de Ayala	佩德罗·洛佩斯·德阿亚拉
Pedro Margalho	佩德罗·马加略
Pedro Mexía	佩德罗·梅希亚
Pedro Muniz del Salto	佩德罗·穆尼斯·德尔萨尔托
Pedro Nunes	佩德罗·努涅斯
Pedro Nunes Tinoco	佩德罗·努涅斯·蒂诺科
Pedro Páez	佩德罗·派斯
Pedro Sarmiento de Gamboa	佩德罗·萨尔米恩托·德甘博亚
Pedro Tafur	佩德罗·塔富尔
Pedro Teixeira Albernaz	佩德罗·特谢拉·阿尔贝纳斯
Pedro Vaz Bisagudo	佩德罗·瓦斯·比沙瓜多
Pedro de Valdivia	佩德罗－德巴尔迪维亚
Prince Pedro	佩德罗王子

词汇原文	中文翻译
Pederneira	佩德内拉斯
Pere Juan	佩尔·胡安
Pelletier	佩尔蒂埃
Pertusata	佩尔图萨塔
San Giovanni in Persiceto	佩尔西切托的圣乔瓦尼
Val di Pecora	佩科拉河谷
Perafan de Ribera	佩拉凡·德里贝拉
Pellegrino Tibaldi	佩莱格里诺·蒂巴尔迪
Via del Pellegrino	佩莱格里诺大街
Peres	佩雷斯
Perestrello	佩雷斯特雷洛
Périgueux	佩里格
Perino del Vaga	佩里诺·德尔瓦加
Perugia	佩鲁贾
Pêro Escobar	佩罗·埃斯科巴尔
Pedro Homem	佩罗·奥梅姆
Pero da Covilhã	佩罗·达科维良
Pero de Alcaçova	佩罗·德阿尔卡苏瓦什
Pero de Évora	佩罗·德埃武拉
Pero dc Barcelos	佩罗·德巴塞卢什
Pêro de Montarroio	佩罗·德蒙塔罗里奥
Pero Fernandes	佩罗·费尔南德斯
Pero Lopes de Sousa	佩罗·洛佩斯·德苏萨
Pero Teixeira	佩罗·特谢拉
Penela	佩内拉
Penelope Kaiserlian	佩妮洛普·凯瑟琳
Peniche	佩尼谢
count of Peñaranda	佩尼亚兰达伯爵
Petchenik	佩切尼克
Pesaro	佩萨罗
Pescennio Francesco Negro	佩塞尼奥·弗朗切斯科·内格罗
Peschiera	佩斯基耶拉
Pescantina	佩斯坎蒂纳
Petraia	佩特拉亚
Palazzo Petrignani di Amelia	佩特里尼亚尼·迪阿梅利亚宫
Peeters	佩特斯
Peveragno	佩韦拉尼奥
Penrose	彭罗斯
Pensacola Bay	彭萨科拉湾

词汇原文	中文翻译
Pont du Gard	蓬迪加尔
Ponthieu	蓬蒂厄
Pontirolo	蓬蒂罗洛
Pontine	蓬蒂内
Paludi Pontine	蓬蒂内沼地
Pompeo Colonna	蓬佩奥·科隆纳
Punt'Ala	蓬塔拉
Pontedera	蓬泰代拉
Pontremoli	蓬特雷莫利
Ponzello	蓬泽洛
Pierre Esprit Radisson	皮埃尔·埃斯普里·拉迪松
Pierre Eskrich	皮埃尔·埃斯特里奇
Pierre Bernard	皮埃尔·贝尔纳德
Pierre Berthelot	皮埃尔·贝特洛
Pierre Boaistuau	皮埃尔·波阿斯图乌
Pierre d'Avity	皮埃尔·德阿维蒂
PIERRE D'AILLY	皮埃尔·德阿伊
Pierre de Ronsard	皮埃尔·德龙萨
Pierre de Sainte- Colombe	皮埃尔·德圣－科隆布
Pierre Francastel	皮埃尔·弗朗卡斯泰尔
Pierre Gassendi	皮埃尔·伽桑狄
Pierre Collin	皮埃尔·科林
Pierre Ramée	皮埃尔·拉梅
Pier Maria Rossi	皮埃尔·马里亚·罗西
Pierre Ⅰ Mariette	皮埃尔·马里耶特一世
Pierre- François-André Méchain	皮埃尔－弗朗索瓦－安德烈·梅尚
Pierre-Jean Bompar	皮埃尔－让·邦帕尔
Piedmont	皮埃蒙特
Pian d'Alma	皮安·达阿尔马
Pitti	皮蒂
Pienza	皮恩扎
Pier Candido Decembrio	皮尔·坎迪多·德琴布里奥
Picardy	皮卡第
Peak Forest	皮克森林
Pullé	皮勒
Pīrī Re'īs	皮里·赖斯
Pirro Ligorio	皮罗·利戈里奥
Piloni	皮洛尼
Pineda	皮内达

词汇原文	中文翻译
Pinerolo	皮内罗洛
Pisano	皮萨诺
Pistoia	皮斯托亚
Pytheas	皮泰亚斯
Principality of Piombino	皮翁比诺公国
Piumazzo	皮乌马佐
Pius Ⅱ	皮乌斯二世
Piacenza	皮亚琴察
Pias	皮亚斯
Piave	皮亚韦
Pier Paolo Rizzio	皮耶尔·保罗·里齐奥
Pier Maria Gropallo	皮耶尔·玛丽亚·格罗帕洛
Piero del Massaio	皮耶罗·德尔马萨约
Piero della Francesca	皮耶罗·德拉弗兰切丝卡
Piero di Dino	皮耶罗·迪迪诺
Pieve di Teco	皮耶韦·迪泰科
Puygouzon	皮伊古宗
Pizzo	皮佐
Pinna	平纳
Pinturicchio	平图里基奥
Borneo	婆罗洲
Mount Purgatory	珀加托里山
Poeschel	珀舍尔
Portsmouth	朴次茅斯
Puebla de Zaragoza	普埃布拉 – 德萨拉戈萨
Pfalzgraf Ottheinrich	普法尔茨格拉夫·奥托海因里希
Pratica	普拉蒂卡
Pragelato	普拉杰拉托
Prassum Promontorium	普拉萨海角
River Plate	普拉特河
Prato	普拉托
Placidus Caloiro et Oliva	普拉西杜斯·卡洛里奥和奥利瓦
Placido Oliva	普拉西多·奥利瓦
Placido Caloiro e Oliva	普拉西多·卡洛里奥和奥利瓦
Placido Zurla	普拉西多·祖拉
Pleiades Pleaides	普莱德兹座
Plantijn	普朗廷
Via Prenestina	普雷内斯蒂纳大道
University of Presburg	普雷斯堡大学

词汇原文	中文翻译
islets of Polimos	普利姆斯岛
Puglia	普利亚
Pliny	普林尼
Principe Islands	普林西比岛
Prussia	普鲁士
Lives of Plutarch	普鲁塔克的《名人传》
Prodi	普罗迪
Progel	普罗格
Proclus	普罗克洛斯
Procida	普罗奇达
Prospero Ferrarini	普罗斯佩罗·费拉里尼
Prospero Colonna	普罗斯佩罗·科隆纳
Aix en Provence	普罗旺斯地区艾克斯
Providence	普罗维登斯
Poitevin	普瓦特万人
Château de Puygouzon	普伊古松城堡
Septem Civitatum Insula	七城岛
Pléiade	七星诗社
Zilsel	齐尔塞尔
ZIKMUND PRÁŠEK	齐克蒙德·普拉谢克
Cyriacus d'Ancona	齐里卡斯·德安科纳
Circeo	奇尔切奥
Cicco Simonetta	奇科·西莫内塔
Chilapa	奇拉帕
Ciriaco d'Ancona	奇里亚科·德安科纳
CILENTO	奇伦托
Cimerlino	奇梅利诺
quípu, khipu	奇普
CIPRIANO PICCOLPASSO DI DURANTE	奇普里亚诺·皮科尔帕索·迪杜兰特
Principato Citra	奇特拉公国
Cividal	奇维达莱
Civitavecchia	奇维塔韦基亚
Chiablese	奇亚布雷斯
Wunderkammer	奇珍厅
Craggy Peaks	崎岖峰
Kavalierstour	骑士旅行团
Revelation	启示录
Caspian	怡卢斯
pietism	虔诚主义

词汇原文	中文翻译
Sibyl	茜比尔
Rosicrucians	蔷薇十字会
Joanna	乔安娜
Giovanniantonio Tagliente	乔凡尼安托尼奥·塔利恩特
Valley of Josaphat	乔萨法特谷地
Giovanni Xenodocos	乔瓦尼·埃克森诺多考斯
Giovanni Andrea Doria	乔瓦尼·安德烈亚·多里亚
Giovanni Andrea Valvassore	乔瓦尼·安德烈亚·瓦尔瓦索雷
Giovanni Antonio Rizzi Zannoni	乔瓦尼·安东尼奥·里齐·赞诺尼
Giovanni Antonio Magini	乔瓦尼·安东尼奥·马吉尼
Giovanni Antonio Maggiolo	乔瓦尼·安东尼奥·马焦洛
Giovanni Antonio Nicolini da Sabbio	乔瓦尼·安东尼奥·尼科利尼·达萨比奥
Giovanni Antonio Spezza	乔瓦尼·安东尼奥·斯佩扎
Giovanni antonio Tagliente	乔瓦尼·安东尼奥·塔利恩特
Giovanni Antonio Vanosino	乔瓦尼·安东尼奥·瓦诺西诺
Giovanni Orlandi	乔瓦尼·奥兰迪
Giovanni Battista Barattieri	乔瓦尼·巴蒂斯塔·巴拉蒂耶里
Giovanni Battista Baliani	乔瓦尼·巴蒂斯塔·巴利亚尼
Giovanni Battista Belluzzi	乔瓦尼·巴蒂斯塔·贝卢齐
Giovanni Battista Benedetti	乔瓦尼·巴蒂斯塔·贝内代蒂
Giovanni Battista de Curtis	乔瓦尼·巴蒂斯塔·德库尔蒂斯
Giovanni Battista Della Porta	乔瓦尼·巴蒂斯塔·德拉波尔塔
Giovanni Battista Doria	乔瓦尼·巴蒂斯塔·多里亚
Giovanni Battista Falda	乔瓦尼·巴蒂斯塔·法尔达
Giovanni Battista Gastaldi	乔瓦尼·巴蒂斯塔·加斯塔尔迪
Giovanni Battista Cairato	乔瓦尼·巴蒂斯塔·卡里托
Giovanni Battista Caloiro e Oliva	乔瓦尼·巴蒂斯塔·卡洛里奥和奥利瓦
Giovanni Battista Cappello	乔瓦尼·巴蒂斯塔·卡佩洛
Giovanni Battista Cavallini	乔瓦尼·巴蒂斯塔·卡瓦利尼
Giovanni Battista Costanzo	乔瓦尼·巴蒂斯塔·科斯坦佐
Giovanni Battista Clarici	乔瓦尼·巴蒂斯塔·克拉里奇
Giovanni Battista Ragazzini	乔瓦尼·巴蒂斯塔·拉加齐尼
Giovanni Battista Ramusio	乔瓦尼·巴蒂斯塔·拉穆西奥
Giovanni Battista Riccioli	乔瓦尼·巴蒂斯塔·里乔利
Giovanni Battista Montanaro	乔瓦尼·巴蒂斯塔·蒙塔纳罗
Giovanni Battista Nicolosi	乔瓦尼·巴蒂斯塔·尼科洛西
Giovanni Battista Pedrezano（Giovanni Battista Pederzano）	乔瓦尼·巴蒂斯塔·佩代尔扎诺
Giovanni Battista Spinola	乔瓦尼·巴蒂斯塔·斯皮诺拉
Giovanni Battista Armenini	乔瓦尼·巴蒂斯塔·亚美尼尼

词汇原文	中文翻译
Giovanni Boccaccio	乔瓦尼·薄迦丘
Giovanni Paolo Bianchi	乔瓦尼·保罗·比安基
Giovanni Paolo Gallucci	乔瓦尼·保罗·加卢奇
Giovanni Paolo Lomazzo	乔瓦尼·保罗·洛马佐
Giovanni Paolo Cimerlini	乔瓦尼·保罗·西米尔里尼
Giovanni Bernardo Veneroso	乔瓦尼·贝尔纳多·韦内罗索
Giovanni Bellini	乔瓦尼·贝利尼
Giovanni Bianchini	乔瓦尼·比安基尼
giovanni pisato	乔瓦尼·比萨托
Giovanni Botero	乔瓦尼·博特罗
Giovanni da Moncalieri	乔瓦尼·达蒙卡列里
Isthmus of Giovanni da Verrazzano	乔瓦尼·达韦拉扎诺地峡
Giovanni de Vecchi	乔瓦尼·德韦基
GIOVANNI DOMENICO	乔瓦尼·多梅尼科
Giovanni Donà	乔瓦尼·多纳
Giovanni Fasoni	乔瓦尼·法颂尼
Giovanni Francesco Pico della Mirandola	乔瓦尼·弗朗切斯科·比科·德拉米兰多拉
Giovanni Francesco Camocio	乔瓦尼·弗朗切斯科·卡莫恰
Giovan Francesco Cantagallina	乔瓦尼·弗朗切斯科·坎塔加利纳
Giovanni Francesco Monno	乔瓦尼·弗朗切斯科·蒙诺
Giovanni Francesco Peverone	乔瓦尼·弗朗切斯科·佩韦罗内
Giovanni Frilli	乔瓦尼·弗里利
Giovanni Guerra	乔瓦尼·圭拉
GIOVANNI GIACOMO	乔瓦尼·贾科莫
Giovanni Gianelli	乔瓦尼·贾内利
Giovanni Gioviano Pontano	乔瓦尼·焦维亚诺·蓬塔诺
Giovanni Gerolamo Sosuich	乔瓦尼·杰罗拉莫·萨苏伊科
Giovanni Caracha	乔瓦尼·卡拉查
Giovanni Cotta	乔瓦尼·科塔
Giovanni Criegher	乔瓦尼·克里格尔
Giovanni Leardo	乔瓦尼·莱亚尔多
Giovanni Maggi	乔瓦尼·马吉
Giovanni Matteo Contarini	乔瓦尼·马泰奥·扎塔里尼
GIOVANNI MARIA BELGRANO	乔瓦尼·玛利亚·贝尔格拉诺
Giovanni Mercati	乔瓦尼·梅尔卡蒂
Giovanni Pontano	乔瓦尼·蓬塔诺
Giovanni Pinamonti	乔瓦尼·皮纳蒙蒂
Giovanni Giorgi	乔瓦尼·乔治
Giovan Stefano Melli	乔瓦尼·斯特凡诺·梅利

词汇原文	中文翻译
Giovanni Soranzo	乔瓦尼·索兰佐
Giovanni Targioni-Tozzetti	乔瓦尼·塔尔焦尼 – 托泽蒂
Giovanni Tarcagnota	乔瓦尼·塔卡诺塔
Giovanni Dondi dall'Orologio	乔瓦尼·唐迪·达尔欧尤罗格
Giovanni Tommaso Borgonio	乔瓦尼·托马索·博尔戈诺
Giovanni Vespucci	乔瓦尼·韦思普奇
Giovanni Vincenzo Casale	乔瓦尼·温琴佐·卡萨尔
Giovanfrancesco	乔万弗朗切斯科
Giovanni Gherardi da Prato	乔万尼·盖拉尔迪·达普拉托
Jossy Nebenzahl	乔西·内本察
Giorgio（Zorzi）de' Negri	乔治（佐尔齐）·德内格里
Georg Agricola	乔治·阿格里科拉
George Amiroutzes	乔治·阿米罗特斯
Georg Joachim Rheticus	乔治·阿希姆·雷蒂库斯
Georg Erlinger	乔治·埃林格
Giorgio Antonio Vespucci	乔治·安东尼奥·韦思普奇
Georg Aunpeck	乔治·安佩克
Gio. Batta Raggio	乔治·巴塔·拉焦
George Best	乔治·贝斯特
George Buchanan	乔治·布坎南
Georg Braun	乔治·布劳恩
George Chapman	乔治·查普曼
George de Selve	乔治·德塞尔夫
Georg Philipp Harsdörffer	乔治·菲利普·哈斯多夫
Georg von Peuerbach	乔治·冯波伊尔巴赫
Georg von Schwengeln	乔治·冯申文根
Georges Fournier	乔治·富尼耶
George Gemistus Plethon	乔治·格弥斯托士·卜列东
Georg Hartmann	乔治·哈特曼
George Herbert	乔治·赫伯特
George Withiell	乔治·淮斯伊尔
Georg Holzschuher	乔治·霍尔茨舒尔
Giorgio Ghisi	乔治·吉西
Georg Glockendon	乔治·克劳肯顿
George Lily	乔治·利利
Georg Roll	乔治·罗尔
Georg Müstinger	乔治·姆斯汀格
George Parker	乔治·帕克
George Puttenham	乔治·帕特纳姆

词汇原文	中文翻译
Giorgio Centurione	乔治·琴图廖内
Georg Sandner	乔治·桑德纳
George Sandys	乔治·桑迪斯
Georg Tannstetter	乔治·坦斯特尔
George Tolias	乔治·托利亚斯
Giorgio Vasari	乔治·瓦萨里
Giorgio Widman	乔治·威德曼
George Wither	乔治·威瑟
Georg Wezler	乔治·韦茨勒
Gio. Vincenzo Giacomoni	乔治·温琴佐·贾科莫尼
Georg Wendler	乔治·文德勒
Georg Übelin	乔治·乌贝林
Giorgio Sideri	乔治·西代里
George Adams	乔治·亚当斯
Georgius Braunus	乔治乌斯·布拉内斯
Cheddar Gorge	切达峡谷
Cervere	切尔韦雷
Abbé Celotti	切洛蒂神甫
Ceprano	切普拉诺
Cesare	切萨雷
Cesare Arbasia	切萨雷·阿贝希亚
Cesare Borgia	切萨雷·博尔贾
Cesare Miroballo	切萨雷·米罗巴罗
Cesare Nebbia	切萨雷·内比亚
Chesapeake	切萨皮克
Cesena	切塞纳
Chester	切斯特
Cetraro	切特拉罗
Sala dei Cinquecento	钦凯岑托厅
Cennini	琴尼尼
Cento	琴托
Cupid	丘比特
Chiusa	丘萨
Chiusi	丘西
Vespa	雀蜂座
Jean Etienne Montucla	让·艾蒂安·蒙蒂克拉
Jean André Bremond	让·安德烈·布雷蒙
Jean, duc de Berry	让·贝里公爵
Jean Buridan	让·比里当

词汇原文	中文翻译
Jean Bodin	让·博丁
Jean de Beins	让·德拜因斯
Jean de Dinteville	让·德丹特维尔
Jean Ⅱ de Gourmont	让·德古尔蒙二世
Jan Dirksz. Van Brouckhoven	让·德克兹·德布鲁克霍夫
Jean de Léry	让·德莱里
Jean de Merliers	让·德梅利耶
Jean de Montreuil	让·德蒙特勒伊
Jean de Thévenot	让·德泰弗诺
Jean de Tournes	让·德图尔内斯
Jean Du Bellay	让·杜贝莱
Jean Fernel	让·费内尔
Jean Fusoris	让·夫索利
Jean François Roussin	让·弗朗索瓦·鲁森
Jean Fouquet	让·富凯
Jean Goujon	让·古戎
Jean L'Hoste	让·霍斯特
Jean Cossin	让·科森
Jean Cousin	让·库赞
Jean Ⅳ Leclerc	让·勒克莱尔
Jean Lemaire de Belges	让·勒迈尔·德贝尔热
Jean Ribaut	让·里博
Jean Liébault	让·利埃博
Jean Rotz	让·罗茨
Jean Martin	让·马丁
Jean Matal	让·马塔尔
Jean Martellier	让·马特利
Jean Nicot	让·尼科特
Jean Parmentier	让·帕尔芒捷
Jean Picard	让·皮卡尔
Jean Germain	让·热尔曼
Jean Jolivet	让·若利韦
Jean Imbert	让·英伯特
Jean-Baptiste Bourguignon d'Anville	让－巴蒂斯特·布吉尼翁·德安维尔
Jean-Baptiste Colbert	让－巴蒂斯特·科尔伯特
Jean- Baptiste Morin	让－巴蒂斯特·莫兰
Jean-Baptiste Trento	让－巴蒂斯特·特伦托
Jean-Baptiste-Joseph Delambre	让－巴蒂斯特－约瑟夫·德朗布尔
Jeannette Black	让内特·布拉克

词汇原文	中文翻译
Amphiscii	热带居民
Gernez	热尔内
Gerardo Coen	热拉尔多·库恩
Jérôme de Gourmont	热罗姆·德古尔蒙
Mosteiro dos Jerónimos	热罗尼姆斯修道院
Genoa	热那亚
Republic of Genoa	热那亚共和国
Japanese Archipelago	日本群岛
Lake Geneva	日内瓦湖
Geneva	日内瓦
heliocentrism	日心说
Sweden	瑞典
switzerland	瑞士
Joaquim Bensaúde	若阿金·本萨乌德
João Afonso	若昂·阿丰索
João Baptista Lavanha	若昂·巴普蒂斯塔·拉旺哈
João da Nova	若昂·达诺娃
João de Aveiro	若昂·德阿韦罗
João de Barros	若昂·德巴罗斯
João de Castrob	若昂·德卡斯塔伯
João de Castro	若昂·德卡斯特罗
João de Lisboa	若昂·德利斯博阿
Joao de Lisboa	
João de Santarém	若昂·德桑塔伦
Joao Faras	若昂·法拉斯
João Fernandes Lavrador	若昂·费尔南德斯·拉夫拉多尔
João Freire	若昂·弗莱雷
João Gomes	若昂·戈梅斯
João Gilot	若昂·吉洛特
Jo？o Carlos Garcia	若昂·卡洛斯·加西亚
João Cosmander	若昂·科斯曼德尔
João Lisboa	若昂·利斯博阿
João Rodrigues	若昂·罗德里格斯
João Nunes Tinoco	若昂·努涅斯·蒂诺科
João Pereira Dantas	若昂·佩雷拉·丹塔斯
João Teixeira Albernaz Ⅱ	若昂·特谢拉·阿尔贝纳斯二世
João Teixeira Albernaz Ⅰ	若昂·特谢拉·阿尔贝纳斯一世
João Teixeira Ⅰ	若昂·特谢拉一世
João Ⅱ	若昂二世
João Ⅲ	若昂三世

词汇原文	中文翻译
João Ⅳ	若昂四世
Jordan	若尔丹
Jaume Olives	若姆·奥利韦斯
Jaume Ribes	若姆·里贝斯
Jorge de Aguiar	若热·德阿吉亚尔
Jorge de Vasconcellos	若热·德瓦斯康塞洛斯
Jorge Duponsel	若热·杜邦塞尔
Satan	撒旦
Thaddaeus Hagecius ab Hagek	撒迪厄斯·哈格修斯·埃比哈耶克
Sardinia	撒丁岛
Sagopola Mons	撒果颇拉山
Sahara	撒哈拉
Saracen	撒拉逊人
Samarkand	撒马尔罕
Sabina	萨比纳
Sado	萨杜河
Sarton	萨顿
Salzburg	萨尔茨堡
Saalfeld	萨尔费尔德
Salford	萨尔福德
Sarthe	萨尔特
Salteras	萨尔特拉斯
El Salvador	萨尔瓦多
Salvat de Pilestrina	萨尔瓦托·德帕莱斯特里纳
Salvatore Oliva	萨尔瓦托雷·奥利瓦
Salviati	萨尔维亚蒂
Palazzo Salviati	萨尔维亚蒂广场
Sarzana	萨尔扎纳
Safad	萨法德
Savoia	萨伏依
Duchy of Savoy	萨伏依公国
House of Savoy	萨伏依王室
Suffolk	萨福克
Zagreb	萨格勒布
Sagres	萨格里斯
Sacca	萨卡
Villa Sacchetti	萨凯蒂别墅
Saxony	萨克森
Saragossa	萨拉戈萨

词汇原文	中文翻译
Treaty of Saragossa	萨拉戈萨条约
Solanio	萨拉里诺
Via Salaria	萨拉里亚大道
Salamanca	萨拉曼卡
Salerno	萨莱诺
Surrey	萨里郡
Salic	萨利奇
Sallentinians	萨连蒂尼亚
Sahlins	萨林斯
Salus Mundi Foundation	萨卢斯·蒙迪基金会
Sallust	萨卢斯特
Salute　William　Camden	萨卢特 威廉·卡姆登
Saluzzo	萨卢佐
Marquisate of Saluzzo	萨卢佐的女侯爵
Salentine	萨伦蒂诺半岛
Salento Peninsula	萨伦托半岛
Salomon Rogiers	萨洛蒙·罗吉尔
Salonica	萨洛尼卡
Zamorano	萨莫拉诺
Somerset	萨默塞特
Saenredam	萨内顿
Sapientza	萨皮恩察岛
Sussex	萨塞克斯
Sassuolo	萨苏奥洛
Salvaga，Selvagia	萨瓦加
Savilian	萨维尔
Savigliano	萨维利亚诺
Savona	萨沃纳
Sebastián Vizcaíno	塞巴斯蒂安·比斯凯诺
Sebastian de Ruesta	塞巴斯蒂安·德鲁埃斯塔
Sebastián Fernández de Medrano	塞巴斯蒂安·费尔南德斯·德梅德拉诺
Sebastian Kurz	塞巴斯蒂安·库尔茨
Sebastianus Leonardus	塞巴斯蒂安纽斯·莱昂纳杜斯
Sebastião Álvares	塞巴斯蒂昂·阿尔瓦斯
Sebastião Lopes	塞巴斯蒂昂·洛佩斯
Sebastiano di Re	塞巴斯蒂亚诺·迪雷
Sebastian von Rotenhan	塞巴斯蒂亚诺·冯罗滕汉
Sebastian Franck	塞巴斯蒂亚诺·弗兰克
Sebastian Cabot	塞巴斯蒂亚诺·卡伯特

词汇原文	中文翻译
Sebastiano Condina	塞巴斯蒂亚诺·孔迪纳
Sebastiano Compagni	塞巴斯蒂亚诺·孔帕尼
Sebastiano Leandro	塞巴斯蒂亚诺·莱安德罗
Sebastian Münster	塞巴斯蒂亚诺·明斯特
Sebastian Sperantius	塞巴斯蒂亚诺·思伯雷纽斯
Sebenico	塞贝尼科
Cebes	塞贝斯
Cebola	塞博拉
Cercamp	塞尔卡姆
Vila Nova de Cerveira	塞尔韦拉新镇
Paludes Thiagula	塞古拉沼泽
Porto Seguro	塞古鲁港
Secchia	塞基亚
Segalari	塞加拉里
Salé	塞拉
Serraglio	塞拉利奥
Serravalle	塞拉瓦莱
Celestine	塞莱斯廷
Seleucid	塞琉西
Seleucia	塞琉西亚
Samuel Daniel	塞缪尔·丹尼尔
Samuel de Champlain	塞缪尔·德尚普兰
Samuel Hartlib	塞缪尔·哈特利布
Samuel Quicchelberg	塞缪尔·奎克尔伯格
Samuel Pepys	塞缪尔·佩皮斯
Samuel Purchas	塞缪尔·珀切斯
Seine River	塞纳河
Senàpo	塞纳珀
Châtillon-sur-Seine	塞内河畔沙蒂永
Senega	塞内加
Senegal River	塞内加尔河
Seneca	塞内卡
Cenis	塞尼
Cyprus	塞浦路斯
Cesare Baronius	塞萨尔·巴罗纽斯
César-François Cassini de Thury	塞萨尔-弗朗索瓦·卡西尼·德蒂里
Sesto	塞斯托
Sätra	塞特拉
Setúbal	塞图巴尔

词汇原文	中文翻译
Sébastian Le Prestre de Vauban	塞瓦斯蒂安·勒普雷斯·德沃邦
Cervantes	塞万提斯
Seville	塞维利亚
Isidore of Seville	塞维利亚的伊西多尔
Severus	塞维鲁
Ceuta	塞乌塔
Casa de Ceuta	塞乌塔之屋
Sesia	塞西亚河
Séoux	塞尤
Ciceronianism	赛罗主义
Cetius Mons	赛提乌斯山
Syene	赛伊尼
Thirty Years War	三十年战争
Trinity	三位一体
Trivium	三学科
Trinity College	三一学院
Sandman	桑德曼
Symphorien Champier	桑福里安·尚皮耶
Sanlúcar de Barrameda	桑卢卡尔－德巴拉梅达
Sampeyre	桑佩雷
Sancho Panza	桑乔·潘扎
Sancho Gutiérrez	桑舒·古铁雷斯
capitaine of Sens	桑斯的长官
Isles de Sanson ou des Geantz	桑松或甘茨岛
Rio de Santarém	桑塔伦河
visconde de Santarém	桑塔伦子爵
Santander	桑坦德
Serezza	色拉扎
Chartier	沙尔捷
Charlat Ambroisin	沙拉·安布鲁瓦西
Chalivoy-Milon	沙利瓦米隆
Sandro Botticelli	山德罗·博蒂切利
Alto Alentejo	上阿连特茹
Upper Austria	上奥地利
Upper Palatinate	上巴拉丁领地
Upper Lusatia	上卢萨西亚
upper Rhône	上罗讷
Captain Giuseppe Santini	上尉朱塞佩·圣蒂尼
Upper Indian	上印度

词汇原文	中文翻译
Chambéry	尚贝里
forêt of Chantilly	尚蒂伊森林
cancellaresca	尚书院草体
Serpentarius	蛇夫座
Sherborne Castle	舍伯恩城堡
Chenonceau	舍农索城堡
Sherwood Forest	舍伍德森林
Sagittarius	射手座
Regent Duchess Cristina	摄政公爵夫人克里斯蒂娜
Shropshire	什罗普郡
Father Manuel Godinho	神父曼努埃尔·戈迪尼奥
judicial astrology and perspective	神判占星术
Holy Roman Empire	神圣罗马帝国
San Agustín	圣阿古斯丁
Cape of San Agustín	圣阿古斯丁角
Sant'Elmo	圣埃尔莫
I. de Sancta Elena	圣埃伦娜
St. Emmeran	圣埃默兰
Saint Andrew	圣安德鲁
San Antonio	圣安东尼奥
Ponte Sant' Angelo	圣安杰洛桥
Colégio de Santo Antão	圣安唐学院
abbey of Saint Albans	圣奥尔本斯修道院
Lambert of Saint-Omer	圣奥梅尔的兰伯特
San Bartolomeo	圣巴托洛梅奥
S. Paulo	圣保罗
Saint Bernardino da Siena	圣贝纳迪诺·达谢纳
San Benito	圣贝尼托
San Biagio della Fossa	圣比亚焦·德拉福萨
Saint Peter	圣彼得
Castel San Pietro	圣彼得堡
Saint Peter's Basilica	圣彼得大教堂
Porta San Pietro	圣彼得门
Patrimonio di San Petri	圣彼得祖产
S. Brás	圣布拉斯
Eucharist	圣餐
San Daniel	圣丹尼尔
Holy Land	圣地
Santiago	圣地亚哥

词汇原文	中文翻译
Santiago de' Compostela	圣地亚哥·德孔波斯特拉
Santiago de Compostela	圣地亚哥–德孔波斯特拉
Order of Santiago	圣地亚哥骑士团
Saint-Dié	圣迪耶
Knights Templar	圣殿骑士团
São Tomé	圣多美
Santo Domingo	圣多明各
San Domenico	圣多明我会
Cardinal Guido Ascanio Sforza of Santa Fiora	圣菲奥拉的红衣主教圭多·阿斯卡尼奥·斯福尔扎
Santa Fé conference	圣菲会议
Saint Felix Day	圣菲利克斯日
S. Filipe	圣菲利普
San Francisco Bay	圣弗朗西斯科湾
Castle of São Jorge da Mina	圣豪尔赫·达米纳城堡
San Juan Bautista de la Ribera	圣胡安·包蒂斯塔·德拉里韦拉
San Juan de la Frontera	圣胡安·德拉弗龙特拉
San Juan de Ulloa	圣胡安·德乌约阿
S. Chiara	圣基亚拉
Saint-Gilles	圣吉尔
San Girolamo della Carita	圣吉罗拉莫·德拉卡里塔
Island of San Gioana di Pattino	圣吉瓦纳·迪帕蒂诺岛
San Gaggio	圣加焦
St. Gallen	圣加仑
St. Quentin	圣康坦
Saint Clare	圣克莱尔
William of Saint-Cloud	圣克劳德的威廉
Saint Christopher	圣克里斯托弗
Santa Cruz de Água de Narba	圣克鲁斯·德阿瓜·德巴尔巴
Ilha Island de Vera Cruz	圣克鲁斯岛
marqués de Santa Cruz	圣克鲁斯侯爵
Província de Santa Cruz	圣克鲁斯省
Terra de Santa Cruz	圣克鲁斯之地
San Leonardo	圣莱昂纳多
St. Lawrence	圣劳伦斯
Santritter	圣里特
La Austrialia del Espíritu Santo	圣灵的澳大利亚
Saint Luke	圣卢克
S. Lucia	圣卢西亚
San Prospero	圣罗斯佩罗

词汇原文	中文翻译
San Lorenzo	圣洛伦佐
San Martino	圣马蒂诺
S. Martin	圣马丁
Fort Saint Martin	圣马丁要塞
Museo di San Martino	圣马尔蒂诺博物馆
Piazza San Marco	圣马可广场
Saint Mark	圣马克
San Marino	圣马力诺
Republic of San Marino	圣马力诺共和国
Saint Malo	圣马洛
Santa Marta	圣玛尔塔
San Maria d'Aracoeli	圣玛丽·德阿拉科利
Santa María	圣玛丽亚
Santa Maria del Fiore	圣玛丽亚·德菲奥雷
Bay of Santa María de Galve	圣玛丽亚·德加尔韦湾
Santa Maria degli Angeli monastery	圣玛丽亚·德利安格利修道院
Santa Maria del Anima	圣玛利亚灵魂之母堂
San Miniato	圣米尼亚托
San Michele	圣米歇尔
Virgin Mary	圣母
Madonnas	圣母玛利亚
San Nicola	圣尼古拉
Saint Nicholas	圣尼古拉斯
San Niccolò	圣尼科洛
Chapel of San Nicolò	圣尼科洛教堂
Sint-Niklaas	圣尼克拉斯
Maona di San Giorgio	圣乔治航运公司
Banco di San Giorgio	圣乔治银行
Borgo San Giorgio	圣乔治镇
San Cesario	圣切萨里奥
Saint Jerome	圣热罗姆
Saint-Geniès	圣热涅斯
S. Julião da Barra	圣茹利昂·达巴拉
S. João	圣若昂
São Salvador	圣萨尔瓦多
San Sebastiano	圣塞巴斯蒂亚诺
Sansepolcro	圣塞波尔克罗
San Sebastián	圣塞瓦斯蒂安
San Severino	圣塞韦里诺

词汇原文	中文翻译
Terra sanctae crucis	圣十字之地
Holy Maritime Order of the Knights of Saint Stephen, Pope and Martyr	圣斯蒂芬、教皇和殉道者的骑士的圣海上骑士团
Saint Stephan	圣斯特凡
St. Stephan's Cathedral	圣斯特凡大教堂
Santo Stefano	圣斯特凡诺
Order of Santo Stefano	圣斯特凡诺骑士团
Sant'Agata	圣塔加塔
Colegio de San Telmo	圣特尔莫学院
Castel Sant' Angelo	圣天使堡
Saint Thomas's Hospital	圣托马斯医院
Richard of Saint Victor	圣维克托的理查德
Hugh of Saint Victor	圣维克托的休
Saint Vincent	圣文森特
Cape St. Vincent	圣文森特角
Sanctus Ilias	圣伊利亚斯
St. Ignazio	圣伊尼亚齐奥
St. Joachimsthal	圣约阿希姆斯塔尔
Saint John	圣约翰
Order of Saint John	圣约翰骑士团
Leo Belgicus	狮子·比利时
Leo Hollandicus	狮子·荷兰
Golfe du Lion	狮子湾
Leo	狮子座
Stiria	施蒂里亚
Schramm	施拉姆
Schmalkalden	施马尔卡尔登
Speyer	施派尔
Staffelstein	施塔弗尔施泰因
Steyr	施泰尔
Schwäbisch-Hall	施韦比舍厅
John the Baptist	施洗约翰
Council of Ten	十人委员会
Crusades	十字军东征
Schleswig	石勒苏益格
Schleswig-Holstein	石勒苏益格—荷尔斯泰因
Apostolic Library	使徒图书馆
Smyrna	士麦那
Sala del Mappamondo	世界地图之厅

词汇原文	中文翻译
Piazza del Mercato	市场广场
Magistratura dei Padri del Comune	市元老委员会
palazzo pubblico	市政厅
Christo Duce	受膏者
Cardinal Domenico Grimani	枢机主教多梅尼科·格里马尼
Cardinal Francesco Barberini	枢机主教弗朗切斯科·巴尔贝里尼
Cardinal Francesco Todeschini Piccolomini	枢机主教弗朗切斯科·托代斯基尼·皮科洛米尼
Archbishop Matthew Parker	枢机主教马修·帕克
Cardinal Sforza Pallavicino	枢机主教斯福尔扎·帕拉维奇诺
Cardinal Alessandro Farnese	枢机主教亚历山德罗·法尔内塞
Cardinal Giuliano de' Medici	枢机主教朱利亚诺·德美第奇
Schulz	舒尔茨
Junta dos Matématicos	数学家委员会
Terrazzo delle Matematiche	数学露台
Sala delle Matematiche	数学厅
Cetus	双鱼座
Gemini	双子座
Magistratura alle Acque	水务司司长
Schongauer	顺高尔
Schwäbischen Kreis	朔伊布申行政区
Privy Gallery	私人画廊
Spofforth	斯波福斯
Spoleto	斯波莱托
Spotorno	斯波托尔诺
Stockholm	斯德哥尔摩
Stephen Borough	斯蒂芬·伯勒
Stephen Harrison	斯蒂芬·哈里森
Stirone	斯蒂罗内河
Stilo	斯蒂洛
Stiaccianese	斯蒂亚恰内塞
Sforzas	斯福尔扎
Sforzinda	斯福津达
Scarperia	斯卡尔佩里亚
Scafati	斯卡法蒂
Scaligero	斯卡利杰罗
Mount Scaglia di Corno	斯卡利亚·迪科诺山
Étang de Scamandre	斯卡芒德尔湖
Skelton	斯凯尔顿
Scheldt River	斯凯尔特河

词汇原文	中文翻译
Scandinavia	斯堪的纳维亚半岛
Scaniglia	斯坎尼利亚
Scotto	斯科托
Scrivelsby	斯克里维尔斯比
Scrivia	斯克里维亚
Scudo，scudi	斯库多
Isthmus of Squillace	斯奎拉切地峡
Slav bishop	斯拉夫主教
Sluis	斯勒伊斯
Sri Lanka	斯里兰卡
Smeraldo Smeraldi	斯梅拉尔多·斯梅拉尔迪
Snel van Royen	斯内尔·范罗延
Snow	斯诺
Cape Spartivento	斯帕蒂文托角
Capo Spartivento	斯帕蒂文托角
Spezzano	斯佩扎诺城堡
Spilamberto	斯皮兰贝托
Spirito Martini	斯皮里托·马丁尼
Spinelli	斯皮内利
Palazzo Schifanoia	斯齐法诺亚宫
Staffordshire	斯塔福德郡
Stain	斯坦
Stanisiaw Koniecpolski	斯坦尼斯拉夫·康尼茨波尔斯基
King Stefan Batori	斯特凡·巴托里国王
Stephanus Arnaldus	斯特凡努斯·阿尔诺
Stefano Buonsignori	斯特凡诺·比翁西诺
Stefano Della Bella	斯特凡诺·德拉贝拉
Stefano Duchetti	斯特凡诺·杜凯蒂
Stra	斯特拉
Strabo	斯特拉博
Strasbourg Strassburg	斯特拉斯堡
Sterling Memorial Library	斯特林纪念图书馆
Stonehenge	斯通亨奇
Stuart	斯图尔特
Stuttgart	斯图加特
Stura	斯图拉
Stroffolino	斯托弗利诺
Stockler	斯托克勒

词汇原文	中文翻译
stuiver	斯托伊弗
Swabian War	斯瓦比亚战争
Dead Sea	死海
Sultan Mehmed II	苏丹穆罕默德二世
Sulzbach	苏尔茨巴赫
Socrates	苏格拉底
SUKUR ISLAND	苏卡尔岛
Süleymān the Magnificent	苏莱曼大帝
Jakob Stampfer of Zurich	苏黎世的雅各布·施坦普费尔
Surinam	苏里南
Sully	苏利
Sumatra	苏门答腊
Susa	苏萨
Val di Susa	苏萨河谷
Porta Susina	苏萨门
Suzanne Daveau	苏珊·达沃
SOYONS	苏瓦永
Suez	苏伊士
Suessula	苏伊苏拉
Solomon	所罗门
Solomon ben Isaac Rashi	所罗门·本·伊萨克 拉希
Solomon Islands	所罗门群岛
Sopoto	索波特
Chalon-sur-Saône	索恩河畔沙隆
Marquis of Salisbury	索尔兹伯里侯爵
Sofala	索法拉
Socotra	索科特拉
Solana	索拉纳
Sorraia	索拉亚
Solinus	索里努斯
Solognois	索洛尼奥斯人
Sommaja	索马贾
Somaliland	索马里兰
Soprani-Ratti	索普拉尼-拉蒂
Sotheby	索思比
Sozomeno Zomino da Pistoia	索佐门诺 佐米诺·德皮斯托亚
Zoroaster	琐罗亚斯德
Taberna	塔贝尔纳
Tarn	塔恩

词汇原文	中文翻译
Tartaro Springs	塔尔塔罗泉水
Tharsis	塔尔西
Tagus Valley	塔古斯谷地
Tajo	塔霍河
Tarraconense	塔拉戈纳
Talamone	塔拉莫内
Talavera de Madrid	塔拉韦拉·德马德里
Taravo	塔拉沃
Tarahumara	塔拉乌马拉
Taglio	塔利奥
Talubath	塔卢巴
Taro	塔罗
Borgo Val di Taro	塔罗河谷镇
Borgotarese	塔罗镇
Tanais or Don	塔奈斯河与顿河
Tanucci	塔努奇
Taparica	塔帕里卡
Taprobane	塔普罗巴奈
Tasca	塔斯卡
Tuscan Giovanni Alberti	塔斯坎·乔瓦尼·阿尔贝蒂
Tabasco	塔瓦斯科
Taverna	塔韦尔纳
Taverone	塔韦罗内
Tacitus	塔西佗
Tiber	台伯河
Sun King	太阳王
Theodore Cachey	泰奥多尔·卡齐
Theodore Ulsenius	泰奥多尔·乌尔森纽斯
Badia Tedalda	泰达尔达修道院
Telgate	泰尔加泰
Termoli	泰尔莫利
Teglio	泰廖
Tenenti	泰嫩蒂
Thann	坦恩
Tom Conley	汤姆·康利
Thompson	汤普森
Don Diego Hermano de Toledo	唐·迭戈·埃尔马诺·德托莱多
Don Diego Felipe de Guzmán	唐·迭戈·费利普·德古斯曼
Don Diego Hurtado de Mendoza	唐·迭戈·乌尔塔多·德门多萨

词汇原文	中文翻译
Don Domingo de Villaroel	唐·多明戈·德维拉罗埃尔
Don Carlo	唐·卡洛
Don Pedro di Mendoza	唐·佩德罗·迪门多萨
Don Giovanni de' Medici	唐·乔瓦尼·德美第奇
Down Survey	唐调查
DON LOPE DE ACUÑA	唐洛佩·德阿库纳
Thetis	忒提斯
Theodor Zwinger	特奥多尔·茨温格
Theodor de Bry	特奥多尔·德布里
theodorus Graminaeus	特奥多鲁斯·格拉米纽斯
Stefano Scolari	特凡诺·斯科拉里
Trebizond	特拉布宗
Trapani	特拉帕尼
Telavo	特拉沃
Lake of Trasimeno	特拉西梅诺湖
Transylvania	特兰西瓦尼亚
Tremiti	特雷米蒂
Treviso	特雷维索
Teresita Reed	特蕾西塔·雷德
Trier	特里尔
Tristan	特里斯坦
TRIANA	特里亚纳
Trinidad	特立尼达
Tron	特龙
Tronto	特龙托
Teruel	特鲁埃尔
Trentino-Alto Adige	特伦蒂诺－上阿迪杰区
Trento	特伦托
Council of Trent	特伦托会议
Trogus	特罗古斯
Tropea	特罗佩阿
Troy	特洛伊
Troyes	特洛伊斯
Tenochtitlán	特诺奇蒂特兰
Tejo Tagus River	特茹河 塔古斯
Terceira Island	特塞拉岛
Lake Texcoco	特斯科科湖
Teixeira da Mota	特谢拉·达莫塔
Tenda Pass	滕达山口

词汇原文	中文翻译
Tiberius Sempronius Graccus	提比略皇帝
Marinus of Tyre	提尔的马里纳斯
Tirolean	提洛尔
Ticino River	提契诺河
Titian	提香
Pelican	鹈鹕号
Temistitan	替米斯汀
Libra	天秤座
Cygnus	天鹅座
Columba	天鸽座
Lyra	天琴座
Ara	大坛座
Scorpio	天蝎座
Catholic League	天主教联盟
Tamburlaine	帖木儿
Tinto	廷托
Tombouctou	通布图
Tunis	突尼斯
Tours	图尔
Gregory of Tours	图尔的格列高利
Trajan	图拉真
Touraine	图赖讷
Thule	图勒
Turri	图里
Tooley	图利
Thüringia	图林根
Tupi	图皮
Tupinambá	图皮南巴
Tuirano	图伊拉诺
Land Survey Office（Lantmäterikontoret）	土地调查局
Turks	土耳其
Toulon	土伦
Tobias Volckmer	托比亚斯·沃尔默
Tropico Paralicon	托庇库帕拉里贡
Todi	托迪
Tordesillas；Treaty of Tordesillas	《托尔德西拉斯条约》
Tolfa	托尔法
Torchiara	托尔基亚拉
Torquato Tasso	托尔夸托·塔索

词汇原文	中文翻译
Torcello	托尔切洛
Via Toledo	托莱多大街
Toledo tables	托莱多图表
Ptolemy	托勒密
TORRE NOVA	托雷诺瓦
Torres Strait	托雷斯海峡
Torre	托里
Tolias	托利亚斯
Tolú	托卢
Battle of Toro	托罗战役
Tomar	托马尔
Thomas Aquinas	托马斯·阿基纳
Sir Thomas Elyot	托马斯·埃利奥特爵士
Thomas Bedwell	托马斯·贝德韦尔
Thomas Bavin	托马斯·贝文
Thomas Blarer	托马斯·博拉瑞尔
Thomas Blundeville	托马斯·布伦德维尔
Thomas Chaloner	托马斯·查洛纳
Thomas de Blavis	托马斯·德布拉维
Thomas Dekker	托马斯·德克尔
Thomas de Leu	托马斯·德洛伊
Tomás de Torres	托马斯·德托雷斯
Thomas Digges	托马斯·迪格斯
Thomas Fuller	托马斯·富勒
Thomas Harriot	托马斯·哈里奥特
Thomas Heywood	托马斯·海伍德
Thomas Hood	托马斯·胡德
Thomas Wyatt	托马斯·怀亚特
Thomas Hobbes	托马斯·霍布斯
Thomas Kyd	托马斯·基德
Thomas Geminus	托马斯·吉米努斯
Thomas Cavendish	托马斯·卡文迪什
Thomas Caulet	托马斯·科莱
Thomas Cromwell	托马斯·克伦威尔
Thomas Langdon	托马斯·兰登
Thomas Rogers	托马斯·罗杰斯
Tomás López	托马斯·洛佩斯
Thomas Ruckert	托马斯·吕克特
Thomas McCulloch	托马斯·麦卡洛克

词汇原文	中文翻译
Thomas Middleton	托马斯·米德尔顿
Thomas More	托马斯·莫尔
Thomas Nashe	托马斯·纳什
Thomas Petyt	托马斯·佩蒂
Thomas Seckford	托马斯·塞克斯福德
Thomas Smith	托马斯·史密斯
Thomas Vaughan	托马斯·沃恩
Thomas James	托马斯·詹姆斯
Thomas Jenner	托马斯·詹纳
Tommaso Parentucelli	托马索·巴伦图切利
Tommaso Paulini	托马索·保利尼
Tommaso Porcacchi	托马索·波尔卡基
Tommaso Campanella	托马索·坎帕内拉
Tommaso Campeggio	托马索·坎佩焦
Tommaso Rangone	托马索·兰戈内
Tommaso Zanoli	托马索·扎诺利
Tomé Pires	托梅·皮雷斯
Topkapi Sarayi Muzesi Kütüphanesi	托普卡匹皇宫博物馆图书馆
Tuscan	托斯卡纳
Grand Duke of Tuscany	托斯卡纳大公
Duchy of Tuscany	托斯卡纳公国
Vada	瓦达
Ouadane	瓦丹
Valdeaverlo	瓦迪韦罗
Valberina	瓦尔伯尼
Valdesi	瓦尔德西河
Var river	瓦尔河
Valparaiso	瓦尔帕莱索
Valtellina	瓦尔泰利纳
Walter Lud	瓦尔特·卢德
Walter Morgan	瓦尔特·摩根
Vavassore	瓦尔瓦索雷
Waggoner	瓦戈纳
Wagner	瓦格纳
Waciaw Grodecki	瓦基·格罗德茨基
vaccaria	瓦卡里亚
Wackenfels	瓦肯菲尔
Varaita Valley	瓦拉伊塔河谷
Valeggio	瓦莱焦

词汇原文	中文翻译
Valerio Orsini	瓦莱里奥·奥尔西尼
Valletta	瓦莱塔
Valerius	瓦勒留斯
Varese	瓦雷泽
Valois	瓦卢瓦
Valentine Leigh	瓦伦丁纳·利
Valentine Than	瓦伦丁纳·坦
Valença	瓦伦萨
Valentinus Naiboda	瓦伦提努斯·奈博达
Valentim de Sá	瓦伦廷·德萨
Valentim Fernandes	瓦伦廷·费尔南德斯
Valencia	瓦伦西亚
Varo	瓦罗
Vasco da Gama	瓦斯科·达伽马
Vasco Fernandes de Lucena	瓦斯科·费尔南德斯·德卢塞纳
Vasco Núñez de Balboa	瓦斯科·努涅斯·德巴尔沃亚
VÄVERSUNDA	瓦维橄达
All Souls College	万灵学院
Vincennes	万塞讷
Baía de Todos os Santos	万圣湾
throne room	王宫大厅
Regia Dogana delle Pecore	王家畜牧税办公室
Regia Camera della Sommaria	王家简易审判庭
Giunta dei Regi Lagni	王家运河委员会
Sinus Principis	王子湾
Reticulum	网罟座
Mont Ventoux	旺图山
Macassar	望加锡
Guatemala	危地马拉
Wildmore Fen	威尔德莫沼泽
Wales	威尔士
Wiltshire	威尔特郡
William B. Ginsberg	威廉·B. 金斯贝格
William S. Swinford	威廉·S. 斯温福德
Wilhelm Antonius	威廉·安东尼乌斯
William Baffin	威廉·巴芬
Willem Barents	威廉·巴伦支
William Bourne	威廉·伯恩
William Borough	威廉·伯勒

词汇原文	中文翻译
William D'Avenant	威廉·德阿弗南
Willem de Pannemaker	威廉·德帕纳玛科
Willem van Oranje	威廉·范奥兰耶
William Folkingham	威廉·福金厄姆
William Fowler	威廉·福勒
Willem Goeree	威廉·格雷
William Gray	威廉·格雷
William Hodson	威廉·霍德森
William Gilbert	威廉·吉尔伯特
William Camden	威廉·卡姆登
William Cuningham	威廉·卡宁哈姆
Willem Cornelis Schouten	威廉·科尔内利·斯豪滕
William Leybourn	威廉·利伯恩
William Marshall	威廉·马歇尔
William Petty	威廉·佩蒂
Wilhelm Schickard	威廉·契克卡德
William Salmon	威廉·萨尔蒙
William Cecil	威廉·塞西尔
William Sanderson	威廉·桑德森
William Shakespeare	威廉·莎士比亚
William Smith	威廉·史密斯
William Wey	威廉·韦伊
William Warner	威廉·沃纳
William Siborne	威廉·西伯恩
Willem Jansz. Blaeu	威廉·扬茨·布劳
Wilhelm II	威廉二世
Wilhelmshausen	威廉豪森
Wilhelm IV	威廉四世
Mark the Venetian	威尼斯的马克
Palazzo Venezia	威尼斯宫
Serenissima	威尼斯共和国
Accademia Veneziana	威尼斯学院
Venetian senate	威尼斯元老院
VENETO	威尼托
Westminster Palace	威斯敏斯特宫
Treaty of Westphalia	威斯特伐利亚条约
Westfalen	威斯特法伦
Weser River	威悉河
Cape Verga（Cabo da Verga）	韦尔加角

词汇原文	中文翻译
Verlinden	韦尔兰当
Vercelli	韦尔切利
Versilia	韦尔西利亚
Welser	韦尔泽
Vegetius	韦格蒂乌斯
Vesconte Maggiolo	韦康特·马焦洛
Vera Cruz	韦拉克鲁斯
Veracruz	韦拉克鲁斯
Verrazzanian Sea	韦拉兹尼亚海
Vespucci	韦思普奇
Huesca	韦斯卡
Vespasiano da Bisticci	韦斯帕夏诺·达比斯蒂奇
Westfall	韦斯特福尔
Vercingetorix	韦辛格托里克斯
Veio	韦约
Viator	维阿托尔
Vibius Sequester	维比纽斯·西奎斯特
Victoria Morse	维多利亚·莫尔斯
Victoria	维多利亚号
Verner	维尔纳
Vilnius	维尔纽斯
Wilczek Brown	维尔切克·布朗
Wilczek-Brown	维尔切克–布朗
Vigone	维戈内
Virgil	维吉尔
Victor Pisanus	维克托·比萨努斯
Villafranca	维拉弗兰卡
Terra de Vera Cruz	维拉克鲁兹的土地
Villegagnon	维莱加格农
Viele d'Athis	维勒·德阿蒂斯
Willebrord Snellius	维勒布罗德·斯内利厄斯
Villefranche	维勒弗朗什
Verity	维里蒂
Willibald Pirckheimer	维利巴尔德·皮克海默
Viglius van Aytta	维利乌斯·范艾塔
Verona	维罗纳
Pietro da Verona	维罗纳的彼得罗
Pietro Sacchi of Verona	维罗纳的彼得罗·萨基
Maestro Pietro of Verona	维罗纳的彼得罗大师

词汇原文	中文翻译
Pacificus of Verona	维罗纳的帕西菲克斯
Portovenere	维纳斯港
Comtat Venaissin	维奈桑伯爵领地
Vnipedes maritime	维尼帕蒂斯沿海居民
Vicenza	维琴察
Territorio Vicentino	维琴蒂诺领土
Vicenzo Viviani	维琴佐·维维亚尼
Vesalius	维萨里
Viseu	维塞乌
Wissemburg	维森堡
Vistula	维斯图拉河
Viterbo	维泰博
Vitruvius Pollio	维特鲁威·波利奥
Vitruvio Buonconsiglio	维特鲁威·布里科斯里昂
Vitruvius	维特鲁维厄斯
Wittenberg Bible	维滕贝格圣经
Vittorio Amedeo II	维托里奥·阿梅代奥二世
Vittorio Zonca	维托里奥·宗卡
Viana do Castelo	维亚纳堡
Vieste	维耶斯泰
Vienna	维也纳
Vienna- Klosterneuburg map corpus	维也纳—克洛斯特新堡地图汇编
Wieser	维泽尔
Grand insulaire	伟大岛屿
Lorenzo il Magnifico	伟大的洛伦佐
Pseudo-Bedan catalog	伪贝丹目录
pseudo-Vespuccian	伪韦斯普奇
Venezuela	委内瑞拉
Venezuelan Boundary Commission	委内瑞拉边界委员会
Magistrato dei pupilli Office of Wards	未成年人监护法官
Officio dei Beni Inculti	未开垦资源管理局
terra incognita	未知大陆
Terra Australis Incognita	未知的南方大陆
Waitz	魏茨
Foresta Umbra Nature Reserve	温布拉自然森林保护区
Windsheim	温茨海姆
Winchester Castle	温切斯特城堡
Vincenzo Borghini	温琴佐，博尔吉尼
Vincenzo da Bologna	温琴佐·达博洛尼亚

词汇原文	中文翻译
Vincenzo Caraffa	温琴佐·卡拉法
Vincenzo Coronelli	温琴佐·科罗内利
Vincenzo Luchini	温琴佐·卢基尼
Vincenzo Civitali	温琴佐·奇维塔利
Vincenzo Scamozzi	温琴佐·斯卡莫齐
Vincenzo Volcio	温琴佐·韦尔奇奥
Vincenzo Viviani	温琴佐·维维亚尼
Schloss Windhag	温瑟哈格城堡
Windsor Forest	温莎森林
Winter	温特
Wintle	温特尔
Wenzel Jamnitzer	文策尔·雅姆尼策
Wenceslaus Hollar	文策斯劳斯·霍拉
Wenden	文登
Ventimiglia	文蒂米利亚
College of Letters and Science,	文理学院
Umbria	翁布里亚
Valle delli Umbri	翁布里亚人的谷地
Ombrone	翁布罗内
Nossa Senhora da Conceição	我们圣母的康塞桑
Watts	沃茨
Wotton Underwood	沃顿·安德伍德
Wolfenbüttel	沃尔芬比特尔
Duke August of Wolfenbüttel	沃尔芬比特尔的奥古斯特大公
Wolfegg	沃尔夫埃格
Wolfgang Haller	沃尔夫冈·哈勒尔
Wolfgang Radtke	沃尔夫冈·拉特克
Wolfgang Lazius	沃尔夫冈·洛齐乌什
Wolfgang Wissenburg Wyssenburger	沃尔夫冈·维斯森伯格
Volgad	沃尔莱德
Volterra	沃尔泰拉
Counts Guidi of Volterra	沃尔泰拉的圭迪伯爵
Walter Blith	沃尔特·比里斯
Sir Walter Ralegh	沃尔特·雷利爵士
Volturno Basin	沃尔图诺流域
Vaucluse	沃克吕兹
Orontivs	沃朗塔斯
earl of Warwick	沃里克伯爵
Warwickshire	沃里克郡

词汇原文	中文翻译
Warren Heckrotte	沃伦·埃克洛特
Warner	沃纳
Gymnasium Vosagense	沃萨根斯高级中学
Vogtländischen Kreis	沃特兰区域
Waters	沃特斯
Ubbo Emmius	乌博·埃马缪斯
Utrecht	乌得勒支
Treaty of Utrecht	乌得勒支条约
Urbano Monte	乌尔巴诺·蒙特
Urbino	乌尔比诺
Ullrich Klieber	乌尔里希·克利贝尔
Duke Ulrich	乌尔里希公爵
Ursus	乌尔苏斯
Martianus Capella	乌尔提亚努斯·卡佩拉
uffizi palace	乌菲齐宫
Galleria degli Uffizi	乌菲齐画廊
Ugolino Verino	乌戈利诺·韦里诺
Ukraine	乌克兰
Urals	乌拉尔地区
Uruguay River	乌拉圭河
Uraniborg	乌拉尼博格
Urania	乌拉尼亚
Gulf of Urabá	乌拉瓦湾
Ulisse Aldrovandi	乌利塞斯·阿尔德罗万迪
Ulugh Beg	乌卢格·贝格
Uppsala	乌普萨拉
Uzielli	乌齐埃利
Usanos	乌萨诺斯
Hudson Anonymous	乌森·匿名
Uskoks	乌斯科克
Uta Lindgren	乌塔·林德格伦
Utopias	乌托邦
Cinque Ports	五港
Cinque Terre	五渔村
Worchestershire	伍斯特郡
Vulturno	武尔图尔诺
Cipangu	西班古
Spanish Extremadura	西班牙的埃斯特雷马杜拉
the Consejo Real y Supremo de las Indias	西班牙皇家印度事务委员会

词汇原文	中文翻译
Spanish Inquisition	西班牙宗教裁判所
In somnium Scipionis	西庇阿之梦
Siberia	西伯利亚
Western church	西部教会
Seaton	西顿
Cistercian monastery	西多会修道院
Sidonia	西多妮娅
Silvestro da Panicale	西尔韦斯特罗·达帕尼卡莱
Szighet	西盖特
Code Signot	西格诺特规则
Segestum	西格斯特姆
Sigismond Fusilius	西吉斯蒙德·夫西利厄斯
Sigismondo Arquer	西吉斯蒙多·阿克尔
Sigismondo Bertacchi	西吉斯蒙多·贝尔塔基
Sigismondo Pandolfo Malateste	西吉斯蒙多·潘多尔福·马拉泰斯特
Sicard	西卡尔
Sixtus Ⅳ	西克斯图斯四世
Sixtus Ⅴ	西克斯图斯五世
Celebes	西里伯斯岛
Sirica	西里卡
Silesia	西里西亚
Silesian	西里西亚人
Simão de Bening	西芒·德贝宁
Simão de Miranda	西芒·德米兰达
Simão de Ruão	西芒·德儒奥
Simão Falónio	西芒·法东尼奥
Simão Fernandes	西芒·费尔南德斯
Simeoni	西梅奥尼
Simon de Cramaud	西蒙·德克拉缪德
Simón de Tovar	西蒙·德托瓦尔
Simone Formento	西蒙·福尔门托
Simon Grynaeus	西蒙·格里诺伊斯
Simon Girault	西蒙·吉罗
Simone Lagi	西蒙·拉吉
Simon Marius	西蒙·马里乌斯
Simone Pinet	西蒙·皮内特
Simon Pinargenti	西蒙·平阿格蒂
Simon Stevin	西蒙·斯泰芬
Cimbres	西姆布利斯

词汇原文	中文翻译
Sinai	西奈
Sinai Desert	西奈沙漠
Segno	西尼奥
Sinigallia	西尼加利亚
Cyprian Lucar	西普里安·卢卡
Cyprianus Leovitius	西普里亚努斯·利奥维纽斯
Cicero	西塞罗
Ciceronian Aratea	西塞罗亚拉图
Sestri Ponente	西塞斯特里波嫩特
Roger II of Sicily	西西里的罗杰二世
Channel of Sicily	西西里海峡
West Indies	西印度群岛
Šibenik	希贝尼克
Hebrew	希伯来
Chios	希俄斯
Helkiah Crooke	希耳克雅·克鲁克
Scylla	希拉
Hilary Ballon	希拉里·巴伦
Hellenistic	希腊化时代
Herodotus	希罗多德
Hiëronymus Cardanus	希罗尼穆斯·卡达努斯
Chinon	希农
Scipione Dattili	希皮奥内·达蒂利
Scipione Mazzella	希皮奥内·马泽拉
Heather Francisco	希瑟·弗朗西斯科
Sibari	锡巴里
Gulf of Sidra	锡德拉湾
Sirmione	锡尔苗内
Silves	锡尔维什
Siegen	锡根
Thíra	锡拉岛
Sile River	锡莱河
Ceylon	锡兰
Simancas	锡曼卡斯
Sines	锡尼什
Sisteron	锡斯特龙
Cíbola	锡沃拉
La Ciudad de Cíbora	锡沃拉城
Seven Cities of Cíbola	锡沃拉的七城

词汇原文	中文翻译
Siena	锡耶纳
commune of Siena	锡耶纳公社
Dominio Senese	锡耶纳占领区
War of Siena	锡耶纳战争
Schilder	席尔德
Hipparchus rule	喜帕恰斯规则
Lower Rhine	下莱茵地区
Lower Indies	下印度
Charbonières	夏博尼雷斯
Shylock	夏洛克
Cassiopeia	仙后座
Andromeda	仙女座
Cepheus	仙王座
Campo de' Fiori	鲜花广场
King of Siam	暹罗国王
Gulf of Siam	暹罗湾
Champagne	香槟
Casa de la Especiería	香料贸易署
Spice Islands	香料群岛
Antonio da Sangallo the Younger	小安东尼奥·达圣加洛
Rudy L. Ruggles, Jr.	小鲁迪·L. 拉格尔斯
Marcus Gheeraerts the Younger	小马库斯·海拉特
"Small Commentary"	小评注
Theodore J. Cachey JR.	小特奥多雷·J. 卡切
Ursa Minor	小熊座
Lesser India	小印度
Jodocus Hondius Jr.	小约道库斯·洪迪厄斯
JÖRG BREU THE YOUNGER	小约尔格·布罗伊
Schoonebeck	肖内贝克
Chaunu	肖尼
Formula of Concord	协和信条
Savi sopra la Laguna	潟湖贤人委员会
Sierra Leone	谢拉·莱昂内
Sierra Morena	谢拉莫雷纳
psychogeography	心理地理学
Hind	欣德
Hinks	欣克斯
New Orleans	新奥尔良
Neoplatonist	新柏拉图派哲学家

词汇原文	中文翻译
Neoplatonic	新柏拉图学派
C. Nuovo	新堡
Novaya Zemlya	新地岛
Falcognani Nuovi	新法尔科尼亚尼
Nova Franza	新法兰西
Fessa nova	新费萨
New Granada	新格拉纳达
New Goa	新果阿
New Guinea	新几内亚
straits of Singapore	新加坡海峡
New Castile	新卡斯蒂尔
New Mexico	新墨西哥
Palmanova	新帕尔马
Ospedale di Santa Maria Nuova	新圣母医院
MONDO NOVO	新世界
Neostoic	新斯多葛派
Neostoicism	新斯多葛学派
Nova Scotia	新斯科舍
Guardaroba Nuova	新衣帽间
Royal Stronghold of Happiness	幸福的皇家城堡
Campania Felix	幸福的坎帕尼亚
Fortunate	幸运群岛
Hungary	匈牙利
Mary of Hungary	匈牙利的玛丽
Hugh Smyth	休·史密斯
Friar António de Lisboa	修道士安东尼奥·德利斯沃亚
friar Gonçalo da Sousa	修道士贡萨洛·达索萨
Hülsen	许尔森
Syria	叙利亚
metaphysical poetry	玄学派诗歌
Shirley	雪利
Punta Cornacchia	鸦角
Jamaica	牙买加
The School of Athens	雅典学派
Japheth	雅弗
Jacob Aeszler	雅各布·埃斯兹勒
Jacopo Antonio Marcello	雅各布·安东尼奥·马尔切洛
Jacopo Angeli	雅各布·安格利
Jacopo Oddi	雅各布·奥迪

词汇原文	中文翻译
Jakob Bartsch	雅各布·巴尔奇
Jakob Bidermann	雅各布·比德曼
Jacob Burckhardt	雅各布·伯克哈特
Jacopo dell'Incisa	雅各布·戴林奇萨
Jacopo de' Barbari	雅各布·德巴尔巴里
Jacob de Gheyn Ⅲ	雅各布·德盖尹三世
Jacobo Ⅵ d'Appiano	雅各布·迪阿皮亚诺六世
Jacob van Deventer	雅各布·范代芬特尔
Jacob Floris	雅各布·弗洛里斯
Jacob Floris van Langren	雅各布·弗洛里斯·范朗格恩
Jakob Köbel	雅各布·科贝尔
Jacob Cool	雅各布·科尔
Jacopo Colio	雅各布·科利奥
Jacopo Contarini	雅各布·孔塔里尼
Jacob Le Maire	雅各布·勒梅尔
Jacopo Russo	雅各布·鲁索
Jacopo Maggiolo	雅各布·马焦洛
Jakob Monau	雅各布·莫纳乌
Jacob Ziegler	雅各布·齐格勒
Iacopo Seghizzi	雅各布·塞古齐
Jakob Sandtner	雅各布·桑特纳
Jacopo Scotto	雅各布·斯科托
Jacopo Tintoretto	雅各布·廷托雷托
Jacopo Zeno	雅各布·泽诺
Jacopo Zucchi	雅各布·祖基
Jacobus Angelus	雅各布斯·安格鲁斯
Jacobus Colius Ortelianus	雅各布斯·库柳斯·奥尔特努斯
Jacobus Pentius de Leucho	雅各布斯·彭蒂努斯·德洛伊希奥
JACOMO FONTANA	雅科莫·丰塔纳
Jacques Androuet du Cerceau	雅克·安德鲁埃·杜塞尔索
Jacques Braun	雅克·布劳恩
Jacques de Vitry	雅克·德维特里
Jacques de Vaulx	雅克·德沃
Jacques Dousaigo	雅克·多塞戈
Jacques Florent	雅克·弗洛朗
JACQUES GOMBOUST	雅克·贡布斯特
Jacques Cartier	雅克·卡蒂尔
Jacques Callot	雅克·卡洛
Jacques Le Moyne de Morgues	雅克·勒莫因·德莫尔格

词汇原文	中文翻译
Jacques Michiels	雅克·米希尔斯
Jacques Signot	雅克·西尼奥
Jacques Severt	雅克·泽弗特
Jacques-August de Thou	雅克-奥古斯特·德图
Jackomina	雅克米纳
Jamet Mettayer	雅梅·梅特耶
Janet Holzheimer	雅内·霍尔茨海姆
Abraham Ortelius	亚伯拉罕·奥特柳斯
Abraham Bosse	亚伯拉罕·博塞
Abraham Fabert	亚伯拉罕·法贝尔
Abraham von Holtzl	亚伯拉罕·冯赫尔茨尔
Abraham Gessner	亚伯拉罕·格斯纳
Abraham Cresques	亚伯拉罕·克莱斯克斯
Abraham Kendal	亚伯拉罕·肯德尔
Abraham Ries	亚伯拉罕·里斯
Adam Gefugius	亚当·杰夫吉斯
Adam Ries	亚当·里斯
Adam Szaszdi Nagy	亚当·萨斯迪·纳吉
Adriatic Sea	亚得里亚海
Gulf of Aden	亚丁湾
Aratea	亚拉图
Aristotle	亚里士多德
Alexandria	亚历山大
Alexandre Herculano	亚历山大·埃尔库拉诺
Alexander von Humboldt	亚历山大·冯洪堡
Alexander Garden	亚历山大·加登
Alexander Mair	亚历山大·迈尔
Alexander Neckam	亚历山大·尼卡姆
Alexander Wolodtschenko	亚历山大·沃尔茨琴科
Alexander the Great	亚历山大大帝
Alexander V	亚历山大五世
Alessandra de' Bardi	亚历山德拉·德巴尔迪
Alexandrine	亚历山德里娜
Alessandria	亚历山德里亚
Alessandro Ariosto	亚历山德罗·阿廖斯托
Alessandro Baratta	亚历山德罗·巴拉塔
Alessandro Benedetti	亚历山德罗·贝内代蒂
Alessandro Bolzoni	亚历山德罗·博尔佐尼
Duke Alessandro de' Medici	亚历山德罗·德美第奇公爵

词汇原文	中文翻译
Alessandro Farnese	亚历山德罗·法尔内塞
Alessandro Geraldini	亚历山德罗·杰拉尔迪尼
Alessandro Resta	亚历山德罗·雷斯塔
Alessandro Massai	亚历山德罗·马萨伊
Alessandro Mantovani	亚历山德罗·曼托瓦尼
Alessandro Citolini	亚历山德罗·墨脱里尼
Alessandro Piccolomini	亚历山德罗·皮科洛米尼
Alessandro Serra	亚历山德罗·塞拉
Alessandro Striggio	亚历山德罗·斯特里吉奥
Alessandro Vellutello	亚历山德罗·维卢泰洛
Alessandro Zorzi	亚历山德罗·佐尔齐
Amazons	亚马孙
Amazon River，Rio delle Amazzoni	亚马孙河
Jane Rosecky	亚涅·罗塞茨基
Janus	亚努斯
Apennines	亚平宁山脉
King Arthur	亚瑟王
Azores	亚速尔群岛
Sea of Azov	亚速海
Jáchymov	亚希莫夫
Jan Pietersz. Dou	扬·彼得斯·道
Jan Pietersz. Saenredam	扬·彼得斯·萨内顿
Jan Diugosz	扬·迪乌戈兹
Jan van Eyck	扬·范艾克
Jan van de Velde	扬·范德费尔德
Jan Verhoeven	扬·费尔赫芬
Jan Vermeer	扬·弗美尔
Jan Komensky	扬·考门斯基
Jan Cornelisz. Vermeyen	扬·科内利斯·韦尔梅耶
Jan Manser	扬·曼泽
Jan Huygen van Linschoten	扬·许根·范林斯霍滕
Jan Januszowski	扬·扬努洛士奇
Jansen	扬森
Jerusalem	耶路撒冷
Hieronymus Cock	耶罗尼米斯·科克
Hieronymus Münzer	耶罗尼米斯·闵采尔
Hieronimo Siciliano	耶罗尼莫·西西利亚诺
Society of Jesus	耶稣会
Jesuit college of Quito	耶稣会基多学院

词汇原文	中文翻译
Jesuit Collegio Romano	耶稣会罗马学院
Jesuit François Le Mercier	耶稣会士弗朗索瓦·勒梅西耶
Jesuit school	耶稣会学校
Jesuit College	耶稣学院
Jesi	耶西
Ibn al- Haytham　Alhazen	伊本·海塞姆 海桑
Ibn Khaldūn	伊本哈勒敦
Iberia	伊比利亚
Ippolito Centurione	伊波利托·琴图廖内
al-Idrīsī	伊德里西
Eden	伊甸园
Eton	伊顿
Ilde Mendes dos Santos	伊尔德·门德斯·多斯桑托斯
Evesham	伊夫舍姆
IGNACIO MUNOZ	伊格纳西奥·穆尼奥斯
IGNATIAN TREE	伊格内田树
Ignatius Loyola	伊格内修斯·洛约拉
Icarus	伊卡洛斯
Erasmus Reinhold	伊拉斯谟·赖因霍尔德
Elizabeth Grymeston	伊丽莎白·格里姆斯顿
Elizabethan Munster	伊丽莎白·曼斯特
Elizabeth Bacon	伊丽莎白·培根
Elizabethan Privy Council	伊丽莎白的枢密院
Queen Elizabeth	伊丽莎白女王
Ilha de Diogo Cão	伊利亚·德迪奥戈·康
Imola	伊莫拉
Egnazio Danti	伊尼亚齐奥·丹蒂
Ignazio Giuseppe	伊尼亚齐奥·朱塞佩
Hyginus	伊琪
Isaac Vossius	伊萨克·福修斯
Isaac Habrecht Ⅱ	伊萨克·哈伯海特二世
Isaac Newton	伊萨克·牛顿
Iseppo	伊塞波
Isabel Perestrello	伊莎贝尔·佩雷斯特雷洛
Isabella d'Este	伊莎贝拉·德斯特
Isabella d'Este Gonzaga	伊莎贝拉·德斯特·贡萨加
Isabella Clara Eugenia	伊莎贝拉·克拉拉·欧热尼亚
Queen Isabella	伊莎贝拉女王
Isabella Ⅰ	伊莎贝拉一世

词汇原文	中文翻译
Ischia	伊斯基亚
Bay of Iskanderun	伊斯肯德仑湾
Islamic Turkey	伊斯兰土耳其
Istanbul	伊斯坦布尔
Istria	伊斯特里亚
Isonzo	伊松佐
Isola	伊索拉
Itapicuru	伊塔皮库鲁河
Ivan Tomko Mrnavic′	伊万·托姆科·姆尔纳维奇
Ibiza	伊维萨岛
Sala de Guardaroba	衣帽间
Hospitaller order	医院骑士团
libro d'eredità	遗产清册
Ephesus	以弗所
Helisaeus Röslin	以利沙·罗斯兰
Israel	以色列
ether	以太
Kunstkammer	艺术收藏室
Sala del Concilio	议事会厅
Iroquois	易洛魁
Societa Geografica Italiana	意大利地理学会
Italianate palace	意大利宫
regnum Italiae	意大利王国
Infanta	因凡塔
Vila do Infante	因凡特别墅
Infante Dom Henrique	因方特·多姆·恩里克斯
Ingolstadt	因戈尔施塔特
Innocent Ⅷ	因诺森八世
Innsbruck	因斯布鲁克
Milky Way	银河
Hindu	印度
Armazém da Índia	印度仓库
Casa de la Contratación de las Indias	印度等地贸易署
Indus	印度河
PLANO DA ÍNDIA	印度计划
Conselho da Índia	印度理事会
INDONESIA	印度尼西亚
Council of the Indies	印度群岛委员会
Hindustan	印度斯坦

词汇原文	中文翻译
Casa da Índia	印度之屋
INDOCHINA	印度支那
Indochina Peninsula	印度支那半岛
Inca	印加
Tahuantinsuyu	印加帝国
Totius Terrae promissionis	应许之地
Ingram	英格拉姆
Elizabeth Ⅰ of England	英格兰的伊丽莎白一世
Imhof	英霍夫
English Channel	英吉利海峡
Ingine	英金
Anglo-America	英美
Perseus	英仙座
Angra do Heroísmo	英雄港
fathom	英寻
harpies	鹰身女妖
Eternal City	永恒之城
Eustathios	优斯达希斯
Santa Maria della Consolazione	忧苦之慰圣母堂
Eugenius	尤金
Eugene Kintgen	尤金·金根
Eugenius Ⅲ	尤金三世
Eugene Ⅳ	尤金四世
Yucatán	尤卡坦
Julianus Graffingnia	尤利奥努什·格拉菲尼亚
Julius Caesar	尤利乌斯·凯撒
Sir Julius Caesar	尤利乌斯·凯撒爵士
Justus de Albano	尤斯图斯·德阿尔巴诺
Justus Lipsius	尤斯图斯·利普修斯
Justus Jonas	尤斯图斯·约纳斯
Juvenal	尤韦纳尔
tripartite	由三部分构成的地图
quadripartite	由四部分构成的地图
Judaea	犹地亚
Jewishconverso	犹太教的皈依者
Jewish	犹太族
Euphrates	幼发拉底河
Euphrosinus Vulpius	幼发拉罗西诺·武尔皮乌斯
Jude Leimer	于德·莱默尔

词汇原文	中文翻译
Hugues Picart	于格·皮卡尔
Poculum cosmographicum	宇宙志之杯
Cosmographical Glasse	宇宙志之境
Sala della Cosmografia	宇宙志之厅
Auriga	御夫座
Padri del Comune	元老院
Senato Terra	元老院大陆档
Sala del Senato	元老院厅
primum mobile	原动力
primum mobile	原动天
Apes	猿人座
Graf Joachim Enzmilner	约阿希姆·恩茨弥勒·米尔纳伯爵
Joan Oliva	约安·奥利瓦
Joan Blaeu	约安·布劳
Joan Riczo Oliva	约安·里克佐·奥利瓦
Joan Martines	约安·马丁内斯
Joannes Boemus	约安内斯·布洛姆斯
Joannes de Laet	约安内斯·德拉埃特
Joannes van Doetecum	约安内斯·范多埃提库姆
Joannes Ravisius Textor	约安内斯·拉维西斯·特克斯特
Ioannes et Franciscus Oliva fratres	约安尼斯和弗朗西斯·奥利瓦兄弟
Jordan River	约旦河
Jodocus Hondius	约道库斯·洪迪厄斯
Jordanes	约尔达内斯
Jörg Kölderer	约尔格·科尔德
Johann Albert Fabricius	约翰·阿尔伯特·法布里修斯
Johann Albrecht I	约翰·阿尔布雷克特一世
Johann Amos Comenius	约翰·阿莫斯·科梅纽斯
John Argyropoulos	约翰·阿伊罗普洛斯
John Evelyn	约翰·埃韦林
Johann Andreas Rauch	约翰·安德烈亚斯·劳赫
Johann Andreas Schnebelin	约翰·安德烈亚斯·雪纳布林
John Ogilby	约翰·奥格尔比
Johann Baptist Homann	约翰·巴普蒂斯特·霍曼
John Bale	约翰·贝尔
John Bate	约翰·贝特
Johann Bissel	约翰·比塞尔
John Burston	约翰·伯斯顿
John Blagrave	约翰·布莱格拉夫

词汇原文	中文翻译
John Davis	约翰·戴维斯
John Dryden	约翰·德莱登
John Dee	约翰·迪伊
John Donne	约翰·多恩
Johann van der Corput	约翰·范德尔科尔皮
John Flamsteed	约翰·弗拉姆斯蒂德
John Fletcher	约翰·弗莱彻
Elector John Frederick	约翰·弗雷德里克选侯
Johann Grüninger Grieninger	约翰·格吕宁格尔 格里宁格
John Hall	约翰·哈尔
Johann Heinrich Alsted	约翰·海因里希·阿尔施泰德
Johann Heinrich Schönfeld	约翰·海因里希·舍恩菲尔德
John Holwell	约翰·豪尔厄尔
Johann Hebenstreit	约翰·黑本施特赖特
John Hale	约翰·黑尔
John Hus	约翰·胡斯
John White	约翰·怀特
John Gillies	约翰·吉利斯
John Cabot	约翰·卡伯特
Johann Conrad Musculus	约翰·康拉德·马斯丘勒斯
Johann Christoph Salbach	约翰·克里斯托夫·萨尔巴赫
Johann Christoffel	约翰·克里斯托弗尔
John Rudd	约翰·拉德
JOHAN LARSSON GROT	约翰·拉松·格罗特
Johann Reinhold	约翰·赖因霍尔德
John Lydgate	约翰·利德盖特
John Rogers	约翰·罗杰斯
John Love	约翰·洛韦
John Marston	约翰·马斯顿
Sir John Mandeville	约翰·曼德维尔爵士
Johan Maurits van Nassau	约翰·毛里茨·范纳绍
John Milton	约翰·米尔顿
John Napier	约翰·纳皮耶尔
John Norden	约翰·诺登
Sir John Norris	约翰·诺里斯
John Parr Snyder	约翰·帕尔·斯奈德
John Pory	约翰·珀里
Johann Georg Lehmann	约翰·乔治·莱曼
John Seller	约翰·塞列尔

词汇原文	中文翻译
Johann Schindel	约翰·申德尔
Johann Schnitzer	约翰·施尼策尔
John Smith	约翰·史密斯
Johann Scheubel	约翰·朔伊贝尔
JOHN SPEED	约翰·斯皮德
John Stow	约翰·斯托
John Taylor	约翰·泰勒
Johann Valentin Andreae	约翰·瓦伦丁·安德烈亚
John Wolstenholme	约翰·沃斯滕霍姆
Johann Jakob Fugger	约翰·雅各布·富格尔
Johannes Bayer	约翰内斯·拜尔
Johannes von Gmunden	约翰内斯·冯格蒙登
Johannes Kepler	约翰内斯·开普勒
Johannes Regiomontanus	约翰内斯·雷吉奥蒙塔努斯
Johannes Me Lisa	约翰内斯·梅·利萨
Johannes Sadeler	约翰内斯·萨德勒
Johannes Stöffler	约翰内斯·施特夫勒
Johannes Janssonius van Waesbergen	约翰内斯·扬松纽斯·范韦舍伯根
Johannes Aventinus	约翰尼斯·阿文蒂努斯
Johannes Angelus	约翰尼斯·安格鲁斯
Johannes de Ram	约翰尼斯·德拉姆
Johannes de Sacrobosco	约翰尼斯·德萨克罗博斯科
Johannes de Stobnicza	约翰尼斯·德斯托布尼克扎
Johannes Cuspinianus	约翰尼斯·古斯平安尼鲁斯
Johannes Hevelius	约翰尼斯·赫维留
Johannes Honter	约翰尼斯·洪特
Johannes Cochlaeus	约翰尼斯·科赫洛伊斯
Johannes Criginger	约翰尼斯·克里金
Johannes Ruysch	约翰尼斯·勒伊斯
Johannes Reger	约翰尼斯·雷格
Johannes Mattheus Wackher	约翰尼斯·马托伊斯·沃克尔
Johannes Michael Gigas	约翰尼斯·迈克尔·吉加斯
Johannes Mejer	约翰尼斯·迈耶
Johannes Mellinger Mellenger	约翰尼斯·梅林格
Johannes Nihil	约翰尼斯·尼希尔
Johannes Oporinus	约翰尼斯·欧泊因努斯
Johannes Prätorius	约翰尼斯·普拉托里乌斯
Johannes Stumpf	约翰尼斯·施通普夫
Johannes Schöner	约翰尼斯·朔纳

词汇原文	中文翻译
Johannes Stabius	约翰尼斯·思达比斯
Johannes Trithemius	约翰尼斯·特里特米乌斯
Johannes Werner	约翰尼斯·维尔纳
York Rivers	约克河
Yorkshire	约克郡
Joris Hoefnagel	约里斯·赫夫纳格尔
Jonas Scultetus	约纳斯·斯库尔特图斯
Yonne,	约讷
Joseph H.	约瑟夫·H.
Joseph Hall	约瑟夫·哈尔
Joseph Moxon	约瑟夫·莫克森
JOST AMMAN	约斯特·安曼
Jost Bürgi	约斯特·布吉
Joost van den Vondel	约斯特·范登冯德尔
Joost Jansz. Bilhamer	约斯特·扬茨·比勒姆
Zambezi	赞比西河
Zambezia	赞比西亚
Sebald Beham	泽巴尔德·贝哈姆
Zedda Macciò	泽达·马乔
Zeeland	泽兰
Zeri	泽里
Zerotín	泽罗廷
Zeno	泽诺
duke of Zagarolo	扎加罗洛公爵
Zacharias Heyns	扎卡里亚斯·海恩斯
Zacharius Lilius	扎卡留斯·利尤斯
Zara	扎拉
enocrate	扎诺克利特
Zaire River	扎伊尔河
Giangiacomo de' Medici	詹贾科莫·德美第奇
James Ford Bell Collection	詹姆斯·福特·贝尔藏品
James Hall	詹姆斯·霍尔
James river	詹姆斯河
James VI	詹姆斯六世
James I	詹姆斯一世
Master Giannino	詹尼诺
Conselho de Guerra	战争委员会
Long Island	长岛
Nagasaki	长崎

词汇原文	中文翻译
Javanese	爪哇人
Wunderkammern	珍宝馆
Wunderkammern	珍宝柜
Jennifer Martin	珍妮弗·马丁
Gentile Bellini	真蒂尔·贝利尼
Gentile Virginio Orsini	真蒂尔·维尔吉尼奥·奥尔西尼
Gentile	真蒂莱
Gennaro Picicaro	真纳罗·皮奇卡罗
Chicago	芝加哥
Sala dei Conservatori	执政官大厅
Gibraltar	直布罗陀
Straits of Gibraltar	直布罗陀海峡
pointer	指极星
Chile	智利
Cordillera Central	中科迪勒拉山
Mesoamerican	中美洲
the Great Central Hall	中央大厅
Middle India	中印度
Casa da Suplicação	众议院
Zeus	宙斯
Jupiter	朱庇特
Judy Tuohy	朱迪·图伊
Judea	朱迪亚
Julie Baskes	朱利·巴斯克
Giulio Alberini	朱利奥·阿尔贝里尼
Giulio Ballino	朱利奥·巴利诺
Giulio Petrucci	朱利奥·彼得鲁奇
Giulio Camillo Delminio	朱利奥·卡米洛·德尔米尼奥
Giulio Romano	朱利奥·罗马诺
Giulio Parigi	朱利奥·帕里吉
Giulio Iasolino	朱利奥·亚索利诺
Giuliano da Sangallo	朱利亚诺·达圣加洛
Giuliano Ciaccheri	朱利亚诺·恰凯里
Julius Schiller	朱利叶斯·席勒
Juno	朱诺
Giuseppe Biancani	朱塞佩·比安卡尼
Giuseppe de Rossi Formis	朱塞佩·德罗西
Giuseppe Cossu	朱塞佩·科苏
Giuseppe Rosaccio	朱塞佩·罗塞西奥

词汇原文	中文翻译
Giuseppi Moleti	朱塞皮·莫莱蒂
Giusto Tutens	朱斯托·塔滕斯
COLLEGE OF CORDELLE	茱迪学院
Zwolle	兹沃勒
Castelfranco	自由堡
Brethren of the Free Spirit	自由灵弟兄会
Reformation	宗教改革
Protestant Reformation	宗教改革运动
Sacred Palace	宗座宫殿
Rio di Palazzo	总督府河
Zuan Donatto	祖纳·多纳托
Zuni	祖尼
empyreum	最高天

译者后记

当 2021 年年初看到这本书的清样的时候，我感慨良多。

本人负责的这一分册，从开始翻译到基本完成，大致经历了六年多的时间，其中有整整两年的时间专门从事翻译工作，剩下的四年多，每年也都要花费数月的时间进行译稿的修订和完善。本册的翻译和出版，伴随着我从"不惑"到近乎"知天命"，在我学术生命中具有重要的意义，无论是从时间还是从学术本身而言，都是如此。

本书的翻译得到了诸多人士无私的支持和帮助。首先要感谢的就是这一翻译项目的负责人卜宪群研究员，没有他不懈的努力，这一翻译项目本身就难以成立；他持续的鼓励和支持，也为本册的翻译扫清了诸多困难，使得我可以全心全意的投入翻译工作，而且正是他的努力，也使得译稿能最终能顺利完成和出版。

还有郭沂纹女士，正如本书"中译本总序"所说，正是她使得翻译工作能够顺利启动；正是她丰富的编辑经验使得我避免了翻译过程中的诸多"险滩"；正是她温和的态度，融化了工作道路上的诸多坚冰。无论多少感谢也无以回报她多年无私的付出！

郭沂纹女士退休之后，宋燕鹏接手了这一繁杂的工作，他的阳光帅气，总是能让我们在面对绝境时，看到希望。此外，他偶尔的不影响大局的稀里马虎，也调节了翻译工作沉闷的气氛。对于这位帅哥朋友，我想已经不需要太多感谢的话语，一切尽在不言中。

具体负责本册编辑的安芳女士，我们已经合作出版了多本著作，互相之间建立了信任和默契，经常通过微信或者电话短短几句的沟通就能就复杂的问题达成一致。她的细致以及条条有理的安排，让丛书中篇幅最大的本册，居然成为最早完成的一册。正是她创造了这一奇迹！

在科研和教学工作日益繁重的今天，以及在科研评价体系内译稿的审校根本不算工作量的今天，能找到愿意付出时间从事审校的学者极为困难。由此，在这里我要向北京大学的张雄教授和复旦大学历史地理研究所的丁雁南先生发自内心地致以感谢。

张雄教授，是我攻读博士研究生时的班主任。不过当时我过于贪玩，与他交流不多，记得只是在毕业聚餐上与他畅谈过一次。在面对篇幅巨大且对我而言非常不熟悉的意大利诸国部分时，我厚下脸皮向他求援，但出乎意料的是，他欣然接受。更出乎我意料的是他认真的态度。最初，我只是希望他帮我看看译稿的中文，但返回的译稿，全篇划红，他几乎对中英文进行了完全的对读，也即相当于进行了重译。为此，他付出了将近一年的时间。对于他如此的付出，我无言以对，只能在此对他表示真挚的谢意。

丁雁南先生负责的是本书第七章和第八章的审校工作，虽然只有两章，但字数也达到了将近 20 万字。雁南是我国古地图研究的后起之秀，待人真诚，且在这个学术日益功利化的年代，依然持有理想，这点是我需要向他学习的，也希望他未来能"不忘初心"。

当然还有我敬爱的导师李孝聪教授。我对他的敬意无法用言语表达。他对学术发自内心的热爱，与时代格格不入的对学术的非功利化的态度不断鼓励着我，更不用说他长期以来从各方面对我这个有些任性和顽劣的徒弟的容忍、关注和支持！感谢恩师！

本册的完成以及本人的成长离不开老婆大人的支持。正是她的怒目，我才能摆脱电脑和文字的纠缠，回归到生活之中，由此使得我的生命和学术生命得以持续；正是她的美食，让我感到了生活的五彩缤纷；正是她的唠唠叨叨，才使得我能从公认的邋遢，变得好歹能见人。在这里感谢她的付出和宽容。

还有我的闺女，在本书的翻译过程中，她从牙牙学语成长为可爱的女孩。虽然她继承了老婆大人的脾气，由此我经常不得不面对的是两人的怒目，但她时不时的拥抱，让我感受到了生命的温暖，以及生命中的真诚。

最后，我还要感谢伴随了我多年的这本书，它让我领悟了学术、感悟了人生，让我逐渐成熟以及老去。

成一农

2021 年 5 月 24 日于昆明